U0330631

现代城市规划理论

孙施文　编著

中国建筑工业出版社

图书在版编目(CIP)数据

现代城市规划理论/孙施文编著. —北京:中国建筑工业
出版社,2005(2021.4重印)
ISBN 978-7-112-07681-9

Ⅰ.现... Ⅱ.孙... Ⅲ.城市规划－研究 Ⅳ.TU984

中国版本图书馆 CIP 数据核字(2005)第 095303 号

本书依据现代城市规划发展的历史进程和城市规划中所涉及的理
论主题两个方面对现代城市规划理论及其发展进行了较为全面的介
绍。在对现代城市规划及其理论进行概说的基础上,本书的第二、第
五部分,结合社会经济的历史发展详细介绍了现代城市规划的形成、
发展和演变的历史进程,揭示了现代城市规划理论发展的基本脉络,
并对当今城市规划理论的主要议题进行了深入阐述。本书的第三、第
四部分,针对城市规划的对象和城市规划本身对城市发展、土地使
用、城市形态以及城市规划的作用、规划类型、规划政策和规划评价
等方面的理论作了较为全面的介绍,基本覆盖了现代城市规划理论的
主要内容。

责任编辑:陆新之
责任设计:赵　力
责任校对:刘　梅

现代城市规划理论

孙施文　编著

＊

中国建筑工业出版社出版、发行(北京西郊百万庄)

各地新华书店、建筑书店经销
北京嘉泰利德公司制版
廊坊市海涛印刷有限公司印刷

＊

开本:880×1230毫米　1/16　印张:39　字数:1234千字
2007年3月第一版　2021年4月第八次印刷
定价:**128.00**元
ISBN 978-7-112-07681-9
(13635)

版权所有　翻印必究
如有印装质量问题,可寄本社退换
(邮政编码　100037)
本社网址:http://www.cabp.com.cn
网上书店:http://www.china-building.com.cn

目 录

第一部分　现代城市规划理论概说

概论　　　　　　　　　　　　　　　　　　　　　　　　　　　　　　3
　　第一节　理论的含义与运用　　　　　　　　　　　　　　　　　　5
　　第二节　城市规划及城市规划理论　　　　　　　　　　　　　　　13
　　第三节　本书的内容与结构安排　　　　　　　　　　　　　　　　18

第一章　城市规划的合法性　　　　　　　　　　　　　　　　　　　　22
　　第一节　规划是否需要：经济领域　　　　　　　　　　　　　　　23
　　第二节　为什么需要规划：实践领域　　　　　　　　　　　　　　27
　　第三节　规划是否可能：知识领域　　　　　　　　　　　　　　　37

第二部分　现代城市规划的形成与发展

第二章　现代城市规划理论的早期探索　　　　　　　　　　　　　　49
　　第一节　现代城市规划产生的社会历史背景　　　　　　　　　　　50
　　第二节　现代城市规划产生的思想基础　　　　　　　　　　　　　66
　　第三节　现代城市规划产生的技术基础　　　　　　　　　　　　　73
　　第四节　第一个比较完整的现代城市规划思想体系：霍华德的田园城市　87
　　第五节　勒·柯布西耶的现代城市设想　　　　　　　　　　　　　92
　　第六节　现代城市规划早期的其他探索　　　　　　　　　　　　　96

第三章　现代城市规划的发展历程（一）　　　　　　　　　　　　　113
　　第一节　20世纪20年代至二次大战时期的理论准备　　　　　　　113
　　第二节　二次大战后至20世纪60年代的全面实践阶段　　　　　　142

第四章　现代城市规划的发展历程（二）　　　　　　　　　　　　　158
　　第一节　对现代建筑运动的批判　　　　　　　　　　　　　　　　160
　　第二节　系统科学及其在城市规划中的运用　　　　　　　　　　　181
　　第三节　政策研究与城市管理的转型　　　　　　　　　　　　　　184
　　第四节　城市发展和城市问题的政治经济学研究　　　　　　　　　189
　　第五节　后现代城市规划研究　　　　　　　　　　　　　　　　　193

第三部分　有关城市的理论

第五章　城市发展理论　　　　　　　　　　　　　　　　　　　　　209
　　第一节　城市的概念与城市的发展　　　　　　　　　　　　　　　209

第二节　对城市特质的认识 224

第三节　城市化理论 234

第四节　城市发展的理论解释 239

第六章　城市土地使用研究 255

第一节　城市土地使用的特征 255

第二节　城市土地使用的构成关系 258

第三节　城市土地使用布局的理论基础 260

第四节　城市土地使用的布局模式 284

第七章　城市空间理论 290

第一节　空间与空间的认识 290

第二节　城市空间的意义 298

第三节　城市空间形态构成的特质 305

第四节　空间认知与空间行为 316

第五节　城市空间的组织 322

第八章　城市发展形态研究 360

第一节　城市的集中发展与分散发展 360

第二节　城市发展的区域关系 374

第三节　城市发展的内部演化 380

第四节　大都市地区的发展 391

第四部分　有关规划的理论

第九章　规划的本质意义 403

第一节　规划的本质特性体现在规划的未来导向性 404

第二节　规划目标是建构统一的规划过程的关键性因素 410

第三节　规划行为的特征就是选择 414

第四节　规划是针对普遍的未来不确定性而展开的工作 416

第五节　规划在本质上是规范的而非实证的 421

第十章　城市规划的作用 425

第一节　作为国家宏观调控手段之一的城市规划 425

第二节　作为政策形成和实施工具之一的城市规划 431

第三节　作为城市未来空间架构和演变主体的城市规划 434

第四节　城市规划作用的有限度性 441

第十一章　城市规划的类型 444

第一节　综合理性规划 444

第二节　渐进主义规划 453

第三节　中间型规划理论 457

第四节　倡导性规划和公众参与 460

第十二章　城市规划政策研究　　467
　第一节　政策研究概要　　468
　第二节　城市规划的政策研究　　473
　第三节　城市规划的政策内容　　475
　第四节　城市规划所确立的主要政策方面　　479
　第五节　城市规划的具体政策手段　　484
　第六节　城市规划政策的准则　　486
　第七节　城市规划政策制定的理性过程　　490

第十三章　城市规划的评价　　499
　第一节　城市规划评价概论　　499
　第二节　城市规划评价的类型　　501
　第三节　城市规划评价的方法　　506

第五部分　新的理论维度与主题

第十四章　世纪之交时期的城市规划研究　　519
　第一节　全球化条件下的城市发展与规划　　521
　第二节　知识经济和信息社会的城市发展及其规划　　533
　第三节　以城市创新为核心的城市竞争力研究　　541
　第四节　市民社会的治理与城市规划的转变　　551
　第五节　可持续发展与城市规划　　561

附录
现代城市规划理论史录　　577

主要参考书目　　612

后记　　616

第一部分
现代城市规划理论概说

概　论

"城市规划理论"是一个相对模糊而且容易引起混淆的名词。在当今的西方学术研究中，"城市规划理论"（相对应的英语是"Urban planning theory"）好像已经是不常用的术语了，原因在于研究领域的分化，对这个词组已经有了更加明确的进一步的划分，即要么是"城市规划中的理论"（相应的英语是"theory in urban planning"），要么是"城市规划的理论"（相应的英语是"theory of urban planning"）[1]，更有甚者，如坎贝尔（Scott Campbell）和法因斯坦（Susan Fainstein）则索性直接采用"城市理论"（urban theory）和规划理论（planning theory）的说法来区分以上这两种类型的理论[2]。英语中的这种划分，其意义也非常显然，所谓"城市规划中的理论"，是指在城市规划过程中所运用到的各项理论，通常是指以城市为客观对象的理论成果，比如，城市发展理论、区位理论、城市空间理论等等，这些理论关系到在城市规划领域中各项行动的内在机理，它们贯穿在城市规划实践活动的全过程；而"城市规划的理论"则是要回答城市规划是什么以及有关城市规划的作用、过程与方法论和城市规划发展等等方面的理论，是对城市规划这门学科和这项实践活动本质的研究，这些理论通常是对规划本身的研究成果。这两者之间在所涉及的内容、观念以及研究的手段和方法等方面存在着根本性的差别，已经不能混为一谈了。经过这样的区分之后，可以非常清楚地知道在不同的话语领域中所讨论的应该是些什么问题，应当采用什么样的研究策略和什么样的陈述等等，从而可以避免不必要的重复界定和阐述，使城市规划领域的理论探讨可以更为直接地进入主题。编著者在充分认知这两者之间存在区别的情况下，最后仍然选定《现代城市规划理论》作为本书的书名，是在种种权衡之下所做出的权宜之计。首先，在中文的语境中或依据中文的构词法，"城市规划中的理论"和"城市规划的理论"都可以简化为"城市规划理论"，至少前面的两种说法在中文中并不通用，而且直接拿来运用就会显示其突兀性，因此，编著者以为，使用

"城市规划理论"这个词组作为书名或许更符合中文名词使用的规范，也更容易被接受。其次，从学科本身而言，在中文的语境中，"城市规划理论"之所以成为约定俗成的习惯用语，一个很重要的原因是在专业人员甚至更为广大的学界和社会民众的心目中存在着这样的想法：既然城市规划作为一门相对独立的学科，也就必然有"城市规划理论"的存在，这种想法本身并没有什么不对，但由于在绝大多数的实际使用中，"城市规划理论"往往是被用来指代"城市规划中的理论"的，因此，编著者也想借此机会阐述一下，如果真有"城市规划理论"这样一说，那么其中不仅有"城市规划中的理论"，也有"城市规划的理论"，而且从城市规划作为一门学科和社会实践来说，"城市规划的理论"更具有核心的地位。此外，如果从编著者个人的心愿出发，"城市规划理论"所指称的内容要在"城市规划中的理论"和"城市规划的理论"中作出选择的话，编著者以为还是以后者为好[3]。第三，编著者本人从20多年城市规划研究和实践的切身体会中感觉到，从城市规划本身发展的需要和我国城市规划的状况出发，我们尤其缺少对"城市规划的理论"所进行的探讨，正是由于缺乏了对城市规划本质的认识与理解，导致了我国城市规划在发展过程中的诸多问题，因此现在尤其需要有这方面的借鉴与补课。但从实际工作出发，也仍然需要有对"城市规划中的理论"的介绍，而且在中文文献中也同样缺少对这些理论的系统介绍。从这一点出发，本书作为一本概论性质的、带有综合性的、以介绍西方论述为主的论著，以能够将两者统括在其中的"城市规划理论"这样的书名就具有了一定的合理性。最后，编著者也非常清晰地看到，以上的这种两分法，作为理论的陈述具有其自身的意义，但这种截然的划分也有其局限性存在，在实践的意义上这两者也不是能够完全分开的，张兵博士在其论著中对此也作了相应的分析[4]。因此，在本书的组织中，编著者一方面将这两者的内容尽量地包容进来，以符合"城市规划理论"这一书名在中文语境中

的兼容性，另一方面，也力图对它们的内容有所区分，并能够充分地展示这两者之间内在的不同，同时在内容上也力争兼顾两者的相对均衡。

从这样的意义出发，本书的核心主题就是"城市规划理论"。为了明确本书所讨论的内容的基础，也为了对本书内容的取舍标准作一交代，这里有必要对此主题进行一些解析。首先需要明确的是，本书讨论的重点是"理论"。书名中的"现代城市规划"，实质上都是用来修饰"理论"这个词的，也就是用来说明"理论"所指涉的对象的，对理论的内容作一个领域的划分。而"理论"则是一个运用得非常广泛的词，在所有的学科中都有其存在的位置，这就需要解释清楚"理论"究竟是什么，究竟意味着什么，什么样的论述才能被称为"理论"，这不仅对我们在工作过程中使用"理论"这个词有着指导性的意义，而且也决定了本书将要讨论或应当讨论些什么内容，哪些内容可以或者应当列入，哪些内容可以不列入，标准的设定即是由此而决定的。当然，理论本身离不开实践，而且按照加达默尔（Hans-Geoge Gadamer）的论说，理论本身就是一种实践（其论述见后），因此在本书的很多章节均会将两者结合在一起来讨论，尤其是在有关城市规划发展历程的几个章节中。但就整体而言，本书更注重的是有关理论的言说以及理论言说本身，而不只是在现实的城市中具体做了什么和怎么做的。

其次，本书所涉及的领域是"城市规划"，即上述的"理论"是有关城市规划的或是在城市规划中运用的。"城市规划"本身由于其本质上的综合性而难以划分出一个界限非常明确的领域，这在本书以后各章的展开中就可以非常清楚地看到，而这种现象的产生又是与"城市规划"这个词的组成有关。从构词的角度可以看到，"城市规划"是由"城市"与"规划"两个词组成的复合词，构词法的原理明确了其中"规划"作为核心、"城市"作为对象的基本结构，这与"企业管理"指的是对企业进行管理、核心是管理的道理是一样的。但城市作为规划的对象并不是不重要的，相反，规划必须以此为依凭，而城市是一个巨大的庞杂体系，几乎涵盖了人类社会的所有领域，这就给对"城市规划"的研究和实践对象的界定带来了巨大的困难。而另一方面，城市规划本身的构成及其在现代社会中所担当的多重角色又加剧了这种困难。《简明大不列颠百科全书》将城市规划看成是一项专门技术，同时又是一项政府行为和社会运动，美国国家资源委员会曾

将城市规划定义为"是一种科学、一种艺术、一种政策活动"，都将城市规划的知识领域界定得几乎全面覆盖了人类社会所有的知识和实践领域。当"城市"和"规划"这两项在内容上都可以界定得接近无限的领域组合在一起时，城市规划内部所具有的复杂性及其张力就显而易见了。但作为本书的核心论题，为了集中所论述的范围就有必要对此进行界定，这当然是需要建立在对城市规划学科的过去、现在和未来发展的认识的基础之上的。

第三，当把"城市规划"与"理论"组合在一起时，我们已经涉及到本书论题的主体，同时，在城市规划理论中也就存在着需要进一步阐释的内容，正如前面已经说到的问题一样，城市规划理论仍然需要有进一步的界定，此外，还应包括城市规划理论的体系结构等。

最后，书名中还有一个词是对"城市规划理论"进行限定的，这就是"现代"，这个词则相对容易界定一些。根据编著者的理解，它既是一个时间性的界定，同时也是观念性的。当然，在现在提到"现代"一词也就必然地会涉及到"后现代"。在最近的20多年时间里，"后现代"已经成为了一个非常显在的词语，并且也成为了一个热门的话题，因此要在这里讨论"现代"，就不得不对"后现代"有所交代，何况"后现代"又是时时与"现代"的话语针锋相对。为避免在本书中进行无谓的抽象的哲学论争，这里把编著者本人的观点提出来，而不再予以论证。编著者以为，"后现代"是现代的发展，尽管它批判和否定现代主义，但它毕竟只是以"后"来表述自己的言说，并没有直接抛弃"现代"，只是想去修补它，在可能的情况下去超越它。从学理上讲，后现代主义对现代的批判确实具有范式转换的征兆，但从另一方面来看，它基本上是批判的成分多而建设的内容少，而其批判所确立的或其所期望建设的也往往是在现代的知识库里增加现代主义所漏缺的内容。因此，在本书中，对"现代"这个词的认识是相对比较宽泛的，也同样包括了被称之为"后现代"的内容。尽管与历史学上的分期有所不同，本书采用在城市规划领域普遍接受的对现代城市规划的时代界定，即1898年霍华德（E. Howard）提出田园城市概念的《明天：通往真正改革的平和之路》（Tomorrow: A Peaceful Path to Real Reform）一书的出版，标志着现代城市规划的形成，霍华德的田园城市（Garden City）理论同时也是第一个比较完整的现代城

市规划的思想体系[5]。因此，本书主要阐述的就是在此阶段引发的并在20世纪中得到全面发展的城市规划理论体系及其主要内容。当然，为了能够阐释清楚现代城市规划的形成，就需要对此前的发展脉络有所回溯，进而揭示出现代城市规划形成和发展的动力机制；为了与当今城市规划发展相衔接，也就必然要对新的世纪转换之际的城市规划理论探讨进行总结与展望。

这里对本书的主要领域内容和相关主题作了一些最基本的界定，接下来就有必要对这些概念进行探讨。首先，我们从"理论"这个词开始。

第一节　理论的含义与运用

一、理论的概念与特征

1. 理论的概念以及理论与实践的关系

理论，是"指概念、原理的体系。是系统化了的理性认识"（《辞海》）。而在对理论的认识上，这个词具有特指性，这不仅指其本体内容方面必须符合一定的规则，而且在其确立的程序方面也有相应的规定，即所有能够被称为理论的内容，至少是经过全面论证的，是为事实所证实的，同时是能够被专业团体所接受的。在这样的意义上，"理论是科学家解释大自然行为的主要工具，不过理论一词在这里并不含有与猜想相关的意思，这种暗含的意思是使许多非科学家排斥科学的某些部分，说'那不过是个理论'。当牛顿有力地宣称我不需要假设时，他认定自己没有沉迷于推测中。诚然，科学家提出的某些猜测性解释只不过是有根据的猜测，但是在至少取得合理数量的事实证据支持之前，这些还不能冠之以理论"[6]。因此，理论作为一种知识形态，它通过对某一领域普遍性规律的揭示，以科学的和合乎逻辑的方式进行构造，从而成为认识这一领域和发展某方面知识的媒介，而科学认识的成果也就是建立起来了的理论。在科学范畴内，理论是科学的最基本组成内容，并且也是科学内容的集中体现。因此，美国20世纪最著名的社会学家帕森斯（T. Parsons）指出："一门学科成熟与否的最重要标志是它的系统理论水平。"所谓的系统理论水平主要就是针对理论知识的完整性和体系化而言的。从更严格的意义上讲，任何理论都可以运用科学的方法使之体系化，"……所谓科学达到了系统化，是指在变量与极限值之间的相互关系已经确知了、基础原理已经发现了这个意义上而言的"[7]。

对"理论"这个概念的认识和使用经常是与"实践"紧密关联在一起的。无论人们是否将它们看成是对立的一对词组，"理论"这个词在实际的使用中似乎总是与"实践"相分离的，这种分离在"理论与实践相结合"的普遍说法中体现得一览无遗，尽管这种言说看上去是期望两者能够得到相互结合，但其所暗含的意义却是两者在根本上或者说在本质上是相互分离的，否则为什么还要再结合呢？在这样的语境中，理论研究似乎是与实践无涉的，而"理论家"的称谓则多少带有一点嘲讽或者是只能说不能做的意味，这极大地影响了我们对"理论"的完整认识。如果我们在这两者之间不能建立起良好的关系，那么，对于本书的主要论题而言，就会出现这样的问题，究竟这里所谈到的城市规划理论与规划实践有什么关系，实践者为什么还要去认识甚至去学习所谓的"理论"呢？当然，这个问题所涉及到的内容极为广泛，而且很明显是一个哲学问题，以编著者个人的学识也难以在这里对此进行详尽的说明和充分的论证，因此，希望通过引用一位哲学家的一个观点和一段论述，依靠他对理论与实践关系的阐述来帮助我们对此进行理解。当然，编著者也希望通过这种方式可以有助于我们对此类问题进行更加开放也更加深入的思考。

哲学家加达默尔（Hans-Geoge Gadamer）从解释学的角度对"理论"一词的解释，对理解"理论"的含义以及理论与实践的关系提供了一个很好的框架。他从希腊文的"理论"（theoria）这个词出发，考证了"理论"在希腊人的观念中的含义，提出，"理论"的原初意义是"作为团体的一员参与那种崇奉神明的祭祀庆祝活动。对这种神圣活动的观察，不只是不介入地确证某种中立的事务状态，或者观看某种壮丽的表演或节目；更确切地说，理论一词的最初意义是真正地参与一个事件，真正地出席现场"[8]。从这样的意义出发，"理论"所反映的是"观察力，它所受的严格训练足够使它识别不可见的，经过构建过的秩序，识别世界和人类社会的秩序"。加达默尔认为，在理论的发展过程中，"理论"一词的含义却发生了根本性的变化，这种变化在现代理性主义思潮对任何问题都进行两分法的过程中愈演愈烈，并运用科学方法而使之固化。这种变化最终导致的结果是走向了其原初含义的对立面，这就为我们真正理解"理论"带来困难甚至是误解，而在其中反映得最为典型的就是"理论"与"实践"的关系。在这种误解下，"理论"就成为了"根据建立于自我意识上的理论结构的那种优越地位所意指的，指与存在物的距离，那种距离使得存在事物可以以一种无偏见的方式被认知，由此使之处于一种无名的支配下"。其作用也随之发生了重大的变化，理论"已变成了一种用来研究真理（真实）和搜集新知识的工具性观点"。而人们在用"实践"这个词时往往"有着一种反教条的意味，怀疑自己对某些还没有任何经验的东西仅有理论和生搬硬套的知识"。加达默尔认为，实践本不该与理论相对立，实践的概念本身也不是从与理论的对立中获得的，"构成实践的，不是行为模式，而是最广泛意义上的生活"，因此，"实践与其说是生活的动力，不如说是与生活相联系的一切活着的东西，它是一种生活方式，一种被某种方式所引导的生活"。加达默尔从亚里士多德那里找到了理论的基础："亚里士多德的一段精彩论述可以使这一问题更加清晰。它的大意是这样的：在最好的意义上，只有那种活动于思想领域，并且仅仅为这种活动所决定的人，才可以被称为行动者。在这里，理论本身也就是一种实践。"

在我们思想意识的深处，可以很辩证地认为，理论源自于实践，又指导实践。在某种意义上，这种认识或许并不能说错，但我们也应清楚地看到，这种说法所建立的基础就是前面所说的理论与实践的两分法，加达默尔的"理论本身就是实践"的论断揭示了其中的诡异，应当说，没有实践确实不会有理论，同样，没有理论也不可能有实践，加达默尔已经提示了这个问题，而贝尔（Daniel Bell）在对社会理论的论述时尤其强调了这一点。他认为，理论其实都不是现实，都是产生在人的头脑中的概念性的图示，是人的头脑产生的意识，但任何实践必然是从这里开始起步的。如果不是在自己的头脑中先植进了相关的理论，那么他就不可能会有所行动，因为他根本就不知道自己究竟在何处，他所面对的是什么，因此，也就不可能采取任何的行动。正如同他在讨论社会结构时提出的："社会结构不是一种社会现实的'反映'，而是一种概念性图式的'反映'。历史是实践的变迁，而社会是许多不同关系织成的网，这些关系是不能只靠观察来认识的。如果我们承认事实问题和关系问题的区别，那么，作为两者结合体的认识，就有赖于事实顺序和逻辑顺序之间的正确序列。对经验来说，事实顺序是第一位的；对意义来说，逻辑顺序是第一位的。思想靠发现一种表达基本格局的语言来认识自然。因此，知识就是我

们用以建立各种关系的范畴作用，正像在艺术领域内，感性就是我们为了'正确地'观察事物而接受的那套常规现象的作用。犹如爱因斯坦曾经说过的：'理论决定着我们所能观察的问题'。"[9] 爱因斯坦（A. Einstein）"理论决定着我们所能观察的问题"这种带有结论性的判断在现代社会学的创始人孔德（Auguste Comte）那里，就已经清晰明了地予以了说明。他在《实证哲学》（Positive Philosophy）一书中写道："如果一方面，每一种实证理论都必须以观察为根据，那么另一方面，同样也可看出，为了进行观察，我们心里需要有某种理论。如果我们在考查现象的时候不把它们同某些原理联系起来，那么我们就不可能把这些孤立的观察结合起来，并且由此得出任何结论来。而且，我们甚至无法在我们的心里安排它们。通常情况下，我们对这些事实会视而不见的。"[10] 其实，理论和事实之间的关系本身就是相互交织的，正如科学哲学家们所指出的那样，"许多所谓的事实都是'渗透着理论的'事实，它们的呈现方式，乃至它们的真正含义，都依赖于理论解释"[11]。在没有理论解释的情况下，人们就无以认识自然和社会。当然，这里的论述并不是要否认理论的言说与实践的行动之间在对象、过程或其方法论等方面的不同，相反，我们强调，正是两者是同一体的不同侧面，因此尤其需要在认识论和方法论方面予以重视，而且通过这样的认识，建构起两者之间的密切关系，从而在城市规划的发展过程中互不偏颇。这既是本书编写的出发点与目的，也是对学科发展的愿望，同时也是编著者今后将努力前行的方向。

2. 理论是客观世界普遍规律的总结

任何理论都是客观事物的反映，但仅仅是对客观现象的描述并未真正把握理论的实质。康德（I. Kant）从纯粹理性的角度揭示了科学理论是理智对知觉经验进行整理的结果，或者说，是这种结果的逻辑形式的表达，从而为理论作为事物普遍规律性的理性认识提供了哲学基础。而人类对客观事实的认识总是源于观察、实验，也即所谓的经验方法，物理学家玻恩（M. Born）曾经说过："科学仅仅承认能够用观察和实验加以证实的依赖关系。"在科学的意义上，经验知识是科学知识的基础和来源。通过对事物直观的、具体的认识，经过一番抽象提炼，进而把握住事物的本质特征和内部联系，并通过概念等的建立和陈述，形成为我们所说的理论。科学理论就是通过这样的过程得以建立起来，同时也只有通过这一过程，理论才能真正

反映客观规律以及事物间的普遍性关系。从理论本身的意义出发，爱因斯坦则更为明确地指出："一个希望受到应有信任的理论，必须建立在有普遍意义的事实之上。"但也正由于理论是具有普遍意义的，因此它并非就是客观现实，它是主观的，是从现实世界中抽取和提炼出来的，是人类思维的创造物。一个真正的科学理论应当是主客观方面的统一，也就是说，理论是人类通过对客观事实进行理性思维后取得的对其本质和规律性认识的陈述。例如，物理学中的运动定律或完全弹性碰撞定律等等，这些规律并非只是在某时某地发生的，而是具有广泛的普遍性，是在对客观世界的现象进行提炼和抽象后总结出来的普遍规律。它们也许并不能和具体的事件完全一一对应，也不是对具体事实的描述，而是对其本质性关系的揭示。这就是说，任何理论都是建立在对现实简化和抽象的基础上的，而且只有经过了简化和抽象才能真正提炼出具有普遍性的规律。正如20世纪最伟大的哲学家之一的罗素（Bertrand Russell）在《人类的知识》中所指出的那样："科学知识的目的在于去掉一切个人的因素，说出人类集体智慧的发现。"[12]因此，"为了建立理论，特别是为了建立那些使我们能够据之推理的理论，我们要对现实进行简化。我们不是试图捕捉真实世界的每一个复杂因素，而是紧紧抓住其中最重要的因素，并且小心防止使我们从理论中得出的推论，超越理论本身对现实的近似界限"[13]。

当然在理论体系中还存在有另一类理论——规范性理论，所谓规范性理论是指这种理论带有更多的主观愿望和价值判断。其实，实证性理论也多少受到观察者和理论建构者的个人背景、判断、价值取向等的影响，所谓完全中立的观察和理论都是不存在的，但在规范性理论中这种影响更为明显，而且其本身的成立也就依赖于此。在规范性理论中，一般是先通过对现实世界的认识，发现其不合理的地方，然后纯粹通过在思想中建立模型，设想对这些不合理的内容进行改造，并在思想中对其中所涉及的关系进行论证，从而建立一个符合其理想及价值观的世界。规范性理论同样也是要揭示和描述这个世界中各要素间的普遍性关系。相对于实证性理论，规范性理论中的这个世界是想像的，而不是经验的；这种关系是应该存在的，而不是实际存在的；它们的联系是能够的或可能的，而不是必然的。

3. 理论是对客观事物及其发展的解释

任何理论都不仅仅是对现象和事实的经验概括，它必须经过抽象和提炼，才能上升为理论，并且在经过理论性证明后，才能得到确立。因此理论不仅是对客观规律和普遍性关系的描述，同时也是对这些规律和关系的解释。理论的解释具有双重的功能：一方面，理论是对现有的、已观察到的现象的因果关系的解释，为这些现存的事物发现合乎逻辑的原因，即揭示其中具有普遍意义的规律。按照爱因斯坦的看法，理论的解释就是理论的整体结构或者说思想体系的相统一，这就是说，"科学是这样一种企图，它要把我们杂乱无章的感觉经验同一种逻辑上贯彻一致的思想体系对应起来。在这种体系中，单个经验同理论结构的相互关系，必须使所得到的对应是惟一的，并且是令人信服的"。另一方面，理论在对现实世界的各类关系提供解释的基础上，应当能对事物在现有状态中继续向前发展的可能前景作出解释，或者说根据理论所揭示的事物发展规律来预计事物的未来状态。这是理论对未来发展的预言作用，同时也是对理论进行检验的重要方面。理论揭示的是普遍性的规律，因此对一事物的发展提供了预期的方向、作用及其强度，这是事物发展规律的继续延伸。其实，所谓的预言，也就是对现象和事实的未来状态进行解释，它所依据的是事物过去发展变动的客观规律性，在目前运动和变化的状态下，对其未来可能出现的趋势和可能达到的水平及其潜力的综合认识。理论的预言性是检验理论可靠性与正确性的重要工具和尺度之一，正如特拉斯特德（J. Trusted）所提出的那样："一个理论不仅能作出真实的预言来解释世界，而且还能将熟悉的已观察到的事件与较不熟悉的或许是非常陌生的表象背后的实在联系起来。理论可使我们将已观察到的和未观察到的相互联系起来，从而使我们获得对周围世界更深刻的见解。"[14]这是理论的主要效用的体现。

4. 理论的有效性与发展演变

理论的有效性是由其内、外部的关系所决定的。通常而言，理论在其内部是符合逻辑的，在其外部则是与事物的发展相一致的。科学哲学对此作如此的归纳："……当一个思想体系综合了两个特点时，我们就可以认为它是'科学的'：一个是抽象性，这个特点是关于体系之内部组织的；另一个是可检验性，这是关于体系与外部事实之关系的。抽象性意味着体系内部组织的逻辑方面已经区别于体系的事实内容：就是说命题之间所包含的逻辑关系已经得到明确的阐述，体系中大部分一般性命题是属于那种在假设性的情况下而不是在具体的真正的情况中可以使用的原理或定律。可检验性意味着体系为预言可观察的结果提供了一个基础，因而它要依靠它预言的精确性而受到评估。"从严格意义上讲，抽象性和可检验性两者之间存在着一些矛盾，尤其是在实践的意义上讲更是如此。"……事实上，抽象性和可检验性是比较难于结合的，因为抽象性意味着如果一个体系想成为可检验的，它只能在一般必须是人为地构造的特殊环境下接受检验。特别地，抽象性和可检验性的结合标志着一个体系是'科学的'，这意味着体系不是在通常的或自然的条件下，而是在观察或实验控制的理想条件下，比如是'在一个完全的真空里'，'没有摩擦的'，'无杂质的'，'在特定的方面等同的两组中'，预言某些可以观察的结果而不是别的什么东西"[15]。

理论的效用首先是要经受科学界或学科内部的检验，也就是要为科学共同体所接受，因此，这些理论必须具备"内部的一致性"和"合理性"，"就像这些特点是任何知识体系要得到社会之普遍承认所必不可少的一样"。但仅有这些显然还是不够的，至少在理论的内容和形式上，作为有效的理论还需要具备其他的一些条件。这其中包括："如果一个体系是抽象的，考察一下这个体系具有简单性特征的程度就变得有意义了。换句话说，抽象性提供了一个条件，在这个条件下简单性就成为评价一个体系之有意义的指标。与此相关，如果一个体系是可以检验的，考察一下它通过相关的检验的程度，也就是它在什么样的程度上具有精确的预言而不是仅仅提出合理的回顾性解释的能力，就变得具有意义了。因此，与评价科学体系相关的简单性和预言能力这两个标准，具有两个对科学进程具有重要意义的特点。第一，这两个标准为根据一般情况下的相对可接受性来对彼此竞争的体系进行比较性评价提供了基础。第二，这两个标准不为那种认为某一特定体系在有关方面永远优于所有可能的竞争者的看法提供基础。因此，科学体系最好也永远只有试探性的可接受性。"[16]当然，这些理论本身的内容并不直接作为理论有效性评价的关键性因素，只要它满足这些结构性的要求，就可以认为这些理论是有效的。因此，"这个关于科学体系的定义是与体系的内容无关的，就是说，不涉及到它所包含的实际思想。相反，定义所指的是严格限于结构的特点。这就是说，一个体系只要具有必需的结构的特点，即使它的内容是一种

基本上与非科学的文化相联系的思想，在目前的意义上它也可以是'科学的'"[17]。

随着社会经济和科学技术的不断发展，理论本身也在不断地进步，任何理论都不可能一劳永逸地解决问题。新的理论不断出现，这些理论有的是对原有理论的充实完善，有的则证伪了原有的理论，从而在整个科学或学科体系中发挥作用。但应该看到，即使是被证伪了的理论也并不一定就是要被淘汰的，在社会科学中这种现象尤为明显。在自然科学中，也同样存在这样的现象，如在物理学中，量子力学、相对论冲击了牛顿力学和古典物理学的基本框架，改写了现代物理学的基本图景，但牛顿力学和古典物理学的基本理论仍然具有其自身的意义。正如科学哲学家所说的那样，"来自现代物理学的新的宇宙概念并不意味着牛顿物理学是错误的，或者量子理论和相对论是正确的。现代科学开始认识到所有的科学理论都是对实在的真正本质的逼近，每一种理论只对一定范围内的现象适用。超过这个范围，这一理论便不再能够对自然给出令人满意的描述。这时便需要找到新的理论来代替旧的理论，或者通过进一步的逼近来扩展原有的理论。由此，科学家建立了一系列有局限性的和近似的理论或'模型'，每一个理论或模型都比前一个更精确。然而，却没有一个是对各种自然现象全面的、终极的描述。L·巴斯德讲得十分精彩：'科学进步就是暂时回答一系列越来越深入到各种自然现象的实质中的各种越来越细微的问题'"[18]。

二、理论的形式构成

任何学科中的理论都是对该领域中普遍规律性的反映，并且采取理论的形式来把握研究对象的普遍规律性，任何理论都不是将其所涉及的要素进行累积和堆砌就可能形成的，它们之间有着一种更为紧密、更为有机的关系，这种关系既可在其形式中有所反映，也即通过语言表达上的独特关系而建立，但更多的却并不是明显的，有时甚至是深藏着的，也就是通常我们所说的逻辑关系。理论是对客观事物的一种理性认识及其表达，因此也就同时要求包含这两方面的内容。

任何科学理论都是有形式的内容，如果没有形式，便流于无形，严格来说，也就不成其为理论，而且，科学理论的形式有其特殊重要的意义。现代科学知识达到高度的抽象和精密，在科学发展中发挥出巨大的认识和实践作用，是同所谓的"知识的形式化"

(formalization of knowledge)分不开的。根据对现代自然科学和社会科学理论的分析和理解，可以发现所有比较成熟的理论都由共同的或相似的形式结构组成，也就是由概念、变量和陈述三部分组成。

首先是概念。概念是表示某种事物或现象的术语，是理论的形式的最基本单元（构元）。只有运用概念才能进行科学思维，瓦尔托夫斯基（M. W. Wartofsky）说："我们可以说，科学概念是从事科学思维的工具。它们是这样一些方法，科学家运用这些方法已学会了理解复杂现象，认识它们的相互关系，并以可交流的形式把它们表达出来，它们实际上是科学思维和对话的尖端工具和高超技术。"[19]《辞海》则更为明确地表达为："科学认识的成果，都是通过形成各种概念来加以总结和概括的。"因此，理论的形成往往是以概念完善为基础的，缺乏明确的概念界定也就不可能建立理论；同样，任何对理论的认识与把握也必须从概念开始。概念表示某种事物或现象，其语言形式是词和词组。尽管科学概念和日常生活有可能使用了相同的词或词组，但是它们也可能有不同的含义。因此，为了使概念所表示的现象具体化、明确化，使所有的研究者能够从中看到相同的东西，并理解其确切的所指，就必须以定义来界定概念，定义使被定义的概念在实际使用中避免多义性和歧义性，使所有使用它的人都能知道它传递的意思。概念虽然表示了某种具体的、现实的事物或现象，但在理论范畴内，它是抽象的，这里有几层含义：（1）任何概念就其所表示的对象而言，已经从现实的诸关系中分离出来；（2）概念是作为一种认识的成果，是从现实中提取出来的对其客观本质的认识；（3）概念是一种语言符号，而且是经由定义而界定的，它是一种意识的归结而不是经验的实存。之所以需要有这样的抽象性，关键就在于只有经过了这样的抽象，才能真正揭示其本质，同时才能确立起这一概念的惟一性。罗素（Bertrand Rusell）指出，"我们越是接近逻辑上的完全抽象，不同的人在理解一个词的意义上所出现的无法避免的差别也就越小"[20]。

而变量，从根本上讲也是一种概念，是一种说明对象变化程度的概念。如果说前面我们只讲了概念定性方面的内容，那么变量就是概念定量方面的内容，它揭示了对象变化之间的相关关系。变量在科学研究中，是定量研究的基础。在定量研究的过程中，首先就是要确立变量的意义，然后才有可能建立起变量的关系。我们并不指望也不希望将城市规划变为一门自

然科学，进入完全计量化的演绎之中。但是我们也应看到，任何学科的发展都将不可避免地引入数学知识，马克思曾认为，一门科学只有在成功地运用数学时，才算达到了真正完善的地步。现在各门科学都越来越广泛地应用数学，不仅在自然科学，而且在经济学、社会学、政策科学，甚至在生物学、历史学等学科中，也引入了计量研究的方法，数学几乎成为各门科学的共同语言，并作为一般的科学思维方法和思维内容而进入各个领域。数学的引入而形成的数学模型和计算机的运用，也已成为科学研究重要手段和工具，城市规划也是如此，这是科学发展的必然过程。城市规划不能在实验室、也不能在现实中进行试验，在一定程度上只能通过抽象思维、通过模拟分析来进行研究。过去我们习用的"试错"(trial-and-error)方法，凭借的是个人的、直接的经验和想像，缺少动态的和多方案的比较和优选。而城市规划定量研究的最大优势就是通过数学模型的建立、电子计算机的运用，可以进行大量的模拟运算，使多方案研究、比较、优化和优选成为可能，为城市规划提供精确的数据和方案。

第三个内容是陈述。在城市社会的现实中，许多现象和事件是相互联系着的，它们只有在相互联系中才会发生和存在，它们也只有在相互作用的过程中，才具有意义。一旦我们在表达这些现象和事物的概念之间建立起某种联系，并将这些联系揭示、描述出来，就已基本上具备了理论的形式。孔茨（H. Koontz）和奥唐奈（C. O'Donnell）在《管理学》一书中指出，"科学解释现象。它以相信自然的合理性为依据，即相信在两组或两组以上的事件之间一定能够找到它们之间相互联系的观点为依据。科学的本质特点是：知识可以用科学的方法而使之系统化"[21]。理论作为陈述既要说明概念所指的事物之间相互联系的方式，又要解释这些事物现象之间是怎样和为什么有相互作用这样的问题。当然，并不是所有对两种（或更多）概念之间关系的陈述都是理论，但至少在形式上，已经完成了对理论的陈述或建立起理论假设的陈述。不同的理论要求有不同的陈述方式，形成不同的形式结构。实证性理论与规范性理论的形式结构是并不一样的。实证性理论陈述的是不同概念之间直接的、客观的相关关系，当概念是变量时，能够揭示出这种关联的量上的些微区别，其语言形式通常是肯定判断，而且在大多数情况下，是全称判断，即使是概率判断，它也必须指出概率的强弱程度。而规范性理论陈述的往往是一种出

于愿望、价值断定及可能性的相关关系。当概念是变量时，它也只能提供这些变量的期望量值及其区间，其语言形式有较强的主观性和推测性。在规范性理论中，还有一类理论剔除了影响核心概念的多种作用因素，将其置于一种纯粹状态中，继而揭示在这种状态中的不同事物或事件的相互关系。这种理论同样是很难甚至是无法用事实来验证的，韦伯（Max Weber）将之称为理念型（ideal type）理论，并对此进行了全面的阐述。其实，在自然科学中也有许多理论是属于这一类型的，如真空条件、理想气体、完全弹性碰撞等由于这些理论中已经"净化"了概念本身的作用，因此容易建立起一组概念之间的相互作用关系，并能很清楚地推导出这些概念之间的作用关系和程度。因此，在陈述的语言上往往也使用肯定判断。

所有的理论陈述都应当遵守形式逻辑的规则，保持语言的完整性、严密性，同时也应追求简单性（simplicity）。在科学理论中，简单性有着多种含义，一种是指理论前提的简单，也就是从最少、最简单的前提出发来解释事物才更为有效。中世纪哲学家奥卡姆（Ockham）的名言是："包含较少假设的解释，优于有较多假设的解释。"另一种含义就是在语言表达上要尽量地简单，在自然科学（尤其是物理学）领域，科学家们追求的是数学方程式的简单性，物理学家更在这种思想指引下，提出了"简单性原理"。而事实也正是如此，形式越是简单的理论越能为人们所接受。

有关理论陈述与理论体系或者理论框架之间的关系，我们引用徐崇温在评述阿尔蒂塞（Louis Althusser）思想时的论述来予以说明。这一论述不仅可以提供给我们一个有关理论陈述与思想体系之间关系的整体性认识，也可以加深我们认识理论的实践意义以及理论评价方面的知识。他说："所谓理论框架，就是使得一种理论能够以特定方式提出某些问题而排斥另一些问题的被提出的潜在结构。一种理论的理论框架，把它的各种基本概念置于彼此的关系之中，并通过它在这种关系中的地位和功能决定着每个概念的本质，这样地给予每个概念以特殊意义，它不仅支配着它所能提出的'解放'的方法，而且支配着它所能提出的问题以及它们必定在其中被提出的方式。""所以，在阿尔蒂塞（原书中译为亚尔都塞，下同）看来，理论框架是一个丰富的和有启发性的观念。根据这种观念，一种思想观点的意义和统一，不是在于它所作出的回答，而是在于它所提出的问题，一个理论框架包含一些思想的客观内在关联和各种

问题的体系，它决定着一种意识形态所能提供的回答。因此，它是一种基础性结构，不能把它同一种思想观点所明确表述的公开宣言等同起来，而且，一个理论框架其本身就是对现实问题的回答，但尽管它是对现实作答，却并不必然符合于现实，所以，作为阐明各种思想运动的内部融贯性，以及把这些运动之间的亲密关系统一起来的一种手段，'理论框架'是一种潜在的分析工具，阿尔蒂塞认为，一种理论框架的本质不在于其内部功能，而在于其同现实问题的关系。""由于一个学说的理论框架，不仅很少以明显的形式存在于它所支配的理论中，而是一种埋藏在这种学说的无意识的结构，而且，一种学说的理论框架还往往是复杂的和矛盾的，包含着不同方面的位置错乱的，而这种矛盾有时被原文表面的种种作为复杂结构的'症状'的沟壑、沉默、缺乏等等所反映出来，因此，在阅读包含马克思著作在内的理论著作时，就不能仅仅通过对其写在白纸上的黑字的明白表述，去做文字上的简单、直接的阅读，而必须把它同构成作为原文的必要补充的'沉默'的谈论，埋藏在原文中的无意识的理论框架的许多症候，即无、空白、沉默连接起来阅读，这才能把一种学说的'理论框架''从深处拖出来'。"[22]

阿尔蒂塞从哲学的意义上揭示了单个理论与理论体系之间的关系，而库恩（Thomas S. Kuhn）在《科学革命的结构》一书中，以"范型"（paradigm）对此进行了总结[23]。他认为，在常规科学（normal science）阶段，理论的提出，首先必须符合范型的基本规则，是在范型的约束下寻求发展；其次通过新的理论的提出而充实、完善或修补既有的范型，使这一范型具有更广泛的解释能力。当然，在这时期也会出现与既有范型不相符的理论，但由于其对特定现象的解释具有生命力而得以存在，但它会在既有范型中受到排挤。随着这些与既有范型不符甚至冲突的理论的不断累积，就有可能导致范型的转变，而所谓的科学革命其实就是这样一种范型转变。根据库恩的研究，一旦这种范型转变得以实现，人们对同一事物的认识就会与过去完全不同，这是在新的理论框架下对同一事物的重新审视，这也同样会表现在理论的陈述方面，其中既包括了对概念本身的重新解释，也包括了对概念之间关系的重新解释，甚至还会体现在叙事的方式与风格上。

三、理论的学习与运用

理论提出的意义或者说理论的认识意义在于认识

10

世界及其现象，也就是以理论作为工具来揭示世界及各类现象的发生及其原因、构成、发展和演变等等方面的知识，进而决定了对世界及各类现象的深层次的认识，并通过行动的过程而达到改造世界的目的。因此，从一定意义上来说，认识世界的目的在于改造世界，理论的根本使命在于理论在实际行动过程中的被贯彻并成为行动的组成部分。其实，任何人的行为都受到一定的思想理论体系的影响，只是自己是否是有意识的，或者是否有意识地表达出来而已。城市规划理论和城市规划的实践之间一直存在着相互分离的状况，从事于城市规划编制或城市规划实施管理工作的人往往将城市规划理论研究看成是没有实际效用的工作，但实际上，每一个人都在一定程度上受到理论的影响，并在一定的理论框架之下才能采取行动。德国著名诗人海涅曾以生动的笔墨叙述了伟大的思想家和政治上的行动者之间的关系，从而揭示了理论与实践之间的相互关系："记住吧，你们这些骄傲的运动者！你们不过是思想家们不自觉的助手而已。这些思想家们往往在最谦逊的宁静之中向你们极其明确地预示了你们的一切行动。马克西米安·罗伯斯庇尔不过是卢梭的手而已，一只从时代的母腹中取出一个躯体的血手，但这个躯体的灵魂却是卢梭创造的。使让·雅克·卢梭潦倒终生的那种焦虑，也许正是由于卢梭在精神里早已预料到他的思想需要怎样一个助产士才能降生到这个世界上来，而产生的吧？"[24] 当然，如果说这种影响并不是来自于当下正在进行的理论研究，那么，这种影响则是来自于过去的甚至过时的理论研究。20世纪最伟大的经济学家之一的凯恩斯（John Maynard Keynes）以经济学和政治学理论为例来说明理论知识对政治实践家的作用，他说："……经济学家和政治理论家的思想，无论是正确还是错误，他们的威力总是比一般人能想像到的还要强大得多。诚然，世界是由别的少数人统治着。讲求实际的人，他们自信自己并没有受到知识界的影响，其实，通常都是受某些已故的经济学家支配的奴仆。"[25] 正是这样一些理论知识，影响并决定着他们采取什么样的决策和行动。

从理论的学习与运用来讲，理论的学习是所有学科或科学学习的起步，同时也是学科知识学习的关键。对于任何一门学科的学习来说，只有通过理论的学习才能真正把握学科的研究对象、研究内容和研究方法等等，缺少了对理论的学习也就不可能真正把握这门学科。但很显然，这样的学习并不仅仅是将理论的结论或其条条纲纲背熟、记住了就算是学好了，也就是说，理论的核心也许并不仅仅在于理论所揭示的现象及其结果，而在于揭示这些理论的过程，也就是说，要把握的是理论考虑问题的方式及其内在的思维方式，这对于理论的运用来讲也是如此。

在前面的论述中，已经一再地强调，理论是抽象的，是以普遍性的规律作为其存在的最终归结。尽管理论最终是要在实际的行动过程中被运用的，但从严格意义上讲，也并不就是可以直接运用的。抽象的事物只有与现实的条件相结合之后，才具有可运用性。卡普拉（Frigjof Capra）曾指出，"由于理性思维的根本局限，我们不得不接受这样一个事实，正如 W·梅森堡所指出的：'每一个词或概念，看起来似乎明确，但都局限于一定的应用范围。'科学理论决不能对实在提供一个完整的、确定的描述。它们总是近似于事物的真实本质。直言不讳地说，科学家并不是和真理打交道，而是和对实在的有限而近似的描述打交道"[26]。正是由于理论是一种近似的、抽象的描述，因此在具体运用理论时必须首先从对理论的检测开始，考察其在特定的时间、地点和条件状况中的确切性，然后才能更好地予以运用。另外一方面，理论的建构是建立在理性的抽象的基础之上的，因此，任何理论都是片面的，它们所揭示的普遍性规律并不等于就是实际本身；而人们在实践的过程中，与理论建构不同，一般都必须直接面对现实，它不会像理论那样要求有统一的逻辑结构，允许矛盾的存在，或者要求协调、综合两种甚至多种不同的理论，并在此基础上作出行为的抉择。徐长福通过对理论思维和工程思维之间区别的讨论，分析了理论建构和理论运用之间的差异，雄辩地证明了实践过程的逻辑结构与理论建构的逻辑结构完全不同。他指出，理论思维强调内在逻辑的一致，因此就缺少客观的约束效力，而且其本身的建构也无需以客观性来约束自身；而工程思维则强调非逻辑复合，需要全面考虑实践所涉及的方方面面，并在综合的基础上对具体行动进行筹划[27]。因此，理论的运用需要对理论进行再创造后才能予以运用，这是由实践的规定性所决定的。而且，在实践的过程中使用理论建构的思维方式，或者以实践的思维方式来进行理论建构，也就是徐长福所谓的理论思维和工程思维之间的任何僭越，都会导致所进行活动的最终失败。正如加达默尔所说的那样，实践本身有着它自身的逻辑，在其展开的过程中，理论必须通过对其已被抽象的内容进行再具体化，然后才能正确地指导行动的开展，否则就会被看成是出于人类愿望的一厢情愿。这无论在政治、社会、经济的发展过程中，还是在城市规划的历史中都有许多例证可予以说明。加达默尔说："人类具有愿望并试图寻找各种方法满足这些愿望，这是人类的创造能力，但这并不能改变愿望不是意志的事实。愿望不是实践，因为实践包括选择和决定做某事（而不做其他事），在这样做时，实践的反思是有效的，它本身有着最高程度的辩证性。当我有意志要做某事时，那么反思就介入了，靠它我用一种分析程序的方法在我眼前带来可以做到的事情；如果我有意这样做，那么我必须先那样做；如果我想要有这个，那么我就不得不先有那个……；直到最后我回到我自己的情境，在那里我自己亲手把握住那些事物。按亚里士多德的观点说来，有关实践的推演和对实践考虑的结论是决心。然后，这种决心和从对目标形成意志到要做那个事情的整个反思过程一起，同时就成为意志所指的目标本身的具体化。实践理性并不简单包含在人们对自己认为好的结果进行可行性的反思，然后再做可做事情这样的环境里。……对于后者（实践理性）来说，它与一切技术理智的区别点在于，目的本身、'普适性'的东西是靠独一无二的东西获得其确定性的。……任何普遍的、任何规范的意义只有在其具体化中或通过其具体化才能得到判定和决定，这样它才是正确的。"[28]

其次，我们也应看到，任何理论是有条件的，理论确实具有揭示普遍规律的含义，但任何理论的建立都是有一定前提条件限制的，哪怕是假设的条件。因此，理论的检验也就必然是有条件的，即必须与原假设的条件是一致的，如果条件不同所得出的结果肯定也是不同的。即使是在自然科学中，对相应理论的检验也必须符合理论建立时的条件，否则这样的检验是不能得出结论的，如真空条件下的钟摆现象，在非真空条件下是不存在的，或者说，在非真空条件下的钟摆现象并不符合该理论的结论，在这样的状况中，就很容易得出该理论是不成立的结论，而其实质则在于前提的不同。而对于建立在社会背景之下的理论的检验，更具有其独特的复杂性。这是在城市规划领域中经常出现的对城市规划理论误解的主要原因。因此，在学习和运用各种各类的理论时，需要对理论的条件及其适用性予以充分的认知。有些理论的前提条件是非常明显地结合进了理论本身的陈述中，这就相对比较容易辨别；但也有许多理论是将其前提条件或限制

条件隐含起来的，而且是与其研究目的结合在一起的，这就需要在学习与运用这些理论时将这些前提条件甄别出来，并与具体的实践活动结合起来进行全面的考虑。同时，也需要对实践的具体状况有清醒的认识，"实践当然不仅仅依赖于对规范的一种抽象意识。它总是已经受着具体事物的驱使，带着先入之见肯定事物，而且受到对各种先入之见进行批判的挑战。我们总是受着各种惯例的左右。在每一种文化中，一系列事物被认为是司空见惯的，但是人们不能完全清楚地意识到它们，甚至在传统形式、习俗和习惯最大程度的解体中，人们习以为常的东西决定每个人的程度仅仅是被掩盖住了。黑格尔有关规定及否定的理论从根本上确认了这一点。但是对我来说，这是一种相当重要的洞察，只不过在我们时代里历史主义和各类相对理论一直掩盖着这种洞察而已"[29]。

当然，城市规划的活动所涉及到的各种各样的利益关系更加加剧了实践过程的复杂性。而这种种利益关系具有明确的时间和地点的特性，这些特性直接规定甚至决定了规划实践的状况，而城市规划理论正由于它所具有的相对普遍性，因此也就不可能在这方面具有具体性，这是在学习和运用城市规划理论的过程中需要特别明鉴的。其实，任何实践活动都具有这样的特征："人们不是在人们自由实施自己认真考虑过的计划的意义上'活动'，相反，实践和他人有关，并依据实践的活动共同决定着共同的利益"[30]，而城市规划的实践活动就更为明显了，这就需要将普遍性的理论与具体的活动及利益关系结合起来。城市规划既不可能是一项客观性的活动，也不可能与具体的利益关系相脱离，如果我们将汤因比（Arnold J. Toynbee）所称的国家改为城市来看待，将他所说的文化模式看成是理论体系及其运用来看待的话，那么他在论述世界各国的文化模式时所得出的结论也具有同样的意义。他说："发生作用的种种力量，并不是来自一个国家，而是来自更宽广的所在。这些力量对于每一个部分都发生影响，但是除非从它们对于整个社会的作用做全面的了解，否则便无法了解它们的局部作用。一个同样的总的过程，对不同的部分发生不同的影响，因为不同的局部又以不同的方式反应和促进这个总的过程发生运动的动力。我们可以说一个社会在它生存的过程中不断地遇到各种问题，每一成员都必须采取最好的办法自己加以解决。每一个问题的出现都是一次需要经受考验的挑战，在这样一系列的考验中，社会里

的各个成员就不断地在前进中彼此有了差异。在这全部过程当中，如果要掌握在一个特定的考验之下的任何一个特定成员的行为的重要意义，而不或多或少地考虑到其余成员的相同的或不相同的行为，并且不把后来的考验当作整个社会生命里的连续不断的事件的话，那是不可能的。"[31]

第二节　城市规划及城市规划理论

一、规划的含义

正如前面已经阐述的，对于"城市规划"这个概念，我们可以说，相对于"规划"而言，"城市"的概念相对比较容易理解，对象也比较确定。当然，对城市也有各种各样的认识，在城市规划领域中对城市的认识范围要相对狭窄一些，但无论如何，相对"规划"而言，城市作为一个实在的概念，可以有比较清晰的界定。另一方面，也有大量的学科在对城市进行研究，如经济学、社会学、地理学等等，可借鉴的内容要多得多，对城市及相关组成要素以及它们发展规律的解释也要透彻得多。而"规划"的概念是城市规划的核心所在，它所涉及的更多在于思想方法，是一种建立在思维方式方法和操作手段基础上的概念。这里，我们在讨论"城市规划"这一概念之前，有必要先讨论一下"规划"这个概念的本身，这对于我们理解城市规划、理解城市规划理论以及真正把握城市规划的实质，有着重要意义。

汉语中的"规划"这个词有两种不同的使用方式：一种是作为名词使用，如长远的规划、战略的规划等；一种是当动词使用，如"规划规划，明天（年）做什么"。与此相关，"城市规划"这个词，也就有了两种不同的含义，一种是指规划的成果，如规划图或文本，因此可以指着一堆图纸和文件说这就是城市规划；另一种就是将规划看成是一个过程，也就是指城市规划编制和实施过程，而这一切都指向了规划的行动。这两种不同的含义在中文中难以在字面上有所区别，因此相对比较容易混淆或无法显示在谈到"规划"这个词时究竟在说哪种含义①，这就需要对此进行必

要的界定，否则，尽管大家都在谈"规划"，但实际上的含义上可能就不相同，因此这样的讨论也就会沦为"聋子对聋子"式的对话，表面上看这样的讨论热闹而激烈，但实际上是不可能有任何进展的。我们在本书中主要指的是作为过程的"规划"，在需要指规划的成果时会予以特别指出，或以"规划成果"或"规划文本"来指代。

规划作为一项普遍的活动，并不仅仅只存在于城市规划，而是遍布于各个领域之中，而且也是日常生活中的重要组成部分。此外，经济规划（或计划）、社会规划、环境规划等等在世界各国的政府工作中也占有重要地位，规划在各种企业中也是必不可少的经营管理手段，甚至有一些政府规划的内容和方法就是从企业管理当中借鉴过来的，比如战略规划等。从广泛的意义上讲，规划就是为实现一定目标而预先安排行动步骤并不断付诸实践的过程。这一概念从20世纪60年代开始已经逐步地建立了起来，并在城市规划等领域中得到了广泛的认同，而且在理论探讨中也已就此建立起了基本的过程框架。在具体的内容上，有关规划的定义略有不同，但其基本的精神却是一致的，这些不同的定义从不同的立场和出发点对"规划"这个概念进行了深化，可以为我们认识规划过程中的思想和方法提供更多的思考，现举几例予以说明：

（1）"规划作为一项普遍活动是指编制一个有条理的行动顺序，使预定目标得以实现"[32]。霍尔（Peter Hall）的这一定义强调了作为一个工作过程的规划，也就是制定一个实现目标的行动方案，这个行动方案是有明确的方向选择的，是指向未来和目标实现的。同时，作为规划的对象是此后的具体行动，因此要确立行动的步骤，这些行动本身也是有目的导向的，是为了实现预定的目标。

（2）"我们知道个人和团体，为了本身的利益所采取的行动，能够引起社会经济和景观方面的问题。这些问题均与土地使用有关。规划就是建立一系列内容广泛的和具体的目标，并据此对个人和集团的行动施加管理和控制，以减少其不利影响并充分发挥物质环境的积极作用"[33]。麦克洛克林（J.B. McLoughlin）直接针对城市规划的内容提出规划的定义，他认为规划是一个结合了规划的制定和实施（即对个人和团体的

---

① 在西语中至少可以从字面上予以区分，如英语中的 plan 和 planning 等。

建设行为进行管理与控制）的完整过程，而不仅仅只是规划的制定；规划具有较强的问题意识，是以目标和对问题的解决为出发点的，并通过管理和控制性的行为来达到这两方面的目的的。

（3）"规划系拟定一套决策以决定未来行动，即指导以最佳的方法来实现目标，而且从其结果学习新的各种可能系列决定及新追求目标过程"[34]。德罗尔（Y. Dror）作为政策研究的专家，把规划看成是一种决策，并从系统论的角度，提出了规划与实施过程中的循环往复的过程。他认为，规划既决定了实现目标的未来行动，并从行动的结果中不断地学习完善，以不断地调谐和完善规划的内容和过程，所以规划的过程是一个循环往复的过程，通过这样的过程不断地向前推进。

（4）"规划本质上是一种有组织的、有意识的和连续的尝试，以选择最佳的方法来达到特定的目标"[35]。沃特森（A. Waterson）的这一定义提出了规划过程的一个非常重要的特征，即规划是有组织和有意识的行动，而且具有非常强烈的目的性。因此，规划的过程实际上就是以这样一种有组织性和有目的性的方式，选择最有效的方法来实现预先确定的目标，当然在具体方法的选择上仍然是需要在行动的过程中进行不断试验的。

（5）"规划是将人类知识合理地运用至达到决策的过程中，这些决策将作为人类行动的基础"[36]。沃特森引用 Sociedad Interamericana de Planification 对规划的这一定义，强调了对人类知识进行运用的过程，因此，规划也就是要将知识通过决策的过程运用到行动的过程中。理论是各种人类知识的集中体现和升华，或者可以说，人类的知识最终都将以理论的方式得以表达和归纳，因此，这里的定义或许可以转换为，规划就是将理论知识运用到实践中去的过程[37]。从严格的意义上讲，理论知识的运用就不仅仅是一个理论问题，而且更重要的则是一个实践的问题。

（6）"规划是通过民主机制集体决定的努力，以作出有关未来趋势集中的(intensive)、综合的和长期的预测……提出并执行协调的政策体系，这些政策设计得具有连接预见的趋势和实现理想的作用，预先阐述确实的目标"[38]。默达尔（Myrdal）的定义提出了规划过程的内容及其特征，他秉承了德罗尔对规划就是决策的理解，认为，规划的过程就是一个政策的过程，因此，规划就是提出并执行相互协同的政策体系，这些政策必须是建立在预测的基础之上的，并且这些政策应当既是适应未来发展趋势的又体现了对理想的实现，因此，对未来发展的现实基础的认识和对未来目标的追求具有同样的重要性。

有关规划的定义还有很多，在这里举出这样的几个例子，目的在于说明规划本身的内在特质。从以上这些定义中，可以看到各自的描述有所不同，但它们仍然具有一些相同的特质，这就是，规划最基本、也是最重要的特征是它的未来导向性。它既是对未来行动结果的预期，也是对这些行动本身的预先安排，并且在针对目标达成的行动过程中不断地将知识转化为行动。有关规划的本质意义及可能面对的问题，将在本书的第九章中予以详细讨论。

二、城市规划的含义

城市规划的历史也许可以一直追溯到两千多年以前甚至更早。在西方的文献中，古希腊时期的亚里士多德就已经非常明确地记述了以米利都的城市布局为典型的希伯达姆（Hippodamus）模式，并阐述了之所以这样做的原因。这是在西方保存下来的文献中有关城市规划的最早的文字记载。但根据20世纪的考古发现，在公元前7000至前5000年之间的新石器时代，在许于克（Çatal Hüyük）就已经发现人类有意识规划居住地的痕迹[39]。在中国，成书于春秋战国之际的《周礼·考工记》也已经详细地记述了关于周代王城建设的制度，并对此后的中国古代都城的布局和规划起了决定性的影响。这些都可以说明作为人们有意识、有目的地安排城市建设活动的规划行为具有非常悠久的历史，当然，这些有关城市规划的理念与本书所讨论的现代城市规划的理念本身还是具有明显的不同，现代意义上的城市规划显然是在19世纪中后期才初步形成的。霍华德的田园城市理论建立了现代意义上的城市规划的第一个比较完整的思想体系，在此前后经过近半个世纪左右的理论探讨和初步实践，才真正确立了现代城市规划在学术和社会实践领域中的地位。20世纪20、30年代，在现代建筑运动的推进下，现代城市规划得到了全方位的探讨和推进，到二次大战结束后在世界范围得到了最广泛的实践，形成了相对完善的理论基础并在全世界的主要国家建立了各自的城市规划制度。到20世纪的60、70年代，在新的科学技术方法和城市研究的推进下，对原有的城市规划体系进行了全面的改进，无论在理论基础方面还是在实践过程中促进了城市规划的完善，架构了当今城市规划的基本范型。

由于各个国家社会经济和政治制度的不同，城市规划在国家和城市的社会、经济、政治体系中的作用和地位不同，因此有关城市规划的定义以及对其的理解也就会有所不同。在我国，国家标准《城市规划基本术语标准》将城市规划定义为"对一定时期内城市的经济和社会发展、土地利用、空间布局以及各项建设的综合部署、具体安排和实施管理"。这一定义很显然是一个实质性的定义，是对城市规划所涉及到的内容的一种界定。它告诉了我们城市规划是做什么的，涉及到哪些方面，但很显然它并没有告诉我们城市规划的性质是什么，也没有告诉我们城市规划的基本属性。美国国家资源委员会则认为城市规划"是一种科学、一种艺术、一种政策活动，它设计并指导空间的和谐发展，以满足社会与经济的需要"，这一定义主要是从方法论和规划的目的与作用的角度对城市规划进行了定义，它揭示了城市规划的主要属性，也提出了城市规划的核心目的。如果我们能够将以上这两种定义综合在一起，应该说是可以揭示出城市规划的主要方面，可以为我们理解城市规划提供比较完整的内容。从学术研究的角度，《简明不列颠百科全书》提供了一个相对比较全面的有关城市规划的定义，它的内容也基本上将这两者的含义结合了起来。它提出，城市规划是"为实现社会和经济方面的合理目标，对城市的建筑物、街道、公园、公共设施，以及城市物质环境的其他部分所作的安排。是为塑造和改善城市环境而进行的一种社会活动，一项政府职能，或一门专业技术，或者是这三者的融合"[40]。尽管这一定义强调了城市规划工作的内容集中在物质环境方面，要比我国国标所界定的内容狭窄一些，但其通过对目标的强调和运用较为宽泛的"城市环境"一词，也并没有排除掉其他的方面，而其对社会活动、政府职能和专门技术的明确，则揭示了城市规划的属性及其在社会领域的地位。另外，《简明不列颠百科全书》在另外的词条中还提出了现代城市规划的主要目标，将其对城市规划的定义和具体内容进行了细化，揭示了城市规划与社会经济目标以及城市规划职能之间的相互关系。根据其描述，现代城市规划的主要目标包括：

（1）合理安排城市的居住、商业、工业等各部分的布局、用地和设施，使之各自实现其功能，互不干扰，并节约投资；

（2）有一个高效率的城市对内、对外交通系统，使所有的交通方式都获得最大的便利；

（3）使城市各个部分居住区的用地大小、日照、绿地以及商业区的停车场和建筑间隔，都能达到最适宜的标准；

（4）提供多种类型的、能满足所有家庭需要的安全、卫生和舒适的住宅；

（5）提供在规模、位置和质量上都属于高标准的文体、教育、娱乐和其他社会服务设施；

（6）提供足够而经济的供水、排水、公用事业和公共服务设施。

根据以上有关城市规划的定义及相关讨论以及我们对城市规划实际开展的工作的认识，我们可以看到，就整体而言，现代城市规划是建立在以城市土地和空间使用为主要内容的基础之上的，城市的土地和空间使用以及广泛的"城市环境"就构成了城市规划研究和实践的主要对象。在这样的基础上，城市规划的学科领域集中在对城市土地使用的综合研究及在土地使用组合基础上的城市空间使用的规划。因此，城市规划通过对城市土地使用的调节，改善城市的物质空间结构和在土地使用中反映出来的社会经济关系，进而改变城市各组成要素在城市发展过程中的相互关系，达到指导城市建设和发展的目的。在这样的基础上，现代城市规划在其发展的历史中，其核心内容主要集中在以下几个方面：

首先是土地使用的配置。土地使用的配置直接反映了城市的社会、经济和政治关系，要理解城市土地的分布状况或者要进行土地使用的配置，就必然地需要将城市中的社会、经济和政治关系纳入到思考的范围，否则就不可能真正地把握到土地使用状况的本质。同时，土地使用的配置也与城市发展的阶段及影响城市发展的要素密切相关，这就需要认识与掌握城市发展的状况与趋势以及城市中各项组成要素的发展状况，而城市的发展又会涉及到城市所在区域或更大范围的地区的发展等等。

其次是城市空间的组合。这种组合既反映了不同土地使用之间的相互关系，它们的功能匹配以及它们的演进变化，这些不同的土地使用之间既相互分离又相互联系的互动关系，又塑造了地区性的空间结构与形态，同时也架构了城市整体的空间结构与形态。城市空间的组合既涉及到不同土地使用之间的社会经济关系，也涉及到这些土地使用之间的交通通信联系，同时还涉及到空间组合之间的美学关系等等。

第三，要实现土地使用配置和城市空间组合，就需要有不同的方式与手段，这些方式与手段也就构成了城市规划操作的主要内容。而要在现代社会中实践也就必然地会与整个社会体制以及政治经济社会等因素糅合在一起，彼此不能脱离，正如李允鉌所揭示的："不论任何时代，城市都主要是为那一个时代的社会制度服务，体现出那一个时代的社会的精神。且城市规划的理论，一切城市规划的技术和艺术，无一不是在这个大前提下产生。"[41]

这些就是我们对现代城市规划的理解，同时也是构成本书在理论内容上进行取舍的依据。

三、城市规划理论[42]

在本概论的一开始即已对本书使用"城市规划理论"这个词的含义有所说明，因此，在本书的范围内，城市规划理论既是关于城市的也是关于其规划的，在这样的意义上，城市规划理论可以被理解成是有关城市发展和城市规划过程的普遍的、系统化的理性认识，是理解城市发展和规划过程的知识形态。

由于城市规划的性质，城市规划理论在性质上可以分为两类：一类是实证理论，这类理论与自然科学中的理论相似，它依据对现实的观察和提炼，忠实地反映和解释经验世界的现实活动，摆脱（或部分摆脱）价值判断，并能根据仔细观察到的经验来修正理论本身；另一类是规范理论，这类理论根据不同的价值观，提出并解释在经验世界里什么是应该的，什么是不应该的，并将主观愿望融会在理论的要素和结构之中，这类理论不能纯粹地以实验的方法、在不考虑人的个体因素的条件下放在现实社会中进行检验。对于广泛接受了现代科学教育的当代城市规划师而言，我们可能对实证理论的陈述比较熟悉，或者从自然科学借鉴的角度比较容易产生偏好，但是，城市规划恰恰并不如自然科学那么纯粹地排除研究主体，规范理论往往构成了城市规划最为重要也最为根本的内容。我们发现，如果要对城市规划理论进行分类的话，那么有关"城市规划中的理论"较多的是实证性的，而有关"城市规划的理论"则大部分是规范性的。当然，这种两分法实际上是从知识形态的角度所做的相对比较绝对的划分，在所有的城市规划理论中，或多或少地，这两者之间有着非常多的兼容性，这与社会科学的理论状态有着非常强的相似性。

由于城市规划本身的复杂性和综合性，它由多种要素和不同过程组成，而且涉及不同价值基础，因此

城市规划理论也必然具有多样性和多元性。每一种理论都会从不同的角度、不同的范围来考察其对象，并提出自己的观点。在具体的实践中，由于城市的多样性，社会组成和背景不同，尽管其中有一些普遍性规律，但这些规律由于其他条件改变而发生大小不同的变异，因此并不存在完全意义上普适的城市规划理论，这是我们在研究城市规划及其理论的过程中所必须时刻注意的。即使是针对同一内容的所有理论也并不都是同样有用或有效的，它们必须经过选择，在解决具体问题的过程中发挥不同的作用，这也加剧了城市规划的复杂性。严格来讲，城市规划理论可能永远也达不到自然科学理论那样的连贯、精确，除了证明研究发现外还能建立起抽象概念和规律组成的理论样式及其体系，但我们可以确信，城市规划理论至少可以达到"一系列理论活动的观点和指针"，如许多社会科学理论所已经达到的那样[43]。这也是城市规划兼容着自然科学、社会科学、工程技术和人文学科的内容与方法的必然结果。

任何理论体系都有一定的层阶结构。每一个理论都处于不同的层次上，它们在不同层次上针对不同范围的对象发挥作用。通过对自然科学和社会科学的类比研究，通过对现有城市规划的分析，我们可以将城市规划理论划分为三个层次：哲学层次、科学层次和技术层次。每一层次上的理论都是相互关联的。从整体而言，科学层次的理论是城市规划理论的主体，是关于城市规划所涉及的各项内容的抽象和理性研究；哲学层次的理论是对科学层次理论的综合和普遍化，是对城市规划本质的揭示；技术层次的理论是对科学层次理论的演绎和具体化，是城市规划处理实际问题的手段和工具。

（1）哲学层次的理论

哲学是人类理智认识客观世界的一种形式，是关于世界最一般本质和规律的认识。在城市规划领域内，这部分的理论主要是对城市规划最基本问题的研究。在城市规划中既包含着关于城市也包含着关于规划这样两部分内容，而且这两部分内容在城市规划理论中是不可完全分离的，因此，在哲学层次的城市规划理论既是对这两者的最根本内容的认识，也建立起这两者之间的最基本的关系。在哲学层次上，可以将其划分为三项内容，即本体论、认识论和方法论。

在哲学的意义上，本体论就是关于存在及其本质和规律的学说，本体论通过对存在的确立，为认识和

实践活动规定对象，并在此基础上揭示对象的本质联系。因此，在城市规划领域，哲学层次的理论研究需要确立城市规划作为一门学科和一项社会实践在知识体系和社会体系中的合法性及其地位，从而保证城市规划存在和发展的基础。同时，哲学层次的理论还要通过对城市的本质和规律以及规划的本质和规律的认识，建立起城市规划自身的总体框架，确立起城市规划的研究对象和实践领域，并进而确立城市规划与城市发展建设之间的关系。城市规划是关于城市发展的规划，它要对城市发展起作用，就要遵循城市发展的客观规律，采取一定的方法手段才能进行。因此，城市规划的合理性并不仅仅在于其自身的完整性和逻辑性，而且还在于其是否与城市的发展相匹配。另一方面，城市规划的作用也必须通过具体步骤内在于城市发展过程，因此城市规划哲学层次的理论尚需研究如何保证城市规划成为城市发展的一个组成部分或成为其内在动力之一这样的问题。

认识论就是关于人类知识的来源以及认识发展过程的学说，就认识论的本质而言，城市规划理论是经验认识和思辨认识、规范判断的综合。城市规划与纯粹的科学尤其是自然科学并不相同，它不能完全依据于客观事物的经验认识，也不能提供完全确实的城市未来发展的知识。更具体地说，城市规划中关于城市发展、城市空间运行的认识基本上是经验性的，是客观的，它们是从城市发展历程中不断认识和发展的，但关于对城市未来的运行和进程、城市空间的再组织的认识则基本上是思辨的和规范性的，带有明显的主观性，它们既有源自于对过去规律的认识，又有对未来发展的想像和推测，同时，受城市发展状况、人类认识能力和对城市进行改造能力的制约。但这两部分内容并不是相互脱离的，它们相互交织在一起，即使是城市的现状也是过去城市发展的自然进程和过去的城市规划的人为干预的协同作用的结果，因此，将这两种认识方法进行完全的分离，或者排斥任何一种认识都是同城市规划的本质相背离的。

方法论就是认识世界和改造世界的根本方法，也是对方法本身所进行的研究，城市规划方法论包含着两大类，一类是逻辑方面的，一类是非逻辑方面的。从逻辑方面讲，强调的是合理性，即涵盖人类思想、活动以及人类与社会、自然关系的合理性，城市规划的合理性关键在于建立起城市规划与城市发展的相互关系。城市规划理论体系、城市规划理论，作为各自完

善的统一体，有着其自身内部的完整性和逻辑一致性。在最普遍层次上，城市规划方法论也包括归纳与演绎、分析与综合(还原与整合)的基本方法，依循的是从经验世界出发再回到经验世界接受检验的道路。城市规划的作用就是要实现对城市发展的促进，也就是说它是对城市社会现实的一种改进过程。但是城市规划并非是一个自在自为的过程，因此，所采取的任何方法和手段都必须合乎城市发展过程中各类要素相互作用的关系，同时也必须合乎城市发展的客观规律，以此来预防、消除或减弱城市自然运行过程中的负面影响，并加速某些有利状况的实现，或将其引导至更符合人类需求的状态。因此，强调此过程中各类关系的合理性是不容置疑的。从非逻辑方面讲，强调的是多种思维方法的共存。由于城市规划中涉及大量的价值观、判断力、文化背景、社会结构等方面的因素，这些因素并不能完全以逻辑的方法来处理，它们之间互相交织在一起，又没有统一的评判标准，它们都是一定社会背景、一定历史条件之下的产物。城市规划在任何社会背景和历史条件下，都难以成为城市发展过程中最根本的作用因素，因此，就要研究决定和影响城市发展的各项因素，只有在具体条件下，与这些因素的运行过程充分结合，城市规划才能起到真正的作用。

（2）科学层次的理论

科学层次的理论是城市规划理论中数量最多的，而且直接影响到城市规划运行的质量。它所揭示的是城市规划领域范围内涉及到的所有内容的以及它们之间相互关系的本质特征和规律。依据城市规划研究和工作的内容，科学层次的城市规划理论大致可以划分为三大方面。

一是关于城市、城市发展以及城市各项组成要素及其发展的理论。城市是一个综合的复杂系统，涉及各种因素，要对这些要素本身进行研究，不仅城市规划而且还有许多其他学科也在进行有关的研究，而城市规划所担当的是关于城市综合性的、整体性的研究，其中最重要的则是城市发展理论。除此之外，城市规划更关心其中的物质空间方面，其中以城市土地使用和城市空间结构的研究最为直接。而要研究这些方面，必然地要研究到不同土地使用的各项活动本身，它们的需求及相互之间的关系。这些理论的获得将借助于其他学科的研究成果和方法，另一方面也须以极敏锐的眼光和精致的方法来建立其中的相互作用关系，并在此基础上建立起各要素间的相互作用及其

作用方式之间的关系，而且可以说，这些要素的任何一方面的变化都会影响到城市的发展。

二是关于城市规划过程中所涉及的各项内容之间的相互关系及协同安排的理论，其中也包括了如何规划这些要素的理论。研究城市的目的就是要通过规划来引导城市的建设与发展，因此就需要通过对城市未来发展的预测来作出事先的安排并确定未来行动的纲领。因此，这就涉及到对未来进行预测的理论框架，并建立一套在现在与未来可能性之间联系的规则；各项要素未来运行的模拟理论，即各项内容在规划的条件下、在合理运行的状况中的未来发展走向、相互关系及可能后果，建立对实际操作进行解释的模型；对规划内容的评价理论，这其中既包括对规划内容即城市发展中的各项要素之间关系的合理性评价，也包括城市规划内容与城市发展目标、未来发展需求等方面的评价，而且还涉及到经济性（如可行性评价）、社会性（如社会的可接受程度评价）、工程性以及美学性、艺术性等等方面的评价。

三是关于城市规划实施的理论，城市规划实施是城市规划的作用得以实现的过程，其最根本任务就是建立起如何将规划编制的成果转化为规划实施行动之间的相互关系，并建立起城市政府管理、社会公众参与等方面的协同关系。因此，在城市规划实施理论中，最为关键的是揭示城市规划从编制成果到行动的转化机制，并与城市政府的政策体系、行政管理和法制建设等统一起来；针对于规划实施的对象，建立各项城市建设活动之间的协同关系；针对规划实施自身的过程，建立规划控制理论；针对城市规划实施的效果，建立城市规划实施后果的评价理论。

（3）技术层次的理论

城市规划技术层次的理论，是城市规划操作过程的依据，也是城市规划技术方法的基本原则和方法。它们主要来源于两方面：一是科学层次理论的演绎、具体化和深化；二是对实践活动的经验概括。

任何理论都是对现实抽象的结果，因此它总是蕴含着大量的现象，这些现象尽管在具体表现上并不相同，但在本质上具有一致性。但由于理论是抽象的结果，因此它忽略或者剔除了许多在本质作用过程中的其他因素和条件，在具体操作中，理论是不可能直接运用的。因此任何理论都需要逐步地转化为可直接操作的、具体的技术和方法，在此过程中首先就需要建立影响和决定这些技术操作和方法运用的基本原理，

也就是我们这里所说的技术层次的理论。从科学理论演绎而来的原理，增加了许多理论中隐含的或已被删去的成分，考虑了更多城市发展的实际情况以及城市规划操作过程中的具体要求，因此其普遍性和抽象性程度要远低于科学层次的理论。

城市规划的许多工作是在实践过程中不断学习和摸索，这需要对城市发展变化状况作出快速反应，另一方面城市规划中有许多知识是凭以往的经验所进行的，不存在真与假的辨别。因此，经验概括在城市规划的实际操作中又起着极为重要的作用。其中有些经验概括经过科学抽象和提炼，经过论证和检验是可以成为理论的，但是有一些则只能成为实际经验的总结而影响以后的工作，它们缺乏广泛普遍性的意义，尚无规律的基本特征，但却又对具体的个案具有一定的指导作用，在城市规划理论体系之中，它们也理应占有一席之地。但它们此时并不仅仅是具体操作的方法和技术，而是带有对同样问题进行指导的概括，具有一定程度的共性和普遍性。例如不同类型城市中各类土地使用的分配结构，各类土地使用的容积率限度等等。

技术层次的城市规划理论，还有一个内容就是为城市规划的具体工作制定原则，这些原则连接着规划原理与具体的实际工作，限定了规划工作的范围、内容及深度，同时也为各项规划工作提供了逻辑框架。这些原则依据城市规划理论的整体框架，针对城市规划工作的具体内容，综合城市社会对规划的要求而制定，它们是对城市规划工作中的问题进行理论性研究的结果，是理论的普遍性与实际操作的具体性的结合。

第三节　本书的内容与结构安排

根据以上对城市规划理论的分析与探讨，基本上已经廓清了在本书中所探讨的城市规划理论的范畴。当然，城市规划理论非常众多，尤其是当我们将产生于相关学科、在现代城市规划发展过程中发挥了比较重要的理论以及对我们理解城市和城市规划有着重要意义的理论也同时纳入进来一并考察的时候。因此，必须进行相应的选择。这种选择，既基于上文的一些考虑和界定，同时也通过对现代城市规划发展历史的回顾，从中检索出一些对城市规划的发展起着重要作用的理论。此外，在对理论的叙述中，除了在介绍城市规划发展历史时有所例外，基本上都是介绍相对比

较成型的、叙述比较完善的理论，对于其中的发展和演进过程的全面揭示则有待于在城市规划理论发展历史、城市规划思想史等专著中进行。因此，我们这里所遵循的研究路径有点类似于恩格斯所指出的这样的路径："历史从哪里开始，思想的进程也应当从哪里开始，而思想进程的进一步发展不过是历史过程在抽象的、理论上前后一贯的形式上的反映；这种反映是经过修正的，然而是按照现实的历史进程本身的规律修正的，这时，每一个要素可以在它完全成熟而具有典范形式的发展点上加以考察。"[44]根据这样的一些界定，本书将所涉及的内容共划分为五个部分。以这些部分的内容作为主题，在每个主题的具体内容安排上适当地考虑时间先后的因素。

第一部分是对现代城市规划理论的概说。这一部分共包括本概论和第一章。"概论"主要是对"现代城市规划理论"的总体性的解释，为以下各章的论述在内容上建立一个基本的框架。第一章主要探讨城市规划的合法性，也就是城市规划成立和发展的基础。该章既探讨了城市规划作为一项社会实践和作为一门学科存在的可能性与必要性，同时也界定了城市规划的社会意义及其限定的范围。之所以要将该章安排在第一部分，原因在于有关城市规划的任何讨论都必须从城市规划范围的界定出发，并在此范围内进行研究和发展。因此，要讨论城市规划的理论和实践，这是其最为基本的"元理论"。

第二部分共包括三章，主要是从现代城市规划发展历程的角度描述了现代城市规划的形成与发展过程的总体面貌。第二章从社会经济背景和思想、政治、技术基础等方面探讨了现代城市规划形成的历史渊源，并对现代城市规划形成期间的各主要思想和理论进行了介绍，这些理论及各项基础对此后城市规划的发展产生了深远的影响，并且直接确立了现代城市规划发展的基本格局和进一步发展的方向。第三章和第四章对20世纪城市规划的发展进行了一个全景式的描述，揭示了其中的基本格局，为以后各章对理论的分述提供了一个基本线索和宏观框架。其中第三章主要集中在20世纪60年代以前在现代建筑运动主导下的城市规划的发展，在这个时期，现代城市规划作为一门学科和一项社会实践逐步成熟，到二次大战结束后的城市快速发展时期，城市规划引导控制着城市中的所有发展活动。第四章则主要集中于描述20世纪60年代至20世纪80年代之间的城市规划发展，在这一时期，城市规划开始逐渐摆脱现代建筑运动的影响，并通过对新的思想和具体方法的探索，与各项社会科学和政策研究等相结合，逐步形成了当代城市规划的基本框架。

第三部分共四章，主要集中在对"城市规划中的理论"的介绍。第五章是有关城市发展的理论探讨，主要介绍了城市的基本概念及其特征以及对城市发展进行解释的理论，从而建立起对城市及城市发展的全面认识。第六章介绍了有关土地使用的相关理论，土地使用是城市规划研究和实践的最主要内容，在这一章中着重于对影响和决定土地使用布局的因素的相关理论研究；第七章是有关城市空间的理论，着重介绍了有关城市空间的构成、意义以及空间组织的理论；第八章则主要介绍了有关城市发展形态、影响城市形态发展演变的主要因素和机制的理论探讨。

第四部分共五章，主要集中在对"城市规划的理论"的介绍。第九章探讨了规划活动的本质意义以及在此条件下城市规划本身内在的困境，规划是城市规划作为学科和实践的关键所在，也是城市规划认识论和方法论所系，因此对规划活动的本质意义的认识是认识城市规划的核心。第十章探讨了城市规划的作用，集中讨论了城市规划发挥作用的层次及其表现。第十一章探讨了现代城市规划发展过程中的主要规划类型，第十二章主要介绍了有关城市规划政策的研究，探讨了城市规划通过公共政策进行实施的具体手段与方法，第十三章针对城市规划评价实践的特性和具体内容，概述了城市规划过程中所涉及到的规划内容和规划实践的评价理论和方法。

第五部分即第十四章，主要是对当今、主要是在20世纪末和21世纪初的转换时期城市规划领域的发展历程及对一些重要主题的理论探讨的综述。

在本书的最后，附录了一份现代城市规划理论发展的史录，这是编著者通过对19世纪末及整个20世纪有关城市规划理论发展的主要著作和重要事件进行整理的成果，其中所记载的主要是经编著者选择过的认为对现代城市规划产生过重要作用和影响的理论和事件，希望对了解现代城市规划理论的发展提供一个整体的框架，同时也有利于我们认识西方城市规划发展的脉络。

注　释

1 关于"theory of planning"和"theory in planning"之间区别的讨论可参见法吕迪（A. Faludi）编辑出版的《A Reader in Planning Theory》（1975，Pergamon）一书之前言。

2 见：法因斯坦（Susan Faninstein）和坎贝尔（Scott Campbell）主编《Readings in Urban Theory》，坎贝尔（Scott Campbell）和法因斯坦（Susan Faninstein）主编《Readings in Planning Theory》（两书均由 Malden：Blackwell Publishers 于1996年出版）。

3 在英文文献中，当出现"urban planning theory"时，通常也是来指代"theory of urban planning"的，如泰勒(Nigel Taylor)在讨论"城市规划的理论"时，使用的也是urban planning theory这个词组，见其《Urban Planning Theory Since 1945》一书（London，Thousand Oaks and New Delhi：Sage Publications,1998）。

4 张兵. 城市规划实效论. 北京：中国人民大学出版社，1998

5 见：李德华. 中国大百科全书(建筑、园林、城市规划). 田园城市. 中国大百科全书出版社，1988

6 Roger G. Newton. The Truth of Science：Physical Theories and Reality. 武际可译. 何为科学真理. 上海：上海科技教育出版社，2001. 54

7 引自孔茨（H. Koontz）和奥唐奈（C. O'Donnell）. Management（6th ed）. 1976. 中国人民大学工业经济系译. 管理学. 贵州人民出版社，1984. 12

8 Hans-Geoge Gadamer. Reason in the Age of Science. 1981. 薛华等译. 科学时代的理性. 北京：国际文化出版公司，1988. 15

9 Daniel Bell. The Coming of Post-Industrial Society. 1973. 高铦等译. 后工业社会的来临. 北京：商务印书馆，1984

10 引自: Philipp Frank. 科学的哲学（Philosophy of Science: The Link Between Science and Philosophy）. 许良英译. 上海人民出版社，1985. 19

11 Roger G. Newton.The Truth of Science：Physical Theories and Reality. 武际可译.何为科学真理. 上海：上海科技教育出版社，2001. 94

12 Bertrand Russell. Human Knowledge: Its Scope and Limits. 1948. 张金言译. 人类的知识. 北京：商务印书馆，1983. 9

13 西蒙(H.Simon). 现代决策理论的基石：有限理性说. 杨砾，徐立译. 北京经济学院出版社，1989. 前言

14 J.Trusted. The Logic of Scientific Inference.1979. 刘钢等译. 科学推理的逻辑. 科学出版社，1990

15 Maurice N. Richter, Jr.. Science as a Cultural Process. 1972. 顾昕，张小天译. 科学是一种文化过程.三联书店，1989.71～72

16 Maurice N. Richter, Jr.. Science as a Cultural Process. 1972. 顾昕，张小天译.科学是一种文化过程. 三联书店，1989. 78

17 Maurice N. Richter, Jr.. Science as a Cultural Process. 1972. 顾昕，张小天译. 科学是一种文化过程. 三联书店，1989. 71～72

18 Frigjof Capra.The Turning Point：Science，Society，and the Rising Culture. 1982. 卫飒英，李四南译. 转折点. 四川科学技术出版社，1988. 85～86

19 引自周昌忠. 西方科学方法论史. 上海人民出版社，1986

20 Bertrand Rusell. Human Knowledge：Its Scope and Limits. 1948. 张金言译. 人类的知识. 北京：商务印书馆，1983. 11

21 H.Koontz, C.O'Donnell. Management (6th ed). 1976. 中国人民大学工业经济系译. 管理学. 贵州人民出版社，1984. 12

22 徐崇温. 结构主义与后结构主义. 沈阳：辽宁人民出版社，1986

23 Thomas S. Kuhn. The structure of Scientific Revolution(2nd ed). Chicago: The University of Chicago，1962/1970

24 引自俞吾金. 康德哲学的当代意义，文景:2004(7)，8

25 引自John M. Levy. Contemporary Urban Planning. 2002. 孙景秋等译. 现代城市规划. 北京：中国人民大学出版社，2003. 371

26 Frigjof Capra. The Turning Point：Science，Society，and the Rising Culture. 1982. 卫飒英，李四南译. 转折点. 四川科学技术出版社，1988. 30

27 徐长福. 理论思维与工程思维：两种思维方式的僭越与划界. 上海：上海人民出版社，2002

28 Hans-Geoge Gadamer. Reason in the Age of Science. 1981. 薛华等译. 科学时代的理性. 北京: 国际文化出版公司,1988. 71～72

29 Hans-Geoge Gadamer.Reason in the Age of Science. 1981. 薛华等译. 科学时代的理性. 北京：国际文化出版公司，1988. 72

30 Hans-Geoge Gadamer.Reason in the Age of Science. 1981. 薛华等译. 科学时代的理性. 北京：国际文化出版公司，1988. 72

31 Arnold J. Toynbee. A Study of History. 1956. 曹未风译. 历史研究. 上海：上海人民出版社，1966. 4

32 Peter Hall. Urban and Regional Planning.1975. 邹德慈,金经元译.城市和区域规划，北京：中国建筑工业出版社，1985

33 J. B. McLoughlin.Urban and Regional Planning: A Systems Approach. 1968. 王凤武译. 系统方法在城市和区域规划中的运用. 北京：中国建筑工业出版社，1988. 40~41

34 转引自于明诚. 都市计画概要. 台北：詹氏书局，1988

35 引自 A. Waterson.Development Planning：Lessons of Experience，Johns Hopkins，1965

36 转引自 A. Waterson.Development Planning：Lessons of Experience，Johns Hopkins，1965

37 弗里德曼（John Friedmann）1987 年出版的一本书《Planning in Public Domain》（Princeton University Press）的副标题就是 "From Knowledge to Action"，对此问题有非常详尽的解释。

38 转引自 I. Bracken.Urban Planning Methods：Research and Policy Analysis.Methuen，1981

39 见 Jane Jacobs.The Economy of Cities.New York：Random House，1969 以及 Edward W. Soja，Postmetropolis：Critical Studies of Cities and Regions.Blackwell，2000

40 简明不列颠百科全书."城市规划和改建" 词条.上海：中国大百科全书出版社，1985.271

41 李允鉌.华夏意匠：中国古典建筑设计原理分析.香港：广角镜出版社，1984.396

42 本节中的一些内容，引自拙作:城市规划哲学，北京：中国建筑工业出版社，1997

43 Jonathan Turner.The Structure of Sociological Theory（3rd ed.）.Homewood：Dorsey Press，1982

44 马列著作选读·哲学.北京：人民出版社，1988.196

第一章 城市规划的合法性[①]

这里所指的"城市规划的合法性"问题，当然不是指法律意义上的城市规划是否合法或在国家法律体系中是否合法的问题，而是指知识本身的合法性，也就是对城市规划作为一门知识和一项实践能否成立、是否可能等问题的解答。这是关系到城市规划能否存在和发展的根本性问题，有关城市规划的一切讨论都有必要首先由此开始，只有解答了这样的问题才有可能来展开其他有关城市规划的讨论。而这种讨论也就必然要从理论的认识角度和通过理论性的证明才能得到确认。但是很显然，要对城市规划本身的合法性进行讨论，从科学哲学的角度讲，这是属于"元科学"层次的工作，是不可能运用学科本身的知识来进行的，也就是说知识本身并不能证明自己的合法性，因此，要讨论城市规划的合法性问题，就不能仅仅依赖于城市规划本身的知识，而是需要从整个知识体系、从社会的可接受性、从社会所需要的依赖程度等角度来论证其合法性。这一类的讨论对于我们的意义，并不仅仅在于确证城市规划作为一门知识学科的合法性，由此也确证城市规划作为一项社会实践的合理性，从而确立起从业者的地位，增强我们对城市规划的信心，而更为重要的是，在这样的讨论的过程中，我们可以清楚地看到城市规划可能的知识范围，城市规划能够发挥作用的领域，城市规划适用的知识的限度，以及城市规划职业的社会含义。这些内容同样也是在城市规划知识的范围之内所无法解决的，但同时又是对城市规划的知识、城市规划的行动所预置的结构框架，从而成为城市规划得以生存与发展的基础。

关于城市规划是否可能及社会是否需要规划等等问题，在学术讨论中历来有两种截然不同甚至是互相对立的观点。这两种观点基于不同的学术传统和思想意识，在学理上并不一定存在谁是谁非的最后结果，也不必指望有这样的结果。如果一定要寻找到最后的

惟一结果，必然就会涉及到意识形态的先验假定，这种假定的介入也就必然地将问题的讨论引向相对封闭的状态和不必要的意气用事，不仅不利于讨论的正常开展，而且不利于对知识的全面认识和把握，同时，科学知识的发展过程已经揭示，一味地拥护某项知识并且避免去探讨其缺陷或困境就会阻碍该项知识的发展。相反，知识的进步是在发现其缺陷和困境的基础上不断地解决问题，只有这样才能真正地推进知识的发展。从这样的角度出发，对城市规划的合法性和知识基础提出的批评同样有助于城市规划整个学科和实践的发展。而且在下面的论述中，我们同样可以看到，在一定的条件下，这两种不同的观点和认识在某种程度上确实是可以得到统一的。既然可以看到两种观点在一定程度上的统一，那么这种争论还有什么意义呢？我觉得，正是由于有了这样的一种统一，此时，值得关注的问题就转移为规划的边界在哪里，而这类关于规划合法性的争论其实就是围绕着规划的边界所展开的拉锯战。通过这样的争论，可以使我们明了规划的底线在哪里，要达到规划的有效需要满足的条件是什么等等问题，从而对规划行为作出相应的界定。

在这一讨论中所涉及的范围非常广泛，这是由于城市规划本身的知识体系首先是建立在规划的知识体系之上的，而规划本身既覆盖了整个社会的大量领域，从个人的日常生活到企业的经营活动到政府的行政管理等等，同时又包含了各种知识形态和实践的方式，因此各种各样的知识和行为都需要囊括其中。但很显然，限于知识和时间以及本书的论题和篇幅需要，我们不可能作如此广泛的探讨，只是选择其中最为关键和核心的部分领域和内容进行。但这也并不仅仅意味着仅限于我们这里讨论的重点——城市规划，而是针对于规划的整体概念和行动，当然关注的重点仍然是城市规划。并且正如前述，这一讨论的内容主要是有

---

① 本章第一、二节中的部分内容是由深圳市规划局资助的、与深圳城市规划设计研究院城市规划研究所合作进行的课题"城市规划政策与城市经济运作研究"成果的组成部分。在研究过程中，研究生周宇和奚东帆帮助收集并整理了部分资料。现已作全面的补充与修改。

关社会、政治和经济等方面的。笔者引入这一讨论的目的在于我们必须对规划的知识状态应当有一个完整的和理性的认识，而不再受某些先验假定的困扰，真正地推进规划知识的进步。

第一节 规划是否需要：经济领域

关于规划合法性的争论核心在于如何看待在社会运行的过程中，究竟是社会中的个人自发行为过程还是人类有意识行为才是决定社会发展的关键性因素，也就是，社会的发展究竟是自发性的行为还是有意识行为导致的结果。规划显然是一种有意识的行为，而且是对自发性行为的一种干预过程，因此其合法性的建立必然要证明这种行为是社会有序发展所必不可少的组成部分。有关这方面的讨论在经济学中进行得最为充分，而经济学中的两种不同理论思想体系两个多世纪来的争论所具有的理论形态也具有最充分的说服力。

现代知识意义上的经济学是建立在亚当·斯密（Adam Smith）所论述的自由市场经济学原理的基础之上的。亚当·斯密在他著名的论著《国富论》（An Inquiry into the Nature and Causes of the Wealth of Nations, 1776）一书中，详尽地阐述了自由经济的形成、意义及其机制。他认为经济活动的效率源泉主要是分工，人类社会越进步，分工也就越细致。而在高度分工的社会里，个人要获得自身的生活资料，就必须通过交换。最顺乎自然的交换方式就是通过市场。市场经济就是人们自愿交换产品和劳务的社会系统，在这里没有人命令谁该生产什么、谁该购买什么，每个人追求的只是自身的经济利益，他根据市场上的价格信号决定自己的行为。在市场机制（亚当·斯密形象地称之为"看不见的手"）的引导下，每一个人通过为自己谋福利而促进了社会整体的进步和发展。"人人想方设法使自己的资源产生最高的价值，一般的人不必去追求什么公共利益，也不必知道自己对公共利益有什么贡献。他只关心自己的安康和福利。这样他就被一只看不见的手引领着，去促进原本不是他想要促进的利益。他在追求自身利益时，个人对社会利益的贡献往往要比他自觉追求社会利益时更为有效"。在他看来，在市场经济中，虽然没有人统筹计划安排全社会的生产、交换、消费和分配，人民却可以丰衣足食。这种观点在城市发展问题上的阐述，以卡内基（Andrew Carnegie）在1886年所说的一段话中得到了最彻底的体现。他说："美国人……不必担心城市的不健康或不正常发展。……充分地发挥经济法则的作用会使一切安然无事。……人类只要让自然界力量的这些庄严的、不变的、无所不知的法则听其自然地发展，那么这些法则便能完善地发挥其作用。"[1] 从这样的观点出发，在西方的政治理论中确立了"最小政府理论"，其含义就是政府只履行守夜者或交通警察之类的功能。此后的古典经济学家及至20世纪50年代以后的新古典主义（也称为新自由主义）经济学家都坚持了斯密的观点和理论，并且力图使他的理论精确化、规范化，并运用数学工具来证明自由市场经济的有效性。其中，最有成效并最具有说服力的是"瓦尔拉斯（Walrasian）均衡"和"帕累托（Pareto）最优"。所谓瓦尔拉斯均衡就是自由买卖、自由交易所形成的价格通过对各类商品的供给和需求进行调节，从而使多种商品的市场同时达到均衡。此时，社会中的每个人在追求自己利益的驱动下发挥了最大的效率，同时也为社会的福利作出了最大的贡献。在市场处于这样一种均衡的状态下，经济学家继续发问，此时的资源配置是否同样处于最优状态？所谓资源配置的最优状态，就是对于交易结果优劣的判断必须不是从交易的某一方来进行，而必须从社会整体来具体界定。根据这种界定，在一定的资源配置状况下，如果某一经济变动改善了某些人的境遇，同时又不使其他任何人蒙受损失，那就标志着社会整体福利状况的改善，或社会福利的增进。如果社会经济福利已经不能在不牺牲其他人的经济福利的条件下得到进一步的增进，这就标志着社会经济福利达到了最大化的状态，即帕累托最优。以上两种状态代表着不同的意义，"瓦尔拉斯均衡"表示了自由市场在交易运作过程中所可能达到的状态，而"帕累托最优"则是在对交易结果的评价中所抽象化的最优化状态，那么，这两者之间的关系如何，也就是说，经过"瓦尔拉斯均衡"能否达到"帕累托最优"？经济学家经过全面的论证后指出，在几个重要的条件得到满足之后，自由市场交易所形成的"瓦尔拉斯均衡"就可以达至"帕累托最优"。这几个条件其实也是达成"瓦尔拉斯均衡"的前提：经济信息完全和对称；市场是充分竞争市场；规模报酬不变或递减；没有任何外部经济效应；交易成本可忽略不计；经济当事人完全理性。这些条件的提出，预示了市场作用的有限性。但不管怎么说，经济学已经严谨地论证了市场经济达到最优资源配置的可能性。

哈耶克（F. A. Hayek）在某种程度上继承了亚当·斯密的思想路径，更为详尽而全面地探讨了资本主义的本质特征和自由主义的底蕴，并且将他在经济学领域的思考推广到社会领域和对社会制度的考察之中。他认为，市场作为一种过程，最重要的功能在于它解除了任何个人去了解他人的主观价值的困难或不可能完成的任务，每个处于分工中的个人，只要他了解自己，并观察市场就可以与其他人的行为达成某种和谐。这种和谐是从市场的竞争之中逐步形成和演进的。他使用"自发秩序"（spontaneous order）这一概念来描述这样一种社会发展的机制，他认为，没有人能够预先知道竞争的结果是什么，人们只是通过参与市场竞争才得以知道必要的信息，并且通过市场竞争随时修正自己的偏好。他认为，至少在这个意义上也可以说明，任何事前的设计都是不可能的，因为设计者根本不可能知道这种向着无限的未来开放的主体间相互作用的结果。他还以罗马帝国的衰落和中国封建社会经济的停滞来说明任何人为的整体设计都会破坏这种社会机制，因为，任何政府或者社会精英都不可能了解社会成员之间分工合作的无限复杂的细节，从而不可能设计人类合作的秩序。他通过论证说明那些被长期实践证明对人类福利意义重大的社会制度，虽然都是人类行为的产物，但绝对不是人类设计的产物。而为了保证这种自发秩序的正常运作所需要的仅仅是产权的分立，然后通过竞争达到合作，因此社会制度的真正意义在于提供这种竞争能够展开的背景。

在亚当·斯密和哈耶克等人以及古典主义和新古典主义（新自由主义）者看来，在自由竞争的市场经济中，是不必存在任何形式的规划和计划的，每个人只要从他自身的利益出发，追求自身利益的最大化，那么社会就能像亚当·斯密所言的那样，"他在追求自身利益时，个人对社会利益的贡献往往要比他自觉追求社会利益时更为有效"，这也是哈耶克"自发秩序"观点的起点和直接目标。

亚当·斯密和哈耶克等人对自由竞争市场经济的论证，满足并解释了人们对日常市场经济生活的理解和认识以及对自由理想的追逐，但很显然，在现实的市场机制下所呈现出的周期性的经济波动，所经历的"繁荣—衰退—萧条—复苏—繁荣"的循环现象等等仍然无法得到解释，而且，按照自由竞争市场经济的许诺，这类现象是不会出现甚至是不可能出现的。那么

问题出在哪里呢？现代经济学从两个方面进行了揭示。

首先，在微观方面，也就是从自由竞争市场的基本条件及其理论假设出发，揭示了该类理论本身所存在的缺陷。这些基本条件和理论假设其实就是古典主义和新古典主义经济学家建立自由市场概念的基础，也就是前面已经提到的有关"瓦尔拉斯均衡"得以成立并达到"帕累托最优"的前提条件。

（1）充分自由竞争的假设：古典经济学认为市场上有许许多多厂商和客户，每个经济行为者只能被动地接受市场价格，而不能以任何手段操纵价格。那么，在这样的条件下，个别的经济行为者对市场价格的形成起不了决定性的作用，价格在竞争的压力下接近于成本，从而提高市场交易的效率。但如果市场上只有数量较少的供应者，甚至形成独家垄断的局面，那么垄断者就有可能操纵价格，此时的市场就难以形成均衡或者形成的均衡是效率低下的。在现代经济中，垄断现象并不少见，原因在于聚集经济和规模经济效益的直接作用。在这样的状况下，充分自由竞争就不可能实现。而在垄断经济的状况下，市场已经发生了极大的变形，从而导致了原有的市场自由竞争的理想无法得到实现。

（2）经济信息完全和对称的假定：所谓经济信息完全和对称就是指在交易过程中买卖双方对商品的质量、价值及衡量标准均有完全对等而全面的了解，并保持一致，从而保证交易是在互相情愿的基础上完成。但实际上，这种信息既不完全也不对称。比如，交易双方对价值的认识完全有可能不一致，对商品的质量也各有看法，对市场上同类商品的价格也不会完全清楚等等，在这样的情况下，要达成双方都可接受的交易也就有困难了，即使达成其效率也是非常低下的。

（3）没有外部经济效应的假定：古典经济学假定经济当事人的生产和消费行为不会对其他人的福利造成任何有利或不利的影响。这一点在现代社会中几乎难以实现。外部经济效应其实是普遍存在的。不利的影响，如生产过程中的污染、运输过程造成的交通拥塞等。而有利的影响的典型例子是公共物品（public goods），也就是具有"非排他性"和"非占有性"的物品。这些物品社会上的每一个人都能使用，而且都能从使用中获益，但在市场上很少有人愿意提供。如果仍然按照市场商品的方式供应，效益非常低下，甚至出现得不偿失的现象。

（4）经济行为人的完全理性假定：即个人在作

出经济决定时总是能够最大限度地增进自己的福利。这一点已经为现代经济学研究所证明是不可能实现的。现实生活中的任何人都不可能是完全理性的，他们更可能是就事论事地作出判断或只注意眼前利益而难以顾及长远利益，因此寻求的也就并非是真正的最大利益。

（5）其他的假定：当然，在古典经济学中还有几个假定也同样面临着各种各样的困难，比如交易成本可以忽略不计的假定，但是在实际市场交易中，任何交易都是有成本的。

正是由于这些假定本身所作出的限定在自发的市场体制中是难以全面实现甚至是不可能实现的，从而使"瓦尔拉斯均衡"难以形成或者即使形成也无法达到"帕累托最优"，也就是说，尽管在市场交易中有可能达成供需双方的均衡，但这种均衡难以达到社会资源配置和社会福利的最优状态。而这里的关键问题是自由竞争的市场并不是最有效的机制，因此，经济学家将此称为"市场失效"（market failures）。但这一讨论并非指出市场的无用，而是说如果要使其有效还需要社会提供古典经济学所要求的种种条件。

其次，从宏观方面，凯恩斯（John Maynard Keynes）则从另一方面提供了市场失效的例证。凯恩斯并不否定古典经济学关于个人理性选择的假定，而是强调个人理性选择的交互作用的结果也有可能导致集体性的非理性行为甚至灾难，这就是"合成谬误"的作用。他认为，市场经济中的许多事件从个体行为上讲可以说是合情合理的，但从整体上看却是会使人人遭殃的。比如当经济前景不好时，投资者减少投资，消费者减少消费，这些都是个人行为理性的反应，但正由于每个人都如此想如此做，总储蓄急剧增加，总投资急剧减少，总需求不足的危机就真的爆发了。同样，在经济前景看好时，投资者乐观，争相投资，扩大生产，消费者无忧，花钱如水，借贷无度，于是总储蓄减少，总投资增加，生产能力过度膨胀，为下一轮的生产过剩埋下了祸根。因此，自由市场经济在个别的领域（市场）、个别的产业中可以有效地调节供求关系，但它本身就具有内在的不稳定性，在国民经济总体中则显得尤为突出。因此就需要政府进行调节，在经济开始出现过热倾向的时候通过政府干预来减少总需求，在经济开始衰退时通过政府干预来刺激总需求，从而达到相机抉择的宏观调控效果。

正是由于市场本身存在着失效的状况，而且这种失效的可能性是市场机制与生俱来的并且依靠其自身是无法予以克服的，所以就需要有市场之外的干预力量来进行修正，以弥补市场的可能失效。这就是需要政府的干预的原因。经济学家认为，政府之所以对自由市场进行干预的理由是：①减少其不完善以使得市场能够更加有效地发挥作用，并比以前更好地分配稀缺资源；②考虑外部性使得私人和社会成本和利益能够相符合；③对稀缺资源进行再分配以使得弱势者能够获得较大的机会来共享社会的产出。前两个干预的目的是为了影响分配的效率，而第三个干预的目的则是要创造分配的公平[2]。当然，政府的干预还会遇到许多其他的问题，并也会出现"政府失效"的现象，这是需要在进行政府干预时特别注意的，但这本身并不影响到市场本身对政府干预的需要，而是如何干预、在什么地方进行干预以及干预的程度与方式是否恰当的问题。而城市规划是政府干预的一种方式。通过城市规划的作用，政府掌握着实体安排（土地使用）和权利安排（土地开发权）的手段，以对市场经济在某些方面进行调控，城市规划从而成为政府调控的重要手段（详细论述见本书第十章"城市规划的作用"）。

在这样的意义上，即使是主张在经济发展问题上市场高于一切的自由主义者也并不完全反对或否认城市规划。如，当代自由主义的最杰出代表哈耶克（F. A. Hayek）在他的文献和论述中也并不绝对地反对城市规划，他所反对的是不顾市场机制的运作或完全取消了市场机制的城市规划。在他的思想体系的集大成者《自由秩序原理》[3]一书中，哈耶克专门列出了一章来讨论"住房与城镇规划"问题。哈耶克认识到，"从许多方面来看，城市生活的紧密纷繁，使得原有的种种构成简单划分地产权之基础的假说归于无效了。在城市生活的情况下，那种认为地产所有者不管如何处理他的地产都只会影响他自己而不会影响其他人的观点，只能在极为有限的程度上被认为是正确的。经济学家所谓的'相邻效应'，即一人因对自己地产的处理或使用而对他人的地产所造成的种种影响，在此具有了重要意义。城市中几乎任何一块地产的用途，事实上都将在某种程度上依赖于此块地产所有者的近邻的所作所为，而且也将在某种程度上依赖于公共的服务——如果没有此种公共的服务，则分立的土地所有者就几乎不可能有效地使用这块土地"。在这样一种以外部性效应占据主导和公共物品具有举足轻重地位的经济现象中，"私有财产权或契约自由的一般原则，并不能够为城市生活所导致的种种复杂问题提供直截了当的答案"。针对这样的问题，哈耶克对经济学家提出了批评，并对他们不顾这一事实而采取的态度表示了不满，即使其中涉及到了其思想来源的亚当·斯密。他说："我们必须承认，就是在不久之前，经济学家还很少关注城市发展中各个不同方面的协调合作问题，此事令人深感遗憾。……就都市生活中的那些重要问题而言，他们长期以来一直效法亚当·斯密，然而斯密对于这些问题所采取的基本上是一种不屑一顾的态度；……经济学家既然忽视了对这样一个高度重要论题的研究，所以也就没有什么理由抱怨说，这个问题仍未得到应有的关注和解决。"

而在直接针对城市规划是否需要的问题上，哈耶克直截了当地说："因此这里的关键问题，并不在于人们是否应当赞成城镇规划，而在于所采纳的措施是补充和有助于市场还是废止了市场机制并以中央指令来替代它。"从这段话中可以看出哈耶克的基本认识，他认为核心问题原来就不在于是否需要城市规划，对是否需要城市规划的问题并不是需要争论的问题，因此可以判断他认为针对城市中普遍存在的外部性和公共物品的状况，城市规划肯定是需要的，但这种城市规划应当是有一定限度的，这是哈耶克所认为的关键性问题，也就是城市规划应当补充市场，并且有助于市场的运行，而不是用城市规划来替代市场的作用。此外，城市规划也存在着除此之外的自身的问题，他接着论述道："在这个领域，政策所引发的实际问题极为复杂，因此也不可能期求这些问题会得到彻底的解决。一项措施是否具有助益，乃取决于它是否有助于某种可欲的发展，然而，这些发展的细节，却又在很大程度上是不可预知的。"正是由于这种不可预知性，也就必然地带来了作出判断的困难，而要消除这种困难可以有多种方法，哈耶克的论证显示了，城市规划在整体上是必需的，但在具体的方法和手段上以及在具体问题的处理上，必须充分地运用市场的手段来进行，并且需要全面地考虑市场运作的具体情况。对此，他提出了一些具体应对的手段，比如，在针对由于城市规划的影响而导致土地价值变化时，就需要政府对此进行调节。他指出："主要的实际困难源于这样一个事实：即大多数城镇规划的措施在增进某些个人地产的

价值的同时，却降低了其他一些个人地产的价值。如果城镇规划要成为（对市场）有助益的措施，那么它们就必须使收益总额超出亏损总额。如果要使损益达致有效的抵消，那么有关计划当局就必须能够承担这样一种责任，即对那些地产价值得到增益的个别所有者课收费用（即使那些课收费用的措施被认为是违背了某些所有者的意志），并对那些地产价值蒙遭损失的地产所有者进行补偿。要达成这个目标，只需授予权力当局以基于公平市场价值进行征收费用的权力即可，而无须授予它以专断且不受控制的权力。一般而言，这种解决办法已足以使权力当局既能够获取因其行动所致的地产增值部分，又能够买下那些借口这项措施减损了其地产价值而反对此项措施的人的全部产权。在实践中，权力当局通常无须购买产权，但由于它有强制购买权作为后盾，所以它能够与有关所有者经由协商而达成双方同意的支付额或补偿额。只要基于市场价值的征收费用权力是政府当局惟一的强制性权力，那么所有的合法利益就都会得到保护。"因此，从中可以看到，哈耶克并不否认城市规划在城市发展管理中的重要性，政府可以拥有一定的强制性权力，但政府拥有这种强制性权力的目的仍然是保证市场更好地运行，由此也可以看到，哈耶克认为在城市规划的具体方法中不应放弃市场的作用，城市规划应保障市场作用的更好发挥。

在讨论到建筑管理规定的问题时，哈耶克指出："准许对城市中的建筑进行某种管理之所以被认为是完全可欲的，主要有下述两项理由：第一，当下的人都具有这样一种忧虑，即城市建筑物可以说是引起火灾或危害健康的隐患因素，因此有可能对其他人造成侵害；在现代社会的条件下，所谓的'其他人'，包括某一栋建筑物的邻人以及所有使用此建筑物的人：这些人并不是该建筑物的居住者或占用者，而只是该建筑物的占用者的客人或消费者，他们需要有人对他们所进入的建筑做某种安全的保证（或至少是某种能证实安全的保证）。第二，就建筑而言，实施一定的建筑标准，可能是防止建筑者进行欺诈和蒙骗的惟一有效的方式：因为建筑条例所规定的建筑标准，不仅为解释建筑契约提供了可资依凭的根据，也向人们保证了建筑者将在建筑过程中使用人们通常所认为的那种适当的建筑材料和建造技术，除非有关建筑契约对此作了其他的明文规定。"对于这样两种主张对建筑进行管理的论证，哈耶克予以了支持，而且他认为对

此事无需作进一步的反驳，他接下来说："尽管对建筑作此种管理的可欲性已无需论证，但在其间的少数领域中，政府的管理措施仍存在着被滥用的可能性，或者在事实上已被滥用，……"这里已经透露了哈耶克关心的焦点在于尽管对建设的控制是必需的，但这种权力应避免政府的滥用。因此，哈耶克的出发点并不在于管制的严格与否，而在于对政府权力滥用的限定。而这可以从他接下来对建筑管理中有关实施规章和技术规章的讨论中看到。所谓的"实施规章"是指政府的管理措施"要求建筑物符合某些条件或检验标准"，而"技术规章"则是"规定应当采用某些特定技术"，他认为，"只需做一简单分析，我们就能发现，恰恰是'技术规章'更符合我们的原则，因为它们授予了权力当局较少的自由裁量权；而'实施规章'所授予当局的自由裁量权则是那种不能反对的自由裁量权。在'技术规章'的情形下，某一特定的技术是否符合一项规则所规定的实施标准，可以由独立的专家所确定；如果发生争议，甚至还可以由法院加以裁定"。

从以上的讨论可以看出，市场经济在运作的过程中会出现其失效的时候，而这种失效就有可能带来市场的衰退甚至崩溃，进而影响到社会的不稳定乃至国家的动乱等等，因此，就需要国家通过政府在市场发生衰变之前进行适当的干预，以弥补市场的效用与效能，并促进市场有效、有序地运行，进而保证社会的稳定和持续发展。因此，在任何社会经济体制下，政府都会将对市场经济的干预作为其合法手段予以运用，而且政府的调控与管制是市场经济运作过程和持续发展不可缺少的重要组成部分，因为支持政府干预的理论是从自由市场经济理论的前提条件中提出疑问并针对这些问题而提出解答的。而政府在调控的过程中所能运用的手段主要有两部分内容：根据微观分析，就是要提供信息和制定市场运作的规范；根据宏观分析，则需要在国民经济上进行社会资源调配，并运用财政和货币政策进行直接操作。这两部分内容的综合在相当程度上可以体现出城市规划的内容及其作用（见本书第十章）。所谓规划，就是组织一种有条理的、连续的行为过程，并选择最佳的方式来达到预定的目标。从这样的意义上讲，规划为市场的运作建立最基本的行为框架，提供有组织的信息作为经济行为者决策的背景和基础，保护社会公共利益不受到市场运作消极面的冲击，通过社会资源的配置并提供公共物品以保障社会的有序发展。通过规划这样一个整体性的框架，提供了市场运作的规范，在其日常的运作中则需要依靠市场本身的运行规律，在自由竞争的条件下展开。规划的作用并不是要否定市场机制的作用，而是针对"市场失效"而建立起来的，是为了保障市场能够克服其自发运作过程中所可能带来的、对其自身机制产生破坏性的不利方面，因此，规划是保障市场运行长期有效的一种机制，它本身作用的施行并不应当损害到市场机制的作用。当然，城市规划的出发点相对于市场运作一切从效率的考虑出发不同，需要更多地从社会公平和公正的角度来进行权衡，正如弗里德曼（John Friedmann）所说，市场的运行依赖于"市场理性"，而城市规划的原则则更多地来自于"社会理性"，因此两者之间在出发点上存在着差异。正如生态学家所揭示的："……相当清楚地表明，假如人民有不仅仅作为消费者的机会，那么他们就会超越自身的经济利益，而对公众利益献出远虑和情感。但是他们需要了解他们所做事情的重要性。由于同样原因，规划不应受经济过程的摆布，因为有很多经济方面的决定是自私的和未进行深谋远虑而作出的。"[4]

第二节　为什么需要规划：实践领域

对于规划是否需要的问题，仅仅有学理上的回答显然是不够的，规划本身是一项实践性的活动而非纯粹思辨性的研究，因此尤其需要在实践意义上也获得支持。也就是说，通过规划的运用能够推进社会、经济、福利的发展，是社会发展必不可少的手段和工具，从而使得规划能够在社会中生存和发展下来。既然是从实践的角度来探讨规划的合法性，这就需要针对具体的规划形式，从本章的议题出发，这里主要讨论城市规划方面，尤其是城市规划实践中所涉及的主要方面，但其中的分析也很显然是适合于其他类型的规划的。

城市规划制度始终是一项有关社会、政治、经济等方面的社会制度的一个组成部分，而且都是在历史的发展过程中形成和发展的。这种历史的发生学也就意味着城市规划总是要满足于一定历史时期的社会需要，是社会选择的综合体现，因此实践领域始终是城市规划存在和发展的根本所在。从规划实践的角度讲，城市规划的过程只有在实践的过程中发挥了作用，在社会发展的历程中实现了社会所赋予的职责，那么城市规划无论作为一门科学学科还是作为一项社会实践才具有存在的合法地位，也才能够继续得到发展。对于政府行为与市场或社会的相互之间的关系，各个国家的政治制度都有各自的选择，这种选择都源自于各自的政治、历史、社会等方面的境况。以美国为例，美国开国之初，对于社会制度的认识基本上是奠基于人人平等和社会民主的思想观念之上的，但对于政府的作用及其实际操作的运行其实也同样存在着两种完全不同而且相互对立的认识和行为，其中最为典型的是汉密尔顿（Alexander Hamilton）和杰斐逊（Thomas Jefferson）之间的认识和实际操作之不同了。汉密尔顿在任财政部长期间，通过建立国民银行以及政府的各种辅助政策来调节和引导国家经济发展的方向。他将税务负担压了种植园主和农场主的身上，并补助了投资于制造业、商业和公债券的人，从而基本延续了英国的国家经济活动制度，政府牺牲农民利益来帮助资本家。与此相反，杰斐逊则相信，追求私利的私有企业体系的自然运转本来是有益的，政府一般不应当加以干扰。他认为政府干预是一种不公平的手段，对汉密尔顿所实行的经济制度极为不满，称之为"约略的一知半解的英国思想"。他认为，政府没有改变经济秩序的任务，对于经济事务政府只能是听其自然。杰斐逊在首次总统就职演说中要求"政府明智而简朴，除应防范人们相互伤害外，无需多加干涉，应任其自主各营其业并谋求改善，并且不应当剥夺劳动者挣得的收入"。他在第二次总统就职演说中列举了政府应做之事，主张政府应维持"财产的现状，无论其均等与否，这是每个人或其祖辈勤劳程度的结果"。这一类的争论和政府行为的发展，一直延续到近现代和当代，并形成了美国两党制背景下的不同政府的政策取向。

早期的城市规划努力都发生在缺少必要的规划制度的时期，而主要是通过政府的常规权力的运用才得以运作的。这种常规权力的运用主要有两种方式：一种是通过政府所拥有的强权而将财富集中在政府手中，然后由政府进行组织建设；另一种方式是对政府想要建设的项目通过降低税收和提高奖励的财政措施等来保证社会投资有实现这些项目的愿望。而现代意义上的城市规划则源自于19世纪一系列社会事件的形成和发展。现代城市规划的出现和产生，并不仅仅是由于理论探讨的结果，而且更重要的是在城市发展过程中为解决城市中所发生的种种问题

以及政府在管理过程中的实际需要所导致的。19世纪中，由于工业革命的后续效应导致了人口的快速集中，由此而引发了各种社会问题。而人口的过度集中所带来的最为严峻的是城市中的卫生和健康问题，当时已经开始发达起来的医学知识认为拥挤的、不卫生的城市地区往往是传染病的发源地，这类传染病的大面积流行有可能导致社会经济的全面崩溃，这是19世纪30、40年代霍乱以及之前的肺结核等疾病在英国和欧洲大陆流行所已经告诉人们的。在政治上，由于破产农民大量涌入城市，而当时的工厂生产条件极差，工人生活条件低下，贫富差距极为明显，这些与人口过度集中的贫民窟相结合，使社会和政府极为担心社会动乱的发生，而风起云涌的工人大罢工又促使了政府对工人收入与生活状况的关注；在这样的状况下，与城市发展和改革相关的社会思潮和实践活动得到了进一步的发展，由此而奠定了现代城市规划的形成，并在此基础上影响和规定了现代城市规划的发展。

在现代城市规划的发展中，规划之所以能够为社会所接受并且得到较大的发展，在很大程度上同样也是基于对社会整体利益的认识之上。无论是以发展规划（development plan）为主体的英国体系，还是以区划法规（zoning）为主体的美国体系，或者是以发展规划和区划控制相结合为主体的欧陆体系，规划的合法性主要在于其对社会公共利益（general welfare）所提供的保证。对于社会公共利益，各国有不同的理解，而且其内容和范围是相当广泛的。就一般而言，可以包括公共安全、公众健康和卫生、道德、和平与安静、法律和秩序等，同时还包括了社区的特征、对美学特征的考虑等等。而在物质设施方面还可以包括如下种种：减缓道路上的交通拥挤，保证避免火灾、恐慌及其他危险时的安全，通过提供适当的日照和空气而促进民众的健康，防止土地使用的过度拥挤，避免人口不适当的集聚，推进充足的交通、供水、污水处理和其他诸如学校、公园、游戏场所以及其他各种市政的和文化的设施的供应[5]。无论在哪个国家，政府如果不能对土地的使用实施控制，那么，城市规划的实践就会截然不同并且会受到很大的限制。因此，在现代城市规划制度中，一个最为重要和关键的问题是，政府能否使用公共权力来对私人财产进行必要的控制。通过立法和执法来保护全体人民的利益的权力被称为"行

政权力"（police power）①。这是一种内在的固有主权，当公共部门为了整体的利益和获得适宜的社区生活而有必要对经济条件进行管理时，行政权力就是公共部门进行管理的权力并且也是它们的任务。行政权力的施行，应当是为了有价值的目的并且要有明确陈述过的目标。在行政权力名义下实行的管理对私人财产者所带来的损失，是不必进行赔偿和补偿的。此时的公正性体现在：所有的人都有责任来维持他们的社区达到一定的社会标准而不能损害到他人和社区的整体利益。这样，对于那些有可能伤害到社区利益的行为，政府就可以使用行政权力来予以制止或中止而无需支付任何补偿。因此，行政权力的实质是政府代表广大公众的利益而对各类私人财产的使用权力进行管理。对于为了公共的目的而建设的有些项目，由于地产主不愿出售时，政府就可以在法律允许的范围内以政府收购的方式来予以实现。例如，在美国，政府有权在支付公正的补偿条件下，为了公共和半公共的需要而征用有关地产，即"国家征地权"（eminent domain）。这种权力的行使与政府"行政权力"的运用是有所不同的，至少后者是不用支付补偿和赔偿的，而"国家征地权"的行使则需要按土地的市场价格支付补偿的。

在描述美国19世纪末、20世纪初现代城市规划的兴起及有关土地使用的政府控制在内容上不断扩张的做法时，一本有关房地产开发的经典教科书从房地产市场发展需要的角度描述了城市规划出现的背景⁶。"19世纪末和20世纪初，当城市变得越来越大也越来越复杂时，政府开始增加提供市政服务，促进公共基础设施的发展，规范私人房地产开发。工业化的来临加强了城市从'步行城市'中转变出来的趋势，朝着工作场所和居民区分离的方向发展，因此通勤、交通堵塞和运输技术都成为更重要的公众关注对象。随着更多的人移居到城市，从过于拥挤到污染，到公共健康与安全，到对阳光和空气的需要以及应当采取的正确对策——这一切事务都成为激烈争论的主题。对这些事务的关注导致了不同的解决方案的提出，出现了国家干预私人市场的新形式以及城市规划管理"。那么，"为什么房地产业主们同意削减他们的权利，改变放任自由的法律，实行更加严格的政府管理呢？"这

本书给出的解答是："有些情况下他们（指房地产业主）当然不同意，出现了大量的抗议和争论。但总的来看，私营部分——包括社区集团以及许多房地产公司对于管理城市开发以及土地使用的公共法律和规范的不断增多持赞赏的态度。他们支持用规划来稳定房地产市场，增加物业价值以及鼓励私人投资，因为他们知道这些限制使得他们能够在更低的风险状况下建造或者购买房地产，这些风险来自周围地块或者建筑的各种不受欢迎的变化。他们欢迎土地细分方面的控制，因为这引进了一种协调机制，使得民间的开发商和当地政府在计划、融资以及建设新的基础设施以及公共设施方面更加有效率，这对房地产开发项目的成功来说非常必要。"这种解释站在房地产市场的立场上，从房地产发展和市场经济发展的角度揭示了城市规划控制的必要性以及房地产开发对城市规划的"可欲性"。但实际上，在作为制度的城市规划真正发挥作用之前，城市规划的一些控制因素及其方式就已经在社会系统中自发产生，并在社会实践中发挥了作用。在该本有关房地产开发原理的教材中，描述了在城市政府对土地使用和开发采取正式的控制之前就已经存在着一些私人之间的、自发的相互约束。"即使在规划以及其他类型的政府控制引进之前，房地产业主和开发商已经有了他们自己的民间限制系统，主要是写进房地产契约的合同条件限制。19世纪发展起来的契约限制作为土地管理的一种民间形式，为后来公共部门决定对开发进行控制提供了先例和模式。一些州和地方政府都以在民事法庭公开执行的形式，来支持这些民间协商的对房地产业的限制。房地产业的领导者们开始认识到，地方政府应当拥有更大的权力和灵活性，来对城市的物业和土地进行管理，这比民间的努力要有效和广泛得多，因此在20世纪出现了更加直接和广泛的公共干预"。从这样的角度来看，城市规划的控制手段本身是从房地产发展中自发产生的，而不是从外界整体性引入而强加到房地产市场中的。政府采用这样的方式进行干预，其目的是使已经采用的民间方式更加全面、更加有效率地发挥作用。

房地产开发的教科书从市场发展的角度给出了市场需要城市规划的总体解释，接下来就有必要围绕着

---

① "Policy power"这个词，从字面上直译可译成"警察权力"，但从意义上来理解，该词的含义要比现代意义上的"警察"（police）的职责要广泛得多，通常包括维护公共秩序、执行法律、预防和惩治犯罪、保护社会福利等方面的权力。因此，从意义上翻译成"行政权力"或"政府权力"似为更妥。

现代城市规划实践中直接调控的主要内容，来探讨这些主要控制内容存在的必要性。为了论说的方便，我们选择了城市规划与房地产开发有关的内容来进行论述，主要的考虑是由于房地产具有极为明显的市场倾向，其对利益的追逐愿望非常强烈，而且房地产的产品具有非常的广泛性，相当多的内容直接涉及到城市中的所有居民，而且正如默洛奇(Harvey Molotch)所指出的那样，城市中的各种关系可以看成是以土地为基础的利益关系(land based interests)。此外，城市规划对房地产开发具有极强的而且也是极为明显的制度性规约，两者之间的互动关系非常突出，因此如果我们能够证明房地产开发的具体行为与城市规划控制之间存在着依赖性，或者如哈耶克所说的房地产本身的发展对城市规划控制的"可欲性"，那么城市规划就具备了其存在和发展的合法性。

（1）为什么需要对土地使用进行控制？

城市规划的最基本内容就是对土地使用的组织与控制，现代城市规划中的功能分区和土地使用的区划控制就是由此而起的，因此，土地使用的控制是否必需直接关系到城市规划的立身之本。而土地使用本身又是城市社会、经济活动在城市用地上的直接反映，因此，城市规划对城市未来发展的设想也可以通过对土地使用的控制得到最为明确的表达，与此同时，这就为房地产开发商提供了关于城市发展的相对确定性的信息。社会之所以需要对土地使用进行控制，主要的原因由两方面组成。

首先，如前面一再提出的，城市规划对土地使用进行控制的理由在于经济活动外部性的存在，而通过对外部性的控制可以避免社会福利的损失。对土地使用进行控制的主要原因在于对单项土地使用所产生的外部性进行控制。城市土地使用的一个最大的特点就是哈耶克所说的"相邻效应"，即任何土地的使用价值在很大程度上会受到周围土地使用状况的影响。相邻土地往往会相互产生外部影响，土地使用对相邻地块造成的负面影响会导致土地价值的下降，而且有时是极大的下降。在房地产领域，某一物业的价值与周边其他物业业主的行为有紧密的联系。如一些特定用途的土地——诸如机场和重工业工厂——在正常工作时会产生噪声和空气污染，这样就会对周边的土地使用产生负面的影响。20世纪70年代初，有大量的经济学家定量地研究了这类设施对附近物业价值的影响。研究的总体结果表明，空气质量差使居住物业的价值降

低约15%。飞机飞行产生的中等噪声会使航线下的居住物业的价值降低约5%～10%，而机场附近的严重噪声对物业会有20%～30%的负面影响[8]。因此，为了保证多方利益都能得到实现，并且能够获得相互之间整体上的最大利益，这就需要在不同的土地使用者之间形成相互的协调，避免新的建设对现有的设施产生不利的影响。对于土地的使用者而言，尽管现在的土地使用状况是能相互接受的，但也不能保证若干年后其中的某一方对使用方式的改变，比如，在住宅用地中建设工厂或开设商店，而这些用途的改变却会对周围住宅的使用产生负面的影响，如工厂产生污染，原料与产品的运输带来交通量和交通安全的问题；如果改变为商业性设施，则会增加进出该地区的人的数量、交通以及由此产生的安全、污染问题等。即使土地使用的用途不发生改变，由于对建筑物不进行适当的保养，形成破败的形象等，也会对周边地产产生负面影响。因此，对于任何的土地使用来说，不仅要针对看得见的、现状的或者是短期内的周边土地使用的状况，而且，从土地、房产的价值来说，还涉及到今后长远的周边土地使用的状况及可能的变化。只有确认了这一点，无论是开发商，还是业主才能作出最后的决策。这就是说，土地的价值并不仅仅是由它的现状用途所决定的，而且也是由它的未来用途所决定的，同时，也是由其周边的土地的未来用途所决定的。

在缺乏城市规划等制度保障的条件下，为了解决某个地块与周边地块在空间和时间上的协调问题，会出现一些零星的和个别的方法来解决这样的外部性问题，如前面提到的《房地产开发》一书中所描述的房地产契约中的合同条件限制。其通常的做法是在相邻用地的业主之间签订一些有限制性的合同或协议，通过业主之间个别性的契约来协调不同业主的行为，这种方法在美国一些政府对土地管制较少的城市中比较普遍。这些契约约束通常就住宅保养的最低限度、防止不适当行为、限制变更土地使用等方面加以限定。这是在市场机制下为维护业主自身的长远利益及保证土地市场未来确定性和土地交易的有效运作而自发且是内生形成的，体现了相邻的不同地产之间的相互制约。这样一种制约对维护地产的价值方面具有作用，有一项20世纪80年代末对美国休斯敦市的研究显示，有契约约束的土地价值要比没有任何控制的土地价值高[9]。但很显然，私人之间签订合同这种途径所存在的问题是不能应付有众多参与者的情

况，因为多个参与者的价值取向不同而导致对同一块土地的期望也就不同，因此，要在多人条件下达成一致有相当的困难；任何一个条件的改变都会具有连带性，对所有的契约都要进行全面的修改；相互之间的协调成本非常巨大，而且成功的可能性极小。因此，这一类的契约往往是在非常有限的规模上进行。例如在休斯敦，通常只有在那些自己拥有土地并在开发后自己使用的业主之间才会建立起这样的契约关系。一项更早一些的研究还发现，让大量业主去签订原来由一个开发者独自确立的合同非常困难[10]。从这个例子可以看出，即使在没有城市规划对土地使用进行控制的情况下，土地的使用者为了保障其长期的利益，也会使用一些其他的方法来实行小范围的自我与相互管制。但当这种规模扩大，业主的数量急剧增加，要在他们之间建立起这样的关系几乎是不可能的，即使可能，所需要的交易成本也非常巨大，效率很低。而随着市场经济运作的不断深化，市场的发展就需要有一定的机制来提供这样的保障，避免市场在较大范围上的运作出现低效甚至无效。城市规划也就是在这样的背景中应运而生。这也就可以解释，为什么现代城市规划往往是在老牌的、相对较发达的实行市场经济体制的国家产生，为什么在市场经济体制最为完善、对经济行为管制相对较松的被称为自由经济的国家中对土地使用的规划管制却往往是极为严格的[11]。城市规划通过对土地使用的事先规定，使土地使用者知道在自己的土地上哪些是可以做的，哪些是不可以做的，使某个业主不产生对周围土地使用不利的活动，从而达到了对地区利益的保障；同时通过对土地使用的预先控制，使土地的使用者也清楚周围相邻土地上将来会发生哪些变化，这些新的土地使用不会使其受到损害，减少了在此后建设和使用过程中进行不断的相互协调，从而减低了多次出现需要进行协商的可能，这也就降低了此过程中在时间、精力甚至金钱等方面的交易成本，提供了未来发展的确定性。当然，也有人对此持反对意见，比如在美国就有人曾认为政府对土地使用的规定是剥夺了业主对土地使用的权利，实际上是剥夺了私人的财产权、违反了美国宪法，并向法院起诉政府行为的合法性。经过层层上诉，最后美国联邦最高法院1915年在裁决Hadacheck诉Sebastian一案时在判决书中明确指出，政府对土地未来用途的限定是为了保障社区的利益，是政府的应尽职责，而不是无偿使用私人土地。从而在"案例法"的体系中确立了全国范围内城市政府运用土地使用控制的权力。

在另一方面，城市规划通过土地使用的控制，不仅可以防止消极的外部效应，同时也可以更好地运用积极的外部效应来为城市的居民提供整体福利。其中，最主要的是可以为城市或一定社区范围内的居民提供社会公共物品，并以此来增加社会福利。这种做法的目的，既保证了社会利益的实现，又使周边的土地价值得到了保护甚至提升。城市中存在着一系列的公共事业，这些公共物品为所有土地使用者共同享用。由于这些公共物品的消费是共有的而不是排他的，所以，如果土地使用者各行其是就很难建设出这些公共物品。因此，个体决策虽然是形成土地市场的基础，但它却无法适用于公共物品，这有大量的经济学文献可以予以证明。公共物品是社会发展的必需，但纯粹的市场经济本身却是不会提供的，而公共物品的增加往往会对土地使用价值提供正面的外部效应。下面借用一个运用经济学分析的例子来说明公共物品的价值是如何形成的并如何影响周边的物业价值的，这一案例同样来自于房地产经济学的教科书，从中可以看到，房地产市场需要这样的公共干预机制，同时公共物品的提供则需要有一定的机制才有可能形成[12]。

假设某一街区有 n 位业主，每位业主都拥有一块已开发的土地，这些土地面积相同。同时在街区中心还有一块尚未开发的地块，各业主从自己的利益出发均希望能够将该地块保留下来作为开放空间，这样就可以使他们每户的物业价值都提升 MV 元（拥有开放空间带来的边际价值）。实际上，MV 就是这 n 套物业因为毗邻开放空间而产生的增加值。如果这个未开发地块卖给私人用于物业开发，那么它的市场价值是 p 元。因此，如果业主们想要保留该地块作为开放空间，就需要按照该市场价值购买下来。这里假设，如果该地块作为开放空间的话，其带给每位业主的价值小于购买该地块的价格（即 $p > MV$）；而带给所有业主的价值的总和要大于购买该地块的价格（即 $p < nMV$）。根据这些假设，可以得到以下两个结论：

第一，没有任何一位业主愿意单独购买这块土地并将其作为开放空间；

第二，如果他们愿意共同出资购买这块土地，那么每位业主分担的费用仅为 p/n，但是每位业主都想逃避这种义务（只要有 $p > MV$），希望是由其他业主分担费用进行购买。

因此，短期的个人利益和长期的集体利益之间就存在着这样一个基本分歧。从这个简单的例子可以看出，这种分歧来源于以下三个方面：首先，根据已有的假设，将这块土地用作开放空间所带来的好处是非排他性的——该街区任何一位业主都能享受到开放空间的好处。第二，将这块土地用作开放空间给每一位业主带来的利益是非损耗性的——这与多少业主来分担购买费用无关。第三，在这个决策中，没有使用任何契约性的、法律性的或者机构性的机制来强制这 n 位业主执行。

假设这个街区的物业的所有者们采用多数通过的机制进行决策，而且针对"所有业主均出资 p/n 来购买该土地"这一决策，每位业主仅限于"接受或者离开"两种选择。如果给定 MV 和 p 代表值（有 $p > MV$）而且所有业主对开放空间的估价一致，那么这种投票的结果必然是一致同意购买该土地作为公用。而显然，如果业主面对的不是这种"所有业主均出资 p/n 来购买"的决策，而是可以单独地逃避参加该购买，那么共同购买该土地的结果就不会出现。这种公用设施问题的本质在于每位业主都希望搭别人的便车（附带收益）。如果不存在强制参与的机制，要想使所有 n 名成员都参与创造公共物品，虽说不是不可能的，但也必将非常困难。

针对这样的例子，我们可以设想另外一种情形：如果这个街区的 n 套物业在销售给各业主之前就已经确定了这个关于开放空间的决策，那么问题可能就会简单得多。假设这个决策最初是一个将要开发 $n+1$ 块地块的土地所有者在进行开发前所面对的，即，如果只开发 n 块地块，留下来一块作为开放空间（这样做带来的价值与前面的假设一样），那么这 n 块地块的总价值就会增加 nMV；而如果对当中的一块地块进行物业开发，能够获得的价值只有 p。由于 $p < nMV$，这位自有开发者自然会决定保留这块土地为开放空间。由此可以看到，这位土地所有者在进行开发时可以在一定范围内从总体受益情况即整体利益出发来进行权衡，从而可以决定提供这一范围内的公共物品，以避免此后出现的多方协调，提高了效率，并且也可以获得更高的经济收益。但这是在局部有限的地段中可能发生的，如果当所需要涉及的范围和相关联的领域扩大之后，这一问题仍然存在而且更为复杂，尤其当这个范围扩展到整个城市，由于人数众多，不可能存在单一的拥有者和决策者；或者由于地产的拥有者众多，价值观念多元，搭便车的诉求更高，要达成某一方面的

一致就相对更为困难；此外，由于分散的地产权和相邻地块的开发时间会各不相同，难以依靠个体的力量为这些地产进行全面的事先统一决策，因此要达成这样的结局就非常困难而且基本上是不可能的。这就需要通过制度性的事先安排来保证所有个体的利益也就是公共利益的实现。

（2）为什么需要对土地开发强度进行控制？

与对土地使用的控制密切相关的是对土地开发强度的控制。土地开发强度与经济利益是直接相联系的，在一定的范围之内和一定的条件下，随着开发强度的提高，开发的利润同时得到提高。在完全的自由经济中，开发商在获取最大利润的刺激下，会出现倾向于高强度开发的可能。这种高强度的开发有可能会造成一系列的负面影响，如一幢高强度开发的建筑物就有可能影响相邻建筑的采光、通风，造成进出交通数量的增加而导致地区道路的拥挤，也会导致城市基础设施的超负荷运行等等，这对周围相邻地产的使用与发展带来影响，从而损害到相邻地产的价值，在更大的范围内则会影响到地区的整体利益。这种个人追求最大利益的行为就会造成地区整体利益的损失或者低效率、无效率甚至负效率，那么为了维护市场的有序和整体的高效，就需要有适当的规划干预。从另一方面讲，对土地开发强度的控制源于对市场下多元化的私人利益的维护，协调相关者利益，在对某项利益进行追逐的同时不能影响到其他人对同样利益的追逐。美国纽约市的区划法规的诞生其实就充分地反映了这样的一种状况。

尽管在美国的一些城市中区划技术在19世纪末就已经得到了部分的使用，但由于对土地使用的规定性缺乏法律的支持而难以在城市整体的范围内得到普遍化，而只是在局部的地区尤其是在高级居住区作为限定特殊用途而使用的。但由于城市建设的快速推进和土地的高强度使用已经出现了许多人们不愿看到的状况，因此，人们开始寻找有效的控制手段来获得更为有序和公正的发展权利。1915年，在纽约派恩街（Pine Street）和百老汇（Broadway）街的转角处建造的公平大厦（Equitable Building），成为了纽约市进而是全美国绝大多数城市建立区划法规的导火索。公平大厦高42层，它的建成导致了邻近一幢21层大楼的阳光全部遮掉，致使大楼的租户由于缺乏阳光以及视野受到阻碍而纷纷搬迁，使该大楼的房租大幅度下降。显然，由于公平大厦的建造，降低了邻近地区土地上

的建筑物的价值，损害了他人的利益。这就违背了市场经济和自由主义的最基本准则。但很显然，如果没有适当的控制，这样的事件会经常出现，而一旦出现其社会的成本和经济的成本都会很高，而且很多情况下这种损害是不可恢复的。从纽约城市发展的实际状况和公平大厦的案例中所暴露出来的关键性问题是，是否需要对建筑物的高度进行控制以及如何控制的问题。在建筑物高度控制上，历史上存在着两个相互矛盾的原则：一个是根据土地的权利概念，任何一块土地都可以允许在该土地上建造的建筑物不受限制地向高处发展，即土地所有者有权任意将其建筑物向上建造；另一个是根据权利的义务概念，任何对权利的运用都不能损害到他人对同样权利的使用。因此，12世纪末英王理查一世就规定了"古采光法"，此法规定某建筑物如被邻近新建建筑物所阻挡，那么其所有者就有申诉的权利。这一对矛盾在低密度开发中表现得并不明显，但在现代城市的高密度、高强度的开发中则尤为突出，而针对个案的个别分析则会花费大量时间和人力，而且由于开发的先后秩序也就会对不同地块间造成不公平，因此需要针对地区建设的实际状况进行统一的界定。在针对这样的案例的广泛争论之后，在律师、房地产经纪人和城市规划师的共同努力下，美国纽约市在1916年通过了覆盖全市的区划法规。根据这个法规，一个土地拥有者可以百分之一百地利用土地面积，但建筑物的高度要受到限制。它规定建筑物达到某些特定高度时，就必须从正面后退一定的距离再往上建造。特定的高度和后退的距离根据不同的土地和街道宽度而各有规定。除了高度的控制之外，纽约的区划法规还对土地使用、建筑物的位置等进行了规定，初步形成了现代区划法规的基本架构。此后在美国许多城市中建立了类似的区划法规。但这些法规的合法性仍然受到许多人的质疑，最后官司一直打到了美国的联邦最高法院。联邦最高法院接受了区划法规作为地方法规的合法性的观念，1926年该法院在审理俄亥俄州 Village of Euclid 诉 Ambler Realty Co.一案时，最后裁定区划法规是"市政府建立有关公共健康、安全、道德和公众基本福利的法律权力的正当扩展"。纽约的区划法规可以说是在市场经济运作的过程中逐步形成和发展的，而其主要的作用者是律师和房地产经纪人，城市规划师只是提供了一些技术性的手段。区划法规与当时所有的城市规划理念的一个重要区别在于：当时的城市规划更多的是建基于对社会不

合理现象进行改造、对社会不合理体制进行改革的思想基础之上的，以创造美好的社会整体环境使城市的发展能够更合理、更优美、更有秩序为主要诉求的，而纽约的区划法规则是从法律技术出发，以保护现有状况和私人财产的价值为基础的。作为一项地方性法规，区划法规更加强调以保护现有的地产价值为准则；在对待发展和未来建设的问题上，强调新的建设不能损害到周边土地的现有价值。在经过20世纪20、30年代的发展和完善后，区划法规逐步与现代城市规划的体系相结合，并建立起了城市综合规划与区划法规之间的有效衔接，从而成为了城市规划进行土地开发控制的重要手段。

城市规划对土地开发强度的控制，除了保护地区内各项用地不会因为新的建设而在日照、采光等生活环境质量方面受到不利的影响，同时也能够实施相应的合理的设施配套，其中包括公共设施和市政设施等。比如，在居住区建设中提高开发强度，就意味着居住区的居住人口会有所增加，这样的增加就会对一些设施提出新的要求。原来地区中已有的如中学、小学、幼托等公共设施和市政公用设施等就会显得不足，需要有新的增加。而这些设施大部分属于公共物品或具有准公共物品的性质，增加开发强度的开发商并不会直接投资建设这些新的公共设施，这就会带来一系列的问题：随着居住人口的增加，就需要增加学校的规模，如果增加的量很大，足以支撑一个学校，那么就需要建设一个新的学校，而增加学校就需要有土地进行安排，在适当的位置能否获得符合学校布置要求的用地就成为一个问题，此外还有谁来建设，什么时候建设等问题需要解决。如果增加的人口数不足以支撑一所新的学校的规模，如仅需要增加几个班级，那么无论是新建学校还是利用原有学校扩大规模都会有一个合理规模问题，都会影响到学校的日常经济运行。当然，这不仅仅只是学校设施的问题，涉及到其他的公共设施和市政公用设施也是如此。因此，通过城市规划对土地使用开发强度的控制，可以比较有效地保证这些设施经济而有效率地运行。

（3）为什么需要对城市结构的控制？

城市结构是城市功能活动内在的关系的反映，体现了城市各组成部分在运作过程中的相互关系。在对城市结构进行的控制中，实质上包含着两部分的内容：一是对城市土地使用在不同用途的数量上的控制，也就是数量结构的问题；二是对不同的土地使用

在城市空间中分布的控制，即空间结构的问题。

所谓土地使用的数量结构，也就是城市中各类用地的供应总量及其比例关系。城市的各项土地使用之间具有相互的依赖性，城市的有效率运转需要各项用地之间形成相对合理的比例配套关系，任何一项用地的比例不足或缺少，都会影响城市活动的正常开展。比如在居住区建设中，住宅都已建设完成，但由于缺少必要的公共设施或市政公用设施，这些已经建成的住宅就无法投入使用，即使大部分的设施也已经建成，但缺少任何一项设施都会制约这些住宅的使用或者即使投入使用也会带来不良的后果。比如缺电、缺水，居住生活就不可能进行，即使不缺电缺水，居民也可以住进去，但如果缺少排水，也同样不能在其中很好地生活，或者就会向外随意排放，对周围环境造成破坏，影响整体的生活环境质量。即使这些设施都已得到提供，但由于在一定的范围内没有相应的学校或其他的公共设施，尽管居民已经可以居住在这些住宅之中，但生活就会有所不便，生活质量就会降低。同样，从整个城市角度讲，各项用地之间也有相应的比例关系，如就业用地和生活用地以及市政基础设施用地等之间。比如，城市的道路交通用地不足，或停车场不足，就会影响到城市其他功能的发挥，城市各项活动之间的联系就会减弱，城市运行的效率就会受到很大的影响。城市的整体运行是一个系统工程，缺少其中的任何一项或任何一项的不足都会影响到城市的整体运行质量，这也是著名的"木桶原理"所揭示的：城市整体运行的效率与质量是由其组成要素中供应量最低的要素所决定的。而这些因素是单个的房地产开发时所难以全面考虑甚至顾及的，因为在没有城市规划的情况下，任何的开发商都不可能充分获知周边地块（更不要说在更大的范围内的）开发的内容或强度，他也无从完整掌握各项设施的可供应情况，而等到他及周边的开发建设完成并投入使用，其问题就会爆发出来。或者由于开发项目之间不同的时间序列，先前的开发都没有使这些问题爆发出来，而某一项开发突然超出了某个临界点，使问题凸显出来，并影响到先前的已开发地区的活动，从而导致整体性的问题。无论是哪种情况出现，都对城市整体的有序运行带来困难。

城市规划对数量结构的控制，是从城市整体市场的层面考虑各类土地的供给与需求，按照对城市发展的预测和规划，对各类土地的供应进行规定，使之满足社会需求，避免由于某一类用地的缺少而影响其他用地的发挥作用，或由于某一类用地的过度供应而导致房地产市场的崩溃。从理论上讲，市场可以根据价格变动关系对社会的需求作出反应，从而协调各项不同用地之间的比例关系。但由于房地产市场普遍存在的而且非常严重的信息不对称，没有人能充分掌握房地产开发的总体数据，而房地产业的内部结构又趋向于过度生产，从而会出现在某一个特定时期对某类产品的过度供应，再加上，房地产开发的结果在时间上有很大的后滞性，开发投资的结果要到若干年后才能反映出来，这样，投资者在作出投资决定时就难以甚至无法预计到建成时的市场，因此在完全市场化的发展中会出现周期性盛衰的趋势[13]。城市如果由于某一类型房地产产品的过度建设而导致大量空置，积压大量资金，会导致市场的衰退甚至崩溃，而一旦出现这样的状况，则在此后的相当长时期内房地产市场难以恢复其活力。在城市间竞争日趋激烈的当今，这样的局面的出现会对该城市此后的整体发展带来极大的负担。因此房地产市场相对于其他市场更需要有一定的宏观调控，这种调控也是市场本身的发展所需要的。经历了20世纪80年代房地产市场大起大落的英美等国的房地产商有着最切身的体会。由于进入20世纪80年代后，新自由主义思潮占据着政治经济的主流地位，英美等国的保守党政府以放松管制的方式来促进经济发展，在伦敦和纽约等城市出现了大规模的办公楼建设，到20世纪80年代末开始导致了整体经济的萧条。英国的房地产商悲叹当时在伦敦缺少规划当局整体的调控，并且认为房地产业可以在协调而有限制的开发中获得利润，英国房地产商协会在20世纪80年代末发表报告，总结了10多年的房地产发展历程，认为房地产的健康发展需要政府进行宏观的战略性的调控[14]。在美国，房地产商们并不希望政府来对开发进行限制，但认为政府应当保护市场，并且，他们通过对环境团体的资助来限制开发的总量，而且在美国城市发展过程中形成的适度控制特定社区发展的"增长管理"（growth management），经常可以看到房地产商们在其中的作用[15]。而在有些城市，由于采用了一些控制性的手段来限制某些类型建设的过度进行，保证了房地产市场的繁荣而持续的发展。如美国旧金山在20世纪80年代中期通过法案，规定每年将办公楼开发面积限制在一定数量的范围之内（每年

100万平方英尺①），这项议案最初遭到了政府和商业行业的激烈反对，但最后被采纳。而作为这项对新建设进行控制的法规实施的后果却显示，在20世纪80年代末英美等国房地产全面萧条的时期，其办公楼的空置率不断下降而租金则略有上升[16]。从而使房地产市场处在了有序而持续的发展之中，没有遭受大起大落的冲击，在进入20世纪90年代后避免了先修补市场再寻求大发展的阶段而直接进入了较快的发展行列。

所谓土地使用的空间结构反映的是土地使用在城市空间位置和城市地区间的分配问题。土地使用的空间分布关系到各项用地在空间上的相互关系，如中心区和居住区的关系，就业与居住的关系等等，直接关系到这些土地使用之间的便利性和相互联系的有效性。城市的空间结构集中地反映在各类土地使用在城市中的布局以及联系他们的交通联系方面，这在前面的内容中已有所涉及，这里举一个例子来说明土地资源在空间上配置的优化问题，即空间布局上的调节如何实现城市的整体利益[17]。

在一个单中心的城市中，假设该城市的形状是一条有一定宽度的线（这是为了讨论问题的方便而进行的假设，是经济学理论研究中常用的方法。本书第六章在有关土地使用的区位理论的介绍时会经常碰到），即该城市处在一块狭长的土地上，标记在该地带上的位置为 d。该城市所有的家庭都是一样的（为了讨论问题的方便，假定该城市中的家庭具有均质性），都在城市中心 d_0 工作，并假设城市东边的居民通过汽车和道路网络去市中心，而西边的居民则使用快速公共交通的地铁系统。正如运输系统中常见的状况一样，假设西边的地铁系统的承运能力远远超过需求，这样，无论乘客数目增加多少，每位乘客每年每英里付出的费用都是固定的，为 k_w。要保证家庭在位置方面的平衡，城市西边的土地租金梯度线为斜线，对城市西边的开发扩展到 d_w 英里。在城市东边，使用道路系统进行交通会遇到一些拥塞现象，拥塞程度与使用者的数目成正比，这依赖于城市向东扩展到的距离（位置 d_e）。这样，对于城市东边，每英里的交通费用就不是一个常数，每英里的交通费用依赖于开发的数量，也就是说，k_e 是 d_e 的函数。城市东边在位置平衡状态下，土地租金随着远离城市中心而下降。根据城市东边和西边在交通技术上存在的这种不同，以及由此带来的每英里

① 1平方英尺 =0.093m²

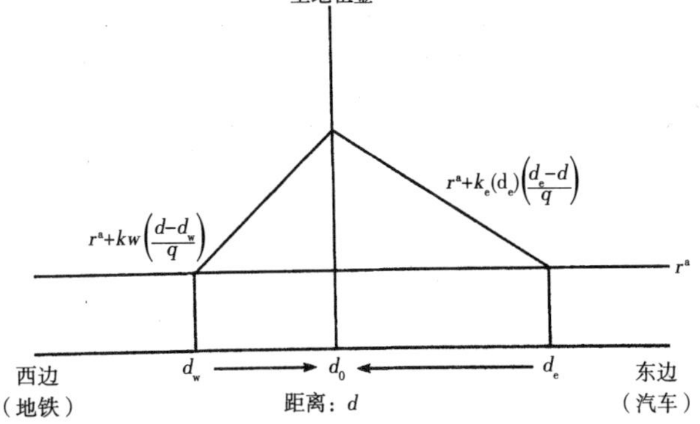

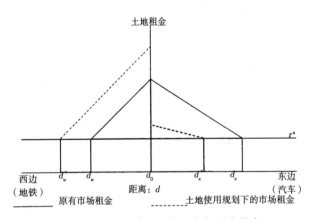

图1-1 两种交通模式下的土地市场平衡
资料来源: Denise Dipasquale,William Wheaton.龙奋杰等译.城市经济学与房地产市场.北京：经济科学出版社，2002.368

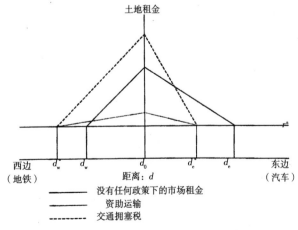

图1-2 城市规划者开发解决方案的市场平衡状态
资料来源: Denise Dipasquale,William Wheaton.龙奋杰等译.城市经济学与房地产市场.北京：经济科学出版社，2002.369

图1-3 达到城市规划者开发方案市场平衡状态的几种政策
资料来源: Denise Dipasquale,William Wheaton.龙奋杰等译.城市经济学与房地产市场.北京：经济科学出版社，2002.370

交通费用的差异，可以知道城市东边的土地租金斜率与西边不同。假设城市东边已有相当量的开发，道路已经存在一定的交通拥塞。由于空间上已经达到平衡，这意味着人们在城市东部范围内不可能通过迁居而改善自己的生活条件。然而，可以试想这种迁居却可能会改善其他人的生活条件。在这个模型里，整个城市的利益由全部交通费用所决定。基于这种情况，城市的规划者可以降低城市总的交通费用，从而提高整个城市的利益，是指超出已经建立的平衡状态下的水平。规划者可以试着将一户家庭从东边迁移到西边，这样 d_w 会有微小增加，d_e 会有微小减少（因为已假设处于空间均衡状态，因此人口数量的改变可以通过用地的扩张和减缩来予以表示）。西边交通的增加会使总交通费用增加 kd_w，而在东边，由于少了一户家庭，总交通费用不仅会有 $k_e(d_e)d_e$ 的减少，还会使所有其他东边的居民在道路上遇到的汽车减少一辆。这样，东边总交通费用的减少会大于西边总交通费用的增加，这个交换使整体利益得到了提高。最初的空间平衡状态意味着，家庭迁居到哪一边对其自身是无所谓的，然而这种迁居却会给东边其他家庭都带来好处。

设想规划者继续这种转换，将居民从东边迁移到西边，增加 d_w 和减少 d_e。伴随着这种变化，西边边界处的交通费用增加，而东边边界处的交通费用减少。这时，尽管迁居会造成东边居民条件改善，但迁居的居民的利益却开始受到影响。从城市整体利益的角度看，只要东边居民得到的利益大于个人迁居付出的代价，这种迁移就会持续下去。那么到什么时候规划者会停止这种移动呢？最终，西边边界的扩张和东边边界的收缩都会大到这样的程度，使得移动带来的损失会大于东边剩余居民的利益的增加。这时，由于这种转换不再会使城市整体利益得到提高，规划者会停止该过程。

在这个例子里，形成最初的平衡状态的基础是：个人仅仅考虑自身的交通费用，而没有考虑由于共享道路会加大其他人的交通费用，而城市规划者迁移居民就是由于全面考虑了所有人的交通费用。

（4）为什么需要对城市环境进行控制？

城市环境包括城市建成环境和自然环境，二者共同的特征是公共性和开放性，即环境的好或坏不仅仅关系到所有者或使用者自己，更影响到相邻使用者以至于全体市民，因此城市环境涉及到城市社会整体的利益。在城市环境的控制中所涉及到的内容很多，这里先从对环境污染进行控制方面来予以解释。对环境

污染所进行的规划控制一方面是现在讨论比较多的，并且在经济学和城市规划之间存在着不同的观点，另一方面，通过对环境污染的规划控制这样的例子可以解释很多规划控制的现象，其基本原理具有一致性。

城市规划在对付环境污染方面主要是通过功能分区来缓解环境污染问题，因此，城市规划并不能直接减少环境污染物的总量，更不能被用来解决环境污染问题，它只能使污染源迁移，也就是将污染源与潜在的受害者相分离。相对于收取排污费的政策而言，城市规划就显得缺乏效率，因为，城市规划没有提供激励措施来使生产厂商降低污染。那么对于这样一种措施，城市规划为什么还要进行这样的控制？或者说，为什么现在大部分的城市仍然希望通过城市规划的方法来进行环境污染方面的控制，而以收取排污费作为辅助性的方法？经济学家对此作出如下的解释[18]。

从经济学的角度讲，如果有污染的生产厂商将生产厂安排在居住区附近，这样可以减少职工上下班的距离及由此产生的通勤交通的费用，但治理污染的要求较高，由此导致的成本也较高；如果将生产地安排在与居住区分离的较远的地方，治理污染的要求下降导致治理成本下降，但交通的成本会上升。因此，从经济学上进行考虑这其实就是一个在两者之间寻找平衡的问题。相对而言，经济学家更加注重收取排污费的政策，因为收取排污费政策要比规划的功能分区方法更为有效。首先，经济学家可以通过数学公式和模型来证明，该政策的实施可以使厂商将生产地点选择在其制造总成本最小处。从全社会的角度来看，在生产的综合成本最小处进行生产，工人节省的上下班交通成本大于污染成本的增加，所以这样的生产地点更有效率。其次，收取排污费政策迫使厂商为污染付费，使污染降低到最佳水平。但收取排污费的政策也仍存在一些问题，而这些问题的存在使得许多城市仍然使用城市规划的功能分区替代收取排污费的方式来控制工业污染。首先，相对于收取排污费政策，采取功能分区划定工业区相对简单易行。为了设定排污费，政府不得不评估城市内部不同地区的污染边际成本，这部分的工作相当繁复，而且不同的产业和不同类型的污染需要进行不同的计算，而得出的结果很可能会导致各种类型的工厂与城市的其他功能相混杂；另外，为了收取排污费，政府不得不对污染厂商进行监管，增加了政府的执行成本。而把所有污染者集中到一个工业区的做法相对要容易得多。其次，收取排污费政

策会加重某些地区的污染。虽然在收取排污费政策下，厂商产生的污染会减少一些，但是厂商的位置可能离住宅区更近，因此，会加重其邻近地区的污染。收取排污费的政策在减少污染方面具有一定的效率，给全社会带来净收益，但对周围的居民而言却有可能使他们受到更多的污染影响。理论上，可以通过补偿的方式使这些居民的福利受到弥补；但实际上，无论是厂商还是政府都很少尝试去补偿这些居民，而且补偿的计算也是困难的。因此，就总体而言有效率的政策在局部方面会造成部分人的福利损失，而这之间的均衡就涉及到公平与效率的问题。此外，收取排污费可以更为有效地降低污染，但并不能够保证将所有污染予以消除，这样就仍然会对周围的居民带来卫生和健康方面的损害，这种损害用经济补偿是难以弥补的。从这样一些方面可以看到，城市规划通过使用功能分区的方式尽管并不能直接减少环境污染的程度，但可以减少对居民的直接危害。当然，这里的讨论并不是要否认收取排污费政策的无效性，也不是说城市规划只关注功能分区而对减少实质性的污染就不关注，而是想说明，城市规划对环境污染的控制主要是尽量地减少对居民的直接影响，城市规划本身的手段也许并不足以提供从根本上降低环境污染的手段与愿望，这些污染源通过功能分区集中后也仍然需要运用其他手段来激励其减少污染的排放。

除了将产生环境污染的这些土地使用隔离开的做法之外，城市规划还会为了保护特定的环境而采取一些控制的方法，这些控制往往会限定在一些特定地区内不能进行建设或者对建设有严格的要求，这些方法在纯经济学的意义上会被看成是缺乏效率的，但对于资源与环境的保护却有着重要的意义。而在另一方面，正由于有了这样的控制，使得周边的居民能够获得更多的公共福利。如前面所介绍的公共绿地的建设就是其中的一个例子。弗雷什（Frech）和拉弗蒂（Lafferty）在20世纪80年代研究了美国加利福尼亚海岸委员会对海岸地区进行控制所导致的对周边的房地产价值的影响。加利福尼亚海岸委员会从保护海岸地区的生态环境出发，提出禁止在大潮海岸线1000码①范围内进行任何开发建设的活动。由于这样的限制，该地区内可用于开发的土地供应减少，由此而导致了周边土地价值增加，此外，临近开放空间的土地的所有者还可

享受到这种特殊的公共物品。弗雷什和拉弗蒂估计，该委员会的开发控制造成该处土地价格由于土地供给的减少而提高了4%，另外由于公用空间的增加而提高了4%～9%[19]。同时，也有越来越多的证据表明，建筑设计和土地开发的整体风格能够在很大程度上影响房地产的价值。在通常的情况下，如果房屋建筑风格别致，家庭就愿意因此而支付更多的价钱，企业也愿意支付更高的租金来入驻建筑设计被业界认可的房屋。实际上，建筑物的设计水平不仅是居住者的个人利益，而且也是附近环境的公共物品。这样就提出一个问题，消费者是否愿意出钱让周围其他房屋设计或规划得独具特色呢？有研究结果发现，如果用一条蜿蜒的街道风格布局从而创造视觉上的多样性和绿地空间的话，那么与简单的网格状布局相比，这种物业的价值能够提升25%。此外，针对著名历史区域（那里对建筑整体设计有严格限定）住宅价格的研究表明，消费者会对建筑物之间的协调性进行估价，并在价格上愿意为邻近的优秀的建筑风格进行补偿[20]。

以上对城市规划实践过程中所涉及到的主要控制内容，从城市社会发展的角度探讨了其存在的必要性和合理性，从而也说明了城市规划之所以被需要的理由。当然，城市规划所涉及的内容还包括很多方面，这里不可能一一予以论证，而且有些内容也可以包括在以上的讨论之中。比如，对基础设施安排的布置，可以看成是对城市环境控制的一个方面，也可以看成是城市公共物品的组成部分，尽管其中也有一些差异，但就总体而言，同样可以沿用以上的分析框架来作进一步的论证。

第三节　规划是否可能：知识领域

在知识领域对规划合法性的讨论主要是希望能够回答这样的问题：规划知识在本质上是否可能？或者说，有没有哪种知识在规划过程中是可运用的并且是可靠的？而知识可否运用的直接前提是我们能不能认识社会的发展，也就是，知识能否揭示社会发展的规律以及未来的进一步发展？这些问题的实质在于社会的未来是否是可预测的。针对这样的问题，在西方的思想体系中，有两种不同的思想观念进行着长期的争斗。一种思想认为，社会的发展和进步均是一个合乎

---

① 1码 = 0.9144m

规律的必然过程，这个过程是不以人的意志为转移的。在传统的观念中，世界万物都是由上帝创造并已经被全部安排好的，任何人都无法予以改变。在现代科学革命之后，世界则被看成是一架组装好的机器，只要给它最初的动力就可以使其按照规则运作，在其运作的过程中任何人都不可能改变它的运行轨迹。在这样的思想下，只要找到了其运行规律和作用方式，世界的发展就是可以预测的，并且可以确切地知道在特定时间它的精确的状态。另一种思想则认为，社会的发展进步都是由人的理性和合目的性的行为所推进的过程，但这一过程是由无数个人的理性和自由意志的随机努力而最终造成的，既然无法揭示所有个人的思想、愿望及其判断的依据，那么社会的发展也不可能是可预测的，社会也不存在所谓的规律。在这样两种思想的影响下，对于规划在知识领域是否可能就有着极为不同的结果。

近代社会对于社会发展的知识是奠基于牛顿力学对物质运动现象进行总结的基础上的，也可以说，牛顿力学定律不仅影响并决定了现代物理学和自然科学的发展，而且也影响并决定了现代社会研究和社会科学的发展方向，而更为重要的是其对我们思考问题方式的规定，正如有评论说："历史告诉我们，在具体科学领域所取得的认识世界的成就总是起着改造我们关于世界的一般观念的作用。"[21] 牛顿力学指出，宇宙中的一切物质实体的运动及其相互作用都遵循着少数比较简单的定律。根据这些定律，如果知道某一瞬间一组物体的地点、质量以及速度的话，那么人们就可以确定这些物体是如何相互作用的甚至相互碰撞后会发生什么样的结果。拉普拉斯（P. Laplace）将这一认识合乎逻辑地加以推广，得出了这样的结论：如果宇宙中的一切大小物质的位置和速度一旦得知，如果各种力的一切定律都已得知，那么在将来的任何时间一切这类物质的位置和速度都能得到计算和预言。因为一切将来的结果都来自于它的早期原因，也就是说，"就一切现存事物而言，都有其为人所知，或不为人所知的先决条件；这些先决条件规定了现存事物只能如此这般"[22]，因此，只要我们能确定出它们目前的状况以及它们的作用方式，那么，它们的未来运动甚至其最终的结果都是可以预测的。这就意味着，宇宙是以事先确定的方式，按照自身的规律，随着时间的推移而进化。这就如同宇宙是一个巨人或一架精巧的机器，在以可以被解释的方式进行工作。

牛顿用几条非常简单的定律便对曾经认为是支离破碎而且毫无联系的各种运动现象作出了科学的总体性解释，从而在科学上获得了巨大胜利，这种胜利极大地鼓舞了此后的科学家们，在每一门自然科学学科中都期望通过几条简单的定律来解释整个学科现象。同样，在当时社会对科学所取得的成就的认同下形成了对科学方法的重视和广泛运用，促进了此后在社会问题的研究过程中对自然科学方法的运用。社会科学的确立也就是在这样的社会氛围中形成的，而其目的就是要促进对支配人类行为的规律的研究。孟德斯鸠（Montesquieu）将科学中的"规律"（law）一词推广到对社会现象的解释上，他在《论法的精神》一书的开始就明言："规律是由事物本性中产生出来的必然关系"，从而提出了历史和社会现象的决定论，并把无数种人类社会的政权组织归纳为四种形式。他的后继者、被誉为社会学之父的孔德（Auguste Comte）在社会学领域的创始性研究中，就充满着对以牛顿力学为代表的科学思维的崇敬，积极尝试将其运用到对社会研究之中，并将他所创立的社会学称为"实证社会学"，并出版了《实证哲学教程》、《实证政治体系》等著作。从"实证的"这个词的运用上就可以看到他对自然科学尤其是物理学方法的认同和自觉地在社会研究中的运用。在孔德的思想中，"按照惟一的一种目的，合理地协调人类各种事件中的基本系列"是他一生的奋斗目标，他的理论论述全面地体现了他的这一观点。他认为，社会现象取决于一种严格的决定论，这种决定论是以人类社会不可避免的变化形式出现的，而人类社会的变化又是受到人类理性的进步所支配的。在这样的思想基础上，社会的发展是由其发展的内在规律所决定的，尽管这种规律并不是外显的，但它们是社会发展的决定性因素，而且，任何人都无法去改变它们。而人类一旦发现了这种规律，就可以知道社会的未来发展及其演进的轨迹。如果我们能够依据这样的规律，发现其中对人类有利或不利的各个方面，事先做好谋划，就可以尽早实现我们想要的结果并减缓和减弱不利方面的影响，甚至改变这些不利方面的性质。应该说，对社会发展的这种思想观点，正是各类规划能够存在的基础。

但很显然，正如前面已经提到的那样，在思想观念层次上，还有另一种思想是与此针锋相对的。这种思想认为，社会的发展并不是由前定的任何内容所决定的，而是社会中每一个人的理性和自由意志以及人与人之间的相互作用所直接创造的。这种思想的根源也可以追溯到基督教神学。基督教神学中有一个概念叫作 Kairos，指的是不能以线性的方式来对历史进行考察，而应根据重大事件（当然，首先是基督降临的时间）来对历史进行安排。Kairos 每次都作为人的决定降临，它是突然的、不可推测的和不可预测的，反映的是历史是如何以一种不能预先设计，而作为一个突然来临出现的方式创造与重新创造的。这些事物出现的主要意义在于它在自己的事实性和重要性中发生，而不在于什么明确突出的内容在它那儿实现，或它作为历史的总体关系的一个阶段出现。在认识论上，英国经验主义哲学的代表人物休谟（David Hume）坚持："我们只能相信我们已经感觉到的东西"，因此，所有不可感觉的或尚未感觉到的任何东西都不能成为合法的知识。从这样一个观点出发，他认为，在对人及其社会的研究过程中，不可能运用从自然科学中所获得的方法来获得社会的知识以及社会发展的知识，因为，我们无法进行有目的的实验，也不可能按照事先制定的计划和方法去对付可能发生的每种具体情况。对此，狄尔泰（Dilthey）曾经论述道："在历史世界中没有自然科学的因果性，因为自然科学意义上的'原因'必然要根据规律产生结果，而历史只知道影响和被影响，行动和反应的关系。""在历史进程中寻找规律是徒劳的。"因此，社会的状态及其未来发展都是由人类的日常生活和活动，通过人际的交往、事务和娱乐等等活动，在不同的条件和情况下所产生的具体结果。就是说，社会发展的过程是具体的人在现实世界中各项有目的的活动的结果。

20世纪以来，自然科学，尤其是相对论及随后的量子理论的发展也揭示了另外一种科学景观。量子理论对经典牛顿物理学的严格的因果性提出了其不可解释的现象，从而规定了其有限性。"Heisenberg 原理"即著名的"海森伯格测不准原理"（或称不确定原理）指出，不可能以无限的精确性同时测量、预言或知道一个粒子的位置和动能。这就在物理世界的最为基本的层次上使自由意志的概念也成为可能，因为自由意志的决策肯定是不可预言的。这并不是说个体的电子将"选择"以一种不可预言的方式进行，而是说非物理学的影响（如人类意志的干预）有可能会影响到物质世界的行为。而在量子力学中之所以会出现这种现象的原因在于观测者在此过程中的参与，这种参与成为描述和研究的必要条件，如果不考虑这种参与的实

际状况，也就不可能理解量子现象。

波佩尔（K. Popper）在其《历史决定论的贫困》（The Poverty of Historicism，1957）和《开放社会及其敌人》（The Open Society and Its Enemies，1945）等论著中，以"纯粹的逻辑理由"证明了"我们不可能预测历史的未来进程"。在他的证明过程中，其核心思想是任何科学都不可能用科学方法来预测它自己未来的结果，原因则在于我们不可能在现在就预先知道我们明天才会知道的事情。而人类社会的发展在相当程度上是受到人类知识增长的强烈影响，在这样的意义上，人类社会的未来进程就难以预测。同时，要对社会发展过程中的各类关系进行全面的控制，实际上是不可能的，因为，"只要对社会关系进行新的控制，我们就创造了一大堆需要加以控制的新的社会关系。简言之，这种不可能性是逻辑的不可能性"。因此，他认为，"只有少数的社会建构（social institutions）是人们有意识地设计出来的，而绝大多数的社会建构只是'生长'出来的，是人类活动的未经设计的结果"[23]。在这一点上，他和哈耶克从不同的路径达成了一致。正是由于这种生长性，随着社会的变化，所有的条件都发生了变化，而这些条件的变化在事前是不可能获知的，因此事前的规划必然会不适于变化了的条件。

20世纪80年代发生的一场关于科学认识论和方法论的争论有着异乎寻常的意义，这一场争论甚至可以看作上述两种观点和思想的正面交锋。争论的一方是耗散结构理论的创立者普里果金（I. Prigogine），另一方是突变论的创立者汤姆（R. Thom）。耗散结构论提出了任何系统既可以在熵的增长过程中不可逆地走向绝对平衡，也可以在远距平衡态的地方由于扰动和不稳定因素的作用而出现偶然的分叉，从而形成耗散结构，使一个系统开放，并通过摄取负熵构成现代复杂组织，借此保持生命力。这一理论证明了，有序来自于无序，稳定产生于混乱。而突变论则是研究事物发展过程中所存在的间断性现象，它揭示并解释了这样的事实：间断产生于连续，偶然产生于必然。争论的双方依据自己科学研究的成果，都承认世界是无序和有序、变化和稳定共同组成的，分歧点主要在于何者是更为根本一些的因素。科学的传统承认世界是有序的、稳定的，受统一规律的支配，科学就是要揭示并解释这种规律，并对世界的进一步发展作出预测。汤姆坚持这样的看法，认为世界首先是有规律的而不是混乱的，所谓的偶然性只是未知的代名词，科学和

技术发展的目的就是要揭示这些未知，建立普遍的解释公式，从而推动社会的进步。而普里果金则认为，在新的科学研究和发现中已经证明，"偶然性"、"无序性"、"不稳定性"等具有更为重要的意义，我们已经不可能把自然的全部复杂过程归结为几条基本规律，而需要对此进行特殊化的个案研究和解释，并且通过对此点的揭示可以强化人对社会发展过程的责任，这种责任性包括了人的理性和自由意志必须为社会的未来发展担当起自己的职责。社会的发展确实具有强烈的不确定性，但这并不意味着人类对于未来就可以无所作为或胡作非为，相反，正是在这样的状况之下，人类必须对自己的行为有清醒的估计，从而使未来的行动能够保证人类社会的持续发展。这一争论并没有最后的结果，因为难以在这两者之间或在更多讨论的基础上建立起一个能够包容这些现象的统一的理论框架，因此相关的争论还会持续下去。但这也并不意味着这两者之间就必然是绝对对立的，它们之间在一定的条件下仍然有相互共通内容存在。正如普里果金和汤姆都强调的，要对事物的发展进行研究需要从具体的事例和具体的节点上展开，这样才能解释清楚相互作用之间的真正原因。按照他们的观点，宏观上的研究都具有不确定性，需要从具体个案上进行研究，以深入地研究其内在的运作机制。

针对现代科学所面临的实际问题，尤其是关于不确定性的客观存在以及运用以前的科学方法无法予以解释的状况，或者如一些科学家所说的"确定性的终结"[24]，现代科学必须在新的基础上建立起新的科学方法来应对这样的现实，并提供新的解释。因此，"20世纪是科学全面向复杂性进军的时代。在这个进程中，科学发现了自己的界限，粉碎了确定性追求的梦幻。但科学并没有消极地对待自己的局限性，它不仅欣然接受了自己的局限，逍遥于其中而体会了命运的极致，并且迅速修正被近代科学成就铸造而成的确定性的思维模式，发展出一套处理复杂事物的'科学范式'。如各种不确定性推理（隐含、递归、类比等），建立'启发式规则'，创立出新型的几何学——分形几何学、重整化群方法。提出了一整套新的概念，如涨落、分叉、反馈放大、失稳、自组织、自相关等等。当我们用这些新的科学方法和概念重新思考复杂系统问题，如社会经济系统和生态系统时，便会发现，新的科学思维为我们提供了完全不同的理论和处理方法。例如，从新科学的观点看，社会是一个极为复杂的、包含着巨大数目的潜在分叉（可能的质变）的系统。这种系统在某些特定条件下（如社会过渡、不稳定状态）对涨落异常敏感。社会系统中这种有影响的涨落往往可能是处在特定位置上的个人或小集团的思想、情感、个性、偏爱。这既引起希望，也是一种威胁。说希望是因为，在这种特定条件下，个人的创造力有可能被整个社会所吸收，从而产生出不同于以往的生活样式。在一定意义上可以说，真正的创造力存在于组成群体的个体之中，个性对共性的突破才能促进发展和进化；说威胁是因为在这种特定条件下，社会整体对个体行为特别敏感，使社会的发展充满了由个人或小集团的行为、思想所导致的曲折。生活于其中的人会有一种不安全感"[25]。科学运用这些新的方法就有可能更好地解释自然和社会发展的状况，同时也通过立足点的转变更好地促进了科学的发展。正如柳延延所指出的那样："仔细分析20世纪的科学成就可以发现，科学在引导我们的思维定势'从存在走向演化'。现代科学并不热衷于构造确定的完美体系，它往往着眼于某个系统可能发生怎样的变化。因此，尽管确定的追求已成奢望，人类世界的预测能力却由于这种研究获得了提高。例如，科学已宣布了人类对长期天气预报的不可能性。但气候作为一种混沌现象，它背后的某些动力学机制已被科学家知晓。目前我们的天气预报不仅仅建立在统计得到的观测数据上，而且还能根据这些数据'重建'它的动力学规则。这使得近期预报的质量显著提高，并在很大程度上改进了长期预报。……另外，科学家目前正在计算机的帮助下确立诸如预测森林火灾蔓延的数学模型、地形地貌模拟系统、基因突变规律，以期对这些过去认为不可预测的事件在一定范围内给出预测。并且取得了可喜的结果。""所以，科学承认自己的局限性绝不意味着科学改变自己的初衷，去追求模糊、朦胧，乃至主观的东西了。科学期望教会人们与社会和自然的不确定性相处（学会如何提出目标，如何改进猜测——学会在明知对信息的拥有不充分的情况下进行预测），用精确性、决定论去逼近模糊性、随机性。20世纪的科学实践表明，科学的努力是成功的。"

从思想观念上看，科学领域所面临的问题实际上是对事物之间联系进行认识的"范型"转变，这种转变就要求运用新的方法来重新认识所有的关联。从社会研究的角度，我们可以从现代科学中学到许多方法论思想上的内容。物理学家对物理学的描述可以为我们提供一些借鉴，而且也可促进我们对此问题的深思，同时也可以对社会联系的不可知论提供一个回应。"原子物理中非局部联系和概率的重要作用意味着一个有可能对所有的科学领域产生深刻影响的新的因果概念。古典科学是采用笛卡儿的方法建立起来的，这种方法把世界分解成要素来研究，并按照因果定律来安排这些要素。这种决定论的世界图景与把自然看成一架时钟装置的想像有很大关系。在原子物理学中，这种机械论的、决定论的图景不再成为可能。量子理论向我们揭示出世界不能被划分为相互分离、独立存在的各种要素。分离要素的概念——例如原子或亚原子粒子——只是一种逼近真实的理想化。按照古典意义上的因果律，这些要素是不相联系的"。"在量子理论中，单独的事件总没有一个明确的原因。例如，一个电子从一个原子轨道跳到另一个原子轨道，或者一个亚原子粒子的解体等都可以在没有任何单独事件引起的情况下自发产生。我们决不可能预言出这种现象将在何时并且以怎样的方式来发生，我们只能预言它的概率，这并不意味着原子现象是以完全任意的方式而产生的，而只意味着它们不是局部原因造成的。任何一个要素的行为都是由它与整体的非局部联系所决定的。由于我们不能精确地知道这些联系，所以我们不得不用广义的统计因果论概念来替代狭义的、古典的因果概念。原子物理学的定律是统计的定律，原子事件的概率是由整个系统的动力学来确定的。在古典力学中，要素的特性和行为决定了整体的特性和行为，而在量子力学中情况正好相反，整体决定了要素的行为"26。正由于这样的状况的存在，量子力学更加强调了宏观研究的可靠性。量子力学认为，虽然作为个体的原子、分子的具体行动有可能无法预言，但是产生于构成一简单生物细胞的天文数字的原子和分子的统计是具有充分的说服力的，以至于生物细胞中大量原子的平均行为在相当大的程度上是完全可以预言的，重要的偏差很少发生。这种状况也同样适用于对社会发展状况的分析。哈耶克指出，"我们对产生这些社会现象所依据的原理的了解，往往不能使我们预测任何具体情况的准确结果"，但这并不意味着对社会发展的预测是完全不可能的。波佩尔的论证提出了对历史决定论的批判，但同样他也并不认为这是对社会进行预测的可能性的反驳，而是认为，通过预测某些发展将在某些条件下发生而来检验社会理论的这一方法，是与他的论证完全相容的。他指出，社会发展的趋势是始终存在的，但是这类趋势

的存在是有条件的，过去我们只认识这种趋势的必然性而不顾及这些条件的可能性，从而使得这些趋势是被架空的。如果要尽量完善地解释趋势就必然要"尽可能地判明趋势持续所需要的条件"，从而可以在无数的可能情况下把握这些可能性，尤其要关注在什么样的条件下这种趋势将会消失。"有限理性论"的创立者西蒙（H. Simon）在否定了完全理性和充分理性的基础上，并没有认为人对社会发展的控制是无效的，而是从另一方面确认了对社会发展规划的可能性，并且论证了要取得大规模社会规划的成功，就必须对设计的目标和内容在真实情形的基础上进行必要的选择。所以，他仍然将"社会规划——设计发展着的人为事物"作为他论述"人为事物的科学"中的一个重要组成部分27。

当然，我们也很清楚，对社会的研究并不能依赖于纯粹科学方法的使用，尤其是在对未来发展进行研究时，通常情况下也不可用纯粹科学的要求来衡量这些研究，这里的原因是多方面的，但可能其中最主要是在于：（1）社会现象与自然现象有一个最大的区别在于社会的事物和事件都是非独立因素作用的结果，在这里难以与其他事物与事件进行彻底的分离；（2）在复杂的社会系统中，一般没有再生现象，并且控制外部因素的可能性极为有限，与自然科学中的实验室条件有极大的区别；（3）在针对社会系统的研究中，人的个体性因素占据着重要地位，尤其是对事件发展有着决策权的个体的因素往往起着决定性的作用。社会系统的未来发展对人类决策和某些时候对"新"变化原因有着极强的依赖性。所谓"新"，在这里是指那些过去尚未形成，或者即便过去已形成但并不突出的原因；（4）人类的干预。由于人类的干预，事件的发展就会以多种方式偏离早先的情形，很多科学的规则和规律就会发展改变。但这些原因的存在并不意味着科学方法在社会研究中就没有用武之地，至少在观念层面上，自然科学有关不确定性的研究方法将全面改观社会研究的整体结构。也就是说，在对社会进行研究的过程中，也同样需要在转变观念的基础上实现对方法的改变，而不是用确定性下的方法来对付和处理不确定的状况。正如柳延延在对不确定性和决定论的讨论中所提出的那样："对于当代的社会学者来说，他们好像终于领悟到，他们原则上并不能完全把握'历史的必然性'。社会学研究的真正使命在于让人们学会与不确定性相处，因此，发展掌握复杂性和不确定性的

手段是现时代最迫切的需要之一。"[28]针对社会发展尤其是涉及到未来发展的不确定时,规划和社会研究都有必要发展新的立场和方法。经济学家在论述经济规划发展状态时也同样认为,规划的思想方式应当适应这种未来的不确定性,而不是用未来是确定的这样的思想来指导规划及规划的实践。经济学家约翰·罗宾逊指出:"如果我们没有认识到这种非确定性的存在,或是更该死地制定预测方案,把这些不确定的因素看成是确定因素,我们就可能犯根本性的错误。事实与愿望往往相悖:如果我们自以为是可以预料的,那么结果却将是难以控制的;如果我们认识到未来是不可预料的,反而能妥善地处理问题。大多数规划都假定未来是可以预测的,而好的规划则设想未来是不可预测的。"[29]当然这里所说的不可预测是说未来是不可完全准确地预报的,所得出的结果是并不确定的。那么,既然未来是不确定的,究竟为什么还需要对未来进行研究?此外,在未来不确定的情况下,如何做好未来的研究?这是在开展规划工作之前就需要解决的问题。布莉塔·史沃滋等人[30]在讨论情景评估法时所总结的内容为我们提供了一些讨论的基础和前景,但其前提显然是对未来的预测是可能的,只是我们去应对的方式方法必须得到改变。

(1)我们不能预示未来,但通过设计若干关于假设的未来发展或情形的可能而连贯描述(即情景评估),我们就能给研究手头问题时予以考虑的不确定领域划定界限。

(2)如果我们打算预见问题,并且改善我们未来的状况,我们就不应该仅仅假设目前的趋势将会继续;相反我们应当设计我们所期待的未来(情景评估),识别变化的转折点和机制,从而发现某些能在一个合目的的方向上影响发展的行动。

(3)如果我们关心某个特殊系统或计划对象的未来发展(如商业公司、能源系统等),那么作出关于系统环境未来发展的明确假定(一组情景评估),则是十分有用的(反之没有任何变化的隐含假设常常被作出)。

(4)综合片面、分散同时又是暧昧不清的知识而形成一幅关于未来发展和状况的整体性、一致性的蓝图(情景评估)或许是有用的。当各个不同领域中的发展之间有相当大的交互影响效应,并且这些影响不能够单个地考虑时,这一工作显得特别重要。

(5)为了在作为特定事件及其作用结果而出现的非连续性和变化趋势的领域中,获得关于未来发展的现实图画,试图描述若干个因各种人物的决定和行动而产生的假设发展是十分有益的。

(6)某些未来发展被认为是不太可能但却是危险的。通过致力于这种发展如何出现的较为详细的想像,我们就能作出准备,以减少其出现的概率,或者降低其危险程度。

未来或许真是不能在现在真正把握的,对它的了解也是有限度的,但可以通过决策及由这些决策所指引的行动而导致事物发展的轨迹发生变化。我们应当清楚,现在的决策和行动是形成未来的关键,这也是规划以及未来研究能够成立的基础。在这样的状况下,规划的目的或目标并不是对未来发展状况的预报,尤其不是精确地预报未来,但其仍然是具有作用的。正如美国未来协会在1966年的简介上指出的:"未来不可预料和未来不可避免的宿命论观点正被抛弃。存在着大量可能的未来,适当的干预会在它们出现的可能性上造成不同,这样的观点正在为人们所接受。这就形成了一个重大社会责任:探索未来,并且探索影响未来方向的途径。"[31]规划学者也同样建立了这样的观念,并在此基础上提出了规划方法的可能方向。在讨论规划未来发展方向时,有学者提出:"规划与科学分析活动之间存在着一个根本的区别,这就是:规划的目的是要预见未来可能发生的事态,并善于对它进行管理。规划失败的原因,大都是由于注意力主要集中于预测,而对怎样解决预测结果所提出的问题却重视不足"[32]。而20世纪60年代系统方法论在城市规划中运用的倡导者麦克洛克林(J. B. McLoughlin)则在论述城市和区域规划思想体系时,非常推崇米切尔的系统观点,并从米切尔的观点中推导出他对城市规划动态过程的认识。米切尔认为"规划是连续的,因此不存在什么确定的规划","规划的目的在于影响和利用变化,而不是描绘未来的、静态的图景"[33]。在20世纪60至80年代,曾经出版过第一版至第四版的《变化的规划》(The Planning of Change)一书,全面探讨了对社会变化进行规划的问题,并且揭示了如何实现规划的变化(planned change)的思想体系、知识框架以及具体方法[34]。在这样的思想体系下,我们可以更清楚地理解E·培根(Edmund Bacon)所说的一句名言"你不能够制造一个规划(make a plan),你只能够培植一个规划(grow a plan)"[35]的真正含义。

注 释

1 见：C.H. Exline，G.L. Peters，R.P. Larkin.1982. 从历史角度看城市规划. 卢野鹤译.现代外国哲学社会科学文摘，1984（6）.48

2 Michael Goldberg & Peter Chinloy. Urban Land Economics. New York: John Wiley & Sons, Inc.,1984. 302

3 Friedrich A. von Hayek.The Constitution of Liberty，1960. 邓正来译. 自由秩序原理. 北京：生活·读书·新知三联书店，1997

4 M. J. Greenwood and M. B. Edwards.Human Environments and Natural Systems，1979. 刘之光等译. 人类环境和自然系统. 北京：化学工业出版社，1987.494

5 Arthur B. Gallion & Simon Eisner.The Urban Pattern: City Planning and Design (fifth ed.). New York: Van Nostrand Reinhold,1986

6 Mike E. Miles, Gayle Berens, and Marc A. Weiss. 2000. 房地产开发：原理与程序（第三版）.刘洪玉等译. 北京：中信出版社，2003.139

7 Harvey Molotch. The City as a Growth Machine: Toward a Political Economy of Place, 1976. 载 Nancy Kleniew ski 编. Cities and Society. Malden, Oxford and Carlton: Blackwell, 2005

8 见:Denise Dipasquale,William Wheaton 著. 龙奋杰等译. 城市经济学与房地产市场. 北京：经济科学出版社，2002

9 见:Denise Dipasquale,William Wheaton 著. 龙奋杰等译. 城市经济学与房地产市场. 北京：经济科学出版社，2002

10 见:Denise Dipasquale,William Wheaton 著. 龙奋杰等译. 城市经济学与房地产市场. 北京：经济科学出版社，2002

11 现代城市规划从整体结构上可以认为是在英国形成了最早的、最全面的完整体系，而在美国形成了控制要素最为刚性的土地使用控制的结构。

12 见:Denise Dipasquale,William Wheaton 著. 龙奋杰等译.城市经济学与房地产市场. 北京：经济科学出版社，2002

13 详见:S. S. Fainstein.The City Builders：Property，Politics，and Planning in London and New York.Blackwell,1994. 此书对伦敦和纽约20世纪80年代房地产繁荣与萧条原因有详细分析。

14 见：Patsy Healey. The Reorganisation of State and Market in Planning, 1993. 载:R. Paddison, B. Lever & J. Money(eds.). International Perspectives in Urban Studies I. London: Jessica Kingsley Publishers, 1993

15 John M. Levy.Contemporary Urban Planning（5ᵗʰ ed.）. 2002. 孙景秋等译. 现代城市规划. 北京：中国人民大学出版社，2003

16 见: S. S. Fainstein.The City Builders：Property，Politics，and Planning in London and New York.Blackwell,1994

17 这一例子选自:Denise Dipasquale,William Wheaton著. 龙奋杰等译. 城市经济学与房地产市场. 北京:经济科学出版社,2002

18 详细分析见:Arthur O'Sullivan.Urban Economics（4ᵗʰ ed.）.2000. 苏晓丽等译.城市经济学. 北京: 中信出版社,2003.285～287

19 见：Denise Dipasquale,William Wheaton 著. 龙奋杰等译.城市经济学与房地产市场. 北京：经济科学出版社，2002

20 见:Denise Dipasquale,William Wheaton 著. 龙奋杰等译.城市经济学与房地产市场. 北京：经济科学出版社，2002

21 柳延延.概率与决定论.上海：上海社会科学院出版社，1996.5

22 美国哲学家 R. Taglor, 引自柳延延. 概率与决定论.上海：上海社会科学院出版社，1996.10

23 K. Popper. The Poverty of Historicism, 1957. 杜汝楫和邱仁宗译. 历史决定论的贫困. 华夏出版社，1987

24 如 Ilya Prigogine.The End of Certainty, 1996.湛敏译.确定性的终结：事件、混沌与新自然法则. 上海科技教育出版社，1998；Morris Kline.Mathematics：The Loss of Certainty. 1980. 李宏魁译. 数学：确定性的丧失. 长沙：湖南科学技术出版社，1997;等等。

25 见：柳延延.概率与决定论. 上海：上海社会科学院出版社，1996.290～291

26 Frigjof Capra.The Turning Point：Science，Society，and the Rising Culture，1982. 卫飒英,李四南译.转折点.四川科学技术出版社，1988.69～70

27 H. Simon.The Sciences of The Artificial.1969. 杨砾译.关于人为事物的科学.解放军出版社，1988

28 柳延延.概率与决定论.上海：上海社会科学院出版社，1996.294

29 约翰·罗宾逊. 规划中的悖论. 陈荃礼译. 见：经济学译丛，1988（1）.71～72

30 布莉塔·史沃滋等著，陶远华等译.未来研究方法：问题与应用.武汉：湖北人民出版社，1987

31 引自布莉塔·史沃滋等著，陶远华等译.未来研究方法：问题与应用.武汉：湖北人民出版社，1987. 116

32 I. H. Stewart 著，尹淑清译.规划理论的未来.国外建筑文摘·建筑设计，1984(2). 4

33 见：J. B. McLoughlin.Urban and Regional Planning：A Systems Approach，1978. 王凤武译. 系统方法在城市和区域规划中的应用. 中国建筑工业出版社，1988.67

34 Warren G. Bennis，Kenneth D. Benne,Robert Chin（ed.）.The Planning of Change（第一版至第四版）.Fort Worth：Holt，Rinehart and Winston，Inc.,1961/1969/1974/1984

35 见：Walter Bor. The Making of Cities. 倪文彦译. 城市的发展过程. 中国建筑工业出版社，1981

第二部分
现代城市规划的形成与发展

在19世纪末和20世纪初，针对快速工业化和城市化进程中所出现的一系列城市问题，各种有关城市未来发展方向及如何组织城市内部的各项要素的理论性讨论逐渐地发展了起来。很显然，这些理论都有非常明确的针对性，而且它们的价值基础也非常鲜明。这些内容直接奠定了此后城市规划的发展路径和基本取向。

为了更好地介绍以后各章所涉及到的具体的城市规划理论，也为了交代清楚这些城市规划理论及规划理论与实践的相互关系，在第二部分中对现代城市规划及其理论的发展过程进行了整理，期望能够建构起一个相对比较完整的现代城市规划的发展脉络。要对一个多世纪的现代城市规划发展进行总体性的描述，就有必要结合社会经济发展的状况和城市规划演变的特征，对现代城市规划的发展阶段进行划分，并通过对各阶段的发展状况的描述，以及对城市规划理论与实践关系的揭示，建立起一个城市规划理论体系的整体框架。在这方面，赖丁（Yvonne Rydin）的研究可以为我们这里的工作提供一个参考。她对20世纪现代城市规划的发展作了一个整体性的回顾，并以10年为一个单位进行划分，然后再进行归并，并以图表的形式进行了总结[1]。

根据赖丁的研究，并参照其他学者的论述，如P·霍尔（P. Hall）[2]和泰勒（Nigel Taylor）[3]等，并结合了编著者对现代城市规划发展的认识，本书将现代城市规划在整个20世纪的发展大致可以划分为这样几个阶段：

（1）19世纪20世纪转换之际的初创时期：现代城市规划的早期探索时期，主要是针对快速工业化和城市化的进程，针对城市中已经存在并日益加剧的城市问题或"城市病"，提出相应的对策。与下一阶段相比较，这些探索基本上更多集中在思想性方面，强调思想的原创性，同时具有非常明确的价值基础。各类知识分子，尤其是工程师、政府官员以及建筑师等都参与到有关城市规划和城市建设的讨论之中，理论数量众多，探索性特征明显，并没有形成主导性的统一的理论框架，城市规划行为还主要集中在城市公共卫生和住宅等方面。

（2）20世纪20年代至二次大战结束的理论准备时期：进入20世纪20年代后期，现代城市规划的发展逐步为现代建筑运动所主导，城市规划理论中社会改革思想逐步淡出，而建设和建筑的技术性内容不断强化，使之前形成的思想体系得到更多技术上和具体方法上的支撑，而与此同时，城市规划也就逐步地转向到成为一项技术性的手段。这一时期由于经济上的大萧条和战争的

赖丁总结的20世纪城市规划发展的基本框架

	19世纪末和20世纪初	20世纪20、30、40年代	20世纪50、60年代	20世纪70年代	20世纪80年代	20世纪90年代
经济和社会变化	工业化城市化战争	经济衰退和重构战争和重建	战后兴旺混合经济意见一致的政治学	经济增长的转折点城－乡转变内城衰退	经济衰退（和恢复）新技术混合经济统一体的崩溃	政治、经济和环境变化的全球化
显著的政治问题	公共健康社会动乱	区域性失业郊区发展	提高生活标准快速的发展	种族主义和城市骚动经济发展的过剩	失业公共部门的成绩记录（track record）	欧洲一体化环境危机
主要的规划行动	住房公共卫生	区域规划	新城再开发	内城政策修复和保护污染控制	城市更新农村政策	更新可持续发展旗舰(flagship)项目
规划职业	建筑师工程师	独立特征的增长	社团的(corporate)规划师	全能危机	紧缩私有化	再评价
理论框架	环境决定论	自然生成的（emergent）规划理论	过程规划理论	批评：组织理论福利经济学激进的政治经济城市政治学/社会学	政治意识形态：新右派新左派	协作规划批判性的(报复性的reprise)：环境经济学激进的政治生态环境公正
规划的概念化	城市设计	土地使用的公共部门导向	总称的(generic)决策	1.政策实施 2.国家干预 3.社区赋权（empowerment）	1.经济发展 2.社区赋权	1.场所创造 2.国家干预 3.社区赋权

资料来源：Yvonne Rydin. Urban and Environmental Planning in the UK.1998.12

原因,实践性的内容较少,主要的工作集中在理论积累和知识的完善,国际现代建筑会议(CIAM)在其中起到了实质性的推广作用。到二次大战结束时期,现代城市规划的操作体系和制度框架基本形成。

(3)二次大战结束到20世纪60年代的全面实践时期:二次大战结束后进入了城市的恢复、重建和快速发展时期,在此过程中,以提高生活标准、促进快速发展为主要目的,以国家整体性干预社会经济发展为动力,现代城市规划在现代建筑运动主导下确立的规划原则的指导下,在上一阶段所建立起来的框架体系得到了广泛的实践。这一时期,主要的精力集中在城市建设实践中,理论性的建设相对较少。在城市建设方面则以新城建设和城市内部的改造为主要内容,政府主导型的建设占据着城市建设的重要方面,城市规划已经基本结合到城市政府的日常管理工作,并随着城市规划职业化制度的推行而得到更进一步的强化。

(4)20世纪60年代后的反思与批判时期:经过二次大战后的城市快速时期的大规模城市建设,现代城市规划得到了全面的实践,在实践的过程中,现代城市规划出现了一系列的问题,暴露出了在现代建筑运动主导下的城市规划体系的缺陷,因此针对已经形成的城市规划思想进行了一系列的反思和批判,这些反思和批判补充和完善了原有体系,并提出了新的发展方向。20世纪60年代末70年代初,从二次大战结束后开始的经济持续增长出现了转折,能源危机以及由此而导致的全球经济的衰退,社会运动风起云涌,内城衰退愈加明显和环境恶化引起了关注,政治经济学思想开始成为社会思潮的主流,导致了现代城市规划思想的大转变,促进了城市规划理论的大发展。

(5)20世纪80年代后的拓展与重建时期:进入20世纪80年代后,经济衰退开始逐渐恢复,产业结构转型和新技术开始形成,在这一时期,经济发展和解决失业问题成为政府关注的焦点性问题,社会意识形态转向更加强化市场作用的新保守主义和新自由主义,城市规划更加关注城市的更新以及对经济发展的促进作用,同时以社区发展为基础的城市规划体制逐渐形成。进入

20世纪90年代以后,政治、经济、环境变化的全球化趋势加剧,社会经济结构发生较大的转变,在各类资源的全球化配置的同时,地方本身的建设和发展成为获取全球资源的关键,因此,以大型项目建设为标志、以政府与私人部门的合作开发为具体手段,提升城市竞争力、营造城市创新气氛和促进城市经营以及城市协同发展与可持续发展就成为城市建设和城市规划的主旋律。

以上是对现代城市规划的发展进行了一个基本的阶段划分,但是我们应当清楚,这里对发展阶段的划分,仅仅只是为了叙述的方便,而不存在也不可能存在截然的分隔。因为,无论是社会经济的发展还是城市规划的发展,其中的很多内容既有可能是跨阶段性的也有可能还是交错发展的,从某种角度讲,它们既有连续的状态,也有突变的状态。

根据这样的阶段划分,有关第一阶段现代城市规划早期探索的内容在第二章中进行介绍,同时为了更好地交待清楚现代城市规划产生的背景,对影响和决定现代城市规划形成的主要渊源进行了回顾;有关第二和第三阶段的内容合并在一起在第三章中进行介绍,主要是考虑到20世纪20年代到二次大战结束前的理论准备时期和二次大战结束后到20世纪60年代之间的城市规划全面实践时期,这两个阶段基本上都是在现代建筑运动的主导下发展的,这两个阶段的主要区别在于前一阶段主要是进行理论的探讨,而后一阶段主要是将前一阶段所建立起来的机制付诸实践;第四阶段有关20世纪60年代后的反思与批判时期的内容集中在第四章中进行介绍;第五阶段有关20世纪80年代以后城市规划的拓展和重建的内容结合当今城市规划的发展在本书的第十四章中进行介绍。

在这些章节的介绍中,基本上采用以时间为主线,并考虑到不同主题的延续性,所以也会出现内容或时间上相互交叉的现象。同时,在描述的过程中,对与城市规划发展相关的一些理论和发展状况并在以后各章中不再详细涉及的内容作略微详细的介绍,对于城市规划本身的内容和在其他各章中会详细介绍的内容则不作详细描述,只概略地提到其中的发展脉络。

注 释

1 Yvonne Rydin. Urban and Environmental Planning in the UK. London:Macmillan, 1998

2 参见 P. Hall. Cities of Tomorrow:An Intellectual History of Urban Planning and Design in Twentieth Century. Basil Blackwell, 1988;另外,P. Hall 的一篇短文《The Centenary of Modern Planning》(载:Robert Freestone 主编. Urban Planning in a Changing World:The Twentieth Century Experience. New York: E & Fn Spon, 2000)提供了更为简洁的划分。

3 Nigel Taylor. Urban Planning Theory Since 1945. London, Thousand Oaks and New Delhi:Sage Publications, 1998

第二章　现代城市规划理论的早期探索

现代城市规划的诞生并在城市发展过程中发挥作用，是现代社会发展过程中的重要事件。尽管在古代历史过程中也有被称为城市规划的内容，但第一，传统意义上的城市规划更多的是有关建筑物布置的，是一种放大的建筑学，与现代城市规划更注重社会经济的考量尚有不少的距离，何况，经学者考证，现代意义上的"城市规划"（在英国主要称为"town planning"）一词也是要到20世纪初才出现[1]。第二，城市规划在社会发展过程中的作用也发生了重大的变化，从纯粹的对建筑物的安排转变为对城市问题尤其是对城市卫生的解决，从而更加关注于城市的公共设施如供水、排水等设施的配置，继而希望改变城市中的拥挤现象而逐渐开始对社会发展的调控，从而彻底改变了城市规划的内容和方式方法等。第三，城市规划从建筑师的"架上图画"到社会改革家的理想阐述，再到以理想来改造社会现实的城市发展管理，此后，现代城市规划更成为了许多国家的国家制度，直接规定了现代城市社会发展的方向，使现代城市中的任何建设都成为规划的结果。但我们现在回溯现代城市规划的产生，

图2-1　"建筑师之梦"

19世纪建筑师关注的核心问题是建筑风格的选择，T·科尔（Thomas Cole）的油画对此作了生动的描绘

资料来源：William J.R.Curtis.Modern Architecture Since 1900（3rd ed）.London：Phaidon，1996.23

又可以发现，现代城市规划并不是在某一个时刻在某一个地方突然显现的，而是在众多原因和众多条件下，在多重因素的共同作用下逐步发展演变形成的。现代城市规划作为一门学科，与建筑学的发展有着密切的关系，尤其是经过现代建筑运动洗礼的现代城市规划可以说是从建筑学中生长演变过来的，而且传统城市规划也是建筑学的一种扩大，但从现代城市规划形成的状况来看，现代城市规划基本上并不是由建筑师所创建的，而且也不是由建筑师所主导的。正如建筑史专家贝内沃洛（Leonardo Benevolo）在《西方现代建筑史》中所指出的那样，"现代城市规划最早萌动于1830年至1850年间。而且不是在建筑师的事务所，事务所正在忙着讨论用古典主义风格还是用哥特风格作典范的问题，对工业及其产品不屑一顾。现代城市规划产生于工业革命所带来的不便，技术人员和卫生改革家试图通过自己的工作使现状有所改善。最早的卫生法并没有很深的基础，可是，当代城市规划立法的复杂结构却是以此为依据的。"[2]从现代城市规划作为一项社会实践的角度来看，城市规划制度的形成基本上是一种在资本主义社会中的内生性的制度，即以哈耶克（F. A. Hayek）所说的 "自发秩序"为基础而发展起来的，前面讨论城市规划合法性问题时所涉及的城市规划与房地产开发的互动关系，也深刻地证明了这一点。迪尔（M. Dear）则认为，西方国家的城市规划的发展过程是由两方面的力量所推动的：一是资本主义工业发展的迫切需要，二是国家对由资本主义发展的内在不平等所导致的矛盾、危机所作出的反应。在这样的过程中，现代城市规划作为一项社会机制，就是产生于对资本主义的土地和房产开发的无效率和不公正进行纠正的需要，在此同时，也是出于对健康城市的实践性追求并建立乌托邦性质的社会秩序的需要[3]。对于现代城市规划的形成和发展，恩格斯在分析人类历史发展的过程中所提出的结论也基本符合现代城市规划形成和发展的历史事实。恩格斯指出："我们自己创造着我们的历史。但第一，我们是在十分确定

的前提和条件下进行创造的。其中经济的前提和条件归根到底是决定性的，但是政治等等的前提和条件，甚至那些存在于人们头脑中的传统，也起着一定的作用，虽然不是决定性的作用。""但是第二，历史是这样创造的：最终的结果总是从许多单个的意识的相互冲突中产生出来的，而其中的每一个意志，又是由于许多特殊的生活条件，才成为它所形成的那样。这样就由无数互相交错的力量，由无数个力的平行四边形，而因此就产生出一个总的结果，即历史事变。这个结果又可以看作一个作为整体的、不自觉地和不自主地起着作用的力量的产物。"⁴霍尔（Peter Hall）在对20世纪现代城市规划和设计进程进行回顾时，也同样指出了现代城市规划的形成是由于多种因素共同作用的结果⁵。因此，我们在探讨现代城市规划产生与形成时，也需要从多方面、多种因素的角度来进行，否则就难以真正认识现代城市规划产生的原因，更无法解释城市规划发展的动力与路径。因此，在本章中，我们从相对比较宽泛的角度来分析现代城市规划形成和发展的原因和轨迹，以期为后面的讨论提供更为坚实和广泛的基础。同时，我们也可以看到，现代城市规划形成时期的大量研究实际上是开辟了现代城市规划研究的早期起点（这也是我们选择这些内容在这里进行介绍的原因，同时也不可避免地带有了从结果来审视原因的偏颇），尽管城市规划此后的发展在方向及问题意识上的深入程度有所不同，但这些早期探索无疑是此后发展的重要起点。没有这些探索，现代城市规划的发展也仍然需要重新发现新的起点。

第一节 现代城市规划产生的社会历史背景

现代城市规划的产生是针对现代城市中所出现的问题，为了解决现代"城市问题"而在社会实践的过程中逐步形成和发展起来的。因此，要了解现代城市规划的理论及其发展，就有必要从认识现代城市的发展过程开始。现代城市的形成与发展，是直接承续了西方中世纪之后的城市社会经济状况而来的，在这里，我们并不是否认古代城市发展对后来城市发展的影响，如古希腊和古罗马时期对后来文艺复兴和启蒙时期等等都具有重要的影响和作用，但我们也应看到，古代

城市发展的历程在古罗马后期和中世纪前期实际上已经产生了一个非常明显的断裂，这种断裂标志着古典时期的以城市文化为核心的社会组织体系转变为封建式的以农村文化为核心的体系，而且正是这种断裂使得后来的城市发展走向了另外的轨道。从另外一个角度看，近代城市文明乃至现代化的浪潮和资本主义毕竟不是从古代而是从中世纪的社会内部孕育出来的，而中世纪的兴起又恰恰是对古希腊和古罗马时期的一个极大的反动。因此，这里所探讨的现代城市规划的起源，主要就追溯到中世纪后期，而在本书的第五章"城市发展理论"中将对早期城市的形成等作一简要的回顾。

一、现代城市的形成与发展奠基于中世纪后期的城市文明

中世纪被后人称为"黑暗的时期"（Dark Times），其主要的原因在于基督教对世俗社会的全面统治，即把人的所有日常生活纳入到教义的范畴，从而可以实施宗教专制。而基督教的教义本身，主要是针对古罗马后期的高度集权专制、统治者腐败奢靡生活和对民众的搜刮以及社会的分裂和野蛮部落的入侵等等所导致的社会动荡，希望通过一种理想化的天国制度来重建世俗社会的秩序。因此，其教义基本上就建立在对个体控制具有本原性质的有罪恶感意识（"原罪"）、末日审判、灵魂拯救和天国观念等的基础上。这在当时当地的历史条件下，具有它本身的合理性和进步性，但当把这一切扩大为统治一切人间生活的惟一依据时，将绝对化了的宗教奉到了至高无上的地位，进而形成了"唯我独尊"和"顺我者昌、逆我者亡"并以宗教教义为一切生活的准绳的宗教专制，就走向了进步和发展的反面。

中世纪社会从社会发展阶段的划分来看，是以封建社会为主要特征的，其社会组织也基本上是建立在土地分封、军事采邑、人身依附、等级特权、权力分裂和私法私战等为特征的基础上。从另一方面讲，封建社会又是一种统一的等级制的社会，在这种社会里，个人在本质上只是一种具有社会职能之物，个人在社会中除了与同辈、上司和下属之间的关系外没有真正的地位。封建社会的社会结构模式是基于一种武力高压的原则之上的。臣仆对封建主的忠诚是维系整个社会的道德标准，但这是一种盲目的忠诚。正确与错误是由武力而不是由理性和事先规定的准则来决定，一

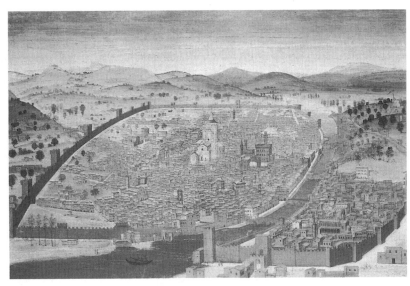

图2-2　15世纪描绘佛罗伦萨城市的油画
资料来源：Spiro Kostof.The City Shaped：Urban Patterns and Meanings Through History. London：Thames and Hudson Ltd，1991.298

切都由封建意识维系于一体，所有的人都在一种严格的等级制度下听天由命。贵族凭借封建君主之势控制着宗教的和世俗的权力，公爵们从国王那里得到封地，而国王或皇帝和教皇则从上帝那里获得统治世界的权力。在这样的社会背景下，以自治为统治方式的中世纪城市却表现出了另一种景象。中世纪城市形成其独特景观的很重要原因来自于世俗统治与宗教统治之间的相互斗争与妥协。一般认为，就社会整体而言，古典时期具有城市文化的特点，而中世纪则被看作是农村文化（修道院、城堡和村庄）。在中世纪的早期和中期，城市还仅仅被认为是一个商品交易的中心，一个聚会的场所。城市的作用就像是"在没有教养的环境中的孤岛"。在封建制度建立起来以后，世俗统治的重点转移到了农村，宗教在城市里的地位得到增强。世俗和宗教的统治在纳入了统一的帝国统治和管理之中后，国王作为原来的、而且几乎是不在那里的城市领主不得不依靠主教的支持，从而授予他们一些权力，这样主教们部分地得到了城市的统治权。主教们尽义务的前提和得到的回报是被授予许多王室的经济特权和国王的主权，如城市的防御权、司法权、颁布禁令权、铸币权、关税权和市场权等。这些特权构成了城市统治的基础，并且引起了主教对城市经济的兴趣。这些特许权引导城市发展成为有法律意义的城市，在法律意义上它们与农村完全分离了开来，城市内外有着完全不同的管治方式。城市"作为一个特殊的法律区域"，其特征

是"以共同生活的法律规则表现出来的城市的和平；让市民抹去了不自由标记的城市的自由；有自己城市的法权、自己城市的法庭，以及一个团体的城市的立法制度。由于国王和城市领主给予的特许权，城市才形成和发展起来"[6]。

到了中世纪的中后期，尤其是从公元9世纪开始，欧洲地域上开始出现并不断壮大的两股力量推进了城市的发展，在这样发展的基础上，城市展现出了

图2-3　18世纪圣米歇尔山的模型展示了中世纪城市的景观
资料来源：Leonardo Benevolo.1986.薛钟灵等译.世界城市史.北京：科学出版社，2000.365

与广大农村地区的不同，并为以后的城市转型奠定了基础。这两股力量就是以威尼斯为先导的意大利城市文明的兴起和北欧的殖民与海上贸易。随着城市尤其是以商业为代表的城市经济的不断发展，城市自治的特征就越来越明显。从古代社会延续下来的所有权意识、财产与责任的观念，以及在新的社会体系下培育起来的不受封建主控制的有限君主和契约关系等为城市发展创造了前提条件。商业的繁荣是中世纪后期城市兴起的关键，同时也是城市赖以兴旺的命脉和具有自治特质的关键，所以各新兴城市无不以发展商业为第一要务，无论这些城市是由宗教所控制还是后来由贵族所控制，均以推动对外的商业贸易为核心，意大利的城市文明和北欧的海上贸易都是建立在此基础之上。

商业的发展，推动了市民阶层的形成和发展。中世纪初、中期，在欧洲主要由三个界限分明的社会集团组成：组成军事贵族阶层的贵族和王室，构成教会和知识界显贵集团的教士和从事劳动以供养以上两个阶层的农民。随着商业和贸易的不断发展，出现了新的社会成分，即以商人为代表的城市市民阶层。从某种角度讲，市民阶级是中世纪出现的最年轻的阶级，他们绝大部分来自于过去的社会底层或者相对出身较微贱的人群，他们之所以能够在城市中发达起来，与中世纪城市所具有的特免观念和制度有着直接的关系。许多城市都有这样的规定，无论是谁，无论你的出身和过去的人身束缚，只要在城市中生活满一年零一天就可以获得自由，过去所有的奴役关系全部解除，他们就成为这个城市的市民。这也是"城市里的空气使人自由"这句话的真正含义。随着城市商人的财富增长，人数增多，社会地位也在不断上升，他们以行会的形式组织了起来，对内实行自我管理，对外争取权利，并期望从法律和秩序中获得更大发展的空间和获得利益。这种组织起来的社会团体在城市中发挥了重要作用。而从城市领主的角度看，城市经济的快速发展，可以使城市领主从中获得更多的财政支援，从而维护其更大范围的权威或寻求对抗其他阶层的控制或平衡，因此而形成了相互之间有力的联盟。在这样的基础上，逐步出现并形成了城市市民自治的格局。城市市民自己管理城市，逐步形成和完善了后来被称为市民社会的三要素之间的相互关系：贸易（市场）、市民和政府。这种自治的观念和实践，为现代社会中的人权学说、参众两院学说以及议会制、任

图2-4　V·卡尔帕乔（Vittore Carpaccio）的油画（1494/1495年）描述了威尼斯城市中繁忙的商业贸易情景
资料来源：Rose-Marie，Rainer Hagen.Masterpieces in Detail：What Great Paintings Say. Taschen，2000.99

期制、普选制等等在现代社会普遍采用的社会组织方式提供了先例和经验。而城市和市民自治制度体系的不断推进和完善，有力地推动了中世纪后期城市的发展，在经济上、政治上为工业化的资本主义社会的形成奠定了基础。

二、资产阶级革命架构了现代城市发展的制度框架

城市商人通过财富集聚而在经济、随后在社会支配方面的能力不断提升，现代意义上的资产阶级开始逐步地形成。这一阶级的兴起，改变了西方社会中的政治结构和力量均衡。从一开始，为了获得自己的地位，改变封建社会对妨碍自由市场经济发展的限制，城市商人阶层与民族政体结合成互助互利的同盟关系，到后来为了摆脱王室对商业的种种限制、摆脱日渐增加的纳税负担、摆脱对宗教自由的种种束缚，起而反对以国王为代表的君主政体。在此期间形成的一次次革命，最终完全改写了西方的政治历史格局，并为以后的发展建立了制度性的框架。

进入到15、16世纪后，城市文明出现了重大的变化，原先独立自治的特征越来越弱化，直至逐步地消失。其中的原因是多方面的，但这样两个方面起到了

图2-5 城市中各行各业都有自己的行会,每个行会都有自己的标识。图为佛罗伦萨各行会的会徽
高级行会:
1.大商人;2.法官和律师;3.货币兑换者,银行家;4.羊毛生产者和羊毛商;5.零售商;6.医生和药剂师;7.毛皮制衣工人和毛皮商
低级行会:8.剑和军备锻制;9.锁匠;10.鞋匠;11.服饰物工人;12.皮革商和制革工人;13.床用鸭绒商人和旧货商;14.锻工;15.营造师;
16.木工;17.面包师;18.屠夫;19.酒商;20.产油工人;21.饭店店主协会;22.灰色粗布协会;23.密斯特里卡尔迪阿协会(Mistericordia);
24.多摩歌剧院(Opera del Duomo)的纹徽。
资料来源:Leonardo Benevolo. 1986. 薛钟灵等译,世界城市史,北京:科学出版社,2000.486

关键性的作用:一是在城市商人不断壮大的经济支持之下,王权得到了增强,尤其是在与教会和其他封建阶层的较量和斗争中,王室的力量获得胜利;而随着王权的强大,现代民族-国家(nation-state)开始成型。在这样的背景之下,由过去行业内的竞争、城市间的竞争逐步地转变为国家间的竞争,由城市自治条件下的城市本位主义逐步地转变为民族的利益高于一切。第二个方面的原因是随着工商业资本主义精神的兴起与不断壮大,原有的城市组织和城市精神为新的资本主义精神所替代。原有的城市精神是以行会主义为核心,强调内部的统一协调,强调垄断和稳定,是以城墙为界的自我主义和独立自治;而新的资本主义的特点则更强调竞争、冒险及对利益的追求高于一切,强调基于个体的利益和个人奋斗,这种基于资本本性的扩张需求,直接摧毁了建立在市民社会基础上的城市自治。对于资本的本性,马克思在《资本论》中有非常精辟而透彻的论述,而哈伯马斯(J. Habermas)则从市民社会和公共领域结构转型的角度对此过程也进行过全面的揭示[7]。对于这一段变化的原因和历史,芒福德(L. Mumford)在《城市发展史》一书中论述道:

"资本主义的'自由'是指逃避一切保护、规章、社团权利、城镇管辖边界、法律限制和乐善好施的道德义务。每一个企业现在是一个独立的单位,这个单位把追求利润置于所有社会义务之上,高于一切。""资本主义的本性搞垮了地方自治与地方的自给自足,它带来了一种不稳定因素,的确,对现有城市起了积极的腐蚀作用。资本主义强调的是投机冒险,而不是安全稳定;是寻求新的生财之道,而不是守财保财、坐守家业的传统。就这样,资本主义破坏了城市生活的结构,把它放在一个新的不具人格的基础上,即放在金钱与利润这个基础上。"[8]资产阶级为了获得社会的统治权,争取自己的利益,开展了一系列的斗争,在经过了长年的艰苦卓绝的斗争之后才获得了最后的成功。

西方的资产阶级革命可以分为三个阶段,第一阶段以英国革命为代表,第二阶段在欧洲主要是一场思想性的革命——启蒙运动,但在美洲大陆一个新的国家的诞生则充分体现了这场思想革命的深远意义,第三阶段则以集大成的法国革命为代表,宣告了资产阶级的全面胜利和资本主义制度的全面形成。

图 2-6　描绘资产阶级革命的油画

资料来源：James W. Vander Zanden.The Social Experience：An Introduction to Sociology.New York：Random House，1988.16

1. 英国革命

欧洲政治革命的第一阶段是 17 世纪的英国革命。英国这场大变动的根源在于国会与斯图亚特王朝之间的冲突；这场冲突后来演变成一场公开的内战，内战中代表资产阶级利益的国会获胜，建立起了代议制立宪政体。

英国革命的主要意义在于确立并贯彻了自由主义的原则。支持国会的商人和小贵族主要关心的是这样两个目标：宗教信仰自由和个人及财产的安全。在整个内战过程中，1649 年由支持国会的模范军士兵们提出的《人民公约》反映了这一阵营的基本要求和主要观点。这一宣言明白地宣布了自由主义的一些基本原则：首先，个人从自然界得到某些不可分割的权利，这是国家和教会所不能剥夺的天赋权利；其次，是人民主权的原则，即一切政治权力仅仅是人民授予的。并提出了许多具体的改革，包括宗教信仰自由、成文宪法、男公民普选制、两年一届的国会、财产和公民权的更大范围的传播以及死刑、债务监禁、长子继承权和一切封建占有权的终止等等。这些改革被大家公认为是一个民主立宪国家的基础，而《人民公约》这份宣言，现在也被认为是"欧洲历史上第一部成文宪法"[9]。当然这部公约并未被直接采纳，但作为一部宣言却也产生了重大的影响。如在下议院为建立共和政体而通过的法规中，就提出："就人间而言，人民是所有公正的权力的起源。"下议院议员"是由人民选举出来的，代表人民，拥有这个国家中最高的权力。"1688 年发生了英国历史上著名的"光荣革命"，第二年威廉

国王接受了阐明国会至高无上的基本原则的权力法案，标志着资产阶级取得了阶段性的胜利。这一法案规定：国王不能终止法律；除非经国会同意，不得提高税收或保持军队；若没有法律手续，不可逮捕和拘留臣民等等。

这一革命标志着"人民"的权利高于一切的理念基本成型，而人民所拥有的权利是不可被剥夺的。从另一方面来看，"人民"的意愿可以决定国家的行动，所有国家的权力机构必须反映"人民"的意愿。这是这次革命在政治史、思想史和社会史上具有重大意义的关键所在。

2. 启蒙运动

启蒙运动是欧洲政治革命第二阶段的开始。在当时欧洲的土地上，启蒙运动本质上是一场思想革命，但对此后的政治革命提供了思想和理论武器。同时，启蒙运动中所提出的一系列思想则成为了现代社会的基本准则，甚至可以这样说，现代社会的思想体系是由这一运动所倡导的基本思想建构起来的。

启蒙运动的两个关键概念是进步和理性。之所以这样一次思想和政治革命被称为启蒙运动，原因则在于这一运动的领袖人物们认为他们生活在一个启蒙的时代，他们将过去基本上看作是一个迷信和无知的时代，认为只有到了他们这个时代，人类才终于从黑暗进入阳光。因而，启蒙时代的一个基本特点是有了"进步"这种一直持续到现在的观念。由于启蒙运动，人们开始普遍认识到，人类的状况会稳步地改善，因此，每一代人的境况都将比前一代人要更好些。那么，如何保持住这种不断的进步？回答是简单而又令人信服的，即通过利用人类的理性力量。启蒙运动的领袖人物们深受早先的以牛顿力学为代表的科学革命成功的影响，相信存在着不仅像牛顿所证实的那样控制物质世界的自然法则，而且也存在着控制人类社会的自然法则。按照这一设想，他们开始将理性应用于所有领域，以便发现种种有效的自然规则。他们要使一切事物——所有的人、所有的制度、所有的传统——受到理性的检验。因而，他们使法国和整个欧洲的旧制度受到毁灭性的批判的猛击。更重要的是，他们发展起了一系列革命的原则，打算通过这些原则实现大规模的社会改革。

在经济领域，最主要的口号是"自由放任"（*laissez-faire*）——让人民做他们愿意做的事，让自然界自然地发展。这一口号的提出，主要是针对这一时

期在法国经济中占主流地位的重商主义。重商主义强调国家出于对商业发展的保护而应对国内经济生活进行全面和严格的控制，而且认为这是关系到国家安全以及国家经济发展所必需的举措。启蒙运动反对国家对经济的干预，认为国家的干预是多余的，而且是有害的，而受到专营权、国内税或过多的关税和杂税妨碍的城市商人们热情地接受并支持了"自由放任"的口号。自由放任主义在苏格兰人亚当·斯密（A. Smith）的名著《国富论》（1776年）一书中有着非常系统的阐述，并为以后的自由主义（到20世纪下半叶则包括新自由主义）所继承和发展。亚当·斯密论证说，就个人的经济活动而言，自我利益是个人活动的动机；国家的福利只不过是在一个国家中起作用的个人利益的总和，每一个人都比任何的政治家更清楚地知道自身的利益。因此国家就没有权力也没有必要去对经济生活进行控制，并让这一切交给市场这只"看不见的手"去调控吧。

在宗教方面，主要的口号是"砸烂可耻的东西"（Ecrasez l'infâme），主要指的是消灭宗教的狂热和不容异说。启蒙运动的领袖们反对中世纪延续下来的宗教对人的自由精神的摧残，同时他们也拒绝接受上帝支配世界并任意地决定人类命运这种传统的信仰，相反，他们寻找一种与理智的判断相一致的自然宗教。而对不容异说的强烈反对有着两方面的原因，一是人们确信不容异说妨碍了科学讨论和得出真理，这在宗教和科学发展史上有着大量的事实可以予以说明；二是不容异说给政治和社会思想的改革都带来障碍，因此不清算这样的观念就不可能推动新的学说为社会所接受，也不可能使社会有所进步。

在政治方面的关键性话语是"社会契约"。法国哲学家卢梭把它改造成一种社会契约而非政治契约。在卢梭看来，契约就是人民之中的一个协议。在其主要政治著作《社会契约论》（1762年）中，他说，所有公民在建立一个政府过程中，把他们的个人意志融合成一个共同意志，同意接受这共同意志的裁决作为最终的裁决。他在此强调的是人民的主权，他把统治权看作只是一种"代办权"，从而证明把人民的合法权力归还给拥有最高权力的人民这种革命是正当的。"行政权的受托人不是人民的主人，而是人民的办事员；他（人民）能如心所愿地使他们掌权和把他们拉下台；对受托人来说，不存在契约的问题，只有服从"。

虽然，启蒙运动的领袖人物们并未发现支配整个

人类的、永远不变的法则，但他们的著作确实影响了世界许多地区的好思考的人们。他们最大的、最直接的成就是说服了欧洲许多君主能够接受或者至少部分接受他们的某些学说。这些君主虽然仍然坚持他们以天赋之权进行统治的理论，但是他们已开始改变关于其统治目的的思想。政府权力仍然是君主们的天赋特权，但这时已开始考虑用于为人民谋利。

3. 美国革命

启蒙运动的种种思想和学说直到1789年的法国革命爆发，才真正极大地影响了欧洲社会。但在美国爆发的革命则提供了将新学说付诸行动的一个实验性的示范，而且为后来的革命包括法国革命树立了榜样。美国革命的起因基本是帝国权力和殖民自治这两种相冲突的要求之间的对抗，但其意义并不仅仅在于创立了一个独立的国家，而更为重要的是因为它创造了一个新的、完全不同于欧洲传统类型的国家。

1776年1月，潘恩出版了富有鼓动性的小册子《常识》。他受到法国启蒙思想的影响，痛恨英国社会的不公正，因此在1774年从英国来到了美洲。在小册子中，他用启蒙运动中最典型的论证方式和带有鼓动性的语言写道："假定一块大陆永远要由一个岛屿来支配，那是件荒谬的事。大自然在任何情况下都不会使卫星大于其主要的行星；由于英国和美洲就彼此间的关系而言，颠倒了大自然的通常秩序，所以它们属于不同的体系，是很明显的。英国属于欧洲；美洲属于它本身。""让我们每一个人向邻人伸出热情的友谊之手……让辉格党和托利党的名字灭绝；让我们不是听别人，而是听诚实的公民的话；他们是坦率的、坚定的朋友，是人类权利和美洲自由的、独立的国家的勇敢的拥护者。"《常识》在殖民地各个角落得到广泛传阅，大大地有助于1776年7月4日《独立宣言》为当时的社会尤其是知识阶层和上层社会所接受。乔治·华盛顿所率领的军队在法国的援助下，于1781年在约克郡打败英国军队，英国被迫投降。1783年在巴黎签订和约，正式承认美利坚合众国的独立，其边疆一直向西拓展到密西西比河。但加拿大仍属于英国，并接受了数万忠于英国的托利党人。至此，美国才得到真正的独立。

《独立宣言》宣布："我们认为这些真理是不言而喻的：人人生而平等。"于是，美国人民在革命期间和革命之后，通过了旨在使这一宣言不仅在纸上而且在生活中得到实现的种种法律。首先，这些法律废除了来自英国传统的限嗣继承地产权和长嗣继承制，从而

使新的美利坚共和国是建立在由农民本人经营的小地产的基础上，而不是建立在由少数人控制的大地产的基础上。其次，美国革命导致了公民权的大大扩大，并促进了反对奴隶制度的运动。第三，较大的宗教信仰自由也是这次革命的另一重大成果。最后，立宪制度也因革命而得到加强。13个州都接受了以《独立宣言》的原则为基础的宪法，该宪法给财产所有人以专门特权，尽管在理论上并不完全公正和民主，而且也与"人人生而平等"的主旨是相违背的，但这是在当时当地的社会环境中的权宜选择。同时，该宪法通过对国家权能的分设而对统治权加以限制，并附上"人权法案"，该法案规定了公民的天赋权利和以往没有一个政府会公正地去做的一些事情。

美国革命所导致的变革并不像法国革命所带来的变化和影响那样广泛和深远，这些较后的革命所带来的社会改革和经济改革要比美国革命多得多，但美国革命在当时具有深远的影响。一个独立的共和国在美洲的建立，在欧洲被广泛地解读为：启蒙运动的思想是切实可行的——一个民族有可能建立一个国家，有可能制定一种建立在个人权利基础上的切实可行的政体[10]。正如美国宪法的起草人、开国元勋詹姆士·麦迪逊所说的那样："世界上再没有比在美国建立自由政府的那种方式更引起人们羡慕的了；因为这是自从创造世界以来未曾有过的先例……人们亲眼得见，自由的居民都在斟酌某种政体，并挑选那些受到他们信任的公民，让他们对此作出决定和付诸实行。"[11] 当时的英国政治家埃德蒙·伯克也已经意识到美国革命的意义，他说："一场伟大的革命已经发生——这一革命的发生不是由于任何现存国家中的力量的变化，而是由于在世界的一个新地区出现了一个新的种类的新国家。它已在所有的力量关系、力量均势和力量趋势方面引起一个巨大变化，就像一个新行星的出现会在太阳系中引起一个巨大变化一样。"美国各州所通过的宪法尤其给当时的欧洲人以深刻的印象，他们还特别推崇"人权法案"中所列举的人类不可剥夺的权利——宗教信仰自由、集会自由、出版自由、不受任意扣押的自由等等。法国大革命的高潮是以《人权和公民权利宣言》的发表为标志的，起草该宣言的委员会承认，"这一崇高的思想"产生于美洲，"在北美洲确立起自由的那些事件中，我们已进行了合作；北美洲向我们表明了我们应将对于自身的保护建立在什么原则的基础上"。此后，挪威、比利时人分别在1814年和1830年

起草各自的宪法时，美国又不断地充当了样板。

4. 法国革命

法国革命在世界历史舞台上较英国革命或美国革命要显得突出得多。它比那些较早的大变动引起更多的经济变化和社会变化，并影响了世界更大一部分地区。法国革命所体现的是在原有的民族国家范围内的在政体等方面的全面颠覆，它不仅标志着资产阶级的胜利，而且更标志着以往一向蛰伏着的广大民众的充分觉醒。

法国革命同古往今来的其他革命一样，先是温和地开始，逐渐地变得愈来愈激烈。实际上，它不是作为资产阶级革命开始于1789年，而是作为贵族革命开始于1787年。然后，它通过资产阶级阶段和群众性阶段而向左转，直到发生一个使拿破仑执掌政权的反应为止。贵族开始革命，是因为他们希望恢复自己在16世纪和17世纪期间丢失给王室的政治权利。国王的州长已取代了贵族总督，国王的官吏已控制了全国的各级统治权。当法王路易十六发现自己由于支持美国革命所承担的大量支出而处于经济困难中时，贵族试图利用这一机会来恢复失去的权力。在贵族革命的斗争压力下，终于在1789年5月5日凡尔赛召开了三级会议。在当时的法国社会，所有法国人在法律上属于某一"等级"即社会阶层，第一等级由教士组成，第二等级由贵族组成，第三等级包括其他所有人，这些成员资格决定了他们的法定权利和特权。各阶层的成员推举了各阶层的代表参加三级会议，这一会议的召开标志着法国革命第一阶段的胜利。中产阶级代表拥有政府极度需要的现金，在会议中又占有人数上的优势（有代表600人，其他两个等级的代表各为300人，并且有很多其他等级的代表站在他们一起），经过启蒙运动的洗礼后，他们在思想方面也占有优势，因此他们希望以此来争取他们所期望得到的利益。在三级会议召开的初期，他们便采取行动，首先谋取将三级会议合并，其口号就是人人生而平等，在人与人之间不应再划分等级。经过一系列的斗争，路易国王在6月23日指示将三个等级合并为一，把三级会议改变成国民议会。但到7月初，国王又意图用军队来解散国民议会，此时，国王有枪杆子，而平民代表只有口舌和决心，明显地处于劣势。但在这紧要关头，国民议会中的平民代表因巴黎平民的起义而得救。因此真正拯救法国革命的是社会民众，在其中最主要的是小资产阶级，它们由店主和作坊老板组成。他们传播消息、组

织示威游行，而他们的不识字的雇工和职员则追随他们的领导。7月14日他们攻破并拆毁了巴黎的一座用作监狱的王室古堡——巴士底监狱。这一事件本身仅仅只具有象征性的意义，而并没有什么实际作用，因为巴士底监狱这时已经很少被使用，里面也仅只关押着7名入狱者，其中2人是精神病患者，4人是弄虚作假者，另外1人是个变态的年轻人，由其家庭托交监护并支付费用。但是，巴士底监狱在平民的心目中是压迫的象征，此时这一象征被彻底摧毁了。巴士底监狱的陷落标志着民众登上了历史舞台，他们的参与挽救了资产阶级，从此以后，资产阶级不得不在关键时刻依靠街头民众提供"一次革命"。这次民众的革命不仅发生在巴黎，而且也发生在农村地区，形成了一个全国性的革命浪潮。面临这种革命形势，国民议会中的贵族和教士只得屈服于现实，和平民一起投票赞成废除封建制度。在1789年著名的"八月的日子"里，通过了废除一切封建税、免税特权、教会征收什一税的权力以及贵族担任公职的专有权等法规。在国民议会所规定的其他许多重要的措施中，较突出的是没收教会土地、改革司法制度和行政制度以及通过《人权和公民权宣言》。《人权和公民权宣言》阐明了关于自由、财产和安全的基本原则——"就人们的权利而言，人人生而自由、平等，且始终如此……国家实质上是所有主权的来源……法律是公众的意志的表达……自由存在于做任何不损害别人的事情的权利中……"该《宣言》的最后一个条款表明，资产阶级并没有失去对革命方向的控制："财产权是神圣不可侵犯的，除了有明显的公共需要、法律上得到确定和先前规定的损失赔偿是公正的情况下，没有一个人应当被剥夺这种权利。"这份《宣言》是革命的要旨，也是革命的成果。用一位法国历史学家的话来说，它相当于旧制度的死亡证书。宣言被印成许许多多的传单、小册子、书籍，并被翻译成其他文字，从而使"自由、平等、博爱"的革命口号传遍整个欧洲，最后传播到整个世界，并成为资本主义社会的宣传广告和终极理想。

拿破仑作为在意大利取得辉煌成就的将军而赢得声望，他先是在1799年至1804年作为第一执政官，后又复辟帝制，在1804年至1814年登基做皇帝，统治了整个法国。虽然他对国家实行独裁统治，但有效地控制住了法国的局势，并就法国的教会和国家间的关系与教皇达成协议。在实施统治的过程中，拿破仑感兴趣的不是抽象的意识形态而是技术效率，并且他把法律编集成典，使行政机关置于中央集权制下，组织公民教育体系，建立法兰西银行，促进国家经济的发展等等，他所取得的这些实在的成就使他受到普遍的欢迎。

5. 资产阶级革命时代的主要思潮

在这里之所以不厌其烦地介绍了资产阶级革命的历程，主要的目的在于，这些革命基本奠定了当今西方主要国家的政体结构及其基础。这一结构及其基础即是现代城市规划形成的社会政治基础，应该说，完整意义上的现代城市规划就是在此基础上生长出来的。

图2-7 描绘攻打巴士底监狱（Bastille）的版画

资料来源: James W. Vander Zanden. The Social Experience: An Introduction to Sociology. New York：Random House，1988.577

从另一方面来说，没有资产阶级革命及资本主义制度的建立，像工业革命之类的奠定现代化的一系列变革也是不可能产生的，而且对于现在的我们来说，我们也是无法真正理解这些变革产生的原因的。现代城市规划实践及其制度框架甚至具体的工作内容也是作为社会管制方式的组成部分而被逐渐建构起来的[12]，缺少了这些基础及其内容，现代城市规划的基本架构也就无从依托，因此，缺少了对这些内容的理解也就不可能真正地理解现代城市规划的形成及其演变。另外一方面，这些资产阶级革命所依据的并不断深化与强化的基本思想体系及其产生的结果（尤其是体现在几大"宣言"之中的核心内容）是现代城市规划思想的重要渊源，而现代城市规划实践既在实践着这些思想体系，同时又为这些思想体系所支配。资产阶级政治革命的整个过程始终是在三种基本思潮的影响下逐步推进并发展，而这三种思潮又是其中所有行动的基础、出发点和最终目标，并通过它们激励并团结了社会中越来越广泛的阶层，从而使得社会最广泛的阶层参与到革命中来，并赋予这些阶层以世界其他地区所无法比拟的推动力和内聚力，为此后的社会经济变革奠定基础并指明了方向。这三种思潮是：自由主义、社会主义和民族主义。

自由主义是为资产阶级的利益和目标提供了合理解释的新的思想意识，这也是不断成长中的资产阶级打算借以为自己获得它指望得到的那些利益和那种控制的特殊纲领。这里所说的自由，"具体说来，革命时代的自由精神表现在政治、经济、思想诸方面。政治自由指政治权利，特别是参政议政的权力。可是在近代各国人民直接参政实属不易，于是退而求其次，以代议制来代替。议会掌握国家权力，同王权分庭抗礼，或使之变得名存实亡，甚至取而代之。因此议会民主制成为这个时代民主与自由潮流的主流。对个人说来，则肯定一些基本的人权，如自由、财产和安全。经济自由包括贸易自由、经济自主，特别财产权是经济自由的核心，也是市场经济乃至资本主义制度的核心内容。试想，若财产无保障、利益受侵犯，经济就不可能繁荣，社会也不可能发展，所有其他的自由与人权也就无从谈起。……思想自由包括言论自由、出版自由、信仰自由等，其中信仰自由在18世纪之前地位举足轻重，因为宗教执精神界之牛耳；启蒙运动以后宗教的作用逐渐淡化，言论自由的地位日益凸显。"[13]

社会主义是在政治革命过程中逐步确立起来的对革命后社会改革路径的不同于自由主义的政治思想。这一思想意识不仅提倡要进行政治改革，而且要求进行社会变革和经济变革，尤其是对如何缩小并从制度上改变已经开始出现的贫富悬殊的差距，保障社会各个阶层的生存境遇提出应对的方向。自由主义强调个体的利益至上，强调个人的奋斗，而社会主义则强调集体或整体的利益至上，强调群体的合作和共同进步，强调人与人之间的平等应具体体现在实体部分。

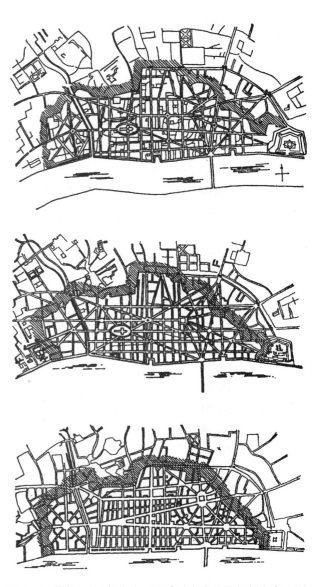

图 2-8 伦敦 1666 年大火后重建城市中心的规划方案。图为伊夫琳（Evelyn）和雷恩方案。这些方案都以促进城市资本主义经济的自由发展为核心内容

资料来源：Leonardo Benevolo.1986.薛钟灵等译.世界城市史.北京：科学出版社，2000.766

民族主义是一种影响到各阶级、使广大人民群众活跃起来的思想意识。"民族主义是一种统一的群体意识。共同的语言、共同的血缘、共同的文化与共同的历史传统都是使民族之成为该民族的统一因素,因此民族意识具有统一的群体性和凝聚力"。从这样的角度讲,"群体意识的崛起是平民地位提高和自我意识增强的表现"[14]。传统上,这些人首先忠于的一向是地区或教会,进入近代社会以后,效忠的对象扩大到新的民族君主,但是,从英国革命开始,特别是在法国革命期间,越来越多的人使自己的忠心服从于新的民族意识和民族事业。民族教会的兴起、民族王朝的兴起、民族军队的兴起、民族教育制度的兴起等等,所有这一切的结合,把从前公爵的臣民、封建农奴和城市市民改变为包括一切的民族,成为统一在一个旗号下的战士,这是保证革命最终成功的关键所在。同时,民族主义的兴起同国家主义的形成联系在一起。国家主义在某种意义上就是民族主义,由此,"国家和民族都被视作一个整体,而整体大于部分,更大于组成的分子——个人。因此当国家利益或民族利益需要之时,或在个人利益与国家利益发生冲突之时,个人应毫不犹豫地服从整体的利益,必要时牺牲自己的利益甚至生命。这些都随着民族主义与国家主义的崛起被视作非常崇高的价值。……政府作为国家的代表其权力也相应大大加强。个人应责无旁贷地服从政府的领导"[15]。

三、工业革命是现代城市形成和发展的最直接动力[16]

资产阶级革命是工业革命的一个历史前提,没有资产阶级的政治革命所建立起来的制度框架,后来的工业革命也就难以为继。而工业革命是人类从传统社会到现代社会一系列转变和革命的最后一个阶段,经过这一阶段并在此基础上,人类才真正地进入到现代。现代化潮流,虽然经几百年历史累积已蔚为大观,其间先后出现的城市文明、商业革命、文艺复兴、宗教改革、科学革命、启蒙运动和资产阶级革命,个个声势浩大、影响深远,但只有到了工业革命才打下牢固的基础,变得不可逆转。以前的革命主要限于思想、文化、政治领域,虽也旁及经济,但主要是制度建设和利益格局的重新调整,而非生产方式和技术领域的变化,因此,这些变化都缺少根本性的物质上的支持,从传统到现代的转变基础仍然是不

够扎实的。所谓的工业革命指的是18世纪以来最先在英国物质生产领域出现的生产工具、劳动方式以及相应的经济组织的大变革。当然其意义与影响远不止经济,而直接涉及社会结构、法律制度、阶级关系、价值观念乃至大众生活方式等等,因此是一场深刻的革命。马克思在《哲学的贫困》中说:"手推磨产生的是封建主为首的社会,蒸汽磨产生的是工业资本家为首的社会",说的正是工业革命所具有的在社会整体上的划时代意义。在此基础上,人类才开始真正进入到了现代社会。

1. 工业革命的先决条件——商业革命

工业革命的最重要前提是商品经济有长足发展,因为工业生产说到底仍是商品生产的一种方式,即属于以获取利润为目的而进行的生产,其利润必然要通过交换来实现,只不过具有现代的形式而已,即以机器为工具,以蒸汽为动力,以煤、铁为原料,以工厂为劳动组织,以国际为市场,以大众为对象的大规模商品生产。

商业革命的首要特点在于世界贸易的商品发生了变化。16世纪以前,商品贸易最重要的项目是由东方运往西方的香料和相反方向的金银。但渐渐地,新的海外产品成为欧洲的主要消费品,其商业价值大幅增长,包括新的饮料、新的染料、新的香料和新的食物等等。由此而带来的是贸易量显著增长。1715～1787年间,法国从海外地区输入的进口商品增加了10倍,出口增加了7至8倍。英国从1698～1775年间,进出口商品都增长了5至6倍。

图 2-9　现代社会机器崇拜的典型表征

资料来源: Peter Hall. Cities in Civilization: Culture, Innovation, and Urban Order. London: Weidenfeld & Nicolson, 1998. 插图 27

商业革命在许多重要方面直接影响了工业革命的出现和形成。首先，它为欧洲的工业，尤其是为制造纺织品、火器、金属器具、船舶以及包括制材、绳索、帆、锚、滑轮和航海仪器在内的船舶附件的工业，提供了很大的而且是不断扩展的市场。其次，为了满足这些新市场的需要，工业必须改善其组织和技术，以获得更大的生产能力，最终是获得更大的利润。因此，为了适应对商品不断增长的需要，在许多行业都研制出了各自机械化的（或半机械化的）、可以大幅度提高产量的机器，这些进步为工业革命提供了一个稳固的机械基础。工业革命的先驱者是在许多新研制出来的机械发明物的帮助下开始前行的。这些发明物包括：印刷机、手摇织机、纺车、捻丝机、采矿设备、冶铁炉、自动织带机和织袜机等等。随着生产方式的改变，生产组织的方式也发生了变化，逐步地发展起了一种分散在家庭加工的制度，也称为家庭包工制。这是完全不同于传统的手艺行会制度。在手艺行会中，同一个人独自生产一件商品，然后将它卖给消费者而获取固定的利润。现在，一个中间人即有资本的中间商介入生产者和消费者之间。他用自己的资本购买原料，将原料分发给不是行会成员的工匠，由他们在计件工价的基础上进行加工。然后，他收集起成品，卖给消费者，以获取尽可能多的利润。于是，生产者和消费者之间为新的中间商所分隔；中间商的目的是廉价买进，高价卖出，以获取最大利润，这与行会的固定价格和固定利润完全不同。这种分散在家庭加工的制度的意义在于，它不受到无数的行会限制的约束，从而使工业产量的大幅度增长成为可能。在此过程中，有些中间商还发现，如果将他们的工匠集合在一个屋顶下，向他们提供原料和工具，那么既方便又有利可图，最早的工厂由此而产生。第三，要为工业革命建造工厂和制造机器，就得筹措资金，商业革命也提供了这方面所必需的资本。通过商业贸易，资本利润的形式从世界各地源源不断地流入欧洲。

正是这一商业革命引起了被称为资本主义的生气勃勃的、扩张型的社会。在这个社会中，"要求利润的欲望成了其推动作用的动机……人们通过各种复杂的、往往是间接的方法，将大笔大笔积聚起来的资本用于谋取利润"。以往在中世纪期间，一个人若试图去赚得比保持在他生来就有的生活地位中舒适的生活所必需的更多的钱，会被认为是邪恶的。但是随着商业革命的到来，渴望得到财富的精神出现在经济事业的各个方面。在商业上，有着固定价格和固定利润的商业公会被试图为其股东获得可能的最高利益的合股公司所取代；在工业上，对质量、生产方式和利润有着许多规定的手艺行会被分散在家庭加工的制度的中间商扫除；在金融上，中世纪教会对高利贷的种种禁令首先被提供贷款、出售汇票和提供其他许多金融服务的大银行所突破。韦伯的《新教伦理与资本主义精神》（Protestant Ethic and the Spirit of Capitalism，1905）对这种思想转变的过程提供了深刻的论述，这些都为此后工业资本主义的经济生产和交换方式与制度的建立和不断完善打好了基础。

2. 英国工业革命成功的有利条件——经济基础和技术与人才的集中

在英国开始工业革命的时期内，欧洲的许多国家都有相近似的条件，在有些时段、在有些方面甚至比英国更具有有利条件，但是为什么这些有利条件并没有在这些国家引起工业革命？或者说，英国为什么成为了工业革命的发源地？

首先，在当时与英国在经济发展尚处于相近水平或在早前甚至超过英国的国家中，由于种种原因，在寻求工业化时期却已落后了，从而失去了其推动力。如意大利，在经济上曾经处于欧洲的首位，是近代城市文明、商业文明甚至商业革命的兴起之地。但随着地理大发现，随着主要的商船航线由地中海转移到大西洋，它的远洋航运就逐步衰退了，从而在工业革命兴起时期其经济已经落后于英国、法国相当大的距离；西班牙在16世纪时在经济上占有很大的优势，但因宗教、殖民利益等种种原因战败给了西北部国家，使其经济受到了重创，到这时尚未恢复元气；荷兰在17世纪时享有其最为辉煌的时期，但缺乏机器生产所必需的原料、劳动力资源和水力；中欧和东欧各国几乎没有受到商业革命的影响，其经济结构与中世纪相比尚未发生本质上的改变，仍然处于以农业为主的状态，因而未发展起工业化所必需的专门技术、贸易市场和资本储备。这样，在欧洲各国中只剩下法国和英国有可能成为工业化的领导者，而英国所具有的使它能远远领先于法国的某些有利条件将其推向了历史的新阶段，并最终成为了工业革命的成功者。

（1）商业方面，在1763年，英法两国在总量上不相上下，但法国人口是英国人口的3倍，在人均总量上要少于英国很多。而对法国更为致命的打击在于：1763年法国被逐出加拿大和印度而在对外贸易中失利。美国独立战争和拿破仑战争时期，英国舰队对法国的海上封锁使得法国的贸易值下降了一半左右，这一降低一直要到1825年才恢复到原有水平。

（2）英国在基础性的采煤工业和炼铁工业中处于领先。由于英国的保存林正被耗尽，因此很早就开始用煤作燃料，利用煤来冶炼铁。1789年法国革命时，英国每年生产大约1000万吨煤，而法国仅生产70万吨。英国还率先发展起高炉，能成批生产铁，1780年，英国的铁产量还只是法国的三分之一，但技术的不断改进大大地提高了产量，到1840年，英国的铁产量已经是法国的3倍。所有这一切都意味着，英国正在生产被大规模消费的、其需求量既庞大又稳定的商品方面向前推进；而法国则更专门生产需求量有限且不稳定的奢侈品。

（3）英国还拥有更多的、可供工业革命的资金用的流动资本。源源流入英国的商业利润比流入其他国家的多。英国的宫廷支出和军费较法国低，因此英国的征税较少，英国政府的财政状况也较好。此外，银行业在英国发展得也相对较早并且更为有效，为个人企业和社团企业提供了共同基金。到17世纪末，伦敦已在与当时世界的借贷中心阿姆斯特丹竞争，而巴黎的经济地位要低很多；伦敦的证券交易所于1689年建立，而巴黎直到1724年才有了正式的证券交易所。

（4）英国和法国的文化传统的差异培植了不同的社会精神土壤。法国地处大陆，又有深厚的帝国情结，追求高雅的生活，注重人文精神和艺术；而英国作为岛国，更加注重开拓和实利的获得，功利性更强，因此注重经济的企业家型人才高度集中。

（5）英国还在劳动力供应方面占据优势。在英国，行会较早瓦解，由于对传统的条块农田的圈占，英国获得了充裕的流动劳动力。在法国，由于法国革命为农民提供了更多的土地，增加了他们对故乡和土地的依恋，使他们不愿收拾行李上别处，从而使得大工业发展受到劳动力供应的制约。

在此种种条件，包括这里未能全面罗列的条件的影响下，英国比法国要更快、更有效走上了工业革命的道路，并获得了最终的成功，从而在整体经济上远远地超过法国，既成为了工业革命的成功者，又引领了世界工业化的浪潮。

3. 圈地运动：英国工业革命成功的一种先决条件

中世纪英国农民的标准生活方式是，男女世代居住在封建主的领地内，封建主为他们提供保护，他们则为封建主服劳役、缴地租，人身没有多少自由。到中世纪后期，由于城市文明的崛起动摇了封建制度，许多农奴逃到城市获得自由，再加上那个时期普遍的传染病，如14世纪的黑死病夺走了大批人的生命，劳动力变得紧缺，而商品经济的发展又刺激了消费，领主们日益觉得经济窘迫，急需钱用，在种种因素的作用下，旧的依附关系渐渐地变为租地契约，农民的自主权和主动性更大些，地主的金钱也有了保证。于是新型的封建关系成为社会的基础，农奴制基本瓦解，小农成为了社会的中坚，平时缴税，战时服役。在这样的生产关系下，英国农村传统的耕作方式是敞田制与轮耕制。这些土地按自然地势形成地块，村庄里每一个有土地使用权的农户都在其中有一块份地。这些土地连在一起，在阳光下一无遮拦，土地三年耕作一次，耕作时全村出动，只是在收获时才分你我。这种生产方式颇类似于"大锅饭"，因此农民的主动性和积极性较差，生产效率也就可想而知了。工业的发展迫切需要改变这种状况，因为经济在繁荣，人口在增长，需要的粮食也越来越多。英国的毛纺织业在迅速发展，它运往海外的货物多半是毛纺织品，毛纺织业成为英国经济的支柱。它的再进一步发展需要大量羊毛。这样，圈地养羊也就变得有利可图了。于是圈地运动发展了起来，并随着18世纪上半叶工业革命的兴起而发展到高潮。

圈地运动于16世纪就已开始，在18世纪后期和19世纪初叶达到最高潮。较早时期的圈地是由羊毛价格的上涨促成的，因此土地多半用于放牧。在较后的时期中，为迅速发展的城市生产粮食的需要变得更为重要，因此，被圈占的土地由人们用最新的、最有效的方法加以耕种。这些方法包括用轮作制代替让土地休闲这种浪费土地的旧方法，选育优良种子，用科学培育法改良牛的品种，以及研制某些农业机械如马拉的耕耘机和自动的播种机，等等。当时农产品市场正在扩大，种种新技术使产量的显著增长成为可能。而在过去继承下来的条块农田的耕种制下，这些改革根本不可能实现。这个时候，工业在迅速发展，它需要羊毛，也需要大量劳动力。当时只有农村可能提供那么多劳动力。但在通常情况下，小农不可能自愿告别自己所热爱的土地和家园,到城里去打工,但一旦土地被圈占就失去了生活的根本,因此而不得已地告别农村前往城市中去谋求生存。圈地运动客观上造成了一个庞大的自由劳动者阶层,并把他们强行推向了城市,推向了工业,从而为工业革命的到来准备了充分的劳动力条件。因此,从经济观点看,圈地运动显然使人们能够向前迈进一大步。圈地运动就工业革命而言,履行了两个必不可少的职责——为工厂提供了大量劳动力,为城市提供了充足的粮食。

但是从社会观点看,情况完全不同。1714年至1820年间,英国有600万英亩①以上的土地被圈占,这意味着严重的混乱和苦难。贫穷的农民失去了自己的部分甚至全部的土地,被迫当租地人或做散工的人,否则,就不得不去城里寻找工作。圈地运动给小农带来了毁灭性的灾难,其悲惨的命运引起了广泛的关注。T·莫尔在《乌托邦》一书中有过非常著名的批判性描述。马克思在《资本论》中曾从原始积累的角度对圈地运动也有详细论述,在此基础上,他指出,资本来到世间,从头到脚都滴着血和肮脏的东西;但同时他

也肯定了圈地运动在资本原始积累过程中所发挥的历史作用。确实,资本的发展是一面双刃剑,它一面促进了生产,一面又破坏了传统;一面清除了旧社会的污泥浊水,一面也毁掉了一大批同传统生活方式联系在一起的人的前程甚至命根子,从而给他们带来了巨大的痛苦与不幸。

4. 工业革命的进程对城市发展和城市规划形成的影响

工业革命发展的脉络十分清楚,首先是经济发展需要倍增,在此推动下相继出现了机械化、工厂化、铁与煤的大规模运用及蒸汽机。这里所说的顺序是历史的也是逻辑的,虽然不排斥它们在空间上的交叉和时间上的并进。首先是机器,然后是运用机器的劳动组织——即工厂制的出现和推广,生产机器所需要的材料和能源,接着是动力机的革命。随着工业革命的这一进程,工业文明逐步形成,这是根本不同于农业文明的新型文明,其基本点是以煤、石油、电等新能源为动力,以机器为工具,以工厂、公司为经济组织,以市场经济为经济形式,它不同于农业社会人靠自己体力和简单生产工具同自然之间实现物质交换,而且具

图2-10　描绘早期工厂生产场景的油画
资料来源:Rose-Marie,Rainer Hagen.Masterpieces in Detail: What Great Paintings Say. Taschen,2000.429

---

① 1英亩 = 4046.86m²

图2-11　19世纪后半叶，工业革命向东扩散的图示
资料来源：H.J. de Blji.Human Geography: Culture, Society, and Space (4th ed.).New York 等: John Wiley & Sons，Inc.，1993.427

图2-12　多雷（Gustave Dorè）1872年描述伦敦城市住宅状况的雕版画
资料来源：William J.R.Curtis.Modern Architecture Since 1900（3rd ed）.London：Phaidon，1996.35

有高得多的生产力，这里的差别不仅是劳动方式，而且关乎人的经济组织、社会结构和活动，关乎人的精神和文明[17]。

19世纪的工业化在英国促成了大规模的城市化。在1801年，全国大约有1/5的人口居住在城镇中，而到了1901年，这个比例上升到了4/5。除伦敦外，这种扩展的大部分发生在英格兰的中部、北部、威尔士和苏格兰。伦敦之所以重要，并不在于它能为这个增长的工业提供住房，也不是能对其进行融资，而在于提供了一个重要的快速扩张的市场。作为这个发展独特的、在某种程度上是前所未有和令人难以置信的城市快速增长的一个结果，就是在新的城镇中可以发现存在着极度的贫困、过分的拥挤和健康的恶化。利物浦1/6的人口生活在"地下室"；在其他城市，高度密集的、背靠背的居住（所谓背靠背的住宅布局是指联列式的住宅有前院，但其背面是与另一排住宅的背面相互紧挨的布局形式）也非常普遍。没有公园、广场和花园等公共空间，河流被用作敞开的下水道（如在伦敦导致了著名的1858年的"伦敦大恶臭"）。在国家组织化的过程中，在专家，尤其是从事专门职业的专家，如卫生工程师、健康医疗检查员、土木工程师、社会工作者、城市规划师等等出现以前，这些城市的发展及其布局都是毫无计划性的。追求短期利益最大化

的房地产商和建筑商,在每一块建筑用地上尽可能建造更多的居所,这对于有效的交通和其他基础服务都没有益处[18]。在典型的工业城市"库克镇"（在狄更斯的小说《艰难时世》中有非常详尽的描述），大多数住房周围分布着车间和工厂，结果是存在大量以阶级划分的居住隔离区。在这样的条件下，出现了后来被称为"城市病"的大量的城市问题。霍尔（Peter Hall）详细描述了这一时期英国、欧洲以及美国城市生活中非常悲惨的场景[19]。戴维斯（Kingsley Davis）在研究世界城市化发展规律的论文中描述道，由于城市拥挤、生活条件差，再加上高强度的生产压力、环境污染、生活保障缺乏以及生活节奏等等多方面的因素，在工业城市中，人口的预期寿命要远远低于农村地区。1841年，伦敦的人口预期寿命为36岁，利物浦和曼彻斯特的人口预期寿命为26岁，而同期整个英格兰和威尔士的平均人口预期寿命为41岁[20]。

而在美国，直到19世纪中后期，美国还主要是一个农业社会。事实上，从17世纪末到18世纪末，居住在大量的殖民地城市的人口在全国人口中的比重实际上还是在下降的，从9%下降到5.1%，其主要原因是英国国王严格控制对城镇特许状的颁发。但在美国独立以后，城市人口呈爆炸式的增长，在1790~1860年间，城市人口从占美国人口的5%上升到了20%。其

图 2-13 描绘英国伯明翰（Birmingham）工业城市场景的版画

资料来源：Terry G. Jordan，Lester Towntree.The Human Mosaic：A Thematic Introduction to Cultural Geography. New York：Harper & Row，1990.355

中大规模的增长特别体现在主要的港口城市，如纽约、波士顿、巴尔的摩和费城。城市的发展主要是以极度随意的方式展开的。许多不同职业的团体紧密地、不协调地相互混合在一起，他们在这里居住，也在这里工作。直到工业发展开始时，商业的扩张仍然是城市发展的主要动力，新的职业人群进入城市，并想方设法寻找一个居住和尽可能靠近码头工作的地方。然而，甚至到了1840年，接近2/3的劳动力仍然

受雇于农业，只有10%的人生活在城市区域。此后，在商业城市中出现了一些工厂，并且在数量上不断地增长。但从整体上看，工厂早期的发展主要出现在各种小型乡镇中，特别是在新英格兰地区沿着河流的地方。到19世纪70年代前后，在许多大的商业中心，工业生产和产业工人才有了相当大的增长。与此同时，美国城市大量增长。在1860～1910年间，美国总人口增加了1倍，而城市人口则增加了差不多6倍。同期，拿工资的产业工人人数增加了5倍，制造业产品增加了12倍。正如普雷德（Pred）所作的总结："简而言之，在1860年以后的数十年中，经济完成了从一个以农业和商业—重商主义为基础向以工业—资本主义为基础的转变。相伴随的是，城市等级制度的顶层越来越多地以工业化的、多功能的城市为特征，越来越少地以重商主义的批发和贸易功能占主导地位的城市为特征。"[21]

不可否认，工业革命使城市的地位发生了重大的改变，随着工业革命及随后的工业化的不断推进，工业生产的集聚效应得到了充分的发挥，人口和工厂都向城市集中。由于这种大规模的集中，城市的经济实力得到了极大的提升，在整个国家中的地位也得到了巩固。但人口的快速增长，工厂的快速扩张，城市设施的严重不足，导致了由于拥挤、卫生、安全等所造

图 2-14 美国工业城市，马萨诸塞州的劳伦斯城（the city of Lawrence，Massachusetts）19世纪初的情景

资料来源：Mark Gottdiener.The New Urban Sociology.New York 等：McGraw-Hill，Inc.，1994.34

成的"城市问题"的出现并愈演愈烈，正如芒福德（L. Mumford）所说的那样："在1820～1900年之间，大城市里的破坏与混乱情况简直和战争时一样，……工业主义产生了迄今以来从未有过的极端恶化的城市环境。"而这一时期多次发生的流行性传染病的大规模传播，给城市社会乃至整个经济制度的稳定发展带来极大的压力，甚至直接影响到生产和社会的正常运行。尤其是19世纪30、40年代蔓延于英国和欧洲大陆的霍乱被确认为是由这些贫民区和工人住宅区所引发的，则更使社会和有关当局惊恐，从而引起社会各阶层人士对工人住宅的重视。在这样的状况下，就需要有一系列的社会管理措施、方法对城市进行管理，这种管理的目的是为了保证社会的稳定持续发展，同时能够维护已经建立的社会经济制度包括生产制度的继续运行。整个社会都在寻找这样的管理措施和手段，而现代城市规划在这些社会需求的影响下，结合与此相关的思想、政治、技术等方面的内容而逐步地形成。

工业革命的不断推进所产生的城市问题，为现代城市规划的产生提供了社会需求。同时，工业生产方式所具有的特征也为现代城市规划提供了基本的框架。正如马克思所揭示的那样，在资本主义社会中，资本的生产是有计划性的。这种计划性是由于在大规模的大机器生产过程中所产生的复杂性所要求的，因此，每项生产都必须预先计划好，从原料的采购与配置及其时间以及生产的过程等等都要进行事先的统筹，否则任何生产就无法顺利开展。到了现代以后，更是有许多产品的生产是在产品投入市场之前的几年甚至十几年之前就计划好的。而且，生产的过程一旦启动，由于生产的分工，整个生产过程就需要相互协同，它们之间必须有非常严格的限定。此外，由于大规模的机器生产需要巨大的资本投入，这些生产一旦开始运作就很难留下进行改变的余地，除非对整个生产流程进行全面的和高成本的改造。因此，随着工业革命的不断推进，计划和管理的手段也在不断地发展与完善。随着生产组织规模的扩大，这种计划性的思想和具体的计划、管理的手段必然会被运用到对社会、城市的管理中。从这样的角度讲，城市规划的许多思想和具体方法是在机器化大生产过程中孕育并奠定基础的。

（1）1897年伦敦的交通状况
资料来源：Sheila Taylor 编.The Moving Metropolis：A History of London's Transport Since 1800.London：Laurence King Publishing，2001.14

（2）美国芝加哥1909年中心商业区的景象
资料来源：Spiro Kostof.The City Assembled：The Elements of Urban Form through History. 1992. London：Thames and Hudson Ltd.，1999.100

图2-15　19世纪末20世纪初大城市交通拥挤的状况

图 2-16　伦敦泰晤士河地区景观在 1817 年和 1874 年间所发生的变化，充分显示了工业革命和资本主义制度建立后在城市空间环境上的变化

资料来源：Han Meyer.City and Port：Urban Planning as a Cultural Venture in London，Barcelona，New York，and Rotterdam：Changing Relations Between Public Urban Space and Large-Scale Infrastructure.Utrech：International Books，1999.74

第二节　现代城市规划产生的思想基础

一、空想社会主义和无政府主义是现代城市规划最直接的思想源泉

近代历史上的空想社会主义源自于托马斯·摩尔（T. More，1478 ~ 1535 年）的"乌托邦"（Utopia）概念。他期望通过对社会组织结构等方面的改革来改变当时他所处的、他认为是不合理的社会，以建立理想社会的整体秩序，在其中也涉及到了物质形态和空间组织等方面的内容，并描述了他理想中的建筑、社区和城市。

近代空想社会主义的最杰出的代表人物欧文（Robert Owen，1771 ~ 1858 年）认为，一个由组织控制而运营的工业企业，不仅必须考虑内部工作，而且要注意与市场需求有关的企业外部限制。他在 1817 年给"解放制造业穷人委员会"（The Committee for the Relief of the Manufacturing Poor）的报告中提出了理想居住社区计划。他认为，这个社区的理想人数应介于300 人到 2000 人之间，最好在 800 人到 1200 人之间；人均 1 英亩①耕地或稍多一点。建设这样的社区可以达到节约生产的目的，社区的劳动生产剩余额，在满足基本需要之后，以雇佣的劳动力作为货币比较的依据而进行自由交换。在建筑的形态上，欧文反对庭院胡同和大街小巷的方式，因为它们"带来许多不必要的

（1）协和村的鸟瞰

资料来源：Leonardo Benevolo.1960.邹德侬，巴竹师，高军译.西方现代建筑史.天津：天津科学技术出版社，1996.140

（2）协和村中的居住建筑

资料来源：Leonardo Benevolo.1986.薛钟灵等译.世界城市史.北京：科学出版社，2000.805

图 2-17　欧文（Robert Owen）协和村的理想社区计划

---

① 1 英亩 =4046.86m²

麻烦，有害于健康，并且破坏了几乎所有人类生活的自然舒适条件"，提出："一个大正方形，或者更确切地说，一个平行四边形在形式上对这个集体的家庭布局具有更大的好处。"欧文作了几次尝试以将他的计划付诸实践。第一次是在英国的 Orbison，后来在美国。1825 年，他向美国总统和国会呼吁后，用自己财产的 4/5，在印第安纳州购买了 12000hm² 土地建设新协和村，有 9000 名追随者在此定居。欧文的实验很快就失败了，他自己也被搞得倾家荡产，但这个社区后来却在美国西部的开发建设中作出了有价值的贡献，成为周围地区的一个重要中心。

空想社会主义的另一位杰出代表人物傅立叶（Charles Fourier，1772–1837 年）的思想基础是哲学和心理学理论，这种理论不是从经济收益而是从个人兴趣上引导人类的行动。他区分了人类的 12 种基本感情，并且根据它们的相互组合来解释一切历史。他认为，现在人类正在从第四阶段——野蛮（barbarism）过渡到第五阶段——文明（civilization），此后将进入到第六阶段——保证（guaranteeism），最后是第七阶段——和谐（harmony）。关于城市的建设和形态，傅立叶认为，第六阶段将和当时不规则式的城市形态不一样，城市将

依照同心的模式来建造：中间是商业区和行政区，外围是工业区，再外面是农业区。在最里圈，开放空间占地面积必须等同于建筑物的占地面积；在第二圈，开放空间占地面积是建筑物占地面积的两倍；第三圈是三倍。房屋的高度必须根据街道宽度而定，废除围墙。土地所有者的权利必须和其他人的权利"一致"起来，在特定的土地所有者所拥有的地块的周围地段上，由公共工程而产生的增加价值，将有一部分归属这个社区。不过，傅立叶只把这些进展看成是走向第七即最后阶段的踏脚石，到那时，生活和财产将完全集体化，人们将离开城镇，定居在由 1620 人组成的"法郎吉"（phalanges）里，住在一种叫做"法郎斯泰尔"（phalanstery)的特殊建筑中。为了实现"法郎斯泰尔"，人们做过各种尝试，首先是在法国，后来在阿尔及利亚和新喀里多尼亚，但都不成功。1859～1870 年间，企业家戈丹（J. P. Godin）在吉斯（Guise）的工厂相邻处建设了一个公司城，这个新城是完全按照傅立叶的设想来建设的。这组建筑群包括了 3 个居住组团，有托儿所、幼儿园、剧场、学校、公共浴室和洗衣房等。这次尝试持续了很长时间，在戈丹去世后，它成为了一个完全的生产合作社。

（1）居住建筑"法郎斯泰尔"
资料来源：William J.R.Curtis.Modern Architecture Since 1900（3rd ed）.London：Phaidon，1996.242

（2）由戈丹（J.P. Godin）组织实施的在吉斯（Guise）的公司城鸟瞰图。该城市于 1859 年开始建设
资料来源：Spiro Kostof.The City Shaped: Urban Patterns and Meanings Through History.London: Thames and Hudson Ltd.，1991.200

图 2–18 傅立叶（Charles Fourier）的"法郎吉"设想及实践

此外，在19世纪中叶还有一些其他的探讨。1840年，卡贝（Etienne Cabet，1788-1856年）发表了他对新的理想城市的描述，这个城市叫爱卡利亚（Icaria），以社会主义所有制和生产组织为基础。卡贝是按照大都市来设想爱卡利亚的，结合了一些最闻名的城市中的所有优美之处，并对此进行了详细描述。这个城市规划的平面是严格几何形，笔直的河流从中间穿过。所有的道路都完全相同；还采取了许多措施给川流不息的交通创造方便，特别是使行人便利，让行人与车辆分隔开。城区中60个街区的每一个区都要再现世界上60个伟大民族的特征，房屋要按照每一种风格样式来装饰。1847年卡贝发表了"到爱卡利亚去"的宣言，宣称他在美国得克萨斯州已经获得了所需的土地，并征集了大约500名追随者。经过风风雨雨的坎坷，1860年在美国西部艾奥瓦州建立了理想城市科宁（Corning），获得了很大成功。1876年因内部的分裂而解体。

1888年，美国作家贝拉米（Edward Bellamy）出版了《回顾》（Looking Backward），展示了作者心目中的2000年在波士顿的生活。这本书激起了社会各阶层的想像力，并且导致了大量旨在推进这类思想的地方社团的成立。作为对此书的回应，1890年，建筑师莫里斯（William Morris）出版了《来自乌有之乡的消息》（News From Nowhere）一书。此时，莫里斯已经因其对手工艺的倡导和作为英国社会主义运动的核心人物而非常著名，因此，他关于21世纪英国社会的思想得到了更为广泛的认同。这两本书被认为是有关现代城市发展的、以未来为导向的思想的开始。

在无政府主义的思潮的发展中，巴枯宁和克鲁泡特金（Peter Kropotkin，1842-1921年）是这一思想的最杰出的代言人。巴枯宁将无政府主义的思想作了明确的阐述："无政府主义革命者，同一切形而上学者、实证主义者以及科学之神的崇拜者相反，我们确信，自然生活和社会生活始终先于思想，后者只是前者的机能之一，而从来不是前者的结果；生活是从自己取之不尽的深处，依靠许多不同的事实发展的，而不是依靠许多抽象的反射发展的；抽象的反射始终是由生活产生的，从来也不产生生活。任何学者都没有能力去教导人民，人民的机能不发展完全是人民自己的事情，是通过世代的尝试而得到的。"[22]而克鲁泡特金则是对后来影响最大的具有斗争性的无政府主义者。1876年他从俄国沙皇的监狱中逃出，移居到瑞士、法

国，最后到了伦敦，对当时英国正在寻求改革方式的知识分子产生了重大的影响。克鲁泡特金思想的核心在于互助理论以及建立在互助基础上的自下层组织起来的经济合作体系，这个体系否认了各类集中的政府机构（尤其是中央政府）存在的必要性。此外，他要在这样的基础上创造一个全新的社会，在这个社会中，国家已经不再存在，这是一个完整的社会，所有的人都不受劳动分工的束缚，整个社会也就不再存在城乡的任何对立。克鲁泡特金本人有大量的有关地理学的论述，当他将地理学与政治学相结合时，提出政治斗争的目的就是要追求整个地域空间的均衡，这种均衡意味着田地和工厂在领土范围内的平均分布，这种平均分布又是建立在紧密联系的基础之上的。他指出："应在全国范围内分布工业，这样就能在农业与工业的联盟及工业劳动与农业劳动的紧密结合中获得不断增加的好处，这是第一个确实可采取的方法。"[23]

空想社会主义和无政府主义思想从根本上改变了传统建筑学和城市规划领域思考问题的出发点，传统建筑学和城市规划领域主要是为王公贵族和上层社会服务的，因此，基本上关注于城市的建筑样式（或风格）以及城市的空间形式，而空想社会主义和无政府主义则更加关注城市整体的关系，尤其注重为广大民众和工人阶级的未来发展提供整体性的安排。与此同时，空想社会主义和无政府主义更加强调对社会制度、体制的改造，将社会改革的理想融入到对物质空间的组织中来，并把物质空间的组织作为社会改革和实现新的社会制度、体制的基础。空想社会主义的一些实践最终都以失败而告终，但失败的仅仅只是这些具体的项目，而并不能归结到这些思想本身的失败。这其中，应当看到它们所拥有的积极意义。空想社会主义和无政府主义思想及其社会改革的方案通常被称为"乌托邦"，但"乌托邦"这个词在学术的语境中并不具有在汉语中所具有的贬义性成分，在西方社会思想的发展过程中，"乌托邦"始终被认为是具有其自身的合理性和存在的必要性与必然性的，并且为许多学者和思想家所探讨过。美国学者乔·奥·赫茨勒在《乌托邦思想史》中认为，乌托邦思想的基本精神是认为现实社会是一个不完美的社会，它有必要而且可以进行改造以符合某种合理的理念，最终使社会达到理想的境界[24]。在这样的意义上，曼海姆（Karl Mannheim）在《意识形态和乌托邦》（1929年）中将"乌托邦"界定为："当一种思想状态与它发生于其中的那个现实不

相融合时，它就是乌托邦的。"然而，他认为我们又不能把每一种与直接现实不相容并要求超越直接现实的思想都当作乌托邦，只有那些"导致"行动，倾向于部分或全面地摧毁当前占优势的现实秩序的超越现实的意向，才被认为是乌托邦。因此，曼海姆认为，我们谈到乌托邦一词时仅仅具有相对的意义，即，一种看起来不可实现的乌托邦仅是从一个已经存在的特定的社会秩序的观点来说的。因此，需要运用知识社会学的方法研究乌托邦的发展和现存秩序的发展之间的关系。"在这个意义上，乌托邦和现存秩序之间的关系结果是一种辩证的关系"。具体说来就是：现存秩序产生了乌托邦，而乌托邦反过来打破现存秩序的束缚，抛开现存秩序自由地朝向下一种生存秩序发展。"正因为具体确定什么是乌托邦总是从存在的一定阶段出发的，因而今天的乌托邦可能就是明天的现实：'乌托邦反而常常就是早熟的真理'"[25]。但从另外的角度来讲，乌托邦通常是指在现实中不可实现的思想，但这种不可实现性并不是基于其他因素，而是建立在它对完美性的不懈追求的基础上的。正如张汝伦曾经评论的那样："理想与乌托邦有一根本不同点，这就是理想未必是无法实现的；而乌托邦则肯定无法实现。乌托邦永远只能存在于人类的意识和文字中。乌托邦必然要有完美的性质，理想却不必。现代化是许多不发达国家和民族的理想，但它并不等于人间天堂。追求这一理想的人也不一定将它视为问题的最终解决。理想不一定是现实的批判与否定；乌托邦却总是作为现实的对立面出现。由此可见，理想与乌托邦之间有重要的区别。但它们有一共同的本原，这就是人们希望与梦想的本能。理想是它的一般表现，而乌托邦是它的最高形式。夸父追日，西西弗斯推石上山，则是它永恒的象征：追求完美，而不是达到完美。"[26]但乌托邦的不可实现性，并不表示乌托邦就与现实无关，或者这些理论的探讨就远远地脱离于实践。赖斯曼（Leonard Reissman）就城市规划领域中的"乌托邦"思想提出，"空想主义者并不是不关心实践的问题，应该说，其问题的意识就是从实践中来的，他们是希望通过其中对问题解决的方案来回答或是改进实践中的问题，只是其方案是建立在长期的考虑与社会需要的基础之上，是从较高的道德与美学标准以及高度有序的社会秩序出发的，并不能当时当地的实践者所接受而已"[27]。这种为实践所不能接受的原因在于马库塞（Herbert Marcuse）所说的"乌托邦是一个历史的概念"。所谓

"历史的"是说乌托邦涉及的社会变革方案在一定的社会环境下往往被认为是不可能的，但历史的发展却为以前认为是不可能的社会变革提供了现实基础。但人们为什么认为乌托邦是不可能的呢？马库塞列举了人们反对乌托邦的理由：其一，"在通常的乌托邦讨论中，实现一种新的社会方案的不可能性在于既定社会环境下的种种主客观因素阻碍了转变，即所谓的社会环境的不成熟"。其二，社会变革方案还被认为是不能实行的（unfeasible），另一个理由是说"它与某些科学地确立起来的规律，如生物学规律、物理学规律等相矛盾"[28]。但是，"乌托邦"的实际意义也许并不在于它本身的即时实践性，其实，正像鲍曼（Zygmunt Bauman）所敏锐发现的，乌托邦有一种悖论的性质，它的生命力恰恰在于它的非现实性。鲍曼在其所著的《社会主义——积极的乌托邦》一书中写道："社会主义和一切其他乌托邦都有一种令人不快的性质，只有当它存在于可能的领域中，它才保有其丰富的生命力。当它宣布它作为经验实在已经完成时，它就失去了其创造力，而不是激发人的想像力。"乌托邦积极的功能是探索可能的东西，批判现存的东西，促进人类自我更新和完善[29]。同时，"乌托邦"具有相当的永恒性，正如库玛在《近代的乌托邦与反乌托邦》一书的最后写道：一旦被发明后，乌托邦的观念就不会完全消失[30]。从城市规划的角度讲，"19世纪的空想主义者都是具有社会意识的知识分子，他们反对工业化的罪恶。但应看到，他们的反对集中在工业化的效果而不是工业化本身，他们反对的只是社会制度而不是机器。他们同样也看到了工业技术对人类进步的效应，但他们反对建立在此基础上的社会系统使得人类臣服于机器和利润动机"。对于空想者而言，城市规划表达的是一种城市改革和颠覆（revolt）的意识形态。一方面，它超越了实践者渐进式的规划，另一方面，它具有绝大多数城市规划所具有的特征，即合理性的表象，但实际上，空想者的规划又往往在哲理性的表象下只具有较少的理智（reason）和更多的感情（emotion）。"规划（plan）并不必然建议要进行革命，相反，现有的社会力量可以将其简化成某几个方面以实现工业社会的全部潜力。例如霍华德（E. Howard）就非常详尽地指出，他的田园城市规划既不是社会主义的，也不是共产主义的。因此，规划描述了实现新的环境的条件与方法，它在表面上看似乎是吸引人的、可行的和必要的。它所包含的是人类动机和政治结构的最朴素的观

点：理智（reason）足以改变社会，使其从其所是发展到我们认为其所应是。总而言之，空想主义者的前提是他们的价值观为绝大多数的其他人所共享"[31]。

二、理性主义思想创立了现代城市规划认识问题与处理问题的方法论基础

现代理性主义肇始于以牛顿为代表的科学革命时期，经笛卡儿的哲学论述与启蒙时期的思想家们的推进与普及化，最终成为了现代社会最基本的社会价值观。

科学活动本质上是理性的活动，它是以自然或客观世界为研究对象，力图把握其性质与规律，以造福于人类的生活与活动。科学研究需要与各种感性的东西打交道，需要经验和知识的积累，但更关键、更重要的是透过现象，超越感性，把握其内在的本质与规律。因此仅有经验是不够的，需要反思，需要分析，需要概括和综合，如是方能把握抽象的法则和隐藏在经验外观下面的规律。反思、分析、概括和综合，都属于人类理性的抽象思维能力或认识能力，观念、理论、书本知识乃至科学思想都由此而生。

现代理性主义的创始人和奠基人是笛卡儿（1596–1650年）。笛卡儿认为，感官有时是骗人的，由感官经验获得的知识是靠不住的，只有凭借理性才能获得确实可靠的知识；我们凭借理性直观而得到关于我们自己心灵的本性的知识，凭借理性推证而得到关于上帝和物体的本性的知识；观念本身的"清楚、明白"就是真理的标准；以几何学方法为蓝本的理性演绎法，即集数学和逻辑学方法的种种优点之大成的认识方法，是惟一正确的认识方法。笛卡儿运用了一段有关于建筑与城市的描述来说明建立在个人自我意识基础上的理性才是可靠的，因此，必须相信自己的理性，而不是相信别人怎么说。他说："拼凑而成、出于众手的作品，往往没有一手制成的那么完美。我们可以看到，由一位建筑师一手建成的房屋，总是要比七手八脚利用原来作为别用的旧墙设法修补而成的房屋来得整齐漂亮。那些原来只是村落、经过长期发展逐渐变成都会的古城，通常总是很不匀称，不如一位工程师按照自己的设想在一片平地上设计出来的整齐城镇；虽然从单个建筑物看，古城里常常可以找出一些同新城里的一样精美，或者更加精美，可是从整个布局看，古城里的房屋横七竖八、大大小小，把街道挤得弯弯曲曲、宽窄不齐，与其说这个局面是由运用理

性的人的意志造成的，还不如说是听天由命。如果考虑到这一点，那就很容易明白，单靠加工别人的作品是很难做出十分完美的东西的。"[32]

经启蒙时代的哲人们的阐述与推进，理性主义才逐步成为了社会的基本价值观。正如康德所评论的："必须永远有公开运用自己理性的自由，并且惟有它才能带来人类的启蒙。"启蒙时代理性主义精神的最重要特点是重视和突出个人的理性独立判断力，这种重视不仅表现在对理性崇高地位的赞美，而且表现为对个人思想自由权利的肯定和对所有束缚理性精神的东西，包括传统、习惯、宗教、权威、专制与迷信蒙昧的批判。而且在整个批判与建立的过程中，强调非贵族化、大众化，让哲学和理性从抽象的玄思、经院思辨和形而上学清谈中解放出来，走向社会，走向大众，走向实践。一方面，启蒙思想家普遍摒弃了笛卡儿式的天赋观念和形而上学，用因果性、力、规律等概念代替过去的目的因、动力因等概念，推崇来自经验和事实的真理，当然还要有理性的综合；另一方面，启蒙思想家通过编撰《百科全书》以及如伏尔泰的《哲学通信》、《哲学辞典》等来向社会宣传启蒙和理性分析的思想。

合理性是理性主义思想的核心，合理性的实质是后来韦伯（Max Weber）划分的价值理性与工具理性的统一，是康德划分的纯粹理性与实践理性的统一，也就是合规律性与合目的性的统一、实有与应有的统一。不过，在启蒙思想家中所指的合理性，主要集中在合理的利己主义方面。在他们看来，利己主义并非如基督教说的那样是罪恶深重的表现，而是人的天性。它无所谓善，也无所谓恶，关键是要给以合理的价值引导，以一定的道、法律和理性给以限制，使之向有益于社会的方向发展。在社会生活中，这种合理性主要体现在人都会从自身的利益出发来作出选择。在《论法的精神》中，孟德斯鸠的偏好明显地指向一种自由的和商业的秩序，在这种秩序中，对人类品质要求不高的情况下，就可以维持社会的凝聚力。孟德斯鸠注意到，商业秩序是这样一种秩序，在这种秩序中"人们幸运地处于这样一种情势中，即尽管他们的激情促使他们产生邪恶的念头，但他们却因自身利害关系而不去这样做"[33]，这是理性的基本要求，也是理性对个人行为的控制，整个社会也就在此基础上得到了协同。

理性主义的强大在很大程度上得益于普遍主义与决定论的兴起。普遍主义主张世界的万事万物在本质

上具有内在的联系，它们服从于统一的规律与法则的作用；决定论则进而认为一切事物、现象和过程都由一定的规律所决定的。普遍主义与决定论意识发展的决定性推动力来自两个重要人物，一个是笛卡儿，一个是牛顿。由于18世纪所牢固建立起来的力学世界图景，物理学自然成为所有科学的基础。如果世界的确是一架机器，那么要找到它如何工作的最好办法就是求教于牛顿力学。因此，18世纪和19世纪的各种科学都效仿牛顿物理学来构造自己。这是笛卡儿世界图景的必然结果。事实上，笛卡儿在他的自然观中十分清楚地意识到物理学的基础作用。他写道："整个哲学像一棵树，树根是形而上学，树干是物理学，树枝是所有其他的科学。"[34]在笛卡儿体系中，凡物质的东西都受同一规律支配，甚至都受同一机械规律支配，就像机器一样，因此天上世界和地上世界并无不可逾越的鸿沟，它们从根本上说受同一规律支配。这就成为科学主义和后来启蒙运动向宗教宣战的出发点。他认为世界受自然规律的支配，人甚至也是受此规律支配的机器，科学家的任务就是发现规律。笛卡儿的哲学论证为决定论和普遍主义的形成和发展扫清了障碍，而牛顿的万有引力定律的揭示则所向披靡了。万有引力定律揭示：宇宙间物质的每一粒子都和其他粒子相互吸引，它们之间的相互吸引力与它们之间的距离的平方成反比，与它们的质量乘积成正比。世间万物都受此同一规律的支配，根据该规律可以算出地上物体的运动规律，也可算出天体运动的规律。万有引力学说的功绩实在圆满，过去千百年来不能说明的现象如今一下子都获得了科学的解释，普遍主义与决定论也因此而声名大振。万事万物都受普遍规律所支配，不可轻视，不可违背，剩下的问题是如何发现它、遵循它。普遍主义与决定论的观念告诉人们，相信事物与过程之中存在着一种秩序或内在规律，只要我们把握了这种秩序或规律，就能认识该事物或过程产生或发展的秘密，并能准确预知今后的变化。正如伽里略所指出的那样："通过发现一件单独事实的原因，我们对这件事实所取得的知识，就足以使我们理解并肯定一些其他事实，而不需要求助于实验……"这使科学家信心百倍、劲头十足，去从事探索规律、把握规律的工作。当然，将此原则推至极致的是拉普拉斯，他提出了神圣计算者的设想：这个计算者只要知道世界上一切物质在某一时刻的速度与位置，就能计算出过去和未来的一切。此言一出，"拉普拉斯"就成了绝对决定论的

代名词。

理性主义者和启蒙时期的思想家将普遍主义的决定论带离了自然科学界而逐步导向了社会和人类。斯宾诺莎的哲学名著《伦理学》就是以数学特别是几何学的论证方法来写作的，这部著作中所有的理论均以"公则"、"命题"、"证明"、"附释"的形式展开。斯宾诺莎本人就是一个决定论者，他的一个著名命题就是："自然中没有任何偶然的东西，反之一切事物都受神的本性的必然性所决定而以一定方式存在和动作。"因此，他认为："应该运用普遍的自然规律和法则去理解一切事物的性质。因此，仇恨、忿怒、嫉妒等情感就其本身看来，正如其他个体事物一样，皆出于自然的同一的必然性和力量。所以它们也有一定的原因，通过这些原因可以了解它们。"在后起的启蒙思想家的著作中，对普遍决定论特别是机械的物质决定论有着更为广泛的宣传。霍尔巴赫在《自然的体系》中谈到："在宇宙中，一切都必然在秩序中，一切都按照存在物的性质活动和运动；……在这个自然之中，没有偶然，没有属于意外的事物，也决没有充分原因的结果，一切原因都遵循着固定的、一定的法则而活动。"拉美特里则在他的《心灵的自然史》中也指出："物质本身就包含着这种使它活动的推动力，这种推动力乃是一切运动规律的直接原因。"

在启蒙思想家的观念中，人是自然的产物，受制于自然法则，人的精神取决于人的生理心理，而人的生理心理又同他的健康状况、物质需求满足情况有关，那么就可以通过科学革命、技术进步和社会发展改善人的生理心理素质。另一方面，人是环境的产物，或者说人受制于他所处的环境，这个环境既包括自然环境，也包括社会，因而要改变人性，使人类文明幸福，就必须改变环境，改造社会。孟德斯鸠在《论法的精神》一书中强调地理环境、气候与土壤对社会的影响，这是一种典型的物质决定论、环境决定论。当然，孟德斯鸠同时也强调了人类的勤劳、法律和旅行的作用。伏尔泰则对孟德斯鸠的环境决定论不以为然，他更认为人是社会的产物，人性的改变只能诉诸于改造社会。霍尔巴赫也同意伏尔泰的观点，他认为这种改革是个长期的潜移默化的过程，"各族人民以及统治他们的首领的完备的文明，各国政府、风俗、恶习的如愿的改革，只能是若干世纪的工作，只能是人类精神继续不断努力的结果，只能是再三反复的社会实验的成品。凭着思想的力量，人们将会察知他们

的各种苦难的原因,并投之以适当的药剂",从而就可以解决所有存在着的一切问题。

三、勘天役物的进步论观念强化了对解决城市问题的信心

德国大文豪歌德(Johann Wolfgang Goethe)的名著《浮士德》中描述的追求无穷无尽创造的浮士德形象是近代精神的代表或象征,勘天役物、征服自然、改造自然、造福人类是超越自我、战胜魔鬼、成为胜利者的必由之路。笛卡儿认为人们可以找到一种实用的哲学,依靠它可以认识水、火、空气、星辰及一切物体的力和作用,于是可把它们用于适合的用途,"如此我们就成为自然界的主人翁和占有者。这非但有利于发明无穷技巧,使我们能享受地球上一切成果而无患,而且主要地有利于保持健康"。科学革命更推动了这样的观念的发展。牛顿力学的创立更增长了人们的信心和自豪感:人类简直没有什么不能认识,也没有什么自然力不能驾驭,即使现在不行,以后准行,因为科学是累积的,是不断进步和无止境发展的。正如圣西门(Henri de Saint-Simon)的名言所揭示的:"美好的时代不是在我们的后面,而是在我们的前面,并且它可以通过完美的社会规律来认识。"35

伯曼(Marshall Berman)在其关于现代性的论著《一切坚固的东西都烟消云散了》36一书中,对浮士德的三种不同的形象进行了解读,而其中有关于"发展者"的形象可以非常清晰地看到浮士德身上的进步论观念的影响。在《浮士德》第二部的第四幕中,浮士德凝视着大海,感叹其海洋的汹涌澎湃,感叹起它那原始的无法平息的力量,如此地不受人类工作的影响。浮士德同时也生发出另一种感受:"人们为何要让事物继续不变地按其原有的方式运行呢?现在难道不是到了人类肯定自身反对大自然的专横傲慢,以'保卫一切权力的自由精神'的名义来面对大自然的力量的时候了吗?……他接着说:就大海所耗费的所有大量的能量来说,如果它仅仅是无休止地汹涌翻滚——'不过一阵空忙'——那是令人震惊的。""他要利用大自然自己的能量并且把这种能量变为燃料,以便为新的人类集体的目的和计划所用。"根据这样的目的,他描述了驾驭海洋的各种伟大的拓荒工程;能够运送满载货物和乘客的轮船的人工港口与运河;大规模灌溉所需要的水坝;绿色的田野和森林、牧场和园林,庞大的集约农业;吸引并且支持新兴工业的水力;未来

的繁荣居住区、新的城镇和城市——所有这一切都将从人类从来不敢居住的荒野中创造出来。通过这种种及其他的计划和行动,浮士德"将自己个人的冲动与世界经济、政治和社会的推动力量关联在一起;他学习怎样去建设和破坏。他把自己的生存视野从私人生活扩展到了组织人群。他尽自己的一切力量来对付自然与社会;他不仅努力去改变自己的生活而且努力去改变其他每一个人的生活。他现在找到了一条有效地反对封建宗法世界的途径:去构造一个全新的社会环境,来掏空或破坏旧的世界。"而他这样做的目的是要"'为千百万人开辟生活空间,不是防止危险,而是自由赛跑',显然,他进行建设,不是为了自己的短期利润,而是为了人类的长远未来、为了自己去世之后很久才能达到的公众自由和幸福"。

歌德以浮士德这样的文学形象揭示了人类对促进社会进步的无限性及其必然性,而斯宾塞(Spencer)则以理性的分析建构了这种不断追求进步的进化框架,他在《社会学原理》一书中对此有所总结,他写道:"理想人的终极发展具有逻辑上的必然。"他所提出的进步论就充分地反映了这一点。他的进化论可以表述为这样两个主题:(1)有机体的发展和人类社会的发展都是多样化的过程,很多社会生活方式来源于极少的几个原始模式;(2)发展的总趋势是:较复杂的结构和组织形式产生于较简单的形式之中。他认为进化过程是从无凝聚力的同质过程变为整合的异质的过程。因此,进步就是克服自然的蛮荒状态,以人的合目的的建设去改变自然和社会的现有状态,从而获得人对自身能力的实现以及心理上的满足。人要以进取心为动力,以长远的目标作为努力的方向,从而达成对未来的克服。从另一方面来讲,人只有进步,而且是不断进步,才能获取在人世间的地位,否则将被淘汰。并在达尔文的进化论的基础上提出了"适者生存"的信条。

四、自由与平等的精神推进着对城市整体问题的思考

平等和自由历来被视作人的基本权利,甚至是民主的真谛。从中世纪后期新型城市文明中就已经孕育了自由的精神。其中包括了这样几方面的具体内容:自治的精神;人生自由;贸易自由及经济活动中的其他自由;政治领域的广泛参与和轮番为治。在资产阶级革命的初期,对自由和平等的强调主要源于两方面

的原因。首先，资产阶级当时并不是一个完全独立的阶级，人数不少但当时的社会地位仍较低，为了争取在社会中的权利并掌握对社会控制的主导权，打破传统的和封建的等级制度，提出自由、平等的口号来获得其社会地位。其次，则是为了团结更多的城市自由民和上层社会的失意者，壮大其队伍。启蒙运动时期及其之后，自由的含义在内容上更加广泛。从积极的方面讲，表现为政治参与和民主制，信仰自由和思想自由等；从消极方面讲，则表现为个体的权利受到保护，不容侵犯，包括人身权利、政治权利、财产权利等。伏尔泰在《哲学辞典》"信仰自由"条目中写道："信仰自由是什么？这是人类的特权。我们大家都是由弱点和错误塑造成的。我们要彼此原谅我们的愚蠢言行，这就是第一条自然规律。"伏尔泰还有一句名言："您说的话我至死也不能同意一个字，但我要誓死捍卫您说每一个字的权利。"伏尔泰所建立的人类社会的第一条"自然规律"进而被进一步地阐述为"人是生而自由的"（见卢梭的《社会契约论》），而自由是建立在人与人之间的相互平等的基础上的，只有有了真正的平等才有可能达到人人自由。狄德罗在其主编的《百科全书》中指出，平等"完全基于人类天然素质而存在于一切人之中。这种平等是自由的根源和基础"。受启蒙思想的影响，法国1789年通过的《人权宣言》第一条就是："在权利方面，人们生来是而且始终是自由平等的。只有在公共利用上面才显示出社会的差别。"在这个时期，社会的不平等是建立在传统的社会结构基础上的，因此，要取得社会成员间的平等和自由就需要全面地改变社会的结构和摧毁社会的组织机构，这既是资产阶级革命的使命，同时也是资产阶级革命的成果。而在取得革命胜利后，就需要对社会的整体进行全面的重组，这样才能实现平等、自由的理想。

城市是社会的重要组成部分，正是由于人是自由的而且人与人之间是平等的，因此社会中的每一个人都应当享受相同的条件，这就必然地需要同时关注城市社会中的所有人的生活环境。而传统的建筑学和城市规划都是为了社会中的一小部分人服务的，它们局限在一个非常小的领域和地区中对城市的物质空间进行改造，比如，宗教场所、达官贵人的居住区或者文艺复兴后的市政厅等地区。在这些地区按照传统建筑学的构图原则追求这些地区的宏伟壮观，但对城市中的一般地区和平民地区特别是城市中遍布的拥挤不堪的贫民窟地区则可以是不闻不问的。因此，在人人生而平等的思想影响下，开始更多地从城市整体，也就是从构成城市的所有人出发来考虑城市问题，成为一段时期内关注社会改革的思想家和实践家的核心内容[37]，进而推动了对城市整体以及从创造城市整体环境的角度来综合考虑城市问题的解决。应该说，空想社会主义者也是从这一点出发来建构他们的思想体系的。这也是后来现代建筑运动追求去除建筑装饰、为一般民众进行大规模的产业化建筑营造的重要出发点。

第三节　现代城市规划产生的技术基础

一、建筑学和园艺学的思维方式引导着对城市布局问题的思考

1. 由公园运动所推进的对城市绿化系统及城市布局的思考

从19世纪初开始，随着工业化的推进和城市经济的发展，城市中中产阶级的数量有了大量的增长。而中产阶级对于因工业发展所带来的污染、生活居住与工业用地的混杂等极为不满，同时，也对居住区布置中四周由街道和连续的联排式住宅所围成的居住街坊中只有点缀性的绿化表示出极端的不满意。在此情形下，由园艺师雷普顿（Humphrey Repton）倡导的"英国公园运动"试图将农村的风景庄园引入到城市之中，强调城市空间组织和布局要创造健康的环境和优美的美学特征。这一运动的进一步发展出现了城市公园和围绕城市公园布置联排式住宅的布局方式，而在思想上则更进一步发展为将农村住宅坐落在不规则的自然景色中的现象概括为新古典主义的准则，并企图以此来实现如画的景观（picturesque）的城镇布局。

在美国，以奥姆斯特德（F. L. Olmsted）所设计的纽约中央公园以及此后各城市中的以公园和公共绿地建设为代表的城市绿地系统规划为起点，开始了对城市空间布局的要素进行整体性的安排。纽约中央公园的形成与唐宁（Andrew Jackson Downing）的努力有关。"唐宁不仅仅在设计上是个革新家，他还始终如一地投入了整体规划的理念，这一理念在他1851年为华盛顿的中央林荫广场所作的景观规划中达到了清楚的表达。更进一步，他还为在城乡之间达到理想的均衡这样一个观念而奋斗着，为能达到均衡，他引进了对将来有

着重要意义的想法：在他的思想中，他已完整地设想了自然与人工有机结合的计划"[38]。纽约在此前已在土地投机等因素的作用下形成了格网状的棋盘式的道路和土地划分结构，因为土地价值的作用，路网密集，用地高强度开发，在19世纪40年代，唐宁和布赖恩特（William Cullen Bryant）领导了一场斗争，将一大块伸展的绿地插入纽约市区由棋盘式道路所构成的僵硬的体系中。这块绿地被他们称为是有利于公众的"肺"[39]，并且可以从公共利益和使用的角度减少或削弱城市土地全盘为土地投机者所控制的局面，增加公共活动的场所以及改善纽约中心城区的环境条件。从这样的目的出发，1853年在第59街和第106街之间留下了一块624英亩（252.7hm²）的巨大的长方形空地（1859年扩展到了第110街）。4年以后，成立了以奥姆斯特德为首的公园委员会。1858年，奥姆斯特德和沃克斯（Calvert Vaux）一起赢得了在1年前设立的公园设计竞赛并扩大了公园的用地范围。4年后，新公园建成并对外开放，市民以极大的热情接受了它。中央公园的设计按照英国风景如画的传统而构想和布局，有着步移景异的景观，它包括一连串可用于社会活动的区域——群众性的体育运动区、娱乐和教育区，为城市生活增加了新的活动空间和休闲活动的方式，这是为广大公众接受的很重要的原因。由于纽约的城市路网结构的要求，公园中有4条城市干道穿过。这些干道布置得既能确保公园完美地结合入城市，又不会干扰景观的连续性。奥姆斯特德还精心设计了一套由桥和隧道构成的、互相区别与独立的通道系统。纽约中央公园的建成，不仅使城市公园成为城市中的一个重要的公共活动场所，确立了公园在城市中的地位，成为了城市地区凝聚力的象征，也成为组成政府公共事业的重要内容，而且这样大面积的土地用于非营利的公共事业也并没有成为城市财政的累赘，因为中央公园的建成使邻近地区的地价飞涨，充实并不断扩张了城市收入的来源，使原先对此担心的人士不再反对这样的事业。而纽约中央公园的成功也就提升了美国各大城市对城市中心建设公园的热情，树立了各城市政府改进城市环境和提供公共空间的榜样。

在美国的知识阶层中，有着非常强烈的自然主义的倾向，充满着自然崇拜的精神，美国文化艺术史上的重要人物，如爱默生（R.M. Emerson）、梭罗（H.D. Thoreau）、惠特曼（W. Whitman）等等，都是如此。奥姆斯特德也同样。他认为，城市是罪恶的源泉，因此要将乡村中的健康生活引入到城市中，改变城市的状况。塔夫里（Manfredo Tafuri）等在《现代建筑》中对奥姆斯特德的思想基础进行了分析，他说："美国的先验论哲学和受到边沁（Jeremy Bentham）影响的英国功利主义学派构成了奥姆斯特德的文化背景。激进的新教徒、边沁主义者、进步的知识分子对城市结构的健康发展产生了共同的兴趣，他们同样也对卫生、环境以及教育改革问题产生了兴趣。对这些好心的公民来说，与社区消解、城市机能失常和悲惨现象作斗争，就意味着正确使用科学技术与自然的融合。因此，奥姆

（1）周边环境

资料来源：Craig Whitaker.Architecture and the American Dream.New York：Clarkson N. Potter，1996.51

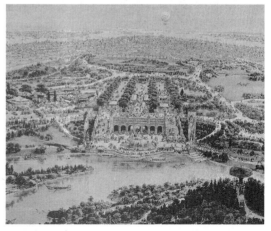

（2）内部场景

资料来源：Spiro Kostof.The City Assembled：The Elements of Urban Form through History，1992.London：Thames and Hudson Ltd.，1999.178–179

图2-19 奥姆斯特德（Frederick Law Olmsted）设计的纽约中央公园

斯特德身为其中重要一分子的那个文化圈——普特南（Putnam）杂志，傅立叶主义运动，或是后来受到贝拉米（Bellamy）'民族主义'乌托邦影响的领域——将为公园而进行的斗争赋予了高度的重要性：公共服务成了反对市政府腐败体制的武器，是有关当局通过协调而获得一致行动的象征，也是使大众从剧烈的争论中脱离出来的结合点。"由此可以看到公园建设所具有的社会意义。

在中央公园成功之后，奥姆斯特德再次与沃克斯合作，在布鲁克林（Brooklyn）创建景观公园（Prospect

（1）1885年完成的波士顿公园系统规划

资料来源：Han Meyer.City and Port：Urban Planning as a Cultural Venture in London，Barcelona，New York，and Rotterdam：Changing Relations Between Public Urban Space and Large-Scale Infrastructure.Utrech：International Books，1999.199

（2）奥姆斯特德和埃利奥特（Charles Elliot）于1899年编制的波士顿开放空间规划，并于1909年结合进波士顿区域规划之中

资料来源：Andres Duany，Elizabeth Plater-Zyberk，Robert Alminana. The New Civic Art：Element of Town Planning.New York：Rizzoli，2003.22

图2-20 奥姆斯特德的波士顿开放空间和公园系统规划

Park），在这个公园中，他们将主要注意力放在了公园与纽约市行政区与曼哈顿的联系方式上。他们设计了两条林荫大道，一端将公园与海连接了起来，另一端则与中央公园相接，两边都有连续的交通网。这时，奥姆斯特德把目标直接对准了地区性的范围，而不仅仅是大城市规模，并且把对城市化过程的有效控制归之于公众权威。波士顿的一些工程为奥姆斯特德在专业的可能性上提供了试验的机会。1878年，他成为波士顿公园委员会的顾问。在这里，他策划了一系列连续的，并且是认真安排过的行动，以创建一个能够改变城市有机体质量的社会结构综合体系。而在波士顿大众公园（Boston Common）和富兰克林（Franklin）公园这两个标志性景区之间设置延伸的公园体系，进而把注意力不仅集中在单个城市公园的设计方面，而且推广到对整个城市公园系统的关注上。

奥姆斯特德的声誉使他获得了数目可观的工程。他在费城、旧金山、纽瓦克、布法罗、芝加哥、布里奇波特、华盛顿、密尔沃基、底特律等地都很活跃，他在实际层面上把握了城市设计的每一个阶段和尺度。芝加哥附近的里弗赛德（Riverside），是奥姆斯特德在1869年与沃克斯共同设计的一个具有浪漫气息的郊区居住区，他以这个高质量的居住区表达了较富裕的美国人想住在这样一个社区的愿

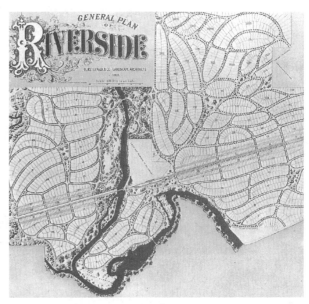

图2-21 奥姆斯特德和沃克斯（C.Vaux）于1869年设计的芝加哥里弗赛德（Riverside）镇的总体规划

资料来源：Han Meyer.City and Port：Urban Planning as a Cultural Venture in London，Barcelona，New York，and Rotterdam：Changing Relations Between Public Urban Space and Large-Scale Infrastructure.Utrech：International Books，1999.201

望：处在大自然之中的社区，并有有效的交通系统与城市相连。

2. 美国城市美化运动推动了对城市整体环境的思考

以1893年在芝加哥举行的世界博览会为起点的城市美化运动（City Beautiful Movement），综合了对城市空间和建筑设施进行美化的各方面思想和实践，在美国城市中得到了全面的推广，并直接孕育了美国现代城市规划实践的起点。

世界博览会的举行对于任何一个城市来说都是一次重要的文化、历史事件，伦敦的水晶宫、巴黎的埃菲尔铁塔等等为世界城市发展留下了深远的影响。而芝加哥博览会也同样获得了重要的历史地位。在博览会用地的选择上，奥姆斯特德凭借着他已获得的在全美的声望发挥了重要的作用。"经过许多次讨论，选作博览会的场地，包括了杰克逊公园，奥姆斯特德已经对这里做了初步安排，一片宽阔地带从密歇根湖顺着普莱森斯中路（Midway Plaisance）向着华盛顿公园延伸过去。经过多次修改，科德曼（Henry Sargent Codman）和鲁特（John W. Root）对这次规划作出了贡献，奥姆斯特德的中部核心布局变成了各种建筑形式的背景，虽然布置了统一的高度，对称的轴线和特定的聚焦透视，并且在光荣宫的白色粉墙和木结构展览馆中应用了学院派的建筑语汇，但其目的很明显，是要有一个统一的表皮结构，是要体现一种理性，以便向在1880年代初开始形成芝加哥特征的摩天大楼丛林挑战"[40]。因此，要理解博览会主设计师伯纳姆（Daniel Hudson Burnham）最终完成的博览会方案，就不得不考虑奥姆斯特德的基本设想，正如塔夫里等所指出的："理解伯纳姆规划实施意义的关键，在于奥姆斯特德设计景观的容量，在那些毫无灵感的折衷的建筑或在博览会中起支配作用的学院派建筑之间，奥姆斯特德想通过这些景观建立一种统一的联系。他的景观设计，对于怎样实现统一的、有计划的城市机体这一问题，是一个明确的宣言。"而伯纳姆则全面贯彻了奥姆斯特德的这一思想，并在以后又将其运用到对城市整体的规划方面。

这届在芝加哥进行的博览会冠名为"Columbian World Fair"，因此在名义上是纪念哥伦布发现美洲400年，实际上是对当时的科学技术成就的展示。伯纳姆是一位建筑师，在此前设计了大量的银行、办公楼和学校。他坚信，这次博览会的最显著的特征应当是它的建筑，而且它们应当是古典式的，为了显示建筑的宏伟、高雅和其他的古典文明的品质，每一幢建筑必

图2-22　芝加哥世界博览会场景，1893年

资料来源：William J.R.Curtis.Modern Architecture Since 1900（3rd ed）.London：Phaidon，1996.51

须独立地矗立在那里，并认为这里可以唤醒美国人对古典文明的认识。这次博览会被宣传成"宫殿之城"（the City of Palaces）、"光之城"（the City of Light，这次博览会首次使用了电灯照明）、"白色城市"（the White City）等等。公众对此次博览会给予了极大的热情，共有2100万参观者，报刊杂志给予了竭力的颂扬，并将之看成是社会主义计划社会的缩影，并且确立起只有通过很好的计划才能实现一个美好社会的观念。甚至有人宣称，它展示了人类对社会美化、效用和统一的可能性，而这些是他们过去连做梦也想不到的[41]。美国的一位大批评家斯凯勒（Montgomery Schuyler）在1893年写道："景观规划是作为整体的博览会取得画意般成功的关键。"

在博览会场址建设的同时，芝加哥市区内也进行了大规模的建设。这些建设以政府主导的方式，以对市政建筑物及其周围环境进行全面改进为标志，以公共设施和纪念建筑为核心组织了林荫路、城市广场和城市干道。伯纳姆在其中也发挥了重要作用，他的目的是要通过纯粹和壮丽的工程而建立美丽的社会，其做法主要是对街道系统进行改造并对此拓宽，形成集聚于市政设施的宽阔的林荫大道。在这些宽阔的大道前布置市政厅、政府大楼、剧院、图书馆和博物馆等，这些建筑多以古典复兴风格为主并且像奥斯曼巴黎改建一样都采用统一的檐口线，在这些建筑前还布置雕塑、喷泉等。经过这样的改造和建设，形成了与原来工业城市拥挤、杂乱的城市景观完全不同的形象，极大地震撼了访问过芝加哥的游客和政府官员，从而引领了美国各城市对城市形象的重新建设，进而形成了世纪转换之际在美国各城市中普遍进行的"城市美化运动"。从另一个角度讲，"'城市美化运动'的目的是依照国家在1893年的经济危机之后认识到的新需要来进行城市改建的"，而且，根据塔夫里等的解释，"城市美化运动"还具有更为深刻的目的，即"城市美化运动则意在通过向外输出国家形象，表达国家稳定的政治面貌"。而经过这样一轮城市改造和美化的建设运动，"'城市美化运动'大大超过了它的主要倡导者和专家们良好的愿望，完美地实现了它预定的功能——将最完美的规划与最有创见的思想综合起来。这种综合，实际上不过是建立一个旨在保持其自由经济机制的绝对优先权的系统'形式'；在这里应用巴黎美术学院的建筑语汇，只是无意义的翻版"。芝加哥博览会和芝加哥城市美化的成功，向全美国甚

至当时世界上发达国家的人们传递了这样一种信念，只要经过人类有意识的和有组织的规划和设计，就可以创造一种全新的城市环境，这种新的环境要远远优于城市无序、自发的发展。

1901年，伯纳姆受邀主持了华盛顿规划的调整，他与麦金（Charles F. Mckin）、圣－高登斯（Augustus Saint-Gaudens）和奥姆斯特德等一道工作，他把他在芝加哥的经验再度应用于华盛顿规划中，虽然所采用的模式并不完全相同。他们为华盛顿中心设计的新面貌使朗方（Pierre Charles L'Enfant）的18世纪的构思成为不朽的概念，并且仿效了欧洲经典城市规划的做法，把意识形态的内容图示化，他着力于复苏和推进朗方在一个世纪前所做的华盛顿特区规划中的林荫路、纪念建筑和城市干道。在新的华盛顿规划中，他们以纪念性语汇，运用宏伟的、激动人心的修辞法表达了国家机构的权威及其制度的稳固性。许多美国城市采用的规划受到"城市美化运动"观念的影响极大，伯纳姆还受邀进行了许多城市的规划设计，如克里夫兰（Cleveland）和马尼拉（Manila）等，而且这些规划都得到了全面的实施，这都为他此后的芝加哥规划提供了必要的准备。

1907年，芝加哥的一个强大的、由市中心商业集团资助的商业俱乐部，为了把市中心区建设成为一个现代的公共中心和商业中心，振兴城市经济，委托伯纳姆进行整个芝加哥城市的规划设计，"企图让他为他们的大企业家们策划一个富有活力的新城市形象，并给这座新城披上市民化和文明价值的新装"[42]。在伯纳姆领导下的一个由商人和建筑学等专业人员组成的小

图2-23　芝加哥商业区鸟瞰，1898年
资料来源：William J.R.Curtis.Modern Architecture Since 1900（3rd ed）.London：Phaidon，1996.40

组进行了具体操作，到1909年发表了"芝加哥总体规划"，这份规划被称为是第一份覆盖城市范围的"总体规划"（the first city-scale "master plan"）[43]。这一规划已经远远超出了城市美化运动规划的内容，它已经不再仅仅只关注市政设施、公共建筑物以及它们的外观，而且对商业、工业的发展以及交通的综合安排，对公园和湖岸，对人口增长和城市的区域发展的未来进程等问题都进行了全面的考虑和安排。根据规划的安排，促进了休闲用的湖滨地带的开发以及豪华的住宅开始回归市中心，鼓励郊区的发展建设，修建芝加哥中心辐射出去的高速公路，确定地区森林保护区，以保持郊区的开放空间，并详细确立了城市中的某些地点在未来应当是怎么样的，提出了未来进一步发展的目标。

　　该规划还设计了一个放射状加同心圆的公路系统，从城市中心向外延伸至少60英里（96.5km），因此，从交通要素看，它既是一个城市规划，也是一个区域规划。它还设计了一个统一的公共交通体系，并建议与铁路运输站点相一致。芝加哥联合车站就是规划的产物。在城市内部，规划对拓宽街道和立交桥建设等关键问题提出建议，市区和市郊的公园系统和野生动物保护区在规划中也都有安排。在整个规划中，"伯纳姆费尽心机地设计了一个复杂的、有公共纪念物点缀的基础设施体系。整个城市关键地点都被包围在一个半径达60英里（96.5km）的半圆性林荫道内，使整个区域起到聚合作用。密歇根湖周围的平原带被想像为全市配景中的高潮，虽然这背后带有明显的土地投机的动机，因为出于同样的动机，人们不赞成把纪念性的、宏伟的市民中心放在市中心。这次规划，正像支持这一规划的官方宣传者穆迪（Walter Moody）所说，对振兴商业，对推销政策，首先是一次机会，他对确保每一个相邻区域的市场健康状况相当关注。这个规划要求把街道建筑设计为不具有特定类型特征的体量：公寓楼群采用整齐划一的正立面，与城市主要街道排成一线，以便与高密度住宅区相一致；那些重点的纪念性建筑，只不过承担着弥补住宅区形式上的若干简单功能而已"[44]。塔夫里等认为，芝加哥规划的"价值主要是观念性的，对那个更多些欧洲味的华盛顿的规划来说，可以说是对商人们的民族性的激励。而且，这个规划提供了一个向先前1893年的经济危机中受过挫折但是已经恢复活力的阶层进行宣传的大好机会。这个优美的

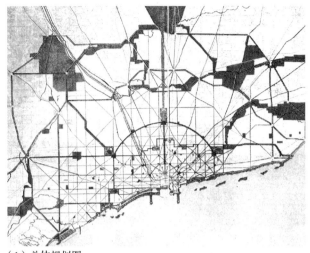

（1）总体规划图
资料来源：Han Meyer.City and Port: Urban Planning as a Cultural Venture in London, Barcelona, New York, and Rotterdam: Changing Relations Between Public Urban Space and Large-Scale Infrastructure.Utrech: International Books, 1999.190

（2）道路系统规划图
资料来源：Manfredo Tafuri,Francesco Dal Co.Modern Architecture: History of World Architecture.1976.刘先觉等译.现代建筑.北京：中国建筑工业出版社，1999.37

图2-24　伯纳姆（Daniel Burnham）和贝内特（Edward Bennett）于1909年编制的芝加哥总体规划图

方格网规划方案，在经过精巧的安排并配合有声势浩大的宣传运动中被展出。在芝加哥，而不是在华盛顿，伯纳姆企图更多地参考奥斯曼（Baron Georges Haussmann）的巴黎规划方案，尽管伯纳姆是以纯粹的形式术语来演绎奥斯曼的巴黎规划的，并且他不想在自己的方案中作深刻的改变，因为那只可能是管理的和技术体制的改变"[45]。

　　伯纳姆的名言是要做大规划（big plan），而不要做小的规划（little plan），因为小的规划不能激动人

图2-25 1909年芝加哥总体规划的细部
资料来源：Spiro Kostof.The City Shaped：Urban Patterns and Meanings Through History.London：Thames and Hudson Ltd.，1991.234

心。这既是伯纳姆在这一时期进行各类规划包括芝加哥规划时所考虑并付诸实践的，而且也正是由于这一点，伯纳姆的许多努力得到了商人和企业家团体的支持。在城市美化规划和芝加哥总体规划中，很少考虑住房或社会改革的内容，而商人和企业家团体对这些问题也同样不感兴趣，但他们都对伯纳姆规划中所体现出来的工业民主的英雄城市的大规划思想非常满意。为了实施这个规划，在20世纪的最初20年中投入了大约3亿美元的公共基金，其余的投资主要来自于各种各样的企业俱乐部的民间投资，芝加哥规划委员会也做了大量的促进活动。这个规划带来了广泛的影响，在这个规划实施过程中，规划的赞助者还做了大量的工作，向公众推广规划意识，促进公众加入到规划过程，并表达了希望通过公众完成规划的意愿。作为规划成果的规划说明书，打印非常精美，而且也非常昂贵，发行量也就非常有限了。为了向公众普及规划的概念，资助者用私人经费打印规划文本，发给每一个地产拥有者和每一个月租金超过25美元的承租人，同时，压缩规划文本，做成课本，在学校八年级里广泛使用（之所以选择八年级学生作为宣传的对象，主要的考虑是基于两个方面，首先是因为这些学生马上要离开学校，成为社会和城市一员——那时的许多学生在完成8年教育后就不再上学了，另一方面也希望通过这种方法让规划的思想和内容能够进入到千家万户）。此外，还通过图片演讲（电子设备出现之前的一种大众娱乐形式）和短片电影《一个城市的故事》（A Tale of One City）来推广规划[46]。在此后的一时间段中，城市实施了大量工程，如：（1）将城市中心的铁路线覆盖，其上部空间释放出来建设公园、写字楼和乘客换乘站；（2）沿芝加哥河修建瑞克（Wacker Drive）林荫大道，在林荫大道两侧建造2层建筑，并在这里安置

产品批发市场；（3）修建密歇根街大桥，开发梅季克（Magic Mile）零售和办公区以及北侧的金海岸（Gold Coast）居住社区；（4）其他在芝加哥河上新建的桥梁，改善了到市中心的交通；（5）芝加哥的"前院"得到了再次开发，建设了诸如格兰特公园、伯纳姆公园在内的湖滨公园、博物馆、文化机构、海军码头等，扩大或者改善了现存的湖滨公园；（6）一些主要的街道进行了拓宽，修建了新的大道；（7）建立了郊区的地方性公园等等。"事实证明，这些公共活动对于民间私人的商业和居住开发起了很大的促进作用，那些投票赞成发行债券的芝加哥市民对于这个结果感到非常满意。这一案例通常被称为由民间引起政府职能扩张的一个很好的例子"[47]。

二、工程技术的发展为城市规划的统筹兼顾提供了原动力和基本方法

随着工业化的不断推进和城市人口的迅猛增长，与此同时，中产阶级数量的增加和对城市生活质量不断提高的要求，对城市各项基础设施的需求也在不断地发展。一方面，在人口和工业经济发展的条件下，对干净的用水、污水的排放与处理、便捷的交通等方面的需求迅速增长，另一方面，工艺技术、设备条件在技术上也在不断提高，在经济上则成本不断下降，成为了可以普遍使用的内容。这些不同的基础设施要引入到人口高度集聚、土地使用高度开发的城市之中，就需要进行种种的综合性的考虑，这些统筹安排成为了此后城市规划进行城市布局、综合考虑城市各项设施安排等等方面的方法论基础。在某种程度上也可以说，城市基础设施尤其是交通设施的安排和组织是现代城市规划产生的重要基础，因此，这些设施组织与安排的原则与建筑学原则具有同等的重要性。在这其中，两大方面的表现是最为典型的。

首先，城市的交通工具过去主要是马车或畜力车，到19世纪出现了铁路，而19世纪下半叶在城市中逐渐出现了地铁、有轨电车、电车和轻轨铁路等运输方式。这些交通工具的出现，在城市中的建设和投入使用，改变了过去畜力车只要有空地就可通行的方式，而是需要有固定的线路。尽管当时在城市中有用马拉的公共交通，但这种公共交通的线路并非是完全固定的，可以根据需要或其他的原因甚至驾车者自己的原因而随时调整，也没有大量的设施需要建设。而

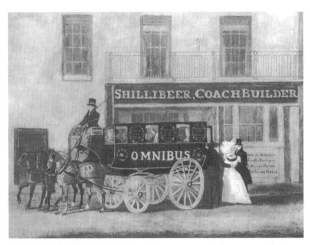

图 2-26　英国伦敦街头公共交通工具，1829 年
资料来源：Sheila Taylor 编.The Moving Metropolis：A History of London's Transport Since 1800.London：Laurence King Publishing, 2001.11

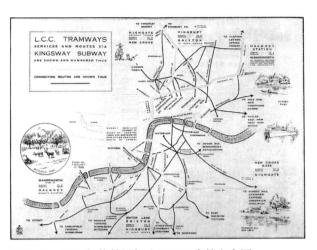

图 2-29　1908 年伦敦局部地区 LCC 有轨电车图
资料来源：Sheila Taylor 编.The Moving Metropolis：A History of London's Transport Since 1800.London：Laurence King Publishing, 2001.132

图 2-27　19 世纪 30 年代初，最早的铁路运输
资料来源：James W. Vander Zanden.The Social Experience：An Introduction to Sociology.New York：Random House, 1988.599

图 2-30　1913 年伦敦的有轨电车线路图
资料来源：Sheila Taylor 编.The Moving Metropolis：A History of London's Transport Since 1800.London：Laurence King Publishing, 2001.146

图 2-28　1882 年伦敦都市区的地铁线路图
资料来源：Sheila Taylor 编.The Moving Metropolis：A History of London's Transport Since 1800.London：Laurence King Publishing, 2001.62

新的交通方式的出现基本上都需要有非常固定的线路，并且需要建设大量固定设施，比如有轨电车的轨道和输电线、铁路等的轨道等。当城市中出现同类型的多条线路或不同类型的多条线路通行于同一地区时，就出现对这些线路进行预先安排的要求，因为这些交通线路的建设成本极其昂贵，不可能在建成后再进行搬迁。此外，这些新的交通工具的出现也改变了过去公共交通仅仅是为少数人群、个别的和分散的人群提供服务，而是需要有相当数量的集聚的人口作为基础，这些设施的运行才具有经济性。这样在这些交通设施运行线路的安排时就需要考虑到人群的分布，他们出行的起点和终点等等。而当有多条线路建设时，更需要考虑这些线路之间的分工，它们之间的相互衔接等

等方面的问题。这就需要对城市内各类用地、人口分布以及现有的和今后需要发展的交通设施等进行整体性的统一考虑。而地铁的建设，不仅需要考虑这些因素，还要考虑地下空间使用的协调性，即与已有的地下市政设施的关系，同时也要考虑地下穿越的空间范围以及地下站台与地面建筑之间的联系等等。由此可以看到，这些交通设施的建设不仅需要进行预先安排的有计划建设，而且需要在多要素综合的基础上作出统筹的谋划。

其次，随着对城市问题的关注和生活水平的相对提高，出现了要求提供更为普遍的洁净用水、减少甚至取消就近排水等方面的要求，这些市政设施的提供需要有覆盖城市范围的管网系统。这些管网设施在过去也有一些，但基本上都是零星的而且是相对比较随意地提供的，原因是当时主要是为少部分人提供的或者是就地解决的，对大规模的管网的需求并不很

图 2-31　载于 1867 年《环球画报》杂志的伦敦的地下铁道
资料来源：Leonardo Benevolo.1986.薛钟灵等译.世界城市史.北京：科学出版社，2000.821

图 2-32　1867 年，伦敦泰晤士河边 Victoria Embankment 建设时期的示意图
资料来源：Spiro Kostof.The City Assembled：The Elements of Urban Form through History, 1992.London：Thames and Hudson Ltd., 1999.219

高，比如供水，要么是从附近的河流中直接取水在小范围内供水，要么是各自从地下抽取地下水。尽管也有从远距离取水，如古罗马时期就有通过水渠长距离引水的，但在全市范围内普遍化的供水系统仍然是不发达的。但随着工业化的推进和人口的高度集中，首先是城市中的河流逐渐被污染，就需要改变取水的地点和方式，其次随着地下水的开采量越来越高带来了地下水位下降，各自分散开采的成本也越来越高，另外，从提高生产效率的角度也要求供水能够普及化，并要降低成本等等，在这些条件下，供水就需要从远处或河流的上游取水，经处理后向城市内一定范围的地区供水，并且应遍布这个地区，这样就需要敷设大量的管网。同样，污水的排放也是如此，过去是没有收集系统而直接就地排放的，即使有些地区也有明渠水沟等排放的设施，但基本上也是就近排放的，结果导致了在一条河的差不多同一个地点既排放污水又在这里洗涤和取水，导致了污染和不卫生状况的加剧，使传染病更为广泛地传播等，因此也提出了要将污水收集、集中排放到更远处等等要求。

这些管网设施的建设大部分都通过地下敷设，原因是在人口高度集中的地区，采用地面或架空的方式会带来种种与土地和建筑物之间的矛盾，而且也有安全方面的考虑等。但采用地下敷设的方式就与地面设施完全不同，它们基本上是不以实体的方式示人的，在建成后也难以随意调整，也不可能随意改变方向，因此需要事先协调好才能进行建设，同时由于各种设施的条件不同而需要根据多方面的因素综合考虑。如供水，就需要考虑取水和水厂的位置、服务的范围、需求量与供应量的平衡、水管穿越的地下空间、用户的供应水压和水管安全等等，然后以最经济的方式供应这一范围内的用户。当时主要还是以给水站的方式服务于城市中的大多数人口，那么这些给水站的设置与服务范围的分布也是需要特别考虑的。而对于排水设施来说，就要考虑排水量、收集范围以及排水的收集方式等，同时还要考虑排水管的坡度以及集水范围内的管网接口布置，排水的提升泵站的布置等等。而当这些管线相互交叉或在有限空间内的相互重叠等就要求改变开始时的单一系统考虑，而将一定地区内的各类管网预先进行综合性的统一安排，这些要求就需要对城市中的各项相关因素进行全面统一的考虑，并且成为这些设施

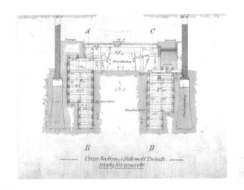
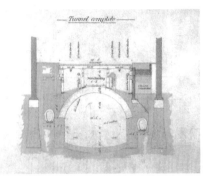

图 2-33 大开挖式的地下工程施工场景
资料来源：Sheila Taylor 编.The Moving Metropolis: A History of London's Transport Since 1800.London: Laurence King Publishing, 2001.54～55

图 2-34 19世纪中期巴黎街道的剖面图
左图资料来源：Leonardo Benevolo.1986.薛钟灵等译.世界城市史.北京：科学出版社，2000.820
右图资料来源：Spiro Kostof.The City Assembled: The Elements of Urban Form through History, 1992.London: Thames and Hudson Ltd., 1999.205

安排的前提条件。

应该说，从城市的交通设施和市政公用设施出发的考虑是城市中最早的系统性的考虑，而且这些设施的布置均较难以运用现场感性认识来对可见实体进行调度的方式进行，而是需要在建设之前就进行充分的协调和安排，从而就要求对城市的各项用地和各项市政公用设施在整体上进行统一的事先安排，而在这过程中可运用的方法很显然不是传统建筑学所能提供的，而更多的是由工程师们的有关系统安排的知识体系所赋予的，而这恰恰是后来城市规划所承继下来的最核心的思想方法。

三、行政和立法技术赋予了城市规划实际操作的基本手段

1. 奥斯曼的巴黎改建

奥斯曼（George E. Haussman）在1853年开始作为巴黎的行政长官，看到了巴黎存在的供水受到污染，排水系统不足，可以用作公园和墓地的空地严重缺乏，

大片破旧肮脏的住房和没有最低限度的交通设施等问题的严重性，通过政府直接参与和组织，对巴黎进行了全面的改建。这项改建以道路来切割和划分整个城市的结构，在巴黎老中心区范围内兴建了近400km的道路网，并将塞纳河两岸地区紧密地连接在一起。同时将林荫大道与其他街道连成了统一的道路体系，并

使这些林荫道成为延伸到郊区的公路网的一部分，在郊区又铺设了70km长的公路。根据黑川纪章后来的概括，奥斯曼巴黎改建要达到的目的，包括：（1）节日时有一个令人赏心悦目的华丽的街景；（2）排除易于疫病流行的贫民区；（3）街道便于军队的调动；（4）商业中心与火车站有方便的联系等[48]。在具体的改造中，"奥斯曼把新的道路设想为一个都市循环系统中的交通干线。这种想法在今天很普通，但在19世纪都市生活的背景下却是革命性的设想。新的林荫大道将能够使交通工具穿过城市的中心，直接从城市的一端到达另一端——到那时为止这还是一个唐吉诃德式的不可想像的事业。而且它们将清除贫民窟，在层层黑暗的令人窒息的拥挤人群中开辟出'呼吸的空间'。它们将激发地方的工商业全方位地大大扩展，从而有助于支付由于拆房补偿和市政建设导致的巨额费用。它们还将抚慰大众，因为它们将导致在长期的公共工程中雇用成千上万个人——而这又将在私人企业中产生成千上万个工作机会。最后，它们将创设长而宽的通道，让军队和大炮能够快速地通过，来对付未来的街垒和群众暴动"。从城市现代化建设的角度，伯曼（M. Berman）对此评论道："新的巴黎林荫大道是19世纪最为辉煌的都市发明，是传统城市的现代化进程中的决定性突破。"这些林荫大道的建设"为聚集大量的人创造了新

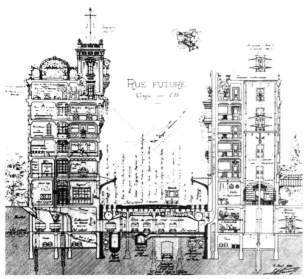

图2-35 埃纳尔（Eugène Hénard）设计的多层街道的剖面图，1910年
资料来源：Craig Whitaker.Architecture and the American Dream.New York：Clarkson N. Potter，1996.91

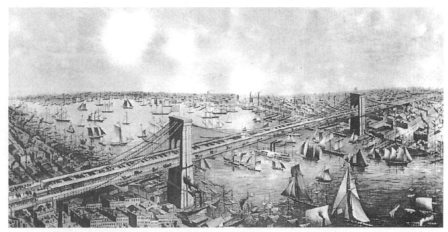

（1）描绘该桥宏伟气势的石版画，1883年

图2-36 纽约Brooklyn桥
资料来源：Han Meyer.City and Port：Urban Planning as a Cultural Venture in London，Barcelona，New York，and Rotterdam：Changing Relations Between Public Urban Space and Large-Scale Infrastructure.Utrech：International Books，1999.194

（2）Brooklyn桥与地面道路网的关系

的基础——经济的、社会的、审美的基础。临街的一侧是各种小企业和商店，街的拐角处则是饭店和带有人行台阶的咖啡馆。这些咖啡馆，……不久就作为巴黎的生活（la vie parisienne）的象征而遍布世界各地。奥斯曼建造的人行道像林荫大道本身一样，也特别宽，人行道的一侧安有长凳，并置有茂盛的树木。林荫大道上还设有人行半岛，让人们能更容易地穿越马路，并将便道与直行大道隔开，辟出道路让人们散步。站在马路上，能够看到林荫大道两边的远景，林荫大道的两端耸立着纪念碑，使得每次散步都能达到一个戏剧性的高潮。所有这些性质都有助于使新巴黎成为迷人的独特一景，使人赏心悦目。"[49]奥斯曼在林荫大道

建设和街道改建的同时，利用古老的，或较新的纪念性建筑物作为新街道在视觉上的联系点，街道按照规律而通向重要的广场，沿主要街道的所有建筑立面应有统一的造型，出现了标准的住房平面布局方式和标准的街道设施。同时，还建立了一个庞大的公园体系，并在城市的东、西两侧建造了两个森林公园——西部的布洛涅森林公园（Bois de Boulogne）和东部的温森斯森林公园（Bois de Vincennes），在城市中配置了大量的大面积的公共开放空间。还新建了大量的基础设施，包括自来水管网，排水沟渠，煤气照明和行驶马车的公共交通网。新建了学校、医院、大学教学楼、中心市场、大剧院和其他一些文化宫、兵营、监狱等公

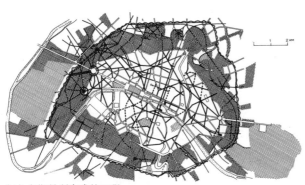

（1）奥斯曼所完成的工程

（2）1854年的漫画和巴黎歌剧院街及周围地区的地图，图上标示了新街道的走向和根据1850年法律被没收的地产

图2-37　奥斯曼的巴黎改建
资料来源：Leonardo Benevolo.1986.薛钟灵等译.世界城市史.北京：科学出版社，2000.836

图2-38　奥斯曼巴黎改建后的场景
19世纪70年代从巴黎歌剧院顶上看到的新建的歌剧院大街
资料来源：William J.R.Curtis.Modern Architecture Since 1900（3rd ed）. London：Phaidon，1996.34

共设施。

奥斯曼对城市的整体空间进行了调整，将城区外的一些区域合并了进来，使巴黎城区的面积得到了较大的扩展。同时重新进行了行政区的划分，共划分为20个部分自治的小行政区，建立了新的城市行政结构。

经过这样一系列的改建，确立了巴黎城市的新形象，从而为当代资本主义城市的建设确立了典范，其所构建的城市形态及城市空间的组织手法，从19世纪80年代开始就成为了欧洲和美洲大陆城市改建的样板，并在大量的殖民地城市中得到广泛的推行。

2. 英国关于城市卫生和工人住房的立法

19世纪人口的急剧增长，城市的快速膨胀导致了大量的公共卫生问题，这就要求政府承担新的职责。随着医学知识的发展，人们发现，过度拥挤和不卫生的城市地区会导致大量的经济成本（这就会要求地方纳税人来承担），并且有可能导致社会动乱的发生，这些新的城市发展最终导致了根据社会福利的利益对市场力量和私人物产权进行干预的思想。

针对19世纪20、30年代出现的肺结核及霍乱等疾病的大面积流行，1833年，英国成立了以查德威克（Edwin Chadwick）领导的委员会专门调查疾病形成的原因，此后还成立了一系列旨在改进城市卫生状况的委员会，如"城镇卫生选择委员会"（the Select Committee on the Health of Towns，1840年）、"皇家大城市状况委员会"（the Royal Commission on the State of Large Towns，1845年）等。在一系列社会运动的推动下，1848年通过了《公共卫生法》（Public Health Act）。这部法律规定了地方当局对污水排放、垃圾堆集、供水、道路等方面应负的责任，创设了中央卫生委员会（Central Board of Health）。并由此开始，英国通过一系列的卫生法规建立起一整套对公共卫生问题的控制手段。这些有关公共卫生的立法直接导致了在城市中创造适宜的卫生条件的建设。为了达到这样的目标，这些法案赋予了地方当局制定和执行有关建设的地方法规，以控制街道的宽度以及建筑物的高度、结构和布置。尽管这些法规所规定的管理后来证明存在着局限性，并且还有很多缺陷，但它们标志着政府对社会控制的加强，为后来的更进一步的立法铺平了道路，并且为城市规划法规的形成奠定了基本的框架。

由于认识到很多的不卫生状况的出现与工人住房的不足有关，因此，从19世纪中叶开始，英国政府注重了对工人阶级住房、进而对整个城市中的住房的控制与管理。1844年，成立了英国皇家工人阶级住房委员会。此时也有许多学者开始进行有关工人的居住和生活条件的研究，其中恩格斯（Friedrich Engels）的著作《1844年英国工人阶级的状况》（The Condition of the Working Class in England in 1844）对后来的城市研究产生了深远的影响。恩格斯描述了工业城市尤其是曼彻斯特城市中工人阶级的生活状况，深刻地揭示了所谓的"城市问题"产生的根源及其可能的后果，从而唤起了对工人居住和生活条件改善的更大范围的关注。随着住房改革的推进，国家控制的内容逐步扩大。1868年的《手工业者和劳工住房法》（Artizans and Labourers Dwellings Act）涉及到单体的住房，1875年，《手工业者和劳工住房改进法》（Artizans and Labourers Dwellings Improvement Act）通过对不卫生地区的重建问题的规定，引入了对住房的群体和地区性的控制。根据《公共卫生法》（Public Health Act，1875年）制定的地方法规已经赋予了地方当局对新的建设进行管理的权力。1894年的《伦敦建设法》（London Building Act），已经要求对街道的安排和拓宽，建筑沿街面的边线以及建筑物的高度进行公共控制。同时，在

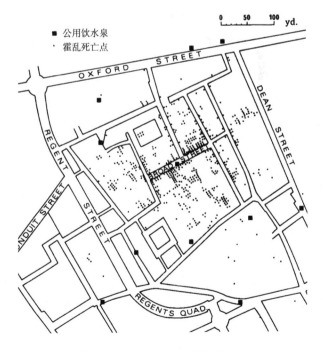

图2-39　伦敦SOHO地区的地图。详细描述了1854年9月霍乱死亡情况的分布，由约翰·斯诺（Dr. John Snow）绘制
资料来源：Leonardo Benevolo.1986.薛钟灵等译.世界城市史.北京：科学出版社，2000.799

图2-40　描绘工业革命后的城市街道场景的蚀刻画
资料来源：Leonardo Benevolo.1960.邹德侬,巴竹师,高军译.西方现代建筑史,天津：天津科学技术出版社,1996.133

这些法规和其他的一些法规中,也涉及到了对工人住宅的建设,如1868年的《贫民窟清理法》、1890年的《工人住房法》等,这些法律都要求地方政府提供公共住房。而1890年成立的伦敦郡委员会（The London County Council）的重要工作之一就是依法兴建工人住房。

四、公司城的建设为现代城市规划的成型进行了最早的实践试验

公司城的建设是资本家为了就近解决在其工厂中工作的工人的居住,从而提高工人的生产能力而由资本家出资建设、管理的小型城镇。

这类公司城最早的试验可能出现在16世纪,由大商人及其制造业家族富格尔（Fugger）在奥格斯堡（Augsburg）创建的一个经过规划的城镇——Fuggerei镇。此后在美国,汉密尔顿（Alexander Hamilton）提出了他对建设公司城的基本概念,更加有意识地将工厂与工人居住结合在一起进行建设,并通过制造业应用协会等代理机构,在新泽西州帕特森城（Paterson）

得到了实现。这一公司城的规划是由朗方（Pierre Charles L' Enfant）和哈伯德（N. Hubbard）在1791至1792年间完成。此后,在一些工业化的国家都有一些小规模的实践开展。但进入到19世纪的中叶以后,这类城镇的建设在欧洲和美国有了更为广泛的推行。这种发展的普遍化与当时的社会经济、政治环境的变化密切相关。在此之前,公司城的建设可能更多地建立在这样的基础上：适应生产的大规模化以及提高工厂中的生产率和降低生产成本,消除资本家与工人之间的矛盾,并通过为工人提供必需的社会服务体系以降低工人的交通成本和劳动力的再生产成本。在其中,有类似于19世纪中期戈丹（J. P. Godin）在其拥有的位于法国吉斯（Guise）的工厂周边建设的公司城,其目的在于实现空想社会主义者傅立叶设想的试验。进入到19世纪中后期,由于资本主义的剥削日益加剧以及工人的无产阶级反抗意识的觉醒,以罢工和暴动为主要形式的工人运动风起云涌,从资本家的角度看,有必要将工人与周围动荡不安的大城市的社会环境进行必要的隔离,以避免对资本主义的生产制度造成更大的冲击,同时也有必要采取相应的手段来确保在政治与经济上对工人的严格控制,在政治上孤立工会的支持者,在经济上制约工人的流动和工资要求等。因此一些大型企业开始纷纷搬迁到城市尤其是大城市以外,为了降低工人的生活交通成本,强化对工人的整体性控制,由此导致了公司城在工业发达国家形成了建设的高潮[50]。其中比较著名的有英国的伯恩城(Bournville)镇和阳光港（Port Sunlight）镇,美国的普尔曼（Pullman）镇等。伯恩城镇靠近伯明翰,1895年开始建设,由建筑师哈维（W. Alexander Harvey）和许多合作者为巧克力制造商卡德伯里（George Cadbury）所建。每一个工人的住宅都有自己的厨房、庭院和休息用的花园。建筑占整个用地的25%,并与一个公园和一系列社会服务体系结为一体。阳光港镇靠近利物浦,由利佛（Lever）兄弟肥皂厂的利弗休姆爵士（Lord Leverhulme）在1888年开始建造,该镇由欧文（William Owen）规划设计。这个设计遵循英国这个时期最为主流的如画景观的城镇布局的思想进行,采用风格化的建筑单体,低密度的布局以及对自然地形的充分运用,从而形成为当时的"样板城镇"[51]。它所创造出来的整体形象,正如塔夫里等在《现代建筑》中所评论的,阳光港镇的规划设计所要实现的"就是为了达到提供一幅没有冲突的社区图像的目的。它的弯曲的街道和住

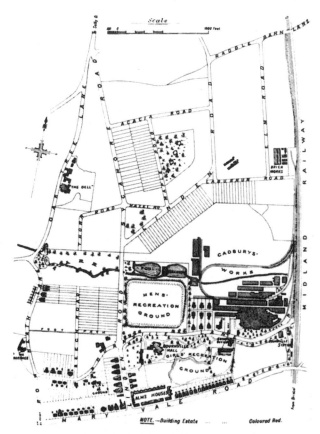

图 2-41　伯恩城（Bournville）镇的平面图
资料来源：Manfredo Tafuri, Francesco Dal Co.1976. Modern Architecture: History of World Architecture.刘先觉等译.现代建筑.北京：中国建筑工业出版社，1999.24

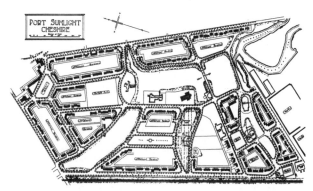

图 2-42　英国阳光港镇（Port Sunlight）的规划平面图
资料来源：Spiro Kostof.The City Shaped：Urban Patterns and Meanings Through History.London：Thames and Hudson Ltd.，1991.73

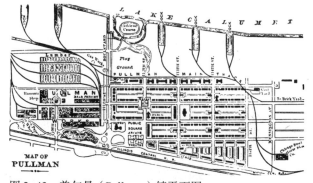

图 2-43　普尔曼（Pullman）镇平面图
资料来源：Manfredo Tafuri, Francesco Dal Co.Modern Architecture: History of World Architecture.1976.刘先觉等译.现代建筑.北京：中国建筑工业出版社，1999.14

房被绿地环绕着，与高标准的、设计良好的城镇风光一起，颇像一幅利佛工厂里生产出来的那种特殊产品的图解：阳光港镇是'卫生的城市'、'和平的村庄'，也是工作道德的表现"。普尔曼镇位于芝加哥南部（现已合并入芝加哥市区），由建筑师贝曼（Solon S. Beman）和巴雷特（Nathan F. Barrette）在 1880 年接受铁路车厢大王普尔曼（George M. Pullman）的委托进行的规划设计。在这个城镇中，工人住宅区的独立住宅和供出租的公寓房相分离，有一个很大的公共使用的公园，一个集中的两层楼的商业区，还包括剧场、图书馆、学校、公园和游戏场等。所有这些都布置在普尔曼（Pullman）的火车车厢厂的一侧，城镇边缘还有铁路供工人上下班使用。

在工业城市尤其是大城市问题重重的大背景下，这样的城市吸引了大量社会改革家的目光。而像伯恩城镇和阳光港镇则被当时以及后来的许多人（包括塔夫里等）称为是霍华德"田园城市"的直接先驱。后来在田园城市的建设和发展发挥了重要作用的昂温（R. Unwin）和帕克（B. Parker）等人在 19 世纪的后半叶对公司城的建设也起了重要作用，并在此过程中积累了大量经验，为以后的田园城市的设计建设提供基础，如 1890 年在约克郡所建的 Earswick 城镇就是由他们设计的。

第四节　第一个比较完整的现代城市规划思想体系：霍华德的田园城市

霍华德（Ebenezer Howard）于 1898 年出版了以《明天：走向真正改革的平和之路》（Tomorrow: A Peaceful Path to Real Reform）为题的论著，提出了田园城市（Garden City）的理论。这一设想主要是针对当时的城市尤其是像伦敦这样的大城市所面对的拥挤、卫生等方面的问题,提出了一个兼有城市和乡村优点的理想城市——田园城市(Garden City),并以此作为他对这些城市问题解答的方案。根据霍华德后来对田园城市的定义,田园城市是"为健康、生活以及产业而设计的城市,它的规模足以提供丰富的社会生活,但不应超过这一程度;四周要有永久性农业地带围绕,城市的土地归公众所有,由一委员会受托管理"[52]。

霍华德所提出的田园城市的内容及其论述并不都是全新的,而是在于其将相关的理论与方法进行了巧妙的综合。霍华德深受米尔(John Stuart Mill)的政治经济学、斯宾塞(Herbert Spencer)的社会科学、达尔文(Charles Robert Darwin)和赫胥黎(T. H. Huxley)的进化论、克鲁泡特金(Peter Kropotkin)的无政府主义和亨利·乔治(Henry George)的所有租金收入"单一税制"(single tax)设想等的影响,并将他们的很多想法进行了综合和具体化,然后在此基础上提出了田园城市的整体设想与具体构想。霍华德在19世纪70、80年代全面地卷入到英国激进主义社会改革的浪潮之中。他们的口号与方法是民主与合作(democracy and cooperation),他们要打破土地所有者的权力,然后开始全面的土地改革。同时,他们反对运用当时两种主要的思潮,即政府干预和劳工运动[53],这也是霍华德该书的书名中"A peaceful path to real reform"的实际含义所在。在田园城市方案的具体内容上,霍华德本人也坦承自己的田园城市方案是综合了前人的研究成果而得出的:"简单地说,我的方案综合了3个不同方案,我想,在此之前它们还从来没有被综合过。那就是(1)韦克菲尔德(Edward Gibbon Wakefield,1796-1862年)和马歇尔(Alfred Marshall)教授提出的有组织的人口迁移运动;(2)首先由斯彭斯(Thomas Spence,1750-1814年)提出,然后由斯宾塞(Herbert Spencer,1820-1903年)先生作重大修改的土地使用体制;(3)白金汉(James Silk Buckingham,1786-1855年)的模范城市。"因此,田园城市的设想与方案,霍华德认为,是在吸取了以上各个方案中的优秀部分并剔除了其可能存在的问题后进行综合而获得的结果。他说:"我现在的建议表明,尽管从总体来说这个方案是新的,而且可以因此标榜某些考虑也是新的。但是请公众注意的主要事实是,它综合了不同时期提出的若干方案的重要特征,保持了那些方案的最好结果,而没有有时显而易见的危险和困难。"霍华德的这种声

明并不仅仅表示了他的谦逊,而更为重要的是掩去了他的思想的激进性,从而有可能使他的思想更容易为社会所接受。正是这种综合充分体现了霍华德的创造性,正如芒福德(L. Mumford)在该书1946年再版时写的序言中所评论的,这种综合体现出了霍华德的超人之处,即全面地"触及城市发展的全部问题,不仅涉及其物质建设的增长,而且涉及社区内部各种城市功能的相互关系和城乡结合的模式,一方面使城市生活充满活力,另一方面使乡村生活在智力和社会方面得到改善"[54]。

对于霍华德来讲,要减少大城市的城市问题,必须降低人口的密度,大城市问题的产生主要就是由于人口的急剧扩张所造成的。但是大城市在城市化快速发展阶段又承受着吸引农村人口和其他城市人口集聚的压力,因此,仅仅依靠大城市自身是难以解决所存在的城市问题的。这就需要在更大的范围内进行考虑。而无论采用什么样的方式来对人口进行安排,必然地涉及到如何将大城市中的人口疏解到另一个地点,以及如何把正在城市化的人口吸引到一个新的地点而不是到已有的大城市,这关系到城市化的机制和人口向城市尤其是大城市集中的深层次原因,而要改变人口的分布状况就必然地需要创造新的机理。霍华德充分地认识到这一点,并在书中写道:"不论过去和现在使人口向城市集中的原因是什么,一切原因都可以归纳为'引力'。显然,如果不给人民,至少一部分人民,大于现有大城市的'引力',就没有有效的对策。因而,必须建立新'引力'来克服'旧引力'。可以把每一个城市当作一块磁铁,每一个人当作一枚磁针。与此同时,只有找到一种方法能构成引力大于现有的城市磁铁,才能有效、自然、健康地重新分布人口。"

那么,这种有效的方法是什么呢?怎样的聚居地才能吸引人们改变流动的方向或对生活地的选择呢?霍华德认为,城市和乡村生活各有其优点,也各有其自身不可避免的缺点,要创造一个超越于现有城市吸引力的地点,就必须在城市尤其是大城市生活优点的基础上克服城市生活存在的问题,同样,需要在乡村生活优点的基础上克服乡村生活的缺陷,这就必然地要综合起城市和乡村的优点,又必须避免各自的不足,这就形成了超越于现有城市和乡村生活的新的人口聚居地。霍华德在详细地分析了城市和乡村的特点之后,提出:"城市磁铁和乡村磁铁都不能全面反映大自然的用心和意图。人类社会和自然美景本应兼而有之。

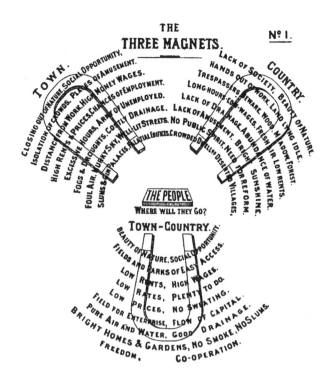

图2-44　霍华德田园城市思想体系的基础：城市和乡村以及城乡结合体的优势与问题的比较

资料来源：Andres Duany，Elizabeth Plater-Zyberk，Robert Alminana. The New Civic Art：Element of Town Planning.New York：Rizzoli，2003.13

两块磁铁必须合二为一。……城市和乡村必须成婚，这种愉快的结合将迸发新的希望、新的生活、新的文明。本书的目的就在于合成一个城市—乡村磁铁，以表明在这方面是如何迈出第一步的。"

　　在这样的思想指导下，霍华德提出了田园城市的整体构想。田园城市应该包括城市和乡村两个部分。城市四周为农业用地围绕，城市居民可以经常就近得到新鲜农产品的供应，农产品有最近的市场，但市场不只限于当地。田园城市的居民生活于此，工作于此，在田园城市的边缘地区设有工厂企业。城市的规模必须加以限制，每个田园城市的人口限制在3.2万人，超过了这一规模，就需要建设另一个新的城市，目的是为了保证城市不过度集中和拥挤，以免产生各类已有大城市所产生的弊病，同时也可使每户居民都能极为方便地接近乡村自然空间。在这样的意义上，田园城市实质上就是城市和乡村的结合体，并形成一个"无贫民窟无烟尘的城市群"。在这个城市群中，城区用地

占每个田园城市总用地的1/6（每一个田园城市的总用地为6000英亩①），若干个田园城市围绕着中心城市（中心城市人口规模为58000人），这些田园城市整体上呈圈状布置，借助于快速的交通工具（铁路）只需要几分钟就可以往来于田园城市与中心城市或其他田园城市之间。每个田园城市的周围都有农业用地所包围，其中包括耕地、牧场、果园、森林以及其他相应的设施，如农业学院、疗养院等。作为永久保留的绿地，农业用地永远不得改作它用。通过这样的总体布局，达到"把积极的城市生活的一切优点同乡村的美丽和一切福利结合在一起"的目的。

　　在这本书中，霍华德不仅提出了田园城市的设想，而且以图解的形式描述了理想城市的原型。田园城市的城区平面呈圆形，中央是一个公园，有6条主干道路从中心向外辐射，把城市分成6个扇形地区。在其核心部位布置一些独立的公共建筑（市政厅、音乐厅、图书馆、剧场、医院和博物馆），在公园周围布置一圈玻璃廊道用作室内散步场所，与这条廊道连接的是一个个商店。在城市半径线的靠近外面的三分之一处设一条环形的林荫大道（Grand Avenue），并形成补充性的城市公园，在林荫大道的两侧均为居住用地。在居住建筑地区中，布置了学校和教堂。在城区的最外圈建设有各类工厂、仓库和市场，一面对着城区最外层的环形道路，一面对着环形的铁路支线，交通非常方便。

　　对于这样的一套方案，霍华德并无意认为城市就应该完全是这样的一种形态。从某种意义上说，如果霍华德仅仅是提出了这样一种田园城市的形态模型，那么与传统意义上的城市规划，如文艺复兴时期的理想城市等并没有太大的差别，因此也就不可能将霍华德的田园城市理论称为"第一个比较完整的现代城市规划思想体系"。实际上，霍华德对于现代城市规划的形成和发展提供的更为重要的贡献则在于揭示了现代意义上"规划"的含义，并在其论述中充分地展示了在此意义上的规划的本质。霍华德认为他所提供的仅仅是一种模式，或可称为是一种思想的体系，因为"真正正确的行动体系更需要的不是人为的支撑，而是正确的思想体系"。因此，他在对田园城市的布局进行详细描述之后特别指出，"这种规划，如果读者愿意也可

_____

① 1英亩 = 4046.86m²

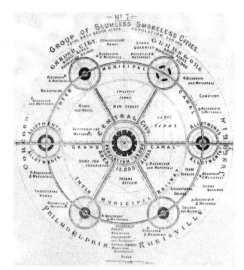

（1）田园城市群
资料来源：William J.R. Curtis.Modern Architecture Since 1900（3rd ed）.London：Phaidon，1996.243

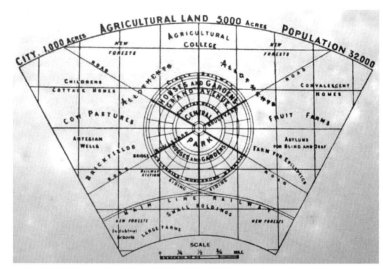

（2）一个田园城市构想
资料来源：W·奥斯特罗夫斯基.1979.冯文炯，陶吴馨，刘德明译.现代城市建设.北京：中国建筑工业出版社，1986.12

图2-45　田园城市结构的图解

以称为留待规划的空白，可以避免经营上的停滞，通过鼓励个人的创新，容许最完美的合作；……"在该书的稍后，他还再次强调"……所以我所描述的那种妥善规划的城市的想法，并不是要读者为今后必然随之出现的发展，做规划和建设城镇群的准备——城镇群中的每一个城镇的设计都是彼此不同的，然而这些城镇都是一个精心考虑的大规划方案的组成部分"。由此可以看到，霍华德所提出的实际上就是一种对城市整体发展布局或人口总体分布的思路，而不是具体的城市形态，他所提供的图解也只是为其思想体系的阐述提供一个直观的图示，这也可以从在他指导下编制完成的第一个田园城市莱契沃斯（Letchworth）的规划方案的成果中看到，城市的形态其实并不完全一定需要按他在书中所给出的图示方式来实现。

　　在描述和解释了田园城市构想的基础上，霍华德还为实现田园城市理想的实践活动进行了细致的考虑和安排，对资金的来源、土地的分配、城市财政的收支、田园城市的经营管理等都提出了具体的建议。从霍华德的论述中可以看到，他所关注的核心问题并不仅仅在于提出一个理想城市的未来图景，而是如何来实现这样的理想城市。在《明天》这本书中，霍华德论证了为什么需要田园城市以及田园城市应该是怎样的，但这一切仅仅是为他进一步的论述提供了基础。从该书的整体结构来看，这些论述只是确立了要实现的目标，而霍华德更为关注的却是如何实现这样

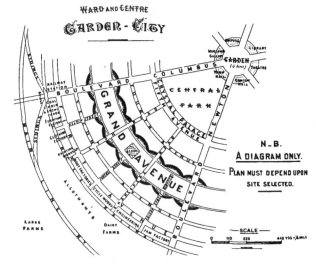

图2-46　田园城市内部布置
资料来源：Leonardo Benevolo.1986.薛钟灵等译.世界城市史，北京：科学出版社，2000.976

图2-47　勒·柯布西耶根据由昂温（Raymond Unwin）发展的田园城市原则所作的图解。该图解保持了田园城市的平面，但已经非常明显地混淆了霍华德田园城市的密度概念
资料来源：Andres Duany, Elizabeth Plater-Zyberk, Robert Alminana.The New Civic Art：Element of Town Planning.New York：Rizzoli，2003.47

的目标,从全书的论述篇幅中也可以看出,霍华德论述的重点在后者,该部分内容在全书中占了近90%的篇幅。霍华德认为,将城市和乡村的特点综合在一起,并不仅仅只是从居民健康角度出发的奇思异想,而且在经济上也是合理的、可行的,在现实中是可实施的。他认为,田园城市与其他城市的最本质的区别之一就是取得收入的方式不同,田园城市的全部收入来自地租。城市中的所有土地必须归全体居民集体所有,使用土地必须交付租金,在土地上进行建设、聚居而获得的增值仍归集体所有。这种地租来自于人口的增加,并且这种地租的收入应该归城市整体所有,而这就是田园城市具有吸引力的一个重要的方面。他特别指出:"大量人口的存在赋予土地大量额外的价值。显然,向任何特定地区大规模迁移人口,肯定会导致所定居的土地相应地增值。而且显然,在有某种预见和事先安排的情况下,这种增值会成为这些移民的财富。""因而逐渐上涨的全部增值就成为这座城市的财富。所以,尽管租金可能上涨,甚至上涨很多,它也不会成为私人的财富,而将用于免除土地税。我们将可以看到,就是这种安排会使田园城市增加它的磁力。"

土地的集体所有并不意味着在城市的发展与管理中是集权的或政府至上的,对霍华德来说,尽管其思想受到空想社会主义的极大影响,但他并不是一个完全的社会主义者,他的改革之路是平和的、渐进的,也是避免极端的。对于霍华德而言,社会发展应当避免完全的放任自由,要改变当时城市建设和发展的方式,但这并不意味着采用集权的方法,而是应当吸取两者的优点再进行组合,从而创造一个更有利于城市走向健康、有序的社会体制。他指出:"我已经表明,我所提倡的试验(指田园城市——编者注),就像许多其他社会试验一样,并不把全部工业收归市有和消灭私营企业的意图。……问题的关键必然是哪些事情社区能干得比私人好。在我们设法回答这个问题时,我们遇到两种完全对立的观点——社会主义者认为,财富生产和分配的一切方面最好都由社区来掌管;个人主义者主张这些事情最好由私人来办。然而正确的答案可能不会走这两个极端,只能通过试验来求得,而且因不同的社区,不同的时间而异。"因此,他提出,工业和商业不能由公营垄断,要给私营以发展的条件。在书的稍后又再一次地非常明确地表示:"我已经表明,而且我希望重申这一论点,那就是有一条个人主义者

和社会主义者迟早都必然要走的道路。因为我已经非常明确地指出,在一个小范围内社会可能必然变得比现在更个人主义——如果个人主义意味着社会成员有充分和自由的机会按意愿行事、按意愿生产、自由结成社团;同时社会也可能变得更社会主义——如果社会主义意味着是一种生活状态,在这种状态下社区福利得到保证,集体精神表现为广泛的市政成就。为了实现这些合乎理想的目标,我取这两种改革家之所长,并且用一条切合实际的线把它们拴在一起。"

霍华德在详细讨论了田园城市农业用地和城市用地方面的收入及其来源,以及城市支出的概况之后,对田园城市的发展前景以及城市规划说了一段非常精辟的话,这段话具有前瞻性地为此后城市规划的发展指明了一些关键性的内容。他说,田园城市"无疑是经过规划的,因而市政管理方面的各种问题都会包括在一个富有远见的规划方案之中。从各方面看,最终形成的规划方案都不应该,通常也不可能,出自一个人之手。无疑这项工作是许多人的智慧结晶——工程、建筑、测量、园林和电气等人员的智慧结晶。但是正如我们说过的那样,重要的是设计和意图应该是统一的——那就是城市应该作为一个整体来规划,……一座城市就像一棵花、一株树或一个动物,它应该在成长的每一个阶段保持统一、和谐、完整。而且发展的结果绝不应该损害统一,而要使之更完美;绝不应该损害和谐,而要使之更协调;早期结构上的完整性应该融汇在以后建设的更完整的结构之中"。

在田园城市的实施路径方面,霍华德并不将此建立在社会结构或社会体制的巨大变革的基础之上,他的渐进主义的改革方略并不急于先进行土地所有制的改革,而是通过先"购买必要的土地,用它在小规模上建立新机制,靠该体制的固有优点,使它逐步被人们接受"。而他自己也正是这样做的。他于1899年组织了田园城市协会,宣传田园城市的主张。1903年组织了"田园城市有限公司",筹措资金,在距伦敦东北56km的地方购置土地,建立第一座田园城市——莱契沃斯(Letchworth)。该城市的设计在霍华德的指导下由建筑师昂温(R. Unwin)和帕克(B. Parker)完成。在较好地适应了当地的地形条件的情况下,体现了霍华德的一些想法,其中的一些要素也基本上是按照霍华德提出的原型进行布置和安排的,但在城市形态上与霍华德提出的田园城市的原型有着较大的区别。

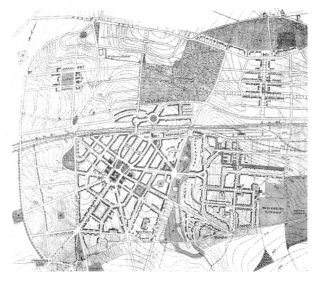

图2-48 帕克（Barry Parker）和昂温（Raymond Unwin）所设计的第一座田园城市，莱契沃斯（Letchworth）
资料来源: Andres Duany, Elizabeth Plater-Zyberk,Robert Alminana.The New Civic Art：Element of Town Planning.New York；Rizzoli，2003.44

第五节 勒·柯布西耶的现代城市设想

在关于现代城市发展的基本走向上与霍华德的田园城市设想完全不同的是勒·柯布西耶（Le Corbusier）的现代城市设想。霍华德是希望通过新建城市来解决过去城市尤其是大城市中所出现的种种问题，这是在19世纪下半叶和20世纪最初的20年中占据主流的思想；而勒·柯布西耶则希望通过对过去城市尤其是大城市本身的内部改造，使这些城市能够适应城市社会发展的需要。因此，这是两种截然相反的思路。同时，霍华德是希望以社会改革的方向来推进田园城市的建设，把社会改造的内容看成是其理论的核心；而勒·柯布西耶则主要是从建筑物等物质要素的重新布局来构想城市的未来发展。

勒·柯布西耶是现代建筑运动的重要人物。现代建筑运动强调建筑的使用功能，认为建设的经济性是影响建筑设计的极为重要的决定性因素；注意发挥新材料、新结构、新技术的性能特点，创造新时代的新风格；强调建筑的空间，并考虑人观察建筑过程中的时间因素等。在现代建筑大师中，勒·柯布西耶是对城市规划和城市设计最为关注的，并在城市规划的理论和实践上都取得了卓越的成就。勒·柯布西耶1917年来到巴黎，1920年与画家Amédé Ozenfant合作出版

杂志《新精神》（L'Esprit Nouveau），到1925年共出版了28期。他们将此作为一个平台，推行并具体化了机器时代的美学观念。勒·柯布西耶于1923年出版了他的论文集《走向新建筑》，该书的内容大部分都首先在《新精神》杂志上发表。该书的原名是 Vers une architecture，直译应该是："走向建筑"，在出版英文版时才加上了一个"新"字。勒·柯布西耶极力地推崇"大规模生产和工业组织的精神"，以《走向新建筑》一书吹响了一个"伟大的时代开始了"的号角。他认为，这个时代产生了一种"新的精神"，就是"工业化生产"的精神，它将创造出新的城市、城镇、居住区、住宅、设计。在《走向新建筑》一书中，勒·柯布西耶提出了许多关于"新"建筑的理论原则。在他的观念中，"建筑的新世界代表了人类的'进化'，文明的'进步'。他们经历了农民、士兵和神父各个时代，到达了可恰如其分地称之为文化的阶段，即致力于选择的繁荣阶段。选择意味着摒弃、删除、净化，让纯净而不加修饰的本质浮现出来。进化就是朝着建立一种显然是'合理的'建筑和城市标准前进。进化就是一种从初级的满足（'纯粹的装饰'）到'更高级的满足'（数学模式）的运动"[55]。

尽管在《走向新建筑》中，勒·柯布西耶大量地探讨了建筑的美学问题，阐述了从古典到现代的建筑的秩序和形态，并从工程师的成果中借用了大量的隐喻来说明他对现代建筑的重新认识，但他所强化的则是建筑应当是一种艺术品的观念。当然他并没有将此看成是一项乌托邦的事业和计划，在该书的最后一章"建筑或革命"中，他认为建筑的问题实际上是一项非常现实的事情，现在真正缺少的是在不断进步的工业社会中创造适宜的工作、游憩以及在此基础上的生活条件。这一主题在他后续出版的书中得到了不断的推进。1925年，他出版了法语版的《Urbanisme》（城市规划）一书，翻译成英文后书名就改为《The City of Tomorrow》（明天的城市），对此作出了基础性的回应。与他对现代建筑提出的挑战性原则相类似，在这本书中，他基本上以功能性的语汇界定了城市规划及其内容，并将城市看成是一种工具或一架机器。勒·柯布西耶与霍华德以及当时大量学者的观点完全不同，他认为城市分散主义不是城市发展的出路，并认为大城市并不可怕，在大城市中出现的种种问题都可以通过新的规划形式和建筑方式来予以解决。在书中，他阐述了从功能和理性角度出发的对现代城市的基本认识，与现代建筑运动的思潮相呼应的

关于现代城市规划的基本构思。该规划的中心思想是提高市中心的密度，改善交通，全面改造城市地区，形成新的城市概念，提供充足的绿地、空间和阳光。勒·柯布西耶在该书的开篇就明言："我的目的并不是要克服事物的现存状况，而是要建构一个在理论上无懈可击的方案以阐述现代城市规划的基本原则。如果这是名副其实的，就可以作为现代城市规划各个系统的架构而起作用，并成为发展据以形成的准则。"从这里可以非常清晰地看到，勒·柯布西耶的目的并不在于对城市发展中所形成的问题进行解决，尽管他着力于避免这些问题，但主要目的则是要为将来设想一个完善的城市。霍华德是希望能够直接对现状问题进行解决，并以田园城市的建设来直接应对大城市中所存在的问题，推进社会改革，达到社会制度的变革；而勒·柯布西耶则期望建立一个物质的社会，从终极目标来建构规划方案及其路径，从而避免城市问题的产生，这也彰显了现代城市规划中两种思路的不同出发点。

勒·柯布西耶将城市的所有居民划分为三种类型，即（1）城市的市民，他们在城市中工作、生活；（2）郊区的居民，他们在城市外围的工业区工作，他们很少进入到城市中心区，他们生活在田园城市（Garden Cities）中；（3）混合类型的居民，他们在城市的商业区工作，但生活在田园城市中。通过这样的分类，勒·柯布西耶据此对城市地域空间进行了界定，并针对不同的地域空间提出需要关注与解决的问题：（1）城市（The City），这是商业和居民生活的中心，这应该是紧密的、快速的、充满活力的和集中的，它是一个城市，有着很好组织的中心；（2）工业城（The Industrial City）与田园城市，这是灵活的、广阔的、有弹性的，同时要解决好两者之间的联系。在他的方案中，田园城市共安排了200万居民，占了整个城市中居民数的2/3；（3）田园城市与中心城市日常的交通联系，同时应通过法律的规定，在这两个地区之间划定一个绝对的保护区，一个拥有森林和田野又有新鲜空气的保留地，同时可以在其中安排城市的机场。对于这保护区，勒·柯布西耶在稍后指出，这是城市的地产，在该地区内禁止所有的建设活动，它由森林、田野和运动场组成。要形成保护区，城市政府就要对周边的小地块进行不断的购买，他认为这是政府必须承

担的最必要和最迫切的任务之一。

交通是城市的命脉，勒·柯布西耶特别强调了大城市交通运输的重要性。他认为："一个为速度而建的城市是为成功而建的城市。"并提出："所有现代的交通工具都是为速度而建的，……街道不再是牛车的路径，而是交通的机器（a machine for traffic），一个循环的器官。"因此，新的街道形式在勒·柯布西耶的设计中是以能使车辆以最佳速度自由地行驶为目的的，在道路的规划中以纯粹的交通性质作为分析的基础和出发点。在该书中，他将各种交通划分为三种类型：（1）重型的货物交通；（2）轻型货物交通，包括所有方向上的短途运输；（3）远距离的交通，需要经过城市的大部分地区。这三种不同类型的交通需要有三种类型的道路，并在垂直方向上形成重叠的不同层面：（1）地下层是重型交通的通道，这一层的空间仅仅由混凝土的柱子组成，在柱子之间形成的巨大空间可用于重型货物的装卸；（2）在地面层，是常规街道复杂而精致的网络，可以使交通在各个想要的方向上运行；（3）高架道路，在南北和东西两个方向形成城市的两条主要轴线，它们是快速的，道路中间进行分隔而形成单向交通的干道，总宽度可达120到160码（yards）[①]，每半英里[②]左右通过辅道与地面层相联接。高架道路可以使车辆快速地通过整个城市而到达郊区，同时也不会受到城市中众多的交叉口的影响，但又能

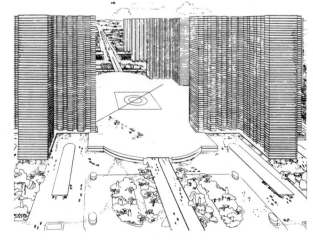

图2-49 勒·柯布西耶的"明日城市"设想
资料来源：William J.R.Curtis.Modern Architecture Since 1900（3rd ed）.London：Phaidon，1996.246

---

① 1码 = 0.9144m
② 1英里 =1.609344km

图2-50　勒·柯布西耶的"明日城市"方案与20世纪90年代的巴黎情景

资料来源：Spiro Kostof.The City Shaped：Urban Patterns and Meanings Through History.London：Thames and Hudson Ltd.，1991.332

与城市地面交通在任何给定的地点进行连接。通过这样的方式，勒·柯布西耶认为，可以将现有的街道数量减少至少2/3，交叉路口是交通的大敌，而要减少交叉路口就必须减少街道的数量。他认为，两个公交车站或地铁站之间的距离是决定街道之间距离的必要单位，这是考虑了汽车的速度和行人的步行范围作为条件而确定的。在这样的基础上，他提出，街道之间的距离应当在400码左右，因此，城市就是以400码为间隔的格网状系统组成的，当然在一定的条件下还可以再继续划分到200码的间隔。以上这三层重叠的体系适应了汽车交通的所有需求，包括卡车、私人汽车、出租车和公共汽车等，并可提供快速和适宜的转换。同时，勒·柯布西耶还考虑了轨道交通建设的条件和安排。他认为，电车轨道不应存在于现代城市中心，轨道交通实际上应该是通过地下系统或者是联系郊区交通的铁路系统进行扩展，因此，只有在运送大量的人群和货物时轨道交通才是正当的。在具体安排上，他提出沿着城市的两条轴线，在主干道下面设置两层的轨道交通。地下一层，即轨道交通的上层安排与郊区田园城市（Garden Cities）相联系的地铁，在再低一层，则是安排四个方向上的为外省服务的主干线。所有这

些干线都集中在中央车站，并与城市的环路系统有良好的联系。城市只有一个车站，位于城市的中心，即东西、南北两条轴线相交的位置，是所有交通的枢纽。车站主要是一个地下建筑，它的屋顶高出地面两层，还可以用作为城市出租飞机（aero-taxis）的机场，这个机场与保护区内的城市主要机场有紧密联系，并且通过车站建筑垂直向地与地铁、郊区线、主干线、主干道等可形成密切联系。

在对整个城市区域讨论和安排的基础上，勒·柯布西耶转到了对中心城区，即城市（the city）的规划布局的讨论之中。他认为，在进行城市的规划时，必须遵循这样的一些基本原则：（1）必须减少城市中心的拥挤；（2）必须提高城市中心的密度；（3）必须增加为出行服务的交通方式；（4）必须增加公园和开放空间。根据这些原则，他在书中提供了城市的总体布局。城市的核心就是中央车站。在中心部分的2400码×1500码的用地范围内布置城市的24幢摩天大楼，主要用于商务目的，每一幢可以容纳1～5万职员，同时这些大楼还可以安排居住40～60万的居民。摩天大楼的底层架空，其底部及其周围安排花园、公园和林荫大道等，也就是说，在全部360万平方码的范围内形成一个巨大的开放空间，在此范围内，所有的高层建筑占地仅5%，其余95%的地面都是开放的。在摩天大楼的底部以及围绕其周边，主要安排饭店、咖啡馆、豪华商店，也可安排剧院、会堂等。在该区域，人口密度可达到每英亩①1200名居民。在中心区的规划中，勒·柯布西耶强调了"垂直的田园城市"（vertical garden city）的理念，他认为，通过摩天大楼的运用，可以促使城市的高密度发展，这一方面可以促进人们缩短距离，增进相互之间的交流，增强城市的活力，另一方面则可以节约用地，同时可以将大量的用地建设成为公园。他反对在城市住宅中建设小的内部庭院，而应该是从每家每户的窗口都可以看到大的公园。他说："我们必须增加开放空间，并且缩短所覆盖的距离，因此，城市中心必须在垂直向建设。"

在核心区的外围，一侧安排城市的公共建筑，包括博物馆和城市行政办公楼等，再向外是城市的公园。另一侧，跨越一定的区域则安排仓库、工业区和铁路货站等。在居住区中，共可安排60万居民，其中可分

_____

① 1英亩 = 4046.86m²

为两种类型的居住区。一种是多层连续的板式住宅,住宅均后退街道,"建造城市住房的方法应当远离街道"。住宅相对比较豪华,居住区的人口密度为每英亩120名居民,其中85%的地面是开放的,主要是公园和运动场。第二种是组团状的居住街区,人口密度同样是每英亩120名居民,48%的地面用作公园和运动场等。在居住建筑的具体布局中,他认为,"城市的居住区不应再沿着'走道式的街道'(corridor-streets)建设,这种方式充满着噪声和尘土,照射不到阳光"。

在该书的最后,勒·柯布西耶发表了一段陈述,并以此结束了全书。他宣称他的建筑和城市规划没有任何的政治性,既不是献给现存的资本主义社会,也不是献给社会主义事业,恰如其分地讲,只是技术性的。

1925年,勒·柯布西耶发表了他的一项巴黎市中心区改建规划方案,即著名的"伏瓦生规划"(Plan Voisin)。这一规划设想基本上是把他之前提出的现代城市构想运用到巴黎这个具体的城市之中的尝试。他建议拆除那些在他看来已经没有多大价值的建筑,腾出空地来建设塔式高层办公楼(高达200m,主要用来布置行政机构和商务办公设施等)和其他层数较低的其他摩天大楼,只有最珍贵的历史性建筑才需要保留下来,并分布在其中一个规模很大的公园的树林之中。根据规划,中心区的地面完全开敞,可自由布置高速道路、咖啡馆、商店等,中心区的人口密度可以从原来的每公顷800人增加到3500人。勒·柯布西耶事先申明,这个规划并不是要实现的规划,而仅仅是作为一个方案,目的在于探讨城市未来发展的可能。但该方案所持有的激进态度和将巴黎几乎夷为平地的做法,为建筑界和巴黎各界所注目。

1931年,勒·柯布西耶发表了他的"光辉城市"(The Radiant City)的规划方案。这一方案是他以前城市规划方案的进一步深化,同时也是他的现代城市规划和建设思想的集中体现。他认为,城市是必须集中的,只有集中的城市才有生命力,由于拥挤而带来的城市问题是完全可以通过技术手段进行改造而得到解决的。这种技术手段就是采用大量的高层建筑来提高密度和建立一个高效率的城市交通系统。高层建筑是勒·柯布西耶心目中象征大规模生产的工业社会的图腾,在技术上也是"人口集中、避免用地日益紧张、提高城市内部效率的一种极好手段",同时也可以保证有充足的阳光、空间和绿化,因此在高层建筑之间保持有较大比例的空旷地。他的理想是在机械化的时代里,

图 2-51 勒·柯布西耶 1925 年的巴黎伏瓦生规划(The Plan Voisin for Paris)及局部分析图
资料来源: Veronica Biermann 等编. 2003. Architectural Theory: From the Renaissance to the Present,Köln 等: Taschen. 711

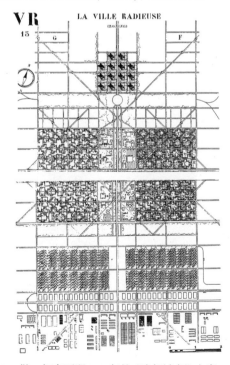

图 2-52 勒·柯布西耶 1931 年的"光辉城市"方案
资料来源: Veronica Biermann 等编撰. Architectural Theory: From the Renaissance to the Present,Köln 等: Taschen,2003. 713

所有的城市应当是"垂直的花园城市",而不是水平向的每家每户拥有花园的田园城市。整个城市的平面布局是严格的几何形构图,矩形的和对角线的道路交织在一起。城市的道路系统应当保持行人的极大方便,这种系统由地铁和人车完全分离的高架道路组成。建筑物的地面全部架空,城市的全部地面均可由行人支配,屋顶设花园,地下通地铁,距地面5m高处设汽车运输干道和停车场网。

勒·柯布西耶作为现代城市规划原则的倡导者和执行这些原则的中坚力量,他的上述设想充分体现了他对现代城市规划的一些基本问题的探讨,通过这些探讨,逐步形成了理性功能主义的城市规划思想,这些思想集中体现在由他主持撰写的《雅典宪章》(1933年)之中。他的这些城市规划思想,深刻地影响了二次世界大战后全世界的城市规划和城市建设。而他本人的实践活动一直要到20世纪50年代初应印度总理之邀主持昌迪加尔(Chandigarh)的规划时才得以充分施展。

第六节　现代城市规划
早期的其他探索

一、现代城市组织原则的探讨

1. 索里亚的线形城市[56]

线形城市(linear city)是由西班牙工程师索里亚·玛塔(Soria y Mata)于1882年首先提出的。当时是铁路交通大规模发展的时期,铁路线把遥远的城市连接了起来,并使这些城市得到了很快的发展。在各个大城市内部及其周围,地铁线和有轨电车线的建设改善了城市地区的交通状况,加强了城市内部及与其腹地之间的联系,从整体上促进了城市的发展。按照索里亚·玛塔的想法,那种传统的从核心向外扩展的城市形态已经过时,它们只会导致城市拥挤和卫生恶化,在新的集约运输方式的影响下,城市将依赖交通运输线组成城市的网络。而线形城市就是沿交通运输线布置的长条形的建筑地带,"只有一条宽500m的街区,要多长就有多长——这就是未来的城市",城市不再是一个一个分散在不同地区的点,而是由一条铁路和道路干道相串联在一起的、连绵不断的城市带,并且这个城市是可以贯穿整个地球的。位于这个城市中的居民,既可以享受城市型的设施又不脱离自然,并可以使原有城市中的居民回到自然中去。

后来,索里亚·玛塔提出了"线形城市的基本原则",他认为,这些原则是符合当时欧洲正在讨论的"合理的城市规划"的要求的。在这些原则中,第一条是最主要的:"城市建设的一切其他问题,均以城市运输问题为前提。"最符合这条原则的城市结构就是使城市中的人从一个地点到其他任何地点在路程上耗费的

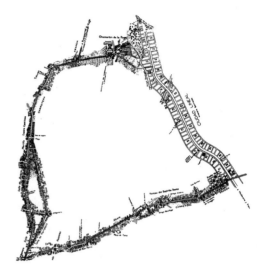

(1)索里亚·玛塔设计的围绕着马德里的线形城市
资料来源:Andres Duany. Elizabeth Plater-Zyberk, Robert Alminana. The New Civic Art:Element of Town Planning. New York:Rizzoli, 2003.26

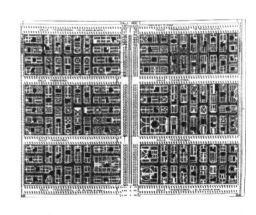

(2)线形城市的平面局部与断面
资料来源:Manfredo Tafuri, Francesco Dal Co. Modern Architecture:History of World Architecture, 1976. 刘先觉等译. 现代建筑,北京:中国建筑工业出版社, 1999. 47

图2-53　索里亚·玛塔(Arturo Soriay Mata)的线形城市

时间最少。既然铁路是能够做到安全、高效和经济的最好的交通工具，城市的形状理所当然就应该是线形的。这一点也就是线形城市理论的出发点。在余下的其他纲要中，索里亚·玛塔还提出城市平面应当呈规则的几何形状，在具体布置时要保证结构对称，街坊呈矩形或梯形，建筑用地应当至多只占1/5，要留有发展的余地，要公正地分配土地等原则。

1894年，索里亚·玛塔创立了马德里城市化股份公司开始建设第一段线形城市。这个线形城市位于马德里的市郊，它的主轴线就是长约50km的环形铁路干线，建筑物全部集中于这条干线的两侧。铁路线白天用来客运，夜间作为货运使用。规则的横向街道穿越建筑地带，形成一个个居住街坊，在里面布置四周环绕绿地的独立式住宅。由于经济和土地所有制的限制，这个线形城市只实现了一个片断——约5km长的建筑地段。

线形城市理论对20世纪的城市规划和城市建设

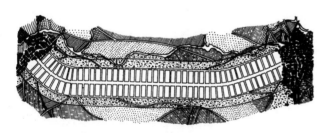

图2-54　马德里周围线形城市实施的片断
资料来源：A.B.布宁 T.Φ.萨瓦连斯卡娅，1979.黄海华译.城市建设艺术史——20世纪资本主义国家的城市建设.北京：中国建筑工业出版社，1992.84

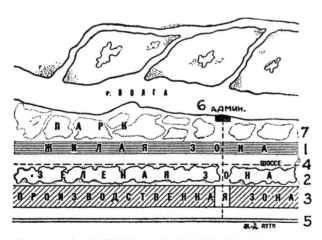

图2-55　1933年苏联提出的线形城市规划的局部
资料来源：Andres Duany.Elizabeth Plater-Zyberk,Robert Alminana.The New Civic Art：Element of Town Planning.New York：Rizzoli,2003.26

产生了重要影响。20世纪30、40年代中，前苏联进行了比较系统的全面研究，当时提出了线形工业城市等模式，并在斯大林格勒（今伏尔加格勒）等城市的规划实践中得到运用。在欧洲，哥本哈根(1948)似的指状式发展和像巴黎(1971)似的轴向延伸等都可以说是线形城市模式的发展。但在线形城市的理论中，更为重要的并不是它所提出的城市形态，而是提出这种形态所依凭的思想，这可以说是索里亚·玛塔对现代城市规划发展作出的最重要贡献。

2. 加尼耶的工业城市[57]

工业城市是法国建筑师加尼耶（Tony Garnier）于1904年提出的。1917年出版了《工业城市》的专著，阐述了他的工业城市的具体设想。这一规划的最重要原则是他对工作、社会生活和生活区功能的划分，其目的则在于探讨现代城市在社会和技术进步的背景中如何进行组织的问题。

加尼耶在巴黎美术学院（*École des Beaux Arts*）接受了传统的建筑学教育和训练，在校期间，他受到功能主义和理性主义建筑思想的影响。此后，他作为巴黎美院的优秀学生而获得了罗马大奖，从而在意大利度过了4年（1899～1904年）时间。正是在此期间，他构思并完成了工业城的规划设计方案。作为该项研究计划的总结，他于1904年提交了工业城市的规划方案。但是由于该方案与巴黎美院的正统思想不相符合，因此遭到学院评审委员的冷遇，被认为是"成功的，但也是无趣的"。加尼耶《工业城市》一书的出版，一开始并没有得到广泛的注意，更遑论重视了。1920年，勒·柯布西耶在著名的杂志《新精神》（*L'Esprit Nouveau*）上介绍并发表了"工业城市"中的一部分内容，并在后来他的《走向新建筑》一书中提到加尼耶的思想和具体设计的探索性意义。1924年，加尼耶的"工业城市"设计方案再一次进行了展览，这时他的思想及其内容才得到了广泛的重视，并且影响了当时大量正在寻找现代建筑之路的规划师和建筑师。

加尼耶提出的工业城市设想是一个假想城市的规划方案，这个城市位于山岭起伏地带的河岸的斜坡上。它的人口规模为35000人，"建立这样一座城市的决定性因素是靠近原料产地或附近有提供能源的某种自然力量，或便于交通运输"。在这个城市中，加尼耶布置了一系列的工业部门，其中包括铁矿、炼钢厂、机械厂、造船厂、汽车厂等，在大坝

图2-56 1917年，加尼耶（Tony Garnier）的工业城市设想
资料来源：William J.R.Curtis.Modern Architecture Since 1900（3rd ed）.London：Phaidon，1996.244

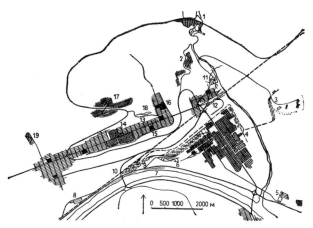

图2-57 工业城市总平面图
资料来源：W·奥斯特罗夫斯基.1979.冯文炯,陶吴馨,刘德明译.现代城市建设.北京：中国建筑工业出版社，1986.19

边上是发电站。这些工厂被安排在一条河流的河口附近，下游有一条更大的主干河道，便于进行水上运输。选择用地尽量合乎工业部门的要求，这也是布置其他用地的先决条件。工业区与居住区之间通过铁路进行联系。城市中的其他地区布置在一块日照条件良好的高地上，沿着一条通往工业区的道路展开，沿这条道路在工业区和居住区之间设立了一个铁路总站。在市中心布置了大量的公共建筑，其中有各类办公用建筑、商业设施及博物馆、图书馆、展览馆、剧场、医疗中心、运动场等。在市中心两侧布置居住区，居住区划分为几个片区，每个片区内各设一个小学校。居住区基本采用传统的格网状道路系统，汽车交通与行人交通完全分离。居住区基本上是两层楼的独立式建筑，四面围绕着绿地。建筑地段不是封闭的，不设围墙，它们互相组成为一个统一的群体，"这样一种布局方式，行人可以不管街道方位如何，不走这些街道也照样可以到达城市的任何地方。整个城市好像一座大公园，里面没有一处是围起来的"。

加尼耶的工业城市并不是只提出了一个技术的意向，还提出了一种社会模式。这种社会模式深受法国空想社会主义的影响，如傅立叶（Charles Fourier）等。但最直接的影响则来自左拉。左拉在1900年出版的带有乌托邦和社会主义色彩的小说《劳动》（Travail）中提出的理想城市对加尼耶的影响是明显的。加尼耶也是著名的"左拉学社"（Scociété des Amis D'Émile Zola）的一名成员，他在工业城市规划中的一座最主要的建筑——人民大会堂门口设计了一块石碑，铭文就引自

左拉的这本书。正如塔夫里等在《现代建筑》一书中所评论的："为了要体现新城是劳动者管理的，加尼耶试图证明新城必须是表现最先进技术的地方。事实上，他认为技术发展是民主社会进步的一个必不可少的组成部分，而建筑能赋予这种民主以具体的形式。为这个城市所提出的类型学显示出在技术选择中所存在的简单化倾向，而同时每一个细部却倍受关注……'工业城'成了人道社会主义者所构想的古典乌托邦的建筑范本。"在这个工业城市中，没有私人地产，所有非建筑的土地均归公共使用；没有教堂，没有军营，没有法院，没有监狱，没有警察局；城市社会的组织原则也发生了重要变革，"对个人的物质及精神需求进行调查的结果导致了创立若干有关道路使用、卫生等等的规则，其假设是社会秩序的某种进步将使这些规则自动得以实现而无需借助于法律的执行。土地的分配，以及有关水、面包、肉类、牛奶、药品的分配乃至垃圾之重新利用等等，均由公共部门管理"。

加尼耶的工业城市的规划方案已经摆脱了传统城市规划尤其是以巴黎美院为代表的学院派城市规划方案追求气魄、大量运用对称、轴线和放射的现象。在工业城市中，所有的建筑都是由混凝土建成，而在那个时期，混凝土建筑尚处在它的初创期。在城市空间的组织中，他更注重各类设施本身的要求和与外界的相互关系。在工业区的布置中将不同的工业企业组织成若干个群体，对环境影响大的工业如炼钢厂、高炉、机械锻造厂等布置得远离居住区，而对职工数较多、对环境影响小的工业如纺织厂等则尽量接近居住区布置，并在工厂区中布置了大片的绿地。在居住街坊的

规划中，将一些生活服务设施与住宅建筑结合在一起，形成一定地域范围内相对自足的服务设施。居住建筑的布置从适当的日照和通风条件的要求出发，每一个卧室均至少有一个朝南的窗，每一个房间均有对外的窗户，而不管这个房间有多小。建筑之间的距离必须至少等于它们的高度。居住区的布局放弃了当时欧洲尤其是巴黎盛行的周边式的形式而采用独立式，并留出一半的用地作为公共绿地使用，在这些绿地中布置可以贯穿全城的步行小道。城市街道按照交通的性质分成几类，宽度各不相等，在主要街道上铺设可以把各区联系起来并一直通到城外的有轨电车线，所有的道路均植树成行。

在整个规划中，可以比较清楚地看到加尼耶从古典主义建筑规划向现代主义转变的痕迹，这其实也是当时社会思潮和技术手段转换的一种反映。正如塔夫里等在《现代建筑》中所评论的："许多充满了对古希腊怀旧的装修使得整个城市变得富于生气，弥补了坚硬而粗糙的材料所带来的不适。尤其在公共区域和学校，以古典方式布满了悬挂物和突出装饰，然而在平面上的安排却强调了它们的社会功能。"

在整个城市的规划中，加尼耶将各类用地按照功能划分得非常明确，使它们各得其所，"这些基本要素（工厂、城镇、医院）都互相分隔以便于各自的扩建"，这是工业城市设想的一个最基本的思路。这一思想直接孕育了《雅典宪章》所提出的功能分区的原则，这一原则对于解决当时城市中工业居住混杂而带来的种种弊病具有重要的积极意义。同时，与霍华德的田园城市相比较可以看到，工业城市以重工业为基础，具有内在的扩张力量和自主发展的能力，因此更具有独立性；而田园城市在经济上仍然具有依赖性的，以轻工业和农业为基础。在一定的意识形态和社会制度的条件下，对于强调工业发展尤其是重工业发展的国家和城市而言，工业城市的设想具有相当大的影响力。这也就是前苏联城市规划界在20世纪30、40年代对加尼耶的工业城市理论相当重视的原因，并提出了不少有关工业城市的理论模型。

3. 亨纳德的巴黎改建[58]

在19世纪末和20世纪初对城市问题的研究和探讨中，主要是集中在通过新建城市来解决城市中已经存在的问题，无论是霍华德，还是索里亚·玛塔或加尼耶都是如此，他们或许认为，新城市的建设可以将现有城市中的人口和工厂迁移出来，从而减少城市中

图 2-58　工业城市中的建筑——市政厅
资料来源：Manfredo Tafuri, Francesco Dal Co.Modern Architecture: History of World Architecture.1976.刘先觉等译.现代建筑.北京：中国建筑工业出版社，1999.93

图 2-59　工业城市中的工厂建筑——高炉
资料来源：W·奥斯特罗夫斯基.1979.冯文炯，陶吴馨，刘德明译.现代城市建设.北京：中国建筑工业出版社，1986.20

的问题，或者，新城市可以起到示范的效应，使原有城市向新城市的类型演变；而勒·柯布西耶则采用将现有城市完全推倒重来的方式来重新组织城市，其实质也仍然是新建一种新类型的城市。总之，他们仅对现有城市的问题进行批评甚至抛弃了原有的城市，而没有提出改进现有城市的意见。法国巴黎的建筑师亨纳德（E. Henard）却直接面对了这个问题。作为巴黎的总建筑师，在1903~1909年间，他发表了一系列的论述巴黎改建的著作，提出了大城市改建的一些基本原则。

19世纪中叶在奥斯曼领导下进行的巴黎改建，解决了城市铁路站之间的联系以及减少过境交通对城市干扰所必需的环行干道。面对着汽车业的起步，亨纳德在认识到当时在建的巴黎地铁的重要性的同时，也以敏锐的眼光看到了汽车交通的重要性，他认为同样有必要对城市道路网进行全面的改建，因为地方性交

通在现代城市中的作用是决定性的。他说："一旦汽车工业能够生产出价格便宜，跑得又快的汽车，公共马车以公共汽车的形式得到再生，巴黎街道上的交通将达到就算有什么样的地铁都难以缓解的程度。以为用什么机械化的工具——不管它们有多么完善，就可以完全满足如此巨大的城市对交通运输的需要，那就大错特错了。不管发明什么新式的牵引系统，它们永远不可能取代一般的地面道路交通。"在这样的思想的指导下，亨纳德着手巴黎街道的改建计划。亨纳德将交通运输看作是城市有机体富有生机的活动的具体表现之一，交通运输是这种活动的结果，而不是它的原因。城市公共中心更是他进行研究的兴趣所在。他把市中心比作人的心脏，它与滋养它的动脉——承受运输巨流的街道有机地联系在一起。他说："但是，必须减少中心区过度的运输，因为像心脏里的血液过剩一样，它能使城市机体夭折。"由此，亨纳德得出两个重要的基本结论：第一，过境交通不穿越市中心；第二，改善市中心区与城市边缘区和郊区公路的联系。从减少市中心区交通运输量的角度，亨纳德设计了若干条大道和新的环行道路。在进行城市道路干线网改造的同时，亨纳德认识到，城市道路干线的效率取决于街道交叉口的组织方法。他在深入研究了这个问题之后，提出了两项提高交叉口交通流量的办法：第一，建设"街道立体交叉枢纽"；第二，建设环岛式交叉口和地下人行通道。这两种交叉口交通组织方法在此后的城市道路规划中都得到了广泛的运用。

亨纳德还积极提倡建立大型的公共绿地。他建议在巴黎建立一系列的大块绿地，做到每个居民离大公园不超过1km，离花园和街心花园不超过500m。这一点后来成为了现代城市规划中公共绿地系统组织的基本原则。他对于历史古迹的保护更加强调新的建设必须注意与古迹之间的关系。他说："对于每一个历史遗迹，既要考虑它本身的意义，又要考虑它同周围建筑的关系……。如果在一个规模不大不小的古建筑物周围修建房屋，它们的高度和体量都有可能会改变古建筑的外观，使那些曾经把巴黎装扮得美丽动人的建筑群尺度缩小，表现力减弱。"这一点也成为后人评判新建筑与历史古迹保护之间相互关系的一个重要标准。

亨纳德从整体上讲并没有提出一项完整的理论，他的主要目标是针对巴黎的具体情况，针对巴黎已经定型的城市现实条件，集中研究了巴黎的改建问题，

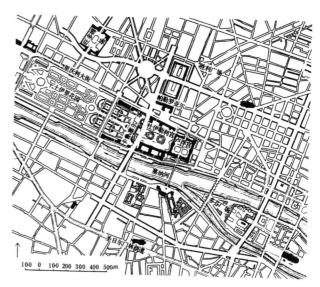

图2-60 巴黎道路系统的改造设想及对奥斯曼路网系统的改造
资料来源：A.B.布宁 T.Φ.萨瓦连斯卡娅，1979.黄海华译.城市建设艺术史——20世纪资本主义国家的城市建设.北京：中国建筑工业出版社，1992.17

这些研究所设定的时间长度较大，因此基本上所作的仍然是理论性的推导。在当时的巴黎，由于他的研究和设想不符合当时的城市建设风气，而且他的设想中有许多是超越于当时的具体条件，如对汽车交通的重视（1906年巴黎是世界上拥有最多的汽车数量的城市之一，但全巴黎也只有4000辆），因此他的设想不被当时的人所接受，但很显然，他的研究对后来的城市改建尤其是大城市改建提供了许多理论性和实践性的启示。

4. 格迪斯的城市区域观和规划论。

格迪斯（Patrick Geddes）1878～1879年在巴黎游学期间，结识了法国作家、晚年的勒普莱（Pierre Guillaume Frederic Le Play），勒普莱所阐述的有关新环境和新方法理论，奠定了格迪斯后来的思想体系和关注问题的方式方法。勒普莱继承了蒲鲁东（Pierre Joseph Proudhon）和米斯特拉尔（F. Mistral）等人的思想和工作，着力于探讨工业发展对于人类聚落发展的影响，他在1855年出版的《欧洲工人》（1864年再版时，更名为《法国的社会改革》），阐述了环境研究的重要性——因为特定的社会组织模式与环境有着密切的关系，并系统地提出了改善穷苦阶层生活状况的建议，而其所运用的方法是将统计学调查方法和按社会学标准完成的工人阶级生活状况的分析结合起来。格迪斯一回到英格兰，于1880年，创立了勒普莱会所和

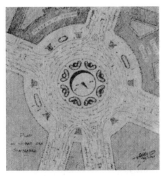
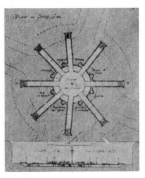

（1）街道立体交叉枢纽和环岛交通枢纽的设计

资料来源：W·奥斯特罗夫斯基.1979.冯文炯,陶吴馨,刘德明译.现代城市建设.北京：中国建筑工业出版社，1986.23

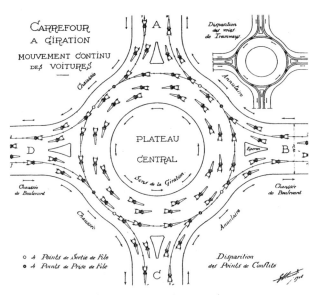

（2）亨纳德 1906 年为巴黎所做的交叉路口的设计方案平面

资料来源：Andres Duany, Elizabeth Plater-Zyberk,Robert Alminana. The New Civic Art：Element of Town Planning.New York：Rizzoli, 2003.182

（3）亨纳德 1906 年设计的道路交叉口方案鸟瞰

资料来源：Spiro Kostof.The City Assembled：The Elements of Urban Form through History, 1992.London：Thames and Hudson Ltd., 1999. 160

图 2-61　亨纳德（E. Henard）的道路交叉口改造设想

勒普莱学会，成为当时活跃的社会研究的中心。1895 年，格迪斯移居爱丁堡之后，又组建了"望塔"（Outlook Tower）学会，"这是一个真正从事社会学和城市调查的观察机构，后来曾经发挥过富有历史意义的重要作用"[59]。格迪斯对后来的城市规划产生重大影响的是其于 1915 年出版《进化中的城市》（Cities in Evolution）的著作。

格迪斯作为一个生物学家最早注意到了工业革命、城市化对人类社会所产生的影响。通过对城市进行基于生态学的研究，他强调人与环境的相互关系，揭示了决定现代城市成长和发展的动力。他的研究显示，人类居住地与特定地点之间存在着的关系是一种已经存在的、由地方经济性质所决定的精致的内在联系，因此，他认为场所、工作和人是结合为一体的。在《进化中的城市》一书中，他把对城市的研究建立在对客观现实研究的基础之上，通过周密分析地域环境的潜力和限度对于居住地布局形式与地方经济体系的影响关系，突破了当时常规的城市概念，提出把自然地区作为规划的基本框架。他指出，工业的集聚和经济规模的不断扩大，已经造成了一些地区的城市发展显著的集中。在这些地区，城市向郊外的扩展已属必然并形成了这样一种趋势，使城市结合成巨大的城市集聚区或者形成组合城市。在这样的条件之下，原来局限于城市内部空间布局的城市规划应当成为城市地区的规划，即将城市和乡村的规划纳入到同一体系之中，使规划包括若干个城市以及它们周围所影响的整个地区。由此而提出了区域规划的思想。格迪斯认为，只有在区域的规模上，规划师才可能着手解决城市与乡村之间的冲突，而这种冲突本身是由于工业革命的生产力发展和社会潜力之间的关系出现了错位而产生的，

图 2-62　格迪斯在 1905 年所提出的"人—工作—场所"（Folk-Work-Place）充分协调的模式，也是其区域发展概念的重要组成要素

资料来源：Peter Hall.Cities of Tomorrow：An Intellectual History of Urban Planning and Design in the Twentieth Century（3rd ed.）.Oxford and Malden：Blackwell Publishers, 2002.149

进而成为了社会发展的障碍。他认为，新技术世界形成的新生的成果，可以用来对抗城市的异化。他阐明了传统理论的局限性，也深刻地揭示了任何固定不变的、充分确定的模型的局限性，他认为，城市发展应被看成是一个过程，要用演进的目光来观察城市，来分析研究城市。对此，塔夫里等在《现代建筑》一书中评论道："城市发展作为一个过程的概念……这种认识突破了19世纪规划家一味依赖建模的静态研究方法。正因为它是一个过程，格迪斯提出，要控制城市的发展，就不能简单地应用把人口转移到周边的方法，也不能像奥斯曼那样，将那个系统进行版本更新，或者，通过采用最公正的管理法规和规划来进行控制。只有在区域规模上进行规划——它是和生产力现象相联系的表达方式——才可以确保平衡地利用新技术时代进步的潜能。"这一思想后来经美国学者芒福德（Lewis Mumford）等人的发扬光大，形成了对区域的综合研究和区域规划。20世纪的20、30年代美国纽约进行的以交通和居住地分布为主要内容的区域规划开创了早期区域规划的实践，20世纪30年代进行的田纳西河流域（Tennessee Valley）规划所取得的成就，则对区域规划的发展起了重要的推动作用。与此同时，前苏联所开展的第一个五年计划、电气化计划和以人口再分布为主要内容的居民点网络规划等都为区域规划的开展进行了积极探索。自20世纪50年代以后，在经济学界和地理学界的推动下，形成了"区域科学"的学科群，为城市和区域规划的开展提供了必要的基础。

格迪斯认为，城市规划是社会改革的重要手段，但是，城市规划要得到成功就必须充分运用科学方法来认识城市，然后才有可能来改造城市。他运用哲学、社会学和生物学的观点，揭示了城市在空间和时间发展中所展示的生物学和社会学方面的复杂性，提出在进行城市规划前要进行系统的调查，取得第一手的资料，通过实地勘察了解所规划城市的历史、地理、社会、经济、文化、美学等因素，也就是要对城市的现状特性作系统化的调查，并把城市的现状和地方经济、环境发展潜力与限制条件联系在一起进行研究，在这样的基础上，才有可能进行城市规划工作。他还提出了市民的参与，其中包含两方面内容：（1）用民意测验把科学的分析同公众参与决策结合在一起；（2）保证在进行城市规划方案初选时有社会的积极参与。而对于规划过程和规划的方法，格迪斯的名言是"先诊

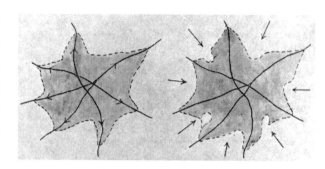

图2-63　格迪斯揭示了形成大都市地区（conurbation）过程中正确的与错误的方法。图为他在1915年所描述的城市蔓延的过程以及对其进行修正的方法

资料来源：Peter Hall.Cities of Tomorrow：An Intellectual History of Urban Planning and Design in the Twentieth Century（3rd ed.）. Oxford and Malden：Blackwell Publishers，2002.153

断后治疗"，由此而形成了对现代城市规划过程进行描述的公式："调查－分析－规划"（survey-analysis-plan），即通过对城市现实状况的调查，分析城市未来发展的可能，预测城市中各类要素之间的相互关系，然后依据这些分析和预测，制定规划方案。这一公式后来就成为描述20世纪60年代前城市规划过程的经典表达。塔夫里等在《现代建筑》中认为："格迪斯描述了现代城市规划思想的某些关键点，即希望在资本主义规划的进程里证实技术的作用，同时也再一次确证了城市规划作为一门科学的中立性，……可以想像，格迪斯在伦敦经济学院清楚阐述的概念，对于现代城市规划思想的成熟是至为关键的……"

5. 沙里宁的大赫尔辛基规划

有机疏散理论（Theory of Organic Decentralization）是沙里宁（E. Saarinen）于1918年在编制大赫尔辛基规划时首先提出并进行运用的。1942年出版《城市：它的发展、衰败和未来》一书，详尽地阐述了这一理论。[60]沙里宁认为卫星城确实是治理大城市问题的一种方法，但他认为并不一定所有的大城市都需要另外新建城市来实现这样的目的，对于大城市而言，通过它本身的定向发展，使其进行有机的疏散同样可以达到这样的目的。因此，他提出了为缓解城市过分集中所产生的弊病必须对城市发展及其布局进行重新结构的有机疏散理论。

沙里宁认为，城市与自然界的所有生物一样，都是有机的集合体，城市建设所遵循的基本原则也与此相一致，或者说，城市发展的原则是可以从自然界的生物演化中推导出来的。由此，他认为"有机秩序的原则，是大自然的基本规律，所以这条原则，也应当

作为人类建筑的基本原则"。在这样的指导思想基础上，他全面地考察了中世纪欧洲城市和工业革命后的城市建设状况，分析了有机城市的形成条件和在中世纪的表现及其形态，对现代城市出现的衰败的原因进行了揭示，从而提出了治理现代城市衰败、促进其发展的对策就是要进行全面的改建，这种改建应当能够达到这样的目标：（1）把衰败地区中的各种活动，按照预定方案，转移到适合于这些活动的地方去；（2）把上述腾出来的地区，按照预定方案，进行整顿，改作其他最适宜的用途；（3）保护一切老的和新的使用价值。根据沙里宁的阐述，有机疏散就是把大城市目前的那一整块拥挤的区域，分解成为若干个集中单元，并把这些单元组织成为"在活动上相互关联的有功能的集中点"。在这样的意义上，构架起城市有机疏散的最显著特点：原先密集的城区，将分裂成一个一个的集镇，它们彼此之间将用保护性的绿化地带隔离开来。

要达到城市有机疏散的目的，就需要有一系列的手段来推进城市建设的开展，沙里宁详细探讨了城市发展的思想、社会经济状况、土地问题、立法要求、城市居民的参与和教育、城市设计等方面的内容。针对城市规划的技术手段，他认为，"对日常活动进行功能性的集中"和"对这些集中点进行有机的分散"这两种组织方式，是使原先密集城市得以从事必要的和健康的疏散所必须采用的两种最主要的方法。因为，前一种方法能给城市的各个部分带来适于生活和安静的居住条件，而后一种方法能给整个城市带来功能秩序和工作效率。所以，任何的分散运动都应当按照这两种方法来进行，只有这样，有机疏散才能得到实现。

二、从社会利益出发的城市发展控制

1. 英国城乡规划法

英国的城市规划是从公共卫生和住房政策中逐步发展过来的。根据赖丁（Y. Rydin）的评论，"城市规划并不是从无中生有，而是根据变化的目的与条件，在较早时期有关住房和公共卫生的法规基础上，符合逻辑地扩展起来的"[61]。在这个过程中，政府部门、社会团体和知识分子尤其是激进的社会改革家们等都发挥了重要的作用。但在有关城市规划的立法方面，一些国家机构和专业团体的作用是至关重要的。赖丁认为，"国家住房改革委员会（the National Housing Reform Council）为引进城镇规划做出了巨大努力，该委员会后来更名为国家住房和城镇规划委员会（the National Housing and Town Planning Council）。而更为重要的是来自地方政府和专业团体的同样要求，这些专业团体包括市政公司联合会（the Association of Municipal Corporations）、英国皇家建筑师协会（the Royal Institute of British Architects）、测量师协会（the Surveyors' Institute）和市县工程师联合会（the Association of Municipal and County Engineers）。正如阿什沃思（Ashworth）指出的：'这些机构的支持特别重要，因

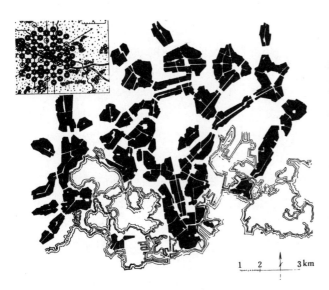

图2-64 大赫尔辛基规划的总图与结构
资料来源：A.B.布宁 T.Φ.萨瓦连斯卡娅.1979.黄海华译, 城市建设艺术史——20世纪资本主义国家的城市建设.北京：中国建筑工业出版社, 1992.88

为显示了对城镇规划的需求并不只是简单地来自于理论的成见，而是来自于地方行政管理的日常实践经历。这种要求也部分来自于那些一旦城镇规划引入了进来就要对其执行负责的人'"62。

英国1909年的《住房、城镇规划等法》(Housing, Town Planning, Etc. Act) 是世界范围内第一部现代意义上的城市规划法，这部法规的最重大意义在于现代城市规划获得了法律的承认，并且第一次将城市规划写入了国家的法律之中，成为解决城市卫生和住房问题的重要手段。"本法的目的在于为民众提供这样一种国内的条件，在其中，他们的身体健康、他们的道德、他们的人格以及他们整体的社会条件能够得到改进，这是我们希望通过本法而得以保证的。概要而言，本法集中在，并希望能够保证家庭的健康、住房的美化、城镇的愉悦，城市的高贵以及郊区的宜人"。该法授予了地方当局新的权力——编制"方案"(schemes) 以控制新的居住区的开发。该法的重点在于提高新的开发的标准，法律允许地方当局编制城镇规划方案(schemes)，以"保证全面的卫生条件、舒适和便利为总体目标，但这些方案只能用于正要被开发或有可能要开发的地区"。

很显然，从该法的内容，甚至在该法的名称上都可以看到当时对城市规划的认识还不是很确定，比如，将住房与城镇规划进行并列，而且在法规的名称中出现了"等等"(etc.)这样的词汇。另外，该法规在内容上也没有很好地廓清城市规划所包括的内容。根据该法规，城市规划并不包括现有城镇的重新组织，也不包括对一些已建成的破败地区的再规划，甚至如经过城镇建成区新开一条路也同样不包括在其中，"所有这些都已超过了新的规划权力的范围"63。也就是说，法规不适用于建成区和非城市用地，它几乎仅仅有助于控制新区的开发，指明了新开发地区应达到的基本要求和标准，但其本身无助于解决现有城市的问题，也不可能将城镇作为一个整体来进行统一的规划。在此之后，1919、1925和1932年的3部《城乡规划法》在这方面也并没有很大的突破。一直要到1943年成立了城乡规划部，部长被授权要"保证形成和执行全英格兰和威尔士的土地使用和开发的全国性政策的连续性和一致性"，并在英国政府1944年发布的白皮书《土地使用的控制》中，才正式宣告了国家有权对城市中的所有土地进行规划，此后的立法才建立了真正完整的现代城市规划制度。

2. 美国城市的区划法规

在美国，城市规划的立法走向了另一个方向。由于美国宪法对私人财产权益采取绝对的保护，因此，美国的城市政府一直缺少有效的手段来控制私人土地的开发。虽然像华盛顿、芝加哥等城市都已经编制了各自的城市规划，但仅限于公共土地的使用或对公共建筑、公园及街道等市政公共设施的发展进行安排，而对私人土地的使用与开发则无具体的操作手段。然而，私人开发在没有社会控制的条件下出现了许多问题，尤其是土地的外部性效应更是引起了多方的争议，为了更好地进行有序开发，在私人土地开发过程中也出现了一些自发的、个体间的限制。到19世纪末，加州的一些城市中开始部分地运用已经在德国出现的区划(Zoning)的方法，在某些社区中限制建设与使用一些设施。在这一时期，区划作为一种控制私人土地的使用和开发的手段，主要是为了保护社区中的私人地产而排除掉一些对私人地产的价值产生负面影响的土地使用方式，并对土地使用的开发作出一些限制，同时也作为一种社会隔离的手段而被运用。

在一些大城市，由于高层建筑的普遍建设日益损害到他人及公众的利益，导致环境的严重恶化，造成了周边土地的大幅度贬值，由此而导致了社会对过度开发进行控制的要求。1909年，联邦最高法院在裁定Welch诉Swasey一案时，首先明确了政府有权根据不同地区的要求限制建筑物的高度。1909年洛杉矶市将城市划分为一定数量的商业街区加一个居住街区，在实施的过程中，城市政府以公共福利的名义强迫居住区内的一家砖场停止使用。"公共福利"的意思是保护居民的环境利益，这里所讲的环境不一定只限于不适当的噪声、尘埃和交通。砖场老板状告市政府，并提出一系列的要求，最终，该诉讼案一直上诉至美国联邦最高法院进行审理，最高法院维护了城市的决定。该判决的目的非常明确，就是为了加强政府在行政权(police power)下的权力。1915年联邦最高法院在裁决Hadacheck诉Sebastian一案时又明确了政府对土地未来用途的限定是为了保障社区的利益，是政府的应尽职责，而不是无偿使用私人土地，由此而确立了政府出于公共目的对私人地产的开发利用进行控制的合法性。

纽约市是被公认的第一个颁布覆盖全部市区土地的现代区划法规的城市，尽管这部法规与现在的区划法规的标准还有很大的距离。从20世纪开始，

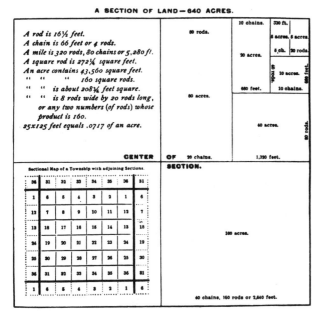

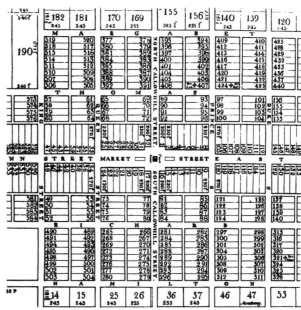

（1）杰斐逊土地法令的图表 （2）有数字的规划细部（1748 年）

图 2-65 美国土地规划的传统

资料来源：Leonardo Benevolo.1960.邹德侬，巴竹师，高军译. 西方现代建筑史. 天津：天津科学技术出版社,1996.184~185

纽约的下曼哈顿作为一个商业中心发展迅速，但商业街区的水平延伸受到曼哈顿是岛屿这一事实的限制，因此，随着钢结构和电梯的使用，使建筑高度超过了 40 层、50 层甚至 60 层。随着市中心区位的升值，高层建筑到处蔓延，这些建筑物使下面的街道见不到阳光，建筑物的阴影有几倍街道宽度那么长。由于要求从建筑红线开始向上建，建筑商不可避免地受到毗邻建筑物阴影的影响或给其他毗邻业主造成损失。与此同时，对摩天大楼开发的兴趣不断增长。在时尚的第五大街零售区的商人也在担心从下曼哈顿迁移来的制造业公司会降低这个区域的格调而失去顾客，因此，它们向市政府施加压力要求进行部分调整。

而 1915 年，在纽约派恩街（Pine Street）和百老汇（Broadway）的转角处建造的公平大厦（Equitable Building）成为建立区划法规的导火索。公平大厦高 42 层，把邻近一幢 21 层大楼的阳光全部遮掉，致使大楼的租户由于缺乏阳光以及视野受到阻碍而纷纷搬迁。显然，由于公平大厦的建造，降低了邻近地区土地的价值，损害了他人的利益。经由律师巴塞特（Edward M. Bassett）的倡导和具体操作，并在房地产经纪人和城市规划师的支持下，在纽约曼哈顿地区的一些商人协会的鼓动下，1916 年

7 月 25 日纽约市议会正式通过了《纽约市区划条例决议》。

这部区划法规融合了建筑物在地块上的位置、高度和用途三种规定。在高度控制上，它试图解决英国传统上两个长时期以来相互矛盾的原则，一是 17 世纪初，由柯克（Coke）提出的关于建筑物可以不受法律限制向高处发展的权利，即土地所有者有权任意将其建筑物向上建造；二是 12 世纪末英王理查一世规定的"古采光法"，此法规定某建筑物如被相邻新建大楼所阻挡，那么，其所有者就有申诉的权利。1916 年纽约的区划法规建立了一种建筑后退（setback）的控制办法，较好地解决了这个矛盾。根据这个法规，一个建筑者可以百分之百地利用土地面积，但建筑物的高度要受到限制。它规定建筑达到某些特定高度时，就必须从正面后退一定的距离再往上建造。具体的高度和后退的距离根据不同的土地和街道宽度而各有规定。

从纽约市的区划法规确立的过程中可以看到，区划法规的实行并非是规划师从自己的意识形态或学识中推导出来而强加给社会的，它基本上是基于社会利益基础上的政治过程的产物。从严格的意义上讲，区划法规的所有控制都是建立在这样的基础之上的，即任何新的建设都不能导致周边土地价值的下降，也就是对周边已有的土地使用和建设不能造成不利的影响，

而只能促进整体福利的提升。这是对社会利益和私人财产的最大保证。此后美国商务部于1922年提出了《标准州立区划实施通则》（A Standard State Zoning Enabling Act），作为各州建立区划法规的参考。1926年俄亥俄州 Village of Euclid 诉 Ambler Realty Co.一案最后经联邦最高法院裁定，区划法规"是市政府建立有关公共健康、安全、道德和公众基本福利法律的权力的正当扩展"，由此而在联邦法律层次肯定了区划法规的合法性，从而有力地推进了区划工作在各地的开展。至1927年，全美国已有525个城市实行了区划法规。

三、建筑学传统的深化

1. 西特有关城市形态的研究

在19世纪末和20世纪初有关城市规划和发展的探讨中，很多的学说注重于研究现代城市的整体性功能和结构的问题，而较少有从具体空间使用上研究城市内部空间的组织。而从另一方面讲，城市的整体功能结构固然重要，但对于生活于其中的居民而言，他们所能够直接感受到的空间关系对于他们的生活则更为重要，建筑空间及其形象是具有强烈的强制性的，城市中的任何人都无法逃脱它给人的潜移默化般的影响。

19世纪末，城市空间的组织基本上延续着由文艺复兴后形成的、经巴黎美术学院经典化了的、并由奥斯曼巴黎改建所发扬光大和定型化的长距离轴线、对称、追求纪念性和宏伟气派的特点，另一方面，由于资本主义市场经济的全面发展，对土地经济利益的过分追逐和出于土地投机的需要，出现了死板僵硬的方格城市道路网、笔直漫长的街道、呆板乏味的建筑轮廓线和开敞空间的严重缺乏，因此引来了人们对城市空间组织的批评。但这些批评要么没有揭示形成这种状况的原因，要么就是缺少在现代条件下如何来建设城市空间的建议，因此当1889年西特（Camillo Sitte）出版了《根据艺术原则建设城市》（*Der Städte-Bau nach seinen künstlerischen Grundsätzen*）一书时，就被后人形容为"好似在欧洲的城市规划领域炸开了一颗爆破弹"。但由于西特的观点与后来形成的在现代建筑运动主导下的现代城市空间概念有极大的不同，因此，除了在世纪转换之际，在20世纪相当长的时期内并不为城市规划界所重视，在20世纪50年代以前甚至被视为现代城市空间组织的反面教材，只有小部分城市规划者如有机疏散理论的创导者沙里宁（E. Saarinen）、英国第一代新城哈罗新城的规划师吉伯德

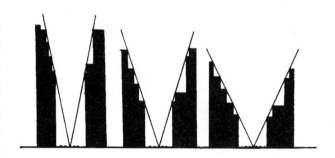

（1）纽约1916年的区划法规所描述的建筑后退规则，以及根据这样的规则可能出现的建筑形式

（2）由纽约1916年区划法规所导致的建筑样式

图2-66　纽约1916年区划法规的建筑后退规划

资料来源：Anastasia Loukaitou-Sideris,Tridib Banerjee.Urban Design Downtown：Poetics and Politics of Form，Berkeley，Los Angeles. London：University of California Press，1998.49、51

（F. Gibberd）、美国费城的城市设计师和管理者培根（E. Bacon）等人依据个人的才识而予以重视。在20世纪70年代以后，在后现代思潮的推动下，经詹克斯（C. Jencks）等人以后现代语言对之进行再阐释，并在克里尔兄弟（R. Krier 和 L. Krier）等人沿着西特的思考路径对当代城市空间组织进行进一步研究之后，西特的思想和论著得到了重视，并被视为现代城市设计之父。

西特认为，城市规划应当在美学的框架中被实施，它们必须被理解成一个有机的整体，一个三维的整体的艺术品。他指出了前工业时期的历史城镇的魅力，并坚持应以此作为未来发展的取向，但不是仅仅进行机械的模仿和复制。而且很显然，西特的目的并不在于城市空间的建筑形态，而是强调城市空间设计的质量。西特考察了希腊、罗马、中世纪和文艺复兴

时期许多优秀建筑群的实例，针对当时城市建设中出现的忽视城市空间艺术性的状况，提出："我们必须以确定的艺术方式形成城市建设的艺术原则。我们必须研究过去时代的作品并通过寻求出古代作品中美的因素来弥补当今艺术传统方面的损失，这些有效的因素必须成为现代城市建设的基本原则。"[64]

他通过对城市空间的各类构成要素，如广场、街道、建筑、小品等之间的相互关系的探讨，揭示了这些设施在位置选择、布置以及与交通、建筑群体布置等方面建立艺术的和宜人的相互关系的一些基本原则，强调人的尺度、环境的尺度与人的活动以及他们的感受之间的协调，从而建立起城市空间的丰富多彩和人的活动空间的有机构成。西特在当时强调理性和深受启蒙思想影响而全面否定中世纪成就的社会思潮的氛围中，以实例证明并肯定了中世纪城市建设在城市空间组织上的人文与艺术方面的成就及其对后人所具有的积极意义，认为中世纪的城市建设"是自然而然、一点一点生长起来的"，而不是在图板上设计完了之后再到现实中去实施的，因此城市空间更能符合人的视觉感受。而到了现代，建筑师和规划师却只依靠直尺、丁字尺和罗盘，有的对建设现场的状况都不去调查分析就进行设计，这样的结果必然是"满足于僵死的规则性、无用的对称以及令人厌烦的千篇一律"。

应该说，西特的这本书是他对19世纪单调、抽象和缺乏想像力的两向度的城市空间组织的美学批评，并没有过多地涉及到城市发展的社会经济问题，但这并不意味着他对这些问题的忽视。他曾有计划另外写作一本书，书名为《依据经济和社会原则建设城市》（ *Der Städtebau nach seinen wirtschaftlichen und sozialen Grundsätzen* ）[65]。尽管最后他并没有写作这本书，但可

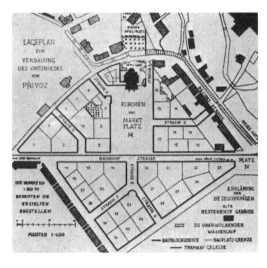

图2-67　西特的空间概念及广场设计平面（局部）

资料来源：Manfredo Tafuri, Francesco Dal Co.Modern Architecture：History of World Architecture.1976.刘先觉等译.现代建筑.北京：中国建筑工业出版社，1999.45

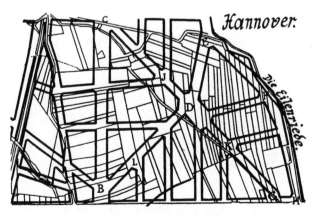
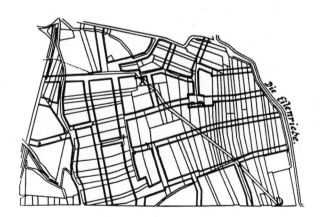

图2-68　西特1890年所做的两种不同城市布局模式的比较

左图是当时流行的建立在巴黎美院传统上的路网布局。右图是根据他所提出的城市布局结构所做的路网布局。同时，该图解也非常好地揭示了这两种模式与土地所有权之间的关系

资料来源：Andres Duany, Elizabeth Plater-Zyberk, Robert Alminana.The New Civic Art：Element of Town Planning.New York：Rizzoli, 2003.39

以反映出他对这些问题的认识。西特很清楚地认识到，在社会发生结构性变革的状况下，"我们很难指望用简单的艺术规则来解决我们面临的全部问题"，而是要把社会经济的因素作为艺术考虑的给定条件，并在这样的条件下来提高城市的空间艺术性。因此，即使是在格网状、方块状体系下，同样可以通过对艺术性原则的遵守来改进城市空间，使城市体现出更多的美的精神。在现代城市对土地使用经济性追求的同时，也应强调城市空间的效果，"应根据既经济又能满足艺术布局要求的原则寻求两个极端的调和"，"一个良好的城市规划必须不走向任一极端"。要达到这样的目的，他提出了这样的方法：在主要广场和街道的设计中强调艺术布局，而在次要地区则可以强调土地的最经济使用。在这样的条件之下，城市空间就能在总体上产生更为良好的效果。

2. 未来主义的城市形态研究

西特对现代城市空间关系所出现的问题，从古代或中世纪中找寻到医治的方法，但对于大量的现代主义者来说则多少是过于怀旧和过时的，对于城市的整体性结构并不能产生大的影响，而且，西特本人也已充分地认知到了这一点。那么对于城市的整体性结构应当如何来构建呢？在现代社会中，社会的组织原则是建立在大工业生产的基础之上的，现代大工业生产又是以机器作为基础的，因此，工业革命后在知识分子中逐渐培植起来的对机器的崇拜到19世纪末20世纪初得到了充分的爆发，其中，以意大利的未来主义运动最具代表性。他们认为现代社会的特征在于同时性、动态性和速度，这些成为了未来主义运动中各类艺术作品风格化的前提。未来主义运动的参与者中包括了诗人、画家、雕塑家、建筑师等等，其主将有马里内蒂（Filippo Tommaso Marinétti）、博乔尼（Umberto Boccioni）、巴拉（Giacomo Balla）、拉索罗（Luigi Russolo）、卡拉（Carlo Carrà）、圣伊莱亚（Antonio Sant'Elia）和德佩罗（Fortunate Depero）等等。

1909年，马里内蒂在巴黎的费加罗报（Le Figaro）上发表宣言"未来主义的基础与宣言"（The Foundation and Manifesto of Futurism），将未来主义的基本观点昭告于世。马里内蒂高昂地宣布了未来主义者的行动目标："我们要歌颂在劳动、娱乐以及变革中兴奋的伟大群众，歌颂在现代城市变革中形形色色的声音，歌颂那些在强大灯光照耀下夜间忙碌的兵工厂和车间，歌颂那些贪婪地吞食烟雾的火车站，歌颂那些在自己

释放的烟雾中若隐若现的工厂。"塔夫里等对未来主义运动产生的原因、思想基础及其影响有这样的评述："面对意大利死寂般的技术退步，知识分子感到沮丧，他们对于权利的欲望得不到满足，便以对机器的狂热崇拜、对机器非道德性的认可和对城市民众物化的认可来作为补偿。未来主义者试图成为背叛一切事物的先导，他们不存在任何怀旧情绪。如果说失去中心感与摧毁'旧教堂'是一致的话，那么对他们来说就没有什么可保留的了，他们直接走向了扫除旧价值观念的前沿阵地。马里内蒂、博乔尼、巴拉、拉索罗、帕兰波利尼（Prampolini）等人的观点都和无政府主义、自由社会主义、索雷尔主义（Sorelism）以及民族主义有着千丝万缕的联系。问题在于如何控制机器的副作用。仅仅接受它们的非人道是不够的，反之认为它们具有人性也是不对的。我们需要面对一个简单的事实——如果不与老的交流方式相决裂，这个由无形技术统治的庞大城市中所产生的新型社会关系就不会得到发展。现在是机器决定了交流的方式，信息是由纯能量的形式组成，再不需要以句法为基础的叙述方式了。技术语言的基础是些新事物：纯粹符号的冲击会使交流者立刻受到震惊。在博乔尼的绘画《城市在兴起》（1910年）以及卡拉的《安纳切斯特·加利的葬礼》中，大都会内部被视作是聚集了大量人口和永远动乱、冲突的场所。对于未来主义者来说，所有语义学领域的句法偶像——从文学到绘画、雕塑、戏剧甚至日常行为——是与粉碎妨碍迅速全球机械化进程的机制相一致的。确切地说，哪里集体异化达到了极点，哪里就有希望用标准的运输工具将羊群运向屠宰场。"[66]。

圣伊莱亚和马里内蒂在1914年发表的题为《未来主义建筑》（Futurist Architecture）的宣言中指出："（未来主义）建筑的问题不是一个线性地重新排列一下的问题。……这是一个按照合理的平面创作（未来主义的）住宅的问题，一个借助于每一项科技成就、最大限度地满足我们的生活方式和我们的精神所提出来的要求，排除一切畸形的、笨重的、跟我们格格不入的东西——传统、风格、美学、比例——的问题。建立新的形式、新的线条（新的轮廓和体形的和谐），建立一个它的生存理由仅仅存在于现代生活的特殊条件中的、它的审美价值跟我们的敏感性完全和谐的建筑。这个建筑不能屈从于任何关于历史延续性的法则。它必须跟我们的精神状态一样的新。"因此，他们认为，"现代世界跟古代世界的严重对立是那些古代没有而现

代有的一切东西所引起的。具有古代人做梦都想不到的可能性的因素已经进入了我们的生活。……我们觉得，我们已经不是造主教堂、宫殿、会议厅的人了；我们是造大旅馆、火车站、宽阔的大路、巨大的海港、室内市场、明亮的画廊、高速公路的人，是既要破坏也要创新的人"[67]。因此，在未来主义的作品中，城市一直是他们的重要的主题。"博乔尼、圣伊莱亚、巴拉和德佩罗都将这种主题看作对城市自身不断变革的赞扬，看作是对城市在大众手中不断变换的赞扬，看作是速度和技术力量的标志。圣伊莱亚创作了一系列的设计方案来表现一个未来主义的城市，在这里表现了对瓦格纳风格的追忆，并结合了对超越技术纪念的追忆，这些形象赞美了动态世界的胜利。未来主义对技术过于迷信的热望不可避免地包含了整个人类环境"[68]。正是在这种对技术的迷信和对机器的崇拜的基础上，他们把城市以及城市中的一切都看成是机器或机器的组成部分，他们用建构机器的方式来认识和建构城市，他们说："我们必须发明和重建（未来主义的）城市：它应该是一个巨大的、骚动的、生气勃勃的、高贵的工地，所有的部分都是动态的；（未来主义的）住宅应该是一架大机器。"[69]

未来主义运动对后来的现代主义艺术、文学、建筑和城市设计都产生过重要的影响，尽管他们的这种影响并不是建立在他们的具体作品之上的，而是以他们众多的宣言对后人提示了机器和动态的重要性，但正是通过这些宣言引领了这些艺术样式和实践走向了对机器及其动态发展的关注，更加重视组成整体的各部分之间的相互关联及它们之间的节奏关系。在城市规划领域，他们的影响也同样不在于提出和完成了完整的城市规划方案，而是通过他们的论述揭示了对城市进行观察的一个新的视角，现代建筑运动主导下的城市规划所建立的城市均衡论、城市发展的动态性以及对城市各要素之间的紧密联系方式的思考也基本上是由未来主义运动所形成的观点来引领的，而他们的一些观点经由勒·柯布西耶的重新阐述和重新组合而对后来的现代城市规划发展产生了建构性的作用。

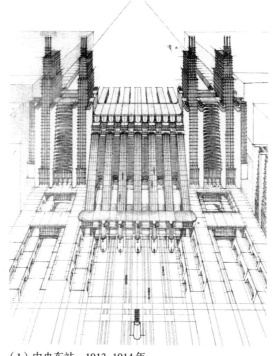
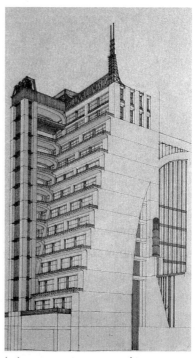

图2-69　圣伊莱利所设计的"新城市"（La Città Nuova）
资料来源：William J.R. Curtis.Modern Architecture Since 1900（3rd ed）.London: Phaidon, 1996.110～111

（1）中央车站，1913~1914年

（2）Casa a Gradinate，1914年

注　释

1 E. Relph 认为，1909 年昂温（Raymond Unwin）出版的《Town Planning in Practice: An Introduction to the Art of Designing Cities and Suburbs》一书，首次将"town planning"作为一个名词进行使用。见：E. Relph.The Modern Urban Landscape，Beckenham and North Ryde：Croom Helm,1987

2 Leonardo Benevolo.邹德侬等译.西方现代建筑史.天津：天津科学技术出版社，1996

3 Michael Dear.The Postmodern Urban Condition，Oxford and Malden：Blackwell，2000

4 见:马克思恩格斯选集(第四卷).人民出版社，1972

5 P. Hall.Cities of Tomorrow：An Intellectual History of Urban Planning and Design in Twentieth Century.Basil Blackwell,1988

6 汉斯－维尔纳·格茨.王亚平译.欧洲中世纪生活：7～13 世纪.北京：东方出版社，2002.27

7 Jürgen Habermas.曹卫东等译.公共领域的结构转型.上海：学林出版社,1999

8 L. Mumford.The City in History.1961.倪文彦、宋俊岭译.城市发展史:起源、演进和前景.中国建筑工业出版社，1989

9 见:陈刚.西方精神史：时代精神的历史演进及其与社会实践的互动.南京：江苏人民出版社，2000

10 Susan Dunn.Sister Revolution：French Lightning.American Light，1999.杨小刚译.姊妹革命：美国革命与法国革命启示录.上海：上海文艺出版社，2003

11 见：陈刚.西方精神史：时代精神的历史演进及其与社会实践的互动（下卷）.南京：江苏人民出版社，2000.519

12 见:Paul Rabinow.French Modern：Norms and Forms of the Social Environment，MIT Press,1989

13 陈刚.西方精神史：时代精神的历史演进及其与社会实践的互动（下卷）.南京：江苏人民出版社，2000.568～569

14 陈刚.西方精神史：时代精神的历史演进及其与社会实践的互动（下卷）.南京：江苏人民出版社，2000.531

15 陈刚.西方精神史：时代精神的历史演进及其与社会实践的互动（下卷）.南京：江苏人民出版社，2000.533

16 本段中有关工业革命条件的描述主要是在以 L. S. Stavrianos 的《The World Since 1500：A Global History》（吴象婴和梁赤民译.全球通史：1500 年以后的世界.上海：上海社会科学院出版社，1999）为基础，并参考了陈刚《西方精神史：时代精神的历史演进及其与社会实践的互动》（南京：江苏人民出版社，2000）等其他文献之后进行的综述。

17 陈刚.西方精神史：时代精神的历史演进及其与社会实践的互动（下卷）.南京：江苏人民出版社，2000

18 见：Scott Lash，John Urry. The End of Organized Capitalism.1987.征庚圣等译.组织化资本主义的终结.南京：江苏人民出版社，2001. 126～127

19 见 P. Hall 的《Cities of Tomorrow：An Intellectual History of Urban Planning and Design in Twentieth Century》（1988，Basil Blackwell）中的第二章"The City of Dreadful Night"。

20 Kingsley Davis.The Urbanization of the Human Population，1965.载 Richard T. LeGates and Frederic Stout（ed.）.The City Reader（2nd ed.）.London and New York：Routledge，2000.3～13

21 见：Scott Lash，John Urry. The End of Organized Capitalism.1987.征庚圣等译.组织化资本主义的终结.南京：江苏人民出版社，2001

22 巴枯宁.国家制度与无政府状态.1873.引自林骧华主编.外国学术名著精华辞典.上海：上海人民出版社，1989.46

23 引自：Manfredo Tafuri, Francesco Dal Co.Modern Architecture：History of World Architecture.1976.刘先觉等译.现代建筑.北京：中国建筑工业出版社，1999

24 见：陆俊.理想的界限.北京：社会科学文献出版社，1998.26～27

25 引自：陆俊.理想的界限.北京：社会科学文献出版社，1998.31～32

26 张汝伦.柏林和乌托邦.读书:1999(7).93

27 Leonard Reissman.The Visionary：Planner for Urban Utopia.1970.见：M. C. Branch 编.Urban Planning Theory.Dowden：Hutchinson & Ross，1975

28 引自：陆俊.理想的界限.北京：社会科学文献出版社，1998.100

29 见：张汝伦.柏林和乌托邦.读书:1999(7).93～94

30 见：张汝伦.柏林和乌托邦.读书:1999(7).96

31 Leonard Reissman.The Visionary: Planner for Urban Utopia.1970.见：M. C. Branc 编.Urban Planning Theory.Dowden: Hutchinson & Ross，1975

32 René Descartes.王太庆译.谈谈方法.北京：商务印书馆，2000.11～12。笛卡儿的这一论述清晰地印证了现代建筑运动中理性主义的大量行为的来源与思想基础。

33 引自约翰·霍尔《探寻公民社会》，见：何增科主编.公民社会与第三部门.北京：社会科学文献出版社，2000

34 引自：Frigjof Capra.The Turning Point：Science, Society, and the Rising Culture.1982，卫飒英等译.转折点.成都：四川科学技术出版社，1988.50

35 见：Colin Rowe，Fred Koetter.Collage City.1984.童明译.拼贴城市.北京：中国建筑工业出版社，2003.20

36 Marshall Berman.All that is Solid Melts into Air：The Experience of Modernity.1982、1988.徐大建,张辑译.一切坚固的东西都烟消云散了.北京：商务印书馆，2003

37 Paul Rabinow.French Modern: Norms and Forms of the Social Environment.MIT Press,1989

38 Manfredo Tafuri,Francesco Dal Co.Modern Architecture：History of World Architecture.1976.刘先觉等译.现代建筑.北京：中国建筑工业出版社，1999

39 这是一个非常有趣的现象：在19世纪中后期和20世纪初期，生物性的类比（或以人作为类比对象）是一种重要的论述手段，在大量的社会研究中都可以发现这样的论述方法。这与之前浪潮主义运动的推进有关。同时，这种论述具有非常强烈的宣传色彩，具有不可推翻的确定性，有点类似于启蒙时期运用自然现象来强化其论述的内容之间的必然性，是许多新主张提出时的必用手段。但这种类比并不具有科学性，有时候显得有些牵强附会。

40 Manfredo Tafuri,Francesco Dal Co.Modern Architecture：History of World Architecture.1976.刘先觉等译.现代建筑.北京：中国建筑工业出版社，1999

41 见：E. Relph.The Modern Urban Landscape，Beckenham and North Ryde：Croom Helm.1987

42 Manfredo Tafuri,Francesco Dal Co.Modern Architecture：History of World Architecture，1976.刘先觉等译.现代建筑.北京：中国建筑工业出版社，1999

43 见：E.Relph.The Modern Urban Landscape，Beckenham and North Ryde：Croom Helm.1987

44 Manfredo Tafuri,Francesco Dal Co.Modern Architecture：History of World Architecture.1976.刘先觉等译.现代建筑.北京：中国建筑工业出版社，1999

45 Manfredo Tafuri,Francesco Dal Co.Modern Architecture：History of World Architecture.1976.刘先觉等译.现代建筑.北京：中国建筑工业出版社，1999

46 John M. Levy.Contemporary Urban Planning.2002.孙景秋等译.现代城市规划.北京：中国人民大学出版社，2003

47 引自：Mike E. Miles, Gayle Berens, Marc A. Weiss.Real Estate Development：Principles and Process.2000.刘洪玉等译.房地产开发：原理与程序.北京：中信出版社，2003.138

48 黑川纪章.城市规划的新潮流.王炳麟译，世界建筑,1987(4)

49 Marshall Berman. All that is Solid Melts into Air：The Experience of Modernity. 1982、1988. 徐大建, 张辑译. 一切坚固的东西都烟消云散了. 北京：商务印书馆，2003. 192

50 对此，David Gordon有非常详尽的论述，见：《Class Struggle and the Stages of Urban Development》，该文收入由 A. Watkins 和 R. Perry 编辑的《The Rise of the Sunbelt Cities》一书（Sage: Beverly Hills, CA.1977）和《Capitalist Development and the History of American Cities》，本论文收入由 W. Tabb 和 L. Sawers 编辑的《Marxism and the Metropolis》一书的第二版（1984, Oxford University Press： New York）。另外，Manfredo Tafuri 和 Francesco Dal Co 在《现代建筑》（Modern Architecture：History of World Architecture）一书中也有所涉及。

51 该镇在1910年的布鲁塞尔博览会上被全部重新复制，进行了展示，并获得了大奖。

52 引自李德华.田园城市.中国大百科全书(建筑、园林、城市规划).1988,本节中的其他引言，除注明的之外，主要引自金经元译.明日的田园城市.北京：商务印书馆，2000

53 Robert Fishman.Urban Utopias in the Twentieth Century：Ebenezer Howard，Frank Lloyd Wright，Le Corbusier，Cambridge，Mass，and London.The MIT Press,1994

54 这是芒福德在为1946年版的《明日的田园城市》所写的序言《田园城市思想和现代规划》中所指出的，同时他认为："20世纪初，我们的眼前出现了两件新发明：飞机和田园城市。二者都是新时代的前兆：前者给人类装上了翅膀，后者使人类返回大地时有一个较好的住处。"见：金经元译.明日的田园城市.北京：商务印书馆，2000

55 引自 John Docker 的《后现代主义与大众文化》（Postmodernism and Popular Culture），吴松江和张天飞译，沈阳：辽宁教育出版社，2001 年。

56 有关线形城市理论的描述主要根据 W·奥斯特罗夫斯基的《现代城市建设》（冯文炯等译.北京：中国建筑工业出版社，1986）中的有关内容编写。

57 本节中的引语，除特别注明外，引自 W·奥斯特罗夫斯基的《现代城市建设》（冯文炯等译，北京：中国建筑工业出版社，1986）

58 本节内容主要根据 W·奥斯特罗夫斯基的《现代城市建设》（冯文炯等译，北京：中国建筑工业出版社，1986）中的有关内容编写。

59 见：Manfredo Tafuri，Francesco Dal Co.Modern Architecture：History of World Architecture，1976.刘先觉等译.现代建筑.北京：中国建筑工业出版社，1999

60 Eliel Saarinen. The City：Its Grouth, Its Decay, Its Future. 1943. 顾启源译. 城市：它的发展、衰败与未来. 北京：中国建筑工业出版社，1986. 本节中的引语引自该书。

61 Yvonne Rydin.Urban and Environmental Planning in the UK，London：Macmillan,1998

62 Yvonne Rydin.Urban and Environmental Planning in the UK，London：Macmillan,1998

63 Aldridge.1915.见：Yvonne Rydin.Urban and Environmental Planning in the UK.London：Macmillan,1998

64 Camillo Sitte.1889.仲德昆译.城市建设艺术.南京：东南大学出版社，1990

65 见由 Taschen 出版社编辑出版的《Architectural Theory: From the Renaissance to the Present》（2003，Taschen: Köln）。

66 Manfredo Tafuri,Francesco Dal Co.Modern Architecture：History of World Architecture.1976.刘先觉等译.现代建筑.北京：中国建筑工业出版社，1999

67 引自 Ulrich Conrads 编.陈志华译.20 世纪建筑各流派的纲领和宣言.建筑师(27).215

68 Manfredo Tafuri,Francesco Dal Co.Modern Architecture：History of World Architecture.1976.刘先觉等译.现代建筑.北京：中国建筑工业出版社，1999

69 引自 Ulrich Conrads 编.陈志华译.20 世纪建筑各流派的纲领和宣言.建筑师(27).215

第三章　现代城市规划的发展历程（一）

第一节　20世纪20年代至二次大战时期的理论准备

从20世纪20年代开始，现代城市规划的发展基本上是在现代建筑运动的主导下并在其框架中发展和壮大起来的。在这一时期，由于现代城市规划刚刚形成，还处在未整合好与其他社会体制和实际运作手段的时期，再加上经济大萧条和世界大战的爆发，城市的发展与建设受到了制约，因此，这一时期的城市规划主要还集中在对理论的探索方面，为自己的生存和发展夯实基础。从时间序列上讲，则是在为二次大战后城市规划进入到成熟期和全面实践时期提供理论准备。但城市规划本身不仅仅只是理论的探索，它本身就是一项社会实践，因此也有相当数量的部分和局部的实践在此期间得到了推行，同样也为后来的城市规划的全面实践提供了经验基础。

一、与现代建筑运动相结合的城市规划发展

传统城市规划领域基本是在建筑学领域之中的，城市规划的实施也与建筑学有着密切的关联，建筑师在此过程中起了相当大的作用。在现代城市规划的形成与早期探索时期，也有大量的建筑师参与其中，并依循着建筑学的传统关注着整个城市发展的前景和对城市空间进行组织的变革。尽管在这一时期，现代城市规划并不是直接从建筑学的领域中萌发出来的，而是建立在社会改革理想和社会管理制度变革的基础之上，但城市规划的实施在一定程度上仍然被认为是需要通过建筑物的建设而得到实施的。此外，在现代建筑运动的形成的过程中，社会改革的理想以及理性主义思想等等也成为了建筑学思想变革的动力，并不断地通过建筑的形式而得到贯彻。在这样的基础上，现代城市规划和现代建筑又重新具有了共同的思想基础，而建筑学与城市规划的传统关系以及建筑学所具有的外在形象性的话语特权，城市规划仍然被作为建筑学的分支学科而得到发展。与此同时，不少建筑师在实施现代城市规划思想的同时，有意无意间将现代城市规划中所包含的社会理想和社会改革的内容用建筑学的形式语言予以重新阐释（如昂温在实施霍华德的田园城市时所做的那样），从而更加强调了其中的技术决定和物质形态的内容。在这些因素的综合作用下，现代城市规划在此后相当长的时期内是与现代建筑运动相互结合在一起而发展的，同时也是在现代建筑运动的主导下发展的。

现代建筑思想的形成，与现代城市规划的形成具有同源性。也就是说，经过启蒙运动的思想启蒙，经过资产阶级革命的洗礼，经过工业革命的冲击，现代意义上的建筑师作为知识分子中的一员，也同样试图利用和通过建筑改造和发展来达到改变社会现状、解决工业城市中出现的问题这样的社会目的。正由于有了这样的社会目的，建筑师们看到了并自觉地想要承担起这样的社会责任，由此而对建筑师的作用和社会地位提出了新的要求。首先，他们认为，社会是在不断进步和发展的，建筑应当反映社会的发展或者社会的发展会促进建筑的发展，建筑应当成为时代精神的载体。因此，应当把建筑放在社会发展的历史长河中进行考察，从中发现建筑发展的规律，并结合社会的发展来统筹未来建筑的发展，适应社会发展的需要。同时，对美好未来的追求，即使是乌托邦的未来，也成为建筑师创新的动力。因此，在整个现代建筑运动过程中，反映时代精神、时代特征、开创或代表美好未来就成为了建筑创造的口号和目的。正如密斯·凡德罗后来所指出的那样，建筑所起的作用是时代精神有力的表现；在彻底保持自我方面，建筑是现代的本质。"建筑依赖于其所处的时代"，他写道，"它是其内在结构的结晶，是其形式的缓慢展开"，同时，建筑也是艺术、科学和工业所构成的新统一性的直观表现[1]。而勒·柯布西耶的"新精神"和《走向新建筑》的主题也同样是由此而来的。

其次，随着资本主义制度和市场经济体制的建立，启蒙运动之后对理性的强调，鼓动了社会对经济理性的关注。由此形成了从效率出发的思考问题和评价问题的基本思路。传统建筑基本上是建立在手工业基础上的一幢一幢房屋的建造上的，每一幢房屋都以与众不同为出发点和最终的归结，而这样的建造方式显然是不经济的，因此，对大规模生产、工业化生产等的需要也就要求有新的建筑评判的标准，也有了创造新的建筑形式和方法的动力。

第三，过去的建筑师是为皇家、贵族、政府或资产阶级提供服务的，只从事于数量极少的建筑类型的设计，在空想社会主义和社会改革理想的激励下，他们希望对整个社会或者说对社会的整体发挥作用，同时，快速城市化进程的现实也迫使他们注意到更大范围的建筑类型的建设，尤其是符合可以大规模建造需要的建筑类型，而在工业革命后建立起来的市场经济和现代科学技术支撑下所形成的建造技术的推动下更加剧了这样的想法。他们对装饰的反对和对纯净的建筑风格的追求，在一定的程度上也就是要降低成本，以便于进行大规模的生产，并可以使社会中的所有人群都能使用。

第四，新的建造技术、新的建筑材料以及新的建筑设备等随着工业化进程的推进而大量出现，传统的建筑营造方式以及复古主义的倾向已经远远不能适应这些变化的需要，这就需要建筑学改造传统的观念，在功能、结构、形式等等方面直接、诚实、真挚地反映这样的变化。建筑设计已经不再是在形式主导下的结构类型的选择，而是如何更加直接展示新的结构形式的问题。

在当时的社会思想（当然不仅仅只是上列的这些内容）影响下，现代建筑开始逐步地出现，当然这也不是一帆风顺的过程，其中有着许许多多的反复，许许多多的争论。同时，这也是一个漫长的历史过程，有许多描述现代建筑历史的书籍对此进行过描述，因此在这里就不展开对此的讨论，只选取几个片断来予以说明[2]。

德国建筑理论家许布施（Heinrich Hübsch）在19世纪20年代通过对建筑历史的研究，提出了建筑学中的形式与内容之间的关系问题。他认为，建筑的形式应该是符合功能需求的"一个严格的客观的结构而达到的形式结果"，提出了形式从功能中来，功能对形式具有决定性作用的观点。这为后来的功

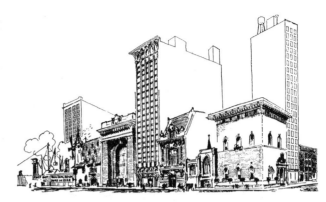

图3-1 20世纪初刊登在建筑学杂志上的一幅漫画，题为"混乱"
资料来源：Craig Whitaker.Architecture and the American Dream.New York：Clarkson N. Potter，1996.9

能主义建筑思想提供了前导。但这一观点也遭到了很多人的反对，首先当然是古典主义者和复古主义者，他们认为只有遵循古典建筑形式原则才能称得上是建筑。另外有相当一些人尽管也反对模仿古典建筑样式，认为新的时代需要有新的建筑形式，古典的形式属于古典时代，需要以新的形式来达到新的时代要求，但认为功能并不是主要的，强调功能对形式的主导作用这种提法缺乏历史的内涵，也缺乏美学上的愉悦，是不可接受的。也有一些人从调和这两种观点出发提出应从建筑美学的角度来讨论问题，他们也支持新的时代应当有新的建筑形式来作为代表，并且认为，现代建筑与古典建筑不是一种线性的演替关系，而是相互并列的关系，也就是说，各有各的发展脉络，现代建筑应根据新时代的风格和面貌创造新的、独立的形式，同时沿着自己的轨迹自我发展。

卢斯（Adolf Loos）的《装饰与罪恶》（1910年）一书，在现代建筑的形成与确立过程中发挥了非常重要的作用，是现代建筑运动确立时期具有里程碑性质的重要文献。卢斯的核心思想是反对装饰，这一思想是建立在一个非常简单的推理之上的：理性要求实用，而实用反对装饰。他强调："文化的发展等于摒弃实用物体中的装饰"，当然，这句话肯定没有"装饰就是罪恶"来得响亮，但它们的含义是相同的，都是建立在文化的发展、文明的演进是与更高效率的生产联系在一起的这样的认识基础上的。这也是同时代许多人的想法，著名的建筑家拉斯金（John Ruskin）在其著作《建筑的七盏明灯》（The Seven Lamps of Architecture）中就指出，"现时代的盛行的观念"就是"渴望以最小

的代价产生最大结果"，由此也可见经济理性观念已经在建筑界的盛行。拉斯金很清楚地认识到，现代生活已为经济法则所支配，如果建筑学仅仅只注重装饰，那么就会没有什么用处。而对于功能性建筑，并不需要没有实际用途的装饰。大量的建筑已经由其功能而得到详尽的表达，如工厂、仓库、桥梁、汽车库、铁路车站、机场等。卢斯认为，真正的功能主义建筑中是没有装饰的地位的。我们装饰过机器吗？建筑师应该像工程师那样思考，而不是像装饰家那样。勒·柯布西耶继承了这样的思路，并在他的《走向新建筑》一书中进行了全面而深刻的阐述，并成为了引发现代建筑师思考问题的出发点。到1930年，年老的卢斯相当欣慰地宣布，"经过30年的奋斗我已成为成功者，我已将人性从多余的装饰中解放出来"，"装饰曾经是'美'的一种绰号。多亏我毕生的工作，今天它则成了'拙劣'的绰号"。

法国建筑家勒·杜克（Viollet Le Duc）被称为是理性主义建筑思想的奠基人之一。他强调建筑设计以功能为第一原则，强调理性至上原则，提出墨守成规的建筑是没有希望的、落后的、代表死亡和过去的，建筑家应该往前看。他在19世纪60年代到70年代撰写了一系列文章，阐述了对于建筑发展的看法。他主张建筑应跟上新技术的发展，建筑形式按照需求发展，认为现代工业材料将对建筑带来决定性的影响。他提出：钢铁、玻璃和混凝土已经在19世纪得到广泛的应用，在不远的未来将彻底改变建筑的面貌。19世纪建筑的发展，必须从如何找到适宜新材料的使用和表现的方法上着手，而不是泥古不化地抱着古典形式不放的顽固方法能够达到的。他也提到新的建筑必须为新的社会和经济条件服务。

在这些理论性的探讨的同时，大量的建筑师已经在这样的思想指导下通过具体的建筑实践，将这些思想贯彻在具体的项目设计中。通过理论和设计的齐头并进，现代建筑逐步地为人们所接受，并得到普及，但反对之声仍然不绝于耳，在一些大型建筑项目的设计竞赛中，现代建筑仍遭到当时的建筑权威们的反对和不公平待遇。因此一些倡导或支持现代建筑的建筑师们于1928年集会组织了国际现代建筑会议（即著名的CIAM）。在此次会议上发表的宣言（共有24名建筑师签署）中，提出了现代建筑和现代建筑运动的基本思想和准则。在会议通过的《目标宣言》中提出：

"关于建筑

——我们特别强调此一事实，即建造活动是人类的一项基本活动，它与人类生活的演变与发展有密切的联系。

——我们的建筑只应该从今天的条件出发。

——我们集会的意图是要将建筑置于现实的基础之上，置于经济和社会的基础之上，从而达到现有要

图3-2 包豪斯校舍
包豪斯对现代建筑的发展以及现代建筑运动的兴起居功至伟
资料来源：Klaus Reichold, Bernhard Graf.Buildings that Changed the World, Munich.London.New York：Prestel，1999.152

素的协调——今日必不可少的协调。因之，建筑应该从缺乏创造性的学院派的影响之下和古老的法式中解放出来。

——在此信念鼓舞之下，我们肯定互相间的联系，为此目的互相支持，以使我们的想法得以实现。

——我们另一个重要的观点是关于经济方面的，经济是我们社会的物质基础之一。

——现代建筑观念将建筑现象同总的经济状况联系起来。

——效率最高的生产源于合理化和标准化。合理化和标准化直接影响劳动方式，对于现代建筑（观念方面）和建筑工业（成果方面）都是如此。"[3]

在此宣言中，也涉及到了城市发展的内容，他们认为，城市化的实质是一种功能秩序，而"城市建设就是要把城、乡集体生活的各种功能组织起来。在城市建设中，起决定作用的不是美学的标准，而只能是功能的标准。城市建设的基本任务，就是组织居住、劳动和休息这三项功能"[4]。从这样的意义出发，他们认为，"城市规划是组织集体生活的功能；它包括城市密集区和乡村。城市规划是在一切地区组织生活"。城市规划的"目的是：（1）分配土地；（2）组织交通；（3）立法"。要实现城市规划的这些目的，就需要对土地使用和土地分配的政策进行根本性的变革。"重新分配土地是任何城市规划的初步基础，它必须包括在土地所有者和社区之间公平地分配为双方共同的利益所进行的工程带来的自然增值"，"而交通控制必须考虑到集体生活的功能。能用统计数字证明的这个有活力的功能的不断增强，说明交通问题先于一切的重要性"[5]。

CIAM 的成立，标志着现代建筑已经从个人意识发展为集体意识，从少数人的个体的不自觉追求和个人的美学偏好发展为团体中大多数人在统一的思想基

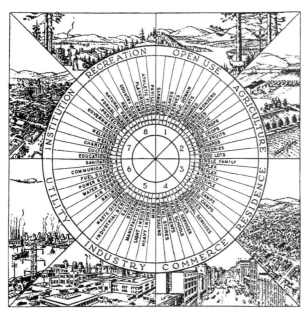

（1）土地使用的分类，标志着理性的土地使用规划。这张标识在20世纪20年代的许多土地利用规划中出现

资料来源：Michael Dear.The Postmodern Urban Condition.Oxford and Malden：Blackwell，2000.93

图3-3　理性规划的早期表述与争论

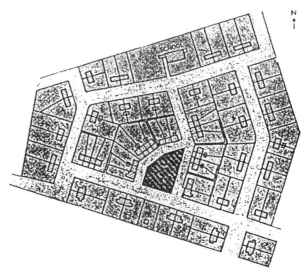

（2）有关城市布局模式的争论。这两种不同的城市模式解释了20世纪20年代有关城市模式争论的两个方面。一是奥姆斯特德（Olmsted）式的零散地、曲线的图画式的布局；一是昂温（Unwin）式的更为理性的、规则式的布局

资料来源：Andres Duany, Elizabeth Plater-Zyberk, Robert Alminana. The New Civic Art：Element of Town Planning.New York：Rizzoli，2003.299

础上有意识、有目的地推进的集体行动。对于现代建筑运动所具有的特点，黑川纪章总结道："现代建筑可以表述为下列三个主要方面：（1）以功能为基础的二元论及解析的方法；（2）由工业化而来的普遍性和国际性；（3）作为形成秩序的要素之分级组织原则。"[6]在此时期，建筑理论探讨与建筑设计实践相并进，形成了轰轰烈烈的现代建筑运动。在此后的几年中，CIAM连续每年召开会议，围绕着现代建筑运动中的主要议题进行讨论，最初几次会议的议题集中在住宅建设和合理建筑方法等方面。在"合理建筑"、"合理住宅"等的思想影响下，现代建筑师们除了探讨建筑物本身内部的安排和组织之外，还积极探讨建筑物的群体布置，建立建筑尤其是住宅建筑相互之间的关系。在1930年召开的CIAM第三次会议上，格罗皮乌斯运用数学方法的计算来探讨建筑物的高度、间距、日照、朝向之间的关系。他计算了在建设同样数量住宅单位数的情况下，高层建筑、多层建筑和低层建筑在满足日照条件的情况下的空间状况，以及在满足同样日照条件情况下，高层塔式建筑、行列式多层建筑以及周边式建筑的可建筑面积的比数。他得出这样的结论：如果建筑层数增加，那么建筑密度当然也会增加，但建筑密度增加的幅度相对减少；如果太阳高度角相同，那么用地范围内的可建筑总面积，院落式（周边式）的要比塔式的多；对塔式建筑来说，在一定的层数下，用地范围内的建筑面积有一个最大限度，同样层数的行列式或院落式（周边式）的建筑面积将是同样层数塔式建筑面积的两至三倍。因此，在同一地块，在保证最低日照条件的情况下，从建设总量的角度来看，行列式和周边式布置要比布置塔式高层建筑经济，但这并不意味着高层建筑就没有用武之地。他详细分析了在大城市建造高层住宅的优缺点，认为在建设同样数量的居住单位的情况下，高层建筑可以留出更多的地面，在建筑的日照阴影之外的空间更多，因此，他认为："高层住宅的空气阳光最好，建筑物之间间距拉大，可以有大块的绿地供孩子们嬉戏。"[7]因此，主张在城市中建造10～12层的高层住宅。这一时期，有许多建筑师曾经做过类似于格罗皮乌斯这样的分析，为居住区的布置提供理论分析的依据。在综合分析的基础上，这些建筑师普遍认为行列式布局是最经济、最符合各项经济指标的，由此而形成了经典的行列式布局的基本格局。同时，也有许多建筑师运用现代建筑运动的理念，结合城市居住区的建设，尤其是在随着

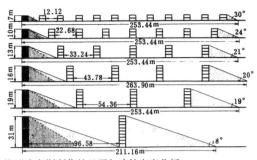

（1）格罗皮乌斯所作的日照与建筑密度分析
资料来源：A.B.布宁 Т.Φ.萨瓦连斯卡娅.1979.黄海华译.城市建设艺术史——20世纪资本主义国家的城市建设.北京：中国建筑工业出版社，1992.50

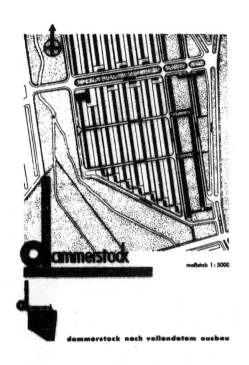

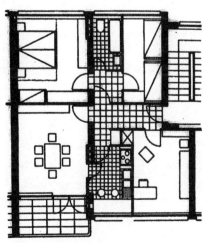

（2）1928年格罗皮乌斯设计卡尔舒赫的丹莫斯托克小区及建筑类型
资料来源：Leonardo Benevolo.1960.邹德侬，巴竹师，高军译.西方现代建筑史.天津：天津科学技术出版社，1996.477

图3-4　格罗皮乌斯的居住区规划及分析

城市扩张而建设的新居住区的规划中，自觉地探讨现代住宅的布局原则和具体的形态，为后来大规模的集合式住宅区的建设提供了先导。另外一些建筑师则在此基础上开始探讨城市整体的布局工作。

在勒·柯布西耶个人影响力的作用下，他有意识地将会议的重点转移到城市规划和城市设计方面，探讨城市整体的布置和安排。1933年召开的CIAM第四次会议的主题是"功能城市"。在这次会议上，对34个欧洲城市进行了比较分析，并依据理性主义的思想方法，对城市中普遍存在的问题进行了全面分析，提出

了城市规划应当处理好居住、工作、游憩和交通的功能关系及具体的方法，进而形成了在现代城市规划的发展中起了重要作用的《雅典宪章》。该宪章充分地反映了现代建筑运动对现代城市规划发展的基本认识和思想观点，集中体现了后来被称为"功能主义"、"理性主义"或"功能理性主义"的城市规划的思想体系和基本内容，并成为了现代城市规划的大纲。黑川纪章曾经对《雅典宪章》的内容和提出的原则作了一个总结，他说："《雅典宪章》全面阐述了现代城市规划的基本原则，这些原则归纳起来主要有以下几条：

（1）合理的规划。例如奥斯曼的巴黎的以广场为中心的放射状道路两侧虽然漂亮，背后却是贫民窟。这显然是不合理的。按合理的作法，街道不应当是放射状，而应当是方格形。为什么规划要合理？因为只有合理的规划才是在这里居住的人们最易于理解的。

（2）功能分离。主张在一个城市中明确划分成居住区、商业区、工业区。奥斯曼的巴黎不是这样，工业与居住混在一起，因此居住环境很坏。把城市按功能明确分区是《雅典宪章》提出的一条重要原则。

（3）高层低密度。过去的城市建筑是低层高密度。

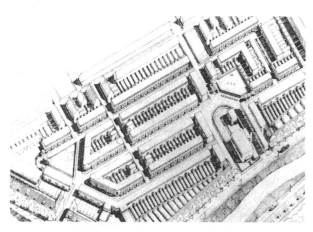

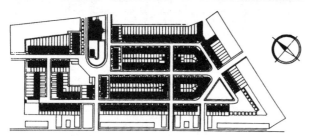

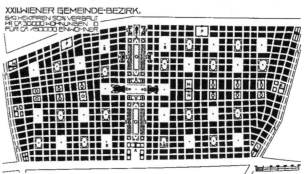

（1）J·J·P·奥德（Oud）设计的鹿特丹的基夫霍克（Kiefhoek）小区，1925年

资料来源：Leonardo Benevolo.1960.邹德侬，巴竹师，高军译.西方现代建筑史.天津：天津科学技术出版社，1996.425；William J.R.Curtis. Modern Architecture Since 1900（3rd ed）.London：Phaidon，1996.251

（2）瓦格纳（Otto Wagner）编制的1911年维也纳新扩展地区的规划局部

资料来源：Andres Duany，Elizabeth Plater-Zyberk，Robert Alminana. The New Civic Art：Element of Town Planning.New York：Rizzoli，2003.130

图3-5　现代建筑运动形成时期的居住区规划设计

（1）帕克（Barry Parker）和昂温（Raymond Unwin）1905年规划设计的郊区社区（Hampstead Garden Suburb）

资料来源：Andres Duany, Elizabeth Plater-Zyberk,Robert Alminana. The New Civic Art：Element of Town Planning, New York：Rizzoli, 2003.39

（3）1926~1928年的斯洛文尼亚的卢布尔雅那（Ljubljana）规划，由Joze Plecnik编制。该规划在城市的各个部分之间建立了非常清晰和有效的联系。左图为城市整体的规划，右图为北部的一个片区。该方案将功能主义的建筑类型与西特（Camillo Sitte）的艺术原则以及田园城市的理想模式结合了起来

资料来源：Andres Duany, Elizabeth Plater-Zyberk, Robert Alminana. The New Civic Art：Element of Town Planning.New York：Rizzoli, 2003.133

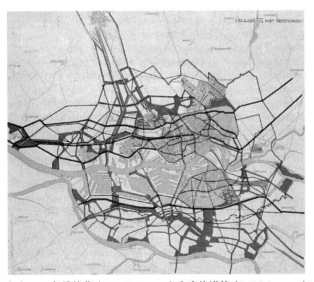

（2）1928年维特芬（W.G.Witteveen）和安格诺特（L.H.J.Angenot）对鹿特丹地区的林荫道系统和绿楔系统的规划方案

资料来源：Han Meyer.City and Port：Urban Planning as a Cultural Venture in London, Barcelona, New York, and Rotterdam：Changing Relations Between Public Urban Space and Large-Scale Infrastructure.Utrech：International Books, 1999.314

图3-6 现代建筑运动形成时期的城市规划

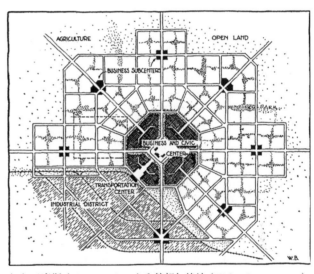

（4）亚当斯（Thomas Adams）和鲍姆加特纳（Walter Baumgartner）于1934年提出的理想城市模式的图解

资料来源：Andres Duany, Elizabeth Plater-Zyberk, Robert Alminana. The New Civic Art：Element of Town Planning.New York：Rizzoli, 2003.89

这是不好的。正确的原则应当是高层低密度。就是建筑物应当是高层的，建筑物之间留出大片空地，进行绿化，这也有利于居民得到充足的阳光。

（4）排除历史与传统。主张在城市规划中不应拘泥于旧的传统、旧的习惯，而应当将其排除掉。

（5）地区自立。在具体规划中提出了'邻里单位'的概念，它是组成一个地区的最小单位。由地区组成城市。

以上五条可以说是现代城市规划的主要内容。勒·柯布西耶等人认为，这些原则是具有普遍性的。就是说，不论在世界上的什么地方都是适用的。"[8]

对于《雅典宪章》，尽管后来的实践与理论探讨已经证明它存在着许多的问题，而且其基本的指导思想也存在着明显的缺陷，但我们应当客观地、从历史唯物主义的角度对其进行分析，把它放在当时当地的历史背景中予以认识。在这样的意义上，《雅典宪章》应

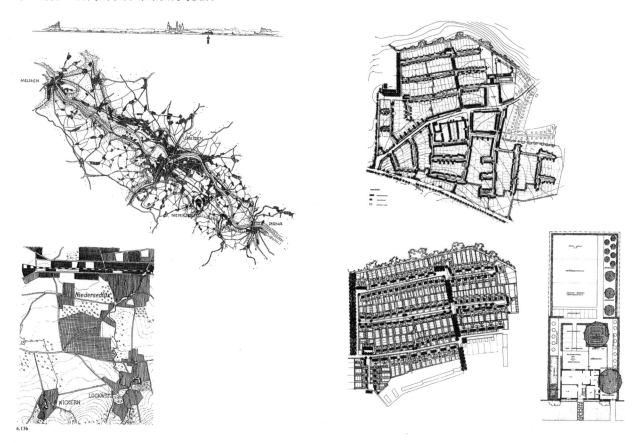

图3-7 1939年规划手册中有关德国德累斯顿（Dresden）一个小城镇规划的图示。它们表达了从区域到住房细节的不同层次的规划方案，提出城市规划应当在所有这些层次上发挥作用

资料来源：Andres Duany，Elizabeth Plater-Zyberk，Robert Alminana.The New Civic Art：Element of Town Planning.New York：Rizzoli，2003.366~367

该被看成是现代城市规划发展过程中的一个重要的里程碑，同时，它也标志着现代城市规划开始进入到了一个具有完整的思想和行动纲领的成熟时期。

《雅典宪章》[9]在思想上认识到城市中广大人民的利益是城市规划的基础，因此它强调"对于从事城市规划的工作者，人的需要和以人为出发点的价值衡量是一切建设工作成功的关键"。尽管这里对人的定义明显地有超越于个体的、普遍化的倾向，但同样明显的是他们对城市中所有的人的关注，也就是对城市整体的关注。在宪章的内容上也从分析城市整体活动入手提出了功能分区的思想和具体做法，并要求以人的尺度和需要来估量功能分区的划分和布置，为现代城市规划的发展指明了以人为本的方向，建立了现代城市规划的基本内涵。但很显然，《雅典宪章》的思想方法是奠基于物质空间决定论的基础之上的。这一思想诚如勒·柯布西耶在《走向新建筑》一书的最后一章"建筑或者革命"这样一个命题所揭示的，建筑空间是影响社会变化的工具，物质空间结构决定了社会行为。因此，在城市规划中只要通过对物质空间变量的控制，从而形成良好的环境，而这样的环境就能自动地解决城市中的社会、经济、政治问题，促进城市的发展和进步，也就不再会有对现有制度进行颠覆的革命的爆发。而在对这些物质空间变量的控制方面，就需要依循理性主义的原则，合理安排好城市的各项功能及其发展的需要。

《雅典宪章》最为突出的内容就是提出了城市的功能分区。它认为，城市活动可以划分为居住、工作、游憩和交通四大活动，并提出这是城市规划研究和分析的"最基本分类"，并对它们在城市规划中的价值作了进一步的阐述："城市规划的四个主要功能要求各自都有其最适宜发展的条件，以便给生活、工作和文化分类和秩序化。每一主要功能都有其独立性，都被视为可以分配土地和建造的整体，并且所有现代技术的巨大资源都被用于安排和配备它们。"功能分区在当时有着重要的现实意义和历史意义。它主要针对当时大多数城市无计划、无秩序发展过程中出现的问题，尤其是在19世纪快速工业化发展过程中不断扩张发展的大中城市，工业和居住混杂，工业污染严重，土地过度使用，设施不配套，缺乏空旷地，交通拥挤，由此产生了严重的卫生问题、交通问题和居住环境问题等，而功能分区方法的使用确实可以起到缓解和改善这些问题的作用。另一方面，从城市规划学科的发展过程来看，也应该说，《雅典宪章》所提出的功能分区也是一种革命。它依据城市活动对城市土地使用进行划分，对传统的城市规划思想和方法进行了重大的改革，突破了传统城市规划只关注城市的建筑形式、追求图面效果和雄伟气派的空间形式的创造，引导城市规划向科学的方向发展。功能分区的做法在城市空间组织中由来已久，但现代城市功能分区的思想显然是产生于近代理性主义的思想观点，加尼耶的"工业城市"中的相关探讨提供了最直接的描述，这也是决定现代建筑运动发展路径的思想基础。《雅典宪章》运用了这样的思想方法，从对城市整体的分析入手，对城市活动进行了分解，然后对各项活动及其用地在现实的城市中所存在的问题予以揭示，针对这些问题，提出了各自改进的具体建议，然后期望通过一个简单的模式将这些已分解的部分结合在一起，从而复原成一个完整的城市，这个模式就是功能分区和其间的机械联系。这一点在勒·柯布西耶发表于20世纪20、30年代的一系列规划方案以及论述中发挥得最淋漓尽致。

现代城市规划从一开始就继承了传统规划对城市的理想状况进行描述的思想，认为城市规划就是要描绘城市未来的蓝图。勒·柯布西耶从建筑学的思维习惯出发，将城市看成为一种产品的创造，因此也就敢于将巴黎市中心区来一个几乎全部推倒重来的改建规划（伏瓦生规划，*Plan Voisin*，1925年）。《雅典宪章》虽然已经认识到影响城市发展的因素是多方面的，但仍然强调"城市规划是一种基于长宽高三度空间……的科学"。该宪章所确立的现代城市规划工作者的主要工作是"将各种预计作为居住、工作、游憩的不同地区，在位置和面积方面，作一个平衡，同时建立一个联系三者的交通网"；此外就是"订立各种计划，使各区按照它们的需要和有纪律的发展"；"建立居住、工作、游憩各地区间的关系，务使这些地区的日常活动可以最经济的时间完成"。从《雅典宪章》中可以看到，城市规划的基本任务就是制订规划方案，而这些规划方案的内容都是关于各功能分区的"平衡状态"和建立"最合适的关系"，它鼓励的是对城市发展终极状态下各类用地关系的描述，并"必须制定必要的法律以保证其实现"。

在《雅典宪章》中，无论是对于城市规划还是对于城市规划者，都赋予了完全理性的特征，因此，尽管认识到城市规划要受到"那个时代的政治社会和经济的影响"，但它仍然强调，"必须预见到城市发展在

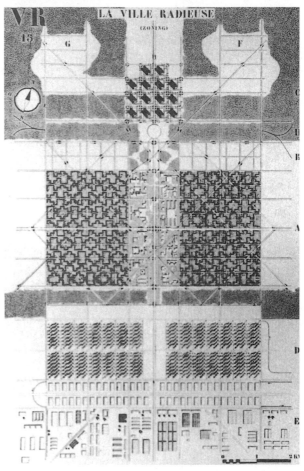

图3-8　20世纪30年代初，勒·柯布西耶以及"光辉城市"总平面

资料来源：William J.R.Curtis.Modern Architecture Since 1900（3rd ed）.London：Phaidon，1996.324

时间上和空间上不同的阶段","各种住宅、工作地点和游憩地方应该在一个最合适的关系下分布到整个城市里",这就要求"每一个城市规划中必须将各种情况下所存在的每种自然的、社会的、经济的和文化的因素配合起来"。在这样的思想指导下,城市规划就需要将城市中的各类因素无一遗漏地考虑到,并揭示各个方面的可能状态和相互关系,然后按照城市规划的原则将它们组成一个最为完美的规划方案。而要做到这一点,就"必须以专家所做的准确的研究为根据",如果规划师在某些方面的知识和作用有所欠缺,那么就需要"获得各种专家的合作"。

《雅典宪章》的形成、通过和发表,使得这一时期和此后相当长时期内的城市规划设计和实践成为有意识地实践这一宪章所规定的基本原则的行为。许多规划行为以此为标准,既推动了现代城市规划思想和原则的普及,也促进了在此"范型"基础上的内部深化和完善。在《雅典宪章》的影响下,现代城市规划沿着理性功能主义的方向发展,并成为了20世纪60年代之前城市规划发展和城市建设的主流。第二次世界大战结束后世界范围的城市重建和发展,基本上也是在这样的思想和方法的指导下进行的。

二、现代城市研究的起步

自工业革命以后,城市的快速发展尤其是整体性的城市化进程的发展,特别是在像英国等国家在19世纪中后叶已经达到全国人口的一半生活在城市之中以后,城市现象与城市问题成为了社会的主要方面,城市也开始成为各类学科研究的对象。各类学科对城市的研究为城市规划对城市的认识和组织提供了重要的基础,为现代城市规划的发展提供了必要的理论和方法。从现代城市规划的形成来看就已经很清楚地显示了各类社会科学和人文学科对现代城市规划的发展所起的重要作用,如空想社会主义、理性主义等,它们为现代城市规划的发展提供了最基本的思想、价值和方法论基础,而经济学以及在19世纪开始成型的社会学等学科则通过对城市现象以及城市问题的研究,为城市规划的发展提供了大量的理论和对现象的分析,既丰富了这些学科自身的理论宝库,同时也成为了城市规划分析问题和解决问题所必须考虑的内容,甚至成为城市规划思考问题的出发点。

城市是社会的一个重要的组成部分,即使在古代甚至是远古时代,城市作为军事中心、政治中心和商业、交换中心等,在任何一个人类社会中都发挥了重要的作用。因此,对城市现象的研究,是组成社会研究的一项重要内容,也可以说,在一定的程度上,任何对社会的研究都可以运用到对城市的研究上。因此,城市研究有着悠久的历史。在古希腊时期就有柏拉图的《理想国》和亚里士多德的《政治学》等留存下来的文献中有相关的记载。柏拉图从理念出发,为当时特定的社会制度体系——"城邦",这种既是一个城市、又类似一个"国家"的特定制s0度体系——寻找"至善"的理想制度。而亚里士多德则从经验出发,从城邦现有的实际状况出发,选择和构想可行的社会制度。亚里士多德把这两种思维方式之间的矛盾充分地揭示了出来,他说,柏拉图式的理想制度"可以概括成这样的原则:'整个城邦的一切应该尽可能地求其划一,愈一致愈好。'可是一个尽量趋向整体化(划一)的城邦最后一定不成其为城邦。城邦的本质就是许多分子的集合,……这样的划一化既然就是城邦本身的消亡,那么,即使这是可能的,我们也不应该求其实现"[10]。这是两种完全不同的城市研究的思想基础和研究路径,并且通过世世代代的学者将这两种不同的社会(城市)研究的思想和路径一直延续了下来,而且这也成为2000多年来围绕城市发展的管理与控制以及近百年来有关究竟什么是城市发展的理想方法以及什么是城市规划基本思维模式的争论的最初表现。

对于现代城市研究来说,直接的渊源和理论基础在于19世纪中期以后的一系列研究,这些研究开拓了城市研究的传统,也初步架构了现代城市研究的框架,并在20世纪中基本主导了城市研究的方向和思想路

图3-9 雅典标志着古典时期城市文明的顶峰
资料来源:Klaus Reichold and Bernhard Graf.Buildings that Changed the World. Munich.London. New York:Prestel,1999.21

线，这其中最为重要的，是被后人称为现代社会研究的三个传统[11]，即：

首先是马克思和恩格斯对资本主义制度及其发展的研究，为后来研究城市的本质及其运行规律指出了方向，尤其是马克思的《资本论》，揭示了资本运行的本质及其隐藏在表象背后的社会关系的组织原理和深层结构，从而为解释资本主义制度下的城市发展提供了基本的分析框架。恩格斯的《英国工人阶级状况》（1845年）被称为城市社会学最伟大和最早的杰作之一，该书描述了工业城市中最为广大的工人阶级的生活、工作的状况，揭示了资本主义制度下工人阶级的生存状态，建立了城市物质空间条件尤其是基础设施条件与城市穷人的生活条件及社会组织之间存在的互动关系。马克思与恩格斯合著的《共产党宣言》，既吹响了无产阶级反抗资本主义制度的号角，同时也奠定了现代主义的基本范型，它既指出了资本主义社会发展的可能前景，同时也为现代性研究提供了基本的、最初的理论透视。

其次，韦伯（Max Weber）所展开的一系列研究探讨了资本主义制度的结构特征，他的研究主题在于合理性问题。在现代社会的状况下，所有的社会制度、各种类型的组织机构的运行，只要适应了社会发展的需求，其本质就在于组织结构的理性化。经济制度如此，交易制度如此，法律制度如此，社会制度也是如此。在韦伯的论述中，最为重要的包括这样三个方面：一是对现代资本主义制度的来源的揭示；二是对合理性的划分，即目的理性和工具理性等的划分，以及它们之间的相互关系和在社会发展中的作用；三是对官僚体系的研究，建构了在现代社会中官僚组织模式的理想型特征。这些内容在后来的城市研究中占据着极为重要的地位，或者说正是在城市中，这些内容得到了最为全面的反映，因此也就成为了城市研究的关键。而韦伯本人也有专文来论述城市的概念及其发展。

三是涂尔干（Durkheim）的社会分工理论。涂尔干学说中的核心概念是机械团结和有机团结。所谓机械团结是指内部具有同质性的团体组织关系，因为有共同的血缘关系，或者有共同的生活方式、共同的精神寄托等等原因而获得认同和团结。与之相对应的是有机团结，这是由于其中的所有人在血缘与精神方面并不相同，相互之间只在实利方面具有互补性，大家从这些互补中获得了依存与凝聚，谁也离不开谁。他认为，在现今社会中，工作的专门化和社会分化的深化导致了一种新的等级制的有机团结。而从机械团结向有机团结的转变代表着社会的进步与发展，在此过程中，社会分工对社会发展具有重要作用。尽管涂尔干本人在其论著中并没有直接讨论城市问题，但正如布罗代尔所揭示的那样："没有起码的分工，就没有城市；反过来，没有城市的干预，就不会有比较发达的分工。"[12]因此，他的有关社会分工及在此基础上的互动作用的分析为后来的城市研究提供了重要的理论基础。

在社会科学领域中，20世纪最早的有意识地系统研究城市发展的理论体系是由芝加哥大学的帕克（Robert Park）和伯吉斯（Ernest Burgess）等人在20年代初创立的"人文生态学"（Human Ecology），世称"芝加哥学派"（Chicago School）。从最广泛的意义上讲，生态学主要研究的是有机体在环境中的相互作用关系以及与环境的相互关系。"人文生态学"则是将在20世纪初已经基本成型的植物生态学和动物生态学的基本理论体系尝试性地、有系统地运用到对人类社区（community）的研究之中。在这样的意义上，正如芝加哥学派的一个成员曾经说过的那样：人文生态学研究的是"人类和机构共生关系（symbiotic relationships）的空间方面"。就整体而言，人文生态学主要关心的是检验在社会中特定角色和功能（现在的行为模式）之间的独立性和相互依赖性。因此，它以人的群体作为研究对象，以描述人群与他们的物质环境（空间）之间的相互关系为主要内容。在这样的基础上，"芝加哥学派"及其后继者以经济理性作为思想工具，开创了对城市发展及其状况的体系化研究，提出了城市空间

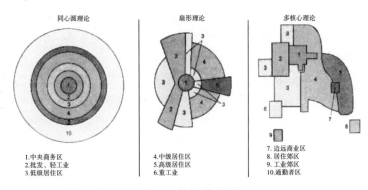

图3-10 芝加哥学派的城市土地使用模式图解

1.中央商务区　　　4.中级居住区　　　7.边远商业区
2.批发、轻工业　　5.高级居住区　　　8.居住郊区
3.低级居住区　　　6.重工业　　　　　9.工业郊区
　　　　　　　　　　　　　　　　　　　10.通勤者区

资料来源：James W. Vander Zanden.The Social Experience：An Introduction to Sociology.New York：Random House, 1988.548

结构的描述及其演变的经典理论，即同心圆理论、扇形理论和多中心理论等，成为城市社会学、城市经济学、城市地理学等学科相关研究的基点以及城市空间分布和土地使用配置的基础，人文生态学的理论贡献远不止提出了城市空间布局的基本模式，它所建立的城市理论研究的框架、对城市发展动态性的揭示以及把城市问题纳入到社会学考虑的范畴等等，直接影响并推动了对城市的多学科的分科研究和综合性研究，并为这些研究的综合提供了基本的方法论基础。

随着社会经济的发展，尤其是在市场经济的推动下，经济学得到了极大的发展，并逐渐成为社会研究中的一门主流性质的学科。经济学关注的是稀缺资源的分配，但尽管空间，尤其是城市空间同样也是一种稀缺资源，但正如著名经济学家马歇尔（A. Marshall）在其著作《经济学原理》所指出的那样："几乎所有经济问题的主要困难都是时间要素。"因此，经济学在发展的过程中更加注重时间的因素而较少考虑空间的内容。马歇尔认为，经济学所研究的问题在很大程度上都局限在对随时间变化而产生的相互作用中，因此，经济学问题主要"来自市场空间的大小和时间的长短的不同，比起空间影响，时间影响是更基本的因素"[13]。但随着工业经济的不断推进，经济发展要素的全面展开，经济学的研究必然会关注到，比如在哪里、为什么在那里发展某种类型的产业，土地经济包括城市土地经济等之类的问题，这是一个从产业经济开始发展、运用经济学原理解决实际生产问题必然会产生的问题。从这样一些问题出发，就引发出来了对区位理论的研究。通常所说的区位，就是某项人类活动所占据的位置，当然，所涉及到的位置实际上就是这项活动所占据的位置与其他活动所占据的位置之间的关系。各种区位理论就是运用经济学的理论和方法，试图为各项人类活动找到最佳区位，即能够获得最大利益的区位。区位理论的研究产生了两方面的效应，一方面是各类生产性活动在大区域中（比如国土范围内）如何进行分布的问题，即这些活动分布在哪些地区，其进一步的发展就促进了区域研究的推进，并成为区域规划的理论依据。同时，这些区位的选择以及经济活动所具有的集聚性，就会导致城市的发展，或者就会涉及到某些产业在一定的地区中选择到哪个城市之类的问题，直接规定和影响了具体城市的发展。另一方面是各类生产生活活动在城市中如何分布的问题，即这些活动在城市中选择怎样的区位，城市中集聚的各项活动之

间的分布关系，以及由于各种活动也都有同类活动相互集结的趋向，倾向于占据城市的固定空间，这些活动场所加上连接各类活动场所的交通路线和设施，便形成了城市的空间结构，因此，区位理论就成为了城市空间和城市土地使用分配和布置的重要理论基础。

现代区位理论起始于杜能（Von Thünen）的农业区位理论。根据他的研究，要使利润最大则必须使运输费用最低，以后的区位理论在很大程度上是沿着运输费用是利润的决定因素这样的方向发展的。韦伯（A. Webber）的区位理论提出，除了运输成本之外，生产过程的劳动力成本也同样是重要的因素，因此，他认为在找出最小运输成本的地点的基础上，再来考虑劳动力成本和聚集效益，以此作为对杜能区位的检核。胡佛（E. Hoover）的区位理论则引入了生产的规模报酬递减效应，他着重对产品市场范围及其划分进行了研究，他认为，在市场交易的过程中，运输成本是会随着距离的增加而发生改变，因此运输坡度（transport gradient）是对市场范围进行划分的主要变量。廖施（A. Lösch）在研究工业区位时引入了另一个空间变量——需求，从而改变了区位研究中仅从供应角度进行研究的方向。他认为最低生产成本并不能带来最大利润，正确的方法应该是找出最大利润的地方，这就需要引入需求和成本两个空间变量，并在此基础上建立了市场网络的理论（也称为廖施景观）。二次大战以前形成和发展起来的区位理论，着重于对单个企业（市场）在一定的假设条件下如何进行选择，或者多个企业相互之间如何划分市场范围的分析，它们的基本条件与杜能在研究农业区位时的假设基本一致，即建立在"孤立城邦"（isolated city state）的基础上。同时，这些研究在方法论上是寻求在静止平衡的条件下的最佳区位，而区位的选择又主要考虑经济的因素，这些在此后的区位研究中都遭到了批评，并促进了区位理论的进一步发展。

经济学发展的另一个对现代城市规划产生直接影响的方面是福利经济学说的形成。1920年庇古（A. Pigou）的《福利经济学》一书的出版，标志着经济学说史上第一次建立起了一个福利经济学体系。庇古的经济学理论确立了政府对市场运作进行干预与调控在现代社会中的必要性，同时也为政府干预与调控过程中进行选择与判断提供了具体的准则与工具，这些内容对于现代城市规划在处理社会经济变化状况时也同样适用。福利经济学主要是"从社会经济福利的角度

对市场经济体制的优缺点进行评价的经济理论，它研究市场经济体制下各种经济活动主要是私人企业的经济活动同社会经济福利之间的关系，研究社会经济福利最大化的标准和实现社会经济福利最大化所需要的条件，研究为克服市场经济体制的缺点、谋求社会经济福利最大化所应采取的各种政策措施"[14]。其实对经济发展的评价一直存在，但如何评价这种发展的好坏，则不同的经济学理论都从自己的理论前提出发来进行，这就导致了众说纷纭，无法进行相互的参照，也无法形成统一的基础。庇古的著作催生了福利经济学从社会整体的经济福利状况角度进行评价，从而找到了这种评价的共同基础，并为政府干预社会经济的发展提供了理论工具。但20世纪30年代后期开始的福利经济学研究则更多地从帕累托（V. Pareto）的理论中找到了新的分析框架。1906年，帕累托在《政治经济学指南》中提出的经济学命题成为福利经济学中的重要命题，即帕累托最优化原理，这一原理提出了判别福利状态好坏优劣的标准：如果某一经济变动改善了某些人的境遇，同时又不使其他任何人蒙受损失，那就标志着社会福利状态的改善，或社会福利的增进。如果社会经济福利已经不能在不牺牲其他人的经济福利的条件下得到进一步的增进，这就标志着社会经济福利达到了最大化状态，这就是帕累托最优化状态。帕累托的这一命题，是自由主义最基本原则的再阐释及其进一步推导，即你可以做任何事情但不能妨碍其他人做同样的事情，这既是自由主义思想体系的传统和基点，也与当时整个的社会思想体系是完全融合的。因此帕累托的论述不仅在经济学领域中被接受，而且在哲学、社会学、政治学等等领域中也获得了广泛的接受，成为对社会发展状态评价的重要标准。这一命题成为了福利经济学此后发展的最基本命题，以后的福利经济学发展几乎都是在延续、完善、修正和充实这一命题，如达到最大化的条件，在经济变动使某些人得益某些人受损情况下如何评判、如何调节，如何在经济活动或政策中运用这样的命题等等。福利经济学的研究为此后的城市规划在评价社会资源的分配、组织等方面提供了评价的依据和尺度，但这已是进入20世纪60年代以后的事了。

现代管理学的形成，对城市规划的发展也起了积极的作用。城市规划除了作为一种乌托邦思想的宣示和一种发展前景的描述之外，其真正意义的实现始终是以城市管理的方式得以运行的，其所拥有的执行权力始终是建立在政府的行政权力（police power）的基础之上的。因此，行政管理思想和方法等的演进对城市规划起到了重要的推进作用。管理也是一项从人类社会诞生起就已存在的实践性活动，但一直缺少对此的理论总结或研究，到19世纪末20世纪初的时候，"管理"工作也未得到很好的界定。法国工程师法约尔（Henri Fayor）在实践过程中对此提出的理论思考，改变了这种状况。他认为，管理（administration）具有普遍性，它可以运用到组成社会的各个方面；同时管理也是一门具有独立规律的学科，可以被研究也可以被传授。同时，他还提出了14条"一般管理原则"，他认为这就是管理的普遍性特征，这些原则包括：劳动分工、职权和职责、纪律、统一指挥、统一指导、个人利益服从总体利益、雇员的报酬、集中、等级序列、秩序、公平、人员保持稳定、创新意识和团结精神等。为了确保这些原则能得到有效的实践，管理者就需要运用计划、组织、指挥、协调和控制等手段。从某种角度讲，法约尔确立了现代管理科学的基本框架。而几乎与此同时，美国工程师泰勒（Frederick Winslow Taylor）所倡导的科学管理运动，一方面具体化了管理的方式方法，另一方面向社会普及了管理的思想和方法，并对后来的社会组织和管理产生了深远的影响。泰勒对工作进程进行测量的实验非常有名，即工时研究和动作研究，有人甚至将科学管理称为"秒表科学"就是这种认识的一种概括。但在科学管理中同样重要的是，科学管理将衡量或评价看作是管理工作，并由此创造出了一个全新的，致力于监督、衡量和观察的管理者形象。而更重要的是，在科学管理中，他建立了以效率为准则的、以理性分析为基础的、覆盖整个管理过程的合乎逻辑的方法，正如他在《科学管理原理》一书的引言中所说，他的意图是揭示"可应用于各种人类活动——从最简单的个人行为到大型组织的工作的科学管理的基本原理"，正是这种方法才奠定了科学管理以及泰勒对后世社会的影响。

有关于现代公共行政管理的研究源于美国学者威尔逊（Thomas W. Wilson）在1887年发表的《行政学研究》，他认为"执行宪法比制定宪法要困难得多"，并针对传统上将政治问题和行政问题混为一谈的状况，主张政治与行政相分离，第一次明确提出应该把行政管理作为一门独立的学科来进行研究。他强调了公共行政是值得研究的，但他本人并没有提出行政管理研究的具体内容。古德诺（Frank J. Goodnow）在1900年出版了《政治与行政》，指出政府有两种职能，即书名所表示的，并提出了"政治是国家意志的表达，行政是国家意志的执行"的名言。他指出，立法部门，在司法部门解释职能的辅助下，表达国家的意志并形成政策；而行政部门则公正而中立地贯彻这些政策。在19世纪末20世纪初，美国社会运动的重心开始由工人为改善劳动条件、争取自己权益的大规模罢工运动转向了改革政府、建立"好政府"的运动，而这项运动的主要内容就是针对政府行为中出现的大量腐败和缺乏效率，人们希望政府能超越于政治的纷争而全心全意地进行行政管理。因此这些理论都以划清行政管理与政治活动界限为基础，并以着力于提高行政管理的效能为出发点，从而成为政府改革的技术性指导思想。1906年，纽约市政研究局（New York Bureau of Municipal Research）成立，该机构由卡内基和洛克菲勒基金会资助，其目的就是改进地方政府的公共行政，探索提高城市政府效率的途径。而其成立后的第一项工作就是要求公开政府官方纪录，对政府部门使用预算资金后达到的实际状况进行评估，并通过与政府部门获得资金后如果能加以有效利用应该能够达到的状况进行比较，提出政府部门改善管理的方向，并将研究成果提交政府，对政府官员的任用等起到了关键性的作用。之后许多城市都学习纽约市政研究局的成功经验，在政府机关内设置同类机构，并将研究的内容扩展到预算、采购、核算、公共工程、公众健康等领域，1921年联邦预算局、1928年全国市政标准委员会的成立都可以看成是这一运动的高潮。而纽约市政研究局的研究方法是建立在泰勒科学管理的原理基础上的，它把它的计划限定在技术性方面，集中于尽量按照私人事务的效率原则实施对公共事务的管理，从而把科学管理的方法和效益观念联系在一起。他们还出版了《城市研究》杂志，迫切想"推进科学原则运用于政府"。在这一运动的推动下，在此后相当长的时期内，公共行政管理就是把科学管理的原理、技术和方法运用到行政管理上，以找到一种提高行政效率的最好方式。可以说，美国从世纪转换之际就一直在寻找的"好政府"形式，直到此时，才获得了基本的框架和理论的基础，从而为政府的改革奠定了基础。韦伯（Max Weber）有关于官僚制的论述，尤其是其《社会组织与经济组织理论》在1922年发表，为行政组织中的体制设计提供了重要的理论基础。韦伯说的官僚制组织是一种层次分明、制度严格、权责明确的理想的等级制组织模式。他认为，这种官僚制的组织是行政管理过程中组织结构理性化的必然结果，也是效率最高的组织形式。此后，在20年代后期和30年代初期，出现了一系列有关公共行政内容的研究，这一时期通常被称为"行政原理"运动，基本是工业管理中的科学管理运动的延续，重视研究行政管理的内部结构和功能，强调纯洁政府组织，提高行政效率，提出了一系列组织内部的管理原理和原则，把科学管理运动中的"作业分解法"运用到行政管理中，形成了后来被称为"行政目标分解法"的具体方法。1937年，古利克（Luther Gulick）和厄威克（Lyndall Urwick）编辑出版了《行政科学论文集》，标志着行政管理研究走向了体系化。在该书中，古利克和厄威克提出了代表行政管理七种职能的一个新词，即POSDCORB，它是由行政管理中的主要职能的英文字母的第一个字母组合而成的：计划（Planning）、组织（Organizing）、人事（Staffing）、指挥（Directing）、协调（CO-ordinating）、报告（Reporting）和预算（Budgeting）。他们还提出了适用于一切组织的八项原则：（1）目标原则；（2）相符原则；（3）职责原则；（4）组织阶层原则；（5）控制幅度原则；（6）专业化原则；（7）协调原则；（8）明确性原则。这些职能和原则的提出，并不在于其首创性，如法约尔的一些论述与之相类似，但却体现了对不同要素的重新组合和进行再阐述的综合性，从而为后来的研究者提供了基本的框架。值得一提的是，这本论文集是给弗兰克林·罗斯福总统的行政科学委员会（President's Committee on Administrative Science）的一份报告，为美国政府行政管理的改进起到了非常重要的引导性作用。

在美国的具体的政治社会背景中，现代城市规划的诞生从一开始就具有与政府行政管理行为结合在一起的综合性目标，正如亨利（N. Henry）所指出的那样："好的城市（城市美化运动）、正当而很好运行的城市政府（市政改革）以及有效率的地方政府（公共行政管理）是现代城市规划首要推进的目标"[15]。因此，也可以说，现代城市规划的发展始终是与政府的改革与行政管理实践的发展紧密结合在一起的。联邦政府商务部之所以在1922年提出《标准州立区划实施通则》（A Standard State Zoning Enabling Act），还可以说是为各州建立区划法规提供参考，而1928年提出《模范规划通则》（Model Planning Act）的草案，也就是后来广为人知的《标准城市规划实施通则》

（Standard City Planning Enabling Act），其目的如其所述当然是为了引导州立法机构允许地方政府开展城市规划工作，并鼓励在地方政府层次建立独立的规划委员会，但从另一方面可以看到，它也是为规范地方政府行为所提出的指南，是作为联邦政府提出的地方政府绩效测量的一个重要组成部分而提出的。之所以需要城市规划，其目的就是协调政府各部门之间的相互行为，以保证政府行为的合目的性和具有效率。因此，从《城市规划实施通则》的内容设定直至当今城市规划的实际运行状况来看，在美国的绝大多数城市中，城市综合规划（comprehensive plan）从严格意义上讲并不具有独立的法律地位，并不能对私人的开发行为进行控制，但是政府行为，无论是政府的财政预算的安排，还是政府各部门的公共设施的建设，都必须符合综合规划的要求。对于政府部门提出的项目建设，在申请政府预算或进行财政安排时，包括联邦政府对地方政府在城市建设项目方面的资助时，都必须具体说明该项目与实施城市综合规划之间的关系。只有那些符合城市综合规划内容或者能够促进综合规划实施的项目才能获得相应的财政安排，或者才被认为是正当的。因此，在美国的城市行政管理体制中，城市综合规划对政府行为具有极强的约束力，是政府行政管理体制的重要组成部分，是政府各部门建设与发展行为的依据。从世界各国来看，二次大战结束前后，城市规划基本上均已成为政府管理的重要内容，城市规划管理部门是政府部门的组成机构，城市规划的管理也就成为政府日常行政管理事务的一项内容，因此，行政管理的组织、管理方法等直接影响并制约着城市规划作用的发挥，同时也决定了城市规划内容的设定和具体方法的操作。

在此期间，还有两项研究对二次大战后的管理科学产生了重大影响。一项是 1927 年到 1932 年美国哈佛大学教授梅奥（T.E. Mayo）等人在芝加哥西方电器公司霍桑工厂所进行的研究，即著名的"霍桑实验"。这一研究最初是在科学管理理论思想指导下安排的，但其结果推翻了原有的传统的多种假设。霍桑实验证明：（1）工人是"社会人"而不是"经济人"；（2）金钱不是惟一的激励因素，存在着社会的心理方面的激励因素；（3）除了正式组织之外，非正式组织有非常重要的作用；（4）新型的领导者所需求的不是以工作为中心的技术技能，而是以人为中心的社会技能。另一项是心理学家马斯洛（A.H. Maslow）提出的需要层

次论。他在 1943 年首次提出这一理论，并在 1954 年出版的《激励与人格》中对此作了进一步阐述。他认为人的基本需要按其重要性和发生的先后次序可以分为生理的需要、安全的需要、感情的需要、自尊的需要和自我实现的需要五个层次。人们首先必须满足最基本的需要，并且只有在满足低一层次的需要之后才发展出满足高一层次需要的动机，这种过程是逐层发展的，并且是不可逆的。按照这种理论，管理者在管理过程中必须把人的因素作为一种重要因素加以考虑，对人的激励的方法是否得当，直接影响工作效率和组织效率。这两项研究成果在二次大战结束前对管理科学的发展并没有带来直接的影响，但对战后行为科学，尤其是对管理学领域的行为主义研究方法论的形成和发展产生了重大影响。

三、区域研究与区域规划的兴起

随着城市的发展，城市和乡村的关系，尤其是城市和城市周边地区甚至更大范围内的区域联系成为城市发展的关键性的问题。格迪斯（P. Geddes）的研究已经揭示了城市问题的解决不能就城市而论城市，必须与区域相结合，城市发展的动力来自于区域，因此，对城市的规划实际上也必须是在更大的区域范围来进行研究。进入 20 世纪 20 年代以后，对区域的研究和区域规划的实践得到了广泛的重视，不同的学科，尤其是经济学、地理学的不断加入和对区域发展的理论研究，同时城市规划有目的地拓展了规划的领域，这些都为 20 世纪 50、60 年代以后"区域科学"的形成奠定了基础。

最早开展区域性规划研究的主要是一些大型的中心城市，如对后来产生重大影响的区域研究是在 20 世纪 20 年代初开始进行的纽约区域规划。20 世纪 20 年代初，在西方尤其在美国正处在经济繁荣时期，经济基本上已经从 19 世纪末的萧条中恢复过来，并逐步进入到发展的鼎盛时期，而新的经济危机尚未显现。19 世纪末和 20 世纪初曾经风起云涌的以工人罢工为特征的社会运动开始平稳下来，社会进入到稳步快速发展阶段，并充满着对美好前景憧憬的乐观情绪。在此背景下，针对纽约市的实际发展状况及其需要，1923 年纽约成立了一个非营利的、非政府的区域规划组织——区域规划委员会（Regional Plan Association），该委员会的成员包括了经济学家伍德（Edith Elmer Wood）和蔡斯（Stuart Chase）；建筑师阿

克曼（Fredrick L. Ackenman）、斯泰因（Clarences S. Stain）和亨利·赖特（Henry Wright），进步思想家芒福德（Lewis Mumford）和麦凯（Benton Mackaye），以及鲍尔（Catherine Bauer）和迈耶（Albert Mayer）等二十余人。这个由有名望的建筑师、工程技术人员、行政管理人员及城市学家参加的工作小组，在慈善机构——罗素·塞奇（Russell sage）基金会的资助下，在英国人亚当斯（Thomas Adams）的指导下开展工作，研究编制了纽约的区域规划。这一规划本身并不具备政治权力，但对纽约地区的区域发展和全美甚至世界范围内区域规划的发展都产生了重要影响。正如利佛（Levy）所说，它"不仅有助于知道纽约地区的发展，而且成为未来几十年许多其他大都市区域规划工作的参考模型"。[16]

由于区域规划协会中包括了许多不同领域的专家，在经过多次跨专业争论的基础上，形成了相对统一和比较完整的区域规划的观念。这一观念既与建立在爱默生（Ralph Waldo Emerson）、梭罗（Henry David Thoreau）等自然主义思想基础上的美国公众对生活居住地的观念密切相关，同时又与20世纪初形成的后来

被称为"年轻美国人"（Young American）的文化批评家们的思想观念有密切联系，芒福德（Lewis Mumford）在其中起到了非常重要的作用，他本人即被称为"年轻美国人"的四杰之一[17]。并且，在接受了格迪斯的区域观念和霍华德的田园城市思想的基础上，他们激烈反对大城市不加选择的扩散，对城市的无计划蔓延尤为愤慨，他们希望通过运用最新的城市经济分析技术，并通过有机和均衡的规划，来实现全新的、城市的发展和区域的布局相结合的整体式的发展模式。从1923年到1931年，该委员会陆续完成并出版了一系列区域规划的报告（共8卷10本，其中第一卷共3本）。这些报告所反映出来的基本观念和具体方法，与当时政府的主导性观念是不尽相同的，有些甚至是相反的，但这些报告具有极强的生命力，不仅为广大的知识人士所接受和支持，而且为后来的纽约领导人及其他城市的大量政治家所认同。

在该项规划中，规划人员首先对纽约的区域范围进行了界定。他们选用的划定纽约区域规划范围的标准主要包括：（1）区域边界涵盖这样一个地区，在这个地区中，人们能够并可以在一个合理的出行时间里

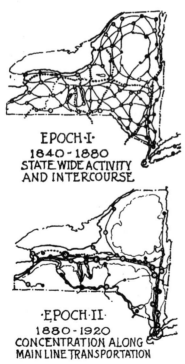

（1）区域规划联合会所描述的纽约州城市化的两个阶段

资料来源：Richard Plunz.City：Culture：Nature：The New York Wilderness and the Urban Sublime.2002 见：Peter Madsen，Richard Plunz 编.The Urban Lifeworld：Formation，Perception，Representation.London and New York：Routledge.47

（2）该联合会的宣言，由芒福德（Lewis Mumford）编辑

资料来源：Peter Hall.Cities of Tomorrow：An Intellectual History of Urban Planning and Design in the Twentieth Century（3rd ed.）. Oxford and Malden：Blackwell Publishers，2002.157

图3-11　美国区域规划联合会（RPAA）

从居住地到工作地；（2）它们应该包括一个大规模的边缘娱乐区，并能容易地从娱乐区到达大都市区中心；（3）它们沿着城市的边界和边缘线围合；（4）也需要考虑一些自然地形的特征，如分水岭和航道[18]。根据这些标准而划定的区域有1000多万人口，覆盖的地域空间范围为5528平方英里[①]，其中，只有300平方英里是在纽约市管辖的范围内，其余的由纽约州中附近的县、康涅狄格州的费尔菲尔德县和大约2000平方英里的新泽西州的毗邻部分组成。该规划认为纽约地区的居住人口的极限是2000万人。报告建议，必须对这2000万人口进行有序的安排，将高度拥挤地区的密度降到适当程度，通过郊区的发展来接受这些过度拥挤地区疏解出来的人口，因此，郊区是未来发展的关键。但这些报告并不像英国的一些支持区域规划的理论家所提倡的那样反对城市的集聚发展，他们认为城市仍然是高度集中的，摩天楼仍然是大城市的典型形态，也是纽约市生命力的体现，但必须适当予以限制，因此，他们赞成在纽约区划法规中对高层建筑的开发进行限制的政策，认为这是解决城市问题非常有效的措施。报告还建议，在发展郊区的同时，也应将城市中心的功能疏解，在城市的外围建设新的、分散的第三产业的中心。同时应加强城市政府对城市的管理，尤其要对清除贫民窟的工作加以监督。区域规划的报告强调，政府对一些社会事务的管理应予以加强，但这并不意味着必须由政府来统揽所有的城市发展事务，对有一些事务应当充分发挥私人体系的积极性，发挥与加强市场的作用。比如在交通发展方面，他们认为要解决城市交通问题就必须通过私人交通系统大规模扩张以及随之而来的基础设施的完善来进行，政府和市场的作用同样重要。从这里非常简单的描述中可以看到，该委员会的报告在思想上具有相当的综合性，他们既接受城市的分散发展（从论述中可以看到他们对这一点更为看重），也接受城市的集中发展；他们能接受对城市发展的政府管理和控制，同时他们也能接受私人发展和通过市场机制来进行相应的调节和提供适当的服务等等。这种对理想与现实、不同思想观念进行综合

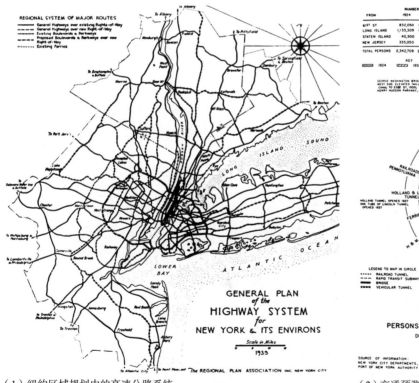

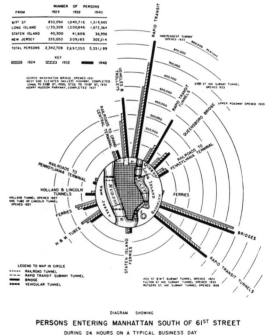

（1）纽约区域规划中的高速公路系统

（2）交通预测分析，图表显示了1924、1932、1949年每天进入曼哈顿的人数

图3-12 美国区域规划联合会编制的纽约区域规划

资料来源：Manfredo Tafuri, Francesco Dal Co.Modern Architecture：History of World Architecture.1976.刘先觉等译.现代建筑.北京：中国建筑工业出版社，1999.196、197

① 1平方英里 ≈ 2.59km²

的观念并作为实践中予以贯彻的指导思想,在20世纪上半叶的城市规划理论和实践中还是很少出现的。

正由于这项规划在思想上的综合性以及在内容方面具有非常广泛的覆盖面,因此对学术界和各地区政府部门产生了很大的影响,正如利佛(J.M. Levy)后来所评论的:"按照现代标准,规划也许过于关注自然特征和资本投资,而忽略了一些社会和经济问题。但它仍然是一个很著名的规划,因为它提供了一个包括上百个独立城市在内的三州联合区域的统一视角。"[19]而更为重要的是,该项规划实际上担当了现代区域规划的启蒙作用,既创设了现代规划的理念,同时也促进了各地区域规划的开展。美国20世纪30年代各州区域组织的成立和区域规划的开展,以及罗斯福总统"新政"期间对区域问题的重视等,在很大程度上与纽约区域规划所展现的理论上的完善性和实践上的乐观向上的状态有着极大的关系。

纽约区域规划不仅在区域规划这个层面进行了全面的探索,并为后人留下了许多经验,同时,在该规划开展的过程中,还提出了一系列的理论,并从事了具体的发展实践,成为后来城市规划和其他学科的宝贵财富。其中最为重要并对后来的城市规划发展产生过重要影响的有以下几个方面。

(1)该委员会的一些成员参与了纽约州发起的一项调查,该调查主要是针对低价住宅问题,并继之成为一个涉及面广泛的区域规划设计。正如塔夫里等所指出的:"这项工作所使用的谨慎的分析方法及其所牵涉问题的复杂性,使之成为进步的美国规划专家作出的最重要的贡献之一。"这项调查所获得的经验以及所提出的一些对策,也成为此后政府干预和参与公共住房建设的重要基础。

(2)佩里(C. A. Perry)的"邻里单位"理论的提出就是在研究区域规划中的社区建设规划过程中提出的,并首先在区域规划报告的第七卷中于1929年发表的。该理论的目的是要在汽车交通开始发达的条件下,通过对家庭生活及其周围环境的组织,来创造一个适合于居民生活的、舒适安全的和设施完善的居住社区环境。"邻里单位"理论是20世纪城市和郊区居住区规划和建设的理论基础。

(3)新泽西州的新城雷德朋(Radburn)的建设,这是由斯泰因(Clarences S. Stain)和亨利·赖特(Henry Wright)共同设计的。该项规划和设计一方面其设计者是区域规划委员会的成员,另一方面又是作为纽约区域规划实施的一项内容,并随着区域规划而引人注目的。该规划继承了田园城市的传统并运用了近郊居住区规划的技术手段,应用了"邻里单位"理论并结合汽车交通的发展,提出了"大街坊"(superblock)的概念,建立了由人行与汽车交通完全分离和尽端路组成的道路体系,确立了后来在北美的郊区建设中广泛运用的"雷德朋(Radburn)原则"。

几乎与纽约区域规划工作开展的同时,伦敦也在

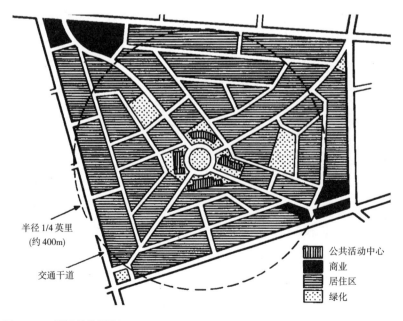

半径1/4英里
(约400m)

交通干道

公共活动中心
商业
居住区
绿化

图3-13 邻里单位图解

资料来源:Leonardo Benevolo.1986.薛钟灵等译.世界城市史.北京:科学出版社,2000.985

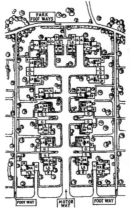

（1）雷德明规划总图

资料来源：A.B.布宁 T.Φ.萨瓦连斯卡娅，1979. 黄海华译.城市建设艺术史——20世纪资本主义国家的城市建设.北京：中国建筑工业出版社，1992.59

（2）典型邻里布局与步行通道

资料来源：Craig Whitaker.Architecture and the American Dream.New York：Clarkson N. Potter，1996.53

图3-14　1928年由斯坦因规划设计雷德朋（Radburn）镇

1927年成立了大伦敦区域规划委员会，田园城市运动的积极推动者昂温（Raymond Unwin）担任了这个委员会的技术总顾问。针对伦敦人口的快速发展和城市不断向外扩展以及从20世纪20年代开始的人口大规模向郊区迁移的状况，昂温建议在现有建成区的外围建设一条环绕的绿带，阻止城市继续向外扩张，并将伦敦中心城区过度集聚的人口疏散到周围新建的一系列"卫星城"中去，避免城市的蔓延式发展。昂温认为，霍华德提出的田园城市设想，兼有了城市和乡村的特点，是一种理想的新型城市结构形式。但尽管在20世纪初已有了初步的实践（昂温本人就是第一座田园城市莱契沃斯（Letchworth）的规划师和建筑师），但在其他的实践中，却分化为两种不同的形式，一种是农业地区的孤立小城镇，自给自足；另一种是城市郊区，那里有宽阔的花园。这两种形式都无法达到霍华德的意愿，而且也恰恰是霍华德一直反对的和想要避免的城市发展形式。因此，昂温根据霍华德田园城市布局在形态上就像行星周围的卫星，在考虑伦敦区域规划时，建议围绕伦敦周围建立一系列的田园城市，并将伦敦过度密集的人口和就业岗位疏解到附近的田园城市之中去。由于当时"田园城市"已被

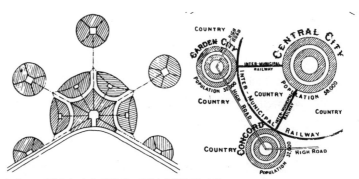

（1）卫星城市概念与霍华德田园城市设想的比较

资料来源：Manfredo Tafuri，Francesco Dal Co.1976.Modern Architecture：History of World Architecture.刘先觉等译.现代建筑.北京：中国建筑工业出版社，1999.24

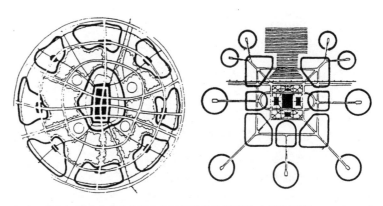

（2）20世纪初两个有关中心城市和卫星城关系的图解。左图为怀特（Von Whitten）所提出的，右图为昂温（Raymond Unwin）所提出的。两个模式尽管在图形上各有不同，但它们的含义基本上是一致的

资料来源：Andres Duany，Elizabeth Plater-Zyberk，Robert Alminana.The New Civic Art：Element of Town Planning.New York：Rizzoli，2003.15

图3-15　卫星城市的概念

用于泛指伦敦周围的郊区建设——兼有城市生活方式的城郊社区，因此，昂温使用了卫星城的说法，并对卫星城的形态和组织进行了全面的论述。在昂温的积极推广下，卫星城在后来相当长的一段时期内成为一个国际上通用的概念，这一概念在此后的使用中甚至比田园城市更为广泛，其他国家更主要是接受了卫星城的概念。

在20世纪20年代末，欧美国家经济的持续发展以美国股票市场崩溃所引发的一场巨大的经济萧条为转折，并在此后的几年中，整体的经济条件不断地恶化。1933年初罗斯福（Franklin D. Roosevelt）就任美国总统宣誓就职时，美国的失业率已经达到了25%，商品和服务的货币价值几乎下滑到1929年的一半。到这个时候，市场经济体制已经无法有效地运作，更不可能指望它来统合起社会资源进行生产，这是先前政府努力做了大量工作但无法获得成效的原因所在。因此，罗斯福总统就任后，就开始实行国家的调配，通过国家的干预甚至直接参与到经济事务中来启动整个经济系统。罗斯福总统的一系列政策措施被统称为"新政"（New Deal）。新政的这一意识形态对美国城市规划的发展产生了重大影响，而且可以说，美国的现代城市规划体系真正全面而有效的运作就是从这一时期开始的。正如利佛（J.M. Levy）对这一时期的规划所评说的那样："20世纪30年代是美国规划史上的特殊时期，它唤醒了关于规划的极大乐观主义态度，实际上，开辟了规划的一些新领域。"[20]这些新领域涉及到许多方面，其中最为主要的、与城市规划后来的发展直接相关的主要体现在以下一些方面。

首先，在联邦政府的支持下，创设了一些规划工作的内容和规划机构，使规划成为政府一项日常性的、到后来甚至是必要的职责和工作。在联邦政府的作用下，通过联邦基金的安排，对城市和区域规划起到了重要的推进作用。联邦基金提供了规划师在政府中的职业岗位，即作为在政府机构中增加规划部门和规划师工作岗位的配置标准，其实质上也就是对规划工作的认可，同时也为这项工作的开展提供了标准。许多城市利用联邦基金建立和配备了规划部门，开发地图和数据库，制定了规划的规则，并举行了许多规划竞赛等，促进了规划事业的开展。但这一时期，由于经济增长缓慢，从财政上制约了20世纪30年代规划工作的环境，许多规划也只是简单框架，但至少联邦基金可以帮助城市和州政府在人员配备和专业技术机构

的组成上进行建设。在联邦基金的支持下，同时也由于州政府出于其自身利益的考虑，各州的规划机构迅速地建立起来，到1936年，全美国除一个州以外，所有的州都成立了州规划委员会。这些规划委员会在对规划的认识以及思想观念和意识上存在着较大的差异，如大多数州，特别是农业在经济中占主导地位的州，主要关注自然资源保护和农田保护；另外一些州则更加关注城市问题，包括住房质量、污水处理、水污染、合适的娱乐设施供应、公共财政以及城市管理等。与此同时，政府对城市发展的问题也越来越重视。1937年，联邦政府的国家资源委员会发布了一份题为《我们的城市：它们在全国经济中的作用》报告，该报告对当时的城市现状及城市问题提出了较权威的理论性阐释[21]。该报告提出，很多城市问题的产生是由于公众对城市问题本身的忽视所造成的。报告指出："美国成为一个城市化国家已有20年了，但本报告是第一个全面探讨美国城市问题的全国性、官方的、全面的报告"。报告探讨了美国城市发展的活力，并列举了城市32个问题。排在前面的问题是失业和贫穷问题，还有就是政府管理的无序和缺少市政部间的合作，其中也包括污染、贫民窟和犯罪等。在解决的对策方面，该报告反对实现全盘的分散化和放弃中心城市，而是认为通过系统规划和治理，完全可以均衡地发展城市和郊区。

其次，从这个时期开始，联邦政府开始关注一个地区低成本住房的供应问题，其目的在于，第一是改善穷人住房条件，避免在经济萧条时期社会矛盾的激化；第二是通过增建住房以刺激经济的增长。在联邦层次，政府组建城市房地产公司，直接参与公共住房的建设，但后来最高法院的一项判决否定了政府参与公共住房建设的合法性，联邦政府不得不退出直接参与公共住房的建设，但联邦政府并没有就此退出这一领域，而是改变方法，通过向地方公共住房机构提供资金和操作上的支持继续发挥作用。直至现在，在美国仍有超过100万套的公共住房和几百万套由政府补贴、私人拥有的住房，这就是在大萧条时期形成的。此外，联邦政府还进行了大量的住房制度的改革，这些改革并不直接表现在规划领域，主要是对住房金融产生了很大的影响，如，由联邦房屋管理局（FHA）实施的抵押保险。这些政策在20世纪30年代就已经对美国的居住形态产生影响，而到二次大战结束后的全面郊区化时期则具有直接的推动作用，甚至可

以说这一政策直接改变了美国整体的城市和区域的空间形态。

此外，从20世纪30年代中期开始，结合区域规划的开展，在规划思想上明显受到欧洲、尤其是英国的影响，联邦再安居管理局（Resettlement Administration）开始筹划在一些地区开展新城的建设。这一计划在一开始得到了广泛的支持，但在1938年国会终止了这一计划，尽管这样，仍然有3个新城基本形成，它们是：马里兰州的绿带城（Greenbelt）、俄亥俄州的绿山城（Green Hills）和威斯康星州的绿谷城（Greendale）。这3个新城完全是按照田园城市的理想进行布局和组织的，在内部的设计上也是按照欧洲已经相对比较成熟的新城规划原则和美国的实际需要以及纽约区域规划所提出的布局方式开展的。绿带城位于华盛顿郊外，用地面积约为100hm²，有1000套住宅。其道路结构按照雷德朋（Radburn）的道路规划的模式进行修正后，形成住宅区内外有两条圆弧状的主干道路，在两条主干道的中间铺设人行步道。公共设施中心安置在圆弧的中心，在步行条件下保证了适度的服务半径。在城市道路下开辟地下人行道，以保证行人安全。绿山城位于辛辛那提城市的郊外，由3000套住宅组成，这个住宅区比绿带城采用更多的曲线道路，但基本上也是一种不完全的雷德朋（Radburn）体系。绿谷城位于密歇根湖西岸密尔沃基市的郊外，最初规划建设3000套住宅，但实际只建成750套，这个新城的规划与以上两个不同，基本不采用曲线道路，并且人口密度也相对比较高。

与此同时，在美国还出现了新的城市改造的做法，这一做法的产生与大萧条时期的经济振兴有关，而且也与对城市发展的认识有关。当时的经济学家和联邦政府的官员已经预见到，随着中产阶级向郊区的不断迁移，城市中心区的改造会遇到比较大的麻烦，这些麻烦主要来自于人口外迁带来的城市中心区财政的困难，使得政府无力改变中心区破落的形象，而人口的外迁又会使私人资本向郊区转移，加剧郊区的建设投资而削减中心区的投资总量；另一方面，由于城市中心区的土地价格较高，而更为关键的是土地分散，征收一整块土地进行建设有很大的困难，这样中心区的改造与郊区建设相比较就会处于弱势，因此需要有特殊的政策和手段来解决或缓解这样的困难。因此，在联邦政府的动议下组建城市不动产公司（City Realty Corporation），这种公司可以利用联邦补贴，并且作为

（1）威斯康星绿谷平面

资料来源：Leonardo Benevolo.1960.邹德侬，巴竹师，高军译.西方现代建筑史.天津：天津科学技术出版社，1996.620

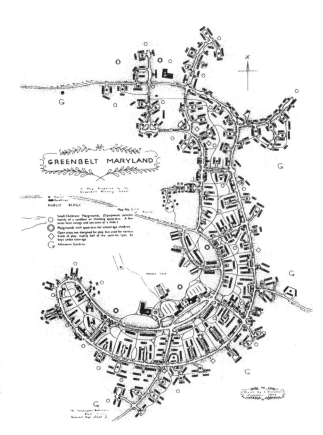

（2）马里兰（Maryland）州的绿带城（Greenbelt）

资料来源：Andres Duany, Elizabeth Plater-Zyberk, Robert Alminana. The New Civic Art: Element of Town Planning.New York：Rizzoli, 2003.141

图3-16 美国的新城建设

政府公司具有以低成本获取市场开发场地权力。后来由于美国参加到第二次世界大战之中，再加上意识形态上的阻扰，城市不动产公司在实施了一段时间后作为政府公司的作用被否定了，但这一解决问题的思路在第二次世界大战结束后不久又得到了推行，在改换了一个名称后，成为1949年《住房法》（Housing Act）的一个基础，并开创了城市更新（Urban Renewal）运动。可以说，城市更新的概念基础和组织形式也是在大萧条时代奠定的，而城市不动产公司也成为英国城市开发公司（Urban Development Corporation）的样板。

大萧条时代形成的对后来美国的城市和区域空间形态带来重大影响的另一个创举是第一次对州际高速公路体系进行规划和建设，尽管这种建设最初的一个很重要的出发点是用以工代赈的方式解决就业和增加工人收入的问题，并以此来启动整体经济的好转，

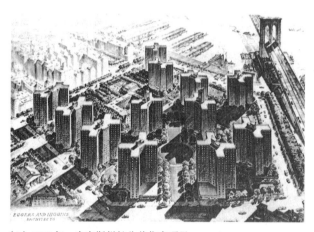

（1）1948年，史密斯州长公共住房项目

（2）1945年，Stuyvesant镇的公共住房

图3-17 二次大战结束后，纽约的公共住房建设

资料来源：Eduardo E. Lozano. Community Design and the Culture of Cities：The Crossroad and the Wall，Cambridge.New York and Melbourne： Cambridge University Press,1990.285

但实际所起的效果却整体性地改变了美国的空间形态。它同时也开创了美国历史上最大的单项建设项目——州际高速公路系统的建设。第二次世界大战改变了这一进程，但此后随着《高速公路法》、《国家防御高速公路法》等法规的颁布又进一步推进了高速公路的建设。

大萧条的形成和此后的治理使国家的意识形态发生了改变，而"新政"的实施则强化并推动了新的国家意识的普遍化。在这一时期，国家资源规划委员会（NRPB）作为联邦政府的组成部门组建了起来，而该机构的实际效用则被罗斯福政权称为智囊团。这一机构带有极为明显的通过中央调控的国家主导发展、有计划地进行全面建设的意识，在特格韦尔（Rexford G. Tugwell）的领导下做了大量有益的工作。该委员会的贡献之一是在全国范围内进行的自然资源普查，此外，积极支持和推进地方和州政府的规划工作。虽然该委员会从来没有完成左倾激进主义的梦想，并在1943年被国会解散，但它所建立起来的规划体制和思想却一直影响了美国地方和州的各项规划事业的发展。在这一时期，全面的区域规划得到了发展，其中最为著名的就是田纳西河流域管理局（Tennessee Valley Authority，简称TVA）的工作。

田纳西河发源于田纳西州东部的坎伯兰山脉，河流向西流去，向南转入亚拉巴马州的北部，然后蜿蜒向北，在俄亥俄河与密西西比河交汇处上游几英里处的肯塔基州帕迪尤卡汇入俄亥俄河。其流域面积一半以上在田纳西州境内，但是其流域还包括弗吉尼亚州、北卡罗来纳州、佐治亚州、亚拉巴马州、密西西比州和肯塔基州的部分地区。田纳西河原始状况的特点是春季流量大，经常有毁灭性的洪水，而夏季枯水，不能航行。这种灾害事件的强度和频率抑制了开发，使这一地区一直处于贫困状态。对这个河谷地区进行综合开发的想法是在第一次世界大战后就提了出来，并得到了地方的支持，但由于跨了多个州，再加上需要大量的集中投资，因此在没有联邦政府大规模投入的基础上是难以全面规划和开发的。而在这个地区，联邦政府已经在这个峡谷进行了一些零星的投资，在第一次世界大战将要结束的时候，联邦政府已经开始在田纳西河上建造发电用水坝和利用所产生的水电能源制造炸药用硝酸盐的工业设施。水坝于1925年完工。战时所进行的这项投资为更多的开发项目理所应当地利用原有的公共投资提供了依据。原本用于在战时制

造炸药的硝酸盐厂在和平年代主要用于生产化肥。1928年国会通过立法，要建立类似于田纳西河流域管理局的组织，但是被当时的总统柯立芝否决了。大萧条的到来改变了政治上的均衡，在1933年4月，罗斯福总统要求通过立法建立一个权力机构，国会很快予以批准。该法案建立了单一的权力机构，即田纳西河流域管理局，处理这个地区内与水资源开发和政策有关的所有问题。其动机既包括创造就业机会，也包括减轻该地区长期以来的贫困。田纳西河流域管理局成立后，作为一个跨越多个州的联邦区域规划和建设管理机构，为跨地区的统一建设和管理，为泄洪、发电和保护自然资源等主要方面都提供了一种综合性的工作方法。在那些有助于发挥政府极大作用的机构当中，作为一个实现大规模区域规划的典型，田纳西河流域管理局起到了积极的示范作用。

为了治理洪水，这条河上的很多地方修建了水坝，这些水坝同时也用来发电。水电使工业实现了电气化，并且提供工业所需的能源。当该地区的经济发展所需要的电能增加，超过了这条河流所能提供的数量，以及第二次世界大战以后的年份，田纳西河流域管理局也开始利用化石燃料和原子能所发的电。船闸的修建使这条河流上从田纳西的诺克斯韦尔（Knoxville）到密苏里河并由此到密西西比河能够通航，从而为地区商业增长作出了贡献。修建的水利工程而形成的湖为居民带来了娱乐活动，也为该地区通过旅游业创造收入而发展经济提供了条件。作为一项计划，同时也是一项试验，田纳西河流域管理局的工作招致的评价褒贬不一。从政治权利来看，它因为具有社会主义色彩并允许政府与私人能源公司进行不公平的竞争而受到批评。实际上，在此之前，电力能源公司就曾经提起诉讼，要求禁止政府实体出售电能。官司一直上诉到联邦最高法院，最高法院支持了政府实体生产和出售电能的权利。田纳西河流域管理局也受到左派的批评，批评其过于谨小慎微，步伐过于缓慢，这个机构的工作一直集中在少数几个领域——治理洪水、通航和发电——避开了更为综合的规划应当担当的社会工程师的角色，而对社会改革没有带来重大的本质性的影响。它的支持者则称这个机构为该地区提供了优质的服务，控制了洪水，使田纳西河的主

要河段（长达652英里①以上）能够通航，还为区域提供了廉价的电能。它也使得这个处于欠发达州的区域富于竞争力，而不是走向衰退。虽然田纳西河流域管理局的试验在美国从来没有重复过，但是这个项目作

（1）田纳西河流域水利控制系统示意图

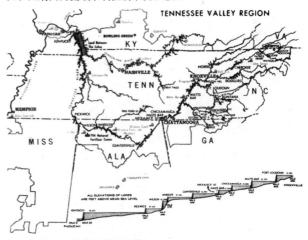

（2）地区电力生产与分配系统

图3-18　田纳西河流域规划
资料来源：Manfredo Tafuri, Francesco Dal Co.1976.Modern Architecture: History of World Architecture.刘先觉等译.现代建筑.北京：中国建筑工业出版社，1999.212

---

① 1英里 =1.609344km

为一个进行区域开发的案例已经成为美国其他地区以及来自世界各发展中国家的规划者、经济学家和政府官员研究的对象[22]。

在此时期，在美国和欧洲对区域布局和发展还有不少理论的探索。其中对后来城市与区域发展以及相关的理论研究产生重要影响的有这样两项：一是美国建筑师赖特(F. L. Wright)提出的广亩城市（Broadacre City）设想；二是德国地理学家克里斯塔勒（W. Christaller）提出的中心地理论。赖特的思想深受美国启蒙思想的影响，对自然环境有着特别的感情，他从人的感觉和文化意蕴中体验着对现代城市环境的不满和对工业化之前的人与环境相对和谐状态的怀念，于1932年提出了广亩城市的设想。他提出应该把集中的城市重新分布在一个地区性农业的方格网格上，每一户周围都有一英亩的土地来生产供自己消费的食物和蔬菜（城市居民和产业职工自己种食物是1929年经济大萧条后美国经济恢复中的重要措施，一些大公司对此有强制性的规定并以此来度过公司的困难时期）。居住区之间以高速公路相连接，提供方便的汽车交通。沿着这些公路，建设公共设施、加油站等。赖特认为，广亩城市是一种必然，是社会发展的不可避免的趋势。应该看到，赖特的这一思想是美国知识分子中关于城市发展思想的一种体现，这一设想将城市分散发展的思想发挥到了极点，并且成为美国在20世纪60年代

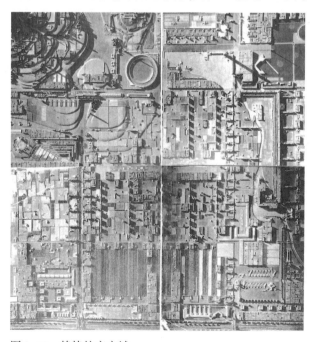

图3-19　赖特的广亩城
资料来源：William J.R.Curtis.Modern Architecture Since 1900（3rd ed）.London：Phaidon，1996.316

以后出现的普遍郊区化的指针。德国地理学家克里斯塔勒在1933年出版的探讨南部德国的城市区域空间分布的论著中，通过对城市分布的实际状况进行概括和提炼，提出了中心地理论，他认为，人类聚居地并不是均匀地分布在地球表面的，而是围绕着一些中心集聚形成的，从而构成城市与乡村的分离，并进而由中心地体系架构起大地景观。他指出，"地球上没有一个国家不是由规模不等的中心地网络所覆盖着"。根据中心地理论，城市的布局遵循一定的规律，形成一定的秩序。克里斯塔勒通过对中心地的等级性、货物供给和服务的范围等分析了中心地的构成，并在市场原则、交通原则和行政原则的基础上提出了一个均衡的中心地空间秩序——有规律递减的多级六边形空间模型。廖施（A. Lösch）在讨论市场地的网络体系时，在不知道克里斯塔勒研究成果的情况下，运用纯粹逻辑推理和数学演算的方法得出了几乎完全相同的结论。中心地理论的提出奠定了区域规划，尤其是城市分布研究的重要基础，同时也为区域规划的开展提供了理论基础。经过一系列后来学者的补充、完善，在区域规划层面上得到了广泛的运用，如20世纪60年代中期西德颁布了《联邦空间整治法》（BROG），其整治的基础——"点轴开发"模式就是建立在中心地理论的基础之上的。

在西方各国普遍开始重视区域规划的同时，在建立了社会主义制度的前苏联，由于意识形态和实际发展的需要，在十月革命以后的快速城市发展和建设中，也高度重视区域规划对社会经济发展的作用，而其建立在新的制度体系框架下的区域生产力和人口聚居地规划为这一时期城市和区域规划理论提供了试验的舞

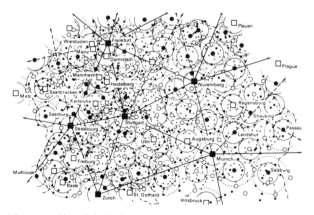

图3-20　德国南部的中心地
资料来源：John R. Short.An Introduction to Urban Geography. London，Boston 等：Routledge & Kegan Paul plc，1984.36

台，同时也对后来的西方区域规划产生了多重影响。

十月革命胜利之后，在苏维埃政权最初的年代里，为了求得在西方各国包围中的生存和独立，提出大力发展经济，尽力实现国家工业化。结合战略布局，为了合理开发资源，中央政府采取有计划地配置生产力和在国土上均衡发展城市的政策，促进了对城市规划与建设的新原则和新方法的探索。前苏联从1920年起在全国实施电气化计划，在各地建设发电站，并在当时资源开发比较落后的地区，开始建设大工厂，工厂周边建设城市和集镇。新城市在不断地新建，老城市又随着工业的迅速发展而急剧增长，因此城市问题得到了广泛的重视。前苏联早在1917年就实现了土地的国有化，建设工作由公共财政机关掌握。在有计划、均衡发展，尤其是消除城乡差别思想的指导下，规划人员重新对人口分布进行了研究。他们认为人口过分集中的现象必须制止，现有特大城市的发展必须进行全面的控制。1928年开始的第一个五年计划，规定建设许多新工厂，新工厂的就业人数约需100万人，在此期间开始了60个新城市和大型工人镇的建设并进行了30个大城市的改建工作。随着大规模工业化的推进，新城市建设的步伐得到不断的加快，到1941年共出现了285个新城市。这些新城市的地理位置的分布，体现了均衡配置生产力的政策，很多新城市就建设在边远地区，如东西伯利亚、西西伯利亚、远东等地区。

联共（布）中央委员会1931年6月全体会议的报告将当时苏联区域发展的指导思想表述得非常清楚："……我国社会主义城市发展的特点是：生产力的适当分布和全国自然资源、动力、原料的充分利用，引导我们走向消灭城乡对立的道路，那就是说在从前那些没有工业的、落后的、野蛮的地区，发展现代化

的工业并创造高度的社会主义城市文化。"该次大会最后颁布的关于"编制和批准苏联各城市与其他居民点的规划和社会主义改建方针"的决议，既是对此前区域和城市规划的总结，也是此后区域规划和城市规划的指导性方针。实际上，从20世纪20年代开始，前苏联已经出现了很多对城市及区域如何发展的理论探讨。他们把城市建设问题和全国人口分布结构的问题联系在一起，并且特别重视克服或至少是大大缩小城乡居民的生活差别。在进行区域规划时的主导思想是要消灭城乡差别，改变社会经济发展对城市的依赖，因此，在城市和区域发展的理论探讨中，在特定的思想意识形态的主导下，大家都有意识地不使用"城市"这个词，他们企图找到符合社会主义原则的新的居民点组织形式，而这也一直影响到后来相当长时期的学术讨论和公共政策。其中有些人建议采用建立卫星城的办法来制订大城市的规划方案，有的提出随着建设新的工业企业而建立起"人口分布轴线"，而不是新的城市。这些所谓的"人口分布轴线"，实质上是线形城市的一种扩张方式，它沿着道路伸展，并保证所有分散在全国的工业企业，在其附近都能配备有各种文化生活服务设施的居住综合体。这样形成的人口分布结构，不仅能防止形成巨大的城镇集团，而且还能消灭城乡之间的差别。在人口分布轴线的范围内，居民应该既有在工业部门工作的，也有在农业部门工作的，农产品也可以以最短的途径运往城镇和农业原料加工工厂。这种人口分布轴线就是一种有各自文化生活服务设施的居住综合体，其长度大致为25km。在这样一条轴线范围内，总共只能居住几千人。8条这样的分布轴线汇聚于一个工业联合企业，即主要的工作地点。这一方案把传统观念的城市和乡村统统消灭，提出的是一种保证居民有同等生活

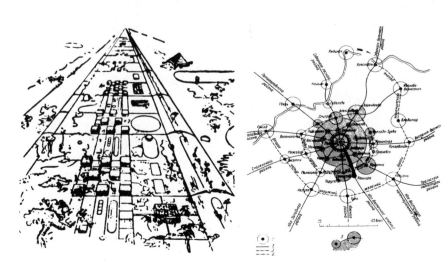

图3-21 苏联早期的区域性规划
（1）1934年，OSA（当代建筑师协会）：马格尼托哥尔斯克规划
资料来源：Manfredo Tafuri, Francesco Dal Co.Modern Architecture：History of World Architecture.1976.刘先觉等译.现代建筑.北京：中国建筑工业出版社，1999.186
（2）B·萨库林.大莫斯科区域组织规划图，1918年
资料来源：Manfredo Tafuri, Francesco Dal Co.1976.Modern Architecture：History of World Architecture.刘先觉等译.现代建筑.北京：中国建筑工业出版社，1999.177

条件的城乡"结合"方案。

在对大城市的规划中，前苏联也同样强调了城市的分散化发展，而且在许多探讨性的方案中，结合大工业的发展，更加强调理性化的发展前景，出现了不少对后来城市规划有影响力的规划方案，其中最为著名的是米柳京的斯大林格勒（今伏尔加格勒）规划方案和拉多夫斯基的莫斯科发展规划方案。

1930年，米柳京在研究斯大林格勒的规划时，提出了一种带形城市的方案。他建议城市应当建设成为具有带状结构、但比由村庄组成的带要宽得多的城市。每一条带由若干条功能不同的平行地带组成。不同功能的平行地带尤其是居住地点与工业企业、服务设施、休息场所等地段之间的距离尽可能缩短。米柳京将大型工业企业设计常用的一些原则运用到城市的整体建设上。工业企业车间的布置，尽可能做到原材料输送连续不断而又非常迅速。生产建筑的地带与居住建筑的地带用宽度大于500m的防护绿地分开。居住地点去工作地点的距离，控制在不超过10~20分钟的步行路程。

1932年，拉多夫斯基提出了一个被称为"火箭式城市"的莫斯科发展规划，这个规划考虑到当时工业综合体位于市区东南部，因此在城市四周建立一条马蹄形的工业地带。马蹄形的中心线由克里姆林宫和城市老中心向一边定向地延伸出去，这条中心线决定了带状城市中心的位置，并同城镇集团的发展方向相符合。工业建筑布置在居住区的边缘，随着莫斯科的发展，建筑地带也随之逐渐加宽。这个不太现实而又很粗略的规划方案之所以引人注目，是因为该方案能使城市有动态发展的可能。

当时，有很多来自西方的城市规划师和建筑师在前苏联工作，尤其是德国和欧洲的现代派建筑师和规划师等在前苏联从事设计工作。前苏联的大规模建设和有计划的发展，给所有在这里工作过的和访问过的西方建筑师以深刻的印象。1930年3月，柯布西耶在莫斯科逗留期间，曾经把前苏联城市建设的规模同法国在这方面存在的困难加以比较，他在寄给CIAM第三次代表大会的报告中，报道了前苏联的五年计划规定建设的400个新城市的情况。赖特也在自传中用赞扬的口气写下了1937年他在前苏联目睹的情景。

第二次世界大战爆发后，先是欧洲、继而是美国及全球大部分地区都被卷入到战争之中，各个国家的城市建设基本上都处于停顿状态，所有的国家事务都

围绕着取得战争的胜利而展开。随着战争的推进，有很多的专业人士和国家机构开始筹划如何开展战后的建设和发展。在此期间，英国围绕着伦敦发展的研究及开展的规划工作在西方国家中是最为典型，同时也对战后的城市规划理论研究和城市建设产生了最深远的影响。阿伯克龙比（Patrick Abercrombie）所完成的大伦敦规划可以说是对此前的城市规划理论探讨的一个汇总与提炼，并主导了全球范围内二次大战后重建和快速发展时期的城市规划理念和实践。

阿伯克龙比的大伦敦规划完成于1944年，但其思想和规划的内容继承了先前的许多理论研究和实践活动，比如昂温主持的大伦敦区域规划委员会的研究。但对其产生直接影响的是发表于1940年的"巴洛报告"。1937年，成立了由巴洛（M. Barlow）爵士任主席的"工业和人口分布委员会"，该委员会的目标是："调查影响大不列颠当前工业人口的地理分布情况，以及未来可能的方向变化；考虑由于工业集中和大城市或国家某些特别地区的工业人口所引起的社会、经济和战略上的不利情况；报告根据国家利益可能采取什么

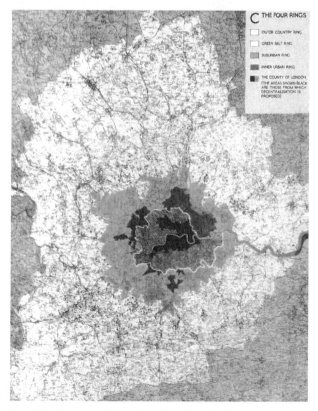

图3-22　阿伯克龙比的大伦敦规划，1944年

资料来源: Han Meyer.City and Port: Urban Planning as a Cultural Venture in London, Barcelona, New York, and Rotterdam: Changing Relations Between Public Urban Space and Large-Scale Infrastructure. Utrech: International Books,1999.86

样的补救措施。"[23] 伦敦自工业革命开始，城市的用地范围就开始不断地膨胀，建成区在不断地向外蔓延，外围的小城镇和村庄不断为其所吞并。到1939年大伦敦地区的人口已近900万，伦敦人口的过度集聚所导致的城市问题，是当时所面临的关键性问题。在巴洛委员会开展工作期间，1938年国会还通过了《绿带法》用以控制伦敦的扩建，并规定在首都周围5英里[①]内必须建造农业绿化带和公园。1940年巴洛委员会发表了二十余卷的著名的"巴洛报告"。该报告收集了大量的英国城市的情况和数据，措辞非常尖锐地指出了城市无计划扩张的弊病，强烈反对人口和经济向大城市的过度集中，主张合理分布人口和工业。该报告认识到在此之前所采用的城市管理以及国家的法律法规无法做到这一点，因为这些管理的体制和机制只能就城市内部的布局进行调控（实际上这种调控本身就非常弱，

只能对新的建设实施进行控制），而对城市的扩张、尤其是城市在快速发展时期的向外扩展不具有约束力，而且更为重要的是这样的政策和体制会导致城市更加集中的发展。在该委员会的另一个由少数人签名的报告中，要求中央政府设立一个新的部门来全面规划全国的工业布局，并对在更大区域范围内协调城市的增长和扩建，尤其是对全国范围内的居住地的分布进行统筹的全面安排，以引导各城市的有计划发展，并很好地权衡现有城市的发展和新城市的建设。该报告还建议政府建设田园城市和卫星城。

但在该报告发表时，第二次世界大战已于1939年爆发，整个国家的注意力都已转移到战争事务中，该报告的提出并没有马上得到广泛的响应。但也正由于战争，由于伦敦等人口和经济设施集中的城市遭到了毁灭性的轰炸，使大家看到了人口和设施高度集聚的

Balham Station，1941 年 10 月

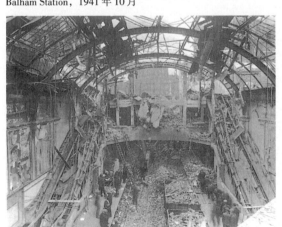

Sloane Square Station，1940 年 11 月

Crater，Bank Underground Station，1941 年 1 月

图 3-23　二次大战期间，伦敦被轰炸毁坏的交通设施
资料来源：Sheila Taylor 编.The Moving Metropolis：A History of London's Transport Since 1800.London：Laurence King Publishing,2001.246 ~ 247

---

① 1 英里 =1.609344km

大城市在战争中所处的危险境地，从而引发了对城市建设和发展方式进行的反思，使得对城市进行分散化的发展有了更为广泛的认同。正如贝内沃洛（Leonardo Benevolo）所评说的那样："如果不是打了仗，这项报告很可能只是一纸理论性的建议；伦敦和考文垂的大规模被轰炸，在形成英国城市规划法中，起到了当年的流行病在形成第一个卫生法时所起到的同样作用。"[24]

在讨论如何重建伦敦期间，英国国会1941年任命了两个委员会，延续了巴洛委员会的工作，以寻求更为具体的操作性的方法。一个是以斯科特（Scott）为首的委员会，研究农村的土地使用，另一个是以厄思沃特（Uthwatt）为首的委员会，制定紧急补偿问题的解决方案，为战后重建提供措施性手段。两个委员会的报告分别于1942年相继发表。斯科特委员会注意到，由于工业城市不断向外扩张，城市的边缘地带被轻率地进行城市开发，使得农业受到了严重威胁。该报告重申了要通过一项计划，对农业土地上的工业分布作必要的调整。而厄思沃特的报告，则意图从根本上改变原来城市规划的管理方式，建立新的城市规划概念，他们提出："我们所提出的城市规划的概念，乃是我们推论的基础，不论在公众意见方面还是在法律方面，都具有可以认识的广度。它的运用必须在这个国家的内部政策中构成一种具体而持久的因素，必须以在社区和个人利益之间获得对土地最大可能的利用为目标，这意味着服从于个人利益和土地拥有者所愿意的公共利益。无保留地接受这个城市规划的概念，对于重建政策是至关重要的，因为归根结底国家活动的所有方面都依赖于对土地的使用。人口密度越高，土地的利用也就越好控制，这样，有限的土地才能提供必需的服务；社会结构越复杂，以共同的利益控制土地使用也就越艰难。"这一报告对二次大战后英国的城市规划体制的建立起到了关键性的作用。应该看到，英国1909年有关规划的立法确实确立了城市规划在国家法律体系中的地位，但城市规划可以发挥作用的范围仍然是极为有限的；经过后来的多次修编，也有了专门的《城乡规划法》，但城市规划仅仅有助于控制新的建设，而且主要还在于建设的标准方面。在城市内也只限于土地的分区管理，对城市的整体无法形成统一的规划管理，国家政策与城市发展之间也没有相应的直接联系和手段。而厄思沃特报告则为此提供了一个很好的发展方向。在关于政府对土地使用进行控制方面，该报告还提出了土地所产生的增值应该归于社区而不是个体的土地拥有者这样的概念，这显然是从霍华德有关"田园城市"的设想中直接延续而来的，而要实现这样的土地增值转移，就必然地要通过国家的法律才能实现。而另一方面，"虽然报告没有对建筑土地的全部国有化作出任何明确的阐述，但却含蓄地使之成为一个未来的立法目标"[25]。这也是1947年《城乡规划法》的立法基础。

1941年10月，英国首相丘吉尔任命当时的建设大臣里思（Lord Reith）负责研究战后重建工作，并将原来属于卫生部的城市规划工作转移到了建设部。里斯集中了一些专家进行了专门研究，并委托阿伯克龙比教授（Patrick Abercrombie）制订伦敦郡规划，此后又将范围进一步扩大为制订大伦敦规划。在研究了所有过去的规划经验，里思建议政府必须有一个全国性的规划政策和一个有效的机构来管理、指导战后的城市规划和建设工作。他的建议很快得到政府的支持，1943年，成立了城乡规划部，里思担任第一任的城乡规划大臣，被授权来"保证形成和执行全英格兰和威尔士的土地使用和开发的全国性政策的连续性和一致性"。1944年，英国政府发表白皮书《土地使用的控制》宣告了国家有权规划居住、教育、工业、农业、森林、国家公园、交通和其他土地。随后议会又通过决议，将被战争毁坏的地段买下来，以便战后成片地进行规划和重建。

而与此同时，有关伦敦发展规划的工作也在各个方面进行。1942年MARS集团制定了一套理论性的规划，把整个城市的建成区用绿化带楔入其中，将整个城市结构切分为一系列的地区，整个城市的空间结构由多个片区共同组成，然后再运用城市发展轴线将它们连接起来，并与沿泰晤士河的工业地带相交叉，整体性地重组了城市的总体结构。1943年，皇家学院根据传统的布局概念发表了一份中心区规划。而由里思任命的阿伯克龙比教授的大伦敦规划也在1944年完成。该规划的范围覆盖了6735km²，涉及到134个地方政府，当时有人口1250多万。因此，该规划已经不再仅仅是一个伦敦市区的总体规划，而是整个大都市地区的规划。正如塔夫里等人评价的，该规划使"格迪斯的区域规划概念被转化为富于活力的规划手段"[26]。该项规划既考虑到了城市建成区本身的延续性和进行全面改造的困难，同时也兼顾了城市向外扩散的需要，采用了降低已建成区的人口密度，在城市的建成区之

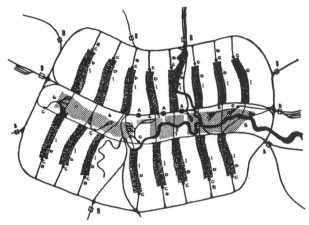

图 3-24 MARS 集团建议的战后伦敦规划
资料来源：Leonardo Benevolo.1986.薛钟灵等译.世界城市史.北京：科学出版社，2000.978

外有计划建设新城的方式来整合整个区域，使城市及其周边地区均纳入到有序的发展之中。

该规划的内容中包括了这样一些主题：延续控制伦敦市区内工业数量增加和规模扩大的思想，限制城区的工业扩建；城市的居住区和工业区相分离；在整个区域范围内停止人口的迁入，使整体的人口密度能够下降，同时将市区的人口向郊区迁移；完善伦敦港的功能；给予城市规划新的权力，以控制土地的价格，保证规划的有效实施等。在具体的布局内容上，通过对区域现实状况的详细审查，规划将整个规划地区划分为 4 个同心圆地区。

（1）城市内环，包括伦敦郡和部分邻近地区，该地区现状特点是密度过大，规划建议要从这里疏散出40 ~ 50 万人口，也迁出相应数量的工作岗位，进行全面的城市更新，使居住用地的人口净密度降至每公顷190 至 250 人。

（2）郊区环，这里现状存有相当数量在第一次和第二次世界大战期间建设的住房，这一地区的人口密度不是很高，规划建议今后不再在这里增加人口，但需要对该地区进行重新组织，应提供合适的舒适环境。居住用地的人口净密度控制在每公顷 125 人。

（3）绿带环，这里是由国家1938 年《绿带法》所规定的绿带用地，规划建议将围绕着原有城市的绿带进一步拓宽，在整个建成区外围将绿带环扩展至16km宽，规划设置森林公园、大型公园绿地以及各种游憩运动场地，以阻止伦敦扩展到1939 年达到的边界以外去，同时为整个地区提供休闲活动场所。

（4）乡村环，这个地区要接受伦敦内环疏散出来

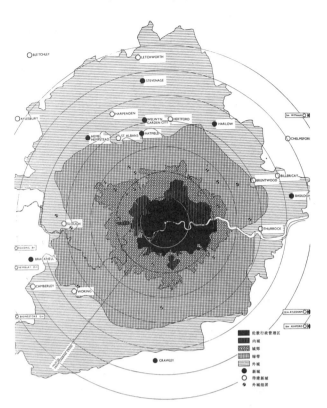

图 3-25 大伦敦规划最终方案，1945 年
资料来源：Manfredo Tafuri，Francesco Dal Co.Modern Architecture：History of World Architecture.1976刘先觉等译.现代建筑.北京：中国建筑工业出版社，1999.286

的大部分人口。规划建议在这个地区内开发新的中心，但开发的方式不应采用郊区似的居住区方式，而是要有计划地集中建设一系列的卫星城。规划设置 8 个卫星城，可以安置迁入50 万人口。每个卫星城人口规模应在 6 ~ 8 万，使每个卫星城均具有一定的吸引力，满足其自身发展的需要，同时容纳伦敦前来的人口。

整个城市的结构以新的快速道路网为基础，这些向外辐射的道路网覆盖了整个地区，为整个地区提供了较好的通达条件。同时，这些放射路汇集在由内环和外环所形成的环形地带内，处在绿带和乡村环之间，从而避免了外来交通流向城市中心地区的集聚。在城市内部的交通组织中，运用了特里普（H. A. Tripp）的研究成果，按道路功能对道路网进行了划区（precincts），使不同等级的道路自成体系。

该项规划把城市的发展与区域的发展结合在一起，通过对城市交通的分区和社区的划分而重组内部空间结构，对到此时为止的城市规划理论进行了全面的总结与运用，成为现代城市规划史上的一个重要的里程碑，标志着现代城市规划的成熟，同时也为战后

图 3-26　大伦敦规划的中心城区道路规划

资料来源：Han Meyer.City and Port：Urban Planning as a Cultural Venture in London，Barcelona，New York，and Rotterdam：Changing Relations Between Public Urban Space and Large-Scale Infrastructure.Utrech：International Books，1999.87

城市规划提供了可以参照的基本模式。

第二节　二次大战后至20世纪60年代的全面实践阶段

　　第二次世界大战结束后，不仅仅是欧洲，世界各国几乎都面临着百废待兴的境况。对于英国和中北欧的大部分国家来说，战争摧毁了大量的城市设施和经济设施，因此战后的首要工作就是要恢复生产，并解决好国民的生活需要。但由于战争所造成的影响，以及由于人口的快速增长和士兵从前线的撤回，再加上物资极度缺乏的困难，使经济和社会的发展遭受了一定程度的制约。住房问题是战后人们直接面对着的最受人关注的问题。在伦敦，战前的20世纪30年代，人们忍受了拥挤不堪、低标准的住房；战争时期，由于遭受到大规模的轰炸，使许多人成为了无家可归者，四处辗转，与别人挤住在一起；战争终于结束以后，人们最强烈的愿望就是能有自己的住房，能住进有现代设施的住房。而对于政府而言，战争结束之后，大量疏散的人口返回了城市之中，世界各国又出现了高出生率（战后"婴儿潮"），大量的军人从部队复员后选择留在了伦敦，其他城市或农村的人口由于在其他地方生活、就业等的不如意和工作岗位的缺乏而向伦敦集聚等等，因此，在这一时期，伦敦城市内的人口过度集聚，重建住宅以及营造绿化带就成为最为核心的

（1）1945年的鹿特丹内城。二次大战期间鹿特丹遭受德军轰炸，市中心几乎被夷为平地

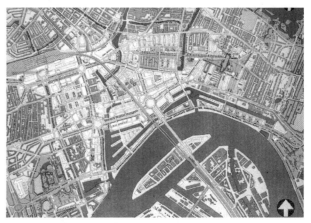

（2）内城重建规划，1946年

图 3-27　荷兰鹿特丹二次大战后的城市重建

资料来源：Han Meyer. City and Port：Urban Planning as a Cultural Venture in London，Barcelona，New York，and Rotterdam：Changing Relations Between Public Urban Space and Large-Scale Infrastructure.Utrech：International Books，1999.315

问题。英国1946年的住房立法就是要达到两方面的目标：首先是"为工人阶级"提供住房，国家向地方政府提供经营公共住房的补助；其次，通过提高地方政府经营的公共住房的规模标准和保证所有房屋都有现代化生活的一切设备来提高全社会整体的住房标准。尽管1949年的《住房法》最终略去了"为工人阶级"一词，同时对于改建和修缮房屋也能给予补助，但很显然，战后的住宅建设是以新建为主来增加住宅的数量，并且这一建设基本上是由政府所主导的。出于物资供应集中等的需要，政府对私人自己建造的房屋进行了控制。即使是20世纪50年代初保守党执政时期对私人建房的控制有所放松，但在全国范围内，私人建房的数量也刚刚达到与政府建房相近的水平。到1954年，战后已完成的新建住房中按面积计算也只有28.5%是由私人建造的。

在战争时期，政府对社会、经济事务实行了全面的管理，如全面的价格管理、配给和物资调拨等，从而使很多人对政府事务有了完全不同的看法。相当数量的人改变了过去基于自由主义思想立场的对政府大包大揽式的管理的顾虑，认为政府在此期间非常出色地管理了社会经济，并有效地赢得了战争的最后胜利，因此，认为实行广泛的经济计划化也是切实可行的和必要的。而政府部门也日益增长着这样的信心：如果给他们机会，他们懂得怎样行事，他们的所作所为肯定比市场的自由发展要更好。英国知识分子中传统的对社会主义的偏好也为此提供了重要的社会基础，当然，另外一部分人则认为，从20世纪30年代为了应对大萧条而实行的国家干预到战争时期政府对社会事务的全面管理有可能导致向极权方向发展，因此必须警惕这种倾向，哈耶克（F.A. Hayek）1944年出版的《通向奴役之路》（The Road to Serfdom）充分地显示了这样的担心。但这一时期，由于全社会目标非常明确，就是要快速地从战争破坏和面临的物资短缺状况中恢复过来，同时，战争使人们忘记了以前的某些争斗，显示出一种民族团结的气氛，战争大大增强了公众与国家命运和目标极为罕见的休戚与共，很多企业在战争时期为政府的战时机构工作，在政府的统一调配下开展生产活动，从而也加深了对政府的问题和执政者的理解。战争结束后，从战争时期建立的全社会的团结一直延续了下来，战后的十多年时间往往被称为"社会一致"的时期。在美国，战争使其摆脱了大萧条的阴影，经济成绩斐然，但战争之后，人们也仍然忐忑

不安地担心战后可能会再次陷入大萧条，因此人们有一种共同愿望，就是以国家利益为重，排除党派、个别利益集团的干扰，广泛地考虑国家经济政策问题。因此，人们希望通过一些措施来规划和指导经济及管理社会。在英国，则开始实行主要工业企业的国有化，并从区域平衡的角度，向一些经济落后地区大量投资进行工业建设，促进这些地区的经济发展。凯恩斯经济学说逐步确立了在经济学界和政府管理中的统治地位。凯恩斯主义也从一般理论研究转向对政策上的某些抽象定律的研究，如政府开支应该提高到足以维持高就业的水平；研究在执行政策的过程中，如何把这些定律应用于特定情况。起始于1941年的一系列新的国民经济总值统计，大大推进了将凯恩斯主义政策数量化的努力。

第二次世界大战期间，"福利国家"（Welfare state）一词开始为人们广泛使用，以同希特勒的"战争国家"（Warfare state）针锋相对。"福利国家"实质上是指中央政府和地方当局共同承担主要职责，通过总的纲领和服务措施解决使公民苦恼的所有的各类社会问题。[27] 在这些问题中，最根本的问题是收入或"社会保障"问题，即人们会由于失业、丧失工作能力、年迈、子女过多、受伤、怀孕以及患病等等原因，其收入不足以维持生计。第二个问题是提供医疗服务的问题。过去疾病往往是由于住房条件恶劣引起的，因此人人有好房住，是文明社会的标志。这样，住房问题是福利国家要解决的第三个问题。如果个人都需充分参与一个文明社会的话，他们也应该接受良好的

图3-28　伦敦 Royal Docks 地区建设的社会住房，1967年
资料来源：Han Meyer.City and Port：Urban Planning as a Cultural Venture in London，Barcelona，New York，and Rotterdam：Changing Relations Between Public Urban Space and Large-Scale Infrastructure.Utrech：International Books，1999.87

教育——这是第四个问题。但是如果没有职业，光有国民保险的好处，免费医疗、合适的住房和良好的教育等，又有什么意义呢？福利国家的所有不同的立法项目都要由一种深思熟虑的旨在创造就业和防止失业的经济政策的支持，这乃是战时和战后一个根本设想。最后，还有社会生活的其他方面，政府决心既要把贫民窟扫除干净，也能够引进一些技艺，一般是环境艺术和照管孩子方面的事。在这些思想和目标的引领之下，开始进入到了一个由政府管理所主导的、经济快速发展的时期。

一、英国的新城建设

战争结束之后的城市建设方面，首先体现在新城的建设方面。英国战后的新城建设为全世界树立一个典范。

1945年第二次世界大战结束，成千上万的士兵从前线复员回家，伦敦等一些大城市被战争破坏得千疮百孔，住房奇缺，而要建设大量的新住房，在城市的郊区、在农村地区的空地上进行建设要比在城市中进行改造要容易、效率更高、经济上也更有保证，整体效益要高得多。在这种情况下，再加上之前的规划思想和大伦敦规划的影响，建设新城的思想占据了上风，为英国两党所共同接受。英国城乡规划部为建设新城作了大量的准备工作，以佩普勒（G. Pepler）为首的一个委员会拟订了规划新城的基本原则以及建设新城的各种可能的办法。但此时的城乡规划大臣西尔金很快看到，光是城乡规划部的一个报告，不能解决根本性的问题。建设一个新城，前后要经过好多年，也需要国家花很多钱，时间长了，政局多变，政府更迭，如果不为建设新城立个法，经议会讨论通过，很难保证新城建设能够善始善终。这样，西尔金在1945年10月任命以里思为首的一个新城委员会（New Towns Committee，或称里思委员会）研究如何建设新城。里思是创办英国广播公司（BBC）的核心人物，有组织能力，又担任过城乡规划部的第一任大臣。BBC是半独立的由政府任命的公司，后来用开发公司建设新城也是仿照了BBC的这个经验。里思在半年左右时间内，提出了3个报告，详细探讨了建设新城所必要的立法问题，以及建设新城的原则目标、体制机构等。1946年，英国议会通过了《新城法》（New Towns Act），该法基本上采纳了新城委员会的建议，只在个别细节上稍有变动。对后来欧洲及发展中国家产生重大影响的

英国新城建设运动由此而掀起。

关于建设新城的机构，《新城法》规定委托专门的开发公司进行建设（原则上一个新城由一个开发公司进行建设）。开发公司的领导成员由城乡规划部任命。经城乡规划部批准后，开发公司有权获得（洽购或征购）建设一个新城的土地，进行各种必要的设施建设（包括住房、工厂、商店商场、公共服务设施等）和任用职工。按照《新城法》的规定，要指定、规划建设一个新城，一般要经过下列步骤：

（1）国务大臣为了吸收大城市过剩的人口和工业，或为衰退的工业地区提供住房和新的就业机会，或为发展很快的工业地区改善生活条件和增加多种就业机会等等目的，认为应在某一地区成立一个开发公司来建设新城，中央政府与地方政府之间就要对新城的选址问题进行磋商。这个阶段，国务大臣邀请各方面专家听取新城选址的意见，但暂不予以确定。

（2）国务大臣充分听取了地方政府、技术顾问及其他有关方面的意见，认为情况已经清楚，就下令在该地区初步选定（不是最后确定）新城地址。

（3）国务大臣任命一位督察员，负责民意调查，向有关方面及个人征询意见，并进行讨论。

（4）督察员根据调查向国务大臣提出报告和建议。

（5）国务大臣参照督察员的报告和民意调查材料，决定是否肯定、修改还是放弃他对新城初步选址的命令。

（6）国务大臣如决定仍在该区建设新城，就要任命组织一个开发公司。开发公司的委员会一般由9人（主任、副主任、7位委员）组成，这些委员并不代表任何团体，也不一定全是专家，但都是有经验、有学识、有组织指挥能力的人。有一两位委员是来自新城建设地区的人员，他们不代表当地政府，但通过他们可以了解当地群众的意见。在开发公司下面有一套工作班子，包括规划师、工程师、建筑师、会计师等，每个开发公司的工作人员可达到300人左右。

（7）国务大臣确定新城位置后，开发公司对该地区的土地就可以进行洽购和征购，如果洽购不成，需要征购时，必须经国务大臣批准征购令，开发公司才有权根据法律征购土地。

开发公司负责编制新城的总体规划。总体规划要经国务大臣批准。国务大臣接到规划后，要向地方当局和有关部门咨询意见，最后正式批准。然后由开发公司付诸实施。

根据1959年修改的《新城法》，当一个新城建设到一定阶段，即人口增加基本上完成时，新城开发公司就将新城财产移交给新城委员会，并由它管理。新城委员会的委员约有15人，由有关部长任命。总部设在伦敦，开发公司移交后，为了保持工作的连续性，原来开发公司的工作班子及人员也基本不动，移交给新城委员会。新城委员会管理土地财产，贯彻当初建立新城的目标，并注意解决居民的需求。1976年修改的《新城法》改变了以前的做法，开发公司不再将新城移交给新城委员会，而是直接移交给地方当局管理。

英国的新城建设一般被分成了三个时代，第一代新城是指根据1946年的《新城法》在1946年至1950年间指定的第一批新城，共有14个。第二代新城是指从1955年至1966年间指定的新城。第三代新城是指1967年以后指定的新城。

第一代新城是在世界大战刚结束，住房奇缺，教育、医疗和其他服务设施不足，私人小汽车相对还较少的条件下开始建设的。在当时的情况下，规划师们编制规划方案的目标就是要满足最基本的生活要求，并且要有利于尽可能快地建成使用。就总体而言，第一代新城较多地体现了田园城市的规划思想，城市的规模都比较小，但人口密度比较低。在城市功能上，强调独立自足和平衡。在规划布局上，功能分区明确，居住区和工业区严格区分，城市结构清晰，城市的道路网由环路和放射路组成，放射路连接邻里中心与新城中心，环路用来减轻新城中心的压力。

进入20世纪50年代后，英国人口增长较快，收入也稳步增加，小汽车开始普及，人们对公共服务设施如医院、学校、商业中心等等的要求提高。这时，人们回顾过去规划建设的第一代新城，发现这些城市存在着一些缺点，如密度过低，建筑物太分散，不但市政建设投资增多，而且形不成城市气氛；人口规模比较小，不能提供足够的文化娱乐和其他服务设施；新城中心不繁华，缺乏生气和活力等等。因此，在进行第二代新城建设规划时，对此进行了一系列的改进：城市规模比第一代新城大；功能分区不如第一代那么严格，以创造有活力的城市环境为核心；人口密度比第一代新城要高；更多地注意了新城的景观设计；新城建设的目的不单纯是为吸收大城市的过剩人口，而更多地考虑到地区间发展的不平衡状况，把新城作为地区经济发展的增长极；由于私人小汽车的增加很快，交通规划要比第一代新城复杂。

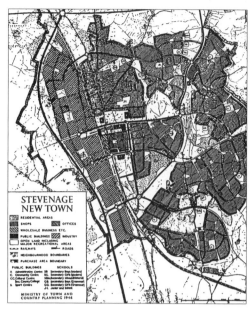

图3-29 英国第一代新城——新城Stevenae规划
资料来源：Andres Duany, Elizabeth Plater-Zyberk, Robert Alminana.The New Civic Art：Element of Town Planning.New York：Rizzoli, 2003.88

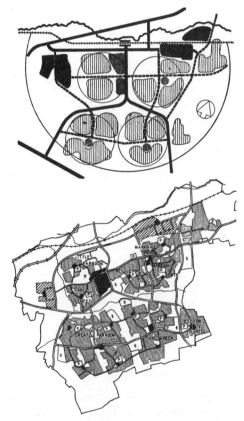

图3-30 英国第一代新城的典型——哈罗（Harlow）新城的结构图与土地使用图，吉伯德（Frederick Gibberd）设计，1947~1948年
资料来源：Fredderik Gibberd.1970 Town Design and American Institute of Architects.1965.Urban Design.程里尧译.市镇设计.北京：中国建筑工业出版社，1983. 59
Leonardo Benevolo.1986.薛钟灵等译.世界城市史.北京：科学出版社，2000.980

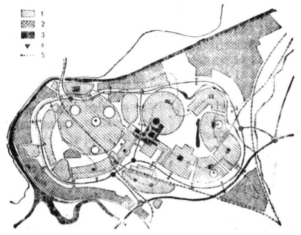

图3-31　英国第二代新城的典型——伦康（Runcorn）新城平面图，Arthur Ling 设计，1964~1965 年

资料来源：Leonardo Benevolo.1986.薛钟灵等译.世界城市史.北京：科学出版社，2000.992

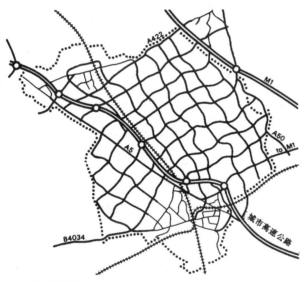

（1）道路结构图

资料来源：Leonardo Benevolo.1986.薛钟灵等译.世界城市史.北京：科学出版社，2000.995

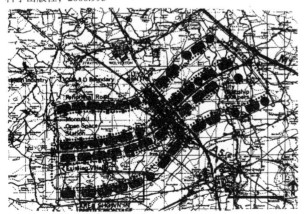

（2）新城与国家铁路及重要公路之间的关系

资料来源：Leonardo Benevolo.1986.薛钟灵等译.世界城市史.北京：科学出版社，2000.994

图3-32　英国第三代新城的典型——密尔顿·凯恩斯（Milton Keynes）

经过20多年的快速发展和建设，国家的社会经济状况发生了很大的变化，而财富的增加、收入的提高等，都改变了人们的生活方式和喜好，对住房、工作和文娱休息等设施要求有更多的选择自由。因此，到20世纪60年代中期以后开始建设的第三代新城，其规模进一步扩大，一般规划人口在20万人以上，其目的就是为了创造更多的多样化，增强新城的吸引力；同时，期望新城建设成为一个能提供多种多样的就业机会，能提供自由选择住房和服务设施的城市。要达到这样的目的，在新城建设中尤其强调了交通的组织，既要有高标准的公共交通，也要有高标准的私人交通设施，同时也要使行人感到安全和自由。在对新城进行规划的过程中，也更强调新城建设的经济性，注重经济分析，同时也强调城市规划方案的灵活性，公众开始参与到城市规划的过程之中，居民的意见成为规划方案决策的重要依据。

就整体而言，无论是哪一代的新城，在建设中都较为全面地遵循了现代建筑运动主导下的城市规划的基本原则，全面地实施了《雅典宪章》所确立的现代城市规划准则，从而成为了现代主义城市规划的最杰出成果。现代建筑运动所确立的城市规划原则难以在已经建成的城市中得到贯彻，原因在于这些已经建成的城市地区不可能进行全面的结构性的改造，而局部的建设除了难以达到整体性的效果之外，还涉及到与

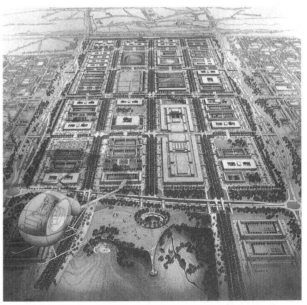

（3）城镇中心方案。格网状的路网与多用途中心的结合

资料来源：Andres Duany, Elizabeth Plater-Zyberk,Robert Alminana.2003. The New Civic Art：Element of Town Planning.New York：Rizzoli.257

周边地区的联系，因此不可能将《雅典宪章》完完全全地付诸实施，除非像勒·柯布西耶的"伏瓦生规划"所设想的那样把整个城市全部夷成平地后再来按照规划重新建设。而新城建设恰好提供了一个从空白开始的城市空间的结构过程。当然新城建设不仅在英国有，其他国家在战后也同样建设了许多新城，但英国的新城建设不仅在数量上更为众多，而且也可以说是最早全面按照《雅典宪章》进行有规划的新城建设，并创造了较好的城市形象，在一定时期内通过有序的建设缓解了政府住房的压力，从而为后起的新城建设起到了典范的作用。从另一方面来说，这些新城的建设不仅很好地实施了《雅典宪章》的基本原则，为这些原则的具体运用建立了最早的典范，而且《雅典宪章》也正是通过这些新城的建设才广为人们所理解和接受。

二、英国1947年的城乡规划法

英国1909年颁布的《住房、城镇规划等法》（Housing, Town Planning, etc. Act），确立了城市规划在国家法律体系中的地位，但其本身对城市规划的界定仍是非常不明确的，这一点从该法的名称上出现"等等"的字样就可以很清楚地看到。在内容上，该法规只限定了城市规划对新区建设的控制权力，而对城区以内的建成区不具有这样的权力，因此，该法规并没有赋予城市规划将城市作为一个整体来进行规划控制的权力。此外，从规划的内容上来看，该法的重点在于解决城市中的卫生和工人住房问题。在此之后，1919、1925和1932年的《城乡规划法》（Town and Country Planning Act）也并没有突破这些方面的限制。1944年，英国政府发表白皮书《土地使用的控制》才宣告了国家有权规划居住、教育、工业、农业、森林、国家公园、交通和其他土地。1946年的《新城法》又给予规划部门划定、取得和开发新城土地的权力，从而使得城市规划所涉及的范围和内容有了根本性的突破。

战争结束后，在当时全国上下具有相对比较统一价值观的社会氛围中，政府在对英格兰银行、煤气公司、电力机构、航空和铁路以及医疗服务机构等实行国有化的基础上，开始采取措施扩大国家对工业选址和土地控制的权力。城市面临着重建和快速扩张，为了更好地建设城市，尤其是城市整体结构的改善，同时将过去国会和政府所制定的各类法规和政策统一起来，将过去所有的紧急措施（如对

被轰炸地区的重建）重新纳入到正常的管理轨道，建立统一的城市规划体系，1947年，英国国会通过了新的《城乡规划法》，这一法规为英国战后的城市规划体系和城市建设管理奠定了基础。同时，该法规也成为战后世界各国建立完整的城市规划体系的样板和奠基石[28]。

该项法律确定了地方政府具有编制城市发展规划（development plan）的法定职能。在对城市规划的理解上，也突出了对城市整体的统一安排和控制，这就意味着城市规划的职能不再只是对新的开发活动的控制，而且更是对城市发展的部署和引导，改变了之前的立法对城市规划作用范围以及城市规划内容界定上的局限。从该项法律开始，城市规划才真正获得对城市范围内的所有开发建设活动实施全面控制的权力，几乎所有的开发活动都必须申请规划许可。即使一项建设完全符合规划的要求，也同样需要向规划当局申请规划许可。同时，对于像伦敦这样的大城市，所有面积超过538平方码（约450m²）的新建厂房必须获得贸易委员会的批准后才能申请规划许可，而对于大城市之外新建的工业项目还必须遵守工业选址规定。

根据该项法律，城市规划的主要职能是由地方政府来承担，但所有城市的发展规划都需要经过中央政府的批准，以确保地方发展与国家政策相符合，以及各地方发展规划之间的协调。中央政府的城乡规划部发起和支持所有的规划活动，如果地方当局逃避它们的职责，城乡规划部就有权取而代之，并通过中央土地局来控制一切有关土地的财政运作。

此外，为了保证城市规划的实施，《城乡规划法》还提供了有关控制土地使用和开发的一整套权力，其中最为重要的就是土地开发权的国有化。在《城乡规划法》草案中，为了保证地方当局为他们的整个地区的发展制订的全面计划能够得到实施，提出了土地的国有化方案，但最后尽管在国会讨论该法案时反对了土地的国有化方案，但该项法律还是扩大了政府强行征购地产和获取拨款的权力。同时，法律将所有土地的开发权收归国有，也就是，所有的土地业主只是拥有现状(指1947年)的土地用途和土地价值。如果规划的土地用途造成土地开发价值的损失，由国家一次性赔偿；反之，如果规划的土地用途导致土地开发价值的收益，开发者则要支付土地开发费。这项立法的目的是在保护土地所有者的地产利益的基

础上，对规划安排所导致的土地使用价值的变化进行调节。这项规定的具体方法在20世纪50年代中期被取消，但城市规划对土地利益的调节仍然保持着，所采用的方法则更多地结合到对地方利益的协商过程中。

三、其他国家的新城建设与规划

从20世纪20年代开始，英国以及欧洲一些国家在大城市周边建设了一些卫星城，在二次大战后，又开始了更大规模的新城建设，如瑞典斯德哥尔摩的新城魏林比（Vällingby）等等。

二次大战结束后，除了在发达国家出现了为解决大城市居住问题为目标的新城建设，在一些原来的殖民地国家取得民族独立后也出现了高涨的新城建设的热情。在这些国家，新城建设成为表达民族独立、权力以及对未来信心的象征。在所有这些新城建设中，无论它们处在哪一个国家，无论这个国家传统和现状的意识形态取向如何，也不管其居民的生活方式和社会发展的历史，在此前形成的现代建筑运动主导下的城市规划原则得到了全面的实践，《雅典宪章》成为这一时期城市规划和建设的"圣经"。在这些新城的建设中，印度旁遮普邦的新首府昌迪加尔（Chandigarh）和巴西新首都巴西利亚的规划建设是最为典型也是影响最大的新城建设。

关于昌迪加尔的建设，当时的印度总理尼赫鲁曾经表达过这样的理想，新的城市要成为"印度自由

的象征，摆脱过去传统的束缚，表达我们民族对未来的信心"。因此，尼赫鲁总理就邀请了当时风头正劲的勒·柯布西耶（Le Corbusier）来修订和确定城市的总体布局设想。该规划1951年编制完成，近期规划15万人，远景规划50万人。该城市位于喜马拉雅山南麓的一块北高南低、坡度缓慢的台地上。昌迪加尔规划有着明确的功能分区，政治中心位于城市的北部，地势居高临下，处于控制和俯视全城的特殊地位之上；商业中心位于城市近期建设的几何中心，与文化中心相毗邻，共同构成市民的公共活动中心；工业区位于城市以东，是一个完全独立的工业区，对工业类型未予限制；文教区位于城区西部，设立大学和其他各类文化科学机构；居住区基本上与以上各区不相混杂而分布于全城。城市道路全部直角相交，东西向和南北向主干道连接政治中心、商业中心、文化中心和文教区；全城还有一个组织在绿化系统中的自行车和人行系统。干道之间构成邻里单位，所有邻里单位均为南北向1.2km、东西向0.8km，每个邻里

图3-33 瑞典魏林比（Vällingby）新城，于1952年开始建设的斯德哥尔摩周围三个新城之一。该新城围绕着地铁车站而建设
资料来源：Spiro Kostof.The City Assembled：The Elements of Urban Form through History，1992.London：Thames and Hudson Ltd.，1999.67

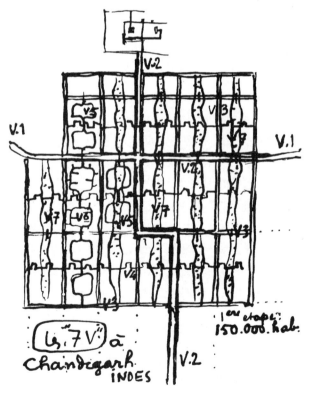

图3-34 1951年，勒·柯布西耶的昌迪加尔规划草图
资料来源：Leonardo Benevolo.1986.薛钟灵等译.世界城市史.北京：科学出版社，2000.1018

单位的居住人数根据不同的社会阶层分别为5000～15000人。邻里单位内，沿东西向主要道路上布置商业和服务业设施，南北向设置穿越整个邻里的绿化地带，并在其中设置学校和幼托设施等。该项规划在20世纪50年代初由于严格遵守《雅典宪章》而且布局规整有序而得到普遍的赞誉。

1956年巴西政府出于国土平衡发展和战略考虑，为开发内地，繁荣经济，决定迁都到巴西中部的一片荒原中建设新首都。这里地势平坦，气候宜人，位于3条河流的分水岭上，水源充足。新首都的总体规划经评选采用了著名建筑师科斯塔（L. Costa）的方案。规划人口50万，用地约150km²。城市平面模拟飞机形象，象征巴西是一个迅猛发展、高速起飞的发展中国家。"机头"是三权广场（国会、总统府和最高法院），建有政府各部大楼。"机身"长约8km，是城市交通的主轴，其前部为宽250m的纪念大道，两旁配有高楼群。"两翼"为长约13km的弓形横轴，沿着"八"字形的帕拉诺阿湖畔展开，这里是商业区、住宅区、使馆区等。由于是顺应地形弯曲，所以和自然景观紧密结合。"飞机尾部"是文化区和体育运动区，末端是为首都服务的工业区和印刷出版区。城市主轴和两翼成十字交叉，象征巴西是天主教国家。新首都没有污染型的重工业。规划为城市货运交通设置了专用线，为步行交通设置地下通道和步行街，主干道交叉点设置大型立体交叉。居住街坊面积为200m×280m，由8～12幢集合式住宅组成，加上四周较低矮的住宅和小学、商店等文化服务设施组成面积为960m×720m的邻里单位。巴西利亚有连片的草地、森林和人工湖。绿化面积达到平均每人72m²。人工湖周长约有80km，面积达44km²。大半个城市傍水而立，湖畔建立不少俱乐部和旅游点，使环境更加美好。

四、美国的郊区化和城市更新运动

美国在战后的城市建设和发展中走上了与欧洲各国完全不同的路径，在城市规划的内容、方式和体制上也存在着很多不同。导致这种现象产生的原因有很多，这里根据相关的研究列举几个主要的方面以帮助对这些不同的理解。

（1）美国尽管在1941年成为了第二次世界大战的参战国，但战火并没有燃烧到美国的本土，更没有对

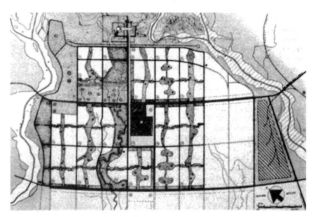

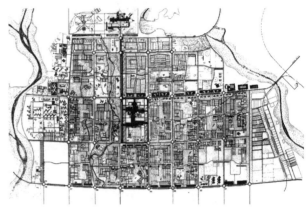

图3-35 昌迪加尔规划结构与总平面
资料来源：Spiro Kostof.The City Shaped：Urban Patterns and Meanings Through History. London：Thames and Hudson Ltd.，1991.155

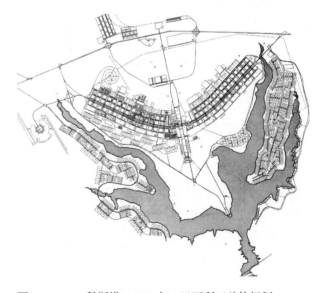

图3-36 L·科斯塔，1960年，巴西利亚总体规划
资料来源：Manfredo Tafuri，Francesco Dal Co.Modern Architecture：History of World Architecture.1976.刘先觉等译.现代建筑.北京：中国建筑工业出版社，1999.349

图 3-37　1958 年，尼迈耶（Oscar Niemeyer）设计的巴西利亚的三权广场
资料来源：William J.R.Curtis.Modern Architecture Since 1900（3rd ed）.London：Phaiadon，1996.500

城市设施造成破坏。而在欧洲很多国家的城市地区却在战火中遭到了巨大而严重的毁坏，因此，战后的欧洲最为关心的是重建和恢复在战争中毁坏的住房和各项设施，特别是在内城区，甚至有些城市几乎是在一片焦土上需要重新建设的。此外，由于历史的积淀，即使在 20 世纪 30 年代，欧洲工业城市和大城市中的居住水平就总体而言要远远差于美国，这些都要求欧洲的国家和城市政府能够集中资源快速而有效地进行重建和恢复。而美国在参战时期虽然停止了民用建筑的建设，停止了以民用汽车为代表的某些民用产品的生产，但战争结束后，则可以在原有的条件和基础上加快生产民用物品，再加上战争使美国经济从大萧条中恢复了过来，使得由于战争而被抑制的需求更快地得到了释放。因此，在欧洲和美国对经济建设的组织、资源调配的方式等也就不同，制度建设方面的社会愿望也就完全不同。就总体而言，欧洲采用了相对更为集权的方式（其中也有历史传统的因素），通过政府进行统一的调配与管理；而在美国则继续坚持了更为自由主义的立场，更加强调市场调配的作用。

（2）大多数的欧洲国家的人口密度要比美国高得多，如英国和德国平均每平方英里 600 人，荷兰接近 1200 人，瑞士 470 人，法国大约 280 人，而在美国，人口密度比欧洲的主要国家要低上几倍甚至几十倍，平均每平方英里只有 60 人。因此，欧洲国家普遍都比较强调集中开发和土地的高效利用。此外，在欧洲由于传统的对城市生活的认识和热爱，国民的住房偏好与美国也有非常大的差别，特别是大量的中产阶层和上层人士也更愿意居住在城市中，居住在城市内的公寓中，而美国人则更喜欢居住在拥有大片土地的独立住宅中，在自然或乡村环境中拥有一幢独立的大住宅是所有美国人的"美国梦"中非常核心的内容。

（3）在大多数欧洲国家中，政府都拥有较大的权力，而且相对于美国要更为集权得多。因此，在欧洲国家，中央政府可以实施统一的全国性的规划，并要求地方政府的规划和中央保持一致，但在美国，联邦政府的权力是由各州所赋予的，大量的权力尤其是有关于地方发展管理的权力是属于州所拥有的，或经州一级政府授权于城市政府的，因此联邦政府就不可能推行类似于欧洲国家中央政府的权力。此外，当城市规划工作出现争论时，在欧洲一般更多依赖于政府部门的决定，而在美国多半依赖于法庭的裁决。因此，美国政府部门在作出管理决策时，需要更多地考虑法院对类似案件在过去所作出的判决以及估计可能作出的判决，也就是要更多考虑非专业人士和普通民众的认识与意愿。

图 3-38　美国城市的原型
没有中心，没有明确的边界。得克萨斯（Texas）州 Quanah 地区的鸟瞰图。福勒（Thaddeus M. Fowler）1890 年的石版画
资料来源：Han Meyer.City and Port：Urban Planning as a Cultural Venture in London，Barcelona，New York，and Rotterdam：Changing Relations Between Public Urban Space and Large-Scale Infrastructure. Utrech：International Books，1999.186

（4）大多数欧洲国家所拥有的对财产所有者的约束和控制权力要比美国大得多。像欧洲那样管理私有财产，如果在美国，无论是在政治上还是在法律上都是不被允许的。在欧洲，政府拥有对私人地产更大的管理权，城市规划对城市土地使用进行调配的权限就要大得多。而在有一些欧洲国家，尤其是斯堪的纳维亚半岛区域内的国家，大量的城市土地是公共所有的，这就给了城市政府绝对的控制权，可以决定何时开发，如何开发这些土地。此外，在欧洲有比较强大而悠久的社会主义思想的传统，而在美国就一直没有形成有影响的社会主义运动，这种意识形态的差别导致了政府管理和规划原则的重大差别，对于政府职能中哪些是特权，哪些是义务，欧美双方各自有其不同的理解。政府在公众生活中所承担的角色越是重要，具体到规划工作中，政府所起的作用也就越大。此外，在美国，只有很少一部分住房储备是由政府建造和拥有的，而在大多数的欧洲国家，城市住宅中的相当部分是由政府建造和拥有的，由于这种拥有权，使得政府在塑造人工环境方面成为最具实力的重要角色。

由于以上这些原因以及其他种种原因的影响，美国的城市发展呈现出与欧洲完全不同的境况，其中在城市发展的模式方面最为典型的是郊区化的快速发展。郊区化在美国从20世纪初就已初露端倪，当时有大量的工厂从城市中心地区向郊区迁移，以避免工人运动对工厂生产体制的破坏。同时，中上阶层的住宅也从城市中心向外搬迁，形成独立的城市郊区。在新政时期，一系列大规模的房地产开发，如雷德朋（Radburn）的建设等也促进了中产阶级快速郊区化的进程。美国成为二次大战的参战国后，郊区化的进程暂时减缓了。但战争结束后，国家延续了鼓励公众拥有自己住房的政策。实际上，在1935年，此前已经成立的联邦房屋管理局就开始向购买房屋者提供抵押贷款担保。担保基金由每位借款人（房屋购买者）所缴纳的一小笔费用组成。如果借款人到期不归还抵押贷款，担保基金负责向银行偿付。联邦抵押贷款担保有效地降低了银行有可能承担的贷款违约的风险。后来联邦政府建立了联邦国家抵押协会（FNMA），向银行购买抵押贷款。银行可以把抵押贷款卖给联邦国家抵押协会，从而将抵押贷款变现。这样，联邦国家抵押协会的运营消除了银行抵押贷款的大部分机会成本风险。由于有了这样的贷款担保，银行就更愿意发放抵押贷款，这样就鼓励了普通民众购买房屋。这一政策在二次大战前因

为受大萧条的影响其激励的效果并不明显，但到了战后，随着就业率的不断提高，居民的收入快速增加，对社会提高住房拥有率起到了很大的作用。当战争结束时，全美国进入了一个持久的郊区住房建设的膨胀期。郊区持续增长的动力是多方面的，但抵押信贷肯定是一个稳定的有效动力。另外，国家所采取的一些战后安顿措施也促进了郊区的发展，比如战后大量从军的军人回到了美国本土，为了安顿这些战争英雄，就需要为他们创造比较好的生活和就业条件，此时推出了一系列的法案来帮助他们。其中，退伍军人管理局就为退伍军人提供低首付或零首付抵押贷款担保鼓励购买住房。此外，联邦政府还通过税收政策来促进个人住房的拥有率。如果一个人拥有了一栋住宅，那么就可以从自己的计税收入中扣除抵押贷款的利息和住房及土地的不动产税。如果个人租住房或公寓，他其实也要支付抵押贷款的利息和不动产税（因为房主必须通过租金支付这些税赋），但是不能从自己的计税收入扣除这些费用。这项给房主而不是租房人的优惠政策有力地推动了住房私有化。住房和财产越多、税级越高，则推动力越强。由于鼓励个人拥有自己的住房，就必然地促进了大规模的住房建设，由于郊区比市区更容易获得用于建造独立住宅的大块土地，而且相对的成本又较低，价格相对可以便宜，从而促进了快速而又广泛的郊区化过程。因此，城市规划学家说："联邦政府关于美国大都市区的物质实体的法令很少有比关于住宅金融和税收立法的产生更有效的。"[29]

联邦政府的金融和税收政策提供了郊区的经济动力，而社会需求本身也非常强烈。当然这一部分是由于在美国人的心目中，居住在郊区是其所向往的。赖特在阐述其"广亩城"的设想时就已经充分地解释了这样的想法。在战后第一个10年时期内，郊区化的部分动力正是来自于对1930年至1945年期间较低的房屋建造率的加速需求，而且为了抵消那一阶段由于抑制需求所造成的后果，这一过程持续了许多年。同时，在20世纪40年代后期开始的高出生现象在1957年达到顶峰，后又一直延续到20世纪60年代中期，这更进一步加剧了郊区住房建设的膨胀，因为郊区对以核心家庭结构为主的夫妇具有强大的吸引力。对于郊区化发展起到较大推动作用的还有私人汽车的普及和高速公路的大幅度扩展。以福特T型汽车的生产为发端的流水线生产大幅度地降低了汽车的生产成本，一方面实现了福特立下的志愿："我将为最大多数人生产轿车。"另一方

面使全社会的汽车拥有量大幅度上升。全美国的汽车拥有量1945年达到了2500万辆,基本上达到了每5个美国人拥有1辆汽车。到1950年则达到了4000万辆,1960年6200万辆,1970年更达到了8900万辆。与汽车拥有量增长同步的是全国高速公路网的大幅度扩展。战后各州内的公路建设由于联邦财政的有力支持而迅速发展,实际通达距离在延长,在城里上班、在郊区居住变得更为可行。1954年的《高速公路法》为高速公路的建设提供所需资金的50%的补贴以及交通规划需要的资金。1956年颁布的《国家防御高速公路法》(National Defense Highway Act)开始了州际高速公路系统的全面建设,州际交通网的建设对人口和经济活动的郊区化都产生了十分巨大的影响。

在郊区建设中,Levitt and Sons公司所创建的Levittown建设模式是非常著名的。该公司在1947年到1951年间在纽约附近的新泽西建造了共有近18000多户的郊区居住区,被命名为Levittown。这个新城区从开始建设到建成都是有计划地进行的。由于采用了装配式的和流水线式的建造方式,结果就能以低廉的价格、在短时间内造起大批几乎相同的房屋,而且,在很短的时间里就形成了一个完整的大规模的郊区居住社区,居住人口达8万人。后来该公司在宾夕法尼亚州也以同样的方式在1958年建成了另一个也叫Levittown的郊区居住社区。此后大量的公司均采用这样的模式进行郊区的建设,全面地改变了美国的地域景观。除了居住人口大规模向郊区迁移,生产设施以及为居民服务的商业和服务业设施也开始大规模地从中心城市向郊区迁移。据一项统计记载,在美国最大的40个都市区中,在1954年至1963年的10年间,平均每个中心城市流失了26000多制造业就业岗位,从而使得中心城市在整个都市区中的制造业就业人口从三分之二降到了一半以下[30]。随着美国城市郊区化的不断推进,有关于大都市、大都市区以及城市聚集地区等的研究不断出现,有关城市化、郊区化和逆城市化、反城市化的研究也层出不穷。

除了城市郊区化的快速发展,美国城市建设的另一重要方面是城市更新运动。美国的城市更新开始于1949年的《住房法》,正式结束于1973年(尽管对一些在1973年以前动工的项目的资助持续到了20世纪80年代)。该计划的目的包括:(1)拆除不合标准的住房;(2)振兴城市经济;(3)建造好的住房;(4)减少实际生活中的隔离,加强不同种族间的融合等。城

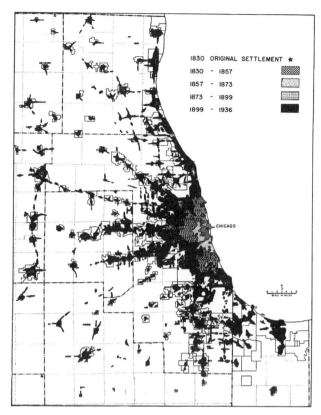

图3-39　芝加哥地区的城市扩张。

图中可以清晰看到城市的同心环似的扩张,同时也可以看到沿着湖岸向北的扩张。从中心向外辐射的线形发展是城际铁路后来是高速公路系统所带来的郊区土地使用的结果

资料来源:John F. Kolars,John D. Nystuen.Geography:The Study of Location, Culture, and Environment.New York:McGraw-Hill Book Company, 1974.34

图3-40　Levittown镇

二次大战后,William J. Levitt建造的Levittown镇,所有的住房都以相同的平面布局,并且都以低于当时市场的价格进行大规模的成批生产

资料来源:Mark Gottdiener.The New Urban Sociology.New York:McGraw-Hill, Inc., 1994.71

市更新采取的方法就是由地方机构在联邦巨额资金资助下进行拆迁和重建。这是美国历史上最大的联邦政府的城市建设计划，对美国的城市产生了重大影响。到该计划结束时的1973年，官方公布的统计数字显示，联邦政府共资助了2000多个项目，涉及到的城市建设用地达到1000平方英里①；共拆除了居住有大约200万人口的60万个居住单元；在这些用地上新建了大约25万个新的居住单元。在整个城市更新的用地上新建了大约1.2亿平方英尺（约1115万 m²）的公共设施和2.24亿平方英尺（约2081万 m²）的商业建筑面积。为了衡量对经济的影响，这些面积数字转换成工作岗位数大约可以安排50万人就业。城市更新地区的土地和建筑的评估价值已在计划开始时的基础上增长了3.6倍。到1973年，城市更新项目花费了近130亿美元联邦基金，其中还不包括城市更新中所涉及到的私人投资。

城市更新的形成产生于两个非常简单背景，一个是在郊区的农地上进行建设，开发商只要支付土地和建设的成本，但是要在城市的有建筑物的土地上进行建设，就必须首先拆除已有的建筑物，这就需要支付这些建筑物的剩余价值，即使这座建筑物已经完全荒废了，它的拥有者或其他的投资者也都认为在当时的情况下这样的建筑不再存在任何的价值，但作为这座建筑物的所有者，绝不可能不要任何补偿就放弃这座建筑物。因此，在当时郊区化大规模、快速推进的时候，城市市区尤其是中心区就成为了一个人们不愿意进行投资的地方。另外一点就是城市建成区内的土地产权的高度分散，城市中的任何一个街区的土地，往往是有许多独立的个人或企业所分别拥有的，因此，如果想要通过建设一个较大的项目来改造这个街区的话，就需要同几个甚至几十个不同的所有者进行协商。在有些情况下，一个小地块的所有者不愿意出售土地或建筑，或者要求超过一般的土地市场的价格，那么就有可能使土地的收购行为无法完成，而且小地块的所有者可以通过这种行为来对土地价格进行讨价还价。在另外的一些情况下，这些土地的所有者还可能因为抵押贷款或其他的原因而存在一些法律上的问题，这些就必然要拖延时间，影响项目的开发建设。而这与在郊区进行开发建设可能就会完全不同，在郊区进行

建设，一般土地的所有者比较单一，而且拥有的土地面积较大，可以进行成片的开发，同时法律问题也不会太复杂。

正由于这样一些原因，大量的资本情愿投资到郊区进行建设，其中既包括住房的建设，也包括商业设施的建设，而第二次世界大战后的郊区购物中心的建设也是源于这样的原因。但是郊区的大规模建设导致了大量人口、尤其是中产阶级和富裕阶层的大量外迁，结果留在城市中的大多是收入较低的贫困人口、少数族裔和新移民，同时也导致了城市中心区的商业设施追随居住人口而外迁。这些状况给城市带来了许多问题，如城市中的破败建筑得不到改善，城市财政的税收基础大幅度减少，城市维护的资金又需要大量增加等等，城市问题愈加严重。其实，在罗斯福"新政"的后期，人们面对城市中的生活居住、环境质量状况，已经认识到了阻碍城市再开发的困境的原因，联邦政府也已准备采取措施来提高城市中心在与郊区竞争中的地位。1941年12月，格里尔（Guy Greer）和汉森（Alvin Hansen）发表了一篇建议成立城市房地产公司的文章。他们认为，这些组织可以利用政府的征用权进行土地配套，并可以从更高一级政府获得资金，从而通过收购而获得这些地区的土地，并对用地范围进行清理，然后向私人企业出售拆除完毕的熟地。但很显然，此时并不是一个适合提出新的民用计划的时候，战争使得这样的计划只能被搁置在一边。但战争结束后的不久，这一计划被逐步付诸实施。1949年国会通过的《住房法》将这样一个计划没有进行太大的修改就获得了通过。按照《住房法》成立了类似于城市房地产公司的地方公共机构（LPAS），地方公共机构拥有对更新地点的征用权。2/3的地方公共机构的资金来自联邦政府，1/3来自地方政府。地方公共机构可以使用其合法权力和财政资源，取得、拆清这些地点或为其作准备（平整土地、提供设施、拓宽和裁直道路等等）。随后，这些地点将以相当的价格出售或者出租给私人开发商。

联邦政府对城市更新的设想主要是一项住房计划，希望通过城市更新改造城市的居住状况，因此，法律规定了城市更新活动主要限于在已经或将要建设住房的地点上。针对城市中居住人口密度较高，住宅配套设施相对仍还短缺，各项公共设施和配套设施不足

---

① 1平方英里 = 2.59km²

等问题，法律规定每建造一个单位的新住房，至少要拆除一个单位的旧住房，也就是说，只准比原有的居住总量减少而不能增加，其目的就是要通过用好的、新的、设施完善的住房来代替差的、旧的、设施不全的住房，从而消灭贫民窟。但随着计划的开展，联邦和地方政府之间的博弈使原有的计划目的发生了转移，到后来，在具体的实施过程中对住房的控制放松了，并且允许许多项目突出商业功能。但无论如何，通过这样的城市更新，许多城市中心发生了较大的改变，使整体的城市居住水平和居住质量得到了提高，城市的形象和景观也得到了改善。根据一项20世纪60年代后期的研究显示，在1966年至1968年间获得批准的439项城市更新项目中，有不少于65%的项目是在中心城市的中央商务区（CBD）中或者与其相邻。后来还有一项研究在9个城市追踪了城市更新项目的整个25年的历史，发现所有城市更新资助中的52%均用于位于市中心1英里①的范围内，而在市中心的2英里范围内则集聚了城市更新资金的82%[31]。同时有一些城市利用城市更新所提供的机会，建设了大量的商业设施和公共设施，完善了城市的公共服务体系，使这

些城市在此后的发展中获得了新的吸引能力，从而也使这些城市具备了与其郊区进行竞争的能力。如纽约市的曼哈顿作为商业和居住集中地区的一个非常重要的方面是其在文化中心方面的突出作用，而在文化中心的构成中，林肯中心是一个非常重要的组成部分，而林肯中心的建设就是作为一项城市更新项目，在拆除了几个街区的房屋的基础之上建设而成的一座文化综合体建筑。林肯中心不仅在建成之初，而且即使在纽约当今作为全球城市的功能发挥过程中仍然是一个至关重要的因素。

城市更新计划应该说取得了相当的成就，但在其实施的过程中也产生了许多问题，成为后来许多人批判的焦点，同时也成为对现代主义城市规划批判的对象。这些批评所针对的是城市更新计划本身的目的和具体的做法。正如利佛（J.M. Levy）比较公正的评论所指出的那样，城市更新计划的"这些目标尽管值得称赞，但也包含一些内在矛盾以及一些不那么令人舒服的负面作用，通过现实反映就更加明显。例如，振兴城市经济不是通过一个拆除未达标准的房屋并用纯商业开发取代的计划就能实现的。但是这是不是违背

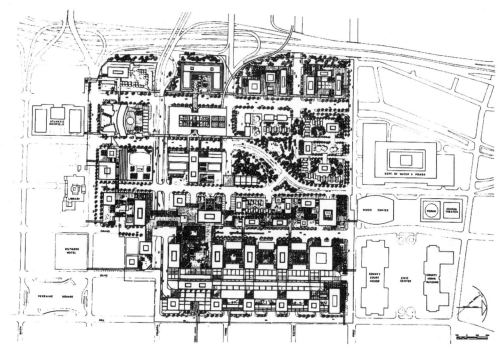

图3-41　洛杉矶邦克山（Bunker Hill）城市更新计划图，1968年

资料来源：Annastasia Loukaitou-Sideris，Tridib Banerjee.Urban Design Downtown：Poetics and Politics of Form，Berkeley，Los Angeles and London：University of California Press，1998.283

———————————

① 1英里 =1.609344km

了在城市房屋总量中增加好的、新的单元的目标呢？谁会反对拆除不合标准的房屋呢？换种说法，减少低成本房屋供给，缩减控制率会使房屋市场趋紧，而在这样的市场中，穷人必须还要找到避难所，这听起来不怎么好。达到最大程度的种族融合是一个值得称赞的目标。在穷人、黑人邻里单元获得种族融合的方法之一就是拆掉低收入黑人占据的荒废、陈旧的住房，代之以中等收入或高收入家庭的高质量、更昂贵的房屋，而这些人多数都不是黑人。当然，这种为种族融合付出的代价相当大"。他指出："提出这些观点不是要嘲笑城市更新计划，而是指出城市更新就是给城市动一个大手术，因此它有很多负面作用，并不是所有的都是人们想要的或者可以预见到的。任何大的计划都会有各种各样的伴生结果，其中一些是好的，一些是坏的；一些可以预见，一些不可以预见。好的结果不是仅有好的意愿就可以得到的。"[32]

五、CIAM 10次小组的成立和CIAM的解体[33]

CIAM自1928年成立到1956年最后一次会议，整整经历了28年的时间。在这28年的历史中，共召开了10次会议，对现代建筑在全球范围内的推广发挥了巨大的作用。但综观这28年的10次会议，也可以看到，随着社会经济的发展演变，现代建筑运动的内部也在发生着变化，这些变化有些是根本性的。

一般将CIAM的历史划分为三个阶段：

第一阶段是从成立开始一直到1933年，其中包括了三次会议。第一次会议，直接阐述了作为这一团体的活动宗旨，第二次会议（1929年），主题是"最低生存的住宅"，旨在研究最低居住标准问题。第三次会议（1930年），主题是"合理建筑方法"，探讨最有成效地利用土地和材料而确定建筑物的最佳高度及间距。

第二阶段从1933年到1947年，CIAM基本上是处在勒·柯布西耶个人影响的统治之下。他有意识地把重点转到城市规划领域。第四次会议（1933年），主题是"功能城市"，发表了《雅典宪章》，成为对后来的发展影响最大的一次会议。第五次会议（1937年），主题是"居住与休闲"，在这次会议上，CIAM不仅承认了历史建筑的作用，同时也承认城市所在地区对建筑的影响。

第三阶段也是最后的阶段，出现了对现代建筑原有观念和原则的批判和纠正，由于思想体系所发生的巨大变化，最终导致了CIAM的解体。第六次会议

（1947年），试图超越"功能城市"的抽象贫困性，他们肯定："CIAM的目标是为创造一种能满足人的情感及物质需要的实体环境而工作。"第八次会议（1951年），主题是"核心"或"城市的心脏"。以吉迪恩（Sigfried Giedion）为代表的中青年代表提出"人们要求建筑物能代表一种可以满足更多功能需要的社会及社区生活，要求能够满足他们对纪念性、欢乐、骄傲和兴奋等的期望"。由此在年轻一代和老一代之间产生了矛盾。第九次会议（1953年），成为了CIAM内部产生决定性分裂的一次会议。以史密森夫妇（Alison and Peter Smithson）及阿尔多·范·埃克（Aldo Van Eyck）为首的年轻一代，向《雅典宪章》的四项功能分类提出了挑战。他们认为应该探索一种更为复杂的模式来替代对城市的简单化模型，探索城市生长中的结构原理以及比家庭细胞高一级的有意义单元。在他们看来，这种模式应当更适应于人们对特征性的需要。他们写到："人可以把自己家里的火炉视为自身的同一体，但

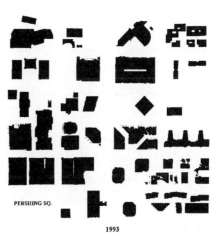

图3-42　洛杉矶邦克山（Bunker Hill）的建筑印迹，1953年和1993年

资料来源：Annastasia Loukaitou-Sideris,Tridib Banerjee.Urban Design Downtown：Poetics and Politics of Form.Berkeley. Los Angeles and London：University of California Press，1998.307

却难以与他家所在的城镇取得同一感。'归属性'是人的一种基本的情感需要，它的联系区属于最简单的级次。从'归属性'——特征性，同一性——出发，人们取得富有成果的邻里感意识。贫民区中狭短的街道常常取得成功，而宽阔的改建方案却往往遭到失败。"他们的批判旨在寻求实体形式与社会—心理需要之间更为精确的关系，这一点成为CIAM第十次会议（1956年）的主题。这一小组此后被人称为"十次小组"，他们是筹备该会的主要负责人。

勒·柯布西耶在写给第十次会议的一封信中已经对CIAM的最终解散作出了预告，他写道："现在40岁左右，出生于1916年前后的战争与革命年代的人们，以及那些当时还没出生，现在25岁左右，诞生于世界正面临新的战争并处于一场深刻的经济、社会和政治危机的1930年前后的人们，他们处在当今时代的中心，而惟有他们才能感觉到实际的问题，才能亲身地、深刻地意识到自己的奋斗目标、实施手段以及形势的迫切感。他们懂得这一切，而前一代的人则不懂，他们已经退出，他们不再处于形势的直接冲击之下。"CIAM的正式解体，是在1959年举行的另一次会议上肯定的，老一代的大师们都参加了这次会议。Team 10的出现既标志着CIAM本身的最终解体，同时也表明了时代和建筑观念的进步。从某种角度讲，现代建筑从对建筑实体或对物的关注逐步走向了对社会和人的关注，同时也开始了对现代建筑运动思想体系的清算，这种清算正是从内部首先开始的。

注　释

1 见：Steven Connor.Postmodernist Culture：An Introduction to Theories of the Contemporary（2nd ed.）.1997.严忠志译.后现代主义文化：当代理论导引.北京：商务印书馆，2002.107

2 以下三段的论述主要引自:王受之.世界现代建筑史.北京：中国建筑工业出版社，1999

3 引自：吴焕加.论建筑中的现代主义与后现代主义.世界建筑,1983(4)

4 引自：吴焕加.论建筑中的现代主义与后现代主义.世界建筑,1983(4)。

5 见：Ulrich Conrads 编.陈志华译.20 世纪建筑各流派的纲领和宣言.建筑师(29).200

6 黑川纪章.吴焕加译.模糊、不定性及中间领域.世界建筑:1984(6)

7 见：沈玉麟.外国城市建设史.北京：中国建筑工业出版社,1989.132

8 黑川纪章.王炳麟译.城市规划的新潮流.世界建筑:1987(4)

9 以下《雅典宪章》的内容均引自李铁映的《城市问题研究》（北京：中国展望出版社，1986）所附录的《雅典宪章》。

10 亚里士多德.政治学.北京：商务印书馆，1965.45

11 有大量的社会学和城市社会学文献都认为马克思和恩格斯、韦伯、涂尔干的研究思想和方法是现代社会学和城市社会学研究的最主要传统。在以下几本有关城市社会学的书中都有相应的描述：J.W. Bardo & J.J. Hartman.Urban Sociology: A Systematic Introduction，F. E. Peacock,1982；M. Gottdiener.The Social Production of Urban Space.University of Texas Press, 1985；P. Sauders.Social Theory and the Urban Question（2nd ed.），Holmes & Meier,1986； Mark Gottdiener.The New Urban Sociology. New York：McGraw-Hill，Inc,1994；蔡禾主编.城市社会学：理论与视野.中山大学出版社,2003;等等。

12 布罗代尔.15 至 18 世纪的物质文明、经济和资本主义（第一卷）.北京：三联书店，1992.570

13 引自：张文忠.经济区位论.北京：科学出版社，2000.19

14 见：杨德明.当代西方经济学基础理论的演变：方法论和微观理论.北京：商务印书馆，1988.362

15 Nicholas Henry. Government at the Grassroots: State and Local Politics（3rd ed.）.Englewood Cliffs: Prentice Hall,1987

16 John M. Levy.Contemporary Urban Planning.2002.孙景秋等译.现代城市规划.北京：中国人民大学出版社，2003

17 见：Casey Nelson Blake.Beloved Community：The Cultural Criticism of Randolph Bourne. van Wyck Brooks, Waldo Frank, Lewis Mumford.Chapel Hill and London：The University of North Carolina Press,1990

18 见：John M. Levy.Contemporary Urban Planning.2002.孙景秋等译.现代城市规划.北京：中国人民大学出版社，2003

19 John M. Levy.Contemporary Urban Planning.2002.孙景秋等译.现代城市规划.北京：中国人民大学出版社，2003

20 见：John M. Levy.Contemporary Urban Planning.2002.孙景秋等译.现代城市规划.北京：中国人民大学出版社，2003.56

21 见：王旭.美国城市史.北京：中国社会科学出版社，2000. 196

22 John M. Levy. Contemporary Urban Planning.2002.孙景秋等译.现代城市规划.北京：中国人民大学出版社，2003

23 引自：Leonardo Benevolo.邹德侬等译.西方现代建筑史.天津：天津科学技术出版社，1996.635

24 Leonardo Benevolo.邹德侬等译.西方现代建筑史.天津：天津科学技术出版社，1996.635

25 Leonardo Benevolo.邹德侬等译.西方现代建筑史.天津：天津科学技术出版社，1996.635

26 Manfredo Tafuri,Francesco Dal Co.Modern Architecture：History of World Architecture，1976.刘先觉等译.现代建筑.北京：中国建筑工业出版社，1999

27 以下有关福利国家要解决的主要问题摘自:Arthur Marwick.British Society Since 1945.1982.马传禧等译.1945年以来的英国社会.北京：商务印书馆，1992

28 Peter Hall.Urban and Regional Planning.1975. 邹德慈, 金经元译.城市和区域规划, 中国建筑工业出版社,1985

29 John M. Levy. Contemporary Urban Planning. 2002. 孙景秋等译.现代城市规划. 北京：中国人民大学出版社，2003. 325

30 见：Bernard J. Frieden,Lynne B. Sagalyn.Downtown，Inc：How America Rebuilds Cities，Cambridge and London：The MIT Press,1989.12

31 见: Bernard J. Frieden, Lynne B. Sagalyn.Downtown，Inc. ：How America Rebuilds Cities，Cambridge and London：The MIT Press,1989.12

32 John M. Levy.Contemporary Urban Planning.2002.孙景秋等译.现代城市规划.北京：中国人民大学出版社，2003. 186

33 本节的主要内容引自:K. Frampton.Modern Architecture：A Critical History.1980.原山等译.现代建筑:一部批判的历史.中国建筑工业出版社,1988

第四章　现代城市规划的发展历程（二）

经过第二次世界大战结束后10多年的快速发展，西方各国的社会经济水平得到极大的提高，20世纪50年代末一些从战争时期开始延续下来的社会供给的限制逐步得到了解除，整个社会在经济水平不断提升、物品不断丰富的同时开始进入到消费社会之中。在此期间，城市得到了迅猛的发展，经济的飞速发展又促进了城市的重建和发展，与此同时，现代城市规划的发展进入到了鼎盛时期。二次大战结束以后，世界各国政府普遍接受凯恩斯的经济思想，在这10多年的时间内所取得的经济成就，使得依据凯恩斯经济理论制定的经济政策和政府干预主义的合法性从理论与实践两方面都得到了奠定，政府的权力藉此迅速扩大，并顺理成章地逾越经济领域，向政治、文化等领域渗透，由对自由市场的干预转而对社会生活全方位的控制。在这样的过程中，出于对政府权力的过度膨胀又可能导致妨碍个人基本自由的高度警惕，许多学者开始在肯定前一时期发展成绩的基础上，针对实际存在的问题和对未来发展的预期，提出了新的可能方向。弗里德曼（Milton Friedman）从经济理论的角度提出了新的思想基础。他从战后西方国家出现的日益加剧的通货膨胀这一新现象出发，标榜要开展一场反对1936年的"凯恩斯革命"的"革命"。[1]他力图证明，凯恩斯倡导的国家干预和调节国民经济的财政政策，是导致这种可能危机的深层原因，他也反对凯恩斯主义的"相机抉择"货币政策，主张把货币供应量作为惟一的政策工具，实行一种公开宣布的在长期内货币供应量按固定不变的增长率增长的所谓"单一规则"的货币政策。尽管从20世纪40年代开始，哈耶克（F. A. Hayek）就以《通往奴役之路》（The Road to Serfdom，1944年）、《个人主义与经济秩序》（Individualism and Economic Order, 1948年）等开始了对凯恩斯经济理论的批判，同时倡导古典自由主义的经济和社会管理思想。他认为，当时正在建设中的福利国家不是为个人自由的战斗在和平时期的继续，倒是有着朝专制主义方向迈进的危险。因此，他认为，追求计划经济其无意识的结果必然是极权主义。波佩尔（Karl Popper）在1945年出版了《开放社会及其敌人》（The Open Society and its Enemies）则从思想史的角度强调了与哈耶克相类似的主题。但是在当时的社会思潮和战后重建的热潮中，他们所发出的声音并不为人们所重视，但对以弗里德曼为代表的芝加哥经济学派在20世纪60年代后的崛起却发挥了前导性的作用，哈耶克的思想在20世纪70年代以后才在西方世界得到了广泛的赞同，并成为英美等国社会经济政策的理论基础。以弗里德曼为代表的"芝加哥学派"的思想体系与凯恩斯学派的干预主张针锋相对，强调货币供应与自由市场的重要性。弗里德曼历陈货币供应的改变，只会发生在整体经济状况改变之前，而非之后。他主张所有社会福利计划，都应该以发放收入补助给穷人的方式来代替，相信最低工资法和工会权利过大，最终只会剥削穷人，只有改变劳工市场结构和推出失业保险法，才能令失业率回复到正常的低水平。这一思想体系的预测在20世纪70年代初得到了应验，在这一场新的经济危机中，凯恩斯主义完全失灵，而弗里德曼所倡导的新自由主义思潮则蓬勃发展。而马库塞（Herbert Marcuse）则从思想基础角度揭示了经过战后快速发展后的社会整体架构的危险倾向。他在20世纪60年代初出版的《单向度的人》[2]一书中指出，在现代工业社会中，人们的思维理应拥有两个不同的维度：一个是对现实生活的认同，另一个是对现实生活的批判。可是在日益意识形态化的科学技术所蕴含的合理性观念的支配下，人们的思维失去了第二个维度，即批判地考察现实生活的维度，人已经退化为单向度的人。从而从整体上导致了发达的工业社会中，社会的政治经济制度、科学、技术、思想和文化等，不仅丧失了其批判性，而且成了维护现存社会的工具。社会、思想等等都变成了只有肯定、没有否定的单向度的存在物。他认为，在消费逻辑造就"单向度的人"的过程中，人的思想和行为也日趋"单向度"性，任何一种批判思维和对抗行为的倾向和能力都已消失殆尽。他对资本主义生态、自然危机等也从人性异化角度进行了批判。在他看来，现代工业技术文明为满足片面的物质享受无限制地剥夺、破坏、污染自然，结果切断了人与自然沟通的纽带，反过来自然要压迫、报复人，原本是人性得以实现的"天然空间"，而今却成为奴役人性的"地狱"。他试图把马克思主义和弗洛伊德的思想结合起来，并揭示了人类解放的条件。他认为，真正的革命是人性的自由和幸福。真正的人类解放，除了政治和经济方面，还包括社会的、感觉的、性欲的解放。他对发达工业社会的分析与批判，以及他关于人类解放的观点，曾对20世纪60年代后期的欧美学生运动产生了很大的影响，并被公认为是这场运动的"精神领袖"和思想旗帜，是与马克思、毛泽东相提并论的"三M"中的一个，是"发达工业社会最重要的马克思主义理论家"。

而在这一时期，城市规划也从20世纪40年代以前相对比较纯粹的理论学术探讨和孤立的实践活动，逐步成为融合了社会运动、政府行为和工程技术紧密结合的综合性活动，并成为全球范围内各城市社会经济体制中的非常重要的组成部分。而大规模的城市建设活动，在使现代建筑运动主导下的城市规划获得全面实践的基础上，也充分地暴露出它所存在的问题。新城和新城区缺乏城市的活力和吸引力，老城区的改造一方面清除了旧有的贫民窟，改造了城市的景观，另一方面却又失去了原有的生命力，并且激化了社会矛盾，城市中的社会运动风起云涌。由此而引发了对现代城市规划理论和实践的反思，对现代建筑运动主导下的城市规划思想进行批判的文献大量涌现，同时也有许多规划师和学者开始在新的方向上探讨城市规划的进一步发展。从城市建设角度看，进入20世纪60年代后，西方各国的城市进入了相对稳定的发展阶段，各类城市建设活动在数量和规模上均相对下降，而政府调控范围的不断扩大和二战时期建立的福利国家理念的影响使政府财政捉襟见肘，到20世纪70年代初更在经济危机的影响下导致了城市政府的财政困难，甚至导致了一些城市政府财政濒临破产的边缘。而20世纪70年代的经济危机更促使了这些城市和国家的社会经济结构的转型，这一点要到20世纪70年代末80年代初才初步显示出这种结构转换的成效。

在20世纪60、70年代，各类城市都已拥有了能够指导城市建设和发展的城市规划，或者能起相同作用的其他法律文本，如区划法规等，由此，城市规划领域出现了两个重要的趋势和领域：一个是区域规划在20世纪30年代基础上得到了进一步的完善，同时，经济学、地理学等学科对相关主题的研究促使了区域研究（有时被称为区域科学）的形成和不断的完善；另一个是城市设计的重新兴起，这是与城市规划领域中对人的空间活动的关注有着密切联系的。与此同时，社会结构和学术领域中的多元化已有极为明显的展现，各项社会科学也更加重视对城市中人的主体地位及其行为的重新认识，在迅速发展的社会经济和科学技术的促进下，城市规划在理论探讨和实践领域中也产生了全面改革的需要。在这样的状况之下，城市规划针对由现代建筑运动所倡导的、以《雅典宪章》为代表的理性主义功能论的思想在理论和实践中所面临的困境，从社会整体发展的角度，提出了一系列新思想和新方法，在社会实践领域推进着城市规划的社会化，这些变革的措施其实质就在于使城市规划更加适应当代城市发展的现实，更好地引导城市的发展。而从城市规划历史和思想体系的角度可以将此看成是现代城市规划发展过程中的一次重大的变革，这一变革改变了城市规划的基本思想和发展路径，实现了城市规划整体结构的一次转变。

图4-1 20世纪60年代的城市运动

资料来源：James W. Vander Zanden.The Social Experience：An Introduction to Sociology.New York：Random House，1988.564

第一节 对现代建筑运动的批判

一、物质空间决定论及社会文化论对其的批判

现代城市规划在现代建筑运动的主导下，获得了长足的进步，并且在此基础上，在空想主义和理性主义思想的双重影响下，逐步地形成了物质空间决定论(physical determinism)的思想体系。现代建筑运动主导下的城市规划发展，基本上可以说就是在物质空间决定论的思想体系下的发展。物质空间决定论认为建筑空间形态是影响甚至决定社会变化的工具，"物质空间结构决定社会行为，这两个因素的关系是单向联系的，在这种关系中，社会行为是因变量"[3]。这一思想在城市规划中的实质在于通过对物质空间变量的控制，就可以形成良好的环境，而这样的环境就能自动解决城市中存在的社会、经济、政治问题，促进城市的发展和进步。这一点在勒·柯布西耶（Le Corbusier）的《走向新建筑》一书的最后一章，以"建筑或者革命"这样的命题进行了最明确的表述，这一观点也就成为现代建筑运动和现代城市规划理论的核心基础和动力源。

在此时期，由于物质空间决定论主要受建筑学思维方式和方法的支配，因此也就更多地关注于城市未来的空间形态。这种空间形态是期望通过城市建设活动的不断努力而达到的，它们本身是依据建筑学原则而确立的，是不可更改的、完美的组合。因此，物质空间规划(physical planning)成了城市建设的蓝图，其所描述的是旨在达到的未来终极状态，这也成为了现代城市规划最主要的表现形式。产生这种状况的主要原因是因为城市规划本身的发展在相当长的时期内基本上仍处在狭窄的物质空间领域，同时，社会也存在着对物质空间规划的迫切需要。在当时的条件下，针对工业城市的实际问题，物质空间的规划也确实发挥了相应的作用，并得到了社会的肯定。到了第二次世界大战后，西方大多数城市都面临着重建和飞速发展，大量的建设活动需要开展，而城市规划在此之前已经进行了大量的物质空间规划的理论准备，并在实践中也已取得了成效，因此，物质空间规划得到了全面的推广，成为该时期城市建设的蓝图，直接指导了该时期的建设活动。另外，城市规划是在建筑学的范畴内得到发展的，城市规划师也主要是由接受了建筑学教育的专家组成。而物质空间规划的主要手段和方法是建立在从建筑学方法中衍生出来的"预感规划"(hunch planning)的基础之上的。这一方法就是依据格迪斯

图4-2 勒·柯布西耶之手与其巴黎伏瓦生规划（The Plan Voisin for Paris），1925年

这是一幅具有极强象征意义的照片，现代主义城市规划和建筑学的批判者认为，现代主义城市规划和建筑学都需要依赖于"上帝之手"

资料来源：Veronica Biermann 等编.Architectural Theory：From the Renaissance to the Present.Köln：Taschen, 2003. 710

图4-3 该画描绘了现代建筑运动主导下的城市规划改造自然的雄心壮志，也描绘了规划思想的根基更多是出于规划师的自我意识

资料来源：Leonie Sandercock.Towards Cosmopolis：Planning for Multicultural Cities.West Sussex：John Wiley & Sons, 1998.69

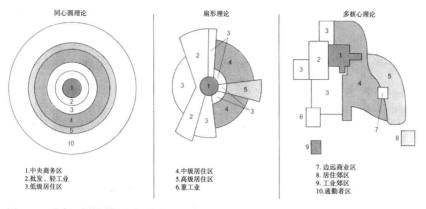

同心圆理论　扇形理论　多核心理论

1.中央商务区
2.批发、轻工业
3.低级居住区
4.中级居住区
5.高级居住区
6.重工业
7.边远商业区
8.居住郊区
9.工业郊区
10.通勤者区

图4-4　芝加哥学派提出的城市空间模式
资料来源：James W. Vander Zanden. The Social Experience：An Introduction to Sociology. New York：Random House，1988.548

（Patrick Geddes）所倡导的调查—分析—规划(survey-analysis-plan)的过程，通过对现实状况的调查，分析土地使用的状况并对合理的土地使用关系进行预测，然后依据这些分析和预测，设计一个确定的规划方案，这一方案就是有关城市发展和土地使用模式希望的未来终极状态。但这些预测、分析并不是以科学方法和客观标准为依据，而更强调主观猜想，讲究规划师认识和意志的表达。这种过程和方法都是建立在这样的假设之上，"调查自然地导致规划；对现在的研究不可避免地预示了未来"（阿伯克龙比，1959年）。而从建筑师的观点出发，更注重于图面的效果和建筑空间形态的确定性，而且正如维德勒（Anthony Vidler）后来所指出的那样，这种空间效果实际上是建立在从空中观看的基础上的对城市空间状况的描画[4]，而对建筑空间(或城市空间)的演变以及各相关因素的相互作用关系就

图4-5　1952年，"十次小组"的重要成员史密森夫妇（Alison and Peter Smithson）在伦敦金巷（Golden Lane）居住区规划设计中所形成将街道抬高的设计思想
资料来源：William J.R. Curtis.Modern Architecture Since 1900（3rd ed）.London：Phaidon，1996.444

很少涉及。

对于物质空间决定论和物质空间规划的批判，并不只是从20世纪60年代才开始，实际上城市规划领域中一直有一种社会文化论的思想在其中发挥着作用，它批判、揭示并补充着物质空间论的不足。对于社会文化论而言，物质空间只是影响城市生活的一项变量，而且这一变量并不能起决定性的作用，起决定性作用的应该是城市中各人类群体的文化、社会交往模式和政治结构等等。在20世纪初由帕克（R. Park）领导的"芝加哥学派"(Chicago School)所创立的"人文生态学"（human ecology）成为现代社会文化论的最初努力。他们着力于探讨城市的空间—社会环境(the spatial-social environment)，在此基础上，他们先后提出了有关城市空间结构的三种描述理论：同心圆理论、扇形理论和多核心理论，这些理论成为城市空间布局的基础理论。而其有关城市土地使用分化和动态过程的论述，成为认识城市空间演变的经典。在20世纪上半叶，社会文化论对当时和以后的城市规划发挥了重要作用的，是佩里（C.A. Perry）的邻里单位(neighborhood unit)理论。佩里认为对居住地区的研究应当从家庭生活及其周围环境——家庭的邻里(the family's neighborhood)开始。他指出，只有如此，才能更加完整地满足家庭生活的基本需要。邻里单位的思想不仅植根于社会文化论思想，而且佩里认为它应当是一种社会工程(social engineering)。

二次大战后，西方城市都面临着战后重建和飞速发展，以物质空间规划为主要内容的城市规划发挥了重要的作用。20世纪50年代以后，社会经济得到了全面的发展，物质空间规划在经过一段时期的实践后，出现了一系列问题。在此过程中，对物质空间决定论的最早反叛来自于现代建筑运动内部的发展。针对现代建筑运动的城市规划存在的以纯粹功能分区为特征的规划方法，国际现代建筑会议(CIAM)第十小组(Team 10）提出了以人为核心的人际结合(human association)思想，认为城市的形态必须从生活本身的结构中发展起来，城市和建筑空间是人们行为方式的体现，从而为城市规划的进一步发展提供了新的起点。而希腊学者

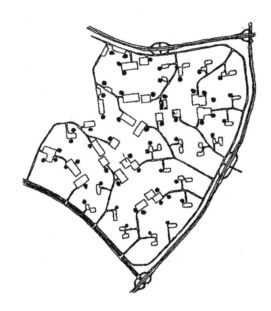

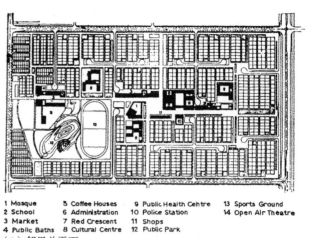

1 Mosque　　5 Coffee Houses　　9 Public Health Centre　　13 Sports Ground
2 School　　　6 Administration　　10 Police Station　　　　14 Open Air Theatre
3 Market　　　7 Red Crescent　　　11 Shops
4 Public Baths　8 Cultural Centre　　12 Public Park

（1）邻里总平面

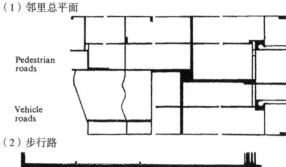

（2）步行路

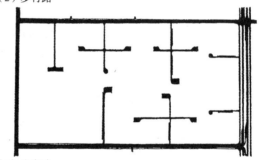

（3）汽车路

图4-6　由Team 10的成员设计的"根茎"系统（stem system）在20世纪60年代的运用

其意图是将勒·柯布西耶"花园中的高层建筑"的通道联系成"空中街道"（streets in the air）。上图为步行路，下图为汽车路。图中的点表示垂直的运输系统

资料来源：Andres Duany, Elizabeth Plater-Zyberk, Robert Alminana. The New Civic Art：Element of Town Planning.New York：Rizzoli, 2003.131

图4-7　佐克西亚季斯（Constantin Doxiadis）1963年巴格达（Baghdad）规划中的邻里规划的图解

资料来源：Andres Duany, Elizabeth Plater-Zyberk, Robert Alminana. The New Civic Art：Element of Town Planning.New York：Rizzoli, 2003.141

佐克西亚季斯（C.A. Doxiadis）则从人类生活空间的普遍要求出发，建设性地提出了人类聚居学（Ekistics）的概念，强调人类居住环境由五项要素和五种力量组成。五项要素分别是：自然界；人——作为个人；社会——作为人类集体；网络——道路、铁路、电话和电报等，包括可见的和不可见的；壳体——我们在其中生活、工作和游玩的建筑物和构筑物。五种力量是：经济的、社会的、政治的、技术的和文化的。他认为，人类聚居学就是要从这五项要素和五种力量的相互作用关系中而不是仅仅从建筑物的空间形态来研究人类

居住环境。

在战后的10多年时间中，建设了大量的新城和新城区，这些新城和新城区都是按照当时最为合理的规划模式进行建设的，由此形成了城市规划师和建筑师认为的最优美的环境，但这些城市和地区并没有自然而然地解决了城市社会和经济等等方面的问题，相反各种问题仍然层出不穷，而且在这些新城和新城区中，相当数量的地区往往成为了缺少富有生机的城市生活、甚至被认为不适于生活的城市或地区。而在另一方面，按照现代建筑运动所制定的原则进行的大规模的城市

建设和改造，其得到的结果也同样使丰富的城市生活失去，或者说是新建的地区或经过改造的地区不再具有城市的活力，这种状况更促成了对现代建筑运动及其工作的批判。汉得瓦萨（Hundertwasser）有一段将现代建筑运动主导下的建筑与贫民窟进行对比的非常著名的评论，从中揭示了现代建筑运动主导下的城市建设所带来的灾难性的后果。他说："贫民窟物质上的不可居性要胜过功能主义、实用主义建筑精神上的不可居性。在所谓的贫民窟，死亡的只有人的肉体，但是在表面上为人建造的建筑中人的精神却遭到毁灭。因此贫民窟的特性，即不受控制地增殖的建筑——而不是功能主义的建筑——必须得到利用并且成为我们的出发点。"[5] 在这样的实际状况下，对城市规划和建筑认识的思想体系发生了转变，建筑师们重新反思了主导他们工作的思想性内容，对物质空间决定论进行了批判，如美国建筑师迈耶（A. Mayer）后来所说的那样，"我们曾经天真地认为，如果我们能够消除那些非常恶劣的居住建筑以及贫民区的环境，那些新建的、卫生条件好的建筑和环境将几乎会'自然地'医治好社会的弊端。现在我们懂得多些了"。[6] 对此，张钦楠有一段非常透彻的评论，描述了现代建筑师从物质空间决定论中觉醒的心境。他说："'现在我们懂得

多些了'，这句话代表了一种新的认识，新的觉悟。这种认识并不是迈耶独有的。建筑师尼迈耶在巴西新都规划之初，曾期望'巴西利亚将成为一个自由和快乐的人们的城市，摆脱社会和经济的歧视……'。但事后，他也不得不忧伤地表示：'我们遗憾地发现，当今存在的社会条件与总体规划的精神是冲突的。这种冲突产生了种种问题，而这些问题是无法在图板上解决的'。当社会本身蕴藏着革命的因素时，建筑是不可能代替革命的。社会问题归根结底要靠社会来解决。建筑师的善良愿望，只有和社会改革的力量相结合，才能发挥作用。"[7]

二、行为-空间论

从20世纪50年代末开始，针对战后城市建设、城市规划和建筑学实践所带来的问题，许多学者从思想和方法上寻找能够破解现代建筑运动主导下的现代城市规划的发展指向，寻找完善城市规划研究和实践的路径。在其中，对物质空间决定论和现代建筑运动主导下的城市规划最直接也是最有成效的批判来自于这样一些学者，他们从城市中人的活动和人在空间中的活动的角度，指出了物质空间决定论只关注空间的实体部分，即物的部分以及它们之间的形式关系，但忽视了人在其中的活动，把人对空间的需求看成是物的供应，相反，他们认为人的活动以及人对空间的使用是认识空间和组织空间的关键性因素，只有将人及其

图4-8 规划师的雄心壮志
资料来源：Eeonie Sandercock.Towards Cosmopolis：Planning for Multicultural Cities.West Sussex：John Wiley & Sons，1998.220

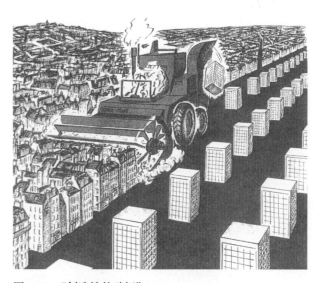

图4-9 "创造性的破坏"
J.F. Batellier 的漫画，是对现代主义城市建设方法的批判
资料来源：David Harvey.The Condition of Postmodernity：An Enquiry into the Origins of Cultural Change.Cambridge and Oxford，Blackwell，1990.18

活动与空间分析结合在一起，才能创造具有活力的城市空间。

　　林奇（K. Lynch）从认知心理和环境感受出发，认为人类的行为并不是依据于物质空间环境而进行的，而是依据于他对环境的感知和评价，物的环境仅仅是人的活动的背景，而且即使在物的环境中，并不是所有的物质要素都具有同等重要的地位。在此基础上，他提出城市空间的创造和组织应该基于人对城市的整体意象而进行，而人对城市的意象是经过人的大脑的抽象与重新组织的，其所形成的是物的环境和人对其认识组合在一起的综合结果。他在1960年出版的《城市意象》（The Image of the City）一书中详细阐述了这样的观点，并提出了城市规划和设计应当对城市和城市空间进行重新认识，并需要从人们怎样认识城市空间的方式入手，真正理解城市空间的组织[8]。雅各布斯（J. Jacobs）于1961年出版了后来被称为当代城市规划发展里程碑的著作《美国大城市的生与死》（The Death and Life of Great American Cities），在书中，她通过运用社会使用方法对城市空间中的人类行为的观察和研究，提出城市空间和城市形态应当与城市生活相一致，与这些空间的使用者的意愿和日常生活轨迹相一致，城市规划应当以增进城市生活的活力为目的[9]。基于这样的观点，她对现代主义城市规划展开了锋芒毕露的直接批判，并将此前在物质空间决定论基础上形成的城市规划和城市设计视作为一门"伪科学"，同时她论证了勒·柯布西耶和《雅典宪章》所提出的功能分区以及霍华德提出的低密度开发等对城市生活所造成的危害，阐述了城市空间组织的要素、内容和方法，也

提出了改进城市规划思想方法的建议。亚历山大（C. Alexander）则通过一系列的理论著作阐述了人的活动的倾向(tendencies)比需求(need)更为重要的观念，认为倾向作为可观察到的行为模式，反映了人与环境的相互作用关系，而这就是城市规划和设计需要满足的，他的《形式合成纲要》（Notes on the Synthesis of Form）一书就全面地阐述了这样的观点。而在对城市规划和城市空间组织的研究中，1965年发表的《城市并非树形》（A City is Not a Tree，1965）一文，则从城市生活的实际状况出发，指出物质空间决定论忽视了人类活动中丰富多彩的方面和多种多样的交错与联系，从思想方法上论证了现代主义方法的简单化和对社会生活多样性的遮蔽，提出城市空间的组织本身是一个多重复杂的结合体，城市空间的结构应该是网格状的而不是树形的，任何简单化的提纯只会使城市丧失活力[10]。亚历山大在1979年出版了《建筑的永恒之道》（The Timeless Way of Building）一书，进一步阐发了如何形成网格状城市的思想方法，从日常活动和建设行为如何架构整体空间形态的角度探讨了城市结构和空间形态的形成过程[11]。拉波波特（A. Rapoport）自20世纪60年代中期开始发表了一系列的论文和著作，对空间关系中的人文因素进行探讨，借助于人类学、符号学等一系列学科的研究成果，从人与人之间相互交往的效果出发，提出了空间本身的意义是决定空间形式的关键性因素[12]。

　　与此同时，在对城市空间问题的研究中，也有相当数量的学者提出，现代建筑运动对传统城市的"创造性破坏"（creative deconstruction）割断了历史的延

图4-10　不同的社会世界。儿童生活在同一个城市和国家，但他们所体验的则是完全不同的社会世界
资料来源：James W. Vander Zanden.The Social Experience：An Introduction to Sociology.New York：Random House，1988.7

续，在城市规划和建筑设计过程中需要从传统城市中汲取营养，同时应当使新的建设融合到城市原有的城市框架之中。以罗西（A. Rossi）为代表的新理性主义则从对城市形态的历史分析为基础，提出用类型学的方法来认识传统城市的结构，任何的建筑和空间安排都需要以类型的方式来进行组织[13]。而克里尔兄弟（Rob Krier 和 Leon Krier）则更为明确地提出新的空间的观念必须回归传统，传统的城市空间创造了真正的城市生活，而现代建筑运动所形成的分离的空间则削弱了城市的活力甚至破坏了城市的组织，因此，应当学习传统城市的空间组织方式，用由建筑物限定的街道和广场来组织城市空间，在组织城市公共空间的基础上再来布置和安排其他的空间[14]。他们以此作为手段积极推进欧洲城市复兴运动，并对 20 世纪 80 年代后美国的"新城市规划/设计"（New Urbanism）运动产生了重要影响。

建筑理论家文丘里（Robert Venturi）于 1968 年发表了《建筑的复杂性与矛盾性》（Complexity and Contradiction in Architecture）一书，从对现代建筑运动追求纯净的建筑空间的批判入手，提出了建筑本身所具有的复杂性和多样性才赋予了建筑的多姿多彩。他对建筑的复杂性和矛盾性的颂扬和对建筑意义

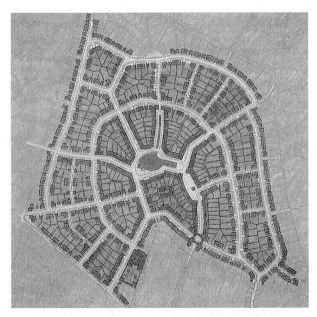

图4-11　罗布·克里尔（Rob Krier）于1992年所作的Potsdam-Eiche规划总图，显示了运用周边式街区建设模式的效果
资料来源：Andres Duany, Elizabeth Plater-Zyberk, Robert Alminana. The New Civic Art: Element of Town Planning. New York: Rizzoli, 2003.141

的发掘等等都有力地动摇了现代主义城市规划的思想根基[15]。他在 1972 年与人合作出版的《从拉斯韦加斯学到的》（Learning from Las Vegas）一书中，以具体的城市空间分析说明了空间组织的丰富性。他认为，建筑的特征是符号而不是空间，空间关系是象征性的而不是形式，同时他也反对现代建筑运动英雄式的建筑师角色，鼓励当代建筑师和城市设计师应当多向大众文化和民间文化学习，创造生动而丰富的城市的景象[16]。科林·罗（Colin Rowe）和克特尔（Fred Koetter）在 1975 年出版的《拼贴城市》（Collage City）一书中，则从思想体系角度对现代建筑运动和现代城市规划的整体构成和英雄主义的设计观念进行了批判[17]，他们认为，城市的空间结构体系是一种小规模的不断渐进式的变化的结果，大大小小的、不同时期的建设在城市原有的框架中不断地被填充进去，有相互协调的也有互相矛盾和"抵触"的，因此，城市既是完整的，又是在不断演变的，整体性的变化都是在局部演变的基础上不知不觉地、出人意料地形成的。拼贴的方法其实就是"一种概括的方法，不和谐的凑合；不相似形象的综合，或明显不同的东西之间的默契"，因此，任何新的建设实际上就是在城市的背景和文脉中，由这种背景和文脉所引诱出来的，而不应该是由一个全知全能的"上帝"从整体结构的改造出发而外在地赋予的。

此外，从 20 世纪 60 年代开始的对环境问题的重视，也促进了现代城市规划思想的转变。麦克洛克林（J.B. McLoughlin）在《系统方法在城市和区域规划中的运用》一书中曾提出，城市规划的发展需要更多地从园艺学而不是建筑学中获取营养[18]。麦克哈格（Ian McHarg）于 1969 年出版《设计结合自然》一书，一方面针对现代建筑运动的设计（无论是建筑的还是城市的）与已有的环境相脱离的状况，另一方面针对现代建筑运动的主导思想忽视了对自然环境的保护，提出从区域到建筑的各项设计都应当与自然环境的形态相融合，同时要考虑对自然环境的保护，使自然环境和人为环境结合成为一个整体，全面提高人类生活环境的质量[19]。

三、多用途开发和纽约的区划法规

这些对现代建筑运动主导下的城市规划的基本思想和方法进行的批判，有的是从思想体系层次，有的是从具体建设项目的效果出发，从 20 世纪 60 年代初

开始逐步汇聚成一股洪流，直接冲击并动摇了城市规划理论和实践的基础，同时也通过对问题的分析和解释以及对原有理论的批判、对新的理论前景和方法的探讨奠定了城市规划继续发展的方向。而在城市规划和建设的实践中，对现代城市规划的理论和实践产生重大影响的是从20世纪60年代初开始出现了大量的多用途开发（multiple-use development）或混合用途开发（mixed-use development，简称MXD）项目的建设，这些项目的建设直接改观了现代主义城市规划纯粹功能分区的思想，而且也促发了对这类现象本身的理论研究。这些多用途的项目通常都是经过仔细规划后确定的，将三种或更多的能够互相支持、创造收入的用途组合在一起，并且在物质空间上予以全面地组合。在功能上通常包括了这样一些内容：办公、零售商业、旅馆、居住和娱乐空间。这种形式的开发，很显然与现代建筑运动主导下的城市规划的基本原则尤其是《雅典宪章》所确立的基本纲领是相违背的，尽管这样的反抗并不是源自于城市规划理论的探讨、也不是由城市规划编制与实施管理的实践所倡导出来的，而是在市场开发活动中，由开发商希望通过开发获取更高

的利润和降低建设项目的经济风险的角度而产生的。但很显然，这样的开发项目符合了人们对城市空间的认识和需求，与城市居民的日常生活可以有较好的结合，因此，这些项目不仅被看成是能够吸引大量人流从而可以创造出商业利润，同时还被看成是城市中社会化重构的很重要的方式，因为它可以提供多样化的城市生活，使中心城市在与郊区的竞争中能够保持充分的活力。20世纪70年代中期的一项研究显示，当时已经完成和正在规划建设中的88个多用途中心中，绝大多数的多用途开发都集中在人口超过100万的城市中，其中有50个位于中心商务区，31个位于中心城市，7个在城市的郊区[20]。

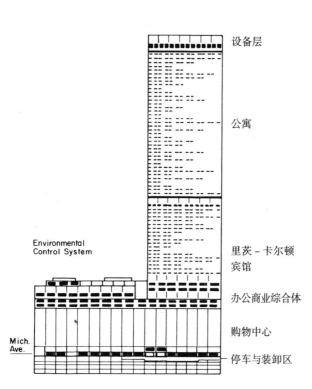

图4-12　混合使用的原型：Water Tower Place
资料来源：Bernard J. Frieden, Lynne B. Sagalyn.Downtown, Inc：How America Rebuilds Cities.Cambridge and London：The MIT Press,1989

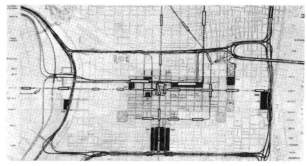

（1）车行系统

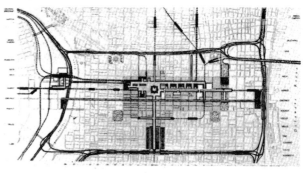

（2）步行系统

（3）市场东大街改进

图4-13　费城城市规划委员会1960年的费城市中心城市设计
资料来源：Manfredo Tafuri, Francesco Dal Co.Modern Architecture：History of World Architecture, 1976.刘先觉等译.现代建筑.北京：中国建筑工业出版社，1999.280

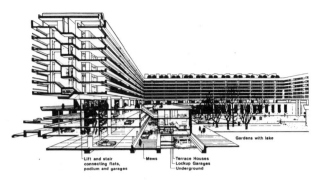

图4-14　伦敦巴比坎（Barbican）的剖面图，由Chamberlin，Powell和Bon于1959年设计

资料来源：Spiro Kostof.The City Assembled：The Elements of Urban Form through History，1992.London：Thames and Hudson Ltd.，1999.238

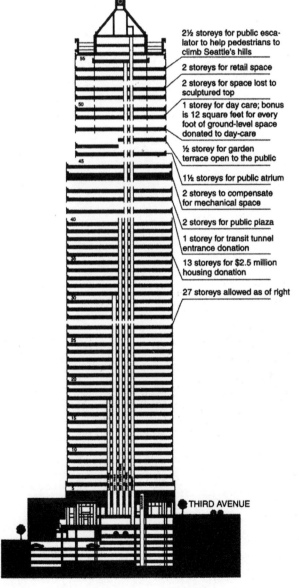

图4-15　根据区划奖励而允许建设的总量

资料来源：Michael Pacione.Urban Geography：a global perspective. London：Routledge，2001.165

在城市规划管理的法规方面，1961年，经一系列公众讨论后，纽约市推出了一部全新的区划法规并付诸实施。这是一部将土地使用控制（land-use control）和开发强度控制（bulk control）结合为一体的区划法规。为避免原有的区划法规对建筑设计的束缚和导致千篇一律的建筑形体的出现，该法规改变了原来关于建筑高度等控制的方法，首次采用了楼板面积率（Floor Area Ratio，简称FAR）也就是容积率的控制方法。容积率的控制方法既可以对地块内建筑物总的体量进行控制，又能在设计上给予建筑师较大的灵活性。为保证较好的居住环境质量，直接的居住密度控制也开始作为居住用途使用强度控制的内容之一，并以此作为大规模开发的基准，以保证具有较大的空地和富有变化的设计单元。此外，该法规还创造性地推出了一种新的措施，称之为"奖励性区划"（Incentive Zoning），即通过楼板面积率的奖励措施，来取得开发者的合作，在新开发地块上提供公益性设施和公共活动空间，以实现城市规划想要实现的目标。在美国的法律体制下，私人财产得到法律的绝对保护，城市规划所提出的一些社会公益性的设施在特定的条件下建设起来相对比较困难，而通过奖励性区划就可以通过私人开发而自愿提供公共设施和公共空间，解除了城市政府在土地获得等方面的难题，以满足社区和城市的公共需要。从另一方面来看，奖励性区划的实质既是私人利益之间的一种均衡，同时也是社会公共利益之间的一种均衡，而更为重要的则是在私人利益与公共利益之间谋取一定程度的均衡，即私人开发商通过提供公共性的设施而获得更高的开发效益，而社会公众在获得公益性设施的同时也需要忍受更高强度的私人开发。此外，为了保护历史性建筑物和特定的自然保护地区，在纽约的区划条例中又提出了"空中开发权转让"（Air Right Transfer）的措施，这一措施的核心也在于保护私人地产的利益，即土地开发的利益。20世纪70年代后又提出"混合使用区"（Mixed Use District），20世纪80年代后考虑中低收入者也应拥有适当的住宅而提出"包容性区划"（Inclusionary Zoning），为使某些特定地区的新建筑物能与环境协调、与现状建筑物相容而设立"协调区"（Contextual District）等措施。从这一系列的举措也可以看到，这些新的方法的运用都是对现代建筑运动主导下的城市规划的原则所进行的修正，并为保证城市规划目标的实现提供了具体操作的、能够符合社会需

求的具体方法。

但是，这种多用途的建设方法和功能混合的做法也遭到了一些人的批判，他们认为这些做法实际上仅仅只是从形式出发的对现代建筑运动的纠正，但实际上仍然缺少对城市中人们的交往和社会特征的全面认识，仅仅是形式上的转变并不能导致根本性的效果。韦伯（Melvin Webber）一方面对现代建筑运动主导下的城市规划思想进行了批判，他认为现代建筑运动把城市看成是一个具有内在统一性的、内部各要素被严格界定的整齐划一的巨型结构，这种巨型结构所具有的严格的几何秩序规定了它本身是不可更改的，因此这种形态的一致性实际上是对城市健康发展的损害，会妨碍城市的自然进化。另一方面，他针对多用途的集中式开发也提出了批判。他通过对城市居民活动在空间上的分配的分析，提出了城市系统的组织应当更多地依赖于城市的交通系统而不是对行为的空间分配[21]。例如，通过对美国的家庭行为模式的研究，可以发现这样的现象，这些家庭并不是按照他们所处的地域空间范围的大小来组织他们的联系和活动，他们完全可以与居住地周围的环境没有任何的联系，但可能在更大的范围内很清楚地知道他们的朋友所在的地方，并花时间去拜访他们；他们对周边的环境一无所知，但可能对遥远的地区却了如指掌。这种状况意味着，人们的活动并不总是就近发生、就地组织的，而是在一个更为广阔的范围内，甚至是超越国界的。距离的远近并不是组织空间功能的关键，人们活动的社区是建立在共同利益的基础之上的，而与这些人身处何处并无关联。而甘斯（Herbert Gans）则从社会学的角度提出，城市环境中人与人之间的相互作用并不是由空间形态的特征所决定，人们的交往活动并不受限于特定的空间结构，而是发生在一定的"部落"之中，比如即使是在一个非常繁荣并得到高度评价的多功能的城市中心中，混居在其中一小块范围内的不同社会和种族群体之间也很少发生相互作用关系，他们都是在各自的社会群落中进行活动的[22]。针对美国城市更新提出的破除种族和阶层隔离、加强不同种族和阶层融合的政策与具体的做法（比如在一定的社区甚至一幢公寓楼内安排一定比例的不同阶层或不同种族的居民等），以及当时对多功能开发的热情，他指出，社会的整合并不是空间组织的功能，那种希望通过高密度和多样化的组织方式来实现不同文化交融的观念，实际上只是一种臆想；社会的整合是由社会阶层、各个阶层所遵循的规范以及价值评价体系而实现的。因此，物质空间形态的规划不可能形成社区的内聚力和独特的身份意识，多功能的空间环境并不能促进人与人之间的相互交往，相反，在郊区环境中，功能是分离的，但只要有了适当的相互沟通的方式，同样也能实现社会的整合。

（1）城市中的购物中心将城市活动内置后对城市生活的破坏

（2）针对于上述状况而出现的为创造更有生活气息的街道所做的尝试

图 4-16　城市购物中心对公共空间的影响

资料来源：Bernard J. Frieden, Lynne B. Sagalyn.Downtown, Inc：How America Rebuilds Cities.Cambridge and London：The MIT Press,1989

四、城市规划师地位的反思与公众参与

在对现代建筑运动主导下的城市规划进行批判的过程中，除了对城市规划的实质内容进行批判和修正之外，对造成现代城市规划问题的主体部分也出现了许多的反思，在其中，针对现代建筑运动主导下的城市规划中城市规划师所担当的"立法者"[23]角色，有关"倡导性规划"和公众参与的探讨所作出的回应是最具有成效的。现代城市规划从其诞生开始就承继了传统规划对城市理想状况进行描摹的思想，认为城市规划就是要描绘城市未来的蓝图，而空想社会主义的传统以及后来对空想社会主义思想的建筑学形式化又加剧了这样的倾向。而城市规划师作为这种未来蓝图的制定者，被赋予了全知全能的地位，由此也就成为了文丘里（R. Venturi）所说的"英雄式"的人物，规划师在社会实践中既充当着又实现着这样的角色。在这样的背景下，城市中的所有居民都可以被看作是一致的、普遍的，认为所有人的需求都是相同的，因此他们所需要的建成环境也是一致的、相同的，而这种一致性又集中在规划师对城市以及城市生活方式的认识基础上，也就是说规划师可以依据他们自己的知识和价值观来判断怎样的空间是好的，怎样的空间是居民需要的。在这样的思想影响下，规划师对城市规划和规划师在城市发展过程中的重要性的认识不断膨胀，使得城市规划成为了一种由少数专业人员表达他们的意志并以此来规范城市社会各类群体和个人行为的手段。而规划实施就如同建造建筑物或制造机器，将规划方案作为蓝图，分配给各种不同的人按照方案的局部内容分头进行工作，最后在各个人和部门完成各自任务的基础上，实现与规划蓝图一模一样的现实世界。但是，现实社会的情况要复杂得多，现代社会是多元的，是由不同的人所组成的，城市规划一旦确立了以专家的价值判断为核心，也就有舍弃城市中各类不同阶层、地位的人群的主体性的危险，这样，城市规划就难以得到真正的贯彻，并由此出现了一系列的问题。一方面，城市规划难以得到社会各界的支持和在日常活动中的贯彻，城市社会的主体与规划师在城市发展过程中处在一种"博弈"的对抗之中，而城市规划作为对终极状态的描述，也就无法接受社会主体的适应性行为（而这却是任何实践活动所具有的普遍性特征[24]），城市规划的原则、意图和内容也就无法体现在城市建设活动之中。另一方面，按照城市规划所实现的物质空间，由于实践的是专家意志和判断，并不能完全契合使用者的实际状况和背景，因此就不能为使用者所接受，有些甚至对城市生活起到了损害的作用，如按规划建设的新城市、城郊居住区或公寓竟不如棚户区那般充满活力和富有情趣，物质空间的改善竟以空间中的社会性内容的丧失为代价。

在这样的状况下开始引发了对建筑师和城市规划师角色地位的反思。在建筑学领域，对于世界上最古老的职业之一——建筑师的职业地位进行了反思，认为建筑师并不是真正意义上的建筑空间的创造者，使用者对建筑空间的使用决策具有决定性的意义。勒·柯布西耶在20世纪30年代初建造的萨伏伊别墅是实践他提出的"新建筑五要点"的代表作，也是现代建筑史上的经典之作，但其使用却是不经济的也是不实用的，这与其说是使用者对建筑空间的糟蹋，毋宁说是建筑师对使用者要求的背叛。这样的例子还包括不少建筑设计大师们的名作却也是不适宜使用的建筑物，如密斯·凡德罗（Mies Var der Rohe）精致的玻璃盒子范思沃斯（Farnsworth）住宅、赖特的流水别墅等，均是现代建筑中住宅设计的典范，但恰恰是这些住宅却是不符合居住要求的，甚至可以说是不适宜居住的。针对这样的情况，许多建筑师开始探索新的途径以达到使用者能对自己所使用的空间进行决策。20世纪60年代在荷兰所形成的SAR体系鼓励居住者自己进行住宅的内部布置，在英国形成的社会建筑（social architecture）运动则将居住环境建设与居民的要求直接结合在一起等。厄斯金（Ralph Erskine）在设计拜克（Byker）居住区重建规划和实施过程中，在现场设置了自己的办公室，使公众直接对设计和建设过程中的问题发表意见，提出想法，对居住区的建设和环境组织进行决策。

在城市规划领域，在20世纪60年代初，达维多夫（P. Davidoff）和赖纳（Thomas Reiner）提出了"规划的选择理论"（A Choise Theory of Planning）[25]，此后达维多夫又确立了倡导性规划（advocacy planning）概念[26]。达维多夫从不同的人和不同的群体具有不同的价值观的多元论思想出发，认为规划不应当以一种价值观来压制其他多种价值观，而应当为多种价值观的实现提供可能，城市规划师就是要表达这不同的价值判断并为不同的利益团体提供技术帮助。城市规划的公众参与，就是在规划的过程中要让广大的城市市民尤其是受到规划内容影响的市民（利

益相关者）参加规划的编制和讨论，规划部门要听取各种意见并且要将这些意见尽可能地反映在规划决策之中，成为规划行动的组成部分。而真正全面和完整的公众参与则要求公众能真正参与到规划的决策过程之中，同时城市规划师应该更多地站在社会弱势群体的角度来考虑各项设施的安排，使社会达到真正的公平。达维多夫的理论与观点后来就成为城市规划领域开展公众参与的理论基础。从 20 世纪 60 年代后期开始，美国的一些城市中成立了诸如社区改造中心(Centre of Community Change)之类的机构，以帮助社区居民学习有关社区建设的知识和技术，为居民提供服务。而在联邦政府方面，从 1968 年开始的"新社区计划"和以后的"示范城市计划"(Model Cities Program)，在审批援助款项时的先决条件之一就是要证明市民们已经真正有效地参与了规划制定过程。在英国，住房和地方政府部(Department of Housing and Local Government)于 1965 年成立了一个规划顾问小组对城市规划的程序和方法进行研究，该小组在 1966 年提出了结论性的报告《发展规划的未来》(The Future of Development Plans)，该报告所提建议的主要内容成为英国 1968 年规划法的主要依据。该报告特别提出，在规划过程中要让广大的公众参加讨论，听取各种情况介绍和发表意见。经过一些城市的初步实践，政府当局认识到市民参加城市规划的重要性和复杂性，为了对公众参与规划的过程、技术及相关政策等内容进行研究，成立了以斯凯芬顿（Skeffington）任主席的公众参与规划委员会(Committee on Public Participation in Planning)。该委员会于 1969 提出了题为《人民与规划》(People and Planning)的报告，对公众参与规划的整个过程，从开始制订规划目标一直到对规划方案的评价、规划的贯彻执行以及最后对这次规划的回顾总结等提出了完整的建议。这些建议在以后的实践中得到了全面贯彻并不断完善。1973 年，联合国世界环境会议通过宣言，开宗明义地提出：环境是人民创造的，更是为城市规划中的公众参与提供了政治和思想保证。

在其后的发展中，城市规划过程的公众参与成为了许多国家城市规划法规和制度所规定的重要内容和步骤。尽管由于各个国家的政治文化及其传统的不同，公众参与的广度、深度及其方式方法都不尽相同，但就整体而言，公众参与城市规划的工作贯穿于城市规划的全过程，而且城市规划法规也为公众的参与提供法定依据和法定程序。在规划编制方面，在不同的规划层次，公众的参与程度也是不相同的。相对来说，战略层次的规划基本上是由政府来主导的，表达的也主要是政府的战略构想，但公众有发表意见的机会，针对于政策性内容（即具有普遍性的问题）的最终决策可以起到作用。而在具体层次的规划上，因为对公众的利益具有直接的影响，所以公众就有完全的参与机会，即公众的参与对最后的成果具有决定作用，而不是仅具形式上的意义。一般而言，这种参与包括几个阶段：首先是在规划编制前要发表规划研究报告，通过几个月的公众意见征询，为编制规划提供参考；其次在规划草案编制完成后，要向公众展示，由公众提意见；然后根据意见进行修改，对于不采纳的意见要给出理由，对于修改部分公众还可以继续提出意见；根据情况，进行多次的反复直到意见的解决。如果经过这一系列程序公众的意见仍然不能得到解决，还需要有其他的手段和方式来进行，如在英国是由环境部任命的规划监察员(planning inspector)来主持听证会，并给出综合性的决定意见等。公众参与城市规划的发展，实现了城市居民对社会管理事务的参与权，成为建设"市民社会"的重要基础。

五、大都市地区化和中心城的重塑

第二次世界大战后，世界各国的城市建设方针都倾向于对大城市进行控制和疏解，无论是欧洲式的新城建设还是美国式的郊区化实质上都是这类政策的具体体现。在这样的建设过程中，我们可以看到一系列非常有意思的悖论：霍华德式的田园城市在此期间转化为大城市周边的新城建设，但其建设的结果不仅没有降低中心城市的规模，反而同时加剧了向中心城市更大规模的集聚；尽管现代建筑运动主导下城市规划思想的积极推进者勒·柯布西耶强调城市的集中发展，但由《雅典宪章》所确立的现代城市规划的基本原则却是在新城建设中得到了最好的贯彻，这与旧城改造要改变城市整体结构所具有的难度有着极强的关联；城市蔓延是现代城市规划所极力反对的并希望通过规划来予以阻止的，但城市郊区的建设却又实现了现代建筑运动所追求的在中心城市难以获得的"空气、阳光、绿化"，正如麦克洛克林（J.B. McLoughlin）后来曾经评论的那样，现代城市规划在建设中产阶级的郊区居住区时发挥了最为充分的作用[27]。

在二次大战结束到20世纪60年代中期的这个时期，大量的城市建设发生在已有的中心城市之外，尽管在中心城市也有一些城市改造的出现，但重点显然是在城市之外。据调查资料显示，1954～1965年间，大伦敦范围内的大工厂（100人以上）的数目减少了28%，其中内伦敦地区的工厂从784个减少到443个。从20世纪60年代开始到20世纪70年代中期，整个大伦敦就业人口减少约50万个，其中大部分是内伦敦各区的就业人口。减少的就业人口中，以加工工业最多，1966～1974年间，加工工业的就业人口减少了约27%。当局不但疏散工业，而且也疏散办公和服务职能，1965～1977年间，伦敦市由于疏散办公从而丧失了12万个办公工作岗位。与此同时，英国政府也曾设想对大城市的内城进行改造，但由于政府的精力和财政主要在于新城建设，因此，内城改造由于缺少资金而难以全面展开。此外，当局根据疏散政策在伦敦迁出或关闭了许多工厂，仅1966～1977年腾出的工厂和仓库用地将近3000万平方英尺（近290万 m²），由于缺少资金，这些工厂和仓库只能听其自然，没有得到改建。1976年6月，伦敦的一个委员会的报告中总结说："为伦敦再建任何新城，对于解决伦敦的就业问题和满足城市改建的迫切需要，都将是不利的。"总之，政府就那么一点资金，建设了新城，就不可能再有资金来改建内城区，新城和内城区争夺投资的矛盾非常尖锐。而在美国，由于强大的郊区化趋势的不断推进，郊区发展成为战后城市发展的主流。根据美国人口统计资料，1950至1980年间，郊区人口的增长率分别为：20世纪50年代为56.4%，20世纪60年代为37.7%，20世纪70年代为34.3%。在这段时间中，"大都市人口增长的80%以上发生在郊区"。到1970年，美国全国的郊区人口超过居住在市区的人口[28]。

大规模的新城建设和郊区发展，一方面使得政府的大量资金都用于新的建设地区的基础设施建设而无钱投资中心城区的基础设施的改善，另一方面，使得大量的人口和经济活动日益从中心城市分散出去，使中心城区政府的财政资源无法补充。随着工业和人口的外流，内城区的人口结构发生了变化，许多青年、熟练工人、有技术的人离开内城区到别处去谋生，留下

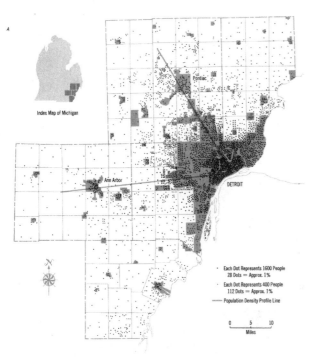

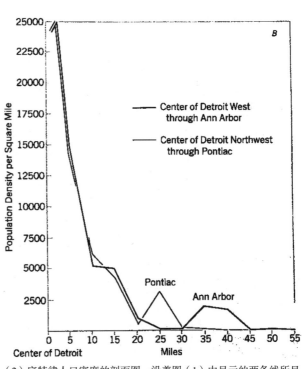

（1）底特律大都市区扩展到密歇根（Michigan）州东南部的5个县的地区。人口密度差异很大。最高的在底特律城中心，而较低的是郊区

（2）底特律人口密度的剖面图。沿着图（1）中显示的两条线所显示的人口密度的变化程度

图4-17　1960年底特律（Detroit）的人口密度分布

资料来源：John F. Kolars，John D. Nystuen，Geography：The Study of Location，Culture，and Environment.New York：McGraw-Hill Book Company，1974.44~45

图 4-18 就业的郊区化，波士顿大都市地区的 128 公路
资料来源：Eduardo E. Lozano.Community Design and the Culture of Cities：The Crossroad and the wall.Cambridge，New York and Melbourne：Cambridge University Press,1990.162

老年人和无手艺或缺少技术训练的人在内城区，许多人是靠着政府的救济过日子的。内城区内还积聚了大量的新移民人口，他们中很多人没有工作。由于人口和经济的这种变化，内城的税收大幅度地减少，大量的公共设施的建设和维护缺少资金，内城出现经济衰退。再加上 20 世纪 60 年代出现的种族骚乱、各种各样的社会运动，导致中心城市问题的恶化，这样就更进一步地加剧了中心城人口的外迁。当然，在这一过程中，不同的国家由于社会历史和文化传统以及政府政策的不同，其表现也各不相同。而针对这些不同的现象，各个国家和城市也采取了不同的对策，以此来解决他们所面临的实际问题。

在英国，大城市丧失的工作岗位，只有很少一部分是到新城里去的。如伦敦，在伦敦市区内丧失的工作岗位中，只有 7% 是到新城和扩建的城镇中去的，20% 是到"没有规划好的地方去的"，而大部分近 70% 的工作岗位是自行消失的，许多工厂和事务所离开伦敦后，没有去任何别的地方重新开业。内城区的衰退，原因虽是多方面的，其中重要的一点是当局对工业和事务所不是因势利导，而是人为地一味强调控制与疏散，对许多工厂没有区别不同情况，一律要求它们迁出，其实，其中有许多工厂是可以（而且也能够）原地改造，应该留在城里的；政府还把许多被认为标准

差、造价低的厂房拆除，使许多小工厂无力再开业，并严格限制建设新的厂房和办公楼。这些政策实际上是给伦敦的经济发展"泼冷水"，阻碍了伦敦生产力的发展。据 1976 年伦敦战略政策委员会的一个调查报告，伦敦外迁人口中，迁到新城和扩建城镇中安家落户的，只占迁出总人口的 5%。伦敦周边 8 个卫星城中的人口大部分是外地流来的。因此，有人提出，建设新城不但起不到真正疏散大城市人口的作用，反而会吸引外地许多人流到大城市周围来。对此，拥护建设新城的人说，假如没有卫星城挡着，外地流来的人就都会涌进大城市，因为人口从农村流往城市地区几乎是一条规律。也有人指出，伦敦周边 8 个卫星城的人口，总共才 50 多万，即使全部是从伦敦中心城疏散出去的，按 30 年计算，平均每年也只疏散了 1 万多人，政府花费了大量的投资，但吸引人口入住的数目很小，收效不大。对此，也有人说，如果当初把卫星城的规模扩大一些，多建几个，建得快些，收效就会显著。不过，这样就意味着需要国家更多的投资。

回顾 20 世纪 40 年代制订大伦敦规划时，原想用一圈绿带把伦敦限制在 1580km² 的范围之内，不让它再向外发展，同时在绿带外面建设卫星城来安置伦敦疏散出去的人口。但是，1945 年以后的伦敦继续在扩张，而且扩张得更快。1964 年，英国住房和地方政府部公布了《东南部研究》报告，认为过去建设的新镇，作用不大，没有解决多大问题。因为尽管伦敦战后采取控制和疏散人口和工业，工厂工人减少了，但伦敦市中心兴建了大量的办公楼，增加了大量的职员。1952～1962 年间，大伦敦内各种服务行业，每年至少增加 4 万多就业岗位，伦敦的就业人口突破了原来的

图 4-19 普多姆的两幅漫画，讽刺阿伯克龙比的伦敦规划
资料来源：Leonardo Benevolo. 1960. 邹德侬，巴竹师，高军译. 西方现代建筑史. 天津：天津科学技术出版社，1996. 634

规划指标。大伦敦以外的英格兰东南部地区，人口也大量增加，大多是从英国全国各处流来的。这些情况都是20世纪40年代制订大伦敦规划时没有预料到的。这也说明，伦敦这个大城市具有极大的吸引力。有鉴于此，报告主张建设一些规模较大的有吸引力的城市，即"反磁力"城市，把伦敦要增长的就业人口吸引过来。这样政府就决定在伦敦周围扩建3个旧镇，每处至少要增加15~25万人，这3个旧镇是：密尔顿凯恩斯，北安普顿和彼得博罗。由于这3个旧镇是根据新城法由开发公司建设的，所以也属于新城开发的范畴。此外，在1951~1961年间，绿带外的伦敦外圈增加了约100万人，相当于英国全国人口净增长数的2/5，1961~1971年间，又增加了25万人，因此，绿带外面有50多万居民每天穿过绿带到伦敦市中心或到绿带内别处来上班，这也是当初没有预料到的。在上述情况下，英国政府决定改变新城建设及控制和疏散大城市的有关政策。1976年9月，英国环境大臣彼得·肖尔（Peter Shore）在一次讲话中宣布"鉴于内城区的问题，疏散政策今后将予以修改……建设新城和扩建老镇的客观环境已经变了，正是这种变化而不是对新城过去的价值的批评（我们对新城过去的价值是不怀疑的），使我们必须对今后新城作用重新评价"。与此同时，伦敦当局也在修改和制定新的政策。在1976年1月，大伦敦议会宣布要改变伦敦的疏散政策，之后采取了一系列措施：（1）增加对内城区改建的拨款；（2）在内城区发展工业，特别是扶植小企业，政府在内城区盖好小的厂房，供小工厂租用；（3）办公楼选址局也一反过去的做法，由限制公司而改为帮助公司留在伦敦，并鼓励外国公司在伦敦设立事务所。1978年，工党政府通过《内城法》，目的是要复兴大城市经济，决定由中央政府和地方政府共同进行开发，其中中央政府的交通部、卫生部、劳工部等都参与到其中。

在美国，从20世纪60年代中期开始，总统约翰逊执政时期提出"大社会"（Great Society）的口号，推行大规模的改革运动。这是建立在新自由主义（New Liberalism）理念基础上针对以前的凯恩斯式的强政府理念提出的国家政策，它的内容包括：努力实现公民权、解决城市问题、提供成年人医疗保障、给所有的孩子提供高质量的教育、支持艺术事业和解决环境污染问题以提高人民的生活质量等。其核心是公民权和反贫困问题，用约翰逊总统的话说就是使每个人都富足和自由。支撑"大社会"的政治原

则有两个：其一是管理自由主义，认为政府可以成为积极的行动力量；其二是一致同意的政治，政府可以平衡不同的社会和经济集团的利益从而保持一种共识。"大社会"推行的基础是经济的持续增长，所以改革运动同时伴随着政府的减税方案，经济的持续增长使改革计划能够持续地得到中产阶级在政治上的支持。进入20世纪70年代以后，针对20世纪40年代末开始的城市更新所出现的种种问题，联邦政府中止了城市更新计划。1974年国会通过了《住房和社区发展法案》（the Housing and Community Development Act），这一法案在内容上要比城市更新计划更为广泛，从内容上更加关注社会性的内容。这项法案与城市更新计划相比较，削弱了联邦政府在地方事务中的主导作用，大量的决定权下放给了城市政府。城市政府可以在更为广泛的项目上自由支配联邦政府提供的资助金，其中既包括支出资金，也包括提供各种类型的服务。该法案提供的资助资金的使用范围包括获得（建设）不动产、建设和完善公共设施、公园和游戏场、残疾人中心、邻里设施、固体废物处理设施、停车设施和完善道路、给排水设施、步行商业街和人行道、泄洪设施、清洁设施、公共服务、公共房屋修整、解决财政困难以及一系列的经济开发。这一法案还特别强调为居民中的穷人提供服务，法律要求社区开发资金的大部分主要用在服务低收入和中等收入的居民身上。显然，这项要求意味着社区资金要么用在中低收入居民为主的地区，要么用在为中低收入者直接提供或使其享受到的设施或服务上。法案要求每个社区在其许可证申请中都要包含一个房屋援助计划，该计划说明社区对他们的房屋要求以及处理相应问题的计划。法案还明确要求社区中要求市民参与。在阐述其他问题的同时，法规规定："其中应包括中低收入人群、少数团体成员、大量活动将要或正在进行的地区的居民、老年人、残疾人、商业社区以及市民组成……申请人要通过一定的努力来确保这些人参与的持续性。要给市民们提供充分和及时的信息……要鼓励市民们，尤其是那些中低收入者和贫民邻里中的居民发表他们的观点和建议。"显然，提出这些要求的动机部分来自于对城市更新的批评，这些批评认为城市更新项目缺少听取更新地区的居民的意见，所以才导致了更新运动成为贫困人口和黑人的大搬迁，使这些弱势群体的利益受到极大的损害。即使联邦政府没有采

图4-20　纽约下曼哈顿（Lower Manhattan）地区的规划图

资料来源：Han Meyer.City and Port：Urban Planning as a Cultural Venture in London，Barcelona，New York，and Rotterdam：Changing Relations Between Public Urban Space and Large-Scale Infrastructure.Utrech：International Books，1999.238

图4-21　P·鲁道夫，纽约下曼哈顿主要交通路线重建规划，未完成草图，1967~1972年

资料来源：Manfredo Tafuri,Francesco Dal Co.Modern Architecture：History of World Architecture.1976.刘先觉等译.现代建筑.北京：中国建筑工业出版社，1999.360

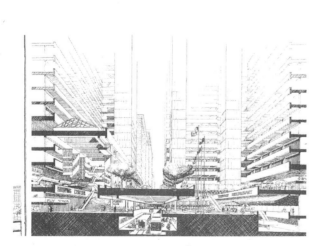

图4-22　区域规划联合会1969年所做的曼哈顿城市设计方案

资料来源：Annastasia Loukaitou-Sideris，Tridib Banerjee.Urban Design Downtown：Poetics and Politics of Form，Berkeley，Los Angeles and London：University of California Press，1998.62

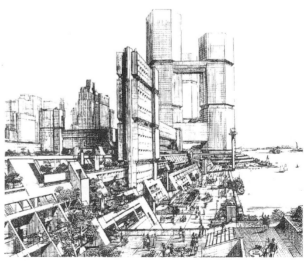

图4-23　下曼哈顿规划中哈得逊（Hudson）河滨水景观设计

资料来源：Han Meyer.City and Port：Urban Planning as a Cultural Venture in London，Barcelona，New York，and Rotterdam：Changing Relations Between Public Urban Space and Large-Scale Infrastructure.Utrech：International Books，1999.238

取任何措施直接保证这些法规的实施，这些法规对地方政府的行为仍然具有相当大的约束效力。例如，在社区规划过程中任何感觉到被忽视的市民和团体都可以按照自己的意愿，以市政府没有提供足够的市民参与机会为理由提出反对意见，这种提案一旦被认可就会迫使市政府终止进一步使用联邦或者地方资金，直到他们的错误被纠正为止。

在城市中心，有大量的过程推动了全面的土地使用的变化[29]。在北欧，包括英国等地，在第二次世界大战期间遭受的轰炸加剧了这种变化的趋势，集中体现了对此进行广泛重建的需要。此后，在20世纪60年代和20世纪80年代之间，经济繁荣又促进了中心地区的重建。这就导致了两方面的结果。首先，大量传统城市中心的活动被迫向外迁移。在其中最为典型的是居住土地使用受不断上升的地价和生活方式的偏好等的影响而向外迁移，与此同时，工业、公共设施以及一些零售业和其他商业活动也已经开始搬出了中心区。其次，针对那些规划师和市场相信是城市中心地区的基本用途的活动，通过制定大量的规划和战略来使城市中心更具吸引力和效率，这些规划包括了办公楼和专业化的零售活动的结合，对交通和其他基础设施的改进等等。尽管在具体内容上可能存在着大量的不同，但在各种各样的城市中，无论是规模较小的、历史悠久的欧洲以市场为主要职能的城镇，还是英国和美国的大型工业化都市

区都可以观察到这样的广泛过程。这些规划往往采用仔细设计的分区制的方式来进行，同时对城市中心的能力、效率和可达性的改进导致了土地价格的提升，使得中心区更加适宜于高级办公和零售业活动。在1950～1970年之间，美国城市CBD中的制造业、交通、通信和市政设施的土地使用数量都在大幅度下降，而商业部门却在不断地增加土地使用的强度。与此同时，由于城市交通设施和交通条件的改变以及房地产开发的作用，城市整体的空间结构关系也发生了变化，被传统经济学理论认为决定土地使用布局的与CBD之间的距离，其作用也发生了改变，尤其是在城市已经从单中心向多中心转变后的城市结构中表现得更为明显。

在中心城市建设的过程中，由于没有办法达到与郊区购物中心等同的汽车通达性水平和较好的停车条件，使城市政府已经放弃了与郊区零售商进行面对面竞争的想法。取而代之的是，这些地方更强调提高自身优势的条件。这些条件包括文化设施和主要为步行交通设计的地区，这些地区在土地利用的高强度和多样性方面使中心城市比郊区更具优势。例如，弗吉尼亚州罗阿诺克的中心区复兴就包括了一座博物馆、一座剧院、许多特色商店以及一个小型的农产品市场，所有这些都位于行人方便到达的地方，因此就没有必要和城市边缘的、需要依赖汽车交通的购物中心进行同构性的竞争。在许多城市中，早

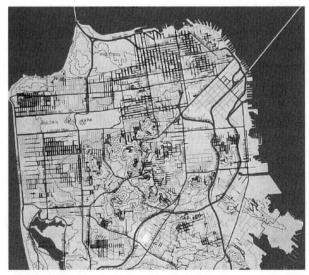

（1）道路规划图

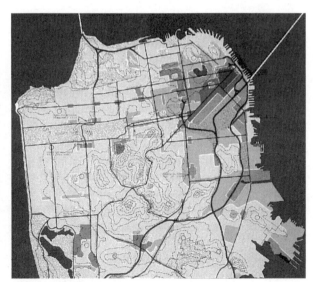

（2）建筑高度控制图

图4-24　旧金山综合城市设计，1971年

资料来源：Han Meyer.City and Port：Urban Planning as a Cultural Venture in London，Barcelona，New York，and Rotterdam：Changing Relations Between Public Urban Space and Large-Scale Infrastructure.Utrech：International Books，1999.250~251

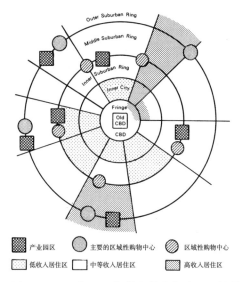

图4-25 20世纪70年代北美大都市地区的结构模式

资料来源: Maurice Yeates.The North American City (4th ed.).New York: Harper Collins Publishers, 1990.121

图4-26 步行街的早期尝试，加利福尼亚州的弗雷斯诺（Fresno)市的步行街，1964年

资料来源: Bernard J. Frieden, Lynne B. Sagalyn.Downtown, Inc: How America Rebuilds Cities.Cambridge and London: The MIT Press,1989

先已经丧失了码头运输功能的滨水地区也开始被改造成为人们散步、进餐、购物或者使用文化娱乐设施的地方。波士顿滨水区、纽约曼哈顿南街海港和巴尔的摩内港等就是这样的例子。在这些改造规划中，还经常包含着保留和发挥历史因素的作用的内容，例如，纽约的南街海港就包括了许多修复的建筑（把原来的仓库改造为市场和餐馆及文化设施等）以及许多系在城市码头上经过修复的旧航船。通过如此种种的建设，人们转变了对中心城市的认识，认为这是郊区一般都不具备的将城市的财富转变为资本的做法，也就是说，这是城市魅力的所在。

与此同时，在中心城市出现了另外一种建设模式，这种模式的成功实施，保持了中心城市生活环境的完善，促进了大量已经居住在郊区的人口向中心城市的回迁。这种方式就是被称为中产阶级化（gentrification）居住区再开发模式。所谓的中产阶级化是指一种通常与文化性产业、商业开发项目结合在一起的、在中心城市地区进行居住区重建的过程。它所表现出来的形态往往是包括住房更新，以及中上收入阶层不断迁移进中心城市并把贫困的原居民赶走的过程。经过中产阶级化之后的这些地区，根据克莱（Phillip Clay）的研究通常都显示出这样的特征：绝大多数是独户住房和并列式的住房，新整修的住房的价格要远高于中心城区的平均价格，这些地区接近商业、商务或政府的工程项目[30]。因此，在中心城中最有可

图4-27 波士顿昆西市场（Quincy Market）

资料来源: Peter Hall.Cities of Tomorrow: An Intellectual History of Urban Planning and Design in the Twentieth Century（3rd ed.).Oxford and Malden: Blackwell Publishers, 2002.385

图4-28 巴尔的摩内港（Inner Harbor）

资料来源: Peter Hall.Cities of Tomorrow: An Intellectual History of Urban Planning and Design in the Twentieth Century（3rd ed.).Oxford and Malden: Blackwell Publishers, 2002.385

图4-29　典型的中产阶级化地段

资料来源：左图 David Harvey.The Condition of Postmodernity：An Enquiry into the Origins of Cultural Change. Cambridge and Oxford：Blackwell，1990.78

右图：James W. Vander Zanden.The Social Experience：An Introduction to Sociology.New York：Random House，1988.551

能进行中产阶级化和住房改进的地区通常都是在大城市，在中央商务区（CBD）和大运量快速交通线（mass transit line）的附近，在住房最初是按照富裕家庭标准建造的地区，以及在有很好的政府服务设施如图书馆、医院等的地区。根据美国城市土地机构估计，北美70%有衰落地区的大城市都经历了中产阶级化[31]。莱（D. Ley）在20世纪80年代末和20世纪90年代初的一系列研究（1986，1993）将中产阶级化的形成机制比较全面地概括为：（1）由于城市蔓延、能源成本上升、严重的通勤交通问题等因素的作用，促进了家庭将居住地选择在接近市区工作地的附近；（2）郊区住宅成本的不断上升刺激家庭，特别是新建立的年轻家庭重新审视相对廉价的内城区；（3）生育高峰时期出生的人口住房需求开始大量进入住房市场，引起需求趋向于内城利用不充分的房源；（4）存在某种社会精神和信念，需要改变城市中存在的偏见，拒绝郊区化景观中的社区均质性和文化匮乏状况，提倡内城"特色社区"，即具有个性鲜明的建筑、多元化的社会文化以及接近市区愉悦环境和休闲机会；（5）家庭结构发生变化，子女减少，双收入家庭比例大增，郊区大宅和院落需求降低，同时可以降低住宅的维护成本；（6）形成不同于郊区家庭信念的独身倾向的生活方式，包括同性恋文化和非传统生活方式；（7）政府对内城再开发的扶持；（8）城市经济重组，制造业扩散后市区白领服务活动增加，从而扩大了内城住宅

市场。

丹尼斯·盖尔（Dennis Gale）在20世纪80年代初以美国华盛顿特区的中产阶级化地区为研究对象，总结了中心城中产阶级化的三个阶段[32]：

第一阶段：少量的先锋家庭迁移到城市中的衰败地区，他们大多是年轻的专业人士。这些最初的居民通常都是自己直接用钱进行购买房屋，因为银行机构不愿意在危险地区增加它们的投入，所以银行不会给这些家庭贷款。由于这些新来者的数量很少，因此对这里原有居民的置换现象也不明显。

第二阶段，在一年或两年后，一些经纪人、开发商和地方媒体"发现"了这一地区，接着就有大量的人为它的可达性和投资潜力所吸引，他们购买房屋并对它们进行整修。这时，银行的资助仍然很难获得。新来者主要是年轻夫妇，以及从事专业的、技术的和管理职业的人员。随着这些人员及其家庭数量的增加，他们与原先居住在当地的低收入居民的紧张关系也在不断增长。租金上升，为给更高收入的家庭提供整修后的住房而驱逐原来的租客。一些精品店之类的商店也开始搬进了这类地区，地方政府也开始注意提高这一地区的服务质量。开发商和投机者开始为再次卖出而收购地产。

第三阶段：开发商和投机者广泛地运作了起来。新的居住者以极快的速度增加，原来的居民完全被挤出了这一地区。从这个时候开始对这一地区的所有房

屋进行大规模的整修。有孩子的稍年长的夫妇们也开始加入到这些地区的居民的行列之中，尤其是对于那些夫妇均就业的家庭来说更愿意迁出郊区，此时也会有一些社会名流和富人阶层迁入到这些地区。地方政府会改变他们的态度以一种更为积极的角色来帮助推广这一地区，并在地方服务方面进行更多的改进。银行机构也越来越感兴趣，为整修而提供的资助也更容易获得。

但就总体上看，多数学者认为中产阶级化现象虽然存在，但对城市社会空间基本格局的影响有限。在20世纪70年代和20世纪80年代之间的中产阶级化发展，与战后郊区化和内城衰退相比，它还是一个相对小规模的地理集中现象，其对空间变化的影响也是有限度的。这一过程到了20世纪80年代以后，不仅发生在对原有居住区进行改造的方面，而且也开始在原来在中心城市的工业区、仓储区中运用，利用原有的厂房、仓库等进行改造和再利用，如美国纽约的SOHO地区，形成了以"阁楼"（loft）为标志的新的居住形式，吸引了大量中产阶级和上层阶级人口的再集中。在英国伦敦的SOHO地区，则利用原有的工人住宅进行了全面的改造，形成了城市中最具有活力和最能吸引时尚的地区。在这些地区，通常由居住和大量的中高档商业（尤其是名牌专卖店）、酒巴、咖啡馆等公共活动场所组成，形成了典型的"都市村庄"（urban village）的形态[33]。

六、《马丘比丘宪章》和《华沙宣言》[34]

20世纪70年代后期，国际建协鉴于当时世界城市化的发展趋势和城市规划过程中出现的新情况和新内容，于1977年在秘鲁的利马召开了国际性的学术会议。与会的建筑师、规划师和政府官员代表以《雅典宪章》为出发点，总结了近半个世纪以来尤其是二次大战后的城市发展和城市规划思想、理论和方法的演变，展望了城市规划进一步发展的方向，在古文化遗址马丘比丘山上签署了《马丘比丘宪章》。该宪章申明：《雅典宪章》仍然是这个时代的一项基本文件，它提出的一些原理今天仍然有效，但随着时代的进步，城市发展面临着新的环境，而且人类认识对城市规划也提出了新的要求，《雅典宪章》的一些指导思想已不能适应当前形势的发展变化，因此需要进行修正。而《马丘比丘宪章》所提出的，"都是理性派所没有包括的，单凭逻辑所不能分类的种种一切"。

《马丘比丘宪章》强调了人与人之间的相互关系对于城市和城市规划的重要性，并将理解和贯彻这一关系视为城市规划的基本任务。"与《雅典宪章》相反，我们深信人的相互作用与交往是城市存在的基本根据"，这一论断成为《马丘比丘宪章》的思想基础和基本出发点。并提出："城市规划……必须反映这一现实。"在考察了当时城市化快速发展和遍布全球的状况之后，要求将城市规划的专业和技术应用到各级人类

图4-30　秘鲁的马丘比丘遗址

资料来源：Spiro Kostof.The City Shaped：Urban Patterns and Meanings Through History.London：Thames and Hudson Ltd.，1991.66

居住点上，即邻里、乡镇、城市、都市地区、区域、国家和洲，并以此来指导建设。而这些规划都"必须对人类的各种需求作出解释和反应"，并"应该按照可能的经济条件和文化意义提供与人民要求相适应的城市服务设施和城市形态"。从人的需要和人与人之间的相互作用关系出发，《马丘比丘宪章》针对于《雅典宪章》和当时城市发展的实际情况，提出了一系列的具有指导意义的观点。

《马丘比丘宪章》在对40多年的城市规划理论探索和实践进行总结的基础上，提出《雅典宪章》所崇尚的功能分区"没有考虑城市居民人与人之间的关系，结果是城市患了贫血症，在那些城市里建筑物成了孤立的单元，否认了人类的活动要求流动的、连续的空间这一事实"。在二次大战后的城市重建和快速发展阶段中按规划建设的许多新城和一系列的城市改造中，由于对纯粹功能分区的强调而导致了许多问题，经过改建的城市社区竟然不如改建前或一些未改造的地区充满活力，新建的城市则又相当的冷漠、单调，缺乏生气。因此，《马丘比丘宪章》提出："在今天，不应当把城市当作一系列的组成部分拼在一起考虑，而必须努力去创造一个综合的、多功能的环境。"并且强调："在1933年，主导思想是把城市和城市的建筑分成若干组成部分，在1977年，目标应当是把已经失掉了它们的相互依赖性和相互关联性，并已经失去其活力和涵意的组成部分重新统一起来。"

《马丘比丘宪章》认为，"区域和城市规划是个动态过程，不仅要包括规划的制定而且也要包括规划的实施。这一过程应当能适应城市这个有机体的物质和文化的不断变化"。因此，"城市规划师和政策制定人必须把城市看作为在连续发展与变化的过程中的一个结构体系"。在这样的意义上，城市规划就是一个不断模拟、实践、反馈、重新模拟……的循环过程，只有通过这样不间断的连续过程才能更有效地与城市系统相协同。同时，《马丘比丘宪章》认为城市发展存在着明显的不确定性，"它的最后形式是很难事先看到或确定下来的"，规划师并非是能预知未来一切的万能之神，而是要通过对未来发展可能性不断搜索来实现比过去略好的城市状况，甚至可以认为，"一位不信奉教条的科学家比那些过时的'万能之神'更受人尊敬"。《马丘比丘宪章》承认了公众参与对城市规划的极端重要性，并且提出，"城市规划必须建立在各专业设计人士、城市居民以及公众和政治领导人之

间的系统的不断的互相协作配合的基础上"，并"鼓励建筑使用者创造性地参与设计和施工"。在讨论建筑设计时更为具体地指出，"人们必须参与设计的全过程，要使用户成为建筑师工作整体中的一个部门"，并提出了一个全新的概念——"人民建筑是没有建筑师的建筑"，充分强调了公众对环境的决定性作用，而且，"只有当一个建筑设计能与人民的习惯、风格自然地融合在一起的时候，这个建筑才能对文化产生最大的影响"。

《马丘比丘宪章》还强调了对自然资源和环境的保护、文物和历史遗产的保存和保护，提出了一些重要的思想和建议。

1981年国际建筑师联合会第十四届世界会议通过的《华沙宣言》确立了"建筑—人—环境"作为一个整体的概念，并以此来使人们关注人、建筑和环境之间的密切的相互关系，把建设和发展与社会整体统一起来进行考虑。《华沙宣言》强调一切的发展和建设都应当考虑人的发展，"经济计划、城市规划、城市设计和建筑设计的共同目标，应当是探索并满足人们的各种需求"，而这种需求是包括了生理的、智能的、精神的、社会的和经济的各种需求，这些需求既是同等重要的，又是必须同时得到满足的。从这样的前提条件出发，无论对于怎样范围和性质的规划和设计，"改进所有人的生活质量应当是每个聚居地建设纲要的目标"。将生活质量作为评判规划的最终标准，建立了一个整体的综合原则，从而改变了《雅典宪章》以来的以物质空间质量进行评价的缺陷和《马丘比丘宪章》对整体评价的忽视，并以此赋予了城市规划在具体处理城市问题过程中，针对城市的具体要求和实际状况运用不同方法的灵活性。"人类聚居地的各项政策和建设纲要，必须为可以接受的生活质量规定一个最低标准并力争实施"，建筑师和规划师的基本职责就是要在创造人类生活环境的过程中，为满足这样的要求而负担起他们应当承担的责任。

《华沙宣言》继承了《雅典宪章》和《马丘比丘宪章》中的合理成份并加以了综合，提出："规划工作必须结合不断发展中的城市化过程，反映出城市及其周围地区之间实质上的动态统一性，并确立邻里、市区和城市其他构成要素之间的功能联系。"并沿用了《马丘比丘宪章》中的内容甚至是语言，认为"规划是个动态过程，不但包括规划的制定，而且包

（1）更新前的场景

（2）更新后的夜景

（3）更新后保留了之前就已存在的一些商业活动

（4）更新后的内景

图4-31　城市更新前后的波士顿昆西市场（Quincy Market）
资料来源：Bernard J. Frieden, Lynne B. Sagalyn.Downtown, Inc：How America Rebuilds Cities. Cambridge and London：The MIT Press，1989

括规划的实施"，在这样的基础上进行进一步的深化，强调了规划实施过程中的具体工作更在于对规划实施状况的检测，从而"不断检查规划的效果"，这是与《马丘比丘宪章》颁布后理论界和规划实践者对规划实施过程的进一步认识相关的。人们发现在规划实施的过程中，重要的并不仅仅在于对行动初始状态的控制，关键更在于行动过程中的连续的调节。而对于规划过程的整体，也就是相对于规划的编制和决策以及规划实施的管理而言，对规划后果的研究尤为重要。对规划后果的研究，不仅可以揭示出规划编制和决策中可能存在的问题和需要改进的方面，而且也是规划实施管理决策的依据。因此，在《华沙宣言》中，特别强调道："任何一个范围内的规划，都应包括连续不断的协调，对实施进行监督和评价，并在不同水平上用有关人们的反映进行检查。"只有通过这样的过程，城市规划才有可能在原有的基础上

得到全面的发展。

《华沙宣言》同样强调了城市规划过程中公众参与对于城市规划工作成功的重要性，提出："市民参与城市发展过程，应当认作是一项基本权利。"规划师和规划部门并不能去限制这种权利的运用，而是应当通过其发挥而成为城市规划过程中的有用工具。通过广大市民的参与，可以"充分反映多方面的需求和权利"，从而使城市规划能够实现为人类发展服务的职责。另一方面，只有公众参与了规划的编制和决策过程，公众才会对规划的实施具有责任感，才会真正地执行规划并将规划的实施作为其行为活动开展的决策依据。因此，《华沙宣言》对此进一步提出，为了达到规划的目的，"规划工作和建筑设计，应当建立在设计人员同有关学科的科学家、城市居民，以及社区和政界领导系统地不断地相互配合和共同协作的基础上"。

《华沙宣言》在强调人和社会的发展以及规划和建筑学科作用和职责的同时，尤为关注环境的建设和发展，强调对城市综合环境的认识，并且将环境意识视为考虑人和建筑的一项重要的因素。全球普遍工业化所带来的环境污染和环境恶化、生态失衡等问题，自20世纪60年代开始，引起了人们对环境问题的严重关注，继之在全球兴起了环境保护主义浪潮，并将环境保护看成是社会进一步发展的必要手段。在城市规划领域，从对景观美学的重视开始，将郊区或乡村特征引入到城市之中来改善城市的环境质量，到对提供绿化用地和空间以及对发展建设的控制和资源的合理使用，并通过对自然系统的管理而来保证城市经济社会发展的延续，对环境的适当保护始终是城市规划发展过程中的重要内容，也是城市规划发展的重要思想基础。在对环境问题普遍重视的20世纪80年代，《华沙宣言》顺应了这样的历史潮流，并且进一步强调了对环境进行保护的思想在城市规划发展过程中的重要意义。针对于城市规划和建筑学对物质环境的重视，该宣言首先沿用了《马丘比丘宪章》中的观点，提出"规划和建筑设计，应努力创造一个整体的多功能的环境，把每座建筑当作一个连续统一体的一个要素，能同其他要素对话，以完善其自身的形象"，目的在于营造一个维护个人、家庭和社会一致的生活居住环境，使各类聚居地中的居民能够真正地体验到一个连续的、有机的生活环境。这个环境并不是孤立的和自我完善的，而是与更为广大的自然环境结合在一起的，因此应当重视聚居地"与自然界和谐的平衡发展"。而且从生活质量作为一个总体目标的角度出发，在《华沙宣言》中，环境的意义还要广泛得多，"重要的历史、宗教和考古区，有特殊价值的自然区，应该为子孙后代妥为保护，并且要同现代生活和发展结合起来。一切对塑造社会面貌和民族特征有重大意义的东西，必须保护起来"。

第二节　系统科学及其在城市规划中的运用

在二次大战期间逐渐形成和发展起来的系统思想和系统方法在20世纪50年代末被引入到城市规划领域而形成了系统方法论。在对物质空间决定论和物质空间规划进行批判和革命的过程中，社会文化论，尤其是行为-空间理论主要从认识论和思想方法的角度进行批判，并从特定的角度指出城市规划前行的方向；而系统方法论则从方法论和实践的角度进行建设，期望建立起更加符合科学模式的城市规划框架和方法体系。尽管这两者在根本思想上并不一致，但对城市规划的范型转换都起到了同样积极的作用。

现代系统思想就是将世界看成是系统与系统的集合，它将研究和处理的对象作为一个系统来对待。系统论由这样一些概念所组成，如系统、要素、结构、功能、层次、系统环境等。所谓的系统，是指两个以上要素相互联系、相互作用组成的具有一定功能的有机整体；要素是构成系统的组成部分，结构是指系统诸要素相互联系、相互作用的方式或秩序，功能是系统在与环境相互作用中所呈现的能力；层次是指系统各要素之间按严格的等级组织起来，形成性质不同的子系统；系统的环境则是指存在于特定系统之外，并与系统发生相互作用的事物的总和。在通常的意义上，系统的基本原理包括这样一些方面[35]：

（1）整体性原理，即所有的系统都是一个整体，系统不是部分的简单总和，而是各要素相互作用的复合体。系统不是要素的简单相加，而是要素相互作用的组合。

（2）相关性原理，即系统的整体性是由系统内部诸要素之间以及系统与环境之间的有机联系来保证的。

（3）层次性原理，系统内部诸要素之间的相互关联、相互作用在结构上表现为：各要素都按严格的等级组织起来，形成层次结构，即子系统；系统本身又是更大系统的组成要素。系统的层次具有多样性。纵向的母子系统，可构成垂直系统的层次；横向同一层次中，又可以构成各种平行并立的系统；纵横交叉的网络系统，又可构成各种交叉层次。

（4）动态性原理，即系统内部诸因素之间以及系统与环境之间的相互作用、相互关联，使系统总是处于积极的活动状态。

（5）有序性原理，系统的相关性和动态性，都使系统具有有序性，即具有整齐确定的结构和有规则的运动状态。系统的有序程度与系统的组织程度有关。

（6）目的性原理。即系统具有自我趋向稳定和有序状态的特征。任何开放系统都有这样的特性，在与环境的互相作用中可以适应环境。

而所谓的系统方法则主要是指以数学、概率论、数理统计、运筹学等为手段以及电子计算机为工具来研究系统的相互作用关系和整体规律。20世纪50年代初，美国RAND公司运用系统方法从事军事系统的研究，之后，莫尔斯（P.M. Morse）、靳宝（G.E. Gimball）等人提出了系统工程方法，在"曼哈顿工程"、"阿波罗计划"等大型工程中取得了巨大成就。这些成功的实例促进了系统思想和系统方法的发展，并开始广泛地应用于各个领域。最早运用系统思想和方法的规划研究当推开始于美国20世纪50年代末的运输—土地使用规划(transport-land use planning)。运输—土地使用规划研究使用了综合的预测框架和应用以计算机为基础的数学模型来模拟未来状态，这些预测受到以实施为目的以及选择最好的可能行动之方案的检验。其基本过程是：建立有关土地使用模式和交通系统最相关的组织原则，对可能的未来方案的范围进行甄别，然后在技术基础上发展这些方案的细节，以此建立城市发展的模型并进行模拟，根据模拟结果进行评价、反馈和调整起始条件甚至整个模型，最终选择其中最符合政策目的的方案。运输—土地使用规划研究突破了物质空间规划对建筑空间形态的过分关注，而将重点转移至发展的过程和不同要素间的相互作用关系，以及要素的调整与整体发展的相互作用之上。但这类研究所揭示的规划过程仍然是单向的，在规划编制和规划实施之间出现了较大的距离，正如博伊斯（Boyce）等人在1970年对美国13个城市的运输—土地使用规划研究进行评价时提出的，有必要设计一种规划制定的循环方法，以便在规划制定、实施过程中不断学习和调整规划的内容[36]。

自20世纪60年代中期后，在运输—土地使用规划研究中发展起来的思想和方法，在系统科学的不断发展和完善过程中得到了加强和扩大。这时研究的重心也发生了转移并逐渐转移到了英国。在美国，研究的重点从影响城市发展的若干子系统或要素之间的相互关系转移到对城市整个系统的相互关系的研究，以城市整体模型的建设为核心，其代表人物为福里斯特（J. Forrester），他于1969年出版了著名的《城市动力学》（Urban Dynamics）一书，建构了城市整体的发展模型，为用系统方法定量研究城市发展问题提供了基本框架和方法的支持。在英国，研究的重点开始向城市规划的方法体系转移，也就是运用系统方法论的基本思想对城市规划的运作过程进行重构。麦克洛克林（J.B. McLoughlin）和查德威克（G. Chadwick）等人在理论上的努力和广大规划师在实践中的自觉运用，形成了城市规划运用系统方法论的高潮。

麦克洛克林认为，系统方法不仅是研究和理解人与环境关系的有力工具，而且也是控制这种关系有力手段。他在1965年发表于《城市规划协会会刊》（Journal of the Town Planning Institute）上的文章指出："规划并不主要涉及人为事物的设计，而是涉及连续的过程，这个过程起始于对社会目标的识别，并通过对环境变化的引导而试图实现这些目标。"在1968年出版的《系统方法在城市和区域规划中的运用》[37]一书中，麦克洛克林详细阐述了运用系统方法认识城市和环境、系统方法论的思想和具体方法以及在规划各阶段的运用，他指出："对人—环境关系的审慎控制必须坚决以系统观点为基础。"根据他的方法，整个规划过程以目的（Goals）的建立为起始，然后将目的深化并建立起具体的操作性目标（objectives）；按照实施要求为衡量标准来检验行动的选择过程和方案，并以目标来进行评价；在此基础上确定优先的行动方案并付诸实施；在实施的过程中，由于存在着大量的决策，这些决策会导致连续的变化，因此必须运用按控制论建立起来的机制对选出的方案和政策进行连续的小幅度修正，并进行阶段性的检测，及时修正所出现的偏差。查德威克在1971年出版的《规划系统观》[38]一书中，则将城市和区域规划的循环过程更加空间化，他尤其强调目标表达问题的可量度形式，对方案评价更具操作性的方法，因此在以后的规划实践中更具实际使用的意义。

在当时对规划方法和规划机构进行改革的背景下，经过广泛的调查、专家们的研究和听取意见，1968年英国通过了新的《城乡规划法》。该法改革了奠基于1947年城乡规划法的发展规划制度。根据1947年的《城乡规划法》，英国的地方政府必须编制未来20年的详细的土地使用发展规划，并且要得到中央政府的批准，同时也赋予了地方政府通过规划许可来控制开发活动。1968年的《城乡规划法》改革了发展规划的体制，但地方政府控制土地开发的权力没有任何的改变。这一改革的目的包括两个方面：一是要区别对待在地方发展过程中的战略性方面和实际操作方面；二是要提高在规划的编制、评议，尤其是中央政府在规划的审批过程中的效率和速度。该项法规提出了两种类型的规划形式：结构规划和地方规划。结构规划主要处理有关城市发展战略重要性的事务，其任务是制定具有战略意义的政策和计划，包括土地使用、环境改善和交通管理等方面，为地方规划提供指导框架。它通常包括未来15年或更长时期的地区发展的规划框架，解决发展和保护之间的平衡，确保地区发展与国家和区域政策相符合。其核心内容是对土地使用政策的陈述和城市发展方向的确定，其中的图表只具有说明和示意作用，主要是对文本中的政策和建议作出解释和提供依据。而地方规划用来处理一些较小规模和较短时期内的规划问题，由区政府编制，不需要上报中央政府审批，但必须与结构规划的发展政策相符合。在内容上与原来的发展规划比较接近，主要任务是制定未来10年的详细发展政策和建议，包括土地使用、环境改善和交通管理方面，为开发控制提供依据。地方规划的内容包括规划报告、表示各种规划政策和建议的规划图，其他说明材料包括图表和文字。地方规划包括三种类型：一是地区规划或总体规划(district plans or general plans)，是针对结构规划中的战略性政策需要得到具体落实的地区，也就是针对地区发展具有战略意义的地区；二是行动区规划(action area plans)，是针对在近期内可能要重点发展的地区，包括综合开发(comprehensive development)、再开发(redevelopment)和改善(improvement)三种类型的地区；三是专项规划(subject plans)，是针对某一专题(如绿带和城市中的历史保护地区)的规划。这样两个层次规划的提出和实施，将不同层次的规划问题区别对待，一方面是有关于城市发展的宏观图景及长远的发展方向，成为城市社会系统协同作用的基础和依据，其核心内容在于确定城市发展的基本框架；另一方面是非常现实的可操作的微观层面，使之成为某一特定的领域和范围内，社会系统各组成要素间相互作用的途径，其核心内容则体现在对具体项目开展进行控制的方面。通过这样两方面的工作，使政策的宏观协同性和行动的具体灵活性得到了统一。

但在20世纪60年代后期，系统方法在城市规划中的运用，主要是在一种新的空间范围的规划研究——次区域研究（sub-regional study）中才得到广泛的使用。次区域研究主要集中在人口增长和经济发展的分布方面，而且在规划研究阶段，工作小组可以从地方规划当局繁忙的日常事务中解脱出来，因此可以有充分的时间和环境进行技术上的创新，并且所针对的领域相对较新也鼓励了对新方法的运用。因此，在次区域规划研究中，大量的系统方法得到了运用，并开发

出了建立在系统方法论基础上的具体的规划方法。如在1971年进行的Coventry-Solihull-Warwickshire次区域规划研究则成为系统方法在规划中运用的典型[39]，这既是麦克洛克林和查德威克思想的具体实践，同时也对规划研究的方法提供了一个新的起点。应该讲，系统方法在城市规划中的运用正是通过次区域研究才真正为广大的规划师和政府部门所认识和接受，从而推动了系统方法在城市规划中的运用。随着结构规划与地方规划的划分，系统方法开始在结构规划中得到运用。但20世纪60年代末和20世纪70年代初，这种推进仍是相对缓慢的。到1974年地方政府重组时，只在很少的几个城市和地区获得了较好的使用[40]。中央政府在推动系统方法在城市规划中的运用中发挥了重要的作用，如英国环境部(DOE)在1973年发布了《结构规划使用的预测模型》(Using Predictive Models in Structure Planning)等一系列文献，为在结构规划中运用系统方法提供指导。

随着系统方法在城市规划领域中的运用不断推进，对于城市规划的过程特征的理解有了进一步的深化。城市规划首先被认为是战略决策的过程，这个过程的实质就是要减少在处理面临的决策问题时的困难，而要达到这一点就需要把这些问题放在更为广阔的、包括了其他与现在和未来选择相关问题的战略背景中进行研究。依据这样的方法，规划过程首先就是要确立问题和决策的领域并且对其进行深化，运用相关模型揭示出产生这些问题与可能决策领域相关的联系，然后经过深入细化这些问题和决策领域，在预测分析的基础上提出可能的对策。对于所有这些对策进行全面分析，运用相关技术方法排除掉矛盾的和不相容的选择内容，对于留下来的相容的选择内容进行不同的组合并研究组合后的方案的可行性与可能后果，运用评价的方法建立起这些可能方案与目标之间的关系，然后对方案进行抉择。这一过程既可以运用到城市规划编制也可以运用到城市规划实施之中。但这一过程还主要集中在规划过程本身的推进，并没有揭示出规划过程中的问题来源和方案抉择中评价的运作基础。随着对规划过程研究的不断深入，出现被称为"过程规划"（procedural planning）的方法论思想，这一思想是建立在控制和检测的基础之上的。从某种角度讲，对控制和检测行为的强调是现代城市规划实现从蓝图式的规划编制向完善的规划过程转变的关键。法吕迪（A. Faludi）认为，过程规划方法就是一种当系统收到

的信息要求变化时就能使计划作出调整的方法,因此,战略性的信息和反馈与行动是紧密地、直接地结合在一起的,这些行动所提供的信号可以直接导致对它的方向和强度进行渐进的调整[41]。控制和检测是周期性的和不断重复的过程,它起始于对战略规划决策和环境变化的相关信息的收集,然后就要仔细检查和比较战略的相应部分,以识别出在战略所期望的变化和来自于对新信息分析所得到的证据之间可能出现的任何差异,然后对这些差异进行评价以确定这种差异是否会导致对已决定的战略的重大背离。一旦有对行动进行调整的需要,系统的检测因素就要考虑可能的行动方案以及对整体战略的局部调整甚至全面调整。过程规划论使得对城市规划的整体认识发生了重大的改变,并且在促进了有关规划方法尤其是定量方法、模型建立等方面不断进步的同时,也促进了规划评价方法的不断完善,尤其是在对规划内容和目标之间关系的评价上迈出了重要的步伐。与此同时,有关规划类型尤其是与规划过程相关的规划类型的讨论也逐渐开展了起来,从而更为深刻地揭示了城市规划的本质内容。在此期间,出现了广泛的有关"规划的理论"(theory of planning)讨论,提出了"综合理性规划"、"分离渐进规划"和"混合审视方法"、中距(Middle-range Bridge)方法、行动计划(Action-Program)方法、连续性城市规划(Continuous City Planning)等等理论模型,整体性地重构了现代城市规划的体系框架。

系统思想和方法在城市规划中的运用为城市规划的发展注入了新的方向和动力,在此后城市规划发展的过程中处处留下重要影响。依此建立起来的结构规划和地方规划过程和方法至20世纪末仍然是英国城市规划的主要形式,系统方法本身在当今城市规划中仍然是有用的规划手段和具体运用的方法。但系统方法论本身所具有的缺陷则又成为城市规划这门综合性学科和实践发展的障碍。系统思想方法论在城市规划中的应用,从一开始就立足于"理性"(即完全理性和客观理性)过程的概念之上,期望城市规划师能够不带任何价值观念,绝对公正和客观地对待相互冲突和矛盾以及竞争的社会、经济、政治之间的关系,而规划师在这样的思想指导下,醉心于对"方法"本身的探讨,成为纯技术的操作者而陷于技术决定论的氛围之中。因此系统思想方法论也常常被称为理性方法论,这就使得系统思想方法论在城市规划领域中成为物质空间决定论在另一层面上的延续和精致化。到20世纪

80年代中期,系统方法在城市规划中的应用被其最积极的倡导者麦克洛克林宣布为彻底失败[42]。

第三节 政策研究与城市管理的转型

二次大战期间尤其是二次大战结束后,政府行为的目标就是全面提高政府运作的效率,因此,政府管理行为和政府体系建设的重点都集中在通过合理的机构设置、完善的机制设计,运用合理的手段,来全面提升政府的管理能力。在社会经济快速发展的背景下,政府在对社会管理方面,通过在经济管理方面依据凯恩斯理论所取得的成绩,逐步拓展自己的范围并据此设定宏观调控和直接管理的方法;在行政事务本身的管理方面,则依据韦伯的官僚制理论规范自身行为的方式方法。有关行政管理理论的探讨也在不断地深化,但此时研究的内容和方向已发生了转变,在内容上,研究已经不再局限于对行政管理的重要性和内容以及整体结构等方面的研究,而是更注重于对行政管理行为本身的研究,到20世纪60年代后期则在系统方法论的影响和作用下,更加注重于对政府公共政策的研究;在研究方向上,行政管理的研究不再完全以科学作为行政管理的参照,更加注重行政管理与科学行为的差异,从而更加有针对性地来研究行政管理行为。这种转变最早发生在西蒙(Herbert A. Simon)有关行政管理行为的研究。从20世纪40年代中期开始,西蒙以逻辑实证论和政治学行为主义为方法论,将管理学、社会学、心理学、运筹学、计算机科学等多种学科的知识运用于决策理论的研究,使公共行政学的研究更显露出跨学科的性质。他通过揭示过去的传统行政理论尤其是"科学的行政学"所存在的理论矛盾,以决策作为行政行为的核心,应用行为研究和定量研究的方法,试图通过设计一种理性决策的方法来寻求有效的行政学。按照西蒙的观点,行政管理的任务在于追求行政决策的合理性,而要做到这一点,必须了解决策的过程、种类和技术。他在《管理行为》一书中认为,理性决策的任务就是要选出一个能产生令人满意的结果的策略,行政决策的过程大概包括如下三步:列出全部备选策略(方案)、确定其中每一种策略的后果、对这些后果进行对比性评价[43]。他主张用"行政(管理)人"的概念来取代"经济人",而"行政(管

理）人"的基础便是"有限理性"。在他看来，行政（管理）人宁愿"满意"而不愿作最大限度的追求，满意于从眼前可供选择的办法中选择最佳的办法。行政（管理）人对行政形势的分析易于简化，不可能把握决策环境的方方面面的相互关系，因此，他只具有"有限理性"。当然西蒙并不是否定客观理性的作用，他认为，理性是个程度问题，客观理性是最高程度的理性，有限理性是某种程度的理性，这程度不是固定的。客观理性虽然不可能，但是这个概念却十分重要，即有限理性的程度提高依靠管理行为准则、目的。假如我们能够达到客观理性，则不应该以有限理性为满足，同理，假如我们能够达到最高目的，则不应该以"满意"、"比较好"为满足。正是基于上述对客观理性和有限理性的认识和分析，他提出了关于决策行为的准则，即应该用"满意决策"准则取代"最优决策"准则。所谓"满意决策"准则就是在决策时决定一套标准，用来说明什么是令人满意的最低限度的备选方案，如果拟采用的备选方案满足了或者超过了所有这些标准，那么该备选方案就是令人满意的。

沃尔多（Dwight Waldo）在1948年出版《行政国家》一书，认为，20世纪30年代的行政管理的理论家们所提出的行政原理和规律都来自于经验、常识结论和信息汇编，还称不上真正的科学研究，还需要从基础理论方面进行研究。他还对那个时期所推崇的"效率准则"提出了批评，他认为没有不可改变的行政管理原则，而且经济和效率的价值，也像用来决定他们的方法一样狭窄。他在1955年出版另一部重要著作《公共行政学研究》，集中探讨了该门学科的定义的问题。他认为关于公共行政学的定义，多年来一直众说纷纭，不仅没有统一的意见，而且存在着许多相互矛盾的见解。他提出，在公共行政问题上，从某些方面和某种关系上来说，研究的中心要素是人本身，公共行政的许多研究是通过在公共行政中从事这种行为和过程的人来进行的。根据这种观点，他对"行政"下了一个比较明确的定义，即"'行政'是具有高度理性的人类合作行为"。他认为对"公共行政"下定义则比较复杂，主要是涉及到对"公共"的含义和意义如何理解的问题，因为在不同的地区、不同的社会环境和文化历史背景中，对"公共"的理解是不同的。但是，他认为，公共行政的中心概念是理性行为，即正确地计划实现特定的期望目标的行为。阿普尔比（Paul H. Appleby）是美国新政时期的政府行政官员，他于1945

年出版《大民主》一书，并在20世纪40年代末和20世纪50年代初出版了一系列著作。根据其在政府部门工作的经验，认为政治与行政不是分离的，因为政府行政部门通过制定规章、解释法律和确定公民权利使立法具体化，他们甚至帮助国会起草法律文件。另一方面，政治介入行政也可以防止专横地运用官僚权力。他的论证基本上结束了关于政治和行政两分法的争论。他在著作中提出，"政府就是行政工作"，并认为，政府官员的活动受到下列因素的制约：（1）国会意图和情绪的转移；（2）政策实施的司法含义和法院可能作出的反应；（3）对公众和利益集团关心的决定及政策应负的责任；（4）被迫和其他政府机构合作与协调。

林德布洛姆（Charles E. Lindblom）在20世纪50年代末和20世纪60年代发表了一系列的论著和论文，提出了渐进主义的决策理论。林德布洛姆的出发点与西蒙相类似，但他将西蒙对纯粹理性的批判推向了极致，他认为，政策制定决不是理性主义者所说的是一种理性分析的过程，理性主义模式与实际的政策制定过程并不相符。正是由于决策的过程不仅仅只是技术理性的过程而是一个政治过程，因此只有采用渐进的方法论才能更好地实现推进社会发展的目标。在这一点上，林德布洛姆与哈耶克（F.A. Hayek）和波佩尔（Karl Popper）等人有着相同的思想基础，他们都认为，社会的进步需要一些社会制度和政府政策进行调节，但这些制度和政策都是人的自发行动以及在行动的过程中不断改进所形成的，它们不应该是人为进行整体性设计的结果。因此，社会的进步和发展就是在现有的基础上不断改进，对于林德布洛姆来说，政府的管理行为和政策也应该如此。在具体的方法上，林德布洛姆从对"'得过且过'的科学"（The Science of "muddling Through"）到"分离的渐进主义"（disjointed incermentalism）的论述，建立起了渐进主义决策的理论框架。根据他的论述，渐进主义决策是建立在这样一些原则的基础之上的：（1）按部就班原则；（2）积小变为大变原则；（3）稳中求变原则。

在运用系统方法论和系统方法进行政府决策研究的推进下，政策研究成为了行政管理研究中的重要内容。奎德（Edward S. Quade）提出政策分析是在运筹学和系统分析的基础上发展起来的[44]。政府行为之所以需要政策分析，是由于政府决策存在的失误以及政府部门决策的低效率，而政策分析可以通过对相关领域的深入研究，通过对政策方案进行评估而提高政府决策的效率。他认为,政策分析的要素包括目标、备选方案、效果、标准和模型等方面。政策研究的创始人是拉斯韦尔(Harold Lesswell),但在政策研究体系的建设方面以德罗尔(Yehezkel Dror)最为杰出。德罗尔在1968~1970年曾担任美国兰德公司高级参谋、顾问,后又担任以色列国防部高级战略分析顾问,并撰写了许多著名的政策研究著作,其中最能代表他的政策研究思想的是《公共政策制定的再审查》(1968年)、《政策科学构想》(1971年)、《政策科学探索》(1971年)以及《逆境中的政策制定》(1986年)等著作。正是由于他对政策研究内容和方法的建设性研究,因此被称为"政策科学之父"。他认为,政策研究是融合了管理科学、行为科学、经济学和政治学等多学科知识的一门全新的跨学科研究领域,其"核心是把政策制定作为研究和改进的对象,包括政策制定的一般过程以及具体的政策问题和领域。政策研究的范围、内容、任务是:理解政策如何演变,在总体上,特别是在具体政策上改进政策制定过程"。可见,政策研究包含着广泛的主题、事件、态度倾向、方法、方法论和利益问题。而且他认为政策研究的任何实质性进展都需要大量的客观知识和主观知识作基础,这种需要远远超过了迄今为止人们对跨学科的知识的需要,而是要用真正一体化的观点把政策与政策制定看成社会问题——处理能力和控制能力提高的一种有用手段[45]。

德罗尔同时也是林德布罗姆的渐进主义决策理论的主要批评者。德罗尔1967年在《公共行政评论》上发表论文《政策分析师:政府机构中的新职业角色》[46],认为,由于微观经济学、福利经济学、定量决策理论的发展以及运筹学、成本-效益分析、计划规划预算和系统分析等方法的运用,出现了一种新的职业角色,即政策分析人员,这是在旧的职能的基础上所形成的一种新的职业。他强调,政策分析是一种综合运用多种学科和多种方法的更高级的知识形态,它的特点在于集中研究公共决策和公共政策的制定过程,扩大了决策和政策制定的范围,强调创造性的、新的政策备选方案,广泛运用各种知识、模型和方法,重视对未来的长远预测,所进行的分析是灵活的和系统的。他批评渐进主义的决策理论有一个严重缺点,即其可接受的边际改革已不能满足日益发展的政策需要。他认为,当政策需要改变时,决策者也许不得不比渐进方法所期望的更为大胆地发展新事物。当过去的政策不能解决问题,政策的渐进变革不会产生重大的、较好

的效果,其结果对决定下一步怎么办也无关紧要。

在对政府管理行为、政府决策以及公共政策研究的学者中,公共选择学派揭示了政府行为的局限性,他们通过实证研究发现,任何一种公共选择的方式都很难充分体现公共利益的最大化,而且在一定条件的影响下,最终的公共决策的作出就只是官僚与官僚机构、特殊利益集团、官僚机构和立法机构追求私利的行为,进而导致"政府失败"。公共选择指的是与个人选择相区别的集体选择,是指人们通过某种制度安排集体决定公共物品的需求、供给与产量的过程,是一个个人偏好通过某个机制转换成经济行动的过程。与一般市场中的个人分散化决策相比,公共选择是一种资源配置非市场化的决策形式。公共选择学派的创始人和主要发言人布坎南(James M. Buchanan)认为,在西方社会,政治市场与经济市场存在着诸多相似性,经济学的许多原理可以用来分析政治决策行为。因此,他将经济学的方法论引入到政治领域的研究,以促进建立以个人自由为基础的社会秩序为目的,由此而创立了公共选择理论。他认为,在政治市场中,决定人们相互交换关系得以建立的根本因素,也是个人的利益,一切政治行为都以个人的成本-收益计算为基础。布坎南通过对政治决策、政治家和选民的行为进行研究,提出政治家要应付各方面的压力和希望再次当选,以致政府的行为常常是创造或夸大市场的不完善,而不是去克服它,因此对政府的行动要加以限制。他认为,"市场的缺陷并不是把问题交给政府去处理的充分条件","政府的缺陷至少和市场一样严重"。他指出:"我们必须从一方面是利己主义和狭隘个人利益驱使的经济人,另一方面是超凡入圣的国家这一逻辑虚构中摆脱出来,将调查市场经济的缺陷与过失的方法应用于国家和公共经济的一切部门。"因此,政府的政策制定者(政治家、政府官员等)都是理性的经济人,都在追求自己的最大化利益;公民作为选民也是理性的经济人,其选举行为是以个人的成本-收益计算为基础。由于普通选民往往无力支付相对昂贵的政治信息成本,他们往往处于"理性的无知"而不投票,这样,政府就往往会为代表特殊利益集团的政策制定者操纵,由此滋生种种弊端,从而背离其公共利益代理人的角色。

从第二次世界大战结束以后开始,政府管理的目标更多地集中在提高政府的效率,而这种效率提高的核心在于控制成本,由此而开始重视对成本进行控制

的预算，因此，探讨预算技术成为这一时期公共行政研究的一个重要方面。正如布坎南在公共选择研究时所提出的，由于政界领袖决定政策就像消费者与工商企业作出决定一样，都是以自己的利益为前提的，议员们为争取选票、保持与提高自己的地位，同企业界千方百计地追求利润之间也没有多大差别。由于投票赞成为某个项目拨款容易使得到这个项目好处的选民继续支持议员们，因此议员们往往对工程拨款投赞成票。但为了支付这些款项，政府不得不需要提高征税，由于增加税收势必导致选民的反感，于是议员们往往对征税投反对票，这就使政府预算出现了赤字。布坎南认为，必须制定和通过宪法修正案来控制政府平衡预算，消除赤字，以减轻国家的债务负担。随着对政府预算的重视以及对于已有的预算如何更好地运用所给予的关注，政府就开始关注公共项目的评估，这种评估为后来的政策评估研究提供了基本的方向。随着20世纪60年代中期约翰逊总统的"大社会"立法的正式启动，社会科学家重新发现了贫穷、教育以及类似的国内问题，约翰逊总统时期的经济机会局（1975年更名为社区服务局，最后在1981年被撤销），在鼓励各种项目评估上起到了极大的作用。1966年，希克（Allen Schick）在《公共管理》（Public Administration Review）杂志发表论文《通往PPB之路：预算改革的阶段》（The Road to PPB: The Stage of Budget Reform）[47]，提出了政府预算制度的改革（即建立Planning-Programming-Budgeting制度），从而建立起规划、项目和预算之间相互连续又相互制约的关系，并引发了政府的"预算革命"。在城市规划领域，这一革命直接推动了城市基础设施改进计划（Capital Improvements Programming）在城市管理中的运用。基础设施改进计划是一种联系长期性城市发展规划和城市年度支出预算的具体方法，其最重要特征在于它清楚地指出了未来几年中城市投资建设的方向，因此，私人开发商和政府其他机构可以更好地计划他们的投资，从而保证规划对城市建设和发展的引导。基础设施改进计划的基础是一种财政支出，主要针对于城市的物质设施，如道路、排水管、停车场（库）和城市中心改建等。这些类型的项目都是高成本的，也是长久性的。由于这些资金主要来自于较长期的借贷，城市就要承担相应的负担，因此，就要根据城市每年可以承受的债务水平来作出决定。由于物质设施在其建成之后通常都要长期地运行并且难以轻易改变，这就要考虑每个项目的支出和规划的可获得结果，即需要评估其成本和效益。因此对于规划部门而言，在城市综合规划的基础上分析城市财政资源是一项非常重要的基础性工作，而且是基础设施改进计划工作的立足点。基础设施改进计划的基本目标是为每一个时期决定一系列的项目，这些项目一旦建成就需要对未来的所有时期提供最大的产出。"城市基础设施改进计划"是城市政府对公共项目规划管理的重要手段，也是城市规划管理部门日常操作的重要工作。

从20世纪70年代开始，测量、评价以及提高公共管理的效率成为政府关注的核心。1970年一项针对美国联邦政府评估实践的研究指出，制定政策与预算的整个联邦机器，由于存在一个严重缺陷而蒙受损害；联邦政府缺少一个测量项目有效性的综合体系。此后尼克松政府时期国家生产力委员会（the National Commission on Productivity）成立，该委员会后来又发展成为国家生产力与工作生活质量中心（the National Center for Productivity and Quality of Working Life）。1978年以后，该中心又进行了调整，发展成为国家公共生产力中心（the National Center for Public Productivity），成为现在作为研究各级政府生产力状况的国家情报交流中心。这一机构的运作推动了对政府公共行为的绩效研究，在其中，有关城市规划实施与管理的效果研究，以及城市规划在城市建设过程中的作用及其绩效的研究从20世纪80年代开始成为规划研究的重要内容。

20世纪70年代初由石油危机而引发的经济危机使西方国家的城市及其政府面临着新的困难，战后政府规模和政府职能不断扩张，而与此同时，城市政府的税收水平却在不断下降，同时又由于广泛而大规模的郊迁化，中产阶级大规模迁往郊区，导致了城市财政的困难。其中，纽约市的情况最为典型。1975年纽约市发生空前的财政危机，该市在当时险些破产。由此而迫使政府管理思想和方法的极大改变，这种转变后来哈维（David Harvey）总结为由"管理者型"（Managerialism）向"企业家型"（Entrepreneurialism）的转变[48]。他认为，这种状况的产生与1973年经济危机后资本主义经济所面临的困难有极大的关系，也与发达国家城市中出现的"解工业化"（deindustrialization）过程有关。由于"解工业化"，就出现了广泛的"结构性"失业，国家和地方的财政危机，所有这些与不断增长的新保守主义的浪潮以及强烈要求回归市场理性和私有化的社会诉求相结合，这就为"理解为什么这么多城市政府都选择了广泛一致的方向"提供了社会经济的背景。此外，强调地方行动的运用，也与民族国家控制多国资金流的权力的下降有关。因此，投资越来越采用国际金融资本与地方权力之间进行协调的方式，而地方权力机构则尽力将它们的地方做好以使吸引力最大化以引诱资本主义的发展。而从生产方式角度来理解，"作为一个象征，城市企业家主义的兴起，在资本主义的发展从福特－凯恩斯式制度（Fordist-Keynesian regime）下的资本积累向灵活积累制度的转变过程中发挥了重要作用"。这种新的企业家型管理的核心内容就是"公—私合作"（public-private partnership）。这一概念结合了传统的地方鼓动者思想（local boosterism），并使用地方政府的权力来尝试吸引外部的资金资源，从而创造新的直接投资或者新的就业机会。公—私合作型的开发在20世纪70年代的城市改造中表现得尤为突出，成为这一时期城市建设的主流。对此，哈维分析道："公—私合作的行为完全是企业家型的，这恰恰是因为其执行和设计是投机性的，因此，由于反对理性的规划和合作发展就会产生种种困难和危险，两者困扰着城市。在很多实例中，这又意味着，公共部门承担了风险而私人部门拿走了利润，尽管也有很多例子可以说并不是这样，但我猜测，正是由地方（不是由国家和联邦）公共部门来吸纳风险（risk-absorption）的特征，可以用来区分城市企业家主义的现阶段与较早前的市政动员者（civil boosterism）阶段的不同，在市政鼓动者阶段，私人资本似乎反对较少的风险"。在这样的公—私合作开发中，其所关注的并不是各类经济项目（住房、教育等）对改进特定辖区内的生活或工作的条件改善的作用，而是通过新的城市中心和工业园等的建设或者通过再培训计划或降低地方工资压力的方法对劳动力市场进行干预，从而对这些资本项目落户的具体地区产生影响。哈维认为，企业家型的管理所关注的主要是场所（place）的政治经济而不是其地理空间（territory）的。这些场所的建设，当然可以看成是为特定辖区范围内的人口创造了利益，而且确实在公共话语中基本上也是这么说的，以支持这些项目的开发。但就其中的大部分而言，它们所创造出来的形态或大或小地要超出他们所在的地域范围。哈维认为，通过城市形象的提升，通过文化设施、零售业和办公楼中心的建设可以对整个大都市地区带来多重的利益。

这些项目可以在公—私合作行为的作用下在大都市区规模上获取其意义，并且可以建构起城市—郊区的团结，而在管理者阶段，城市和郊区的对立一直困扰着大都市区域。此外，在纽约，同样类型的开发建设起来的场所只具有对城市本身的影响，对整个大都市地区几乎没有太大的实际作用，但也基本上建立起了当地的地产商和金融家之间的力量的团结。因此，可以作出判断的是："新的城市企业家主义典型地建立在公—私合作的基础上，通过场所的投机性建设直接关注于投资与经济发展，而不是以改善特定地域内的条件作为其直接的政治和经济目标（尽管也不能完全排除掉）。"在欧美很多城市，尤其是经济中心城市的中心区改造中，20世纪70年代以后基本上运用了公—私合作的方式[49]。

在这样的分析框架下，哈维对城市企业家型管理在此期间所采用的不同策略进行了总结，归纳出了四种策略模式，这些策略模式的总结可以为我们理解政府决策的目的和操作方式，以及20世纪70年代后城市发展的动力和机制提供清晰的框架。同时，哈维还认为，这四种策略模式中的每一种都有一些各自的考虑，但把它们结合在一起，可以为发达资本主义国家中城市体系不平衡发展的快速转变提供理解的线索。

（1）在国际劳动分工中的竞争意味着创造和剥削物品和服务生产中的特定优势，一些优势来自于资源基础或者区位，但其他的则是通过公、私部门在大量社会和物质基础上的投资所创造的，通过这些投资加强了这些大都市地区作为物品和服务的出口者的经济基础。直接投资刺激了新技术运用、新产品的创造，或者为新企业提供风险资本（甚至可以采用共同拥有和管理）都是其中最为显著的，而地方成本则通过补贴来予以降低（减税、便宜的信用(cheap credit)、场地的获得）。现在很少有大规模的开发没有地方政府（或者是构成地方治理的各种力量的团结）提供大量实质性的帮助与资助以作为动机。国际竞争也依赖于地方动力供应的数量、质量与成本。当地方代替了国家的集体讨价还价，当地方政府和其他大型机构（如医院、大学）主导着实际工资和利益的削减时，地方成本能够最容易控制。适当质量的劳动力，尽管相对比较昂贵，也能成为新的经济发展的重要吸引力，这样，对适合新的劳动过程及其管理要求的高度训练和熟练劳动力的投资能够得到很好的回报。最后，还有一个在大都市地区集聚经济的问题。物品和服务的生产通常不仅仅依赖于单一的经济单元（如大型跨国公司将分支工厂带到城镇，通常只有非常有限的滴漏效应(spillover effects)），而且，还依赖于这样一种形成经济的方式，即通过把多种多样的行为带入到同一个能够发生相互作用的有限空间范围，从而有利于提高效率和相互作用的生产体系。从这样的观点出发，如纽约、洛杉矶、伦敦和芝加哥这样的大都市地区具有一些明显的优势，这些优势是大城市的拥挤成本所无法抵消的。

（2）城市地区也可以通过消费的空间分工来改进其竞争状态，这要远远高于通过旅游或退休（retirement）的吸引力而将钱带入城市地区。1950年后的城市化消费主义方式，促进了参与到大众消费的非常广泛的基础。当萧条、失业和信用的高成本击退了城市人口中的主要阶层时，仍然有大量的消费者力量存在着（大部分是由信用支持的）。对此的竞争越来越激烈，当消费者手上还有钱，也就有机会要分别对待。用以回应普遍萧条的吸引消费者的投资在两难的困境中迅速增长，它们越来越集中于生活质量。中产阶级化（gentrification）、文化创新、城市空间在物质方面的提升（包括建筑和城市设计风格向后现代主义的转变）、吸引消费者（运动场、常规商业和购物中心、游艇码头、异国情调的餐饮场所等）以及娱乐（城市景象在临时或长久的基础上的组织化）都已经成为城市复兴（regeneration）战略的非常显著的内容。以上所有这些内容，在城市中生活和到城市中访问、游玩或消费，都使城市显现出是一个创新的、令人兴奋的、具有创造性的和安全的地方。

（3）城市企业家型的管理实际上已被大力渲染，这是由于了获得发达的财政、政府或信息的收集与处理（包括媒体）的关键控制和指挥功能方面而展开的强烈竞争所导致的，这些类型的功能需要有特别的而且通常是昂贵的基础设施的供应。在这些部门，覆盖世界范围的通信网络的效率和集聚是关键，同时也还需要有核心决策者之间的人际交往。这就意味着要将大量投资用在交通和通信方面（例如空港和数码港(teleports)）以及提供适宜的办公楼空间，这些办公楼空间需要装备必要的内部和外部的联系以减少交易的时间和成本。需要集聚起大量而广泛的支持性的服务设施，特别是那些能够快速收集和处理信息或允许有专家进行咨询的服务设施，就需要有其他类型的投资，同时这些活动要求的一些特定的技艺就要求城市地区事先提供一些类型的教育（商业和法律学校，高技术

的制造部门，媒体技能，等等）。在这一领域的城市间竞争是非常昂贵而且是特别棘手的，因为在这一领域中聚集经济学仍然是最为重要的，而且已经形成的中心如纽约、芝加哥、伦敦、洛杉矶所拥有的垄断力量是难以打破的。但是，既然在过去的20年中，指挥功能已经成为增长最快的部门（在过去不到10年的时间里，英国金融业和保险业的就业率已经翻了一番），因此，对它们的追求越来越被认为是城市生态的黄金之路。当然，其效用也会越来越清楚，如果城市的未来能够成为一个纯粹指挥和控制功能的城市，一个信息城市，一个后工业城市，那么在其中服务（金融、信息、知识的生产）的向外输出就会成为城市生存的经济基础。

（4）至于通过中央（或在美国，州）政府的财政再分配方面的竞争优势仍然是极端重要的，尽管这有一点玄妙，因为中央政府现在的再分配还达不到它曾经达到的程度。这种渠道现在已有所转变，以至于在英国和美国，军事和防卫合同提供了对城市繁荣的支持，部分是因为其中涉及到数额巨大的资金，同时也因为其就业类型和它们所拥有的附属效应是高技术产业。

通过对这四种策略模式的分析，哈维认为，这四种战略并不是相互排斥的，大都市不平衡的命运依赖于所建构起来的联盟的性质，企业家型的管理战略的综合与时间安排，特定的资源（自然的、人的和区位的）以及在此条件下大都市地区能够运作以及竞争的优势。但不平衡的发展也源自于协作作用（synergism），从而导致了某类战略特别有助于另一战略。

第四节　城市发展和城市问题的政治经济学研究

20世纪60年代后期，整个世界处于社会运动和社会思潮的激烈变动之中。由于这个动荡主要发生在城市地区，因此以城市为对象、以城市革命为主题的文献大量涌现。在此剧烈的变动中，人们对城市和城市发展的认识发生了较大变化。20世纪70年代初发生的石油危机以及此时已经出现的大城市内城衰退，使人们意识到"城市危机"的存在。在对这些现象、危机的根源的认识中，许多学者发现，传统的经济学、社会学、政治学等等经典理论并不能对此作出很好的解

释，而马克思主义的思想方法和社会理论可以对此进行深刻的揭示，因此，从20世纪60年代后期开始，政治经济学方法论成为社会科学中各学科研究的主要方法论思潮。而在城市规划领域，由于系统方法论延续了物质空间规划决定论的某些侧面，而并不致力于对城市问题产生的原因及其机制进行探究，因此也就始终无力于解答城市究竟是怎样运作的问题。正如麦克洛克林后来从其自身的经历和体验中所总结的那样，城市规划的传统始终没有能力也并不想回答"城市是怎样运作的"这样的问题，因此也就无法为规划的内容提供充分的理论基础，甚至导致全面地忽视社会研究和社会理论，而只能在"正当的规划"、"社区"和"平衡"等之类既含糊又毫无意义的词汇组成的原则基础上绘制规划方案（plan）和地图[50]。他认为，如果我们要想能够理解城市问题并提出恰当的政策以改进城市以及城市中居民的生活，那就有必要将城市规划"放逐"（relegate）到一个重要的但在更为广泛的空间政治经济学领域中相对比较边缘的位置。也就是说，城市规划是空间政治经济学的一个组成部分，但其重要性应当是建立在政治经济学研究的基础之上的。他强调，尽管这并不是建设一个好城市的充分条件，但肯定是一个必要条件。城市的建设和发展需要更多地依赖于城市的政策，只有这些政策才能为城市规划中所包含的具体内容、管理和控制提供框架。而城市政策研究必须包括了对城市和区域是怎样运作的实际状况的认识，并要求对诸如人口、城市/区域经济、住房、交通和生态系统等的全面理解。这些知识的运用将建构起城市和区域发展的广泛的战略、预测、控制和定期的阶段性检测，这些知识还必须包括对国家的作用和"城市土地关系"（urban land nexus）等的理解。要真正做到对城市运行方式、机制以及影响因素等等方面的认识，就如希利（P. Healey）所说的那样，城市规划工作也就必须首先"研究塑造社会过程以及个人行为与社会过程间的相互关系的经济和政治上的结构性趋势"[51]。在这样的思想基础上，从20世纪70年代开始，政治经济学方法论为广大城市研究者和规划师所接受，而一跃成为城市规划领域中的主导性的方法论思想。

政治经济学方法论接受并延续了马克思主义分析问题和解决问题的基本思想，从阶级斗争、资本积累以及由此形成的国家政体角度对城市现象和城市问题进行研究，因此也被称为"新马克思主义"城市研究。

这些研究着力于研究城市问题产生的原因及其机制，探讨城市中不同的人群、机构等在城市发展过程中的相互作用及其行为基础，揭示城市发展转变过程中各种不同的人群和机构的作用，其根本的目的就是要揭示戈特迪纳（M. Gottdiener）所说的"城市空间的社会生产"[52]，并将重点置于城市社会经济结构与城市空间不平衡发展的关系，以期揭示空间发展演变的深层次的结构问题。为了更好地理解政治经济学方法论在城市研究中的运用，首先举一个例子来说明其分析问题的视界和具体的方式方法与之前的现代城市研究的区别。比如针对美国城市普遍存在的郊迁化现象，以前对这种现象产生的原因的解释主要集中这样两方面：一是小汽车的普及和高速公路的高度发达，另一个是居民对更好的居住环境条件的要求。至于说到19世纪末开始出现的向郊区迁移的现象，则被认为是由于铁路的建设和中心城市的城市问题所导致的。但新马克思主义者却认为这只是一种表象，是郊迁化出现和形成的手段和条件而不是其动力，更不是其本质所在。戈登（D. Gordon）通过对城市发展过程的调查，认为技术革新在此过程中是重要的，尤其是汽车的普及特别关键，但这些技术手段只是为城市疏散和郊区化提供手段而不是其动力，他认为真正的动力是在19世纪末20世纪初工人与资本家之间的阶级斗争[53]。他通过对1880年至1920年期间发生的工人罢工运动的分析，提出这一阶段的阶级斗争已经变成了暴力性质的公开斗争，由于资本家关注于通过工厂的生产过程来获得积累，他们需要在劳工的动乱之中保护好他们的工厂和资本主义的生产制度，这就需要尽量将工人与动乱和集体鼓动分隔开来，从而形成了导致早期工业分散的基本动力，也就是说，资本家将他们的工厂从人口密集的中心城市迁移到邻近地区的集体决定，是由他们对劳动力实行更强的社会控制的需求所决定的。同时，资本家为了缓和劳资矛盾，有限度地改善工人的生活条件，提供必要的生活服务设施，因此建造了一些为本公司工人使用的公司城（corporation town），从而可以保证在相对稳定的条件下提高生产效率和利润，而在这些公司城中，资本家可以对工人进行更为全面的监控，工人也更加依赖于自己所在的公司。戈登认为，资本家就是以这样的方法对阶级斗争作出了反应，而在此过程中，得到了当时蓬勃兴起的铁路建设的极大支持。而此后郊区化的大规模发展则是在这样的基础上进一步的发展，当然其中有汽车和高速公路的普及以及中产阶级等追求更好的生活质量的原因，但也有中产阶级逃避城市中集聚的贫困人口、避开城市动乱发生地的因素在内。同时，对郊区发展的实证研究也显示，政府的鼓动以及房地产开发商和金融资本家等的有意识引导以及他们对利润的追逐在其中发挥了极为重要的作用[54]。总之，在新马克思主义者看来，城市的发展演变，都是产生于资本积累的过程以及在此过程中的阶级斗争所产生的结果，这是具有本质性的原因，而交通等技术的发展仅仅是为实现这种结果提供了基础和具体的手段，技术永远也不可能是这种变化的动力，相反，技术的创新与发展恰恰是因为有了社会的需求后才能在社会中得到运用，并且是其进步的动力。在这样的意义上，新马克思主义者认为，城市规划的实质也同样是一种阶级意志的表达，其一旦与国家机器相结合，就成为国家统治的工具和手段。在资本主义国家，城市规划的另一功能是缓和阶级矛盾，减少阶级冲突的可能，城市规划中的功能分区、完善交通设施、提升居住区的环境质量等等都可作如是观[55]。

运用马克思主义的思想方法对城市问题和城市空间进行研究，最早是由法国思想家勒菲伏（Henri Lefebvre）所开启的，甚至可以说，此后的新马克思主义或政治经济学的城市研究基本上是在他的研究成果基础上的不断深化和演进。勒菲伏的开创性研究主要可以划分为四个方面[56]：

（1）他通过对马克思和恩格斯对城市的相关论述的提炼，建立起了被称为城市政治经济学或空间政治经济学的领域。他认为，在资本主义制度下，城市的发展过程就如同任何其他东西一样都是资本主义制度的产品——比如鞋子的生产，在其中，也是同样的政治经济运作过程。因此，他的研究显示了把资本投资、利润、租金、工资、阶级剥削和不平衡发展等政治经济学的分类不仅可以引入到城市研究之中，而且也是分析城市的很好的工具。

（2）勒菲伏通过对马克思有关城市的论述的研究，提出马克思对城市进行论述的著作还是有一定的局限性。他引入了马克思的资本循环理论，特别提出了房地产是资本的一个独立的循环，这个循环是马克思的论述中所没有的，而且也是资本主义城市进入到发达阶段后对城市发展最为重要的影响因素。根据马克思的论述，经济行为是这样一个过程：资本的投资者把资金投入到使用、雇佣工人，在工厂中生产产品，在市场上把物品销售出去，并从中获得利润然后可以用作更多的投资。勒菲伏把制造业生产过程中的资本流动称为"资本的基本循环"（primary circuit of capital），资本主义社会中的大量财富确是以这样的方式创造的。但对勒菲伏来说，还有"资本的第二循环"（second circuit of capital），即房地产投资（real estate investment）。例如，土地的投资者选择了一块地产并购买了它，土地既可以是被简单地持有，也可以把它开发成其他的用途；然后它被在特定的土地市场（房地产市场）上卖出去，或者开发成住房来获得利润。当投资者获得那份利润并再将它投资到以土地为基础的项目中，这一循环就完成了。勒菲伏认为资本的第二循环作为投资几乎总是有吸引力的，因为，房地产总是能够创造出钱来。因此，在资本主义社会，投资于土地始终是一种获得财富的重要手段，此外，房地产投资也推动了城市以特定的方式发展。

（3）勒菲伏在社会研究中还引入了这样的思想，房地产是聚居空间（settlement space）动态过程中的一种具体状况。对于他来说，所有的社会行为不仅仅只是关于个体之间的相互作用，而且也会关系到空间。社会行为在空间中发生，他们通过创造物体（objects）也创造了空间，例如，城市建设过程创造了某些空间，当我们访问一座城市时，我们就体验到了这个空间以及在那个地区创造出来的空间的独特属性。其他的城市空间有可能是不同的，尽管由相同的社会制度创造出来的场所相互之间有些相似。由此，勒菲伏引入了空间作为社会组织的组成要素的思想。当人们讨论社会相互作用时，他们实际上也就在讨论空间中的行为。空间包含了双重意义：一方面它对行为产生影响，另一方面则是建设行为的结果，因为人们改变空间以适应他们的需求。

（4）最后，勒菲伏也讨论了空间实践中的政府地位问题。国家使用空间进行社会控制，政府为了相对较快地对付麻烦就在整个大都市地区的不同地方安排消防站和警察部门。国家控制了大量土地并在政府管理中得到了使用，它根据空间单位（如城市、县、州和区域等）来分配资源和收税，政府还作出决策并通过行政单元传递到个体，从国家层次往下到不同的地区、特定的州、县、城市，最后是邻里。

勒菲伏对城市空间的研究区分了"抽象空间"（abstract space）和"社会空间"（social space）的区别和相互的作用关系，他认为，抽象空间与社会空间之间的斗争是社会中的基本斗争，并与阶级间的不同斗争相伴而生。在对空间生产进行研究的同时，也就必然地会涉及到城市规划的领域。他认为，现代城市规划所出现的问题，关键在于将空间及其形成的过程看成是一个纯技术或纯物质的领域，从而对空间究竟是怎么生产出来的并不清楚，因此也就不可能知道今后它会怎样地发展。他指出："一直到最近，城市规划都被某种未清楚表明的理论，或更正确地说，某种意识形态所支配。就我的意见来看，这种意识形态包含了三个命题：（1）有一种一致性的被称为城市规划的行动，虽然它有时是经验性的，并且经常使用其他领域（人口学、政治经济学、地理学等）的概念与方法，类似某一建制性学科（比如经济学）的科学和技术取向。（2）城市规划者，或至少其中一部分人，以方法上的理论检验着自己的专业，他们有着明白或含混之建构认识论的目标，也就是说，建构一个以经验为基础的知识体系。（3）这个知识体系，就如在城市规划中之理论语言和概念所表现出来的，是一种空间科学，可能是巨观尺度的（社区的）或微观尺度的（居住单元）。"因此，"我们必须记着：在1960年代共同理解（或者误解）下，此科学目标的'par excellence'（典范）是空间，而非时间。这种哲学和此一学科、这种科学主义和此一空间性，在规划者的指示或实作的图象中，被含混地等同了。透过空间科学观点，城市规划的方法和技术被提升到科学的层面。……在这些著作中，先前是连接着土地利用或全面性的社区文化来讨论的城市空间，现在则孤立于社会脉络之外；它以一种既定的、空间组织之特殊向度出现；主要是与高层决策关联在一起，而较少被视为地方化的社会需要。凡此种种，都在规划理论或教学中被视作当然。一种更隐蔽的成理是：规划的空间是客观的和'纯净的'；它是一种科学对象，并且因此是中性的。"[57]但实际上，空间是政治性的，其生产的过程更是这样，而且也只有从这样的角度才能真正地去理解和操作空间。也就是说，"空间并不是某种与意识形态和政治保持着遥远距离的科学对象。相反地，它永远是政治性的和策略性的。假如空间的内容有一种中立的、非利益性的气氛，因而看起来是'纯粹'形式的、理性抽象的缩影，则正是因为它被占用了，并且成为地景中不留痕迹之昔日过程的焦点。空间一向是被各种历史的、自然的元素模塑铸造，但这个过程是一个政治过程。空间是政治的、意识形态的。它真正是一种充斥着各种意识形态的产物"。因此，在对空间进行分析时，应当从不同的层面进行，空间的形式是其中的一个方面；而规划也应当是由多向度所组成的，"……空间的科学必须从几个不同的层面评定。它可以被视为一种形式空间的科学，也就是说，接近于数学；一种可以用诸如结构密度、网路分析、要径分析、计划书分析评估等技术加以分析的科学。然而这种科学不应只被放在此一层面而已，它不可能只停留在形式上。批判分析则界定了一既定空间如何，以及根据何种策略被生产出来。最后，有一种对既定空间内容的研究和科学，或换言之，研究使用空间的人们，他们可能会反对空间的实质形式或目标"，"在最高层次上，也可主张规划有三种向度。第一种向度是生产规划，这种规划可以用小麦、水泥或钢筋的吨数加以量化衡量。第二种向度是财务规划，这种分析使用财务会计方法，并且在最高的层面上，涉及了生产价格的研究。这仍属于经济层面，然而是一个比较细致的版本。第三个向度和时空有关，它假设着地方差异性的创造、交流和沟通网络的概念，以及对生产及消费中新的现象研究"。

追随着勒菲伏，在20世纪70年代出现了两个基本的研究方向，一个是以戈登（David Gordon）、斯托坡（Michael Storper）等为代表的从阶级斗争出发对城市发展和空间结构的研究，另一个是以哈维（David Harvey）为代表的从资本积累为出发点，探讨资本的循环和积累以及利润实现对城市空间的影响，从而导致了资本主义社会中区域与城市的不平衡发展。从某种角度讲，这两个方向本身就是相互交织的，因此，在这些研究中都可以互相印证。而曾是勒菲伏学生的卡斯泰尔（M. Castells）在20世纪70年代初出版了《城市问题》[58]一书，从更加综合的角度，并在经典马克思主义和阿尔蒂塞的理论框架下对城市问题进行了全面的研究。他通过历史比较的方式揭示了对城市的理解不能脱离国家和阶级，在资本主义社会中，城市应该被理解成是资本主义生产和权力的历史现象，而城市的空间组织所反映的，实际上就是国家对社会秩序进行安排和资本主义生产组织之间相互作用的结果。同时，他认为，由于市场体系不能满足工人阶级的消费需求，这样就会使劳动力的再生产出现困难，而其结果就有可能使资本主义制度难以维持，这是城市规划和政府干预能够形成并发挥作用的原因。正是由于政府担当起了这样的责任，从而导致了消费过程的转变，从通过市场的私人的个体消费（private individual

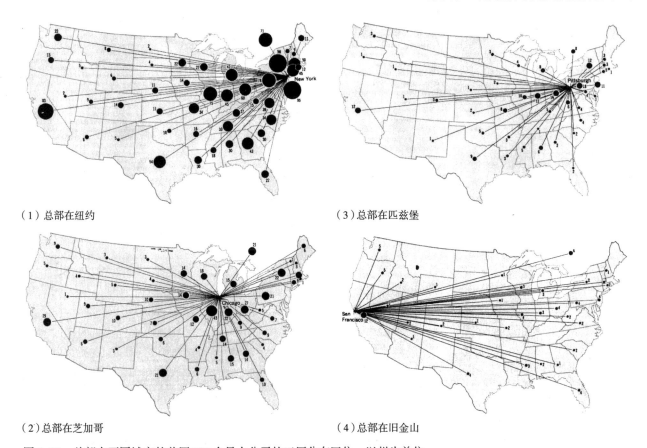

（1）总部在纽约　　　　　　　　　　　　　　　（3）总部在匹兹堡

（2）总部在芝加哥　　　　　　　　　　　　　　（4）总部在旧金山

图4-32　总部在不同城市的美国500个最大公司的工厂分布区位，以州为单位

资料来源：John F. Kolars, John D. Nystuen.Geography：The Study of Location，Culture，and Environment.New York：McGraw-Hill Book Company，1974.116~117

consumption)转变为由国家组织的集体消费(collective consumption)。这种转变促使了政府作用的扩张，这在现代城市规划发展过程中可以清晰地看到，而且这种转变同时也使消费过程政治化，而这是城市政治斗争的深层次的动态过程，也正是在这样的认识基础上，卡斯泰尔特别强调了社会运动对城市发展和城市空间结构的影响。这些研究为城市规划更好地认识和把握城市发展的作用因素和内在机制提供了新的维度，同时也进一步地深化了对城市规划的反思和对城市规划本质的认识。

第五节　后现代城市规划研究[①]

　　城市规划领域中的后现代思潮主要针对的是在现代建筑运动主导下形成的城市规划理念和方法。从学术渊源上来看，后现代思潮直接诞生于新马克思主义的学术思想和理论成果，并且在此基础上将所针对的范畴进一步扩大。后现代思潮所展开的相关批判与前述的从20世纪60年代开始所展开的所有批判有着同样的取向，但也同时受到了从20世纪70年代中期开始，在哲学、社会科学和建筑学等领域所形成的后现代思潮的影响，而这两方面的结合，使得城市规划领域的后现代思想可以从社会的整体和跨学科领域的角度对现代建筑运动主导下的城市规划的思想和方法进行全面的批判，从而改变了只攻击其某一点的状况，进而解构了现代城市规划的整体框架。而且这种批判一方面在认识论上将对城市规划的理解上升到城市规划在整个社会体系的角度进行考察，从中找到了过去的城市规划中被遮蔽的因素及其思想根源，另一方面在方法论和实践论上又将城市规划与社会实践的因素

_____

① 本节中的部分内容曾以《后现代城市规划》发表于《规划师》2002年第6期，现已作修改。

紧密结合了起来,从而揭示了城市规划进一步发展的新的方向。当然,我们要认识后现代的城市规划观念,就有必要首先来考察后现代对现代主义城市规划的总结,然后再来具体地认识后现代城市规划的理论与实践的发展。

一、对现代主义城市规划的重新认识

"后现代"一词的来源与"现代"这个词有着密切的关系。"现代"这个词首先是被作为一个历史断代术语来使用的,在西方的语境中,指的是启蒙运动之后的时代。但"现代"这个词同时也是一个文化意义上的词,指的是与传统相对立的状态,具有革新、不断变动和进步的特点。现代性的核心在于对理性的推崇,理性被看成是知识和社会进步的源泉,是科学知识的基础和真理之所在。在此基础上,现代理论追求的是普遍化和总体化,也就是利用一个总体性的框架来概括社会或知识领域的方方面面。此外,"现代性"的特征还在于建立在笛卡尔"我思故我在"的哲学基础之上的"勇敢地使用自己的理智"来评判一切。因此,人们坚信,对于自然世界,人类可以通过理性活动获得科学知识,并且以"合理性"、"可计算性"和"可控制性"为标准达到对自然的控制[59]。在社会领域里,人类社会发展的历史是合乎目的的和进步的,可以通过理性协商达成社会契约,把个人的部分权力让渡给民选政府,实行"三权分立",就能够逐步实现自由、平等和博爱的理想。现代城市规划从其形成开始就是建立在这样的基础之上,而且也同样具备了这样

的特征。现代城市规划从作为一门学科和一种知识门类发展到一项社会建制和一项政府行为,在把社会各方面因素综合在一起的基础上,更加充分地反映出现代主义观念的影响。

赫尔斯顿(James Holston)在1989年出版的《现代主义城市》(The Modernist City)中,从社会组织的角度来解读现代建筑运动尤其是CIAM主导下的现代城市规划理念,提出这种类型的现代主义城市规划发展的核心内容主要体现在:(1)现代城市规划是以反资本主义和平等主义为基础的;(2)强调以机器为原型以及以机器为隐喻的总体化的理性;(3)并在此基础上对城市组织的社会功能进行再定义;(4)把建筑类型和规划惯例(conventions)看成是社会变化核心机制,而且认为可以通过推动建筑类型和规划惯例的改进而达到社会的进步;(5)在进行特定地区空间营造时,与环境尤其是环境的文脉是无关的(decontextualization),但在思想基础上又强调物质空间决定论,即人类的社会生活是由其所处的空间环境所决定的;(6)依赖于国家权力来达到整体的规划;(7)采用和推崇令人震惊的技术(techniques of shock);(8)将艺术、政治学和日常生活综合在一起[60]。博勒加德(R. Beauregard)则从现代主义城市规划在其发展的历程中所体现出来的理想目标角度进行了总结,他认为,现代主义城市规划的发展是要达到这样一些目标:"(1)将理性和民主带入到资本主义城市化之中;(2)以技术理性而不是政治理性来引导国家决策;(3)创造合作的和能够发挥功能的城市形态,这

图4-33 "现代主义建筑之死"

1972年4月21日,位于密苏里(Missouri)州圣路易斯(St Louis)市的Pruitt-Igoe居住区被炸毁。该项目1950~1954年由Minoru Yamasaki设计,为低成本住宅。该居住区被炸毁的日子被詹克斯(Charles Jencks)称为现代主义建筑的死亡之日

资料来源:Mark Gottdiener.The New Urban Sociology.New York 等:McGraw-Hill, Inc., 1994.297

种形态是围绕着集体目标组织起来的；（4）利用经济发展来创造中产阶级社会。"[61] 而桑德科克（L. Sandercock）则从文化多元论的角度来重新认识现代主义城市规划的基本特点，并将现代城市规划的知识特点归纳为五个方面，并称之为"现代城市规划智慧的支柱"[62]：（1）城市和区域规划关涉到更理性地作出公共/政治决策。因此，规划的内容就集中在采用先进的决策、未来的发展观、仔细考虑和评价选择和方案的工具理性。（2）规划越综合就越有效。综合是被写进规划法规的，而且涉及到多功能/多部门的空间规划，同样也将经济、社会、环境和物质规划结合在一起。规划的功能也就被认为是完整的、协调的和具有等级的。（3）规划既是科学也是艺术，尽管都是基于经验的，但强调得更多的是科学。规划师的权威绝大部分来自于对社会科学中的理论和方法的掌握，规划知识和专门技能都是建立在实证科学的基础之上，因此而偏向定量模型和分析。（4）作为现代化事业的组成部分，规划是国家指导未来发展的工程，国家被看成是推进进步和改革的力量，并且是与经济相分离的领域。（5）规划以"公共利益"的名义而运作，规划师的教育赋予了他们能够区分什么是公共利益的特权，规划师向公众展示了中立性的形象，而建立在实证科学基础上的规划政策都是性别和种族中立的。

除了以上这些学者还有众多的学者都从不同的角度对现代城市规划进行了总结，他们的研究揭示了现代主义城市规划的方方面面，而且，这些概括也是建立在比较的立场上的，即从后现代的角度对现代主义城市规划的重新认识。从同样的视点出发，当代最重要的社会思想家之一的鲍曼（Z. Bauman）揭示出现代性思想整体所具有的最大特点，这一特点也非常符合城市规划的实际情形。他说："现代思想将人类习性看作一个花园，它的理想形态是通过精心构思、细致补充设计的计划来预定的，它还通过促进计划所设想的灌木、花丛的生长——并毒死或根除其余不需要的及计划外的杂草来实行。"[63]

在现代城市规划的发展历程中，还反映出现代主义思想基础中的另一方面的特征，而且是现代主义精神的重要组成部分，这就是不断地改造世界的内在的精神冲动，"现代性"永远是在向人类提问：我们"现在"应该怎样才能做得更好呢？从严格的意义上来讲，这并不是一件坏事，现代世界近200年的历史可以显示，正是由于这样的观念推动了社会在经济、科技等

等方面的全面进步，并确立起了当今世界的基本框架。但当将这一切推向了极致之后，就出现了一系列的问题，而其根本则是首先要对过去的一切进行否定，也就是说，为了向未来进发必须首先甩掉过去的包袱，只有踏在过去的废墟上才有可能建设一个新的未来。在此意义上，"现代性"始终具有建设和破坏的双重取向。无论哪个领域的现代主义都是依此而形成，并且在此基础上不断发展和拓展的，拆旧建新和破坏一个旧世界、建设一个新世界是现代主义永久的梦想，因此，哈维（David Harvey）将熊彼特对资本主义本性的概括运用到了对现代主义的概括上，这就是"创造性的破坏"（creative destruction）[64]。现代主义注重的是"当前"（the present），对过去持批判的态度，以新知识和新发现构筑更美好的未来，将更新、更好、更发达作为追求的目标，这也是现代社会不断进步的思想根源。同样，现代城市规划也正因为有了这样的基础才有可能形成和不断发展。

后现代城市规划理论在后现代思想的引导下对现代主义城市规划进行了反思，在其中，福柯（M. Foucault）对社会思想史和社会发展的研究思想和方法起到了重要的作用，其中有两项内容得到了进一步的细致化，并对后来的城市规划研究产生了很大的影响。一是有关话语（discourse）的分析。这是福柯在分析知识的实践与发展过程时延用的一个具有特定含义的词语，它被"用来指与任何一部分知识有关的、处于特定历史环境中的、由个人创造的那些习俗化了的规定、惯例和程序。话语往往是由一系列陈述构成的，它经过一个专家群体的认可而获得信任和统治权"。根据他的分析，"在任何社会里，权力都是为话语所固有的，权力无所不在，权力与话语无法分开。话语一产生就立刻受到若干权力形式的控制、筛选、组织和再分配。而且在某种条件下，话语本身常常转化为权力"。话语转化为权力之后就开始行使自己的权力，"话语的行使权力，就是对它所未指陈的事物进行排斥与压制。对这些事物的排斥与压制，就是不许它拥有说话的权力。得到权力认可的话语便以真理自居，受到权力排斥、贬黜的话语便只具有自认为谬误的权力。'真理'一朝权在手，便大肆压抑、排斥所谓的'谬误'。……真理性的话语激发了尊敬和恐惧，由于它支配了一切因而一切必须服从它"[65]。福柯在对知识发展历史的研究中提出的另一个重要概念就是"权力/知识"（knowledge/power）的一体化认识。福柯认为"权

力和知识是共生体，权力可以产生知识，权力不仅在话语内创造知识对象，而且创造作为实在客体的实施对象。人文科学的组织原则主体，并不是由意识形态引起的幻想，而是某些权力关系现实存在的结果。所以知识总是植根在权力关系中的，总是在权力关系之内和在权力关系的基础上构造起来的，在权力与知识间没有不相容，没有不可逾越的界限"，"要是没有权力的行使，知识会成为未被规定的、难以名状的和对客观性没有什么控制的。……认识就是行使征服和统治权，所以是权力－知识"。福柯认为，"科学也行使某些权力，这是一种强迫人们决定某些事情的权力。真理无疑也是权力的一种形式"[66]。在现代社会中，城市规划也是一种权力/知识的结合体，而且其作用是非常显在的，因此运用福柯的分析方法对此进行分析成为了城市规划研究的重要内容。1989年，在福柯生前曾经多次对其进行过访谈的拉宾诺（Paul Rabinow），出版了《现代法国：社会环境的规范与形态》（French Modern: Norms and Forms of the Social Environment）的专著。拉宾诺依循福柯的思想路径并运用"知识考古学"的方法，对法国现代城市管理（其中包括了城市规划）的形成和发展进行了考古式的发掘，深刻地揭示了现代城市管理及城市规划是如何卷入到国家对社会环境的全面控制中的，知识和技术手段的发展不仅是依附在权力运作之下被运用的手段，而且其发生发展的根本原因是其本身以充当权力控制的一部分为目标并在社会发展的过程中发挥了作用。而另一方面，权力的运作在这些知识和技术手段的支持下得到了巩固和扩展，并且保证了权力运作的有效性。而这种权力控制，按照福柯的论证就是建立在对"他者"（the Other）的排除的基础上的。正如约翰·劳（John Law）在1994年所指出的那样，现代性已"产生出一种怪物：指望一切事物都是完美的，期望一切事物如果变得完美就会胜过它们实际的情形；我们掩盖了这样一个现实，即对某些人而言是更好的事物对他人而言几乎肯定是最坏的；那些对某些人而言的更好、更简洁和更完美的事物是不牢靠、不确定地依赖于他者的工作，并且常常是依赖于他者的痛苦"[67]。在拉宾诺的这本书中所揭示的现代城市规划起源告诉我们，城市规划从其诞生之日起所担当的社会控制作用在现代主义城市规划的言说和教育中却被遮蔽了。尽管在世界各国的城市中、在不同的历史时期有不同的规划内容和形式，但实际上都是被国家所利用并作为社会控制的重要手

段而得到了其生存和发展的权力。在这样的意义上，后现代主义并不仅仅关涉到艺术样式、叙事风格等等的选择，正如迪尔（M. Dear）在《后现代的城市状况》（The Postmodern Urban Condition）一书所说的那样，支持或反对后现代主义实际上也成了一种政治活动，后现代主义是一种干预的战略，对现代主义进行解构的目的是为了打开封闭的体系，以其他的话语来挑战其主导性的叙事[68]。而这也正是桑德科克（L. Sandercock）在审视现代主义对城市规划历史的经典描述时所说的，现代主义城市规划的历史研究将城市规划看成是职业及其实践的进步过程，从而省略了或者说是有意识地忽略了规划的"阴暗"面，尤其是它的种族主义和性别歧视的效应，同样，现代主义的历史叙事也抹去了颠覆性的和不同的历史，例如，与城市和社区建设中相关的妇女、黑人、同性恋者和土著居民的历史[69]。而后现代城市规划研究首先就是要通过对过去的重新审察和再叙述来揭示这些被现代主义的整体叙事所遮蔽的事实，使过去看不见的变成看得见的（make the invisible visible）[70]。而后现代主义思想家鲍曼（Zygmunt Bauman）对现代城市规划的发展进行了分析，他认为，这基本上就是一种寻找固定化的、排除有可能带来变化的外来陌生人的策略。他提出："所有乌托邦、那些现代意识的分散的欲求和散布的渴望的具体沉积物，是第一个'理性的'策略的结果：它们是一个有序的、透明的、可预测的、'为用户需要着想的'完美世界。而且，它们都是建筑学的和'城市规划'的乌托邦。（'秩序'一词从建筑学进入现代思想，在建筑学中它最初的被用于描述一个个不分彼此契合、替代任一部分都会破坏和谐的整体，和一种无法改进的完美状态）乌托邦的读者常常会被作者们对街道和公共广场的布局、家庭设计、居民数目及其在公共领域活动的详细设计这种种设计所吸引；也会被书中投入到那些我们过去常常与城市规划相联的关注上的非同寻常的篇幅所吸引。指引秩序的梦想家们将目光转移到并凝聚在建筑学上的是这样一种信念——明显的和隐含的——人们受其所居住的世界的驱动而行动：要使那个世界有规则，你就必须使他们的思想和行为有规则。从世界中消除一切偶然的和突发的事物——你将会消除所有反复无常和怪癖行为的根源。在这种意义上，城市规划是一场向陌生人宣战的战争——向那些使陌生人脱颖而出的未决事物，令人困惑的怪异倾向宣战；不是一场致力于征服的战争（一种迫使陌生人人群转变

为驯服而恋家的一个个熟人的行动）——而是为了消除'陌生性'（即通过同化陌生人，使其成为一种每个成员都是同一的类属，消除他们身上一切独特的、令人惊讶和困惑的东西）。陌生人是一致性和单一性的敌人，城市乌托邦（通过城市规划实现的完美的社会的乌托邦）指导的城市规划将根绝陌生人身上的一切陌生性，如果需要，甚至根绝陌生人本身。"[71]据此，鲍曼也对纽曼（O. Newman）的"防卫空间"理论进行了批判，认为这一理论基本上仍然是延续了现代城市规划的基本思想而形成的。他说，"防卫空间"理论所建立的是"一个有着安全和有效防护界限的地方，一个从语义上讲是透明的、从符号上讲是清晰的领域，一个消除了危险，尤其是不可预知的危险的场所的梦想——它只是将'不熟悉的人民'（那些在正常的城市环境中无目的漫游的人）转变为十足的敌人。而且，城市生活及其要求的所有复杂的技巧、费心的努力和辛苦的警戒，只能使那些关于家的梦想变得更加紧张"[72]。

二、后现代转向

现代主义的城市规划经过二次大战后的城市重建和城市快速发展阶段的实践检验，在实践的过程中和实际建设的成果中出现了一系列的问题，这些问题在自由经济思想、民权运动和城市规划学者的深刻反思的多重作用下被全面地揭示了出来。而20世纪60年代后期的学生运动、城市革命所推动起来的社会思潮和学术思潮的整体性变革，促进了社会各个方面对现代主义进程的全面反思。到了这个时候，许多的思想家和理论家都认为："现代性已经不再是一种解放力量；相反，它是奴役、压迫和压抑的根源。"[73]学生运动和城市革命的兴起的原因也正在这里。在此同时，随着科学技术和经济的发展，当代西方社会的整体结构发生了新的变化，这一变化为广大学者所洞察，纷纷称之为社会进入了"后工业"、"后现代"或者是信息社会等等，各种理论和流派杂色纷呈，各种学术倾向迅速更迭淘变。而在对城市的研究中，人们又发现城市面对的现实问题极为复杂，变量多且变幻莫测，已经没有一种理论、方法论能够被运用来整体地认识城市和改造城市。因此在各自的范围内针对现实的实际问题，选取最有效的方法，以实用主义的态度进行研究。与此同时，整个社会弥漫起了所谓的"后现代文化"思潮，这些理论思潮帮助了城市规划对现代主

义城市规划的解构和对未来城市规划发展的重构。其中，贝尔（D. Bell）从社会学角度对后工业社会和资本主义文化矛盾的揭示[74]，罗蒂（R. Rorty）从新实用主义的立场对现代哲学的批判和重建[75]，福柯（M. Foucault）以考古学和系谱学的方法对理性、现代性的批判和对现代社会权力空间的描述[76]，哈伯马斯（J. Haberams）从哲学角度所从事的批判和对理性概念的重新考察[77]，德里达（J·Derrida）的解构理论的阐述，詹姆森（F. Jameson）对晚期资本主义文化逻辑的揭示[78]，法伊尔阿本德（P.K. Feyerabend）对科学方法论的攻击与重建[79]等等，在不同的角度和层面上对城市规划产生影响。

有关后现代的理论探讨还有许多方面，自1979年利奥塔尔（Jean-François Lyotard）出版《后现代状态：关于知识的报告》[80]后，掀起了对后现代争论的高潮，并在进入20世纪80年代后得到了全面的推进。也正是在这样的基础上，后现代主义就成为了可以覆盖任何知识方面的一个知识符号。就整体而言，后现代在批判现代主义的基础上，并不着意于新的建立，其重要性更主要是在批判性方面，正如罗斯诺（P.

图4-34 后现代城市空间设计的典型，新奥尔良的意大利广场，Piazza d'Italia, New Orleans，由穆尔（Charles Moore）于1975年设计

资料来源：William J.R.Curtis.Modern Architecture Since 1900（3rd ed）.London：Phaidon，1996.603

图 4-35 屈米（Bernard Tschumi）设计的巴黎维莱特公园（Parc de la Villette，1984～1989），后现代解构主义的代表作

资料来源：William J.R.Curtis.Modern Architecture Since 1900（3rd ed）. London：Phaidon，1996.665

Rosenau）所说："后现代的目标不在于提出一组替代性假说，而在于表明任何一种诸如此类的知识基础之不可能，在于'消解所有占统治地位的法典的合法性'。""后现代个体小心翼翼地提防着思想的一般性准则、综合性规范和指导性体系。"也正是由于这样的状况，后现代主义对于熟悉或已经内化了现代主义思维规则的人来说，无法整理出一个整体的、内部逻辑一致的框架，因此就有可能觉得后现代本身的混乱和错综。而在另一方面，后现代主义拣起了现代主义所抛弃的一切，在赋予它们相对的重要性之后，将这些内容纳入到他们的理论论述之中："他们重新评估了传统、神圣、个别和非理性。被现代性所摒弃的一切，包括情绪、情感、直觉、反应、沉思、亲身经历、风俗、暴行、形而上学、传统、宇宙论、魔术、神话、宗教情愫和神秘体验，都重新焕发出它们的重要性。"[81]

三、后现代城市规划的特点

针对后现代思想的发展，城市规划领域出现了许多相关的研究，这些研究也是从对现代主义城市规划

的批判入手开始的，但这种批判已经与如雅各布斯（J. Jacobs）、亚历山大（C. Alexander）以及文丘里（R. Venturi）等人的讨论方式完全不同，而是从思想的根源上进行了揭示，从而提供了更加充分的知识体系上的合法性。而这也就是后现代思想具有生命力的根本原因。索娅（Edward W. Soja）在 1989 年出版了《后现代地理学》[82]一书，提出"现代"作为一个历史时期和意识形态系统，强调了时间性而忽视了空间性，他认为，在现代主义的学说中，"空间总是被认为是僵死的、凝滞的、无辩证法可言的、一成不变的；而时间是糅杂的、丰饶的、充满生命的，而且是富于辩证法的"，这种对时间的强调是基于人们通过历史性的想像可以看到"创造历史"的可能与必然，而索娅所要做的就是要重新肯定空间在人类经验中的关键性地位。索娅在勒菲伏的影响下，将"空间性"定义为"作为社会产品的对空间的组织"，也就是"社会—空间辩证法"。这种辩证法中最关键的就是要明晰"各种剥削关系组成的、多梯状的权力结构"，这个权力网不仅涵盖着全球空间，也涵盖着任何局部空间；不仅统治了全球体系，也统治了每一个具体的工厂和家庭，这是索娅分析的基本前提。此后，索娅于 1996 年出版了《第三空间：去向洛杉矶和其他真实的和想象的地方之旅程》（Thirdspace: Journeys to Los Angeles and Other Real-and-Imagined Places），在 2000 年出版了《后大都市：城市和区域的批判研究》（Postmetropolis: Critical Studies of Cities and Regions），对此前的理论进行了进一步的阐述，并对后现代规划的研究进行了更多建构性的工作。

对空间性的发现和强调可以看成是后现代对当代知识体系的一项重要贡献，正如索娅所说的那样，现代理论强调的是时间，而后现代理论则更强调空间。在几乎所有有关后现代的社会科学研究中，几乎都把空间问题包容在内，甚至作为理论建构的重要因素或主要因素，如福柯于 1966 年出版的成名作《词与物》就是从对一幅名画的空间关系及对空间关系的表述开始讨论的，1975 年出版的《规训与惩罚》则从监狱中的监视空间即著名的"圆形监狱"引发对社会监视的揭示；当代最著名的社会学家之一的吉登斯（Anthony Giddens）于 1984 年出版的《社会的构成》（The Constitution of Society）是他的社会学结构化理论的全面阐述，其中就有专门的章节来讨论空间问题，并且成为结构化理论的重要组成内容[83]；詹姆森（F. Jameson）在

他的论著中多次通过对城市和建筑的空间分析来阐述他的后现代主义理论，在1984年出版的《后现代主义，或晚期资本主义的文化逻辑》（Postmodernism, or the Cultural Logic of the Late Capitalism）一文中，有专门的名为"后现代主义和城市"的章节，其中又非常详细地分析了波特曼（John Portman）设计的The Bonaventure Hotel的内外部空间，并在此基础上揭示了后现代主义的"超级空间"概念。与此同时，在20世纪80年代以后，有关"文化研究"的内容得到了较大的发展，而在其中有关城市、建筑、空间的内容大大增加，为此，索娅在1999年在《欧洲规划研究》杂志上发表文章认为在城市和区域研究中出现了研究内容和重点上的转变——文化转变[84]。

　　1990年，哈维（David Harvey）的《后现代性的状况》（The Condition of Postmodernity）出版，通过将文化概念和经济概念相结合，深刻揭示了后现代主义的实质，从而把后现代的城市研究推进到了一个新的高度，但其本身还是在较广泛的角度上研究了后现代性所具有的特征，而迪尔（M. Dear）的《后现代城市状况》（The Postmodern Urban Condition）一书则直接研究当今的城市及城市地区的内容。迪尔认为"后现代主义"在实际的运用中有三个方面的含义，即：作为风格，方法和变革的时代，并分述了后现代主义在这三方面的意义以及在城市规划中的体现，为对后现

代问题的讨论建立了共同的平台。在此基础上，作者运用勒菲伏和詹姆森等人的理论认识，将后现代主义的概念、空间分析和城市研究综合在一起，建构了后现代城市规划（postmodern urbanism）的基本框架。作者通过将这样的研究置于当代社会理论和哲学之中，从而将社会思潮与城市的未来讨论综合了起来。作者提出，在过去的200年中，西方的城市化过程是由资本主义产业发展的迫切需要和国家对由资本主义的内在不平等所导致的矛盾和危机的回应推动的。而现代城市规划就是产生于对资本主义的土地和房产开发的无效率和不公正进行纠正的需要，并且同时成为对健康城市的实践性追求并建立了乌托邦社会秩序的话语。作者认为，芝加哥是现代城市的典型，而洛杉矶则是后现代城市的典型，而从集中式的芝加哥到分散化的洛杉矶发展模式的变化，也就是由单中心城市向多中心城市的转变正好反映了城市从现代向后现代转变的特征。后现代城市过程的特点是在全球化资本主义的背景下，在城市边缘组织起中心，强调片段化和特定化，这是与勒·柯布西耶等人及《雅典宪章》所代表的现代主义城市规划致力于追求整体性和普适性的倾向是完全相反的。后现代城市规划的重要主题包括了世界城市（World City）、双元城市（Dual City）、杂交城市（Hybrid City）和赛博城市（Cybercity）等，但其中的任何一个都不能对当今的城市状况作出充分的解

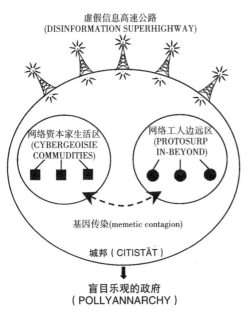

图4-36　迪尔（Michael Dear）的后现代城市规划的理念

资料来源：Michael Dear.The Postmodern Urban Condition.Oxford and Malden：Blackwell，2000.155

图4-37　迪尔（Michael Dear）的后现代城市结构示意

资料来源：Michael Dear.The Postmodern Urban Condition.Oxford and Malden：Blackwell，2000.158

释，而是所有这些内容的集合。在城市的形态方面："传统的城市形态观念认为城市是围绕着中心核而组织的，而后现代的城市规划则正将城市边缘组织成中心。"在具体的内容上，后现代城市的形式越来越由场景和消费的需求所决定，在城市空间的创造中，形式往往追随想像，因此，想像和现实之间的界限变得越来越模糊，而当这种模糊性不断地积累和集聚，后现代城市规划就从现实生活发展到了虚拟现实。作者在最后的后记中强调，后现代主义关系到现实生活和学术世界中的标准、选择和权力的运用，它将意义的建设作为社会理论的核心，其中的关键是权威的应用、解构与重组，而多元主义、少数化、杂交化则决定了后现代的城市状况。

桑德科克（L. Sandercock）从后现代的多元主义思想框架出发建构了城市规划未来行动的理论体系，这个被称为后现代城市规划实践的核心内容正好是与现代主义城市规划相对立的，或者说是对现代城市规划的修正[85]。在后现代城市规划中，她认为：（1）目标—手段理性仍然是有用的概念——特别是对于建设桥梁和大坝这样的工程——但我们还需要有更广泛的实践智慧，并更明确地依赖于这种实践的智慧。（2）规划并不排除综合的、完整的和协调的行为（多部门和多功能规划），但更重要的是有关于协商的、政治的和针对问题的规划。这就要求转变为较少地以文本为导向而更多地以人为中心。（3）在规划中有不同种类的适宜知识。"艺术或科学"显然是描述这个问题的错误方式。哪一种知识、在什么样的状态中被使用则是问题的关键所在。地方社区有经验的、根深蒂固的、文脉的和直觉的知识，它们通过言谈、歌曲、故事和各种视觉的方式（从卡通到乱涂乱写，从树皮画到录像），而不是通过种类更一致的规划资源（如人口普查、模拟、模型等）而得到表现。规划师必须学会这样一些不同的认知方式。（4）现代规划依赖于国家导向的未来和自上而下的过程，现在则必须转向以社区为基础的规划，从基层往上，必须进行调整以适合社区授权。（5）我们必须解构"公众利益"和"社区"的概念，应当看到它们内部具有更多的异质性，如果仅仅从总体的角度去认识就会排除其中差异。我们必须认识到有多种公众，在这种新的多元文化时代，规划要求一种新型的多元文化的基本能力。从这样的角度出发，桑德科克认为城市规划应当用更为规范型的、更开放的、更民主的、更灵活的和更负责任的方式来

对待文化上的差异性，城市规划的语言应当包括在三部分内容之中，即记忆的城市（The City of Memory）、欲望的城市（The City of Desire）和精神的城市（The City of Spirit）。这样，一个好的规划师就应当掌握多种认识方法，其中除了科学和技术知识外，还应当包括：通过对话认知的方式；通过体验认知的方式；通过获得特殊的和具体的地方知识进行认知的方式；通过学会阅读象征的、视觉的和其他非语言迹象的方式来认知的方式；通过沉思默想来认知的方式；通过行动来认知的方式，也就是只有通过做的过程、通过参与的过程才能获得真正的理解，甚至通过犯错误才能获得理解。规划师在对这些认知方法有充分掌握的基础上，不偏好也不偏废其中的任何一个，而且还应当知道在什么时候在什么状况下使用哪一种方法，因为这些方式的使用都不能与环境和背景相分离。

黑川纪章则强调，现代主义城市规划有其存在的问题，但它仍然有合理的因素，不能在摒弃其不足的同时也将其精华一起扔掉。他在《城市规划的新潮流》一文中提出，后现代城市规划的特征首先"应当从CIAM继承功能性和合理性。即，要创造功能良好的、合理的城市"。同时要对CIAM的城市规划原则进行修正：（1）将纯粹分离的原则改成重叠性或者复合性的原则。（2）应当承认适当的高密度的必要性。（3）传统与历史的引入。但不只限于有形的、眼睛看得见的东西，也应包括看不见的东西。（4）更重视地区与地区之间的联系。（5）在规划过程中吸引当地的居民参加。（6）重视道路——街道，特别要重视生活道路，就是步行街、步行道。并且他强调并重申："CIAM所确立的现代城市规划理论中的功能性、合理性是今后仍应继承的；同时，CIAM的理论中很多东西又是必须改正的——这就是后现代城市规划理论的基本看法。"[86]

后现代城市规划的理论叙述，对于还普遍习惯于使用现代主义叙事方式的学界来说，要总结出其基本的规则或特点是困难的，因为，对于后现代主义而言，任何事物都存在着不确定性和多样性，因此它们的要素之间并不存在因果性的、决定性的相互联系，要把它们统一起来是不可能的也是不应该的（这也是后现代主义所坚决反对的）；在后现代主义的分析中，差异是关键，就像德里达所描述和论证的，一部后现代发展的历史就是对差异进行揭示的历史；后现代主义者关注的是不可重复的事物，是独

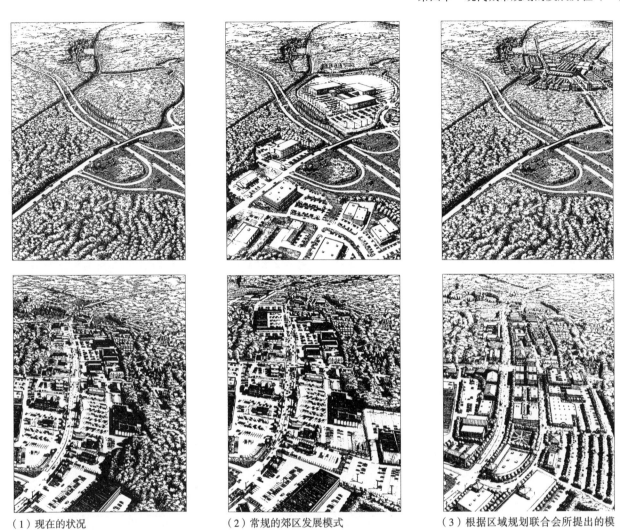

（1）现在的状况　　　　　　　　　　（2）常规的郊区发展模式　　　　　　　（3）根据区域规划联合会所提出的模
　　　　　　　　　　　　　　　　　　　　　　　　　　　　　　　　　　　　式，即与城市规划相结合的土地使用

图 4-38　纽约区域规划联合会（the Regional Planning Association of New York）1990 年对当今郊区发展模式的分析
上面的一组图表示了高速公路相交处，下面一组图表示了干道两侧的商业带发展
资料来源：Andres Duany，Elizabeth Plater-Zyberk，Robert Alminana.The New Civic Art：Element of Town Planning.New York：Rizzoli，2003.37

一无二的事物，这与现代主义关注普遍化和总体性的事物、反复出现的事物正好相反，因此，后现代主义者不追寻规律，也不相信真理。那么对于城市规划这又意味着什么呢？罗斯诺对后现代公共行政学的描述对于我们理解后现代城市规划的意义与形态以及城市规划师的作用也许是有用的，她指出，"这门学科的新型的后现代形式不提供'任何去实施它'的情报，因为假如真理和理论被清除了的话，那么将不存在清晰的观念性方案，不存在单一的正确答案或最佳方法。……对于后现代的公共行政学来说，不再存在任何'正确的'政策或高超的领导智慧，不再存在共同的界定，因为现代真理或理论是不可能的"。

"新的后现代的公共行政把目标指向'先见之明、开创性、灵活性、敏感性和新的知识形式'，它们不是真理主张，不是技术上的或程序化的知识形式，而是'相互作用的合作性的'知识形式。这种行政观念的支持者坚信，这不是一种虚无主义的见解，不是一种满足于无知的懒惰态度；相反，他们认为，这是在一个没有真理的后现代世界里对于新知识形式和行政新角色的一种探索。后现代的行政人员将既不是一名技术员也不是一个通才。相反，他（她）将使各种可供选择的政策概念化并对之进行描述。这要求他（她）具备同更广大的民众分享信息（不是被定义为知识）的力量和能力"[87]。

注 释

1 Milton,Rose Friedman.Two Lucky People.1998.韩莉,韩晓雯译.两个幸运的人：弗里德曼回忆录.北京：中信出版社，2004

2 Herbert Marcuse.One Dimensional Man.1968.张峰,吕世平译.单向度的人：发达工业社会意识形态研究.重庆：重庆出版社，1988

3 M. Broady.引自:J.W. Bardo,J.J. Hartman.Urban Sociology: A Systematic Introduction.F.E. Peacock,1982

4 Anthony Vidler.Photourbanism: Planning the City from Above and from Below.2000.见：Gary Bridge，Sophie Watson编.A Companion to the City.Malden，Oxford 等.Blackwell Publishers

5 见：卡斯腾·哈里斯.The Ethical Function of Architecture.1997.申嘉,陈朝晖译.建筑的伦理功能.北京：华夏出版社，2001.52

6 见：张钦楠.现代建筑的几个"失败"例子所提供的经验、教训、启示.世界建筑:1986(6)

7 张钦楠.现代建筑的几个"失败"例子所提供的经验、教训、启示.世界建筑.1986(6)

8 Kevin Lynch.The Image of the City.Cambridge，Mass：MIT Press,1960

9 Jane Jacobs.The Death and Life of Great American Cities.New York：Random House.1961

10 Christopher Alexander.A City is Not a Tree.1966.严小婴译.城市并非树形.建筑师(24).1985

11 Christopher Alexander.Timeless Way of Building.1979.赵冰译.建筑的永恒之道.北京：中国建筑工业出版社，1989

12 Amos Rapoport.The Meaning of the Built Environment（2ⁿᵈ ed.).1990.黄兰谷等译.建成环境的意义：非言语表达方法.北京：中国建筑工业出版社，2003

13 Aldo Rossi.The Architecture of the City.Diane Ghirardo,Joan Okman 译.Cambridge，Mass：MIT Press, 1966/1982

14 R.Krier. Urban Space.1975.钟山等译.城市空间.上海：同济大学出版社，1991

15 Robert Venturi.Complexity and Contradiction in Architecture.1966.周卜颐译.建筑的复杂性与矛盾性.北京：中国建筑工业出版社，1991

16 Venturi. Denise Scott Brown and Steven Izenour.1972. Learning from Las Vegas. Cambridge：The MIT Press,1977

17 Colin Rowe and Fred Koetter.Collage City.1975.童明译.拼贴城市.北京：中国建筑工业出版社，2003

18 J.B. McLoughlin.Urban and Regional Planning：A Systems Approach.1968.王凤武译.系统方法在城市和区域规划中的应用.中国建筑工业出版社，1988

19 I.L. McHarg.Design with Nature.1969.芮经纬译.设计结合自然.北京：中国建筑工业出版社，1992

20 见：Joe R. Feagin & Robert Parker. Building American Cities: The Urban Real Estate Game (2ⁿᵈ ed.). Englewood Cliffs, NJ: Prentice-Hall, 1990.119

21 Melvin M. Webber. The Urban Place and the Nonplace Urban Realm.1964.见：M. M. Webber 编.Explorations into Urban Structure.Philadelphia：University of Pennsylvania Press

22 Herbert J. Gans.The Urban Villagers：Group and Class in the Life of Italian-Americans.New York：The Free Press,1962

23 所谓的"立法者"是借用鲍曼（Bauman）对现代知识分子的定位，其含义并非是法律意义上的"立法者"，而是指对人们的生活确定规则的角色.见：Zygmunt Bauman.Legislators and Interpreters：On Modernity，Post-Modernity and Intellectuals.1987.洪涛译，立法者与阐释者：论现代性、后现代性与知识分子.上海：上海人民出版社，2000

24 Pierre Bourdieu.实践感.蒋梓骅译.南京：译林出版社，2003.尤其是其中第五章中有关"实践逻辑"的论述。

25 P. Davidoff,Thomas Reiner.A Choice Theory of Planning，Journal of the American Institute of Planners.1962.见：M.C. Branch 编.Urban Planning Theory.Dowden，Hutchinson & Ross.1975

26 P. Davidoff.Advocacy and Pluralism in Planning，Journal of the American Institute of Planners，1965.见：Scott Campbell，Susan S. Fainstein 编.Readings in Planning Theory. Malden，Oxford：Blackwell.1996

27 J. B. McLoughlin.Centre and Periphery？：Town Planning and Spatial Political Economy，Environment and Planning A，1994.vol. 26，No.4，389~409

28 引自王旭.美国城市化的历史解读.长沙：岳麓书社，2003.8

29 引自 Philip Kivell.Land and the City：Patterns and Processes of Urban Change,Routledge.1993.90～91

30 引自 Joe R. Feagin & Robert Parker. Building American Cities: The Urban Real Estate Game (2nd ed.). Englewood Cliffs, NJ: Prentice-Hall, 1990.138

31 引自黄亚平编著.城市空间理论与空间分析.南京：东南大学出版社，2002.57

32 引自 Joe R. Feagin & Robert Parker. Building American Cities: The Urban Real Estate Game (2nd ed.). Englewood Cliffs, NJ: Prentice-Hall, 1990.139

33 有关"都市村庄"的介绍，参见本书第十四章中的相关内容。

34 本节中有关《马丘比丘宪章》的引语引自李铁映的《城市问题研究》（北京：中国展望出版社，1986）所附录的《马丘比丘宪章》；有关《华沙宣言》的引语引自《世界建筑》1981年第5期所刊之《华沙宣言》。

35 引自金炳华，张梦孝主编.现代世界的哲学沉思，上海：复旦大学出版社，1990.61～62

36 引自 Ian Masser.Strategic Land Use Planning：An Evaluation of Procedural Methodology.1983.见：Michael Batty,Bruce Hutchinson 编.Systems Analysis in Policy-Making and Planning.New York and London：Plenum Press

37 J.B. McLoughlin.Urban and Regional Planning：A Systems Approach.1968.王凤武译.系统方法在城市和区域规划中的应用.中国建筑工业出版社，1988

38 G. Chadwick.A Systems View of Planning.Oxford：Pergamon Press,1971

39 Ian Masser.Strategic Land Use Planning：An Evaluation of Procedural Methodology，1983.见：Michael Batty，Bruce Hutchinson 编.Systems Analysis in Policy-Making and Planning.New York and London：Plenum Press

40 Peter Batey.Systematic Methods in Strategic Land Use Planning：Some Reflections on Recent British Experience，1983.见：Michael Batty，Bruce Hutchinson 编.Systems Analysis in Policy-Making and Planning.New York and London：Plenum Press

41 A. Faludi.Planning Theory.Oxford：Pergamon Press,1973

42 McLoughlin,J.B..The System Approach to Planning：A Critique.1985.赵民,唐子来译.英国城市规划中系统方法应用的兴衰.城市规划:1988(5)

43 Herbert Alexander Simon.Administrative Behavior：A Study of Decision-Making Processes in Administrative Organizations（3rd ed.）.1976.杨砾,韩春立,徐立译.管理行为：管理组织和决策过程的研究.北京：北京经济学院出版社，1988

44 Edward S. Quade.Analysis for Public Decision. New York：American Elsvier,1975

45 引自:唐兴霖编著.公共行政学：历史与思想.广州：中山大学出版社,2000

46 Yehezkel Dror.Policy Analysts：A New Professional Role in Government Service.1967.见：Jay M. Shafritz，Albert C. Hyde 编.Classics of Public Administration（4th ed.）.Fort Worth 等：Harcourt Brace & Company,1997

47 该文后收入 Jay M. Shafritz 和 Albert C. Hyde 编，Classics of Public Administration（4th ed.），Fort Worth 等：Harcourt Brace & Company,1997

48 David Harvey.Managerialism to Entrepreneurialism：The Transformation in Urban Governance in Late Capitalism.1989.见：Gary Bridge，Sophie Watson 主编.The Blackwell City Reader. Malden，Oxford：Blackwell Publishing, 2002

49 这方面的文献众多。如 Lynne B. Sagalyn.Times Square Roulette：Remaking the City Icon，Cambridge and London：The MIT Press,2001；S. S. Fainstein.The City Builders：Property，Politics，and Planning in London and New York，Blackwell，1994.等等。

50 J. B. McLoughlin.Centre and Periphery?：Town Planning and Spatial Political Economy, Environment and Planning A.1994.vol.26，No.4，p.389-409

51 P. Healey.1985.Whatever Happened for Methodology in Land Use Planning? 邓永成,金鹰译.关于用地规划方法研究.城市规划:1988(6)

52 M. Gottdiener.The Social Production of Urban Space，University of Texas Press,1985

53 引自 M. Gottdiener.The Social Production of Urban Space，University of Texas Press,1985

54 Joe R. Feagin, Robert Parker. Building American Cities: The Urban Real Estate Game (2nd ed.), Englewood Cliffs, NJ: Prentice-Hall, 1990

55 有关新马克思主义对规划作用的讨论参见本书第十章"城市规划的作用"中的相关内容。

56 Mark Gottdiener. The New Urban Sociology. New York：McGraw-Hill，Inc, 1994

57 Henri Lefebvre. Spatial Planning: Reflections on the Politics of Space. 1977. 见：夏铸九，王志弘编译. 空间的文化形式与社会理论读本. 台北：明文书局, 1993

58 法语版《La question urbaine》出版于1972年，英语版于1977年出版，题为《The Urban Question：A Marxist Approach》，London: Edward Arnold

59 Marshall Berman. All that is Solid Melts into Air：The Experience of Modernity，1982、1988. 徐大建，张辑译. 一切坚固的东西都烟消云散了. 北京：商务印书馆，2003

60 引自 L. Sandercock. Towards Cosmopolis: Planning for Multicultural Cities. John Wiley & Sons, 1998

61 Robert Beauregard. Between Modernity and Postmodernity. 1989. 见：Gary Bridge，Sophie Watson编. The Blackwell City Reader. Blackwell, 2002

62 L. Sandercock. Towards Cosmopolis: Planning for Multicultural Cities. John Wiley & Sons, 1998

63 Zygmunt Bauman. Life in Fragments：Essays in Postmodern Morality. 1995. 郁建兴等译. 生活在碎片之中：论后现代的道德. 上海：学林出版社，2002.227

64 David Harvey. The Condition of Postmodernity: An Enquiry into the Origins of Cultural Change. Cambridge and Oxford：Blackwell, 1990

65 王治河. 扑朔迷离的游戏：后现代哲学思潮研究. 北京：社会科学文献出版社，1993

66 徐崇温. 结构主义与后结构主义. 沈阳：辽宁人民出版社, 1986

67 引自：Zygmunt Bauman. Life in Fragments：Essays in Postmodern Morality. 1995. 郁建兴等译. 生活在碎片之中：论后现代的道德. 上海：学林出版社，2002.158

68 Michael Dear. The Postmodern Urban Condition. Oxford and Malden：Blackwell, 2000

69 Leonie Sandercock. Towards Cosmopolis: Planning for Multicultural Cities. West Sussex：Wiley & Sons, 1998

70 Leonie Sandercock 编. Making the Invisible Visible: A Multicultural Planning History. Berkeley，Los Angeles，London：University of California Press, 1998

71 Zygmunt Bauman. Life in Fragments：Essays in Postmodern Morality. 1995. 郁建兴等译. 生活在碎片之中：论后现代的道德. 上海：学林出版社，2002.142～143

72 Zygmunt Bauman. Life in Fragments：Essays in Postmodern Morality. 1995. 郁建兴等译. 生活在碎片之中：论后现代的道德. 上海：学林出版社，2002.152

73 Pauline Marie Rosenau. Post-Modernism and the Social Sciences. 1992. 张国清译. 后现代主义与社会科学. 上海译文出版社, 1998

74 D.Bell 的名著《后工业社会的来临》(The Coming of Post-Industrial Society: A Venture in Social Forecasting) 出版于1973年，他对"后工业社会"概念的首次提出是在1959年。该书主要探讨了随着生产方式和经济结构的变化，社会结构和政治体系所带来的相应变化（该书的中文版于1984年由商务印书馆出版）。1976年他出版了《资本主义的文化矛盾》（1989年由赵一凡等译，商务印书馆出版中文版）则探讨了在此背景下的文化体系的转变。

75 R. Rorty 的《哲学和自然之镜》(Philosophy and the Mirror of Nature) 出版于1979年。该书从新实用主义的角度对现代主义哲学，尤其是分析哲学提出了批评，被称为"后工业社会的哲学"。该书由李幼蒸翻译，生活·读书·新知三联书店1987年出版。

76 M. Foucault 的成名作《词与物》于1966年出版，1970年出版英文版时更名为《The Order of Things: An Archaeology of the Human Sciences》. 1969年出版了《知识考古学》。这两本书对西方社会的理性概念和历史观进行了全面的颠覆和批判。1975年出版的《规训与惩罚》以及此后出版的《性意识史》（三卷）则揭示了现代社会中权力作用的无孔不入及其作用形式。

77 Jürgen Habermas.1981.交往行动理论.洪佩郁等译.重庆：重庆出版社，1994；交往与社会进化，张博树译，重庆：重庆出版社，1989

78 F. Jameson.后现代主义与文化理论.1986.陕西师范大学出版社以及1984年发表的论文"Postmodernism, or the Cultural Logic of the Late Capitalism"于1991年以同名编辑文集由 Duke University Press 出版。中文版由张旭东编，以"后现代主义，或晚期资本主义的文化逻辑"为名，由生活·读书·新知三联书店和牛津大学出版社出版，1997

79 P.K. Feyerabend.Science in a Free Society.1982.兰征译.自由社会中的科学.上海：上海译文出版社，1990

80 Jean-Franois Lyotard.La Condition Postmoderne.1979.车槿山译.后现代状态：关于知识的报告.北京：生活·读书·新知三联书店，1997

81 Pauline Marie Rosenau. Post-Modernism and the Social Sciences.1992.张国清译.后现代主义与社会科学.上海译文出版社，1998

82 Edward W. Soja.Postmodern Geographies: The Reassertion of Space in Critical Social Theory，Verso,1989

83 Anthony Giddens.The Constitution of Society.1984.李康,李猛译.社会的构成.北京：生活·读书·新知三联书店，1998

84 Edward W. Soja.In Different Spaces：The Cultural Turn in Urban and Regional Political Economy.1999.见：European Planning Studies.Vol.7，No.1.65 ~ 75

85 Leonie Sandercock.Towards Cosmopolis: Planning for Multicultural Cities.West Sussex：John Wiley & Sons, 1998

86 黑川纪章.王炳麟译.城市规划的新潮流.世界建筑:1987(4)

87 Pauline Marie Rosenau. Post-Modernism and the Social Sciences. 1992.张国清译.后现代主义与社会科学.上海译文出版社，1998

第三部分
有关城市的理论

第五章　城市发展理论

第一节　城市的概念与
城市的发展

一、城市的概念

在中国的汉字中，"城"字至少有两层含义，其一是"城墙"，其二就是"城市"，而城市的"城"是由城墙的"城"而来的。显然这是因为在古代的中国，城墙就是城市的一个主要的代表性的具体形象。到了"城"字已经被习惯地应用来同时表达城市的意思之后，《说文》就作出了"城，以盛民也；墉，城垣也"的解释。以"城墙"来代表"城市"，其中说明了几个问题：除了城市必然有城墙之外，在古代中国的很多时候，都是先修筑城墙然后才形成城市的，建筑城墙是建城的一项首先和主要的工作。城市首先是由防御工事所限定的。此外，中国的城市基本上是根据政治中心来设定的，有很多城市是先设立了政府机构再决定筑城墙建城，城墙圈占用地的大小也是根据政府机构的等级来确定的。西方古代的城市也有城墙，但是 wall（城墙）并没有代表城市的含义。urban（城市，市

政）来自拉丁文的 urbs，原意指城市的生活，city（城市，市镇）一字的含义为市民可以享受公民权力，过着一种公共生活的地方，相关的字如 citizenship（公民）、civil（公民的）、civic（市政的）、civilized（文明的）和 civilization（文明、文化）等就是说明社会组织行为处于一种高级的状态，城市就是安排和适应这种生活的一种工具[1]。

城市是一个现实的社会存在。在现实生活中每一个人都能很清楚地知道自己是否处在城市之中。尽管当今世界有将近一半的人口生活在各种各类城市之中，但关于城市究竟是什么，则不同的人有不同的看法。有关城市的定义也有几十、几百种之多，但从来也没有能够形成一个可以获得普遍接受、比较确定的定义。法国学者平切梅尔（P. Pinchemel）指出了为城市下定义的困难："城市现象是个很难下定义的现实：城市既是一个景观、一片经济空间、一种人口密度，也是一个生活中心和劳动中心；更具体点说，也可能是一种气氛、一种特征或一个灵魂[2]。"但是，既然我们要认识城市，要研究城市，那么就有必要确定认识和研究的对象的性质，也就是说要对城市进行定义。对城市进行定义的方法有两种：一种是根据现实生活中的城市定义，即国家对城市的政治性的或法律性的定义；另一种是根据各类学科研究的重点和方法对学科研究的对象所下的定义，这些定义尽管各不相同但提供了对城市进行认识的各个方面。

1. 国家对城市的法律定义

不同的国家对城市所确定的定义是并不相同的。从总体上讲，各个国家确定城市的标准与地区的人口规模和人口分布的密度有关。在瑞典、丹麦等国家，城市是指有 200 人以上的社区，在日本，只有 30000 人以上居民的地区才称为城市。而在美国，城

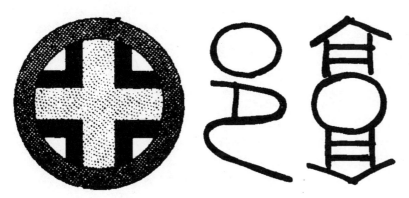

图 5-1　中西方有关"城市"的文字起源具有同源性
左图为埃及的象形文字；右图是甲骨文中"邑"字（左）和"郭"字（右），邑字的构成是一个跪着的人和一个城，郭字是一座有门楼的城墙，其中代表城市的"象形"都是用圆圈来表示
资料来源：李允鉌.华夏意匠：中国古典建筑设计原理分析.香港：广角镜出版社，1984.391

市是有2500人居住的社区,城市化地区是居民不少于50000人。当然城市并非仅仅是一个地域的概念,在很大程度上还是一个政治概念,因此,还需要有一定的政治程序方可予以确认。如在美国,要对城市进行确认,不仅要看它的人口规模,还要看它是否向州提交过要求法人地位的文件。只有享有法人地位的城市才可以具有正规的结构(如市议会、市政府和法院等)和明确的边界。同样,以这种方式对城市的确立所依据的标准在各个国家也是各不相同的。

在我国,城市基本上是一个行政性的概念,是行政区划的一个组成部分,并作为一级地方政府的概念来确定的。因此,城市的确定既依据于一定的人口规模,同时也以其他的指标来进行校核。首先,我国设置城市建制长期以来是以非农业人口的规模为依据的,而不仅仅以一定地域的常住人口为依据,其次设立城市还以该行政地域的经济状况为依据。根据国家1986年制定的标准,非农业人口在60000人以上并且国民生产总值在2亿元以上的镇方可设"市";而设"镇"的标准[3]是县政府所在地或非农业人口在2000人以上的乡政府所在地。此外还有一些其他指标作为设置"市"和"镇"的参考。

2. 各类学科对城市的定义

城市既然是人类居住地的重要组成部分,是一种复杂的社会存在,因此也就有各类学科来对城市进行研究,这种研究必然会依据这些学科本身的学术兴趣、传统和方法等来对城市现象进行概括与总结,而对城市的定义也就是这些概括和总结的提炼。这种对城市的定义所揭示的不仅仅是城市现象的汇总,而是对城市现象的本质问题的认识,是对城市这一现象的普遍意义的揭示。下面先引述一些比较经典的有关城市的定义,从中我们再来引发进一步的阐述。

(1)从城市现象本身来说,城市是"一个相对永久性的、高度组织起来的人口集中的地方,比城镇和村庄规模大,也更重要"[4]。

(2)从地理学角度讲,城市"是指地处交通方便环境的、覆盖有一定面积的人群和房屋的密集结合体"[5]。

(3)城市经济学对城市的定义是:城市是"具有相当面积,经济活动和住户集中,以致在私人企业和公共部门产生规模经济的连片地理区域"[6]。

(4)制度经济学认为,城市是"与大规模人口及独特的组织制度和生活方式相联系的聚合体"[7]。

(5)从城市社会学的角度,"城市被定义为具有某些特征的、在地理上有界的社会组织形式。首先,人口相对较大,密集居住,并具有异质性;其次,至少有一些人从事于非农业生产,并有一些专业人员;第三,按照韦伯(Max Weber)的观点,城市具有市场功能,并且至少有部分制定规章的权力;第四,城市显示了一种相互作用的方式,在其中,个人并非是作为一个完整的人而为人所知,这就意味着至少有一些相互作用是在并不真正相识的人之间发生的,而是通过他们的角色来进行的;第五,城市要求有一种基于超越家庭或者宗族之上的'社会联系',也许是基于合理的法律或某种传统……"[8]。

(6)从城市研究的角度,日本学者认为,"城市的法律定义,尽管在不同国家是不一样的,但就其一般性质来说,必须同时具有:①密集性——大量的人口和高度的密集;②经济性——非农业的土地利用,即第二、三产业等非农业活动的密集;③社会性——城市中许多'人与人'之间的社会关系和相互作用明显地不同于乡村。具有这三种性质的地域叫城市"[9]。

(7)从城市在社会发展中的角色出发,城市具有这样一些特征:"①较充分地享受他们社会的生活和文明;②商业和工业中心,有大规模的货品和劳务,以及各种不同的非农业职业;③有某种程度自治的人口;④孕育文化的中心:可孕育世界文明,保持文明的高度形式。"[10]

(8)系统学家对城市的定义是,"城市是以人为主体,以空间与环境利用为基础,以聚集经济效益为特点,以人类社会进步为目的的一个集约人口、集约经济、集约科学文化的空间地域系统。就城市的本质来说,是历史范畴,是经济实体、政治社会实体、科学文化实体和自然实体的有机统一体"[11]。

(9)有的城市规划学者对城市的定义作了如下的阐述:"城市聚集了一定数量的人口;城市以非农业活动为主,是区别于农村的社会组织形式;城市是一定地域中政治、经济、文化等方面具有不同范围中心的职能;城市要求相对聚集;城市必须提供物质设施和力求保持良好的生态环境;城市是根据共同的社会目标和各方面的需要而进行协调运转的社会实体;城市有继承传统文化,并加以绵延发展的使命。"[12]

以上的引述从不同的学科特点和关注重点出发,揭示了城市现象的某一方面的特征和本质,使我们认识了城市的不同侧面。这些不同的侧面可以构建起完整的城市观念。无论从国家的法律定义还是从不同学科的定义讲，城市最基本的特征在于人口在一定地域上的聚集，而人口的聚集导致了人类活动和各类设施的聚集。正是这种种的聚集，使该地域具有了规模经济效益，需要有特殊的社会结构和制度来维持其有序运作，人类必须从事于高产出的社会生产劳动等，人口的聚集又促使了人与人之间相互作用方式的变化，形成新的关系模式。因此，从本质上讲，城市是一个社会大系统。城市中所形成的一切关系和现象，都是特定地域范围内人与人之间在高度密集状态下的相互作用关系的反映。所谓的城市经济、政治、文化等方面的关系，都是人与人之间相互作用关系的一个方面，或者说，是其中的一部分；所谓的城市现象也是城市内人与人相互作用关系的外显或物化而形成的人文景观。因此，对城市的认识也就只有从人与人的整体关系中去考察。我们可以说，城市是一个特定地域空间上的社会大系统。这个大系统的形成，需要有一定的条件，而这个大系统一旦形成，这些条件就转化为它的特色，如：人口与活动的高度密集；以非农业活动为主要的生产性活动；周围地域经济、政治、文化等的中心；部分自治；具有市场功能；等等。

要对城市的现象和本质进行深入的认识，就不能仅仅停留在对这些现象的认知上或者满足于对其本质的抽象概括上，而需要对城市整体进行具体分析。只有在这种分析的基础上，才有可能认识城市的组成、作用方式及其作用过程。城市作为一个社会大系统，正如前述，具有鲜明的特性，而要对这些特性进行认识，就需要对城市社会系统的全面认识。城市社会的单元并非是个人，而是人的群体。群体的边界条件是这群人有共同的目标或相同的期望，他们具有认同感和同一感。每个人在其成长的过程中，通过社会化的过程而进入城市社会。城市中的个人都以不同的方式从属于某一类群体。城市社会由于其人口的高度密集，其组成尤为复杂，作为对这种高度复杂性的适应，因此就形成了各种各样的组织。正由于此，韦伯（Max Weber）把存在大量社会组织视作为城市的重要特征。这些组织一方面规定了人作为个体的价值观、行为方式和空间倾向等，另一方面则通过不同组织之间的相互作用而构成了城市社会的整体。正如由帕克（R. Park）所领衔的"芝加哥学派"在研究城市空间中所得出的结论那样，在社会中相互作用的群体、组织或机构之间的独立性和相互依赖性是城市演进的最根本

依据。

要对城市社会系统进行进一步的深入研究，就需要对城市社会系统作进一步的划分，在其构成上，可以分解成四个组成部分：

（1）经济系统。经济系统是城市中人与人之间相互作用过程中涉及的有关资源分配及其利用的行为和关系，这种相互作用关系以财富的生产与分配为核心，以效率为准则。在城市社会的发展过程中，经济是一个非常重要的作用因素，任何有关发展的设想、行动及其所产生的结果，都或多或少地要受到经济理性的考察。经济关系中注重的是效益，城市发展的经济性作用主要体现在聚集经济之中。在城市的发展过程中，不同的生产方式、不同的经济发展阶段、城市不同的产业结构、城市经济运行的效率类型等，都会导致城市整体的组织状态的不同；国际资本的运作、资本循环的节奏和分配等等在当今经济全球化的背景中是影响城市发展的重要因素。

（2）政治系统，这是以权威和权力的形成、分配和发挥作用所建构起来的人与人之间相互作用关系。任何城市发展的决策及其实施都是政治权力相互作用的结果。人类历史发展的过程已经证明，城市社会的发展和进步都与以权力斗争为核心的政治运动的演替直接相关。城市中的阶级斗争、社会运动、国家机构与市民社会的互动、城市治理（urban governance）的方式等等都直接规定或制约了城市发展的方向、内容及其速度。

（3）交通通信系统，这是城市系统内容相互联系、相互作用的媒介和途径，是社会系统运行和发展的重要基础。人与人之间的相互作用都必然借助于一定的物质手段才能实现，控制论的创始人维纳（N. Wiener）就提出："社会通信是使社会这个建筑物得以黏合在一起的混凝土。"从最基本的面对面的交往到汽车的使用，一直到现在借助最先进的高科技通信设施所进行的交往，都是影响城市发展和演进的重要因素。

（4）空间系统，这是城市社会中的各类相互作用的物化及其在城市土地使用上的投影，它使城市作为一个重要的大系统能以物质形态而存在，并使各相关系统在物质层面上得到统一。马克思精辟地指出："空间是一切生产和一切人类活动所需要的因素。"城市社会作为人和活动聚集的场所，也必然是以此作为凭借和依托的，没有空间的支持，城市的社会经济活动便无法得到展开。城市空间既是城市活动发生的载体，

同时又是城市活动的结果。

城市系统的这四个方面，它们本身所固有的内容、形式和特征，它们在不同层次上的运作以及相互之间的作用，决定了具体城市的基本态势。对于城市社会而言，经济系统和政治系统是组成城市社会的"上层建筑"，从本质上决定了城市社会系统的性质；而交通通信系统和空间系统则是其基础结构，是城市社会系统得以运行的基础。而我们要真正认识城市，也就必然要通过对具体城市各个系统的要素和结构以及各系统之间的相互关系的分析，通过对城市社会系统形态的把握，从而来揭示城市的实质和特性，获得对城市的整体认识。

二、早期城市的诞生

城市的出现和发展是人类历史上的最具有重要意义的事件之一，而且正如法国历史学家布罗代尔（Fernand Braudel）所指出的那样，城市主导着人类历史的发展。他说："城市的跌宕起伏显示着世界的命运：城市带着书写文字首次出现时，为我们打开了所谓'历史'的大门。城市于11世纪在欧洲再次出现时，这块狭小的大陆踏上了不断上升的阶梯。城市在意大利遍地开花，这便是文艺复兴。从古希腊的城邦，从穆斯林征服时代的都邑直至今天，莫不如此。历史上的重大发展无不表现为城市的扩张。"[13]一部世界发展的历史几乎就是城市发展演变的历史。但是，世界上第一座城市是什么时间、在什么地方出现的，人们至今还没有获得非常确切的知识。现在所能肯定的就是，在地球上的不同地区，在许许多多的文化中都曾孕育出过"城市"这种类型的聚居地，因此，这显然是人的本性发展的结果。

原始人类在漫长的岁月中，主要以采集和渔猎为生，过着穴居或巢居的生活，而且根据自然资源的状况经常迁徙。随着社会生产力的发展，原始农业的出现和不断进步，原始人类开始逐步掌握了建造房屋的技术，渐渐形成了固定的原始居民聚居点。定居生活成为可能的条件就是农业（种植业）从采集和渔猎活动中分离出来，并达到一定的发达程度，使之成为人们维持生计的主要手段。第一次劳动大分工的实现，促进了以氏族为单位的居民聚居点基本成型。这些原始聚居点一般均位于土地肥沃、水源丰富的地区，在向阳坡地上，并在靠近河流湖泊，尤其是位于两条河流的交汇处。此时，它们还不同于城市而且也并不必然会发展成城市，但是从中可以寻找到城市的最初形态。标志着城市确立的一个主要现象是人口的密集和

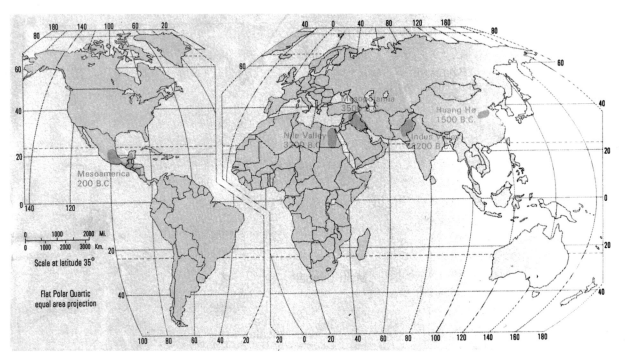

图5-2 世界最早的城市形成于5个地区
资料来源：Terry G. Jordan, Lester Towntree. The Human Mosaic：A Thematic Introduction to Cultural Geography. New York：Harper & Row，1990.337

聚居点用地规模的扩大，但很显然，这种变化并非是决定性的因素。这些固定的聚居点的形成和发展，促进了原始农业的进一步发展，这就意味着人类具有了制造食品的能力，并且开始生产出超出维持自己日常生活所必需的食物和其他用品。这些社会剩余物品的出现，逐步形成并进一步推动了社会分工的扩大，由此而形成了社会性的物品交换。同时，由于这些剩余物品的出现导致了社会阶层的分化，促进并推进了私有制的形成和扩展。摩尔根（Lewis Morgan）通过对古代社会的研究，提出早期城市形成于"高级野蛮社会"，也就是原始父系氏族社会末期[14]。贺业钜的研究也证明了我国城市的形成也基本上处于同样的阶段，也就是公元前第三千年际中叶父系氏族社会向奴隶社会的过渡时期[15]。关于城市的形成原因，历史学家、地理学家、社会学家、政治家、经济学家等从不同角度进行了各不相同的解释。总结起来，主要有以下几点：

（1）社会分工说。随着劳动分工的不断深化，逐渐出现了城市和乡村的分离。第一次社会分工形成了农业，形成了以定居为主的农业居民；第二次社会分工形成了手工业，使手工业者脱离了土地的束缚。第三次分工形成了商人，引起了工商业和农业的分离，并形成了城市和乡村的分离。

（2）防御说。这一学说认为，古代城市的兴起主要是出于防御的需要，一些部落集聚到一起，在统治者或居民集中居住的地方构筑城廓，以保护其财富和人身安全不受威胁。

（3）私有制说。这一学说认为，城市是私有制的产物，是随着奴隶制国家的出现而出现的。

（4）阶级学说。认为城市是阶级社会的产物，是统治阶级用于压迫人民的工具。

（5）集市说。认为城市是由于商品经济的发展，居民为交换商品而形成的特定场所。

图5-4　在城市中处处显示着统治的权力
这张由Balthasar Neumann于1723年绘制的德国Würzburg市的地图充分显示了这一点
资料来源：Spiro Kostof.The City Shaped：Urban Patterns and Meanings Through History.London：Thames and Hudson Ltd.，1991.14

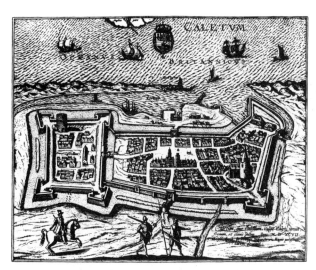

图5-3　军事防御功能是城市兴起的重要原因之一
法国海岸城市加来（Calais）
资料来源：Spiro Kostof.The City Shaped：Urban Patterns and Meanings Through History.London：Thames and Hudson Ltd.，1991.32

图5-5　无论依据怎样的理论，城市的起源都与市场有关
荷兰阿纳姆（Arnhem）城外的市场，霍赫（Romeyn de Hooch），1645～1708年
资料来源：Spiro Kostof.The City Shaped：Urban Patterns and Meanings Through History.London：Thames and Hudson Ltd.，1991.31

（6）宗教学说。许多考古学家认为，在第一批城市形成之时，地方自然神逐步地被以大规模地做礼拜的天国神所取代。庙宇雇用了一批工作人员专司礼仪，而人们为了朝拜的方便也向此地集聚，这样就引起了人口的高度集聚。

这些解释都希望能从根本性原因方面来揭示城市形成的可能性，但很显然，它们都是从城市曾经承担的功能角度来进行的，而且也都没有从过程的角度来进行解释，也就是早期城市是如何从分散的聚居点发展演变过来的过程，或者说，分散的聚居点向更高集聚程度聚居点发展的原因和过程是什么，则可以更为清楚地看到城市形成的机制。在各种理论研究中至少出现过四种不同的有关早期城市形成的解释：

（1）一类观点强调水利文明，也就是认为大规模的水利灌溉系统的发展是此过程的动力。既然只有较高的农业产出才能维持一个有大量非农业人口的社区，而较高的农业产出必然需要有良好的水利灌溉，因此，城市地区对于周围地区的控制就在于通过有组织的协调来保证大型灌溉系统的连续运行的运作，在此过程中又强化了权力精英的地位。而在城市内部，则通过灌溉系统的发展进一步促进了阶层分化和劳动力分工。

（2）第二类观点强调了革新的作用，也就是一个团体在发现新技术或运用新的资源方面获得了优势，比如发明了新的农具或者灌溉系统，或者占据了更为肥沃的农田等，那么他们就有可能获得更多的剩余物品，从而可以支持更多的非农业人口来从事于满足城市社会所必需的专门化行业。其中有些行业还可以通过为周围地区的服务或提供必要的商品而得到更进一步的发展，如生产农具等。

（3）第三类观点强调了环境压力是城市形成的关键。为了对付环境压力，就需要一定数量的人口的集中和相互合作，而由于人口的集中所带来的对环境条件的改善促使了人口的进一步集中。同时，由于环境条件以及对这些条件认识的变化，人类的生存和发展就要求克服种种已有的或新的环境压力，需要导致了发明和发现，因此以上两种观点都可以用这一点来予以说明和解释。

（4）第四类观点强调统治和战争。这种观点认为对于城市形成的种种解释最后都必然地落实到阶层分化和政治权力，因此只有从这样的观点出发才有可能真正地解释城市的形成。这种观点认为，原来氏族内

图5-6　宗教中心也是城市重要的起源之一
印度马杜赖（Madurai）城18世纪的平面
资料来源：Spiro Kostof.The City Shaped：Urban Patterns and Meanings Through History.London：Thames and Hudson Ltd.，1991.32

大家公认并服从的习惯权力集中到少数部落首领、贵族和奴隶主手中，成为他们的特权；社会财富也集中到这些特权者手中。由于部落之间时常发生战争，同时奴隶也经常自发反抗，因而为了抵御外族入侵，对内剥削、镇压奴隶，保护奴隶主和贵族的私有财产和人身安全，奴隶主和贵族等开始建造城廓沟池，从而推动了早期城市的出现。

这些观点都解释了早期城市形成的某一方面，都可以用来说明这个过程中的某种可能及其特征，但很显然，这些解释都有其各自的局限性。应当看到的是，任何社会现象的产生与发展，都是由多种因素的共同作用的结果，而且，在不同的地区，城市现象的形成也可能是由于不同的原因，偶发性的原因也有存在的可能性。

20世纪最伟大的考古学家之一的蔡尔德（V. Gordon Childe）于1936年出版了《人创造了自己》（Man Makes Himself）一书。在该书中他提出了人类发展的历史可以划分为四个阶段：旧石器时代、新石器时代、城市时代和工业时代。他认为，这四个阶段的发展是由三次"革命"所连接起来的。第一次革命是新石器革命，实现了从旧石器时代的狩猎和采集文化向定居文化的发展，也就是我们通常所说的农业革命；第二次革命是城市革命，从公元前4000到前3000年开始，

实现了从新石器时代的农业向制造和贸易的综合的等级体系的转变；第三次革命就是发生在18世纪和19世纪的工业革命，这次革命实现了自城市出现以来的最为根本性的发展。蔡尔德对考古学的一项重大贡献就是集中在对"城市革命"的研究，揭示了城市形成的过程及其特征。他对城市革命的研究，主要集中于研究起始于公元前4000年前后的美索布达米亚地区的早期城市的特征与发展历程，这些城市分布在底格里斯河（Tigris）和幼发拉底河（Euphrates）流域。他通过对当时的考古发现的总结，提出这些城市具有这样一些基本特征[16]：

（1）在规模上，早期城市拥有比之前的居民点更多的人口和更高的人口密度，尽管用今天的眼光来看，它的规模仍很小，甚至小于一些较大的村庄。

（2）在城市人口的组成和功能方面，已经有别于任何村庄。尽管大量的人口仍然是农民，但所有的城市都已出现了一些附加的阶层，它们并不生产自己所

图5-7 古代巴比伦（Babylon）地区的乌尔城
注意格网状街道建设
资料来源：Mark Gottdiener. The New Urban Sociology.New York: McGraw-Hill, Inc., 1994.20

需的食物，他们不从事农业生产，不饲养牲畜，也不从事捕鱼和采集，而是整天从事于非生产性的专业活动，如专业手工业者、运输工人、商人、官员和祭师等。他们依靠城市和周围孤立的乡村中的农民生产的剩余产品而生活，而且他们也不是直接通过他们的产品或提供的服务来换取单个农民的粮食和鱼类而得到口粮。

（3）每个主要的生产者把微不足道的剩余产品作为税收交给想像中的神或神圣的国王，国王便集中起这些剩余产品，而这些剩余是农业生产者用他们仍然具有很大局限的技术力量尽可能从田地里收获的。如果没有这样的集中，就不可能在很低的生产能力下形成有效资本。

（4）出现了一些纯粹的纪念性公共建筑，这些建筑不仅使这些城市与乡村得到了区分，而且也标志着社会剩余财富的集中。

（5）出现了统治阶级。所有那些未参与食物生产的人当然都要依赖于寺庙和君主的食物供应，因此都是依附于宫廷和寺庙的。很自然，祭师、行政和军事的领袖和官员享有了主要的剩余产品，从而形成了统治阶级。

（6）文字的发明与运用是人类文明的重要标志，显然这是他们由于需要记录和计算而被迫发展起来的。

（7）文字的发明使有余暇的记账员和雇员等能够发展起精确的和预测的科学，如算术、几何和天文学。日历和数学是早期文明的共同特征，这些都使统治者能够成功地管理周期性的农业生产。

（8）另外一些专业人员则走向了艺术表现的方向。旧石器时代未开化的人也曾尝试描绘他们所见的动物甚至人，但基本上是以具形的方式进行自然主义的描摹。但新石器时代的农民却从未这样做，他们很少尝试表现自然物，而是喜欢运用抽象的几何形来象征性地表现自然，在其中最多的是以抓住几个特征来表示奇异的人、野兽或植物。

（9）对外贸易的出现。另外一些集中起来的社会剩余产品被用来支付生产或祭祀等需要的、但在本地没有的原材料的进口。所有早期文明的共同特征是，常规的对外贸易都是跨越了相当长的距离的。这种贸易最早的物品主要是"奢侈品"（luxuries），其中也已经包括了一些生产材料。从这个角度讲，早期城市依赖于这些长距离贸易提供的必需原料，而新石器时期的村庄并没有这样的需求。

（10）在城市中，专业化的手工业者获得了他们得以发挥手艺所需的原材料，并且得到国家组织对其安全的保障，他们之所以能够获得这些，并不是因为他们的家族关系，而是因为他们居住在这里。流动不再是强制的，城市成为了一个社区，手工业者在政治上和经济上都从属于它。

从历史生成的角度来看，蔡尔德提供了早期城市的基本特征，成为界定何为城市的关键性要素。尽管他的这些界定后来也有许多学者提出了疑问，但很显然，他提供了非常广泛的考古学的和宏观历史学的基础，使他人的进一步深化和拓展拥有了坚实的基石。

以上的种种解释都是基于这样的假设：如果起初没有能够养活城市居民的农业剩余产品，城市社会就不可能出现，而城市的特点就是有大量的非农业的从事者。对于这样一种解释，亚当·斯密以逻辑推导的方式进行过分析，他说："文明社会的重要商业，就是都市居民与农村居民通商……农村以其生活资料或制造材料供给都市，都市则以一部分制造品供给居民……按照事物的本性，生活资料必先于便利品和奢侈品，所以生产前者的产业，亦必先于生产后者的产业。提供生活资料的农村的耕种和改良，必先于提供便利品和奢侈品的都市的增加，农村居民须先维持自己，才能以剩余物维持都市居民。所以，要先增加农村产物的剩余，才谈得上增设城市。"[17]这也就是说，农业先于城市的形成，而且农业的发展是城市形成必不可少的先决条件。这种解释的前提在 20 世纪 60 年代以后遭到了一些人的批判。雅各布斯（Jane Jacobs）根据 20 世纪 60 年代中期获得的像 Çatal Hüyük 等地的一些考古成果提出，城市和城市社会的出现要早于农业

的发展[18]。在一些矿区或其他自然资源集中的地区，过着游牧社会的猎人经过此地而自然地发生物物交换，并通过交易而获得生存所需的物品。随着时间的推演，这些地点逐步演变为集市中心，随着交易量的增加和吸引范围的扩大，这些集市中心逐步固定化，这样就吸引了一批人居住在这里，专门从事于物品的交换，形成了商人阶层。与此同时，手工业也开始建立起来，他们利用自然资源作为原料进行加工（如利用矿产制造武器和其他用具），用从交易中获得的物品（如兽皮）制造商品（如服装），并以此与猎人交换以获得维持生存所必要的食物等。在交换中，居民也从猎人手中获得一些动物、粮食的种子而从事一些驯养和种植的工作。在此过程中，劳动分工进一步细化，一部分居民就专门从事于农业生产，并将他们的产品在集市中与商人和手工业者进行交换，从中各自获得维持生活的必需品。随着城市的进一步扩展，农业生产活动逐步向城市边缘和外围推进以获得更大的生产规模，从而形成了围绕城市的农业边缘地区。从这种论述中可以很清楚地看到，城市是从集市中心发展起来的，城市生活先于农业从游牧社会中分离出来，而且城市社会是农业发展的前提。索娅（Edward Soja）在《后大都市：城市和区域的批判研究》（Postmetropolis: Critical Studies of Cities and Regions）一书中对最新的考古方法及其成果进行了更为深入的分析，坚持了雅各布斯的基本观点，并进一步提出，在人类社会的历史中是城市的发展支撑起了整个社会的进步[19]。

那么，人类为什么要聚居在城市中，经济学家多劳（Herbert Dorau）和欣曼（Albert Hinman）提出了五个最普遍性的原因[20]：（1）人类对恐惧（fear）的本能：最初是对动物以及他们生活周围的大自然的神奇

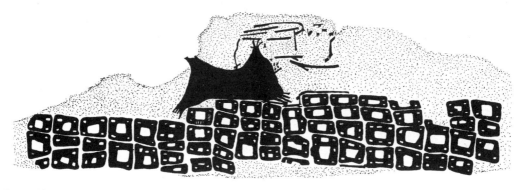

图 5-8 在土耳其 Çatal Hüyük 发现的一幅壁画
该壁画表现了一个人类聚居区的布局，充分显示了已具一定规模且是有意识的布局。该画的年代估计在新石器时代的公元前 6500 年左右
资料来源：Spiro Kostof.The City Shaped：Urban Patterns and Meanings Through History.London：Thames and Hudson Ltd.，1991.29

力量的害怕迫使他们成群结队，后来则是对其他人群的害怕；（2）人类群居性（gregariousness）的本能：人类喜欢交际，因此，人类集聚在一起以适应他们交往的需要；（3）防卫（Defense）的需要：他们认为，前面两项人类的本能都可能是无意识的，而人们出于防卫的目的集聚在一起以保护家族或团体并建设城镇以使这种防卫更加有效，则是人类建设城市的有意识的动机；（4）宗教（religion）的需要：礼拜和宗教纪念场所的创造同样也创造了人类聚居地的需要；（5）提高生活标准（standard of living）的需要：这是人类之所以生活在城市中的五个原因中最为普遍的原因，同时也是最动态发展变化的，反映了生产、消费和技术的变化。正如亚里士多德在《政治学》中所说的那样，人因生活的需要集中到城市，人因生活得更好而留在城市。

不难理解，城市在防卫、宗教或经济—技术功能的基础上都有可能建立起来，但这并不能肯定就是因为这其中的某一个因素决定了城市的形成，因为城市作为复杂而高度专门化的实体，很难说某个城市就是由于某种单一的原因而发展演变过来，而且，某一个因素的发挥作用必然会导致与其他因素的相互作用，甚至这一因素的形成本身就是其他因素作用的结果。现在的城市是历史上多种不同的力量对它发生作用而累积的结果。对这些因素进行分离只是为了讨论的方便，它们本身之间并不是相互排斥的，相反，作为技术、政治、社会和经济的力量，它们会随着社会的发展而相互协调一致并以不同的联系而发挥作用。要理

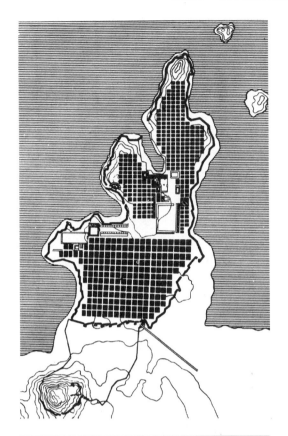

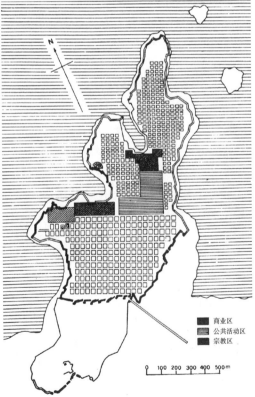

商业区
公共活动区
宗教区

0　100　200　300　400　500m

图5-10　米利都（Milet）城的平面图
公元前5世纪波斯战争后由希波达姆规划的。每个住宅街区约为100英尺×175英尺（大约是30m×52m）；城市被分隔成不同的区域。
资料来源：Leonardo Benevolo.1986.薛钟灵等译.世界城市史.北京：科学出版社，2000.146

图5-9　古代雅典城，可以清晰地看到雅典卫城以及帕提农神庙。在卫城的下方是市场（Agora）
资料来源：Mark Gottdiener.The New Urban Sociology.New York: McGraw-Hill, Inc., 1994.23

解任何具体城市和区域的生长和发展就需要对这些所有的力量有综合的理解，并重视社会、政治、文化、经济和技术的氛围，在其中这些力量是怎样表现和相互作用的。

三、城市的演替

1. 工业革命以前的城市

工业革命以前的城市，在性质上，基本处于封建社会及以前的阶段。这一阶段的城市有多种多样的形式，从密集的聚居地到以宗教或纪念地为中心等形态都有出现。从总体上看，大多数城市都有城墙。城墙的主要作用在于防卫，同时它也标志了哪些地区是被保护的，哪些地区是不被保护的，城墙也标志着控制的地区范围，居住在城墙之内也就意味着要接受共同准则和机构的直接控制。而在被保护的人中，又承担着共同防卫的职责。从而划分出了城市内和城市外的不同领域，同时，城墙的存在也形成了巨大的内聚力。城市也统治着其周围的农业土地，从农民那里取得粮食。作为回报，城市也保护周边一定范围内的农民不受侵犯。

工业革命以前的城市，大多数都位于有利于农业、防御和贸易的地方，但在规模上仍受到很多因素的制约。首先，农业生产的效率较低，要维持一个较大城市的食物供应需要依赖于较大的农村地域，而当时的道路和车辆并不适用于大量物品的长距离运输，包括食品之类的易腐物品的保存也是困难问题。其次，早期的城市并不能保证它的宽阔的腹地的安全。那里的农村居民会经常受到邻近城市和其他地区的袭击和侵略，并对农村地区的势力范围重新划分。第三，种种社会制度（如社会阶层相对固定、城乡分割的严格等）也限制了人口的自由流动。同时，缺少较好的医疗和卫生条件也限制了城市人口的增长，如供水受到水渠的污染，人口的集中导致传染病的发生和蔓延等。芒福德（L. Mumford）则认为古代城市发展的规模受到人际交往的手段及其效用的制约，他说，"古代城市的发展都没有突破步行可达的和听觉所及的范围。中世纪的伦敦城就以听到圣玛丽教堂的钟声（Bow Bells）为界，而且直至 19 世纪其他大众传播系统发明之前，这些始终是城市发展的有效限定因素。城市在发展中逐渐成为通信联络的中心：水井或街头抽水机旁的闲话，旅店或洗衣店中的交谈，信使或传令官带来的文告，朋友之间的秘密，市场传闻，学者们的审慎演讲，

往来书信和报告，账单和记录，大量的书籍——这些都是城市的中心活动。就此而言，一座城市的许可规模在一定意义上是随其通信联络的速度和有效范围而变化的" [21]。因此，在种种条件的限制下，当时的城市规模相对均比较小，绝大多数的城市人口在 10 万以下。当然，也有一些例外，如公元 2 世纪时的罗马，中国秦汉时期的长安等都城。

在工业革命以前的城市内的社会组织中，大家庭和先赋地位起着举足轻重的作用。在西方城市中，宗教在社会结构和城市的空间布局方面占有核心的地位。自进入中世纪以后，宗教提供了社会地位状况的合法性，保证了统治与被统治关系的延续和社会秩序的稳定，也保证了城市社会及其郊区的相互结合。宗教庙宇具有象征性的重要意义，为统治的意识形态提供了实体内容。因此在城市中，教堂统领着城市的建筑景观，超越于所有的建筑与个人之上。在这类城市中，大多数都有中心广场，广场四周是宗教和政府的建筑物。从市中心放射出宽阔的林荫道，在市中心的林荫道两侧居住着富人。在只能靠步行来行动的时代，靠近市中心主要是为了得到保护，便于去宗教和政治机构，并处于活动的中心位置；从富人住宅的周围一直延伸到城墙的地带是其他人居住的地方。他们的房屋相对矮小，在狭窄的街道上挤在一起；商人和工匠住在他们工作的地方，这里称作市；城墙外住着下等人、妓女、不可接近的人、令人厌恶的人和外国人；农民和

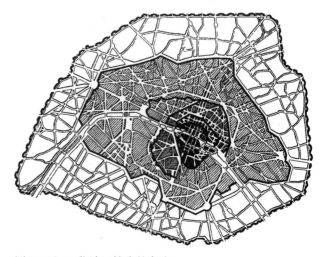

图 5-11 巴黎城区扩张的印迹
最内圈的城墙建于中世纪初，外围的城墙分别为 1180 年，1370 年，1676 年，1784~1791 年和 1841~1845 年建造
资料来源：Eduardo E. Lozano. Community Design and the Culture of Cities：The Crossroad and the wall. Cambridge，New York and Melbourne：Cambridge University Press，1990. 218

图 5-12　中世纪的城市
资料来源: Edmund N. Bacon.Design of Cities.1976.黄富厢,朱琪译.城市设计（修订版).北京：中国建筑工业出版社，2003.93

图 5-13　意大利佛罗伦萨
资料来源: Klaus Reichold, Bernhard Graf.Buildings that Changed the World，Munich.London.New York：Prestel，1999.85

外国人一般不是城市的完全居民，他们只是由于进行产品、货物和服务的交易而得到保护。舍贝里（Gideon Sjöberg）在 20 世纪 60 年代的研究中对这些前工业城市的特点概括为[22]：（1）城市比较小，人口在 10 万人以下，人口增长速度较慢；（2）城市中心是政府和宗教活动的核心；（3）城市中有三重阶级结构：①高贵者居住在市中心；②商人和手工业者等较下等阶级居住在市中心区周围；③最底层的和被遗弃的阶级，如奴隶、少数民族和宗教团体生活在城市的最边缘。在城市中有极为严格的阶级分离，这些分离得到区位、语言、着装、举止等方面的加强；（4）城市中几乎没有土地使用的专门化。所有的土地都是多用途的，不存在生活和工作场所的分离；（5）经济活动的开展由各类行会管理。

我国古代城市的发展，在整体上与西方工业革命前的城市发展具有相近和一致的特征，但所经历的时间要远远长于西方，并具有另外一些特点：

（1）政治统治的需要是决定城市的最基本因素，无论是城市的分布还是城市的规模，还是城市内部的布局都是如此。各类城市几乎都是各级政权机构的所在地，从而形成了首都—郡治—县治的体系结构，自宋代以后则完善为首都—省会—府（州）—县的体系。城市的规模也出现同样的等级序列。自发形成的小集镇，发展规模受到政治因素的制约，规模均较小，只有当它被纳入到政治统治的网络中，其政治行政地位得到提高之后，它的规模才有可能进一步发展，直至与它的政治行政地位相适应的程度。城市一般均呈方形，有城有郭，城门、城墙、城楼成为封建王朝权力

的象征。在城市内部的布局上，各类城市具有同构性。这些城市的布局基本上都延续了先秦时期城市布局的思想，以宫城、官府衙门等统治机构为城市的中心，中轴线对称，格网型的道路骨架，具有明显的统一规划的特征。

（2）城市数量多，规模大。从汉代到清代，县级以上城市基本保持在 1300 个，10 万人以上的城市也多达数十个，而都城的规模通常要达到 50 万人甚至上百万。

（3）城市的发展受到社会周期性危机演化的影响，呈现周而复始的循环。中国城市的发展同社会发

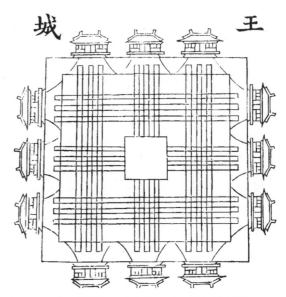

图 5-14　《三礼图》一书中关于"王城"的插图
资料来源: 李允鉌.华夏意匠: 中国古典建筑设计原理分析.香港: 广角镜出版社，1984.378

展相一致，当社会繁荣、稳定时，城市就获得较大的发展，这种发展表现在城市的数量的增加（尤其是小城市）和城市内部质量的提高；而当社会发生动乱时，城市往往首先遭到破坏，这种破坏往往是以毁城屠城作为标志的。几乎在每一个王朝的末期，城市都面临着毁灭性的灾难，不少城市变成废墟，即使幸存的城市也是残破不堪。因此，尽管我国的城市多次出现辉煌的发展，但都不能持久地保持，而是受社会周期性危机演化的影响，随王朝的兴亡而兴盛衰落。多数新王朝初建时期的城市不是在以往城市高度发达的基础上继续发展，而是在一个很低的水平上重新起步。其中最典型的例子就是都城，因此，我国古代的都城不像许多国家那样长期固定在某一个城市，而是经常有所变化。几乎每个新王朝的建立都要迁都，因此在历史上就形成了多个都城。即使都城还是在原来的地区内建设，其范围和位置还是会发生一些改变，而很少利用原有的城市设施进行完善。

4）城市无自治权和无法定的独立地位。城市长期处于封建中央集权的牢固控制之下，由封建王朝的各级政府进行逐级管理，成为封建统治网络中的一个重要节点。城市中的商人和手工业者也始终处于封建统治阶级的严格控制之下，没有独立的阶级地位和独立的阶级意识，市民权力得不到充分发挥。此外，在封建制度下，实行的是城乡合治，城市无法定的地域，无专门的城市管理机构。在以农为本、以商为末的儒家正统观念下，在农业生产效率较为低下的条件下，农业和农村历来是政府关注的核心，而对城市的设施、城市的管理并不重视。城市中的设施主要依赖于居住在城市中的乡绅和商人自发地进行建设，满足自己的需要。而且城市管理的内容和模式与乡村的几乎没有什么差异，也就是说是以乡村管理的模式来对城市进行管理的。这是我国古代城市与欧洲中世纪城市的一个重要区别。

2.工业革命后的城市发展

通常把农业的产生称为第一次产业革命，使人类社会出现了定居的居民点，近代的工业革命，也称为第二次产业革命，则使城市在人类社会的发展中起到决定性的作用。以1784年英国人瓦特发明蒸汽机为标志的工业革命，完全改变了城市发展的进程。这一革命的实质是能源和动力的革命，它使人类开始摆脱依赖风力、水力等天然能源的局限，正如拉夫蒂（John R. Laverty）在《城市革命》（Urban Revolution）

一文[23]中所言：通过农业革命，"以狩猎和采食为生的人群进化成了农民和牧民。农牧业生产的剩余产品为城市中心的出现奠定了物质基础"，而工业革命"又把农民与牧民变成消耗非生物能源的机械的奴隶。工业革命直接促进了城市化进程，把世界人口越来越多地引向城市地区。……'农业革命使城市诞生于世界，工业革命则使城市主宰了世界'"。有了人工的能源就有可能把生产集中到城市中，从而使加工工业迅速地在城市中发展起来，并随之带动商业和贸易的发展，城市人口迅速膨胀。在1600年，英国只有2%的人口居住在城市之中，而到了1800年，就有20%的人口居住在城市之中，到1890年的人口普查时，城市人口已经占了全国人口的60%。在一些城市中，人口的增长更为显著，尤其是在大城市和工业城市。如英国伦敦，1801年时的人口为100万左右，到1901年发展到650万，而工业城市曼彻斯特在同期内增长了8倍，从7.5万增长到60万人。生产和人口的聚集，促使了城市的发展，带来了前所未有的生产力，并创造了巨大的物质财富。商品的交换、科学技术的发达、多种产业的

图5-15　早期工业制度的残酷性
资料来源：James W. Vander Zanden.The Social Experience：An Introduction to Sociology.New York：Random House，1988.15

图5-16　位于底特律（Detroit，Michigan）的福特汽车厂
资料来源：Mark Gottdiener.The New Urban Sociology.New York:
McGraw-Hill, Inc., 1994.60

协作，也带来了空前的规模效益和聚集效益，从而更进一步地推动了城市的发展。拉夫蒂在《城市革命》一文中，对工业革命后的城市发展的特点作了如下的分析："工业革命促进了城市化的发展进程，使西方世界越来越多的人口进入城市。在工业化时代以后的城市化进程中，又出现了一种越来越明显的趋向：人口继续向大都会集中。这种工业／城市化进程给社会带来了巨大的变化。索伯格认为，核心家庭至此已基本取代以血统关系为基础的家族成为社会的基础组织。社会开始朝社会化大生产及社会化分配的轨道发展。庞大的经济组织建立起来了，进行标准化的产品生产。一个以中产阶级为主体的阶级结构已经形成。政府在其统辖区支持的基础上形成民主／社会主义的组织形式。如罕德林所指出的，发展的重点转向个人的实际利益，有秩序的城市生活'有赖于安排一种致密的、不涉及人情因素的结构关系'。据厄瑞克·兰帕德的看法，社会中功能与劳动的分化，已经把一种无情的、高度竞争的关系引入人与人之间的经济与社会联系中来。所以，现代城市，就其本来意义来看，乃是资本主义生产方式的产物。"

工厂体制的出现，提出了对原料、劳动力和资本在数量上的大量需要，而其规模都是过去所不可想象的。因此，早期城市沿着商业线路、贸易通道和防卫区位逐步发展起来，而工业城市则需要资源优势——人力、自然和财政。有些城市在自然资源充裕地点附近发展了起来，其他的则依赖于可再生的自然资源，如林业、渔业和农业发展起来，当然，所有的城市都需要与外界（无论是国内还是国际）进行联系，在工业革命的早期阶段，河流、运河或者深水港口都是必要条件；之后，随着铁路的发展，水运逐步为铁路所替代。围绕着铁路的拓展，城市也在不断向纵深发展；技术的变化带来了汽车以及公路甚至高速公路，从而使以前只有铁路或没有铁路的城市和区域获得了更好的可达性，而这些城市的边缘社区也通过汽车被带进了城市的领域。能源技术的变化对城市建设也有重大影响，蒸汽替代水利，天然气、石油和电力后来逐步替代了对煤的需求，原先依赖于水力的工厂因此可以自由地移向有其他能源的地区。

城市的迅猛发展，吞并了周围的农村地区，大批失去了土地的农民涌入城市，城乡的差距进一步扩大。城市在缺乏任何规划和引导的状况下自发地建设和扩张。工厂集中在城市中，工厂的外围修建了简陋的工人居住区，也相应地聚集了为他们生活服务的各类设施，以后随着城市的进一步发展，又在这些居住区的外围修建了工厂和相应的居住区，这样圈层式地向外扩张，成为工业化初期城市发展的典型状态。

工业革命和资本主义制度的建立，改变了城市的性质，使城市从一个公共机构转变为一种私人财产，使城市发展的注意力放到对最大利润的追逐上。工厂、铁路和贫民区成为工业城市的象征在此过程中出现。随着工业城市的进一步发展，一些大城市则向多功能

图5-17　法国巴黎中央菜市场，Les Halles，1885年的情景
资料来源：Spiro Kostof.The City Assembled：The Elements of Urban Form through History, 1992.London：Thames and Hudson Ltd., 1999.115

的综合性城市发展，城市再一次体现了商业城市的特征。但是，作为城市最初特征的商品市场性质也发生了改变，商人之间的货物交换转变为货币交换，然后是票据交换，因此银行，最后是股票交易市场占据了城市的核心地位。在资本主义城市的发展过程中，自由放任的功利主义思想成为城市快速发展的动力。芒福德（Lewis Mumford）在《城市发展史》中指出，在这样的思想作为一种生活信仰和道德准则得到确立之后，就控制了各类经济行为并保护着最大的公共物品，而其途径就是每一个个人在没有统一管理的条件下自我寻求最大利益。这种思想很鲜明地改变了城市中对土地使用和城市建设的看法和态度。一旦工业生产所需的原材料如煤、铁矿等可以通过铁路运输运到城市中，工厂就开始集中到城市中以获得聚集效益。聚集效益的产生，源自于劳动力、交通和公用设施等成本的分担而降低了单个工厂的成本，从而可以获得更多的产出和收益。在聚集效益的影响下，城市中的土地使用更加集聚。这样，城市土地就成为一种商品。随着工业化的不断推进，城市土地的竞争愈加激烈，土地的交易和投机成为影响城市发展的重要因素。

由于城市人口的快速增长，城市中的居住设施严重不足，旧的居住区沦为贫民窟，出现了许多粗制滥造的住宅，同时由于市区内交通设施严重短缺，就需要提供廉价的距生产工作地点在步行距离以内的住房，在房地产投机和城市政府对工人住宅缺乏重视的状况下，这些住房不仅设施严重缺乏，基本的通风、采光不能满足，而且人口密度极高，有的地区一间住房中住了十来个人甚至更多，公共厕所、垃圾站等严重短

图5-18　1920年的照片，显示了开发商对未开发土地的测量
资料来源：Spiro Kostof.The City Shaped：Urban Patterns and Meanings Through History.London：Thames and Hudson Ltd.，1991.12

缺，排水系统的落后、不足或年久失修，造成粪便、污水和垃圾的堆积，导致传染疾病的流行[24]。而且城市土地使用混乱的现象严重：工厂紧挨着住宅，公共设施周围出现了贫民区，绿地和公园被各种各样的设施侵占等。在工厂残酷的生产条件、工作强度和同样残酷的生活居住条件下，工人及城市居民的生命受到严重摧残。1893年，英国曼彻斯特男性工人的预期寿命为28岁，而生活在农村地区的男性的预期寿命则为52岁。美国纽约城在1880年的死亡率为2.5%，而同期纽约州郊区的死亡率仅为纽约城的一半。而与此同时，人口的出生率却以更高的比率增长，并一直居高不下。纽约城市的婴儿出生率从1850年的18%增长到1870年的24%。但是，并不是所有的城市居民都生活在这样的城市环境之中的。新的交通工具和交通方式从电车、火车一直到汽车的发明和普遍运用，引发了城市郊区的发展和扩张。中上阶层依赖于可承担得起的有效的交通工具而开始离开中心城市，并开创了一个拥有大型住宅、宽阔的宅地和绿树成荫的城市郊区新天地。由于只有富裕者才能购买得起城郊的大块土地和住宅并维持日常的通勤交通成本，因此在城市和郊区之间出现了极为明显的生活差异和阶级分化。中心城市中居住的主要是工人阶级和低收入阶层及新移民，城市中心的一些原中产阶级住房在中产阶级迁出以后被陆续而至的新移民和贫困的工人家庭所占用，并将原来一户人家的住房分割成多户家庭居住，有的甚至出现十多户家庭共住。

在19世纪，城市由于人口、工业和商业的集中而以未曾预料的速度发展。至19世纪末城市人口向郊区迁移进一步加快，在20世纪出现了新的人类聚居地形式——大都市区，这种新的聚居地形式是在社会经济条件发生新的调整和确立新的模式的基础上，在技术进步的支持下形成的。它的技术基础在于科学知识不断地运用到工业生产之中，电力的广泛而普遍的使用，以及新的交通方式（汽车、卡车、公共汽车、飞机和管道运输）和新的通信方式（电话、无线电广播、电视和航空邮件）的发明和普及。这一阶段的城市发展并不意味着工业城市与传统的断裂，相反，恰恰是这种传统在社会生活各个领域中的影响的拓展和深化。随着城市的扩张，原先高密度的、密实的地区不断地分解和分散化，城市进一步地向外蔓延，直至与邻近城市的蔓延结合为一体（conurbation），进而出现了连绵不断的城市密集地区或城市带（Megalopolis）。这类

城市地区都有较高的人口密度，扩展数百上千公里，有大量的城市集中在一起，在各城市间由公路、高速公路、铁路、空中航线和快速捷运系统等来联系，在国家的社会、经济、文化和政治方面具有重要地位。这一现象的原型是美国东部沿海从北面的波士顿到南面的华盛顿。这一词汇在世界范围内目前已经被用来指一些巨大的城市地区。

从社会组织的角度，工业时代的城市具有以下特点[25]：（1）工业时代的城市由于大机器生产，社会分工比较细，在职业上，企业的生产管理中和城市的职能部门内部都形成了一套制度化的分工制度；（2）工业时代的城市社会在价值观上强调试验变革和效率、强调进取、成就和竞争，反对千篇一律、墨守成规；（3）在工业时代的城市中，随着工厂制度的施行，旧有的群体关系发生了变化：初级群体（primary group）越来越被次级群体所代替。这种变化主要表现为家庭构成的日益核心化、亲属关系和邻里关系的逐渐淡化等；（4）在工业时代的城市中，法律规章等正式的社会控制手段代替了农业时代的家庭、宗族或宗教等非正式的社会控制手段；（5）在工业时代的城市中，传统的家庭关系遭到冲击，家庭趋向小型化，家庭成员内部的关系趋向平等，托儿所、学校等社会机构分担了家庭的部分功能；（6）在工业时代的城市中，人际关系由农业时代的以血缘、地缘为主转变为以业缘为主；（7）工业时代的城市，不但在价值观上强调进取，而且许多新兴的行业为市民提供了许多新的机会，因而城市居民的代内流动和代际流动明显增加；（8）在工业时代的城市需要各种人才，因而建立了比较完备的教育制度，并为城市居民提供了更多的接受教育的机会；（9）在工业时代的城市中，地价昂贵，因而土地的利用趋向于更加科学、合理。

拉什（S. Lash）和乌瑞（J. Urry）在分析美国工业城市时提出，美国19世纪末、20世纪初的巨大工业城市具有如下的一些空间和社会政治的特征[26]：（1）大量的工厂集中在中心地区，一般靠近铁路和河流；（2）为工人阶级修建的狭窄住房大多集中在邻近工厂的地方，这样，大部分男性工人可以步行上班；（3）建立在工厂内部关系基础上的工人阶级社区的出现；在工厂内，空闲时的活动取决于工作性质和节奏——特别重要的是维持男性工人阶级社区的住处和沙龙；（4）不同的技艺在相对分离的区域中确立。因而，清晰的、划分清楚的、兴旺的职业社区的成长，既为男性，也为妇女和儿童提供了丰富的休闲活动；（5）围绕着基于延伸的家庭、住所、庭院、友爱的住宿、友好的社团和男性乐于光顾的沙龙，新来的移民团体组成了有特色的社区；（6）中层和上层阶级居住远离城市中心的增长——例如在19世纪80年代后的波士顿，部分是因为公共汽车线路的发展，随着更多

（1）19世纪末20世纪初纽约城 The Lower East Side 的场景
资料来源：Mark Gottdiener.The New Urban Sociology.New York:McGraw-Hill, Inc., 1994.54

图5-19　19世纪末20世纪初的美国大城市场景

（2）20世纪初的波士顿 South Market
资料来源：Bernard J. Frieden, Lynne B. Sagalyn.Downtown, Inc：How America Rebuilds Cities.Cambridge and London：The MIT Press,1989

的富裕家庭从城市中心搬出，郊区化的程度也不断上升；（7）因几乎没有财产、或拥有财产很少的家庭和"远非很成功"的个人迁移至其他城市，特别是西部城市，而导致人口非常高的流动量；（8）为友情、工业组织和政治讨论提供非工作的空间的同辈群体的沙龙和小酒店，对于男性工人阶级文化起着重要意义。

第二节 对城市特质的认识

一、韦伯的"完全城市社区"

韦伯（Max Weber）被普遍认为是现代社会学的奠基性人物之一，他在社会研究方面的许多论述直接促进了城市研究的发展。尤其是20世纪后期城市社会学中的新韦伯主义更张扬了韦伯对城市的认识与研究的方法，同时更让人看到了韦伯的理论研究的生命力。韦伯对城市的研究分散在他的众多著作之中，而集中论述城市的文献则是被编入两卷本的《经济与社会》中的《城市》一文[27]。他在这里提出了"完全城市社区"的概念，他认为，一个聚居地要成为一个完全城市社区，就必须在贸易——商业关系中占有相对优势。这个聚居地作为整体必须具备以下五个条件：（1）防卫力量；（2）具备市场交易的经济体系；（3）有自己的法院；（4）相关的社团组织；（5）至少享有部分的政治自治。韦伯深知许多城市并不具备上面所罗列的全部条件，在这样的意义上，这些城市就不是他所讲的"完全城市社区"。

韦伯通过对不同历史时期的城市进行了历史的比较，提出，在中世纪具有防卫力量并能自给自足的完全城市已经存在过。这些城市中曾经有过复杂的劳动分工，而且城市居民具有典型的城市人格和良好的城市社区生活。在17

至19世纪，随着民族国家（nation state）的兴起，城市逐步失去了原来在军事、法律和政治等方面的自治，随着这种自治的消失，城市失去了作为居民心理归宿所必须的各项要素。与此同时，资本主义的发展及其对"利润"的推崇，使城市居民过分强调理智，追逐利润成为他们生活的主要目标。因此，在现代城市中，市民只承认自己的存在。

韦伯根据其研究，将城市分为"东方型城市"和"西方型城市"。这两种类型的城市具有极大的区别，因此需要分别对待，而不能混在一个概念下面来讨论。他提出：（1）在司法组织方面，东方的城市与乡村的差别不太清楚；（2）西方的城市是独立自主的，东方的则不是；（3）东方城市中的商人和工人通常只是为统治者而劳役，而西方城市里的商人和工人居于优势地位，他们从来不为统治者而劳役；（4）东方城市中的社会组织的基础是亲缘型的，而西方城市中的社会组织则是以个人为基础的；（5）东方城市中的权力集

（1）1811年，纽约特派员规划（Commissioners plan）

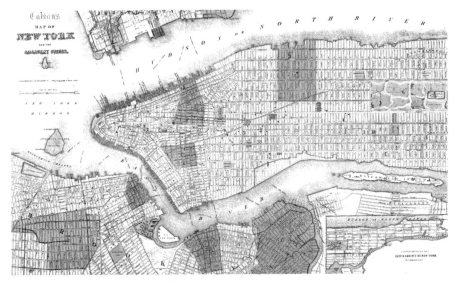

（2）纽约1865年的地图。可以看到规划意图的实现

图5-20 规划是城市自治的重要手段

资料来源：Han Meyer.City and Port: Urban Planning as a Cultural Venture in London, Barcelona, New York, and Rotterdam: Changing Relations Between Public Urban Space and Large-Scale Infrastructure.Utrech: International Books, 1999.187~188

中在统治者个人手中：他不仅掌握军事权力，而且还掌握着政治、经济和宗教等权力，而在西方的城市中，这些权力是分散的；（6）东方城市不能产生培养资产阶级的必要条件，这是东方文化最显著的特征，而西方城市的特色就在于，资产阶级既是一个享有特权的团体，又是争取自由和民主的先锋。由此，韦伯认为，东方的城市，比如中国封建社会的城市，并不能算作是真正意义上的城市社区。

二、聚集经济学

在所有有关城市的定义中，都会将人口与活动的集聚作为城市的最基本的特点。而人和活动的集聚所表现出来的关键则是经济活动的集聚，正是由于经济的集聚才使人的集聚得到实现，或者说才有了人的进一步集聚的可能。

经济活动的集聚性，是城市经济的根本特征之一。马克思曾指出："向城市集中是资本主义生产的基本条件。"[28] 聚集的原因在于能够产生效益，之所以能够产生效益则是由于劳动的分工，亚当·斯密在《国富论》一书中对此就有非常详细的论述，而劳动分工的深化又促进了城市的进一步发展。恩格斯针对伦敦的人口集聚和城市的发展，揭示了人口高度集中所产生的劳动分工，在劳动分工的基础上整体的经济效率大大提高，他指出："城市愈大，搬到里面来就愈有利，因为这里有铁路，有运河，有公路；可以挑选的熟练工人愈来愈多；由于建筑业和机械制造业中的竞争，在这种一切都方便的地方开办新的企业，比起不仅建筑材料和机器要预先从其他地方运来、而且建筑工人和工厂工人也要预先从其他地方运来的比较遥远的地方，花费比较少的钱就行了；这里有顾客云集的市场和交易所，这里跟原料市场和成品销售市场有直接的联系。这就决定了大工厂城市惊人迅速地成长。"因此，"这样大规模的集结，250万人聚集在一个地方，使250万人的力量增加100倍"[29]。汉姆林（Dora Jane Hamblin）则讨论了城市劳动分工和选择的多样性对城市发展的作用，她说："各种各样的角色等待着城市中的男女市民。事实上，城市依赖多样性。城市之所以能够集中那么多人口，只是因为城市居民都履行专门的职责，这些职责将受到城市是其一部分的较大的社会的支持。专门职业的可能性又反过来使城市具有吸引力。"[30] 巴顿（K.J. Button）在《城市经济学：理论与政策》（Urban Economics: Theory and Policy）一书中把

聚集经济效益划分成十种类型，描述了集聚产生的原因及其后果[31]：（1）本地市场的潜在规模，居民和工业的大量集中产生了市场经济；（2）大规模的本地市场也能减少实际生产费用；（3）在提供某些公共服务事业之前，需要有个人口限度标准；（4）某种工业在地理上集中于一个特定的地区，有助于促进一些辅助性工业的建立，以满足其进口的需要，也为成品的推销与运输提供方便；（5）日趋积累的熟练劳动力汇聚和适应于当地工业发展所需要的一种职业安置制度；（6）有才能的经营家与企业家的集聚也发展起来；（7）在大城市，金融与商业机构条件更为优越；（8）城市的集中能经常提供范围广泛的设施；（9）工商业者更乐于集中，因为他们可以面对面地打交道；（10）处于地理上的集中时，能给予企业很大的刺激去进行改革。

聚集经济是决定城市发展的一个重要因素。城市是一个综合的有机体，但城市的每一个部分、每一个系统的聚集都具有其自身相对的独立性，它在其自身

图5-21　芝加哥 State Street，1895年

资料来源：Annastasia Loukaitou-Sideris, Tridib Banerjee. Urban Design Downtown: Poetics and Politics of Form, Berkeley. Los Angeles and London: University of California Press, 1998.9

的发展过程中也以一定的聚集状态来提高其运行的效率。以产业部门而言，每个地区都有特定的主导性部门，它们有自己的合理规模，而为它们服务的、配套的部门则在满足主导部门要求的前提下形成自己的规模，也许这一规模对它自身而言可能是并不合理的。这样就要求构成一个整体规模的合理性。这时，如果主导性部门的规模或其内部结构发生变化，都会导致整体规模的扩展或收缩，而由此所产生的综合效应，就会对城市整体格局进行调整。每一个聚集体都是城市空间的一个组成部分。尽管集聚在不同的城市所产生的效应基本相类似，但同样的集聚会产生不同的集聚形态。"高级复杂的制造业显然是从由集中引起的外在化经济中获得了巨大利益，因而也往往建立在外在化经济普遍存在的大城市。对于那些着重资源或着重当地劳动成本的制造业，外在化经济则没有什么重要性，这就是其主要兴建在小城市的原因。服装业和制鞋业往往设立在小城镇，显然证明了这种论点，同时还可以说明为什么小城镇往往比大城市更加专业化。显然，当达到大企业将其工厂建立在小城镇这种程度时，这些工厂必然已经高度专业化。除非这些工业互为补充，这种专业化就会妨碍其他工业的发展。如果小城市比大城市更为专业化，那么小城市通常将是更多变化的一类。而大城市更加具有多样性，因此在其经济结构方面将是更为相象的一类。大城市高度多样化，一般都比小城市具有更大的经济稳定性。但有些大城市主要在某种工业方面高度专业化，如底特律的汽车工业，匹兹堡的钢铁工业，因此这些大城市承受着经济上的大起大落"[32]。

三、西梅尔的"城市精神生活"

乔治·西梅尔（Georg Simmel）是最早认识到城市生活具有自身特点的学者之一，他在1903年发表的论文《大都市和精神生活》（The Metropolis and Mental Life）中深刻地揭示了大都市对生活在其中的人的影响[33]。从中，我们可以看到城市生活所体现出来的特质。西梅尔认为，现代生活最深层次的问题来源于个人在社会压力、传统习惯、外来文化、生活方式面前保持个人的独立和个性的要求。在现代都市中，由于生产和工作技能的高度专门化，每个人不得不更加直接地依赖于其他人的活动。因此这就需要探究生活在大城市这种结构中的个人是如何调节自己以适应外部压力的。

西梅尔认为，"城市首先是最高度的劳动分工中心"，"以扩展的手段，城市为劳动分工提供了越来越多决定性的条件；它提供了一个区域，在这个区域里能够吸纳高度不同的服务种类。同时人员的密集和对顾客的争夺驱使人们在功能上专门化，这样他们不容易被别人取代。这是毫无疑问的：城市生活已经将人为了生计而与自然的斗争变成了人为了获利而与其他人的斗争"。他认为，在这样的状况下，现代大都市给生活在其中的人们带来了高度的精神刺激，"大都市的个性心理学基础由神经刺激的强化而形成，这种刺激产生于外部和内部刺激快速而不停顿的变化"。为了顺应这样的环境，"都市人用脑而不是用心来作出反应"，因此，"都市生活以都市人中增长的直觉与观察以及理智优势为基础"，"只有这样才能保护自己不受危险的潮流与那些会令他失去根源的外部环境的威胁"。这种状况的形成与城市中的另外一个特点是密不可分的，这就是货币经济。他写道："货币经济主宰着大都市。"他认为，大都市向来是货币经济的中心，在此，经济交换的多样性和集中性，赋予交换媒介一种在贫乏的农村商业中所不可能的重要意义。货币经济与理性操控已经被内在地联结在一起。在待人接物上，都市人都讲究实际、就事论事（matter-of-fact）的态度；而且，这种态度把形式上的公正与冷酷无情结合在了一起。理智世故的人对一切真正的个性都漠不关心，因为由此所产生的关系和反应，不能通过逻辑的运算来彻底把握。对金钱的关注意味着人们只关心

图5-22　1880年代的美国纽约中心商业区
资料来源：Spiro Kostof.The City Assembled：The Elements of Urban Form through History，1992.London：Thames and Hudson Ltd.，1999.115

图 5-23　城市中不同环境里的人群
资料来源：James W. Vander Zanden.The Social Experience：An Introduction to Sociology.New York：Random House，1988.98

对所有的人都共有的东西，从而可以把所有的问题都归结为一点：多少钱？这样，所有的成就都需要具有在客观上可以衡量的利益价值，因此，都市人即使是在与朋友的交往中也会显得斤斤计较。

西梅尔认为，"现代精神变得越来越精于算计"，而在城市中，"不同利益的人群必须把他们的关系和活动统合在一种高度复杂的组织中，当这些人群聚集在一起时，精确的算计就显得非常必要"。这种可计算性除了货币经济所导致的精确性和确定性外，还包括了时间的标准化。"典型的大都市中的各种关系与事务常常变化多端而且十分复杂，以至于要是在承诺与服务中没有最严格的守时规则，整个结构就会崩溃而进入无法解决的混乱状态"。同样，"如果不是最按时地把所有活动与各种相互关系统合在一种稳定的和非个人的时间表里，都市生活方式是不可想像的"。"准时、工于算计、精确是由于都市生活的复杂和紧张而被强加于生活之中的，而且它不只是最密切地与货币经济、理性性格有关。这些特征也使生活的内容变得丰富多彩，并且有利于排斥那些非理性的、本能的、极端的特征，也有利于排斥这样的冲动：从内在决定生活的模式，而非从外在接受生活的一般的和模型化的形式"。

由于以上这些因素的存在，导致了在大都市出现了一种最为独特的心理现象，即厌世的态度（the blasé attitude），这种态度及其所带来的结果，在西梅尔看来，是大都市人在人格发展过程中的一种基本的社会化形式。因为，这种态度的出现一方面是由于都市中的各类现象的过度刺激，在长时间的过度的强刺激下，人们终究会出现对新出现的事物无动于衷；另一方面则是货币经济所造成的结果，厌世态度的出现归根结底是人的辨别力的衰退，这是因为在货币经济下人们已经不再关注事物的意义与价值，而只关注以金钱来对物质进行价值判断。因此，"在此现象里，神经在拒绝对刺激物作出反应中发现了适应大都市生活的最后的可能性。一定个性的自我保全是以降低整个客观世界的价值为代价的，这种降低最终不可避免地把自己的个性也拖向毫无价值的感觉"。在这样一种态度的影响下，都市人出现了傲慢、冷漠、玩世不恭的神情，甚至会出现"轻微的憎恨、相互的陌生和厌恶"，西梅尔认为这是都市人相互之间的最基本的心理态度。这种态度既是消极的，但同时也有积极的一面，也就是在城市高度密集的人群生活中，"它们其实也在保护着我们"，因为，身体的邻近和空间的逼仄使得只有精神距离才是可以创造和感觉得到的，这样"它赋予了人一种和一些个人自由"。因此，"城市实际上是以其本质上的独立为特征的。这是独立的对等物，并且它是个人为他在城市中所享有的独立而付出的代价"。

四、沃思的"作为生活方式的城市性"

城市与乡村及集镇有着明显的区别，这不仅表现在城市活动的规模和形态上，也表现在居民们的日常生活中甚至他们的语调、步态等方面。城市的集聚性质以及由此产生的高密度状态，使城市获得了一种完全不同于其他地方的生活方式。曾经有人作过这样的计算，在纽约城的城郊拿骚（Nassau）县，一个人步行或使用小汽车在其办公室 10 分钟路程的半径范围内，他能够遇到 11000 人，在纽约纽沃克（Newark）的同样范围内，他能碰到 20000 人，而在曼哈顿中心区他能碰到 220000 人。在这样的场合，有可能在这成千上万的人中他一个人也不认识，而另一方面，小城镇中的人在商业街（downtown）上行走 10 分钟而碰不上几个他认识的人，则也是不可能的[34]。对城市生活方式的描述和研究，总是与郊区或乡村生活方式的比较结合在一起的。在这些研究中，城市和乡村之间构成了一对矛盾体，乡村代表简单，城市则代表复杂；乡村的特征是稳定的规则、角色和联系，城市的特征是革新、变化和无组织；乡村代表了传统、社会连续和文化一致性，而城市则是多样性、异质（heterogeneity）和社会新奇事物（social novelty）的中心。

路易斯·沃思（Louis Wirth）于1938年发表的《作为生活方式的城市性》（Urbanism as a Way of Life）对此作了全面的论述[35]。沃思认为，城市化和它的主要成分——规模（size）、密度（density）和异质性（heterogeneity）——是决定城市性（urbanism）的独立变量。此外，它们的关系是线性相关的，城市越大，密度就越高，异质性也越强，那么，作为城市社会方式的城市性则越普遍。沃思延续了西梅尔的研究路径并具体描述了城市社会方式的一些主要特征：

（1）广泛而复杂的劳动力分工，取代了参与所有生产过程的手工业工人；

（2）成功、成就和社会变动（social mobility）被认为在道德上是值得称颂的，行为变得更加理性（rational）、功利（utilitarian）和目标导向（goal-oriented）；

（3）家庭衰退（离婚增加），亲属关系的结合减弱，同时，以前的家庭功能转化为由专门化的外部机构来承担（学校、卫生和福利机构，商业娱乐场所）；

（4）首属的（primary）团体和联系（邻里）崩溃了，而大规模的正式的次属（secondary）团体作为控制的机构（警察、法庭）建立了起来。社会团结（social solidarity）和组织的传统基础被削弱，导致了社会的无组织；

（5）与别人相联系是作为割裂开的角色的充当者（公共汽车驾驶员、商店雇员等）而不是作为一个完整的个人，也就是有高度的角色专门化。与其他人的关系是功利性的而不是情感的（affective）。表面上的世故（superficial sophistication）作为有意义交往的替代导致了异化；

（6）文化同质性（homogenerity）衰退，价值观、意见和观点多样化。次文化（subculture）（种族的、犯罪的、性别的）都与大社会不相符合。更多的自由和

（1）纽约洛克菲勒中心（Rockefeller Center），1934年
资料来源：Annastasia Loukaitou-Sideris, Tridib Banerjee.Urban Design Downtown: Poetics and Politics of Form.Berkeley, Los Angeles and London: University of California Press, 1998.15
（2）美国纽约的 Levittown 鸟瞰，1950年
资料来源：Craig Whitaker.Architecture and the American Dream.New York: Clarkson N. Potter, 1996.18

图5-24　城市中心地区与郊区在空间形态上的巨大差异

忍耐力，而且在公共社区感上的衰落；

（7）空间被分离成在收入、地位、人种、民族、宗教等方面无法比较的地区。

无疑，这里的许多特征，恰恰就是后来被称为"城市病"的内容。在沃思之后，有许多社会学家对此作了许多研究，并对沃斯的结论提出了批评，这些人中主要有甘斯（Herbert J. Gans）、贝尔（Wendell Bell）等。他们通过实例研究，认为家庭、家族的结合关系在城市中并没有死亡，亲戚仍然是城市中个人社会化和支持的源泉。非个人的次属团体的联系也并没有完全取代邻里和家庭，而是相反，首属团体和次属团体的联系都持续存在。精神健康（Mental health）在城市中也显得要好于乡村地区。

五、芒福德的"城市是一个社会活动的剧院"

芒福德（Lewis Mumford）认为，对城市的认识不能限于人口的多少或城市的物质空间和外在形态，因为这些仅仅是城市的偶然性特征，而不是其本质。要认识城市的本质，应该从城市的社会功能和文化过程方面来建立清晰的概念，这就是说，"城市不只是建筑物的群集，它更是各种密切相关并经常相互影响的各种功能的复合体——它不单是权力的集中，更是文化的归极（polarization）"。

芒福德认为，城市的经历在人的文化和个性发展中是一个综合的组成部分。他坚持，相对于城市与自然环境的关系以及人类社区的精神价值，城市物质空间的设计以及城市的经济功能只能是占第二位的。在《什么是城市？》（What is a City？）[36]的论文中，芒福德提出："从完整的意义上说，城市是地理丛（Plexus），一种经济组织，一种制度过程，一种社会行动的剧院，以及一种集体统一体的美学象征。"他接着说："一方面，城市为家庭和经济活动提供了公共场所的物质框架，另一方面，城市为有意义的活动和人类文化中升华了的欲求提供了有意识的戏剧性的背景。城市培育了艺术，而且它本身就是艺术；城市创造了剧院，而且它本身就是剧院。"他把城市看成是一个社会活动的演出场所，城市中的所有事件，无论是艺术的还是政治的，无论是教育的还是商业的，都仅仅是在这样的剧院中上演的一幕又一幕的社会戏剧。人们在这样的社会场所中，通过相互竞争又相互合作的个体、事件、群体，把人们的富有目的性的行为集中在一起，并表达了出来。

此后，"城市作为一个社会活动的剧院"这一主题和意象一次又一次地出现在芒福德对城市的论述中。1961年，他出版的《城市发展史：起源、演变和前景》（The City in History：Its Orgins, Its Transformation and Its Prospects）[37]一书中，在探讨城市形成的原因与生成过程时，指出，城市"最根本的是一座剧院"。他认为，尽管城市形成的标志在于建成区和人口的扩大，但这种发展变化并不是决定性的，因为在那个时期有一些地区的村庄有更多的人口，更为发达，但并没有形成后来意义上的城市，因此，"在城市形成中起决定作用的因素并不仅看有限地域内集中了多少人口，更要看有多少人口在统一的控制下组成了一个高度分化的社区，去追求超乎饮食、生存的更高目的"。尽管能够形成城市的这些地点首先要具备磁体的功能，从而

（1）古罗马的广场在城市中占据着重要的地位，是城市生活的集中体现

资料来源：Mark Gottdiener.The New Urban Sociology.New York: McGraw-Hill, Inc., 1994.24

（2）巴黎的城市场景

资料来源：H.J. de Blji. Human Geography：Culture, Society, and Space（4th ed.）. New York: John Wiley & Sons, Inc., 1993. 494

图5-25　作为行为背景的城市

才能吸引周边的人群到这里来，这些地点通常是"古人类聚会的地点，古人类定期返回这些地点进行一些神圣活动"，也就是说，"人类最早的礼仪性汇聚地点，即各方人口朝觐的目标，就是城市发展最初胚盘。这类地点除具备各种优良的自然条件外，还具有一些精神的或超自然的威力，一种比普通生活过程更高超、更恒久、更有普遍意义的威力"。由于有了这样的吸引作用，就出现了与乡村那种固定的、内向的和敌视外来者完全不同的形态特点。但在此后的发展过程中，其作为容器的作用就更为重要。芒福德说："城市主要地还是一种贮藏库，一个保管者和积攒者。城市首先掌握了这些功能之后才能完成其最高功能的，即作为一个传播者和流传者的功能。"芒福德通过对城市与郊区生活的对比，认为："……城市创造了戏剧，但郊区就缺乏这一点。"而如果一个城市的文化趋向统一性，那么这个城市也就走向了末路，因此他警告，城市文明如果失去了激动人心的对话之感觉，那么也就到达了其生命的最后一幕。

"那么，城市兴起后所带来的影响又何在呢？许多社会功能在此之前是处于自发的分散、无组织状态中的，城市的兴起才逐渐将其聚拢到一个有限的地域环境之内；由此，人类社区的各种组成部分才开始形成一种蓬勃的紧张兴奋和相互感应的状态。这样一种复合体，几乎是由封闭的城墙严格的封围形式所强制形成的，原始城市（proto-city）的各种早已发展成熟的基本因素——圣祠、泉水、村落、集市、堡垒等——就在这种复合体环境中开始发展、壮大、增多，并且在结构组成上进一步分化，最后各自形成为城市文化的各种组成成分的雏型。历史发展表明，城市不仅仅能用具体的形式体现精神宗教，以及世俗的伟力，而且城市又以一种超乎人的明确意图的形式发展着人类生活的各个方面。最初它就具有某种象征意义，代表着宇宙，是实现人间天堂的一种途径，现在城市就成为一切可能事物的集中代表。理想国（utopia）是城市的起源结构中不可缺少的组成部分，而且正是由于城市从最初就采取了最理想的方案形式，城市才将一系列的事物逐一化为现实；否则，若仍处在平静约束的小型社区条件下，这些事物还不知要继续潜伏多少世代，还将继续沿用陈规陋习，不愿努力去打破旧有的日常习惯和居民们的世俗梦幻"。

图5-26　雅典卫城复原图
资料来源：Klaus Reichold,Bernhard Graf.Buildings that Changed the World，Munich.London.New York：Prestel，1999.21

六、菲舍尔的"亚文化"理论[38]

社会学家菲舍尔（C. Fischer）从城市中为什么会有较多的反传统行为和非规范性行为这样的问题入手，以"亚文化"理论来揭示城市的本质特征。1975年他发表了一篇论文《城市性的亚文化理论》（Toward a Subculture Theory of Urbanism）。菲舍尔从最简要的城市概念出发，他认为城市就是人口的聚集，一个地区聚集的人口越多，就越能成为城市。也许从这样一个简略的概念出发，才能更深刻地揭示他所要表达的理论的意义。他认为，城市特征就在于亚文化的形成以及多种亚文化团体的作用发挥，而这些在乡村中是无法产生的。另一方面，亚文化及亚文化团体保持了城乡差别的长久性，在相当长的时间内仍是不会消失的。在城市中，人口数量众多、高密度和社会异质性加强了人们所具有的亚文化特征，而所谓的"亚文化"是指一系列信仰、价值、规范、习惯的模式，而"亚文化"的形成只可能存在于一个有着较大社会系统和文化中、具有相对差异的社会亚系统并且相互之间紧密联系在一起。就整个理论形态而言，菲舍尔指出，他的理论模型只想表明城市性对"非规范行为"的影响，而其他诸如财富、年龄、教育和区域的变量不在强调之列。他认为："城市中较高的偏差行为和无组织行为的发生并不是由于诸如人际的疏离、匿名性和非个性化的交往，而是由于一定数量的能够承载一个可自行生长发育的亚文化人口的存在，这个一定的人口称为'临界多数'。"根据菲舍尔的论述，城市中之所以形成不同的亚文化以及其作用的方式主要体现在以下几个方面：

（1）一个地方越具有城市特征，亚文化类别就越

（1）1957年一组纽约画家在他们生活和工作的位于纽约中心区的建筑顶上

（2）SOM于1950年设计的曼哈顿居住区

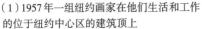

图5-27　纽约不同群体的生活环境

资料来源：Gwendolyn Wright.Permeable Boundaries: Domesticity in Post-war New York, 2002. 见：Peter Madsen 和 Richard Plunz 编.The Urban Lifeworld：Formation，Perception，Representation，London and New York：Routledge.213

多。也就是说，人口聚集产生了不同的亚文化，这是由至少两个相互关联但又是各自独立的过程所引起的：①人口密度的动态发展促使结构上产生差别。人口密度越大，就越产生竞争、相对的优势和选择等动力，从而促使社会亚系统的产生，这些亚系统总是和某种亚文化联系在一起；②较大型的居住区比起较小的居住区更能吸引到大量的移民，而这些移民是来于各种各样的亚文化。

（2）一个地方越具有城市特征，它的亚文化强度就越大。这种强度也来自最少两个彼此增强的并且各自独立的过程：①基于"临界多数"的观点，一个亚文化的人口规模越大，它的"制度化形成程度"（institutional completeness）就越高，也就是说在给定的市场机制情况下，当人口规模达到一定的临界水平，就能够使社会亚系统得以产生并支持诸如结构、范围、防卫等设置并促使亚文化的产生。这些设置（例如衣着类型、报纸、人际关系）会建立起权威资源和聚合点，并确立社会边界，这种现象的一个典型例子是犯罪亚社区（criminal subcommunity）。大城市中都存在着各种专业化的犯罪群体，这些群体有他们自己的聚会地点和核心集团，而导致这些专业犯罪产生的原因是由于大城市是犯罪人数达到了一定的"临界多数"，使他们能够组织起来并发展出分配赃物、寻求保护、

训练徒弟和享受利益的方式。另外，艺术家亚社区、学生亚文化、"年轻的单身者"和其他群体都是这方面的例子；②第二个进程牵涉到群体间的联系，在一个地方，亚文化的类别和规模越大，他们之间的对立和冲突越多，因而亚文化的强度越大。

（3）一个地方越具有城市特征，传播资源的数量越大，就有越多的东西传播到亚文化中去。这种传播指的是一个亚文化群体对另一个亚文化群体的信仰和行为的适应过程。传播发生的频率和方向依据两个群体之间的规模、相对强度和差异等不同而有所不同。尽管亚文化之间存在冲突和疏离，但是当亚文化群体彼此住得较近并且有着功能性的相互依赖时，他们之间的传播就是极有可能的，当然这并不意味着一个亚文化取代另一个亚文化，而是导致了在一个亚文化群体中，同时存在强化和传播这种局面。例如，在美国许多大都会区可以见到青年工人群体和学生青年群体之间的令人不安的联系性。在政治论题上，前者似乎均对后者表示反对，但是前者却能适应后者的生活方式特征，如发型和衣着类型等。

（4）一个地方越具有城市特征，"非规范行为"的发生率就越高。前三个观点均可以对此作出解释。从观点一来看，存在的亚文化类型和区别越多，就有越多行为偏离总体的社会规范。从观点二来看，亚文化强度的影响增加了在偏差行为上城市和乡村的区别。此外，人口的聚居程度也在起着作用，人口规模和亚文化间的差异程度一起使非常规行为更经常地发生。如一个小镇可能也有过失青年（delinquent youths），但只有在大城市才能有足够的数量（即"临界多数"）的过失青年去形成一个可以自行发育成长的亚文化。从观点三来看，在较大的社区，非规范行为的发生率通过边缘文化向主流文化传播的过程会有所增加。

以上是菲舍尔的亚文化理论的主要观点，而这些主要观点又衍生出一些其他观点，菲舍尔为了完善它的理论模型，回答一些可能产生的疑问，进一步提出如下观点：

（5）对于一个既定的亚文化来说，城市性传播所产生的影响较大程度上是与外界特征联系在一起的，而和中心的特征联系较小。

（6）当城市性随着时间而增加时，亚文化强度的增加先于外来因素对亚文化的扩散而发生。

（7）城市并不存在一个朝向非规范行为发展的综合方向。并没有充足的理由能够表明，城市应该偏向以下方向发展，如理性主义、世俗主义和普遍主义（universals）。

（8）城市和乡村的文化差异是持久的，尽管常常有人宣称城市和乡村之间的差别正在消失，但是菲舍认为，至少就传统——非传统、规范的——非规范的向度而言，这些差别将会持续下去。

七、卡斯泰尔的"集体消费"理论

曼威·卡斯泰尔（Manuel Castells）是20世纪后半叶最重要的城市理论家之一，他运用结构主义和马克思主义的思想方法和路径，对当代城市问题进行了深刻的解释，并以其《城市问题》一书改变了现代城市的研究路径[39]。卡斯泰尔认为，城市系统不能与整个社会系统相分离，它是整个社会系统的一个组成部分。因此，社会系统中不同部分的联系方式与它们在城市系统中的联系方式是一致的，社会系统的任何变迁都会在城市系统中反映出来。作为构成整个社会系统的政治、意识形态、经济三个部分在城市系统中分别表现为城市管理、城市符号体系和由生产、消费、交换三方面组成的经济过程。城市系统不仅仅是社会整体系统的一个缩影，而且还在与社会系统的关系中扮演着特定的功能。但在他看来，这个功能不可能是文化的（意识形态方面），因为在对沃思的城市性的批评中，他已经指出了不可能存在孤立的文化；这个功能也不可能是政治的，因为政治边界与社会单位的边界并不一致；因此，城市在社会系统中的功能只能是经济的。

在卡斯泰尔看来，经济由生产、消费和交换三个要素组成。在资本主义社会中，生产并不是按地域组织的，一个生产过程的不同阶段可以在不同的地域中进行，工厂和行政管理部门可以设在不同的城市中。而交换也必须涉及到不同地域之间的流通，所以，城市体系在整个社会经济体系中扮演的经济功能既不是生产，也不是交换，而只能是消费。虽然消费本身有许多功能，但在资本主义体系中，它最主要的功能是劳动力的再生产，包括现有劳动力的简单再生产和新劳动力的扩大再生产，其消费资料涉及住房、医院、社会服务、学校、闲暇设施、文化环境等等，这是一个在日常生活基础上完成的过程。而日常生活的活动（无论吃饭、睡觉、玩耍……）必然有一定的空间边界，这个空间单位是由资本主义系统对劳动力再生产的要求所决定的。

卡斯泰尔把消费资料分为两类：一类是指那些可在市场上买得到、被个人单独占有和消费的产品，即私人的个体消费（private individual consumption）；另一类是指不能被分割的产品和服务，如交通、医疗、住房、闲暇设施等，即集体消费（collective consumption）。对于资本主义整个体系而言，不仅个人消费的消费品生产是劳动力再生产不可缺少的，集体消费的消费品生产同样是劳动力再生产不可缺少的。例如，如果没有充足的医疗卫生设施，就难以保证劳动力的健康；如果没有必要的文化教育设施，就难以再生产出与生产力发展要求相应的、具有一定知识和技术素质的劳动力。

在卡斯泰尔看来，在资本主义社会中，城市的主要作用并不在于它的生产过程，而是在于它作为"集体消费"方面所体现出来的特征。因为消费单位和生产单位的不同之处是，生产单位是按领域组织的，它可以在国家或世界的范围内进行组织，而消费单位是在一个有空间约束的系统背景中被社会性地组织和供给的。因此，空间单位与社会单位的一致也就是空间的组织与集体消费品的组织之间的一致。而集体消费是指"消费过程就其性质和规模，其组织和管理只能是集体供给"。因为，卡斯泰尔认为，集体消费品与经济学中的公共物品（public goods）基本一致，这类商品的主要特征是它不能满足市场价格的需求，它不直接被供需关系所支配。但他认为，这不是消费品本身的性质所带来的，而是资本的性质带来的，是生产这些产品的公司和企业的特征带来的。卡斯泰尔以法国的住宅生产为例。在法国，为工人阶级提供低成本住房的需求非常迫切，因为工人阶级需要有一个居住场所，而作为整体的工业资本也需要有廉价的劳动力再生产。但是这个普遍需求不能变为"有偿付能力的需求"，因为对于工人阶级而言，现有的住房价格仍是昂贵的，是工人阶级支付不起的消费品。如果资本家建好房子出租给工人家庭，这意味着有一个长期的资本投入，而建筑公司不愿意等到若干年后才得到回报。

因此，卡斯泰尔认为，在资本主义社会，必然潜藏着劳动力再生产所必需商品的供给短缺危机，这是资本主义商品生产的本性决定的。因为消费被集中在商品的使用价值上，生产被集中在生产的交换价值上，资本的投入是为了追求利润的回报，而不是消费者的需求。利润与需求的潜在分离，使用价值和交换价值的潜在分离，以及由此导致的生产与消费的矛盾已在发达资本主义社会中变得日益明显。私人资本已无力从事社会必需品的生产。面对以上矛盾，政府对交通、医疗、住房、教育、闲暇设施等集体消费品的生产和管理进行干预就变得越来越必要，因为这些商品尽管没什么利润，但却是维持资本主义整个系统稳定运行不可缺少的，如果任由矛盾发展，必然会导致新的政治矛盾。所以在发达的资本主义国家，城市问题实际上主要表现在集体消费的供给问题。

卡斯泰尔非常关心城市与社会变迁的关系，即城市形式与社会变迁之间连续互动的历史演化。为认识城市的运行规律，他建构了城市社会变迁理论框架。这一理论超越了城市史研究将"城市"看作一个孤立的领域和描述性过多的通病，其着眼点在于揭示城市如何变迁，以及为何变迁。卡斯泰尔以城市意义（urban meaning）、城市功能（urban function）与城市形式（urban form）等概念，来解释既定社会的历史行动者之间的冲突，以及城市规划与城市设计的作用。他认为，社会存在和实践于空间之中，社会的变迁与城市的变迁之间有密切的联系，指出"城市意义的历史生产"（the historical production of urban meaning），从根本上讲就是一种"城市史写作"，这也就是说，城市（cities）是历史的产物，城市意义的界定是一种社会过程，它关乎社会的结构，而社会结构则决定于生产方式的结构。所以城市（urban）是被历史的社会所决定。因而城市意义的界定，就既不是一种文化的空间复印、不是虚无真空的，也不是由不确定的历史角色间的社会战斗的结果，而是历史角色根据它们自己的利益和价值，构建社会的基本过程之一。简言之，城市意义就是一个历史界定的社会对特定空间形式所赋予的社会意义。城市意义的界定，要伴随不同生产方式、或同一生产方式的不同发展阶段而变化。卡斯泰尔认为，应该根据历史的社会冲突动力所赋予空间形式的结构性任务来界定城市历史。城市功能，则是为实现在历史界定城市意义时所赋予的城市目标的工具性组织的连结体系。而城市形式，也就是城市的文化形式，则是城市意义的象征表现。最后，卡斯泰尔称城市社会变迁就是城市意义的再界定。而城市规划，则是通过协商与调适，达成一个"城市意义"共享的城市功能；城市设计，则是象征性地尝试以特定的城市形式，来表现一个已接受了的城市意义[40]。

八、哈维的"城市是资本积累的工具"

哈维（David Harvey）详细说明了城市的功能角色——资本积累过程——以及就社会的阶级结构而言的这一角色的结果。他将城市定义为空间经济中的一个交叉点，是来自于大量剩余价值的转移、提取和在空间上集中的建成环境。资本主义首先依赖于这种剩余产品的集中，然后依赖于它的流通，城市是由这些过程的空间模式所形成的，城市形态所担当的角色是社会、经济、技术、机构的可能性的功能，这些可能性控制了对集中于城市之中的剩余价值的处置。因此，这种可能性的任何一种不同结合，对于作为空间经济交叉点的城市，都会导致一种不同的角色。通过这种方式，哈维解释了城市系统所隐含的功能多样性。他认为，就城市的生存和发展而言，城市形态依赖于在空间上有组织的社会系统的一种适当功能，并且有必要将城市空间经济（urban-space economy）建构为一个创造、提取和集中剩余价值的装置。要研究城市的这一功能，也就必须全面地认识资本积累在空间中是如何发生、形成的方式及其过程。哈维运用古典政治经济学的分类，区分了三种资本在空间中实现剩余价值的条件，这三种资本就是租金（rent）、利息（interest）和利润（profit）。他表明了根据实现剩余价值的不同形式，在建成环境中运行的资本至少存在着三个部分。资本的第一部分集中在租金和对它的占用，其方式可以是直接的，如地主；也可以是间接的，如通过房地产投机所形成的金融利息（financial interest）所表现的。资本的第二部分通过建造——通过加入建造或资助其他人的工程而直接加入到建成环境中——而追求利息和利润。资本的第三部分是为了阶级整体的利益而运行的，哈维称之为"一般资本"（capital in general），因为这项资本把建成环境视作有效占用剩余价值的场所，剩余价值支持资本积累。这最后一部分必然是受到国家干预的，并且最晚从20世纪的30年代起开始起作用，以最直接的国家支持和国家管理的项目来达到保证资本主义生存和发展的目的。

阶级斗争和国家干预是城市空间发展的重要的决

定性因素，因此，要对城市空间形态的变化进行研究，尤其在解释城市（city）向扩张的大都市地区（metropolitan region）的城市模式转变的过程时，必然地要包含这样两个方面，否则就无法得到真正的解释。因此，哈维的分析将阶级斗争结合进国家和市民社会（civil society）的矛盾关系中。他注意到劳动者"使用建成环境是作为一种消费形式和一种他自身的再生产的方式"。对于哈维的分析，这一点是必然的，因为除了那些在工作场所产生的问题之外，他使阶级斗争处于与日常生活安排相关的事务之中。正如他所指出的："劳动力在寻求保护和提高他的生活标准中，他们在居住地参加了一系列克服与建成空间的创造、管理和使用有关的各种问题的正在进行的斗争。"另一方面，他坚决主张建成环境必然会通过政府干预主义的资本运行所改变，并试图建立一个国家和资本在有关空间干预方面相互关系的理论。他认为，租金的占有者和为利润而做事的营造者，并不必然地加入到关于每个人怎样使用社会剩余的利益集团之中，因此，资本必须干预，而干预通常是通过国家机构进行的。哈维指出了主张干预主义的几方面特征，其中包括通过工作纪律的过分要求而使劳动力社会化，对集体消费进行管理以此作为防止大萧条再现的凯恩斯（Keynesian）危机标准的一部分，以及向作为工人居住的主要模式——家庭所有（homeownership）的根本性转变。

第三节　城市化理论

　　城市的发展始终是与城市化的过程结合在一起的。所谓城市化，包含着两层含义：首先是指城市的数量增加或城市规模扩大的过程，这主要表现为城市人口数量在社会总人口中的比重逐渐上升；其次是指城市的某些特征向周围的郊区和农村地区传播扩展，使当地原有的文化模式逐渐改变的过程。从某种意义上讲，城市化是人口及其活动密集化的过程，以经济学家的语言来说，就是"城市化是指从以人口稀疏并相当均匀遍布空间、劳动强度强大且个人分散为特征的农村经济，转变为具有基本对立特征的城市经济的变化过程。城市经济的特征是密度大，商品和服务生产专业化，在家庭、企业和政府之间以及每种群体内部存在着紧密的相互依赖性，以及高水平的技术、革新和企业管理。城市化由于其本身特征而导致空间集

中，而密度大又导致经济活动的密集。这种趋势与生产专业化一起，产生了显著的、普遍的相互依赖性和外差因素……"[41]。城市化是一个不断演进的过程，在不同的阶段显示出不同的特征，但也应该看到，"城市化不是一个过程，而是许多过程；不考虑社会其余部分的趋向就不可能设计出成功的城市系统。不发达国家如果不解决他们的乡村问题，其城市问题也就不能够得到解决"[42]。

　　有许多学者认为，从城市兴起和成长的过程来看，城市化的前提条件在于城市所在区域的农业经济的发展水平，其中，农业生产力的发展是城市兴起和成长的第一前提。沃伊廷斯基（W. S. Woytinsky）认为，一个国家城市化的程度，一般由该国家的农业生产力所决定，或是由该国通过交通、政治和军事力量从国外获得粮食的能力所决定。蒙罗（W.B. Munro）则认为，城市兴起和成长的主要原因在于由于农业生产力扩大而产生粮食剩余。一个国家、一个地区的人口增加，与城市的发展不存在直接的关系，因为如果农民不生产余粮，城市永远无从产生，而余粮产量不增加，城市永远无法成长。因此，只有农业发达，城市的兴起和成长在经济上才成为可能。因此，历史上第一批城市大多都诞生在农业发达地区。农村劳动力的剩余是城市兴起和成长的第二前提，也就是说，粮食生产出现了剩余并不必然导致城市的兴起和成长，只有当农村同时提供了有劳动能力的剩余人口时，城市现象才能发生。胡佛（E. M. Hoover）认为，人类最原始的适应性区位是自给自足的农业区位，在那些适宜耕种、便于灌溉的地方，人们在土地边上搭盖茅舍、掘土索食、团聚而居。以后便出现按自然资源分布的农业层，并伴随交通的发展，逐渐出现村落工业（即农村手工业），形成了与基本农业层有关的工业上层建筑，这些工业的原料、市场、劳动力，最初都是由农业人口提供的。从这样的意义上讲，在农业发达地区，剩余粮食刺激人口劳动力结构发生分化，社会中出现了一批专门从事于非农业活动的人口，这些非农业活动首先为农业生产提供服务，为农业提供了新工具、新技术，促进农业经济发展。这样，农村又可以提供更多的剩余粮食和剩余劳动力进城服务。这个往复过程不断叠加上升，城市化也就随之而得到发展。

　　正如前面在讨论城市起源时已经讨论的那样，许多学者认为农业的发展是城市化发展的重要因素，但并不一定就是惟一的因素，同时也并不是必然的因素。

城市化的发展还受到其他许多方面的影响，而其中，城市本身可以通过多种途径来解决其发展的需要问题。戴维斯（Kingsley Davis）是对历史上的城市人口学进行研究的先驱，1965年他发表了题为《人口城市化》（The Urbanization of the Human Population）的论文[43]，着重研究了在人类历史上，在全球范围内城市化是怎样发生的这样的问题。他的研究为理解人口动态发展和城市化发展的基本问题提供了一个清晰的框架。戴维斯提出了城市化的来源，他认为，"城市化社会，就是大多数人集聚地生活在城镇与城市之中，它代表了人类社会演进的一个新的也是基础性的进步"。至于城市化究竟是怎样形成的，他认为，城市化是由农村向城市的移民所形成的，而不是由于诸如不同的生育率或出生率等其他因素所导致的。但他与前面提及的学者的观点不同，他认为，城市的发展并不一定就与农业的发达有直接的关联。他以中世纪为例，认为决定中世纪城市发展的因素主要有两项，一是无论以人均的粮食生产还是以（英）亩均的粮食生产来衡量，中世纪农业的生产率都很低；二是封建的社会制度。"第一个因素意味着城市（镇）不可能在地方性农业的基础上繁荣起来，因此就不得不进行贸易，并为了贸易而制造一些东西。第二个因素意味着城市对其腹地并不具有政治的统治权，由此而成为敌对的城邦。因此，城市着重于商业和制造业的发展，并建立了一些地方制度来适应它的地位。手工艺者居住在城镇中，因为商人可以来管理质量和成本。城市之间的竞争刺激了专业化和技术创新，对文字、计算技艺和地理知识的需要导致了城市对世俗的（非宗教的）教育的投入"。他认为这才是城市发展的关键，而并不在于周围地区的农业的发达。其实，戴维斯的这一观点可以在许多城市找到例证，甚至像古典时代的希腊雅典其实也并不位于粮食的主要生产区，正是由于其缺少粮食的直接供应而需要通过贸易来获得食品等，既促进了手工业的发达，科学文化的不断发展，也提高了其自身的生存和发展的能力[44]。戴维斯在论文中还对城市化的历史作了回顾，并从中得出了一些规律。他说："如果将城市限定在有10万或以上的居民，那么，1600年根据估计的欧洲人口只有1.6%的人口居住在城市中，到1700年则为1.9%，1800年为2.2%。""随着工业化的发展，这种转换才显著起来。到1801年，英格兰和威尔士将近有1/10的人口生活在10万人以上的城市中，这个比例在此后的40年中翻了一番，在之后的60年

中又翻了一番。到1900年，英国已经成为了一个城市化的社会。一般而言，一个国家的工业化越晚，它的城市化就越快。从10万人以上的城市人口占全国人口的10%转变成30%，在英格兰和威尔士共用了79年时间，在美国是66年，德国是48年，日本是36年，澳大利亚是26年。经济发展和城市化总是紧密结合在一起的。1960年，199个国家生活在城市中的人口比例与人均收入明显相关"。戴维斯提出"城市化的典型周期可以用趋缓的'S'形曲线来表达"，这一曲线成为后来描述城市化宏观发展趋势的经典模式。

现代城市化发展的最基本的动力是工业化的过程。资本主义大机器生产的出现，在短时间内改变了城市的经济状况，城市中原有工厂的规模开始扩大，同时，沿着城市主要交通线路不断开设新的工厂。大量的剩余农业劳动人口被吸引进城市，使城市中出现了产业大军，也出现了高密度的人口集聚。工业和人口的高度集中，与城市所能提供的相对于农村的比较优势有关。"城市化能够为比较成本利益所推动的原因很多，如可以利用有效而可靠的运输，开发矿产和其他自然资源，良好的气候、善于生产的和多种多样的劳动力。在历史上，许多城市总是坐落在天然交通中心（地处通航河流、湖泊或港湾）。美国一切大型标准城市统计区都紧傍通航水路这件事实，证明了这种因素对于城市化过程的重要性。到了近代，人造交通设施（公路、铁路和机场）也一直非常重要"。此外，规模经济肯定也是重要的因素。"规模经济受空间集中的影响极大。没有空间集中，生产只能以极其有限的规模进行，通常靠近产品消费地以节省运输费用。在这种情况下，人口和生产往往相当均匀地遍布空间。如果存在规模经济（和运输成本），则人口和经济活动在空间上就很少如此均匀分布。规模经济和运输成本共同导致经济活动的空间集中，即城市经济"[45]。从18世纪后期开始，工业的发展开始支配城市的发展。弗里德曼（John Friedmann）根据一个国家工业产值在国民生产总值中所占比重的不同，归纳出国土范围内空间经济增长的四个阶段。其中的每个阶段都反映了城市和其他地域之间关系的变化。（1）前工业阶段，工业产值比重小于10%。此时，经济发展水平的区域不平衡现象不显著，城市的发生和发展缓慢，城镇体系由规模很小的彼此独立的中心构成，每个中心服务的腹地范围非常有限；（2）过渡阶段，工业产值比重在10%～25%之间，此时，国内具有区位优势的地区表

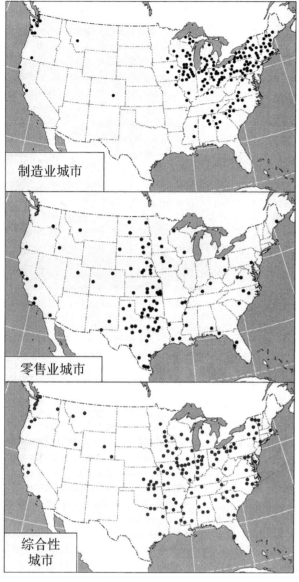

图5-28　20世纪40年代初，美国不同职能城市的分布
资料来源：H.J. de Blji.Human Geography: Culture, Society, and Space（4th ed.）.New York:John Wiley & Sons, Inc., 1993.396

现出很高的增长速度，从而使城市－区域之间的对比开始出现。这种对比一旦出现，就会不断地吸引来自其他地区的企业家、劳动力和资源向城市的集中，从而使城市具有更大的发展优势，城市的经济地位和领导地位不断提高，其范围不断扩大，形成单一的特大城市区域，这一区域集中了国内重要的工业经济活动和大部分的城市人口；（3）工业阶段，工业产值比重25%～50%。此时，在原先相对落后的区域范围内的相对比较优越的地区出现了高速度的经济增长，形成了次一级核心区域，从而使综合工业体系相对完善，城市体系也趋于完善；（4）后工业阶段，工业产值比重

开始下降，工业活动逐步由城市向外扩散，特大城市区域内的边缘区域逐渐被特大城市的经济所同化，形成大规模城市化区域。

现代城市化的过程同时也是第三产业集聚行为所进行的过程。在工业现代化后，工业化在城市化中的优势度有所减弱，这从弗里德曼的论述中也可以看到。但现代城市化的发展并没有因此而减慢，反而出现了持续的发展，这其中的主要原因就在于第三产业的不断发展。城市中的第三产业提供了两个部分内容的服务，一是企业所要求的生产性服务，二是居民所要求的生活性服务。生产性服务的发展是与现代工业的发展紧密相关的。生产规模的扩大和资本垄断与生产社会化程度不断深化的条件下，需要有大量的指挥、调度和管理的机构，这些机构往往是组织工业生产和控制市场信息的中枢部门，如各种公司的总部、各种银行和金融组织、证券交易所等，这些机构在城市中越来越多。同时，整个社会的生产流通量在不断加大，市场交换的频率在不断加快，企业为提高经济效益和增强自身的竞争能力，对城市的生产性服务设施也提出了新的要求，如，要求有金融、运输、通信、研究机构的协助，要求有批发、零售、仓库、广告等行业的配合，并要求有各种不同类型的教育机构培训各种管理人才、熟练生产人员等。在生产性服务行业不断发展的同时，随着社会经济水平和教育、文化水平的提高，社会闲暇时间的增加，城市居民城市社会的舒适性也要求城市能够提高多种多样的物质、文化和精神消费的服务，从而促进了生活性服务行业的发展。这些第三产业的发展，使城市更具吸引力，也同样使城市得到进一步的发展。

影响到城市化发展的因素是多方面的，这些要素的任何一项的变化都会影响到城市化的进程。但就总体而言，经济的因素肯定是最为重要的，但同样可以肯定的是它并不是惟一的因素。联合国人居中心的报告《全球人类住区报告》指出："许多因素影响着从农村到城镇的移民规模，而它又反过来构成城市化水平提高的基础。然而，在一个国家中经济发展的变化与城市化水平之间有着明显的关联。这种关联可以通过将国家的城市化水平与人均收入用图标绘之后而看出。这种关联是复杂的，因为有许多因素在起作用。当经济发展可以导致城市化水平增长时，城市化的更高水平也能反过来促进更多的经济增长[46]。"在所有影响城市化进程的因素中，城市经济学家认为可以分成两类

图5-29　纽约曼哈顿（Manhattan）滨水区1879年（上）与1983年（下）的情景
资料来源：Han Meyer.City and Port：Urban Planning as a Cultural Venture in London，Barcelona，New York，and Rotterdam：Changing Relations Between Public Urban Space and Large-Scale Infrastructure.Utrech：International Books，1999.218~219

基本条件。"首要的基本条件是供给方面的现象，即比较成本利益、生产专业化和规模经济的综合。生产引起的城市化完全不同于需求引起的城市化，需求引起的城市化依靠内部市场需求的增加，可以看作地方市场引起的、特别是家庭市场引起的城市化，有时与舒适有关"[47]。赫希（Werner Z. Hirsch）认为，要理解与生产发展有关的城市化过程以及城市为何在原有的区位能够得到不断的发展，有三个原则是非常重要的。这三条原则分别是："最低临界原则"、"初始利益棘轮效应"和"循环累积因果关系"[48]。所谓的"最低临界值原则"是指新建或扩建一个工厂需要有一个最低销售额支持。一个聚居区在周围存在有效市场以保证某种生产之前，一般都要进口这种产品。面向区域市场或全国市场的工业，除非达到了区域或全国临界值，否则不会设置在一个聚居区。只要达到这个临界值并给聚居区带来比较利益，那么修建或扩建工厂以生产某种特定产品就有利可图。如果规模经济、工业革新和交通革新能够引起足够大的出口需求，则市场就会扩大，足以保证这样去做。显然，达到了临界值并非一定就要投资，只能说在这种情况下更容易、更可能作出投资决策。所谓的"初始利益棘轮效应"原则主要是指，一个城市的居民对未来所作出的决策是以这个城市现在必须提供什么为基础的。工业实力雄厚、基础设施良好的城市，至少在其发展前期要比一个较为后进的城市能为新工业提供更好的温床。其意义就在于，过去形成的人口和经济活动分布，影响着现在的选址决策，因为绝大多数选址决策必须接受现有的市场、投入和交通设施。现在决策，即边际决策，在很大程度上是依据过去形成的位置（价格）情况。但是过去发展的利益也可能不会永远持续下去。尽管一个城市发展前期进一步增长的动力可能很大，但随着进一步发展的成本增加，进入后期这种动力也可能减弱。所谓的"循环累积因果关系原则"则把工业增长和城市发展看作一种相互联系的过程，每个发展阶段都依赖于前一发展阶段。工业化和城市化的力量在循环因果关系中如此相互连锁，以至于这些力量中的任何一种力量发生变化都导致其余各种力量发生变化，而且第二级变化支持第一级变化，类似的第三级变化又影响受第一级影响而变化的变量，如此等等。这种循环因果关系不仅具有累积效果，而且往往以一种加速度迅速积聚。这些经济学的基本原则，较好地解释了城市化发展的动力因素以及城市不断发展的原因。除了生产性方面的因素会推动的城市化发展，源自于城市内部的需求的发展同样也会促进城市化的发展。一个聚居区人口和收入的增长能够产生地方需求，地方需求又将刺激地方生产的增长，这种增长一经开始，提高了的商业活动水平就会创造对物资和服务投入的需求，极有可能产生足够的地方需求以保证地方生产而不再继续进口某些商品。随着商品生产和服务需求的不断提高，城市中提供的工作岗位也会不断增加，从而提高了城市的工资水平，进而吸引更多的人到城市之中。

针对于后发的、正在城市化起步进程中的国家，诺贝尔经济学奖获得者、英国经济学家刘易斯（W. Arthur Lewis）1979年提出，发展中国家的经济是由两个部门组成的，即以现代化技术为特点的发达经济部门和以传统的落后技术为特点的农业部门，经济发展的动力为发达的经济部门。在传统的农业部门里存在着大量的隐蔽失业者，成为发达经济部门充足的劳动力来源。由于劳动力供给丰富，工资水平又和落后的农业劳动生产力相适应，使得发达经济部门可以获得高额利润，而这些利润的再投资，又可以吸收更多的劳动力。这样，资本积累就成为发展中国家发展经济的关键。而资本积累的主要来源是国内储蓄，储蓄的主要来源是利润，即储蓄的增加实际上是利润增加的结果。经济发展过程就是发达经济部门不断扩大的过程，也是利润不断增加的过程。适当的通货膨胀可以刺激投资，从而促进经济的发展，而随着经济的发展，整个社会和意识形态都将发生变化。这种对发展中国家经济发展过程的解释与古典经济学对资本主义发展过程的解释基本相同，因而，这一理论被称为古典发展理论。刘易斯在1954年出版的《劳动力无限供给下的经济发展》一书中，着重探讨了人口流动与经济发展关系的模型。正由于在发展中国家存在着二元经济机构，在农业部门中，存在着大量的过剩劳动力，其表现是这部分劳动力的边际生产率为零或负数，这部分劳动力形式上在劳动，实际上处于伪装失业的状态。而在工业部门中，劳动者已实现了充分就业，其工资水平又高于农村劳动力收入，从而农村过剩劳动力有流向城市工业部门的自然取向。只要农业部门中存在伪装失业，只要农业部门和工业部门的劳动力收入保持差距，农业部门的过剩劳动力就会对工业部门形成源源不断的无限供给。工业生产的扩大不会引起工资上涨，因为雇用来自农业部门的过剩劳动力而累积起来的利润，可以转化为投资，可以使工业生产部门进一步发展，再吸收更多的农业部门的过剩劳动力。另一方面，农业部门由于过剩劳动力的逐渐消失，劳动生产率和劳动者收入将逐渐提高，这一过程一直持续到农村过剩劳动力被吸收罄尽、工农两部门工资水平相等为止。其结果将是工业化逐步实现，农业生产率不断提高，国民经济得到发展。1964年拉尼斯和费景汉在刘易斯模式的基础上，提出了自己的模式，出版了《劳动力剩余经济的发展》（Development of the Labor Surplus Economy）。他们指出，刘易斯模式有两个缺点：（1）没有足够重视农业在促进工业增长中的重要性；（2）没有注意到农业由于劳动生产率的提高而出现农业剩余产品应该是农业劳动转移的先决条件。他们在对这两个问题进行分析的基础上，发展了刘易斯模型。他们把二元经济结构的演变分为三个阶段：第一阶段类似于刘易斯模式，农业部门存在着隐蔽性失业，劳动边际生产率为零或接近于零，劳动力供给弹性无限大；第二、第三阶段中，农业部门逐渐出现了生产剩余，从而可以满足非农业部门的消费，将有助于劳动力从农业部门向工业部门转移，农业部门不只是消极地为工业输送劳动力，还积极地为工业部门的扩大提供必不可少的农产品。以后，人们把上述两个模式合称为刘易斯-费-拉尼斯模式。

有相当数量的经济学家认为，这个模式是建立在这样三个假设之上的：（1）劳动力的转移速度、工业部门就业机会的增加速度和工业资本积累速度是成比例的；（2）农村中有过剩劳动力，城市中存在着充分就业；（3）在农村过剩劳动力耗竭之前，城市中的实际工资一直保持不动。而这些假设并不符合发展中国家的实际。因此，哈里斯和托达罗针对刘易斯模型提出，刘易斯模型没有说明为什么在发展中国家城市中失业和就业不足现象不断加剧的同时，仍有大量农村过剩劳动力流入城市的现象，从而应当建立一种新的模式，对农村人口流入与城市失业同步增长的矛盾作出解释。产生这种矛盾的原因是：吸引农村人口流入城市的原因是城乡预期收入的差异，而不是其绝对差异。而影响预期的因素是城乡实际工资差异的大小和在城市求得工作机会的可能性的大小（即就业风险大小）。农村人口是在权衡了这两个因素之后才作出是否要向城市转移的决策的。只要未来的预期城市收入现值大于预期农村收入现值，人口就会从农村移向城市。这一模式不同于刘易斯模式之处在于，后者认为人口流动的结果使城乡收入趋于一致，而前者则认为人口流动是城乡预期收入的平衡力量，其含义是：吸引人口流动的动力是比较利益与成本的合理经济考虑以及心理的因素；促使人们作出流入城市决策的因素是预期的城乡收入差异，而这个预期又取决于城市工资水平与就业概率；流入城市人口的就业概率同城市失业率成反比；人口流动率超过城市就业概率是可能的、合理的。城市高失业率是城乡经济发展不平衡和经济机会不均等的必然结果。

第四节 城市发展的理论解释

城市是城市规划的研究对象，而更为重要的是，城市规划所直接针对的是未来的城市，也就是需要对城市的发展有透彻的把握。只有真正认识了城市的发展，城市规划才有可能洞悉城市的未来，才有可能更好地安排未来发展的各项条件。而影响城市发展的因素非常众多，甚至可以这样说，城市中任何组成要素的发展、演变以及这些要素之间相互关系的改变，都会导致城市的变化和发展。因此，要认识城市的发展就有必要从对这些要素及其相互关系的认识开始。对城市进行研究的各门相关学科都提供了这样的途径。这些学科从各自的学科兴趣和学科对象出发，运用各自的研究工具和方法，揭示了城市发展不同方面的普遍性规律，提出了各类有关城市发展的理论，这些理论很好地揭示了城市发展现象背后的本质性内容。这里我们只可能对有关城市发展的一些主要的理论作一简要的介绍，目的就是要以此来认识城市发展的原因及其机制，从而为城市规划对城市发展的认识提供依据，使城市规划的内容更加适合于城市发展的规律。有关城市发展的理论非常众多，不可能一一列举，只能选择其中比较主要的并得到普遍认可的一些理论进行论述。

1. 现代化理论[49]

现代化理论的提出与对现代社会的认识有着直接的关系。现代化的发展和城市发展之间的关系极为密切，正如鲍曼（Zygmunt Bauman）曾指出的，"不是所有的城市生活都是现代生活，但是所有的现代生活都是城市生活。就生活而言，成为现代的就意味着变得更像城市里的生活"[50]。城市化的发展是现代化过程主导下的发展并且是现代化发展的一个重要表现，也是现代化量度的一个指标，同时，城市的发展也是现代化发展的一个重要载体，现代化的实现首先需要通过城市化来实现的。

从19世纪开始就出现了对现代社会研究的大量文献，而韦伯（Max Weber）通过对现代资本主义社会的形成和发展的研究，揭示了现代社会的基本特征在于理性的普遍化。在此基础上，经过各个学科的学者的广泛研究，提出了"现代化"的最基本精神就是"理性化"。现代社会的各个方面都是建立于这样的基础之上的：首先是以自然科学知识为基础的技术的普遍运用（技术现代化）和以机器生产为基础的工业化（经济现代化）为开路先锋，推动了社会、政治、文化等方面的现代化进程，包括：民族国家一体化、法制化和极权化的国家体制的建立（政治现代化），科层制的普及（组织现代化），以功能、绩效原则为基础的高度分化与流动的各种社会结构的形成（社会现代化），理性至上、个人至上、成功至上、能力至上、效率至上的价值观的确立（文化现代化）等等。而现代化社会的许多特点，如专业化、标准化、同步化、集中化、规模化、系统化、控制化等都是社会生活全面"理性化"的不同表现。由此可以看到，现代化说到底就是人类借助理性来实现对自然界和人类社会生活本身的控制能力的增长过程。

从严格意义上讲，现代化理论产生于20世纪50年代后期，到20世纪60年代达到兴盛阶段。经典社会学家孔德（Comte）、斯宾塞（Spencer）、迪尔凯姆（Emile Durkheim）和滕尼斯（Ferdinand Tönnies）是其前驱，他们都致力于社会发展和社会变迁的研究，特别是迪尔凯姆的分工论和滕尼斯的社区和社会理论是对社会从"传统"到"现代"的发展的经典论述。韦伯（Max Weber）的合理化理论则把经典社会学的现代化理论推上了高峰。帕森斯（Talcott Parsons）的结构功能主义虽然致力于社会均衡的研究，但其后期也对社会进化作了许多探索。现代化理论主要就是运用经典社会学家的各种理论，通过研究揭示西方社会现代化进程的基本特征与规律，来分析社会发展尤其是不发达国家的社会发展问题，并希望对非西方的发展中国家提供前进的方向。现代化理论的发展基本上可以分为两个阶段，一是早期的现代化理论，主要集中在20世纪的60年代后期以前对现代化过程的广泛讨论；二是后期现代化理论，在经历了20世纪60年代后期的以"依附论"等为核心的批判之后形成的、在后现代精神鼓舞下的新的理论高潮，这一高潮一直延续到现在。

（1）早期现代化理论

早期现代化理论的核心是建立在"传统"与"现代"的两分法的基础之上的，因此，所谓的"现代化"，其实质就在于从"传统"社会向"现代"社会的转化。因此，现代化理论的核心就在于：什么是"传统社会"、什么是"现代社会"？怎样才能实现从"传统"社会向"现代"社会的转化？

许多早期的现代化理论家都曾从不同的学科领域详细讨论过"传统"和"现代"的特征或二者的差异。

这些内容主要包括:

① 从经济方面看,现代社会是工业和服务业占据绝对优势的社会,或所使用的全部能源中非生命能源占据较大比重的社会;传统社会则是第一产业占据绝对优势的社会,或所使用的全部能源中生命能源占据较大比重的社会。

② 从政治方面看,现代社会普遍具有一个有高度差异和功能专门化的一体化的政府组织体制,它采用理性化和世俗化的程序制定政治决策,人民怀有广泛的兴趣积极参与政治活动,各种条例的制定主要是以法律为基础,而传统社会则多数不具备这些特点。

③ 从社会结构方面看,现代社会是高度分化的社会,各组织之间的专业化程度和相互依赖程度较高;社会的流动率也很高;人口大规模集中于城市;角色和地位的分配主要是依据个人的能力和业绩;调节人际关系的规范是标准化的、普遍主义的;科层制普遍发展;家庭功能缩小、地位下降等。传统社会则是低度分化的社会,组织间的专业化程度和相互依赖程度低;社会流动率低;人口主要分散在乡村;角色和地位的分配主要是依据出身、年龄等先赋因素;调节人际关系的规范是特殊主义的;科层制即使有也只限于某些领域;家庭具有多重功能,是基本的社会组织形式等等。

④ 从文化方面看,现代社会的文化强调理性主义、个性自由、不断进取、效率至上、能力至上等观念。传统社会的文化则强调超验的、反个性的、知足常乐的、先赋至上的、感性至上的价值观念。

⑤ 从个人人格与行为特征上看,现代社会的成员有强烈的成就动机,在处理有关事务时有高度的理性和自主性,对新事物有高度的开放性,对公共事务有强烈的参与感,对生活在其中的世界有较高程度的信任感等等。传统社会的成员则缺乏这些基本素质。

因此,"现代化"的过程就是一个具有上述"传统"特征的社会,逐渐消除这些特征,同时获得上述种种"现代"特征的过程。对于这样一个过程,早期的现代化理论家也大都同意它具有以下特点:

① 现代化是一个彻底的转变过程。为了使一个社会从传统形态转变到现代形态,必须从经济、政治、社会、文化等方面彻底改变这个社会,用一套全新的、"现代"的经济、政治、社会和心理结构来取代旧的、"传统"的经济、政治、社会和心理结构。

② 现代化是一个系统的过程。它涉及到社会各个领域、各个方面的嬗变。一旦某个领域(比如经济领域)开始了现代化的过程,就必然要求或导致其他领域的现代化过程的发生。

③ 现代化是一个长期的过程。它不可能在短暂的时间里就得以完成,往往要以世纪来计算。在一定意义上可以说它又是一个渐进性的进化过程。

④ 现代性是一个阶段性的过程。它从传统阶段开始,以现代阶段告终,中间还可以划分出几个小阶段;而且,一切社会都要经过大致相同的若干阶段。

⑤ 现代化是一个内在的过程。它必须具有内部的动力和条件才能够得以发生和持续。

⑥ 现代化是一个全球化的过程。它从欧洲开始,通过传播等途径扩散到全世界。所有的社会都曾经是传统社会,而所有的社会也都将转变成现代社会。

⑦ 现代化是一个趋同化的过程。随着时间的流逝,人们的相似性将日益增加。现代化程度越高,各社会在各方面的相似性程度也就越高。最后整个世界将变成一个同质的实体。

⑧ 现代化是一个不可逆转的过程。现代化是一种"普遍的溶剂",所有与之接触的社会与领域都不可能长期抵抗住它的溶解力。而且在任一社会中,现代化一旦开始,就不可能真正抑制。可能有暂时的挫折和倒退,但总的趋势不可能逆转。各国各领域现代化的速度可以不同,但总的方向却不会不同。

⑨ 现代化是一个进步的过程。虽然在现代化的过程中,会产生一些问题,带来一定的痛苦和代价,但从长远来看,现代化增加了人类在各方面的福利。

(2)新现代化理论

从20世纪60年代末开始,早期现代化理论遭到了两个方面的批评,首先是来自阵营内部的,即主流社会科学内部,这些批评主要指出了其中所存在的严重问题,如"传统"与"现代"的两分法掩盖了现实社会中的多样性,现代化道路的"单线进化"模式等等。其次是来自于"依附论"、"世界体系"等理论学派的学者,他们认为这种以西方国家的发展经历为基础形成的理论模式不可能用来指导当今处于新的形势下的非西方发展中国家的发展研究,西方发达国家与非西方不发达国家在开始各自的现代化过程时处于完全不同的外部环境之下,前者在世界体系中多居于独立的、中心的地位,后者则多居于依附的、外围的地位,这就使得它们的发展过程必然会有不同的样式、不同的特点和不同的结果。

从 20 世纪 70 年代后开始，以上述主流社会科学内部对早期现代化理论提出批评的学者为核心，结合世界社会经济发展的新的形势和社会科学本身的发展，逐步地拓展了对新现代化理论的研究。他们一方面对早期的现代化理论进行批评，另一方面又积极进行探索，试图对早期的现代化理论进行补充、修正，形成一种新的更富解释力的现代化理论。在这些学者中，古斯菲尔德对传统与现代之关系的重新考察、艾森斯塔德对大量西方与非西方国家现代化过程的具体比较研究、亨廷顿对政治现代化所作的重新分析[51] 等，都产生了广泛的影响。

美国学者 C·布莱克对新现代化理论的发展起到了重要的推动作用。他明确反对现代化即西方化、现代性与传统性截然对立的观点，认为每个社会的传统性内部都有发展出现代性的可能，现代化是传统的制度与价值观念在功能上对现代性的要求不断适应的过程。他指出，对受到西方影响的其他社会来说，面临着这样一个问题：是应当完全抛弃自己的文化遗产，以便利用现代知识呢，还是应当促使自己运用制度方面的遗产去适应现代化的要求？……西方先进社会产生的最初影响是那么深刻，以致其他社会往往倾向于抛弃自己的制度而去全盘照搬西方先进社会的制度。这样的照搬多半是不成功的。富于思考的观察家于是逐渐得出了结论："从长期来看，使本国的传统制度适应新的功能比或多或少原样照搬西方的制度更为有效。"[52]

新现代化理论具有多样性，它们的理论基础及研究路径各不相同，但与早期的现代化理论相比较，这些新现代化理论也有一些共同点：

① 它们不再把传统与现代性看作是两个内部始终如一的均质的统一体，而是认为无论传统还是现代性内部都包含着性质不同的要素；不再把传统和现代性当作是互不相容的对立的两极，而认为这两者是可以相互共存、相互补充的；不再把传统笼统地都视为是现代化过程的阻碍因素，而认为许多传统因素可以在现代化过程中发挥积极的作用；不再把现代化过程简单地看作是完全以各种现代因素来彻底取代各种传统因素的过程，而是认为现代化过程可以是一个对传统因素加以改造使之在功能上不断适应现代化之要求的过程。

② 它们不再坚持"单线进化"的发展模式，不再认为西方国家已走过的现代化道路也就是其他国家将要走过的道路，因而不再简单地套用从西方国家经历中概括出来的理论模式来描述和说明非西方国家的发展过程，而是认为存在着多种多样的发展路向和模式；与此相联系，它们也不再满足于对现代化过程作抽象的描述和分析，而是更加注重具体的历史的比较研究。

③ 它们不再忽视外部环境的作用，虽然其重点仍在内部因素方面，但它们不再忽视外部环境因素在模塑非西方发展中国家发展道路中所发挥的作用，而是期望将内、外因素结合起来，从两者的相互作用中来考察现代化过程。

④ 它们不再拘守在进化论和功能主义的范式之内，而是企图拓宽自己的理论视野和分析框架，不再简单地把现代化过程描述成一个分化、整合、适应能力升级的进化过程，而是试图把各种压制、不平等和冲突现象也纳入到分析的范围。

当然，从目前来看，这种所谓的新现代化理论还不是一种已完成的理论。与其说它是一个已建构起来的统一的理论体系，还不如说它是一个相对松散的新理论运动，一种大体趋同的理论趋向，但其所揭示的论题仍将成为未来有关现代性研究的核心。

2. 经济发展理论

在城市的发展过程中，经济的发展是影响城市发展的重要因素。尽管经济的发展并不是社会发展的惟一因素，但经济因素显然是所有导致城市发展的因素中的显性因素，因此在许多探讨城市发展的理论中，有关经济发展导致城市发展的文献在数量上是最多的，在内容上也是最完善的。

在经济生活中，人们在多数情况下是把经济增长与经济发展这两个概念作为同义词使用的，尤其是在早期的发展经济学中，大量的文献是以经济增长作为主题进行论述的，这也是与西方社会中自启蒙运动以来所形成的理性思想相一致的。经济增长（economic growth）是现代西方经济学中一个特定概念，通常被简单地定义为产出的增长，表现为一国所生产的商品和劳务总量的增加，即一国在一定时期内国民生产总值（或国内生产总值，或国民收入）的增加。比较完整的定义，是美国经济学家库兹涅茨（Simon Smith Kuznets）于 1971 年在接受诺贝尔经济学奖时所作的演讲中提出的："一个国家的经济增长，可以定义为向它的人民提供品种日益增多的经济物品这种能力的长期的增长，而生产能力的增长所依靠的是技术改进，以及这种改进所要求的制度上和意识形态上的调整。"该定义包含三方面内容：（1）经济增长的结果和标志，是商品和劳务总量的持续增加，也即国民生产总值（或国内生产总值等）的增加；（2）技术进步是经济增长的源泉；（3）制度和意识形态的调整是利用先进技术实现经济增长的保证。通常认为，经济增长具有六个特征，或者说包含了这样六个方面：（1）人均产值和人口都具有较高增长率；（2）各种生产要素的生产率都在以较快的速度提高；（3）经济结构快速变化；（4）社会结构和意识形态的迅速变化；（5）发达国家借助于技术力量的增强以及运输和通信的便利向世界各地扩张；（6）现代经济增长在整个世界范围内是不平衡的。但这些特征显然还是表面的或指标性的，对其机制并未能有所揭示，因此就出现了大量的理论来分析经济之所以能够增长的原因，或如果要实现经济增长所需要完善和改进的主要方面。

德国经济学家 W·G·霍夫曼于1931年出版的《工业经济的增长》一书中提出了一种关于工业内部结构演进与工业化过程之间关系的理论。他认为，衡量经济发展的标准既不是产值的绝对水平，也不是人均的产值，也不是资本存量的增长，而是经济中制造业部门的若干产业的增产率之间的关系，即衡量经济发展的标准只能是消费品部门与资本品部门之间净产值的比例。这个比例后来被称为"霍夫曼系数"。根据这一理论，根据工业结构的演进，可以将工业化划分为四个阶段。在工业化的第一阶段，其系数约为5，即消费品工业在整个制造业中居于压倒优势的地位；在工业化阶段的第二阶段，其系数约为2.5，即消费品工业最初所具有的主导地位趋于削弱而资本品工业逐渐发展起来；在工业化的第三阶段，其系数约为1，即两类工业的净产值大致相当；在工业化的第四阶段，霍夫曼系数更低，即消费品工业远不及资本品工业增长得迅速。简言之，随着工业化的升级，消费品工业与资本品工业的净产值之比是逐步下降的。霍夫曼还指出，消费品工业之所以会先于资本品工业而发展，其主要原因在于：消费品工业发展所需的技术水平和起始资本量都比较低。

刘易斯在1955年出版的《经济增长理论》一书中，提出了决定经济发展的三个因素：（1）从事经济活动的努力。从事经济活动是指人们抓住并利用经济机会来增加产量或降低成本。在不同的国家、不同的历史时期，人们从事经济活动愿望的大小是不同的。从主观上看，这是由于人们对物质财富的欲望和为物质财富所付出的努力不同；从客观上看，是经济制度对人们从事经济活动的孤立或限制程度的不同。刘易斯强调了经济制度的重要作用；（2）知识的增长与运用。刘易斯从无文字时期、有文字而无科学方法时期和有科学方法时期三个阶段分析了知识的增长过程、知识对经济发展的作用、影响知识的增长与运用的制度与其他因素以及教育问题；（3）资本积累。刘易斯广泛论述了经济发展对资本的要求、储蓄的重要性、资本的国内外来源以及投资与经济周期等问题。

经济的增长促进了某些方面的发展，这种发展能否带动其他方面的发展，或者说某一些行业、产业甚至个人在经济方面的增长能否带动其他行业、产业甚至个人的共同增长，在对经济增长作出解释的同时也就成为了研究的核心论题。在古典增长理论中，有一个经典命题是所谓的"滴流效应"（trickling down effect），这一命题将关注点集中在经济增长与穷人生活状况变化之间，但同样可以运用到其他方面而对相应的问题作出解答。"滴流效应"这一命题认为，随着经济增长，国民收入的新增长部分将会逐渐地、自动地向贫穷阶层扩散，进而使穷人分享到发展的成果，即经济增长的效益可以使各个阶级和穷人直接或间接地得到好处。早期的经济发展理论在分析经济增长与收入分配的关系时认为，经济增长是衡量发展水平的主要指标；在增长过程中，占人口40%的"处于社会边缘的穷人"，既不对国家的生产率作出贡献，也不从生产率的提高中分享到好处。对他们如果采取直接发

图 5-30　加州硅谷（Silicon Valley, California）的工业建筑的鸟瞰
资料来源：Mark Gottdiener.The New Urban Sociology.New York:McGraw-Hill, Inc.1994.88

放福利金的办法，就会影响经济增长，因此通过大企业和上层社会将资金流回社会，更能将增长的利益带给贫穷阶层。经济生活本身调节收入分配的这种内在功能，既保证了经济增长，又改善了民众生活，使社会处于稳定状态。但是，许多发展经济学家认为，发展中国家战后经济发展的实际状况表明，经济增长所积累的财富非但没有通过"滴流效应"自动地传递到贫穷阶层，反而使富者更富，穷者更穷。因此期望经过一段时期的不平等增长之后，社会就会进入具有较大平等的增长期，其前景十分渺茫。

随着发展经济学研究的深入，越来越多的经济学家认识到，增长与发展尽管有相同之处，但区别还是十分明显的，主张应当对这两个概念的内涵加以区别。明确指出经济增长和经济发展有着不同含义的是哈根。他认为，经济增长指一国人均生产或人均收入的增加，而经济发展一词则有两重含义，它既指低收入国家中的经济增长加上物质利益分配的改善；也用来指增长的综合效应，即计划的与非计划的效应以及有益、有害或中性的效应。发展经济学家托达罗认为，发展既包括经济加速增长、缩小不平等状况和消灭绝对贫困，也包括社会结构、公众观念和国家制度等多方面的变化过程。从本质上说，发展必须体现变化的全部内容，通过这种变化，整个社会系统应面向系统内的个人和社会集团的多种多样的基本需求和愿望，使大家普遍觉得原来不满意的生活条件已在物质和精神两方面都向更好一些的生活环境和生活条件转变。

美籍奥地利经济学家J·熊彼特在1912年出版的《经济发展理论》中提出了创新的概念，并认为创新是经济发展的关键，而且只有创新才能真正保证经济的持续发展。所谓创新，就是建立一种新的生产函数，把一种从未有过的生产要素和生产条件的"新组合"引入到生产体系之中。他所说的创新是一个经济概念，是指经济上引入某种"新"东西，这与技术上的新发明并不完全等同。一种新的技术发明，只有当它被完全应用于经济活动时，才能成为"创新"。根据熊彼特的描述，"创新"包括了五种情况：（1）引入一种新产品；（2）采用一种新的生产方法；（3）开辟一个新的市场；（4）获得一种原料的新来源；（5）实行一种新的企业组织形式。熊彼特用创新来解释经济增长和社会发展，把创新作为社会进步的基本动力。与此同时，熊彼特还用创新来解释经济周期，认为创新所引起的模仿会引起经济繁荣，而创新的普及又会引起经济萧

条。他认为，经济的发展是建立在创新的基础上的，经济发展的过程就是由创新活动所导致的波浪式推进的过程，当一种创新形成的时候，经济就得到快速发展，如果创新停顿下来，只是在原有基础上加大规模的生产和发展，那么经济的发展就会停滞，如果长时间缺少创新，那么经济就会出现萧条。因此经济的发展具有明显的阶段性。

罗斯托（Walt Whitman Rostow）承袭传统的历史经济学派的研究方法，结合熊彼特创新理论、凯恩斯投资理论、新制度主义的制度分析，于1953年至1971年之间出版了《经济成长的过程》（1953年）、《经济成长的阶段》（1960年）和《政治和成长阶段》（1971年）等著作，系统地论述了他的经济成长阶段理论。他以多元历史观的方法，用社会、政治、经济、文化和心理等各种因素进行综合分析，《经济成长的阶段》把世界各国的经济发展划分为五个阶段，《政治和成长阶段》则增加了第六个阶段，从而构成了完整的经济成长的阶段理论。

（1）传统社会阶段。其特征是不存在现代科学技术，产业以农业为主，生产以手工劳动为主，消费水平低下，生产关系以等级制、家族与氏族为主。其时间分期是牛顿以前的整个社会。

（2）为"起飞"创造前提阶段。即从传统社会向"起飞"阶段过渡的时期。其特点是世界市场的扩大和对世界市场的争夺成为经济成长的推动力，近代科学知识开始在工业和农业中发生作用。其条件是科技知识在工农业生产活动中的应用，资本积累投资率达到国民收入的10%以上，占人口的75%以上的劳动力逐渐从农业转移到工业、交通、商业和服务业，自给自足的社会转变到开放的社会。罗斯托认为："在起飞前的时期，起决定作用的主要是经济和整个社会的变化，这些变化对于后来的增长具有关键意义。"它们一般包括："训练新素质的人，农业制度和技术的变化，国内外贸易的扩张，城市的扩张，在许多地方也许政治变化的意义更大。"[53]

（3）"起飞"阶段。即在较短时期内实现近代工业化、生产方法的剧烈变革和产业革命。这是人类社会的第一次"突变"。其条件是：生产性投资占到国民收入10%以上；主导部门形成；实现了制度上的变革；技术创新的普及和企业家的出现。相应的政策有防止消费早熟、加强基础设施建设、控制人口、推广新技术、吸收外资、发展创汇企业、实行国家调节等。只

要达到这些条件，经济就可以像飞机离地升空一样顺利地起飞了。罗斯托指出："起飞被定义为一场工业革命，它直接关系到生产方法的急剧变化，并在较短时期内产生出决定性的影响……这一主张所坚持的是一个或几个新的制造业部门的迅速增长，使经济转变的强有力的、核心的引擎。这种部门的成长，因为带有高生产率的生产函数，本身就倾向于提高人均产出水平；它使增长的收入掌握在这些人手中——他们不仅会将收入的相当大一部分储蓄起来，而且还会将之投入有高生产率的部门；它建立起一条对其他制造业产品的有效需求之链；它提出了对扩张城市地区的要求，城市的资本费用虽然可能提高，但城市的人口和市场组织有助于工业化不断向前发展；最后，它打开了一种外在经济效应的幅面，这种效应在起飞时的主导部门的最初刺激开始消退的时候，最终会引出新主导部门的出现。"

（4）向成熟推进或持续成长阶段。在这一阶段，经济持续增长，新的主导部门逐渐代替了旧的主导部门。新技术的推广，新工业的加速发展，工业的多样化，外贸的增长，经济结构的变化，以及制度与信念的变化，使经济在各种动力的推动下持续地自我向前发展，并使产出的增长超过人口增长。可以认为这一阶段是起飞过程在更高层次上的重复，但在该阶段结束时将发生三种变化：①劳动力质量的变化；②领导性质的变化；③社会对工业化产生的奇迹开始感到厌烦。

（5）高额大众消费阶段。在该阶段，人们基本生活需要已经得到满足，社会注意力由生产转向消费，越来越多的资源用于生产耐用消费品，主导工业部门转移到耐用消费品和服务业方面。在这期间发生的显著变化是汽车等耐用品生产成为主导部门，劳动生产率很高，劳动力结构发生了白领工人比重增大的变化，消费结构变化并且出现了消费者主权。这一阶段有三个目标：一是国家追求在国外的势力和影响；二是福利国家；三是提高消费水平。

（6）追求生活质量阶段。这是人类社会发展的第二次"突变"，它不再以有形产品的数量，而是以劳务形式反映的生活质量来衡量社会的成就，它将解决经济发达后人类所面临的精神危机、厌倦情绪、不满现实、激进、暴力等问题，克服环境污染、人口过密、交通拥挤、种族歧视等社会问题，使人们不仅在生活上舒适、安逸，而且在精神上有新的价值标准和追求，为新的理想而奋斗。

对于发展中的国家如何实现经济的起飞，英国经济学家保罗·罗森斯坦-罗丹（Paul N. Rosenstein-Rodan）在1943年《东欧和东南欧的工业化问题》的论文中就已经提出了"大推进"（big push）理论，其主要观点就是主张以全面的大规模的投资持续作用于众多产业，从而解决发展中国家的工业化和经济停滞不前的问题。他在1961年又发表题为《关于大推进理论的说明》的论文，对此理论作了进一步论述。他认为，为了克服不发达国家经济发展的障碍，必须来一个"大推进"，即投资必须全面地大规模地进行，以推进这类国家走上发展的道路。如果一点一滴地进行投资和建设，就不可能取得预期的效果，正如飞机在起飞时，要有足够大的推动力才能升空启航一样。大推进的论据是所谓的不可分性和外部经济。不可分性有三种情形：（1）生产供给方面的不可分性。它特别强调社会基础设施建设方面的重要性。交通、运输、电力等方面的建设，在一个时期中需要相当大的投资量。一个不发达的国家，投在基础设施方面的投资应占总投资的30%~40%；（2）关于市场需求方面的不可分性。孤立地建设若干生产企业，就会发生销路问题，只有大批企业同时成长起来，才能彼此成为顾客；（3）关于储蓄供给方面的不可分性。因为需要大量的投资，所以储蓄供给的最小量也是一个很大的量。大量的投资和大规模的建设，才能取得外部经济之利，从而有助于经济的持续发展。大推进理论强调了工业化和资本形成在经济发展中的作用，成了一种典型的唯工业化论。但是，这种理论对于人们认识发展中国家的经济现状，找出其摆脱贫穷落后的道路具有一定的启发意义，因而得到不少发展经济学家的支持。但是事实上，一些发展中国家往往把相当大的资本投到出口商品的制造业和进口替代行业上，而不是首先投资于基础设施的建设上。

一般而言，在城市中存在着多种不同类型的产业，这些不同类型的产业在城市发展的过程中各自发挥着怎样的作用，或者说，在城市的发展过程中，各种产业是发挥相同的作用呢，还是有些产业的发展对城市发展所起的作用更大些？如果不同类型的产业在城市中发挥的作用不同，那么哪种类型的产业或哪些类型的产业所发挥的作用更大？这是在讨论城市发展过程中被极大地关注的问题。针对这样的问题，曾经进行了非常广泛的讨论，其中，城市发展的经济基础理论很好地解答了这样的问题，并且为广大的经济学家所接受。经济基础理论（Economic Base Theory），起源于1928年美国"联邦住房管理局经济统计组"（The Division of Economic and Statistics of the Federal Housing Administration）为了高标准住房市场发展计划而做的区域调查。但作为正式的理论提出，一直要到1939年才出现在霍伊特（H. Hoyt）的《城市房地产原理》（Principle of Urban Real Estate）一书中，他是1928年调查的主要设计者和主持者。此后，该理论还得到了许多理论研究的补充和完善，并解说了其中的机制。根据这一理论，在城市经济中的所有产业，都可以被划分为两个部分，即基础产业（basic industry）和服务性产业（service industry）。它们之间的区别在于：前者的生产除少量供应当地消费之外，主要是为城市之外地区的需要而进行的；而后者的生产主要是为了满足本城市居民的消费需要。经济基础理论就是将为城市带来新的收入的生产活动（基础活动）与只是在城市内的收入转移的生产活动（非基础活动）作了严格的区分，并认为，基础产业是城市经济力量的主体，它的发展是城市发展的关键。基础产业的扩大再生产通常还会带来服务性产业的成长及整个经济的发展。这是因为，基础产业不仅把城市的产品输送到其他地区，同时也把其他地区的产品及财富带到本城市之中，由此产生的乘数效应，带动了其他经济部门的发展。在基础产业发展的同时，促进了辅助性行业的增长，同时还促进了地方服务部门的发展，因而造成当地经济整体性的发展。也就是说，由基础产业所获得的新的收入，不但为基础产业本身带来发展的可能，同时也能对服务性产业提供增长的基础，而且通过它所能够创造的新的工作机会与改善就业者的生活水平，促进城市整体的发展。

除了城市产业的发展，城市发展还涉及到许多方面，这同样有许多理论的研究来进行阐述。同时，也应当看到，城市的发展也会受到很多因素的制约。这种制约因素也是多方面的，对于任何城市的发展而言，任何发展的促进因素在某些条件下都有可能成为制约因素，同时对某些城市是促进因素对另外的城市也就有可能是制约因素。因此，任何对发展因素的研究都可以反过来研究其制约的成分。在城市发展研究中，对城市发展制约因素的综合研究更多地体现在门槛理论[54]（threshold theory）上，该理论是对城市发展制约因素进行这种分析的重要手段和工具。这一理论最初是由波兰学者鲍·马利什于1963年在研究城市空间增长时提出来的，他认为城市发展是跳跃式的，从一个阶段跃升到另一个阶段，城市发展的成本也体现了同样的状况。把门槛理论应用到规划过程中，逐渐发展成一种方法，即"门槛分析"（threshold analysis）并迅速被推广到许多国家、地区的城市发展分析实践中去。联合国亦专门出版《门槛分析手册》以助推广。在城市的范围内，城市有其一定的承载容量，城市规模应当限于此容量的允许范围内，这是一个可观察的约束条件。城市规模的扩大，会导致城市基础设施和生存条件承受力逐渐饱和，有的会出现超载现象，如交通拥挤、用水困难、土地紧张等。某一方面的严重短缺会构成城市发展中的某些"短板"。要克服这些"短板"的制约，需要适应规模变量而不断追加投资。一般来说，城市基础设施投资都属于巨额投资，这类巨额投资构成了城市进一步发展的"门槛"。要想克服这些限制，一般情况下的渐进增长型投资是无法解决问题的，而需要一个跳跃性突增。在城市规模增长和经营费用都相应下降时，城市空间结构进入一个低阻

图5-31　除了自然条件外，城市的人为建设也同样有可能成为发展的门槛
如：纽约一公交终点站和相关的进出的高速公路
资料来源：Eduardo E. Lozano.Community Design and the Culture of Cities：The Crossroad and the wall.Cambridge，New York and Melbourne：Cambridge University Press，1990.250

滞的快速增长期；但当城市规模再次达到城市新的容纳极限时，将遇到一道新的门槛。一般而言，城市跨越的门槛越多，克服下一个门槛所需的投资就越大。

3. 非均衡增长理论

非均衡增长理论，也称为不平衡增长论。这是关于发展中国家各经济部门和地区按一定的顺序或不同速度发展的一种发展理论。这一理论首先是由赫尔希曼在1958年出版的《经济发展战略》一书中首先提出来的。倡导者还有罗斯托和佩鲁（F. Perroux）等人。非均衡发展理论侧重经济的供给方面，强调部门或地区间的联系效应、扩散效应和需求的价格与收入弹性，重视市场机制的作用，同时也注意发展中国家的具体情况和整个经济发展的统一规划问题。

赫尔希曼反对全面投资和各部门均衡增长的平衡发展战略，认为发展就是由经济中的一些主导部门的成长带动其他部门的成长，由一个行业的成长带动另一个行业的成长，由一个厂商的成长带动另一个厂商的成长。发展是一连串的不平衡。利润和亏损是不平衡的征兆。在不平衡发展中，应实行生产专业化，鼓励出口，依靠市场机制进行调节，重视供给方面的问题。在部门的选择上，应首先发展具有较强联系效应的部门。对发展中国家来说，制造业不发达，初级产品联系效应较弱。要谋求发展，就应当集中力量，把资源投入联系效应较大的部门（如进口替代或出口替代部门），通过其联系效应带动其他部门的迅速增长。发展中国家要实现经济起飞，必须根据各国情况，选择某些需求弹性大、技术先进、增长率高，在经济增长中起主要作用的部门，作为主导部门优先发展，通过主导部门的影响来带动其他部门和地区的发展。佩鲁认为，发展中国家在制定经济发展战略和计划时，应侧重主导部门和有创新能力的行业聚集的地区或大城市作为重点发展，建立发展极，并通过发展极的扩散效应带动其他地区的发展。佩鲁于1950年提出的"发展极"理论，又称为"增长极"理论，就是为了批判新古典经济学中的经济均衡观点，认为经济的发展必须考虑不均衡性而提出的经济增长的内在机制的规律。他认为，经济空间不可能是均衡的，而是存在于极化过程之中的，即一般意义上的空间都是一个由中心及传输各种力的场所组成。之所以在经济空间中存在这种极化现象，是由于在经济单位之间存在着不对称的而且是不可逆的支配过程，这种不可逆的支配过程的主要决定因素是创新能力在经济单位间的差异。

由于各个经济单位的规模、交易能力和经营性质不同，特别是规模的差异，它们的创新能力也是不同的。"有一些机构成功地采用创新可以对其他机构作出示范，并促使他们仿效；……成功的创新，由于引起熟悉彼此活动及其结果的各种机构间利益不平等，从而加剧了他们对相对盈利和相对实力的追逐的决心"。因此，富于创新的大规模经济单位处于支配地位，而其他经济单位则处于受支配地位。处于支配地位的支配性经济单位具有"推动"效应，推动效应的大小与支配性经济单位产生外部经济的能力相联系。根据佩鲁的观点，支配性经济单位的行为对经济体系总产出的贡献可以分解成两个部分：一是直接贡献，即其自身产品在总产出中的份额；二是间接贡献，即从一个时期到另一个时期其在环境中增加的追加产品。后者是支配性经济单位产出外部经济能力的函数。一种支配性经济单位产生的外部经济能力越大，其推动效应越大。一般说来，经济单位产生外部经济的能力是与其前向、后向联系能力的大小相关的，这种前向、后向联系能力越强，它的推动效应就越大。此时他引入了推动型经济单位的概念，他认为，推动型单位不仅仅是一个一般性的支配单位，而且是一个具有强大的推进效应的单位。也就是说，推动型厂商一般不仅规模大，创新能力强，而且产生外部经济能力强，并隶属于快速增长的部门；推动型产业，即在经济中具有驱动力的产业，它不仅规模较大，具有较高的收入弹性，而且具有广泛的前向、后向联系，因而产生外部经济的能力大。随着时间的推移，推动型单元是不断更替的，从产业的角度看，在历史上经历的纺织工业—钢铁工业—汽车工业—电子工业的更替，就是很好的事例。由于创新、支配和推动活动的产业、增长和衰退，经济增长可以看成是一个由一系列不平衡机制组成的过程。因此，经济空间的极化过程是存在的。由于推动型单位在经济增长过程中起着主导作用，因此，佩鲁将之形象地称为增长极。经过20世纪50年代和60年代的发展，增长极理论更多地转向了地理空间方面，并获得了更为明确的概念和解释。他们认为，国民经济不是在每个地区以同样速度增长的，相反，在不同时期，增长的势头往往集中在某些主导部门和有创新能力的行业，而这些主导部门和有创新能力的行业一般聚集在某些地区，这些地区常常是大城市中心，这些中心就成了增长极。增长极的作用机制主要在于它的支配效应、乘数效应和极化与扩散效应。在这些效应的作用下,集中了大量主导性的和富有创新能力的行业、部门的大城市中心就会带动周围相对落后地区的发展。在这样的意义上,增长极可以分为两类:一类是"吸引中心",一类是"扩散中心"。前者所起的作用是把边沿的居民吸引到增长极来,减少边沿地区的人口压力,使农户耕地面积扩大并改进生产技术,从而提高边沿地区的人均福利水平。后者则是投资的结果,将促使边沿地区人口密度加大,从而其经济发展的格局有所改变。增长极理论把具有创新能力的企业的存在看成是充满活力的增长极得以形成的重要条件,认为一个活跃的城市中心,并不自然而然地就对边沿地区产生扩展效应,构成增长极一方面需要创新企业,另一方面需要适当的周围环境。其政策主张是,如果一个不发达国家和地区缺少增长极,那就应当创建增长极。也就是说,在社会经济的发展过程中,首先积极发展富有创新能力的中心城市,然后通过中心城市的增长极作用的发挥而带动周围地区的发展,这不仅是可能而且是必需的。

在增长极理论的影响和推动下,还出现了一系列的有关城市非均衡发展的理论,如梯度推移理论等。这些理论都从非均衡发展的角度来解释城市发展的过程和途径,从而打破了经济发展平衡增长的观念,主张经济发展的非均衡增长;此外,它引入了空间变量而丰富了经济分析的内容,改变了经济均衡分析的新古典传统,为城市和区域的发展理论的研究开辟了新的思想和路径。在西方国家的生产布局学中认为,要使一片长期经济萧条地区、落后的农牧业区和新开垦地区转变成在经济上能够自立的地区,走上工业化的道路,不建立一批增长点(中心城市)是不行的。工业化、现代化与城市化常常是同步发展的。因此,在制订落后地区的发展战略时,决不能把有限的资金分散用在全区各地,而要适当集中使用以在条件具备的地点建设一批增长中心。例如,美国于1965年通过的阿巴拉契亚区域开发法案明确规定:"对这一地区进行的公共投资将集中投放到今后增长潜力最大,因而国家投下的资金可望得到最大收益的地区。"据此,在这个地区发展起一批增长中心。增长中心的建设对地区经济开发能够起到很大的作用,这主要是由于以下几个原因所决定的[55]:

第一,影响落后地区开发的一个重要因素就是闭塞。由于信息不灵通,不能及时了解到外界市场、技术的变化状况。建设增长中心,在落后地区就可以起到眼睛和耳朵的作用。在这里可以建立较好的通信系统、科研机构、学校等,通过它们向周围农村传播新思想、新技术,以加速整片地区社会、经济改革与发展的步伐。

第二,集中力量建设增长中心,就可以用较少的资金,创造一个良好的经济活动发展环境,以吸引私人投资,扩大就业机会,从而通过聚集经济效益、乘数效应,加速本身工业化进程。在增长中心工业化的过程中,它就可以从周围农牧业区吸收越来越多的过剩劳动力。这将有利于实现农场规模的扩大与农业生产机械化。

第三,增长中心可以成为联系周围农村小城镇与上一级大中城市的一个中间环节。它可以行使物资集散中心的职能。把周围农牧业区的产品集中起来进行初步加工,然后输往大、中城市进一步加工;也可以把大、中城市以及它自身生产的农村生产资料与生活资料分配下去。城乡交流是活跃农村经济的必要措施。

在选定增长中心的建设地点时,不但要求它已经具有一定的城市建设基础,更为重要的是它应该拥有较大的发展潜力,即具备较好的发展条件,建成后有利于促进一片地区的发展。增长中心的建设要求做到投资省、能较快具备自我发展的能力,并能推动一片地区的经济发展,因此至少要达到一定的规模。这一规模要求是因地而异的。美国的经验表明,若单从节约基础设施(包括公用事业)建设费用来考虑,这一类型的城市的规模以10~15万人口为最优。小于或大于这个规模,为了达到同样的服务水平,按人口平均计算的基础设施建设费用都要上升。当然,最大限度节约基础设施建设费用只是确定这种类型的城市最优规模的标准之一,而更重要的标准则是增长中心建成后的聚集经济效益。从这一角度来看,一个城市如果达到25万人口的规模,就有可能建立起一套有利于自身发展的结构,便于充分利用聚集经济效益、抵抗衰退。据汤普森观察,美国25万人口以上的城市很少有在两次普查之间,人口绝对数下降的现象。通常说来,在美国建设25万人口的中等城市最经济,而且最有生命力。但落后地区的增长中心在初建时一般不可能达到这样的规模。福克斯根据美国的经验提出,增长中心和其影响所及的周围地区总人口不应少于25万。增长中心规模太小,则不能完成赋予它的职能,而且也不可能稳定地增长。

与增长极理论依循同样的思想路径的是"核心—

边缘"理论，但核心—边缘理论更关注不同的增长状况在不同的地域空间中的相互关系。这是由弗里德曼（J. R. Friedmann）于1966年提出的理论，该理论的依据是经济发展具有阶段性，区域发展具有不平衡性。这一理论由两部分组成，一是空间经济增长的阶段，一是不同区域类型的划分。弗里德曼认为，随着一国经济增长周期性地发生，经济空间转换随之出现，这样就产生了区域的不平衡，即产生了经济增长区域——核心区域和经济增长缓慢或停滞衰退的区域——边缘区域。通过对空间经济增长的分析，并根据经济及区位特征，弗里德曼对一些国家进行了区域类型的划分，以揭示区域不平衡的性质和程度。第一种类型是核心区域，由一个或多个城市中心及其腹地构成，是一个拥有高技术水平、大量资本和熟练劳动力以及高增长速度的城市 - 工业复合体。第二种类型是向上的过渡区域，它不断受到核心区域的影响，具有向内移民、资源集约使用和经济持续增长等特征。这个区域有可能成为包含有新城市的、附属的或次一级的核心区域。第三种类型是资源型边缘区域，由于资源的发现和开发，经济出现了增长局面。与此同时，新的聚落、新的城市形成。这种区域也有可能发展成为次一级的核心区域。第四种类型是向下的过渡区域，这类区域曾经具有中等城市的发展水平，但由于初级资源的消耗，以及某些工业部门的放弃，与核心区域的联系又不紧密，经济增长放慢，甚至停滞或衰退，趋于萧条。根据弗里德曼的理论，发展从空间上说，是核心区域向边缘区域扩展的过程。区域发展的不平衡是不以人的意志为转移的客观规律，当核心—边缘的对比达到一定程度，就会出现扩展效应；当扩展效应足够大时，就有可能使累积增长机制在边缘区域运行起来，从而刺激边缘区域经济的增长。通过这样的过程中，核心地区与边缘地区之间存在的经济文化差别将逐步缩小，以至于最终消除，使整个区域的发展由不平衡趋于平衡。在弗里德曼核心—边缘理论的基础上，还发展出了一系列的相关理论如解释发展中国家和发达国家之间的关系的依附论、不平等交换理论、世界体系理论等等。

4. 社会发展理论

城市的发展不仅仅只是经济的发展，社会生活和文化方面的发展也是城市发展的重要方面，而且更为重要的是，城市经济的发展关系到城市发展的总体水平，但并不一定就直接影响到城市居民的日常生活，

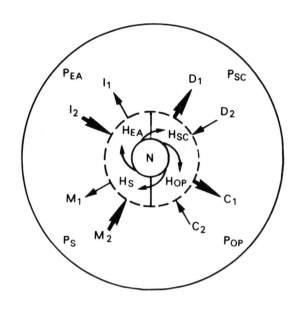

图5-32 基于核心边缘理论的城市体系发展模式
资料来源：Maurice Yeates.The North American City（4th ed.）.New York：Harper Collins Publishers，1990.47

而社会文化的发展一方面会影响到经济发展的可能与潜力，同时，这些发展更加关系到城市居民乃至一个国家公民们的实际生活的状况。

德国统计学家E·恩格尔在19世纪中叶提出的恩格尔系数直到现在仍然是衡量人民生活水平的重要指标。他于1857年出版了《萨克森生产与消费的关系》一书，用家庭各类费用在总收入中所占的比重来说明家庭生活水平的高低。他认为，随着家庭收入的增加，用于食物的费用在收入中所占的比重就越小，用于文化、娱乐、卫生、劳务、教育等的费用所占的比重就越大，而用于衣着、住宅、燃料、照明灯的费用在总收入中所占的比重则无多大变化。恩格尔还据此来判断家庭的富裕程度：食物支出除以总支出得出的百分比率，即恩格尔系数在0.2以下的家庭为最富裕的家庭，系数在0.3左右的为小康家庭，系数在0.5以上者为勉强糊口的家庭。后来有人根据恩格尔系数的大小来判定一个国家的经济发展水平和人民生活的富裕程度。按照联合国的标准，恩格尔系数在60%以上为绝对贫困型，在50%～59%之间为温饱型，在40%～49%之间为小康型，在30%～39%之间为富裕型，在30%以下为最富裕型。后来也有统计资料表明，衣着和住宅等其他基本生活必需品的支出在不断增长的家庭收入中所占的比重也是递减的；高收入家庭花在奢侈品和劳务上的费用则相对地和绝对地都比低收入家庭高。

除了可以通过对人的个体或家庭的社会经济生活状况的描述来反映社会发展的状况之外，人的群体的发展状况也同样可以反映社会发展的状况。而从社会学的角度来讲，人的群体是其研究的主体，社会是由人群所组成的，因此，社会的发展实际上就是人群与人群之间相互作用的结果。在20世纪初，人文生态学是最早的有系统地研究城市发展的社会空间机制的学科领域。人文生态学以人类社会中人群的社会活动与空间之间关系作为研究对象，运用自然生态学的研究思想和方法来集中研究人类社区的规律和特征，把城市的经济系统和社会人文系统作为一个整体进行研究。人文生态学认为，人类社会发展的许多规律和特征具有与自然生态同样的规律和特征，而人为谋求生存空间而从事的竞争就如同生物界在自然环境中的生物竞争，适者生存决定了相互的竞争以及由此而形成的相互依赖结合在一起，此时，人与人之间的关系是一种共生（symbiosis）关系，也就是指在各种不同的人口单元之间存在着相互依存的关系，没有任何一个单元能够离开其他单元的持续存在而能继续生存下去。但共生并不是泛指一切由于偶然原因而生活在同一地方，但彼此毫无组织的若干物种，相反，它有着极其复杂的形式和确定的结构，而且，这种相互依存与其生存的环境紧密相关。正是在这种人类的生存状态中，人们要长期生存就不得不依赖于他人，就必须与他人进行相互作用，从而促使人类在空间上集中，形成大小不等的社区——城市。但同时也很显然，人类的生存需要有一定的物质资源，而这些资源在人类环境中始终是短缺的，因此而导致了人与人之间的相互竞争。人们之间的竞争通过对社区内人口的数量和质量进行调整，在相互竞争的群体中形成一种平衡，从而保证自己继续生存下去。互相依赖和互相竞争同样也是人类社区空间关系形成的决定性因素。在一个完全的市场经济中，工商业倾向于向中心城市集中，一旦它们设立之后，便改变或增强了城市本身与周围地区以及有关居民的特性，并逐渐实现城市的"统治"，而这种统治力量也是社会性的。统治力量将会使一个原是单一人口集中的地区转变为一个包括若干个次统治中心而且成为范围颇为广大的人口聚居地区的中心。根据该理论，城市发展显示出中心城市对其腹地输出各种功能，并在其腹地内创造出新的城市中心，以及侵占原已存在的城市中心及其功能。

作为人文生态学主要领军人物之一的麦肯齐（R.

D. McKenzie）在《大都会社区》一书中，对导致城市集中和城市增长的因素进行了分析，他认为，导致城市发展的原因错综复杂，这些原因相互结合决定了社区人口的运动。由于人口运动对于地区之间的经济差别极为敏感，因此，导致城市发展的力量在不同时期是不一样的。他着重分析制造业、商业、旅游、教育事业对城市发展的影响[56]：

（1）他通过对制造业中工作的雇员人数的增长与城市人口增长关系的分析发现，在20世纪最初的20年中，两者之间的增长关系是成正比的，表明制造业的发展导致了城市的发展。但从20世纪30年代开始，城市人口增长的势头并没有停止，制造业的产值也有较大增长，但制造业中雇员的增长停止了下来，甚至略有下降。造成这种现象的原因是技术进步，它大大减少了生产对劳动力的需求。所以工业与城市发展的关系是复杂的，不能仅靠在工厂中工作的人数与工业产品数量来说明城市的增长。当工厂可以更广泛地分布在这个国家的各个地方时，工人和工业品的增长不一定等于人口的集中。麦肯齐的结论是"从制造业雇用人数来看，工业人口的增长只能部分揭示城市人口的增长"。

（2）相对于制造业而言，麦肯齐似乎更强调商业发展对城市发展的影响。在他看来，商业对城市发展的影响在早期城市中就存在，城市的分布实际上是由商业模式决定的，我们现在的村、镇、城市都会首先是商品集散过程的空间形式。另外，由于生产率的提高和人口生活质量标准的提高，极大地扩大了商业活动量和商业活动类型，而交通和沟通工具的改良加速了大规模组织的增长，从而导致许多商业功能在地域上的集中。因此，商业的集中是城市人口增长的首要解释因素。

（3）服务业、高等教育、旅游业的发展也是城市发展的重要因素。

根据麦肯齐的分析，城市的发展并不仅依靠以制造业为核心的现代工业化的发展，依靠工业化促进城市的发展只是在一定的阶段才是如此，而在另外的阶段就需要有其他的因素来促进城市的发展。另外，城市的发展不仅依赖于工业、商业和服务业的发展，而且城市中的文化事业，诸如高等教育、旅游等也同样是其中重要的促进因素。当然，就整体上来说，"芝加哥"学派的思想基础仍然是以经济理性为出发点的，其大量的分析都以经济的发展为核心，麦肯齐作为

"芝加哥学派"的重要成员也同样如此。实际上，对于社会发展而言，经济的因素只是其中的一个方面，还有其他因素也同样与此有关。如马斯洛（Abraham Harold Maslow）所提出的人的"需要层次论"就解释了随着人的需要的不断提升，同样也可能促进城市社会的发展。马斯洛从人本主义心理学的角度，于1954年出版了《动机与人格》（Motive and Personality），提出了著名的需要层次论。他认为，个人是一个统一的、有组织的整体，驱使人的行为的是人类内在的、与生俱来的、下意识存在的需要。人类要生存和发展，必然产生这样那样的需要，它们是人的真正的本质。从这一点出发，马斯洛把人的基本需要分为几个层次：

（1）"生理上的需要"，包括食物、空气、水、睡眠、性欲、活动力；

（2）"安全上的需要"，包括安全感、稳定性、秩序、在自己环境中的人身安全；

（3）"归属和爱的需要"，包括与别人交际的社会需要；

（4）"受人尊重的需要"，包括自尊、自重、威信和成功；

（5）"自我实现的需要"，包括实现自己的潜能，充分发挥自己的能力。

马斯洛认为这些基本需要互相联系并按其"优先程度"（即推动力的急迫性）排列起来，而且它们是按次序满足的，只有当较低层次的需要得到满足后，才有可能满足较高层次的需要。在层级中，越低的需要越强，越高的需要越弱，即人类总是在满足了低层需要的基础上再谋求更高一层需要的进一步满足，这是人类基本需要满足的逐层递升的一般规律；而且随着个人向高需要层级攀援，他就越少具有兽行而更多地具有人性。由于实际上人的需要永远不可能全部得到满足，马斯洛把"自我实现的需要"列为最高一级。这种需要的另一种解释是："一个人能够做到什么，他就必须做到"，这就是自我完成或达到一个人所可能达到的愿望。按照马斯洛的学说，既然永远也不可能满足人们的所有需要，也就永远存在着激励人们行为的推动力。从另一个角度讲，当人的低层次的需要得到了初步满足之后，他就需要去实现新的更高层次的需要，但实现这种需要的条件尚不具备时，他就会不断地去创造条件以实现更高层次的需要。这样，他的行为就在不断地推进着社会的发展与进步。联合国开发计划署从1990年开始每年发表一份不同主题的《人类发展报告》。人类发展的目标就是为人创造一个能享受长寿、健康和有创造性生活的充满活力的环境。人类发展即是扩大人的选择范围的过程。目前，在人类发展概念方面，已取得如下一致意见：（1）任何的发展都必须把人置于所关心的一切问题的中心地位；（2）发展的目的是扩大人类的选择范围，而不仅仅是增加其收入，它所着重关注的是整个社会，而不仅仅是经济；（3）人类发展既与扩大人类能力（通过对人的投资）有关，也与保证充分利用这些能力（通过能使其变为现实的结构）有关；（4）人类发展建立在四个基石之上——生产力、公正、持续性、享有权利。从这样的意义出发，联合国的《人类发展报告》解释了这样的总体观念：在承认经济增长是人类发展的基础的同时，要重视经济增长质量和分配，强调时代的可持续性选择。经济增长与人类发展之间并无自然的联系，必须通过适当的管理，方可充分利用增长为增进福利提供机会。经济增长要促进人类发展，必须要有有效的政策管理。联合国的报告把社会发展的概念推进到一个更为广泛的领域，对于城市发展和城市规划的理解建立了一个完整的框架。

从社会发展的角度，芒福德（Lewis Mumford）从其对城市发展历史的分析出发，将城市的兴衰过程划分为六个阶段，并得出了比较消极与悲观的结论：城市总是从农村地区的聚落逐步发展起来，并最终走向衰亡。这六个阶段依次为：（1）Epolis，指的是最早期的小社区（community）、聚落（settlement）或村庄（village），以及环绕在其四周的有系统的农业发展；（2）Polis，是一群邻近的村庄或血缘团体结合在一起，以防御外来的侵袭，世界上许多城市便是由各个村庄集合而成的；（3）Metropolis，是当一地区的某一城市从众多个分工程度较低的村庄或乡镇中脱颖而出，成为该地区的母城（mother city）时，便形成了这样的大都市地区；（4）Megalopolis，在资本主义制度下的城市变得越来越大，权力也越集中，这时便出现了大城市，而这正是城市衰败的开始；（5）Tyrannopolis，是指城市已经发展到了充满商业主义的气息，夸大虚伪及不负责任等弊病丛生，且犯罪到处横行的阶段；（6）Nekropolis，这是城市发展的最后一个阶段，也就是城市的有形建筑只剩下一个空壳，这就宣告了城市的死亡，成了一个墓园。由此而完成了一个历史的循环。芒福德这一论述所隐含的逻辑是，在自由经济或资本主义机制下，城市发展的过程必须得到有效的控制，如果缺少了有效控制，城市的发展必然走向衰亡。

5. 交通通信理论

城市的发展同样还受到交通通信发展的影响。城市形成与发展的一个很重要原因即在于人与人之间交往的需要，因此，控制论的创始人维纳（N. Wiener）称："社会通信是使社会这个建筑物得以黏合在一起的混凝土。"芒福德（L. Mumford）在《城市发展史》中更指出了交通通信条件对城市发展的决定作用，他说："一座城市的许可规模在一定意义上是随其通信联络的速度和有效范围变化的。"因此，在以步行为主的年代里，人与人之间以面对面交往为主，城市的人口与活动集聚在市中心周围；汽车交通普及后，城市出现分散化，中心区空间密度降低；现代科学技术的进步，尤其是通信技术的发展，则给城市的发展注入了新的动力，使人更能够摆脱传统区位的限制。而奥格本（W.Ogburn）甚至认为大多数社会变革都是由物质文化的变革所触发的[57]，而交通通信设施则是其中的关键性因素。麦肯齐（R. D. McKenzie）则以交通形式为分析工具将美国人居住生活的历史分为三个阶段[58]：

（1）第一个阶段是以航运为主要交通方式。在这一阶段，人们主要居住在航道线附近。1850年以前90%的美国人居住在密西西比河以东，45%的美国人居住在乡村。居住地的形成受自然地理条件的影响，而且不同居住地点之间基本上处在分割状态下。

（2）第二个阶段是铁路的出现改变了美国人的居住形式。因为铁路使人们摆脱了航道的限制，人们可以迁移到更为广大的地区居住生活，铁路建设从东部向西部发展，一直达到太平洋海岸，导致了人口向西部的运动。原来荒芜的土地被开垦，新的居住社区得以形成。从1870～1900年，美国新增耕地近5亿亩[①]，这是一个农业机会增长、人口离散的时期。铁路的发展，导致了城市的增长，这一时期的城市增长主要是在那些易于农产品交易的地方。但是，城市不是这一时期社区运动人口离散的主要力量，它不过是农业机会扩展的伴随物，是周边乡村农产品的集散地，是周边乡村的门户。因为铁路并没有改变社区生活的模式，虽然通过铁路，在各个门户性城市间建立起了交通网络，但地区内交通仍以马车为主。铁路虽然消除了不同地区间的分割，通过门户性城市将所有社区带入一个经济整体，但不同地区的经济社会生活并未发生本质变化。

（3）第三个阶段是汽车和公路系统的出现对人们的居住生活产生了更大的影响。它在城市与城市、城市与周边乡村地区之间建立起了更为密切的联系，使人们的经济社会活动可以进入更为纵深的地区。曾将城市与周围乡村分开来的界限消失了，一种新的社区形式，即超级社区组织出现了。原来相对分割的村、镇、城市现在成为这个超级社区组织的一部分，这是一个由不同活动中心组成的复合体，它的发展造成了人口和制度的重新安排，这是一个大都会增长、人口集中的时期。

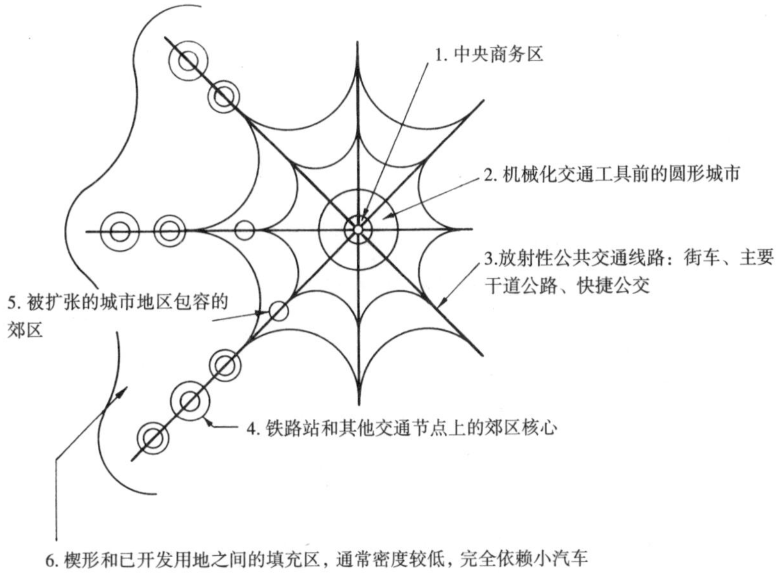

古腾贝格（A. Z. Guttenberg）于1960年发表论文揭示了交通设施的可达性与城市发展之间的相互关系。所谓可达性（accessibility），就是交通通达的方便程度，也可以理解为"用来调整个人或机构克服空间分隔的能力和需求，而在某一地点进行活动空

1. 中央商务区
2. 机械化交通工具前的圆形城市
3. 放射性公共交通线路：街车、主要干道公路、快捷公交
4. 铁路站和其他交通节点上的郊区核心
5. 被扩张的城市地区包容的郊区
6. 楔形和已开发用地之间的填充区，通常密度较低，完全依赖小汽车

图 5-33 城市交通与城市空间形态的演变模式
资料来源：Raymond E. Murphy.The American City: An Urban Geography(2nd ed.).McGraw-Hill, Inc., 1974.230

① 1 亩 = 666.66m²

间分配的度量手段"，古腾贝格则认为这是克服距离的一种社区（集体）努力。在人的相互作用的深层原因是缩短距离的意义上，人际的相互作用可以视为城市空间结构的基本决定因素。他从纯粹物质设施的角度建立了他的分析框架，由此而得出交通系统在城市发展的过程中具有非常关键的作用的结论。随着城市人口的增长，城市必然地向外扩张。这种扩张往往是城市向外的蔓延，因此降低了城市运行的效率。而这种低效率，在很大程度上是由距离的增加所造成的，因此就需要对城市结构性进行调整，此时所采用的方法主要就是建立新的中心和改进交通系统。这两者通常同时发生。随着城市规模的扩大，也就改变了住地、工作和其他各项活动中心的相互关系，人口流动关系也随之发生变化。随着这种变化，也改变了这些地区的可达性条件，如果可达性得到改善，该地区的居民就会寻求在社会经济领域的进一步发展，如果未能得到改善，该地区的社会、经济状况就有可能出现恶化。而一年又一年的交通建设决策直接导致了城市结构的不断变化。古腾贝格很清醒地知道，在城市的发展过程中，交通效率并不是惟一的决定性因素，相反，他注意到，任何行为选择一个区位的原因并不仅仅关系到时间－距离因素，而是还有其他的原因，例如区域经济构成的变化就会形成新的区位模式。但是如果这些要素不发生变化，也就是假定这些要素处在同样的条件下，那么与时间－距离相关的可达性就充当着决定性的作用。如果交通系统保持不变，那么就可以预见区域的活动模式也不发生改变。

迈耶（B. L. Meier）根据20世纪50年代后电话系统的普及及由此带来的一系列生活方式、社会空间等方面的变化，提出了"城市发展的通信理论"。他在1962年出版的《城市发展的通信理论》（A Communications Theory of Urban Growth）一书中认为，城市是一个人类相互作用所构成的系统，而交通与通信是人类相互作用的媒介。城市的发展主要是源于城市为人们提供面对面交往或交易的机会，但后来，一方面由于通信技术的不断进步，渐渐地使面对面交往的需要

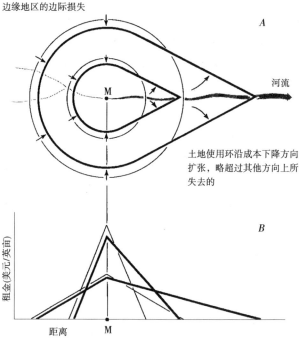

图 5-34　交通条件的改善会带来城市发展方向上的改进
A.在特定方向上交通成本下降带来的土地使用模式变化的效应。
B.沿着较低成本路径对租金的调整。沿交通改进方向土地使用边缘在该方向上的扩张，价格下降
资料来源：John F. Kolars, John D. Nystuen. Geography: The Study of Location, Culture, and Environment, New York: McGraw-Hill Book Company, 1974.210

减少，另一方面，由于城市交通系统普遍产生拥挤的现象，使通过交通系统进行相互作用的机会受到限制，因此，城市居民逐渐地以通信来替代交通以达到相互作用的目的。在这样的条件下，城市的主要聚集效益在于使居民可以接近信息交换中心以及便利居民互相交往。很显然，城市发展时，通常显示出其通信率（communication rate）或信息交换率也得到提高，反之亦然。对于该理论，人们对迈耶提出的"城市时间预算"（urban time budget）概念尤为重视。所谓"城市时间预算"是指一个人在一天内在各种公共通信设施上所费的时间比例。通过许多学者对此概念的补充，已经成为预测城市发展的重要方法之一。

注　释

1 此段引自：李允鉌. 华夏意匠：中国古典建筑设计原理分析. 香港：广角镜出版社，1984

2 引自：于洪俊，宁越敏. 城市地理概论，北京：安徽科学技术出版社，1983

3 根据《中华人民共和国城市规划法》（1989 年），"镇"属于城市的范畴。

4 引自《简明不列颠百科全书》第2卷。

5 F. Ratzel.转引自：于洪俊，宁越敏.城市地理概论.合肥：安徽科学技术出版社,1983

6 W.Z.，Hirsch.Urban Economics.1984.刘世庆等译.城市经济学.北京：中国社会科学出版社,1990

7 康芒斯《制度经济学》1983年中译本.73

8 J.W. Bardo, J.J. Hartman.Urban Sociology：A Systematic Introduction. F.E. Peacock,1982

9 山因浩之.转引自江美球，刘荣芳，蔡渝平.城市学.北京：科学普及出版社,1988

10 Sirjamaki.转引自:于明诚.都市计画概要.台北：詹氏书局,1988

11 李铁映.城市问题研究.北京：中国展望出版社,1986

12 吴良镛.城市.中国大百科全书(建筑、园林、城市规划),1988

13 布罗代尔.15至18世纪的物质文明、经济和资本主义（第一卷）.北京：三联书店，1992.569

14 Lewis H. Morgan. 1881，李培茱译，美洲土著的房屋和家庭生活.北京：中国社会科学出版社，1985

15 贺业钜.中国古代城市规划史.北京：中国建筑工业出版社，1996

16 见 V. Gordon Childe1950年发表于《Town Planning Review》杂志上的文章《The Urban Revolution》。此文载入 Richard T. LeGates 和 Frederic Stout 编的《The City Reader》（第二版）（2000，London and New York：Routledge）

17 Adam Smith.An Inquiry into the Nature and Causes of the Wealth of Nations.1776.国民财富的性质和原因的研究（上卷）.商务印书馆，1972.345～346

18 Jane Jacobs.The Economy of Cities.New York：Random House,1969

19 Edward W. Soja.Postmetropolis：Critical Studies of Cities and Regions.Oxford and Malden：Blackwell Publishers Ltd,2000

20 Herbert Dorau,Albert Hinman.Urban Land Economics.New York：The MacMillan Co.1928

21 Lewis Mumford.The City in History：Its Origins，Its Transformations and Its Prospects.1961.倪文彦，宋俊岭译.城市发展史：起源、演变和前景.北京：中国建筑工业出版社，1989.49～50

22 引自 J.W. Bardo,J.J. Hartman.Urban Sociology：A Systematic Introduction.F.E. Peacock,1982

23 该文收入宋俊岭和陈占祥编《国外城市科学文选》，商务印书馆，1994

24 P. Hall.Cities of Tomorrow：An Intellectual History of Urban Planning and Design in Twentieth Century.Basil Blackwell,1988

25 许英.城市社会学.齐鲁书社,2002.125～127

26 Scott Lash,John Urry. The End of Organized Capitalism. 1987.征庚圣等译.组织化资本主义的终结.南京：江苏人民出版社，2001.146～147

27 韦伯的论文《The City（Non-Legitimate Domination）》.见：Guenther Roth，Claus Wittich 编.Economy and Society: An Outline of Interpretive Sociology.Berkeley，Los Angeles，London：University of California Press,1968

28 马克思恩格斯选集(第三卷).人民出版社，1972.335

29 英国工人阶级状况. 见：马克思恩格斯全集（第二卷）.人民出版社，1957.301～303

30 引自：J.L.斯帕塔斯.西方城市的起源和发展.费涓洪译.城市问题译丛，1985

31 K.J. Button.Urban Economics：Theory And Policy.1976.上海社会科学院部门经济研究所城市经济研究室译.城市经济学.商务印书馆,1986

32 Werner Z. Hirsch.Urban Economics.1984.刘世庆等译.城市经济学.北京：中国社会科学出版社，1990.43～44

33 该文的英文版见 Neil Leach 编《Rethinking Architecture: A Reader in Cultural Theory》（1997，London and New York：Routeledge）。下文的引文中，部分参阅了费勇等译的 Simmel 的文集《时尚的哲学》（2001，文化艺术出版社：北京）

34 P. Sauders.Social Theory and the Urban Question(2nd ed.).Holmes & Meier,1986

35 Louis Wirth. Urbanism as a Way of Life.1938.见：Richard T. LeGates，Frederic Stout.The City Reader（2nd ed.）.London and New York：Routledge,2000

36 该文发表于1937年的《Architectural Record》.见：Richard T. LeGates，Frederic Stout编.The City Reader(第二版).Routledge: London and New York,2000。

37 该书是有关城市史研究的经典之作，被认为是芒福德非常重要的代表作。引文都引自由倪文彦和宋俊岭翻译的中文版《城市发展史——起源、演变和前景》（由中国建筑工业出版社于 1989 年出版）。

38 本节内容主要引自：蔡禾主编.城市社会学：理论与视野.中山大学出版社，2003.75 ~ 79。

39 Manuel Castells 在 1972 年出版 *La question urbaine*，1977 年出版英文版，The Urban Question，London：Edward Arnold

40 此段参阅:夏铸九.理论城市历史：从戴奥斯、考斯多夫到柯司特.引自:许英编著.城市社会学.齐鲁书社，2000.171 ~ 172

41 引自:Werner Z. Hirsch.Urban Economics.1984.刘世庆等译.城市经济学.北京：中国社会科学出版社，1990.26

42 M. J. Greenwood,J. M. B. Edwards.Human Environments and Natural Systems.1979.刘之光等译,人类环境和自然系统.北京:化学工业出版社，1987.341

43 Kingsley Davis.The Urbanization of the Human Population.1965.见：Richard T. LeGates and Frederic Stout（ed.).The City Reader（2nd ed.).London and New York：Routledge，2000.3 ~ 13

44 见:Peter Hall.Cities in Civilization：Culture，Innovation，and Urban Order.London：Weidenfeld & Nicolson,1998。详细论述见该书第二章。

45 Werner Z. Hirsch.Urban Economics.1984.刘世庆等译.城市经济学.北京：中国社会科学出版社，1990.27

46 United Nations Centre for Human Settlements(Habitat).An Urbanizing Word: Global Report on Human Settlements 1996.1996 沈建国等译.城市化的世界：全球人类住区报告 1996.北京：中国建筑工业出版社，1999.24

47 Werner Z. Hirsch.Urban Economics.1984.刘世庆等译.城市经济学.北京：中国社会科学出版社，1990.26

48 Werner Z. Hirsch.Urban Economics.1984.刘世庆等译.城市经济学.北京：中国社会科学出版社，1990.28 ~ 30

49 本节中的主要内容摘编自谢立中为《20 世纪西方现代化理论文选》（谢立中，孙立平主编，上海三联书店出版，2002）所写的"编者前言"。

50 Zygmunt Bauman.Life in Fragments：Essays in Postmodern Morality.1995.郁建兴等译.生活在碎片之中：论后现代的道德.上海：学林出版社，2002.140

51 Samuel P. Huntington 在 1968 年出版的《变革社会中的政治秩序》（Political Order in Changing Societies）一书中提出，政治现代化主要包含三方面的内容，即权威的合理化、政治功能和结构的分化以及参与的扩大化。发展中国家的政治现代化同时面临着权威理性化、结构分化和扩大参与的任务，这既是发展中国家政治失序的原因，也是其实现政治发展的关键。政治制度的发展及其吸纳社会动员与参与的能力是政治秩序的基础，是政治发展的基础。

52 Cyril E. Black1976 年所编的《Comparative Modernization》（杨豫和陈祖洲译.比较现代化.上海：上海译文出版社，1996）一书对此作了较为全面的论述。

53 W·W·罗斯托.从起飞进入持续增长的经济学.四川人民出版社，1988.14

54 黄建富.城市发展中的交易成本研究.东华大学出版社，2003.31

55 以下有关内容引自周起业.西方生产布局学原理.北京：中国人民大学出版社，1987.216 ~ 217

56 以下有关内容引自蔡禾主编.城市社会学：理论与视野.中山大学出版社，2003.第 9 ~ 11 页。

57 Popenoe, D..Sociology.1983.刘云德，王戈译.社会学，辽宁人民出版社,1987 蔡禾主编.城市社会学：理论与视野,中山大学出版社，2003.7 ~ 8

第六章　城市土地使用研究

第一节　城市土地使用的特征

城市土地使用是城市规划分析研究和实际操作的最重要的对象，也是城市规划调控的核心内容。在城市规划中，使用"土地使用"这个词的时候也就意味着两方面的内容：一是城市土地本身所特有的自然性质，也可以称之为物理特性或地理特性；二是人对这一自然物体的使用，因此也就蕴含着极为明显而又丰富的社会学和经济学的意义。在城市规划领域中这两方面的内容是相互交织的，也就是说城市规划是以"土地使用"作为一个整体来进行处理的，对城市土地的物质实体方面进行研究的目的就是为了更好地进行使用。这其中的意义在于，城市土地的实体性及其所承担的人类社会经济活动的功能是不可分割的。经济学家将城市土地作为一个客观的实体来进行研究，但也同样不可去除掉依附在土地上的社会关系，而且也必须在这样的社会关系基础上来研究作为客体的土地的经济运作。戈德堡（M. Goldberg）和秦罗伊（P. Chinloy）在《城市土地经济学》[1]一书中对城市土地的特点进行了归纳总结，他们认为，从城市土地经济学的角度来看，城市土地具有独特的三个方面的重要特征，这些特征赋予了城市土地的特性，同时在对城市土地进行处置时也必须予以充分认知。

（1）物理特征。在物理特征中包括了这样一些内容，如特定地块的坡度、水平高度、形状、土壤和尺寸等。但这些仅仅是其表面的现象，而将城市土地与其他经济实体进行比较，由这些物理特征可以引发出四项非常普遍的特征，并且可以将城市土地和其他经济物品区分开来。这四项特征分别是：①空间。地块的空间特征可能是城市土地最重要的物理特征。一个地块的空间占有的数量对理解城市土地地块的经济效用具有极其重要的作用。②不可破坏性。物理空间既不能被创造也不能被毁灭，它的存在独立于任何建造来使其有用于社会的建构物。这种不可破坏性（相对

于建筑形态而言，类似于巨大的耐用性）意味着城市土地拥有长期的特征，这使其区别于其他经济物品和服务的特征。这也揭示了，尽管具有相对较短期的耐用性的建筑物会影响到特定时间的地产的可获得性，但物质空间的存量是绝对固定的。③不可移动性。地球表面的空间以任何方式都不可能被移动。它在它所占用的物理区位方面是永远固定的。④惟一性。从狭义来理解，任何地块都是惟一的，每一个地块在地球的表面只有惟一的区位相对应。此外，每一个地块都由以下因素赋予了其独特的特征：它的坡度、朝向（aspect）、水平高度、土壤、矿化状态（mineralization）、相邻地块及其特征以及这一地块本身的尺寸、形状、地区的气候条件等等。这种惟一性意味着地块的供应是能区分的，在这些方面要求有不同的分析，而不是传统的完全竞争的状况（这种状况假设了所有的供应都是同质的、没有区别的物品和服务）。尽管有这种惟一性，但在城市地区对于大量的地块仍然有相近的替代物，这就允许我们使用有关竞争的假设，但这些假设必须极其小心地使用，并对每一个案例都要预先对它们的适宜性进行评价。这四项物理特性表明了城市土地与大多数经济物的不同，因此在运用经济学原理和方法进行研究时需要进行特别的处理。

图6-1　里约热内卢的景观
资料来源：H.J. de Blji.Human Geography: Culture, Society, and Space（4th ed.）.New York:John Wiley & Sons, Inc., 1993.43

（2）区位特征。城市土地的区位所反映的是该项用地在城市中的位置以及由此位置所反映出的特征。城市土地的区位决定了该地块作何使用及其经济和社会的价值。因此，对区位特征的讨论，实际上不仅仅是在讨论各地块之间的协同关系，而且也可以说是在讨论影响到具体地块上经济活动所涉及到的经济、社会和空间相互作用的网络。房地产业界流传着这样一种说法，城市房地产成功的最重要的三个要素就是"区位、区位、区位"。这多少有点将问题简单化了，但从中也可以看到区位的重要性。对于城市土地使用来说，正如埃利（R.T. Ely)和莫尔豪斯(E.W. Morehouse）早就指出的那样，对于城市的各项建设来说，区位具有"极端重要性"[2]。

（3）法律特征。城市土地资源的物理和区位特征可以清楚地看到它与一般的经济物品的不同。正是由于认识到了土地资源的惟一性，因此，几个世纪以来建立起来了独特的法律制度来处理涉及到城市土地的使用、处置和所有权以及对此进行改进的相关法律问题。在其基础方面，尽管我们可以将城市土地称为经济物品，但其本质上则是与城市土地相关的一组法律权利。这些财产权反映了社会制度和态度。地产制度不同于对周边的管辖权，并且必须先查明财产权的确切性质，然后再来探查与其相关的地块或一组地块更深层次的经济问题。经济学家非常清楚城市土地的法律特征所具有的重要性，正如戈德堡和秦罗伊在此书的后面再次强调的："在城市土地市场上交易的并不是土地本身，而是一大堆对特定地块进行使用和对土地上已有的建设进行改进的权利，这些权利是由法律和实践所界定的，并且具有强烈的文化依赖性。"

经济学家对城市土地特征的总结揭示了城市土地作为研究对象的内在特征，当我们将使用的因素加入进去之后，土地使用本身就成为了人类活动与物质实体的结合。从物质实体上讲,它是自然物，也是人类活动的物化；从活动主体来讲，体现了人作为主体对物质环境的适应和改造。也就是说，作为城市规划对象的城市土地的使用，并不是以城市土地本身所固有的物质属性作用于城市运行过程的，而是通过承载了城市中的各项人类活动，将这些活动的成果融入到其自身属性之中，由此反映出人类的多种相互作用关系。在这样的意义上，从城市规划研究的角度出发，城市土地使用在上述的城市土地的特征基础上，还具有其他一些特征，而且这些特征直接关系到对城市土地研

图6-2　伊朗Nowdushan，城镇建设的布局受到农田土地所有制分割的影响
资料来源：Spiro Kostof.The City Shaped：Urban Patterns and Meanings Through History.London：Thames and Hudson Ltd.，1991.65

究的取向。

（1）城市土地使用反映的是人及其群体在城市土地上所从事的活动，这种活动的性质和类别就成为划分土地使用的重要表征之一。因此，对城市土地使用的划分是按照使用的性质也就是在城市土地上所展开的活动进行的，而不是按照土地本身的物理特征进行的。在城市土地上所进行的各类活动都是有一定的目的，而且任何的活动都有一定的延展性和连续性，因此，它必然地会接受外界的影响，同时又对外界产生作用，因此任何土地使用的研究也就必然要关涉到与周边土地使用的关系。此外，在特定区位上的特定活动的发生都有其本身的特征和内在的模式，而任何对城市土地使用的调整，实际上就不仅仅是对城市土地的调整，而是在对人及其群体的行为模式和价值判断甚至法律关系进行干预，城市土地仅仅只是一种物质载体。这就需要对这些人以及他们的活动、相互关系及其变化的需求和规律要有充分的认识。

城市土地使用积淀了城市活动的内涵，它就要在一定程度上反映城市活动所展开的基础，社会的、经济的、政治的、技术的、环境的要素，都会制约城市土地使用的运行。由于不同的城市活动所积聚的能量和强度各不相同，也就会影响到城市土地的使用，高层次的活动往往数量少、区位自由而辐射面大，低层次的活动则又有可能需要较大的用地、确定的位置，但影响的范围却又较小。城市土地使用又往往因使用者的不同而产生不同的结果，如同样是居住区，高级

住宅区与一般居住区或贫民区不仅社会经济结构不同，而且在其中所运行的活动模式、生活方式等也各不相同，在城市中的地位和作用也不同。它们对各类设施的配置要求也就不可能是一致的，比如，高级住宅区往往比较纯粹，均质性较强，而贫民区又往往比较混杂，多种使用集聚在同一地域范围内。总之，我们在土地使用上不仅能看到其某一种或几种物质构成，而更应看到在该土地上人们所从事的活动，并透过这种活动而看到其中所包含的社会经济关系。

（2）城市土地的区位是城市土地使用的关键性指标。区位就是特定地块在城市中所处的位置。城市中的各项活动都必然要占据一定的空间和土地，这就形成了城市活动的区位分布。城市土地使用的区位，揭示了城市活动在空间地域上的相互关联性。各种各样的活动通常都有同类或相近似活动相互集结(cluster)的特征，它们往往紧密结合并占据有利于其自身发展的空间位置，形成一定的区位分布和结构。每一种活动都有其评价区位的一套准则，对这些准则进行评价和概括，就能对城市土地使用的分配提供必要的依据。因此，麦克洛林（J. B. McLoughlin）就将有关区位的理论视为城市规划理论的基础[3]。

影响城市土地使用区位的因素是多方面的，既可以是自然空间、物质方面的，也可以是人为活动、人文方面的，同样也可以是经济合理性方面的。但核心主要在于这样三方面：一是空间的环境特征(environmental character)，每一种类型的城市活动，也就是每一项土地使用都会对城市及特定位置的自然条件和人文环境提出特有的要求，空间环境必须符合它的正常运行和操作的要求；二是可达性(access)，也就是这些位置在城市活动中的交通方便程度，不同活动会选取特定的主要交通方式，可达性往往就是这种主要交通方式的交通方便程度以及与其他交通方式衔接的方便程度，而可达性本身也是决定区位的关键性因素；三是费用(cost)，也就是从事一项活动所需花费的成本，包括时间成本在内，而即使是相同的成本对于不同的人尤其是对于不同阶层的人而言也具有不同的意义。以上三个方面是城市规划中进行区位分析的基础，它们是互相关联并紧密结合的。

（3）与土地使用的区位密切相关的，是土地使用的强度。土地使用的强度是单位面积土地上承载的城市活动数量的多少及其强度如何。土地使用强度不仅反映了城市土地上的环境质量，而且揭示了土地的可

利用程度。城市土地的使用，就是要为一定的城市活动提供一定的空间，根据城市活动的不同，它所要求的空间质量和开发程度也就有所不同。例如，办公就可能有较高的集聚性，多种不同的办公活动可以同时进行，并要求互相接近。但居住活动就要求有较宽裕的空间条件，密度过高就要影响到居住质量。对于一定的城市活动，对空间的环境质量，如日照、通风、采光以及噪声、空气质量以及基础设施配置等也有特定的要求，是否符合这些特定活动的要求是评价城市土地使用适宜性的重要标准。

（4）城市土地使用及其区位和强度的分布，在城市范围内形成了特定的空间关系，当与交通路线和设施相结合，即构成了城市的空间结构和形态。城市空间结构是城市社会经济关系在城市土地上的投影。城市土地使用的结构和形态，建立起了城市范围内的空间秩序和空间关系。对此就有必要揭示两个方面的内容：一是它是什么，二是为什么和怎样形成的，也就

（1）纽约曼哈顿（1983）

资料来源：Han Meyer.City and Port：Urban Planning as a Cultural Venture in London，Barcelona，New York，and Rotterdam：Changing Relations Between Public Urban Space and Large-Scale Infrastructure.Utrech：International Books，1999.218

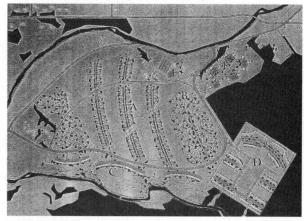

（2）文丘里（Venturi）和罗奇（Rauch）于1978年设计的普林斯顿（Princeton）郊区的一个住宅区

资料来源：Andres Duany, Elizabeth Plater-Zyberk, Robert Alminana. The New Civic Art：Element of Town Planning.New York：Rizzoli, 2003.47

图6-3　城市土地使用强度的强烈对比

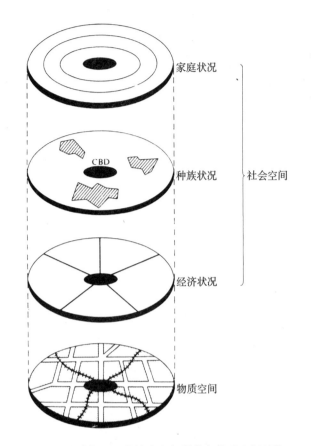

图6-4 城市居住地区的社会空间结构与物质空间结构
资料来源: John R. Short.An Introduction to Urban Geography.London, Boston: Routledge & Kegan Paul plc, 1984.145

是要对它进行描述,也要进行解释,仅仅只有描述显然是不够的。对城市空间结构和形态的描述,关键在于把握各类城市土地使用的形成过程,实际的空间状态以及发展的方向,而要对城市土地使用的结构和形态进行解释,就需要清晰城市的各个组成部分在土地使用的结构与再结构过程中的具体作用,也就是要揭示出是什么力量使其成为这样而不是那样。

第二节 城市土地使用的构成关系

城市中的不同土地使用在整个城市的已建设用地中占据着不同的数量,由于城市土地的相对固定性,从中可以反映出城市本身的特点和特征。从整体来看,构成城市的各项基本活动在不同的城市之间应该具有一定的相似性,因此,作为城市活动反映的不同的土地使用在城市总体的建设用地中所占的比例也具有一定的共性。巴塞洛缪(Harland Bartholomew)在20世纪50年代通过对美国53个中心城市[①]、33个卫星城和11个城市地区的土地使用状况进行调查,详细地描述了美国城市中的土地使用比例[4]。这些城市不同类型的土地使用在城市总用地中所占比例的平均数见表6-1。

从上表中可以看到在特定的时期和城市发展阶段

20世纪50年代美国97个城市的用地构成 表6-1

用 途	占已开发用地的百分数(%)	占城市总用地的百分数(%)
独户住宅	31.81	17.76
两户住宅	4.79	2.68
多户住宅	3.01	1.68
商业区	3.32	1.85
轻工业	2.84	1.59
重工业	3.60	2.01
铁路用地	4.86	2.71
公园和游乐场	6.74	3.77
公共和半公共用地	10.93	6.11
街道	28.1	15.69
总开发地区	100.00	55.85
空地(包括农业用地)		30.1
水域面积		14.05
总调查区域		100.00

资料来源: E. Murphy. The American City: An Urban Geography(2nd ed.). New York: McGraw-hill, 1974.278

---

① 在这些中心城市中,28个少于5万人,13个在5~10万人之间,7个在10~25万人之间,5个超过25万人。

中，城市各项土地使用在城市总用地的分布关系。巴塞洛缪还通过详细的定量化的描述，对调查所得的相关数据进行了比较研究，总结了不同人口规模的城市在用地的比例结构上存在的差异以及发展演变的趋势，得出这样一些重要结论：（1）人均已开发用地随城市规模的增加而减少；（2）用于居住目的的土地使用与整个城市所有已开发用地的多少成比例关系，并且，土地与人口的比例随城市规模的不同而不同；（3）独户住宅用地在所有已开发用地中倾向于保持一个固定的比例，与城市的规模无关；（4）城市越大，用于多户住宅的用地在所有已开发用地中所占比例越大；（5）在已开发用地中商业（商务）用地所占的比例随城市规模的增加而增加；（6）在5万人以上的城市中存在着一种趋势，用于轻工业的用地在已开发用地中随城市规模而增加，对于较小的城市这种趋势不明显；（7）存在着这样的一种趋势，即公共和半公共地产在土地比例中随城市规模的增加而减少；（8）一般而言，小城市较大城市有更高比例的空地。这些结论只是巴塞洛缪所得出的所有结论中的一部分，他对此还有一些具体的论述。从这些结论和他所给出的数据来看，这些结论都是针对城市的普遍状况而得出的，这些结论都有一些明显的例外。当然，他的所有讨论仅限于用地比例与人口规模之间的关系，并未涉及到城市所处的区域和城市的功能类型。

20世纪60年代初，兰德（RAND）公司在福特（FORD）基金会的资助下，开展了一项有关土地使用比例的研究[5]。他们将调查表寄给63个大城市，回收到有效数据共48个城市。在对此数据研究的基础上，倪德康（John Niedercorn)和赫尔（Edward Hearle）发表了论文《48个美国大城市新近的土地使用趋势》（Recent Land-Use Trends in Forty-Eight Large American Cities）。从调查数据统计的平均值看，与巴塞洛缪10多年前的研究结果没有什么大的差异，尽管在土地分类上有所不同。而且他们发现，在他们研究的48个城市中，居住、道路和公路用地占据了将近65%的已开发用地以及50%的整个城市用地（total city area）。曼维尔（Allen D. Manvel）在20世纪60年代末的一项研究，统计了美国当时10万人以上的130个城市中的106个城市的土地使用。同时给出了这106个城市各自的土地使用比例和对这些数据进行汇总后的平均值（表6-2）。在这些数据中，可以看到，城市道路用地在所有10万人以上的城市中占所有用地比例的17.5%，在25万人以上城市用地中占18.3%。但检验各个城市的数据就可以发现，得克萨斯州的博蒙特(Beaumont)市和亚利桑那州的菲尼克斯(Phoenix)市的道路用地只占了城市用地的9.6%，而纽约市则占到了30.1%。

除了美国的城市土地使用的统计分析之外，还有一些其他国家的相关研究。我们在这里采用列表的方式汇总了不同时期、不同国家的城市土地使用的构成关系，尽管由于各项研究的目的不同，因此所采用的

20世纪60年代美国106个城市的土地构成情况　　　　　　　　　　表6-2

土地使用类型	所有土地中所占的百分比(%)	
	10万人以上的城市	25万人以上的城市
公共街道	17.5	18.3
除了公共街道之外的总用地	82.5	81.7
私人拥有的总用地	67.4	64.7
居住	31.6	32.3
商业	4.1	4.4
工业	4.7	5.4
铁路	1.7	2.4
未开发用地	22.3	12.5
公共、半公共用地（除了街道）	13.7	16.2
娱乐用地	4.9	5.3
学校和大学	2.3	1.8
空港	2.0	2.5
墓地	1.0	1.1
公共住房	0.5	0.4
其他	3.0	5.1

资料来源：同表6-1

英格兰和威尔士城市地区的土地使用构成（1961 年）（单位：%）　　　表6-3

分类	所有的城市用地	大中城镇	小城镇（少于1万人）	新城
住宅	49	46	79	50
工业	5	8	4	9
开放空间	12	18	11	19
教育	3	5	2	9
服务设施（包括交通）	31	23	4	13

资料来源：Philip Kivell.Land and the City：Patterns and Processes of Urban Change.Routledge, 1993.67

日本16个大城市的土地使用状况（1975）　表6-4

土地使用	比例(%)
居住	37.7
交通	18.2
工业	4.9
商业	4.3
教育	4.1
空地	3.3
办公	0.6
其他城市用地	26.9
总的城市用地	78.8
非城市用地	21.2

资料来源：Philip Kivell.Land and the City：Patterns and Processes of Urban Change.Routledge，1993.70

加拿大城市土地使用状况　　　表6-5

城市功能	比例(%)
居住	51.2
商业	2.4
工业	8.2
机构	7.8
交通／市政设施	4.3
娱乐／开放空间	5.5
道路	20.6
总计	100

资料来源：Gerald Hodge.Planning Canadian Communities：An Introduction to the Principles，Practice and Participants.Methuen.1986,149

北美22个城市土地使用状况　　　表6-6

土地使用类型	比例(%)
居住	39.8
工业	10.4
商业	5.0
道路	25.4
其他公共使用	19.3

资料来源：Philip Kivell.Land and the City：Patterns and Processes of Urban Change.Routledge，1993.66

土地使用分类和统计的口径也不完全一致，但从中我们可以看到各国城市在特定时期的土地使用分配的总体状况，其中包括英格兰和威尔士（表6-3）、日本（表6-4）和加拿大（表6-5）。

1981年，杰克逊（Jackson）发表了一份对北美22个城市土地使用状况的调查，揭示了各项主要用地在城市已建设用地中的比例[6]，见表6-6。

第三节　城市土地使用布局的理论基础

从城市规划的角度讲，城市土地使用的布局就是要形成既能满足城市各项活动有效开展的需求，又能避免对其他活动的开展产生不利影响的，同时又符合城市发展趋向、保证城市整体效益的城市空间格局。因此，对城市中各项活动的空间需求要有充分的把握，只有在此基础上才有可能展开有效的干预，达到整体性的目的。从这样的角度讲，城市土地使用的规划布局必须是建立在城市各项活动在城市中的分布需求的基础之上的，而城市活动在城市中的分布，其实质就是对城市不同区位的土地进行使用。而要认识城市各项活动在城市中的分布，就需要充分地认识这些区位实现的条件以及各项活动究竟在城市中具有怎样的趋势和要求。在这方面，经济学和地理学中有关区位的研究为城市土地使用的布局提供了理论基础，这也是麦克洛克林（J.B. McLoughlin）认为区位理论是城市规划理论的基础的原因所在。

从总体上说，区位论不仅关注各项活动在城市中的分布，还关注这些活动在不同的城市间的分布。从我们的议题出发，我们这里着重关注的是前者，但由于各相理论提出时的原型基本是以后者为基础的，所以对区位理论的介绍也会涉及到后者，甚至在有些内容上会以后者为主。在城市的范围内，区位是某项活动所占据的场所在城市中所处的位置。城市是人与活动的聚集地，这些活动场所加上连接各类活动场所的交通路线和设施，便形成了城市的空间结构。各种区位理论运用经济学的理论和方法，试图为城市中的各项活动寻找到最佳区位，即能够获得最大效用的区位，因此，区位理论就是研究城市活动的空间选择以及在空间中进行组合的经济理论。从严格的意义上讲，针对不同的城市活动所建立起来的区位理论，都是将区位决策者假定为"经济人"或"理性人"，也就是决策者在面临作出决策时会对各种不同的条件、在城市中的所有可能的区位进行评价，然后选择最符合其需要的并能使其效用达到最高的具体区位。尽管在实际的运用中任何人都不可能达到这样的完全理性，但作为理论形态的区位论，这样的设定有其合理性和必要性，而且也是解释区位选择的最具本质性的方法。因此我们在这里主要通过对相关的区位理论进行介绍[7]而不对其运用的问题进行评价，但值得注意的是，理论的思维模式和实践的（即理论运用的）思维模式存在着本质上的差异，[8]这是我们在学习和运用区位理论时需要特别注意的。此外，有关理性问题本身的讨论在本书的第十一章"城市规划类型"中再予以讨论。由于城市活动本身的多样性，各种活动区位决策者要寻找到其效用最大的区位，必然会涉及到不同的评价标准，这是在作为区位决策时首先就需要确定的。这就需要根据对各种活动本身的分析和判断，比如产业区位的形成一般是追求经济利益的最大化，而其最直接的判断则是利润的最大化；而住宅设施等的区位的形成则是与家庭的具体构成等有关的效用最大化，或者是与寻求自我满足的条件有关；而城市公共设施区位的形成则与城市政府的政策导向有关，并在此条件下追求各项设施的经济效率最大化和福利最佳化。正是由于这种标准的各不相同，尽管有些理论在形式上具有相似性，其实质还是有所区别的。

一、农业区位理论

杜能（J.H. Thünen）的农业区位理论是现代区位理论的基础。他于1826年出版《孤立国》一书，标志着区位论的产生，杜能也被后人推崇为区位论的鼻祖。

杜能通过抽象的方法，假设了一个与世隔绝的孤立城邦来研究如何布局农业生产的类型才能从每一单位面积土地上获得最大利润的问题，也就是说，他并不是研究如何提高农业生产率而是研究不同的农业在地理空间上如何分布从而获得更高的农业效益。因此，他在理论研究中假定所有的农业生产在不同的位置所获得的生产效率都是一样的，同时他也假定所研究的对象位于均质的大平原上，以单一的市场和单一的运输手段为条件，这样，他的研究的核心就转变为研究农业经营的空间形态与产地距市场间的距离关系。在他的理论体系中，利润（P）是由农业生产成本（E）、农产品市场价格（V）和把农产品运至市场的运费（T）三个因素决定的，即 $P=V-(E+T)$，对该公式进行转换就成为：$P+T=V-E$。根据他的假设，农产品市场价格（V）和农业生产成本（E）均可视作常数，因此，$V-E$ 在假设条件下就是固定值。这样，根据公式就可以得到 $P+T$ 也是一个常数，因此，利润和把农产品运至市场的运费之和就是固定值。这样，如果要使利润最大就必须使运费最小，这就是说，运输费用是决定利润大小的关键。在这样的讨论基础上，杜能运用公式算出了各种农作物组合的地区分界线，将整个地域按其主导的农作物生产类型划分了不同的农业区，形成了以市场为中心的一个呈同心圆状的农业空间经营结构，即所谓的"杜能环"。

杜能之后，对农业区位论贡献较大的经济学者是布林克曼（Brinkmann），他从集约度和经营方式出发

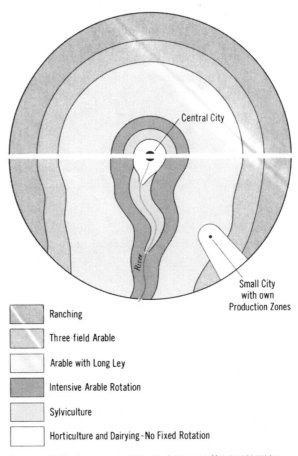

图6-5 杜能（Thunen）最初的表示土地使用环的图解
资料来源：John F. Kolars, John D. Nystuen.Geography：The Study of Location, Culture, and Environment.New York：McGraw-Hill Book Company, 1974.203

来研究农业区位布局。他认为影响集约度的因素有农场的交通位置、农场的自然情况、社会经济发展水平和经营者本身的特征等，集约度的高低影响农业的收益和土地使用方式。他认为，在接近市场的地域，即交通位置较好的地域是实施集约经营的区位，相反，在远离市场的地域是实施粗放经营的区位；交通位置不同造成的土地集约度的差异不仅表现在资本集约度的差异上，也表现在劳动集约度的差异上；接近市场的地域是特殊集约型作物的区位，远离市场的地域是特殊粗放型作物的区位。因此，土地使用的集约度增加不仅意味着各种作物耕作费用的增加，而且也意味着向集约化的作物的转变。

二、工业区位理论

工业区位理论是区位研究中非常集中而且数量相对较多的专题内容，在通常的意义上，一般所指的区位理论主要是指工业区位理论。在各项工业区位理论中所涉及的变量也有多种且各不相同，而且随着时间的推移，工业区位理论越来越具有综合性。杜能在研究农业区位的同时，也研究了工业区位的问题，其有关工业区位的主要思想与其在分析农业区位时的思想保持一致。他认为，运输费用是决定利润的决定因素，而运输费用则可视作工业产品的重量和生产地与市场地之间距离的函数。因此，工业生产区位是依照产品重量对它的价值比例来决定的，这一比例越大，其生产区位就越接近市场地。在杜能对工业区位研究的基础上，后来的学者开展了多方面的研究并不断地深化着相关的内容。

1. 韦伯（A. Webber）的工业区位理论

韦伯主要从费用角度来分析企业经营者的区位决定的，他认为，经营者一般是选择所有费用支出总额最小的空间进行布局，也就是说费用最低点即为企业的最佳区位。因此，区位行为的目的是追求费用因子的最佳化。韦伯综合分析了工业区位形成的诸因素，认为工业区位的形成主要与运费、劳动费用和集聚（分散）力三个因素有关。这三个因素中运输成本和劳动力成本可以归结为一般的区域因素。而集聚（分散）力则是指生产区位的集中，包括人口密度、工业复杂性程度等。运输成本具有把工业企业吸引到最小运输费地点的趋势，而劳动成本和集聚（分散）力则具有使区位发生变动的可能。在进行具体区位费用分析和确定区位的时候，韦伯的具体做法是：首先找出最小

运输成本的点，构建基本的工业区位框架；其次是把劳动成本作为考察对象，研究由第一阶段运输成本形成的最佳区位的变形，即研究运输成本和劳动成本同时作用所形成的最小费用区位。第三是分析集聚（分散）因子对最小费用区位形成的作用，集聚（分散）因子使生产集中于某地点（或者其他地点）而产生利益，该因子引起了区位的第二次变形。

在这样的研究框架下，韦伯的区位理论研究首先要解决的基本问题是，当运输成本作为决定区位选择的因子时，区位在原料产地和消费地给定的情况下如何决定的问题。该问题解决的途径是寻找运输费用最低点。决定运输费用大小的因子是运送货物的重量和运送距离，除此之外，如运输方式、运送货物的性质等都可换算成重量或者距离的形式。关于工业生产中所需要的原料，韦伯将其分为两种类型，即遍在原料和偏在原料。所谓遍在原料是指到处都存在的原料，如空气以及一定性质的水。偏在原料是指在特定的场所才能得到的原料，如铁矿石和煤炭等，当然，这种特定性是指受当时的自然条件、技术条件和经济条件的制约。另外，遍在原料和偏在原料是一组相对的概念，因观察的范围不同会发生变化。遍在原料对工业区位影响较小，因此，在研究中一般只考虑偏在原料。按照偏在原料转化为产品过程中重量的变化，可将其划分为纯粹原料和减重原料。纯粹原料是指在转化为产品过程中，重量没有损耗完全转化成产品的原料。减重原料是指在生产过程中，损耗掉一部分或全部重量的原料，如炼铁原料铁矿石和燃料煤炭。另外，产品不同，原料的组合也不同。生产每单位产品的原料投入中，如果减重原料所占的比例很高，那么，因重量的损失，在原料地布局就可以节约运费。韦伯把相对于产品重量的偏在原料重量所占的比例称为原料指数。在区位图形中移动的总重量是产品和偏在原料两者重量的和，每单位产品的总重量成为区位重量（locational weight）。

即：原料指数（M）= 偏在原料重量 / 产品重量

区位重量（SG）=（偏在原料重量 + 产品重量）/ 产品重量 = 原料指数 + 1

从上述的原料指数和区位重量可得出下列一般的区位法则：

（1）原料指数比1小，区位重量比2小时，偏在原料重量小于产品重量，在产品消费地布局比在原料地布局运费节约要大，属于消费地指向性区位，如啤

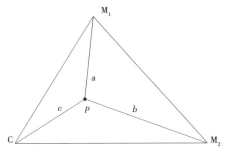

图6-6　韦伯工业三角形

酒工业、面包工业等。

（2）原料指数比1大时，属于原料指向区位，如水泥工业、乳酪工业等。

（3）纯粹原料的原料指数为1，属于自由指向性区位。即原料地、消费地以及两者之间的任何一点其运费都相同，如精密仪器工业等。

虽然通过原料指数可判断基本的区位指向，但不能明确区位的均衡点。为此，韦伯运用几何学原理对此进行了分析和论述。他利用区位三角形来求出最小运输成本的区位。如果某个工业有两个原料供应地（M_1、M_2）和消费地（C），如果生产一单位产品需要M_1原料X吨，M_2原料Y吨，而运至市场C的最后产品重量为Z吨，设点P为该工业所在地，a、b、c分别为PM_1、PM_2、PC的距离，则P的最佳区位便转化为求$Xa+Yb+Zc$的最小值问题。在求出这一值后，韦伯运用"等费用线"方法再来具体研究劳动力成本和聚集效益问题。当原料供应地和消费地超过三处时，问题的求解就转变为寻找多边形的重心。

劳动力成本一般而言在城市中差异不大，主要是地区性的差异，直接影响到工业的区域分布。在此处所说的劳动力成本不是指工资的绝对额，而是指每单位重量产品的工资部分。它不仅反映了工资水平，同时也体现了劳动能力（即生产效率）的差距。韦伯劳动力成本指向的思路是：在运费最小点布局还是在劳动力成本低廉地点布局，这主要看两种费用的节约程度。换言之，在低廉劳动力成本地点布局带来的劳动力成本节约额比由最小运费点移动产生的运费增加额大时，那么，劳动力成本指向就占主导地位。根据韦伯的论述，决定劳动力成本指向有两个条件，一是基于特定工业性质的条件，该条件是通过劳动力成本指数和劳动系数来测定；二是人口密度和运费率等环境条件。

聚集因子就是一定量的生产集中在某一场所所产生的"利益"，从而可以使生产或销售成本降低。而效益则是根据把生产按某种规模集中到同一地点或分布到多个点之后给生产和销售所带来的利益。与此相反，分散因子是随着消除这种集中而带来的生产成本降低。聚集因子的作用分为两种形态：一是由经营规模的扩大而产生的生产集聚；封闭组织的大规模经营相对于明显分散的小规模经营可以说是一种集聚，这种集聚一般是由"大规模经营的利益"或"大规模大量生产的利益"所产生的；二是多种企业在空间上集中产生的集聚，这种集聚利益是通过企业间的协作、分工和基础设施的共同作用所带来的。集聚又可分为纯粹集聚和偶然集聚两种类型。纯粹集聚是集聚因子的必然归属的结果，即由技术性和经济性的集聚利益产生的集聚，也称为技术性集聚。偶然集聚是纯粹集聚之外

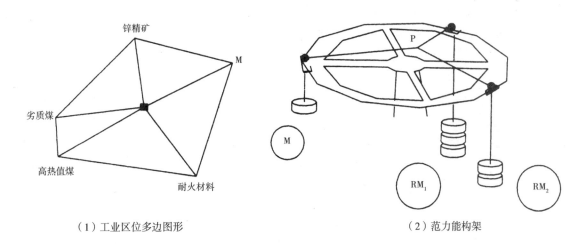

（1）工业区位多边图形　　　　　　（2）范力能构架

图6-7　韦伯的区位模型原型

资料来源：彭震伟主编.区域研究与区域规划.上海：同济大学出版社，1998.14

的集聚,如运费指向和劳动费指向的结果带来的工业集中。分散因子的作用是集聚结果所产生的,可以说是集聚的反作用,这种反作用的方式和强度与集聚的程度有关。其作用主要是消除由于集聚带来的地价上升造成的一般间接费、原料保管费和劳动费等的上升。

在此基础上,韦伯进一步研究了集聚利益对运费指向或劳动费指向区位的影响,他认为,集聚节约额比运费(或劳动费)指向带来的生产费用节约额大时,便产生集聚。为了判断集聚的可能性,他提出了加工系数(单位区位重量的加工价值)的概念。该系数高的工业,集聚的可能性也大,相反,集聚的可能性就小。韦伯通过生产成本节约指数的变化来判断聚集是否合理、是否适度,从而找出最佳聚集点,然后与最低运费点进行比较偏离这两点所带来的效益差异,以此确定工业生产的最后地点。

2. 帕兰德(T. Palander)的工业区位理论

帕兰德(T. Palander)于1935年发表《区位理论研究》,提出在需求已定,费用可变的条件下,企业间在空间竞争中市场地域的占有问题。他首先区分了以下两个基本问题:一是在假定原料的价格和分布地以及市场的位置已知的条件下,生产在哪里进行的问题;二是在生产地、竞争条件、工厂费用和运费率已知的情况下,价格如何影响生产者的产品销售地域范围。

关于市场地域大小如何决定的问题,帕兰德是通过自己设计的直线市场这一简单模型来说明的,他研究了在这一直线市场上只有两个生产同样产品的企业其市场地域界限如何划定的问题。他以一个简单的例子说明两个生产相同产品的厂商(同类商店)如何达成两个市场区域的平衡。图中,A、B两个厂商的市场是沿水平轴分布,A厂商的生产成本为AA′,B厂商有较低的生产成本BB′,而消费者所付的价格须加上

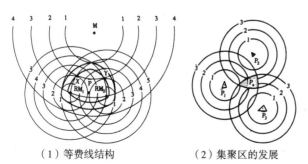

（1）等费线结构　　（2）集聚区的发展

图6-8　韦伯工业区模型

资料来源:彭震伟主编. 区域研究与区域规划. 上海:同济大学出版社,1998.14

运输成本可由A′和B′两方向上升的直线表示,因此,两厂商的市场范围将以X点为界。

生产者占有的市场地域大小将对其获得的利润产生影响。在每单位产品的生产费和利润给定时,如果销售量与市场地域的大小有关,那么总利润将是生产地与其产品的销售市场间的距离的函数。任意一个生产者的销售地域或利润将会受到其竞争者的区位行为决定或其他行为的影响。

帕兰德从空间竞争观点分析了市场地域之后,把

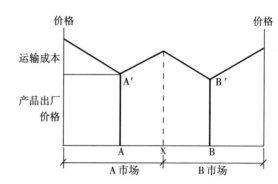

图6-9　帕兰德(T. Palander)的市场边界

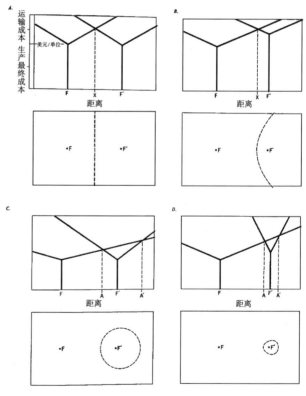

图6-10　两个公司在不同的生产和运输成本条件下的市场区竞争

资料来源:John F. Kolars, John D. Nystuen.Geography:The Study of Location, Culture, and Environment.New York:McGraw-Hill Book Company, 1974.151

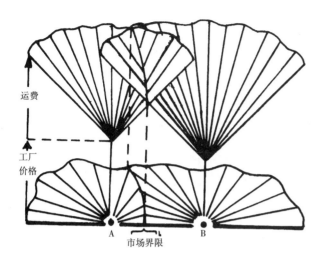

图 6-11　帕兰德的市场地域分割
资料来源：白光润主编.现代地理科学导论，上海：华东师范大学出版社，2003.157

研究的目光转向了在原料的价格、分布地和市场给定时，生产区位在哪里布局的问题上。在这一分析中，帕兰德的重大贡献是在运费分析上提出了远距离运费衰减的思想。他在假定运费是运输距离的函数的前提下，认为运费有两种形式，即距离比例运费和远距离递减运费。前者是指运费的增加与距离成均等增加，后者是指随着距离的增加单位距离的运费在递减。在这两种形式下，等运费线的表现形态也不相同。前者的等运费线是围绕给定的某一点呈一定间隔的同心圆状；后者因随着距离的增加单位距离的费用在递减，因此，等运费线的间隔会变得越来越宽。按照帕兰德的理论，在区位三角形内部能够找到运费极小点的情况比韦伯理论所述的情况要少得多，也就是说，在现实世界中运费率一般是可变的，那么，最佳区位选择在原料地或者市场的可能性更大。此外，帕兰德也认为，在区位选择时，运费最小地点当然是最佳的生产地，可是随着生产地的选择，其他所有的费用也在发生变化。因此，生产地的位置就不能只从运费最有利的角度考虑，最佳的生产地应该是生产的所有费用的总和最小。

3. 胡佛（E. Hoover）的工业区位理论

胡佛（E. Hoover）在 1937 年出版的名著《区位理论与制鞋、制革工业》及 1948 年出版的《经济活动的区位》中，详尽地阐述了他有关工业区位的理论。胡佛的研究主要集中在，在生产者（或消费者）之间存在着完全竞争、生产要素具有完全的可移动性的假定条件下，运费和生产费对区位的可能影响。胡佛在研究中采用了帕兰德的基本分析框架，但考虑到了生产的规模报

酬递减的情况，即当市场范围扩大时，产量增加将引起平均成本的增加。他的理论如图所示。X 为一生产点，A、B、C 表示在某方向上其市场地区的可能边缘。如果其供应 XA 的地区，生产成本为 Xa，而 a′线表示随距离 X 增加而导致运输成本的增加，即引起交付价格（等于生产成本与运输成本之和）的增加，此即运输坡度（transport gradient）。如果市场扩展到 B，则生产成本为 b，而产生另一运输坡度 bb′，……连接 a′、b′、c′，及所有可能产生市场范围边缘的交付价格的点而成的线，即为边际线。对另一生产点 Y 也可产生另一边际线。两边际线相交处，即为两市场的界限。

胡佛还考虑了不同生产成本和运输费用情况下的市场范围的划分。

从帕兰德和胡佛等人的研究中，可以看到，每一个企业的发展都会受到其他企业的影响，因此，逐步形成了区位的相互依存学派。这一学派假定生产费用已定，市场不是韦伯假定的点状市场，而是在地域中分布的市场（但在理论研究中，假定为线状市场）。企业的送达价格因区位不同而不同，各个企业都尽力以

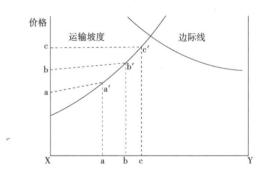

图 6-12　胡佛的运输费用递减的理论模型

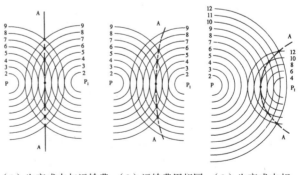

（1）生产成本与运输费用相同的市场区　（2）运输费用相同生产成本不同的市场区　（3）生产成本相同运输成本不同的市场区

图 6-13　不同生产成本和运输费用组合情况下的市场区边界
资料来源：彭震伟主编.区域研究与区域规划.上海：同济大学出版社，1998.16

低于竞争企业的价格向消费者销售，而送达价格与克服企业与消费者间的距离所支付的运费大小有关。各个企业在选择区位时，都想尽量占有更大的市场地域，这样市场地域的大小受到消费者的行为和其他企业的区位决定行为的影响。某企业如果以低于竞争者的价格能够在某市场地域销售产品，那么，该市场就会被该企业所垄断。总之，该学派认为区位和市场地域间的空间模型产生与需求场所的差异和企业区位间的相互依存关系。

4. 廖施（A. Lösch）的工业区位理论

廖施在区位理论的研究中，第一个引入了需求作为主要的空间变量。他认为，韦伯及其后继者的最小成本区位方法并不正确，最低的生产成本往往并不能带来最大利润。正确的方法应当是找出最大利润的地方，因此需要引入需求和成本两个空间变量。他认为，任何一个企业想要在竞争中求生存，就必须以最大经济利益为原则，在竞争中降低运输成本，使消费者得到最廉价的产品，占领消费市场，而竞争的平衡点正是工业区位配置的最佳点。

廖施的区位理论不是说明在现实世界中经济活动的区位，而是试图研究在一致的简单化的条件下，怎样的区位模型能够满足规定的均衡状态的各种条件。他认为，区位的均衡取决于两个基本因素，即对于个别经济而言，是追求利润最大化；就经济整体来说，是独立经济单位数最大化。他认为后者来自外部竞争的作用，前者是内部经营努力的结果。就是说，个别经济单位如企业生产者会把自己的生产区位选择在能够得到最大利润的地点，而消费者将自己的消费空间选择在价格最便宜的区位点。但就整个经济而言，通常存在着许多的竞争者，当新的竞争者加入市场时，各经济单位所占有的空间会缩小到自己的利益消失点，这样，经济整体内部存在两个力的作用：一是对空间的获取，另一是其他经济单位对空间的再夺取，各方的动机都是追求利润的最大化。他认为，区位是由这两个力的均衡地点所决定的，区位间这种相互依存性带来的均衡，可通过区位一般方程式体系来表示。另外他提出了对于独立生产者、消费者或农业和工业都适应的一般均衡条件，并以工业为例建立了一组方程式。

廖施的第一个条件是，对于个别单位的区位必须尽可能是有利的。企业在整个地域和自己的市场圈内部选择能够得到最大利润的区位，农业生产者以同样的目的决定自己土地购买场所及在农场内建筑物的位置，消费者以同样的原理选择居住地。第二个条件是，独立的经济单位数尽可能最大，即区位数应尽可能达到将整个空间全部利用。第三个条件是所有的经济活动都不能得到超额利润。后两个条件只有在自由竞争市场下才能成立，如果在垄断条件下很显然是不能成立的。第四个条件是，购买圈、生产圈和销售圈尽可能的小。第五个条件是，在经济圈的边界上同时属于相邻的两个区位，因此是没有差别的，即边界线是无差别线。对应于各个条件廖施都建立了相应的方程式，从数学角度进行了精确的论证。他通过理论的逻辑证明，任何产品总有一个最大的销售范围，并且至少要占有一定范围的市场，这种市场最有利的形状是正六边形。这是根据他的最大利润区位论所得出的结果，他认为，六边形既具有最接近于圆的优点，也具有比三角形和正方形及其他多边形运送距离最短的特点。市场网络是廖施区位理论的最高表现形式。

5. 伊萨德（W. Isard）的工业区位理论

伊萨德于1956年出版《区位与空间经济》，他运用替代原理分析区位均衡来分析区位选择。为了分析经济空间关系他提出了"输送投入"(transport in-put)的概念。所谓输送投入是指单位重量移动每单位距离的

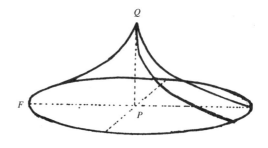

图6-14 廖施的需求圆锥体
资料来源：白光润主编.现代地理科学导论.上海：华东师范大学出版社，2003.156

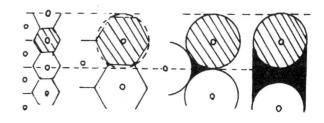

图6-15 市场网络
资料来源：白光润主编.现代地理科学导论.上海：华东师范大学出版社，2003.157

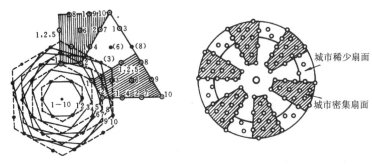

城市稀少扇面

城市密集扇面

图6-16　廖施的"经济景观"

资料来源：许学强，周一星，宁越敏编著.城市地理学.北京：高等教育出版社，1997/2002.173

必要投入。他认为输送投入与资本、土地、劳动投入及企业经营者能力等生产要素具有类似性，所有这一切都是按照利润最大化原理投入，但输送投入意味着空间变量的增加，运费是其投入的价格。

伊萨德在研究区位均衡过程时，首先研究了生产活动对消费中心地、运费、原料价格、劳动和其他要素及产品不产生影响，以及其他生产者也不会进行报复手段情况下的简单空间区位模型。他假定企业产品的全部消费者都集中于C点，进行生产不可缺少的惟一原料为M_1，如果有必要使用其他的生产要素，也把它作为"遍在原料"，即对区位不产生影响。在这种条件下，如果M_1点的原料如同矿物资源一样，是不可移动的，那么，生产活动必然在M_1点进行，但是如果M_1点的原料是可移动的，且在C和M_1之间的"区位线"上移动。

为了进一步说明这个问题，他使用了"变换函数"或"变换线"。该函数的涵义是某工厂在P点布局时，以一定的输送投入M_1点把原料运到P点，这时距离变量为M_1P。为了把产品运输到C点，同样要进行CP距离的输送投入。如果企业可以从P点沿CM线可左右移动的话，很显然M_1P和CP的值同时发生变化。距离变量的替代同时是输送投入的替代，表示这种替代关系的函数就成为变换函数。变换线的斜率为-1时，表示1单位距离变数的增加带来1单位距离变数的减少。在此基础上，伊萨德进一步分析了随着原料地和消费地的增加，区位三角形、区位四边形和区位多边形的情况。

伊萨德运用与韦伯相同的临界等费用线来分析企业区位的集聚问题。他指出，由于运费指向企业在P_1、P_2、P_3三区位点布局，如果它们相距较远处于分离状态，临界等费用线不相交，相互之间就不会发生

集聚。如果区位间相互接近，临界等费用线相交，就会发生集聚。这时企业家会如何选择自己的区位？是重新选择适合各自最佳运送地的区位，还是将区位向三个企业更接近的集聚中心布局？集聚能带来经济利益，但同时也必须支付较高的运费。不过集聚中心仍然是一个潜在的最佳区位点。因此，如果向集聚中心移动，运费的增加额可由集聚利益或其他生产费用的节约替代时，集聚就可成立。

集聚有下列几种形式：一是大规模生产带来的集聚经济；二是地域专门化（regional specialization）带来的集聚经济；三是城市化使城市内部的运输工具、煤气、水道和道路等设施的高度利用，并且由于工厂间的相互密切关系使费用降低带来的规模经济。当集聚程度不断强化时，其反作用——分散将发挥作用。分散是由于生活费、劳动费、原料费、运费和地价等上升带来的不经济造成的。

6. 格林哈特（Melvin L. Greenhut）的工业区位

格林哈特（Melvin L. Greenhut）的代表著作是1956年出版的《工厂区位——理论和实践》和1963年出版的《微观经济学和空间经济学》。他对需求因子和影响区位的企业间相互依存作用进行了详细的论述。他认为如果需求是弹性的，生产者属于一个垄断者的条件下，所有的生产者可能在消费地进行。原因是由于运费造成的价格增加使得需求减少，因此应该在消费地生产。即使两个生产者分别属于不同的垄断者，彼此是相互竞争关系，那么，企业在价格和区位上越是竞争，价格就变得越低，区位就相互越接近。相反，如果企业在价格和区位上是非竞争的、垄断的，那么区位选择相互分散。同时，对企业产品的需求越是弹性的，生产也越趋于分散。不过，分散的趋势依赖于运费率的高低和边际费用的特性。当消费者的运费越高越趋于分散，边际费用如果是递减的，也将趋于分散。另外，企业的数量越多分散力也越强。格林哈特还比较了垄断的两种形态及组织化的垄断和非组织化的垄断，他认为企业在市场上，自由竞争的非组织化垄断比由于基本点价格方式和与此类似的方式引起的过渡地域集中的组织化垄断更容易出现分散，即组织化的垄断不能促进空间的有效分布。

格林哈特把区位因子分为运费、加工费、需求因

子、费用减少因子和收入增大因子等。他认为特定的因子对特定的工业是重要的，对别的工业是不重要的。一般而言，在区位选择中某一个因子是最主要的，当在这个主因子决定下，区位选择仍有可能时，次要因子才开始起作用。格林哈特认为运费是工厂区位的一个主要决定因子，应该将它与其他因子区别对待。运费如果占总费用的比例很大时，企业家会考虑降低运费。但只有在下列两种情况下，区位才表现出原料指向，即原料易损伤时和原料的运费比最终产品的运费大很多时。除此之外，接近市场的区位选择是最有利的。

在对影响区位的各项因子进行全面分析的基础上，格林哈特还列出了他认为最为重要的影响区位决策的因素[9]：（1）区位上的成本因素：交通成本，联合化的程度（extent of unionization），工资成本，税收；（2）区位的需求因素：其他公司的竞争程度；（3）减少成本的因素：城市在某种类型产业上的专门化；（4）增加回报的因素：这一地区对特定产品的特定需要；（5）人际交往因素：来自于与其他公司及其高层互动的优势。

三、商业（零售业）区位论

商业历来是城市的重要功能，而且这样的活动最主要的就是发生在城市之中。从历史发展的角度来看，即使在工业革命以前，城市就是一定区域内的商业中心，城市在广大区域范围内的地位与作用就是由商业所支撑的；在工业革命之后，有相当数量的城市转变为以工业制造为核心功能的城市，但商业仍然是城市生活以及生产品销售的关键，是城市生活的核心；随着工业化进程的不断推进，城市的生产性功能的地位不断下降，城市转变为以第三产业为主要的功能，而商业是第三产业的重要组成部分。因此，在城市的实际生活中，商业的布局直接影响到居住甚至就业岗位的分布。在这里首先讨论传统意义上的商业及零售业的区位理论，然后还将讨论有关服务业等的区位理论。

奎因（J.A. Quinn）继承了区位理论的传统，从交通成本的角度对商业设施的区位选择进行了研究，他认为，零售业（包括服务业在内）的区位空间选择应遵守如下四种中心区位原则：

（1）当消费者呈线状分布时，不管该分布是等间隔还是非等间隔的，商业区位在中心点布局最有利，原因是在这一点上总交通费用最小。

（2）大致同等规模的人口或聚落呈二维的面状分布时，商业区位在位于几何中心聚落，因为在此中心对所有的聚落而言，交通费是最小的，因此是最有利的区位点。

（3）人口沿交叉的交通线以任意单位距离分布时，从交叉点到所有点的交通距离之和为最小，因此交叉点是最有利的区位。

（4）在集汇的交通网的各线路上，人口呈任意分布时，集汇的点是商业区位的最佳选择，因为从这一点到所有各点的总费用最小。

很显然，奎因的商业区位只考虑了交通费用对零售业（服务业）设施布局的影响和作用，而且，这种分析是在最简单的情况下作出的，它只适合于分析城市形成初期或发展水平较低地域的商业布局。但是可从这四个原则中归纳出一般化原则即交通结节点指向，这是零售业区位布局的基本原则之一。

普劳德富特（Malcolm Proudfoot）在20世纪30年代，根据当时美国城市商业的组织类型，以商业地域类型划分的方式建立起了城市零售业结构的概念[10]。他将城市零售业结构划分成五种类型：

（1）中心商务区（the central business district）代表了每一个城市的零售业的核心。在这里，无论是就单个商店而言还是就所有的商店而言，与城市中的其他地方相比较，在单位面积上所进行的商务活动要多得多。这种区域的集聚可以从使用多层甚至高层建筑这样的现象中得到证明，绝大多数零售商店使用临街的空间，服务设施则使用较高层的办公楼，而居住功能则只限于零星分布的旅馆。这里的零售业以大型百货商店、大量的男女服装店、家具店、鞋店、珠宝商店和其他同类销路的商店为主。除了这些之外还有一些在重要性上可能不如它们的商店，如大量的药店、烟草店、饭店和其他销售便利物品的商店。

中心商务区吸引了来自城市各个部分和外围的郊区及周围小城镇的顾客。许多人，除了作为顾客，还可能在不同的商业和服务业就业，这些商业和服务业构成了在这个地区内人们活动的综合体。为了服务于这些购物和就业人口，所有的城市交通方式都在这里集中。因此，这一地区在工作日特别是在早上和傍晚的高峰小时承受着极度的交通拥挤。由于这种拥挤对个人的不方便，以及在交通上的时间和费用的成本都使人们更喜欢发展城市外围地区的商务中心，以迎合居住在外围的人口的需要。

（2）外围地区的商务中心（the outlying business center），表现出与中心商务区同样的商务类型的结构，只是在规模上要略小些而已。这类具有明显的地区集中特征的中心，在其周边还集聚着许多紧密结合的商店，它们完成的商品量要超过仅仅只是中心区的量。大部分的这类中心中有男女服装店、家具商店、鞋店、珠宝店，还有一个或更多数量的大型百货商店，以及供应综合性的便利商品的商店。尽管单个的外围地区的商务中心不可能吸引城市中各个部分的人口，但它们通常吸引长距离的顾客。既然这些中心依赖于从更广泛地区吸引的顾客，那么它们都在城市间交通的交会点附近发展起来，公共交通和私人汽车带来的乘客增加了该地区内的步行交通量。

（3）主要商业街（the principal business thoroughfare）以两种相关属性的共同存在为特点：它既是一条商业街同时也是一条交通干道。作为一条商业街，它具有较大的、空间比较宽阔的商店和便利物品的商店。作为一条交通干道，它承载了高密度的公共和私人汽车交通。这种高密度的交通首先来自于中央商务区或一些外围地区商务中心对居住人口的吸引力。尽管这种结构类型的商务区迎合了并且基本上也

依赖于来自这种高密度交通的顾客，但他们的多少与交通量的密集没有直接关系。通过提供丰富的街边停车空间来吸引顾客，这些商店就有可能吸引小部分跨社区交通的乘客。

（4）邻里商业街（the neighborhood business）是邻里概念的基本组成内容。它所吸引的顾客，几乎无例外地都是来自于适宜的步行距离以内。这种结构类型由或多或少是连排的杂货店、肉店、水果和蔬菜店、药店和其他提供便利商品的商店组成，其中也会有一些小型的综合性便利商品的商店。这些街道从城市的居住区中延伸出去，并沿着主要的公共交通和货运路形成或多或少是规则的网络，它们并不是为了居住目的的需要的；它们向外围地区商务中心扩展；或者它们独立于其他零售业机构。

（5）独立的商店群（the isolated store cluster），这是最后的并就个体而言是重要性最低的结构类型。这些商店群有两个或更多的互补性的而不是竞争性的便利商品的商店组成。因此，在一个较小的街道交叉处集聚了一个药店、一个杂货店、一个肉店、一个水果蔬菜店、一个熟食店，还可能有一个小的午餐厅。这些商店通常向居住在方便的步行距离范围内的家庭提供他们所需要的大量日常便利商品。通常，这些商店群主要在居住人口比较稀疏的城市边缘地区发展，但也有不少是在人口密集的居住区中。

此外，还有一类商业零售业性质的商店，尽管它

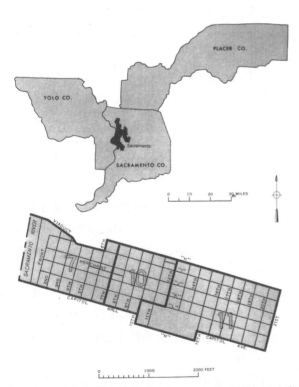

图6-17 美国加州萨克拉曼多（Sacramento）市的标准大都市统计区（上）和CBD地图（下），1967年
资料来源：Raymond E. Murphy.The American City：An Urban Geography（2nd ed.）.McGraw-Hill, Inc.,1974.314

图6-18 英国伦敦的主要商业街之一

们并不构成明确的结构类型，但为了完整的目的，就必然地要提到在任何的城市中存在着大量独立的零售商店。其中，街角的药店、杂货店和熟食店是数量最多的，尽管就个体而言他们只有很少的商业量。其他还有在数量上较少的商店，如牛奶配送站、煤和木材场、信报房以及信报房内的零售商店，通常这些商店有相当数量的商业量。这些商店具有很强的异质性特征，当把它们集聚在一起它们也不占较大的比例，只具有较低的重要性，而且在很多时候，它们不同寻常的功能（如牛奶配送站服务于很大的范围，并挨家挨户地分送）支持了这样的结论，它们不应当被划分为一种明确的结构类型。

墨菲认为，普劳德富特的零售业结构的五种类型可以更简单地归纳为两类基本的类型：沿街的或带状发展的和核心状的。沿街的或带状发展相当于沿着交通干道的土地作为零售业使用，在相交的街道只有很少的延伸。普劳德富特分类中的主要商业街显然是与此一致的，邻里商业街也是如此。在主要商业街这一例子中，街道是作为交通干道使用的，因此强调为路过者服务的零售商店。在邻里商业街的例子中，居住区的临近性促进了更多便利类商店的集聚。核心状是由成组的零售商店组成的，当然中心商务区是城市中核心状的极致。现在，中心商务区通常受到区域性的购物中心的竞争，但这在其充分发展的状况下，也已超出了城市的范围。在城市中，外围地区的商务中心通常在核心等级中处于第二级。位于一个重要的交叉口，通常位于两条临街商业带的交会处，这种类型的主要中心会提供规模略小的中心商业区，它们能够提供绝大多数的服务。核心状的等级体系从这样的中心一直向下直到独立的商店群。

贝里（Brian J. L. Berry）在20世纪60年代初根据普劳德富特的研究，针对20世纪30年代以后私人小汽车的普及化以及高速公路的发展，对大都市地区的商业结构进行了分析。他认为，除中心商务区之外，美国城市的商业结构由四个基本要素组成：具有等级结构的商业中心，公路导向的商业带，城市干道商业发展以及专业化功能区。这些要素都是从20世纪前几十年的发展中延续下来的，"小的修正都是由增长的专业化、增长的流动性、变化的顾客喜好等等新近的压力所带来的"[11]。

（1）商业中心的等级结构（the hierarchy of business centers）。他认为，在大都市地区，在中心商务区之下至少有四个层次组成。从下而上分别是：①独立的便利商店和"街角"商店；②邻里商业中心；③社区中心；④区域购物中心。最低层次的中心由综合性的杂货店组成，主要服务于住在街角附近两三个街坊内的居民的临时性需要。邻里商业中心有杂货店或小型的超市、药店、洗衣房和干洗店、理发店、美容院等，而且还很可能有一个小饭店。社区中心除了这些功能外还可能有杂货店和服装店、面包房、乳品店、糖果店、珠宝店、花店以及邮局等；只要州的法律允许也会在这里出现银行的分支机构。在区域购物中心层次，除了以上提到的所有类型之外，还可能有百货商店、鞋店、专门的音乐商店、玩具商店、摄影图片商店等等。

贝里指出，这些中心可以是经过规划建设的，也可以是自发形成的。规划在这些商业中心的发展过程中，只是影响了它们的设计和形态，而不会影响到这些中心内部功能组成。在经过规划而形成的商业中心中，这些功能仍然同样具有，但与自发形成的商业中心相比较，在规划形成的中心中商店很少有重复。

（2）公路导向的商业带（highway-oriented commercial ribbons）。贝里认为，这是自然形成的带状发展。服务站是最常见的，有饭店和汽车驶入饮食店

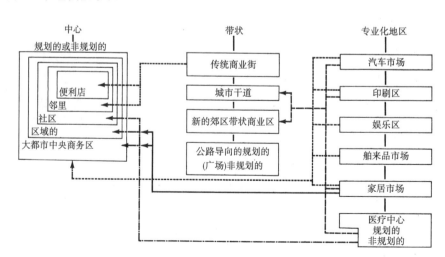

图6-19 1963年，贝里（Brian J.L.Berry）提出的城市商务和商业结构图
资料来源：Raymond E. Murphy.The American City: An Urban Geography（2nd ed.）.McGraw-Hill, Inc.,1974.323

（drive-in places）、冷饮店、汽车旅馆、水果和农产品售货亭等。这些功能服务与来自公路上的驾车者的需求有关，而且在通常情况下公路导向使用的密度与交通量成正比。大部分停车站都是单一目的的，很少出现在同一个站中结合有多个同类型的商店。绝大多数公路导向的发展都是没有控制的带状形态，但也有一些是经过规划形成的，如在一些收费公路上的"服务广场"。

（3）城市干道沿线的商业。贝里指出，大量的商业功能都寻找城市干道区位（urban arterial locations），这是由于这些行为需要有到城市市场的较高程度的可达性。但因为空间要求和消费者的习惯，它们在集聚的商业中心之外更能发挥作用。如果不是不可能，也很难将所有的这些用途全部罗列出来，其中，有专业化的汽车修理企业、家具和家庭用品商店（包括折价商店和大规模的独立的商店如Sears）、办公用品商店、殡仪馆、木材商场、建筑和住房用品企业、电器修理和管件商店以及收音机—电视机销售和服务企业等等。还有许多其他的商店可以加进去，同时值得注意的是，其中还会包括一些仅仅为家庭提供的但又不常使用的特殊要求服务的商店。但有一些内容本身会吸引大量市场，例如折扣商店。无论如何，所有这些商店都需要对城市中相当数量的购买人群具有非常方便的可达性。尽管都是城市干道导向的商店，但他们之间在功能方面只有很少的联系。单一目的的带状商店街是最具典型特征的。

（4）专业功能区（specialized functional areas）。贝里在其中列出了"汽车市场"（automobile rows），由医生、牙医、医学实验室、配药房以及相关使用集中在一起而形成的特定的"医疗区"（medical districts）。这些功能区由于紧密地联系而会相互组合：对于汽车市场，是由于相容的购物、由于广告的经济性而结合在一起；而在医疗区中，则是由于安排治疗和专业设施与专业服务的共同使用而结合在一起。大多数功能区要求提供给使用它们的城市顾客很好的可达性，例如，汽车市场就有可能布置在主要公路旁或者主要公路的交会处，而医疗中心则要求有方便的公共交通或者接近主干道，当然，也需要有一定数量的停车场。尽管大多数专业功能区是自发形成的，但在像医疗区这样的例子中，经过统一的规划安排而形成的现象也越来越普遍。

贝里的商业地域类型划分，是按照美国的情况进行划分的，并不能代表所有的国家和城市的商业类型。戴维斯（Davies）在1976年研究了英国的城市商业地域类型，发现贝里所说的中心模型和带状模型在英国没有明确的区别，历史上形成的核心模式，随着汽车的普及重叠着带状模式。另外，他认为中心型商业地域在英国存在五个等级，但随着汽车普及化等级数有减少的趋势。专业化商业地域尽管存在，但也不像美国那样明显。

除了对城市整体的商业结构的研究之外，还有一些研究则具体研究不同类型的零售商店在城市空间中布局的规律。如纳斯专门研究了不同的零售商业在街道上的布局情况，他详细描述了从城市商业中心向外某个方向上土地地价和零售业类型的关系。首先，在最大交通流量的区位布局有综合性商店，它的地价倾斜线几乎接近于垂直；其次是倾斜度较缓的妇女服装店、宝石店、家具店和食品店，鞋店则在街角布局，它比妇女服装店能够支付更高的地价。在较远的街角男装店比家具店能支付较高的地价，因此男装店往往布置在这样的地方。又如加纳（B.J. Garner）则专门研究了一些商业集中地区中的内部构成，也就是不同的零售商业在一定的商业中心区块内的布局规律。他在1966年分析了零售区位的等级职能与地价之间的关系，提出，零售区位的等级职能越高，支付地价的能力也越高，区位选择将倾向于高地价的城市中心地区；相反，则选择地价较低的周边地区。这样，从市场地域的中心到边缘，按照地价的高低依次分布着区域级购物中心、社区级购物中心和邻里级的购物中心。此外，他还具体研究了芝加哥市的商业区分布，发现在主要交叉路口的核心区集中了百货商店、服装鞋帽店和珠宝首饰店等，而随着距离的增加，家庭用具、面包店和餐馆的分布明显增加，而在边缘地区则主要分布着五金、杂货、肉类、饮料、布匹和洗衣店等等。

在城市商业区位的研究中，有关中央商务区（CBD）的构成与布局以及内部结构的研究占据着重要的地位。1972年，戴维斯（Davies）在总结了贝里等人研究成果的基础上，提出了更为一般化的中央商务区空间融合模型。他的基本思路是，在中心商业地区的核心部分，首先以核心为中心各职能呈同心圆布局，在此基础上重叠着沿交通线呈带状分布的商业区，但这些零售区是按照等级职能的高低由内侧向外依次布局。在同心圆和带状相互重叠的模型基础上，再叠加上特殊专业化职能地域，就形成一个空间融合模型。

该模型意味着即使种类同样，但等级不同，最终经营的区位空间也不同。在核心部分最终形成了高级、中级和低级水平不同的商业地域。

霍伍德（Edgar M. Horwood）和博伊斯（Rouald R. Boyce）在20世纪50年代末提出的CBD中心和边缘模型对理解中心商务区的内部构成最有代表性。他们提出的CBD结构模型有两部分组成，即核心部分（core）和边缘部分（frame）。核心部分具有高强度的土地使用、空间垂直发展、白天人口集中和特殊的职能布局等特征。与其他商业地域不同，中央商务区的核心部分除商业职能外，同时也是各种办公楼、金融和行政机关的聚集地。围绕核心部分的边缘部分，土地面积相对宽广，土地使用密度也不高，他们认为该地域的最大特征是职能的地域分化，即分布着轻工业、交通重点站、具备仓库的批发业、汽车销售和修理业、特殊服务业以及住宅区，各自不仅相互联系，而且每一个部分与核心部分和城市的中圈以及周边或其他城市有着职能性的联系[12]。

对于城市CBD内部究竟有些什么样的功能，不同的研究提出了不同的组成要素。由于这些研究建基于不同的理论基础和对CBD发展的不同设想，因此这些研究所得出的结论难以进行评判。但从20世纪50年代开始就有大量研究主要以实证的方式对现有的城市CBD内部的构成进行了分析和描述，从而为我们理解CBD的内部功能构成及其比例提供了一条路径。日本学者冲岛章浩针对东京市中心区和纽约中心区的土地使用状况的研究，揭示了两个世界城市中心区土地使用上的差别，同时也对城市结构上的差异作出了揭示[13]。

自20世纪60年代以后对城市零售业结构影响最为深刻的是规划的购物中心，无论是在城市中的还是在城市郊区的。购物中心最典型的形态是大空间、全

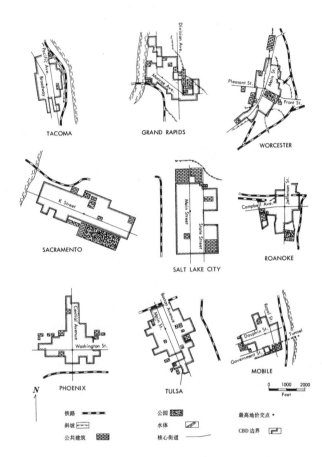

图6-20　20世纪50年代美国9个城市的CBD形态
资料来源：Raymond E. Murphy.The American City：An Urban Geography（2nd ed.）.McGraw-Hill，Inc.，1974.364

霍伍德和博伊斯提出的CBD核心区的特征　　　　表6-7

要　素	特　征
密集的土地使用	多个商店集中在同一幢大楼内；单位土地面积上最高的零售业生产能力；土地使用主要是办公、零售商店、消费者服务业、旅馆、剧院和银行等
扩张的垂直向规模	从空中观察很容易进行区分；通过电梯的人际联系；垂直向的增长而不是水平向的增长
有限的水平向规模	最大的水平向规模很少有超过1英里[①]的；适合步行规模
有限的水平向变化	只有微小的水平变化；在相当长的时间内，只有很少的街区被吸收进来或被排除出去
白天人口的集中	步行交通高度集中的区位；缺少常住人口
市内公共交通的焦点	整个城市中的主要公共交通（mass transit）的换乘中心
专门化功能的中心	以管理和决策功能为主的办公空间的高度集中；专门化的专业和商务服务中心
内部条件边界	设施之间的步行和人际联系决定了水平向的扩张；对公共交通的依赖阻止了侧向的扩张

资料来源：Truman A. Hartshorn.Interpreting the City：An Urban Geography（2nd ed.）.John Wiley & Sons,1992

① 1英里 ≈ 1.61km

霍伍德和博伊斯提出的CBD边缘地区的特征 表6-8

要 素	特 征
半密集的土地使用	建筑物的高度适合于步行上下（不使用电梯）；建设场址只有部分建设（有较多空地）
突出的功能次区域	主要由批发（有储存）、仓库、非沿路的停车场（库）、汽车销售和服务、多户式集合住宅、城际交通的终点站和设施、轻工业和一些机构使用组成的城市的次中心地区
扩张的水平向规模	绝大多数设施都有非沿路的停车场和泊车设施；设施之间的联系都依赖于汽车
没有联系的功能次区域	主要是与CBD核心区联系（如城际交通终点站、仓库）或者向外与城市地区联系（如批发也为郊区的商业区和服务业提供服务）
外部条件边界	商业用途通常限于平坦的用地；其增长倾向于延伸到衰败的居住区；CBD边缘地区在公路和铁路交通线中心焦点的缝隙中填充式地发展

资料来源：Truman A. Hartshorn.Interpreting the City：An Urban Geography（2nd ed.）.John Wiley & Sons,1992

东京市中心区和曼哈顿的土地使用现状 表6-9

（东京市中心区的数据为1986年，曼哈顿的数据为1988年）

大分类	小分类	东京市（中心）（%）	曼哈顿（%）
公共系统	政府机构设施	6.8	3.2
	教育文化设施	7.3	2.5
	福利医疗设施	1.0	0.8
	供应处理设施	0.9	0.0
商业系统	办公楼建筑	10.7	2.7
	专用商业设施等（曼哈顿包括体育、文艺设施）	1.5	3.0
	居住商业兼用建筑	4.1	10.0
	旅馆、游乐设施	2.1	0.6
	体育、文艺设施	0.6	
住宅系统	专用独立住宅	11.6	0.1
	公寓住宅	10.4	13.8
工业系统	专用工厂、工场	1.2	3.1
	居住兼用工厂	1.0	0.1
	仓库、运输设施	2.7	3.7
	工商兼用建筑（仅曼哈顿）		0.4
空地系统	屋外利用地、临时建筑物	3.1	1.5
	公园、运动场	6.0	14.2
	未建筑住宅用地、未利用地、变更用土中的土地	3.2	2.2
交通系统	道路	22.3	37.5
	铁道、港口	3.4	0.7
其他	其他	0.1	0.0
合计		100.0	100.0

资料来源：冲岛章浩等.曼哈顿城市结构分析.曹信孚译.国外城市规划，1993(1)

空调的，这些购物中心都位于由单一机构所拥有的土地上。因此，开发商就可以很好地控制购物中心的建筑和其他特征，以及对合适的停车场供应的控制。根据开发商关于消费者的理念[14]，在美国，一般人愿意开车1.5英里（约2.4km）来购买诸如食品之类的生活必需品，愿意开车3～5英里（约4.8～8.0km）来购买选择范围并不重要的生活用品，愿意开车8英里（约13km）或更多路程来购买选择范围非常重要的物品。由此可见，不同类型的商品供应与不同的可达性程度

之间有着非常密切的关系，而且直接决定了商品供应地点的选择。区域性的购物中心位于主要的高速公路附近，而小的中心则通常位于居住区附近的繁忙街道上。步行商业街也同样具有购物中心的一些特点。

在关于商业区位的研究中，除了有关商业在城市或大都市范围内的商业区位选择的理论研究外，还有关于区域的或者说是城市间的商业分布及其吸引力的研究。这项研究是由赖利（W.J. Reilly）所首倡的。他的研究试图回答这样一个问题，即当在A和B两城市

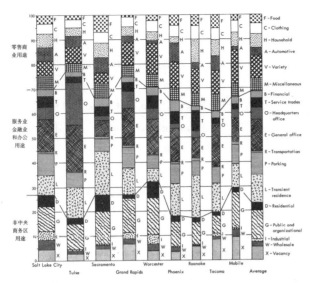

图 6-21　20 世纪 50 年代美国 9 个城市 CBD 中各项功能的楼板面积占总有楼板面积的比例
最右一栏是平均数据
资料来源：Raymond E. Murphy.The American City: An Urban Geography（2nd ed.）.McGraw-Hill, Inc.,1974.366

图 6-22　美国南部最大的购物中心
亚特兰大（Atlanta）城外的 Lenox Square Shopping Center，总用地 74 英亩。购物中心的建设成为区域发展的关键性举措
资料来源：Mark Gottdiener.The New Urban Sociology.New York: McGraw-Hill, Inc., 1994.87

之间存在着一个等级相对较低的 C 城市，C 城市的居民究竟为这两个较大城市的哪一个商业中心所吸引，或者这两个商业中心的吸引程度究竟怎样？赖利通过对美国 150 个城市的调查，归纳出了类似于牛顿引力定律的零售引力法则，即这两个城市吸引 C 城市的零售额的比率与这两个城市的人口成正比，与 C 城市到这两个城市的距离比的平方成反比。

$$\frac{B_a}{B_b} = \frac{P_a}{P_b} \times \frac{D_b^2}{D_a^2}$$

式中：B_a 为 A 城所吸引到的 C 城的商业零售额；P_a 为 A 城市的人口数；D_a 为 C 城市到 A 城市的距离；B_b 为 B 城所吸引到的 C 城的商业零售额；P_b 为 B 城市的人口数；D_b 为 C 城市到 B 城市的距离。

贝里认为，城市主要是通过中心职能来吸引周边人口，发挥着地域中心地的作用，因此，也可以用城市中心职能数来代替赖利的人口数。在这样的意义上，赖利法则不仅在研究城市商业中心的区域吸引力上是有用的，而且也可以用来研究城市内部的不同商业中心的吸引作用，也同样可以将之运用到城市郊区的购物中心的吸引范围的研究等等。当然在进行这样研究时，要注意到在城市中，尤其是在大城市中，由于人口密度大、商业设施密集、交通便利以及消费者的购

买行为多样化等特点，在某商品的同一购买半径范围内不仅仅只有一个零售中心，通常还分布着若干个购物中心，相互之间在吸引力上就会有所损失或叠加，这时消费者选择购买中心具有随机性。赫夫（D.L. Huff）经过实证研究证实了在大城市内消费者购买行为空间选择的随机性，他提出了与赖利引力模型不同的概率引力模型。他用等概率线来表达这一模型。赫夫的模型是从个人的选择行为的现实理论中推导出来的，不同于赖利的经验法则，该模型对商店选择和零售商圈推定模型的发展起到了重要的作用。

四、服务业的区位论

服务业从广义上讲是指不直接进行物质生产的所有经济活动，狭义上讲则是指对个人和企业提供各类服务的行业。在这里我们将所有的服务业的内容都容纳在统一的标题下进行讨论，这样，根据其性质不同，大致可以分为四种类型：

（1）第一类是以个人和家庭为对象，提供日常服务活动的服务业。这类服务也具有零售商业的特征，由各种店铺组成，如理发和美容院、洗衣店、照相馆、修理店等。因此，其区位布局也类似于零售业，即尽量接近消费者。但也受其所提供的服务要求的人口规模的限制，因此也会呈现等级结构的布置。通常上一

等级的中心中会包含下一等级的服务项目。

（2）第二类服务业是以企业（或事务所）为服务对象，提供企业（包括行政机关、医院和教育部门等）活动中产生的服务性需求的经济活动。这类服务业代表性的行业有广告业、设计业、信息服务业、各种机械器材租赁业、复印和复印机的维修业、计算机软件开发和销售业等。与第一类服务不同，这类服务业的对象是企业和机关等，因此，在区位布局时，各种事务所集中的城市中心一般是这类服务业的最佳区位候选地。

这类服务业的区位特点是高度集中在各大城市中，其原因是大城市信息灵通，经济、技术和文化交流广泛，在大城市能够掌握最新的情报和信息，同时也可把握最新的和一流的设计动态。从需求来看，像这种特殊的和高层次的服务也只有布局在大城市才有更大的市场。这些行业在城市内部也以城市中心区为主要区位聚集点。其原因除与其他行业一样，追求城市中心区的所有优点之外，还在于它们的区位用地少，只需租用一个办公室就可运转。因此，这类服务业受空间制约相对较小，相反，信息的来源、交通的便利性以及同行业间的竞争和合作性显得非常重要。但是，与制造业部门关系较密切的服务业，如机械租赁业、机器维修业等在大城市布局相对较少，通常与制造业的布局相一致。就一个城市而言，像机械器材租赁业、机器维修业等服务业也不同于前者，它们在城市中心的集中程度低，主要原因是他们不仅向城市中心区布局的企业或行政机构提供服务，而且也要为在城市中心周边和郊区布局的企业提供服务，另外，它们的区位用地也比前者要大，高额的地价也在一定程度上限制了他们向城市中心区集聚的可能性。

就整体而言，随着城市产业结构的调整、郊区化的发展和城市中心区的进一步分化，生产性服务业的区位在20世纪70年代后发生了分离，一些前台性的内容，如需要面对面接触的窗口型生产服务业，在大都市的中心区进一步集聚，丰富了中央商务区（CBD）的内容；另外一些为日常生产活动服务的后台内容（不需要面对面接触的部分）则伴随着郊区化而分散到城市的周边地区，有一些则和生产、居住、消费设施结合成众多新型的小型综合地域单元，如边缘城市。

（3）第三种类型是具有事务所性质职能的服务业。这类服务业主要是从事信息的收集、加工和发送为主的业务职能，如企业的管理和营业部门以及银行、保险公司和房地产部门。服务的对象主要以与社会、经济和政治有关的企业和机关等为主，也包括部分个人和家庭。这类服务业的区位特点与第二类具有相似性，也主要在城市中心布局。

一般从职能上可以分为以下三种类型，一是发挥着管理型职能的事务和办公机构，如国家和地方的行政机关或各企业的管理总部等，这类职能具有高度的决策性和权威性，因此，情报和信息收集以及发送极为频繁，这一类的服务业主要布局在城市的市中心区，具有极强的向心性，追求交通、信息的便捷性是其区位选择的主要因子；二是次级行政机关或企业的分社和支店，从职能来看，行政机关主要是从事具体事务处理和汇报，而企业则以营业活动为主，但一般不进行实物的交易活动，这类服务业多布局于次级中心区；三是从外部支援企业活动的职能，如金融、保险、房地产等，这类服务业具有很强的向中心集聚的倾向。

在集中于城市地区中的经济行为中，大量的商务行为都需要办公空间。办公楼的集中都以高层建筑（摩天大楼）为特征，而且这也是大城市的重要特征。福莱（Donald Foley）在20世纪50年代对旧金山湾区（San Francisco Bay Area）办公楼布局进行了研究，这些办公楼主要是管理型。通过研究他得出这样一些结论[15]：①在1954年以前的20多年中，湾区的主要大公司集中在旧金山的中心区；②郊区的大公司办公楼在这段时期内最初都是依附在制造业工厂仓库和交通终点站建设的；③大公司都表现出这样一种不断增长的趋势，即要在郊区或副中心建设有更多办公面积的办公楼以作为中心区办公楼的补充；④在城市中依附于公司其他功能而建的办公楼很少有向郊区迁移的；⑤湾区办公楼的集中度非常显著，主要集中在中心区。福莱对这种布局状况的形成进行了分析，并从中提炼出办公楼之所以积聚在城市中心或者搬迁至城市郊区的具体原因。他认为，影响到办公楼向郊区迁移的原因在于：将办公楼布置在与相关的制造业工厂或其他非办公设施附近，以加强联系；允许办公楼工作人员和管理者以最低的交通费生活在附近的郊区；可以在郊区宜人的环境中获得弹性的和可扩张的办公空间；可以逃避中心城区的拥挤；由于交通条件更好就可以接近其他公司的一些设施。相反，办公楼集中在中心地区的原因是：到城市中心区和整个大都市地区都具有最大的可达性；在这个地区存有大量的高水准办公空间；接近主要的办公楼工人的劳动力市场；可以很方便地得到中心地区的商务和专业服务；与在中心地区能发挥最好作用的一些公司机构可以非常方便地联络；具有功能和声望上的优势；可以最大程度获得城市之外的访问者。

根据福莱的研究，有关办公楼的区位决定始终是大量存在的。在旧金山湾区，大约至少有1/4的主要公司，其区位差不多每10年就要重新考虑。由于在现有的区位难以找到扩展的空间，就逼迫公司重新研究它的办公楼区位。而且，由于商务的增长、重组或城市的扩张就需要有全新的办公楼，这就要求作出办公楼区位决定。此外，一些郊区社区试图吸引办公楼，再加上一些地区尤其是较大的居住区则试图把办公楼赶出去，都会对办公楼的位置产生影响。

（4）第四种类型是公共服务设施，如学校、图书馆、医院和消防局等，这类服务也受行政制约较大，但公平性和效率性应该是此类服务业区位布局的主要因素。从总体上说，这类公共设施在进行区位选择时要综合考虑这样几个方面：①多数公共设施的服务对象遍布整个城市，城市中的所有人都需要在不同程度上享用，但设施却又是有限的，因此应使有限的设施全部覆盖它们各自的服务对象；②有些设施是为特定对象服务的，一方面应考虑与这些对象在位置上的相对接近，另一方面应与他们的行为模式相符合；③有些设施是为周围公众就近服务的，如公园、中小学校、图书馆等，在具体布局时就要尽可能接近最广大的居民，使公众为使用这些设施而付出的代价最小；④同类的多个公共设施应具有不同的等级规模，为不同的地区范围服务，起不同的作用。公共服务设施的区位选择不仅要追求为使用这些设施所花费的交通成本最小这一效率性原则，同时也应该考虑所有的公民都能够均等地享受公共服务的权力这一公平性原则。如消防局布局在对任何一个地区来说都尽量近的地点是最佳的区位选择。如果消防局在消防车最小总移动费用的地点布局的话，那么，有可能会出现消防车到达之前大火已毁灭了所有建筑的问题。但是公共服务设施的区位选择也不能够忽视效率性，必须考虑有限的设施如何能够更有效地利用。

库珀（L. Cooper）提出的"区位—分配模型"（location-allocation models），后经哈伊米（S.L. Haimi）、豪德特（R.L. Hodart）和拉什顿（Rushton）等学者从各个方面进行了发展。模型的基本结构是由几个制约条件和目标函数组成。为了使模型能够成立，一般作如下前提条件假设：

（1）人们为了得到服务要进行移动，同时，设施要向人们提供服务，其中，中心性设施对于居民来说是必要的，但也有一些产生噪声和大气污染的"有害"设施。前者如图书馆和学校等一般性公共服务设施；后者如垃圾处理厂、军用设施等，这类设施应尽量远离居民布局，在此主要是以前者为研究对象。

（2）布局的设施数量事先已确定，其规模是一定的。

（3）人们不是在没有任何限制的平面上自由的移动，而是在居住区和设施间的连接线，即交通线路上移动。也就是说，我们不是研究平面上的设施区位问题，而是探讨在网络上的设施区位问题，移动费假定与距离成比例。

（4）设施的建设费和运营费在任何一个地方都相同，因此，设施的布局只是移动费的问题。

（5）使用设施的需求者必须按照设施的类型来规定，但一般可由各地区的人口来代替。

在上述前提条件下，要解决的是多个公共设施在由交通线连线的居住区（或需求地点）内如何配置的问题。

（1）效率追求型公共设施模型，这是由 p- 中值问题（p-median problem）发展而来。所谓 p- 中值问题就是寻找需求地点和设施区位点间的总移动费用最小化的问题。按照上述的第三个假定可把最小费用转化为最短距离，总移动距离最小的地点成为中值。哈伊米最初研究的是如何寻找电话线总长度最短的电话交换台的区位问题。

（2）公平重视型公共服务设施模型包括两种类型：一是最大值最小化（minimax）原理问题；二是最大覆盖（maximal covering）原理。

在最大值最小化原理基础上的公平重视型公共服务设施模型是指尽量减少远离设施居住的居民数，使移动距离最小为目的，最终要解决的问题是使从各需求地点到最近的设施间的距离最小化。最大值最小化原理也称作为 p- 中心问题（p-center problem），所谓的中心是指在所有的移动距离中是最远的达到最小的地点。拉什顿是按照下列几个阶段来确定最大值最小化原理基础上的设施位置：①把 n 个设施分配给 m 个需求地点中的每一个，这样就可确定各设施的初期坐标。②把 m 个需求地点分配给最近的设施，这样各设施的服务范围就可确定。③求出各服务范围中各需求地点到其他需求地点的最大距离，然后，从中找出具有最小值的需求地点。④把在第三阶段得到的需求地点作为设施的新区为地点，按照②～③阶段的方法重复进行，直到设施区位不发生变化为止。最终得到的结果，即 x 坐标和 y 坐标就是设施的最佳区位点的坐标。

在最大覆盖原理基础上的公平重视型公共设施服务模型是指在距设施一定的范围内，尽可能向更多的居民提供服务为目的，即距各设施一定的范围内包含的需求地域最大化。丘奇（Church）和雷维尔（Revelle）关于最大覆盖原理基础上的设施区位是按照下列几个阶段来求解的：①确定服务圈的距离范围；②在确定的服务圈的距离范围内，为了覆盖整个需求的最大部分而布局第一个设施；③在第一个设施没有覆盖的需求地域最大部分处再布局第二个设施；④当第二个设施的位置确定后，在它没有覆盖的需求地域的最大部分处重新布局第一个设施，并且，与③阶段的覆盖需求量进行比较；⑤如果按照②和③决定的第一个和第二个设施的位置，能够把整个需求最大限度地覆盖的话，那么，按照同样的方法可布局第三个设施；⑥如果第④阶段确定的第一个和第二个设施的位置比第②阶段至第③阶段确定的设施能够更多地覆盖整体地域需求，那么，第一个设施的位置就可固定，然后再回到第③阶段；⑦按照上述顺序反复进行，直到所有的设施布局完为止。最终得到的结果即 x 坐标和 y 坐标就是设施的最佳区位点的坐标。

五、住宅区位理论

从 20 世纪 60 年代开始，阿隆索（W. Alonso）和埃文斯（W. Evans）等学者从城市内土地使用和交通系统的关系来研究住宅区位问题，并建立了权衡理论（trade off theory）。该理论的基本前提条件为：

（1）在大城市中央的中央商务区（CBD）为一个点，城市的土地只被住宅地域所利用。

（2）所有劳动者都在城市中心的CBD工作，并可得到一定的收入。

（3）城市是一个平坦的平原，交通体系对于市内和市外的居民具有同样的效率，通勤费用随着距离的增加而增加。

（4）城市具有封闭性，不存在任何形式的外部往来。

在上述条件下，由于土地买卖竞争的结果，城市中心的地价达到了最高，随着远离城市中心，城市内的土地价格逐渐递减，但同时也意味着交通费用的增加。如果不考虑交通费用时，住宅供给费用与距城市中心的距离间的关系为随着远离城市中心，住宅供给费用呈递减趋势。如果不考虑地价的作用，只研究交通费与离城市中心的距离间的关系则是随着远离城市中心，交通费用呈递增的趋势。事实上，在选择住宅区位时，交通费和住宅租用费必须同时考虑，只有两者之和最小的点才是最佳区位。在远离城市中心区，住宅租用费的节约将会被高额的交通费支出所抵消，相反，在城市中心区附近，交通费的节约会被高额的住宅租用费所抵消，因此，该理论也称为相抵消理论。

家庭收入对住宅区位的决定要从以下两个因素考虑：一是必需的居住面积，对于希望有宽敞的住宅面积的家庭，选择远离城市中心的地点可使每单位面积的土地费用节约额达到最大，因此，城市周围地区是最佳的住宅区位点；二是交通费用，它包括两个内容，即直接支付的费用和相对于时间的机会费用。当对住宅面积要求不变，通勤次数增加时，如果住宅向城市中心移动就可节约家庭支出。另外，如果一个家庭中通勤者的比率高，选择离城市中心近的地方较好；如果只是一个人通勤，选择离城市中心较远的地方较好。

随着家庭收入的增加，对住宅面积的要求也在增加，这时将选择离城市中心更远的地点，但通勤时间的价值上升时，将选择离城市中心近的地点。两个因素哪个起决定作用，这要看对住宅面积大小的需求与收入增加间的关系，如果需求弹性比 1 大，那么，富裕的家庭将选择城市的周围地区，贫困的家庭则选择城市中心附近。相反，如果需求弹性小并接近 0 时，富裕的家庭在城市中心，贫困的家庭在城市周围地区布局。

六、中心地理论

中心地理论是由德国地理学家克里斯塔勒（W. Christaller）于1933年在一本探讨德国南部的城市区域空间分布的论著中，通过对城市分布的实际状况进行概括和提炼而提出的。

中心地是指可以向居住在它周围地域（腹地范围）的居民提供各种货物和服务的地方，由中心地提供的货物和服务就称为中心地功能。他认为，中心地和中心地周围地域相互依赖、相互服务，有着紧密的联系。它们之间的关系具有一定的客观规律，一定的生产地必将产生一个适当的中心地，而且这个中心地是周围地域的中心,向周围地域提供所需要的货物和服务,并且也是与外部联系的商业集散中心。从历史发展来看,中心地提供的货物和服务首先表现为贸易,然后是银行、手工业、行政、文化和精神服务(如教堂、学校和剧院)等。中心地提供的货物和服务有高低等级之分。人们日常生活所需要的商品和服务,可由小百货、副食品店、加油站和教堂等低级中心职能提供。具有这类中心职能的中心地数量多,分布广,服务范围小,提供的货物和服务档次低,种类也少。而高档家具、贵重物品(如珠宝店)商店、大商业中心和医院等职能则属于高级中心地,这类中心地数量少,服务范围广,提供的货物和服务种类也多。在二者之间还存在着一些中级中心地,货物和服务范围间于前两者之间。

货物的供给范围这个概念是克里斯塔勒中心地理论的关键。由中心地供给的货物能够到达多大的范围,这实际是一个距离的概念。当消费者光顾中心地购买货物时,它是指消费者从居住地到中心地的移动距离;如果由商店送货的话,是指发送货物的移动距离。货物的供给范围的最大极限,克里斯塔勒称为货物供给范围的上限或外侧界线。供给货物的商店能够获得正常利润所需要的最低限度的消费者的范围,克里斯塔勒称为货物的供给下限或内侧界线。当上限和下限正好相等时,企业在中心地布局可得到正常利润,当下限小于上限时,企业在中心地布局能够得到超额利润。相反,当下限超出上限,企业如果在该中心地布局就得不到利润。如果货物的供给范围的上限和下限都很大,说明中心地具有供给高级货物和服务的企业,即中心地职能高,一般形成的是"高级中心地";相反,如果两个界限都小,说明中心地的中心职能低,形成的是"低级中心地"。决定各级中心地货物和服务供给范围大小的重要因子是经济距离,它不仅取决于所需要的时间和费用等客观因素,也与消费者的购买行为有关。

克里斯塔勒的中心地理论在建立模型时主要提出了如下几个假定前提:

(1)中心地分布的地域为自然条件和资源相同且均质分布的平原。人口均匀地分布,且居民的收入和需求以及消费方式都相同。

(2)具有统一的交通系统,且同一规模的所有城市,其交通便利程度一致,运费与距离成正比。

(3)消费者都利用离自己最近的中心地,即就近购买,以减少交通费。

(4)相同的货物和服务在任何一个中心地价格都相等。消费者购买货物和享受服务的实际价格等于销售价格加上交通费。

在这些假定条件下,中心地均匀地分布在平原上,同类中心地间的距离相同,且每个中心地的市场地域都为半径相等的圆形地域。提供中心地功能的地方必须获得足够的支持以维持它的运营,而这最低支持门槛可用人口规模来定义从而获得空间上的意义。这样,每一个中心地都有它的作用范围,由此而形成了如图6-23的作用形态。为了使中心地的作用遍及整个空间地域,代表各个中心地实际作用范围的圆必须互相重叠,经过对重叠范围的再划分,便形成了六边形的网络构架。但这是在同一中心地功能情况下的划分,对于不同的中心地功能而言,中心地功能具有不同的门槛,门槛低的,相应的作用范围就小,门槛高的作用范围就大,而且每个中心地不可能提供所有的货物和服务,它们排列成有顺序的等级体系,且一定等级的中心地不仅提供相应级别的货物和服务,还提

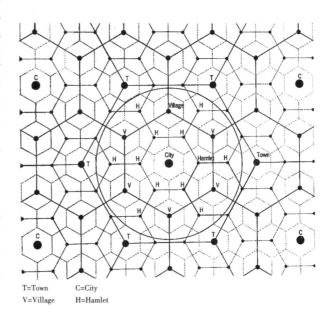

T=Town C=City
V=Village H=Hamlet

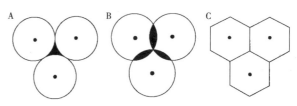

图6-23 中心地的形成
资料来源:H.J. de Blji.Human Geography: Culture, Society, and Space(4th ed.).New York:John Wiley & Sons, Inc., 1973.398~399

供低于那一级别的中心地功能，这样就形成了中心地的等级体系。此时，所有的中心地达到了空间均衡。

克里斯塔勒认为，中心地的空间分布形态，受市场因素、交通因素和行政因素的制约，形成不同的中心地系统空间模型。通过对这三方面因素的考虑，克里斯塔勒提出了中心地系统空间模型的三原则，根据这三原则，可以得到不同的中心地空间模型的组合。在这三原则中，市场原则是基础，而交通原则和行政原则可看作是对市场原则基础上形成的中心地系统的修改。从他的具体分析中可以看到，高级中心地对远距离的交通要求大，因此，高级中心地按交通原则布局，中级中心地布局行政原则作用较大，低级中心地的布局用市场原则解释较为合理。如果将不同等级的中心地转换成不同规模的城市，那么，城市的空间布局形态就得到了表达，形成一个规整的、有规律的六边形结构体系。

廖施（A. Lösch）在讨论市场地的网络体系时，在不知道克里斯塔勒研究的情况下，运用纯粹逻辑推理和数学演算的方法得出了几乎完全相同的结论。由此可以看到该理论在理论状态和现实中都是比较完善的。这一理论的运用现在主要体现在两个方面：一是涉及到区域范围内的城市体系的空间布局，一是有关于城市内的各级中心和公共设施的布局。

七、现代区位理论的发展趋势

二次大战以前形成和发展起来的区位理论，着重于对单个企业（市场）在一定的假设条件下如何进行选择的分析。它们的基本条件与杜能在研究农业区位

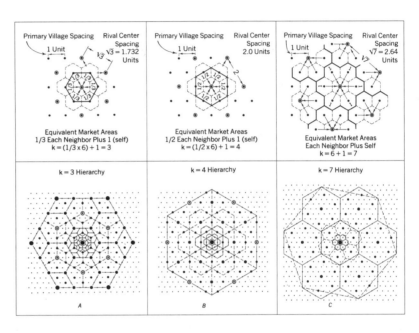

图6-24　三种基本的中心地等级体系
资料来源：John F. Kolars, John D. Nystuen. Geography: The Study of Location, Culture, and Environment. New York: McGraw-Hill Book Company, 1974.81

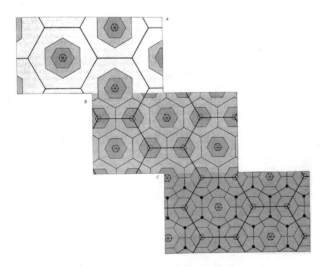

图6-25　中心地的等级体系和它们的市场区
资料来源：John F. Kolars, John D. Nystuen. Geography: The Study of Location, Culture, and Environment, New York: McGraw-Hill Book Company, 1974.79

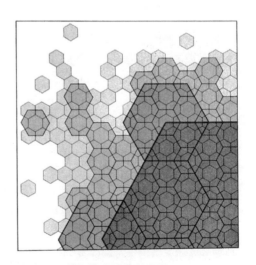

图6-26　中心地等级体系边缘的发展
资料来源：John F. Kolars, John D. Nystuen. Geography: The Study of Location, Culture, and Environment. New York: McGraw-Hill Book Company, 1974.86

时的假设大致一样，即一个"孤立城邦"（isolated city state）。这类假设本身即是理论研究本身的需要，从而促进了区位理论研究的不断深化和成熟，但另一方面也剔除了实际区位决策中的复杂性。同时，这些研究在方法论上是寻求在静止均衡状态下的最佳区位，而区位的选择又仅仅考虑了经济的因素，这些在此后的区位研究中都遭到了批评，并促进了区位理论的进一步发展。这些理论的发展逐步走向多因素影响的、动态的区位决策理论，例如，劳里（Lowry）于1964年提出的城市模型在对城市子系统的简化基础上，对城市土地使用的机制进行解剖后提供了确立区位的基本规则；威尔逊（A. Wilson）在1970年提出的"熵最大原理"对空间相互作用作出总结性模型并在实际运用中获得了很大成功；莱昂蒂夫（Leontif）和福特（Ford）于1972年运用投入－产出法设计模型提出的区位过程理论，等等。此外，还有一些理论更多地考虑了城市空间区位运用中的实际因素，如，阿隆索（W. Alonso）从土地租金因素出发，认为城市土地的分配在很大程度上是根据不同的地租承受能力而进行竞争的结果。20世纪50年代以后，由美国开始的对交通和土地使用关系的研究为区位理论引入了另一个重要概念：交通也是区位决策的重要变量。交通不只是运输费用，而且与空间使用相关的可达性是空间使用决策的基本依据，交通被称为土地使用的函数。

在经济学和地理学的领域范畴之内，区位理论的研究在吸取了凯恩斯经济理论、地理学和经济学理论的新近发展以及"计量革命"所产生的思想的基础上，对国家范围和区域范围的经济条件和自然条件进行了更为具体的考虑，结合经济规划和经济政策、资本的形成条件、交通通信方式的变化和社会经济发展的各

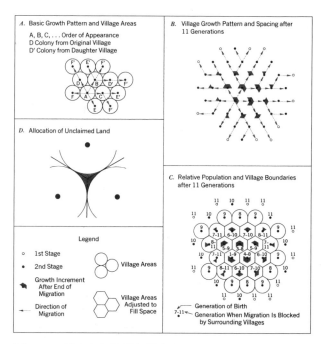

图6-27 村庄空间的增长模式

资料来源：John F. Kolars,John D. Nystuen.Geography：The Study of Location，Culture，and Environment.New York：McGraw-Hill Book Company，1974.74

类要素的组合条件与方式，运用现代数学、计算机技术和决策理论等成果，使区位理论的研究具有更为宏观、动态和综合性的特征，同时也使区位理论的研究从过去只关注市场机制而逐步向市场运作和政府干预、规划调节相结合的方向转变。就整体而言，这些研究的目的已经不在于求得纯粹的数学公式或普遍适用的理论成果，而在于针对具体地区错综复杂的社会经济因素相互作用下的实际问题的解答，强调解决实际问题的功能。根据宋家泰等人的总结，现代区位理论的研究可以划分为五个流派，见表6-10。

在具体的研究中，一部分学者针对以前的区位理

现代区位理论的主要学派　　　　　　　　　　　　　　　　表 6-10

学 派	理 论 核 心	主 要 观 点
成本－市场学派	成本与市场的相依关系	最大利润原则是确定区位的基本条件，但最大利润原则的实现必然要同自然环境、运输成本、工资、地区居民购买力等因素有关。现代区位研究应是生产、价格和贸易理论的综合，形成竞争配置模型
行为学派	以人为主题的发展目标	现代企业管理的发展和交通工具的现代化，人的地位和作用是区位分析的重要因素，运输成本则将为次要的因素
社会学派	政府干预区域经济发展	政府政策制定、国防和军事原则、人口迁移、市场因素、居民储蓄能力等因素都在不同程度地影响区位配置，而且社会经济因素成为最重要的影响因素
历史学派	空间区位发展的极端性	区域经济的发展是以一定时期生产力发展水平为基础的，具有很明显的时空结构特征，不同阶段空间经济分布和结构变化研究是理想区域发展的关键
计量学派	定量研究的可能性和准确性	现代区位研究涉及内容多、范围广、数据众，人工处理已到了无能为力的地步，而且计算机应用、遥感数据分析和计算机辅助制图为计量化区域研究提供了基础

论存在的问题进行批判，并揭示了在加入了过去所未被考虑的因素后的区位理论研究，另有一些学者则针对变化了的社会经济状况进行了重新研究，提出了新的区位分析理论框架。在接下去的篇幅中主要集中在对制造业的区位研究方面来介绍 20 世纪 60 年代以后的一些探讨。

普雷德（Allan Pred）在 20 世纪 60 年代中期发表论文讨论了大都市地区制造业的区位状况，他的研究成果基本是通过经验观察所得到的，而不是理论推导的，但为后来的理论研究提供了重要的引导。他将制造工业划分成七种类型，每种不同的类型都有其各自特定的区位条件。

（1）"无处不在的工业"（ubiquitous industries）。这些工业的市场必然是与大都市范围一样广泛，或者是其中的一部分。这些产业本身有可能集中在中心商务区的边缘，特别是如果基本的原材料是非本地的。食品加工，特别是新鲜烘烤食品的工厂（面包、蛋糕等加工厂）就是这种类型的。这些工厂通常与批发功能有密切关系，并且通常倾向于集中在城市中传统的批发地区，这样原材料可以很容易集聚起来而且可以在最大范围内进行配送。其厂房可以在被废弃的仓库和多层厂房中发现。

（2）"集中布置的'交通经济'工业"（Centrally located 'communication economy' industries）。对于有些工业来说，大都市内的区位是源自于购物者和生产者直接的可达性的经济要求，小型印刷业就是很好的例子，在城市核心区的区位就是由于这种行为的要求，因为这就允许如律师、剧院和广告机构等消费者来印制材料可以获得很好的通达条件。纽约市内的女性服装业形成了"服装中心"（garment center），也是这种类型的一个例子。这一产品的周期性的和短暂性的要求使得这一产业要与其他的服装产业紧密结合在一起，并且服装业与地区的劳动力供应特征紧密联系在一起。小的工厂是典型的"交通经济"产业，所以中心商务区和邻近地区的高租金也不成为其太严重的障碍。

（3）"以地方原材料资源为原料并为本地市场服务的工业"（local market with local raw material sources）。这些工业包括了为本地市场生产并使用遍在型原材料的企业。如制冰业就是一个例子。但这些工业也包括了使用的原材料来自本地的肉类包装业、钢铁生产业、精细化工业或者纸张和纸浆工业等生产过程产生的副产品；这类工业也包括诸如金属喷镀和抛光等处理地方生产的半成品物品的工业。这类工业通常都是随机地分布，既然所有的移动都与产品的收集与分配有关，而这些又都在大都市地区以内。对于这类工业来说，铁路站场似乎并不是必要的，相反却在某种程度上似乎有向中心商务区集中的现象。高速公路的建设使得其在大都市地区内铺展。

（4）"生产高价值产品但非本地市场的工业"（non-local market industries with high-value products）。这些工业所服务的市场要远远大于所在的都市区范围。当产品每单位重量拥有较高的价值时，运输费用在工厂布局时就成为次要的因素。这些工业的例子包括高附加值的机器生产，如计算机制造业。这些生产企业更容易为中心商务区所吸引，但同时也受到货运服务业的吸引。

（5）"非中心布置的'交通经济'工业"（non-centrally located 'communication economy' industries）。这些工业都是高附加值的工业，它们服务于全国市场。它们被普雷德定义为是"那些强制性地集聚在非中心区位以实现'交通经济'的工业"。他认为，这些产业是高科技的制造业，它们要与最新的创新保持同步，但却是全国导向的而不只是以某种特定的方式相关于中心商务区。这些工业往往沿高速公路呈带状发展，如波士顿 128 公路沿线的电子和航天工业就是一个理想的而且也是最典型的例子。

（6）"滨水的非本地市场的工业"（non-local market industries on the waterfront）。这类工业在大都市地区内的区位受到对交通考虑的有力影响。这类工业由这样一些工业构成：它们的原材料通过海运送达，或者它们生产完成的产品只有通过深水港运输出去。精制石化工业、某些化工工业、食糖精制业和咖啡焙烤等是其中最为典型的，它们的生产原料都是由国外或非本地通过水运而来的。船舶制造和修理业也非常明显限于滨水地区。但并非所有滨水工业都必然属于这一类型，事实上，前面所说的各类工业都能够使用滨水地区。

（7）"为全国市场服务的工业"（industries oriented toward national markets）。这些工业具有非常广泛的市场，并且它们的区位受到它们生产的产品的体量和运输成本的强大影响。它们的区位通常显示出作为城市的一个产业部门的明确的基础，所选择的产业部门都倾向于寻找服务于主要区域或国家市场的特定产品进行生产。

普雷德对他的讨论进行总结，他指出，在这些城市内工业布局的模式中有许多偶然性的因素，并且区位规则反映了美国大都市地区制造业的发展趋势，这些趋势是城市扩张的综合过程的产物。

从20世纪70年代开始，有一系列对制造业企业的实证研究发现，传统的区位理论无法解释这一时期开始的企业投资行为的转变，贾菲（David Jaffee）发现，相对于成本—需求和零售—市场因素等其他大部分因素，与组织化的劳工、税收水平以及社会福利供应程度相关的优势因素，更能解释制造业企业的变化[16]。同时，他发现，在美国一个州内的劳工组织化的总体水平是"制造业就业扩张或迁移的最强烈也是最一致的预测因素"。他的发现指出，许多制造业的企业主在近几十年中越来越喜欢选择没有工会的州，以及较低的商业水平和较弱的福利计划的州。

许多传统的区位分析想像了一个巨大的由中等规模的、自主的公司与其他企业和位于不同区域和城市的商业区位竞争的"自由"市场。这种简单化了的模式考虑的是众多数量中的一个企业，在其中任何企业都没有能力来主导或垄断市场力量，因此，成本和利润的因素在区位决定中发挥了重要作用，但这就忽视了大型的国内企业和跨国公司的主导和垄断性的地位。而在现时代，正如曼德尔（Ernest Mandel）及许多学者所指出的那样，大型公司已经成为晚期资本主义时期最为核心的资本组织方式。19世纪后期以后的资本主义的历史实际上就是资本的集聚（capital centralization）和资本的集中（capital concentration）的历史。所谓资本的集聚就是不同的资本聚合在一起接受统一的指挥，而资本的集中，则是通过吞并和淘汰较弱的公司而发展起非常巨大的公司[17]。在20世纪以前，绝大多数的企业规模都比较小，但进入20世纪之后，一些巨大型的企业开始出现，首先是在石油、钢铁和农作物方面，然后是在汽车产业方面。产业的集中显然是一种趋势，这一趋势一直延续至今。企业间的合并、收购、接管等等充斥着当今的财经界，这种状况实际上形成了在一些产业中财富越来越集中和集聚。从世界范围来看，以Exxon、General Motors等为代表的跨国公司，从20世纪60年代以后就控制了世界范围内大部分的制造业工厂和其他的工业资产，这种对资产的控制直接转变为超大企业对国家经济甚至

政治的主导。

在很大程度上，区位决定是根据企业的规模和对资本的可获得性所作出的。许多大公司可以通过内部的利润生成机制来获得资金，以资助企业的扩张或作出搬迁的决定，它们无需向外大量借贷，而另外一些大公司则可以使用它们的信用保证从银行等获得资金借贷。巨大的规模使这些公司能够建设长期的项目并且使他们可以很容易地在空间上分离主要的运行机构，因为他们拥有资源，可以运用交通和通信网络来再整合起这些运行，甚至在全世界的范围内。现在，许多大公司已经将他们的核心管理机构安排在大城市中心的办公楼内，将地区管理、运行和研究机构安排在区域性城市或郊区，将生产运行机构选址在极为分散的地区，包括农村地区甚至覆盖全球范围。弗农（R. Vernon）从跨国企业角度，论述了美国与其他发达国家和发展中国家之间的贸易结构和生产区位的变化。他认为，贸易结构的变化随着新产品开发阶段、产品成熟阶段和产品的标准化阶段这一生产循环的企业区位变化而变化。在新产品开发阶段，因为产品还未进入标准化阶段，生产的必需投入和产品的设计具有不确定性，另外，市场的最终规模也是一个未知数，这就是说，生产投入和产品的设计具有一定的伸缩性，接近市场和外部经济是一个不可缺少的条件。因此，接近市场的生产区位，即在美国本土布局是最理想的区位选择。在产品成熟阶段，随着产品的标准化的发展和大量生产带来的规模经济，产品在其他发达国家的市场不断形成和扩大。由于从美国的输出增加，输入国会采取各种贸易保护政策限制输入。为了避免市场丧失，在这一阶段企业的生产区位向其他的发达国家转移。当产品的生产进入了标准阶段，接近市场和外部经济的必要性在减少，为了追求低廉的劳动费用，企业将会把生产区位向发展中国家转移。海默（S. Hymer）针对弗农所说的产品阶段论述了发达国家企业间的市场竞争关系，他认为对于垄断企业，获得市场比例是很重要的，而在对方国家进行企业布局是获得市场的重要手段。也就是说，通过对外直接投资可直接进入对方国家的市场，强化市场支配力，从而获得最大利润。赫莱纳（G. Helleiner）则针对弗农所划分的产品标准阶段，研究了发展中国家工业产品输出的问题，他认为，发展中国家扩大工业产品输出的战略有以下四点：（1）在当地进行原料加工；（2）输入替代工业产品向输出工业产品转化；（3）劳动集约产

品的输出；（4）在企业内国际分工中的劳动集约部门的专业化。他认为，跨国企业的生产区位选择在发展中国家的主要决定因素是劳动费用、运费、政府的政策和风险度。在研究这些因素中，他认为，即使在没有进入标准化阶段的产品也可在发展中国家生产，如为了追求低廉的劳动费用，可把产品的某个生产流程在发展中国家布局。

针对以上这些变化和现代通讯事业的发展，肖特（J. R. Short）以美国城市的发展为主要的对象，结合近几十年来区位理论的讨论，总结了一个简单的模式[18]。他认为，由于城市经济的迅猛发展，在城市经济结构上出现了一系列新的趋势，它们直接影响了城市体系的结构和发展。这些趋势主要有：（1）工业组织性质的变化。工业和商业活动由少量的大公司统治，尤其是一些跨国公司。这些大公司的发展都与大规模的生产单位相结合。这些大规模的生产单位在一些经过选择的地点上集中，这些生产地点与地方经济和地方市场的结合是松散的。无论这些生产厂家位于何处，它们都只不过是属于大公司的子公司；（2）制造过程已经改变。随着交通和生产技术的发展，工业不再与原材料资源、熟练劳动力和能源供应紧密结合，它们不必再局限于某些特定的区位，尤其是在高科技部门，交通费用在产品的总成本中只占据极小的份额，产业的发展已经很少受交通运输条件的制约。而税收、工资率和联合化（unionisation）的程度，现在已经成为制造业工厂选址的关键性变量；（3）白领工人数量的增加。管理功能从生产过程中分离出来，办公综合体（office complexes）和研究与开发部门现在实际上已经成为经济体系中的重要部门。因此，根据亨费瑞斯（G. Humphrys）在1982年提出的对大型制造业公司的组织结构的划分，将其区位决策的变化概括如表6-11。

当代大型制造业企业的区位选择 表6-11

	区 位	区 位 要 求	变 化
公司总部	大都市地区	需要面对面联系，紧靠商务设施，紧靠政府机构	郊区化开始，电子通信发展，不再需要空间距离的接近性
研究与开发部门	郊区小城市	吸引工人的好的环境低税收	迁移至并在充满宜人环境的地区的小城镇中发展
常规流水线工厂	小城市郊区	便宜的劳动力低税收	在"阳光地带"和第三世界发展

八、地租和竞租理论

地租是经济学中的一个重要概念。D·李嘉图（David Ricardo）首先提出了一般的地租概念，指出地租的含义是任何一块土地经过利用而得到的纯收益。杜能则提出了位置级差地租的概念，马克思对此也有非常详尽的论述，并且将地租的概念与对资本的具体分析结合在一起。这一概念在20世纪得到了较为全面的发展。位置级差地租理论认为，一定位置、一定面积土地上的地租的大小取决于生产要素的投入量及投入方式，只有当地租达到最大值时，才能获得最大的经济效果。城市土地使用的分布在很大程度上就是根据对不同地租的承受能力而进行竞争的结果。某类特定使用所能承担的地租比其他活动所能承担的租金高，则该使用便可获得它所要求的土地。也就是说，按照位置级差地租理论，在完全竞争的市场经济中，城市土地必须按照最高、最好也就是最有利的用途进行分配，这就是经济学范畴内合理性（或称经济理性）追求的结果。完整的地租概念还包括了两个因素，即转换收益和经济租金。转换收益是指土地持有者将土地供不同的活动使用所能获得的最大收益，经济租金代表了高于转换收益的溢价，所以能获得这个溢价是由于存在着竞争以取得稀缺的土地。由于同一块城市土地具有提供给各种用途使用的可能性，并在转换用途之间有可能取得较大的收益，因而城市地租中包含了较高的转换收益。同时，由于城市土地供应的稀缺和无弹性，随着与市中心的接近，竞争加剧，经济租金在总租金中的比例也就较大。

在城市中，区位是决定土地租金的重要因素。伊萨德（Isard）认为，决定城市土地租金的要素主要有：（1）与中心商务区（CBD）的距离；（2）顾客到该址的可达性；（3）竞争者的数目和他们的位置；（4）降低其他成本的外部效果。现在比较精致而且也是比较重要的地租理论是阿隆索（W. Alonso）于1964年提出的竞租（bid rent）理论。他认为，地价是土地价值的反映，是指用来购买土地的效用或为预期经济收益所付出的代价。企业愿意支付的价格，取决于土地预期可能获得的利润，地价的高低与土地的区位条件有关。交通便捷性、空间的关联性和周边环境

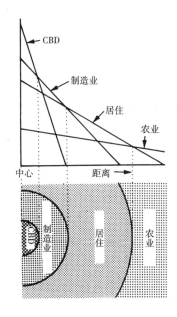

图6-28 在单中心条件下的竞租理论的表现
资料来源：Maurice Yeates.The North American City（4th ed.）.New York：Harper Collins Publishers，1990.132

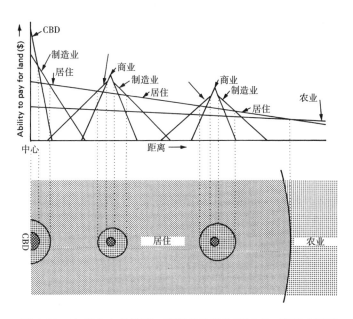

图6-29 在多中心条件下，竞租条件发生了转变，并形成了不同的空间形态
资料来源：Maurice Yeates.The North American City（4th ed.）.New York：Harper Collins Publishers，1990.132

的满足度是影响土地购买者支付土地价格的重要因子。一般地说，市中心是全市交通网络的辐辏点，具有最佳的交通便捷性和可达性，同时，空间的关联性也最好，因而地价也达到最高。随着离市中心距离的增加，通达性和关联性逐渐减弱，地价也随之降低。但是，在远离市中心的某些地段，由于环境的综合满足度提高，地价也有上升的可能。不同的经济活动对地价的支付能力不同，也就是说区位主体不同，在区位空间上，所得到的预期利润也不同。城市土地使用空间结构实际就是不同的经济活动因取得的利润大小不同，在区位空间上竞争组合的结果。因此，他提出，根据各类活动对距市中心不同距离的地点所愿意或所能承担的最高限度地价的相互关系来确定这些活动的位置。所谓竞租，就是人们对不同位置上的土地愿意出的最大数量的价格，它代表了对于特定的土地使用，出价者愿意支付的最大数量的租金以获得那块土地。根据阿隆索的调查，商业由于靠近市中心就具有较高的竞争能力，也就可以支持较高的地租，所以愿意出价高于其他的用途，因此用地位于市中心。随后依次为办公楼、工业、居住、农业。根据该理论，在单中心城市的条件下，可以得到城市同心圆布局的结论。而在多中心的条件下，土地竞租的条件发生了改变，从而使得城市的土地分布及相应的结构形态发生了改变。

第四节　城市土地使用的布局模式

一、基于城市土地使用分布的描述理论

就城市土地使用而言，由于城市的独特性，城市土地和自然状况的惟一性和固定性，城市土地使用在各个城市中都具有各自的特征。但是它们之间也具有共同的特点和运行的规律，也就是说，在城市内部，各类土地使用之间的配置具有一定的模式。为此，许多学者对此进行了研究，提出了许多的理论。根据墨菲（R. Murphy）的观点，所有这些理论均可归类于同心圆理论、扇形理论和多核心理论之中[19]。这三种理论基本上都是在对城市土地使用的实际状况的调查中总结出来的，因此，它们所关心的和描述的就是作为可观察的实体状况的土地使用的分布结构。

1. 同心圆理论（Concentric Zone Theory）

这是由伯吉斯（E.W. Burgess）于1923提出的。他以芝加哥为例，试图创立一个城市发展和土地使用空间组织方式的模型，并提供了一个图示性的描述。根据他的理论，城市可以划分成5个同心圆的区域：

居中的圆形区域是中心商务区（central business district，即CBD），这是整个城市的中心，是城市商业、社会活动、市民生活和公共交通的集中点。在其核心部分集中了办公大楼、财政机构、百货公司、专业商

店、旅馆、俱乐部和各类经济、社会、市政和政治生活团体的总部等。

第二环是过渡区（zone in transition），是中心商务区的外围地区，是衰败了的居住区。过去，这里主要居住的是城市中比较富裕或有一定权威的家庭，由于商业、工业等设施的侵入，降低了这类家庭在此居住的愿望而向外搬迁，这里就逐渐成为贫民窟或一些较低档的商业服务设施基地，如仓库、典当行、二手货商店、简便的旅馆或饭店等。这个地区也就成为城市中贫困、堕落、犯罪等状况最严重的地区。

第三环是工人居住区（zone of workingmen's homes），主要是产业工人（蓝领工人）和低收入的白领工人居住的集合式楼房、单户住宅或较便宜的公寓所组成，这些住户主要是从过渡区中迁移而来，以使他们能够较容易地接近不断外迁的就业地点。

第四环是良好住宅区（zone of better residenses），这里主要居住的是中产阶级，他们通常是小商业主、专业人员、管理人员和政府工作人员等，有独门独院的住宅和高级公寓和旅馆等，以公寓住宅为主。

第五环是通勤者区（commuters zone），主要是一些富裕的、高质量的居住区，上层社会和中上层社会的郊外住宅坐落在这里，还有一些小型的卫星城，居住在这里的人大多在中心商务区工作，上下班往返于两地之间。20世纪60年代以后，在这一区内居住的中产阶级大量上升。

这一理论特别关键的一点是，这些环并不是固定的和静止的，在正常的城市增长条件下，每一个环通过向外面一个环的侵入而扩展自己的范围，从而揭示了城市扩张的内在机制和过程。

伯吉斯同心圆理论的主要贡献在于：（1）以有关区位竞争的生态学理论解释了居住、工业和商业等职能在城市中的分布；（2）解释了大城市地区的不断扩张及向外传递的作用过程；（3）揭示了城市土地内在的差异，表示了从中心到边缘的社会等级关系。当然，这一理论提出后也遭到了许多批评，这些批评的结果导致了多种有关城市空间使用理论的提出，其中，霍伊特（Homer Hoyt）于1939年提出的"扇形理论"（Sector Theory），哈里斯（Chauncy Harris）和乌尔曼（Edward Ullman）于1945年提出的"多核心理论"（Multiple Nuclei Theory）是最为著名的。

2. 扇形理论（Sector Theory）

扇形理论是霍伊特于1939年提出的理论。他根

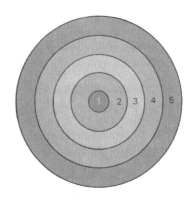

图6-30 伯吉斯的同心圆理论

资料来源：Terry G. Jordan,Lester Towntree.The Human Mosaic：A Thematic Introduction to Cultural Geography.New York：Harper & Row，1990.400

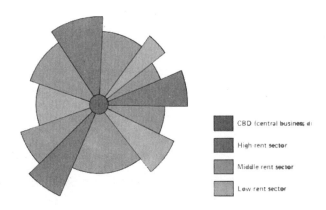

图6-31 霍伊特的扇形理论

资料来源：Terry G. Jordan,Lester Towntree.The Human Mosaic：A Thematic Introduction to Cultural Geography.New York：Harper & Row，1990.402

据美国64个中小城市住房租金分布状况的统计资料，又对纽约、芝加哥、底特律、费城、华盛顿等几个大城市的居住状况进行调查，发现城市住宅的分布有以下九种倾向：

（1）住宅地沿着交通线延伸的现象十分显著；

（2）高租金住宅在高地、湖岸、海岸、河岸分布较广；

（3）高房租住宅地存在不断向城市外侧扩展的倾向；

（4）高级住宅地喜欢聚集在社会领袖等名流人物宅地的周围；

（5）办公楼、银行、商店的移动对高级住宅有吸引作用；

（6）高级住宅地紧密结合交通线路分布；

（7）高房租住宅追随在高级住宅地后面延伸；

（8）高房租的公寓多数建立在市中心附近的住宅

地带内；

（9）房地产业者与住宅地的发展关系密切。

在这九种倾向的综合作用下，霍伊特认为，城市就整体而言是圆形的，城市的核心只有一个，交通线路由市中心向外作放射状分布，随着城市人口的增加，城市将沿交通线路向外扩大，同一使用方式的土地从市中心附近开始逐渐向周围移动，由轴状延伸而形成整体的扇形。也就是说，对于任何的土地使用均是从市中心区既有的同类土地使用的基础上，由内向外扩展，并继续留在同一扇形范围内。

1964年，霍伊特在针对对他的理论进行的长期讨论之后，对他的理论进行了再评价，他认为，尽管汽车交通拓展了可供选择的居住用地而不再局限于现存的居住地，但总体上，高收入家庭仍然明显地集中在那些特定的扇形中。

3. 多核心理论（Multiple-nuclei Theory）

多核心理论是由哈里斯和乌尔曼于1945年提出的理论。他们通过对美国大部分大城市的研究，提出了影响城市中活动分布的四项基本原则：

（1）有些活动要求设施位于城市中为数不多的地区（如中心商务区要求非常方便的可达性，而工厂需要有大量的水源）；

（2）有些活动受益于位置的互相接近（如工厂与工人住宅区）；

（3）有些活动对其他活动容易产生对抗或有消极影响，这些活动应当避免同时存在（如富裕者优美的、大片的开阔绿地被布置在与浓烟滚滚的钢铁厂毗邻）；

（4）有些活动因负担不起理想场所的费用，而不得不布置在不很合适的地方（如仓库被布置在冷清的城市边缘地区）。

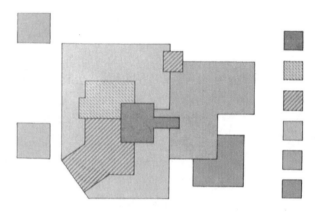

图6-33　哈里斯和乌尔曼的多核心理论
资料来源：Terry G. Jordan，Lester Towntree.The Human Mosaic：A Thematic Introduction to Cultural Geography.New York：Harper & Row，1990.403

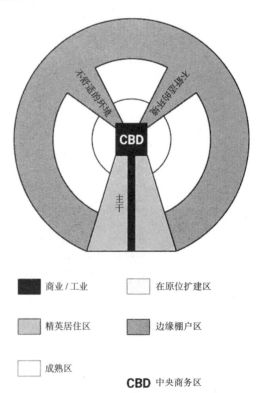

图6-34　格里芬（E.Griffin）和福特（L.Ford）提出的拉丁美洲城市结构
资料来源：H.J. de Blji.Human Geography：Culture，Society，and Space（4th ed.）.New York：John Wiley & Sons，Inc.，1993.416

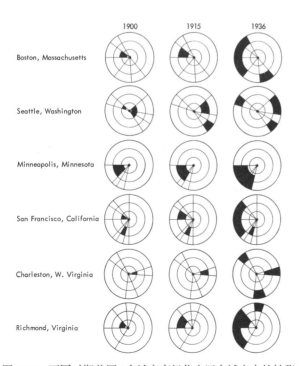

图6-32　不同时期美国6个城市高级住宅区在城市中的扩张
资料来源：Raymond E. Murphy.The American City：An Urban Geography（2nd ed.）.McGraw-Hill，Inc.，1974.300

在这四个因素的相互作用下，再加上历史遗留习惯的影响和局部地区的特征，通过相互协调的功能在特定地点的彼此强化，不相协调的功能在空间上的彼此分离，由此而形成了地域的分化，使一定的地区范围内保持了相对的独特性，具有明确的性质，这些分化了的地区又形成各自的核心，从而构成了整个城市的多中心。因此，城市并非是由单一中心而是由多个中心构成。

以上这三种理论构成了对城市土地使用进行描述的主要理论和经典理论。这三种理论都解释了各自的城市空间使用方面的现象，但很显然，这三种理论本身并不是统一的，也不可能是可以互相印证的，而是各自适用于不同的城市或不同的城市状况。巴尔多（J.W. Bardo）和哈特曼（J.J. Hartman）所作出的评述可以认为是中肯的："最合理的说法是没有哪种单一模式能很好地适用于所有城市，但以上三种理论能够或多或少地在不同程度上适用于不同地区。"[20]

二、基于人群活动的土地使用分布理论

从芝加哥学派以人文生态学开始对城市土地使用的布局模式进行研究后，出现了大量对城市形态的研究，尽管这些研究所得出的模式各不相同，但这些研究与芝加哥学派所提出的三种模型具有同样的取向，即以实际的土地使用状况进行概括，所反映的是土地使用的实体方面。而且，这些研究实际上只是在不同的范围（如在大都市地区）或不同地区内城市状况（如欧洲城市或亚洲城市等）的总结，同时所总结出来的并没有真正超越前述的三种基本模式，只是在研究深度上有所不同而得出的结论而已。而另一方面，我们应该看到，城市土地使用不仅具有实体的成分，而且更为主要的则是其所承载的人的活动。因此，只有从人的活动规律角度才能真正认识城市土地使用的布局模式。当然，涉及到人的活动的因素很多，我们在下一章结合城市空间理论的研究来展开相关的论述，这里主要从相对宏观的人口分布和相互组织关系来解释城市整体中的土地使用的结构模式。应当看到，这里所介绍的两种方法[21]并没有像上述的三种模式一样得出非常简洁的具有普遍意义的模型，相反，它们只具有方法论的意义，需要结合具体城市的实际状况来进行具体分析才能得出具体的模型。

第一种方法是被称为社会区分析（social-area

analysis）或要素分析（factor analysis）的方法。这是由谢夫基（Eshref Shevky）、威廉姆斯（Marilyn Williams）和贝尔（Wendell Bell）等人于20世纪50年代中期所创立的。这种分析的核心在于运用数理统计方法，通过对某些普遍性要素的提炼，在大量的统计数据中寻找出某些规律。该理论认为，西方社会中的社会分异和分层化可以归纳为三个基本的要素或指标：社会等级（social rank）、城市化（urbanization）和隔离（segregation）来对城市地区进行分类。之所以选用这三项指标是因为他们相信，通过对关键要素的衡量便可以区分城市人口的类型，同时这些要素在工业化社会中是相对独立的。"社会等级"指标是从人口普查区的职业和教育程度的衡量中得到的。"城市化"指标现在一般被称为"家庭性"（familism）或"家庭形式"（family form）指标，来自于对儿童与妇女比率（the ratio of children to women），就业妇女比率和独户住户百分数的衡量。"隔离"指标现在通常被称为"少数民族成员"（ethnicity）指标，它从空间分离和少数民族团体的衡量中获得。社会区分析方法的目的是根据城市中较小地区的社会属性来对城市空间进行划分，这样，地区就不再只是由空间的物质标准决定，相反，城市空间是建立在居民的社会特征的基础之上的。这一方法通过为大量的人口普查区赋予社会价值，从中可以获得更为详细、更为精确的社会空间地图，并通过对社会区之间关系的建立而创立城市空间模式。

第二种方法源自于新人文生态学，这一学派继承了芝加哥人文生态学的基本思想，同时也对芝加哥学派在理论上的局限性进行了清算，他们认为芝加哥学派过于强调了经济因素而忽视了社会文化和心理变量。他们认为，在分析城市土地和空间使用时，文化和行为动机具有重要的作用。因为，文化因素包括价值观、信仰和规范，它们控制了人的思想和相互作用，进一步而言，文化必然始终存在并代代相传。这样，文化的要素就有可能具有它们自身的全部价值。尽管为此可能需要付出一些当前的经济代价，它们会因传统而被接受下来。费雷（Walter Firey）1975年对波士顿中心区土地使用的研究表明，之所以波士顿闹市区中心的公地（common）从未被进行商业开发，比肯希尔（Beacon Hill）尽管非常接近市中心商务区、但其大部分也仍被用作上等社会的居住区等，肯定是不能用经济学的原理来解释的，其中起作用的则是文化、情感

和象征性等等方面的因素。同时，他们在重新认识社会心理变量的同时，更倾向于使用不带偏见的数据。他们常常大量使用人口普查之类的大规模资料，并且喜欢在宏观社会学层次上作出解说。与芝加哥学派强调竞争有所不同，他们更强调相互依赖性。奎因（James Quinn）更认为，人文生态学应该专门研究劳动分工问题及其对空间分布的影响。在由O·邓肯（Otis Dudley Duncan）和B·邓肯（Beverly Duncan）于1955年进行的居住分布和职业地位的研究中，利用职业差异（occupational dissimilarity）、隔离（segregation）、低租金住房集聚（concentration of law-rent dwelling）和与市中心的距离等统计指标，研究了空间分离与社会地位之间的相互关系。他们的研究表明，在社会现象、职业分化（occupational differentiation）和物质空间之间存在着相互作用关系。在进行实证性研究的基础上，O·邓肯（Otis Duncan）提出了"生态系统"（ecosystem）和"生态综合体"（ecological complex）的概念。他认为生态系统是物质的、生物的和社会的变量之间的全部关系的集合，生态系统概念有助于认识社会变化的因果。而"生态综合体"包括四个变量：人口（population）、组织（organization）、环境（environment）和技术（technology），它们被简称为P.O.E.T.变量。一个生态系统中的各项因素都可以归入这四个变量，并且可以用简单的方式描述这些变量中的相互关系。邓肯以洛杉矶的污染问题为例来集中说明POET各变量之间的错综复杂的关系。城市中的居民经受着周期性的大气中红灰色烟雾的侵袭，这些烟雾减弱了能见度，使眼睛和呼吸系统发炎（E→P），烟雾也损害植物（E→E）并腐蚀各类金属（E→T）。在过去的数十年中，该城市的市民组织了市民运动以倡导选择并达到管理措施（E→O）。与此同时，工厂被要求设置减少污染的装置（O→T）。环境变化引起了人口、技术、环境的其他成分和社会组织的变化。根据O·邓肯和B·邓肯的阐述，生态系统的概念是简要的，它集中在人文生态学中某些最重要的概念上。社会性质不能与物质空间相脱离，生态系统中某一部分发生变动，必然会影响、作用到其他部分。整个生态系统结构是建立在社会体系内部各要素的相互关系基础之上的。当人们感受到一个环境条件的影响，他们就会要求解决这个问题，从而使生态系统发生变化。生态系统是一个不断变化永不停息的体系，它不断进行自我调整。

通过这些分析，可以总结出具有不同特征的人群在城市中的区位分布，而不同的人群在日常生活方式等等方面具有不同的特点，这些特点本身就会在空间和土地使用上反映出来，而如果依循这样的区别进行深入的调查，并结合人群的分布和生态综合体的分析，就可以发现现状土地使用布局形成的原因以及未来调整的可能方向与可能结果，从而为城市土地使用的分析提供基础。

注　释

1 Michael Goldberg，Peter Chinloy. Urban Land Economics. New York: John Wiley & Sons, Inc.,1984

2 R.T. Ely, E.W. Morehous. Elements of Land Economics. 1924.滕维藻译.土地经济学原理.商务印书馆，1982

3 J.B. McLoughlin. Urban and Regional Planning: A Systems Approach.1968.王凤武译，系统方法在城市和区域规划中的应用.中国建筑工业出版社，1988

4 引自 Raymond E. Murphy. The American City: An Urban Geography(2nd ed.). New York: McGraw-hill,1974

5 见：Raymond E. Murphy. The American City: An Urban Geography(2nd ed.). New York: McGraw-hill,1974

6 Philip Kivell.Land and the City: Patterns and Processes of Urban Change.Routledge, 1993.66

7 本节中有关经典区位理论的介绍主要参考并大量引用了张文忠编撰的《经济区位论》（北京：科学出版社，2000），并结合其他的相关论述进行了整理。在下文中，对引自《经济区位论》的有关内容不再一一指明，引用自其他文献的内容则予以了标注。

8 参见：徐长福。理论思维与工程思维：两种思维方式的僭越与划界.上海：上海人民出版社，2002

9 Melvin Greenhut. Plant Location in Theory and Practice. Chapel Hill. N.C.: University of North Carolina Press, 1956.175～285

10 引自：Raymond E. Murphy. The American City: An Urban Geography(2nd ed.). New York: McGraw-hill，1974.319～321

11 引自：Raymond E. Murphy. The American City: An Urban Geography(2nd ed.).New York: McGraw-hill，1974.322～323

12 引自：Truman A. Hartshorn.Interpreting the City：An Urban Geography（2nd ed.）.John Wiley & Sons,1992

13 冲岛章浩等.曼哈顿城市结构分析.曹信孚译.国外城市规划:1993(1)

14 见：Joe R. Feagin,Robert Parker.Building American Cities: The Urban Real Estate Game (2nd ed.). Englewood Cliffs, NJ: Prentice-Hall, 1990. 188

15 引自：Raymond E. Murphy. The American City: An Urban Geography(2nd ed.). New York: McGraw-hill，1974.334～335

16 引自：David Jaffee.The Political Economy of Job Loss in the United States，1979～1980.Social Problems.1986，Vol.33(April).310

17 Ernest Mandel.Late Capitalism. London: Verso,1978. 310～316

18 J.R. Short.An Introduction to Urban Geography.Rouledge & Kgan Paul,1984

19 Raymond E. Murphy. The American City: An Urban Geography(2nd ed.). New York: McGraw-hill,1974

20 J.W. Bardo,J.J. Hartman.Urban Sociology：A Systematic Introduction.F.E.Peacock,1982

21 对这两种方法的描述，主要参考:M. Gottdiener.The Social Production of Urban Space.University of Texas Press,1985;P. Sauders. Social Theory and the Urban Question（2nd ed.）.Holmes & Meier,1986

第七章　城市空间理论

第一节　空间与空间的认识

一、空间与空间的认识

1. 空间及其概念

哲学意义上的空间，作为客观存在，是指物质存在的一种基本形式，表述的是物质存在的广延性。通常，我们将表示物质持续性的时间作为空间的对应物，空间和时间一样是物质运动的必然组成部分。在日常生活中，空间往往被表述为我们周围可被利用的物质存在，在其中可以容纳各种物质的或非物质的事物。关于空间的定义有很多不同的类型，所涉及的层次也有所不同，既有几何学或者物理学的，也有各种其他不同学科的；既有日常生活的，也有哲学层次的等等。这里，我们从本书的论题出发，在将哲学层面与日常生活层面的意义相结合的基础上，针对城市空间所具有的独特含义来简单讨论空间的本质特征。

无论是作为常识还是作为数学的论证，我们都知道，空间有三个维度，空间中的一个点只能作出三条通过该点的且相互成直角的直线。在描述不同的空间时，通常我们会说二维、三维空间等，其实使用的都是几何学或物理学的空间概念，它们描述的只是抽象的空间。纯粹的几何空间和物理空间显然是不能用来解释我们这里所讨论的城市空间。城市空间必然是由几何空间组成，但它无法说明之所以如此的道理，也无法说明它究竟为什么是这样的问题。哲学家海德格尔（Martin Heidegger）从字源学的角度，揭示了"空间"这个词的来源及其含义，并从存在主义哲学的角度为后来的存在空间论提供了理论基础。他在《建筑、住房及思想》中从字源学的角度探讨了空间这个词的含义，他写道："空间这个词，即 Raum，Rum 的词意是由其古词词意确定的。Raum 的意思是'为安置和住宿而清理出或空出的场所'。空间是空出的那个东西，即在一定边界（希腊语 Peras）内清理和空出来的那块地方。边界，正如希腊人所理解的那样，不是事物从

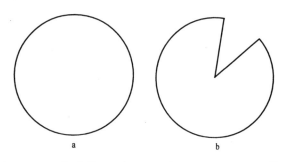

图7-1　亚里斯多德的空间概念：部分的"空间"比整体的"空间"要大
资料来源：Margaret Wertheim.The Pearly Gates of Cyberspace.1997. 薛绚译.空间地图.台北：台湾商务印书馆，1999.76

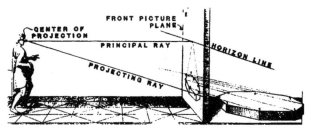

图7-2　透视图之形成
画家构图是以特定的一个点——投影中心——为基准
资料来源：Margaret Wertheim.The Pearly Gates of Cyberspace.1997. 薛绚译.空间地图.台北：台湾商务印书馆，1999.80

此终止，相反地，事物从此开始。这就是为什么这个概念具有'限度'，即范围、界限的意思。空间的本质是空而有边界。空间之空，总是由于地点而得以保证并继而联结——亦即聚集。相应地，空间是从地点，而不是从空无获得其存在的。"[1]从这样的角度来理解，对空间的衡量，也并不是仅仅依靠维度来进行的，正如查尔斯·穆尔在《建筑度量论》中所指出的，"维度"是一些独立的变量、因素，它们本身的增减，不影响其他的变量。当我们根据几何学，以上下、前后、左右三个独立的因素来测量空间时，并不表示除了上述三个维度外，不再有其他的维度。可以说，维度是无限的，问题在于"我们所要观察的变量是什么"以及"我们愿意测量什么"。不同的人在不同的时候，在不

图7-3　透视图

德弗里斯（Jan V. de Vries）所作"透视"。透视构成的图像把画者的"立足点"包含在画内，观画的眼睛应看到的世界也已设定

资料来源：Margaret Wertheim.The Pearly Gates of Cyberspace.1997.薛绚译.空间地图.台北：台湾商务印书馆，1999.82

同的心境下，怀抱着不同的目的，对空间会有不同的量度方法；不同的学科处于不同的目的，也会有不同的量度要求，所以也就会出现社会空间、经济空间甚或权力空间等等的言说。穆尔运用卡西尔（Ernst Cassirer）的知觉空间概念，提出："建筑的量度就是知觉空间的量度。"[2] 即"如果说，三个量度可以产生我们往常所想到的空间，那么，人脑所能感受的所有量度，就能产生知觉空间"。而卡西尔认为，知觉空间"并不是一种简单的感性材料，它具有非常复杂的性质，包含着所有不同类型的感官经验的成分——视觉的、触觉的、听觉的以及动觉的成分在内"[3]。因此，他对建立在几何学和物理学基础上的纯粹空间提出了批评，他认为："抽象空间在一切物理的或心理的实在中都是根本没有相应之物，根本没有基础的。""在几何学的空间中，我们直接的感官经验的一切具体区别都被去除了。我们不再有一个视觉的空间，一个触觉的空间，一个听觉的空间，或嗅觉的空间……在这里我们有一个同质的、普遍的空间。"从这样的意义来说，人们在实际生活中所认知的或感觉的空间，实际上要远比三维的空间复杂得多，而且，空间中所包容的一切直接地影响着我们对空间的感觉与认识，而这些感觉与认识又决定了人对空间的范围、界限的认识。这

图7-4　不同空间中的不同活动

资料来源：James W. Vander Zanden.The Social Experience：An Introduction to Sociology.New York：Random House，1988.88、26、280

就是说，空间本身是客观存在，但在人的世界中，通过人的使用与改造，并在使用与改造的过程中重塑着空间，人的存在与空间紧密地联系起来。这种联系的实质恰恰是以知觉空间为基础的，它使得空间（包括建筑空间或者城市空间）不仅仅是为人所使用的，同时也是人所体验的，而且正是这种体验性赋予了空间的特质。因此，对于具体空间来说，就产生了除了三维之外的更多维度，而人类对于空间的感受就建立在这些数量可能是无限的维度的基础之上。这也就使我们有了除了丈量尺寸之外的讨论空间的余地。因此，我们可以说，空间是指一切围绕着人而形成的客观存在的物质实体构架，它本身就是以人在空间中的存在和活动作为最基本构成要素的作用。

　　2. 空间的认知

　　既然空间是围绕着人而形成的客观存在的物质实体构架，人与空间的互动就必然地建立在人对空间进行认知的基础之上的。人只有感受了空间并认知了空间，才会在空间中有所行动，无论这种行动是因循惯例的还是对空间进行改造的。

　　人对空间的认识具有历史的、逐渐生成的过程。皮亚热（J. Piaget）通过对儿童空间概念的形成，从发生认识论（genetic epistemology）的角度深入研究了人类空间认识的过程和基础，他提出了空间观念形成过程中的四个不同阶段[4]：

　　（1）感知运动阶段（sensorimotor period，从出生到2岁左右）：这一时期的儿童在对自身认识的基础上，以自己的身体为中心建立起物体之间相互关系的体系。通过模拟性的活动，他开始知道不同物体间在空间上是怎样相关的，通过怎样的移动而使不同的物体相接近或相远离；他们也开始认识自己与外界物体的关系，也就是将自己看作是一个客体，或者是世界上的一个行动者。

　　（2）前运演阶段（preoperational period，大约从2岁到7岁）：这一时期的儿童可以用最基本的方式来改变他对周围环境的认识。尽管他们能够沿着不同的方向到达某些地点，但他们还不能意识到在特定的路径不同场所的反向关系。此时，他们通过一定的社会生活的关系而对一些场所赋予了特定的意义，如家，就成为一个具有极强的感情依附的场所。但对于空间领域性的概念他们还只有极少的感知，对于成人而言是理所当然的领域标志如门、围墙、地形等，对于这些儿童而言仍然还是玩耍之物。

图7-5　空间的社会意义
陌生人之间保持着5英尺（约等1.524m）左右的距离，在这样的距离下人们的交谈会感到不舒适。在可能的情况下，人们在公共空间中寻找座位时会加以观察以保持这样的距离。人们还会用书或衣服等物品放在他们自己与其他人之间以防卫他们的领地
资料来源：James W. Vander Zanden.The Social Experience：An Introduction to Sociology. New York：Random House，1988.182

　　（3）具体运演阶段（concrete operational period，大约从7岁到11岁）：这一时期的儿童已经具有非常具体的意象转换能力，也就是已经开始具有分清主体与客体的能力，并开始从因果关系的角度来考虑问题。7岁到8岁这个年龄标志着概念性工具发展的一个决定性的转折点。这个时候，儿童已经对他们感到满足的那些内化了或概念化了的活动，由于具有可逆性转换的资格而获得了运演的地位，这些转换改变着某些变量，而让其他变量保持不变。在这时，儿童已经能够根据事物的某些特点进行排列，从而形成单一的序列。儿童对空间组织的能力是依邻近和分离为依据的，整体不再是不连续项的集合体，而是一个完整的、连续的客体，它的各个部分依照邻近性原则或者联结起来、包括进来，或者分离开来。到了此阶段的后期，儿童已经能够区别出两个方面或两个领域的协调关系。

　　（4）形式运演阶段（formal operational period，大约在11岁及以后）。这时，他们的认识可以超越于现实本身，而把现实纳入可能性和必然的范围之内，从而就无需具体事物作为中介。这个阶段的主要特征是他们有能力处理假设而不只是单纯地处理客体。在对空间的认识上，建立起了关于占有面积内部的（直到这个时期以前儿童一直认为这面积主要是面积的周界的函数）和占据体积内部的连续统的空间观念。由此才建立了完整的空间概念。

　　皮亚热指出："……空间的意识在于结合空间构

成亦即结合各种感觉的智能，而不在于感觉所具特性扩展多少。""因此，空间是有机体与环境相互作用的产物，在这一相互作用中，被知觉的宇宙的组织化是不可能同活动的组织化分离的。"[5]在此过程中，如皮亚热所说的那样，人要认知空间必须依靠一定的"图式"，人依据其社会化的过程和生活的经验，对特定的场所建立起一定的"图式"，并以此图式来考察直接面对的空间，然后来决定其此后的行动。如果没有这种图式，人们就不可能认知空间，也无法对空间作出判断。因此，人类确实需要利用图式居间来架构三度空间世界。正如诺伯格－舒尔茨（Christian Norberg-Schulz）所说的，"皮亚热指出，我们的空间意识（space consciousness）乃基因于运作图式（operational schemata），那也就是说，空间意识起始于对物体的经验。空间图式可能有相当不同的种类，而正常个体亦具有一个以上的图式，以使其能满足不同情况下的知觉。图式由文化所决定，而且包含了从对环境的感性取向中所导致的定性趋向（qualitative orientation）。皮亚热总结其研究说：'空间感相当明显地为一渐进的结构，而且必定不是在精神成长初期就已具备的'。"[6]应该看到，皮亚热是在纯粹认知心理学的基础上讨论了人对空间认知的过程及其实质，而索娅（E. Soja）则依据新马克思主义的观点从社会环境的角度阐述了空间的本质意义，他指出，所谓的空间性（spatiality），从唯物主义角度进行的解释是建立在下列一组相互联系的前提基础上的[7]：

（1）空间性是一种真正的社会产品，是"第二自然"的组成部分，在其社会化和转换过程中结合了物

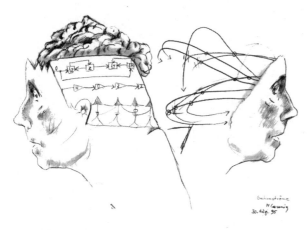

图7-6　意识交流
Maria Lassnig, Brainstream, 1995 年
资料来源：Politics-Poetics Documenta X — the Book. Ostfildern-Ruit: Cantz Verlag, 1997.656

质的和认知的空间因素。

（2）作为一种社会产品，空间性既是社会行动和关系的中介也是其最终的产出，这既是预先的假定也是具体的体现。

（3）社会生活（和劳动过程）的时空结构界定了社会行动和社会关系是怎样物质性地构成的以及是怎样被具体化的。

（4）这种构成／具体化的过程是具有问题性的（problematic），充满着矛盾、竞争和斗争（其中许多情况下是循环的和惯例性的）。

（5）各种斗争和矛盾基本上来自于生产空间的二元性，即产出－具体化－产品（outcome-embodiment-product）和中介－前提－生产者（medium-presupposition-producer）。

（6）因此，具体的空间性是社会生产和再生产的竞争场所，对于社会实践而言，目的既在于维持和强化现存的空间性，也在于进行重要的重构和可能的转变。

（7）社会生活的时间性，从日常活动的惯例和事件到长期的历史创造，都根植于空间的偶然性，这非常类似于社会生活的空间性根植于时间／历史的偶然性中一样。

（8）历史的唯物主义解释和空间性的唯物主义解释是不可分割地相互交织在一起的，而且在理论上是相互伴随的，它们之间没有谁超过谁的内在的优先性。

索娅有关空间性的阐述，架构了逻辑的和实践的空间认知的框架，为在现实条件下对空间认知进行具体分析提供了全面而综合的方法。

3. 建筑空间

苏珊·兰格（Susanne K. Langer）认为："绘画、雕塑、建筑是空间概念的三大表现形式。"[8]在现代建筑运动的影响下，建筑学将空间看作是建筑的核心和灵魂，改变了传统建筑学将建筑的外形（立面形式）看成是建筑的主体的观念。斯科特在《人文主义的建筑》一书中写道："但建筑除了具有长和宽的空间形式——即供我们观看的面——以外，还给了我们三度的空间，就是我们站在其中的空间。这里才是建筑艺术的真正核心……空间就是它所独占的。各种艺术中，惟有建筑能赋予空间以完全的价值。建筑能够用一个三度空间中的中空部分来包围我们人；不管可能从中获得何等美感，它总是惟有建筑才能提供的。绘画能够描写空间；诗，例如雪莱的诗，能够唤起人们对空间的印

象；音乐则能给我们空间的类似形象；但建筑则直接与空间打交道，它运用空间作为媒介，并把我们人摆到其中去。"[9]但现代建筑运动主导下的空间概念，基本上是由空间的尺度即三维空间所决定的，或者说，是建立在物质空间实体的基础上的。即使如布鲁诺·塞维在他的名著《建筑空间论》中强调了人的因素和时间的因素等，但仍然可以看到，他所强调的空间仍然是建立在这样的基础上的，而且从他的论述中可以感受到，人与空间的关系实质上是人可以进入空间并在其中行走，而相互之间的互动也仅仅只是建立在人的视线基础上的，因此，建筑是被"看"的对象，强调的是人对物质空间的认识。他在《建筑空间论》一书中写道："推想到建筑，也同样有时间的因素。这个因素实际上是必不可缺的；从最早的草棚到最现代化的住宅，从原始人的洞穴到今天的教堂、学校或办公楼，没有一个建筑物不需要第四度空间，不需要入内察看的行程所需要的时间。"建筑的四维空间实际上是利用视差现象，即当观察点发生变化时，对象在表面上出现一种位移。因此，为了欣赏一座建筑物，观察者必须穿过它或在它周围走动。建筑的效果是只有人行进在建筑空间中才能感受到的。他还认为，"第四维空间"为严格区分真正的建筑与画面上的建筑的关键所在。在他看来，建筑需要第四维空间，即人行察看的行程所需的时间，……塞维说："在建筑中，人是在建筑物内行动的，是从连续的各个视点察看建筑物的。可以这样说，是他本人在造成第四度空间，是他本人赋予这种空间以完全的实现。"[10]

但从其本质上讲，建筑空间显然是为人的生活提供的空间，就如丘吉尔的名言所指出的那样，它是与人的存在与活动互为形塑的。因此，对空间认识的实质是依据人的活动所展开的对物质实体的认识活动。鲍勒诺夫认为，人的具体的生活空间是难以用数学空间来解释的，"在生活空间中是现实的不连续性，是具有独特性质的区域，有严格的疆界把这些区域与别的一些区域隔离开来"[11]。

而社会学家则提出，空间也是影响交往的重要因素，没有空间关系也就不可能有完整的社会关系，正如吉登斯（Anthony Giddens）所说的那样，"我们不能将空间看作是塑造社会集团的活动赖以发生的无内容的空维度，而是必须将它和互动系统的构成联系在一起考虑"[12]。因此，在20世纪后半叶，在有关建筑空间的论述中，将人的存在与物质空间相结合的存在空间论得到了最为广泛的讨论与运用。在现象学以及海德格尔关于存在和空间的论述的影响下，诺伯格－舒尔茨在《存在、空间、建筑》（1971年）一书中首先把存在主义哲学观念引入到建筑学领域，并开创了对空间的存在主义分析。他对当时存在的建筑空间观念进行了评述，他认为当时的空间观念基本上可以分为两种类型，一种是以欧几里德空间为基础的，重视三维的立体几何学，这种观念认为，在系统地展开的二维或三维的图式中看到了组织建筑空间的关键。诺伯格－舒尔茨认为，建筑空间与数学空间是不同的，对空间进行纯粹的量上的研究是冷漠的和抽象的，这一点与卡西尔的论述有着明确的关联。另一种是以知觉心理学为基础而展开的建筑空间研究，这种观念将"量"的概念换成"人"的概念，将空间理解为知觉的总和，这又陷入了纯主观的体验。诺伯格－舒尔茨指出："在这二者的讨论中，全都把存在次元，作为人与人的环境关系的空间忘到一边去了。"因此，他认为最完善的建筑理论，与其作为思考和直觉的单元，不如作为人的存在的次元更能真正理解空间。他说："人之对空间感

图7-7　纽约市格林威治（Greenwich）街，1969年11月23日下午
资料来源：Politics-Poetics Documenta X—the Book.Ostfildern-Ruit: Cantz Verlag, 1997.139

兴趣，其根源在于存在（existence）。它是由于人抓住了在环境中生活的关系，要为充满事件和行为的世界提出意义或秩序的要求而产生的。人对着'对象'定位是最基本的要求。也就是说，人要在生理上技术上适应物理事物，要同其他民族进行交涉，因此要掌握抽象的现实，亦即要掌握'意义'（它是以交流为目的而产生、用各种语言来传达的）。人面对各种对象的定位（orientation），不管是认识性的还是情绪性的，一切情况下都是以建立人与环境之间力动的均衡为目标。"[13]因此，他将海德格尔的"人的存在是空间性"的论述与心理学家皮亚热的"图式"概念以及凯文·林奇（Kevin Lynch）的"城市意象"的概念综合而成了他的存在空间论。"所谓存在空间，就是比较稳定的知觉图式体系，亦即环境的形象"[14]。存在空间被界定为一个心理学的概念，"它是人与环境相互作用，为满足生活而发达的图式。建筑空间就是存在空间的具体化"。在《场所精神：迈向建筑现象学》（1979年）一书中，诺伯格-舒尔茨进一步解说了对存在空间的认识，他说："'存在空间'并非一个数学逻辑术语，而是包含介于人与环境间的基本关系。"他将存在空间具体化为两个互补的观点，即"空间"与"特性"，以及与此相应的两个精神功能，即"定位"与"认同"。

很显然，存在空间论的理论前提是存在主义哲学家海德格尔关于人与空间的论述。海德格尔认为人（此在）是具有空间性的，"我们若把空间性归诸此在，则这种'在空间的存在'显然必得由这一存在者的存在性质来解释"[15]。空间是人的存在方式，因此，空间要由人的存在的性质来解释。"空间并不是与人相向对立的东西，它既不是一种外在客体也不是一种内在体验。不能说：'那儿是人类，其上方是空间'，因为当我说'一个人'，在这样说出这个词的时候，同时想到了一个实在，他以人的方式而存在——亦即'他定居'——于是，谓之'人'，事实上已道出了人居留于事物间四位一体之中"[16]。因此，"你不能把人跟空间分开，空间既不是外在实体，也不是内在的经验。我们不能把人除外之后还有空间"。从更为广泛的意义上讲，空间本身是人存在的空间。亚历山大（Christopher Alexander）在《建筑的永恒之道》（Timeless Way of Building）中则从一个更加现实的、不太思辨的角度对海德格尔的论述进行了具体化，他写道："活动和空间是不可分的。活动是由这种空间来支撑的。空间支撑了这种活动，两者形成了一个单元，空间中的一个事件模式。"[17]

在这样的基础上可以理解这样的判断：人与空间的关系并不仅仅是人与物或主体与客体之间的关系，两者实际上是互为统一而且是共同的存在。海德格尔认为，人与空间的关系就是"定居"，居住是人类存在的方式，是存在的基本特征，故建筑的本质就是"定居"。只有思考人与空间、地点与空间的关系才能阐明建筑的本质。作为具体空间，必须是从地点，而不是从抽象空间中获得本质的。因此，最能测量空间的不只是人的体验，而是人的存在。否则，永远也无法真正地认识空间，他的"诗意地栖居"其实就是以此为依据的，如果不能对此了解，也就不可能真正理解他的这个断言。

二、空间与场所

海德格尔的"定居"概念是存在空间论的中心。根据海德格尔的观念，诺伯格-舒尔茨在《场所精神：迈向建筑现象学》一书中分析了建筑空间的真正含义，并指出了存在空间的核心在于场所："'存在的立足点'与'定居'系同义字。'定居'就存在的观点而言是建筑的目的。人要定居下来，他必须在环境中能辨认方向并与环境认同。简而言之，他必须能体验环境是充满意义的。所以定居不只是'庇护所'，就其真正的意义是指生活发生的空间是场所……而建筑师的任务就是创造有意义的场所，帮助人定居。"在此基础上，诺伯格-舒尔茨分析了存在空间的结构化模式，并指出，初期的组织化图式是由中心（centre）亦即场所（place，近接关系）、方向（direction）亦即路径（path，连续关系）、区域（area）亦即领域（domain，闭合关系）等构成的。

场所当然也是一种空间，但其更强调空间的非物质性方面，或者说，是带有精神内容的空间，而这种精神内容是由其意义的关系所定义的。从某种程度上讲，如果空间的概念还更多地强调场所的可见的物理形式，也就是空间是有形的，是可以描述的，其缺少的恰恰是场所中看不见的常数，即人与这一有形空间的关系；而场所的概念则更强调场所中的人的体验和实践，在这样的意义上，我们通常所强调的场所，实际上总是与"场所精神"联系在一起的。诺伯格-舒尔茨对"场所精神"这个概念，从词源学上作了这样一个解释："场所精神（genius loci）是罗马的想法，根据古罗马人的信仰，每一种'独立的'本体都有自己的灵魂（genius），守护神灵（guaraian spirit），这种灵

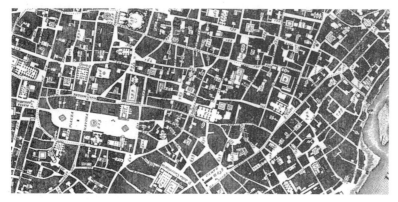

图7-8 罗马1748年的平面局部
公共和私人领域的划分一目了然
资料来源：Eduardo E. Lozano.Community Design and the Culture of Cities：The Crossroad and the wall.Cambridge，New York and Melbourne：Cambridge University Press，1990.42

结合在一起的分析，是当代空间分析的核心。

从另一方面看，场所，指的就是具体的"生活空间"，尽管它总是一定范围内的三维空间，但它绝对不是抽象的空间。"场所的基本意义，即本质，并非来自其位置，也不是来自其服务的功能，亦非来自于居住其中的社群或肤浅世俗的经验——虽然这些都是常见且可能必要的相关于场所之层面。场所的本质主要在于定义场所为人类存在之奥秘中心的无自我意识之意向性。根本上，每一个人会意识到和我们出生、长大、目前生活或曾经有过特殊动人体验的场所，并且与之具有深刻的联系。这种联系似乎构成了一种个人与文化的认同及安定之活力源泉，亦即我们在世界之中定位的出发点。一位法国哲学家马歇尔

魂赋予人和场所生命，自生至死伴随人和场所，同时决定了他们的特性和本质。"[18] 由此可见，"场所精神"的原意是场所守护神，而诺伯格-舒尔茨将它引申为场所的"特性和本质"，或场所的"特殊性和气氛"。他认为，"场所精神的形成是利用建筑物给场所的特质，并使这些特质和人产生亲密的关系。因此建筑基本的行为是了解场所的'使命'（vocation），这个使命就是人类在地球上充满价值的，而且有诗意地定居"[19]。这样，在通常的意义上，"场所是从文化上加以限定的"。"场所的性质不是由建筑物，而是由事件决定的。在英语中，事情的'发生'（take place）一词本身就意味着占有场所（place），发生什么事总是与事件发生的场所联系在一起。场所，总是发生什么事的地方。场所自然是环境的一部分，但它是人和环境互动的产物"。因此，"场所是人与环境相互作用的产物，是空间、事件、意义的统一"[20]。场所，始终意味着事件的发生，诺伯格-舒尔茨说："环境最具体的说法是场所，一般的说法是行为和事件的发生，事实上，若不考虑地方性而幻想的任何事件是没有意义的。""场所是行动和意向的中心，它是'我们存在中经验到有意义事情的焦点'。的确唯有在特定的场所脉络中，事件和行动才具有意义的，且被那些场所的特性所着色和影响着，即使它们成为特性的因素。"[21] 一定的场所总是支持和鼓励某些事件和活动的发生，阻止和禁止另外一些行为的发生。教堂是宗教礼拜的场所，不允许买卖交易；法庭是审判的场所，禁止自由讨论。场所的边界就是行为停止的地方，场所将人们的活动方式和程序固定下来，从而控制人们的行为。因此，将行为与其发生的空间

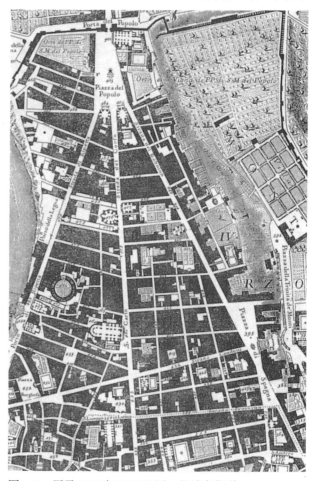

图7-9 罗马1748年Nolli地图上的城市街道
资料来源：Eduardo E. Lozano.Community Design and the Culture of Cities：The Crossroad and the wall.Cambridge，New York and Melbourne：Cambridge University Press，1990.229

（Gabriel Marcel）曾经简要地总结：'个人与他的地方并没有分别，他就是那个地方'。"[22]因此，场所对人总是充满意义的，因为只有有意义的空间才被称为场所。所谓意义就是人的价值和意向，就是人对空间所作出的判断。意义来自于雷尔夫（Edward Relph）所说的场所的同一性，即人与场所之间的关系，"内在于一个场所即是去了解那个场所的丰富意义，并且去取得与此场所的同一性"。场所包含着我们的意向、态度、目的、经验，"场所是被融入了所有人类意识和经验里的意向结构"。也可以说，场所的同一性就是场所的意象，即经验、态度、技艺和感觉的"心灵图像"[23]。林奇（K. Lynch）把同一性看成是构成"意象"（image）的三要素之一，其他两个要素分别是结构和意义[24]。在这样的基础上，"我们所最爱慕的场所完全是关怀的场域，其安置了我们曾经拥有的许多经验，且如前述完全是影响和反应的复合。但是关切一个场所包含了超过基于某些过去的经验与未来的期待的关心，同时也包括一个对地方的真实责任与尊重，为了场所本身、为了你认为的场所，同时也为了他人。事实在对那个场所有一个完整的承诺，这个承诺是像任何人所能做到的一般深刻，因为关切确实是'人与世界的关系之基础'"[25]。

　　在场所的概念中，空间、事件、意义三者是不可分割的整体。正如华格纳所说："场所、人、时间与行为构成不可分割的统一体，人要成为自身，必须有某个有限的地方，于适当时间做某些确实的事。"[26]在这种意义上，可以说，"人们就是他们的场所，而场所就是它的人们"[27]。社会学家吉登斯揭示了场所对于人类活动之间的相互关系："场所是指利用空间来为互动提供各种场景，反过来，互动的场景又是限定互动的情境性的重要因素。场所的构成……处在与周围世界物质性质的关系之中的身体及其流动与沟通的媒介。"[28]因此，场所既是社会活动开展的地方，同时也规定了社会活动的内容与形式。这也是丘吉尔所说的"我们建造了房屋，然后房屋塑造了我们"的真正含义所在。而场所之所以有这样的功效，关键则在于"场所提供了丰富的作为制度基础的'固定性'……"[29]。制度是作为行为的规则而存在的，按照吉登斯的观点，场所也就有了使规则固定化的倾向和实际效用。在这样的基础上，通过对空间关系的研究就可以揭示出由这种空间关系所固化的制度体系，从而为社会的互动关系提供佐证。这也是20世纪70、80年代以后，空间研究成为各门社会科学研

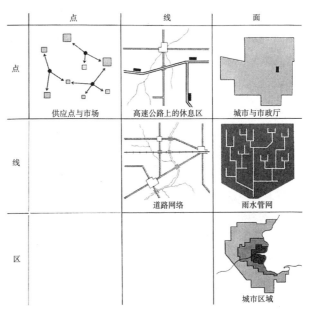

图 7-10　空间维度的描述

所有的现象都可以用它们的空间维度进行描述。当空间因素相互作用时，其中所包含的维度将影响到所产生结果的地理模式。这张表显示了点–点、点–线、点–面和其他类型的要素相互联系的类型。这种分类可以进一步扩展到体量的关系，只要加上高度的因素

资料来源：John F. Kolars，John D. Nystuen.Geography：The Study of Location，Culture，and Environment.New York：McGraw-Hill Book Company，1974.13

究热点的原因[30]。

三、空间的层次划分

　　诺伯格–舒尔茨运用海德格尔的哲学论述和皮亚热的心理学研究成果，对空间进行了全面的论述，把空间划分为五种概念，即：（1）肉体行为的实用空间（Pragmatic Space）；（2）直接定位的知觉空间（Perceptual Space）；（3）环境方面为人形成稳定形象的存在空间（Existential Space）；（4）物理世界的认识空间（Cognitive Space）；（5）纯理论的抽象空间（Abstract Space）。这五种类型的空间在人类社会的发展过程中担当着不同的功能："实用空间把人统一在自然、'有机'的环境中；知觉空间对于人的同一性来说是必不可少的；存在空间把人类归属于整个社会文化；认识空间意味着人对于空间可进行思考；最后，理论空间则是提供描述其他各种空间的工具"。在对空间进行总体认识的基础上，诺伯格–舒尔茨依据人的存在和实际活动的尺度，将空间划分为六个层次[31]：（1）器皿阶段：由人的手所决定的，无论什么器皿，它的尺寸和形状都和握、搬运有关，总之都和延长手的作用有关；（2）家具阶段：与人的身体尺寸，特别是坐、蹲、

躺等动作有关；（3）住房阶段：由身体进一步外延的运动、行为和"划定势力范围"的要求一起决定其尺寸；（4）城市阶段：主要是根据社会的相互作用，也就是根据社会共同的"生活形态"来决定的；（5）景观阶段：产生于人与自然的相互作用；（6）地理阶段：是一个景观到另一个景观的旅行，或是基于所掌握的有关世界的一般知识而形成和发展起来的。

当然，从场所的构成来说，诺伯格-舒尔茨则指出："如果从理论上讲，可以说就是领域支配的景观、路线支配的城市、场所支配的住房这一过程。同时，沿着同一方向，形态与结构的精确度也逐步提高，也就是说，几何化的倾向逐步加强。可以说只有让'在家'（at home）居住的程度加强，才能更精确地规定自己的环境。"[32]

第二节 城市空间的意义

按照诺伯格-舒尔茨的划分，城市空间是整个空间序列中的一部分，所处的空间尺度居中，是联系宏观和微观空间的联结点。诺伯格-舒尔茨认为，在城市这样的层次上，"人自身的活动，即人与人工（man-made）环境的相互作用，在多数场合决定着结构。因此，这个阶段的基本形态可称之为'我们的场所'。个人可以找到一个在发展过程中与他人共有、并使自己得到最佳同一性感觉的结构化整体。通过历史来看，城镇与周围的未知世界相比，事实上无非是确保人的立足之地的安全世界，也就是所谓'天国'（civitas）。城市形象的最主要特性就是可确认同一性的单一场所。满足了这一条件，城市的营造地区对周围景观来说，必然具有'图形'的性质。因此，城市构成要素中的闭合性、近接性原理最为重要"[33]。

存在空间论和现象学研究强调了城市作为场所或场所精神的方面，揭示了城市空间与人的存在之间的相互关系，提示出在对城市空间的认识或创造城市空间的过程中需要强化这两者之间的关联，也就是需要从人际的交往过程中来建构城市空间本身的意义。如雷尔夫所说的那样，"存在于社区与场所之间的关系实乃强有力的，且其中一个会增强对另一个的认同，而地景则是在社区的信念、价值的维系和人际间的相互包容二者的最恰当表现"，因此，"在所有的文化中，有些形式存在于被创造的场所与社区之间的关系中，……特别是他们被表现在地景上，且在这一层意义下，其乃沟通的媒介物，而所有下列成素亦有此意

味——建筑、街道、公共散步区，村中的橄榄球队，这些不仅服务了社区成员，还使他们相互了解。而地景其一般经验到的信息和象征是为了维持艾克（Aldo van Eyck）所说的，'集体性的场所意识'。这将在本质上给予人们在场所自身所具有的认同感，反之亦然"[34]。

在对空间意义的研究中，拉波波特（Amos Rapoport）提供了极为广泛而且深刻的阐述。他在《建成环境的意义》[35]一书中，运用符号学的方法，对建成环境的意义展开了全面的讨论。他着重研究了建成环

图7-11 荷兰鹿特丹Bijlmermeer地区的"社会化的"公共空间

资料来源：Han Meyer.City and Port：Urban Planning as a Cultural Venture in London，Barcelona，New York，and Rotterdam：Changing Relations Between Public Urban Space and Large-Scale Infrastructure.Utrech：International Books，1999.38

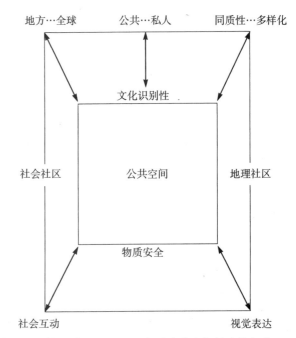

图7-12 佐金（Sharon Zukin）对公共空间构成的概念

资料来源：Sharon Zukin.The Cultures Cities.Malden：Blackwell Publishers，1995.25

境是怎样被人所感知的，并且是怎样随人的不同而发生变化的。当然，建成环境并不只是城市空间环境，但很显然，城市空间环境肯定是建成环境的最主要的组成部分，因此，大量的有关建成环境的研究可以较为直接地引入到对城市空间意义的认识中来。显然，一涉及到意义的内容，就会产生意义的层次问题，有的是关于宏观的，有的则是关于微观的层次，有的从信仰和哲学的层次，有的则从实用层面上来认识意义的内容，因此，就有需要对意义的层次进行区分。拉波波特也意识到了对意义层次的划分对于意义分析具有至关重要的作用，因此，他在《建成环境的意义》一书的"再版跋"中，对意义的层次进行了划分。他说："事实上，人们看来总是跟几种不同层次的意义打交道，所以，一般地说'意义'是一个关于建成环境和物质文化的过于广义的术语。这些（环境和文化）看来是在必须明确区分的三种不同层次上表达意义的，尽管它们是想像类型的排队。

（1）'高层次'意义是指有关宇宙论、文化图式、世界观、哲学体系和信仰等方面的。

（2）'中层次'意义，是指有关表达身份、地位、财富、权力等，即指活动、行为和场面中潜在的而不是效用性的方面。

（3）'低层次'意义，是指日常的、效用性的意义：识别有意布置的场面之用途的记忆线索和因之而生的社会情境、期望行为等；私密性，可近性；升（堂）入（室）等第（penetration gradients）；作为排列；行动和道路指向等，这些能令使用者行为恰当，举止适度，协同动作"。他认为，他的这本书所论及的范围基本上是在"中"和"低"两个层次上展开的讨论。

在拉波波特看来，城市空间环境所反映的是城市社会中或城市空间中的一系列重复的、稳定的、基本的共同行动的结果，在这样的环境中，具有共同文化背景的社会成员能够知道在不同的环境中该如何行动以及如何行动得当，从而可以比较方便地在不同的成员之间建立起有效的协同行动。这既是文化所赋予的共同基础，也是在人的生长过程中逐渐习得的。这样，在特定文化的背景中，人们可以比较轻松地理解与他们发生联系的城市空间环境以及在此环境中的情境，按照他们对空间意义的理解而采取相应的行动。不同的行动在不同的空间环境中发生，当然，"不同的文化有不同的场面，而在不同的文化中可能会有不同的行为适合于明显相似的场面"。拉波波特认为："在任何

特定文化的环境中被编码的固定线索和意义有助于使行为更加恒常，即有助于避免全按个人特癖来解释的难题。全按个人特癖来解释，不仅使任何社会结构或文化一致成为不可能，从而使任何社会相互影响变得极为困难，而且也很可能要求大量的信息处理，以致超过人类对此等处理的频道容量。"很显然，拉波波特这里的分析逻辑与西梅尔（Georg Simmel）在《大都市和精神生活》中的分析是一致的，都是为了在外部环境刺激下降低对人的精神产生过度压力而采取的理性选择。根据这样的意义，空间作为人际相互作用的一个媒介，使个体的行为约束在一定的范围，从而形成恰当行为；同时也使这种行为可以更容易为别人所理解，从而降低交流的复杂性，那么，建成环境能起什么样的作用？或者说，城市空间的意义对此能作出什么样的贡献呢？

拉波波特认为，建成环境的意义首先是人对空间本身的认识，而人的认识首先在于他所看到的物质要素及由此而在他的头脑中形成的意象。意象的形成过程是复杂的，而建成环境则为这种意象的形成提供了适宜的线索。他说："物质的对象首先引起一种给予背景更特定的意象的感觉，这些意象符合于物质，'同时就环境而论，感情方面的意象在判断中起主要作用'。"而在建构这样的意象时，"人们除了用心理的及文化的过滤以减少选择和信息之外，建成环境的一个重要功能便是使某些解释不可能，或者至少是未必可能——也就是引发按某种可以预料的方式来行动的倾向。如果人们注意到了、正确揭示了、并准备'遵守'这些线索，场面便诱发恰当行为。传统文化中的环境已经极有成效而且有高度成功率地做到了这一点。在我们自己的文化中，个人特癖的程度已大为增加，这就使得这一过程可靠性差，而且较少成功。不过，环境和场面仍然肯定履行这种功能——人们在不同的场面采取不同的行动，他们的行为趋于和谐一致，环境的确减少了可能的解释之选择。""……就环境对行为的影响而言，环境不止只起约束、促进或甚至是催化的作用，这就很清楚了。环境不仅作出提醒，而且作出预言和指示。实际上，环境引导反应，也就是说，通过对可能的反应范围加以限定和约束而不成其为强制，环境使得某些反应更易于出现。"因此，"成功的场面恰恰是那些通过清晰的线索和一贯的运用而成功地降低其不变性，增加其预见性"。当然，意义本身也不可能是独立存在的，而且它本身就应该是物质功能的重

要组成部分，他说："意义不是脱离功能的东西，而其本身是功能的一个最重要的方面。事实上，环境的意义方面是关键和中心，所以有形的环境，如衣服、家具、建筑、花园、街道、聚居区等，是用于其自身的表现，用于确立群体的统一性，及用于使儿童适应于某种文化。这种意义的重要性，还可以根据以下观点进行讨论，即人类精神基本上靠通过使用认知的分类学、类别和图式，试图赋予世界以意义来起作用；和建成的形式（如同物质文化的其他方面）是这些图式与范畴的有形的表现。有形的要素不仅造成可见的、稳定的文化类别，同时也含有意义，那就是如果当它们与人的图式相符合时，它们也可被译出其代码"。游乐场的空间及其装饰符码告诉所有的人，这里不适宜身着正装，也不适宜参加正规酒会的行为方式，而像麦当劳这样的场所则宣示着这是快餐厅而不是宴会厅这样的含义。

拉波波特运用非言语方法来研究建成环境的意义[36]，提出，人对建成环境的认识并不是建立在环境的具体细节上面，而是从整体意象上作出反应。他发现，"全面的满意与特定建筑特征的满意关系不大，而更多的是涉及到建筑物的特性与感觉，总的形象以及积极或消极的符号方面或意义，……"也就是说，"人们对环境，首先是整体的与感情的反应，然后才是以特定的词语去分析与评估它们。这样，环境质量的整个概念显然是这样一种概念，即人们喜欢某些市区或住宅形式，只是由于它们含有的意义。在英国，考虑作为工业区的地方，因而多烟雾；不卫生、阴暗、肮脏，所以不被人喜欢；带有乡村特点的地方，由于安静、卫生、优美，则被人喜欢。因此，树林被高度评

价，不仅是因为它们标志一个高质量的地区，而且因为它能引起对乡村的联想"。这就"可以说，'环境的评估，与其说是关于一些特定事物的细节分析，不如说是从总体上的感觉反映问题；与其说是明显的，不如说是潜在的功能问题；同时它很受意象与观念的影响'"。因此，城市空间的意义首先是由整体性的环境的意义所创造的，城市的总体意象往往决定了对具体地段或具体空间形态的评价。

而环境的意义在很大程度上来源于联想，但"应该注意到，直觉的方面与联想的方面是联系的，前者是后者的必要条件。在可以得出任何意义之前，必须注意线索（cue），就是说，显而易见的差别是推导意义的必要的先决条件。这些差别，对于发展联想是必需而有用的。因此，可以有趣地注意到一个情况：在澳大利亚土著居民中，在有显著的引人注目的环境特征的地点，场所的意义往往是更强烈、更清楚的。所以，当场所的意义是联想的，涉及到重要性时，则显著的差别有助于场所的识别并起到帮助记忆的效果"。既然建成环境为人们理解空间的意义提供了线索，因此，"人们总是按其对环境线索的领会来采取行动的。这是从观察相同的人在不同场面上行为迥异而得知的。

图7-13　英国伦敦街头的一个游艺场

图7-14　英国的乡村景观

这提示出，如果线索能被理解，这些场面总是传达预期的行为。循此，在这些线索中运用的'语言'必须被理解，代码需被识读。如果环境设计在一定程度上被看作是信息的编码过程，那么使用者则可被看作是对其进行译码。如果代码不被公用或理解，则环境便不表达什么；这种情境与在陌生的文化脉络、文化冲击中的经验是相符的。无论如何，当环境代码被知晓后，行为便可以容易地适应与之相符的场面和社会情境。当然，在线索被理解以前，必须被注意到，而且，在人们注意并理解了线索之后，就必须打算遵守它们。这后一想法在传统情境中是不存在的，而是一个现代问题。此外，虽然设计者能理解它，但不能左右它。尽管如此，设计者还是能对其他两方面进行一些控制，即他们可以使线索引人注目，而且能被领悟。人们需要在对他们具有意义，确定场合或情境的场所，被认为举止适度。从环境中的行为来看，情境包括社会场合及其背景，即谁做什么，在哪里，什么时候，怎么做，包括谁或不包括谁。一旦代码被掌握了，环境及其意义，对于帮助我们用根据人的文化或特定的亚文化提供和解释的线索来判断任何情境，起着重要的作用"。

拉波波特的论述，强调了建成环境本身的作用，同时也提出了认识建成环境的方法。就城市空间而言，它的形成与发展都是在一定的文化背景下的，因此，"社会文化决定因素是这种组织的基本的（虽然不是惟一的）决定因素，它遵循这样的说法，即介乎环境刺激特征与人们对其反应之间，意义必然是一个重要的角色。这不仅可用于建成环境，也同样用于制定温度、光照、音响等等（甚至还有厌恶）的标准。其理由及结果是意象（image）与图式（schemata）在解释环境的刺激特性时是主要的角色"。在这样的条件下，城市中的居住区所反映出来的特征具有相近性，而"编码入居住区的图式与意象的向心性及所含意义是不变的；变化的是其特定的意义和重要的图式或用于表达意义的环境元素。这也同样说明不同文化中城市的不同作用，城市有没有值得骄傲的东西，城市的阶层变化，以及一个城市的真实的定义，那就是在居住区能够被承认是个城市之前，需要哪些环境元素。类似的有关事物影响着城市规划的方法（以及它们是否被接受或拒绝），还影响不同文化不同时代的规划者的差别，以及规划者与不同集团使用者之间的差异"。他以一些例子来说明在城市空间中，环境意义的认识始终是与特定的生活方式相一致的。对于城市中的一些空

间类型来说，其实重要的并不是它们被人们使用的功能，而是其潜在的意义方面。因此，"以一个这种城市的例子，可以发现，在城市环境中，公园是有重要意义的，正是它们的存在是重要的，所以即使它们是空旷的，即没有用于明显的或其功能作用的方面，也还是表达了其所在地点环境质量积极方面的意义。娱乐设施之所以重要，其理由是很清楚的，这些设施为大多数人所要求，却为很少人使用。同样，大多数人

图7-15　城市广场的意义

城市中的广场作为城市中的最重要的公共空间，环境代码是最为充分的。这些广场分别是：左上为意大利锡耶纳（Siena）城的 Piazza del Campo；右上为意大利威尼斯的 Piazza San Marco；左下为西班牙 Trujillo 城的 Plaza Mayor；右下为秘鲁库斯科（Cuzco）城的 Main Plaza

资料来源：Eduardo E. Lozano. Community Design and the Culture of Cities：The Crossroad and the wall，Cambridge. New York and Melbourne：Cambridge University Press，1990.228

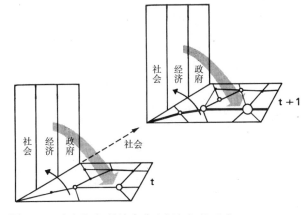

图7-16　空间组织是社会非空间组织的反映

资料来源：Maurice Yeates. The North American City（4th ed.），New York：Harper Collins Publishers，1990.2

301

表示在居住区内需要普通公共空地，因为，这些空地能'增加吸引力'、'增强单元之间的间距'（即减少可感知的密度）等等，而不仅是为了'能在周围散步'、'为了娱乐使用'等等，事实上这些空地也并不是这样使用的。它们却又起到社会的及文化的标志作用的潜在功能"。"这样的意义，如大多数其他的一样，是以场面的目的及其如何与特定的图式相配合来评价的，所说的特定图式是与特定的生活方式从而最后与文化有关联的"。

纵观拉波波特对建成环境的意义的探讨，可以看到，尽管我们可以把城市空间划分成物质的、社会的和抽象的客体来进行分析和研究，"但在建成环境中，这些是合在一起并相互作用的。大多数建成环境的概念化内容都强调这点，即环境不仅是物质的。所以，人们根据意义作用于对象、亦即对象指示人们如何行动，社会组织和文化提供了一套固定的线索，用以解释情境从而帮助人们举止适度。就此而论，建成环境提供了这样一组重要的线索；它部分地是一种记忆方式，即触发恰当行为的线索"。但很显然，"……环境被看作事物与事物之间，事物与人之间，人与人之间的一系列联系。这些联系是有序的，即它们具有模式和结构——环境不是一种事物与人的任意拼凑，而人比起文化来更是行为或信仰的一种任意拼凑。二者都从属于起着模板作用的图式，可以说这种图式组织着人们的生活以及他们生活的场面。就环境而言，这种联系首要的（尽管不是惟一的）是空间——事物和人通过在空间中的和由空间作出的各种程度的分隔所关联。在设计环境时，有四种因素会被组织起来：空间、时间、交流、意义"。城市空间就是在这样的基础上被认识、被组织起来的。

拉波波特的研究正如他自己所说，主要集中在意义层次的"中"、"低"层次上，而在他所划分的"高"层次方面，拉波波特几乎没有过多地涉及到。但其他学者曾对此作过广泛的研究，在此基础上，林奇（Kevin Lynch）在他的《好的城市形态》（Good City Form）一书中对此予以了特别的强调[37]。林奇认为，任何的城市空间形态都是与一定的世界观和价值观紧密联系的（其实也就是拉波波特一再强调的文化的重要组成部分），并且必然是由此所决定的。所以对城市空间形态的认知与建构也就必然地要从此出发，并最终归结到这一点上。在这样的条件下，任何有关城市形态的理论都是规范性理论（normative theory）。根据林奇的定义，规范性理论意味着一组有关于城市形态的完整思想，这些思想具有内在一致性。因此，不同的文化背景就会有不同的规范性理论，这就必然地会有大量的有关城市形态的理论，每一组理论都集中于有关"什么是城市"以及"城市是如何运作"的一些综合的象征。但这些理论可以进行一些归类，他从城市形态的发展历史中，总结出了有关城市整体形态的三种规范性理论，即宇宙论（cosmic）模式、机器论模式和有机论模式。这三种理论可以将各种规范理论包容在内，而在具体的城市中之所以会形成如此这般的城市形态，特定时期的城市整体的价值观也就深含在这三种不同类型的最根本的观念之中。

以中国和印度的古代城市空间形态为代表的是宇

图7-17 荷兰鹿特丹城市居住街区中的绿地

图7-18 纽约中央公园，奥姆斯特德（Frederick Law Olmstead）设计，1857年建成

资料来源：Eduardo E. Lozano.Community Design and the Culture of Cities：The Crossroad and the wall，Cambridge. New York and Melbourne：Cambridge University Press，1990.180

宙论模式的典型，这种城市形态直接地与天、神、人、礼仪等等紧密相关，并且受当时人们对这些内容的观念和认识的控制，城市空间形态直接表现了这样的一些观念和思想。因此，这样一种空间形态模式是建立在这样的价值观基础上的，如秩序、稳定、统治、行动和形态之间紧密而持续的相互适应，所有这些都反映出了对时间、衰败、死亡以及混乱的否定。因此，根据这种模式，城市的空间架构实质上就是反映了宇宙的秩序，获得了与普遍世界一致的感觉。城市形态本身就是一种小宇宙或微型宇宙，从而可以摆脱由无秩序、战争、瘟疫、饥荒所产生的不安全感，并强化社会的等级体系。在这样的基础上，一个好的城市形态

应该能够传达出一种正确的、令人敬畏的和令人惊叹的感觉，一种永久和完美的感受。

第二种类型则与此相反，它们往往以快速建设为目的，建设的目的非常清晰，也非常确定。其典型的目的是能够快速地分配土地和资源，并为这些地块等提供较好分配的交通可达性，还有就是防卫和土地的投机等。因此，它也有永久的组成部分，但那些组成部分是可以被移动或被移走的，也就是其整体是可以被改变的，也可以被修复的，尽管它这样做是以一种相当清晰的可预见方式进行的。其稳定性内在于各个组成部分之中，而不在于整体之中。这些组成部分相对是比较小的、明确的，通常相互之间都非常相像，并且它们之间是机械性地联系的。这是机器论模式的特点，它以格网状城市为典型，但机器论模式并不是简单地运用格网状的布局，在宇宙论模式中的很多城市也同样将格网状布局作为其基本特点，关键在于它对组成部分与整体以及它们的功能的关系。根据林奇的观点，机器论模式更多是考虑效率、对行动的密切支持、好的可达性以及容易修复和重新改造。因此，它的目的更多地在于为了某种自己的目的而向物质世界的扩张，并且具有选择的自由、交换或修正的自由，可以摆脱强制意义或克制的自由。因此，最理想的是，这是一个平静的、实践的世界，在其中，各个部分是简单的、标准化的、容易改变的，并不突出它们自己的意义。在整体组织中，各部分之间是相互平衡的。

第三种模式是有关于有机生长的。任何一种有机物都是一个自主的个体，它有明确的边界，并且都有

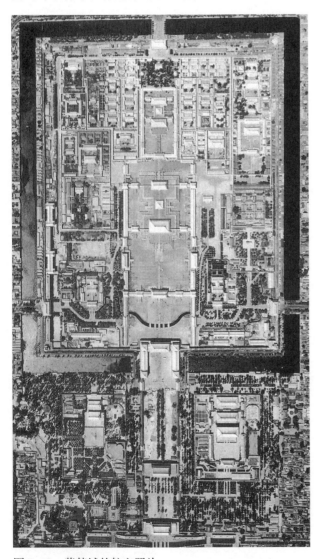

图7-19　紫禁城的航空照片
中国传统城市模式中最为典型的是明清北京城，而其中紫禁城的空间特征则全面显示了宇宙论模式所要达到的种种目的
资料来源：Spiro Kostof.The City Shaped：Urban Patterns and Meanings Through History，London：Thames and Hudson Ltd.，1991.18

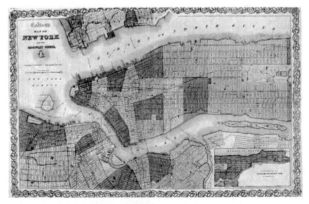

图7-20　纽约1865年地图
纽约城的形态显示了机器论模式的基本特征
资料来源：Han Meyer.City and Port：Urban Planning as a Cultural Venture in London，Barcelona，New York，and Rotterdam：Changing Relations Between Public Urban Space and Large-Scale Infrastructure.Utrech：International Books，1999.187

图7-21 美国纽约曼哈顿的城市模式
资料来源：Eduardo E. Lozano.Community Design and the Culture of Cities：The Crossroad and the wall.Cambridge，New York and Melbourne：Cambridge University Press，1990.39

图7-22 1931~1955年，纽约洛克菲勒中心（Rockefeller Center）
资料来源：Eduardo E. Lozano.Community Design and the Culture of Cities：The Crossroad and the wall.Cambridge，New York and Melbourne：Cambridge University Press，1990.59

确定的规模，它并不会因为扩张或增加或无限地附加一些组成部分而改变它的规模，相反，如果它改变了规模就要对它的形态进行重组，而这种形态的改变通常都是非常急剧的变化。它有非常明显的边界，但在它内部却是难以划分的。它确实有不同的组成部分，但这些组成部分却是非常紧密地相互联系在一起，而且没有明显的边界。它们一起工作并以精致的方式相互影响，形态和功能不可分地结合在一起，整体的功能是综合的，而且不可能简单地从组成部分的性质中来简单地理解整体的功能，部分结合在一起工作与简单地将它们集合在一起是完全不同的。整个有机体是动态的，但它是一种自我平衡性的动态过程：即当其受到外部力量破坏了它的内部平衡时，它就进行内部调整以使整个有机体回复到某种平衡状态，因此，它也是自我管理的和自我组织的。它可以自我修复，生产新的个体，并经历出生、成长、成熟和死亡的循环。因此，有机论模式也像宇宙论模式一样地集中在安全和连续，但它更加关注社区、健康和福利、自我平衡、良好的功能、成功的后代养育以及物种的生存等价值观。也特别关注不同部分之间的相互联系：人与其环境以及与社会秩序的联系，避免被排除在外和被疏远。有机秩序的表达就需要与自然相联系，并且需要有丰富的感情和体验。多样性和个体性是受到鼓励的，但不仅仅只是个体社会化地存在和生物性地加入。

林奇所提出的三种规范理论，建立了城市整体空

图7-23 意大利中世纪城市锡耶纳（Siena）
大量的中世纪城市形态是有机论模式的典范
资料来源：Eduardo E. Lozano.Community Design and the Culture of Cities：The Crossroad and the wall.Cambridge，New York and Melbourne：Cambridge University Press，1990.38

图7-24 佛罗伦萨
资料来源：Eduardo E. Lozano.Community Design and the Culture of Cities：The Crossroad and the wall.Cambridge，New York and Melbourne：Cambridge University Press，1990.49

图 7-25　荷兰一小镇的街景
欧洲当代小城镇同样遵循有机论模式的基本规则

间与世界观及价值观之间的联系，反映出城市空间组织在城市整体形态层面上的意义。当然，这种联系也不仅仅指在整体结构层面得到反映，而且也在城市中的局部地区的空间组织中得到反映。

第三节　城市空间形态构成的特质

一、勒·柯布西耶与现代建筑运动主导下的城市空间形态观念

从发端于20世纪初的现代建筑运动开始，空间就成为了现代建筑的核心内容。但20世纪上半叶中的各种建筑空间理论，都还甚少有比较完整的城市空间的理论性论述。在现代建筑大师中，勒·柯布西耶（Le Corbusier）是对城市问题最为关注的，并在城市规划的理论和实践上都取得了卓越的成就，而且也是对城市空间问题讨论最多也最具代表性的。勒·柯布西耶的城市空间分析，一部分是基于对建筑形态和形式的思考和感受，另一部分则是基于一种"城市集中主义"和"反街道主义"的思想。

勒·柯布西耶与当时占主流的城市发展思想不尽相同，他认为城市分散发展绝对不是现代城市发展的出路，因为这种发展实际上是分解了城市生活的内涵。他认为大城市并不可怕，在大城市中出现的种种问题都可以通过新的规划形式和建筑方法来予以解决。他于1922年推出的"明日城市"（The City of Tomorrow），1925年的"伏瓦生规划"（Plan Voisin），1931年的"光辉城市"（The Radiant City）等都是这一思想的具体表现。在这些理论和方案中，他通过高层建筑的运用，意图解决工业城市所存在的拥挤、卫生、污染等等问题；

并通过高层建筑，形成如他自己所说的"垂直的田园城市"（vertical garden city），这与霍华德的田园城市明显不同。这种不同不仅仅在于勒·柯布西耶的田园城市是垂直向的，而且密度要高得多，而更为重要的是：霍华德的是"有花园的城市"（a city with gardens），而勒·柯布西耶所要达到的则是"花园中的城市"（a city in a garden）。要做到这一点，勒·柯布西耶提出了四项原则：使城市中心从交通拥挤中摆脱出来；增加整体的密度；强化交通方式；增加绿化面积。通过这样的方式，就不会再发生城市集中发展所带来的拥挤、不卫生等等问题。

从机械和技术的观点出发，勒·柯布西耶偏好于直线和直角。他于1922年写的一篇文章《荷重的驴走的路和人走的路》（The Pack-Donkey's Way and Man's Way）中说："人是走直线的，因为他有目标并且知道他正走向哪里；他已经想好要去某个特定地点，他直接走向那里。"人与背负着重物的驴子就不一样，人具有判断的能力，有非常明确的目标，同时需要追求效率，所以他不会东摇西摆，也不会曲曲弯弯地走路，更不需要在外界的影响下不断地调整前进的方向。因此，人走的路应当是笔直的而不是弯曲的，是要直达目的地的而不是东绕西歪的。在这一年的另一篇文章《秩序》（Order）中，他还认为，"直角过去是，现在仍然是所有保持世界平衡的力量的总和。因此，直角真正超越了其他的角；它是惟一的和不变的。因为，直角能使我们绝对精确地确定空间，因此，可以说它是必要的和充分的行动工具"。因此，直线和直角是勒·柯布西耶城市空间架构的主旋律，统治了特定城市的整体构图。此外，勒·柯布西耶对城市交通和交通工具的重视也影响了他对城市空间的认识。他认为："一个为速度而建的城市是为成功而建的城市（A city built for speed is built for success）。"正由于他对城市交通性功能的重视，想方设法地以解决快速交通为目的，认为城市就应该是一个追求效率的所在，因此而忽视了生活性道路——街道（street）的功能，这在日后成为雅各布斯（J. Jacobs）等人对功能主义城市思想进行批判的一个重要方面。勒·柯布西耶认为："所有现代的交通工具都是为速度而建的，……街道不再是牛车的路径，而是交通的机器（a machine for traffic），一个循环的器官。"因此，新的街道的形式在勒·柯布西耶的设计中是以能使车辆以最佳速度自由地行驶为目的的，他的设计中包括了不少高架的汽车路，每一条

120码①宽，南北或东西走向。这些道路纯粹是交通性质的。

在勒·柯布西耶影响下的现代建筑会议（CIAM）在20世纪30年代，通过《雅典宪章》建立了现代城市规划的基本原则，这一原则体系直至20世纪60年代仍然是城市规划领域的主流思想。在《雅典宪章》中，欧洲现代建筑运动的代表们提出，"居住、工作、游憩与交通四大活动是研究及分析现代城市规划是最基本的分类"，这"四个主要功能要求各自都有其最适宜发展的条件，以便给生活、工作和文化分类和秩序化。每一主要功能都有其独立性，都被视为可以分配土地和建造的整体，并且所有现代技术的巨大资源都将被用于安排和配备它们"[38]。在此基础上，《雅典宪章》提出了现代城市规划工作者的三项主要工作，通过对这些工作内容的分析，我们可以比较清楚地看到城市空间的组成及其结构关系。现代城市规划工作者的主要工作是：

（1）将各种预计作为居住、工作、游憩的不同地区，在位置和面积方面，做一个平衡的布置，同时建立一个联系三者的交通网。

（2）订立各种规划，使各区按照它们的需要、有纪律地发展。

（3）建立居住、工作和游憩各地区间的关系，务使在这些地区间的日常活动可以最经济的时间完成，这是地球绕其轴心运行的不变因素。

通过对城市功能的划分，将城市化分成不同的功能片区，然后运用便捷的交通网络将这些功能片区联系起来，这就是现代城市所呈现出来的空间形态结构。而在具体组织和在各功能片区中，其结构有非常明显的等级系列，这就是"一切城市规划应该以一幢住宅所代表的细胞作出发点，将这些同类的细胞集合起来以形成一个大小适宜的邻里单位。以这个细胞作出发点，各种住宅、工作地点和游憩地方应该在一个最合适的关系下分布到整个的城市里"。最终，城市就形成了亚历山大（C.

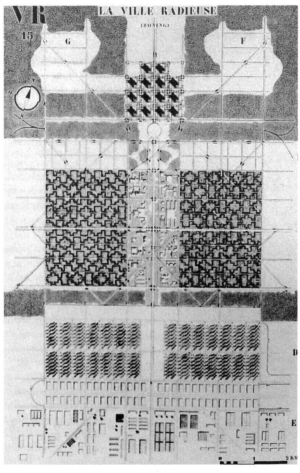

图7-26　勒·柯布西耶的"光辉城市"（La Ville Radieuse，1935）设想

资料来源：Veronica Biermann等编撰.Architectural Theory：From the Renaissance to the Present.Köln：Taschen，2003.713

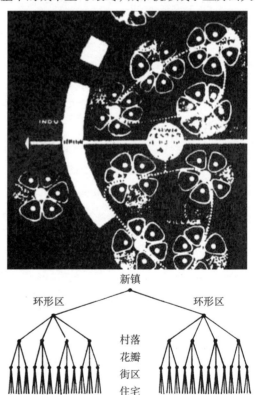

图7-27　亚历山大对"树形结构"及其城市空间形态相互关系的揭示

资料来源：建筑师第24期.北京：中国建筑工业出版社，1986.211

———————————

① 1码 = 0.9144m

Alexander）所称的"树形结构"。

在勒·柯布西耶的影响下，《雅典宪章》特别强调了高层建筑的运用，将其作为城市空间的重要组成方面，并希望通过高层建筑节约城市土地，为其他功能提供更多可使用的空间。一方面，他们反对城市的低层建筑向郊区的蔓延，另一方面则希望在城市中通过高层建筑来解决城市因为人口的增长所出现的拥挤问题，同时通过人口的集聚来保证和丰富城市生活的活力。因此，他们认为，"城市规划是一种基于长宽高三度空间而不是两度的科学，必须承认了高的要素，我们方能做有效的及足量的设备，以应对交通的需要和作为游憩及其他用途的空地的需要"。

二、TEAM 10 的城市空间形态探讨

进入到20世纪的50年代后，现代建筑运动经过一段时间的实践，新的思想和实践不断地充实到这一运动之中，使其基本方向发生了些许的改变，这些改变虽然还只是在原有的基本框架中所进行的局部调整，但对后来的发展起到了引发和推动的作用，产生了较为深远的影响，其中尤以 TEAM 10 的阐述最为重要。

TEAM 10 是为召开 CIAM 的第十次会议而成立的筹备小组，其成员都是当时活跃在世界建筑舞台上的中青年建筑师。他们既对现代建筑运动的基本原则进行了贯彻，同时也在实践和理论论述中对这些原则进行了修正，并凭借着他们的创新精神而反叛着这些原则。"TEAM 10 指出，任何新的东西都是在旧机体中生长出来的，一个社区也是如此，必须对它进行修整，使它重新发挥作用。他们认为城市设计不是从一张白纸上开始的，而是一种不断进行的工作。所以任何一代人只能做有限的工作。每一代人必须选择对整个城市结构最有影响的方面进行规划和建设，而不是重新组织整个城市"[39]。这就从根本上改变了以勒·柯布西耶为代表的现代建筑运动中所树立起来的全面改造城市，甚至颠覆所有原有城市的雄心壮志，而是把城市看成是一个活的有机体，是一个不断完善和发展的过程。"城市生长的整个过程是城市重新集结的过程，既没有开头，也没有结尾"。他们对以勒·柯布西耶和《雅典宪章》为代表的现代建筑运动所确立起来的现代城市空间形态结构有一个非常著名、而且也是非常透彻的评价，他们认为，这样的理想城市"是一种高尚的、文雅的、诗意的、有纪律的、机械环境的机械社会，或者说，是具有严格等级的技术社会的优美城市"。但这

种城市显然不是现代社会和人们所需要的城市。

他们在研究城市设计时，提出了一个新的术语叫做"门阶哲学"（doorstep philosophy），并以此来揭示城市空间的内涵。"门阶哲学的含义是关于人类聚居地生态学的研究和新美学的研究，是说城市设计者应从一个孩子迈出自己家门的瞬间去开始考虑，因为从这时起城市设计的任务便开始了"。因此，所谓的城市空间应该是建筑物之间的空间，但城市空间不仅仅只是由建筑物所组成的，而是由更为多样的与人的活动结合在一起的所有内容所组成的。这就是他们提出的"人际结合"的深层原因。他们认为，现代城市的空间形态是由人与人之间的关系所决定的，要认识城市空间关系，就必须充分地研究人的活动，只有从人的活动及其关系中才能真正揭示城市空间的内容与意义。"当代社会的显著变化……人际关系越来越复杂，这是改变城市结构的决定因素。建筑师应该'努力去揭露包括人的主观意愿在内的一切现实形态'。就是说，城市和建筑的设计必须以人的行动方式为基础，城市和建筑的形态必须从生活本身的结构发展而来。建筑师不是生活的改革者，而是形式的赋予者"。

在 TEAM 10 中，史密森夫妇（Alison and Peter Smithson）是相对比较活跃的建筑师，他们所提出的一些概念，如"簇状城市"、"改变的美学"等等都对城市空间形态的认识与组织产生了影响。"簇状城市"

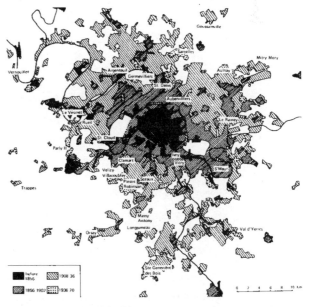

图 7-28　巴黎的城市增长，1856～1970 年

资料来源：Eduardo E. Lozano.Community Design and the Culture of Cities：The Crossroad and the wall.Cambridge，New York and Melbourne：Cambridge University Press，1990.89

是城市空间组织的一种新的形态,这种形态产生于对人的日常生活范围的分析而形成的,并在对住宅、步行空间的再组织的基础上,形成以数幢建筑物围绕着"空中步道"的组群式的空间。所谓"改变的美学",就是对城市中各种物体的时间性的安排要适应各物体本身的时间属性。他们提出,"正如人的思想过程需要一些固定的点(相对地)藉以对短暂的信息进行分类和评价,从而获得明智的判断一样,城市也需要一些固定的东西。这是一些长周期变化的、能起到统一作用的点,依靠这些点人们才能对短暂的东西进行评价并使之统一。少数固定的东西的存在(如法院、市政厅),使短暂的东西(如住宅、商店、广告以及所有短期循环的东西,如人和人的衣服、汽车等)不再对我们的神智构成威胁,同时也能使短暂存在的东西不受拘束地反映出自身的情趣。如果我们看到了长期和短期之间的区别,就可以不对某些东西作过于详细的控制,而把主要的立法力量集中于长期的建筑物上。因此,城市环境的美,应该反映出对象的恰如其分的循环变化。固定的东西看去应是固定的,短暂的东西看去应是短暂的。在一个社区的变化循环中,某些历史建筑常常被看作是长久固定的东西,其他具有重要意义的建筑,投资巨大的建筑,都应该作为城市的固定物"。

由于现代交通技术的发展和人们的生活节奏越来越快,城市交通在城市中的地位也得到了他们的充分关注。"使建筑群与交通系统有机地结合,是TEAM 10的重要思想之一。用这样的思想去建设城市时,建筑本身将反映出'非静止性'(non-static),也就是说,建筑物将表现出'流动'、'速度'、'停止'、'出发'等特性。建筑物包含的流动特性将产生新的建筑形态,他们断言,以城市规划的方法研究建筑和以建筑的方法研究城市的时代已经到来"。同时,他们认为,"一个城市,如果真正是一个城市的话,便具有一种错综复杂的、以多种流动为基础的韵律。人的、机械的和自然的"。这三种不同的流动指的是人的步行活动、汽车的流动和自然景观的变化,这三者是城市空间环境的重要特征。而在现代社会的背景中,"第一种流动是受到压抑的,第二种是专横的,第三种的表现是不充分的"。因此,他们认为环状放射形态的道路不能适应现代城市的交通需要,并设想了一种三角形的汽车道路系统,可以获得均匀的交通流量,充分发挥道路的功能,并能方便地进入城市的各个部分。同时应当充

分考虑人的行动的需要,尤其是对步行交通应当首先予以满足。

三、凯文·林奇的城市意象理论

凯文·林奇(Kevin Lynch)对城市意象的研究改变了对城市空间分析的传统框架,城市的空间不再是反映在图纸上的物与物之间的关系,也不是现实当中的物质形态的关系,更不是建立在这些关系基础上的美学上的联系,而是人在其中的感受以及在对这些物质空间感知基础上的组合关系,即意象(image)。因此,城市空间不再仅仅是容纳人类活动的容器,而是一种与人的行为联系在一起的场所,空间以人的认知为前提而发生作用。林奇通过对认知心理学的运用,在进行了大量调查的基础上,提出了城市意象(image)的基本要素[40]。他认为,意象是综合了直接感受和以往经验的记忆两者的产物,它被转译为信息并引导人的行动。认识和构造我们的环境是如此关键,以至于对于个人来说,这一意象具有广泛的实践和感情上的重要性。人并不是直接对物质环境作出反应,而是根据他对空间环境所产生的意象而采取行动的。林奇认为,要真正地认识一个城市,必须以社会的、生物的以及物质空间的整体来看待所有的地方。也就是说,他将空间形式不再限定在物质实体部分,而是将它看成是人类实践的空间安排,人、物和信息流动的结果,以及与这些实践有关的、表示了某种意义的、对物质实体进行修整的人的整体感受。因此对城市形式的描述,必然地包括了对空间的分配、对空间的控制、对空间的使用和对空间的知觉。他有意识地将城市的物质空间(场所)与使用者作为一个整体来进行认识,也就是说,构成城市空间的并不只是抽象的几何空间,而是将人的感觉和物质空间结合在一起的场所感,是行为与背景的统一体。对于林奇而言,城市空间形式是一种有价值意义的形式,因此,要认识城市的空间就必须建立空间的意义与空间的实体之间的联系,就需要回答人们为什么要生产这样一种形式,同时也需要清楚他们是如何感觉这样的形式的。这就需要认识到使用者的意象,从这样的意义上讲,意象既是人们体验空间意义的来源,也是人们所认识到的物质空间的意义。

所有的意象均由三方面的要素构成,即同一性(identity)、结构(structure)和意义(meaning),尽管这三者事实上总是一起出现的。一个能够起作用的

意象首先要求有一个客体的可识别性（identification），这就意味着它可以与其他东西相区别。而同一性并不是要求一种事物与其他东西完全相同，而是在个性和特性上相符合；其次，意象必须包括客体与观察者之间和与其他客体之间具有空间或模式关系；最后，这一客体对于观察者必须具有某种意义，这种意义可以是实际的也可以是感情上的。意义也是一种关系，是一种不同于空间和图形的关系。他认为："如果我们想建设人人都受欢迎的城市，而且还要适应未来，那么，把精力集中到形象的清晰性方面，而让'意义'自由发展则是很明智的。"而"城市的可识别性，指的是一些能被识别的城市部分以及他们所形成的结合紧密的图形。……一个可识别的城市就是它的区域、道路、标志易于识别并又组成整体的一种城市"。林奇认为人对城市的感知往往不是持久不变的，反而总是部分的、不完全的，和其他事务混杂着。几乎每种官能都在起作用，城市的意象是这种种官能的全部的综合。而且，意象始终是直觉和过去经历的产物，用来解释见闻和指导行动。有秩序的环境将是活动或信念或知识的组织者。因此，意象并非是现实的精确和成熟的模式，也不是缩小比例和均匀抽象化。作为有目的的简化，它可以增减现实中的要素，参混和变形以及把部分重新组合。

林奇提出了构成城市意象的五项基本要素，这是他从无数的调查中所得出来的，它们分别是：路径、边缘、地区、节点和地标。根据他的解释，这些要素的含义在于：

（1）路径（path），"是一种渠道，观察者习惯地、偶尔地或潜在地沿着它移动。它们可以是街道、步行道、公共交通线、运河和铁路。对于许多人而言，这是他们意象中最主要的因素。在路径上行走时，人们观察着城市，其他环境要素沿着这些路径布置并与它相联系"。

（2）边缘（edge），"边缘是不被观察者用作或视为路径的另一种线性要素。它们是两个面的界限，是连续体中的线性断裂：河岸、铁路、沟渠、开发区的边界、墙体"。

（3）地区（district），"地区是城市中中等或较大的部分，是以两维范围来表达的，在观察者的精神中有进入其'内部'的感受，它因为拥有某些共同的、可分辨的特征而被认识。它们总是从内部可识别的，如果能从外部被看到则可被用作外部的参照"。

（4）节点（node），"节点是这样一些点，是观察者能够进入的城市中的战略点，是他进进出出的集中焦点。它们基本上是交叉口、交通的转换处、一个十字路口或路径的汇聚点、结构的变换点。或者说，节点就是集中，它们从一些用途和物质特征的浓缩中获得其重要性，……"。

（5）地标（landmark），"地标是另一类的参照点，但是，观察者不能进入它们的内部，它们是外在的。它们通常是相当简单地限定的物质客体：建筑物、招牌、商店或山丘，它们用作一大批可能性中的一个突出的因素"。

这五项要素可以帮助我们建构起对城市空间整体的认知，当这些要素相互交织、重叠，它们就提供了对城市空间的认知地图[cognitive map，或称心理地图(mental map)]。认知地图是观察者在头脑中形成的城市意象的一种图面表现，并随人们对城市的认识的扩展、深化而扩大。行为者就是根据这样的认知地图而对城市空间进行定位，并依此而采取行动。

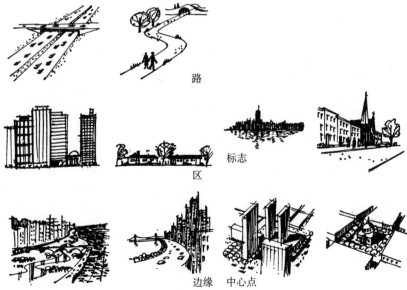

图7-29 林奇的"城市意象"五要素

资料来源：Fredderik Gibberd.1970 Town Design,American Institute of Architects.Urban Design, 1965.程里尧译.市镇设计.北京：中国建筑工业出版社，1983.29

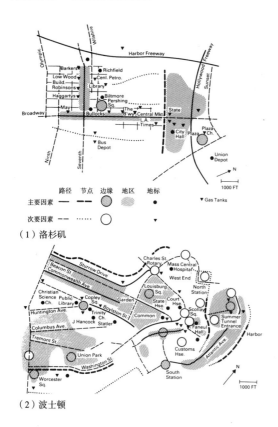

（1）洛杉矶

（2）波士顿

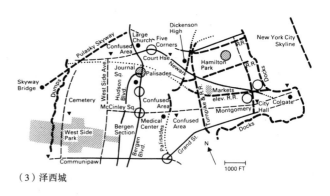

（3）泽西城

图7-30　根据林奇的五要素所绘制的美国三个城市的意象图

资料来源：John R. Short.An Introduction to Urban Geography.London，Boston 等：Routledge & Kegan Paul plc，1984.220

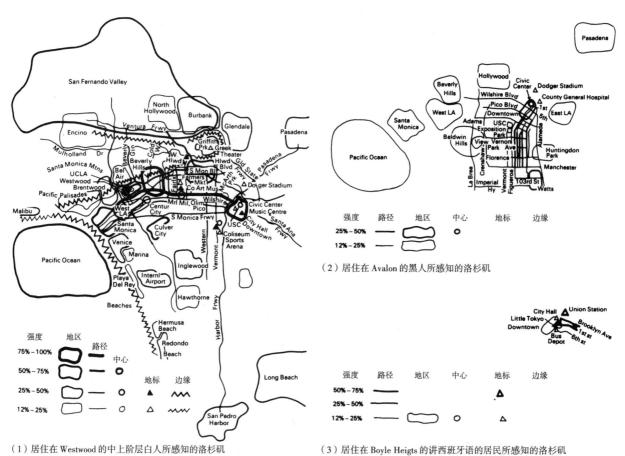

（1）居住在 Westwood 的中上阶层白人所感知的洛杉矶

（2）居住在 Avalon 的黑人所感知的洛杉矶

（3）居住在 Boyle Heigts 的讲西班牙语的居民所感知的洛杉矶

图7-31　不同的人（不同的社会阶层）对同一城市的不同认识

资料来源：John R. Short.An Introduction to Urban Geography，London，Boston 等：Routledge & Kegan Paul plc，1984.221～222

四、罗伯特·文丘里的城市空间论

罗伯特·文丘里（Robert Venturi）对城市空间组织的分析主要表现在与人合作的《从拉斯韦加斯学到的》（Learning from Las Vegas）[41] 一书中，尽管他的核心思想在1968年发表的《建筑的复杂性与矛盾性》（Complexity and Contradiction in Architecture）一书中已经形成并予以了详尽的阐述。但《建筑的复杂性与矛盾性》还主要着重于思想观念的阐述方面，而《从拉斯韦加斯学到的》则更为具体地阐述了文丘里等人对城市空间关系的认识。

文丘里等人认为，建筑的特征是符号而不是空间，空间关系是象征性的而不是其所运用的外在形式，他们赞美民间各种类型的酒吧和戏院，美国商业城市中的霓虹灯、广告牌、麦当劳公司的快餐店、汉堡包商亭等等，认为这些商业性的标志、象征、装饰有很高的价值。他们说："商业电视片和大广告牌的设计者综合运用文字、象征和图象，加强了效果，在这方面他们远远走在了建筑师的前面。"他们认为"广告牌通常是工业无计划扩展中最亮丽、最干净、而且又是维护得最好的部分，既是风景的一部分又美化了风景。"他们反对现代建筑师们英雄主义式的、革命性的城市空间观念，认为应当从普通的日常生活的环境中去学习和借鉴，应以美化的方式去改善城市空间，而不是以摧毁式的方式去重新建造整齐划一的空间形态。文丘里等认为，如果要真正发现现代城市空间的特征，应当首先去城市的郊区看看，而不是停留在现代建筑师和城市规划师的设计方案或其他按规划实施的地区。他们说："为了发现我们的象征主义，我们必须去现存的城市的郊区边缘，那是象征性的吸引力而不是形式上的吸引力，并且代表了几乎所有美国人的抱负，包括极大多数低收入的城市居民和绝大多数默默无闻的成年白人。"在这样的地区中，可以发现，"……一个复杂的体系。它不是随手得来的城市复兴规划的僵化体系或特大型建筑的时髦的'总体设计'……那个地区的体系具有包容性；它包括所有层次……它不是由专家控制、在视觉上容易接受的体系。处于运动之中的运动着的眼睛必须挑选和解释各种变化的、并置的体系"。而在这样的观察基础上，他们得出这样的结论："在原型上，洛杉矶（Los Angeles）将会成为我们的罗马（Rome），而拉斯韦加斯（Las Vegas）就是我们的佛罗伦萨（Florence）。"在这样的意义上，他们提出了一句名言，"大街上的东西差不多全好"，因为大

街上的东西有"既旧又新、既平庸又生动的丰富意义"。这一点可以说是文丘里的《建筑的复杂性与矛盾性》中的主要观点的重新阐述。

在《从拉斯韦加斯学到的》一书中，文丘里等人非常强调向大众文化和民间文化学习，他们认为，"向大众文化学习并不是要建筑师从高级文化（high culture）中去除掉他们的位子，但这可以改变高级文化以使其与现在的需要和问题相契合，因为高级文化和它的崇拜者在城市更新和其他权威圈（establishment circles）中非常有力量，所以我们觉得当人们想要人民（people）的建筑时，而不是当一些建筑师决定人们（men）需要它们时，他们并没有什么机会来反对城市更新，直到在学院里被提出来并为决策者所接受。帮助这样的事发生并非是高度设计的（high-design）建筑师角色中该受谴责的部分。与通过反讽（irony）和使用笑语来获得严肃性的道德颠覆相结合，这可以提供给那些有着非独裁性情的艺术家以武器来对付社会

图7-32　拉斯韦加斯（Las Vegas）的场景之一
资料来源：Craig Whitaker.Architecture and the American Dream.New York：Clarkson N. Potter，1996.229

中那些不同意他们的人。建筑师就成了弄臣"。"反讽（irony）可以成为一种工具，在多元性的社会中就可以以此来面对和结合建筑中多种多样的价值观，并调解建筑师与主顾之间在价值观方面的差异。不同的社会阶级很少能够走到一起，但如果他们能够在设计和建造多价值的（multivalued）社区建筑的过程中建立起短暂的联盟，那么，就需要在所有方面有一种自相矛盾的感觉和一些反讽与趣味"。

在《从拉斯韦加斯学到的》一书中，文丘里等人具体分析了拉斯韦加斯的沿公路商业区（commercial strip）的空间特征。他们认为，从表面上看，这些公路商业区确实被很多人认为是杂乱无章的一团糟，但它本身却是从生活的需要而来的，同时也象征着"丰富多姿的组合"，它们有着自己的秩序。而作为外来者只要留心这些符号所代表的意义，就可以通过这些象征关系对这些景象一目了然，明确自己的目的地，知道自己想去哪里或怎么去那里。拉斯韦加斯的建筑看上去是接近混乱的，但是在接近混乱时获得了活力，而参观者和参与者，即"移动的身体内移动的眼睛"，拥有空间和自由来解释种种变化中的、不协调且相互抵触的并列秩序。文丘里等人在分析中强调指出，现代建筑师一直在赞美古罗马等时期的经典建筑，实际上他们都不愿看到或不愿承认，其实古罗马广场就像拉斯韦加斯沿公路的商业区一样，表面上"一团糟"，虽然它也象征着"丰富多姿的组合"。他们将拉斯韦加斯赌城与古代的经典建筑相比较，指出，在拉斯韦加斯公路商业区，赌场正面突出，有一排耀眼的标志，与

背后延伸的、通常是又长又矮的建筑物（宾馆、赌场、大商场）相比之下，成了"庸俗的华丽装饰"。他们问道，难道中世纪的哥特式大教堂不是与拉斯韦加斯的赌城非常相似吗？亚眠大教堂正面装饰繁杂、刻有铭文，背后的建筑相对简朴、低矮，难道不是一块"背后有建筑物的广告牌"吗？就像经过数十年、数百年连续不断的加工，哥特式大教堂的正面演变得更具有象征性那样，公路商业区的赌场也是如此，如弗拉明戈、沙漠旅店、特洛皮卡诺或凯撒宫都聚集了越来越多的标志，正面几乎都成了标志。因此，像拉斯韦加斯赌城实际上是真正继承了古代经典建筑的正统，它们不断地从过去的模式中获取灵感，得到启发、玩乐和消遣，从而形成了多姿多彩的城市空间的景象。

五、阿尔多·罗西的城市类型学空间形态理论

意大利建筑师阿尔多·罗西（Aldo Rossi）在1966年出版了《城市建筑学》的意大利版，1982年出版英文版[42]。他以城市形态学为方法论基础，以集体记忆作为分析基础，阐述了新理性主义的城市空间理论。他认为，城市是"一种集体的人工创造物"，是在时间的演进过程中逐步形成和发展的。罗西认为："美学意义和创造良好的生活环境是建筑学的两个永恒的特征。"这是当我们要认识城市或理解城市时所必须把握的。城市是人类有着明确目的的创造物，城市也在不断地生长，在这样的过程中，城市本身就获得了自我的意识和记忆，因此，"在城市建设的过程中，它最初

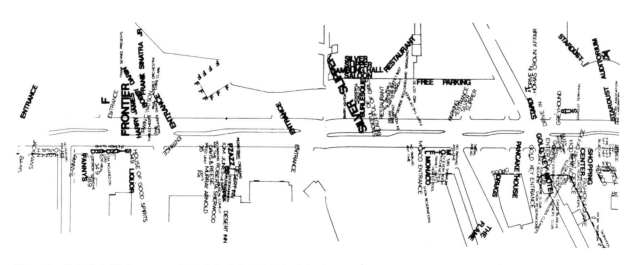

图7-33　拉斯韦加斯（Las Vegas）公路带商业街中的部分标志

资料来源：Craig Whitaker.Architecture and the American Dream. New York：Clarkson N. Potter，1996.250

的主题存留着，但与此同时，它也在不断地修正着这些主题并使其发展得更为明确"。而建筑学是一门特殊的学科，它与其他的艺术和科学完全不同，这是因为，"建筑学赋予社会以具体的形式，并内在地与社会和自然相联系"。

对于罗西而言，德国心理学家荣（Carl Gustav Jung）的"原型"（arch-type）理论对于解释城市的构成与发展具有重要的方法论意义。在荣看来，人的本能与其说具有生物本性，不如说具有象征本性。荣提出了这样的假设：象征意义是心理本身的一个组成部分，无意识培养出具有象征性质的、并构成人的一切观念基础的某些思想。这些思想并非是心理的内容成份，而是心理的形式成份，这就是"原型"。在这样的意义上，荣的"原型"是行为的表面模式或象征性图式，在此基础上形成具体的、内容充实的形象，人在自己现实生活和活动中一直利用这些形象。因此，罗西认为，人的潜意识与生俱来，是存在于某一个地域的一个种群的人们世世代代所形成的，它凝聚了特定人群的基本生活方式，并沉积在群体中的每一个人的无意识深处，共同成为一种集体的意识，并在实践活动的过程中，以此对环境进行判断并不断地强化、充实和完善它。在城市空间研究的领域中，由此而构成了深藏于城市可见物之后的类型。因此，他将类型这一概念定义为："持久不变之物和复合之物，一种先于形式并构成形式的逻辑原则。"他认为，这种类型从人类产生之初、在城市形成之初就已经开始累积了，他说："最初的住房从外部环境中庇护了它们的居民，并且提供了人类可以控制的气候；城市核心的发展扩张了这种控制的类型，直至小气候的创造和扩展。新石器时代的村庄就已经根据人的需要而实现了最初的对世界的改造。正是在这种改造的意义上，居住的最初形态和类型，就如同庙宇和更复杂的建筑物一样，被建构了起来。类型的发展依据需要和对美的追求两方面的内容；特定的类型与生活方式和形式相联系，尽管具体的形式在不同的社会中非常不同。"这种深层结构其实是在不断地延续着，任何外在的力量都不可能完全地摧毁它，因为这些类型已经深深地印刻在人的意识或无意识之中。"住房的变化和土地的变化（在土地上住房留下了它们的印迹）成为了日常生活的符号。只要看一下考古学家展示给我们的城市的地层（the layers of the city），它们表现了最基本的和永存的生活结构，一种不变的模式。经过战争的轰炸，任何人只

要还记得欧洲的城市，就仍然保持着对于那些塌毁的住房的印象。在碎瓦砾之中，熟悉的场所的片断仍然存在着，已经消失了的墙纸的颜色，洗净的衣物悬挂在空中，正在吠叫的狗——场所的零碎的亲密感。而且，我们总是能看到我们童年时的房屋，特别的陈旧，出现在城市之流中（in the flux of the city）"。"这些塌毁了的城市，意象（image）、版画和照片记录了这种想像力（vision），破坏和拆毁、征用（expropriation）和用途的快速变化（作为投机和逐步废弃的结果）都是城市发展变化的最可认知的记号。但在这所有的内容中，意象提供了集体的阶段性的命运。整体中的这种想像力似乎反映了城市纪念物（urban monuments）的持久性的质量。纪念物作为通过建筑学原则表达出来的集体意愿的标志，为城市的动态发展奉献了基本的要素和固定的基点"。因此，罗西认为，纪念物是组成城市类型的重要因素，但这并不意味着城市的类型是由人眼所可以直接看到的或人的手可以直接摸到的物质实体所构成的。城市的人造物是很重要的因素，但构成城市的基础并不是这些物本身，而是人在其中的体验，"许多人不喜欢一个场所，因为它与他们生活中的某次可怕的经历有关；其他人会把自己的幸福归因于场所，所有这些经历，它们的总和，构成了城市"。而这些体验本身，既与具体的事件有直接的关联，而且与人的感觉判断也同样是不可分的，而其以此判断的标准又是与其意识或无意识中的城市类型密切相关，尽管这些类型在他或她并没有进行过全面的陈述，可能也无法进行这样的陈述。而当我们对空间质量进行判断时，必须融合起这些不同的方面。

在对城市人造物的关系进行分析时，也必须明确，建筑物的功能并不是决定性的，罗西的这一观点与现代建筑运动所倡导的建筑理念是相反的。现代建筑运动所推崇的是建筑的所有内容都是服从于功能的需要，在建筑的各项要素中，功能具有主导性，因此，"形式追随功能"是现代建筑运动的重要口号。但是，罗西在分析城市建筑物之间的结构关系时，指出："我们已经指出了与城市人造物相关的基本问题——其中有个性、地点、记忆和设计本身。功能并未被提到。我相信，如果想要阐明城市人造物的结构与构造，那么任何依据功能来进行的解释都应该被拒绝。"这是因为，从历史的分析中可以看到，城市建筑物的功能并不具有永久性，它是"随着时间而发生变化，或者特定的功能从来不曾存在过"。而且，他甚至特别指出：

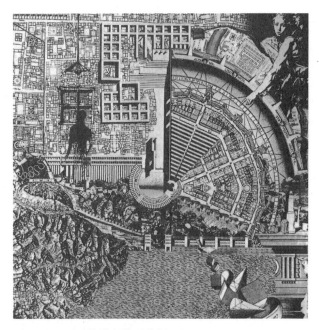

图7-34 罗西的城市类型分析

资料来源：K.Michael Hays 编.Architecture Theory Since 1968. Cambridge,London:The MIT Press，1998.154

"本书的一个主题就是否定了依据功能来解释城市人造物"。对于罗西而言，功能不是城市空间的决定性因素，起决定作用的是建筑物之间的类型关系。当然，类型的研究是需要从历史的过程中去提炼的，但城市研究并非就是历史研究，尽管"从城市结构的观点来看，城市历史似乎在城市研究方面比其他方式更有用一些"。其实，我们所关注的就是我们现在所感受到的，或者说是仍然起着作用的传统："我们必须记得，从知识理论（the theory of knowledge）的观点来看，过去和将来之间是有区别的，主要反映在这样的事实中，过去部分地在现时被体验到，而这就是永久性的意义：它们是过去的，但我们仍在感觉着……"在罗西的观念中，"最有意义的永久性是由街道和平面（plan）所提供的"。罗西认为，"平面在不同的层次上留存着，在属性上变得越来越分化，通常都会使其变形，但实际上并不是替换它。……第一眼看上去似乎是永久性吸收了城市人为物的所有连续性，但实际上并不是这样，因为并不是城市中的所有东西都存留了下来，即使它们都存留了下来，它们的程式（modalities）是如此的多样以至于通常是无法比照的。在这样的状况下，根据永久性理论，为了解释一项城市人为物，就不得不超越它本身，以今天的行为来修正它"。罗西把那些以不变的方式参与到不同时期的演进之中的城市要素称为基本要素(primary element)，而且"这些要素通常是

在构成城市的主要人为物中很容易识别出来的。这些基本要素在一个地区联合在一起，依据区位和建设，平面的永久性和建筑物的永久性，自然的人为物（natural artifacts）和建成的人为物（constructed artifacts），构成了城市物质结构的整体"。在这些城市的基本要素中，地点具有特别的重要性，围绕着特定的地点所组织起来的集体记忆是城市空间形态创造的关键所在。"人们可以说，城市本身就是其市民的集体记忆，并且就像记忆一样，它与物体和场所相关。城市是集体记忆的'地点'（locus），'地点'和市民之间的关系就成为了城市的主要意象，并且当一些人造物成为了记忆的一部分，新的意象就出现了。在这最积极的意义上，伟大的思想通过城市的历史而流传，并且赋予其形式（shape）。因此，我们认为'地点'是城市人造物的最基本的原则，地点、建筑、永久性和历史的概念一起帮助我们理解城市人造物的复杂性。集体记忆参与到集体工程的实际空间转变过程之中，这种转变总是受到特定的物质现实的规定。理解了这一点，记忆就成为了整个综合的城市结构的引导性线索，而且，在这方面城市人造物的建筑学就不同于艺术（art），因为艺术作品是仅仅为自己而存在的一种要素，而绝大多数的建筑都必然地与城市紧密联系"。

罗西有关城市空间结构的类型学研究的整个思想，日本建筑师槇文彦在一篇文章中进行了非常清晰的阐述，这一阐述揭示了城市类型学的本质，即发掘出构成城市形态的深层结构。他说："在城市形态的研究中，最重要的问题就是要通过对被表现为图案的研究结果的分析和对这种形态的研究，去弄清楚形成这种形态的原因，弄明白构成的方法和手段。诚然，作为一种既成事实的城市形态，在某种程度上并不是意图的纯粹表露，而往往是由于种种理由或偶然的原因导致而成。但这种不完全性在城市建设过程中经常存在，并不以人们的主观意识为转移。正是由于那些原因才给城市蒙上了意外、新鲜、变化、模糊和讥讽的色彩，使城市景观变得更加五彩缤纷、兴趣盎然。正如爱德华·霍尔的近著《超越文化》中所说的那样，这种交错与分歧越多，城市整体就越能从更高的角度去发展"。"作为认知城市形态的一种比较有效的方法，就是发掘出这种在表露得不够完全的城市形态的表层背后隐藏着的深层结构。这里所说的'结构'，是指在弄清了某一城市以及造就这一城市的地域社会所特有的规律和规律之间的相互关系之后所获得的线索或框

架。而且，这种规律即使是一种具有形态性和空间性的因素，但为何如此？由此深究，在许多场合就能够发现它所具有的文化精神，就能够首先弄清楚各个部分之间的关系——即'结构'"[43]。

六、克里尔兄弟的城市空间观

罗布·克里尔（Rob Krier）和列昂·克里尔兄弟（Leon Krier）在20世纪70年代后期活跃于欧洲和北美的建筑和城市规划界。他们都特别推崇西特（C. Sitte）对城市形态和类型的研究，并对现代建筑运动主导下的城市空间观念提出了批评。他们提出，空间的观念要回归传统，从传统的城市空间中吸取养分，应当摒弃现代建筑运动所形成的分离型的空间，用由建筑物来限定的街道和广场来组织城市空间，并以此作为基本手段进行欧洲城市的重建。

罗布·克里尔于1975年出版《城市空间》（Urban Space）一书，阐述了他对城市空间的理解[44]。对于城市空间的概念，他提出，"如果我们希望不利用美学准则来认识城市空间的概念，我们可以武断地指定城市和其他地区（localities）的建筑物之间的所有类型的空间就是城市空间"。但是如果要对城市空间进行一些界定以突出其特质的话，他认为应当继承西特的城市空间理想，也就是说，城市空间必须是清晰的几何形状，这样，城市空间就应当是"在几何学上由各种各样的高度（elevation）所限定。只有其几何特征印迹清晰、具有美学特质的、并可能为我们有意识地感知的外部空间才是城市空间"，而"在建构城市空间的类型学的过程中，空间形态及其派生物可以根据其几何形式和平面划分为三大组：方形、圆形和三角形"。罗布·克里尔认为，城市空间就是人们活动产生的机制。城市空间有两个基本成分——广场和街道。他认为，这两种"空间形态的几何特征是一样的，它们之间的区别只有通过限定它们的墙的尺度以及赋予它们特征的功能与流通的方式"才能予以区分。他对现代城市空间持严厉的批评态度。他通过对现代城市规划史的回顾，考察了城市空间组织形态的变化，提出："就现代城市规划而言，城市空间的概念，大体上说，已被废而不用了。"他对行列式的自由开放式空间持明确的否定态度，对此他说："从空间关系的角度看，可以说，在我们的城市里，尽是些形单影只的一个个单体'栅栏'，被每一种想像中的活动流向四面八方予以冲击，以致未能为有意义的活动或定位留下什么界限。由此可

见，现代城市规划原则有悖于西特提出的建筑空间原则，实际上是除了一堆杂乱无章的建筑物之外，一无可取。"

罗布·克里尔认为，任何城市空间所表达的功能都是典型的功能，而且功能是会随时代的变化而变化的。在功能与空间之间的关系方面，他的想法与罗西非常一致，明确地反对现代建筑运动的功能主义思想。他认为，功能和空间形态是可以互相分离的。他以巴黎罗浮宫为例予以说明，他说，罗浮宫完全可以不叫博物馆，而可以称为住宅、城堡或办公楼，这些功能也恰恰是它在历史上曾经担当过的功能。因此，在进行城市空间研究时，不应局限在对功能演变的考虑，而更应关注空间的形态，"总之，不同空间形式的审美价值如同象征主义的解释一样，只具有短暂的独立的功能关系，随时代更迭而相应变化"，而空间的形态及其相互关系却是可以长久流传下来，并影响和决定未来的发展的。他的城市空间概念也是一种意象，并通过这种意象而组织城市整体。这些意象之间是有规则的组合原则的，这些原则源自于他的空间形态分类学。他通过对城市形态按照几何形态进行划分，再通过对它们的变换，组合形成"一架'琴键'，能进行（演奏）各种设计实践"。他提出，"城市中的任何规划革新都必须由整体的逻辑所统领（govern），而且，设计组都必须对现存的空间状态提供形态上的回应"，并以他自己对德国斯图加特城市重建中的设计为例对他的理论予以综合，提供了从理论分析、方法到实践的完整的城市空间组织思想。

在罗布·克里尔出版《城市空间》一书的同一年，列昂·克里尔在伦敦组织了一次名为"理性建筑"的展览，其中汇集了意大利、法国、比利时和德国的建筑师的作品，他们的共同点就是对传统城市的关注。列昂·克里尔提出了城市中的城市（Cities within the City）的概念，并于1977年发表了题为《城市中的城市》（Cities within the City）的论文，对此概念进行了深化。他提出，功能分区"摧毁了19世纪复杂的城市规划，也是阻断建筑师与城市形态之间对话的根本原因。在分离的功能细胞中，工业与文化中心相分离，办公楼与居住区相分离，公共空间与私人空间相分离，纪念性建筑与一般建筑相分离"。而现代建筑运动则把这种功能分区推向了极致，或许"勒·柯布西耶是一个不知不觉地造成这种状况的成因，他以优雅的艺术形式来处理工业社会的矛盾，结果却导致了对城市的

摧毁"。但整个现代主义的建筑观念都在不断地推进这个过程，直到后来的《雅典宪章》，"通过致力于新鲜的空气、阳光、健康和娱乐，极力贬低仍然存在着的关于19世纪城市的记忆"。正是在这样的状况下，现代建筑学"达到了脱离了历史、城市形式和社会关怀的完全的自治"。也许，从某种角度来说，也正是由于现代建筑达到了这样的自治，才促进了现代建筑能够在相当短的时间内实现快速的发展。

列昂·克里尔关注于现代欧洲城市中公共领域（public realm）所遭受的破坏，并强调诸如街道、广场、柱廊、拱廊（arcade）和庭院等传统城市要素是与记忆相关联的组织元素。就列昂·克里尔而言，组成城市空间的核心要素是"街区"，在方法上应当运用建筑类型和类型学分析，他认为这是重构城市和对贫瘠的公共领域进行重新建设的重要手段，而类型学研究也只有在分析具体的城市街区时才具有意义。他解释说："建筑街区必须被分离出去作为辩证的存在，它既是城市空间最重要的类型因素，也是城市形态的关键因素。"随着时间的推移，在现代大都市，城市街区作为城市形态的基石，被大型建筑项目完全主导的地位所替代。如果将来允许建立一个新的城市形态，那么，街区必须成为形塑街区和广场的公共领域的基本手段。这种公共领域的再创造和设计呈现出城市规划（urbanism）的想像：设计计划允许建筑师预见怎样在老的（旧的）结构片断和新的公共空间、新近建成的建筑物和记忆清单之中重构已经遭到毁损的城市形态。

克里尔兄弟的城市空间观念，尤其是列昂·克里尔的思想和实践对后来欧洲的"城市重建"（the reconstruction of the city）运动、都市村庄（urban village）以及美国的"新城市规划／设计"（New Urbanism）运动中都产生了很大的影响，而且，列昂·克里尔都是其中最主要的倡导者、理论的阐述者，并且以各种方式来推动这些运动的实质性的发展[如担任由杜安尼

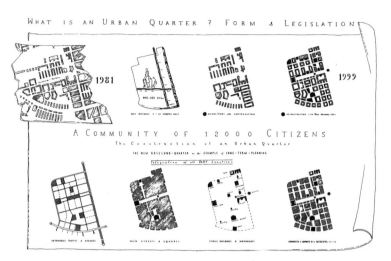

图7-35　列昂·克里尔（Leon Krier）对低标准城市地区进行修复的图解。上面一组图中，最左边的为现状，最右边的为可能的结果。克里尔通过围合开放的街区，明确公共空间等方法来形成新的形态。他并不是通过拆除建筑物，而是通过在保留原有建筑物的基础上增加建筑物，从而增加该地区的密度。下面一组图解则分析了组成城市结构的各项要素，包括交通、公共空间和公共建筑物等

资料来源：Andres Duany. Elizabeth Plater-Zyberk，Robert Alminana.The New Civic Art：Element of Town Planning.New York：Rizzoli，2003.64

图7-36　列昂·克里尔（Leon Krier）1986年设计的伦敦Spitafields Market改建方案

资料来源：Andres Duany. Elizabeth Plater-Zyberk，Robert Alminana.The New Civic Art：Element of Town Planning，New York：Rizzoli，2003.133

（Andreas Duany）和普莱特－齐伯克（Elizabeth Plater-Zyberk）所设计的佛罗里达州的滨海镇（Seaside）的规划顾问]。

第四节　空间认知与空间行为

城市是人类为实现自身发展的目的而创造的遵循客观规律的人工自然，因此，"人"与空间环境之间有

着极为密切的关系。人们生长于斯，成长于斯，并在此地成就其事业，终其一生，城市空间是人们成长过程中紧密伴随在一起的。首先，人们要在城市中进行活动就需要对城市进行认识和评价。随着行为方法论在所有各门社会科学研究中运用的不断发展，人们对行为与环境的关系有了更进一步的、更深入的认识。英国地理学家柯克（William Kirk）于1951年在批判了传统地理学中的人地关系决定论思想的同时，根据心理学理论，建立了新的空间认识模式。他认为人们所能看见的现象环境只有通过人对其的感知及评价，才

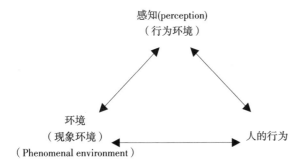

决定了人在环境中的行为。美国地理学家洛温塔尔（D. Lowenthal）认为，现象环境通过文化、个人经历及想像的作用而形成行为环境，在行为环境中才可能形成个体行为。

林奇（Kevin Lynch）在20世纪50年代末完成的研究对后来有关人的行为与环境之间关系的研究产生了重要影响。人们依循林奇的思想和方法，通过研究发现，不同的人对城市有不同的感知，由此而造成了人们不同的行为。而人的行为又都是依赖于人对整体环境的意象，因此要真正认识人们在特定环境的可能行动就必须了解人们是怎样认识环境的。而对于城市规划和设计来说，就需要知道人们是怎样认识特定环境的以及为了形成特定的、想要的行动应当形成怎样的环境，而林奇对城市意象的揭示为后人提供了实际运用的途径。有关意象的研究，在林奇之前就已形成，如著名的博尔丁（Kenneth Boulding）在1956年就出版专著提出，所有的行为都依赖于意象，而意象可定义为个人全部积聚的、组织起来的、关于自己和世界的知识——主观的知识，同时也存在着许多公共的意象，即广泛共享的意象。而林奇所考察的就是在城市环境中的一种公共意象。博尔丁还认为，所有的意象包纳了这样十种范围：空间的；时间的；关系的；个人的；评价的；情感的；有意识的、无意识的、下意识的；意象的确定性和不确定性、清晰与含糊；现实的与非现

象的；和他人共享的还是只属于个人的等等。此后，有关意象的研究在有关"集体记忆"的历史生成学方面得到延续，并在罗西（Aldo Rossi）等人的论著中获得了空间意义上的转换，并通过诺伯格－舒尔茨的阐释融合进存在空间论从而在城市空间形态的形式分析和生成机制分析方面获得了统一。

而人们对环境的认知究竟怎样，林奇提供了一种非常有用的方法而且也是以后被广泛使用的方法，那就是心理地图（mental map）。按照A·拉波波特的观点，心理地图是一系列的心理转换，通过这些转换，人们学习、储存、回忆关于空间环境的构成部分、相对位置、距离方向和总体结构等信息的编码与解码。这样转换成简化的符号形式，它们的关系就容易掌握了。而在每一个人构造心理地图时，并不是只考虑具体的物质空间的形式要素。很明显，象征体系、涵义、形式上已经不存在的因素、社会文化方面、活动和形式的和谐、文脉、活动的各种习惯（潜在的或显在的）、清洁、安全、人们的类型等，都会在此过程中发挥作用。当然，像居住时间的长短、出行方式、收入、所处的生命周期中的阶段等等有关个体本身的背景也会影响到人们对城市的感知。在洛杉矶的调查则揭示了不同的收入和种族集团对城市的不同认识。这一类研究同时也告诉了我们：尽管在现实上这些不同的人是居住于同一个城市之中，但他们又实实在在地生活在不同的城市世界中。在所有这些对城市不同地区的评价中，人们依据的标准也是不同的，而且这些标准则是依据不同的目的而变化的。例如，当寻求新的住房时，就按照生活、居住地的环境质量和所关注的设施状况来进行；而需要在半夜里穿行在城市中时，就会以安全作为评价标准。不仅个人的行为依据于城市环境的意象，而且许多机构也是如此行事的，如美国的银行、信贷机构，英国的营造社（building societies）等都依据它们对不同居住区的综合印象和需求模式来作出借款决策的。正是在这样的基础上，哈维（David Harvey）就认为金融机构在城市问题的不断累积过程中也同样起到了重要的作用。

既然评价的标准不同，评价的结果也大不相同，因此，在城市空间中不同的人的活动模式也会有所不同，即使他们是在做同一类型的事情也会选择不同的场所和空间，这既使空间产生分异，同时在这种分异的基础上还会产生各自的集聚，并导致不同的空间组合以适应活动分布的需求。从一个较小的尺度上来看，

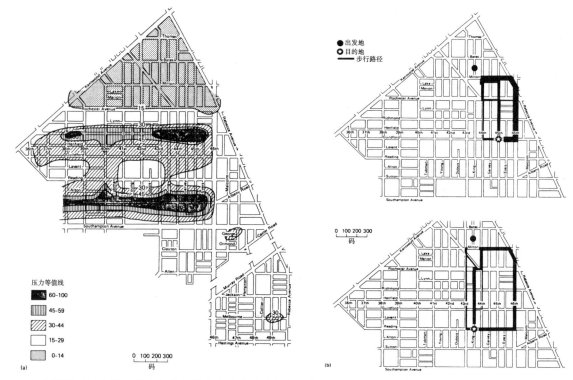

图 7-37 人们根据对城市街区的安全状况的意象来决定路径的选择

资料来源：John R. Short.An Introduction to Urban Geography.London，Boston：Routledge & Kegan Paul plc，1984.228～229

任何场所内部都会产生分异，不论这个场所本身的空间大小。而场所内部的分异，既适应在同一空间或场所中的多样化需求，同时也是场所构成的关键，是导致场所中行动生成和发展的关键性因素。社会学家吉登斯（A. Giddens）在分析场所内部的构成时指出："场所的典型特征是它们一般在内部实行区域化，而对于互动情境的构成来说，在场所之内的这些区域又是至关重要的方面。"这是因为，"我们不应该把'区域化'仅仅理解为空间的局部化，'区域化'还涉及了与各种例行化的社会实践发生关系的时空的分区（zoning）"[45]。

要理解在空间中的人的行为方式，就有必要认识不同空间的划分。由于城市空间的类型及其功能是多种多样的，就有必要从相对比较普遍化的空间特征出发来进行。霍尔（Edward Hall）所提出的空间组织模式的分类体系可以起到这样的作用，而有关不同功能特征的空间需求，在本书的上一章"城市土地使用研究"中已经进行了描述。霍尔所提出的空间分类系统由这样三种类型的空间组成：固定特征空间（fixed-feature space）、半固定特征空间（semifixed-feature space）、非正规空间（informal space）[46]。

1. 固定特征空间

固定特征空间是组织个体与群体活动的基本方式之一，它包括控制人的行为的物质形式及其内化的设计。建筑是固定特征空间的一种表现。建筑物可以在内部加以划分，在外部又可以独特的方式彼此结合在一起构成街道、城市。因此，固定特征空间的因素包括墙、天花板、地面以及城市的规划和设计。

人的活动是有领域界限的。人的领域行为是十分严格和固定的，因此为人的特定行为提供场所的领域边界也是相对不变的。固定特征的空间通过可见和不可见的标志组织相对固定的人的行为。庙宇是举行宗教仪式的场所，你进入庙宇就知道自己该做什么，不该做什么。固定特征空间可以铸造人的行为。霍尔认为，领域性是"动物行为研究中的一个基本概念，通常被规定为这样一种行为：有机体独特的领土要求，并抵御同类的成员"[47]。领域是有机体的延伸，它是由视觉的、听觉的和嗅觉的记号加以标志的。在人类生活中，领域就是人所占有并控制的一定的空间范围，而领域性指的是个人或群体为了满足某种需求而占有并控制的一定的空间范围。人类创造了领域性的物质的延伸以及可见和不可见的领域标志。

领域的划分是建立在个体或群体的需求及其主要的行为模式之上的。不同的行为模式产生不同的领域，如学习场所、游戏场所、购物场所、藏身场所等。最能说明领域性的是居住。私人的住宅是神圣不可侵犯的。哲学家鲍勒诺夫认为，居住是与任何别的活动不同的一种活动，它是人的一种规定性，人在这规定性中实现他的真正的本质。如果人不想无依无靠地被时间之流冲走的话，那么他就需要有一个固定居住的地方。住宅的特征在于人借助于住宅的墙壁从普遍的空间中划分出一个特殊的、带有一定程度的私人的地方。"人需要一个住宅空间，以作为保护和隐藏的地方，以作为摆脱不断地迫切地抉择的地方，在这个地方，它能撤出身来以恢复他自身，给人以这样的空间是住宅最高的功用"。这样，从混乱的秩序中划分出一定的领域使之和世界的其余部分分离出来，住宅成为一个神圣的禁区。"这种不同质的性质本质上是跟平常空间的神圣的隔离，它就体现在住宅四周的墙壁上"[48]。领域的划分可以出现在不同的层次上。住宅是一个领域，而在住宅内部，人们又根据自己的生活方式将其划分为若干不同的领域，如卧室、书房、客厅、婴儿室、客房、厨房、卫生间、储藏间等等。即使在客厅内，家庭成员往往都会有自己的固定座位，一般地说，儿子不会随意坐在父亲的座位上。在住宅外部则是不同层次的更大的领域，如商场、宾馆、公园、办公楼；如小区、街道、城市、国家，甚至几个国家的共同体等。在日常生活中，还可以随时再创造一个短暂的领域，如野餐时在草地上铺上毯子，它一下子就从自然中划分出一个一家团聚的场所，收掉毯子，又恢复成原来的草地。

领域作为一个具有排外性的场所，就需要有一定的手段和方法来对这个场所进行控制。因此，领域首先是一个设防的空间。从中国古代的万里长城到住宅的院墙都是为了提供安全感。而且占有者为了捍卫自己的领域对入侵者可以作出种种行为的反应。在美国电影中经常可以看到住宅的主人用枪对准那些有意无意地闯入他的院子里的入侵者的镜头。此外，占有者用独特的方式使领域人格化，从而使人认识到领域的特性和占有者的身份。领域的边界尤其入口处可以提供丰富的信息，经常设置使人能识别特定行为场所的标志物。

2. 半固定特征空间

半固定特征的因素包括家具、窗帘及其他室内陈设的布置，院子里种植的花木、草坪，以及沿街的设施、广告牌、商店里的橱窗陈列等等，这些都是能相当迅速并较容易加以改变的因素。

半固定特征的空间往往比固定特征空间能传达出更多的意义。许多性质不同的领域在固定特征空间方面的差异也许并不大，它们的领域特征大多依赖于半固定特征的因素的处理。编码于半固定特征中的信息不仅作为社会特征的标志，并且被用于组织人际的交往和互动。而且半固定特征因素也更容易被"人格化"，因为它们之中多数可以由使用者自己来安排。半固定特征空间在互动的场景中提供给行动者以丰富的物质线索，暗示行为的准则，促进互动的进行。在一定的程度上，城市空间的意义往往是由半固定特征的空间所明显赋予的，这也是 A·拉波波特建成环境意义研究所直接针对的重要对象。

3. 非正规空间

这是指个人空间和人际的空间距离。这是近体学研究的主要对象。在人际交往中互动者之间的空间距离处于不断变换的关系中。这种人际的空间关系与人类的语言、表情、姿态、动作以及服装一样也是一种非言语的表达。索默在研究行为与空间的关系时发现，每个人周围总存在一个随身体移动的"神秘的气泡"，由此他提出了个人空间（personal space）的概念。他认为，每一个人身体的周围都存在着一个既看不见又不可分的空间范围，对这一范围的侵犯和干扰将引起人们的焦虑和不安。这样的"神秘的气泡"不是人们的共享空间，而是个人在心理上所需的最小的空间范围。因此，个人空间是个人周围被该人理解为是属于他自己的空间（地域），它是不可见的，却是有实际意义的，当这一空间被影响到时，人就会对此作出反应。

个人空间使个人在空间中彼此分开，以保持各自

图 7-38　人们在等候公共汽车时的人际距离
资料来源：Edward T. Hall.The Hidden Dimension. New York: Anchor Books，1966/1990.插图 4

的完整性而不受侵犯。个人空间具有保护功能，它提供了一个缓冲机制。当一个人处于他人潜在的威胁下，如私密性不充分，过分亲密，心理刺激超限等，个人空间就可以作为一种保护机制以保证心理的平衡。个人空间还具有传递功能。通过它可以向他人暗示亲疏关系，同时决定应采取的自我保护机制的水平。任何人都知道，一个男人向一个女人表达他的爱慕之情的第一个信号是向她逐渐靠近，而她如果不为所动的话则以后退来表示。当个人空间受到侵犯时，被侵犯者会下意识地作出保护性反应，作出某种眼神、手势和身势等，如身体扭来扭去，腿部摆动或脚跟轻叩地面等，或者干脆起身撤离。审讯员在审讯犯人时往往利用闯入犯人的个人空间以减弱或击垮犯人的自信心。审问者与犯人之间往往不设桌子或其他障碍物，因为任何障碍物都在某种程度上提供安全感和自信心。审讯时审问者可距犯人1m左右，然后随着审问的进行把椅子不断挪近，这样形成紧逼犯人的局面，用侵犯对方的个人空间击垮犯人的抵抗力。

　　个人空间最重要的特性是它的可变性，也就是说"气泡"会随着不同的情境扩大或缩小，如在拥挤的公共汽车上或电梯里"气泡"就会缩小。此时，人们允许别人挨得自己较近，甚至发生身体接触。如果公共汽车上或电梯里并不拥挤，挨得较近或身体接触就会被视为侵犯、非礼。因此，人们会根据情境特征对个人空间作出微调。此外，个人空间还受到性别、年龄、文化、关系、地位甚至心理的反常或变态的影响，而人际关系肯定是影响个人空间的重要因素。在日常生活中，只需观察两人之间的距离便可推断他们之间的关系。在这方面，地位较高的人比地位较低的人要求更多的空间。人们还可以从来访者走进办公室后与被访者的空间距离来判断他的地位。当来访者进门后就停下来向坐着的被访者远远地说话时，这就说明来访者的地位较低。反之，当来访者直接走向桌子停在桌子面前时，这说明他的身份较高。最后，个人空间与非言语交流中的其他因素是相互作用的。对空间的感觉和使用取决于人们是站着、坐着还是躺着；取决于人们是面对面，还是将脸转向一旁；取决于是否有身体接触，相互看到对方的程度，声音的大小，能否闻到体味或感到对方的体温等。如在电梯上，有的人看着你，有的人躲开你的视线，在这种情况下你可能靠近后者，像其他非言语交流手段一样，人际的空间距离也是一种沉默的语言。在这种分析的基础上，霍尔

图7-39　不同的人际距离揭示了人与人之间的关系
这四张照片表现出了不同的人们在交谈之中的不同距离。左两张表现的是个人距离，右两张表现的是社会距离
资料来源：Edward T. Hall.The Hidden Dimension. New York：Anchor Books，1966/1990.插图5~插图8.

对个人空间的不同状况进行了划分，区分了四种阶段中的八种状态[49]：

　　（1）亲昵距离－亲近状态（6英寸、约15cm以内），这是一种完全彼此包容的状态，双方都意识到身体的接触与卷入的高度可能性。在此距离内对另一个人的身体特征的知觉已有改变，触觉和嗅觉占优势，可以看清皮肤肌理的细节，但较大的对象如头部则显得模糊。相对来说言语在交流中的作用较低。

　　（2）亲昵距离－疏远状态（6~18英寸，约15~46cm），在此距离内双方的头、腿、骨盆不易接触，但用手可以碰到或抱住对方的躯体。在这个距离看对方的脸显得有些变形，说话的声音放得很低甚至用耳语，仍能察觉对方的体温与呼吸的气味。霍尔认为，对美国的成年人和中产阶级来说，在公共场合使用亲密距离是不适当的。在拥挤的地铁和公共汽车内很可能让陌生人闯入亲密的空间关系，但乘客自有防卫手段，基本的策略是，当躯体和四肢与人相碰时尽量保持不动，有可能的话缩回来，如没可能则使受影响部位的肌肉保持紧张。在拥挤的电梯里则将手放在身边，眼睛固定在上方的某一点上，如楼层的指示灯。

　　（3）个人距离－亲近状态（18~30英寸，约46~76cm）。可以将个人距离理解为一个有机体与其他有机体保持的一个小小的防卫区域，即个人空间。在此距离视觉失真不再发生，不能察觉对方身体的温度，有时可察觉对方呼吸时释放出来的气味，声音是中等

的。互动者可以用手臂彼此接触。

（4）个人距离－疏远状态（30英寸~4英尺，约76~1.2m）。这是身体控制的极限。在此距离内，人们彼此有真实感。人们已经不能轻易地把手放在别人的肩上，而需要双方都伸出手臂才能碰到手指。这时，人们仍处在他人的"嗅觉范围"。这是处理个人事物如涉及个人话题的谈话时使用的距离。

（5）社会距离－亲近状态（4~7英尺，约1.2~2.1m），在此距离内对方脸部的细节已看不清楚，不能接触对方，声音是正常的。这是处理非个人的正式事务的距离，这对于出席社交聚会的人也是合适的。在这一距离站着直视另一个人有一种盛气凌人的感觉，如对秘书或来访者谈话时。

（6）社会距离－疏远状态（7~12英尺，约2.1~3.7m），正规的业务和公开的信息交流发生在这一距离。看和听是感觉输入的两个基本通道。在这一距离内对互动者来说最重要的是视觉接触。与另一个人的目光接触意味着交往的中止。在这一距离内，声音明显要提高很多，如果房门敞开的话，毗邻的房间也能听到谈话。这时候的特征是彼此隔离，保持这一距离可以在有旁人在场的情况下继续工作。

（7）公共距离－亲近状态（12~25英尺，约3.7~7.6m），这是在典型的"正式"场合才有的距离。一个处于12英尺距离的机灵人如果受到威胁就可以采取躲避和防卫的行动。在这距离内声音是响亮的，用语谨慎，句子分成短句，语法与句法都会发生改变，所以被称为"正式的"风格。脸部和身体其他部分的细节开始变得难以区分。

（8）公共距离－疏远状态（25英尺以上，约7.6m以上），在此距离内人们往往自动地围绕着重要的公众人物。正常发音所传达的微妙的意义丧失了，面部表情与动作的细节也看不到了。不只是声音，任何东西都必须夸大或放大。非语言交流的重点转向姿态或体态。此外语音的速度也下降了，词的发音更为清晰和风格化，所以有人称之为"凝固的风格"。整个人被看得很渺小，并可看见他的周围环境，处在这种距离使人难以接近，超出了个人的包围圈（circle of involvement）。

霍尔的四种距离八种状态的划分是建立在对美国中产阶级常规行为观察的基础上的，他认为空间行为与其他所有的人类行为一样，都只能在文化背景中表现出来，不存在"脱离文化"（culture free）的

行为。跨文化的比较研究揭示，在阿拉伯和伊斯兰的文化中，男性朋友之间当众保持的社交距离是较小的，互动者由于空间的接近使他们很容易彼此触摸。反之在英美文化中适当的距离是一臂之长，这是一种在谈话过程中使身体不可能接触的距离。于是便很可能出现这样的情况，当一个美国人和一个阿拉伯人谈话时，美国人为了保持一臂之距本能地往后退，但这可能使阿拉伯人觉得不舒服，感到受到了冷落，于是又向对方逼近了一些。这一退一进直至最后将美国人逼得背墙而立，无路可退。一个为了自在些而想增大距离，另一个出于同样的理由要缩小距离，这就是文化的差异。

人的空间行为，是在时间之流中展开的，因此，人的活动不仅仅指受到空间关系的影响，也同时受到时间框架的约束。研究城市活动在时空间上分布规律具有重要的意义。黑格斯特兰德（Torsten Hagerstrand）

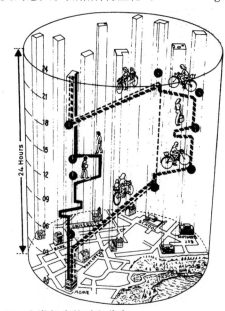

图7-40　人类行为的时空分布
资料来源：John R. Short.An Introduction to Urban Geography.London, Boston 等：Routledge & Kegan Paul plc，1984.234 ~ 235

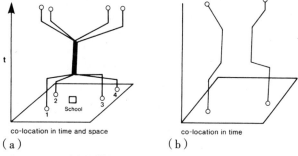

（a）　　　　　　　　　　　　　（b）

图7-41　"时空预算"
资料来源：John R. Short.An Introduction to Urban Geography.London, Boston 等：Routledge & Kegan Paul plc，1984.234 ~ 235

提出了表示时空活动（space-time activity）的图解方法。这些图示表示了在检验个人的时空路径时，怎样把时间、空间因素联系起来。图7-41中的（a）表示4个小孩1、2、3、4去学校和回家。这个例子是时间和空间的共处。（b）则是时间的共处，它比较了有相同工作时间的两个人的时空路径。据此，地理学家发展了"时空预算"（the space-time budget）的理论。在城市生活中，许多活动是常规性的和固定的，比如，大多数人不得不去工作，因此，工作的时间和地点就成为组织活动的基准。人们只有在有限的时间里作出选择。而城市的物质空间结构反映并引导了时空路径。特定的城市空间在时间中运行，并通过人们的行动，安排城市空间的构成和结构。例如，CBD在营业时间里热闹非凡，而到了晚上和周末则变得冷冷清清，而城市的娱乐设施则只有在晚上和周末才有生命力。也就是说，城市的空间结构并不仅仅只是地域上固定的物与物之间的相互关系，而且与时间有着紧密的相互关系，甚至可以说，在不同的时间，城市空间结构的形态是不同的。

第五节 城市空间的组织

一、区位理论

城市空间组织就是对城市中各项人类活动进行安排，以使这些城市活动能够有效有序地开展。区位是某项活动所占据的场所在城市中所处的位置，是决定城市空间组织的关键性因素。城市是人与活动的聚集地，这些活动场所加上连接各类活动场所的交通路线和设施，便形成了城市的空间结构。各种活动大多有集结的趋向，占据城市的固定空间，形成一定的区位分布。各种区位理论就是运用经济学的理论和方法，试图为各项活动找到最佳区位，即使这些活动能够获得最大利益的区位，也就是说，城市的某一项活动在城市中选择什么样的位置是区位理论研究的核心内容。因此，区位理论是城市空间组织的基础。有关区位理论的内容已在第六章中作了详细介绍，此处不赘述。值得注意的是，城市空间组织既是在区位理论基础上对城市各项活动所占据场所进行的整合，同时也是区位论得以实现的途径。当然，在城市空间组织中，区位理论所提供的并非是惟一的准则，还有其他因素也会发生作用，比如基于社会理性基础上的对公共利益的关注，会修正区位论所得出的结果。但是这些修正需要考虑区位论，也就是空间经济作用下的可能趋向，

通过设计和借助公共政策来予以保证。

二、城市土地的供求关系

区位理论揭示了空间布局形成的原因，但这种解释显然是在缺少对城市土地作为一种不可再生的稀缺资源的把握的基础上进行的，而仅仅是就满足城市活动本身的要求和以活动的经济性为目的的活动位置选择所产生的结果。在城市中，由于人口和经济活动的高度集聚，各项活动之间具有相互依赖和相互竞争的关系，并且，对土地资源的使用与分配是在高度竞争性的条件下形成的，因此，只有在土地使用的供应和需求关系中，才能真正地认识城市空间结构的形成。当然，这并不是说在城市地域中区位理论的失效，而是说，必须把对土地的竞争和供需关系引入到对不同活动的区位的分析之中，尤其是当不同的活动倾向于同一区位的集聚时。通过这样的结合，才能真正认识城市空间的配置。在不同用途间分配城市土地的基础在于从不同用途中可以获得的价格和收入，也在于立法机构和城市管理的规章制度。而实行不同用途之间转换的关键在于通过转换可以获得边际效益。在完全竞争的市场经济体制下，城市土地依据最高、最好也就是最有利的用途进行分配，这是经济学范畴内合理的思想基础。城市土地市场的运作涉及到土地的需求和供应两方面。城市土地价格高低和土地供应的多少则会影响到具体的活动能否在特定位置上实现的关键性因素。在经济学的范畴里看，城市土地是一种既普通又特殊的商品。城市土地作为一种特殊商品的含义，不仅在于其价格的巨大，也在于本书第六章第一节中所涉及到的因素。而作为一种普通的商品，城市土地的平均价格水平是由土地的基本需求关系所决定的。与其他商品一样，城市土地的供给量随地价的上升而上升，而需求量则随地价的增加而下降，当地价达到某个数值时，城市土地的供给和需求的量趋于平衡。这是经济学对于城市土地供求关系的一个总体描述。

在城市土地需求方面，最主要的因素是土地价格的确定。土地价格是对土地作为一个生产力要素进行购买（或租用）时必须支付的成本。在城市中，区位是决定土地价格的重要因素。伊萨德（W. Isard）为了更具体地分析土地的价格，提出了两条分析的准则：首先是企业力图实现利润最大化，而利润是由销售额、经营费（含地租）和付出工资所决定的；第二，职工力图使自己空闲时间最多，在经济分析时主要是要求

图 7-42　20 世纪 50 年代初哥本哈根的地价图模型
资料来源：Peter Madsen.Introduction.见：Peter Madsen，Richard Plunz 编.The Urban Lifeworld：Formation，Perception，Representation.London and New York：Routledge，2002.33

工资收入要大于住房地租、日常生活费用和上下班交通费的总和。依据这样的准则，在经济学界进行了大量的研究，从而形成了许多的城市中地价分布状况的描述。就城市土地的价格和租金而言，伊萨德认为，城市土地租金的决定因素更强化了区位的重要性，而决定城市土地租金的因素有：（1）与中心商务区（CBD）的距离；（2）顾客到该址的可达性；（3）竞争者的数目和他们的位置；（4）降低其他成本的外部效果。阿隆索（W. Alonso）在《土地使用区位：土地租金的一般理论》（Location Land Use：Toward a General Theory of Land Rent）中，则从租金的因素出发，建立了土地使用的竞租（Bid Rent）理论。阿隆索认为，城市土地的分配在很大程度上是根据不同的地租承受能力而进行竞争的结果。城市土地分配的经济理性就是按照城市中各类活动所能支付地租的能力来进行分配的，因此获益越大，就越能支付较高的地租，也就能获得最佳区位或其想要的区位。所谓竞租，就是人们对不同位置上的土地愿意出的最大数量的价格，它代表了对于特定使用，出价者愿意支付的最大数量的租金以期获得那块土地。竞争的人越多，租金就可能越高。根据阿隆索的调查，商业由于靠近市中心具有较高的竞争能力，可以支持较高的地租，所以愿意出价高于其他用途，因此用地靠近市中心。随后依次为事务所、工业、居住和农业。根据该理论，在单中心的条件下可以得到城市同心圆布局的结论。

在城市土地的供应方面，最重要的因素是预期。预期包括两个方面，一方面是对未来土地价格和利率的预期，这直接关系到土地所有者是否会将土地投入市场中去。根据分析可以确认的是，土地供应的决策并不是严格地取决于使用者所愿意承担的费用多少的量上，而是依赖于拥有土地与改为次佳使用之间所产生的机会成本上。因此，遇到通货膨胀，土地所有者便不出售土地的投机行为就是基于这一点。预期的另一方面则是对特定土地使用可能变化的程度的预期。一块土地作为某一特定使用就有一个市场价值，如果它对于改为更为有利可图的土地使用在城市规划意义上的修正尚有可能，那么就会增加其市场价格。这种修正规划（或区划）的可能性依赖于政治、经济、人口模式等等方面。当然，在土地供应中还有一个因素就是土地的交易费用，如果这笔费用很大，土地的供应就将减少。当然，这里的土地供应是建立在土地完全是私人所有的基础之上的，如果土地的一部分或者全部是由政府所拥有，那么，土地的供应就是建立在政府的可供地的数量上。而政府的土地供应则与政府的意识形态、政治主张、经济政策以及其主要领导人的愿望和期待等有关。

三、邻里单位理论与"雷德朋原则"（Radburn Principle）

佩里（C.A.Perry）所提出的邻里单位（neighborhood unit）理论，是有关于城市居住区组织的一项重要理论，这一理论指导了世界范围内的城市居住区的建设，成为 20 世纪中城市居住区空间组织的主要理论。佩里于 1929 年在纽约区域规划的文件中首先提出该理论，然后在 1939 年发表专著对此进行全面的阐述[50]。邻里单位理论的目的是要在汽车交通开始发达的条件下，创造一个适合于居民生活的、舒适安全的和设施完善的居住社区环境。他认为，邻里单位就是"一个组织家庭生活的社区的计划"（a scheme of arrangement for the family-life community），因此这个计划不仅要包括住房，而且要包括它们的环境，和相应的公共设施，这些设施至少要包括一所小学、零售商店和娱乐设施等。他同时认为，在快速汽车交通的时代，环境中的最重要问题是街道的安全，因此，最好的解决办法就是建设道路系统来减少行人和汽车的交织和冲突，并且将汽车交通完全地安排在居住区之外。

根据佩里的论述，邻里单位由六个原则组成：

（1）规模（size）：一个居住邻里的开发应当提供满足一所小学的服务人口所需要的住房，它的实际的面积则由它的人口密度所决定。

（2）边界（boundaries）：邻里单位应当以城市的主要交通干道为边界，这些道路应当足够宽以满足交通通行的需要，避免汽车从居住邻里内穿越。

（3）开放空间（open space）：应当提供小公园和娱乐空间的系统，并有计划地用来满足特定邻里的需要。

（4）机构用地（institution sites）：学校和其他机构的服务范围应当对应于邻里单位的界限，它们应该适当地围绕着一个中心或公地进行成组布置。

（5）地方商业（local shops）：与服务人口相适应的一个或更多的商业区应当布置在邻里单位的周边，最好是处于交通的交叉处或与临近相邻邻里的商业设施共同组成商业区。

（6）内部道路系统（internal street system）：邻里单位内部应当提供特别的街道系统，每一条道路都要与它可能承载的交通量相适应，整个街道网要设计得便于邻里内的运行同时又能阻止过境交通的使用。

根据这些原则，佩里建立了一个整体的邻里单位概念，并且给出了图解。邻里单位的理论在实践中发挥了重要作用并且得到进一步的深化和发展。

几乎与佩里提出邻里单位同时，并且也是在纽约区域规划委员会内部，出现了一个与邻里单位建立在共同出发点和理论基础上的规划实践，即著名的新城雷德朋（Radburn）的建设。这一新城的建设是由亚历山大·宾（Alexander Bing）领导的纽约城市住宅公司（City Housing Corporation）进行的。宾原先是一个房地产开发商，在第一次世界大战期间开始加入到政府部门，战争结束后，他决定从事社会改革。他和区域规划委员会进行了联合，在吸引了足够的投资后组建了城市住宅公司，目的就是要在美国实践霍华德的田园城市理想，建设一个田园城市。该公司1928年在新泽西州的Fair Lawn购买了大块土地，这个地点位于当时曼哈顿的通勤范围之内，因此，它实际上是纽约的一个郊区。该新城的规划由区域规划委员会的核心成员斯泰因（Clarences S. Stain）和亨利·赖特（Henry Wright）所设计，规划面积为500hm²，规划人口25000人。该项设计继承了田园城市的传统并运用了近郊居住区规划的技术手段，对邻里单位进行了总结，并进行了适当的改进，其最大的改进和发展在于针对20世纪20年代不断上升的汽车拥有量和行人／汽车交通事故数量，提出了"大街坊"（superblock）的概念。所谓大街坊，就是以城市中的主要交通干道为边界来划定生活居住区的范围，从而希望形成一个安全的、有序的、宽敞的和拥有较多花园用地的居住环境。根据这项规划，由若干栋住宅围成一个花园，住宅面对着这个花园和步行道，背对着尽端式的汽车路，这些汽车道连接着居住区外的交通性干道。在这个居住区中，运用了邻里单位相类似的组织原则，因此在每一个大街坊中都有一个小学校和游戏场地。每个大街坊中，

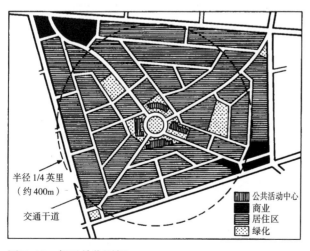

图7-43　邻里单位图解

半径1/4英里
（约400m）

交通干道

公共活动中心
商业
居住区
绿化

资料来源：Leonardo Benevolo.1986.薛钟灵等译.世界城市史.北京：科学出版社，2000.985

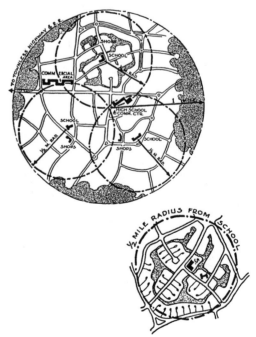

图7-44　斯泰因（Clarence Stein）1942年对邻里单位（Neighborhood Unit）所作的图解

资料来源：Andres Duany, Elizabeth Plater-Zyberk & Robert Alminana.The New Civic Art：Element of Town Planning.New York：Rizzoli，2003.88

有完整的步行系统，与汽车交通完全分离，并通过人行地道穿越交通干道而与相邻的邻里相互联系。在居住区内设立了"车辆禁行区"，内部由公园和人行道来创造开放的公共绿地，大量节省了土地和基础设施开发的成本。除了在规划设计上的独具匠心之外，雷德朋还通过严格的综合行为规范以及活跃的受到较多资助的业主协会，来建立独特的自治社区。该计划虽然实现了霍华德关于田园城市作为一个独立的自治性社区的想法（这是与英国已经实施的田园城市完全不同的），但也放弃了霍华德关于土地升值集体共享的原则。由于美国20世纪30年代初的经济大萧条，该建设计划差不多只建成一半左右的住宅，也就是说它并没有完全建成，城市住宅公司也遇到了严重的现金问题，并最终破产。今天，该居住社区已经被第二次世界大战后大规模的郊区开发所包围，但已经完成的部分，仍被认为是一个精致的居住区。内部有大量开敞空间的巨大街区，内部车道系统以及防止汽车干扰的街道模式，造就了一个非常有吸引力的生活环境。雷德朋规划从其提出的一开始就在全球范围获得了非常高的知名度，并且成为此后欧美各国城市居住区和郊区建设的典范，其所创立的人行交通与汽车交通完全分离的种种做法，被抽象提炼为"雷德朋原则"（Radburn Principle）而在居住区的建设中被广泛采用。

此后，邻里单位的思想在许多规划师和建筑师的努力下得到了不断的发展。此外，这一理论还孕育了被称为居住小区的城市居住区布局的原理，该原理的概念源自于苏联。一般而言，居住小区的规模要大于邻里单位，其组织更强调向心性，即主要的公共设施倾向于布置在居住小区的中心部分。若干个居住小区构成居住区，城市就是由若干个居住区组成。

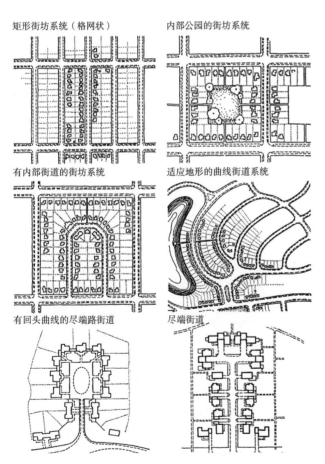

图 7-45 针对城市住区的街道设计
亚当斯（Thomas Adams）和鲍姆格特纳（Walter Baumgartner）于1934年所作的居住街道的布局类型划分
资料来源：Andres Duany, Elizabeth Plater-Zyberk, Robert Alminana. The New Civic Art：Element of Town Planning.New York：Rizzoli, 2003.127

（1）雷德朋规划总图
资料来源：A.B.布宁 T.Φ.萨瓦连斯卡娅.1979.黄海华译.城市建设艺术史—20世纪资本主义国家的城市建设.北京：中国建筑工业出版社，1992.59

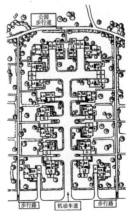

（2）雷德朋典型邻里布局
资料来源：Craig Whitaker.Architecture and the American Dream.New York：Clarkson N. Potter, 1996.53

图 7-46 斯泰因（Clarence Stein）规划设计的位于美国新泽西的雷德朋（Radburn）镇

四、土地使用的分化和类型学

城市空间和土地使用随着城市社会经济的发展而在不断地变化和演变，这些变化和演变有着其相同的本质性的内容。在二次大战以前的有关城市空间结构的研究中，往往更强调城市空间和土地使用的空间分布，也就是其相对静态的空间关系，但是有一些研究也揭示了其动态的过程，而且将静态的布局建立在动态过程的基础之上，如同心圆理论等。而到二次大战以后，更多的理论直接研究土地使用的动态过程，而且期望通过对这些过程普遍化的揭示，来描述土地使用运作的本质性的内容。这一系列的研究揭示了在城市空间的形成和演化过程中，存在着两个最为基本的特性和运动过程，即结节性和均质性。任何城市的地域结构的基本格局都是在结节性和均质性作用下形成的。所谓的结节性，指的是城市地域中某些地段对人口流动和物质能量交换所产生的聚焦作用，这些具有聚焦性能的特殊地段为结节点。结节点有一定的半径服务于周围地区，周围地区为吸引区。吸引区和结节点的组合称为结节地域。1954年，维特莱希（D. Whittlesey）在《区域概念和区域方法》（The Regional Concept and the Regional Method）中认为，在结节地域内部，构造和组织较为均衡。境内存在一个或数个焦点，从这些焦点向外引发数条流通线（line of circulation），联结着一定的地域，然后，由焦点和地域构成结节地域。结节点基本是由商业服务业部门及一些政府机构所组成，它们一般都位于某一地域的几何形状的加权平均中心附近。根据研究，结节点的形成和发展与人口的地理分布有着互为因果的共轭关系。而均质性是城市地域在职能分化中表现出来的一种保持同质、排斥异质的特性。在均质性能的作用下，城市地域中出现的那些与周围毗邻地域存在着明显的职能差别的连续地段，这就是均质地域。均质地域以某项职能为主要指标，在其中，其他职能或为这一主要职能服务，或被这一主要职能所排斥。也就是说，均质地域必须具有以某项特定的城市活动的类型为前提所表现出来的相对同一性[51]。

结节性和均质性是城市空间和土地使用演化过程中两个普遍的现象，城市内部和城市外部的许多空间和土地使用的变化现象都可以用结节性和均质性原理来作出解释。就城市整体而言，均质性刻划了城市的容量，结节性刻划了城市的活力。只有容量和活力的结合，才能构成具有一定规模、具备一定能量的城市。结节性和均质性同时作用于城市，不存在孰先孰后、孰轻孰重的问题。在均质地域空间组合的基础上，形成了结节点；在结节点对周围地域的支配和影响下，

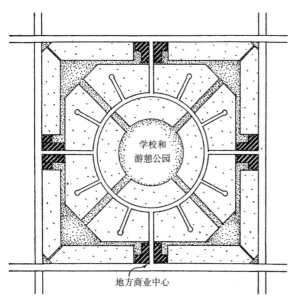

图7-47　亚当斯（Thomas Adams）和鲍姆格特纳（Walter Baumgartner）1934年对邻里单位模式的再解释
资料来源：Andres Duany，Elizabeth Plater-Zyberk，Robert Alminana. The New Civic Art：Element of Town Planning.New York：Rizzoli，2003.90

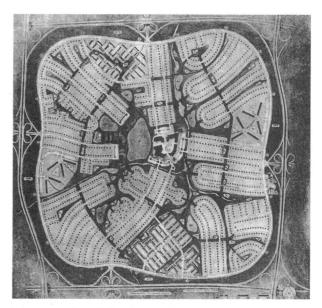

图7-48　"邻里单位"概念的转变
20世纪40年代中期的一个居住区规划方案图
资料来源：Andres Duany，Elizabeth Plater-Zyberk，Robert Alminana. The New Civic Art：Element of Town Planning.New York：Rizzoli，2003.90

保持了均质地域的相对独立性。结节地域的有机联系使城市组成一个密切相关的整体，均质地域的空间组合构成了这个整体的外部景观。

在这样的理论分析的基础上，冯·伯格（Van Berg）和冯·米尔（Van Meer）通过对城市中各类用地在布局上、结构上的相互关系和演变过程进行了研究，从而揭示了城市发展的过程。他们认为，城市内部演变过程可以分为四个阶段：

（1）工业化阶段：经济发展处于显著优先地位，加工工业是对原材料进行的，资源、设备和劳动力的空间集中是取得较高经济效益的关键，因此，大型工业向城市集中，地方公共交通开始发展起来。

（2）分化出交通运输业和服务业：交通运输业迅速繁荣，小汽车拥有者不断增加，政府把扩张中的城市内部交通问题放在显著的优先地位，商业和服务业（第三产业）在城市经济体系中的地位蒸蒸日上，甚至超过了工业。城市开始出现相对离心化的趋势，资金和职工从大型工业中渗出，在近郊区发展新的加工业。

（3）生活环境的更高追求：能源价格上涨迅速，平均家庭规模缩小，政府对公共交通、老城市更新、环境改善和空间规划给予较多重视。城市离心化趋势加强，在城市近郊区形成新的就业中心和商业中心。

（4）分化出信息产业。计算机在社会广泛的应用，在生产和社会交往中信息流的作用不断取代物质流和能量流，进一步促进了经济和社会活动的家庭化，城市的空间进一步发散，以致城市与乡村的界限已相对模糊，形成了连续体。小型工业日益受到关注，居民空闲时间结构复杂化。

当城市的空间和土地使用在结节性和均质性的共同作用下会达到一定程度的相对平衡性，但在达到一定的平衡之后，由于外界的或内部因素的变化又会进入到新的动态的演变过程之中，那么这种演变又是怎样运行的呢？有关土地使用的分化研究揭示了城市空间和土地使用的发展演变过程，其实质是均质地域的分化。结节性地域是在均质地域分化的基础上产生的，所以结节性地域的分化也是随着均质地域的分化而进行的。城市空间和土地使用的分化是城市发展过程中的一种重要运动形式。城市土地使用分化的过程，可以用以下十个过程来描述：

（1）吸收（absorption）：吸收是一个较大的活动场所对其内部或其周围零星的地域产生吸引力，使这些零星土地成为与该场所具有同一使用性质的地域，进而成为该场所的一部分，成为在这一定范围内的均质性地域或均质性更高的地域。

（2）合并（annexation）：两项或多项活动为了各自或共同的利益而合而为一时，其所属的地域便也完成了合并的过程，从而形成一种新的均质性地域。

（3）集中（centralization）：城市内的许多活动，为了更好地满足共同的需要，都存在着向城市中心汇聚的过程，这是以城市中心为结节中心的多种功能的一种集聚方式，这个过程在城市发展初期和城市化程度较低时尤为明显。

（4）集聚（concentration）：这是一种在既定的地域范围内，同类活动、人口或机构的数量出现增长的趋势。这是以城市中的某一个特定区位作为结节中心的向心运动过程。在城市中，每一类活动都有适合其需要的最佳区位，在聚集经济的作用下，各类设施都会向该区位集聚。

（5）分散（decentralization）：分散过程是城市中的某些活动存在着向城市外围地区疏解的过程。这一过程是集中过程的反向过程，这一过程是由于中心区位的过度集聚而导致区位成本提高后所产生的后果。

（6）离散（dispersion）：这是在一定地域范围内，活动、人口或机构的数量出现下降的过程，这个数量可以由密度来衡量。这是相对于特定区位的向外分散过程，这一过程是集聚过程的反过程。分散过程则是此过程的一个特例。

（7）隔离（segregation）：由于存在着区位竞争和土地使用的集聚作用，使得同类或相似的活动集中到一定的区域，不同的活动分属于不同的区域，这些区域之间彼此分离，这个过程就是隔离。而所形成的这些地域内部则向均质性发展。

（8）专门化（specialization）：某地域在活动分化过程中，淘汰或迁出了其他的活动而向某一专门性质转变，从而形成新的均质性地域的过程。

（9）侵入（invasion）：侵入是一项活动或某类人口、机构进入到另一项活动或某类人口、机构的地域的过程，即在原均质性的地域范围内出现了其他的职能，从而导致了该地域的均质性遭到破坏。

（10）接替（succession）：在侵入的过程中，侵入的活动、人口或机构逐渐扩大其范围和影响，最后取代了原先的活动或人口、机构的类型，从而成为该地域的主要活动内容或主要的人口、机构类型，这就是接替的过程。接替过程的结果是形成新的均质性地域。

土地使用的分化过程的描述在剔除了土地使用的具体功能和形态的情况下，抽象性地揭示出土地使用变化的内在机制和可能，可以较好地为理解和解释土地使用的变化提供理论依据和具体手段。但值得注意和关注的是，在特定的土地使用功能条件下，不同功能的用地在相同的规律的作用下会表现出不同的运作形式，形成不同的表现形态，这也是城市空间构成多样化和城市间出现不同形态的重要原因，尽管它们的作用机理和基本原则仍然是一致的。

五、城市的社区组织

就城市空间而言，社区概念及其作用是空间组织的重要因素。在一定社区范围内，即使物质空间形态相似，但由于社区组织的不同，最终会导致城区空间的变化，形成完全不同的空间形态的结果。社区（community）的定义多种多样，但在通常情况下，它都有地理或空间上的意义。美国社会学家内斯比特（Rober A. Nesbit）认为，社区是"地方（locality）、宗教、民族、种族、职业或社会运动（crusade）的象征性表示"。根据内斯比特的定义，就可以将社区看作是一个连续体的一端，另一端是社会。在社区中，一个人作为一个个体而被他人认识，关系是热情的和个人的，并且，个人是被其他人作为一个完整的人而认识的。相反，在社会中，人际关系是冷漠的、非个人的，而且是基于相互割裂的角色（segmented roles）和地位之上的，人的行动是基于角色基础上的合理性行为[52]。在社会与社区这两极之间，根据他接近社区或社会的程度来确定其位置。当一个位置趋向于从社区移向连续体的社会一端，社会相互作用就变得更为复杂、更为间接，有时由同一个人所担当的各角色之间还会发生矛盾。在复杂的、庞大的城市社区中，个体之间除了有建立在血缘和亲属关系基础上的首属关系之外，也可以在其他的人群中建立起直接的关系，这些直接的关系随时间的推移而产生作用。这种关系非常重要，而且是城市社区相互作用模式中的重要组成部分。这些关系一般是在超级市场、服务站、游乐场、咖啡馆、酒吧、教堂等公共性设施中建立起来的，这些地点是许多个社区个体的社会生活和活动的交点。从而在城市社会中建立起居于家庭和工作地点之外的社会公共空间，因此也被称为"第三场所"（the "third place"），而奥尔登贝格（Ray Oldenburg）则将其称为"最好的场所"（"the great good place"）[53]。由于这些场所所具有的吸引社区活动和人际交流的作用，使得社区建立起了以这些场所为节点的空间架构，从而体现出社区本身所具有的特质。

对社区的研究往往更强调其社会组织的特征。一个社区如果要继续存在下去，它就要发展其做事和表达其成员需求的特殊方式。所有的社区都会形成一种规范化的秩序（normative orders），以此来管理其成员，确定相互作用和解决问题的正确方法，并确定对不按规定方式行事的宽恕程度。此外，所有的社区都会建立根据任务（task）来区分个体的规则。在简单的传统社区中，这种区分被归因于性别和年龄，而很少包括等级秩序（hierarchical ordering）。组织的复杂性所带来的不仅是不断增长的角色区分和专门化，而且个体的等级秩序造成了身份群体或地位群体。在社区社会组织的研究中，对社区权力的研究对于把握城市空间运行的深层结构具有重要意义。韦伯（Max Weber）认为，权力是实现某人的愿望甚至反对对立面的能力。权力有三种来源：被感知的个体的个人特征（即感召

图7-49　荷兰鹿特丹居住街区中的咖啡馆、酒吧等

图7-50　英国利兹郊区的酒吧

力，Chrisma）、传统以及有意识的决策（合法的权威）。在现代社会中，有意识的决策是最主要的权力来源。就韦伯而言，这主要来自于科层组织（bureaucracy）。韦伯是第一个研究现代科层组织结构的学者，他把科层制看成是现代社会组织的一种形式，它依靠那种存在于一系列正式规章和一系列职务之间的关系。由于职务是经过高度组织的，所以它们能够做到有限度地去控制规章的效率。在现代社会中，城市社会的稳定和出现发展，都是通过作为国家机器的官僚科层体制的干预而来维持和促进的，因此，要对城市空间进行分析和安排同样也不可能放弃对此内容的考察。

而对于社区结构的研究在当代社会科学中被主要导向了两个方向，一个是社区权力分配，一个是社会分层。桑德斯（P. Sanders）认为，研究社区的权力分配是认识社区本质的重要方面。在古代城市中，统治阶级都利用军队和警察的力量来实现其愿望，今天却接受了这样的原则，所有的权力都在人民手中。人民或者他们的代表有权力通过法律来保障全体人民的福利。行政权力（police power）的使用，必须是为了有价值的目的并且是为了实现某些确定的目标。尽管如此，对于社区事务，仍然存在不同的决策权力，这些权力有可能来自于个人，也可能来自于各类组织，权力的分配在于社区内的各类组织和有影响的个人之间冲突的平衡。而有关城市空间及其他资源的分配，则是这种权力冲突在另一层面的反映，这种反映是内在的权力外在于客观物质的实体之中。费金（Joe R. Feagin）和帕克（Robert Parker）所著的《建设美国城市》（Building American Cities: The Urban Real Estate Games）一书考察了美国房地产业的发展过程对美国城市形态演变的影响[54]。他们提出，城市形态改变实质在于不同的个人、机构在房地产开发过程中的有目的行为所最终导致的，因此要真正认识城市的空间结构就必须具体地分析这些不同的人、机构在其作出决策时的目的和原因，当然这里的关键是那些有权、有能力作出决策的人和机构。如果仅仅以为城市土地使用和空间演变可以按照经典经济学理论来进行分析，那么只会得出不符合实际的结论，并误解了城市空间演变的实质。勒菲伏（Henri Lefebvre）则认为空间本身就是政治性的，如果我们要真正认识城市空间是如

何形成的，我们就有必要从社会生产与再生产过程中的权力运作中去进行认识[55]。而福柯（M. Foucault）则更把空间看作"是任何权力运作的基础"[56]，权力只有物化为一定的空间形式才能发挥其作用，同样，空间的形成则是权力关系运作的结果并强化了此过程中的权力关系。[①]在权力和空间之间的关系是辩证的统一体，是不可截然划分的。

社会分层（social stratification）是按照等级体系，个体被组织为阶级或阶层集团。社会分层在社区生活的任何方面都能感受到。社会分层与诸如生活预期（life expectancy）、某些疾病的流行、家庭模式、空间使用和一般生活方式等重要现象相关，这些不同都会在城市的空间结构形态上得到反映，成为城市中特定的空间结构形成的原因。社会分层在美国城市中还具有最明显的物质表现：贫民、黑人和其他少数民族集中在市中心，而富裕阶层和中产阶级则集中在城郊；即使有些城市的空间分化尚没有这么明显，但仍然存在着"隔离"现象。这些都对城市空间的分布产生制约，并且限定了空间转换的方式和形式，经过长年的积淀，进而使城市成为一个马赛克似的拼贴城市。自20世纪60年代以后，中产阶级化（gentrification）在美国的中心城市蓬勃兴起，中产阶级开始从郊区回搬到城市中心，但其所占据的空间范围是有限的；20世纪80年代前后，随着全球化的推进，中心城市的作用得到加强，全球经济的参与者所渴望和追求的生活方式在城市中心得到了复苏，这些富裕阶层开始更多地将居住地选择在城市中心。因此，新的中上阶层的住宅也在中心城区大量建设，但这种多阶层在中心城区的密集生活并没有改变阶层隔离的状况，甚至更进一步地加剧了这种状况，如出现了由电子监控和保安装置的、由围墙围合的高级居住社区（gated and walled community），这些社区成为中心城衰败地区中的孤岛。

以上这两方面的研究，在20世纪80年代后又逐步导向了诸如少数族裔、女性主义和后殖民理论等等方面的空间研究。

六、行为—空间论

城市空间是物质的构成，但仅有物的空间并不足以构成城市空间。空间与空间中人的活动始终是不可

---

①福柯的大量研究为此提供了研究的方法和思想路径，尤其是：M. Foucault. Discipline and Punish: The Birth of the Prison, 由 Alan Sheridan 译成英文，London: Penguin, 1975/1977.

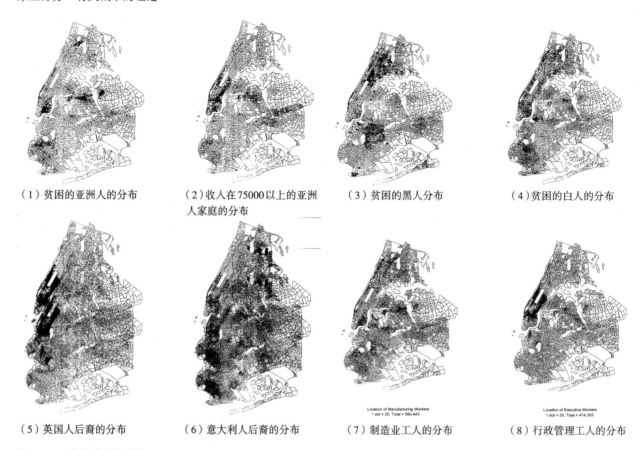

（1）贫困的亚洲人的分布　　（2）收入在75000以上的亚洲　　（3）贫困的黑人分布　　（4）贫困的白人的分布
　　　　　　　　　　　　　　　　　人家庭的分布

（5）英国人后裔的分布　　（6）意大利人后裔的分布　　（7）制造业工人的分布　　（8）行政管理工人的分布

图7-51　社会阶层的分布
资料来源：Peter Marcuse.The Layered City. 见：Peter Madsen，Richard Plunz 编.The Urban Lifeworld：Formation，Perception，Representation. London and New York：Routledge，2002.100~101

分离的。现代建筑运动关注的是物的空间组织及其所形成的形态，而在对现代建筑运动进行批判的文献当中，最为有力而且也最为直接的就是行为—空间理论。行为—空间理论的基础就是空间与行为是不可分割的，物质空间对人的行为有约束作用，但更为本质的则是物质形态的空间是由在其中的活动所构成的，空间必须按照行为来进行建构和组织。因此，物质空间的组织和设计并不是由对物质空间本身的几何形状或物理关系进行安排，更不是用美学原则来理想化对它们的视觉关系。通过对空间使用的社会活动的分析，行为—空间理论彻底摧毁了现代建筑运动中所建立起来的物质空间决定论，同时，这些理论一方面通过对城市空间的形成机理进行了揭示，另一方面也对空间的合理组织提供了方向。

1. 简·雅各布斯（Jane Jacobs）

尽管雅各布斯并不是一个专业的建筑师或城市规划师，但她的《美国大城市的生与死》（The Death and Life of Great American Cities）一书却是直接针对于建

筑和城市规划问题而提出的[57]。该书出版于1961年，直接针对美国在第二次世界大战以后所开展的城市更新运动及其造成的后果，运用社会使用方法对美国城市空间中的社会生活进行了调查，对建立在现代建筑运动基础上的城市规划进行了猛烈抨击，整体性地摧毁了以勒·柯布西耶（Le Corbusier）和霍华德（E. Howard）为代表的现代主义城市规划的城市空间组织的观念，成为现代城市规划理论发展史上的重要文献，同时也被许多后现代城市研究者看成是后现代城市思想的开创之作[58]。

她提出："当我们论述一个城市时，我们也正在最综合和最认真地论述生活。正因为如此，对于能对城市做什么就有最基本的美学限制：一座城市并不能成为一件艺术作品。"因此必须从城市生活和人在其中的活动来认识城市。城市的规划设计不应从某种预先的意识形态假设和建筑师、规划师一厢情愿的美学观点出发来界定城市空间的优劣。美国的城市更新所拆除的是一些最具生活活力、最安逸和睦的地区，却被规

划师们认为是最脏乱差的地区，而建设起来的新社区是规划师认为最现代、最符合现代生活要求的，但实际上却是最没有活力的、最死气沉沉的、犯罪频生的地区。她强调，"在城市邻里中，……如果长期成长起来的许多公共关系毁于一旦，那么各种各样的坏事都可能发生——如此之多的破坏、不安定和无望，有时似乎是再也不能恢复（到原来的状况）了"。她引用《纽约时报》在《激动不安的一代》一文中的观点，"即使是少数民族聚居区，在它形成聚居区后的一段时间内，就已建立了它的社会结构。这使它比较稳定，比较有领导，有较多的机构能帮助解决公共问题"，"可是当清理贫民窟来到时，不仅拆毁破旧住房，还把居民连根拔起……"[59]。因此，她认为，美国建立在现代建筑运动思想基础上的城市更新运动实质上是对城市社会结构的破坏，而在此过程中能够充当帮凶的城市规划和设计是真正的"伪科学"。

雅各布斯在该书中直接针对现代城市规划的功能分区提出了批评，她认为，"要理解城市，我们不得不首先涉及到不同用途的联系或混合，而不是把这些用途相互分离，并以此作为必要的条件"。因为城市多种功能的混合是城市生活的原生态，没有了这样的混合就不可能有完整的城市生活。因此，她将多种功能的混合称为城市生活多样性的"发生器"（generator），而城市生活的多样性则是城市以及城市地区活力的来源。她提出，"城市是有组织的复杂事物，就跟生命科学（life sciences）一样。其所处的状况中都有大量的因素在同时变化，而且是以非常微妙的方式相联系。城市就跟生命科学一样，并不是在有组织的复杂事物中显示出一个问题，通过对这个问题的理解就可以解释所有的问题。它们可以被分析为许多这类问题或部分，并且相互之间有密切相关。有大量的变量，但它们并非是混乱的，它们是内在地结合成为一个有机的整体"。而"传统的城市规划理论家错误地把城市问题看成是简单性的问题和非组织的复杂事物的问题"，这是新的城市问题产生的根本性原因，而且也是城市规划与设计走向"伪科学"的关键。因此要改变这种状况就需要从对城市本身的认识出发，从对城市生活的实际状况及其需要出发。在对她自己所居住的地区——纽约格林威治村的生活状态描述的基础上，她提出，城市空间的组织应当遵循这样的原则，即："城市对错综的、交织的使用多样化的需要，而这些使用之间始终在经济方面和社会方面相互支持，以一种相当稳固

的方式相互补充。"这也是城市中最基本的、无处不在的原则。而要做到这一点，就需要在空间组织中坚持如下四个基本规则：(1)需要基本用途的混合。每一个地区必须提供多于一种的基本功能，最好有两种以上，而且这样的地区要尽可能多。这些功能必须保证人们在不同的时间段里走出家门并且是因不同的原因而来到这些地区，而且他们能够共同使用这些设施。作为整体的地区至少要用于两个基本的功能：生活、工作、购物、进餐等等，而且越多越好。这些功能在类别上应当多种多样，以至于各种各样的人在不同的时间来来往往，按不同的时间表工作，来到同一个地点，同一个街道用于不同的目的，在不同的时间以不同的方式使用同样的设施；(2)需要小的街区。大多数街区必须是短的（short），这样，就有了频繁转弯的街道和机会。这就要求沿着街道的街区不应超过一定的长度。她发现一些大街之间长900英尺（约274m）左右就显得太长了，并且宁愿看到有一些短的街道与之交叉，这样在不同方向的街道之间就可以更容易进入，并且有较多的转角场所；(3)需要有旧的建筑物。地区内必须是不同年限的建筑物混合在一起，并保持较好的老建筑比例。不同时代的建筑物共存于她称之为"纹理紧密的混合"（'close-grained' mingling）之中。由于老建筑物对于街道的经济所显示出来的重要性，因此应当有相当高比例的老建筑物；(4)需要集中。地区内必须有充分密集的人集聚在那里，街道上要有高度集中的人，包括那些必需的核心人物，他们生活在那里，工作在那里，并且作为街道的"所有者"而行动。

这些论述和批判，否认了由《雅典宪章》所建立起来的现代城市规划的功能分区原则，并确立了多种功能混合的必要性和具体操作的要求，同时也提出了城市空间组织与社会活动及其组织之间的关系，为城市空间的分析与组织提供了重要的方向。除此之外，雅各布斯还对现代城市规划中对城市空间形态的构成要素提出了批评。她认为，街道和广场是真正的城市骨架形成的最基本要素，而不是现代建筑运动和理性功能主义城市规划所认为的建筑和道路或公路。她提出，城市街道和广场决定了城市的基本面貌。她说："如果城市的街道看上去是有趣的，那么，城市看上去也是有趣的；如果街道看上去是乏味的，那么城市看上去也是乏味的。"而街道要有趣，就要有生命力；而街道要有生命力，雅各布斯则认为应当具备三个条件：（1）街道必须是安全的。而要一条街道安全，就

必须在公共空间和私人空间之间有明确的界限，必须在属于特定的住房、特定的家庭、特定的商店或其他领域和属于所有人的公共领域之间有明确的界限；（2）必须保持有不断的观察，被她称之为"街道天然的所有者"（the natural proprietors of the street）的"眼睛"必须在所有时间里都能注视到街道；（3）街道本身特别是人行道上必须不停地有使用者。这样，街道就能获得并维持有趣味的、生动的和安全的名声，人们就会喜欢去那里看人和被人看，街道也就因此而具有它自己的生命。而城市的道路，并不仅仅只是为汽车交通服务的，也同样应该是多功能的。"城市中的街道除走汽车外，还有多种用途；而边道，即街道的步行部分，除步行外，也还有多种用途"。"街道及其边道是一个城市的主要公共场所，是最有活力的城市的主要组成部分"。

雅各布斯认为，把高密度（high density）和过分拥挤（overcrowding）混为一谈，是从田园城市继承来的糊涂观念。在拥挤和高密度之间有着微妙的和有趣的不同。因为，如果在一个给定的地区包括了足够的建筑物，有恰当的种类，那么在人们并不感到过分拥挤的情况下，可以达到非常高的密度。事实也可以证明，如果居民有足够的住房，居住区的高密度，只会增添城市的活力和密切邻里的关系。反之，如果住房太挤（调查统计数据为每间居住 1.5 人或更多），则居住密度再低也照样沦为贫民窟。许多城市贫民窟改建之所以失败，就是因为只降低了建筑密度（提高了层数），却没有给居民增加居住面积。她认为城市的生命力始于每英亩①100户住户，这个密度可以允许住房形式的多样化。因此建议根据居住区的不同情况确定密度：远离中心城市的郊区，密度可以在20户/英亩以下，以享受郊区生活之所长；反之，城市型居住区的密度应当高，可达100~200户/英亩。另外，要达到高密度而又具有建筑多样性，就要求很高的土地覆盖率（建筑密度），许多深受欢迎的高密度住宅区都具有这个特点。在每一个街坊中，应当达到60%~70%的土地为建筑物所覆盖，而余下的土地则被用作小庭院。这些土地使用率确实非常高，但有一定的优势，它们迫使人们走出他们的住房并来到街道上，同时也保证了庭院和后院被看作私人空间。同时，她认为，不应该强制性地在一个地区内只建设某一种类型的建筑样式，统一——样的密度和同样的高度，而是应当允许各种不同的建筑样式、建筑密度、建筑物高度等的同时存在，这也是街区内生活多样化的重要方面。她说："只用一种办法建设城市居住区总不是好办法，仅仅两、三种办法也不好，变化越多越好。"

雅各布斯认为城市规划的首要目标应当是培养和促进城市活力，而要做到这一点，就需要彻底改变由霍华德和勒·柯布西耶所建立起来的现代城市规划的基本理念，改变城市规划和设计中只关注表面的纯净和整齐，而需要从城市生活中去具体地体验和把握城市空间内的活动与生活。而在具体工作的过程中，在理解城市活动和现象时，最重要的思想方法应该是：

（1）要考虑过程（To think about processes）。城市中任何东西离不开环境和前因后果。过程是城市的实质，过程对城市的新动向有催化作用，这也是城市的实质。

（2）要用归纳的方法工作，从具体到普遍地进行推理（To work inductively, reasoning from particulars to the general）。真实生活中的城市，过于复杂，没有什么惯例可言；又过于特殊而不能套用抽象的理论。认识特定东西的特定组合，除去研究它本身之外，别无他法。

（3）寻找一些没有被"平均"化的线索，小中见大，在非常小的量中，揭示出大的"平均"的量的作用方式。因为没有被"平均"的东西是具体的，可能是物质的实体，可能是经济或文化的实体，也可能是社会的实体。没被"平均"的东西，是分析的手段，是线索。它所表现出来的是一点迹象，隐含着的是大量内容。大量没被"平均"的东西，是焕发一座城市的生气所必不可少的。

2.克里斯托夫·亚历山大（Christopher Alexander）

亚历山大以其在哈佛大学的博士论文《形式合成纲要》（Note on the Synthesis of Form）以及20世纪70年代出版的《模式语言》（A Pattern Language）而著称。他认为，形式最直接地反映了生活，排除人为掺入的从意象到形象变易过程中的种种成见，那就将是最纯真、最丰富的境界。所谓模式语言（pattern language）就是用语言来描述与活动一致的场所形态。这些模式，在任何特定的场合下，一而再、再而三地重复着，每次总有些微的不同，但其本质上却是同一的。储存在人们

---

① 1 英亩 = 4046.86m²

头脑中的这些模式，反映的是现实世界的意象。他后来在对建设方式的哲学思考中提出，"当然，空间模式并不'引起'事件模式"，"事件模式也不'引起'空间模式。空间和事件一起的整体模式乃是人类文化的一种要素。它由文化创造，由文化转换，并紧紧固定于空间之中"，"但每一事件模式和它所出现的空间模式之间有一基本的内在联系"，"空间模式恰恰是允许事件模式出现的先决条件和必要条件。在这个意义上，它充当了一个主要的角色，保证了这一事件模式在空间中持续不断地重复，使它能够赋予建筑或城市以特色"，"同样，空间中每一种关系模式是和某一种特殊的事件模式相适应的"[60]。对模式语言的描述看上去比较玄妙，而且渗透了哲学性的沉思，但实际上，模式语言更像是人们认识现象的一个先验性的思维框架，它通过对过去经历和自己对同类型事物的期望整合在一起，以便于对新的现象和事物作出判断。因此，亚历山大说，"每一个人心中都有一种模式语言"，"你的模式语言是你对如何建造的认识的总和，你心中的模式语言同另一个人的模式语言稍有不同，没有两个完全相同的，但模式语言的许多模式和片段也还是共有的"[61]。

很显然，在亚历山大的头脑中，模式语言并不仅仅只是物质空间的构成形式，而是与人在一定空间中的活动模式直接相关的，因此，"住房、城市的生活不是由建筑的形状或装饰和平面直接给予的，而是由我们在那儿遇见的事件和情境的特质所赋予的"，"……建筑和城市要紧的不只是其外表形状，物理几何形状，而是发生在那里的事件"[62]，"而人们是在自己构形他们的环境，这是根本的"，"城市是个有生命的东西，其模式即是活动模式，有时是空间模式。在产生它自身的过程中，它使活动和空间的模式，不但使空间模式在不停建立、破坏、再建立。正因为如此，人们为自己来做便是根本的。如果城市的模式仅仅在于城市的砖石和灰浆的话，你就可能要说，这些砖石和灰浆是可以由任何人构形的。但因为模式是活动的模式，活动将不会发生，除非模式由那些活动进入模式的人们所感知、创造和保持。有活力的城市没有什么办法由专家建造而由其他的人住进去。充满生气的城市只能由一个程序产生出来，在这个程序中许多模式被人们创造和保持，而人们又是这些模式的一部分"，"而这意味着，一个有生气城市的成长和再生是由无数较小的活动建成的"[63]。

亚历山大在《模式语言》一书中，对城市空间的

许多内容作了详细的描述。但就他对城市空间的分析和空间组织理论上的发展而论，则以于1965年发表的《城市并非树形》（A City is not a Tree）[64]的论文所产生的影响最大。在该文中，亚历山大首先区分了"天然城市"（nature city）和"人造城市"（artificial city）的两大类型，锡耶纳（Siena）、利物浦（Liverpool）、京都（Kyoto）和曼哈顿（Manhattan）等自然发展的城市是前者的典型，而Levittown、昌迪加尔（Chandigarh）和英国的新城等按照规划建设起来的城市则是后者的代表。他认为，人造城市中缺少某些必不可少的成分，同那些天然城市相比是完全地失败了，因此他决意要去发掘它们的差异并寻找出产生这种差异的原因。通过对不同类型的城市的内在性质进行分析，他认为天然城市有着半网格（semi-lattice）结构，而人造城市则具有树形（tree）结构。他运用严格的数学分析和数学语言，分别对半网格和树形结构进行了定义。所谓的半网格结构是："当且仅当两个交叠的集合属于一个组合，并且二者的公共元素的集合也属于此组合时，这种几何的组合形成半网格结构。"他举了一个例子来说明这种半网格结构的系统。"在伯克莱的赫斯特和欧几里德街的拐角处，有一家杂货店。店门外有一个交通信号灯。在该店的入口处有一个陈列各种日报的报栏。当红灯亮时，等待穿越马路的人们在灯的附近闲散地站着；因为无事可干，于是他们浏览着从他们站的位置就能看清的陈列着的报纸。一些人仅读标题，有些人在等待时则干脆买一份报"，"这种现实使

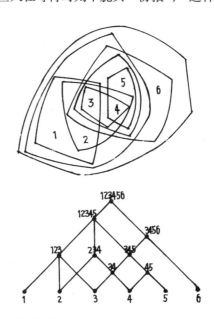

图 7-52　半网格结构

资料来源：建筑师. 第24期. 北京：中国建筑工业出版社，1986.210

报栏和交通信号灯互依互存; 报栏、报栏内的报纸、从行人口袋流入自动售货机内的钱, 被交通灯阻留和读报的人群、交通灯、信号改变的电脉冲, 以及人们滞留的人行道, 这一切组成了一个系统, 它们在一起发挥作用"。而树形结构则是: "对于任何两个属于同一组合的集合而言, 当且仅当要么一个集合完全包含另一个, 要么二者彼此完全不相干时, 这样的集合的组合形成树形结构。"(图7-52)也就是说, "无论何时我们有树形结构, 这都意味着在这个结构中, 没有任一单元的任何部分曾和其他单元有连接, 除非以整个这一单元为媒介"。通过对半网格结构和树形结构的对比, 他认为, "半网格是潜在的比树形更复杂更微妙的结构", 因为一个有20个元素的树形结构最多只有19个更深一层的子集, 而同样元素的半网格结构则可以有多于上百万个不同的子集。他认为, 一个有活力的城市应当是而且必然是半网格结构的。城市是生活的容器, 生活本身的错综复杂要求城市以较复杂的结构来表达、来容纳这种生活。"一个城市每一次被撕下其一部分, 并且以树形取代早先存在的半网格, 则这个城市就朝着瓦解迈出了新的一步"。这也是针对美国的城市更新运动所造成的后果的一种批判。

而造成这种状况的原因在于人们的思维习惯, 他指出, 人们偏爱简单和条理清晰的思维, 比较容易接受简单的、互不交叠的单元, 因此, 在面对复杂结构

时, 人们也"优先趋向用不交叠单元在想像中重新构成这一结构"。但是, "交叠、模棱两可、多重性和半网格的思维并不比呆板的树形缺乏条理性, 而是更多。它们代表一个更密集、更紧密、更精细和更复杂的结构观点"。而对于城市的发展与规划来说, 他明确指出: "我们必须追寻的是半网格, 不是树形。"在该论文中, 亚历山大并没有指出现代城市所要求的半网格结构究竟是什么样的以及是怎样构成的, 也没有指出如何来建构一个半网格结构的城市, 但很显然, 他的观点是可以给后人以很多的启迪,[①]并成为后来城市结

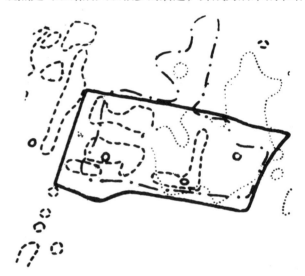

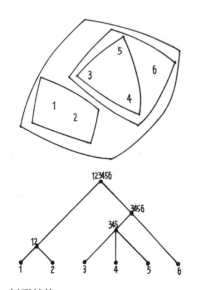

图7-53 树形结构
资料来源: 建筑师. 第24期. 北京: 中国建筑工业出版社, 1986.210

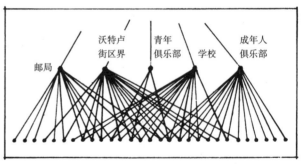

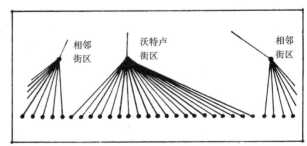

图7-54 亚历山大对街区结构的分析
资料来源: 建筑师. 第24期. 北京: 中国建筑工业出版社, 1986.217

① 鲍尔(W. Bor)在《城市发展过程》(The Making of Cities, 倪文彦译, 北京: 中国建筑工业出版社, 1983)一书中指出, 在他和其他几位规划师一起进行密尔顿-凯恩斯(Milton-Keynes)新城规划时, 就有意识地以亚历山大的半网络思想为指导, 尤其在街区公共设施布局时更把这种结构思想融入其中, 以期使统一规划的新城也同样具有城市的活力和生气。

构研究的重要出发点，同时也被认为是后现代城市空间研究的重要文本。此后，亚历山大本人也并没有放弃对此观点的进一步研究和阐述，他在《建筑的永恒之道》一书中，就此提出了一个基本的思考路径。他认为，城市的发展是难以预料的，一个完整的城市也是不可预言的，因为"细节不可能预先知道。我们从共同使用的模式语言可能知道它将是何种城市。但却不可能预言其详细平面：不可能使它按照某个平面生长。它必是不可预言的。因此个别建造行为可以自由适应它们所遇到的地区的一切作用力"。但这并不意味着人们就可以无所事事，而是恰恰相反，人们是在不断地建造城市。而这种建造的过程最终导致了城市特定格局的诞生。他说，"一个城市中的人们也许知道，将要有一条主要步行街，因此存在一个告诉他们这样的模式。但他们不知道，这条主要步行街将在哪里，直到它已存在于那里。街道将由较小的行为建造起来，不管行动的机会在哪里出现。当它最后形成时，它的形式部分地是许多愉快的偶然事件的历史赋予的，这些事件让人们同自己较私密的行为一道建造它。无法事先知道这些事情将发生在哪里"，"这个过程，确像任何其他生活形式的出现一样，独自产生一个生活秩序"，"它比任何其他的秩序更复杂。它不能由决策产生，它不能被设计。它不能在一张平面上预言。它是千百个人处理他们自己生活，是他们一切潜力发挥出来的活生生的证明"，"而最后，城市整体出现了"。

3. 罗伯特·文丘里（Robert Venturi）

文丘里有关城市空间组织的主要思想在 1968 年出版的《建筑的复杂性与矛盾性》（Complexity and Contradiction in Architecture）一书的第一章中就予以了极为透彻的表述[65]。他说，"我喜欢基本要素混杂而不要纯粹，折衷而不要'干净'，扭曲而不要'直率'，含糊而不要'分明'，既反常又无个性，既恼人又'有趣'，宁要平凡的也不要'造作的'，宁可迁就也不要排斥，宁要过多也不要简单，既要旧的也要创新，宁可不一致和不肯定也不要直接和明确的。我主张杂乱而有活力胜过明显的统一。我同意不根据前提的推理并赞成二元论"，"我认为用意简明不如意义的丰富。既要含蓄的功能也要明确的功能。我喜欢'两者兼顾'超过'非此即彼'，我喜欢黑的和白的或者灰的而不喜欢非黑即白。一座出色的建筑应有多层涵意和组合焦点：它的空间及其建筑要素会一箭双雕地既实用又有趣"，"我接受矛盾及其复杂，目的是要使建筑真实有效和充

满活力"。从这样的宣言出发，他接着就对密斯·凡德罗（Mies van der Rohe）的"少就是多"（less is more）的现代建筑格言发难。他在不否认有效的简化的同时，认为"少就是厌烦"（less is bore）。

文丘里认为现代主义建筑试图创建并强行使用一种单一的语言，以单一和纯净为荣耀，赞美真正在全世界任何地方和每一块地方都能运用的单一"普遍"法则。他认为现代建筑物是封闭性的空间，与周围环境相分离的空间，建筑只体现出其自身的可用性，即功能性。而为了达到这样的效果，现代建筑就颂扬全神贯注地进行"总体设计"，其结果是引起普遍的"死亡"，显得"刺眼"而又"空虚"、"无聊"。但是，现代主义建筑物在希望洗刷自身表面的装饰品和点缀物时，本身变成一种装饰物，并将现代建筑的一些形式提炼后，冠上"国际风格"（international style）的名号，变成工业革命及其"五彩缤纷的科技新世界"的象征。现代建筑师就从这些教条出发来进行设计。因此，文丘里等在《从拉斯韦加斯学到的》[66]开篇的第一段就指出现代建筑师们"脱离了客观观察环境的习惯"，这一观点后来成为了轰轰烈烈的后现代主义建筑运动的一句名言。他认为，现代建筑一向"决不宽容"，更愿意去"改变现存的环境，而不是去美化它们"。因此，对于建筑师而言，向现存的景观学习是一种走向革命的方式，"对建筑师来说，向现有的自然风景学习是创新的一种方法"。建筑师不应该只记住要去全面地重组城市空间，或者用一种非常激进的态度去改造城市空间，就像勒·柯布西耶（Le Corbusier）在20世纪20年代所做的那样，将巴黎全部推倒，然后从头开始。文丘里主张以一种更加宽容的方式，把过去、现在与未来结合在一起。文丘里在书中特别强调建筑应当向民间风格学习，向流行艺术学习。他不断赞赏地提到流行艺术，并指出，现代主义独断专横地要求艺术必须总是具有新意和创意，嘲笑日常生活中的艺术，流行艺术家们对此提出了质疑。流行艺术重新恢复了现代主义之前的传统，即"创新可能意味着选择古老的或现有的艺术"，这也成为了后现代主义设计的重要信条。文丘里等指出："从平凡中获得见识也没有什么新奇：精致艺术通常追随着民间艺术。18世纪的浪漫主义建筑师发现了一种已经存在的并且是因袭的（conventional）乡村建筑。早期现代建筑师使用了一种已存在的和已形成惯例的工业语汇，也没有什么太多的改变。勒·柯布西耶喜欢谷仓和汽船，包豪斯

看上去像一个工厂，密斯·凡德罗将美国钢铁厂的细部精致化后用到了混凝土建筑上。现代建筑师通过类推、象征和想象来工作——尽管除了结构的要素和程序之外，他们甚至会否认几乎所有决定它们的形式的要素——并且他们会从不希望的意象中推导出观念、类推和模仿。在学习的过程中有一种反常（perversity）：我们回顾历史和传统是为了向前进；为了向上走我们可以向下看，暂时作出判断可以作为以后更灵敏地作出判断的工具。这是学习任何事情的一种方式。"

文丘里从符号象征出发，认为建筑就是有装饰的房屋，这种装饰通过它所携带的符号透露出其本身和建筑的意义，并与周边相融合；而现代建筑则习惯于在一片空旷之地雕塑出一只特立独行的鸭子形象。而这两者的对比也就被看成了现代主义和后现代主义建筑的对比，这不仅在文丘里的《从拉斯韦加斯学到的》一书中有所论述，而且，在如詹克斯（Charles Jancks）的《后现代建筑语言》[67]等文献中也有专门论述。文丘里指出："为什么我们运用装饰的小屋来鼓励普通事物的象征主义而反对以雕塑的鸭子的方式的英雄主义的象征主义？因为现在并非这样的时代，而我们的时代并不是通过纯粹建筑来进行英雄主义交流的环境。每一种生活条件（medium）都有它的时代性，我们时代浮夸的环境陈述——市民的、商业的、或居住的——将来自于生活条件更纯粹的象征，也许较少的静态的更适应于我们环境的尺度。如果我们寻找的话，道路边的商业建筑的图解和复合的生活条件可以为我们指出方向。"他提出："商业带（commercial strip），特别是拉斯韦加斯的商业带，迫使建筑师运用一种建设性的、非寻衅闹事的视点。建筑师已经不习惯于不加评判地观察环境，因为正统的现代建筑如果不是革命性的、乌托邦式的、纯粹主义的，也是革新的。他不满于现存环境。现代建筑一点都不是随意的（permissive），建筑师喜欢改造现存的环境而不是来强化它。"而要做到这一点，文丘里认为，应该充分运用现有的元素，通过一定的变化来创造新的感受，因为"熟悉的东西有点变化便具有奇异和令人深省的力量"。而这些被利用的现有元素，则来自于它所生存的文脉之中。

4. 奥斯卡·纽曼（Oscar Newman）

纽曼对建筑和城市空间所进行的研究，是从建筑与犯罪率的关系入手的。他就此进行了大量的调查研究，并于1973年出版了《可防卫空间》（Defensible Space）一书。该书从建筑和环境设计角度，把居住环境——从住宅中的每一户到居住区——与犯罪行为和心理联系起来作系统研究。纽曼及其领导的小组取得了纽约市5个行政区15万户的统计资料并对此进行了全面的统计分析，他还调查了全国许多居住区，重点是低收入者的居住区，进而得出了这样的结论："地区环境的新体型形式可能是给社会带来危害的犯罪现象的最有力的同盟军"。这里所说的新体型形式是指新建的越来越高的住宅与大量缺乏建筑组合的、室内外无人照管的空间，例如很多人使用的公共门厅、电梯、长走道以及任何人都可随意进出的场地、道路等。另一方面，他也发现了，"在我们城市普遍混乱之中，甚至

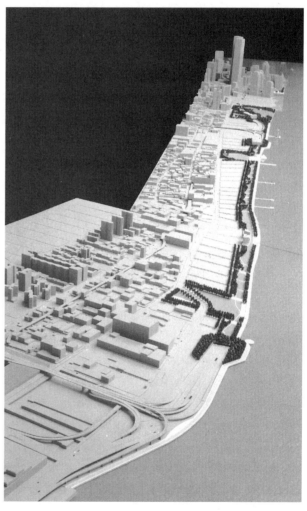

图7-55　纽约Westway Park的设计模型，文丘里（Venturi）、布朗（Scott Brown）联合事务所设计，1980～1985年
资料来源：Han Meyer.City and Port：Urban Planning as a Cultural Venture in London, Barcelona, New York, and Rotterdam：Changing Relations Between Public Urban Space and Large-Scale Infrastructure.Utrech：International Books，1999.242

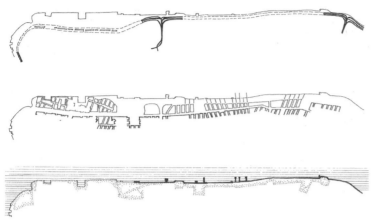

（1）哈得逊（Hudson）河岸线设计，上图表示 the West Side Highway 作为州际高速公路网的组成部分，中图表示街道模式和土地分块作为曼哈顿格网的组成部分；下图表示 Westway Park 作为滨河景观的组成部分。文丘里（Venturi）、布朗（Scott Brown）联合事务所设计

（2）Westway Park 通过河岸地区的改造成为强化空间连续性和统一性的要素，从而与曼哈顿建筑的多种建筑形式的立面相对应

图7-56　文丘里根据其对城市空间的认识，对纽约曼哈顿西区沿海滨江地段的设计

资料来源：Han Meyer.City and Port：Urban Planning as a Cultural Venture in London，Barcelona，New York，and Rotterdam：Changing Relations Between Public Urban Space and Large-Scale Infrastructure.Utrech：International Books，1999.243

就在犯罪率最高的地区，却仍可找到一些个别的例子，在那里没有犯罪"。经过正反面实例的调查研究，他提出了"可防卫空间"这个新概念。他解释说，"可防卫空间是居住环境的一种模式……在此环境中，居民中潜在的领域性和社区感可转化成为一个安全的、有效的和管理良好的居住空间的责任心，使潜在的罪犯们觉察到这个空间是被它的居民们所控制着的。作为一个闯入者，他会很容易地被认出来并受到盘问"[68]。

他全面总结了有助于犯罪行为的建筑环境特征，提出在规划布局方面，建筑物的规模、高度与千人犯罪率之间有一定的关系，这类住宅项目往往包括了1000户以上居民并由超过7层的高层公寓组成，整个地段常由原先靠近城市交通的旧街坊合并而成，人们可在场地中自由穿行，很少划分建筑组团等等。

他认为，简·雅各布斯在讨论街道安全问题时所设立的假设并不充分，他指出，商业和机关机构的存在并不必然引起那种所有者的监视（proprietorial surveillance），而恰恰相反，根据纽约住房当局的资料，商业街附近的建筑物也同样承受着相应较高的犯罪率。

纽曼在对所进行的调查进行统计学分析后，发现

两边有房间的中间走廊式的住宅楼特别危险，因为它的两边都有房间，在楼外就没有人能看到在其间犯罪的人。他还发现，很多犯罪发生在住宅周围的空地上，而在公共街道上就发生得较少。在这样的基础上，他发展了防卫空间概念。根据这一概念，在这种空间中，居民能够认知任何潜在的犯罪，并通过将犯罪者视作一个入侵者而加以对待的方法来施加控制。因此，他说："防卫空间是一系列机制的代用词——真实的和象征的障碍，强烈限定的影响区和改进的监视机会——这些相互联系而形成一个在它的居民控制下的环境。"在这样的环境中所形成的可防卫空间，"是一个生活居住环境，这个环境当为他们的家庭、邻里和朋友提供安全时，居民们便将其用来增进他们的生活"。在这样的意义上，纽曼提出"可防卫空间"的四个基本要素：居住空间的领域性限定（territorial definition of space）；具有监视（surveillance）的作用；建筑的形象和环境（image & milieu）应避免使人感到该处的居民处于互相隔绝、易受攻击的状态；避免在高犯罪区建房。他认为这四条原则应同时考虑，它们互相关联[69]。

通过对防卫空间的揭示，纽曼发展了一个空间等级体系，这个体系包括从最公共的（街道）到最私密的（居室内）的空间类型。在这两个极端之间，还有半公共空间和半私密空间。半公共空间是在个人地产之外的、为周围其他居住者或来访者所使用的，半私

建筑单元规模与犯罪率的关系　　　　表7-1

建筑物规模／高度	6层或小于6层	高于6层
1000 和 1000 单元以下	47	51
1000 单元以上	45	61

密空间是属于住户自己使用的但别人也能进入的那种空间。通过这样的划分，他认为可以达到：

（1）加强住户对周围场地的监视；

（2）通过明确区分成场地和道路来减少无人照管的公共地区，形成一个公共、半公共和私人地区的等级体系，每一个层次均可成为安全的地区；

（3）增进居民的所有感，从而增进他们对场所安全的责任；

（4）减少公共住房的不佳名声，允许居民能很好地与周围社区相联系；

（5）减少一个建设项目内的居民之间的代际冲突；

（6）加强对半公共场地以合乎预计的和对社会有利的方式进行使用，并鼓励和扩大住户感到有责任的地区。

纽曼的防卫空间理论提出以后，引起了规划师、建筑师以及政府机构的高度重视，尽管也有许多意见和批评，但也获得了多方面的推进。到20世纪90年代还有大量文献在继续深化这一主题，如克劳（T. Crowe）的《通过环境设计防止犯罪》（Crime Prevention through Environment Design, Butterworth-Heinemann: Oxford, 1991）以及戈德（J. R. Gold）和拉维尔（G. Revill）编辑出版的《防卫景观》（Landscapes of Defence, Harlow: Prentice Hall, 2000）等等。而且该理论的提出对后来的领域、场所感、公共空间等的讨论起了重要的推动作用，并且也是这些研究的重要基础之一。纽曼自己于1995年在《美国规划协会杂志》（Journal of the American Planning Association）上再次发表文章，认为防卫空间的营造是当今城市再生的重要前提，空间规划必须将此作为重要手段。[70]

5. 新城市规划/设计（New Urbanism）[71]

"新城市规划/设计"是针对20世纪美国郊区发展的状况而提出的修正性的规划思想，此后运用到城市的不同尺度上和城市中的不同地区的规划和设计中。这一思想以传统的欧洲小城市的空间布局为目标，检讨了20世纪美国城市化过程中郊区化发展中所存在的问题，他们认为，美国的郊区化发展是建立在城市的蔓延、鼓励私人小汽车发展基础上的，是一种浪费土地、能源和资源的，同时也是一种效率低下的发展模式，同时这样一种布局也由于人口的单一性而导致了城市生活特色的消失。因此，他们希望建立一种人口相对集中同时又保持相对宽敞的空间的、具有传统城市生活特征的、具有积极城市生活特性的社区。根据1996年美国住房与城市发展部（HUD）的出版物《新美国邻里》（New American Neighborhoods）的论述，新城市规划/设计的基本概念"就是将邻里看成相互交融的单元，在那里成人和孩子能够步行到商店、公共设施、学校、公园、娱乐中心，甚至步行到他们自己的工作地和商业洽谈地；城市中心能够作为社区活动的焦点；街道和街区通过步行道和自行车道联系起来；公共交通与整个都市地区的其他邻里社区相联系；小汽车能够非常方便地使用，但并不会出现城市地区常见的交通阻塞以及到处可见的停车场地；住宅建造在一起，相互之间距离较近，前后有门廊以及院子，聚集在树荫密布的广场、小型公园以及具有绿化带的狭窄街道周围，形成居住集团。这恬静友好的环境，对于促进积极的社区精神、提高邻里安全保证都有很大的帮助"。新城市规划/设计的目标就是"倡导分散且适于生活的社区，在这些社区中，住宅类型、土地利用和建筑密度有更大的多样性。换句话说，就是开发并维护一个包容性很

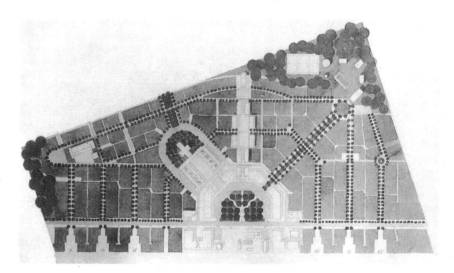

图7-57　新城市规划/设计的代表作

由杜安尼（Andreas Duany）、普莱特-齐伯克（Elizabeth Plater-Zyberk）于1980年规划设计的弗罗里达州滨海 Seaside 镇的总图

资料来源：John A. Dutton. New American Urbanism: Re-Forming the Suburban Metropolis. Milano: Skira Editore, 2000. 34

强的邻里社区，这个社区中的住宅，能适应各种不同规模、年龄、文化及收入的家庭"[72]。

"新城市规划/设计"的主要带头人物是彼得·卡尔索普（Peter Calthorpe）、杜安尼与普莱特－齐伯克（Andreas Duany and Elizabeth Plater–Zyberk，通常简称为D+PZ）。他们从一开始就打出这样的旗帜："规划设计是为了创造具有'场所精神'或'场所感'的社区。"正如西姆·范德·莱恩和彼得·卡尔索普在《新郊区组织》一书所中指出的那样，住宅区要采用较高的规划和设计密度，以求在单位面积上集中更多的居民，从而减少最初的投资额，更重要的是，可以减少今后长期生活居住中的各种费用和能耗。在建筑设计上，不是采用现代主义的那种标准化的统一高层建筑样式，而是采用较低层的多样化建筑设计模式。在层数并不划一的建筑中不反对个别的高层建筑立于其中，以供多样化的选择。在高层建筑群设计中，多增加公共设施，如儿童游戏场所、游泳池、羽毛球馆、健身房等，一方面避免过于拥挤的现代主义方式，另一方面要避免过于稀疏的形成不了团体感的美国郊区模式。在这样的基础上，莱恩和卡尔索普还提出，在居住区的规划中，应将与居民日常生活息息相关的商店和各种服务设施设置在最为方便居民的位置，从而减少居民使

用它们所要花费的时间和移动的空间距离，减少居民对汽车的依赖和能耗。因此，大型的、特大型的商场将不再是适宜的，取而代之的应该是小型专卖店和连锁店，并在社区内提供更多的就业机会。这个问题与社区内功能设置多样化的设想是相辅相成的。今后社会发展的趋势是以服务行业吸收最多的劳动力，因此在小区内增加服务设施是一举两得的举措。在社区的规划设计上还应创造鼓励居民之间人际交往的社会环境，比如社区内的标志甚至一些公共广告牌的设置等，这样有助于减少人的疏离感，减少犯罪案件的发生。社区中一定要设计有回收和重复利用生活水的系统等。

在方法上，"新城市规划/设计"综合了对现代主

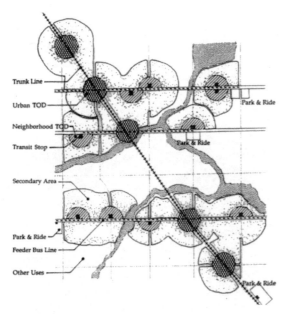

图7-58 "交通引导发展"（TOD）模式
卡尔索普（Peter Calthorpe）提出的"交通引导发展"（TOD）模式是新城市规划/设计的重要思想理念。这一模式以公共交通为核心，并将区域性交通与土地使用安排紧密结合起来
资料来源：Peter Katz 编.The New Urbanism：Toward an Architecture of Community.1994.张振虹译.新都市主义：社区建筑.天津：天津科学技术出版社，2003.21

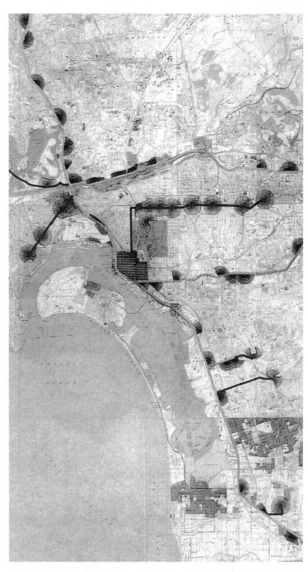

图7-59 卡尔索普（Peter Calthorpe）为圣地亚哥市所做的规划，显示了遵循 TOD 原则所形成的城市整体结构
资料来源：Peter Katz 编.The New Urbanism：Toward an Architecture of Community.1994.张振虹译.新都市主义：社区建筑.天津：天津科学技术出版社，2003.23

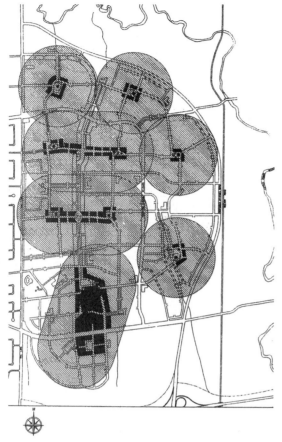

图7-60 加拿大康奈尔（Cornell）新城的结构图

由杜安尼（Andreas Duany）和普莱特－齐伯克（Elizabeth Plater-Zyberk）规划设计，该图显示怎样将多个邻里（基于1/4英里，即5分钟步行距离）组合成一个新城

资料来源：John A. Dutton.New American Urbanism：Re-Forming the Suburban Metropolis.Milano：Skira Editore，2000.35

义城市规划和设计进行批判的思想方法，尤其是充分地运用建立在新理性主义及城市类型学基础上的"欧洲城市复兴运动"的设计手段，其中尤以罗西（Aldo Rossi）和克里尔（Leon Krier）的影响最为重要。卡尔索普（Peter Calthorpe）有关"新城市规划／设计"方法论的论述可以明显看到对罗西的类型学方法的推崇："我们的哲学是城市设计的轮廓直接来自对建筑类型的了解和掌握，如果你不采用类型的思想范畴进行思考，你心目中的建筑和城市就变得一片混沌，模糊不清。"而克里尔则通过直接对"新城市规划/设计"实践的指导（如担任后来成为"新城市规划/设计"代表作的佛罗里达州滨海镇（Seaside）规划设计的顾问）和参与一些城市设计的项目（如对华盛顿的改造规划等）而发挥作用。"新城市规划／设计"通过对工业革命前欧洲小城镇规划布局方式的借鉴来营造居住社区的氛围，在具体设计中，采用传统邻里发展法（Traditional Neigbourhood Development,简称TND）作为基本的组织方法，并依据克里尔提出的"十分钟步行区"概念进行修改，认为在美国的郊区社区中人们能够容忍的步行距离应控制在5分钟之内，因此在设计时，创造一种可以达到闭合或半闭合状态的城市空间，生活在这种空间的人可以与外界相对独立，这种空间范围的大小就是在其中的步行距离不超过5分钟。同时，在进行具体的建筑设计时，请多位不同风格的建筑师对同一城镇中的建筑物进行设计，在设计之初先规定好城

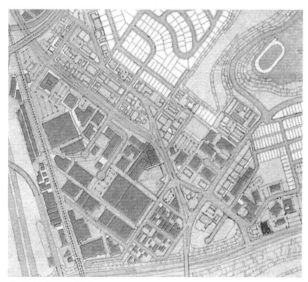

（1）传统开发模式

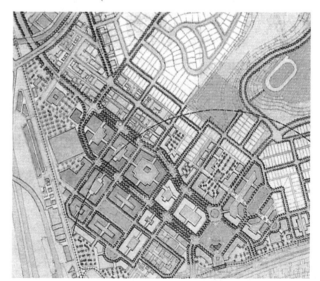

（2）TOD开发模式

图7-61 传统开发与TOD开发的对比图

TOD开发方式的运用只有在土地使用多样化的前提下才有可能获得效果

资料来源：Peter Katz, ed.The New Urbanism：Toward an Architecture of Community.1994.张振虹译.新都市主义：社区建筑.天津：天津科学技术出版社，2003.23

市设计的要点，这样就可以使这些建筑师既能遵守法则，又会按自己的理解进行自己风格的设计，从而产生各种"原则"与变化的效果，成为创造城市多元性的保证。在这样的原则基础上，这些新的郊区都强调一定要减少机动车的使用量，鼓励使用公共交通，居住区的公共设施和公共活动中心等围绕着公共交通的站点进行布局，使交通设施和公共设施能够相互促进、相辅相成。住宅的形式更为复杂和多样，尽量保持原有自然环境中的特点，使住宅融入当地的环境之中等等。对于当地原有的有历史特征的场所，需尽量加以

保留和完善。在这些基础上，再参照欧洲传统小城市的许多特征进行整合，比如，传统城市中蜿蜒的街道、明确界定的公共空间、多样化的住宅类型、处于步行距离内的多用途商业中心等。同时，在整体布局中，将商业区和公共交通中转站之类的公共空间，布置在每户住宅的步行距离内，从而减少了人对车的依赖。高密度的住宅，较短的供水、供电、供气、排水、排污等公用设施的管线，为发展商和住户节约了大量金钱。从形象上来讲，这种新镇给人一种充分的社区感，它所提供的更多的公共空间和公共设施，使人们有一种

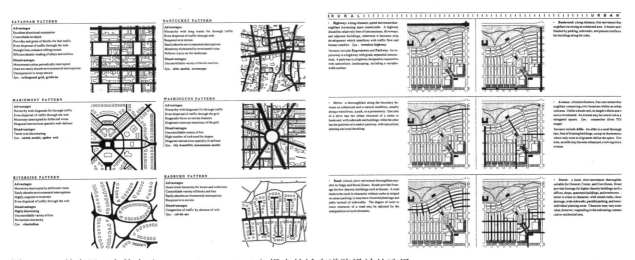

图 7-62　杜安尼 - 齐伯克（Duany Plater-Zyberk）提出的城市道路设计的选择
左图为汽车路网络的图解。右图为城市不同等级道路类型的图解。城市的道路提供了绝大部分的公共开放空间
资料来源：Andres Duany，Elizabeth Plater-Zyberk，Robert Alminana.The New Civic Art：Element of Town Planning.New York：Rizzoli，2003.104

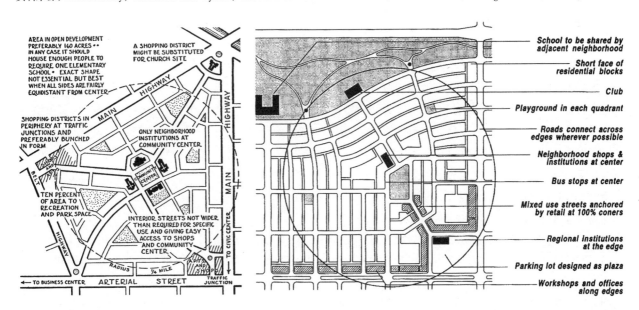

图 7-63　佩里（Clarence Perry）1929 年提出的"邻里单位"（Neighborhood Unit）图解以及杜安尼-齐伯克（Duany Plater-Zyberk）结合传统邻里发展（Traditional Neighborhood Development，TND）和公共交通导向的发展（Transit Oriented Development，TOD）模式的对"邻里单位"模式的修正
资料来源：Andres Duany，Elizabeth Plater-Zyberk，Robert Alminana. The New Civic Art：Element of Town Planning. New York：Rizzoli，2003.84

回到家的感觉，唤起人们对久远时代的温暖回忆。卡尔索普在和旧金山建筑师马克·麦克合作设计的商业住宅混合方案中，将住房与街道的设计和商业建筑如咖啡馆、银行、商店等结合起来一并设计，如将住宅的阳台设计在咖啡店的屋顶上，这样住户可以从它的阳台看到街上的活动，甚至可以在阳台上对话，从而创造出一种十分亲切的社区感。

在设计过程中，"新城市规划/设计"结合社会民主的发展过程和城市规划中公众参与的发展，同时由于这些新的城市郊区具有较强的均质性，因此，在设计过程中，通过召开多次社区各团体参加的设计意见征求会，向这些社区团体代表介绍设计方案的构思，到会的社区代表对此发表意见，进行讨论。下一次设计师拿出融合了社区团体意见的方案再进行下一轮讨论，这样不断地反复修改，直至达到比较满意的结果，在此基础上以共同遵守的合同或契约的形式来保证规划和设计的实施。

2003年，杜安尼、普莱特－齐伯克与阿尔米尼亚纳（Robert Alminana）合作，编辑出版了《新市政艺术》（The New Civic Art: Elements of Town Planning）一书，以设计参考书和资料集的方式，归纳总结了"新城市规划/设计"的规划设计要素，详细描述了他们所运用的和其他可运用的各种规划模式和具体的空间组织，从而建立了当代条件下城市空间形态组织的百科全书[73]。

七、城市空间结构形成的内在机理

1. 勒菲伏（Henri Lefebvre）的空间生产论

勒菲伏是当代法国著名的新马克思主义者，他以哲学家的眼光和思维探讨了现代空间与国家、社会制度以及社会发展之间的关系，提出了著名的"空间生产"理论，深刻地影响了20世纪80年代以后的城市空间研究，尤其是他的《空间的生产》一书的英文版于1991年出版后（该书的法文版出版于1974年），更成为城市空间研究的经典[74]。

勒菲伏对空间的研究是从对日常生活（everyday life）的研究开始的，并且他是用马克思主义的观点来研究日常生活的开创者。在研究空间在他的哲学体系中的作用时，他提出他的理论任务就是要通过揭示城市空间组织和空间形式是如何成为特定资本主义生产方式的产物，并通过揭示空间如何有助于这种生产方式所依赖的统治关系的再生产来破除城市

研究中存在的意识形态作用。勒菲伏指出，资本投资者或商人以及国家思考空间的方式是依据空间尺度的抽象性质——尺寸、宽度、面积、区位——和利润，他将这种空间称为"抽象空间"（abstract space）。但是，除此之外，单个的人使用他们环境中的空间作为生活场所，勒菲伏将这类在日常生活中通过人际相互作用而使用的空间称为"社会空间"（social space）。对他来说，政府和商业中提出的抽象空间的使用，会与现存的社会空间的使用产生冲突。他认为，抽象空间与社会空间之间的斗争是社会中的基本斗争，并与阶级间的不同斗争相伴而生，但通常有所不同。而城市规划和房地产开发的规划都是建立在抽象空间的基础上，如大城市的规划或郊区新住房的开发，而现存的社会空间则是现在有居民使用的空间，这是当今城市规划实施过程中所引发的种种矛盾的原因，而其中，最为关键的是抽象空间排除掉了所有的社会关系以及在空间使用过程中的斗争。他明确指出："空间是政治的。排除了意识形态或政治，空间就不是科学的对象，空间从来就是政治的和策略的……空间，它看起来同质，看起来完全像我们所调查的那样是纯客观形式，但它却是社会的产物。空间的生产类似于任何种类的商品生产。"因此，要真正认识空间，就不能脱离了对意识形态和政治的认识，因为空间的实践过程本身就是一个政治的过程。"空间是政治的。空间并不是某种与意识形态和政治保持着遥远距离的科学对象。相反地，它永远是政治性的和策略性的。假如空间的内容有一种中立的、非利益性的气氛，因而看起来是'纯粹'形式的、理性抽象的缩影，则正是因为它已被占用了，并且成为地景中不留痕迹之昔日过程的焦点。空间一向是被各种历史的、自然的元素模塑铸造，但这个过程是一个政治过程。空间是政治的、意识形态的。它真正是一种充斥着各种意识形态的产物"[75]。正因为城市空间是资本主义的产物，所以它就被注入了资本主义的逻辑（为利润和剥削劳动力而生产）。因此，勒菲伏认为我们所应该考虑的不是空间研究本身是一种科学，而是一种在资本主义社会中，空间被生产以及生产过程中矛盾是如何产生的理论。他指出："我们并不谈论一种空间的科学，而是一种空间生产的理论。"这是他的《空间的生产》一书的立论所在。他认为，空间的生产在任何社会都是非常重要，而且也是社会发展的关键性的因素。他说："如果未曾生产一个合适的空间，那么'改变生活方式'、'改变社会'等都是空话。"

勒菲伏认为，空间生产过程中的基本矛盾就是剥削空间以牟取利润的资本要求与消费空间中人的社会需要之间的矛盾，也就是利润和需要之间的矛盾，交换价值和使用价值之间的矛盾，这种矛盾的政治表现是政治斗争。正是这种矛盾和斗争成为勒菲伏关注城市问题的核心。他认为，在空间的生产与社会的生产关系之间有着非常紧密的关系，"每个社会都处于既定的生产模式架构里，内含于这个架构的特殊性质则形塑了空间。空间性的事件界定了空间，它在辩证性的互动里指定了空间，又以空间为其前提条件"。根据他的看法，马克思主义先前所揭示的资本主义生产力和生产关系之间的矛盾，在发达资本主义社会已经由于空间的扩张而被克服。也就是说，资本主义的发展并没有遇到这种矛盾的限制，因为资本主义已经将空间本身转化为一种商品。"我们现在获得一个基本而又重要的思想：资本主义通过占有空间以及将空间整合进资本主义的逻辑而得以维持存续。空间长久以来仅仅作为一种消极被动的地理环境或一种空洞的几何学背景。现在它已经成为工具"。正是这种变化使资本主义从一种在空间背景中生产商品的系统，演变到空间本身作为一种稀缺和可转让资源并可被生产的系统。他提出："空间是一种社会关系吗？当然是，不过它内含于财产关系（特别是土地的拥有）之中，也关联于形塑这块土地的生产力。空间里弥漫着社会关系；它不仅被社会关系支持，也生产社会关系和被社会关系所生产。"

在这一资本主义的新阶段，勒菲伏认为原先作为资本主义生产系统枢纽的加工制造业已被房地产和休闲工业取代。资本主义不仅将已有的空间容纳进来，而且它还完全扩展进新的部分。休闲开始成为一个最为重要的产业。"我们为了休闲征服了海、山脉甚至沙漠。休闲工业和建筑业已经联合起来使城镇和城市化沿着海岸线及山脉地区扩展……这种工业扩展到所有没有被农业和传统生产行业所占据的空间"。在这种方式下，资本主义空间生产已经将生产剩余价值（这些行业雇用大量低工资的劳动力，而且其特征是资本有机构成低）和实现利润（因为空间商品化已经创造了巨大的新市场）两者融为一体。勒菲伏认为，资本主义这种转变带来的一个后果就是，资本主义生产从一种以工业为基础逐步转变到一种以城市为基础的现代资本主义生产，他称这种转变为"城市革命"，并且认为"城市革命"与早期农业生产转向工业生产的工业革命相类似。

在勒菲伏看来，城市是由以下三个相关概念组成的，即空间、日常生活和资本主义社会关系的再生产。他认为城市是全球空间的脉络背景（context），通过它，生产关系在人们的日常经历中得以再生产；而资本主义社会关系则通过人们日常对空间的使用而被再生产，因为空间本身已被资本占有并从属于它的逻辑。这就是说，资本主义生产关系和社会关系的再生产不仅在企业、社会中发生，而且也在作为一个整体的空间中产生。"空间作为一个整体，进入到现代资本主义的生产模式：它被利用来生产剩余价值。土地、地底、空中，甚至光线，都纳入生产力与产物之中。都市结构挟其沟通与交换的多重网络，成为生产工具的一部分。城市及其各种设施（港口、火车站等）乃是资本的一部分"。由于空间打上了资本主义的烙印，因此，它给整个日常生活强加了资本主义关系的形式。例如，城市的建筑象征了资本主义关系，人们的休闲空间也反映了资本主义关系（因为它按照人们工作的方式将人们的非工作生活也商业化了），而城市居民被分散到郊区也是一种资本主义关系的产物（因为中心地区被商业功能占据，居住空间的使用被驱逐到边缘地区）等等。至于空间的组织——不同地方在本质上相似，不同场所之间的分离（例如工作场所跟生活与家庭生活分离），以及统治和从属地方之间的层级控制等——这些东西均负载了资本主义统治的内在逻辑。资本主义关系在日常生活中正是通过这种空间构造而被再生产的。"由空间中的生产（production in space），转变为空间的生产（production of space），乃是源于生产力自身的成长，以及知识在物质生产中的直接介入。……空间中的生产并未消失，而是被引至不同的方向"。

不过，勒菲伏认为城市革命虽然使资本主义克服了一些已有的矛盾，却又带来了新问题。因为空间被资本殖民化只能通过将人口分散来进行，"中心吸引那些构成它但很快就会饱和的要素（像商品、资本、信息等）。它排除了那些它所统治的但又会威胁它的要素"。这样一来就带来了一个政治问题，因为城市传统上曾是社会文化中心，是社会关系再生产的主要来源和场所。如果城市被分散到只将经济和政治管理功能留在中心，那么当政治权力开始集中化时，文化同时必然将削弱。资本主义空间生产日益扩张带来的影响就是在使决策中心集中的同时又产生了依赖于边缘的殖民地，"中央周围的只有屈服，被剥削及依赖的空间：新殖民空间"。因此，勒菲伏认为，在资本主义通过剥削空间来巩固自身的同时，又产生了一种威胁资本主义统治的矛盾，"如果空间作为一个整体已经成为生产关系再生产的场所，那么它也开始成为众多冲突的地方"。由于主要决策功能开始集中在中心，中心的政治权力因而被加强，但由于同时日常生活开始分散到边缘，因而凝聚力被削弱。"正如莎士比亚的悲剧中所言，权力越是牢固，它就越是害怕。权力虽然占据了空间，但空间却在它下面震动"，结果形成资本主义社会关系再生产的潜在危机。这是一场资产阶级试图通过其控制的决策中心，尤其是国家来调节的危机。但它最终是一场不可避免的危机，因为资本主义在空间上扩展得越多，它所依赖的社会关系再生产就越多。勒菲伏通过区分资本主义组织在空间上的扩张，以及它所导致的资本主义组织空间的分割（fragmentation）得出了资本主义发展的悖论：生产能力迫使在更大规模上生产空间，并因此而将资本主义组织扩张到生活的每个角落，结果日益面临着生产关系再生产的需要，以及维持资本主义组织的需要。资产阶级的统治权由于日益增长的空间扩张及人们日常生活与工作的分离而受到威胁，中心的权力越来越受到边缘反应的挑战。新城市社会的这种基本矛盾不仅揭示了中心和边缘的政治斗争，它也表达了对生活质量的广泛关注，那种假定资本主义生产力量的发展会自动促进日常生活状况改善的传统观念已经破灭。勒菲伏指出："新的东西是……经济增长和社会发展不能再像以前那样被混淆，以为增长会带来发展，量的变化或迟或早会带来质的变化……增长的思想观念已经受到致命的伤害。广泛的已经建立起来的思想观念在慢慢瓦解。为什么？因为城市状况欠佳，自然及其资源的破坏；因为那些在使经济增长的同时却使社会运动瘫痪的各种障碍。"

资本主义组织对日常生活的渗透比以前更清楚地揭示了私人利润与社会需要、资本主义统治和社会生活之间的矛盾。正是因为这样，勒菲伏将城市危机看作是发达资本主义国家主要和基本的危机。因为对空间使用的斗争以及对日常生活的控制已经成为资本要求和社会需

要之间冲突的核心。因此，勒菲伏认为，在资本主义发展新阶段，城市斗争的关键是争取让日常生活摆脱资本主义组织，并形成由人民大众来管理空间以及空间为人民大众服务。他认为，城市社会为人类自由解放提供的潜力是广泛的，但这种潜力只有通过反抗资本主义统治空间的斗争，以及通过超越资产阶级的空间技术意识形态和已有的马克思主义政党的狭隘经济意识形态才能实现[76]。

2. 费雷（W. Fiery）的文化特性论

费雷通过对波士顿市中心土地利用的研究，强调了社会文化因素对土地开发及土地使用空间布局的决定性作用。他于1975年出版了一部专著《波士顿中心区的土地利用》（Land Use in Central Boston），通过对从殖民地时代到20世纪40年代的数百年间，波士顿市中心区土地利用的研究，费雷发现[77]：

（1）不论是过去还是现在，波士顿中心地区的土地利用状况都不曾符合一种理想的统一模式，既不符合同心圆模式，也不符合扇形模式。尽管有时候从图形上看有点像同心圆或者扇形，但如果更科学地研究空间适应的基本数据，就会发现统一的理想模式并不存在，社区内各个区或者地带（Zones）内的差异远远大于其同一性，各区外围的土地利用往往各种各样。

（2）空间有象征的功能。空间与所象征的社会价值结合成一体，成为当地文化体系的重要组成部分，影响土地利用的状态。典型的例子是波士顿的比肯希

图7-64　波士顿比肯希尔（Beacon Hill）的街道
资料来源：Eduardo E. Lozano.Community Design and the Culture of Cities：The Crossroad and the wall，Cambridge.New York and Melbourne：Cambridge University Press，1990.227

尔（Beacon Hill）地区。这个地区离波士顿的商业区很近，步行只需要5分钟就到了商业区，但是在过去的一个半世纪里，比肯希尔都没有受到商业化的影响，一直保持为上层社会的居住区。其原因是波士顿的市民给比肯希尔赋予了一种价值象征属性——传统、威望、地位，使之一直能够吸引诸如文学家、诗人、政治家以及其他上流社会的人来居住。由于历史上比肯希尔曾是一些美国著名文学家、诗人、画家、政治家的居住地，几乎每个房子都与著名的人物有联系。在波士顿居民的眼里，比肯希尔高雅美丽，和谐整洁，安静怡人，既古朴又入时，是最理想的居住地，因此，波士顿居民以能居住在比肯希尔为荣。这里面有理性的考虑，但更多的是感情的因素。有的家庭选择比肯希尔，是为了提高自己的社会地位，或者为了让子女接受上流社会各种教育和陶冶。有些高收入的年轻夫妇，在海边有别墅，但工作的时间大多愿意在比肯希尔租住一套价格中等的公寓，这样，花费不高，就可以在能体现他们的社会地位的社区生活。有的人之所以居住在比肯希尔，是由于他们在此有祖先留下来的房产，但他们经济并不宽裕，在其他地方买不起房。有一些上层社会家庭只有冬天时在比肯希尔居住，其余时间都居住在郊区或者乡下。但是，在比肯希尔的居民中有相当一部分是白领阶层，或者新婚夫妇，他们觉得花费不多，就可以住在与他们的职业地位相称的社区，无疑是相当让人满意的事情。费雷在详细研究了比肯希尔的情况后，总结道：①比肯希尔被赋予了一种价值象征属性，因此，空间与社会活动的关系就不再只是阻碍和成本的关系了。②这种空间的价值象征深深地根植于比肯希尔居民的心中，因此，他们对空间的适应就不只是一种经济利益最大化的适应。③组成文化系统的各部分之间的联系不是一种随机的联系，而是成为一个有机的整体。因此，作用于社会文化体系各部分的社会体系的活动分布就不是生物的、或亚文化的，而是情感的体现。④比肯希尔的各个社会体系（个人、家庭和组织）之间不是完全独立的关系，不是为了有限的空间而相互竞争。相反，他们通过各种正式或非正式组织结合成为一个更大的、体现特定价值象征的统一的社会体系。

空间的象征价值对社会活动的分布有三个方面的影响：凝聚作用（retentive）、恢复作用（recuperative）和抵挡作用（resistive）。价值的凝聚作用使比肯希尔在150多年中都一直成为上流社会的居住区，虽然由

于后湾区（Back Bay）的兴起，曾经导致比肯希尔地区的萧条，但是由于比肯希尔的象征价值深入人心，比肯希尔地区在短暂的萧条后，又吸引了许多上层阶层、新兴的艺术家、知识分子，使比肯希尔得到复兴。虽然距离波士顿商业区很近，但由于人们强烈的感情因素，促使人们抵挡商业化的引诱，保护区内的建筑和环境。

（3）空间可以与一些社会价值结合成为一体受到崇拜，从而文化成为一种完全与经济因素独立的变量。所有社会互动，如果涉及到短缺资源的利用，都具有经济属性，可以运用经济分析的方法。空间无疑是一种短缺资源，因此往往被认为是一种经济现象。比肯希尔的价值象征特性仍然在一定程度上具有经济理性的成分，但是费雷在研究了波士顿公有地和其他一些历史遗迹后，发现有些土地利用完全是出于非经济的目的，是完全由文化因素导致的。因此，文化就成为一种完全独立于经济的生态变量，影响社区内社会活动的分布和土地的利用状况。

波士顿公有地是一块48.5英亩（约20hm²）的长条状牧场或训练场，从殖民地时期以来一直保持原状，得到精心的保养，未受到私人开发商的掠夺。这块毫无经济价值的公有地处于波士顿商业区的三面包围之中，却毫不受其影响。这种违反经济规律的现象是由于波士顿公有地一直是一种非常强烈的社区感情的象征。在这块地方曾经是许多重大历史事件的发生地，这些事件与早期国家、运动、家族等紧密相联。在此打响了美国独立战争的第一枪，这里也是镇压独立运动的英军营地，英军撤退以后唤起了当地居民的高涨的民族独立意识。后来这里就成为人民庆祝独立和民族团结的场所：庆祝英军总司令投降、帮克山游行、珠比利铁路竣工，以及无数的政治、宗教、反抗奴隶制的活动。因此，波士顿公有地就成为各种价值观的象征，成为人们崇拜祭祀的对象。这些感情崇拜大致可以分为两类：与整个社会体系有关的（如国家、城市）；与文化体系有关的（如原则、价值、理想和美德）。正如社会学家所指出的那样：波士顿公有地曾经是，也将永远是传统和力量的源泉，新英格兰人可以从中不断强化他们的信仰和道德，增加他们生活、进取的力量和能力。对大多数居民来说，波士顿公有地是新英格兰人的清教精神的化身，是共和政府建立的源泉，是宗教自由的象征，等等。这些空间与文化价值紧密地结合成为一体，成为当地社会文化的核心组

成部分。可以说，波士顿公有地是当地文化价值的物化体现。为了维护公有地及其所体现的社会价值，人们不禁自觉保护公有地不被商业化，而且100多年来，人们不断推动立法，强化对公有地的保护。

类似波士顿公有地的例子在波士顿还有很多。如波士顿市中心殖民地时期的墓地，由于安葬了许多新英格兰显贵家族的祖先、殖民地时期的政府领导人和美国独立革命领导人（例如格兰那墓地就安葬着8位殖民地总督、3位大法官、本杰明·弗兰克林的父母、几位独立领导人、许多至今仍是新英格兰地区的名门望族的先人）。没有人愿意惊扰墓地里安葬的先人，因为墓地代表着家族延续、国家独立、权利和自由等社会价值。再如波士顿的老议会大楼是人们对城市、对国家的自豪、荣誉、归属和爱戴的纪念碑，而公园街大教堂则是市民们做礼拜、表达对上帝忠诚和信仰的地方，等等。这些地方都和公有地一样，体现着远远超过经济利益的社会文化价值。文化价值是一个社会体系社会经济活动的指南，因此，只简单地用经济利益的竞争来代替文化价值、用空间的经济成本来归纳空间的属性无疑是片面的。

虽然从经济的观点分析，由于波士顿用于非经济的"闲置"土地过多，导致土地短缺、人口拥挤、交通拥塞等问题，似乎造成了效用的损失，但是波士顿公有地、墓地和其他城市景观，虽然占用了大量土地，但由于它们本身所象征的各种社会价值，使它们也同成为社会体系的基本功能需要，是一种非经济的效用。他们不断强化社区的文化价值，维持社区成员的向心力，促使社区内社会的稳定和团结。对任何社会、惟有在满足该社会体系的各种功能需求的时候，才能使社会体系的总体功效最大化。也正是因为意识到这种非经济的效用对社区、对社会的重要性，是必不可少的甚至是更重要的功能，所以波士顿的大多数居民愿意付出巨大的经济代价，来保护这些闲置的土地。

（4）空间可以成为一种工具（space as an instrumentality），让共有某种文化或价值的人群聚居。费雷研究了波士顿市中心的北端（North End），发现，尽管北端区是一个破败的社区，与贫民窟相差无几，被称为"波士顿典型的贫困之地"，但许多意大利裔移民，特别是老年移民仍然乐于在此居住。此区位于波士顿商业批发区和火车站之间，居住条件差不多是最差的，房屋破败，年久失修，60%以上的房子房龄超过40年，但令人奇怪的是这个区也是波士顿人口最拥挤的地方，

人口密度高达924.3人/英亩，而人口密度位居第二的西端（West End），才仅为369.7人/英亩。分析了其人口构成后发现，其居民绝大多数是意大利裔白人，其中意大利裔占93.8%，其余的主要是在美国出生的意大利移民的第二代或第三代。意大利人比其他任何族裔的人都愿意居住在这块贫民区内，即使他们有足够的经济能力在其他区购买条件较好的住宅。这显然与传统的理性主义生态理论相矛盾，按照传统的理性主义理论，贫民区是人们最不愿意选择的地方，在贫民区居住往往是迫不得已。费雷在研究了意大利人的社会结构和居所选择过程后，认为意大利裔人选择居所的一个重要的因素就是民族认同感与归属感。由于北端传统上是一个意大利裔人的社区，保留着浓厚的意大利社会文化传统和风俗习惯，所以居住在北端是接受意大利人的社会价值、文化及风俗习惯的象征，是参与和归属的体现。在北端区，还有各种各样的社会组织、机构、设施，以及各种意大利式的建筑、事物、商品，来强化人们的归属感。

空间上的接近是人们接受某种价值的重要体现，也是人们之间社会互动的必要条件，这是空间对社会体系的阻碍作用的特性决定的。当然并不是所有的空间接近都会导致人们的价值认同和群体归属，例如同住一个酒店就不会。只有当空间被人们赋予某种意义，具有某种象征功能，人们的认同和归属感才会产生。费雷认为，一个族群的认同与团结，应该具有如下条件：①具有同一的、缘于该社会体系赖以存在的社会文化体系的社会价值；②社会价值的物化，并用工具性的象征符号来表现出来，通常空间是一种比较合适的符号；③成员的相对固定，有某种起协调作用的组织或称子系统来促进族群的团结。

3. 城市空间的阶级斗争理论

城市空间就如勒菲伏所言，是在一定的社会关系和社会生产关系的影响下而形成特定的表现形式的，因此，在新马克思主义的影响下，在20世纪70年代之后，出现了大量从阶级斗争的角度来研究现代资本主义社会的空间关系，并提出了大量的理论成果，揭示了空间形成的深层次结构问题。这些研究的基本特点是将劳动力要素归咎为资本主义区位决策的基本的决定因素。因此，城市空间形态的形成被解释为阶级斗争的产物。就这些研究而言，城市空间问题实质上就成为了在现代资本主义社会中如何通过阶级和国家的相互作用而被利用及管理的问题，因此，城市的空

间组织也就是资本主义社会组织的反应、表达。

传统的城市空间研究往往认为城市形态的变化是由于环境和技术条件的变化所导致的，这样的分析当然是马克思主义者希望避免的，城市空间是空间中人的活动所导致的结果，因此人与人之间的各种关系是决定空间的关键性因素。而在人的各项社会关系中，阶级关系以及建立在此基础上的阶级斗争在人类社会中是最为重要的。而随着研究的不断深入，劳工与资本家、公民与国家等等的关系与互动也就成为了此类研究的核心。从勒菲伏的理论阐述所引发的关于空间生产的研究则将重点引导到资本主义生产关系的再生产方面，从而揭示了空间生产在资本主义社会中的重要作用。

用阶级斗争来解释城市空间演变的较早的实证研究，是戈登（David Gordon）对美国城市郊迁化的研究。过去的理论认为城市中出现的郊迁化是技术革新不可避免的结果，由此可以导出在汽车交通普及的条件下改变现在城市不断蔓延的模式是不大可能的。但是戈登通过调查认为，技术革新在城市空间发展过程中是重要的，在此过程中，汽车交通的普及特别关键。然而，这些技术因素对于扩展的城市发展和城市疏散只是提供了手段而不是动力[78]。他提出，在美国，城市分散早在19世纪80年代就已发生，而那时连铁路通勤线也还是新生事物。戈登以以下的方式来论述他的观点。首先，他进行了分类，与资本积累的不同时期相一致，他划分了商业资本（commercial capital）、工业资本（industrial capital）和垄断资本（monopoly capital）。每个阶段都有单一的城市形态与此相关：商业城市、工业城市和组合城市（corporate city）。由此，资本主义历史的三个主要阶段反映了聚居地空间的不同形态。在每一个阶段中，城市在总体上由在各部门竞争中独立出来的资本所支配。特别是在工业积累时期，创造利润的过程（profit-making process）从性质上改变了生产力组织与布局的模式。在这一阶段，经济发展要求一个在大工厂中的大量生产系统和在此期间需要有定期的和长期的工厂工人。这就与前一阶段的要求明显不同，那时集中于全球贸易和殖民化过程，它要求有市场很好运行的港口城市；而且也与后一阶段不同，后一阶段要求行动管理和办公楼总部。戈登提出，当工业城市在19世纪末20世纪初得到全面发展时，阶级斗争逐步地转变为暴力性质的公开斗争。他通过对1880~1920年期间发生的罢工的统计分析，

认为由于资本家关注于通过工厂的生产过程来获得积累，他们需要在劳工的动乱中保护好他们的工厂和生产制度，因此，导致了早期工业分散的基本动因是将工人与动乱和集体鼓动隔离开来。也就是说，资本家将他们的工厂从人口密集的中心城市迁移到邻近地区的集体决定，是由他们对劳动力实行更强的社会控制的需求所导致的。根据戈登的观点，资本家就是以这样直接的方式对阶级斗争作出反应。当城市发展扩张到周围的卫星城镇和城市郊区的工业区时，就创造了支持大城市开始分散化的基础条件。这种发展得到了铁路建设的极大推进。这种分析框架为后来的许多学者所接受，并得到了进一步的推进。费金（Joe R. Feagin）和帕克（Robert Parker）在1990年出版的《建设美国城市》（Building American Cities：The Urban Real Estate Games）一书中，以相类似的分析框架揭示了在美国城市中出现的空间形态的变化，他们具体分析了城市中出现的不同类型的房地产开发和空间形态出现的原因，如高层建筑、多用途大楼、城市郊迁、中产阶级化和中心城市改造、购物中心和产业园区（business park）等等，从而具体解释出不同的社会阶层之间的相互作用关系在此过程中的作用，尤其强调了政府、资本家（工厂主、开发商、银行家和投机者等）以及市民等等在此过程中的博弈与相互斗争，是城市空间演变的根本性原因[79]。

在整个20世纪70、80年代还出现了大量用阶级斗争的理论来解释城市发展过程的文献，他们对城市空间的看法，实质上就是认为空间不仅是一种"容器"，而且是一种空间实践，通过这种空间实践使得某些社会或经济过程得以进行和完成。因此，空间和社会并不是相互分离和独立的实体，社会组织和空间过程不可分离地交织在一起。因为空间是在资本主义社会中产生和形成的，因此它本身就是资本主义社会关系的一种表现。正如拉马什（F.Lamarche）所指出的，"城市必然是建立在它之上的这个社会的意象所制造和产生的"。因此，当资本主义生产关系被再生产时，它的空间形式也同样在被再生产；当资本主义经济结构调整以便对面临的危机作出反应时，其空间也将被重构调整。不过，现有的空间安排也会约束和塑造资本主义再生产或重构调整的方式，因为空间在某种程度上已经"固定"或"冻结"在那些已经表达了以前经济活动模式的形式中去了。利皮耶茨（A. Lipietz）指出，"社会总是在一种具体的、过去已经形成和建立的

空间基础上再创造出它的空间"。所以，当资本主义经济结构调整时，它立即就会遇到现有空间形式对任何变化的约束和调节。如果空间也发生变化，那么，它就只能是这样一种情况，即资本主义在一种已有的空间布局中变化，并且通过它们来变化，而这种已有的空间布局是不能简单地由一种行动意志所重塑的。因此，资本主义组织中的任何变化不仅会具有它们所利用的空间的内在固有变化，也会反应在现存的空间安排上。资本主义危机是一种空间现象，这不仅使此危机表现在地理上不均衡（即一个地方工业废地的形成，另一个地方的工业增长和集中就会加速），而且还指空间的约束会形塑或加剧危机[80]。

斯托普（Michael Stoper）和沃尔克（Richard Walker）通过对生产过程中的劳动力的实质需求和发展，从另一个角度对资本主义社会中的劳动关系进行了考察，并对传统的工业区位理论进行了全面的批判。传统工业区位理论的重点在于交通和通信技术，也就是运输费用的降低，而这些因素在当今后工业时代的区位决策中已经不再担当它们曾经起过的重要作用，或者说至少已不如以前那么重要。斯托普和沃尔克通过社会调查和理论研究提出劳动力（labor force and labor power）在当代区位决策中已逐渐成为最重要的决定因素，而特定种类劳动力的形成及其他们之间的相互关系则是其本质性的内容。由于工业技术和组织、全球市场、交通和通信技术、大公司的科学研究能力等方面所发生的变化，工业公司在极为不同的地点布局的能力在不断增长。这些变化共同使得传统的区位限制在今天越来越不重要。因此，劳动力因素自然地上升为最重要，"当资本的能力发展到可以自由布置以适应大多数商品的资源和市场时，它就能担当起与劳动力多样性的协调，在竞争的压力下，这便成为必然的事情"。他们认为，所有的新古典主义理论在思想上将劳动力视为具体的商品，也就是说，劳动力仅仅是由资本家从市场上购得的、运用于生产过程中的几种投入之中的一个，这就"意味着采用了如下不正确的假设：工人同工作的客体是一样的；生产纯粹是技术的运行，是一个工人不能以任何方式引导或出力的机械系统……；生产过程中没有影响工人行为的社会关系和社会生活"。斯托普和沃尔克将区位的影响因素分为两类，即影响劳动力供应和需求的因素。在他们的观点中，最重要的是认识到劳动力特征要素在不同地点的变化。因此，区位决策必须考虑劳动力的地理特

征，而其他的区位特征要素就显得不那么重要。影响劳动力供应的要素有人的特质的（idiosyncratic）和依赖于大量单独因素的考虑，这些考虑则随产业的不同而不同，其中包括购买的条件，这不仅依赖于工资，也依赖于所有其他要求就业者承担的劳动力再生产的费用，如用于卫生、安全、住房等的费用；劳动力的素质，包括技艺（skills），创造力和规律性，这类素质在不同的地区有着显著的差别，这也为人们所共识；劳动力的控制，因为"劳动力和其他商品的根本不同在于即使在最公正的交易中也并不能保证你将得到的是你所购买的"；最后，"场所中的再生产"（reproduction in place），或者说是在商品和家庭生活区位特征方面的劳动力的不同依赖性，也是在地理上变化的。在另一方面，公司的劳动力需求也已发生重大变化，这种需求也受到地理上的限制。斯托普和沃尔克认为，工业应当布置在劳动力的供应能最好地适应他们自己的需求的地方，这基本上是生产过程中所使用的主要技术的函数。因此，不同的生产工序、生产方式都要求布置在特定的地点。同时为了保持低工资，资本家就寻找一些决定需求的劳动力的共同特征，如，不得不接受公司对工资进行控制的工人，对于集体性反抗给予很少支持的工人，以及正在承受同类工人失业压力的工人等。1986年，贾菲（David Jaffee）发表论文，对1970至1980年间美国制造业企业投资情况进行了研究[81]，发现传统的区位分析理论和对企业选址的解释不具有充分的解释能力。他通过对美国本土48个州的数据的分析，发现与劳动力组织化强度、税收水平、社会福利供应程度相关的解释，更能说明制造业就业方面的最新变化。他特别指出，在最近几十年中，制造业主更偏好没有工会联合的州，以及低商业税和较低福利计划的地区。而在一个州里，劳工组织的总体水平，在1970~1980年间对制造业就业的扩张和迁移具有最强和最关键的影响。

斯托普和沃尔克还将他们分析的重点从对特殊工业技术的强调转移到对工业发展的历史轨迹的解释上。他们认为，这是由三个各自相关的独立过程所决定的。这三个过程分别是：资本家与工人之间的关系，工业与周围社区之间的关系，工业与区域发展之间的关系。他们认为"摆脱静态的就业概念意味着对工业区位的再思考"。他们的方法的核心是在区位理论中引入了阶级斗争，也就是在就业条件上的资本家与工人的斗争。一方面，资本家不仅被他们自己的利润率所限，而且

也为外部运行中的环境包括部门竞争和地区工业基础的稳定而被迫进入这种斗争，工厂的兴旺往往意味着促进区域的发展。另一方面，地区劳动力供应的稳定在很大程度上依赖于社区福利和劳动力再生产的地方化过程。正由于这样的原因，工业和社区生活的命运通常是交织在一起的。最后，在就业关系核心上的斗争将调整劳动力的供应和需求两方面，并且还将影响到特定的工厂扩张和区域发展。

除了通过市场运作所反映出来的工人与资本家本身的关系之外，国家作为统治者的地位在此过程中也同样发挥了作用，这种作用的发挥显然是与保证资本主义的社会制度的延续和稳定发展有着极为重要的关系。斯科特（Allen J. Scott）充分意识到所有政治经济学的意识形态的性质，并期望通过对资本主义社会关系和通过商品形式下的整体的或生产过程的理解，来把握城市发展的进程。这里有两个关键性的概念方面。首先，他强调城市土地价格的矛盾性质，城市土地的使用价值一方面依赖于"无数个人、社会和经济行为的集聚效应"，另一方面又依赖于国家的社会干预，它们提供了城市整体得以维持的基础设施的改进和公共服务设施的供应。根据他的观点，在资本主义社会中，城市发展面临着的主要矛盾在于：第一方面，"作为整体是无计划的，并且在最初是社会所无法决定的，在另一方面，土地使用的结果是国家政治预谋（political calculation）的结果，国家对公共设施在质量上、位置上和时间上施加了直接的控制"。由于城市开发的总过程是由第一阶段（即私人控制阶段）所推动的，所以国家干预并不能从私人征用的外部性中挽回空间的使用价值。然而，国家干预以各种方法、以不同程度的无效性来管理这个过程。因此，在资本主义条件下土地开发的第二个特征是其不协调的性质。正如斯科特所述："根据这一点，必然导出在资本主义社会城市土地开发过程作为一个整体是无政府主义的，而且不断地引导着既不是所预期的也不是社会决定的产出"。正是在这样的背景下，国家试图干预城市系统。利皮耶茨（A. Lipietz）认为，国家规划和国家调节就包含着为了资本利益试图重新组织空间，这既包括提供集体所需的公共基础设施以及单个公司需要但又不能或不愿自身来提供的其他资源，还包括由强有力的资本逻辑所强加的反对私人土地占有者，例如为了再开发而通过强制购买土地。拉马什（F. Lamarche）也指出，国家规划实际上是为私人资本进行播种和收获而清除及

准备土地。不过，罗维斯（S. Roweis）和斯科特（A. Scott）认为，由于私人财产所有权这个事实，国家行动总是被限制在其力所能及的范围内。罗维斯和斯科特的研究揭示出空间组织作为一个因素进入资本积累过程影响了理性投资模式，尤其是城市土地的私人所有权妨碍了空间的最优化使用，因为个人在寻求将其所处地方利益最大化时会忽视其决策的整体影响。另外，资本主义企业投资于某一地方的工厂和设备在某种程度上就得长期留在那里，即使当初吸引他们到这里来的因素由于其他资本家的自私自利决策而已经不存在。因此罗维斯和斯科特将这个问题总结为："资本主义社会和财产关系带来了有关城市土地问题的两种主要趋势。一方面，商品生产的逻辑和私人对利润的追求要求有效的土地利用模式；另一方面，由于城市土地的私人所有和控制又导致了偏离这种有效使用模式。"但是国家的干预也有其存在的问题，国家既不可能以始终如一的、理性的方式去直接投资，也不可能定下一个有效的空间模式来强迫所有资本家遵循。即使在英国这样的国家，土地使用规划系统本质上仍是一种消极规划，因为当地方政府和战略规划部门将规划提出后，仍然是由私人部门决定是否发展以及在哪里发展。因此，罗维斯和斯科特认为，城市土地问题的核心是"总体上城市土地的社会化生产与收益的私人化二者之间的矛盾"。这种矛盾不仅表现为资本和劳动力之间的阶级斗争，也表现为资本不同部分之间的斗争，国家卷入了这种斗争和冲突但又无力解决它。他们因而认为资本循环不仅发生在空间，而且本质上也与空间组织相关联，并受它的影响。此后，斯科特提出了"城市土地关系"（urban land nexus）理论，把租金、工资、价格和价值等概念归纳为"附带状况"（epiphenomenal status），这些概念通过说明所有的市场关系成为资本主义特有的生产和再生产的深层关系的具体现象而与建成环境联系起来。在这方面，斯科特的思想更接近于马克思自己关于政治经济学批判的思想。正如斯科特和罗维斯所述："与城市化过程和城市土地问题相关，我们必然的出发点不是对土地（租金、价格等）的竞价（bidding），而是与土地的竞价联系最弱和最表面的跳跃有关的城市房地产关系的深层结构。"斯科特的分析指出了土地开发过程本身内在的矛盾，这些都是由他所称之"城市土地关系"所引起的。一方面，"资本主义城市中，土地使用产出的偶然性是私人的、法律控制存在的直接结果，简言之，恰恰是

因为城市土地开发是私人控制的，因此，这一过程最后集聚的结果必然地而且自相矛盾地将是没有控制的"。另一方面，国家干预补偿了市场过程的不合理性质，但是，资本主义社会关系限制了它本身的协同。因此，斯科特指出，这些矛盾的总的作用形成了城市景观，这种城市景观是偶然性的结果，是不平衡发展的非机能性过程。诸如衰败、投机、房地产的兴旺和破产、污染、居住区多种多样的空间模式等等都是由资本主义土地开发过程本身所产生的，而之所以这样是由这个过程的不协同和无政府主义所造成的，因此是任何外在力量所不能改变的。

在这样的总体分析的基础上，斯科特着力于研究国家干预对城市空间和土地使用的影响及其作用机制问题。他认为，在晚期资本主义社会中，任何地方性的问题及其社会关系，实质上都是由国家机器以这种或那种方式进行管理的结果，因此，城市空间形成和发展本身，都是由集体的政治决定所控制。由于在社会发展的过程中会出现诸如工业区发展、地区矛盾、住宅、社区发展等问题，当这些问题威胁到社会整体的机能和活力时，国家就会采取一系列的措施来予以矫正，但由于国家本身功能上的不完备和行为逻辑上的缺陷，这种干预只能是就事论事的、反应式（reactive form）的，而且也必然是滞后的补救性的控制，这样的结果只会造成新的更为复杂的问题群的出现。这就使人想起彼特森（M. Petersen）在1966年对规划工作所作的一段评语："我可以稍带夸张，但颇有几分真理性地说，一代人的规划会成为另一代人的社会问题。在规划工作中所取得的那些'成绩'往往会成为产生困难的根源。"[82]而国家干预的过程直接导致了政府部门对社会、经济事务的全面干预。正由于这种全面的干预要求保持高度的理性化，就促进了适应技术官僚需要的方法论如系统分析、成本效益分析等，也促进了对空间过程进行描述的实证性理论如新古典土地使用理论、中心地理论和重力模型等的研究和运用，使空间发展的过程更适合于这样的理论型模式。但是这种依赖于技术官僚的干预方式已经由哈伯马斯（J. Habermas）所证明终将要失败[83]，而这种失败在一般的经济体系内会导致重大的崩溃，而且，对人类关系的低水平管理将降低再生产体系的可运作性，从而危及现有社会秩序的正当性。这是当今资本主义城市空间发展过程中所面临的重要问题。

4. 城市空间的资本积累理论

从资本积累角度对城市空间的研究，起始于勒菲伏的空间生产研究，他依循马克思有关资本循环过程的经典论述，结合工业化和资本主义发展到后期的特征特点，对资本循环进行了重新的划分，从而提出，正是由于资本循环的需要和作用才导致了城市空间融入到生产过程中。哈维（David Harvey）则在勒菲伏理论研究的基础上，结合对美国巴尔的摩等城市的房地产业、城市更新和开发的实证研究，对资本循环进行了深入细致的分析，建立了分析资本积累与城市空间之间关系的基本框架。哈维集中研究了支持资本循环并帮助它在空间中实现的当代资本主义基础结构的变化。他从1975年开始在巴尔的摩以精致的方法展开了全面的研究，将综合的、高度特殊化的资本循环系统和财政投资过程中城市空间模式的变化相联系。这样的系统分化为各种机构，包括储蓄借贷社、商业银行、信用联合会、人身保险公司、养老金基金会、房地产投资托拉斯和财政经纪所等。这些机构以各自不同的目的行事，并且对建设行业的不同方面产生影响。哈维证明了巴尔的摩郊区发展和中心城衰退都与这一系统的刺激及财政供应的相对难易程度直接有关。他总结道："有大量的证据表明财政超级机构（superstructure）在地方住房市场的组织和许多'城市问题'中扮演了重要角色。"由于这样的原因，哈维指出，财政资本连接起城市化过程和由美国资本主义的根本原动力所支配的必然性所采取的步骤，在建成环境中所经历的主要矛盾被不断地再生产。1978年，哈维发表了《资本主义的城市过程》（The Urban Process under Capitalism: A Framework for Analysis）的论文，在空间和资本主义生产方式之间的关系上建立了一个总的理论分析的框架[84]。根据他的观点，城市分析的核心是建成环境的生产，而且这个过程已成为资本投资动态过程中的一部分，哈维认为应当详细解释清楚这个过程与社会整体的资本积累之间的相互关系。他通过分辨资本积累的三类独立的循环来详细测定这种关系。第一循环是基于马克思的资本分析中的关于生产过程本身的组织，诸如运用工资劳动力和机器来为利润而生产商品。第二循环包括为进行生产而对建成环境的投资，包括固定资产和消费品，或者消费基金。第三循环涉及对科学和技术的投资，以及"广泛的社会开支的序列，这些开支基本上与劳动力再生产的过程相联系"。按照这样的划分，就会产生这样的问题：既然所有的价值都是由劳动力在生产过程中产生的，那么，第二、第三循环能否能被看成是资本家追求剩余价值的方式呢？在哪种意义上对其他资本循环产生激励，或者相反？在创造剩余价值过程中，那些循环的场所是什么？哈维认为，第二循环的投资通过设置更多的固定资产，也通过为消费社会生产更多的商品来刺激消费，以此强化资本生产更多的能力。第三循环的投资一段时间后也会导致更大量剩余价值的创造，这是因为技术专家也是一种可以扩充劳动力能力的生产力，而且也因为教育和卫生投资将改善劳动力的内在质量。那么，建成环境的生产与资本积累过程的关系又是如何呢？哈维指出，工业资本家之间的竞争导致了过度积累（over-accumulation），这就要求改变资本流而进入其他循环。当这发生在第二循环时，就形成了建成环境的生产。然而，正如哈维所指出的那样，尽管对将来生产时期有利，但是单个资本家情愿尽量少地投资于建成环境，因此，为了维护资本主义社会的持续发展，就需要有两种结构上的帮助来保证过度积累的资本能投资于第二循环。一方面，资本要求有一个自由运行的财政网络和市场，另一方面，资本要求国家对长期建设项目提供支持。财政网络和国家干预就成为资本第一、二循环之间的积累关系的中间过程。在这样的框架之中，国家被认为是各资本循环之间的投资协调者（investment coordinator）。根据哈维的观点，当过度积累被吸收到第二循环时，就达到了一个系统限制，而且这样的投资不再有利润。哈维运用资本的贬值（devalorization）理论来解释这种现象。事实上，他关于资本与空间关系的整个研究方法都依赖于此概念。他说，当第二循环的投资达到它的限度时，"被放入建成环境的交换价值已经被贬低了、减少了，甚至全部失去了"。由建成环境所代表的废弃劳动力（dead labor）为了让新的投资产生就必须定期地予以清除掉。因此，旧的建成环境变成了一种障碍，它们只能通过定期的贬值（devalorization）而予以克服。这样，能被认为是未预计的社会空间产出的产品，也就是空间的不平衡发展。他的结论是，不平衡的空间发展和周期性的建成环境的贬值对于未来资本投资是"机能上的"。由于每一个"发展区"（zone of growth）代表了一个吸引投资的地方，那么必然就有一个"转换区"（zone of transition），在那里，固定资本在投机商靠再开发赚钱之前就已经被贬值了。因此，哈维指出，"空间中已经贬值的资本作为一种自由物品起作用，并且

刺激更新的投资，那么，在资本主义条件下就会有永远的斗争，在这斗争中，资本在特定的时间建造适合于它自己条件的物质景观，在以后的某个时期，通常是在危机中又不得不再去拆除它。暂时的衰落和对建成环境的投资只能以这种过程的思想方法才能理解"。

斯科特（Allen J. Scott）则从另一个角度，研究了工业资本积累对现代大都市形成的作用。对于斯科特来说，城市发展的所有现象都可以用工业制造业的需要与发展来进行解释。他认为，所有的利润创造，也就是资本主义的发展都可以在生产过程中获得解释，而不是来自资本的循环。在这一分析中，他很少讨论到阶级斗争、发展的政治背景、房地产的作用、政府干预的推动作用等，因为他认为这些内容与生产和资本积累的过程并不特别相关，相反，他全面研究了生产过程变化的空间效应，并以此来解释城市形态的变化。斯科特认为，社会关系是围绕着工作、购物和社区服务关系的结合而组织起来的。尽管在这些社会空间要素方面的任何变化都会影响到日常生活的组织，但地方经济结构始终是最重要的。在大都市的发展阶段中，由于在垄断资本主义条件下所有权的高度集中，美国公司已经失去了纯粹的地方特征。它们的运行已经转变为生产、销售、管理功能的全国性网络，这些功能由在空间上分布全国的同一家公司横向结合（horizontally integrated）而成。斯科特认为，进入20世纪70年代后，有一些变化在商业的社会空间关系中产生了，这可以很好地以"纵向分解"（vertical disintegration）的现象来予以说明。在这个过程中，大公司出售或者放弃了许多支撑起它们生产过程的行为，如零部件的生产以及供应生产过程的原料的制造，或其他投入的供应等等。相反，它们向外与提供这些投入的供应商签订合同，并且可以获得最低的价格。供应商之间的竞争可以使公司获取比自己生产这些零部件和原料更低的成本。由于供应的负担由分包商而不是制造业公司自己来承担，公司的存货量就会降低，这样它的成本也就降低。这种生产过程中的纵向分解的安排，在跨国公司的指挥和控制中心，与全球范围的制造、销售、管理的横向结合组合在了一起。新的商业组织是新的公司和新的竞争者在西方国家尤其是在电子和汽车制造领域相继出现的主要原因。这也是大都市为什么向商业服务业转变的一个原因。

纵向分解也有许多问题需要解决。首先，零部件和原料供应的分包减少了制造企业大量的库存需求，

这样就减少了成本，但这些投入必须是当需要时就能获得的。日本的"即时送达"的供应技术（technique of "just-in-time"）用来保证当需要时就能在工厂投入。通常这就意味着单个的供应商对大公司负责任，如果不能很好地履行和合同不得到更新就有可能破产。但这也意味着，在任何大工厂周围就会有小的分包商的综合体形成综合性的产业空间，可以提供多种多样的就业机会。其次，当制造商放弃生产它们自己的投入时，生产过程的合作问题就会产生。这种限制随着计算机制造系统或CAM（计算机辅助制造，computer assisted manufacturing）的引入就可以克服，这些系统能够密切注意所有需求的动向。电子信息处理的这种方式革命化了制造过程，它也创造了新的劳动技艺，并在工人和他们的教育系统中创造了新的、更为复杂的需求。所有这些变化对地方社区以及广泛的劳动力的再生产产生了重大影响。因此，对斯科特而言，这种纵向分解的最终结果就是大公司在全球规模上实现商业的能力，它们可以在世界上大量的地方安排制造、管理和市场。"即时"部件的供应商也几乎可以在任何地方供应，这就导致了资本极度的高移动性，同时也给不同的地方和工人社区以极大的压力，以使这些地方对资本投资而言是极富生产能力和有吸引力的。当资本对现有的安排不满意，它就很容易进行搬迁。

除了对跨国公司类型的企业生产组织的研究之外，斯科特在1988年出版的《大都市：从劳动分工到城市形态》（Metropolis: From the Division of Labor to Urban Form）[85]一书中，还从商品生产的空间逻辑探讨了原型城市形态（protourban forms）的形成，并以产业组织过程为中介说明了城市形态是怎样形成明确的物质空间形态的，同时他也证明了集聚的趋势通常都是与特别密集的大型支柱产业相伴随。然而，同样导致集聚的刺激可以在任何地方出现，只要任何生产中紧密结合的单元形成综合体，通过劳动分工，就开始发展和增长，而在其中经常出现的是这类单元将只包括小规模的、专业化的和高度分解的产业企业。斯科特认为，资本主义社会中大量的城市化，事实上是由大规模的基础产业和小规模（通常是高度劳动密集的）产业组成的大量结合体来安排的。斯科特认为，在20世纪20年代到70年代早期这一时期，可以看到"美国制造业带"的形成和统一开始兴起，并伴随着福特主义（Fordist）工业化的滥用时代而衰败。在这一时期中，大型基础产业是组成大都市地区景观的最为重要的因素。这类产业中的大多数依赖于沉重而大体量的原料投入，诸如煤、矿石或者农业资源。这些原料难于长距离运输，也非常昂贵，尤其是在19世纪比现在原始得多的运输技术的基础上。因此，这些部门的工厂通常都集聚在自然资源场所的周围，或者是一些基础原料便于集聚的节点附近。19世纪许多重要的工业城市在这些大规模的原料密集型制造业的基础上发展了起来，如匹兹堡的钢铁工业，明尼苏达的面粉制造业，新奥尔良的制糖业等等。但芝加哥则是19世纪城市中的一个特例。费尔斯（Fales）和莫西（Moses）就已经描述了19世纪70年代芝加哥作为一个主要的核心节点的精致图画。有快速发展的工业基础包括这些物质密集工业，如：肉食品加工业、高炉、酿造业、玻璃制造业等等。这些工业大部分都布置在紧挨着城市中央车站附近，以至于它们能够非常方便地获得来自腹地的原材料，也容易调度最终的产品运至美国北部和东部广阔而分散的市场，并由此而抵达世界的其他地方。如果城市的生长和发展仅仅只是建立在具有区位吸引力的、为单一性的基础产业服务的、便宜的交通场址，那么，19和20世纪城市的实际模式就会完全不同。这几乎可以肯定，它们只是由少量的在重要的资源区位和节点的大型制造业集聚地区组成，同时也有广泛分布的工矿城镇，但我们无论如何也看不到大量过度扩张的城市地区有着极其多样的经济系统，遍布着当今美国的各个地方。即使在19世纪，像巴尔的摩、波士顿、辛辛那提、纽约和费城等城市明显地是非常综合的地理现象，有着高度多样的产业和贸易行为，有着相当数量的小规模、劳动密集型的制造业，以及基础性的大规模原料密集的形态。在20世纪，我们可以发现在一些城市的中心（其中最典型的例子无疑是硅谷），已经完全放弃了任何先前给定的区位优势，而是充分展现了它们自己内部增长和多样化的动态性。比如，20世纪以来，相当高比例的大规模的、原料密集的制造业形态原先都在大都市的核心地区附近繁荣起来，现在已经全面地从城市环境中消失。这类地区的大部分企业已经完全分散到郊区和边缘地区，以回应中心区上升的土地和劳动力成本以及总体的运输成本的下降。城市经济基础的这类因素的系统性分散化，以及城市系统的间或性崩溃，主要资本主义国家中的城市在继续增长，与此同时，劳动力分工的推进和生产的新的创新部门形成了它们历史性的外观。资本主义经济大规模的城市化趋势，无疑将继续显现其自身在经济不断片断化的环境中不断推进的分化、相互作用和集聚的逻辑。因此，在研究城市形态时仅仅关注大型制造业是不够的，至少存在着极为明显的理论盲点。

斯科特在书中还进一步研究了大都市地区的中小企业的发展及对城市空间形态的影响。他通过对英国伯明翰的军械业和珠宝业、美国纽约的服装业等在城市中空间区位的发展演变，探讨了小型企业在大城市中心区的空间演变。大城市内部的生产空间是由特定类型的工业土地使用集中到一些地方节点上所组成的，它们与办公、服务功能等等相互交织，从而形成城市的拼贴图案（mosaics）。通过案例的描述，充分揭示了生产过程的组织，在垂直系统分解和外部联系的条件下，是怎样通过产业在主要功能上和空间上的集聚形成城市内部空间的。这些例子证明了工厂在规模和常规化（routinization）方面的特征与离市中心的距离之间有着相当直接的关系。也就是说，产业发展或削弱工厂的规模和常规化，技术和组织上的变化将各自与分散和再集中过程相关联。斯科特指出，在一些文献中，经常被提及的过于简单化的说法是，大工厂需要有大量的用地，由此导致了向便宜的郊区区位转移的效应，这确实是有道理的，但也只是部分正确的。我们没有必要声称像这样的大（或者说，水平向的工厂的布局）便是分散的原因，我们也不能证明说小（或者说，多层建筑物）就是中心区位发展的原因。或者相反，这些工厂规模/土地使用关系必须从它们内在联系的相互依赖性和劳动力成本现象方面来考虑。

5. 文化研究学派

索娅（Edward W. Soja）认为[86]，在20世纪90年代，在城市和区域规划研究领域中出现了一种转变，这种转变就是通过充分借鉴文化研究（cultural studies）的方法来具体研究和组织城市空间。这类研究一方面增加了大量的有关城市和区域发展（尤其是不均衡发展）的解释性文献，另外一方面则作为一种手段扩张了城市空间研究的领域，从原来的阶级分析扩展到性别、种族、少数族裔以及日常生活等等方面的研究。这种转变为原先的对城市和区域政治经济研究增加了新的内容，并正在重新思考和建构城市规划理论和实践中的有关认识论和空间分析、组织的基础。

斯特劳斯（A. L. Strauss）从文化研究的角度对城市意象进行了分析，他认为，首先，城市意象提供了一张关于某一场所的简图，好比是一张从空中拍摄下来的照片，它规划了界限，并提出了总体看法以使某场所看起来更可理解以及更容易管理。其次，城市意象是有选择性的，它强调某一场所的独特特征而常常忽视不重要的细节。最后，城市意象并不同于场所地图，它针对他人的可能经历或行为提出了可能的理由动机。这里可举出沃纳（S. B. Warner）对摩天大楼所形成的城市形象的分析为例。沃纳认为，摩天大楼作为当代城市的独特建筑形式，是团体权力的象征，它作为一种权力意象向城市居民展示出一个充满进步性及可能性的世界。然而，沃纳又一针见血地指出，这种"摩天地平线"式的意象实质上是虚幻的，转移了对由贫困引起的城市问题的注意力。斯特劳斯认为，需要对城市复杂的多样性进行符号管理，城市空间的复杂性需要借助符号来简化，并激发个体对城市的意象和情感。他认为，城市人对城市环境的反应必然有其心理性的一面，城市人在真实地把握城市生活的复杂意义的同时，也必须借助符号来象征性地、虚拟地理解城市生活的价值意义。人们对某一具体城市所形成的识别性特征及体现这一特征的象征符号，是人们在形成自身日常生活方式的过程中逐渐地、或多或少是不自觉地习得的，工作、交友、成家立业等都必须在城市的环境中进行。为此，个人必须要借助一套用以整体性地揭示城市生活的符号，来把握并接受城市中各种场所的符号性特征。斯特劳斯指出，通常人们获取某城市的空间意象的方法是观看从高空拍摄下来的全景照片（或大部分景色的照片），或者站在制高点鸟瞰整个城市。然而，实际上这种方法往往造成极大的误解，将城市意象仅仅简化成密度高低的组合和少数特色景点的排列；还有一种替代性方法是，观看整个城市的全景卫星模型，但这也只能获得十分肤浅表面的理解，并不能触及城市生活的实质。观察某一城市可以从多种角度，如生态环境、政治经济、社会结构、城市传记等诸多研究视角，但即使是社会学家也未必能从其中某一角度（如社会结构）来真正理解城市生活的某一方面，更不用说普通的城市居民了。因此，生活在城市中的个体在真实地感受城市生活的同时，必须凭借符号来寻求城市生活的意义，从而形成城市意象。他认为，尽管完全理解城市是不可能的，但个体可以根据自身的经历、通过由符号形成的城市意象来表达自己所理解的整个城市。人们形容某一城市可以用很多个限定词，城市仿佛不是一个场所，而是被赋予了某种人格，有着自己的传记和独特的声誉。城市的复杂性迫使人们用类比的方法来叙述城市，如将城市比作巨兽、女人等，目的是构建出某一具体城市的独特意象，以有助于解释和阐明众多纷繁芜杂的城市意象。城市意象必须是独一无二的，具有显著的特征，普通大众无论是否欣赏都认可这一意象。城市意象一旦形成，便会在具有代表意义的事件和机构中被详细地展示出来，以至于该城市的居民也被认为拥有该城市意象所具有的特征。斯特劳斯认为，个体通过将城市特征符号化，接受并理解了具体的城市意象，这不仅仅是为了寻求精神上的宁静，也是为了能更好地在城市中生活，城市一旦在某种程度上被符号化了，那么，处于城市环境中的个体的行动在某种程度上也就被组织化了、例行化了[87]。

后现代理论家博德里亚（Jean Baudrillard）认为，自从文艺复兴以来，人类的文化价值历经了三种"仿真"（simulation）的阶段：其一，从文艺复兴到工业革命时期，"仿造"（counterfeit）是文化秩序的主导形式；其二，在工业化时代，生产（production）是文化秩序的主导形式；其三，在当代符号繁衍扩展的时代，仿真（simulation）是文化秩序的主导形式。第一种文化秩序的仿真物建立在价值的自然法则基础上；第二种文化秩序的仿真物建立在价值的市场法则基础上；第三种则建立在机制的结构法则基础上。博德里亚认为，"当代生活就是一个符号化的过程，……物品（goods）想要被消费，首先要成为符号，只有符号化的产品，例如为广告所描绘、为媒体所推崇，成为一种时尚，为人们所理解，才能成为消费品"。城市空间不仅是一个在其中进行消费的场所，而且城市空间本身就是一个被消费的场所。弗兰克·莫特（Frank Mort）认为，从20世纪80年代开始，城市的结构发生了一系列巨大的变化，这种变化使得大量城市，尤其是像伦敦这样的大都市成为一个物质享受的地方，其特征就是超级繁华的城市面貌的出现，而其深层的结构性变化则是"居民为消费者，而不是生产者"。这样，城市中的人则是由城市生活中的物质和文化内容伴随着消费的过程而被塑造，城市中的某些地区及其商业设施成为特殊的戏剧场景，它们不仅是作为一个背景场所，而且直接参与到塑造特定人群的自我表现意识的过程中。他说："大都

市的一些特定的区域是演示重要文化礼仪形式的特选地点。在这方面，德·塞托对现代消费结构的认识很有启发。他强调商业制度是分散的和不正规的，他们不仅从最明显的社会立场观点出发——如成品及其形象——而且将自己写入到日常生活的细节中去。这些微观实践的很大部分都是以空间来组织实施的。"因此，从空间的符号性及其消费来认识空间的组织就具有重要意义。"不论是重新修建得富丽堂皇的市中心区域，或是颇具地方特色的购物中心和零售商场，空间和场所都具有表现意义的功能。从各种与当代消费有关的不同环境（特定时期有特定含义），我们可以看出个性是怎样塑造的并且认识对日常生活产生影响的观念是怎样产生的"[88]。

佐金（Sharon Zukin）认为，在20世纪80年代以后，在对城市建成环境的研究中存在着两种不同的学派：一是政治经济学（political economy），它强调投资在不同的资本循环过程中的转变改变了土地在不同的社会阶级中的所有权和使用关系，它的基本术语是土地、劳动力和资本。另外一种思想学派是符号经济学（symbolic economy），它的研究主要集中在社会团体的表现（representation）以及公共和私人空间对不同的社会团体排斥或包容的视觉方法，从这一观点来说，建成形态（在建筑物、街道、公园、室内等）中的有关文化意义的无休止协商导致了对社会识别性（social identities）的建构。她认为，"很少有城市研究者会承认自己只是用其中的一种方式来研究城市。在最近几

图7-65　位于加州阿纳海姆（Anaheim）的迪斯尼乐园的鸟瞰
主题公园以及主题性的购物中心是阳光带（sunbelt）地区成功发展的重要内容
资料来源：Mark Gottdiener.The New Urban Sociology.New York:McGraw-Hill, Inc., 1994. 97

年中，最有成效的城市分析都是建基于对文化和权力的解释与相互渗透的基础之上的"[89]。佐金在20世纪90年代中出版的两本书《权力的景观》（Landscapes of Power，1991）和《城市文化》（The Cultures of Cities，1995）是对城市进行文化研究的经典之作，其中揭示了从大工业生产所形成的城市特征到以符号的消费为特征的城市发展转变，这种转变最为典型的表征，就是佐金《权力的景观》一书的副标题所揭示的：从底特律到迪斯尼乐园的转变。佐金对城市整体的空间状态和城市内部具体空间形态的分析具有非常强大的穿透力，并深入研究了城市中一些特定场所，如主题公园、博物馆、广场、饭店、购物中心等等的空间意义[90]。佐金认为，对于几乎所有的服务经济来说，文化提供了最基本的信息和经济的手段。"城市社会的物质再生产依赖于在相当集聚的地理区域内的空间的连续的再生产。确实，空间生产的最基本要素就是土地、劳动力和资本，但空间生产依赖于这样一些决策，如什么应当被看见、什么不应被看见；有序和无序的概念；美学和功能之间的战略性的相互作用。现在，城市发展中服务经济越来越明显，它们极力宣传、同时也受到美学驱动之累。一方面，现在有这样一种趋势，就是以鉴赏家的眼光来看待过去，通过城市集体记忆的再塑造来'阅读'文化甄别的实践轨迹，历史的保护与城市建筑与街道的生态以及城市过去的意象的生态连接了起来。历史主义的后现代建筑也不断地表达着古典时代的内容。另一方面，现在也有一种通过把艺术家和艺术作品看成是后工业经济的象征，以期赋予未来以人性的欲求。办公楼不只是通过高度和立面来体现其纪念性，它们通过电视艺术家的屏幕装置和公众音乐会，已经被赋予了另一种化身，每一个很好设计的商业中心区（downtown）都有多用途的购物中心以及在其附近的艺术家集中地区。衰败的工厂区或滨水地区已经改变为季节性的展示、烹调设备、饭店、艺术画廊和水族馆等等的市场，经济再发展规划集中在博物馆，从麻省的洛厄尔（Lowell）到洛杉矶的中心商业区都是如此。而在麻省的北亚当斯（North Adams）和密歇根的弗林特（Flint），试图以博物馆来阻止经济衰退的尝试，由于只是强调了在重塑城市形态过程中的文化战略的影响，其结果并不太成功。因此，文化意义和表现的符号经济意味着经济权力"。针对城市发展中的具体情况，佐金提出，"建成环境的商业文化以特殊的方式从符号经济中收编、结合进文化资本，并

将其转化为视觉意象，并在更为广泛的公众之中传播。在整个20世纪中，建成形态的形状，玻璃和光线提供了预示着世俗领域的神圣王国，从纽约的时代广场（Times Square）到伦敦的道克兰（docklands）都是如此。商店、办公楼以及商业文化的剧场等等都为移动性不断增长的公众界定了公共空间。在商业空间中，公众在同一时间内既是顾客也是观光客，既是旁观者也是工作者，既在休闲又在展示。大都市地区的商业空间总是铺陈着最华而不实的排场，同时又是最充斥着矛盾的。它们承受着双重表达的压力，既是全球城市又是城市中的权力的分化，既是权力的景观又是乡土的景观"。空间所具有的基本特性在新的条件下发生了变化，而这一切又都是由一定的权力关系所界定的。"空间的清晰性（legibility）和识别性是相辅相成的。空

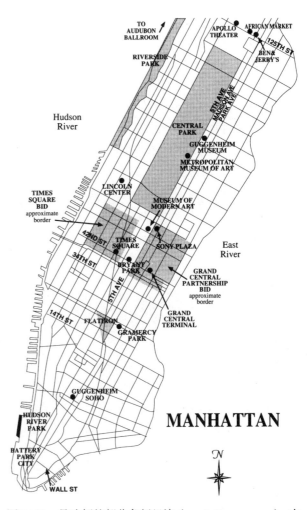

图7-66　曼哈顿的部分象征经济（symbolic economy）：中心金融区、公园、艺术博物馆、中城商务改造区和非洲人市场（African market）

资料来源：Sharon Zukin.The Cultures of Cities.Malden：Blackwell Publishers，1995.5

间由资本投资和感官的依附所建构起来，也就是由谁
来为建设和重建付费，以及进入其中和特定城市的内
部的感觉"。在这样的条件下，佐金根据社会条件、经
济状况的发展和文化研究的深入，对勒菲伏的空间生
产理论进行了修正，她认为，空间的生产与符号的生
产是同时进行的，"符号经济以两种平行的生产系统为
特征，它们对城市的经济增长具有决定性的作用：空
间的生产（资本投资和文化意义的综合）和符号的生
产（由商业交换的通行和社会身份的语言共同建构）。
到1990年，为城市中的艺术而创造场所被理解为伴随
着为作为整体的城市建立场所识别性……城市符号经
济的可视性和可行性在场所创造中扮演着重要角色"。
因此，建基于符号经济的城市空间组织就成为了关键，
她提出，"这对于全球城市尤为重要，在那些大都市中
心，世界金融贸易的主要承担者集中在一起。全球城
市与区域和国家城市中心共享着一个共同的文化战略，
这就提出了一种新的观看风景的方式：使它国际化，
从服务经济中提炼出清晰的意象，与它相联系以进行
消费而不是生产。但在全球城市，为文化霸权而生产
空间的过程相当强烈，而且具有极大的效用。一种有
活力的符号经济从全球范围的房地产投资者、银行、
地产开发商和大的地产所有者中吸引投资资本。这部
分地延续了过去的模式，像伦敦和纽约超越了殖民和
商业帝国的有限的生命周期；部分地源自于相对于竞
争对手的比较优势的需要"。

图7-67　美国国家历史保护基金会的公益广告，显示出历
史保护对多样化的公共文化越来越具有包容性
资料来源：Sharon Zukin.The Cultures of Cities.Malden：Blackwell
Publishers，1995.258

注　释

1 Martin Heidegger.1971.建·居·思.陈伯冲译.见:季铁男编.建筑现象学导论.台北：桂冠图书公司，1992.55~56

2 查尔斯·穆尔.建筑度量论.建筑师(第14期).249

3 Ernst Cassirer.An Essay on Man：An Introduction to a Philosophy of Human Culture.1944.甘阳译.人论.上海：上海世纪出版集
团上海译文出版社，2003.67~68

4 Jean Piaget.The Principles of Genetic Epistemology.1970/1972.王宪钿等译.发生认识论原理.北京：商务印书馆，1985

5 引自 Norberg-Schulz.存在·空间·建筑.尹培桐译.建筑师（第23期），1985

6 C. Norberg-Schulz.实存·空间·建筑.王淳隆译.台隆书店.11

7 Edward W. Soja. The Spatiality of Social Life：Towards a Transformative Retheorisation. 1985. 见：Social Relations and Spatial
Structure

8 Susanne K. Langer. Feeling and Form.1953.刘大基等译. 情感与形式.北京：中国社会科学出版社，1986. 104

9 转引自胡妙胜.阅读空间：舞台设计美学.上海：上海文艺出版社，2002

10 转引自胡妙胜.阅读空间：舞台设计美学.上海：上海文艺出版社，2002

11 转引自胡妙胜.阅读空间：舞台设计美学.上海：上海文艺出版社，2002.67

12 Anthony Giddens.The Constitution of Society.1984.李康，李猛译.社会的构成：结构化理论大纲.北京：生活·读书·新知三
联书店. 1998

13 Norberg–Schulz.存在·空间·建筑.尹培桐译.建筑师(第23期)，1985

14 Norberg–Schulz.存在·空间·建筑.尹培桐译.建筑师(第23期)，225

15 Martin Heidegger.1927.陈家映，王庆节译.存在与时间.北京：生活·读书·新知三联书店.1987.130

16 Martin Heidegger.1971.建·居·思.陈伯冲译.见:季铁男编.建筑现象学导论.台北：桂冠图书公司.1992.57

17 Christopher Alexander.Timeless Way of Building.1977.赵冰译.建筑的永恒之道.中国建筑工业出版社，1989.55

18 Christian Norberg–Schulz. 1979. 场所？. 施植明译. 见:季铁男编. 建筑现象学导论. 台北：桂冠图书公司，1992.133~134

19 Christian Norberg–Schulz. 1979. 场所？. 施植明译. 见:季铁男编. 建筑现象学导论. 台北：桂冠图书公司，1992.139

20 胡妙胜. 阅读空间：舞台设计美学. 上海：上海文艺出版社, 2002

21 Edward Relph. 1986. 场所的本质. 饶祖耀等译. 见:季铁男编. 建筑现象学导论. 台北：桂冠图书公司, 1992.118

22 Edward Relph. 1986. 场所的本质. 饶祖耀等译. 见:季铁男编. 建筑现象学导论. 台北：桂冠图书公司, 1992.119

23 Edward Relph. 1986. 场所的本质. 饶祖耀等译. 见:季铁男编. 建筑现象学导论. 台北：桂冠图书公司. 1992.118

24 Kevin Lynch. The Image of the City. Cambridge, Mass. ：MIT Press,1960

25 Edward Relph. 1986. 场所的本质. 饶祖耀等译. 见:季铁男编. 建筑现象学导论. 台北：桂冠图书公司, 1992.112

26 Edward Relph. 1986. 场所的本质. 饶祖耀等译. 见:季铁男编. 建筑现象学导论. 台北：桂冠图书公司, 1992.117

27 Edward Relph. 1986. 场所的本质. 饶祖耀等译. 见:季铁男编. 建筑现象学导论. 台北：桂冠图书公司, 1992.107

28 Anthony Giddens. The Constitution of Society.1984. 李康,李猛译. 社会的构成：结构化理论大纲.北京：生活·读书·新知三联书店,1998.205

29 Anthony Giddens. The Constitution of Society.1984. 李康,李猛译. 社会的构成：结构化理论大纲.北京：生活·读书·新知三联书店,1998.205

30 其中具有开创性意义的要数 M. Foucault 的《Discipline and Punish：The Birth of the Prison》（法语版出版于1975年, 由 Alan Sheridan 译成英文于1977年出版, London：Penguin Group）。

31 Norberg–Schulz. 存在·空间·建筑. 尹培桐译. 建筑师(第24期)，1985

32 Norberg–Schulz. 存在·空间·建筑. 尹培桐译. 建筑师(第24期)，1985

33 Norberg–Schulz. 存在·空间·建筑. 尹培桐译. 建筑师(第24期)，1985

34 Edward Relph. 1986. 场所的本质. 饶祖耀等译. 见:季铁男编. 建筑现象学导论. 台北：桂冠图书公司,1992.106~107

35 A. Rapoport. The Meaning of the Built Environment: A Nonverbal Communication Approach.1982.黄兰谷译. 建成环境的意义:非言语表达方法.中国建筑工业出版社，1992

36 Rapoport 对非言语表达的方法介绍道："我立足于三个出发点：人类具有非言语行为, 既非常普遍又极为重要；它提供了其他行为的背景（脉络）, 本身也在这些背景中发生和为人理解；人类首先通过观察、记录、继而分析解释, 对非言语行为进行研究。利用非言语模式研究环境意义, 主要包括对各种环境和场景的直接注意, 观察其中所表现的线索, 并鉴别环境的使用者对这些线索如何解释, 即这些线索对人类行为、情感等的特定意义（《建成环境的意义》, 第66页）。他认为，"环境中非言语交流的概念至少可用于两个不同的方面。首先是在类推法（analogy）或隐喻的意义上说, 因为环境明显地为行为提供线索, 而不是用言语来表示, 那么它必定表现为一种非言语行为的形式。其次是更直接地与普遍考虑的非言语行为有联系。非言语线索不仅其自身表达, 而且已证实有助于其他, 主要是言语的表达中也很重要。在协作动作中, 它们也很有用, 例如表示言语陈述的结束。在这个意义上说, 这种关系是很直接的, '真正的'环境既直接表达意义, 又帮助其他形式的意义、相互作用、交流和协同动作"。

37 K. Lynch.A Theory of Good City Form, Cambridge.Mass.：The MIT Press，1981.此书在后来的重印本中改名为 Good City Form。

38 引自：阎少华. 谈谈居住综合体.建筑师(第29期)1988.

39 本节有关 TEAM 10 的引语均引自:程里尧. TEAM 10 的城市设计思想.世界建筑:1983(3)

40 Kevin Lynch. The Image of the City，Cambridge，Mass.：MIT Press1960.

41 Robert Venturi. Denise Scott Brown and Steven Izenour.1972, Learning from Las Vegas. 1977; revised edition.Cambridge,

Mass.：The MIT Press

42 Aldo Rossi.1966/1982.The Architecture of the City, 由 Diane Ghirardo 和 Joan Okman 译成英文, Cambridge, Mass：MIT Press

43 稹文彦.张在元等译.城市哲学.世界建筑：1988（4）

44 R. Krier. Urban Space.1975.钟山等译. 城市空间.上海：同济大学出版社，1991

45 Anthony Giddens.The Constitution of Society.1984.李康,李猛译.社会的构成：结构化理论大纲.北京：生活·读书·新知三联书店.1998.206~207

46 Edward T. Hall1.The Hidden Dimension.New York：Anchor，1966/1990.103~112。以下的描述参阅了胡妙胜《阅读空间》中的相关内容。

47 Edward T. Hall1.The Hidden Dimension.New York：Anchor，1966/1990.7

48 引自：胡妙胜.阅读空间：舞台设计美学.上海：上海文艺出版社，2002.56~57

49 Edward T. Hall.The Hidden Dimension. New York：Anchor，1966/1990.116~125

50 C.A. Perry.Housing for the Machine Age.New York：Russell Sage Foundation,1939

51 以上有关结节性和均质性的论述，主要引自:于洪俊,宁越民.城市地理概论.合肥：安徽科学技术出版社，1983

52 Irwin T. Sanders.The Community.3rd ed..徐震译.社区论.台北：国立编译馆.1982

53 Ray Oldenburg. The Great Good Place：Cafes, Coffee Shops, Community Centers, Beauty Parlors, General Stores, Bars, Hangouts, and How They Get You Through the Day.New York：Paragon House,1989

54 Joe R. Feagin,Robert Parker.Building American Cities：The Urban Real Estate Games（2nd ed.).Englewood Cliffs：Prentic Hall,1990

55 Henri Lefebvre.The Production of Space. 1991.由 Donald Nicholson−Smith 翻译, Oxford UK and Cambridge USA：Blackwell

56 M. Foucault."How is Power Exercised?".1983.见：H. Dreyfus，P. Rabinow 编.Michel Foucault：Beyond Structuralism and Hermeneutics. University of Chicago Press

57 Jane Jacobs.The Death and Life of Great American Cities.New York：Random House,1961

58 Nan Ellin.Postmodern Urbanism.Cambridge：Blackwell,1996

59 张守仪.20 世纪 60、70 年代西方的城市多户住宅.世界建筑：1993（2）

60 Christopher Alexander.Timeless Way of Building. 1979. 赵冰译.建筑的永恒之道.北京：中国建筑工业出版社，1989.72~73

61 Christopher Alexander.Timeless Way of Building. 1979. 赵冰译.建筑的永恒之道.北京：中国建筑工业出版社,1989.159

62 Christopher Alexander.Timeless Way of Building. 1979. 赵冰译.建筑的永恒之道.北京：中国建筑工业出版社，1989.52

63 Christopher Alexander.Timeless Way of Building. 1979. 赵冰译.建筑的永恒之道.北京:中国建筑工业出版社,1989.271~272

64 Christopher Alexander.A City is Not a Tree.1966.严小婴译.城市并非树形.建筑师(第 24 期),1985

65 Robert Venturi.Complexity and Contradiction in Architecture.1966.周卜颐译.建筑的复杂性与矛盾性.北京：中国建筑工业出版社,1991

66 Robert Venturi. Denise Scott Brown and Steven Izenour.1972. Learning from Las Vegas. Cambridge：The MIT Press,1977

67 Charles Jencks.The Language of Post−Modern Architecture.1977.李大夏摘译.后现代建筑语言,北京：中国建筑工业出版社,1986

68 张守仪.20 世纪 60、70 年代西方的城市多户住宅.世界建筑：1993（2）

69 朱嘉广.英美等国有关城市住宅防卫安全问题的研究与实际.世界建筑，1985(1)

70 O. Newman. Defensible Space: A New Physical Planning Tool for Urban Revitalisation. Journal of the American Planning Association, 55, 24 ~ 37, 1995

71 "New Urbanism"一词，在中文中通常被翻译成"新城市主义"，但这种翻译在词义上有许多是无法贯通的。其实，在 20 世纪 80 年代的美国之所以广泛地使用"New Urbanism"这个词，主要是所针对勒·柯布西耶于 1922 年出版的一本法文书《L'Urbanisme》(该书在 1929 年翻译成英文书名改为《明日城市及其规划》(The City of Tomorrow and Its Planning)，书中提出了著名的"明日城市"的设想）。从词义上讲，"Urbanism"源自于法文"Urbanisme"，法语中的含义是城市规划。在英语中，根据《Longman Dictionary of the English Language》，"Urbanism"的含义包括两部分：一是城市居民独特的生活方式，二是对城市社会的特征和物质需求进行的研究。与此相关的"Urbanist"《Longman Dictionary of the English Language》直接以城市规划师（town planner）来释义。因此，"Urbanism"并没有"主义"的含义在内。"New Urbanism"的倡导者之所以将自己成为"新的"，主要的原因在于将以勒·柯布西耶为代表的"Urbanism"看成是现代城市规划，为了将自己基于传统或后现代的规划理念与之区别而称为"New Urbanism"。从20世纪80年代以后在英语文献中广泛使用该词的用法来看，所有的城市规划和城市设计都被包括在这样的名称下，可参见 Nan Ellin 于1996年出版的《Postmodern Urbanism》和 Han Meyer 于1999年出版的《City and Port：Urban Planning as a Cultural Venture in London，Barcelona，New York，and Rotterdam：Changing Relations Between Public Urban Space and Large-Scale Infrastructure》等文献中的有关"urbanism"的用法。Han Meyer在书中还给出了后现代理论家之所以更喜欢使用"urbanism"而不是"urban planning"或"urban design"的理由，是希望将城市规划和城市设计作为一个整体，而不是将它们再分离，甚至提出应当以城市设计的思想和方法来进行城市规划，以城市规划的思想和方法来进行城市设计。因此，在本书中，"New Urbanism"一词统一翻译成"新城市规划／设计"。

72 Mike E. Miles. Gayle Berens，Marc A. Weiss.2000.刘洪玉等译.房地产开发：原理与程序（第三版）.北京：中信出版社，2003.183

73 Andres Duany，Elizabeth Plater-Zyberk and Robert Alminana.The New Civic Art：Elements of Town Planning.New York：Rizzoli International Publications，Inc.,2003

74 Henri Lefebvre.The Production of Space. 1991.Donald Nicholson-Smith 译.Oxford UK and Cambridge USA：Blackwell

75 Henri Lefebvre.Spatial Planning：Reflections on the Politics of Space. 1977.见：夏铸九，王志弘编译.空间的文化形式与社会理论读本.台北：明文书局，1993.34

76 此段中的一些内容摘引自蔡禾主编《城市社会学：理论与视野》（中山大学出版社，2003）第169~172页。

77 引自蔡禾主编《城市社会学：理论与视野》（中山大学出版社，2003）第49~52页。

78 M. Gottdiener.The Social Production of Urban Space.University of Texas Press，1985.

79 Joe R. Feagin，Robert Parker.Building American Cities：The Urban Real Estate Games（2nd ed.）Englewood Cliffs：Prentic Hall,1990

80 本段部分内容摘自蔡禾主编《城市社会学：理论与视野》（中山大学出版社，2003）第173~174页。

81 引自：Joe R. Feagin, Robert Parker. Building American Cities: The Urban Real Estate Game (2nd ed.). Englewood Cliffs. NJ：Prentice-Hall,1990.42

82 M. Petersen. On Some Meanings of Planning, ALP Journal, May, 1966

83 Jürgen Habermas.1973.刘北城,曹卫东译.合法性危机.上海：上海人民出版社,2000

84 David Harvey.The Urban Process under Capitalism: A Framework for Analysis.1978.见：Gary Bridge，Sophie Watson编.The Blackwell City Reader.Blackwell，2002

85 Allen J. Scott.Metropolis: From the Division of Labor to Urban Form.University of California Press，1988

86 Edward W. Soja.In Different Spaces：The Cultural Turn in Urban and Regional Political Economy.European Planning Studies，Vol. 7, No. 1，1999

87 此段内容引自蔡禾主编《城市社会学：理论与视野》（中山大学出版社，2003）第107~108页。

88 Frank Mort.1996.余宁平译.消费文化：20世纪后期英国男性气质和社会空间.南京：南京大学出版社，2001

89 Sharon Zukin.Space and Symbols in an Age of Decline, 1996.见：Anthony D. King编.Re-presenting the City：Ethnicity, Capital and Culture in the 21st-Century Metropolis.Houndmills and London：Macmillan.43~59

90 Sharon Zukin.Landscapes of Power：From Detroit to Disney World.Berkeley.Los Angeles and London：University of California Press,1991；The Cultures of Cities, Malden. Oxford：Blackwell Publishing,1995

第八章　城市发展形态研究

城市是一个复杂的综合体，城市中各组成要素以及要素间相互关系的变化都是城市发展变化的重要组成部分。从广义上来理解，城市发展形态可以指涉许多方面，甚至可以涉及到城市的所有方面产生的任何变动，比如经济发展形态或社会发展形态等等。当然，在本章中主要是从城市规划的专业角度出发，从狭义来理解城市发展形态的概念，也就是指城市发展的空间形态。但这样的界定本身并不排斥对城市社会经济方面的分析，这是因为，任何城市组成要素及其关系的变化都会在城市空间上留下痕迹，而城市的空间形态是城市各项社会经济活动在城市土地使用上的投影，因此，要真正地了解和认识城市的空间形态就必须充分地了解和认识城市的社会经济结构，要真正地理解城市空间形态的演变也就必须充分地理解城市社会经济结构的演变。当然，在社会经济形态和空间形态两者之间存在着辩证的关系，一方面，我们可以通过对城市社会经济活动变化的分析来探讨城市空间形态的变化，并通过对未来活动变化的分析来预计未来空间形态的变化，另一方面，我们也可以通过城市空间形态演变的分析来透视社会经济活动的可能变化状况，并通过对空间形态变化的预期安排来约束和影响城市社会经济的发展。正是在这样的认识的基础上，本章来展开对城市空间发展形态的讨论。

第一节　城市的集中发展与分散发展

现代城市始终是在两种作用力量的交织过程中不断发展的，这两种力量即分散发展和集中发展。这两种力量不仅对城市整体形态即城市在区域中的发展产生影响，而且在城市内部的空间布局和形态上也同样发挥作用。而在对城市发展的理论研究中，也主要针对着这两种现象而展开，这在现代城市规划形成初期的霍华德（E. Howard）的田园城市和勒·柯布西耶（Le Corbusier）的现代城市设想中已有充分的表达，在整个20世纪的

发展过程中，也仍然延续这样的方向发展。

一、城市的分散发展

在20世纪的30年代有一部经典的纪录片《城市》（The City）清晰地反映了当时的城市改革家们对城市发展的思想取向。这部片子是由卡内基基金会斥资5万美元投拍的，由刘易斯·芒福德（Lewis Mumford）编写剧本，有音乐界和制片人等名人加盟。1938年首映，翌年在纽约世界博览会上播放并引起轰动。在影片中，观众们看到了当时活生生的城市生活的写照。影片采用的是环形屏幕，影片开头是只有在人们怀旧的理想世界中才能看到的新英格兰地区乡间的田园诗般的温馨画面。之后镜头一转，形成巨大反差的是宾夕法尼亚工业城中遍布在山坡上的成片的灰蒙蒙的贫民窟，衣衫褴褛的儿童们在低矮的木屋下玩耍。从这片斑驳丑陋的山坡上望下去，是灰蒙蒙、冒着黑烟的厂房。之后，影片中又是纽约中心城午饭期间闹哄哄的场面，和周末在通往海滨的道路上拥挤不堪的车辆，其间夹杂着孩子们的哭叫声。影片结尾则是宁静可人、生机无限的郊区风光。影片告诉人们，城市生活完全可以通过科学规划，通过分散化的办法，建造新的城市环境，一如影片开头新英格兰的村庄那样静谧、整洁、开阔[1]。这部影片通过强烈的对比，充分展示了城市改革家对城市未来发展的认识。他们认为，在当时的大城市中所存在的所有城市问题，都是由于现代工业所具有的大规模集聚人口的能力，从而导致了城市人口的高度集中，而人口的高度集中又导致了城市的拥挤、污染、流行病的肆虐和贫困问题的产生。因此，要解决工业城市存在的种种问题，就必须针对人口高度集聚的状况采用完全相反的方式，即从疏解城市的人口和产业开始，只有这样才能从根本上解决城市问题。

现代意义上的城市分散发展的思想是从霍华德的田园城市（Garden City）开始的。霍华德于1898提出的田园城市设想，认为只有建设兼有城市和乡村特点的新型城市结构形式，才能避免和解决大城市中所出

图8-1 19世纪末波士顿市中心华盛顿（Washington）大街
资料来源：Bernard J. Frieden, Lynne B. Sagalyn. Downtown, Inc.：How America Rebuilds Cities.Cambridge and London：The MIT Press,1989

图 8-2 英国伦敦 20 世纪 60 年代时期的交通拥堵现象
资料来源：Sheila Taylor 编.The Moving Metropolis：A History of London's Transport Since 1800.London：Laurence King Publishing，2001.270

现的拥挤、不卫生等等方面的问题，任何城市的发展都应该寻找这样的建设方式。其言下之意就是，任何大城市都无法避免产生那些危害到城市发展本身也危害到城市居民生活甚至生命健康的种种问题。因此，他提出的田园城市的特征就是在中心城市（规模为58000人）周围建设一圈较小的城镇——田园城市（规模为32000人），形成一个城市组群，也就是他所称的"无贫民窟无烟尘的城市群"。并且当这些田园城市的规模达到了设定的规模之后，这些城市不应该再继续扩大，而应在其周围，按照规划建设新的城市，以安置新增加的人口。而在田园城市的组织上，正如后来继承了霍华德思想并努力推广和实践这一思想的芒福德所总结的那样，为了达到纠正工业城市所产生的问题，新城市的建设应该符合这样一些要求[2]，这些要求，后来也就成为了全球范围内新城市建设的最重要的引导性的原则：

（1）密度必须保持在较低的水平；

（2）城市的规模必须受到限制；

（3）人们必须生活在自然、开放、绿色的环境中；

（4）绝大多数的人际互动应保持在首属的层次（a primary level），以保证精神健康和社会关系的质量；

（5）家庭作为最重要的首属团体是再开发的中心；

（6）邻里是再开发和聚居地的主要单元；

（7）强调正式和非正式的教育；

（8）汽车和人行交通应分离；

（9）新城应是完全社区（完全社区的思想来自于韦伯（M.Webber）的城市观念）。

田园城市从20世纪初在霍华德的指导下开始了初步的实践，但很显然它仍然是一种理想型的设想。这种对田园城市是理想型的判断，是可以用在霍华德亲自指导和主持下建设起来的莱契沃斯（Letchworth）田园城市来佐证的。在此后具体的城市建设过程中，霍华德田园城市的思想和内容被分化为两种不同的形式，一种是指农业地区的孤立小城镇，自给自足，另一种是指城市郊区，那里有宽阔的花园。农业地区孤立的小城镇，由于规模小，缺少完善的必要的城市设施，不具有形成独特城市生活的基础，因此吸引力较弱，也难以形成霍华德所设想的城市群，这就更难以发挥其设想的作用。而且这一时期建设的田园城市也都是在大城市的周边，而这些大城市自身的规模要远远大于霍华德田园城市对中心城市的设定，因此在整体结构上也不符合霍华德的设想，对于他所设想要解决的工业城市快速发展所带来的问题并没有直接的作用。而城市郊区的建设，尽管在形式上可以达到霍华德所设想的一切物质要素，但它只能促进大城市无序地向外蔓延，这就只会促进大城市的进一步膨胀，这显然是与霍华德的意愿相违背的，而且这本身就是霍华德提出田园城市所要解决的问题及其初衷所在。在这样的状况下，到20世纪的20年代，昂温（R.Unwin）

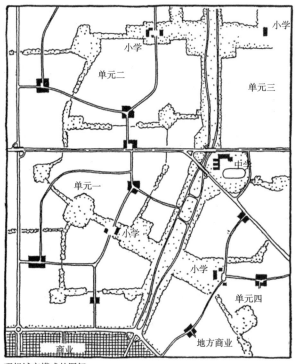

理想城市模式的图解

图8-3　理想城市模式的图解

亚当斯（Thomas Adams）和鲍姆格特纳（Walter Baumgartner）1934年所做的图解，该模式基于对传统城镇模式的替代而不是继续发展
资料来源: Andres Duany, Elizabeth Plater-Zyberk, Robert Alminana. The New Civic Art: Element of Town Planning. New York: Rizzoli, 2003.89

提出了卫星城理论来继续推行霍华德的思想。昂温曾在霍华德的指导下主持完成了第一个田园城市莱契沃斯的规划方案和建筑设计，并且积极参加了当时的田园城市运动。他认为，霍华德提出的田园城市的结构方案是一种理论化的模型，并不是一个可以直接套用在城市建设上的实际方案，这在霍华德提出田园城市理论的书中已经有很明确的阐述，同时在设计莱契沃斯田园城市时，霍华德对此也有专门的表述。但是霍华德的建设田园城市的思想确实应当得到普遍运用和推广的。他认为，最适合建设田园城市的应该是在大城市周围，尤其是在伦敦这样的超级大城市的周边，而且可以围绕伦敦周围建立一系列的田园城市，并将伦敦过度密集的人口和就业岗位疏解到这些田园城市之中去。在城市族群结构形态上，完全可以将中心城市的规模大幅度地提高，而不仅仅局限在几万人的规模上，但必须同时保持像伦敦这样的中心城市不再作大的扩张。在这样分析的基础上，昂温提出，当时"田园城市"已被用于泛指伦敦周围的郊区建设，他从霍华德田园城市的布局形态上获得灵感，提出由于田园

城市在布局形式上犹如行星周围的卫星（尤其是当中心城市的规模比霍华德提出的规模有了大幅度增加之后），因此可以将在大城市周边围绕着中心城市建设的、与中心城市有着密切功能联系的新城市称为卫星城，这在他所主持完成的伦敦区域规划研究中予以了运用。从此，卫星城就成为了大城市周边相对独立又在功能上依附于大城市的、经过规划建设的新城镇的名称，并且得到了欧洲建筑师、学术界和政府官员等的一致认同。1924年，在阿姆斯特丹召开的国际城市会议上，提出建设卫星城是防止大城市规模过大的一个重要方法。由此开始，卫星城便成为一个国际上通用的概念，其知名度和使用的频率在此后相当长时期内要远远超过田园城市。在这次会议上，明确提出了卫星城市的定义：卫星城市是一个经济上、社会上、文化上具有现代城市性质的独立城市单元，但同时又是从属于某个大城市的派生产物。卫星城的概念在承认其是独立而完整的城市的基础上，又强化了其与中心城市（又称母城）的依赖关系；在其功能上强调中心城功能的疏解，因此往往被视为中心城市某一具体功能疏解的接受地，由此出现了工业卫星城、科技卫星城甚至卧城等类型，成为中心城市的一部分。值得注意的是，卫星城在这些方面的特征与霍华德田园城市的设想存在着许多相违背的方面。尽管在霍华德的设想中，田园城市与田园城市之间、田园城市与中心城市之间都有着密切的道路和铁路联系，但在他所设想的田园城市中，城市居民在自己的城市中就业，城市的整体功能是完整的，城市功能及其运作无需依赖于其他城市，是一种相对自给自足型的地方社区，因此，卫星城的概念和实践实际上已经解体了霍华德田园城市对城市的整体性认识。同时，当昂温将田园城市转换成布局形式上的卫星城，尽管继承了田园城市保持较小规模并分散发展的理念，但也已经全面摒弃了田园城市有关社会改革及社会化实施等等方面的根本思想，也就是说，从形态和形式上接受了田园城市的内容而在实质上已经放弃了田园城市的思想基础，进而为物质空间决定论对田园城市的重新解释提供了条件，但也许正是这一点才促进了卫星城在更大范围内被普遍接受并得到广泛的实践，推动了现代主义城市规划的全面实行。

1944年，阿伯克龙比（P. Abercrombie）完成的大伦敦规划中，坚持了对大城市进行疏解的思想，在伦敦城市建成区周围规划设置了十多公里宽的绿化带

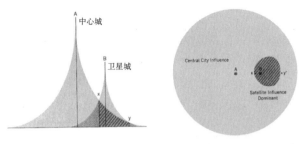

图 8-4　中心城和卫星城影响力分布的剖面和平面
资料来源：John F. Kolars,John D. Nystuen.Geography：The Study of Location，Culture，and Environment.New York：McGraw-Hill Book Company，1974.63

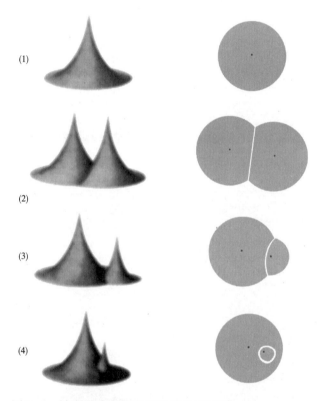

图 8-5　城市影响力和不同规模的锥形图
（1）单个城市；（2）相近规模的两个城市；（3）城市和独立的小城镇；（4）城市和卫星城
资料来源：John F. Kolars,John D. Nystuen.Geography：The Study of Location，Culture，and Environment.New York：McGraw-Hill Book Company，1974.64

（对应于霍华德田园城市中提出的城市周围永久保持农业用地的思想），将伦敦中心城的发展限制在二次大战开始之前的范围之内，然后在绿化带的外围规划布置了8个卫星城，从伦敦的中心城疏解出50万以上的居住人口和工作岗位。随着该项大伦敦规划在二次大战后成为世界范围内城市建设中的样板，同时也确立了其在现代城市规划历史中的经典地位，从而产生了深

远的影响。从20世纪40年代二次大战结束开始到20世纪70年代初，在西方经济和城市快速发展时期，西方大多数国家都有不同规模的卫星城建设，其中以英国、法国以及中欧地区最为典型。

经过一段时间的实践，人们发现这些卫星城带来了一些问题，而这些问题的来源就在于对中心城市的依赖，因此开始更加强调卫星城市的独立性和自身功能的完整性。也就是开始要求在卫星城中，居住与就业岗位之间要相互协调，可以满足卫星城居民的就地工作和生活需要，具有与大城市相近似的文化福利设施配套，从而形成一个职能健全的独立城市。至20世纪40年代中期以后，人们对于这类按规划设计建设的新建城市统称为新城（new town），一般已不再称为卫星城。从一定意义上讲，新城的概念更强调了城市的相对独立性。新城建设基本上是形成一定区域范围内的中心城市，为其本身周围的地区服务，并且与中心

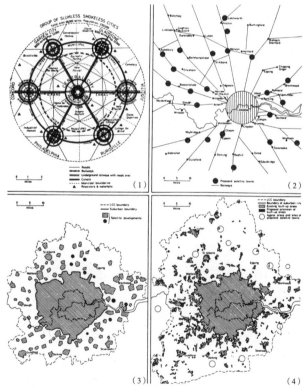

图 8-6　由霍尔（Peter Hall）归纳总结的20世纪上半叶新城思想的演变
（1）霍华德（Howard），1898年
（2）普尔东（Purdom），1921年
（3）昂温（Unwin），1929～1933年
（4）阿伯克龙比（Abercrombie）的大伦敦规划，1944年
资料来源：Peter Hall.Cities of Tomorrow：An Intellectual History of Urban Planning and Design in the Twentieth Century（3rd ed.）.Oxford and Malden：Blackwell Publishers，2002.184

城市发生相互作用,成为城镇体系中的一个组成部分,对涌入大城市的人口起到一定的截流作用。

从以上的描述可以看到,尽管田园城市、卫星城和新城的名称各不相同,但它们基本上都是建立在通过在大城市周边建设小城市来分散大城市的思想基础之上的;尽管它们在城市的功能、作用以及具体内容上仍有不少的差别,但也可以被看作是同一个概念随着社会经济状况的变化而不断发展深化的结果。

在英国,城市的分散化发展主要是希望通过在大城市周围建设新城来实现的,而在美国主要是通过城市的郊区扩展来推进城市的分散的,尽管在 20 世纪30、40 年代美国也建设过一些新城,但数量极少,而且并不很成功。而郊区化的发展则成为美国 20 世纪中最典型的城市发展方式,而且也是最典型的城市现象。

郊区化在美国的发展从 19 世纪末就已开始起步,并且在 20 世纪的 20 年代形成了一个高潮,当时主要是在城市工人运动大规模爆发的情况下,一些企业主为了保证工厂生产不受工人运动的影响、避免工厂中的工人被鼓动起来参加罢工,因而从城市中心地区向外围迁移。与此同时,城市的拥挤和较差的城市环境以及在动乱中保护自己的财产的想法也迫使中上阶层搬离中心城市,以获得更适宜的居住生活环境,并在铁路建设所提供的方便条件的推动下,在郊区形成相对独立的居住区。在 20 世纪 30 年代开始的罗斯福总统“新政”时期,城市改革家们对城市分散发展的思想已经开始影响到中产阶级的择居倾向,同时,房地产商基于土地的可获得性和开发成本较低的原因而在郊区进行了一系列大规模的房地产开发,对城市的郊区化起到了推波助澜的作用。二次大战结束后,汽车快速普及,州际高速公路的大规模建设,政府对私人拥有住房给予的高财政资助,以及战后的人口高出生率等等,使美国在二次大战后出现了大规模的郊迁化,美国的郊区化发展成为城市发展的主导。在 20 世纪80 年代中期,杰克逊(Kenneth T. Jackson)出版了一本名为《马唐草边疆:美国的郊区化》(Crabgrass Frontier: The Suburbanization of the United States)的书,对美国的郊区化过程进行了总结[3]。该书认为,美国城市的发展,不断经历着空间结构的巨大变革,而在这些空间结构变化中,尤以郊区的发展势头最为强劲。“郊区已成为美国最典型的空间成就”。该书书名中的“Crabgrass”,中文名为“马唐草”,这是一种生命力极强的野草,茎直立或斜生,下部茎节着地便生根,横

向蔓延成片,繁衍迅速,往往侵害草坪,难以拔出和根除。用它来借喻城市郊区的蔓延,显然既形象又贴切。这样的“马唐草边疆”有四个明显特点或独特性:

第一,人口密度低。大都市区的第一个明显特点是低人口密度和缺少城、乡之间的明确界限。早在1930 年,纽约大都市区的 1090 万居民分布在 2514 平

(1)纽约的曼哈顿地区,是美国乃至世界上最密集的城市地区之一

(2)洛杉矶地区,是美国和世界上最为典型的分散化发展的地区

图8-7　尽管美国有非常集中的城市地区,但分散化的郊区式发展是整个国家的基本特征

资料来源:Eduardo E. Lozano.Community Design and the Culture of Cities: The Crossroad and the wall, Cambridge.New York and Melbourne: Cambridge University Press, 1990.102

方英里①的地域上。其他城市甚至更加分散化。例如，1950~1970年，华盛顿大都市区由181平方英里扩展为523平方英里。就整个美国而言，1980年，全国共有8640万个居住单位，其中2/3即5730万个是有阔绰院落的独户住宅。到1990年，美国20个最大城市中，有5个每平方英里的人口密度为1万人以上，5个在5000到9999人之间，10个在5000人以下。而在1910年至1950年，20个最大的城市中，有13个人口密度在1万人以上，4个在5000到9999人之间，3个在5000人以下。可见，美国大城市的人口密度已大大降低了。

第二，拥有私人住房。美国居住文化的明显特征是对私有住房的强烈追求。这一特点也可以用资料来进行量化反映。约有2/3的美国人拥有它们自己的住房，在小城市，纯白人家庭的95%都拥有私人住房。这个比例相当于德国、瑞士、法国、英国和挪威等国的两倍。再以瑞典为例，该国尽管很富庶，但拥有私人住房的也不过1/3，而且这个比例自1945年以来一直未发生变化。只有澳大利亚、新西兰和加拿大这样地广人稀、开发较晚的国家与美国相类似。

第三，居民社会经济地位高于市中心区。在美国，郊区是那些受过高等教育、从事专业职业、上层收入者的天地，因此社会地位和收入水平较高。例如，1970年，美国市区内中等家庭平均收入只相当于郊区居民中等家庭收入的80%；1980年这一比例降到了74%；到1983年，更进一步降到72%。甚至波士顿这个被人们认为市中心区改造最成功的城市，市区内平均收入水平也在下降。一位美国学者曾做过计算，美国城市居民的平均收入由市中心区向外每移动1英里（约1.6km）就增长8%，到10英里以外就加倍地增长，即每1英里增加16%。而在其他国家，往往是富人住在市中心区，穷人在外围边缘地带。如南非、罗马、巴塞罗那、维也纳等国家和城市中社会经济地位最高的住宅区都靠近中心商业区，郊区通常是穷人的归宿地，巴黎市中心区是特权阶层的专有领地。

第四，通勤工作。根据1980年人口统计，典型的美国就业者每天单程要走9.2英里（约14.8km）、花费22分钟到工作地点，每年仅用于此方面的花费就高达1270美元。

杰克逊的这本书主要揭示了美国郊区化的过程以

及产生的原因，对郊区生活的状况并未作全面的研究，也未对郊区生活与城市生活之间的关系进行揭示。而社会学家甘斯（Herbert J. Gans）在20世纪60年代初，针对当时城市研究中将城市与郊区相对立进行研究，尤其认为城市生活方式和郊区生活方式是相对立的学术传统，着重研究了城市郊区的生活方式，同时对路易斯·沃思（Louis Wirth）有关城市生活特征的研究提出了批评。他在1962年发表论文《作为生活方式的城市性与郊区性》（Urbanism and Suburbanism as Way of Life: A Reevaluation of Definitions），对美国的郊区状况及其特性进行了全面的研究[4]。甘斯的研究首先区分了现代城市和现代郊区的生活方式，并对此作出分析，在此基础上，将城市的地域范围划分为内城、外城和郊区，并分别对内城、外城和郊区的生活方式进行了分析和对比，结果发现：

（1）就生活方式而言，内城必然与外城和郊区有所区别，并且后两者表现出来的生活方式和沃思的城市性有着甚少的相似之处。

（2）即使在内城，生活方式也只是在一个有限的程度上与沃思的描述相似。而且，经济条件、文化特征、生命阶段和居住者的不稳定性与人口数量、密度或异质性相比，更能令人满意地解释生活方式。

（3）对于生活方式而言，城市和郊区在物质环境和别的方面的区别常常是虚假的或是没有什么意义的。

接着，甘斯从对城市居民特征的分析入手，具体分析了组成城市的各类市民的特征以及他们所具有的日常生活方式。他认为，并不存在一种独特的城市性，相反，是由于不同的人群的差异而导致了他们日常生活方式的不同，如果要比较城市和郊区的生活方式，就需要分析这些不同的人在不同的地域空间中的生活方式是否会不同。他首先把内城的居民分为五类：四海为家者（cosmopolites）；单身者或无嗣者；种族村民（ethnic villagers）；受剥削者（deprived）；陷入困境者（trapped）与落泊者（downward mobile）。他通过对这五种类别的内城居民的分析来描述内城人口的社会文化特点：

（1）四海为家者包括学生、艺术家、作家、音乐家和娱乐人员及其他的知识分子和专业人员，他们住在城市中心是为了能靠近那些只在那儿落脚的文化设

---

① 1平方英里 =2.59km²

施。许多四海为家者是单身者或无嗣者。

（2）单身者和无嗣者根据他们地位的短暂或持久分为两个类别。暂时的未婚者和无嗣者仅仅在内城生活一段有限的时间，结婚或有了孩子之后，他们会搬离这里，而长久不结婚的则会一直留在内城度过余生。

（3）种族村民是指在内城或内城附近的区域存在的种族群体，"他们以某种如同他们在欧洲当农民时或在波多黎各乡村时那样的生活方式生活着"。

（4）受剥削者是指"十分贫困的人口；精神困扰或有其他别的障碍者；破裂家庭；非白人人口。他们居住在已经遭到破坏地区的坍塌破旧房子里"。也有一部分人是把这里作为暂时的停靠点，当储存足够的钱时就会去购买外城或郊区的房子。

（5）陷入困境者和落泊者是两个相关的类型，前者是因为无法支付搬离的费用或是因为无法承受因搬离而带来的其他损失。后者则可能是"在一个相当高的阶层出生，但现在却已在社会经济等级和生活质量方面被逼下降，他们中许多是老人，以微薄的养老金在维持他们的生命"。

甘斯认为，除了后两种类型居住者之外，其他类型的居住者是与他们所居住地区无关的，并且也是分离的：四海为家者发展出了一种独特的亚文化，他们除了与他们的邻里有表面的交往之外，对其他一切均不感兴趣。单身者和无嗣者因为不受惯例的家庭责任束缚（这种束缚必然需要和当地区域产生一定的联系），所以也是与所在居住地分离的。这两种人根本不会考虑邻里或者当地社区机构的质量和有用与否。而种族村民也是不受所在居住地的影响，他们可以设立其社会栅栏（social banners）而不管他们与邻里之间的空间紧密性和社会异质性。只有受剥削者和陷入困境者似乎受到了人口数量、密度和异质性的影响，但仔细考虑，即便他们受到影响也应该是居民的不稳定性的结果，而不是人口数量、密度和异质性的结果。

甘斯指出，在外城和郊区，生活方式和沃思的城市性没有多少相似之处。他创造性地用"准首属"（quasi-primary）这个术语来形容这两种居住地生活方式的共性。因为在这两种居住地，居民的互动"比次属交往（secondary contact）更加亲密，但比首属交往更具防卫性"。在此基础上，甘斯批评了流行的学术观点，即认为城市居民向郊区的转移创造了一种新的生活方式。他认为，事实上人们搬来郊区之前就表现出渴望或理性地想要得到这种生活方式，郊区本身并没

创造出什么新生活方式。他通过对城市和郊区的比较，发现那些搬到郊区去的城市居民在行为上并没有任何明显的改变，许多所谓的城市和郊区的差异都被证明是站不住脚或者对居民的生活方式来说是不重要的。甘斯把最经常提到的城市和郊区居住区之间的差别概括为六个方面：（1）郊区更像是宿舍区；（2）郊区更加远离中心商务区的工作机构和娱乐机构；（3）郊区比起城市居住区来说更加现代和更加新，郊区是为小汽车拥有者所设计而不是为行人和公共交通使用者设计的；（4）郊区是由密度较低的独门独户的家庭组成；（5）郊区的人口更具同质性；（6）郊区的人口较年轻，大多数已婚，收入较高，较多人拥有白领工作。针对以上这些经常提及的城市和郊区的六个方面的差别，甘斯运用实证的方式进行了逐一的分析，并得出了相对应的六个结论：

（1）除了在一小部分老的内城区域，工厂和办公室仍然坐落在居住街区之外，许多城市居住区和郊区一样也是一个宿舍区。

（2）郊区与中心商务区相距较远的说法只有在空间距离的定义上才是真实的，而不是指来回路程上所花费的时间，而且许多人较多地利用工作所在地的社会设施。

（3）依赖小汽车上下班这个特点是从预选出来的高收入的郊区居民和远郊居民中得出的。即便如此，中高阶层的主妇开车送孩子上学就如同步行到街角的一个药店买药一样，带有感情的、社会的或文化上的重要性。另外，对公共交通依赖的降低是总体的趋势，即便在城市，许多年轻人也过着一种完全依赖于小汽车的生活。

（4）郊区的社区较小这么一个事实主要是由于在这个社区还未成为郊区之前就划下的行政边界造成的，而密度和房屋类型的差异导致的社会后果同样被过高地估计了。对社交而言，居民的同质性是比时空上的临近更重要的决定因素，如果人口是异质性的，邻里之间的社会交往就会很少，不论是在公寓楼还是在独门独户的房子组成的街区。就房屋类型而言，如果郊区仅和外城相比，差异就较小。

（5）如果郊区只和外城对比，人口同质性的差别就不那么明显，但就整体而言，它明显比城市整体更具有同质性。尽管如此，人们却不是以一个整体居住在郊区或城市的，而是居住在以社会交往所定义的一个居民区的范围之内，这表明许多城市居住区和郊区

一样是同质的。另外，即使存在着一定的差别，也不是由于房屋类型、人口密度或者区域地点，而是由于郊区较新，并且没有经过居民的转换。

（6）如果仅仅拿郊区和外城相比，城市和郊区在人口学特征上的差异就会大大减少。

因此，经过这样的分析，甘斯指出："城市和郊区概念既不是相互排斥的也不是与生活方式的理解特别相关的。"这两个概念以及人口数量、人口密度和人口异质性并不足以独立解释在城市和郊区所产生的社会结果。他认为，在郊区，"新的并不是什么其他的东西，而是一个由年轻人、高等工人阶层和较低层中产阶层形成的群体的生活方式"，是"旧价值观的新居"，"对郊区居民的行为和个性模式的描述事实上只不过是对他们的阶层和年龄的描述"。他论证道："这些模式可以在这些新郊区居民仍住在城市的时候发现，也可以从他们仍然居住在城市的伙伴中发现"。因此，甘斯认为，在相应的研究中不要为先前的教条所束缚，应当去发掘其本身的特点。从某种角度讲，先验地假定城市和郊区生活的对立是不正确的，郊区的发展其实并不是洪水猛兽，郊区本身的生活方式与城市生活方式是一致的，是城市生活的延续和扩展，并且具有与城市生活方式的同构性。

尽管有许多学者反对城市的蔓延式发展，但经济学家认为，城市的蔓延式扩展有其存在着的问题，但其中也体现了其效率的一方面。赫希（Werner Z. Hirsch）在《城市经济学》一书中对此问题有这样的论述[5]，他说，"我们的研究发现，蔓延发展虽有消极的一面，但未必然无效率，从布局观点来看也并非不受欢迎。蔓延扩展是私人决策的结果，部分受到政府没有明确规划的公共机构环境的影响，部分受到市场失灵的影响。反对郊区蔓延扩展的责难，看来主要出自反对者的个人兴趣和偏好"，"战后郊区蔓延扩展有许多原因，某些方面反映出美国人喜欢在疏朗郊区，住在自己的家里，四周有草坪和庭院环抱。人口因素，例如高出生率和大量年青人也加剧了城市蔓延扩展的趋势。但是联邦政府战后时期有两项重要规划，却在无意之中促进了郊区蔓延扩展。一项规划是巨额补贴新住宅的押借利率费用，由于中心城空地很少，这些新住宅大多数建设在郊区。这项财政补贴很大，使新住宅每月还本付息的支付低于类似住宅的租金。联邦政府的第二项行动是实现州际高速公路规划。除了中西部和东部还有少数8条收费道路外，免费高速公路

（1）波士顿的 Town Houses

（2）麻省 Newton 的独户住宅

图 8-8　不同的住宅形态和居住区模式

料来源：Eduardo E. Lozano.Community Design and the Culture of Cities: The Crossroad and the wall.Cambridge. New York and Melbourne: Cambridge University Press，1990.267

遍布全国。结果是使相距二三十英里的中心城工作地点与郊区住宅之间的经常往来变得便宜和方便。这两项行动无疑比政府为了促进郊区增长的明确目的而制定的任何规划更有影响。事实上，过去所有改变郊区蔓延扩展的努力，最多也只具有边际效应，森德奎斯特的评论非常恰当：'城市计划者只是在少数项目方面而不是在基本模式方面影响郊区蔓延扩展的形式'。"经济学家的研究揭示了美国城市郊区化发展的需求和供给两方面的原因，在这些因素的作用下，美国的郊区化发展持久不衰，在1950至1980年间"大都市人口增长的80%以上发生在郊区"[6]，而到20世纪70年代初，美国全国居住在郊区人口已经超过居住在市区的人口。这种发展的速度和影响的深度，都证实着美国建筑大师赖特（F. L. Wright）先哲般的预言："美国不需要有人帮助建造广亩城市，它将自己建造自己，并且完全是随意的。"而他所提出的"广亩城市"

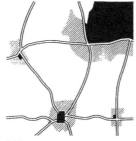

模式　　　　　　　　　　　应用：Madison, Wisconsin 1993

（1）有非常清晰边界的中心城市，外围有一系列城镇和村庄环绕，之间有绿带相隔离，有铁路等相联系

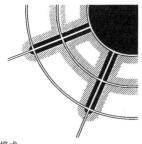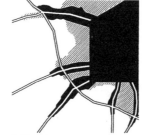

模式　　　　　　　　　　　应用：Baltimore, Maryland 1950

（2）由一些交通轴线向外延伸，交通轴线之间有开放空间楔入

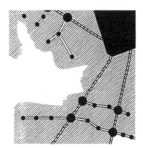

模式　　　　　　　　　　　应用：Portland, Oregon 2020

（3）公共交通导向的模式（Transit Oriented Development, TOD），由一些公共交通站点为核心组织起整个区域

图 8-9　城市边缘区域的不同发展模式

资料来源：Andres Duany. Elizabeth Plater-Zyberk, Robert Alminana. The New Civic Art：Element of Town Planning, New York：Rizzoli, 2003.15

（Broadacre City）则将城市分散化发展的思想推到了极点。赖特清晰地认识到大多数美国人思想中所具有的对乡野生活的憧憬，在以梭罗（Henry David Thoreau）的个人主义和爱默生（Ralph Waldo Emerson）的自然主义为代表的美国文化中，郊区生活甚至在更为广阔的田野中生活是他们的最基本的追求。赖特认为，现代城市不能适应现代生活的需要，也不能代表和象征现代人类的愿望，并且是一种反民主的机制，因此这类城市尤其是大城市应该取消。这就需要回到美国文化先辈们的哲学中去，才能克服当今世界所可能强加到我们身上的错误思想和观念，这也正是赖特建构起

"有机建筑"思想体系的起因。同时要保证"有机建筑"与"有机社会"的统一，必须强化个人的作用，并将个人的作用与自然紧密地联系起来，从而建构起属于他自己的社会，而这个社会在物质形态上的表现就是"广亩城市"。在这样的基础上，他决心要创造一种新的、分散的文明形式，这种社会形式在小汽车大量普及的条件下已经成为可能。在赖特看来，汽车赋予了人们自由迁徙和选择的自由，是一种"民主"的驱动方式，因此，新的社会形态的建构必须以此为基础。汽车也就成为了他反城市模型也就是广亩城市构思的支柱。他在1932年出版的《消失中的城市》（The Disappearing City）中写道，未来城市应当是无所不在又无所不在的，"这将是一种与古代城市或任何现代城市差异如此之大的城市，以致我们可能根本不会认识到它作

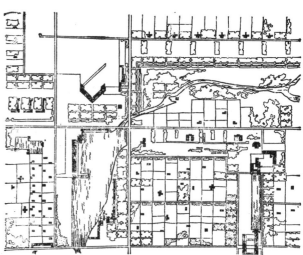

图 8-10　赖特的广亩城市

资料来源：Kenneth Frampton.张钦楠等译. 现代建筑：一部批判的历史.北京：三联书店，2004.209

W·奥斯特罗夫斯基.1979.冯文炯, 陶吴馨, 刘德明译.现代城市建设.北京：中国建筑工业出版社，1986.48

为城市而已来临"。塔夫里等在《现代建筑》一书中对此评论道："赖特是乡野社会的完美的解释者，从追求乡野生活的态度中，赖特体验到一种与他从沙利文那里学到的类似的疏离大都市的高雅态度。"在随后出版的《宽阔的田地》（Broadacres）一书中，他具体描述了广亩城市的设想。这是一个把集中的城市重新分布在一个地区性农业的方格网格上的方案。他认为，在汽车和廉价电力遍布各处的时代里，已经没有将一切活动都集中于城市中的需要，而最为需要的是如何从城市中解脱出来，发展一种完全分散的、低密度的生活居住就业结合在一起的新形式，这就是广亩城市。在这种实质上是反城市的"城市"中，每一户周围都有一英亩的土地来生产供自己消费的食物和蔬菜。居住区之间以高速公路相连接，提供方便的汽车交通。沿着这些公路，建设公共设施、加油站等，并将其自然地分布在为整个地区服务的商业中心之内。赖特对于广亩城市的现实性一点也不怀疑，认为这是一种必然，是社会发展的不可避免的趋势。

郊区化的发展由于高速公路的全面建设和私人小汽车的普及而得到迅猛发展，此后由于电子通信的发展而得到加强。长途直拨电话、电脑间的传送连接、闭路电视、电子邮件和传真等等的广泛使用使得人们不必面对面地进行交流。但应当看到，尽管这些技术性手段可以保证人们进行远距离的相互作用，但这并不必然会导致人口的分散，不过它们却可以提供更多的选择自由，在其他的社会和经济力量的作用下有助于人口的分散，至少不会对人口的分散化起到阻碍的作用。随着交通和通信技术的进步，原来的郊迁化主要以制造业、仓储等产业和以居住人口为主向外迁移，继而是以购物中心为代表的零售业配合居住人口的外迁而在郊区大规模建设，到20世纪80年代时也出现了以办公、生产者服务业等传统城市中心导向的功能向郊区迁移，形成了所谓的"边缘城市"（edge city）的形态[7]。但这种郊迁化的出现，更多的是由办公和生产者服务业内部所出现的分化所引发的，在这些行业中，一部分直接面向顾客的或直接为顾客服务的部门，为了保持最高的交易活动和处理事务的效率，继续留在了大城市的中心区，而且由于生产者服务业等等第三产业的快速发展，城市中心的这种集聚效应非常明显。而一些为这些服务提供配套的、以"后台办公"为特征的工作，尤其是像数据处理等等部分则被搬迁到了郊区。这种迁移极大地依赖于电子通信技术的发展，

尤其是因特网的成熟而能够与中心区的部分建立充分的联系。从这样的意义上来讲，信息化确实能够帮助城市的分散化发展，退一步讲，至少提供了这样的条件。

二、城市的集中发展

城市最重要的特征就在于它的集聚性，它是由于人口和人的活动的高度集聚而出现、发展以及被定义的。而现代工业化的不断发展为城市的集聚提供了动力。马克思从生产关系的角度精辟地揭示了在资本主义条件下工业化必然导致城市化的规律性，他说："向城市集中是资本主义生产的基本条件。"[8]而恩格斯在分析伦敦城市发展的状况和城市急剧发展的必要性时强调指出了由于城市中的高度分工以及相互协作的高效性，使得经济效率大大提升，他说："这样大规模的集结，250万人聚集在一个地方，使250万人的力量增加100倍。"[9]人口和各项活动的集聚是由于这样的集聚能够带来边际的效益，而这种效益在经济的聚集中体现得最为充分，并且为聚集经济理论所证实。从经济学的角度讲，根据哈佛大学教授波特（M. Porter）的研究成果，集聚是指在地理上一些相互关联的公司、专业化的供应商、服务提供商、相关的机构，如学校、协会、研究所、贸易公司、标准机构等在某一地域、某一产业的集中，它们既相互竞争又相互合作的一种状况。产生集聚的主要因素在于：一些企业在价值链上具有上下游的关系；企业间的横向联系十分密切；企业与其他机构，如高校、科研机构的紧密联系；政府在集聚中的作用发挥等。波特认为集聚状况对经济发展产生良好的功能效应：首先，可以更经济地获得专业化的投入要素和人力；其次，可以更低成本地获取相关信息；第三，增强企业间的互补性；第四，低成本地获取公共产品；第五，提供更有效的激励[10]。而经济学家巴顿（K.J. Button）则认为，经济活动的集聚性是城市经济的根本特征之一，并在其专著《城市经济学》一书中对聚集经济效益进行了全面的阐述。根据巴顿的研究，之所以会产生聚集经济效益，是由于以下十种类型的原因[11]：

（1）本地市场的潜在规模，居民和工业的大量集中产生了市场经济；

（2）大规模的本地市场也能减少实际生产费用；

（3）在提供某些公共服务事业之前，需要有一个人口限度标准；

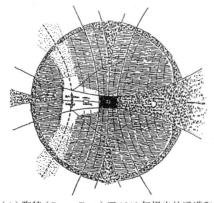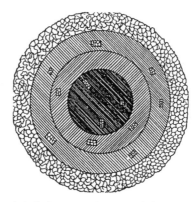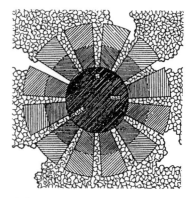

（1）陶特（Bruno Taut）于1919年提出的通道和楔形模式的图解。该模式将楔形和对城市规模控制（外围有绿带）结合了起来

（2）梅（Ernst May）于1922年提出的两种城市模式。左图是同心圆模式，显示了简洁的、单中心的圈层模式，密度向外逐渐下降，外围有绿带；右图是通道和楔形（corridor-and-wedge）模式，绿地楔入到城市之中

图8-11　20世纪初，有关城市集中发展的理论探讨

资料来源：Andres Duany，Elizabeth Plater-Zyberk，Robert Alminana.The New Civic Art：Element of Town Planning.New York：Rizzoli，2003.14

（4）某种工业在地理上集中于一个特定的地区，有助于促进一些辅助性工业的建立，以满足其进口的需要，也为成品的推销与运输提供方便；

（5）日趋积累的熟练劳动力汇聚和适应于当地工业发展所需要的一种职业安置制度；

（6）有才能的经营家与企业家的集聚也发展起来；

（7）在大城市，金融与商业机构条件更为优越；

（8）城市的集中能经常提供范围广泛的设施；

（9）工商业者更乐于集中，因为他们可以面对面地打交道；

（10）处于地理上的集中时，能给予企业很大的刺激去进行改革。

这十种聚集经济效益揭示了城市各项活动（至少是经济活动）之所以集聚在一起的原因，但有集聚起来的需求并不一定就可以集聚起来，还需要有一定的条件。而且，单个企业的集聚是否会导致多个企业的集聚？同类型的企业集聚是否会

（1）1911年出现的展示了多层的未来主义的城市街道和摩天大楼的图景，图被命名为"纽约的帝王梦"（King's Dream of New York）

资料来源：Grahame Shane.The Machine in the City：Phenomenology and Everyday Life in New York.2002.见：Peter Madsen，Richard Plunz 编.The Urban Lifeworld：Formation，Perception，Representation.London and New York：Routledge.227

（2）弗里（E. Maxwell Fry）于1931年提出的"未来塔楼城市"（The Future Tower City）的设想

资料来源：Annastasia Loukaitou-Sideris，Tridib Banerjee.Urban Design Downtown：Poetics and Politics of Form.Berkeley，Los Angeles and London：University of California Press，1998.53

图8-12　20世纪初，对城市集中发展的关注转变为对城市内高度密集建设的重视

导致多种类型的企业的集聚？人口的集聚也同样有这样的问题存在。就生产企业来讲，单个企业的扩张是受企业的规模经济的影响，也就是说，为什么企业有不断扩展的需求，是由于企业对规模经济的追求。所谓规模经济就是随着企业生产规模不断扩大，该企业生产单位产品的成本就会下降，也就是生产某一产品的数量越大，生产这一产品中的每一个产品就越便宜。这是导致生产规模不断扩大的原因。但企业在追求规模经济的同时是否会导致城市的发展，或者导致产业的集聚呢？卡利诺（G.A. Carlino）的研究显示，规模经济并不能产生这样的结果。那么，究竟是什么样的力量导致了产业的集聚进而促进了城市的发展呢？卡利诺在20世纪70年代末和80年代初经过一系列的研究来探讨这一问题。他首先通过实证性研究尝试区分"城市化经济"（urbanization economies）、"地方化经济"（localization economies）和"内部规模经济"（internal economies of scale）对产业聚集的影响。所谓城市化经济就是当城市地区的总产出增加时，不同类型的生产厂家的生产成本都出现了下降，这就意味着，城市化经济源自于整个城市经济的规模及其多样性，而不只是某一行业的规模，其次，城市化经济有助于整个城市的生产厂家获得利润而不只是特定行业的生产厂家。而所谓的地方化经济就是当某个工业行业的全部产出增加时，这一工业行业中的某一生产过程的生产成本下降。要实现地方化经济就要求这个生产厂与同类厂布置在一起，由于生产厂的集中而降低生产成本。这种经济性来源于三个方面：生产所需的中间投入的规模经济，劳动力市场的经济性，交通运输的经济性。而内部规模经济是指当生产企业本身规模的增加而导致本企业生产成本的下降。经实证分析，他发现，对于产业聚集的影响而言，内部规模经济并不起作用，它只对企业本身的发展有影响，因此只有从外部规模经济上去寻找解释聚集效益的原因。在两类外部规模经济中，他发现，作为引导城市集中的要素而论，地方性经济不及城市化经济来得重要，也就是说，多种产业的集中和城市的集中发展之间有着明显的相关性，即与城市的整体经济密切相关，因此，对于工业的整

体而言，城市的规模只有达到一定的程度才具有经济性。当然，聚集就产出而言是经济的，而就成本而言也可能是不经济的，即使在成本－产出的整体中仍处于经济的时候也会出现这样的状况。这类不经济主要表现在地价或建筑物租金的昂贵和劳动力价格的提高，以及交通拥挤、环境质量下降等。不过根据卡利诺1982年的研究，城市人口少于330万时，聚集经济超过不经济，当人口超过330万时，则聚集不经济超过经济性。当然，这项研究是针对于制造业而进行的，而且是在一般情况下的，并不是针对具体城市的研究。很显然，各类产业都可以找到不同的聚集经济和不经济之间的关系，各类不同的城市也会表现出不同的效应，而且可以相信，服务业需要有更为聚集的城市人口的支持，这也是大城市服务业发达的原因。

产业或人口的集聚是城市集聚功能的部分方面，就当代城市的发展而言，城市整体的集聚功能主要表现在[12]：

第一，城市成为重要的资源转换中心。通过城市中庞大的生产体系加工着自然资源和原材料，转换成各种产品和货物。

第二，城市成为价值增值中心。在资源要素的转换过程中，城市经济创造出新价值，成为利润中心。

第三，城市成为物资集散和流转中心。资源要素的转换促进着城市必须运作资源要素、原材料的输入和产品货物的输出，成为实物分配的枢纽。

图8-13　城市的扩张。Residenzstadt从1330年到1913年的发展
资料来源：Politics-Poetics Documenta X — the Book.Ostfildern-Ruit：Canty Verlag，1997.96

第四，城市成为资金配置中心。一方面，城市中的生产体系对资金产生强大需求，另一方面，随着实物流转和分配，同时进行着资金流转和分配。

第五，城市成为信息交换处理中心。由于重要的经济活动基本上在城市中进行，因此，各种信息主要在城市产生、处理、交换，然后进行扩散。

第六，城市成为人才集聚中心。城市的生产体系运作需要大量人才，同时，大量人才也被城市的活力和发挥环境所吸引。

第七，城市成为经济增长中心。综合以上各种活动，城市成为了主要的经济活动中心，成为了经济中心，也成为了经济增长中心。

从历史的角度来说，集聚是城市发展的重要方面，正是由于城市功能的集聚促进了城市的发展。在市场经济体制下，尤其是20世纪70、80年代以后，在经济逐步走向全球化、电子通信业不断发达的状况之下，许多学者提出了资本和产业的全球移动，会导致产业和人口的大规模分散，城市的集聚将难以为继，因此，经济和社会格局将发生重大的变化。但实际情况并不一定如此，至少到现在为止在整体上并不完全如此。这其中的原因，我们在本书的最后一章讨论当今城市发展的时候会援用一些学者的研究来予以说明，这里仅就工业企业的问题，介绍我国学者周起业先生在20世纪80年代讨论西方生产布局时从资金的可获得性角度对此作出的解释[13]。他认为，企业主如果不能筹集到一笔资本，任何工业布局方案都是不可能实现的。这既包括用于建筑厂房、购置设备的固定资本，也包括用于雇工、购置原材料等方面的流动资本。有些工业企业的兴建与运营都需要占用大量资本，因此，它们在布局上受到资本来源的引力很大。尽管资本是可以在地区甚至国家间流动，但是这种流动也会受到一定的制约，这种制约的结果，仍然会使产业形成相对集中的趋势。

（1）已经投放在厂房、机器上的固定资产并不容易在地区间进行移动。即使老工业区原来发展某种工业的条件已经大部分丧失，出现了条件更好的地区，也很难把老区的厂房、机器拆迁到新区去。因为拆迁不但损失很大，耗用资金很多，而且牵涉到大量移民问题，不易解决。美国近几十年来，纺织工业从新英格兰大量南移。其实很少有把工厂从北部拆迁到南部的，多数情况下，是关掉北部的工厂，在南部建新厂。有许多历史遗留下来的不合理的工业布局现象还仍然

被设法维持着，其相当部分的原因就在于此。

货币资本一般被认为是极易流动的，可以从有余地区流向不足地区。其实，问题并不这么简单。它受着各种势力相互矛盾斗争的制约。从世界范围来讲，在国家之间、经济共同体（如欧洲共同市场、经互会等）之间、各贸易集团之间、各种货币区之间，资本的流动并不是自由的。即使在美国国内，南部与北部各财团之间的斗争也很尖锐，这必然会影响到资本的流动。所以在一国内部往往同时存在着资金过剩与不足地区。

（2）掌握着大量货币的金融资本为了避免出现呆账，加速资金流转，比较更愿意贷款给那些已经站住了脚的，办得兴旺的企业，而不愿意向风险较大的新地区、新企业投资。特别是1973年出现经济危机以来，金融资本家在贷款上更加小心翼翼，把扩建放在优先于新建的地位。据统计，20世纪70年代，先进资本主义国家对工业的新投资80%用于扩建或补充流动资金。这就使得要在新地区创办新企业，特别是资本密集型企业倍加困难。

（3）金融机构在地区上分布的不平衡也影响到资金的流动。美国金融机构主要集中在北部、东北部等老经济区，而在新开发地区则相对较少。这种情况对信誉好的大企业影响较小，他们可以直接与大银行、股票经纪人打交道，直接发行债券，跨地区借钱，筹集资本。但对下述两种工业的布局影响则很大：一种是高度技术密集的创新型企业，如电子计算机、电子产品、通信设备的生产。在这些行业中，新工厂建立的数量最多。其中有的厂家经营得好，能经常推出一些市场需要、别的厂家难以竞争的尖端产品，这就能迅速有效地从小企业发展成很大的企业。但也有不少工厂，建厂不久就因为产品质量差，没有竞争能力而倒闭，或被兼并。它们往往在一个较长的时期内，为了研制准备要推出的新产品，需要垫进去很多钱，其结果也可能一本万利，也可能亏损倒闭，因此必须得到银行的支持才有成功的可能。这种投资由于风险较大，被称为"风险资本"，一般必须由那些较大的银行的决策机构拍板，以决定是否对某个这一类的企业予以财政支持。在作出决策时，银行（或其他大财东）必然要求与贷款对象保持密切的个人接触，为他们提供咨询，甚至直接参与管理，以监视投资用途。因此这些最富有开拓性的企业在布局上必须尽可能接近资金来源地。即使在美国，能大量提供"风险资本"的地

点也是不多的，主要有旧金山、洛杉矶、纽约、波士顿、芝加哥与休斯敦等。这就使得美国许多开创性的、高度技术密集型的工业都向这些地点集中。旧金山南面的圣巴巴拉（硅谷）、波士顿的128公路两侧之所以能兴起为国际公认的电子、计算机工业集中地区，虽然不能主要归功于这些地点风险资本来源充足，但对这个因素所起的作用也决不能低估。另一种在布局上受金融机构的地区分布影响较大的是那些大量存在的中小企业。它们只能与地方性中小银行和一些大银行的分支行打交道。这些中小金融机构为了防止倒账，要求对贷款对象的经济活动严密监督，他们总是愿意贷款给那些就在自己附近的、比较了解的老主顾。美国有些专业贷款机构，专门给某一特定地区内的某种行业（如服装业、家具业、首饰业等）提供贷款。它们对这个行业的商情很熟，对每一家厂商的经营情况也很了解，所以一般不容易出问题。这种贷款机构规模都较小，力量有限，对距离较远的地区就不太了解，也不敢轻易向那些地区贷款。这就限制了资本向新地区移动。而美国的大多数企业要是得不到银行的通融信贷则很难维持下去。可见，金融机构分布的不平衡影响到资金分布的不平衡，从而也就加剧了工业分布的不平衡。

（4）种族、宗教偏见也会限制资本的流动。

周起业的解释揭示了工业企业和金融资本之间的关系以及它们的集聚发展在资金链上的原因。这是我们在互联网时代、信息化时代可以看到的仍然存在着的集聚现象，而另一个可以看到集聚的现象是大城市，尤其是"世界城市"（World City）或"全球城市"（Global City）的持续发展。大都市地区在二次大战以后尤其是20世纪60年代以后出现大规模的工业外迁和衰退，城市人口也大量地往外迁移，这些大城市虽然遭遇到了暂时的困难，但并没有出现持久的衰退，而是在经济结构调整的基础上吸引了更大规模具有国际影响的机构入驻，甚至成为全球经济的管理与控制中心，进而推动了城市快速发展。从某种角度讲，其经济的集聚能力更强，甚至可以调配区域甚至世界范围的经济资源，同时也吸引了全球范围的人才和移民的集聚。"世界城市"作为世界顶级城市的称呼的出现，一直可以追溯到德国诗人歌德在18世纪后叶将罗马和巴黎称为世界城市的时候。在20世纪初，格迪斯（P. Geddes）于1915年将当时西方一些国家正在发展中的大城市称为世界城市。而对世界城市现象的专门研究则是由霍

尔（Peter Hall）在1966年出版的《世界城市》一书开始起步的[14]。针对第二次世界大战后世界经济一体化进程的推进，霍尔看到并预见到一些世界大城市在世界经济体系中将担负越来越重要的作用，在书中，他认为世界城市具有以下几个主要特征：

（1）世界城市通常是政治中心。它不仅是国家和各类政府的所在地，有时也是国际机构的所在地。世界城市通常也是各类专业性组织和工业企业总部的所在地。

（2）世界城市是商业中心。它们通常拥有大型国际海港、大型国际航空港，并是一国最主要的金融和财政中心。

（3）世界城市是集合各种专门人才的中心。世界城市中集中了大型医院、大学、科研机构、国家图书馆和博物馆等各项科教文卫设施，它也是新闻出版传播的中心。

（4）世界城市是巨大的人口中心。世界城市聚集区都拥有数百万乃至上千万人口。

（5）世界城市是文化娱乐中心。

随着经济全球化进程的不断深入，进入到20世纪80年代以后有关世界城市的研究也方兴未艾，1982年，弗里德曼（J. Friedmann）和沃尔夫（G. Wolff）发表了一篇题为《世界城市构成：研究和行动的议程》（World City Formation：An Agenda for Research and Action）的论文[15]。在该论文中，作者运用并延续了以前有关世界城市研究的成果，依据世界体系论、核心-边缘学说、新的国际劳动分工理论等，将世界城市看成是世界经济全球化的产物，提出世界城市是全球经济的控制中心，并提出了世界城市的两项判别标准：第一，城市与世界经济体系联结的形式与程度，即作为跨国公司总部的区位作用、国际剩余资本投资"安全港"的地位、面向世界市场的商品生产者的重要性、作为意识形态中心的作用等等。第二，由资本控制所确立的城市的空间支配能力，如金融及市场控制的范围是全球性的，还是国际区域性的，或是国家性的。依据世界体系理论，他们认为世界城市只能产生在与世界经济联系密切的核心或半边缘地区，即资本主义先进的工业国和新兴工业化国家或地区。1986年，弗里德曼（J. Friedmann）发表了《世界城市假设》（The World City Hypothesis）的论文[16]，进一步深化了对世界城市的研究。他强调了世界城市的国际功能决定于该城市与世界经济一体化相联系的方式与程度的

观点，并提出了世界城市的7个指标：（1）主要的金融中心；（2）跨国公司总部所在地；（3）国际性机构的集中度；（4）商业部门（第三产业）的高度增长；（5）主要的制造业中心（具有国际意义的加工工业等）；（6）世界交通的重要枢纽（尤指港口和国际航空港）；（7）城市人口规模达到一定标准。通过前面的两个判别标准和这里提出的7个指标，可以较好地界定具体的某个城市是否就是世界城市。从这些研究中可以看到，在20世纪90年代之前有关世界城市的研究基本上还停留在对现象本身的界定和对这些城市本身的描述方面。

在有关于这些城市的研究文献中，还有其他不同的论述，其中最主要的有"国际大都市"（international metropolis）和全球城市（global city）等概念。这两个概念与世界城市的概念有相类似的内容，但也有一些微妙的差别，主要在于其职能和国际化程度上。一般而言，世界城市所指的是城市的综合性职能，而"国际大都市"和"全球城市"则更多是强调他们与世界范围的经济联系方面。有学者对此作了进一步的区分[17]：

国际大都市是指那些在国际政治、经济、文化生活中具有较强影响力、较大人口规模和集聚扩散能力的特大城市，它是全球经济活动的控制、协调和指挥中心，是全球经济化的空间产物。这类城市在国际社会生活中占有重要地位，在国际交往中具有一个或多个突出功能，其影响力和辐射功能超越地区，跨越国家，波及全球。美国斯坦福大学教授莫克尔斯（A. Mockles）提出，认定国际大都市有7项标准：（1）经济国际化程度高，经济实力雄厚，是全球性或区域性的国际经济中心；（2）服务业高度发达，能够提供完善的国际性服务，是全球性或区域性的国际金融和贸易中心；（3）城市基础设施高度现代化，交通高度便捷，是全球性或区域性的交通枢纽和信息源；（4）各类国际组织、跨国公司总部、跨国银行和非银行金融机构高度集中，国际间商业活动高度活跃，具有较强的行为能力；（5）工作和生活环境高度开放，居民有使用多种语言的能力；（6）研究与开发能力高度发达，是全球性或区域性先进技术的集散地；（7）具有一定人口规模和高素质人才。

"全球城市"作为一个专有名词，首先是由美国经济学家R·科恩（R. Cohen）在其1981年发表的《新的国际劳动分工、跨国公司和城市等级体系》一文中

提出。科恩认为，全球城市是新的国际劳动分工的协调和控制中心，他运用"跨国指数"和"跨国银行指数"这两个指标分析了若干城市在经济全球化中的作用。跨国指数指某一个城市所拥有的全球最大的500家制造企业公司的海外销售额占这500家制造公司海外销售总额的比重，和这500家制造业公司在某一城市的总销售额占这500家制造业公司中销售额的比重之比；跨国银行指数指某一城市所拥有的全球最大的300家商业银行的国内存款与国外存款之比。如果这两个指数均在1.0至1.5之间，则该城市属于国际性中心城市，若这两个指数均在0.7至0.9之间，则该城市为全国性中心城市，只有这两项指数都超过1.5的城市才能成为全球城市。根据科恩的分析结果，只有纽约、伦敦和东京这两项指数均超过了1.5，属于全球城市。1991年，美国学者S·扎森（S. Sassen）在其《全球城市：纽约、伦敦、东京》[18]一书中，运用经济学、社会学和区域科学的理论，在经济全球化的基础上对这三个被科恩判定的全球城市进行了全面分析，并在科恩对全球城市的职能定义的基础上，提出了全球城市的基本职能。她认为，全球城市除了作为国际贸易和交易的中心这样一种具有长久历史的功能之外，这些城市现在还以这样四种方式发挥着作用：首先，作为世界经济组织过程中高度集中的控制场所；其次，作为金融业和专业化服务业公司的最重要区位，这些公司将替代制造业作为城市的主导性经济部门（the leading economic sectors）；再次，作为这些主导产业的生产场所，其中包括创新的生产；最后，作为产品和所创造的创新的市场。

世界城市和全球城市随着世界经济一体化的推进还会更进一步的发展，而且在相当长的时间内也是世界各国特大城市发展目标，同时在学术研究中也会有不断的文献出现。但不管怎么说，世界城市或者全球城市都可以看成是城市集中发展的极致。这里基本上是对世界城市和全球城市等的概念做了介绍，有关其实质性的内容及其影响，在本书的最后一章结合经济全球化的内容再做进一步的描述。

第二节 城市发展的区域关系

城市的分散发展和集中发展只是表述了城市发展过程中的两种不同的趋势或两种不同的力量，任何城市的发展都是这两个方面作用的综合，或者说，是分

散与集中相互对抗而形成的暂时平衡状态。在分散发展的过程中有相对集中的因素在发挥作用，在集中发展过程中也有分散的力量在发生作用，因此，在对城市发展形态的认识过程中，有必要综合地认识城市的分散和集中发展，并将它们视作为同一过程的两个方面来考察城市发展的进程。只有这样，才能真正认识城市发展的实际状况。城市的分散发展和集中发展在整体运作上共同发挥作用，但在城市的外部联系上和在城市的内部结构上有着不同的表现，因此，在这一节中主要从城市的外部联系，即城市发展的区域关系上来考察城市与城市之间、城市与区域之间以及把城市和区域作为一个统一体来进行认识，在下一节中主要从城市的内部结构角度来考察集中和分散力量的作用。

城市是人类进行各种活动的集中场所，通过各种交通和通信网络，使物质、人口、信息等不断地从城市向各地、同时又从各地向城市流动。但很显然，城市的发展并不仅仅只有集聚的功能，"如果仅仅为集聚而集聚，没有扩散，这种集聚是无法持续的。而且从城市经济发展的过程分析，集聚是手段，扩散是目的，集聚是为了扩散，而扩散则进一步增强集聚能力"[19]。从城市经济的角度来讲，"城市的扩散功能主要在于：第一，扩张城市的市场型占有、配置和利用资源要素权利的作用范围；第二，构筑更大空间的经济协作体系；第三，扩散城市的优势能力，如技术、资金、管理、观念、加工体系等，提高和带动周边地区的经济发展水平和能力，从而更确立城市对周边地区的主导性地位，即城市对周边地区的吸引力"。随着城市对周边地区吸引力的增加而更进一步地增强城市的集聚能力。因此，城市与周边地区的相互作用关系就是建立在这样的动态过程之中的，一方面城市"在充分利用、吸纳城市本身、周边地区及国内外的各种资源要素和积极因素，增强城市经济实力和发展潜力"，另一方面，则"利用城市经济在各方面的优势，把这种优势渗入到周边地区及更大区域，从而带动这些地区的发展，并在这过程中进一步增强以城市为中心的区域经济的整体实力"。在城市与区域之间的相互作用过程中，城市对区域的影响类似于磁铁的场效应，随着距离的增加，城市对周围区域的影响力逐渐减弱，并最终被附近其他城市的影响所取代。每个城市影响的地区大小，取决于城市所能够提供的商品、服务及各种机会的数量和种类。一般地说，这与城市的人口规模和经济规模成正比。不同规模的城市及其影响的区域组合起来就形成了城市的等级体系（the urban hierarchy）。在组织形式上，位于国家等级体系最高级的是具有国家中心意义（有些还具有世界中心的意义）的大城市，它们拥有最广阔的腹地；在这些大城市的腹地内包含若干个等级体系中间层次的区域中心城市；在每一个区域中心腹地内，又包含着若干个位于等级体系最低层次的小城市，它们是周围地区的中心。

城市对区域的影响力范围的确定，就是要将城市与区域的相互作用具体化。但是，城市具有各种职能，每一职能的吸引范围可能都不同，而一个区域总是同时受到两个甚至更多的城市的影响。因此要确定城市的影响区的范围仍是一项比较困难的工作。格林（H. L. Green）于1955年根据铁路通勤人员的流动方向、报纸发行范围、电话呼唤方向、公司和银行负责人的办公地点等五项指标来划分纽约和波士顿之间的平均边界，从而确定这两个城市的影响范围。赖利（W. J. Reilly）于1931根据牛顿万有引力定律提出了"零售业引力规律"，其公式为：

$$\frac{T_a}{T_b} = \frac{P_a}{D_a^2} \times \frac{P_b}{D_b^2}$$

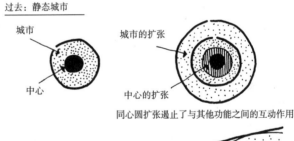

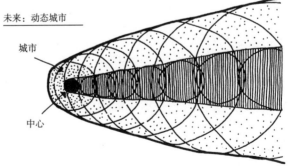

图8-14 佐克西亚季斯（Constantin Doxiadis）的"动态城市"（Dynapolis）模式
上面两个图解显示了过去的静态城市的扩张模式，下面的图解显示了未来的动态城市的扩张模式，这是一个综合了向心和线性发展的趋向，这种城市可以随着时间的推移而不断地生长
资料来源：Andres Duany, Elizabeth Plater-Zyberk, Robert Alminana. The New Civic Art：Element of Town Planning.New York：Rizzoli, 2003.16

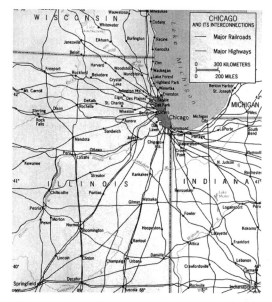

图 8-15　芝加哥周边地区的地面交通线
资料来源：H.J. de Blji.Human Geography：Culture，Society，and Space（4th ed.）.New York:John Wiley & Sons，Inc.，1993.21

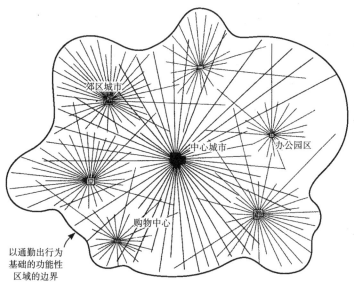

图 8-16　城市地区的通勤出行模式
资料来源：H.J. de Blji.Human Geography：Culture，Society，and Space（4th ed.）.New York: John Wiley & Sons，Inc.，1993.26

其中，T_a 和 T_b 为从一个中间城市被吸引到 a 城市和 b 城市的贸易额，D_a 和 D_b 为 a 城市和 b 城市到那个中间城市的距离，P_a 和 P_b 为 a 城市和 b 城市的人口数量。根据这个规律，一个城市对周围地区的吸引力，与它的规模成正比，与离它的距离成反比。康弗斯（P.D. Converse）发展了赖利的理论，于 1949 年提出了"断裂点"（breaking point）概念。也就是，两个城市间的分界点（即断裂点）可以根据下列公式求出：

$$d_a = \frac{D_{ab}}{1 + \sqrt{\dfrac{P_a}{P_b}}}$$

其中，d_a 为从断裂点到 a 城市的距离，D_{ab} 为 a 和 b 两个城市间的距离，P_b 为较小小城市 b 的人口，P_a 为较大城市 a 的人口。根据所确定的断裂点系列就可以比较清楚地划分各个城市的影响区范围。当然，城市的影响范围并不能完全采用这种方法进行划分，这种方法所确定的范围仅提供了一个大致的、在均质条件下的大概边界，城市影响范围的确定还受到其他条件的影响，如自然地形地貌、交通方便程度、历史形成的传统联系等等方面，在具体研究城市与区域之间的联系时需要予以充分地认知。

从城市和区域之间的作用关系中可以看到，城市与周围区域之间始终是存在着位差，周围区域总是在被城市所吸引同时也在接受城市的辐射，因此城市和区域之间就会处在不平衡的状态之中。而在这个过程中，城市就充当着增长极的作用，通过城市的增长而带动周边地域的增长。佩鲁（Perroux）在 20 世纪 50 年代发表的《增长极的解释》的论文阐述了对他的增长极理论的运用。他将地域聚集作为极化过程的一种形式，尤其注重了极化的区位过程。他认为，国民经济是一个包括地域推动产业、地域聚集的产业极和活动极的相对主动体系与包括受影响产业依赖于地域聚集极的相对被动体系的综合，把地域增长极的形成及其作用视作国民经济发展的一个重要的方式和途径。后来，经其他经济学家的进一步阐述，拓展了增长极理论的空间地域内容。在这些论述中，经济空间不仅包含了与一定地理范围相联系的经济变量之间的结构关系，而且也包含了经济现象的区位关系或称地域结构关系。这就强化了对地域空间结构尤其是城市空间结构发展的认识。一般来说，城市增长极与其腹地的基本作用机制有极化效应和扩散效应。极化效应是指生产要素向增长极集中的过程，表现为增长极的上升运动。在城市成长的最初阶段，极化效应会占主导地位，因此增长极的成长对受影响的周围地区的扩散作用相对较小，但当增长极达到一定的规模之后，极化效应会相对或者绝对减弱，扩散效应会相对或者绝对增强，最后，扩散效应就替代极化效应而成为主导作用过程。

从区域的角度讲，扩散效应可分为区内和区际两个部分。区内的扩散效应主要是对城市就近地区的发展起到推动性的作用，区际的扩散效应主要是通过城市体系的全面提升和发展来带动更为宽广的地区发展。这样的过程周而复始，从而带动城市以及周边区域的不断发展。

在城市与周边区域之间发生互动关系的同时，城市与其他城市之间也会发生相互的作用。哈格特（P. Haggett）在20世纪70年代初期，依据物理学热传递的方式将城市之间的相互作用形式划分为三种类型。第一种类型以物质和人的移动为主要特征，如：产品、原材料在生产地和消费地之间的运输，邮件和包裹的输送和人口的移动等。第二种类型是指城市间进行的各种交易，如城市间的财政交易等，这类交易以会计学的系统为特征，通过簿记程序等来完成。第三种类型是指信息的流动和新思想、新技术的扩散等。这样，城市间的联系即表现为以下三种主要方式：货物和人口的移动；各种交易过程；信息的流动。这些相互作用，都要借助于一系列的交通和通信设施才能实现，这些交通和通信设施所组成的网络的多少和方便程度，也就赋予了城市在城市体系中的相对地位。城市中新思想、新技术等新事物的扩散是城市间相互作用的一个重要方面，也是最能描述出的城市扩散途径的重要内容。这种扩散一般有三种形式或途径：(1)扩张性扩散，即通过掌握了新事物的小部分人的社会交往而逐步将这项新事物扩散开来，在空间上往往是一种地域性的扩张，也就是从形成新事物的城市按距离远近向城市以外的地区扩散；(2)重新区位扩散，即由传播者自身的移动而将新事物带到新的地方，这种扩散是飞地性的；(3)等级性扩散，即新事物的扩散通常是在同等级的城市中首先形成，在大城市中形成的某种新事物跳过邻近的小城市而在距离较远的同级规模的城市中首先扩散，然后再向次级城市扩散。在实践中，新事物的扩散并不单纯采用某一种方式，而往往是以混合的方式扩散。研究发现，新事物扩散的早期，等级扩散是主要形式，在新事物分布

的基本格局建立后，扩张性扩散开始表现出较大的影响力。在影响新事物扩散的因素中，城市的人口规模和距离是两项最为重要的因素。

旨在揭示城市空间组织中相互作用的特点和规律的城市相互作用模式，深受理论研究者的重视。在众多的理论模式中，引力模式是其中最为简单、使用最为广泛的一种。引力模式是根据牛顿万有引力规律推导出来的。该模式认为，两个城市间的相互作用与这两个城市的质量（可以城市人口规模为代表）成正比，与它们之间的距离成反比。其一般公式为：

$$I_{ij} = \frac{(W_i P_i)(W_j P_j)}{D_{ij}^2}$$

式中，I_{ij} 为 i 和 j 两个城市的相互作用量；W_i、W_j 为经验确定的权数；P_i、P_j 为 i 和 j 两个城市的人口规模；D_{ij} 为 i 和 j 两个城市之间的距离。在引力模式中，城市质量一般用人口规模，有时也用其他指标。如伊萨德（W. Isard）就认为，在探讨大城市间的移民时，城市的就业机会或收入水平在反映城市的吸引力方面更具有代表性。但很显然，引力模式基本上还是猜测性的，理论上仍具有不完备性。威尔逊（A.G. Wilson）于1967年由最大熵原理导出了一个理论模型：最大熵–引力模型。其他的研究还有斯密（T.E. Smith）基于泊松过程的空间相互作用公理化体系等等。

正是由于城市始终是处于城市与城市之间、城市

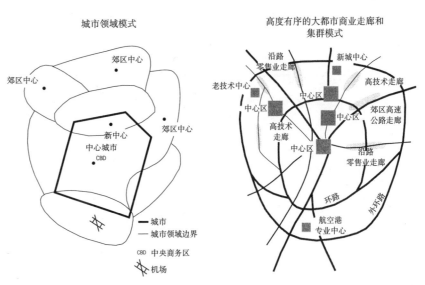

图8-17 哈茨霍恩（T. Hartshorn）和穆勒（P.O. Muller）提出的郊区中心以及大都市区的转变模式

资料来源：H.J. de Blji.Human Geography: Culture, Society, and Space（4th ed.）.New York: John Wiley & Sons, Inc., 1993.404

与区域之间永不停止的相互作用过程之中，因此，要对这样的相互作用进行整体性的描述就需要建立一定的理论框架来予以解释。城市体系就是这样的一种理论框架。所谓的城市体系就是指一定区域内城市之间存在的各种关系的总和。

有关城市体系的研究，起始于20世纪初格迪斯（P. Geddes）对城市-区域问题的重视，后经芒福德（L. Mumford）等人的努力而至20世纪60年代才作为一个科学的概念而得到研究。格迪斯、芒福德等人从思想上确立了区域-城市关系是研究城市问题的逻辑框架，而克里斯塔勒（W. Christaller）于1933年发表的对德国南部城镇布局的研究（中心地理论）揭示了城市布局之间的现实关系。所谓中心地，就是向位于特定中心周围的地域提供货物和服务（中心地功能）的地方，中心地需要有一定规模的人口的支持来维持它的运营，这样，中心地就有了一定的作用范围。由于中心地的作用要遍及整个空间地域，因此就形成了六边形的网络构架。在多种功能的中心地群的共同作用下，就形成了一定的中心地等级体系，以符合中心地运营的经济合理性。廖施（August Lösch）在与克里斯塔勒的研究没有任何联系的情况下，从企业区位理论出发，通过逻辑推理的方法，得出了与克里斯塔勒相同的区位

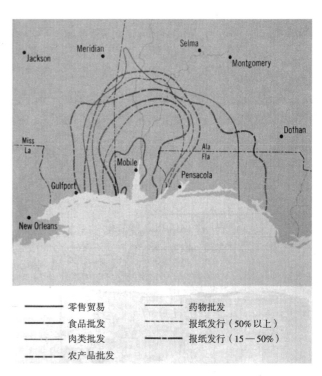

零售贸易　　　　　　　　药物批发
食品批发　　　　　　　　报纸发行（50%以上）
肉类批发　　　　　　　　报纸发行（15—50%）
农产品批发

图8-18　美国阿拉巴马（Alabama）州的 Mobile 城提供服务及受其影响的地区。最里面的6根线是 Mobile 周围的地域边界，在其中，Mobile 提供了50%以上的商务，具体的贸易和行为内容在图例中表示了出来
资料来源：John F. Kolars，John D. Nystuen.Geography：The Study of Location，Culture，and Environment.New York：McGraw-Hill Book Company，1974.56

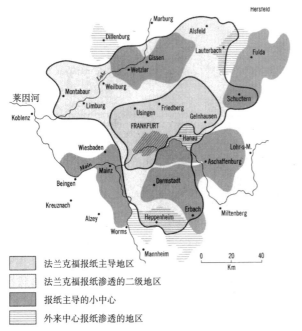

法兰克福报纸主导地区
法兰克福报纸渗透的二级地区
报纸主导的小中心
外来中心报纸渗透的地区

图8-19　法兰克福（Frankfort）报纸的主要分布地区
资料来源：John F. Kolars，John D. Nystuen.Geography：The Study of Location，Culture，and Environment.New York：McGraw-Hill Book Company，1974.57

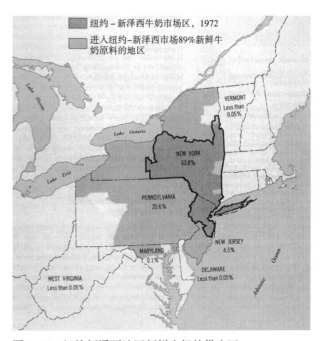

图8-20　纽约新泽西地区新鲜牛奶的供应区
资料来源：John F. Kolars，John D. Nystuen.Geography：The Study of Location，Culture，and Environment.New York：McGraw-Hill Book Company，1974.55

模型——六边形网络。廖施的理论与克里斯塔勒不同的是后者的中心地是在对实例进行归纳的基础上得出的，而廖施的理论则是在研究市场网络时通过理论推导出来而得出的，由此而为中心地理论确立了牢固的理论和现实基础。对城市体系概念作出实质性贡献的是贝里（B. Berry），他结合了有关城市功能的相互依赖性、城市区域的观点、对城市经济行为的分析和中心地理论等等的研究成果，在一般系统论思想的影响下，逐步形成了城市体系理论。贝里认为，城市应当被看作为由相互作用的互相依赖部分组成的实体系统，它们可以在不同的层次上进行研究，而且它们也可以被分成各种次系统，而任何城市环境的最直接和最重要的相互作用关系是由其他城市所决定的，这些城市本身也同样构成了系统。现在普遍被接受的观点认为：完整的城市体系分析包括了三部分的内容，即特定地域内所有城市的职能之间的相互关系，城市规模上的相互关系和地域空间分布上的相互关系。城市之间的职能关系依据经济学的地域分工和生产布局学说而得到展开，而不同城市在地域空间上的分布则被认为是遵循中心地理论的，并将这一理论看作是获得空间合理性的关键。至于不同城市在规模上的相互关系，齐普特（G.K.Zipt）于1941年提出的"等级－规模分布"（Rank-size Distribution）理论较好地予以了解释。该理论认为，一个城市的规模是受制于与之发生相互作用的整个城市体系的，它在这个体系中所处的等级位置，就决定了它的合理规模的大小。因此，这个城市在规模系列中处于第几级（rank），那么，它的规模就是同一系列中最大城市规模的几分之一，例如，第四级的城市就只拥有最大城市人口的1/4。这一理论后来获得了实证性研究的证实。

值得注意的是，以上有关城市体系及城市－区域关系的研究成果基本上都是建基于工业经济以及以国家为经济边界条件的，随着经济形态从工业经济向后工业经济的转变，以及经济全球化的不断推进，城市体系和城市－区域关系也发生了相应的变化，这种变化在本书的最后一章中将结合扎森（Saskia Sassen）的理论成果再予以介绍。

城市体系的理论框架综合了城市分散发展和集中发展的基本取向，就宏观整体来看，广大的区域范围内存在着向城市集中的趋势，而在每个城市尤其是大城市中又存在着向外扩散的趋势。在实际的发展现实中也可以看到，英国的城市扩散是以新城的建设为主

要特征的，而美国的城市扩散是以郊区化的方式实现的，但它们的发展也始终是相对集中的。新城的建设本身是一种扩散中相对集中的建设方式，每一个新城都是一定地域范围内新的、规模较小的增长极；而郊区化发展始终是在城市的周边而形成，从区域角度来看则导致了城市建成区范围的进一步扩大，从而导致了更大范围的大都市区，而即使是在郊区的建设中也始终存在着相对集中的倾向，新城市规划/设计（New Urbanism）的流行更表明了对这种趋势的强化。

第二次世界大战后，在世界上许多国家尤其是在发展中国家出现了一种新的空间布局形式，这种布局形式介于传统的城市和乡村概念之间，被称为"中间地带"或"灰色领域"[20]。麦吉（T. G. McGee）将之命名为"Desakota"。他认为，这是由于这些国家经济、技术与社会发展模式的发展变化而导致的社会空间结构变化的结果。随着人口的不断增长，城市的规模随之不断扩展，不少城市尤其是中心城市（如国家的首都、国际著名的旅游城市等）的地理范围已经扩大到离城区几十公里甚至一百公里以外的地区；交通技术的发展使得过去分离的两个或多个大城市彼此紧密地联结起来，城市之间经济开发的狭长地带——"发展走廊"开始形成；交通的发展也促进了城乡之间经济要素的流动与重新配置，城乡之间形成了一种人口密度很高、人们经济活动范围很广、既不是城市又与城市经济联系紧密的城乡混杂的地域空间。在此地域范围内，形成了以劳动密集型工业、服务业和其他非农业产业的迅速增长的主要特征，商品和人流相互作用非常强烈。它与传统意义上的农村不一样，也与通常意义上的城市不一样，它不注重农村资源与生产要素向大城市的集中，而把重点放在城市要素对邻近农村地区所起的导向作用方面，以实现农村人口的就地转化。这些特殊的空间区域既不像城市也不像农村，它们位于传统意义上的"农村"区域，但却具有很强的城市区域活动的特点，甚至直接构成城市活动的重要延伸部分。它同时具有这两种社区的特征：人口密度高，居民的经济活动多样化，既经营小规模的耕作农业，也发展各种非农产业，且非农产业增长很快；土地利用方式高度混杂，农业耕作、工业小区、房地产经营等在此地同时存在；城乡联系十分密切，大量的居民到大城市上班以及从事季节性帮工，妇女在非农产业中占有很高的就业比重；此区的基础设施条件好，交通方便。从制度建设上看，城市管理的法规不"接受"它们，农

村的管理条例又不适合它们，这类区域就是被称为"中间地带"的灰色区域。这种区域的空间形态具有赖特所提出的"广亩城市"的影子，但具有比"广亩城市"高得多的密度。对这类区域的研究也是20世纪80年代后城市经济学、社会学以及人居环境、城市规划研究的重要组成部分。

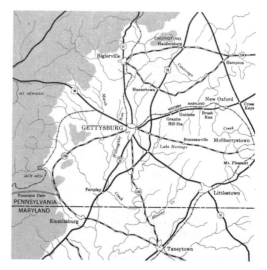

第三节　城市发展的内部演化

在上一节所涉及到的城市发展形态是在将城市看成是一个"点"之后来考察城市这个"点"与其他城市的"点"及周边地域即"面"的相互作用关系。而在这一节中，则将考察城市这个"点"内部或者将城市看成一个"面"之后的内部的相互作用关系。而在将城市看成一个"面"之后，也就意味着需要考察组成城市的各个要素之间的相互关系，而正是这些要素之间的相互吸引和相互排斥作用造成的结果，形成了城市的空间形态及其发展的模式。

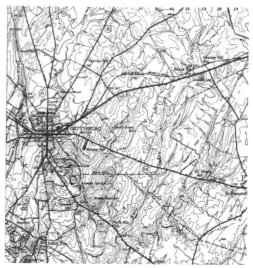

城市发展的内部演化是由城市内部的各项组成要素之间在功能上和结构关系上的发展和变化所形成的，而在城市整体形态上对这些演化的解释与整合就会出现不同的理论框架，从不同的角度和研究兴趣出发来进行。科尔采利（Piotr Korcelli）在20世纪80年代初讨论城市内部空间结构的一篇论文[21]中指出，可以将现存的所有有关城市空间结构和发展的理论归纳为六个方面，它们是：（1）生态理论；（2）城市土地市场和土地使用理论；（3）城市人口密度理论；（4）城市内的功能模式（或者空间作用模型）理论；（5）聚居地网络（系统）理论；（6）城市内规模性的空间扩散理论。所谓的"生态理论"是指由芝加哥学派在20世纪20、30年代所创立的"人文生态学"，运用城市内的各项活动之间存在的竞争性和相互依赖性来解释城市空间的结构，得出了"同心圆"、"扇形"和"多中心"理论；在二次大战后又以"新正统人文生态学"和"社会区"分析为代表建立起新的城市空间结构分析的框架。"城市土地市场和土地使用理论"主要是从城市经济学和房地产经济学角度对城市空间结构的研究，从土地市场的需求与供应、从土地价格的高低和各项城市功能对地价的支付能力角度研究城市各项功能在城市中的分布，形成以区位理论和阿隆索（W. Alonso）的竞租（bid rent）理论为代表的理论形态。"城市人口密度理论"主要研究城市中不同社群由于社会经济等

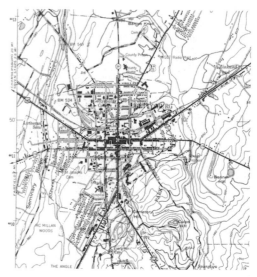

图8-21　从将城市看成一个"点"向将其看成一个"面"的转换。宾夕法尼亚(Pennsylvania)州的盖茨堡(Gettysburg)城，三个不同比例的地图：1∶500000，1∶130000，1∶48000
资料来源：John F. Kolars, John D. Nystuen. Geography: The Study of Location, Culture, and Environment. New York: McGraw-Hill Book Company, 1974. 24～25

等方面的不同所表现出来的人口密度的差异在城市空间上的分布，以及不同社群之间的相互联系以及人群迁移所导致的空间结构的变化。"城市内的功能模式（或者空间作用模型）理论"是从城市组成要素之间的功能关系及其互动来分析城市空间的相互作用关系及其演变的理论。"聚居地网络（系统）理论"也就是城市体系理论，主要研究城市在对外联系的过程中所导致的内外部空间结构的变化。最后，"城市内规模性的空间扩散理论"主要是研究城市向外扩散过程所导致的城市内部空间的变化，这项研究的重点在于对城市郊区化发展的研究以及郊区化过程所导致的对中心城市的影响。

在20世纪80年代以后，有关城市发展的内部空间结构研究出现了一些新的理论模式，其中，以哈维（D. Harvey）和卡斯泰尔（M. Castells）等为代表的新马克思主义研究，从城市的不均衡发展、资本积累、阶级斗争以及社会运动等角度揭示这些因素导致了特定城市空间结构的形成；以索娅（Edward W. Soja）、戴维斯（Mike Davis）和迪尔（Michael Dear）等为代表的"洛杉矶学派"，探讨了在后现代条件下城市空间结构发展的演变；以佐金（Sharon Zukin）等为代表的城市文化研究，着重研究了在城市符号经济和消费过程中，人们的日常生活变化导致的对城市空间认识的变化以及由此而促成的城市空间形态变化等等。这些不同的理论框架，揭示了城市空间演变各个方面。在本节中，主要从城市内的功能模式也称为空间作用模型理论的角度来介绍相关的理论和分析，其他相关的理论在其他章节中予以介绍。

城市中的各项活动存在着集结的趋向，占据城市的特定空间，形成一定的功能区，这些功能区加上连接这些功能区的交通路线和设施，便形成了城市的空间结构。这些功能区的发展演变以及城市道路交通体系的变化，导致了城市空间形态的演变。城市之所以会形成种种不同的功能区，是因为城市中的各种功能成分（包括住宅、工业、商业、运输业、服务行业、公用事业、政府机构等等）中的各项活动相互之间，有的关系密切，需要聚集在一起，有的却相互排斥，需要分离开来。这种状况的出现本身并不一定是规划的结果，即使在没有规划控制的完全市场化的状况下，也会自动地自然形成，这是由各项活动（或功能）的自身需求及其运行规律所决定的。在各功能区之间同样也存在着这种关系，由此而形成有些功能区要求相

互接近，有的则要求尽可能隔开。在这些作用和演变的过程中存在着相互接近、相互集聚的因素主要产生于以下四种关系[22]。

（1）竞争关系。竞争关系并不仅仅只是一种相互排斥性的关系，它同样会导致不同功能之间的相互集聚，这在芝加哥学派探讨城市发展的竞争因素时对此就有较充分的论述。在城市内部，许多同种企业往往为了争夺同一有利条件，取得聚集经济效益而聚集到一起。例如在许多城市中心的十字路口的每个街角上，常常各自耸立着分属不同公司的百货商店，他们经营的项目大致相同，旗鼓相当，在经济上没有什么横向的联系。其所以集中布置在一起就是为了争夺这个能控制全城的中心位置。在城市内部布局中有一个非常有趣的现象，如果某家旧货店（或旅店等）因为选中了一个有利位置而营业状况良好，那么很快就会在它的附近出现第二家、第三家同样的商店来与它争夺市场。这就是在许多城市内部常常有很多同样的商店、旅馆、服务行业集中在一起的很重要原因。这种布局对消费者也非常有利。因为在几家百货商店聚集的地方，经销的商品种类总要比较齐全一些，顾客可以相互比较，有选择的余地，而且由于几家商店在一个地点相互削价竞争，顾客就常常可以从这里买到一些相对比较廉价的商品。但人们容易忽视的是，这种布局对商业资本家也是有利的，否则就不可能形成聚集。因为同类企业的聚集可以对顾客有更大的吸引力，顾客都愿意到同类企业集中的地方选购商品，从而使得这种地区的营业额上升最快。所以，那些经营得好的商店在这种地方完全有可能赚到更大的利润。

（2）互补关系。具有互补关系的各个企业所经营的是不同的、但却相互配套的行业。它们经营的项目不同，彼此间并不存在激烈的直接竞争，其所以倾向于聚集在一起是因为它们提供的商品或劳务都服务于同一对象。顾客在需要购置其中的一种商品或劳务时，往往也需要购置另外几种商品或劳务。例如不同的服装店、鞋帽店、针织品商店、服饰店就常常聚集在一起。家具店、灯具店、室内装修用品商店等也倾向于聚集在一起。在大型超级市场附近常常有药店、书刊唱片商店、冲洗照片的商店，专门出售超级市场不供应的日用杂货的杂货店；目的是想让那些被超级市场吸引来的顾客顺便光顾他们的店铺。批发商店、货仓，以及向它们供应商品的服装厂、针织厂、制鞋厂等等有时也聚集在一起，为了使产品可以直接入库。

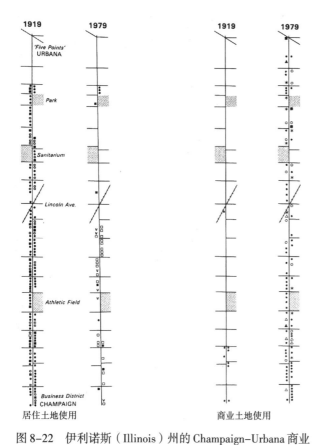

图 8-22 伊利诺斯（Illinois）州的 Champaign-Urbana 商业地带土地使用在 1919~1979 年间的变化状况

资料来源：Terry G. Jordan, Lester Towntree.The Human Mosaic：A Thematic Introduction to Cultural Geography. New York：Harper & Row, 1990.287

（3）共栖关系。有些功能单位不但在布局上要求有某些相同的条件，而且彼此之间关系密切，因而要求聚集在一起。很多住宅区就是因此而聚集起来的。比如，在美国城市中，不但有富人居住区、穷人居住区、中等阶层居住区，而且还常常按种族形成黑人居住区，美籍墨西哥人居住区，美籍华人居住区，美籍意大利人居住区。所以形成这种聚集，不但是因为它们有亲缘、语言、风俗习惯等方面的联系，而且是为了对抗种族歧视。美国黑人区通常是贫民窟的同义语，但有些富有的黑人也宁愿居住在这种地区，以免全家受到威胁、绑架、暗杀等迫害。除此之外，一些服务业在布局上也常常是共栖的。例如在市中心区有的办公大楼中，常常同时设有律师事务所、房地产经营商办事处、会计事务所、私人开业的医生门诊所、一些公司的代办处等。这些机构相互间虽然也有一些业务联系，但它们之所以聚集在一起主要是因为这样都能占据靠近市中心的位置，而不必担负很高的地租。因为高层建筑中每套房间所分摊的地租比较少，而且这

种聚集已成为习惯，所以凡是需要这些方面服务的人可以直接找到这种大楼来。工商业也有因共栖关系而分布在一起的。例如出口商品加工区，污染严重工业集中区等等，就存在着许多企业、工厂共栖的现象。

（4）主辅关系。一些辅助性行业常常要求与主要行业聚集在一起。如在一家工厂附近常常配置有一些零配件加工厂，下脚料、废料处理加工厂等。一个工业区内常常设有一些专门为工厂服务的公司，如为工厂负责膳食、打扫卫生的公司等。富人居住区的俱乐部、弹子房、咖啡厅等都属于辅助性设施。

这些关系使得不同的功能能够集中在一起，当然这种集聚性的功能可能还有其他关系的存在，而且即使是这里所列出的这些关系的划分本身也不是绝对的，许多功能区的最终形成往往是由多种关系的共同作用所造成的。但至少从这些方面就可以理解城市中各种企业、住宅、事业机构之所以会形成不同的结合方式，进而形成种种功能区的原因。在不同的功能相互集中的同时，也有一些相互作用的因素起到了把某些企业、事业机构以及住户相互排斥开的作用，它们同样对城市内部功能区的形成起着重大的作用。如，居住区就有非常明显的隔离效应，不同社会阶层的居民会选择他们自己阶层的集中居住区，也就是不同的社会阶层之间具有较强的排斥性。特别是富人居住区，除了少数为富人娱乐、休憩服务的部门以外，其他各行各业和中、下阶层住户是一概不得入内的。在某些国家中，一些种族居住地区也有着很强烈的排他性，在美国城市中的富人居住区，即使是有钱的黑人，其他有色人种也是难以立足其中的。同样，在黑人居住区内一般很少有白人家庭，即使在原来的白人居住区，后来黑人人口开始增长，当黑人的数量增长到一定的程度，比如超过三分之一，其他大多数白种人就会相继迁出。此外，污染型工业区与居民区、公园或风景区、娱乐园也是相互排斥的。教堂、学校与黄色电影院、妓院也会相互排斥。正是在这样吸引和排斥力量的共同作用下，城市内的企业事业机构、居民户倾向于按一定的方式，组成各种功能区，并且在一定的社会经济条件下不断地发生变化。

以上的这些描述主要还是揭示了城市中不同功能区的形成，并没有建立起这些功能区在城市中所处位置之间的关系，或者说它们为什么在城市的特定位置上成型的原因仍未得到揭示。科尔比（Charles Colby）在20世纪的30年代从城市土地使用功能的演变角度，

揭示了城市中不同位置的变化所导致的城市空间结构的演变[23]。他认为，通过对现有功能的调整和引入新的功能，城市的空间结构模式总是处在不断演进的过程之中，这就要求建立新的功能形态，对原有的形态进行调整，也要求在原有城市形态的基础上进行扩张和重新组合。他认为，这些发展由两组最重要的力量所主导。一组是离心力，也就是推动功能由城市的中心地区向边缘迁移；另一组是向心力，它保持住中心地区的一些功能同时吸引其他的功能到中心地区。为进一步进行讨论，科尔比将城市化分为三个地区：最内部的地区或核心区，第二地区或中间区，以及最外围的地区或边缘区，并以一些例子对这些地区内的变化进行了说明。离心式迁移的例子很多，如许多制造业面对着税收的上升和其他的不利条件，就放弃它们在中心区的工厂而迁移到郊区。大多数城市高质量的居住功能也已经不断地向外迁移，百货商店在郊区购物中心的分支机构正在与中心区的零售商店展开激烈的竞争，它们实际上已成为百货商店功能的离心运动。相反，在大城市中心区不断增长的区域性办公楼，以及在中心区内或附近的多层公寓住房的增长则是向心力的明证。

科尔比对这两组力量进行了更为细致的分析。他认为，无论是向心的还是离心的运动，都是在多种作用力下所产生的。比如，离心力的形成是由于城市中心向外的排斥力和城市郊区的吸引力的共同作用才能实现的。他分析了城市中心区的一些功能被从中心区驱赶出去的条件：高额土地和房产价格和高税率；交通拥挤以及交通的高成本；难以保证适当的扩展空间；工厂主想要避开令人讨厌的抱怨者；不能获得所需的特殊质量的场地；以及各种各样的不利条件，如受到太多制约的法规限制，不断增加的法律以及一些地区社会重要性的下降等。而与此同时，城市的边缘地区又提供了具有吸引力的作用，其中包括，可以以相对较低的成本获得大片的土地，适合于运输功能的交通设施，具有诸如平坦的土地、良好的排水以及临河等等有吸引力的场地特征等等。也就是说，针对于这些功能，中心区所体现的是排斥性的功能，而郊区则又提供了吸引性的功能，从而使这些功能实现了离心的运动。根据科尔比的论述，这两组离心力，即一方面是市中心的向外驱赶，另一方

面是郊区的吸引，可以用六种相互联系的力量来予以表示：（1）空间力（the spatial force），在这一力量的作用之下，中心区的拥挤向外驱赶，而外围地区的空地则具有吸引；（2）场址力（the site force），包括中心区密集使用所带来的弊病，而城市边缘的相对仍未使用的自然景观；（3）位置力（the situational force），这种力量来自中心区不适当的功能在空间上的组合，以及城市外围地区在这些方面提供的适宜条件的前景；（4）社会评估力（the force of social evaluation），在此力的作用下，高土地价格、高税收，以及在城市中心区由于在周围各项建成设施的包围下难以向外扩张而促进了迁移的愿望，而低地价、低税收以及在城市边缘地区可以不受先前使用和周边使用状况的限制，从而强化了这些特定地块的吸引力；（5）占有的状态与组织（the status and organization of occupance），在其中，中心区所表现出来的是过时的功能形态、难以改变的用地占有模式、交通拥挤、不适宜的交通设施等，而在城市外围地区则基本上是按照新的功能需要进行的建设，空间形态更加有利于特定的需要，同时又远离交通拥挤，拥有高度适宜的交通设施；（6）人的均衡（the human equation），这是一个含糊的分类，其中包括了大量引起迁移冲动的因素，如来自于宗教、个人的异想天开（personal whims）、房地产兴旺以及操作的政治学等等方面。

城市发展的向心力集中在城市的中心区，这一地区以大量而综合的城市功能为特征，而且通过多层建筑、高层建筑的使用，从最低的地下室扩展到摩天楼

图8-23　20世纪50年代波士顿Scollay Square城市更新前的情景
资料来源：Bernard J. Frieden，Lynne B. Sagalyn.Downtown, Inc.：How America Rebuilds Cities.Cambridge and London：The MIT Press,1989

的最高层。那么这种中心区的吸引力具有怎样的性质呢？科尔比也提出了在其中起作用的五组力量。首先是场地的吸引（site attraction），归功于河道的交叉，可达的滨水区，或者其他的一些自然优势。市中心区第二个具有吸引力的品质是功能方便（functional convenience），这个地区不仅是城市天然的焦点，而且也是区域的焦点，当然也可能是一组区域（a group of regions）的焦点。第三种吸引力是功能的磁石（functional magnetism），例如，某个产业的多个部门之间的相互吸引，或者某类商店对同类型的其他商店的吸引。第四种力量是功能性的声誉（functional prestige），某一街道的某一段有可能成为因时尚聚集而特别著名的场所，医生也会因为功能的声誉而集聚在一起。最后，科尔比也提出人的均衡（human equation）作为一个向心力，如有些人特别喜欢生活在剧院和各种中心区的便利设施附近。

这两组力量——离心和向心——总是处于不断的竞争之中，在某些例子中，一组力量明显占据主导地位，在其他的例子中，状况可能并不确定。在另外的一些状况下，其作用是将功能划分成两部分，一部分仍然留在市中心，另一部分则寻找城市边缘附近的位置。在某种状况下，只有办公留在市中心而同时将工厂迁移到了郊区。在居住功能方面，一些人搬迁到了城市外围地区，而另外一些人则喜欢中心商务区边上的公寓。在有的城市，其转变可以明确地解释为离心力的运作，其他的则反映了向心力。绝大多数功能的区位都源自于这两组力量的平衡和妥协。

当然，城市无论如何也不是一个封闭的系统，一些功能从城市之外迁移到城市地区，一些新的功能在城市地区内创造出来。但所有这些，也可能趋向于符合离心力和向心力来进行布局。因此，一幢新的高层办公楼的建设，不仅是服务于大都市地区，而且也可能是为整个区域提供服务的，并合乎逻辑地布置在城市中心区的核心部分。一个新的、现代的、单层的工厂服务于同样的地区，则寻找城市边缘的区位。

城市中的各种功能在这些力量的相互作用下，在一定的时间里在城市中寻找到自己的特定空间位置，从而形成城市特定的空间结构。当然，这里对城市发展结构演变的解释，主要还是从空间作用模型的

角度而展开的，这种解释的目的并不在于为城市发展的形态提供一个终极性的解释，因为对具体城市的空间形态的分析必须从对社会经济作用因素及其过程中才能得到有效的成果。其实，所有的空间分析都是针对特定的城市功能的具体作用的外在结果而展开的，这就必须认识这些功能的相互作用关系，而这些功能本身又是由城市中人的活动所决定的，同时，人的活动的展开又是在一定的社会经济条件下实现的，因此，对城市空间的分析并不仅仅是做一些抽象的力的概念的分析或从空间形式的分析来获得什么结论。正如博恩（Larry S. Bourne）所说的那样，"城市空间结构当然不仅仅是对抽象概念的兴趣。它对具体的社会、经济和政治问题也非常重要。例如，任何城市地区的特定形态反映了过去在交通上的投资决定，而且这样的形态也会界定未来的交通需求。城市的形态也揭示了诸如土地价格、居住密度的梯度、出行交通网络以及社会区模式的图景。它为限制社区和邻里感的演化以及形成社会交往和个体支持服务设施网络提供了机会和空间。它也塑造了我们社会中的经济利益和成本在人群和地区中所进行的分布和分配，并且增加或增长了全国范围的社会不平等。此外，城市形态也影响了环境污染的程度、出行模式、交通拥挤、能源消费以及福利设施和诸如给排水等物质性基础设施的供应成本"[24]。正是由于城市空间形态的成因及其后果涉及到这样多方面的因素，就需要充分把握城市空间结构演变的规律。博恩认为，在影响和决定城市空间结构变

图8-24 费城20世纪50年代的市中心：Chestnut大街
资料来源：Bernard J. Frieden, Lynne B. Sagalyn.Downtown, Inc: How America Rebuilds Cities. Cambridge and London：The MIT Press,1989

化的要素中，不同的要素由于其自身的特点决定了它们自身变化的周期是各不相同的，因此，在对城市空间结构演变进行判断时，应当充分认识和注意到这种不同周期的要素变化的可能，尤其是在城市空间规划时。他将城市空间结构变化的周期分为了三种类型，即常规的、演进的和革命的，具体内容详见表8-1。

由于城市空间结构和形态所具有的多样性和复杂性，再加上其演变过程中多种作用力的存在，在城市规划的过程中，在进行空间结构安排时要充分地考虑到这方方面面的相互关系，以使这些要素都能得到较为合适的安排。有关城市空间形态的组合，出现过许多类型的研究，在分析、综合这些不同的理论的过程中，我们可以将城市的空间形态归纳成以下两大类，一类是集中式的城市空间形态，另一类是分散式的城市空间形态。在这两类空间形态下还可以进行更为细致的划分，形成多种城市空间布局的模式。当然这里的划分主要是针对城市空间形态整体的结构形式，至于其内部的具体布局方式则在"土地使用"一章中已进行了介绍。

第一种类型是集中式的城市空间形态。这种类型的城市空间形态的最主要特征是城市各项主要用地集中成片地聚合在一起。不管城市的大小，也不管其中的建设密度高低，这些用地是连绵地结合在一起的。这种结构形态的优点在于：用地相对可以比较紧凑，不同的功能区相互之间可以有比较密切的联系，各项生活服务设施可以高效率地使用，也有利于生活和经济活动的联系效率；由于各项用地是连绵结合在一起，市政基础设施的投资较省，日常运营维护的成本也相对较低。但这种空间形态不太适合大城市，由于大城市规模较大，城市过度集中发展会导致城市交通的拥挤等，并带来一系列的城市问题产生。而对于大量的中小城市则是比较适宜的空间形态，因为紧凑型的发展空间有利于通过集聚式的发展提高城市的凝聚力和吸引力，而且由于城市规模较小，城市的生态质量不

会受到大的影响，城市与周围乡村田野也有较好的联系。但这种空间形态也存在一些问题，主要是由于城市的紧凑型发展对今后的进一步扩展会带来一些问题，尤其是一些功能用地在发展的过程中会缺少在原有基础上向外拓展的空间，需要进行搬迁，相对成本会较大；此外随着这些功能的不断扩展，容易在不同的功能之间出现混杂和干扰的现象。在这种类型的空间形态中，其内部的组织依据道路网的基本格局可以划分为两种模式：

（1）网格状：格网状城市是具有非常悠久的历史传统的城市空间布局模式，在从远古时期直至当代的各个历史时期，都有这种空间形态的城市出现。在小汽车交通愈益发达的今天，这种模式具有其先天的适宜性。这种空间形态由相互垂直的城市道路网构成，城市形态规整。在采用这种模式的城市中，可以较好地适应各类建筑物的布置，但如果处理不好，容易导致布局和城市形态上的单调性。这种空间形态一般容易在平原地区形成，不适于地形条件复杂的地区。在没有外围条件制约的情况下，城市具有向各个方向扩展的可能性。但由于道路格网具有均等性，各地区的可达性程度相类似，因此不易于形成显著的、集中的中心地区。这种空间布局形态的典型城市如美国的旧金山和洛杉矶、纽约曼哈顿以及英国的Miltton-Keynes新城等，而像美国首都华盛顿则是在格网状道路网的基础上加上了对角线道路，也可以看成是这种形态的一种改进型。

（2）环形放射状：这是比较常见的城市形态，其基本格局是由放射形和环形道路网组成，城市整体的交通通达性较好。由于放射性道路将大量的交通引入到城市中心，因此具有很强的向心紧凑发展的趋势，有高密度的、具有展示性的富有生命力的城市中心，周边的发展也可具有各自的特征，也易于组织整个城市的轴线系统和景观。但其主要的问题也是由于将大

城市结构变化的周期性　　　　　　　　　　　　　　　　　　　表8-1

事件的类型	出现的频率	影响	城市结构的例子
规则的或常规的	高（可预见）	系统维持	工作、购物的出行；服务、基础设施的供应
演进性的（evolutionary）	中等（部分可预见）	系统修正	人口变化；新的运输线；社区运动；土地使用的接替（succession）
革命的	低（不可预见）	系统转变（system-transforming）	技术变化（如，钢结构建筑；汽车的普遍使用）；社会动乱；洪水，自然灾害，能源价格

资料来源：Larry S. Bourne.Urban Spatial Structure：An Introductory E ssay on Concepts and Criteria.1982.见：I.S. Bourne 编.Internal Structure of the City（第二版）.Oxford University Press.34

量的交通引入到城市中心，因此容易造成城市中心的
拥挤和过度集聚，在一定的规模上会造成城市交通
的紧张。如果放射性道路引入到城市中心并且相交，
则会导致该地区交通的过度交织，同时，用地的规
整性也较差，不利于建筑的布置。城市的环形道路
具有分散城市中心区交通压力的功能，但在不同条
件下可能会产生不同的效果：对于中小城市会削弱
城市中心的集聚能力；而对于大城市如果环形道路
所包围的区域过小，其他道路系统不通畅，则会成
为不同道路之间的联系道路，进而成为交通的瓶颈。
这种空间布局形态的典型城市如法国的首都巴黎等。

第二种类型是分散式的城市空间形态。这种类型
的城市空间形态的最主要特征是由于受到河流、山川
等自然地形、矿藏资源或交通干道的分割，或者是由
于城市规划空间结构的划分和严格控制，城市由若干
个不连续的片区或组团组成，每一个片区或组团成为
城市整体结构的组成单元，在每个片区或组团中具有
就近生产组织生活的特征。这种空间形态由于各个片
区或组团之间有一定的隔离，布局相对比较分散，彼
此联系相对不太方便，在城市公共设施的使用上会导
致居民的出行距离过长，或为了保证居民的相对就近
使用而配制的数量增加，同时市政工程设施的建设和
日常运营成本也会较高。这种空间形态一般不适宜于

图8-25　城市内部的道路模式可以由多种类型进行描述
亚当斯（Thomas Adams）和鲍姆格特纳（Walter Baumgartner）于
1934年提出的八种不同的街道模式并且对它们进行了命名。但这种
描述显然并不适宜于对城市整体结构的分析
资料来源：Andres Duany. Elizabeth Plater-Zyberk，Robert Alminana.The
New Civic Art：Element of Town Planning.New York：Rizzoli，2003.126

图8-26　格网状城市结构模式的典型之一：旧金山的城市
结构
资料来源：H.J. de Blji.Human Geography：Culture，Society，and Space
（4th ed.）.New York:John Wiley & Sons，Inc.，1993.227

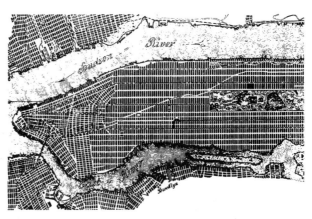

图8-27　格网状城市结构模式的典型之二：纽约曼哈顿地
区的城市结构
资料来源：William J.R.Curtis.Modern Architecture Since 1900（3rd
ed）.London：Phaidon，1996.41

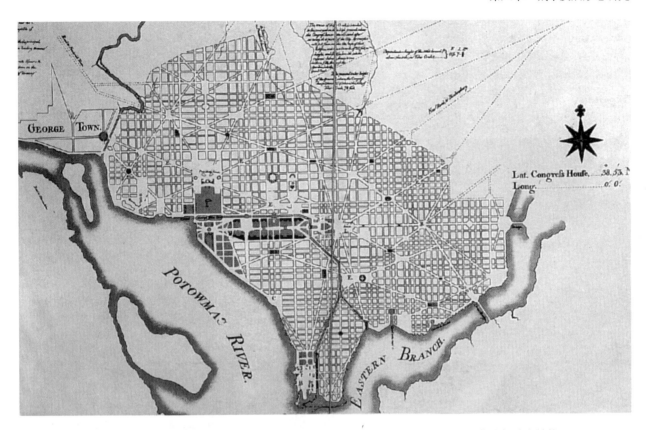

图 8-28　格网状城市结构模式的改进型：郎方（Pierre Charles L'Enfant）于1791年规划的华盛顿城市结构

资料来源：Han Meyer.City and Port：Urban Planning as a Cultural Venture in London，Barcelona，New York，and Rotterdam：Changing Relations Between Public Urban Space and Large-Scale Infrastructure.Utrech：International Books，1999.188

小城市,这是因为这种空间形态会消解城市的凝聚力，不利于小城市的集中发展。这种空间形态类型的城市可以根据用地条件灵活布置城市的各项设施，比较好处理城市发展近、远期发展的关系，而且在很好规划的基础上，也可以使各项用地各得其所。但是也很显然，在这种空间形态的城市中，各个片区和组团要有合理分工，把功能和性质相近的部门相对集中，同时，各个片区和组团又都需要有一定的规模，要能够容纳满足各个片区和组团内的日常生活和工作的需要，减少跨片区和组团的交通出行，否则组团间的交通压力就会很大，并导致交通的拥堵。在各组团之间还要加强联系，至少应有两条以上的相互联系的通道。在这种类型的空间形态中，其内部的组织依据片区与组团的相互联系方式，可以划分为五种基本模式：

（1）带状（线状）：这种空间形态的城市通常是受到地形条件的限制而形成的，城市被限定在狭长的地域空间中发展，城市的不同片区或组团呈单向的并列，同时沿着同一方向由主要的交通轴线将各片区或组团串联起来。这类空间形态由于各片区或组团呈定向性的联系，因此在城市空间组织和交通流向方面有极强的方向性：在整个城市层面上依据交通轴线的方向进行组织；在各片区或组团的层面上则向贯通各片区和组团的交通轴线汇聚。这种空间形态的城市规模应有一定的限制，尤其应避免交通轴线所串联的片区和组团的数量过多，否则会导致片区或组团之间相互联系的成本过高。同时，应有多条相互平行的交通轴线，分解组团间相互联系的交通压力。这类空间形态的典型城市如我国的兰州市和深圳市。

（2）星状（指状）：这种空间形态的城市通常是从城市的核心地区出发，沿着一些交通走廊呈定向性的向外扩张所形成的空间形态。城市建设用地基本沿着交通走廊建设，各交通走廊之间保持大量未开发建设用地。从空间形态上分析，也可以看成是在环形放射状城市的基础上叠加多个方向的线形城市而形成的结果。在当代城市的建设和发展中，大运量的快速轨道交通是城市向外扩展的主要交通方式；在小汽车拥有率较高的城市中，快速城市道路也具有同样的功能，但所产生的空间效果会有所不同。这种空间形态的典

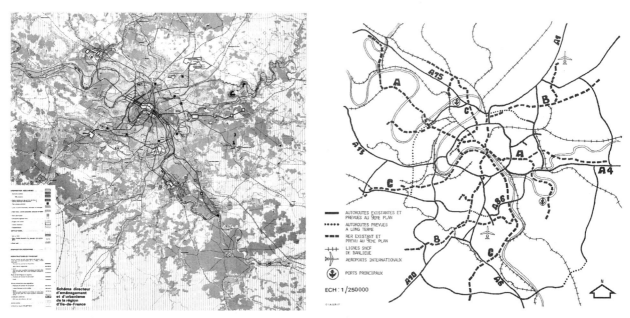

图8-29　环形放射状城市结构模式的典型之一：巴黎城区结构图

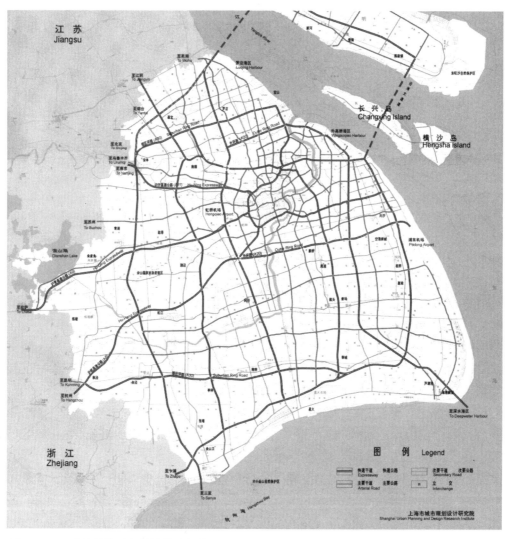

图8-30　环形放射状城市结构模式的典型之二：上海城市总体规划所确定的城市道路网结构图
资料来源：上海市城市总体规划（2000~2020年）

型城市是丹麦的哥本哈根。

（3）环状：这种空间形态的城市通常是围绕着湖泊、山体、农田等在其四周呈环状分布。在空间形态上也可看成是带状城市在特定情况下首尾相接所形成的发展结果。与带状城市相比，城市各片区或组团之间的联系出现了两个方向上的连接，因此片区或组团之间的相互联系相对比较方便。由于环形的中心部分以自然空间

为主，因此可以为城市创造优美的景观和良好的生态环境条件。但除非有非常严格的规划控制，否则城市用地向环状的中心地区扩展的压力会很大，中心的自然空间会被不断蚕食。这种空间形态的典型是荷兰的兰斯塔德（Ranstad）地区，即由阿姆斯特丹、海牙、鹿特丹和乌特勒支等所组成的城市地区。

（4）卫星状：这种空间形态的城市一般指以大城

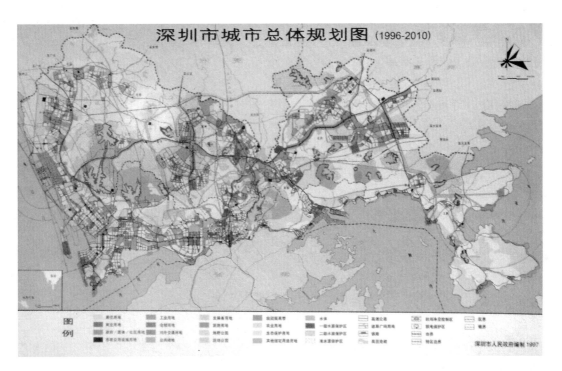

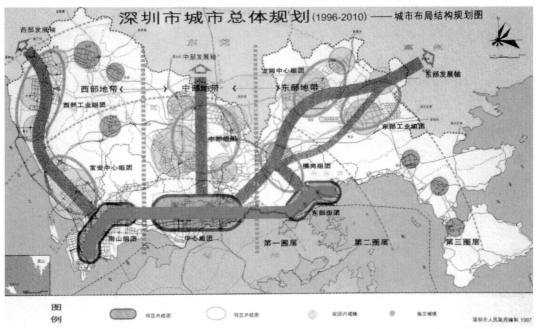

图 8-31　带状城市结构模式的典型之一：深圳市城市总体规划图及城市布局结构规划图
资料来源：深圳市城市总体规划（1996~2010 年）

市或特大城市为中心，在其周围发展若干个小城市而共同组成的城市形态。一般而言，中心城市具有极强的支配性，而外围小城市具有相对独立性，但与中心城市在生产、工作和文化、生活等方面都有非常密切的联系。这基本上是霍华德的田园城市和昂温的卫星城理论所提出的城市空间形态。这种空间形态在大城市和大城市周围的广大地域范围内，在人口和生产布局等方面可以产生较好的均衡效果，但这种城市空间形态的形成往往受自然条件、资源情况、建设条件、大城市地域的社会经济发展水平与阶段的制约，同时对小城市建设有较高的要求，只有其达到一定的规模和比较完善的设施配套，同时又有与中心城市之间良好的交通联系条件时，才能发挥相应的作用。这种空间形态的典型城市如英国首都伦敦。

（5）多中心：这种空间形态的城市是城市在多种方向上不断蔓延发展的结果，不同的片区或组团在一定的条件下独自发展，逐步形成不同的多样化的焦点和中心以及小的发展轴线。这种空间形态的典型城市如美国的底特律、洛杉矶等。

影响城市空间形态的因素是多方面的，而城市空间形态所表现出来的总体结构也具有多样性，这就会在城市空间形态研究中，尤其是在进行空间布局时面

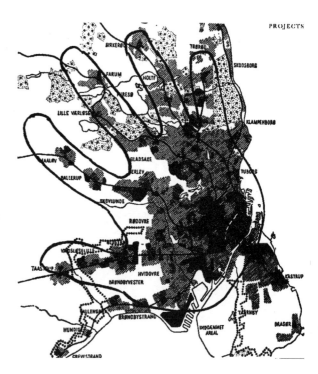

图 8-32　星状（指状）城市结构模式的典型之一：哥本哈根规划，由坎杰里（Una Canger）和尼尔森（Ida Nielsen）所绘

资料来源：Henrik Reeh.Four Ways of Overlooking Copenhagen in Steen Eiler Rasmussen. 2002.见：Peter Madsen，Richard Plunz 编.The Urban Lifeworld: Formation, Perception, Representation.London and New York：Routledge，2002.257

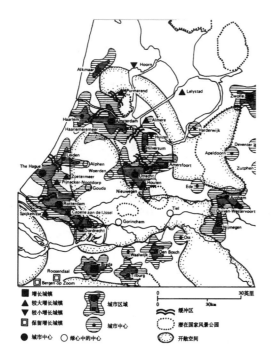
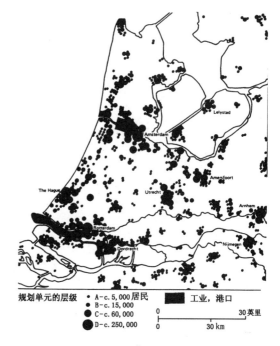

图 8-33　环状城市结构模式的典型之一：荷兰的兰斯塔德（Ranstad）地区
资料来源：黄亚平.城市空间理论与空间分析.南京：东南大学出版社，2002.153、278

临着多种选择。而一旦需要作出选择就需要建立一定的判断标准。博恩认为，在进行空间结构的规划时，必须遵循以下这些准则，见表8-2。

第四节　大都市地区的发展

大都市地区（Metropolis），也称为大城市区或都市区等，是指由主要大城市及其郊区以及附近的城市和乡村所组合而成的城市化区域，其中，主要城市发挥着主导性的经济、社会影响的作用。大都市地区是城市发展到一定阶段所形成的一种独特的空间形态。就更大的区域范围来看，大都市地区具有极强的集聚发展的倾向，而在其内部，既有向中心城市集中的趋向，也有向外围扩张的分散式发展的趋势。城市过去是一种高度密集的空间形式，有着明确的中心，无论是对城市中的居民还是对周围地域中的居民而言，城市中心都具有在感情上和经济上统领整个城市和周围地区的作用。一旦居民走出了城市，他们就被农村所包围。芒福德（L. Mumford）曾经提到，城市的作用就像巨大的磁铁和容器，将人和经济活动或财富集中在经过很好界定的、有边界的空间之内。但随着城市社

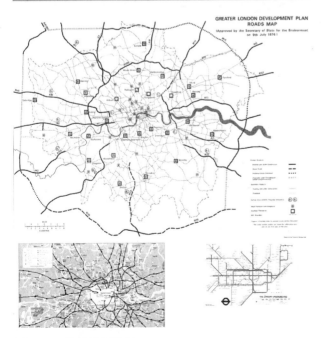

图8-34　伦敦地区规划

391

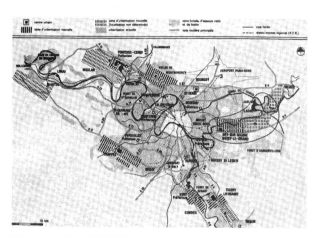

图8-35 环巴黎新城分布图，1965年

资料来源：Manfredo Tafuri, Francesco Dal Co.Modern Architecture：History of World Architecture，1976.刘先觉等译.现代建筑.北京：中国建筑工业出版社，1999.292

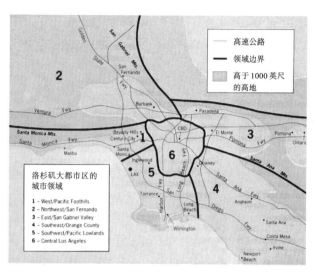

图8-36 H.J. de Blji 和穆勒（P.O.Muller）提出的洛杉矶大都市区的城市状况

资料来源：H.J. de Blji.Human Geography：Culture，Society，and Space（4th ed.）.New York:John Wiley & Sons，Inc.，1993.404

城市空间结构的准则　　　　　　　　　　　　　　　　　表8-2

层　次	准　则	说明和例子
背景	1.时机	发展的时间和阶段
	2.功能特征	生产的主要模式和类型（如服务中心，矿业城市）
	3.外部环境	城市的社会经济和文化环境
	4.相对区位	更大的城市体系中的状况（如核心－边缘比较）
宏观形态（macro-form）	5.规模	土地、人口、经济基础、收入等的规模
	6.形状（shape）	用地的地理形状
	7.场址和地形基础	城市建设的物质景观
	8.交通网	交通系统的类型和结构
内部形态和功能	9.密度	开发的平均密度；密度梯度的形态（如人口）
	10.均质性（homogeneity）	使用、行为和社会团体的混合（或隔离）程度
	11.集中性	城市中心中使用、行为等被分区组织的程度
	12.部门性	城市中心中使用、行为等被部分化地组织的程度
	13.联系性	城市的节点或次地区（subareas）由交通、社会交往等联系的程度
	14.定向性（directionality）	相互交往模式（如居住迁移）中导向性欠缺的程度
	15.一致	功能和形态之间的符合程度
	16.可替代性	不同的城市形态（如建筑物、地区、公共机构等）为特定功能进行的开发能够为其他功能使用（替代）的程度
组织和行为	17.组织原则	空间分类和组合的深层机制
	18.控制（cybernetic）	反馈的程度；形态变化的敏感性
	19.管理机制	调解和控制的内在方式（如区划、建筑控制、财政约束）
	20.目的导向	城市结构向优先目标演进的程度

资料来源：Larry S. Bourne.Urban Spatial Structure：An Introductory Essay on Concepts and Criteria.1982.见：L.S. Bourne 编.Internal Structure of the City（第二版）.Oxford University Press.41

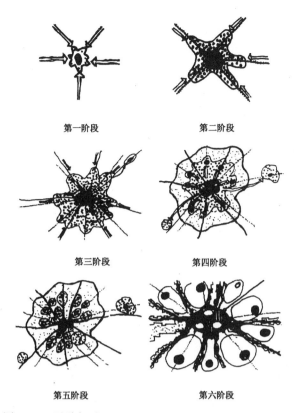

图 8-37 马歇尔（Johnson Marshall）提出的城市发展不同阶段的形态特征

资料来源：黄亚平.城市空间理论与空间分析.南京：东南大学出版社，2002.49

会经济的发展，在前面论述的集中和分散发展的双重影响下，城市逐步地向外扩展其建成区，甚至超出中心城市几十公里甚至一二百公里之外，并且在这些地区之间形成了密集联系的地区。在这些地区中，包括了城市、郊区、农业用地，在农业用地的包围中，建设起了独立的购物中心和娱乐用地等等，因此在这些地区中形成了由各种功能组合而成的综合体。所有这些都由通信和通勤网络，包括高速公路、铁路、电子通信以及卫星或移动通信等等相互联系在一起。在这样的大都市地区，城市（cities）、城镇、郊区或远郊（exurban）地区相互交织在一起，形成一个新的整合的地区。但在这个地区中，已经不再是由中心城市的中央商务区作为核心来统领整个地区，而是形成了多个相互分离的中心，但尽管这些中心是相互分离的，它们所服务的区域并不是独立的，也不是完全相互分离的，相反它们大多是为整个大都市地区服务的，而且每个中心都有各自的能力来吸引就业者、购物者和居住者，从而形成了新的、被称为"多核心的大都市地区"（the multinucleated metropolitan region）的聚居空间形态。穆勒（Peter Muller）认为，这些地区可以很好地理解为是由不同的领域（realms）组成。这些领域

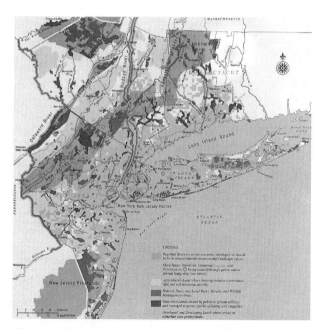

图 8-38 美国区域规划联合会于 1993 年编制的纽约、新泽西和康涅狄格（Connecticut）州三州所组成的纽约大都市区的结构规划

资料来源：Han Meyer.City and Port：Urban Planning as a Cultural Venture in London，Barcelona，New York，and Rotterdam：Changing Relations Between Public Urban Space and Large-Scale Infrastructure.Utrech：International Books，1999.270

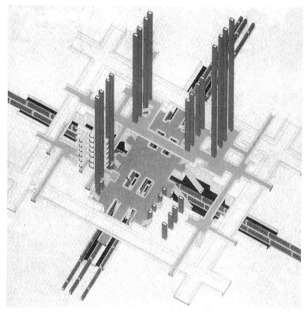

图 8-39 美国区域规划联合会 1931 年所做的曼哈顿中心区交通可达性分析

资料来源：Annastasia Loukaitou-Sideris，Tridib Banerjee.Urban Design Downtown：Poetics and Politics of Form.Berkeley，Los Angeles and London：University of California Press，1998.61

根据四项要素是各不相同的：物质地域（physical terrain）、物质规模（physical size），在该区域中物质行为的层次与种类（特别重要的是小中心的种类），以及区域交通网络的特征。在这地区中所有的特征中，通勤流（commuting flows）对于区域规模上的多核心尤为关键。

对大都市地区的关注是从20世纪的40年代开始的，而且这种关注以及随后的研究也始终以美国为核心。在20世纪40年代，美国的人口普查当局就试图把握区域和多中心的增长，他们设计了一个词叫做"标准大都市区"（Standard Metropolitan Area，简称SMA），这是指包括了一个5万人以上的城市以及它周边的位于同一个县（county）内的郊区。这一概念在1959年作了调整，改为"标准大都市统计区"（Standard Metropolitan Statistical Area，简称SMSA），这是因为人口普查局认识到区域的增长已经跨越了县的边界。到20世纪80年代这一概念简化为"大都市统计区"

（Metropolitan Statistical Area，简称MSA）。"大都市统计区"至少有一个5万人以上的城市组成，并且与其所在县和所有周边的县有经济上的联系，这种联系是通过计算居住在外围的县中的人口到指定的"大都市统计区"中工作的程度来决定的。如果有足够多的人口跨过城市外部的边界来通勤工作的话，那么他们所居住的这个县就成为"大都市统计区"的组成部分。美国"大都市统计区"的数量在不断增加，1990年的人口普查已达到了254个，但仍然有两个州一个"大都市统计区"也没有。从20世纪70年代开始，人们已经认识到区域增长和城市社会空间的结合要比"大都市统计区"概念所包括的联系更加广泛，于是又提出了一个新的词汇"标准大都市联合区"（the Standard Metropolitan Consolidated Area，简称SMCA）。"标准大都市联合区"在1980年的人口普查中被首次使用，但并没有放弃"大都市统计区"。"标准大都市联合区"的概念表达了大都市地区结合的更高秩序，它包括多个"大都市统计区"，如在南加州，它包括了洛杉矶/Orange County/里弗赛德/圣贝纳迪诺等"大都市统计区"所形成的综合体，在东海岸则由纽约/新泽西/康涅狄克等"大都市统计区"所形成的综合体。这些区域的人口都要超过整个加拿大的人口。现在美国共有17个

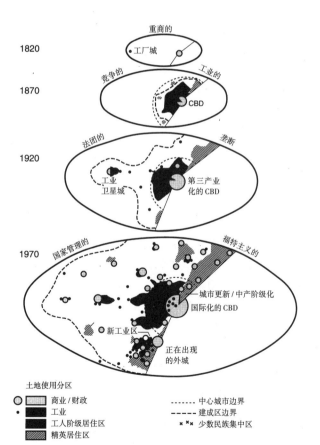

图8-40　索娅（Edward W. Soja）所揭示的美国城市形态的演变

资料来源：Edward W. Soja.Postmetropolis：Critical Studies of Cities and Regions.Oxford and Malden：Blackwell Publishers Ltd，2000.113

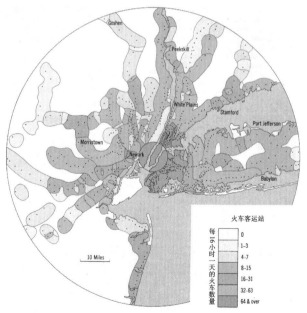

图8-41　纽约乘火车通勤的频度。频度较高的地区通常是从每一个车站最大半径为2.5英里(约等于4.02km)的范围

资料来源：John F. Kolars，John D. Nystuen.Geography：The Study of Location，Culture，and Environment.New York：McGraw-Hill Book Company，1974.58

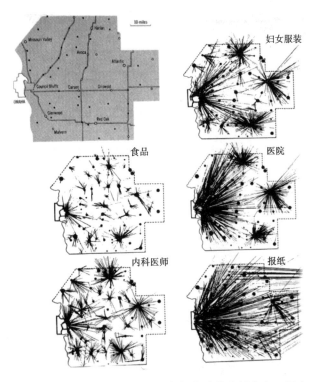

图 8-42　爱荷华（Iowa）州西南部的消费出行分布。图中的线条表示从家出发到特定功能中心地的购物出行。不同物品和服务的影响范围可以从图中清晰地看到。同时，市场区在相当程度上是相互覆盖的

资料来源：John F. Kolars, John D. Nystuen.Geography: The Study of Location, Culture, and Environment.New York 等：McGraw-Hill Book Company, 1974.91

这样的"标准大都市联合区"。从某种意义上讲，"标准大都市联合区"是对"大都市地区"最基本、也是最典型的描述。

正如我们在前面一再强调的，大都市地区的发展是在集中和分散两种力量的相互作用下而形成的空间形态，那么，导致这种作用的具体因素是什么？为什

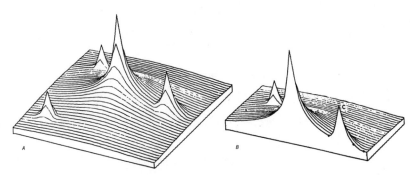

图 8-43　大都市人口密度分布的总体模型及其纵剖面

该模型未考虑非居住的因素，如中心商务区通常人口密度会下降。这种形状也可以看成是中心城和三个卫星城的竞租和交往密度的分布

资料来源：John F. Kolars, John D. Nystuen.Geography: The Study of Location, Culture, and Environment.New York：McGraw-Hill Book Company, 1974.62

么有的功能特别容易向外分散发展，有的却不容易向外疏解？从 20 世纪 60 年代开始就有许多的研究对这些问题进行探讨，墨菲（R.E. Murphy）在 20 世纪 70 年代对这些相关研究的成果进行了总结，并在统计数据的支持下探讨了影响制造业郊区化的集聚和分散的具体因素[25]。这两组分析清晰地揭示了大都市地区内制造业的空间布局取向。他认为，在一些标准大都市统计区内，制造业的郊区化之所以有不同寻常高的水平，其主要的原因在于：

（1）地形。如果一个中心城市位于狭小山谷的丘陵地带，只有很少的土地能够适合于工厂使用。在这样的状况下，工厂就会沿着山谷或在城市区以外的其他外部地区布置。

（2）新近的制造业的发展。城市原先只有很少的制造业，而现在正在吸引工厂发展，这样，在城市中就只能给制造业提供很少的空间，因此就只能发展到城市之外。这种趋势由于现代工厂建设和发展所提出的对大空间的需要而得到强调。在老城市，新的工业似乎更喜欢在郊区建设新的生产设施而不是在中心城的空建筑中安置。

（3）制造业类型。某些类型的制造业，如精细石油、钢铁厂、肉联厂以及需要试机场地的飞机制造厂等，都会对城市内的生活造成某种程度的损害，这也会被强制安排在城市之外的地区。

（4）非集聚的交通。沿着港口、可通航的河道、运河或者带状的铁路线，制造业的优势可以向外伸展出去很长距离。这就引领着大规模的分散化。货运汽车运输也具有这种非集聚的潜力。

（5）用地扩展的困难。在一些中心城市中，制造业工厂向周围扩建由于土地权属、经济成本等等方面的原因而难以实现，在这样的条件下，较高程度的制造业的郊区化是正常的。

（6）普及的高速公路交通设施。具有很好设计的高速公路和其他现代公路设施的地区，工厂的发展较少限于中心城市。

（7）政府政策。一些大都市地区经历了较长时间的制造业发展，比如在二次大战期间国防工厂发展，受制于政府出于战争需要的考虑而采取的避免集聚的政策，战后，其中

的一些郊区工厂转为民用物品。

（8）税法。在一些大都市地区，制造业工厂已经被布置在中心城以外，为了避免支付城市较高的税赋或者城市和县的双重税而向外迁移。

（9）以前工厂的失败。作为位于中心城市的老的制造业工厂逐渐废弃或其他原因，它们的设施和空间通常转换成停车场或者其他非制造业的使用。这是制造业郊区化的间接因素。

（10）区划法规。在中心城市的区划法规难以建立足够数量的或足够大块的土地作为制造业使用的城市，郊区的发展是受鼓励的。

（11）中心城市中的高土地价格。城市中的工厂用地的高成本，会导致工厂布置在城市之外。

（12）制造业的卫星城。在一些城市中，制造业会高度集中于中心城市以及相邻的卫星城中，这些卫星城不是非常大，更不会达到像中心城市那样的规模，但就像中心城市本身那样，这些卫星城也会拥有许多种类的工厂。这些卫星城中所布置的所有制造业在形态上也同样是高度郊区化的。

（13）中心商务区的区位。在一些标准大都市统计区，中心城市的中心商务区会有一个共同的边界。在一些城市中，制造业工厂围绕着中心商务区的周边布置，那么在这些城市中就会有相当比例的工厂布置在中心城市之外。

（14）标准大都市统计区边界的定义。标准大都市统计区其实包括了相当不同的人口，而且各县的性质也不同。如果一个人口非常多而且密集的县包括了进来，那么大量在中心城市之外的工业也被包括了进来。这就意味着制造业的郊区化的程度较高。

（15）铁路的促进作用。在一些标准大都市统计区，铁路公司已经促进了沿线的制造业的发展，并因此带动了城市的向外扩张，这会导致相当高程度的制造业郊区化。

（16）郊区劳动力。在一些例子中，高素质的乡村和郊区劳动力会吸引企业家将它们的工厂迁移到郊区。

（17）工厂设计和空间要求。新的产业为了工厂建设、停车设施等等需要相对更大的空间，就会喜欢郊区的区位。

（18）单一产业的城市。当一个城市在性质上是单一产业类型的城市时，新的制造业实际上会为主导的公司所阻止，因此会被迫在郊区进行建设。

与此同时，墨菲也对在一些标准大都市统计区内，制造业的郊区化水平非常低的原因进行了分析，他认为这些原因包括：

（1）地形。在丘陵地区，中心城市包括了适合于大多数制造业类型所需要的特定的土地。如，城市周围是沼泽地和低地，由于受制于洪水就会使工业集中布置在城市中，或者，所有滨水区适合于港口行为，那么以水运为导向的工业就会被布置在城市边界以内。

（2）公用设施。工厂要求供水、污水处理、煤气、电力以及消防，这些设施只有在中心城市中获得，城市不愿意为郊区提供这些公用设施。特别的是，在半沙漠条件下，中心城市会是标准大都市统计区中能够获得供水和其他公用设施的惟一的部分。

（3）早先的工业化。一些城市是围绕着工厂作为工业中心而发展起来，因而形成了制造业的集中发展模式。这种集中的模式会维持下去，尽管现在的趋势是倾向于郊区化。

（4）老建筑的使用。工业有时候通过使用老的仓库或由以前工厂留下的老工厂建筑而得到扩张。一些城市中，一些工厂已经发展了相当长的时期，同时又有大量的生产设备，因此其进一步发展的最好方式就是将周围一些老的、集中布置的建筑转换成工厂使用，这些发展将导致制造业的集中。

（5）通过现有工厂的扩建而增长。在一些标准大都市统计区内，大部分制造业的扩张来自于通过位于中心城市的老的、很好建设的公司的扩张而实现。

（6）单一产业或单一公司的城市。在单一产业或单一公司主导的制造业就业的城市中，这些产业和公司通常被布置在城市界限以内，并且与中心城市结合为一体。这会达到这样的程度，就是城市管理和财政利益实际上阻止了其他产业的到来，这些新的产业只能布置在城市地区的较不集中的地区。

（7）区划。在一些城市中，早期采纳的区划计划保留了大量的制造业用地，从而形成了集中化。

（8）城市最初的地区。其他的一些事情也是同样的，比如，城市的边界在开始的时候是相对比较宽松的，在最初的时候留有较多未开发的用地，那么制造业就会有相对较低的郊区化。

（9）扩建。一些州有比较宽松的土地供应，这样中心城市可以向相邻的地区扩展。这些增加可以使工业在城市的边界内布置，因此减少了工人在中心城市之外就业的比例。

（10）工业发展的复兴。一些城市在20世纪30

年代的萧条前有大的制造业发展，既然那个时期的发展模式是集中的，那么它们也是集中发展的。二次大战后使制造业重新获得了新生，它们也就会倾向于使用中心城市更新的设施，这种集中的模式也就会得到维持。

（11）制造业类型。一些类型的制造业，如珠宝和服装业，会寻找中心区位以便于在其他产业附近，接近供应商，或者接近市场。这些类型的制造业的偏好区位不仅位于城市中，而且位于城市的中心地区内。

（12）集聚的交通。在交通设施高度集聚于城市但在城市以外的地区是受限的地方，工业更有可能是集中的。

（13）工厂数较少。如果大都市区只有一个或很少的重要制造业工厂，并且这些工厂位于中心城市之中，那么制造业会表现出高度集中，尽管雇用的人数总量也不大。

（14）来自贫民窟的便宜劳动力。在一些大城市中，工厂在中心商务区边缘发展可以使用来自贫民窟的便宜劳动力，制造业的这种区位偏好就是城市的中心区。

在进入20世纪70、80年代以后，大都市地区也经历了一系列的变化，巴克（Nick Buck）等人在20世纪90年代初对大都市地区经济发展进行了总结，提出了在过去20年和未来的相当时期内，大都市地区经济发展的六种全球性趋势[26]：（1）在20世纪50、60年代带动经济发展的核心部门——制造业中的某些产业面临着严重危机。（2）作为对以上这种趋势的回应，出现了一种新的非集聚的生产布局，导致了区位优势模式的改变。这种趋势反映了新的机会，在通信设施进步和国际商务组织变化的推动下，并与不断增长的竞争压力相关联。公司为了增长或维持原有的利润而寻找更为便宜的区位，同时按照生产体系中不同的劳动力要求将整个生产体系进行分离，将它们迁移至相关劳动力充足并且更为便宜的地区。（3）随着生产过程和控制的协同结构的复杂化，中介机构或生产者服务业的重要性迅速提升，这类机构和服务业主要有广告业、专业服务业、顾问（咨询）机构、计算机服务业、清洁业、饮食业和其他支持型服务业。这一类的生产者服务机构趋向于在大城市中高度集中。（4）与此相对应的是国际金融体制的重要性和复杂性的发展。这是与生产的国际化紧密相关的，由此而促进了资本贸易和投资的金融流的增长，但这也反映了金融资产本身的国际市场的发展。这种金融市场是高度集中在一些城市之中，这些城市往往把整个世界按照不同的大陆和时区进行划分。（5）国家在经济管理和提供社会集体服务方面的作用的显著扩张。在西方社会中，国家和地方的国家机构往往成为当地最重要的雇佣者，这在大城市中尤为显著。同时，国家政策成为城市地区经济命运的最主要影响因素，这主要是通过社会支出和相应的国家机构的就业、向城市居民转移支付的款项、基础设施的投资和城市更新的项目等得到实现。（6）大城市中私人消费模式发生重大变化。现在出现了两方面的增长，一是服务业中专业的、技术的和管理的人员数量上的增长，一是他们的购买力的增长。这就导致了对城市中心的住房的需求不断上涨，也导致了中心城市服务业新的强有力的消费群体的形成。随着商务旅行和国际旅游的发展，消费者服务业却在不断地相对衰退。

在这样一些宏观趋势的转变的基础上，大都市内部的各个组成部分也同时表现出了相应的调整，这种调整尽管在各个国家或地区并不相同，但在整体上在大都市的不同地区也出现了一些总体上相类似的回应，并表现出了不同的状态。这些变化主要体现在[27]：

在城市中心，在具体内容上的变化非常快速，但主要包括了零售业、办公楼和休闲等使用上的高度混合。所有这些都经历了与中心零售和商务园及边缘城市的新的建设的竞争。如果地方经济还是很兴旺，土地价格和土地使用竞争就会保持在很高的水平上，但是如果地方经济较差就会反映出很高的空置水平。

在内城地区，与制造业、公共市政设施和交通在城市中的作用相关联，这种变化是深远的，而且其状况还在不断地恶化。这些地区在19世纪的扩张时期是不断变化的城市边缘地区，但在现在，却通常是被普遍放弃的地区。重建和再开发正在形成投资的孤岛，周围则是衰退的海洋。

在郊区，居住郊区在狭义的城市中通常是最广泛的土地使用类型，而且也代表了城市中相对最稳定的地区。具体的变化通过插建（infilling）和家庭住房的转换而实现，但在总体上有一些小的土地使用或结构的变化。一些商业在特定的节点上扩张。

在边缘地区，这里是土地使用变化最大的，表现为由乡村使用向城市使用转变。在城市使用中，有些采用了整齐划一的住宅区形式，但大量的还是商业、零售业、商务园设施和道路网络的综合体。对于后工业城市来说边缘不断地成为了活动的焦点。

　　随着大城市向外急剧扩展和城市密度的提高，在世界上许多国家中出现了空间上连绵成片的城市密集地区，对此有两个术语来进行描述：一个是城市聚集区（urban agglomeration），一个是大城市带（megalopolis）。联合国人居中心（United Nations Centre for Human Settlements）对城市聚集区的定义是：被一群密集的、连续的聚居地所形成的轮廓线包围的人口居住区，它和城市的行政界限不尽相同。在高度城市化地区，一个城市聚集区往往包括一个以上的城市，这样，它的人口也就远远超出中心城市的人口规模。大城市带的概念是由法国地理学家戈特曼（J. Gottmann）于1957年提出的，指的是多核心的城市连绵区，人口的下限是2500万人，人口密度为每平方公里至少250人。因此，大城市带是人类创造的宏观尺度最大的一种城市化空间。根据戈特曼的标准，他列出了世界上主要的大城市带，其中以美国东北部大西洋沿岸从波士顿到华盛顿的大城市带最为典型，其他已经成型的大城市带有：日本太平洋沿岸东海道大城市带、英国以伦敦－利物浦为轴线的英格兰大城市带、欧洲西北部大城市带和美国五大湖大城市带。中国的长江三角洲城市密集地区被认为是正在形成中的世界第六个大城市带。

图8-45　1987年由库哈斯（Teun Koolhaas）设计的荷兰鹿特丹 the Kop van Zuid 地区的规划模型
资料来源：Han Meyer.City and Port：Urban Planning as a Cultural Venture in London, Barcelona, New York, and Rotterdam：Changing Relations Between Public Urban Space and Large-Scale Infrastructure.Utrech：International Books, 1999.354

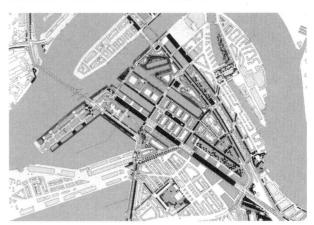

图8-46　1996年，荷兰鹿特丹市 The Kop van Zuid 地区的总体规划
资料来源：Han Meyer, City and Port：Urban Planning as a Cultural Venture in London, Barcelona, New York, and Rotterdam：Changing Relations Between Public Urban Space and Large-Scale Infrastructure.Utrech：International Books, 1999.355

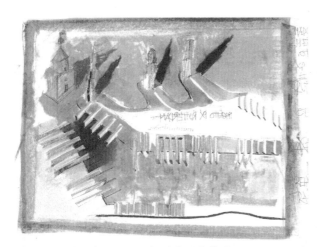

图8-44　罗西（Aldo Rossi）对荷兰鹿特丹 Kop van Zuid 地区改建设想的草图片断
资料来源：Han Meyer.City and Port：Urban Planning as a Cultural Venture in London, Barcelona, New York, and Rotterdam：Changing Relations Between Public Urban Space and Large-Scale Infrastructure. Utrech：International Books, 1999.354

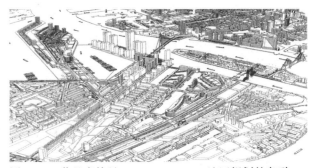

图8-47　荷兰鹿特丹 The Kop van Zuid 地区规划的鸟瞰
资料来源：Han Meyer.City and Port：Urban Planning as a Cultural Venture in London, Barcelona, New York, and Rotterdam：Changing Relations Between Public Urban Space and Large-Scale Infrastructure.Utrech：International Books, 1999. 355

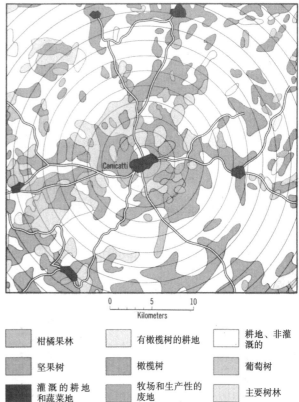

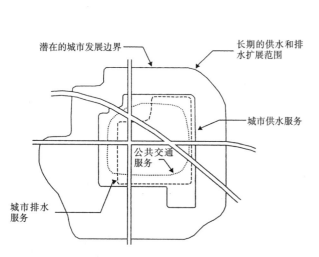

图8-48　美国规划联合会（the American Planning Association）1992年发表的城市设施供应范围和城市增长边界范围的图解
资料来源：Andres Duany，Elizabeth Plater-Zyberk,Robert Alminana.The New Civic Art：Element of Town Planning.New York：Rizzoli，2003.16

图 8-49　Sicily Canicatti 周边土地使用的模式
资料来源：John F. Kolars,John D. Nystuen.Geography：The Study of Location，Culture，and Environment.New York：McGraw-Hill Book Company，1974.205

注　释

1 有关该部电影的描述引自：王旭.美国城市史.北京：中国社会科学出版社，2000.195~196

2 John W. Bardo，John J. Hartman.Urban Sociology：A Systematic Introduction，F. E. Peacock Publishers, Inc.，1982

3 有关该书的内容引自：王旭.美国城市史.中国社会科学出版社，2000.182~183

4 有关该文的内容引自：蔡禾主编.城市社会学：理论与视野.广州：中山大学出版社，2003

5 Werner Z. Hirsch.Urban Economics.刘世庆等译.城市经济学.中国社会科学出版社，1990.53~54

6 王旭.美国城市化的历史解读.长沙：岳麓书社,2003.8

7 见：Joel Garreau.Edge City：Life on the New Frontier. New York：Doubleday，1991

8 马克思恩格斯选集(第三卷). 人民出版社，1972.335

9 英国工人阶级状况.见：马克思恩格斯全集（第二卷）.人民出版社，1957.303

10 尹继佐主编.城市综合竞争力——2001年上海经济发展蓝皮书.上海：上海社会科学院出版社，2001.295

11 K.J. Button.Urban Economics：Theory And Policy.1976.上海社会科学院部门经济研究所城市经济研究室译.城市经济学，商务印书馆，1986

12 尹继佐主编.城市综合竞争力——2001年上海经济发展蓝皮书.上海：上海社会科学院出版社，2001.295~296

13 以下的相关描述引自：周起业.西方生产布局学原理.北京：中国人民大学出版社，1987

14 P. Hall.The World Cities.1966.中国科学院地理研究所译.世界城市.北京：中国建筑工业出版社，1982

15 John Friedmann，Goetz Wolff.World City Formation：An Agenda for Research and Action，International Journal of Urban and Regional Research.1982.Vol.6, No.3

16 John Friedmann.The World City Hypothesis, Development and Change.1986.17

17 姚为群.全球城市的经济成因.上海：上海人民出版社，2003.1~4

18 Saskia Sassen.The Global City：New York, London, Tokyo, Princeton. Princeton University Press，1991

19 尹继佐主编.城市综合竞争力——2001年上海经济发展蓝皮书.上海：上海社会科学院出版社，2001.296

20 引自：庞元正，于冬红主编.当代西方社会发展理论新词典.长春：吉林人民出版社，2001.167~168

21 Piotr Korcelli.Theory of Intra-Urban Structure：Review and Synthesis.A Cross-Cultural Perspective, 1982.见：L.S. Bourne 编.Internal Structure of the City（第二版）.Oxford University Press.93

22 主要引自：周起业.西方生产布局学原理.北京：中国人民大学出版社，1987

23 引自：Raymond E. Murphy.The American City: An Urban Geography(2nd ed.). New York: McGraw-hill, 1974.283~285

24 Larry S. Bourne.Urban Spatial Structure：An Introductory Essay on Concepts and Criteria.1982.见：L.S. Bourne 编.Internal Structure of the City（第二版）.Oxford University Press.7

25 Raymond E. Murphy. The American City: An Urban Geography(2nd ed.). New York: McGraw-hill,1974.410~412

26 N. Buck, M. Drennan, K. Newton.Dynamics of the metropolitan economy.1992.见：S.S. Fainstein, I. Gordon，M. Harloe 编辑. Divided Cities：New York & London in the Contemporary World. Oxford：Blackwell

27 Philip Kivell.Land and the City：Patterns and Processes of Urban Change. Routledge, 1993.193

第四部分
有关规划的理论

第九章　规划的本质意义[①]

有关城市规划本质的讨论是在对有关于"规划的理论"（theory of planning）的讨论过程中提出并不断深化的。从严格的意义上讲，有关"规划的理论"的讨论是从20世纪50、60年代在系统论思想的影响下才兴旺发达起来的[1]。在系统方法论的讨论过程中，规划学者才开始反思城市规划究竟是什么、它的本质性的内容或者按照科学哲学家拉卡托斯（I. Lakatos）的说法就是学科的"硬核"[2]（hard core）是什么这样的一系列问题。在对这些问题进行讨论的过程中，形成了多种对规划（planning）概念的不同理解，并且，直到最近仍在不断地壮大着其总量。这些不同的理解以及对这些概念的解释，形成了一个错综复杂的整体，其所构成的实际上就是我们现在所直接面对着的规划领域。在这一整体中，这些不同的概念之间具有内在的张力，它们各自阐发着自己的理念，甚至达到相互矛盾、相互对抗的程度。但很显然的是，所有的这些理解都对不同时期或不同国家（地区）的规划体制和机制产生了影响。但我们也应看到，无论是作为国家社会经济制度中的城市规划观念，如希利（P. Healey）的协作规划概念[3]，还是以系统论思想为基础的城市规划概念，如麦克洛克林（J.B. McLoughlin）所阐述的过程规划理论[4]、法吕迪（A. Faludi）所创立的以决策为中心的规划理论[5]和霍尔（P. Hall）从系统思想出发建立的规划过程观念[6]，或者是新马克思主义或政治经济学的城市规划概念，如勒菲伏（H. Lefebvre）建立在城市空间的社会生产理论基础上的规划理论[7]，卡斯泰尔（M. Castells）建立在集体消费理论基础上的国家宏观调控论[8]以及哈维（D. Harvey）基于社会公正基础的规划思想[9]或激进主义的城市规划概念，如弗里德曼（J. Friedmann）所阐述的公共领域规划[10]，甚或是在后现代思想基础上形成的城市规划思想，如桑德科克（L. Sandercock）建立在多元文化基础上的规划理念[11]和罗维斯（S.T. Roweis）运用福柯（M. Foucault）的权力/知识（knowledge / power）关系理论对城市规划实践的再阐述[12]等，以及对基于哈伯马斯（J. Habermas）所倡导的交往（communication）的城市规划特质的揭示，如福雷斯特（J. Forester）对规划过程中的政治过程和规划师角色的再定位[13]以及希利对城市规划中运用交往理论的多次论述[14]等等……这些对城市规划的认识与理解，都可以看成仅仅是描述了或运用了规划意义的某一部分和某一方面的特质。在这种种的讨论与论述中，都只是将规划作为一种可运用的手段来为特定的哲学认识、意识形态或思想观念提供支撑。规划确实能够起到这样的作用，并且在现实社会里也必须起到这样的作用，但这也仅仅是它的外显成分而非其本质意义，是其在社会、经济、政治层面上的一种投射。这种服务和投射的结果必然地将规划的意义予以分解，甚至于只关注城市规划的实际效用而忽视了对其本质意义的理解。这种外显的功效成为理论探讨所关注的对象，但如果缺乏了对规划所具有的普遍特征的揭示，就会在此过程中遮蔽了规划本身的本质特征，同时也消解了其内在性的深刻涵义。因此，这种功效的发挥就有可能是在某种先验的观念统领下的非理性操作，或者是在试错过程中的不断摸索，更有一些甚至是建立在纯粹想像的基础上的，在这样的状况下，其发挥作用的逻辑结构也就会是支离破碎的。而更为严重的则是会导致对在此基础上所产生的困境的漠视，也就缺少了对此困境的解救，这就会进一步地引发出规划的深层危机。

从城市规划作为一门学科和作为一项社会实践的角度，只有真正理解了其最本质的内在特性，才有可能理解它本身所蕴含的力量。因此，本章从作为普遍活动的规划本身出发，对规划所具有的普遍性特征进行分析，为对城市规划作用、城市规划类型等等的讨

---

① 本章根据《规划的本质意义及其困境》（《城市规划汇刊》1999年第2期）的基本内容修改、扩充而成。

论提供一个基础。在这样的基础之上，就可以理解城市规划作为一种类型的规划所具有的本质特征，从而无论在何种观念的运作下都可以做合目的的行动，并为各种观念下运作的不同规划行动提供相互交流的基础。当然，本章并不是要探讨规划的定义［有关于规划的定义可以参见霍尔（P. Hall）非常著名的入门教材《城市和区域规划》15以及科尼尔斯（D. Conyers）的有关于社会规划的导论性论述中有关规划概念的论述16等。在本书的第一章中也已有简略的介绍］，而是集中在对规划的本质特征进行探讨，以期揭示规划本身的思维特征，从认识论和方法论的角度来推进规划的发展。

第一节 规划的本质特性体现在规划的未来导向性

规划的最重要特征是未来导向性。城市规划作为一门独立性学科的关键也就在于它的未来导向性，这是与其他以城市为研究对象的各门学科（如城市社会学、城市经济学、城市地理学等）相区别的根本所在。这些学科研究所取的对象是现在存在的或过去曾经存在过的现象，主要研究这些现象及其发展的内在规律性，而规划行为就完全不同。规划作为人类的一项社会行动，是人类有目的地利用和改造自然与人为环境的具体行动，其所涉及到的内容是尚未发生的或者是即将发生的，而且主要是对这些内容的重新组织，这就具有鲜明的社会目标导引和行为干预性。这种导引性和干预性是关于未来目标的达成行为的，并将人类的注意力引向了未来的某个特定时段和未来某些领域的具体行为。正如张庭伟曾经针对城市规划所指出的那样，规划首先是对人类自己的未来行动的安排，他说："可以认为，规划工作的实质是人类对自身整个未来活动的规划，它包括人类的增殖活动（人口）、经济活动（经济）、建造活动（自然与人工环境），以至社会活动（教育、信息交流、社交）等有形、无形活动的安排。规划学属于未来学，它是人类对自己未来活动的先期计谋，远非只是对'城市'这一可见物质形体的先期控制。"17从规划作为一项影响人类未来行动安排的活动来说，规划既是对未来行动结果（目标）的预期，也是对实现这种结果的行动的预先安排，并且是在针对目标达成的行动过程中不断趋近目标的所有

努力。因此，未来导向性至少包括了两个方面的内容，首先，任何规划都是针对于未来一定时段的，总是以未来作为目标趋向的；其次，规划的内容和过程始终是围绕着未来的行动而展开的，引导未来的相关行为来实现规划所确定的目标。从这样的意义上讲，规划就是要为未来的行动指明行动的方向并进行具体的安排和组织。因此，规划的未来导向性决定了规划就是要运用各种相关知识，把各种力量组织进实现未来目标的行动之中，这是弗里德曼（J. Friedmann）的著作《公共领域的规划》（Planning in the Public Domain）一书的副标题"从知识到行动"（From Knowledge to Action）所想要揭示的内容18。但他仍然忽视了规划本性中关于未来性的方面，因为行动并非仅仅是现在的行动，更是将来的行动，因此，规划中所面临的一个困难是如何从现在的知识转化为将来的行动，而在现在的知识和未来的行动之间，仍然存在着许多需要解答的问题。因此，如何将知识转化为行动，既是一个实践性的问题，同时也是一个重要的理论问题，这是20世纪80年代以来城市规划理论探讨的重要内容之一。

由于规划所具有的未来导向性，使规划不能仅仅停留在对过去和现在的认识的基础上，而必须是在针对于未来的基础上来反观过去和现在，而且，在对目标认识的基础上来考察从现在至未来目标达成这一时间段中所要采取的实现目标的所有行动。因此，规划的认识论和方法论在取向和实质内容方面，均与现代科学的认识论和方法论有着根本上的差异19。现代科学以及以科学为参照的学科研究，强调的是以主体的客观性来研究对象的外在性，从而保证研究者对研究对象进行客观的认识，也保证了研究者可以进行纯经验的客观研究。科学研究的对象是经验客体的本质，使得科学的认识论基础必然是奠基于经验知识之上的，爱因斯坦（A. Einstein）非常清晰地阐述了这样的观点："一切关于实在的知识，都是从经验开始，又终结于经验。"而规划所涉及的则是与人的活动交织在一起的对物质客体的使用（甚至就是人的活动本身），而且这种使用又是在特定目标的导引下展开的，在很多时候凭借着"经验"（此处的"经验"与科学中的经验是并不等同的概念，科学中的经验是指人的感官所可以直接体验到的，此处的"经验"是指在过去的实践中所积累的体会和感觉）从事其中的工作，但很显然，规划的取向是未来性的，其知识基础在根本上是非经验性的，因为对于未来的一切都是现时不可经验的，也

不是由过去所积累的经验所能够直接检测的，这就在方法论基础上说明规划并非是一种严格意义上的科学。规划也确实研究过去和现在，但目的则在于为揭示未来和展开实现目标的未来行动提供借鉴，这种借鉴并不可能是决定性的，因为社会的发展和个人的体验不可能具有复原性，也无法进行实验室式的控制，因此在规划过程中所提炼出来的任何理论都不可能在此过程中获得科学上的实证意义。即使事先制订的规划得到了完全的实现，也同样不能以此来验证原来的规划方案是真或假，正确或错误，这是由于在事物的发展过程中加入了人的有意识的作用，这些作用也同样具有不可重复性。在这样的意义上，规划所具有的未来取向决定了规划并非是一种科学（指由现代自然科学尤其是物理学所奠定的科学范式）的事业，而任何追求规划纯粹科学性的各种尝试，其结果总是要失败的，20世纪50、60年代系统工程及其方法论在城市规划中运用的理想及其历史已经充分地证明了这一点。

由于规划所具有的未来导向性，因此，规划工作最为首要的内容就是要对未来发展进行研究，尽管不同的规划有不同的研究内容，或者研究的尺度不同，但不同层次上的未来研究仍然是必不可少的。在对城市社会未来发展研究的过程中，规划师会遭遇到许多对未来发展的认识，在这其中，有些是对现实发展的认识，有些是规划师自己的主观判断，这些不同的认识会在规划过程中纠缠在一起共同影响规划师的判断，因此，在规划过程中必须首先能够作出区分，并针对不同的性质作出相应的说明和处理。未来学者指出了未来研究中所涉及到的对未来事件及其发展的描述一般可以包括这样一些不同的类型[20]：（1）一定条件下是可能的发展（预测）；（2）称心合意的发展（规范化的设想）；（3）有界限的发展（限定大概的或可能的发展空间）；（4）参考案例，例如在趋势外推法的帮助下获得；（5）连锁事件，被设计来证明可能的因果联系等等。这些对未来发展的不同描述，产生于不同的出发点（立场），同时在不同的状况下起不同的作用。政策分析专家邓恩（William N. Dunn）则从政策分析的工作特征和思维习惯出发，区分了未来的三种社会状态[21]，即可能的未来、合理的未来和规范的未来。这种区分或许更加适合城市规划领域中规划师处理城市未来发展状况的需要。这三种不同的社会状态表达了三种不同的"现实"，而作为规划师如果不能很清晰地明这其中的差异而混淆使用的话，那么就不可

能在规划中很好揭示未来社会发展的状况，在此基础上建立起来的规划成果也就不可能具有针对性。邓恩对这三种社会状态作了相应的描述：（1）可能的未来，是指将来可能发生的社会状态，它不同于未来必然要发生的社会状态。未来的状态在它实际发生之前，都是不确定的，因此就会有许多可能的未来。"可能的未来"所揭示的仅仅是未来可能会怎样。（2）合理的未来是以对自然和社会的因果假设为基础，在规划人员不干预事件发展方向的条件下，被认为有可能发生的社会状态，它所揭示的是在没有规划干预的情况下自然发展的结果，是自然合理条件下产生的结果。（3）规范的未来是那些与规划人员对未来的需要、价值观和机会的构想相一致的潜在的和合理的未来。由于规划师的选择作用，对未来发展所作的规范性界定缩小了潜在的和合理的未来的范围，从而将预测与具体的目的和目标联系起来，它所揭示的就是未来应该是什么。规划师的重要职责可能更多地在于通过其工作和努力，以有目的的方式来界定未来不确定性的作用范围，从而缩小可选择的范围，使未来具有更强的确定性。而这三种未来状态所容纳的范围和未来的可能数量，从"可能的未来"到"合理的未来"再到"规范的未来"是越来越小，也越来越少。规划师在确定规范性未来的过程中需要分辨清楚哪些是事物自身发展可能的，哪些是在自己的价值观等的影响下而作出的选择的结果，对于其中的差异必须要有充分的依据来予以说明。这是由规划工作的性质所决定的。就事物未来的发展状态而言，规划的核心问题就是如何在"可能的未来"中实现想要的未来，如何将某些不希望出现的事物自身发展的后果引导到"规范的未来"上来。这就要求规划师能够掌握在什么样的条件下会产生不同的"可能的未来"这样的知识，并依此作出判断和采取行动，以抑制会产生不想要的未来的条件、培植想要的未来的产生条件；规划师也要清楚事物在自然条件（即无规划调节）下的发展会产生什么样的后果，这些后果会产生什么样的问题，如果这些问题是规划想要避免的，那么规划应当在什么阶段、采用什么样的措施来改变它的发展进程。规划并不是对最终产生的结果的调节，而是通过对事物发展的机制与途径等的把握，在事物发展的过程中，通过对会产生不同结果的条件进行调节从而实现想要的结果。与此同时，规划师还需要指明保证"规范的未来"实现的途径和手段，也就是怎样将"可能的未来"、"合理的未来"的

发展行为引导到"规范的未来"的发展方面来。

正是由于规划所具有的未来导向性特征,决定了规划必然是一种未来研究,因此,未来研究的一些基本特征同样也是规划本身所具有的,而且这些特征也多多少少规定了规划的特性。通过对这些特性的认知,可以使我们更加清楚规划中所存在的问题和相应的对策。布莉塔·史沃滋等人所著的《未来研究方法:问题与应用》一书对未来研究的重要特征作了较为全面和充分的归纳,他们认为,这些特征决定了未来研究的性质,同时也体现出了未来研究的问题所在[22]。这一共九个方面的内容,在城市规划中也同样存在,而且在某些方面甚至表现得更为突出;其中有一些问题是未来研究所特有的,但如果将这些内容作进一步的引申,同样可以发现在城市规划存在着相类似的现象和问题。在下文的论述中,以史沃滋等人的论述为纲,将规划和未来研究结合在一起进行论述。

(1)时限。任何规划与所有的未来研究一样都有一定的时间跨度,也就是通常所说的针对未来的5年、10年、20年或更长久的时期所展开的研究。但时间本身的划分并不是决定规划和未来研究的最重要的特征。时间的跨度所反映出来的关键则在于:不同的时间跨度所带来的是研究对象发生变化的条件和情形不同,其表现的形式也会不同,因此规划和未来研究所采用的应对方式也应有所不同。时间越是长远,在规划和未来研究中所容纳的未来就越具有多样性,也就有多种的可能性存在,其不确定性和复杂性的特征就越明显,并且是在不断地放大,因此,揭示此时段中所隐含的突变和结构性变换的可能性是决定较长期规划和未来研究质量的关键所在。应当看到,时间变化所带来的问题始终是与人们的行为直接相关的,未来的发展和变化实际上就是人们在现在和未来时段中所作出的决定及相应的行动所导致的结果。因此对于未来研究和规划来说,并不仅仅只是揭示出未来发展的最终结果,而应该是这其中的行动过程以及这些行动的可能结果。值得特别注意的是,任何行动所产生的后果,不仅其本身具有动态演变性,而且这些行动还会引发出其他的行动或者改变其他行动的方式与轨迹。这就意味着,一定时期内完成的行动有可能决定了后一时期行动的方向与内容。而每一行动的时间跨度是不确定的,有长有短,要研究长时段的综合发展就必须对行动的时限及相继行动的序列进行研究,只有这样才能真正看清楚到时限末期的结果是什么。

(2)不确定性。未来研究和规划所处理的问题,至少在三个方面形成了不确定的特点。①问题并不直接属于现存管理机构或决策部门的职责范围,而是突破了若干方面的界限——时限越宽泛则界限越模糊。这一点在城市规划中表现得尤为突出,城市规划中所涉及到的种种问题,是由于城市中的各个方面所产生的并在各方面的交互作用过程中不断得到加强的,从某种角度讲,这些方面都不在城市规划或城市规划机构的直接掌控之中,城市规划也难以与其他部门的工作划分得非常清楚,由此而具有了更高程度的不确定性。②导致问题出现和解决问题所涉及的因素之间的相互制约,通常牵涉到现实世界的复杂问题。城市中的各项要素都发生着直接的和间接的相互作用关系,在此作用过程中就会出现种种的互动效应,对某一个问题的解决很可能会产生另一个问题,或者对某一个问题的解决需要其他方面的共同作用,而由于现代科学和管理体制的分门别类式的内部自治,导致了相互协同的困难。而与此同时,事物之间的相互作用结果还会在互动的过程中随着不断的振荡作用而被放大,其组合的方式往往更具有随机性,这就会导致更多的不确定性的产生和加剧不确定性的程度。城市规划要揭示和解决这些问题,就需要依赖于若干个不同的学科,并且利用一切与问题有关的知识和力量,同时还需要将这些知识融会贯通起来,将这些不同的力量有效而协同地组织起来。③对问题的研究可以揭示问题形成的主要原因,但对问题的明确解决却并不总是能够预料的。如果可以把所有的问题划分为易于解决和难以对付两种类型,那么未来的问题显然是属于后者。因此,在规划和未来研究的某些重要领域,很成熟的科学理论几乎就不存在。人类关于未来的知识是不完备的,不管在什么时期这一点肯定是不会改变的,尽管随着科学理论和技术方法的发展这种状况会得到一些改善,但社会的发展终归是会出现新的可能与问题。

(3)非确定性与非连续性。在日常生活以及在经验研究所涉及的许多问题及过程中,都存在着非确定性,最典型的是某一事件的发生所导致的后果可能是多方面的,即一个原因可以产生多种后果,因果之间的关系并不是惟一的,有时候还具有多重的扩散效应。相反的情况也同样存在,某种结果的出现是由于多个原因而形成的。但在一定的条件下,这些要素的组合并不一定能够重复,它们的重要性程度在不同情形下也会不同。在这种种条件下,通过事件发生后的研究所揭示的原因并不一定就会导致同样事件的发生。美国实用主义哲学家约翰·杜威（John Dewey）则揭示了未来预测的困难性："在任何思想的试验过程中，只有当结论已日益明显的时候，前提才会出现。"[23]从研究的角度来看，专业人员一般都会从其所拥有的知识基础和经验出发来判断哪些变量是值得关注的，例如一定范围内的因素或者只要——现象具有统计性质，就有可能知道某些概率分布。通常，用风险这个词来表明只知其概率分布而不知其最终结果的情况。事物的变化范围已知而其概率分布不知的情形，可以被看成是显现出纯粹的或从属的非确定性。从实践的意义上看，这是相对容易解决的问题，但从长期观点看，这种非确定的现象会不断地积淀下来。同时，事物的发展又具有非连续性，"突变论"已经清晰地描绘出自然界和人类社会中事物发展过程中普遍存在的阶段性和突变性；而福柯（M. Foucault）则从思想史的角度证明了历史过程所存在的非连续性。因此，针对中短期预测建立起来的假设对于长远规划来说是无效，新的结构性变化或新变量的出现常常变得更为重要。这些新结构要素和变量的出现必然要求整体的规划策略的转变，如果缺失了这样的转型就会遗留下对策的不完整。因此，如果不能识别这种非连续性和变迁的发展，如果不能针对这种变动提出相应的对策，那么所建议的未来行动就不能发生实际效用，因为其本身不具有针对性，即未针对已发生变化的状况。

（4）充分标准。未来是不确定的，这是由于我们关于世界的知识通常是有限的，而未来本身又是作为尚未决定的行动的结果演变而来的，因此未来研究并不因此而仅仅瞄准对未来事件的预报，它的目标在于勾勒出一幅与当下所要解决的问题有关的总体情景。因此未来研究通常处理可供选择的未来图景的设计。未来研究所勾勒的画面，必须在下述意义上是充分的，即它必须足以使我们识别出各种临界点，这些临界点则指导着质量上不同的资源的分配。从规划的角度讲，任何规划都应揭示出事物发展的结构转换临界点，并针对不同的结构状态建立不同的规划对策，同时还需要预先考虑和安排结构转换后所需要的行动条件，因此，特定的行动在什么样的条件下才能采取就成为规划是否成立的关键。

（5）理论的作用。在通常的意义上，未来研究通常难以依赖业已建立的理论来规定一系列因果联系，然而，这并不意味着未来研究具有内在的非理论性，尽管它也使用某些类型的"幼稚"预测方法。未来研究中大量的关系和顺序的假设性质，似乎使得未来学家们在选择理论假定方面比绝大多数社会科学家们的传统做法要更为自由一些，但同时也就需要在进行未来研究时进行更多的理论性的思考与研究，建立起事物之间在本质上的相互关系。因此，史沃滋等人认为，未来研究无可推卸地承担起下述使命：不仅运用而且要重新建立理论和理论性的假设。每个城市、城市发展的各个阶段和影响要素等都具有各自的独特性，因此在任何具体的城市规划中，都不存在现成的理论可以直接运用，规划师需要对所有的相互关系进行深入的理论思考，揭示它们之间的逻辑关系，这样才能真正把握城市发展的特点；即使是运用具有普遍规律的或者本身具有针对性的理论，也需要进行理论上的检测后才能予以运用。总之，只有充分建立在理论思考基础上的规划才具有确实的价值，才能在城市发展过程中真正发挥作用。

（6）分析技巧。人们有时认为未来研究由于运用了所谓直观预测技巧而与更为规范、更为严格的方式相区别，但是，在同一种研究过程中，运用直观技术并不必然地排斥规范的或定量分析的技术，相反，某些更为有趣的经验是标准计量经济学模型与情景评估法组合在一起，可以获得更好的效果。进一步说，经常与未来研究过程联结在一起的许多一般方法如系统分析、政策分析等，常常综合运用直观的和更为严谨的两类分析技术。

（7）成果的运用。规划和未来研究都是有目的性的，也是有针对性的，在任何规划和未来研究之前都需要确定为什么要进行这样的规划和研究，从而可以为规划和未来研究提供充分性的标准。从未来研究的角度而言，研究成果有不同的运用方式，这直接决定了研究的不同方式，或者说不同的研究成果的运用方式决定了研究的方法。史沃滋等人提出了三种不同的研究类型：①较为直接地对现存公共计划和决策的研究；②间接地有助于改进未来计划与决策过程的研究；③不受现存政府机构直接或间接需要所支配的自主的未来研究。在城市规划领域，绝大多数的规划成果是要在城市的发展过程中发挥作用的，也就是要转化为社会实践的活动的，这是与一般的未来研究所不同的。但不同的规划成果其运用的方式并不相同，不同阶段、不同层次的规划成果也是对应于不同的实施和管理的要求的，因此其对成果的可运用性的要求也各不相同。而这些不同的使用目的，就会导致选择不同的规划类型、规划方法甚至规划的形式。此外，规划师在运用不同的未来研究的成果时也需要分辨清楚其研究的目的及其研究方式。除此之外，不同的规划理念指导下的规划成果的评价标准也各不相同，如法吕迪（A. Faludi）的"决策导向的规划"对规划成果的衡量标准是规划（plan）对决策的效用。因此，所有的规划工作都需要对规划成果的运用有清晰的认识，并就此安排和组织规划过程的工作。用后现代的语言来说就是，不同的规划有不同的规则，每一项规划都需要制定自己的"游戏规则"[24]，这样才能保证规划的可运用性。

（8）连接规划过程的纽带。这是未来研究所具有的一个独特的特点，但其所指向的却是我们这里讨论的主题，也就是说，未来研究的目的主要是为规划和决策过程服务的。根据史沃滋等人的观点，规划在某种意义上就是这样一种过程，该过程涉及到一整套决策的准备，以便使"系统"或"规划对象"能在某种意义上适合于它的"环境"，同时与公认的价值和目标统一起来。因此，规划是依据有关规划对象环境的未来发展信息来制订的。在这样的意义上，他们认为规划也就是未来研究的一种实现方式。在这种情况下，未来研究成果的作用便是创造出对规划进程的直接输入。但另外一方面，规划同时也是为其对象本身提供可供选择的未来设计，在这样的情形下，规划就成为了未来研究本身的一种形式，以至于在未来研究和规划两者之间难以区分出明显的界限。因此无论在哪种情形下，就规划本身而言，未来研究始终是不可划分地与规划组合在一起的整体。

（9）价值、目标和规范。从规划和未来研究角度讲，价值和规范都或多或少地会改变规划和未来研究的成果，并对决策产生决定性的影响，因此，在规划和未来研究中都应予以明确阐述。无论从怎样的角度讲，任何一项规划都会由于规划过程的复杂性和价值、目标随时间推移而产生易变性，价值观等就会在其中起到非常大的判断和选择的作用，因此，就更应当认识它们在其中的作用。心理学和认知科学都已充分地揭示了，人们根据自己特定的价值前提来勾画可能的未来前景，并依此对未来不确定性的范围作出判断，对当前的事件作出选择[25]。值得注意的是，在这样的状况下，任何一种设想的前景就有可能涉及各种不同的价值和规定，或者在所有被考虑的未来情景中都只

能满足某些价值，而且，还需要考虑到某一团体的价值和目标或全社会的价值和目标是不断变化的，这种变化所产生的结果其实也有可能就变成了另一种的价值体系。对于规划的实施来说，如果价值观念的不同，实施的参与者就不可能也难以按照规划成果所界定的行动而付诸实践，从而导致与规划想要达到的结果相违背。因此，任何的规划和未来研究都不可能是脱离了价值观、目标和规范的中立性的工作，它们都在避免着或强化着某种类型的价值基础，只有真正认识了其所包含的价值观等，才有可能进行协调，才能保证未来研究的运用和规划的实施。

从规划和未来研究的基本特征揭示出了规划本质特征的某些方面，从而也可以清晰在此过程中规划所面临的困境。从其特性来看，未来研究通过提供与长远图景密切相关的信息而尽力帮助决策，但运用结果的程度会有很大的差异。未来研究活动的结果必须是为规划及其决策过程所利用，但是，在规划和政策制定的过程中，需要更多地考虑不确定性的影响。就城市规划而言，针对复杂的社会巨系统以及时限相对长远的未来图景所进行的研究，这种不确定性表现得更为显著。由于任何的规划都是使规划的对象能够适应其环境的变化和发展，以便满足一系列给定的目标和价值，而且，规划过程可以看成是对社会问题的辨别、对这些问题可能的解决方案的审理、选择与执行的过程，因此，未来研究就可以表明一种在给定系统的环境中或者系统本身之中的可能发展，从而使潜在问题易于识别。这些研究还能够提供针对未来的各种选择方案而较直接地帮助问题的解决。但是，就大规模的社会系统的未来研究而言，规划师的工作所针对的社会系统，并不是单一、清楚、可识别的，往往是许多要素和问题相互交织在一起，互相之间的联系有强有弱、有的明显有的潜在，使针对单一问题的解决方案难以操作和执行。与此同时，城市规划会涉及到各种各样的社会利益，不同的决策者由于不同的立场和价值观念就会坚持不同的甚至可能冲突的一系列目的和目标。因此，未来研究的成果在规划过程中就有可能出现一种两难的状况：它既提供了作为决策的基础信息的依据，为决策提供了一系列合理选择的基础；但同时，它又可能分化了或强化了对未来情景的不同认识，从而激化在未来选择中的相互矛盾。正是由于规划过程的复杂性，也就需要特别关注未来研究与规划之间的关系以及这种关系的可能含义。这些含义不仅

出现在规划编制和规划实施中对未来研究成果的运用，同样也出现在规划编制与规划实施的相互关系中，这就要求在所有的这些过程中能够很好地处理好以下几方面的问题[26]：

（1）无论是未来研究还是规划内容都应当有适当的和质量上的尺度，也就是在内容上应当有统一、有相对联系的时间和主题范围的限度以及在未来框架方面的一致性。无论是未来研究，还是规划的编制和实施，都应当从解决同样的问题出发，在可行动的范围内建立统一的框架，从而保证未来研究和规划编制成果的可运用性。从具体的操作来讲，未来研究和规划编制至少应当与规划实施的具体要求相符合，是针对规划实施而进行的研究和编制的规划。

（2）未来研究的组织机构方面要与规划过程，至少在未来研究的尺度、研究方法的选择和研究结果的表达与在规划过程中的运用要求应是一致的，规划人员应当参与到未来研究的过程中，规划管理人员应当参与到规划编制过程中。未来研究和规划过程应当能够为决策者、管理人员和公众的参与提供作为基础的信息，使他们的各类行动都能具有扎实的知识基础，并且把其他研究和专业活动结合进来。

（3）未来研究和规划应提出与决策及决策者相关的问题。未来研究和规划都是未来导向的，这种未来导向性一方面应当是以未来的目标来指导现在的行动，另一方面，从实际运作和决策需求来看更为重要的是，未来导向性应当首先体现在对当下的或迫切需要进行的行动具有指导性，是从对实际问题的解决出发而走向未来的。只有这样，才能真正告诉决策者应当采取怎样的行动，首先应当做什么以及怎样做。这是规划能够得到实施或者规划实施的进程能够得到推进的关键。从这样的角度出发，未来研究和规划都应当同时是以解决问题为导向的。

（4）研究结果应当在一个适合于决策过程的适当时间呈现出来。这种要求在任何直接对准决策方案的分析中都是显而易见的。那些主张未来研究主要作为预测的观点的人也许会认为这种要求是无关紧要的，但如果研究的作用是改进我们的理解，从而改进我们关于现今决策的长期后果的评价能力，则主张限定时间的要求就会被看作是高度关联于未来研究和规划方案的。

（5）决策结构和实施的组织应纳入考虑，这不仅会涉及到由于不同价值观之间的权衡和协调问题，而更为关键的则在于决策者和实施机构的能力范围。任何方案的付诸实施都关系到不同利益之间的调配，因此决策者必然要在权衡这些利益的基础上才能作出决策；同样，任何方案的实施必然要调用相应的资源，那么哪些是这些实施机构能够控制的，哪些是它们不能或无法操作的，就直接关系到这些方案的实施效果。

（6）应当尽量避免研究者和规划师从自己的价值观出发对研究和规划过程中的问题作出决断，也就是说研究者和规划师不应当以自己的价值判断来替代决策者或参与者的价值观。这一点被公认为是一个困难的问题，但也是至关重要的问题。规划师应当为决策者或参与者提供多种可选择的方案（所谓可选择的方案指的是这些方案都应当是能够实现同样目标，在手段上都是可行的），告诉他们不同的方案所可能带来的问题和可能的后果，但最终的抉择是由决策者而不是由未来研究者和规划师来完成的。

在对规划未来导向性研究的过程中，应当非常清楚，规划和未来研究一样，并不是对未来发展或具体发生什么的预报，更不是对未来某个特定时间的实际状况的预测，而是通过对未来可能范围的预测来影响未来的行动。未来是不确定的，任何期望将未来状况予以准确揭示并予以固定化的想法，或者以实际发生的状况来评价之前的规划，实际上都是对规划在认识上的一种错置，是名副其实地误解了规划本身。未来研究与规划都不是也不可能来精确地预报未来将会如何，而只是揭示出未来发展的可能性以及前面已经分析的我们想要怎样的未来，为了实现我们想要的未来我们应当怎样行动等等方面。从未来研究和规划的实际效用来看，应当是对未来可能性和或然性的预测，因此，对规划和未来研究进行衡量的标准就如同对预测的标准一样，关键是它们对未来行动及其决策所起的作用，是为决策服务的。"法国著名未来学家伯特兰认为，未来研究的任务就是弄清可能的未来的范围，创造出可实现的并切实需要的未来的图景"。从这样的意义上讲，"良好预测的标准，应当是它对于决策的有用性，而不是它的精确性，即并非必然是它的预报能力"[27]。而规划则是针对这种可能范围来组织和安排未来的行动方案，从而保证想要的未来的实现。经济学家约翰·罗宾逊在一篇讨论规划悖论的著名论文中强调指出，规划工作必须改变过去的习惯认识，应当充分认识到，"规划工作不是宣布目标，而是引出目标；

不是预测未来，而是帮助认识未来；不是作出关键决策，而是帮助管理者决策；也不是要制定那种详尽的计划去指挥执行计划的全过程"[28]。正是在这样的意义上，斯图尔特（I.H. Stewart）指出："规划的目的是要预见未来可能发生的事态，并善于对它实行管理。规划失败的原因，大多是由于注意力主要集中于预测，而对怎样解决预测结果所提出的问题却重视不足。"[29]德诺在 20 世纪 70 年代中期提出，在政策分析中可接受性的主要准则是"选择优先"："政策研究的适度准则，在我们看来就是'优先选择'。如果研究能改善政策结果（用说明价值和目标的术语来表述）而使得这些结果更受偏爱，那么，'优先选择'检验的要求就满足了，政策研究就应当被判定为可接受的。"[30]除此之外，规划和未来研究还具有对未来探索的作用，因此，应当像科学探索一样，在各种科学方法运用的基础上探索新的知识，而其中的"相关的准则必须更注意过程而不是结果"。

在未来研究中，研究方法也是一个非常重要而复杂的问题，对获得切实可行的研究结果具有非常重要的意义，而不同的方法显然是与所探讨的未来前景有着密切的关系。霍尔（Peter Hall）在《2000 年的欧洲》[31]一书中对未来研究的方法进行了探讨。他认为在未来研究中对前景的认识有两种不同的方法，"探索性前景和预期性前景之间有着根本的区别。探索性前景是从目前情况出发，试图以逻辑推理的方式，从目前发展趋势去推论未来，并变换参数以演绎出不同的形式；预期性前景是从对于未来的一种现实而又是合乎心愿的想像出发，提出一些有待实现的目标"。他根据法国未来学家的研究成果，提出"只有预期性前景才能真正够得上是'前景'，但是探索性前景可以用来确定可行的限度"。针对这些不同前景所具有的具体目的和内容，他对具体的方法进行了探讨，并以图表的方式做出了如下的总结。

未来研究的类型与方法　　　　　　　　　　　　　　　　　　　　　　　　　表 9-1

	前景的类型	前景的目的	前景的假设	使用的方法
探索性前景	一、倾向性前景	设法判定未来的一种可能性	假设"主要趋势"是永久的和占主导地位的	研究这些趋势在未来的延续以及延续的原理
	二、格局性前景	试图确定未来的各种可能性的空间和范围界限	假设"主要趋势"是永久的和占主导地位的	提出关于这些趋势的演变的非常不同（极端）的假设
	三、标准型前景	设法提出关于未来的一种既是可能的又是"合乎意愿"的形象确定一种把未来和现在联系起来的方法	假设我们一开始就能够判定各种可能实现的目标	对这些有待实现的目标进行综合并把这种未来的形象和现在联系起来
预期性前景	四、对照性前景	提出一种处在可能范围的边缘的"合乎意愿"的未来	假设我们一开始就能判定各种可能实现的目标并希望实现的目标联系起来	对有待实现的目标进行综合并把这种未来的形象和现在联系起来

资料来源：Peter Hall. Europe 2000. 1977. 刘觉涛等译，2000 年的欧洲，1982

第二节　规划目标是建构统一的规划过程的关键性因素

目标就是人类活动所要达成的结果，所有的人类活动都是在一定的目标引领下开展的，因此可以说，人类的行动都是目标导向的。在城市规划领域，目标不仅是规划工作的起点，而且也是组织工作、人员配备、领导和指导以及控制等活动所要达到的结果，同时也是对其间所有活动进行评价的准则。城市规划过程的一切活动都是在目标的引导下展开的，另一方面，所有的行动都是为了目标的实现，是围绕着目标的实现而组织的。

因此目标在城市规划过程中具有重要的作用，是建构统一的规划过程的关键性因素。正是在这样的意义上，麦克洛克林（J.B. McLoughlin）提出："虽然规划的每一个阶段与其他阶段都是密切相关，不可分割的，但我们还要强调确定目标阶段是规划中最重要的阶段，因为在这个阶段所作出的战略决定，会对其后作出的一系列其他小型决策产生至关重要的影响"[32]。

目标的形成，有着许多的来源，这些来源在政策分析家看来主要包括了这样一些方面[33]：（1）权威。在寻求方案解决问题时，分析人员可能求助于专家；（2）洞察力。分析人员也可求助于被认为对某一问题有特别认识的人，其直觉、判断力有助于问题的解决。那些"有识之士"虽然不是普通字面意义上的专家，但却是政策方案的重要来源之一；（3）对方案的寻求也可以从分析中的创新方法获益。例如，系统分析的新方法有助于确定各种方案，对多个相互冲突的目标进行排序；（4）科学理论。自然科学和社会科学做出的解释也是政策方案的重要来源；（5）动机。信仰、价值观及相关人士的需要也可以作为方案的来源。方案可以从特定职业群体的目的和目标中推衍出来；（6）类似事件。其他国家、城市的经验是政策方案的一个重要来源；（7）类推。不同问题中的相似之处是政策方案的又一个来源。比如，在美国，用来增加妇女的平等就业机会的法案就是比照保护少数民族权益的有关政策来确定的；（8）价值体系。政策方案的另一个重要来源是伦理系统，由哲学家和其他社会思想家所提出的社会公平理论就为许多问题领域的政策方案所利用。不同的活动领域都有各自的目标体系，在城市规划领域中，利佛（J.M.Levy）对城市规划所涉及的普遍性目标进行了总结，认为主要包括这样一些方面[34]：

（1）健康。实现一种保护公众健康的土地使用模式，是一项最基本的也是得到普遍确认的规划目标。一方面，可能是禁止对过载的给排水设施构成威胁的土地开发强度。在没有公共给排水设施的地区，这一目标可能意味着让房屋之间的距离足够远，以防止化粪池的渗漏物污染井水。另一方面，也可能是将产生有害健康物质的工商业活动与住房区分开，甚至是在整个社区地区禁止某些类型的产业经营活动。

（2）公共安全。这一目标可以体现在许多方面。可能是要求在新的住房小区内道路要有足够的宽度，以保证在紧急情况下救护车和消防车能够顺利通过。为了使人们不在洪水泛滥区建房，很多社区都有洪泛区分区管制。在社区层次上，保护公共安全的目标可能意味着规划一条街道，其几何形状可以让儿童从家里到学校不必穿越通衢大道。在高犯罪率地区，这一目标可能意味着在设计建筑物和建筑物之间的空间时，不能留有容易发生行凶和抢劫罪案的较为隐蔽的场所。

（3）交通。为社区提供能满足需要的交通条件，几乎是总体规划的一个最普遍的目标。这一目标意味着提供机动车和行人有序、高效、快速通行的街道系统，或许还有停车设施。在许多社区，这一目标也意味着提供足够的公共交通。

（4）公共设施设备的提供。多数总体规划工作的一个重要部分就是确定诸如公园、休闲娱乐区、学校、社会服务、医院之类公共设施设备的位置。除直接规划公共设施设备之外，规划有利于提供警力、消防、给排水等公共设施设备的土地使用模式也是很重要的。例如，土地使用模式将影响提供公共给排水设施的可行性与成本。居住地与学校的相对位置，将决定孩子可以步行上学还是必须乘坐校车。

（5）财政健康。在开发方式和社区的财政状况之间存在着一种关系。任何形式的开发都将增加社区的某些成本（消防、警力保护、交通、教育等等）。同样，实际上任何开发将为社区带来某些收入（财产税、销售税、使用权费以及其他种种费用）。有些土地使用模式将带来剩余价值，而另外一些将产生赤字。一般说来，预测哪种利用模式将产生哪种结果并不困难。事实上，这方面的文献相当丰富。许多社区将对限制财产税的土地使用模式进行规划。但是这有局限性。社区有权力实行"财政分区"吗？也就是说，社区有权力运用土地使用管理手段，将那些为社区提供更多服务但成本可能高于收入的居住或经济活动类型排除在外吗？一个社区能够限制建设多少户房屋和独户住宅以控制成本吗？

（6）经济目标。对许许多多社区而言，促进经济增长或维持现有经济水平是规划的一个重要目标。这一目标和财政目标之间存在着联系，但还有其他的目的，最为重要的是为居民提供就业机会。因而，一个社区可能会寻求一种提供商业和工业用地的土地使用模式，并努力使这类用地具有良好的通达性和公共设施。

（7）环境保护。这是一个古老的目标，但自20世纪60年代以来，这一目标更为人们所普遍接受。环境保护可能是限制在湿地、陡坡地或者其他具有较高生态价值或生态脆弱性的土地上搞建设，也可能是保护户外空间、制定禁止向水体排放污水的条例、禁止或限制降低空气质量的工商活动等等。从更广泛的意义上说，环境保护是与规划整体的土地使用模式联系在一起的。

（8）再分配的目标。某些政治上左倾的规划师可能会对将财富和对政治过程的影响同时向下分配这一规划目标提出质疑。但在数量不多的社区中，规划师已经能够将规划过程转至这一方向。

当然，这些目标可以说是城市规划的最终极的目标，但所有的目标应该是分等级的。在每一个终极目标下都有一系列的具体目标作为总目标的深化,同时又是实现这个终极目标的具体手段。麦克洛克林阐述了在制定了总体性目标的基础上需要制定具体的目标的必要性,他认为,"广义总体性的规划目标,必须附有详细具体的目标做为补充。其原因在于:(1)对广义目标的阐述,难免含糊和笼统,这会使人们感到茫然,不知为实现这种广义目标应该做些什么,而规划师也会因缺乏公众的支持和反应,而感到灰心丧气。然而若将广义的规划目标,转换成详细具体的目标或行动,人们就容易对此产生兴趣,也能作出积极的反应,热望参加对规划的讨论;(2)在根据某项特定目标而制定规划时,必须同时具备能够测定实现规划目标进展的方法,否则会由于不及时勘误,而失去对规划实施的指导和控制,整个规划过程也因此变得主观和随意,有鉴于此,我们需要制订详细具体的规划目标,并用它们来测定实现关于规划目标的进程"[35]。而这些所有的目标之间构成了一个网络,它们之间所表现的并不是线性的方式,它们之间不可能是在实现一个目标之后才接着开始另一个目标,因此目标的实现是一个交互作用的过程。而在目标所构成的网络中就需要保证所有的组成部分之间能彼此协调,所谓协调不仅是指各种规划都能得以完成,而且也指它们之间能相互合作地共同完成。由于城市活动之间的相互关联性,因此一个规划内的各组成要素具有不同的重要性程度,但往往都是不可或缺的。此外,一个规划的实施常常是与另一个规划相辅相成的,它们之间也会出现相互的交织,一个规划不能得到很好实施,那么其他的规划也会遭遇到困难。从目标确定的角度讲,如果各个目标之间不是互相支援、互相连接在一起,那么情况就会变得非常糟糕。如果它们彼此干扰,那简直就是悲剧。

从某种角度来说,目标确定的实质是依据个体或群体的价值观对社会发展的状况以及有关于未来希望所作出的综合判断。正如科学哲学家所说的那样:"一个社会的进化,包括它的经济系统的进化在内,都和构成它所有表现形式的价值体系的变化有着密切联系。一个社会的价值观将决定其世界图景和宗教制度,科学事业和技术以及政治和经济的格局。一旦一套共同的价值观和目标被提出和确立后,它就将构成社会的观念、看法以及对创新和社会适应性的变化的选择框架。每当文化价值体系变化时——常常是对环境的挑战做出的响应——便将出现新的文化进化模式。""因

此,价值体系的研究对所有社会科学都是头等重要的,不可能存在什么'不涉及价值观'的社会科学。把价值观的问题看作是'非科学的',并想要回避它的那些社会科学家是要试图做不可能的事。对社会现象的任何一种'不涉及价值判断'的分析都是以现行价值体系为理所当然的假设基础,而这个价值体系无疑是要影响数据的选择和解释。那么,社会科学家为了回避价值问题就不是科学性更强,相反,是科学性更弱,因为他们忽略了明确陈述作为理论基础的假设。他们应该接受马克思的批评,'所有的社会科学都是乔装打扮的意识形态'。"[36]爱因斯坦也教导科学家们:"对人类自身及其命运的关注,从来都必须成为一切技术工作的目的。埋头于你们的图表和方程式时,一定不要忘记这一点。"对于城市规划而言,由于所涉及到的不仅是对社会本身的研究,而且关系到社会实践和社会行动,价值观的因素更为重要。在城市规划领域,价值观的影响因素不仅贯彻在整个规划过程中的所有阶段和行动中,而且从规划的本质意义上说,规划本身就是建立在价值观的基础之上的,是不可剔除的决定性的因素。这也是城市规划与其他对城市进行研究的学科的关键性区别之所在。蔡平(F.S. Chapin, Jr.)曾经进行了专门的论证:"无论个人还是团体对外部世界都有一套自己的价值观,这些价值观决定了他们会有什么样的需求和愿望,并以此为基础,确定他们的行为目标,在这些目标的指导下,去考虑行动方案、对策以及采取具体行动,当这种过程完成之后,个人与外部世界的关系就产生了变化,也可能外部世界本身以及决策人有所变动,这样一来,价值观有变动了,由此又产生了下一个循环。"对这种完整的循环,蔡平称之为"行为模式"[37]。作为一门学科和一项社会实践,城市规划的价值观主要涉及到这样一些方面[38]:

(1)美丽/有序(Beauty/Orderliness)。这可能是城市规划价值中具有最深远的渊源了。对"理想"的物质环境的探寻一直可以追溯到远古时代,但无论何时,这种探寻总是在不断地更新,即使在被认为是无计划蔓延的郊区建设中,它也同样包括了对环境进行整理的要求,并通过这种整理来满足社区的需要,反映社区的理想。在城市规划过程中需要处理好两个元素以反映这一价值:①公共的美观必须适合公众的趣味;②有关于环境的选择是非常耐久的。像现在的遗产保护规划所显示的,社区只有当它的趣味发生改变才会失去它对先前环境的偏爱,但即使是长久存在的环境

也会同时改变。

（2）综合性（Comprehensiveness）。城市规划关注于作出建设社区的决定以及这种决定所产生的边际效应的长期后果，因此规划师需要综合地考虑问题和解决问题，并尽可能地运用多种知识和技术。建议的规划产出或后果必须充分地考虑这样的问题：①未来的开发将会怎样执行，并提出可能产生的问题；②在直接参与的地区和团体之外的其他人会受到怎样的影响。但运用综合性的价值并不意味着为社区制定一份面面俱到、包罗万象的规划，这是一项几乎不可能的任务。

（3）资源保护（Conservation of Resources）。这一价值观要归功于格迪斯（Patrick Geddes）对此问题的重视，他不仅关注于诸如水、土地和森林等自然资源的任意使用，也同样关注于城市中住房和开放空间的杂乱建设。这一价值观的现代版本则更关注于显现出来的环境的退化，如煤层的开挖、河湖的污染和酸雨等。由此而产生的规划问题通常考虑长期的后果而不是短期的获益。

（4）民主的参与（Democratic Participation）。规划决策通过民主的地方政府组织、有时候通过市民的投票这样的工作原则具有长久的生命力。现在已经为人们所普遍接受的是社区中的所有居民都有参与公共决策的权利。地方政府的所有行为中没有比规划所形成的问题更关系到市民的，当然，市民参与规划可以有多种的方式。公共会议、观点调查和咨询会议等是获得参与的正式途径中的几种，但公众自发的反对规划方案和开发方案也必须包括在内。这一价值观的另一方面是必须具有这样的民主的责任心：即使明知会有潜在的斗争，也同样应该与公众进行协商。通常，越是广泛的参与，规划的决策越好。

（5）效率（Efficiency）。在城市规划中效率的价值观可以有许多方式进行表达。效率引导规划师反对不成熟的土地细分，这是因为公共设施的布局不经济；同时也导致市民反对那些会引起周边土地价值下降的建设项目。效率通常使用经济的词汇来予以表达，但它也关系到社区中的功能安排，如安排最好的道路网络来分配交通，学校和公园的位置选择等。

（6）平等（Equity）。社会平等一直是社会改革的基本思想，也是社会改革的动力所在。但在相当大的程度上，社会平等在强调个人主义的社会中并不是很容易被承认是规划的价值观，在这个社会中，通常希望对于个人成就不存在任何的阻扰。公共部门规划遭遇到诸如住房质量、邻里设施和就业等等的内在不平等。公共部门的规划制定者不仅面对着维护老的不平等，而且也面临着创造新的不平等。这一价值观通常与效率的准则相竞争。

（7）健康/安全（Health/Safety）。这一价值观是现代城市规划的重要基石之一。关注于清洁的水、清洁的空气和安全的环境现在通常表达为环境关系而不再是对流行病的害怕。但考虑到疾病、火灾、犯罪和伤害等，对人口高度集中的支持体系仍然被认为是脆弱的。在积极的方面，考虑提供服务设施和市政设施以帮助自我发展。

（8）理性决策（Rational Decision Making）。实用主义哲学赋予职业规划师思想基础的最直接结果，就是增强了以理性为方式来决定城市规划问题的结果的信心。美国的城市规划也源自于市政改革运动时期，市政改革运动就是强调地方政府要运用理性的行政管理方法。在规划的发展过程中，它的方法主要集中在为了评价规划方案而提供信息和运用逻辑分析。

目标确定的过程是在社会价值观的主导下逐渐推进的，而社会价值和规划的目标是在社会经济的发展过程中不断演变的。从目标实施的角度来说，在理想的状况下，规划所针对的未来状态（目标），在规划的行动过程中总是在不断地趋近（这种趋近是由规划行为在规划目标所决定的框架内运作这一点来提供保证的）。随着这种趋近，目标就会发生变化。原定的目标越来越接近于实现，就会有新的目标不断地被提出，原来的目标的地位也会发生改变（当然，在生活情形发生变化的同时目标也会发生变化）。这些新目标既有可能是原来目标的进一步提高，也有可能是所涉及范围的扩张，更有可能随着原来目标的趋近实现而出现其他方面相应的要求，或者由于社会注意力的转变，目标也就集中到其他领域或相关事件中去。城市的发展是一个没有终极的过程，规划的目标是一个多目标的体系，在任何时段中，目标本身也在不断地发展，各种目标处于不同的形成、生长、发育和衰败的过程中。因此，对于规划尤其是长时效的规划而言，始终存在着这样的问题，也就是规划目标的转变在相当程度上是难以在事前尤其是较长时间以前所能确定的，这是一个不断学习、不断搜索的过程。规划实施过程中的每一步，都会形成一种新的状态，这种状态引发了新的需求和新的目标，从而为后续的行动提供新的起点。其实，这一点在日常生活中的事例是非常显著的。而西蒙（Herbert Simon）从理论论证的角度所提出的有限理性（bounded rationality）学说非常有力地证明了人类在搜索目标的过程中的实际状况。这种状况告诉我们，人类行为的复杂性恰恰源自于我们所处环境的复杂性，而人类行为对环境复杂性进行反应而提出的可供选择的方案在数量上是受到人类自身的认识能力限制的。因此，决定目标选择的关键因素是当时当地当事人的满意程度。因此，西蒙在有限理性的基础上推崇的是"无终极目标设计"的思想和方法[39]。对于特定的、具体的规划目标而言，目标实现的过程是渐进的、连续的，是一个完整的过程，需要一件件一桩桩地去做、一桩桩一件件地去实践。只有当行动在目标的导引下使目标成为现实行为并产生影响之后，它才对目标达成产生作用。这就是说，目标本身只有转化为行动并成为行动的组成部分，目标才是有意义的。在这样的意义上，应当说，由系统方法所支撑起来的系统综合理性方法（Systematic Comprehensive Rationalism）只有在分离渐进方法（Disjointed Incrementalism）的保证下才能得到真正的贯彻，并且体现出综合理性方法的可行性。规划只有从这样两方面来理解目标的生成和发展，并在行动过程中予以真正的处理，规划才有可能真正成为未来导向的。

城市发展的目标，或者说城市规划的目标是在不同的价值观基础上形成的，因此，不同的人群就有不同的目标系列。当要确立起整个城市的发展目标，仅仅依靠技术性的判断显然是不够的。由于城市人口的异质性、价值观的多元性以及亚文化群体的存在与集中，因此，目标的确定必然会涉及到不同群体之间的相互作用关系，其实质就是不同价值观之间的斗争与妥协，因此这肯定是一个政治性的过程。也就是说，城市规划的目标本身并不完全是在城市规划体系的内部所能确立的，而是需要通过外部机制赋予城市规划的。从这样的意义上说，城市规划本身并不是自在自为的。

第三节　规划行为的特征就是选择

规划行为是由一系列的选择所决定的，这样的选择意味着如果选择了某个特定的行动方案，显然就要放弃其他所有的行动方案，而不管这些行动方案所可能带来的边际收益。而规划就是要在具体行为发生之前，为大量的行动在极为大量的可能性中选择某一组合的行动方案，并通过各种机制的作用将它付诸实践。从理论上讲，"要使人们的行动和决定合理，必须具备某些条件。首先，他们必须力图去达到如果没有积极的行动就不可能达到的某些目标；其次，他们必须对现有环境和限定条件下达到目标所要依循的行为过程有清楚了解；第三，他们必须消息灵通，并有能力根据所要追求的目标去分析和评价抉择方案；最后，他们必须有强烈的愿望，以选出能最好地满足所要达到目标的抉择方案来实现最优化"[40]。当然这是从决策和行动者的主观条件角度来对选择和行动的合理性作出的分析，除此之外，还有许多外在的条件会影响到选择和行动。因此，对于任何的选择而言，都会受到无数的内外部条件的限制，既有来自于事物本身发展的状况的原因（如对重要的基础条件的掌握方面和对未来发展前景的预计方面的欠缺与不足），也有来自事物发展环境方面的原因（在城市规划中则更多地来自于城市之外的大环境和城市中各组成要素的演变的因素），也有来自于规划师本身的知识以及时间、精力和其他资源方面不足的原因等等。从选择的角度讲，选择者所面对的限制因素主要是指妨碍目标得以实现的因素，这就要求选择者应当对这些限制因素有清楚的认识，在选择规划方案时的核心工作就是如何克服这些限定因素，从而保证目标的实现。管理学家告诉我们："在选取抉择方案时，一个人越能了解和解释对实现所要达到的目标起限定作用和决定作用的因素，他就越能既清楚又准确地选出最有利的方案。"[41]

在进行选择时，每个决定都是一个复杂过程的结果，该过程一般至少包括两种不同的思考，即通过回顾了解过去和展望预测未来[42]。爱因宏（Einhorn）和霍格思（Hogarth）认为，回顾过去大体上是直觉的和带有启发性的，它一般是诊断性的，需要作出判断，包括寻找模型，将看似没有联系的事件联系起来，检验可能的因果关系链，以便对某事件进行解释，寻找有助于了解未来的类比或理论。而展望未来就不同了，它依赖的不是直觉，而是模型，也就是决策者收集各种变量进行加权，然后作出预测：通过一种战略或规则，估计每个因素的准确性，然后将所有的信息综合起来。这样，决策者就能对未来作出单一的一体化的预测。尽管规划人员一直在运用这两种不同的思考方式，但爱因宏和霍格思认为规划人员通常对这二者的区别不甚明了。而不了解二者的区别，会使决策者陷入心理陷阱，从而导致决策失当。通过回顾过去和展望未来，我们能发现这些陷阱，改善我们的决策。在具体的做法方面，他们认为，回顾过去由三个相关步骤组成，即找出相关变量，将它们在因果链中联系起来，最后评价该因果链的可信度。而运用明确的规则和模型是预测未来的最好手段，直觉和看法常常会影响我们的预测。当人们在随意事件中采取行动时，有时会产生一切都在掌握之中的错觉。同样道理，在复杂的情况中，我们可能对计划和预测有极大的依赖性，从而低估随意性因素在环境中的重要性。这种依赖也能产生一切尽在掌握之中的错觉。正确的态度是，对所有未得到证明的有关预测准确性的说法保持怀疑，不论这些说法来自专家还是模型，或者来自两者。

从不同的方案中作出选择，决策者所依据的途径或方法主要有三种类型，即经验、实验，以及研究和分析的成果[43]。

（1）经验。在实际的选择过程中，过去的经验往往起着非常重要的作用，尤其像城市规划这样的学科和实践从一开始就非常注重"试错"型决策方法，而像行政管理等在某种程度上也缺乏可直观运用的严密的决策方法的情况下，依靠经验作出选择是最常用也是发挥最大作用的方法和途径。有经验的决策者常常相信（尽管他们自己常没有意识到这一点），他们已经做过的事情和他们曾经犯过的错误能为他们未来的工作提供最可靠的指导。

从规划人员的角度讲，由于规划学科本身已经发展出了越来越多的技术和方法来处理未来发展的问题，规划人员根据过去的经验对未来发展的描述与安排，在一定的境况中特别是在事后是可以得到检测的，这是其经验的主要来源。而另一方面，规划人员经过特定专业传统的训练，具有一定程度的专业人员的必备知识、相互共同的思想意识和工作习惯，这是其作为专业人员的必备条件。因此，如果经验是经过仔细分析的，而不是被盲目遵循，同时，如果从经验中总结出了成功或失败的基本原因，那么它作为决策分析的基础是有用的。在对经验有这样认识的基础上，思考问题、作出决策和观察方案的得失的推理过程，的确在一定程度上有助于作出较好的判断（有时是近乎直观的）。但是我们也必须看到，仅仅依靠一个人过去的经验作为未来行动的指导是有危险的。这种危险的来源在于：①我们对过去成功或失败的原因未必能非常清楚地认识到，有些甚至就缺少对过去错误或失败的

深刻总结，而往往从某些表面的、独特的原因上归类，从而摆脱了深层次的剖析。而城市规划的许多行为的成败原因往往是由过去的规划行为或其他行为所界定的，在缺乏深入研究的情况下有可能难以揭示出导致成功或失败的真切的原因；②过去的经验可能对新问题完全不适用，选择是依据未来的发展来进行的，是以未来作为参照系的，而经验则是属于过去的，新问题、新状态、新环境甚至只是其中某些因素的改变等等就难以找到过去经验的支撑；③不同要素的重新组合既是创新的一种方法，其中也就隐含着经验的局限性，而在这种重新组合后出现的交互作用及产生的后果也有可能是没有先例可循的，经验在这种状况下也就有可能没有用武之地。

（2）实验。运用实验的方法对将要作出选择的方案进行试验，看看在一定的状态下会发生什么，然后再考察这样的结果对目标的实现会产生怎样的影响，这种方法在科学研究中是不可缺少的，现在在社会科学领域也有许多的尝试，并在政策研究和行政管理的实践中通过试点的方式得到推广，根据实验的结果作出选择已经成为一种重要的选择方法。

但实验的成功本身并不能保证最终的实践的成功。社会和环境的条件是在变化之中的，规划方案的对策本身也在变化，未来不会是现在的简单重复，因此，实验所证明的东西并不就意味着其永远正确或者就是想要的东西。此外，实验本身是所有方法中成本最高的方法，而且由于社会领域的选择，是无法在变化条件可控的情况下进行的，真正识别其中的变化因素也是相当困难的。对于很多实验来说，究竟是什么因素导致试验结果的产生也就可能永远无法真正识别出来。而另一方面，有许多决策在用实验方法把行为过程弄清楚以前是定不下来的，因此，即使考虑了实验的结果或进行最审慎的研究也不能保证规划人员作出正确的决策。

（3）研究和分析。在作出一些选择尤其是涉及到重大选择时，最常用和最有效的选取抉择方案的方法是研究和分析法。运用这种方法来解决问题，就必须对问题本身和选择的内容进行全面了解。研究和分析方法主要就是拟订一个模拟问题的模型，因此，在进行研究和分析的时候，解决问题的第一步也是关键的一步就是要能够将选择问题概念化，也就是要明确为什么要选择，选择的对象究竟是什么。在进行分析研究的过程中，还需要对最关键的变数、限定条件和前

提条件之间的相互关系进行研究，因为这种相互关系对所追求的目标有着非常大的影响。其次，对于规划选择的问题，需要把这一问题分解为许多便于研究的组成部分和各种有形的和无形的因素，通过分析把问题一层一层地分解下去，直至可以具体操作，从而可以更深入地了解事物的各个方面及其本质，并在分析的基础上针对不同的对策进行选择。在经过分析并对具体内容作出选择的基础上，还应将这些被选择出来的对策进行汇总，使得这些选择出的对策在组合之后重新还原成一个整体，并且仍然具有解决问题的同样效力，同时又不会产生新的不利后果。

尽管有许多决策的方法，而且在现代科学技术发展的推动下，决策理论与方法更加精致、完善，但无论以怎样的方式、以怎样审慎的态度进行选择，在众多的可能性中进行选择绝对是一项冒险的事业。西蒙（H. Simon）详尽而充分地证明了人的认识的有限性，在选择的过程中，任何人其实并不是从纯粹理性的要求出发作最大限度的、最全面的抉择，而是从眼前所面对着的可供选择的方案中，以满意为准则，选出自己认为最佳的方案[44]。西蒙认为，除了这种以满意抉择取代最优抉择之外，另外还有两种可以运用的方法，一是用可以观察和测量出其实现程度的有形的子目标，来取代抽象的全面目标，从具体的内容出发而不是从整体结构出发；二是按照信息沟通与权威关系的结构，给许多专家分配决策制定任务，协调他们的工作，也就是要进行分权，由不同的人（实际的操作者）来对特定的内容进行选择[45]。但是，既然没有对所有的可能方案进行全面评价并从中选出最佳的方案，那么，处于这种由各种各样的选择可能性所构成的漩涡中的决策者，只能凭借相对简单的模型来物色使自己满意的结果，在这样的状况下，任何选择都有可能是随机的。这些随机的选择却在实际上决定着事物未来的发展（突变论则从数学的角度严密地论证了这种可能）。而在特定的情况下，事物发展过程出现的一些小小的变动就有可能带来整体发展方向的改变，而这小小的变动也并非完全是来自于过去发展过程中的宏观趋势中的主流。正如普列高津（Ilya Prigogine）在阐述耗散结构时所特别提出的那样："值得指出的是，靠近分叉点的系统呈现出很大的涨落。这样的系统好像是在各种可能的进化方向之间'犹豫不决'，通常意义下的著名的大数定律被打破了。一个小小的涨落可以引起一个全新的变化，这新的变化将剧烈地改变该宏观系

统的整个行为。"[46]当人们将事物的发展归究于其内部的决定性，即"规律"的时候，往往是已经忽视了其中的选择机能对这种决定性的随时修正。而对于规划的过程而言，正是由于这种选择使得规划的意图得到实现，并体现出事物的发展。

运用各种合理的方法所作出的具体选择，可以保证选择所产生的途径具有相对的合理性，而且在某种机制上保证了选择的针对性以及所作出的选择能够为同样的专业人士所接受和认可，从而保证了所作出选择的说服力，但规划选择的意义还在于为了实现某个未来目标而选择在今后一段时间里能为社会所接受的行动方案。规划的未来导向性也同样体现在：现在所确定的规划内容，不仅能为现时的社会所接受和采纳，而且更为重要的是在目标达成的过程（如5年、10年或20年）中，能为今后不同时段的社会所接受和采纳，并贯彻于他们行动的始终。这是对现时规划最为严厉的考验。这意味着，前人在多大程度上能够为后人作出选择。也就是说，每一个时代都有他们自己本身的问题、注意点和价值观等，因此，"在计划工作中寻求和辨认限定因素是永无止境的。对某一时间的某一规划来说，某一因素可能对决策起决定作用；但对以后的类似决策来说，其限定因素可能正是以前计划工作中不太重要的东西"[47]。这也就是前面讨论目标问题时已经指出的，在不同的环境条件下，人们的期望和要求等等是完全不同的，这也是波佩尔（K. Popper）在《历史决定论的贫困》一书中所提出的"一个新时期有它自己内在的新颖性"的含义所在[48]。从这样的意义出发，并未处于同一时代的人很难甚至无法去替代他人作出选择。这也是对被称为"乌托邦"的历史设计观点进行批判的原因所在[49]。而其中最根本的问题则在于，我们究竟为后人留下了多大的发展余地、我们究竟如何知道后人的发展需要的究竟是什么这样的问题。

第四节　规划是针对普遍的未来不确定性而展开的工作

不确定性是由于未来的因素而产生的，对于规划而言这是与规划本身所具有的未来导向性所共生的，是规划与生俱来的。不确定性是不可能被完全消除的，因为，"不确定性是关于未知的未来的。关于现在和过

去，不存在不确定性的问题，而只有无知的问题，这可以通过强化学习得以消除，当然不一定现在就可以得以消除。无知是可消除的，而未来的未知是不可消除的，这意味着以下的情况：（1）未来可能发生的事件和结果不知；（2）虽然知道可能发生的事件和结果（这意味着有多种可能性）……但是不知道其时间和概率"等[50]。而对于某一特定事物的发展而言，不确定性的产生是由于人们不能确定某一种事物的运行及其产生的结果[51]。这里有几种情况，一种是该事物的运行是没有规律的，它完全是随机的；第二种是该事物的运行是有规律的，但是人们还没有发现这种规律性；第三种情况是该事物运行是有规律的，但人们的认识出现了错误。而从不确定性产生的机理上讲，刘怀德从两个层次揭示了不确定性的不同来源[52]。

在微观层次，不确定性既来自个人的因素，也有集体的效应。从个人的不确定性讲，个人的行为有两方面：一方面人的行为是符合因果关系的，因此就具有了确定性，但另一方面，人的行为并不都是符合因果关系的，有大量行为具有随机性，从而产生了不确定性。而个人不确定性的产生则包括了三种可能性：第一，人与人之间有差异，个人不能理解他人；第二，即使是个人，也不一定清楚自己的行为，因为个人的偏好和成本函数也在不断变化；第三，人的行为中包含非理性的成分，对非理性的认识与揭示还远未充分，许多作用的机理仍未能揭示。从集体的不确定性来讲，一方面，集体行为是由个体的行为合成的，个体行为所具有的不确定性会带入到集体行为之中，但另一方面，个体的行为是其他人行为的函数，因此集体的行为并不是个人的行为的简单相加，而是具有相对独立于个人行为的范式，这就是非加和性。对非加和性的理解，最基本的莫过于囚徒困境。在囚徒困境中，囚徒都承认自己是罪犯，而如果是个体行为，谁会违背成本效益计算而自首？这就是集体理性问题。集体行为受很多因素的作用，包括相互之间的影响程度以及人们之间的学习、模仿、同化、相互传染，信息的传递与异化等等，在这样的非加和性的影响下更加加剧了不确定性的程度。

在宏观层次上，不确定性包括了结构性不确定性、行为不确定性和结果性不确定性三方面。结构性不确定性是由于结构因素所产生的不确定性，包括：（1）制度，即实行的社会政治经济体制。（2）体制，即具体的体制。（3）自然。人们难以对自然环境作出准

确的判断，如洪灾、地震、风暴等灾难性事件、自然资源的新发现等。（4）其他外部输入事件。行为不确定性指人的心理变化，主要是个人和集体的思想和行为的不确定性。值得强调的是结构性因素对行为的影响，在不确定的结构中，人们的决策及相应的行为很难确定。结果性不确定性是指结果的变化方向、时间、大小的不确定，它们与人们的设想不完全一致。就总体而言，结构性不确定性决定了行为性不确定性，它们共同决定结果性不确定性，但这不是绝对的，事实上结果性不确定性也会导致结构和行为的不确定性，这里存在反馈机制。

对于规划人员来说，除了需要清楚不确定性产生的原因，而更为重要的是面对不确定性的状况而提出相应的策略，这样就需要对规划过程中所出现的状况进行分析。在规划过程中，决定未来不确定性的因素来自于两个方面，一是由规划系统外部产生并演化的，而且是规划系统所无法调节和控制的，这一因素直接决定了规划的作用范围；另一个是规划系统可调节和控制的内部因素，这类因素同样可能由于自己的控制而导致了新的不确定，而在规划控制准则多变的状态下，这种不确定性则是在加剧而不是缓解。这两类不确定因素在规划过程中是始终存在着的，而且是绝对不可能消除的。此外，从本质上讲，规划内部的不确定因素在相当程度上是直接由外部的不确定因素所决定的。针对这两种不同性质的不确定因素，规划的相应对策应当是各不相同的，这种不同规定了规划的作用，同时也决定了规划工作的主要内容和主要的方法论基础。但是很显然，规划的过程无论如何也无法消解外部的不确定性，而只能去顺应这种不确定，这样就直接影响到规划本身的内部结构。在这样的意义上，规划所追寻的合理结构和框架就应当是对这类不确定性的回应。按照战略学者的界定，在实践中多数规划人员所遇到的不确定性主要可以分成四个层次[53]。规划人员在进行规划的过程中，需要对未来的不确定性进行不同的分析，以确定和评价每个不确定层次的规划决策。所有规划的制定都从对某种形式的情境分析开始，即现在的环境如何，将来会出现什么。确定不确定的层次，会使此类情景分析更好地描述城市发展过程所可能面对的前景和相应的问题。在这所有的四个层次中，大量的规划实践问题主要集中在第二和第三层次，真正属于第一和第四层次的内容非常少。

（1）第一层次：前景清晰明确

在这一层次中，规划人员可以进行单一性前景预测并精确到足以进行具体内容的安排。尽管城市发展的环境天生就是不确定的，这会使预测不准确，但预测仍能细微到指向单一战略方向。换言之，在第一层次中，剩余不确定性①与进行规划决策是无关的。因此，为了对这样一种单一的未来前景进行精确、有效的预测，规划人员可以运用常规的分析手段，包括通过现状问题的调查而提出相应的对策，运用递推的方法来研究未来的演进，也可运用投入-产出和成本-效益的方法对备选方案进行评价和抉择等。

（2）第二层次：存在几种可能的前景

在这一层次中，前景可以描述成一些可能的结果或离散的情境。尽管分析有助于确定结果出现的概率，但不能确定一定会出现什么结果。而如果结果是可预测的，规划中的一些要素（即使不是所有的）就会发生变化。社会经济制度和政府宏观政策的改变、城市领导人的变化等，都会面临这样的不确定性。可以说，在这样的状况下，没有任何分析可以用来帮助预测可能的结果，而正确的行动路线，却取决于将要出现的结果。

在城市规划中经常出现的一种状况是，规划所建立的基本框架的实现主要取决于城市中不同组成要素（包括不同的机构、不同的部门和不同的个人）的行动纲领和具体行为以及那些在规划之初还不能被观察和预测到的因素。例如，在房地产市场上，真正起作用的不仅是市场需求什么，房地产商能够提供什么也同样具有重要作用。即使在社会需求中，这种需求也是会改变的，比如住房，究竟是高层建筑还是多层或低层建筑，究竟是在市中心还是在城区边缘或者在郊区等等也都是在不断的变化之中，而且都是与一定的社会经济发展状况、基础设施配套、就业状况以及社会风尚等有着密切的关系，而不同阶层之间的相互分离和对抗也会产生影响。因此，在这一层次中的典型情况是：可能出现的结果是清晰和离散的；人们很难预测会出现哪个结果，而最好的规划又是需要根据肯定会出现的那个结果而确定的，由此就有可能进入到一个"先有鸡还是先有蛋"的悖论之中。

在这一层次中进行分析的情境较为复杂。首先，规划人员必须依据其对重要剩余不确定因素如何逐渐减弱的理解，来设计出一组离散的未来情境。每个未来情境可能需要不同的评价模型，这是因为，一般的城市整体结构和行为常因出现的未来情境不同而有根本的不同，因而不能用围绕单一极限模型进行敏感度分析的方式进行方案评价。要优先考虑的应该是能获得有助于确定备选结果相对概率的信息。在确定每个可能结果的评价模型及其概率后，可用典型决策分析框架来评价备选方案内在的风险和收益，此过程会确定备选方案的可能后果及其在社会经济发展中的可能影响。而更为重要的是，经过这样的评价后，可以对城市在现有规划条件下的继续发展提出可能存在的问题，因此，此类分析通常是城市发展战略及其规划改变的关键。

在这一层次中，重要的不仅是确定未来可能出现的结果，而且要考虑城市为实现此前景可能采取的措施。在采取某种特定的重要举措之后，城市发展的战略是否会发生重大的转变。比如，有的城市提出建设全球城市的战略，在此过程中，为了空间资源的有效利用就从市中心大量迁出工厂和居民，并大规模建设办公楼等，在这些举措实施后就有可能带来产业结构、就业结构、人才结构等方面的问题，更有可能导致社会福利和社会安定等问题，城市的相应战略是否需要调整？这种战略的改变是需要预先实行的，还是等问题爆发后再予以实施？此外，如城市汽车的拥有率与城市道路交通的拥堵状况之间的关系也是同样。这些问题所揭示出来的意义是至关重要的，因为它决定了哪些信号或哪些触发变量应该得到密切监控。随着情况的明了和未来情境相对概率的变化，原有的战略可能也需要进行调整，以适应这些变化。

（3）第三层次：有一定变化范围的前景

在这一层次中，人们可以确定未来可能发生的一些变化范围。这个变化范围是由一些有限的变量确定的，但实际结果可能存在于此范围中的某一点，不存在离散的情境。如同在第二层次中一样，如果结果是可预测的，某些战略因素或者也可能使所有的战略因素都将改变。在企业方面，新型的行业或进入新地区市场的企业，就会面对这样的不确定性。在这时，最好的市场调查也只能确定一个潜在客户渗透率的大概变化范围，此范围内不会有明确的结果。在向市场投

---

① 剩余不确定性是指那些经过最精密的可能性分析之后仍然存在的不确定性。

放全新产品和服务时,这样一个估计范围是很常见的,因此很难确定潜在的需求等级。而在城市规划领域中,比如居民的出行结构的变化对城市土地使用、城市的空间结构等都会产生相当的影响。以步行、自行车、私人小汽车、公共交通中的任何一种为主导的城市出行结构所导致的城市土地使用的组织模式、城市空间结构都是不相同的,而交通设施的建设又会对交通出行结构产生影响,如大规模地建设城市道路、通过城市道路的建设拓展城市空间,促进了小汽车拥有率的提高和小汽车交通的发展,而这样的发展就会导致公共交通需求和公共交通服务水平的下降,进而更进一步地推动了小汽车的发展。在这样的状况下,在决定城市交通出行结构或者决定建设某一类的交通设施时,规划人员通常只能估计出该种结构或该类设施建设所导致的可能变化范围,而这种变化的结果恰恰又是由这种结构或设施的建设和发展程度所决定的。

从方法的意义上说,这一层次的情境分析与第二层次中的情境分析在程序上非常相似,它们都需要确定一组对可能出现结果的未来情境的描述,而且分析应集中关注那些表明城市正向某种未来情境发展的触发事件。然而,在这里要设计一组有意义的未来情境,就不那么简单易行了。设计那些描述可能结果范围终极状态的未来情境,通常相对容易,但这些终极状态的未来情境很少能对当前的规划决策提供具体指导。既然在不确定的第三层次没有其他自然的未来情境,因此,决定将哪些可能的结果完全发展成未来情境只有一些一般性的规律可以遵循。首先,要设计有限的未来情境,因为设计4个或5个以上的未来情境的复杂性会妨碍决策;其次,要避免设计对战略决策没有独特意义的多余未来情境;要确保每个未来情境都能反映城市结构、行为和特性的一个独特情况。此外,设计一组未来情境说明未来结果的大概范围,但不必是全部的变化范围。由于在这一层次还不可能确定所有的未来情境和相关概率,所以也就不可能计算出不同规划的期望值。然而,确定未来情境范围应该允许规划人员确定其战略的活力如何,确定可能成功或失败的方面,以及粗略确定采用现有战略的风险。

（4）第四层次：前景不明

在这一层次上,不确定环境的各部分相互作用,使得环境实际上无法预测。与第三个层次的情境不同,第四层次可能出现的结果的变化范围是不能预测的,更不必说在此范围内的未来情境了。这样,所有决定

未来的相关变量就更无法预测了。这一层次的状况是一个极端的状况,因为在任何一个时段都不太可能会出现在任何内容和方面都没有发展方向的状况,因此,这种情境是极为罕见的,它们会随时间的推移而向其他层次的情境转变。

在这一层次的分析中,通常是采用更加定性化的方法。在这里避免绝望地放弃常识而仅凭直觉行事仍然至关重要。规划人员应该对其已经了解的和可能了解的结果进行系统分类。即使规划人员不能确定第四层情境中的大概或可能的结果,他们仍能获得有价值的战略前景。通常,他们会确定一小组变量,这些变量将决定城市随着时间的推移而如何发展,而且,规划人员能够确定这些变量的有利或不利指标,这些指标将帮助他们了解城市的发展,并在获得新信息时对其战略进行调整。

以上,通过对不同层次的不确定性的分析,可以看到,规划过程中所面对的不确定性本身具有内在的复杂结构,在规划中需要采取不同的应对方法才能做到有的放矢,更好地解决规划过程中的问题。与此同时,规划师也应当非常清楚地认识到,由于规划过程中未来不确定性的普遍存在,就特别需要关注规划的动态性问题。在静态条件下对规划问题进行分析,只适用于把不确定性的影响因素分离出来,并由此而拟出更多的分析手段。在实践中,静态条件并不存在,规划工作是在变化的和不确定的条件下进行的,这一特性就决定了规划工作具有极大的困难性。在动态条件下,规划工作者的中心问题是如何准确地估测未来的发展方向。由于未来是不确定的——虽然这些不确定的程度在不同的方面如城市的不同组成要素之间、在空间和时间方面等会有很大的不同——所以,规划人员在估测未来形势时,必须对将来会发生什么作出某种假设。由于用以权衡未来各种偶然事件的方法各异,所得的结果也不同。·

另一方面,由于针对不确定性的存在,规划就必须以正确的态度和方法来处理不确定性。正是由于未来的不确定性,就需要有更加灵活的方法进行情境分析。过去以确定性为基础的规划方法需要进行全面的改变。许多学科,包括社会学和经济学与城市规划一样,都在寻找将不确定性转化为确定性,然后运用确定性的方法进行处理的技术手段。正如刘怀德所说,"把不确定性问题转化为确定性问题,这是经济学的传统。概率化的处理正是如此"[54]。但这样的处理显然是

不够的。麦格拉斯（R.G. McGrath）和麦克米伦（I. Macmillan）发表文章提出，应当将从确定性出发的以平台为基础的规划方法，改变为以"发现推动规划"的模式[55]。他们认为，传统规划运作的前提是，规划人员能够从过去经历过的和熟悉的平台推断未来。因为这些预计是以确定的知识而非假设为基础的，所以人们认为它是准确的。在以平台为基础的规划中，规划实施的结果偏离规划是件非常糟糕的事情。当然，这并不是说传统的规划方式就一无是处，对于没有发生大的变革的或以现有基础和环境为条件的发展，这种以平台为基础的方法仍然是行之有效的，但是如果社会环境或者城市内部的组成因素发生着很大的变化，那么仍然使用这样的方法则是完全荒谬的。如果城市未来的可能发展需要规划人员预想其所不熟悉、不确定的因素，而对发展的可靠的和可预见的因素还没有出现，那么，规划人员就必须认识到这是对城市发展的未来的可能假设，其中有着更高比率的假设，而不是确定的情况。因此，规划过程中，由于对未知因素的假设有可能是错误的，其发展就不可避免地会偏离、甚至明显地偏离原来规划的目标。而"发现推动的规划"并不试图采用现在人们所熟悉的可预测的、未来是可确定的规划方法；相反，这一规划方式承认，在发展的开始阶段，所有的因素几乎都是未知的，而且许多都是假设的。在运用以平台为基础的规划时，规划的假设就被看作是事实（要加入计划的已知事实），而不是被看作有待检验和质询的最佳估计。然后，城市的发展就依据这些已经作出的假设加速向前。与此形成对照的是，随着规划工作的开展，发现推动规划能将假设转换成知识。在发现新数据和新情况之后，它们会被加入不断发展的计划之中。随着事业的发展，其真正的潜力便得以显现，这正是发现推动规划一词的由来。此方法采用的准则不同于传统规划方法的准则，但在精确性方面毫不逊色。因此，从某种角度讲，"有效规划的真正目的不是制定计划，而是改变微观世界，即决策人员头脑中的心智模式"[56]，需要建立新的认识问题的思路，对规划的作用和需要也就必然会随之改变。美国实用主义哲学家杜威在《哲学的改造》一书中，从另一个话语体系中阐述了相类似的观点。他认为："人们制定的计划和指导改造活动的原则并不是教条，而是一些假设，它们有待于付诸实践，并根据是否能够提供现实经验需要的指导而加以摒弃、修正或发展。我们可以把它们称为行动纲领，但既然它们的作用在于使我们今后的行动少一些盲目性，多一些规范性，所以这些纲领是很灵活的。"

规划的未来导向性，其实质更是一种对未来不确定性的缓解和抵消。这一点也是规划之所以能够存在并在社会实践的过程中发挥作用的原因所在。任何事物的未来发展都是现时尚未决定的、等待作出选择的行动及其结果的演变。这种演变是逐渐的、累积的，并在多种要素的相互作用中不断扩大和膨胀。而规划的作用正在于通过提供有组织的信息，消解决策者在决策过程中对未来发展的不可把握性，从而为社会各个方面和个人的决策提供基本的框架。对不确定性的克服基本上是奠基于对未来的预测，但这种预测就如同选择一样，带有明显的人为性和随机性，而且，就人类的认识能力而言，对未来的认识始终是不充分的，未来有着明显的非确定性因素。规划的目的就是要尽可能地去排除其中那些不希望发生的结果，并引导其中所期望的结果发生。同时，规划也需要为城市在发展过程中所可能遭遇到的最差情景提供预防性对策。运用布坎南的"不确定性之幕"（veil of uncertainty）的概念可以说明在不确定情况下，公众会更需要规划，并愿意制定规划来保护自己的利益。布坎南认为，由于未来存在不确定性，自己未来的处境不同，人们不知道自己的身份、地位和所拥有的财产等在未来将会怎样，因此，为避免福利受损，他就会作出安排，即不论何种处境也不会太差，这就是说，人们为了规避风险就会在现在作选择时未雨绸缪，针对可能落入的"最不幸"的处境，采取预防性措施，这是每个人都会预先准备的带有博弈性的策略方案。而另一方面，既然大家的未来都有不确定性，所以在未来的利益不一定有明显的冲突，人们可能淡化利益冲突而着眼于制定规则，于是在公共政策的制定时容易达成共识。这些公共政策和规划就成为了由不确定性引发的"保险"[57]。从这样的意义出发，《增长的极限》所预计的未来状况并没有真的全面出现，但却可以成为最佳的未来研究，也可以被称为是最佳的规划[58]。舒马克（Ernst Schumacher）也指出："精明的人解决问题，而具有天才的人是避免问题的发生。"而规划除了在这样的状态中发挥作用外，就如同在企业的发展过程中一样，规划所创立的"愿景"也同样可以成为城市文化的组成部分，进而为社会包括社会价值观的发展提供引导[59]，从而使城市作为一个整体而采取有序的行动，并保证城市内各组成要素的相互协同，可以进一步地保证规划实施。

第五节　规划在本质上是
规范的而非实证的

规划作为一项人类有意识有目的的活动，它不仅是事实的或实证的，而且更是伦理的或规范的。所谓"实证的"（positive），是指事实是怎样的，它可以通过经验、观察等来检验其真伪，这是现代科学发展的基础，所有的科学理论和研究都应该是实证的，而且要经过其中的验证。就规划对于事物发展状态的描述性而言，它应当具有实证性，是可以是真的或假的，也可以是正确的或错误的。所谓"规范的"（normative），是指事物应当怎样，而不论这种应当是否具有必然性，它更多地是带有价值判断的，因此，它只能以好的和坏的进行评价，而不能以对和错来进行判断，这是人文学科建构的基础。就规划对未来状态的选择而言，规划只能是规范的，我们无法在经验上或理性上运用实验的方法来检验规划的结果，因此，规划就不可能有正确与错误之分，同样也不可能有惟一的规划。

对于规划而言，具有与常规的日常生活逻辑和认识方法所不同的性质，即从规划的整个过程看，规划并不是由原因到结果的循序过程，而是先发生的事情或结果必须由后发生的事情或结果来说明甚至决定。也就是说，规划是以未来事件或状态（目标）作为组织现在和今后一段时间内的行动和过程的原因和依据，并将成为实现目标的过程中所有行为发生或过程演进的规范。这样出现的关系，就不完全是前因后果的，而是之所以要做某件事甚至怎样做是由未来的、希望达到的目标所决定的，也就是说，只有先设定了未来的结果才能决定当前的行为，由此而体现出了前果后因的性质。规划所具有的这种前果后因性质，就要求在思维过程中运用完全不同于基于前因后果状态的逻辑准则，现代物理学中的量子理论所揭示的方法论对传统的、以牛顿力学为基础的科学逻辑的摧毁就是一个显证。但很显然，现在尚未有充分完善的、可供规划过程使用的逻辑工具[60]，这是规划者在规划过程中所直接面临着的规划在方法论和思维方法上的缺陷。另一方面，在规划的过程中，事物的发展依循着前因后果的逻辑，而大量的规划决策则是根据未来的目标来

决定的，因此，规划的执行就意味着以最终的结果来调节事物发展的历程。这两种依据于不同的逻辑准则的行为轨迹之间所具有的张力成为了规划过程许多矛盾的重要根源。

在这样一种前果后因状态中，事件或对象发展的未来状态已经很显然不仅仅是其自在发展的结果，规划者本身已经成为其中一个不可缺少的因素。通过目标的确定、实现目标的途径的设计和规划过程中的对行动的选择，规划实施中对特定活动的引导与控制等都将规划者所承载的价值观念、文化意识、技术手段、时代背景等等，通过规划者在规划过程中的行动（有时甚至是一念之差）而影响了事件发展的历程，在一定的意义上，规划者已经成为事件或对象未来状态的创造者。而这种创造者的地位却又是奠基于人类对未来知识不充分的基础之上的，所做出的判断在很大程度上是依据于个体的未来想像，有些甚至是即时的反应，因此这种判断至少不具有理论上的充分性。

规划在若干年后的完全实现（其可能性非常小，并且可以说是几乎不可能的），也同样不能证明规划是实证性的。规划的实现过程已经包含了无数多的选择在内，每一个选择都是针对于目标或其他内容而作出的，并以此来保证规划结果的实现。这种选择就带有鲜明的价值倾向和人为操作的过程，因此远非事物本身发展的结果，而是人类主观意志作用的产物，在这样的条件下，规划的本质意义实际上始终是规范性的。由于价值判断是随决策者在当时当地的情形下的直接反应而定的，在其根本上是不具有普遍适用的和客观性质的准则[61]。因此，规范性的活动在本质上是不可能以科学的和实证的标准来进行评价的[62]。这是对规划过程及其过程中的所有活动进行评价的主要困难所在。对于规划而言，可以作为评价准则使用的内容只有已经确定的规划目标，也就是依据规划目标而对规划决策、规划行动的合目的性进行评价，但这种评价也同样存在着对目标本身的解释和对行为与目标的契合程度的理解的差异等等问题。

以上，对规划本质特征的讨论充分显示了规划过程中所涉及的主要内容及相应的方法，也显示了其中的问题和矛盾，这些问题和矛盾在相当程度上成为我们论述规划、阐述规划的合法性地位、探讨规划的思想方法等等方面的重要障碍。但很显然，这并不意味着是从悲观主义的立场对规划的消解，更不是决意要

放弃规划的努力，现在进行这种探讨的目的也并非是要证明规划的不可行，恰恰相反的是，规划的进一步发展必须首先解决这些本质意义上的问题和存在的矛盾，通过在认识论和方法论上对这些问题的回答，从而为规划的发展奠定扎实的基础。进行这样的探讨的目的就在于揭示出规划所直接面对着的问题，通过揭示而认清问题的实质，直面我们所处的困境，从而为提出解决的方法和途径提供参照。门肯（H．L．Mencken）有句名言"人类文明之所以会进步，并不是人们相信什么，而是人们时时抱怀疑态度"，这对于规划也同样如此。而爱因斯坦所谓的发现问题比解决问题更为重要的论述，则揭示了只有发现了问题，才有可能来解决问题的真理。我们首先不能沾沾自喜于现有的规划理念，否则，规划就难以发展和进步。规划的进一步发展和规划作用的实现，都需要从这样的角度进行全面的审视。

注　释

1 Peter Hall.Cities of Tomorrow：An Intellectual History of Urban Planning and Design in Twentieth Century.Basil Blackwell,1988

2 Imre Lakatos.The Methodology of Scientific Research Programmes.1978.欧阳绛，范建年译.科学研究纲领方法论.北京：商务印书馆，1992

3 P. Healey.Collaborative Planning： Shaping Places in Fragmented Societies.MacMillan，1997

4 J.B. McLoughlin.Urban and Regional Planning：A Systems Approach. 1969. 王凤武译.系统方法在城市和区域规划中的运用.中国建筑工业出版社，1988

5 A. Faludi.Planning Theory. Oxford 等：Pergamon，1973

6 Peter Hall.Urban and Regional Planning (3rd ed.).Routledge ，1992

7 Henri Lefebvre.The Production of Space.1974/1991.Donald Nicholson-Smith 英译. Oxford & Cambridge：Blackwell

8 M. Castells.The Urban Question.The MIT Press，1977

9 D. Harvey.Social Justice and the City.Edward Arnold，1973

10 John Friedmann.Planning in the Public Domain： From Knowledge to Action.Princeton：Princeton University Press，1987

11 L. Sandercock.Towards Cosmopolis：Planning for Multicultural Cities.John Wiley & Sons，1998

12 S. T. Roweis.Knoledge-Power and Professional Practice，in Paul Knox(ed.). The Design Professions and the Built Environment，Croom Helm，1988

13 John Forester.Planning in the Face of Power.University of California Press，1989

14 如 Planning Through Debate： The Communicative Turn in Planning Theory，1992.TPR，Vol. 63，No.2；The Communicative Work of Development Plans.1993，Environment and Planning B： Planning and Design， Vol. 20，No. 1； Collaborative Planning： Shaping Places in Fragmented Societies, MacMillan，1997

15 Peter Hall.Urban and Regional Planning (3rd ed.).Routledge，1992.邹德慈，金经元译.城市和区域规划（第二版）.北京：中国建筑工业出版社，1985

16 Diana Conyers.An Introduction to Social Planning in the Third World.John Wiley & Sons，1982

17 张庭伟.对城市规划学科的几点新认识.城市规划汇刊（第32期）：1984（7）

18 John Friedmann. Planning in the Public Domain： From Knowledge to Action. Princeton University Press，1987

19 规划的认识论和方法论与规划研究的认识论和方法论之间也同样存在着差异，应该说，规划研究的认识论尤其是方法论与科学（社会科学）的认识论与方法论有更多的类似。

20 布莉塔·史沃滋等著.陶远华等译.未来研究方法：问题与应用.武汉：湖北人民出版社，1987.119~120

21 William N. Dunn.Policy Analysis: An Introduction（2nd ed.）.1994.谢明等译.公共政策分析导论.北京：中国人民大学出版社，2002.217

22 布莉塔·史沃滋等人.陶远华等译.未来研究方法：问题与应用.武汉：湖北人民出版社,1987

23 引自：Daniel Bell.The Coming of Post-Industrial Society.1973. 高铦等译.后工业社会的来临.北京：商务印书馆，1984.3

24 Jean-François Lyotard.The Postmodern Condition：A Report on Knowledge.Minneapolis：University of Minnesota

Press，1979/1984

25 Kenneth R. Hammond.Human Judgment and Social Policy：Irreducible Uncertainty，Inevitable Error，Unavoidable Injustice. New York & Oxford：Oxford University Press，1996

26 参照布莉塔·史沃滋等人在《未来研究方法：问题与应用》（陶远华等译.武汉：湖北人民出版社，1987.124~126）所提出的有关未来研究与决策之间的关系的论点进行的阐述。

27 引自布莉塔·史沃滋等人.陶远华等译.未来研究方法：问题与应用.武汉：湖北人民出版社，1987.118

28 约翰·罗宾逊.规划中的悖论.陈荃礼译.见：经济学译丛，1988（1）

29 I. H. Stewart.1982.规划理论的未来.尹淑清译.国外建筑文摘·建筑设计，1984（2）

30 布莉塔·史沃滋等人.陶远华等译.未来研究方法：问题与应用.武汉：湖北人民出版社，1987.127

31 Peter Hall.Europe 2000.1977.刘觉涛等译.2000 年的欧洲.1982

32 J.B. McLoughlin.Urban and Regional Planning：A Systems Approach. 1969.王凤武译.系统方法在城市和区域规划中的运用.中国建筑工业出版社，1988.83

33 William N. Dunn.Policy Analysis: An Introduction（2nd ed.）.1994.谢明等译.公共政策分析导论.北京：中国人民大学出版社，2002.220

34 以下有关城市规划目标的论述引自：John M. Levy.Contemporary Urban Planning（5th ed.）.2002.孙景秋等译.现代城市规划.北京：中国人民大学出版社，112~113

35 J.B. McLoughlin. Urban and Regional Planning：A Systems Approach. 1969.王凤武译.系统方法在城市和区域规划中的运用.中国建筑工业出版社，1988.85

36 Frigjof Capra.The Turning Point：Science, Society, and the Rising Culture.1982.卫飒英，李四南译.转折点.四川科学技术出版社，1988.176~177

37 J.B. McLoughlin. Urban and Regional Planning：A Systems Approach. 1969.王凤武译.系统方法在城市和区域规划中的运用. 中国建筑工业出版社，1988

38 以下有关规划价值的论述主要译自：Gerald Hodge.Planning Canadian Communities.Methuen，1986.103~104.有改动。

39 H.A. Simon. The Sciences of the Artificial (2nd ed.).1981.杨砾译.关于人为事物的科学.解放军出版社，1988

40 Harold Koontz，Cyril O′Donnell.Management：A Systems and Contingency Analysis of Managerial Functions（6th ed.）.1976.中国人民大学工业经济系外国工业管理教研室译.管理学：管理职能的系统分析方法和随机制宜的分析方法.贵阳：贵州人民出版社，1982.229

41 Harold Koontz，Cyril O′Donnell.Management：A Systems and Contingency Analysis of Managerial Functions（6th ed.）.1976.中国人民大学工业经济系外国工业管理教研室译.管理学：管理职能的系统分析方法和随机制宜的分析方法.贵阳：贵州人民出版社，1982.231

42 Hillel J. Einhorn，Robin M. Hogarth. 1987. 决策：通过回顾过去展望未来.见：Harvard Business Review on Managing Uncertainty.北京新华信商业风险管理有限责任公司译.不确定性管理.中国人民大学出版社，2000

43 依据 Harold Koontz 和 Cyril O′Donnell 在《Management：A Systems and Contingency Analysis of Managerial Functions》（6th ed. 1976.中国人民大学工业经济系外国工业管理教研室译，管理学：管理职能的系统分析方法和随机制宜的分析方法.贵阳：贵州人民出版社，1982.238~240）一书中有关选择的论述，结合城市规划过程中的状况作了进一步的阐述。

44 H.A. Simon.Science of the Artificial (2nd ed.).1981.杨砾译.关于人为事物的科学.解放军出版社，1988

45 H. Simon.1989.现代决策理论的基石.杨砾，徐立译.北京：北京经济学院出版社.79

46 Ilya Prigogine，Isabella Stengers.Order out of Chaos.1984.曾庆宏，沈小峰译.从混沌到有序.上海：上海译文出版社，1987

47 Harold Koontz，Cyril O′Donnell.Management：A Systems and Contingency Analysis of Managerial Functions（6th ed.）.1976.中国人民大学工业经济系外国工业管理教研室译.管理学：管理职能的系统分析方法和随机制宜的分析方法.贵阳：贵州人民出版社，1982.232

48 K.R. Popper.The Poverty of Historicism.1957.杜汝楫，邱仁宗译.历史决定论的贫困.华夏出版社，1984

49 衣俊卿.历史与乌托邦——历史哲学：走出传统历史设计之误区.哈尔滨：黑龙江教育出版社，1995

50 刘怀德.不确定性经济学研究.上海财经大学出版社，2001.119~120

51 刘怀德.不确定性经济学研究.上海财经大学出版社，2001.132

52 刘怀德.不确定性经济学研究.上海财经大学出版社，2001.132，136

53 Hugh Courtney 等.1997.不确定条件下的战略.见：Harvard Business Review on Managing Uncertainty. 北京新华信商业风险管理有限责任公司译.不确定性管理.中国人民大学出版社，2000。由于该文章是针对企业战略而提出的，因此在下文的论述中接受该文章对战略层次的划分及其结论，但在内容与方法等方面与城市规划相结合，对原著中的论述作了较大幅度的修改。

54 刘怀德.不确定性经济学研究.上海财经大学出版社，2001.121

55 Rita Gunther Mcgrath，Ian Macmillan.1995.发现推动规划.见：Harvard Business Review on Managing Uncertainty. 北京新华信商业风险管理有限责任公司译.不确定性管理.中国人民大学出版社，2000

56 Arie P. DeGeus.规划与学习.1988.见：Harvard Business Review on Managing Uncertainty. 北京新华信商业风险管理有限责任公司译.不确定性管理.中国人民大学出版社，2000

57 刘怀德.不确定性经济学研究.上海财经大学出版社，2001.137~138

58 约翰·罗宾逊.规划中的悖论.陈荃礼译.见：经济学译丛：1988（1）

59 Gary Hoover.Hoover's Vision.2001.薛源，夏扬译.愿景：企业成功的真正原因.北京：中信出版社，2003

60 从纯粹逻辑学的角度讲，"可能逻辑"是规划人员可以参照的逻辑语言，但其纯粹思辩型的推衍方法要转化为在规划实践中可以运用的逻辑工具，似乎尚有一段非常长的路要走。

61 景天魁.社会认识的结构和悖论.北京：中国社会科学出版社，1990

62 马俊峰.评价活动论.北京：中国人民大学出版社，1994

第十章　城市规划的作用[①]

城市规划的意义在于它对城市社会发展和演进过程的指导和控制，也就是说，城市规划只有在城市发展的实践活动中发挥了作用，它才真正找到了生存和发展的依据。近代以来尤其是在20世纪中城市规划得到了实质性的发展，城市规划无论是作为一门学科还是一项社会实践，在社会发展的过程中发挥了作用，因此也就巩固了自身的地位，并作为一种国家或城市的制度在世界上的大多数城市中得到运用，成为20世纪中一种非常重要的全球性现象。尽管我们现在可以说，城市中的所有开发或建设活动都是规划的结果或者说都是经过规划的，但对于城市规划在城市发展过程的作用究竟何在，却始终没有给出过全面的界定，而且它的作用机制究竟如何也没有得到很好的揭示。城市规划的演进都是与对城市规划整体的哲学思考紧密相关，在这种思考中，对城市规划体系与城市社会系统的互动关系所引发的对城市规划在城市发展过程中的作用的认识，直接导致了对城市规划作用本身的认识，而这种认识又往往是通过对城市规划体系的调整和完善而体现出来的。同样，城市社会机制和结构的变动，也必然要影响到城市规划的作用和地位，在顺应这种变动的过程中，城市规划和社会系统的协同才能得到真正的实现。现代城市规划的发展历史已经揭示，只有在对城市规划作用的认识上有所突破，城市规划才会有较大的发展。从学术研究的角度讲，只有通过对城市规划在城市发展过程中实际所发挥的作用的认识，才能真正认识城市规划的内涵及其本质意义，在这样的基础上建立起来的研究对象、研究方法论和研究路径才是经得起推敲的。从社会实践的角度讲，城市规划是一项综合性的社会建制，只有把握了城市规划实际发挥的作用以及能够发挥的作用，才能真正理清城市规划系统与其他城市发展要素之间的相互关系，在这样的基础上才有可能建立起真正有效的城市规划体系和合理的城市规划制度。

城市规划作为一项社会实践，总是在一定的社会制度的背景及其过程中运作的，因此，只要城市规划想要在运作过程中对城市社会的发展发挥作用，它必然是一定社会意识形态的反映，同时也就要为社会的稳定和发展作出贡献，这种贡献是城市规划作为一种制度存在和持续运作的基础。任何意识形态的内容，仅仅提供了一种总体导引，如果不能借助于其他的手段而转化为可以具体操作的内容，便无法成为社会实践的实际运作。城市规划的发展历史决定了城市规划的对象是以城市土地使用为主要内容和基础的城市空间系统，城市规划对城市发展的作用是通过对城市空间和土地使用的操作而得以实现的。在作为意识形态上层建筑的城市规划和作为具体实务操作的城市规划之间，必须通过一定的联系来保证两者的结合，在城市规划成为国家意识和社会制度的状况下，一方面，城市规划引导了各类相关于城市发展的政策的形成，使这些政策保持在同一的方向上；另一方面，城市规划通过具体的操作来实施这些政策，使政策的最终目的能够得以实现。因此，从这样三个层面来认识城市规划的作用，可以保证城市规划作为一个整体的连续性，同时也揭示了城市规划在不同层次上所发挥的作用方面。

第一节　作为国家宏观调控手段之一的城市规划

任何国家无论其意识形态的架构如何，它的维持与发展总是需要依据于一定的可操作手段，这些可操

---

① 本章的内容曾以《城市规划作用的研究》为题发表于《城市规划汇刊》（1996年第5期），该文的写作是与邓永成先生合作完成的（笔者为主要撰写者），并且是香港中文大学资助的"城市规划作用研究"课题的组成部分。在编入本书时，编著者已对内容进行了全面的修改和充实。

作的手段需要贯彻于社会的各个不同的内容和不同的层次。城市规划在经过相当长历史阶段的发展过程之后，尤其通过理性主义思想在社会领域的整合，已经成为国家结构及其实务操作的一个组成部分[1]，并且成为了国家秩序运行和保障体系中的重要机制。城市规划之所以能够成为国家机器的重要组成部分，其原因在一定的程度上是由于我们在前面已经讨论过的"市场失败"(market failure)而需要国家对市场运行的干预，这种干预需要有一定的手段来进行运作。国家干预的手段是多种多样的，既有财政的（如财政预算、货币投放量、税收、财政转移等等），也有行政或政治管理的（如行政命令甚至立法等等），城市规划也同样是重要的手段（对于城市政府来讲尤其如此）。

在市场经济体制下，整个社会的存在和运行主要依赖于市场的运作，城市中任何要素的作用都需要与市场机制的运行相结合才能得到发挥。市场机制鼓励的是对个体利益的极大追求，并认为个人获益只要不损害到其他人的利益，就意味着社会的进步，因此，帕累托最优(Pareto Optimum)就成为衡量社会进步的准则。但是从个体的利益出发，投资者从其本性而言是不愿意将其资本投入到城市建设之中的，因为直接投资于生产过程可以使其更快地获益；然而，城市空间的建设和发展则又是保证资本长期有效运行和获益的基础。因此，在这两者之间的选择是市场经济体制中的决策者所面临的两难问题。为了对此问题进行分析，哈维（D. Harvey）为资本主义制度下城市空间发展和资本运作之间的关系建立了一个总的理论分析框架。根据他的观点，资本要从生产过程流入到对城市空间的投资，需要借助于自由运行的财政网络和国家对长期建设项目的支持，而国家对长期建设项目的支持主要是通过法律、规划和政策以及公—私合作开发等方式与手段来实现的[2]。他认为，国家之所以要对城市的发展过程进行干预，是由于市场体制没有能力提供由作为生产过程中的资本使用的固定资本的投资（如桥梁、街道、排水系统），也缺少对这些固定资本的维护和再生产的能力。同时，如果资本仅仅被用在生产过程，那么作为生产过程基本要素的劳动力的再生产就会难以为继，这样，整个资本主义的生产制度就难以维持并持续运作下去。在这样的条件下，作为生产关系的上层建筑的国家机器就要运用一定的手段来促进和保障资本从生产过程向非生产过程的转移，而城市规划就是这样的一种手段。在这样的意义上，城市规划的"任务不

仅是维护这些系统，而且提供这些使用价值在空间上的协调，并创造新的综合使用价值"，从而可以保证资本主义制度长久而有效的运作。因此，他认为，在资本主义社会中，通过社会机制对土地使用进行全面控制，其目的在于："（1）处理将土地作为商品而产生的外部性问题；（2）创造住房和其他适宜的环境，满足劳动力再生产的需要；（3）提供由资本作为生产方式而使用的桥梁、港口、街道和公共交通系统的建设和维护；（4）保证这些基础设施有效运行的空间协调。"[3] 正是在这样的意义上，法因斯坦（S. Fainstein）通过对纽约和伦敦两个城市的房地产业和城市再开发的实证研究，认为城市规划在实际的运用过程中，主要发挥的作用是对经济发展的促进作用[4]。她认为城市规划是这样一个过程，通过此过程，政府使私人部门能够投资于城市空间建设并从中获益。同时，法因斯坦还揭示了城市规划的各项建制在这两个城市的房地产业发展和城市再开发过程中的互动关系，以及在此运作过程中所反映出来的政府意识形态的改变所导致的城市规划整体机制的变化，充分展现了城市规划作为政府宏观调控手段的运作过程。联合国人居中心的全球人居报告提出，在适宜的城市规划方法的框架和条件下，完善的土地开发能够以下述方式为经济的发展作出贡献：（1）通过强化城市基础设施的管理，特别是强调维护；（2）通过改善城市的规章制度，提高市场效益和私营机构的参与；（3）通过提高市政部门的财务和技术能力；（4）通过加强城市开发的财务服务[5]。

在现代经济发展过程中，城市经济活动必然会产生一些不经济性，尤其是外部不经济。而在资本主义市场经济中，各类经济活动所产生的经济获益中的绝大部分，往往归投资者私人所拥有，而其产生的外部不经济则往往推给了社会，这就在社会利益和经济行为者之间产生了差异。这种差异的累积，是导致市场的失败的原因之一。这就需要国家的干预，凯恩斯的宏观经济理论充分论证了这种干预的必要性，而战后西方国家普遍建立的在快速发展时期和大工业经济条件下的国家干预制度所带来的经济稳定和繁荣，已经证明了这种干预的有效性。从城市规划的角度讲，城市规划在保障必要的城市基础设施和一些基本的城市服务设施的集体供应的同时，也试图减少一些资本的运行所产生的会导致其他部门损失的消极的外部性，在这样的意义上，城市规划就是"一种针对于在城市

空间中出现的私人化资本主义社会和产权关系的自我无组织趋势的历史规定性和社会必需的响应"[6]。弗里德曼(J. Friedmann)通过对市场理性(market rationality)和社会理性(social rationality)的区分，对市场经济体制中的规划进行了全面和整体的分析，认为公共领域的规划与市场理性观念无关，而主要对应于社会理性的概念[7]。但是在实践中，对公共物品的关注同样会导致国家对私人部门为利润而进行的生产行为进行支持，这些行为基本上是对应于市场理性的，这是因为在资本主义社会中，绝大多数人的生计依赖于私人部门，因此私人部门的固有功能是这种社会所必需的，城市规划作为社会的基本建制之一就理应对此进行支持。但是私人部门在市场理性的鼓动下，对利润生产的无限制追求却有可能会造成对作为社会生活基础的人际互惠联系的严重损害。因此，在弗里德曼看来，在这样的社会制度背景下，公共领域的规划（包括城市规划）就应当"刺激和支持资本的利益，但必须阻止那些利益损害到公共生活的基础"。这不仅仅是城市规划在市场经济体制下的基本职责，而且也是所有政府公共行为的基本准则。弗里德曼从非常宏观的角度揭示了城市规划的特征及其运作的原则，而希利（ P. Healey ）则通过对英国地方规划（ local plan ）及其实施状况的实证性研究，揭示了城市规划的具体作用方式及其过程。她认为，在市场体制下，城市规划作为一项社会建制的作用更多地体现在[8]：（1）提供邻里的保护措施；（2）在修正市场失败的基础上支持土地和房地产市场；（3）保证土地在总体利益下进行分配、使用和开发；（4）以政府干预的方式保证土地在社区和整体利益下予以使用。城市规划通过在这些方面的作为来为经济和市场的稳定发展提供基础，从而为国家的宏观调控提供操作性的手段。

城市规划作为国家宏观调控手段，其操作的可能性是建立在这样的基础之上的：一是通过对城市土地使用配置即城市土地资源的配置进行直接的控制。由于土地使用是各项社会经济活动开展的基础，因此它直接规定了各项社会经济活动未来发展的可能与前景。城市规划通过法定规划的制定和对城市开发建设的管理，对土地使用施行了直接的控制，从物质实体方面拥有了调控的可能。这种调控从表面上看是对土地使用的直接调配，是对怎样使用土地的安排，但在调控的过程中所涉及到的实质上是一种利益的关系，而且关系到各种使用功能未来发展的可能，也就是说，城市规划对土地使用的任何调整或内容的安排，关涉到的不只是建构筑物等等物质层面的内容，更是一种权益的变动，因此城市规划所涉及到的就是对社会利益进行调配或成为社会利益调配的工具。第二，城市规划对城市建设进行管理的实质是对开发权的控制，这种管理可以根据市场的发展演变及其需求，对不同类型的开发建设施行管理和控制。开发权的控制是城市规划宏观调控作用发挥的重要方面。巴拉斯（ R. Barras ）提出，城市规划政策应当以与房地产业发展周期的反周期来进行操作，所强调的就是这样的作用[9]。房地产周期性的波动是由房地产业的本性所决定的，法因斯坦在对纽约和伦敦房地产研究中有非常深刻和全面的阐述[10]。房地产的周期性波动是不可避免的，但城市规划可以通过其作用的发挥，在一定的程度上削减其波动的峰值，从而避免房地产市场的大起大落，使其运作相对平稳。要做到这一点，巴拉斯提出，当房地产处于高潮期时，规划部门应当采用对开发项目的审批在时间上进行延滞或者采用土地供应不足等方法来为房地产开发的过热进行冷处理；而当房地产开发处在低潮期时，规划部门和规划师就需要采取土地供应上的过度供应等手段来吸引投资者和开发商。这种想法可以说是所有的城市规划师都存有的职业理念，是规划师在职业生涯中有所作为的方法论基础。但是，这种想法在理念上是非常的简单，而且看上去也非常容易操作，但真的要去实施，在判断上、在实际的运作等方面其实仍然存在着很多的问题。因此在西方国家在城市规划实施和管理过程中就会采用不同的方式方法，在法律法规和政府政策的支持下，开展相类似的工作或能够达到同样目的的工作。

这里以两个例子来说明西方国家的城市政府是如何运用城市规划工具来达到宏观的利益调配和对市场发展的保护[11]。这两个例子均发生在20世纪的80年代，当时英、美两国政府的主导性意识形态是强化市场的作用、放松管制和规划控制，以达到全面促进国家和城市经济发展的目的。第一个例子发生在伦敦，在Spaitalfields Market的开发区内，根据规划部门与开发商进行的规划协商，作为开发商的国际财团同意捐出12英亩（约5hm²）土地给当地社区，以获得邻里团体在开发过程中的合作。社区还进一步提出要求提供4000万英镑作为社区发展使用，127套住房和一个就业训练计划（ job-training scheme ），最后得到了国际财团的同意并付诸实施。在英国的社会建制下，通过规划过程进行协商和获得规划收益（planning gain）是规划过程中进行利益调配的重要手段。之所以要采取这样的手段是由于在再开发项目中，社会利益会发生极大的转变，一方面，这些改建后的项目实现的是以办公楼为基础的就业，其所带来的可能结果是导致该地区制造业就业岗位的大幅度下降，使原来在该地区就业的广大非熟练工人发生就业困难。另一方面，在进行了这样的改造后，该地区的房地产价格会迅猛上涨，迫使该地区的居民向外迁移，或增加了他们的生活成本，破坏了社区结构，该地区的小型商业等也会承受经济上的压力等等。总之，在此改造后，作为开发者的国际财团将获得非常巨大的利益，而居住在此地的居民及其社区将要承受增长了的成本，导致集体福利条件的大幅度下降。因此，为了维护社会公平，使获得利益者资助遭受损失者，这就需要在规划实施的过程中通过一系列手段的运用，对开发活动及其可能产生的利益不均进行必要的调配（这种调配的思想基础和基本手段均源自于福利经济学的相关准则），并且将此作为这些再开发项目开展的必要条件，城市规划在此过程中充当的是社会利益调节的作用。第二个例子发生在美国西部城市旧金山，该城市在20世纪80年代初通过了一项法案，规定每年将办公楼的开发面积限制在100万平方英尺[①]，这项措施尽管在最初遭到了政府官员和商业团体的强烈反对，但经过广泛的讨论，最后由城市议会批准后执行。在此期间，旧金山地区正处于城市结构调整、经济快速发展和大规模建设时期，之所以要采取这样的措施是考虑到办公楼的大量建设会引起办公楼的过度供应，导致办公楼市场的租金大幅度下降，这种下降会对此后的房地产市场产生极为不利的破坏作用，甚至导致市场的停滞，同时，如果不对大规模的办公楼建设进行抑制，就会形成大幅度的租金下降，这对先前已经建成或正在建设的办公楼的投资者和业主来说也是不公平的，是剥夺了他们赢利的权利。而作为这项对新建设进行控制的结果，这个城市办公楼的空置率从1986年的18%降至1991年的12%，而20世纪80年代末正是英美等国房地产业普遍出现明显衰退的时期，纽约、伦敦等城市的房地产价格暴跌，进入到又一个不景气时期，而在旧金山不仅办公楼的空置率降低而且其价格还略有提升。

从中可以清楚地看到，政府的控制具有巨大的潜力来繁荣房地产业，并避免城市整体经济受到冲击。应该看到，在撒切尔夫人主政英国和里根总统主政美国的20世纪80年代，政府最重要的发展战略就是刺激商业性房地产的发展，希望通过放松管理和提供补助等方式来刺激开发商提供高质量的、便宜的使用空间，并且以此来获得更多的税收以挽救许多城市在20世纪70年代出现的财政危机。因此，在相当程度上，城市政府以企业家管理的方式，以商业利益为主导，并将城市房地产的发展作为城市经济发展的主要内容，但即使在全面放松管制的情况下，这两个城市的案例也非常清楚地告诉我们，城市规划仍然是政府宏观调控社会经济发展和利益分配的重要手段，这也是弗里德曼所说的"社会理性"的含义，并且正是通过这种手段使整个国家以及各个城市在发展的过程中保持稳定和持续。

尽管城市规划被许多支持者和反对者看成是市场的对立物，但正如本书第一章在讨论城市规划的合法性时就已经论证过的那样，城市规划与市场之间的对立只具有形式上的意义，或者是某种认识所导致的结果而不是其本质。城市规划的本质仍然是为了维护市场机制的长期有效运作。城市规划的控制并不在于对市场作用的否定，而是在维护市场体制的长期有效运行，弥补市场决策的短期行为可能产生的长期负面效应。特洛伊（Patrick Troy）详细描述了由于市场机制所鼓动起来的对个体利益的过度追逐导致的市场无序，从而使市场机制原初的意图遭到了损害，在这样的状况下，只有通过国家的城市政策才能更好地来予以弥补，市场本身并不能对此进行调整[12]。他认为，国家可以采取的措施主要包括两个方面，一是对资本运作必需的基础设施进行综合的协调，其中既包括对这些设施本身的供应和维护，也包括对这些设施在空间分布上的统筹；二是为由于市场掠夺而产生的社会缺陷提供必要的补偿性服务，如住房、卫生、教育等等，从而维护社会的再生产。尽管有许多以自由主义为思想基础的经济学家反对城市规划，但自由主义的代表人物哈耶克（F.A. Hayek）的论述已经充分地说明了其本身并不是对城市规划的直接反对（见本书第一章），而且很显然，市场本身的发展也会提出需要国家进行管

[①] 1平方英尺 =0.0929m²

理和控制。在 20 世纪的 80 年代初，英国保守主义政府所推进的社会制度改革改变了城市规划的作用，以市场和开发为导向的规划思想和方法替代了之前以规划（plan）为导向的方法，其结果在一定时期内促进了市场的发展，但随着这种制度进一步的全面运作和长期积累，很明显地强化了市场未来发展的不确定性并带来了更为深刻的结构性问题，由此而迫使大量的市场机构（如房地产商协会等）要求政府实施战略性的市场管理（strategic market management）[13]。由此也可以看到，城市规划对市场的作用并非是规划师的一厢情愿，也并不仅仅只是规划师的主观愿望的实现，而是市场本身发展的必需。

城市规划不仅为市场经济体制的长期有效运行提供了制度性的保障，维护了市场体系稳定有序地发挥作用，而且由于城市规划本身还涉及到多方面和多种形式的社会利益的宏观调控，可以在多种社会利益之间进行协调，从而为社会的稳定发展提供条件。城市规划在历史的发展过程中，已经成为了国家功能发挥的重要方面，是政体稳定的必要手段，这也可以从城市规划在资本主义国家中产生并发展成为国家制度的历史中得到证明。现代城市规划从一诞生开始，就是以对城市问题的解决为出发点的，而对城市问题解决的最终目的就是要保证资本主义生产关系和生产制度的持续有效，从而维护资本主义的整体制度。一些新马克思主义者甚至指出，在资本主义国家中，城市规划实际上是一种使阶级利益模糊化的技术方法论，尽管它是以技术和专业的面貌出现的，但其实质是"面临着阶级冲突的统治阶级为了增加积累和保持社会控制所必须使用的手段"，因此，他们"把城市规划看成是对付那些产生于资本主义矛盾的城市问题并使之非政治化的一种企图"[14]，是资本主义制度不可或缺的统治手段。他们认为，之所以在资本主义进入快速发展、在市场经济已经基本建立了相对完善的制度框架时，城市规划逐步成长为国家制度的组成部分，说明城市规划在这种国家政体中、在市场体制中具有维护这种政体和体制的、其他手段所不可替代的作用。勒菲伏（Henri Lefebvre）在 20 世纪 70 年代提出，自马克思对资本主义矛盾的揭示至今已有一百年的时间，在此期间，资本主义并没有被其内部孕育的基本矛盾所打垮，反而获得了进一步的发展，其原因在很大方面来自于对这样一种手段的运用，即"占有空间，并生产出一种空间"[15]。对于勒菲伏来说，社会的再生产包括三个

层面，"首先，具有生物生理的再生产，基本上存在于家庭和亲属关系的语境中；第二，劳动力（工人阶级）和生产资料的再生产；第三，各种社会生产关系更大规模的再生产。在先进的资本主义的统治下，空间组织已十分突出地与各种社会关系的主导性制度的再生产联系在一起。同时，这些占据主导性地位的各种社会关系的再生产成了资本主义本身生存的主要基础"。因此，"有社会生产的空间（基本上是在发达资本主义，甚至是在乡村里的城市化空间），就是各具有主导性的生产关系得到再生产之所在"[16]。在这样的意义下，卡斯泰尔（M. Castells）认为，国家的主要功能在于提供诸如公共住房、学校、交通以及其他公共设施等等的"集体消费"(collective consumption)，而这些集体消费都是针对一定地域范围内的人群的，因此，地方政府在提供这些集体消费过程中担当着重要的作用，而城市政府这一作用的发挥都需要通过城市规划来得到体现，因此，城市规划在这些集体消费的组织、供应以及实施方面担当着结构性的作用。从这样的角度来说，城市规划通过对城市公共设施的供应和组织，以此来实现国家提供集体消费的最终目的，即保证劳动力的再生产、消解阶级冲突，从而成为维持国家系统运作的必要因素[17]。洛克金（Lokjine）(1977) 也从同样的角度分析了现代城市问题中的国家关系，他认为国家通过宏观经济调控和直接的基础设施投资，来直接地为私人资本的生产性投资提供支持和帮助。城市规划通过对城市问题的解决，保证了国家投入和私人资本投入能够获得预想的成效，达到国家制度持续而递进的发展。哈维（D. Harvey）则从资本积累的角度阐述了资本要从直接生产的循环向城市建设转移（即他认为的从资本的第一循环向第二循环转移）的过程中，如果没有以城市规划为主要手段的政府干预，这种资本的跃迁是难以实现甚至是不可实现的（当然还要有金融机构的运作作为保证）[18]。而城市规划正是由于对社会再生产过程有这样的贡献，所以，城市规划"被赋予了对建成环境进行生产、维护和管理的权力，从而允许规划师能对建成环境的生产、维护和管理进行干预，以获得社会的稳定，创造'均衡发展'的条件，并通过压制、征用、兼并的方式来遏制市民冲突和局部的斗争"[19]，从而维护社会各项制度本身的有序运作。在这样的条件下，城市规划的存在和发展都是维系于一定的国家意识形态与实际的社会背景，并在此基础上发挥其作用的。而其发挥的作用与国家制度

下的所有社会建制具有同构性，因此，城市规划同样是维护国家利益、保持国家稳定和持续发展的工具。

现代主义城市规划尤其是在系统方法论思想指导下的城市规划者将城市规划看成是一项科学的事业，将规划师自己看成是不站在任何政治立场，不抱有价值偏见地进行科学技术工作，因此希望通过"向权力讲述真理"的方式来实现城市规划的意图。但这仅仅只是规划师们的一厢情愿。后现代主义者后来对权力和知识之间的关系进行了解构，挖掘出了两者之间的互生关系，从而改观了对城市规划作用的认识。福柯（M. Foucault）认为权力和知识是共生体，权力可以产生知识，权力不仅在话语内创造知识对象，而且创造作为实在客体的实施对象。所以知识总是植根在权力关系中的，总是在权力关系之内和在权力关系的基础上构造起来的，在权力与知识间没有不相容，没有不可逾越的界限。在这样的意义上，"要是没有权力的行使，知识会成为未被规定的、难以名状的和对客观性没有什么控制的……认识就是行使征服和统治权"[20]，所以权力和知识本身就是一个相伴相生的共生体，缺了任何一个另一个也就难以发挥作用。福柯认为，像疯人院、监狱、医院这样的机构是社会用来进行排斥和放逐的，通过研究社会与这些机构的关系，就能够清晰地揭示权力的运作过程。他在《规训与惩罚》（Discipline and Punish: The Birth of the Prison）一书中专门研究了现代刑罚体制的起源[21]。他通过对刑罚制度变化过程的描述，特别是通过对边沁（J. Bentham）所提出的圆形监狱的分析，非常清晰地揭示出了空间因素是现代社会体制中实施社会控制的重要手段。而这种概念后来又被推广到学校、兵营、医院和工厂，通过一系列控制制度的建立，不仅保证了社会对个人的监控，而且也使自己成为自己的监控者。尽管形式各不相同，但规训（discipline）的本质是一致的，福柯认为，随着人口规模的不断扩张，新的公共卫生、犯罪、失业、住房等等社会问题不断涌现，采取这种新的权力技术可以说是最经济有效的方式。拉宾诺（Paul Rabinow）依循福柯的思想路径对法国现代城市管理（其中包括了城市规划）的形成和发展进行了谱系式的考古学发掘，深刻地揭示了现代城市管理和城市规划是如何卷入到国家对社会环境的全面控制中的[22]。根据拉宾诺的研究，现代城市规划强调秩序和效率，强调城市的美观和形象，实际上就是通过城市的改造来排除异己、消灭"他者"（the Other），或者将这些不受

欢迎的人集中在一起，孤立起来并实施严密的监控，从而达到稳定社会、消灭动乱因素的目的。从这样的视角出发就可以看到，现代主义城市规划的历史教科书只看到了其中的技术手段，而有意识地将其本质的作用遮蔽了起来。而伊夫塔歇尔（O. Yiftachel）则认为，过去对城市规划作用的研究往往局限在城市规划促进进步和改革这样一些方面，把城市规划看成是现代化事业的组成部分，强调公正、效率、理性等等，而忽视了它作为社会控制工具的作用，尤其忽视了在作为社会控制工具的历史发展过程中所出现的"阴暗面"（dark side）[23]。他认为，城市规划在本质上是一种权力的形式，尤其是当其与国家政体和市场体制结合在一起，就成为了社会控制的工具。桑德科克（L. Sandercock）在审视现代城市规划历史的经典陈述时指出，现代主义城市规划的历史研究将城市规划仅仅看成是职业及其实践的进步过程，从而省略了或者说是有意识地忽略了规划的"阴暗面"，尤其是它的种族主义和性别歧视的效应，同样，现代主义的历史叙事也抹去了颠覆性的和不同的历史，例如，与城市和社区建设相关的妇女、黑人、同性恋者和土著居民的历史[24]。桑德科克认为，通过运用多元文化的观点对现代城市规划的历史进行重新审察和再叙述，可以揭示这些被现代主义的整体叙事所遮蔽的事实，从而可以使过去看不见的变成看得见的（make the invisible visible）[25]。她通过对现代主义城市规划历史发展的研究揭示出，城市"规划师的历史角色就是超越于众人之上来控制空间的生产和使用"，而他们的所作所为是"在多元文化中，'我们'——规划师及相应的政治家——都加入到把'他们'排除出我们社区的斗争中"，这种现象至今仍然存在。这里所指的"他们"就是那些少数族裔、女性、同性恋者等被称为"少数民族"的人们。这也许并不仅仅是城市规划的作用，但也正如桑德科克所指出的，"尽管不能说城市规划在其中所起的作用是主导性的，或者也不能说是由于城市规划的原因而造成这种状况，但很显然，城市规划在加剧甚至激化其中的矛盾"[26]。这一类的研究揭示出了现代城市规划发展过程中的负面或"阴暗面"，但从一个侧面告诉我们，现代城市规划尽管在其宣称的"科学"、技术性的旗号下，或者在被认为仅仅是对物质空间进行安排和规划的情况下，它在社会控制方面所发挥的实际作用。这类研究可以警示我们，一方面，我们在进行城市规划的时候应当注意到物质空间的操作

对社会环境的影响，在"公正、公平"的口号下进行的安排很可能会导致社会经济结果的不公正和不公平或者更加不公正和不公平；另一方面，城市规划从来都不仅仅只是一种技术手段，无论是在其过程中还是它所导致的结果，往往都是社会利益的变化，其中的一切都关涉到社会利益的分配与再分配，其所体现的则是对社会的控制。

从以上的分析可以看出，作为国家宏观控制手段之一的城市规划总是在实现一定意识形态下的宏观调控的作用。一方面，城市规划通过对市场进行必要的干预，这些干预的实质是为市场的发展建立一系列的"游戏规则"或者对可能产生的问题预先采取补救性的措施，以避免"市场失效"的发生，从而保证市场长期运行的有效，另一方面，通过对社会利益关系的调配和对社会的控制，维护城市社会的制度框架，从而保证城市社会整体的稳定和发展。其实，城市规划在这两方面的宏观调控都是为了保证作为整体的城市的有序和稳定的发展，从而充分体现出，城市规划在其本质上是国家制度的一个组成部分，是为维护社会发展和稳定服务的。正是看到了规划的这样的作用，特格韦尔（R.G. Tugwell）在20世纪30年代的美国"新政"时期提出了要将规划作为国家权力建构中的"第四种权力"，即与立法、司法和行政相平行的国家建制[27]。他认为，美国宪法所建构起来的三权分立中，窒息了创造性行为并排除了对未来的预计性，而这种权力结构是建立在18世纪所建立起来的部门利益的基础上的，但到了20世纪又阻碍了国家利益和需要，因此他要把美国宪法中所缺少的这部分内容补充进去。他认为，发展规划体现的是针对未来发展的国家意志，因此就有必要像预算案一样获得政治上的合法性。尽管他所揭示的内容并未被纳入到宪法的条文之中，但其所确立的相互关系，在社会实践的过程中，以不同的方式在美国的联邦政府与地方政府的实际运作中得到了贯彻，并且为各州和城市的立法所容纳。

第二节　作为政策形成和实施工具之一的城市规划

城市是一个复杂的社会巨系统，有关城市建设和发展的决策涉及到城市的各个部门，其中不仅有公共部门，而且也有私人部门，此外，各个部门的内部

决策只要形成外部效应也就对城市发展和建设产生作用和影响。因此，城市规划就有必要为这样的所有决策提供背景框架和整体导引，以使得有关城市建设的决策保持在同一的方向上，并且这些决策之间的相互作用也能够保持相互协同的关系。从这样的角度出发，利佛（J. Levy）认为，之所以要有规划，乃是源于环境的相互联系性和复杂性[28]。因此，规划的作用就体现在通过有意识的努力来系统地限定问题，并对此进行思考，以改进决策的质量。在这样的意义上，希利（P. Healey）认为，规划是政策形成和实施过程中的工具[29]。

根据希利等人对英国城市规划体系的研究，城市规划所涉及的政策工具框架基本包括三个方面，即管理的(regulatory)、开发的(developmental)和财政的(financial)[30]。管理的政策工具，主要是指不利用土地而来对具体建设进行控制；开发的政策工具则是指利用土地而来对具体建设进行控制；财政的政策工具是指运用财政手段来控制一般的发展和影响具体的建设。通过对英国城市规划体系在二次世界大战后的实际运作进行分析，他们认为英国的规划体系基本上是集中在管理的政策工具的发展上，并认为这是由政府的政策导引和信息供应来支撑的，并通过政策导引和信息供应来影响到整个土地市场。从城市规划本身就是一种政策陈述的角度讲，城市规划表明了政府对城市未来发展的基本方向和行动框架以及城市中特定地区在未来时段所要采取的行动，同时也表明了政府鼓励社会团体与私人部门所进行的开发和建设行动，在此条件下，城市规划就有可能成为城市中各个部门在城市建设和发展方面的决策的整合基础。从城市规划作为一种有组织信息供应的载体而言，作为政府的公共政策，首先是统一起政府各部门在处理日常事务时的协调性，为政府部门的实务性工作建立起有目标导向的操作框架，同时又可以使私人部门依此来评估其未来发展的计划。也就是说，由于城市规划的基本特质之一就在于对未来不确定性的缓解和抵消，它有利于城市各部门（无论是公共部门还是私人部门）在对未来发展决策时，能够克服未来不确定所可能带来的损害而提高决策的质量。也正是在这样两方面所担当的作用，城市规划才能成为为社会所接受的一种机制。希利等人通过对英国城市规划制度的回顾，提出到20世纪80年代，发展规划（development plan）已经不再是提供确切的蓝图，而是成为规划政策原则的集成，并

依此而使规划（planning）内在地结合成为一个基本的框架[31]。在这样的状况之下，城市规划才有可能真正地担当起引导和控制城市发展和建设的作用。联合国人居中心在20世纪90年代中期通过对世界各国城市规划和管理的总结，提出："规划必须是实施良好（城市）管理的基本战略工具。缺乏规划，也就无管理可谈，而没有管理，规划就成为远离现实的、良好的意图。需要有所变化的是从'规划城市'到'有规划的城市'，以及从进行编制（包括由专门技术部门画出未来的图案）到形成过程（包括咨询、创议和行动，通过这些活动，形成城市现有的状况地图，明确问题和机遇所在，取得对未来的内在观点，并将其转变为由明显的和现实的战略，以支持社会，经济和物质发展为目标）。"[32]

任何一种社会机制的确立与运作，都不仅仅是一种主观愿望，而是由它所发挥的实际效用所决定的，而且这种效用只有得到社会的认同即符合社会各类团体的利益要求，并与他们的实际需要相吻合才能形成和发展。在资本主义国家和城市中，有关城市建设和发展的决策并不仅仅来自于政府或公共部门，而更多是来自于私人部门，因此，要把这些不同类型、不同性质、不同层次的决策相互协同起来并统一到与城市发展的整体目标相一致的方向上（这是国家意识形态的要求，也是国家和城市维持稳定和持续发展的基础），要把城市中各类部门的决策和实际操作相互协同起来，以免产生相互的对抗而带来各自利益的抵触及由此而产生的消耗（这是维持市场机制运作的基本条件和各类经济实体的实际需求），就需要有一整套未来发展的目标和事先协调的行动纲领。无论是公共部门还是私人部门，只要它们本身需要发展或者它们处于发展的环境之中，它们就需要有城市规划这样的政策框架来作为它们自身发展决策的依据，它们需要依此来调整自身发展的策略。一旦缺少了有效的规划，那么就只有极少数的投机者能从中获益，而大多数的地产所有者、开发商和投资者的利益将受到未来土地价格的变动、环境质量和交通、服务设施的可获得性等方面的不确定性的损害。也正是在这样的意义上，英国环境部(DoE)在20世纪70年代末以政府公告

（Circular）的形式提出城市规划的作用就在于达到：(1)实现国家的政策；(2)为中央和地方政府的官员提供有关发展控制的导引；(3)帮助协调各类开发，无论是私人的还是公共的；(4)考虑财产所有者评估规划政策对他们的利益的影响；(5)告知公众规划政策。在许多学者看来，英国环境部对规划作用的界定是并不全面的[33]，但很显然，它的目的是希望城市规划能够通过提供国家和政府的政策导引和提供有组织的信息，从而实现全社会对国家政策和规划策略的认同，以达到各利益团体在城市建设和发展中的协同一致。

宏观政策的实施需要有规划这样的工具来保证环境（并非仅仅是空间环境）的相对确定性，这种确定性的寻求正是各国城市规划体系所要承担的。但城市规划体系的建立在很大程度上是由各国的社会、政治、制度文化所决定的，其所能作出的选择是极为有限的。英国的城市规划体系赋予了规划当局以较大的自由裁量的权限，其中就蕴含了大量的不确定性。在英国的城市规划体制下，决定城市建设和发展的决策实施的要素不仅包括法定的发展规划（结构规划(structure plan)和地方规划(local plan)），[①]而且也包括了国家规划政策导引（Planning Policy Guidance，PPG），环境部的通告（circular）等，非正式和非法定的规划也在其中起一定的作用。希利、图德－琼斯（M. Tewdwr-Jones）等许多学者都曾对这些内容在规划实施过程中的作用进行了甄别，并通过对规划许可（planning permission）过程中的依据进行了分析，由此得出保证政策尤其是国家政策实施的规划作用机制[34]。在英国规划体制中所实行的监察官（inspector）制度，则从组织体制角度来保证国家政策的贯彻。而在美国的城市发展控制体系中，区划法规（zoning ordinance）起着最重要的作用，而相应的城市规划则成为制定区划法规的中间步骤和工具。区划法规从保护既有财产利益出发，具有极强的确定性和肯定性，对任何决策均具有强烈的引导和制约作用。

城市规划作为公共政策手段，对私人部门最直接影响的可能就是房地产开发，因此这里从城市规划对房地产开发过程的影响来揭示城市规划的作用途径和作用方式。城市规划通常能够通过以下四种途径影响

---

① 英国的城市规划体系在2004年进行了一次根本性的变革，原有的结构规划、地方规划和单一发展规划将由"地方发展框架"（Local Development Framework）文件所取代。但在1968年至2004年期间的规划体系基本上是建立在结构规划和地方规划这样两个层次的基础之上的，1991年开始实行的大都市地区的单一发展规划（Unitary Development Plan），则是为了顺应政府组织体制的改变而采用的规划方式，其基本结构并没有发生大的改变。

到房地产开发的过程[35]，即：

1.政府直接参与开发，充当开发商的角色

这种方式在英国、美国等国家中都是实施公共政策的一种重要方式，如，在相当长的时期内，开发和提供公共（福利）住宅等都是政府的基本职责。除此之外，在不同的时期中，政府以不同的方式介入到房地产的开发过程之中，如，英国在二次大战后的新城发展计划、20世纪80年代后在鼓励市场经济过程中企业园区（Enterprise Zones）的开辟以及后来伦敦东部码头区（Dockland）的开发建设等，都是在政府的直接参与下所开展起来和形成规模的。美国从20世纪40年代末开始的城市更新计划、20世纪70年代的社区发展计划、20世纪80年代以后采用公－私合作进行城市建设等，也大部分是在政府的主导下开展的。而在英国，城市开发公司（Urban Development Corporations）大多按照"公法"组建，受行政法和国家其他行政法规的约束，由国家独资经营，政府直接管理。企业通常不以自己的名义，而是代表政府参与到经济运行的活动之中，为社会生产、居民生活服务以及提供社会公共物品为其主要经营目标。由此可以看到，城市开发公司就是以政府的名义、以市场的方式，通过参与城市的开发来具体实施政府的政策，而公司本身并不是以赢利为目的的[36]。由于政府拥有强制性收购土地的权力，因此，政府及其公司可以通过建筑空间和开发机会的提供，帮助或促进一些公司的扩展，从而显著地影响房地产业的发展。当然政府在从事这样的开发工作时，必须是出于公共部门的职能的要求，当然也可以通过展示新的生产方式（如英国20世纪70年代的小工厂）和新的地区（如老的工业区）的生命力，或者城市更新的计划来提供新的市场机会。而20世纪80年代以后，政府与私人公司之间出现了大规模的公－私合作（Public-Private Partnership），尤其在城市改建过程中，使政府的公共政策和开发公司的利益都得到了较好的实现，则是政府直接参与开发的另一种形式。

2.政府控制开发权

开发控制（development control）对开发过程的影响与控制的形式有着密切的关系。在英国的社会体系中，政府拥有所有土地开发的决定权，任何的开发都必须经过规划的许可，这样，通过对特定土地能否开发所作出的决定，直接规定了开发活动与政府政策之间的关系。在美国的社会体系中，城市规划（包括城市综合规划等）为区划法规的确定起指导性作用，而区划法规是作为地方法规而起作用的，区划法规的通过和修改全部进入到地方立法的程序，因此，城市规划通过区划法规而对土地的开发权进行界定。就总体而言，通过规划控制方式的开发管理并不仅仅只是限制了开发商或拥有土地使用权者的机会，而是通过限制区位和开发形式积极地创造了机会和价值。政府通过对开发权的控制而影响甚至决定了房地产开发过程。

首先，与规划控制的目的有关。管理既可以运用建筑法规也可以运用简单的土地使用区划法规的形式在建设的不同阶段发生作用，这就为开发活动提供了最基本的规则，这些方式在英国、美国和欧洲都得到了普遍的运用。所不同的是，所有的管理都是为了实现更为广泛的政策目的。一方面，所有的开发商都要保证他的建设项目完全符合法规条款的要求；另一方面，更需要关注的是可以运用到具体项目中的政策究竟是什么。如果一个区划法规提供了土地使用的分类和清晰的确定性时，当项目并不能完全适合分区的土地类型时，问题就出现了。在政策主导型和政府自由裁量权较大的管理体制中，由于与特定场址有关的政策解释有可能存在多种多样的内容与方式，就必然存在着不确定性。如果这种不确定性较大，那么就很难预测为了适应这种管理要求所需的成本，这种状况被人称为与赌博相类似的行为。

其次，与管理体制中的具体控制方式有关。在以下两种体制中存在着明显的不同：一种是非常具体的和固定的管理方式，依据条文清晰的法规和规划；另一种是以项目为基础的管理体制，通过协商来作出控制决定。这两种方式以美国和英国的城市规划体制最为典型。后一种方式对于那些乐于承担风险、寻找投机机会的开发商而言具有相当的好处，在这样的状况下，开发商通过种种手段期望能够获得由于规划政策中的分歧而产生的土地价格的增量，这就形成了"寻租"（rent-seeking）行为。但这对于那些缺乏地方知识和反对过度风险的公司的开发商而言就极为不利。

第三，与区位和建筑物形式的控制有关。一个比较宽松的管理方式为企业家型的开发商所偏好，但对反对风险投机的投资者则带来较多的问题。而采取严厉的管理控制手段则可以在特定的地区创造实质性的价值，并且在整个城市地区支持土地和房产的价格。这样的管理方式会提升房地产商市场的准入成本（entry costs），但也增加了潜在的回报。这对反对风险投机的开发商和现有的业主而言是非常有利的，并且

433

对熟练的开发商也能创造高回报的机会。在英国，对于地产主、投资者和开发商来说，严厉的规划管理控制方式被认为是一种可以接受、并且也是运作了半个多世纪的基本规范。

第四，控制系统会因获得许可而产生的成本的变化而发生变化。对于实际运作中的有较多自由裁量权和不可预计的控制系统而言，就需要有更多的时间在开发商和规划当局之间（甚至还会有其他部门、机构或团体参与）来对某个项目进行讨论和协商。与时间因素相关的还包括规划当局行政决定过程所需的时间等。这是开发商在对项目决定中需要考虑的非常重要的因素。

3.政府提供财政的手段来影响公司的决定

在西方各国尤其是英美等国家近几年来都出现了这样的不断增长的趋势，政府现在越来越少地直接参与开发，而是通过财政手段的运用来对开发进行鼓励和管理。运用财政手段的好处在于，无论是收税还是奖励都可以在较早阶段就结合进开发成本之中，这使得开发商可以对这些方法结合项目所可能产生的结果进行计算，从而作出自己的判断。实际上，不同类型的财政手段以不同的方式影响了开发商的财政计算。在英国，自20世纪80年代初开始就创设了多种方法来鼓励房地产开发。其中之一是企业区（the Enterprise Zone），在工业和商业用地范围中，通过对资本投资降低房产税、公司和收入税来提供奖励。这些对开发商奖励的总额都是以税收形式预先决定的，并且运用到企业区内所有的公司。这样，土地的拥有者、开发商和最终的使用者可以通过协商而精确地确定在哪里资本的投资利益会下降，但开发商可以通过避免公司和收入税而获得实质性的利益，而对最终的使用者则具有奖励的吸引力。在英国，还有其他的奖励方式是通过补助的方式来提供的，如，"弃置地补偿"（Derelict Land Grant）、"城市开发补偿"（Urban Development Grant）和"城市补偿"（City Grant）以及城市开发公司（Urban Development Corporations）用来吸引公司的各种财政方式。前面的补助方式主要是针对具体项目的，而后者主要用于位于城市开发公司用地范围内的项目。所有这些奖励对位于老工业城市内的开发和开发业本身的结构产生了重大的影响。

4.政府通告或说服公司以某种方式行事

理想的市场应该是一个信息充分的市场，信息的缺乏是市场失败的主要原因，也是市场失败的普遍原因。而在房地产开发行业中，信息缺乏恰恰是非常明显的。在房地产业中，由于其特殊的业态导致了难以对房地产未来的景气或不景气及其程度进行预测，同时也由于对房地产价值的评估存在着较大的歧异性，因此，对房地产信息的质量就出现了严重的问题。法因斯坦（Susan Fainstein）在《城市建设者》（The City Builders）一书中以纽约和伦敦两个城市在20世纪70、80年代的房地产开发中的具体案例，详细地解释了房地产市场中的信息缺乏所导致的市场崩溃[37]。因此，为城市开发的有序进行而提供有效信息，就成为城市规划的重要职责。在英国，很好组织的规划系统被赋予了提供信息的作用。通过发展规划（development plan）、国家的区域规划导引（Regional Planning Guidance，简称RPG）和规划政策导引（Planning Policy Guidance，简称PPG）以及其他的规划政策和发展概要等陈述，土地所有者和开发商可以获得有关某个项目的规划当局和中央政府的可能态度方面的信息，从而为他们的决策提供依据。规划（plan）还提供了相关项目的意向，周围会有些什么项目，在哪里计划有新的基础设施投资等等方面的信息，这些信息对于开发商而言可以降低风险，并可提供相对应的项目意向。真正有效的规划当局会运用这种信息提供者的地位，来鼓励和劝说土地所有者和开发商以某种方式采取行动。

这种信息提供者的角色在稳定市场条件和协调一个开发商与其他开发商之间的行动中具有重要的作用。在英国，经过20世纪80年代中以项目开发为主导性的规划体系运作和以项目协商为基本方式的过程之后，到20世纪90年代，开发商自身就期望政府对房地产开发业进行宏观的战略性管理，建立以规划（plan）和政策为主导的规划体系，从而降低房地产业的不确定性，其主要的原因也在这里。这意味着，清晰的政策陈述所担当的提供信息的角色，可以使政府在为开发商创造最大的确定性方面发挥重要作用，同时也可以更好地促进开发商所进行的项目能与规划的要求相一致。

第三节　作为城市未来空间架构和演变主体的城市规划

城市规划发展的历史规定性决定了城市规划的主

要对象是城市的空间系统，尤其是作为城市社会、经济、政治关系表象化和作为这种表象载体的城市土地使用关系。城市土地使用的规划和管理历来是城市规划的主要内容，也是城市规划实施的主要工具。城市规划从城市土地使用的配置和安排出发，建立起了城市未来发展的空间结构，成为国家意志和政策的延续，并同时限定了城市中各项未来建设的空间区位和建设强度，在具体的建设过程中担当了监督者和执行者的作用，使各类具有功利性的建设活动都成为实现既定目标的、能够对社会整体利益作出贡献的具体行为。城市未来发展的空间架构的实现意味着在预设的价值判断下来制约空间的未来演变。在这种状况下，城市规划主要是通过社会所赋予的权力，运用控制性的手段对城市建设项目进行直接的管理，将它们纳入到法定城市规划所确立的未来发展方向上。就整体而言，世界上各个国家的城市规划基本上可以划分成三大类型：

第一种类型是以英国为代表的，在国家规划法的基础上形成的国家城市规划体系，城市结构规划具有法律地位，规划的内容相对比较原则性，以规划政策的陈述为主，对具体开发建设的规定需要通过许可过程进行。

英国的城市规划统称为发展规划，其编制严格遵循法定程序，内容必须符合中央政府的各项指导政策。在非大都市地区，法定发展规划包括结构规划和地方规划两个层面。结构规划由非大都会地区的郡政府编制，上报中央政府审批。结构规划的作用是为未来15年或更长时间内的地区发展提供战略性的规划框架，解决发展和保护之间的平衡，确保地区发展与国家和区域政策相符合。结构规划的任务是制定具有战略意义的政策和计划，包括土地使用、环境改善和交通管理等方面，为地方规划提供指导框架。结构规划的内容包括规划报告和规划示意图，并附有说明材料，对文本中的政策和建议作出解释和提供依据。结构规划经中央政府批准后，具有法律效力。其他法定规划包括废弃物处置规划和矿物开采规划由地方政府的规划部门编制，上报中央政府审批。地方规划由区政府编制，不需要上报中央政府，但必须与结构规划的发展政策相符合。地方规划的任务是制定未来10年详细发展政策和建议，包括土地使用、环境改善和交通管理方面，为开发控制提供依据。地方规划的内容包括规划报告、表示各种规划政策和建议的规划图，其他说明材料包括图表和文字。地方规划包括三种类型：一是地区规划或总体规划(district plans or general plans)，是针对结构规划中的战略性政策需要得到具体落实的地区，也就是对于地区发展具有战略意义的地区；二是近期发展地区规划(action area plans)，是针对在近期内可能要重点发展的地区，包括综合开发(comprehensive development)、再开发(redevelopment)和改善(improvement)三种地区；三是专项规划(subject plans)，是针对某一专题(如绿带和城市中的历史保护地区)的规划。

大伦敦和其他大都会地区采用单一发展规划体系，由区政府的规划部门编制，包括结构规划和地方规划两个部分，结构规划部分必须上报中央政府环境部长。单一发展规划的编制和审批程序与非大都会地区的二级规划体系相似。

除此之外，英国的规划体系中还包括了一些其他的补充性规划手段，主要有：规划政策导引（PPG）、区域规划导引（RPG）以及其他的设计导则(design guides)和发展要点(development briefs)。这些文件更为具体地阐述对于一些特定类型(以规划政策导引和设计导则的方式)和特定地区(以区域规划导引和发展要点的方式)的开发政策和建议。尽管设计导则和发展概要不是法定规划，但仍然是开发控制中要考虑的因素。

第二种类型是以美国为典型，没有国家统一的城市规划体系，由各个州决定自己的规划体系，同时各个城市有充分的自主权，大多数城市的规划控制主要通过城市的地方法规——区划法规进行，其中包括了所有的规划控制内容。

美国是一个联邦制的国家，联邦政府只拥有军事、外交、邮政、州际范围等有限的权限，而城市和住宅等领域的权限并没有赋予联邦政府，因此，涉及到州、地区和地方发展事务的规划都由州和城市进行颁布和实施，联邦政府通常是被排除在地方事务之外的。与此相对应，城市或区域的规划和实施由地方政府作出决定而无需州或国家机构进行审批。美国各州在法律性质、区域大小、人口规模、职能和组织上存在着很多的分歧，同一个名称在不同的州可能有不同的意义和内容，即使在同一个州内，各地方政府之间也可能存在分歧，因此各州的城市规划体系也各不相同。在有些州的立法中要求城市编制综合规划（comprehensive plan)，并确立了该类规划的作用范围。如加利福尼亚州的《有关保护、规划和区划的法律》

（Laws Relating to Conservation, Planning and Zoning）中就指出："每一个规划委员会和规划部门都应编制并审批综合的、长期的综合规划，这些规划应当是有关于城市、县、地区或区域的，以及尽管是位于边界之外的但委员会认为与规划有着密切关系的土地上的物质发展（physical development）。"但也有一些州并不一定要求编制综合规划。同样，综合规划的审批也各不相同，有的州由立法机构审批并由市长签署对规划的批准，在有些州则不必经立法机构审批，而由规划委员会来承担这一职能。综合规划在对城市未来发展进行全面安排的基础上，还必须包括一系列广泛的具体项目和计划，这些具体规划通常都将区划法规、基础设施投资计划、详细的开发规范和其他的法规规章因素结合成为一个整体，以适合特定地区的具体要求。这类具体规划有多种类型，各个城市对此都没有具体的规定，而是在具体的实践过程中根据所要解决的实际问题予以选取。其中主要的类型有：基础设施规划（capital facilities planning）、城市设计、城市更新规划和社区发展规划、交通规划、经济发展规划、增长管理规划（growth management planning）、环境和能源规划等。

区划是美国大多数城市政府影响和控制土地开发的最主要手段。区划的原理存在于地方政府将其所辖的地区在地图上划分成不同的地块，对每一个地块制定管理的规则，确定具体的使用性质或允许某种程度的土地使用的混合等。它们也确定了新开发的物质形态方面的标准或限制。这些控制还扩展到：建筑的最大高度、建筑物四周的最小后退距离、地块的尺寸和覆盖面积（通常以容积率来界定）或建筑的体量、最小的汽车停车标准等。区划法规需经地方立法机构的审查批准，并作为地方法规而对土地使用的管理起作用。区划法规是开发控制的手段，但其实质也仍然是规划实施的手段之一。在一些规定要编制综合规划的州中，绝大多数都在法律条文中明确要求区划法规的制定必须以综合规划为依据和基础。因此，区划法规基本是将城市规划的内容全面而具体地转译为区划法规的内容。在另外一些没有规定要编制综合规划的州中，地方政府是依据州的授权法而制定区划条例，在这样的授权中也提供了达到这一要求的具体方法。在一些州的授权法中，一般都要求规划机构作为负责区划法规编制的机构。在有些州设有独立的区划委员会，它们也必须与规划委员会之间进行紧密的协作；有些

州不设规划委员会，但综合规划的基本原则也必须运用到区划法规的阐述之中。

第三种类型介于以上两个类型的之间或者说是以上两种类型的综合，以法国、加拿大等为代表，有国家规划法，也有国家的城市规划体系，每个城市也有各自的总体规划（名称各异，但内容本质上是一致的），但总体规划只对政府事务和后续的规划编制有作用[38]，不直接对开发者和市民起法定作用，这一作用由类似于详细规划或区划法规所担当。

法国的城市规划分两个阶段，一是城市主导规划（Schema Directeur d'Amemagement et d'Urbanism，简称为SDAU），确定众多的地方政府可以运用的规划目标的总方向，规划范围由国家当局根据相关的地方自治范围予以公布。二是地方性的土地使用规划（Plan d'Occupation des Sols，简称为POS）确定与各地块的土地使用尤其是与每个地块上的建筑特征相关的规章和条例。城市主导规划一般是由城市之间的合作机构编制，内容包括一套展示未来发展模式的规划图和一份解释和阐明规划方案的详细报告。通常，在城市主导规划的编制和修改之前，要先发表一份"特别报告"即"白皮书"。这部白皮书主要论述有关被研究地区现有条件和各种事务的状况。城市主导规划的主要目标是安排和研究与地区发展问题相关的总体的规划方向，以达到在未来城市发展、农业发展和其他经济行为以及自然区保护方面取得平衡的发展条件。并建立起未来土地使用模式的方向，以此来达到政府所确立的发展计划与受到城市主导规划影响的地方自治之间的协调。

地方性土地使用规划包括以下内容：（1）一份综合性的报告，包括：分析现有的条件，解释城市的发展远景，证明所提交的规划方案与国家城乡规划法的条文、与城市主导规划的指令、与所有公共领域的通行权等相一致，并且无损于任何公共福利计划的利益；（2）若干张不同比例的规划图（从城市地区的1/2000到农村地区的1/10000）。这些规划图展示了不同土地用途以及各自覆盖面积的区划图，也表示了公用事业和创造宜人环境所需的保留用地以及保留或新辟的道路边线及其用地；（3）一套建立在国家规划法上的地方法规，这些法规确立了可运用于这些规划所覆盖的不同土地使用分区之上的地块的建设规章；（4）一套与地方性土地使用规划相配套的附录性报告，如：供水和卫生网络规划图和相应的技术

报告，反映与城市未来发展规划相适应的可能扩展；说明废物处理系统规划的技术报告；反映机场噪声控制区的规划图；反映受自然和技术影响的受灾地规划图，特别是水灾、塌方和滑坡地区等。

地方性土地使用规划中所涉及到的每一个地块都制定有一套15个指标的规定。其中包括土地使用（2个指标），交通和公共设施（2个），位置、高度和平面形状（6个），外部空间和停车设施（2个）以及容积率（2个）等。这些规定可以是复杂而具体的，如容积率的规定可以根据不同的地区而有所差异，它可以对某些使用提供激励，而抑制其他的使用。

地方性土地使用规划（POS）是惟一的法定规划文本，对于地域范围内所有地块的土地和建筑使用具有强制性。正由于这样，不符合规划的开发是违法的，并会受到起诉。而城市主导规划中与规划问题相关的指令只能运用于地方当局层次的城市发展和基础设施规划方面，特别是用于地方性土地使用规划的深化方面，而不能用于控制开发和土地或财产的拥有者。

各个国家由于社会、经济、政治体制的不同导致了城市规划体制的不同，但分析各个国家的规划体制和具体的规划实施行为，我们可以非常清楚地看到，城市规划对城市空间发展的作用主要体现在对城市建设活动的引导和控制两个方面。规划的引导作用将城市规划的意图、原则内在于城市建设过程，使每项城市建设活动成为城市规划过程的一部分；规划的控制作用就是保证城市建设行为不超越经过法定程序批准的城市规划文本所规定的许可范围。在每一种作用方式中，还通过一些具体的手段来保证这些作用能够得到全面的实现。

1. 城市规划的引导作用

城市规划对城市建设的引导作用就是将城市规划的意图、原则和知识内在于城市建设的活动和过程之中，建立起城市发展过程的各个参与者在今后的行动中相互制约、共同遵守的规范，使他们在谋求各自利益的过程中，接受社会整体的价值基础，从而制约他们的行为方式和行为结果。罗维斯（S.T. Roweis）从知识－权力（knowledge-power）综合体的角度对城市规划的引导作用进行了透彻的分析[39]。他从福柯（M. Foucault）对社会系统的研究结果出发，认为知识和权力在社会实践的过程中是相互协同的、相互辅佐的并同时起作用的。城市规划者尽管并不直接参加到城市建设的具体活动之中，但他们可以通过种种手段使城

市规划的引导作用得以实现。这些手段包括：分类计划（如土地使用分类、建筑形式划分等）、规范化的准则、对可能的严重问题的描述、对综合引导的阐述以及对行动的可能结果进行处理等。城市规划的引导作用是规范性的而不是支配性的，也就是说，城市规划并不能决定社会选择和决策的具体内容，"它只是一种以某些行动来修正其他行动的方式"[40]。从城市规划的实际运作来看，城市规划的引导作用就是通过立法、政策、政府投资分配等方式方法，控制形成建设活动的初始条件，影响城市建设活动的决策，使之与城市规划的意图和原则相一致。

城市规划的引导作用，主要是通过对社会资源的分配而得到实现的。在城市规划领域，可以分配的最重要社会资源是城市土地使用以及建立在城市空间关系上的城市土地的开发权。这对各类利益团体为实现其自身的利益而进行的城市建设活动是极为重要的，是其开展活动的基础。通过从城市的发展目标和公共利益出发对社会资源的分配和组织，在兼顾了社会利益与各类要素的自身利益需求的基础上，城市规划就将城市建设活动引导至城市发展目标的实现上去，空间组织在此过程中得到实现。

城市规划的立法是城市规划发挥作用的重要保障，是城市规划文本在协调城市社会发展过程中发挥权威作用的基础。城市规划文本在经过社会公众参与的基础上建立起了一种"社会契约"的关系，这种关系经过立法过程确立了其在城市社会运行过程中合法的、超越于各类利益团体自身作用的社会准则，使城市社会各组成要素在顾及其自身利益要求的基础上，必须以此作为决策的出发点和行动的规范，使其活动沿着城市规划所确定的方向而展开，使他们的具体行动通过对城市规划的遵守和执行而与城市发展的整体目标结合在一起。

城市规划除了得到立法和执法的保障，还需要有政府政策的配套。城市规划在整体上是城市政府管理城市建设的重大政策之一，因此政府在其行政工作中制定完整的、协同一致的政策体系来具体和深化城市规划的内容，使政府工作围绕着城市规划的实现而展开。政策，一方面作为城市规划法律文本的补充和具体化，另一方面则将面对更为广泛的、变动更多和更快的现实问题，在实际工作中更具调整的可能性与操作性。政策的范围还应包括城市中的各个部门和团体，为了实现其自身的利益而制定的决策，这些政策通过

法律的控制和政府协调，使城市规划的社会意义与各部门、机构、单位的具体情况和实际利益结合在一起，使城市规划通过政策的转换，与城市建设的具体决策统一起来，成为建设活动的内在因素。

城市公共投资的分配，也可以起到按照城市规划引导城市建设的作用。城市政府利用公共投资根据城市规划的内容和布局建设必要的社会和市政公共设施，形成一定的人口、设施规模，提高了特定地区的吸引力和投资的安全性，就会吸引大量私人投资的介入，参加该地区的建设和重建。同时，由于公共投资建设的基础设施的种类、规模和容量，都在一定程度上影响甚至规定了周围地区建设的方向和状态，由此而使这些建设限定在城市规划所引导的范围之内。

2. 城市规划的控制作用

城市规划对城市建设的控制作用就是在城市建设活动不断展开的过程中，透过城市规划的控制机制在法律所赋予的权力范围内，运用该项建设活动本身和其他相关建设活动状况及其后果的反馈，将建设活动限定在城市规划所确定的方向和范围之内。城市规划的控制作用通常是由各国城市规划法以及各城市地方规划法规所明确规定的，因此其作用是支配性的。

规划控制就是在具体的城市建设活动不断展开的过程中，通过规划许可和规划监督的途径，运用该项建设活动本身和其他相关建设活动状态和后果的反馈，借助法律、行政、经济以及社会舆论、团体压力等手段，将建设活动限定在城市规划所确定的方向和范围之内。城市规划控制受到其发挥作用的权力和范围的严格控制，这是由社会赋予城市规划的一定的操作领域，是由国家法律和地方性法规以及政府规章和组织机制所限定的，因此，城市规划只能在特定的范围内施行控制，其所采用的控制手段也受到社会系统的限制，这些都直接规定了城市规划控制的广度和深度。

城市规划控制是针对具体的每一项城市建设活动而展开的，这就要求城市规划建立起这些具体的活动与城市发展目标和城市规划整体构架之间的相互关系，使具体行为与整体目标统一起来，能以城市规划直接指导具体活动的展开，并保证目标实现的完整性。同时，城市规划控制也需要考虑各项具体活动的特殊要求，兼顾其对自身利益的追求。城市规划控制只有将两者结合起来，才能发挥作用并体现其工作的意义。如果只强调规划的某些普遍性的原则和意图而忽略了各项活动的利益要求，就会妨碍甚至中止这项活动的

进行，从而减少或取消其对社会目标实现的贡献；而如果只强调各项活动的利益要求，就有可能损害到社会利益，削弱或延缓城市发展目标的实现，甚至对此产生消极作用。因此，城市规划控制首先就要在此两者之间建立起适度关系，为控制的进行提供基础。

规划许可就是在城市建设活动开始之初，由建设活动的行为者按照有关程序向城市规划部门提出申请，规划部门根据该活动的规模、内容、形态及与其他因素的相互关系等，与法定的城市规划文本及有关政策和规章进行对照，以规划目标及其对实施城市发展目标的契合程度作为标准进行评价，当它们相符合时就予以同意，当它们不相符合的则不予批准，从一开始就将各项建设活动中偏离规划目标的行动控制在所允许的范围内。通过规划许可，在具体建设活动的细节上，也纳入到实施城市规划和城市发展目标的轨道上，并使各项建设活动之间建立起协同关系。

规划监督就是在城市建设活动不断展开的过程中，搜集该项建设活动及相关的建设活动和国家、城市的有关政策的多种信息，与规划文本、政策进行比较研究，分析建设活动之间的相互关系及可能产生的后果，采用奖励或惩罚的手段对该项建设活动的进一步展开提供规划指导和控制，使其不至于损害规划目标的实施，在特定情况下可限制其不利于规划实施的行为内容，同时也为今后的规划许可审查提供经验和数据。通过规划监督，使各项建设活动不至于在进行过程中出现偏差和影响城市规划实施的边际负效应，强化各项建设活动之间的协同工作关系，完善其对社会利益和城市发展目标实现的贡献。

就城市规划的实施而言，规划控制的内容包括：土地使用的规划管理、建筑或工程建设的规划管理、建筑物或工程物使用的规划管理。这三部分内容在单个项目的管理过程中可以有前后之分，但这也并不意味着其间必然是线性的关系，城市规划关注的并不仅仅是单个项目本身的适合性，而是地区的综合协作性。

就单个项目而言，土地使用的规划控制是城市规划实施的起点和关键，工作的重点在于确保土地使用的经济性和融合性。这意味着任何的建设项目都应当经过土地使用的检核，确认其对地区的适合性。这种检核不仅应当包括对新建的或需另外用地的项目，而且对那些原址改建的、在原有基地内建设的项目也需要评估其土地使用的适合性，否则也同样有可能导致一系列问题：如，地区改造时往往会拆除新建的建筑

物或工程物，就说明这些建筑物或工程物建设时对其内容未作很好的审查；在工厂区内出现的商务办公楼或其他设施，这些设施的建设原来都是作为工厂自己使用的；单个项目的建设可以与周边共同建设，这就需要在土地使用的规划控制时予以协调；等等。建筑物或工程物建设的规划管理，其工作的重点在于保证所建设的项目对周围环境不造成不利的影响。土地使用的规划控制要考虑与周围地区的相互协调关系，而建设的规划管理则要考虑该项目的建设对周边地区不能造成不利影响。当然，对于不利影响需要有所定义，而不是随意的界定。美国的区划法规基本上是以地价作为决定的衡量准则，也就是确定新的建设不能导致周边地块的地价下降。建筑物或工程物使用的规划控制，其工作的重点在于保证这些已建设施的使用也能符合规划所寻求的目标，保证社会资源的合理、充分的使用。规划管理的最终效应是在对土地和建设物具体的使用过程中才能体现出来的，但在建设项目建成后的使用中也会因为某些利益的驱动而出现改变用途的，那么一旦缺乏对此的管理，城市规划所建立起来的适宜关系就会遭到破坏，比如办公楼改为住宅，或住宅改为办公楼、商业使用等。这些同样对规划的目标产生重要影响，对周边环境产生不利的外部性或导致周边配套设施的供需产生变动，使社会资源得不到充分的利用。

就地区环境而言，任何项目的建设都会导致周边地区的改变，并引致周边地区对该项目的回应，这种回应的效果不断地叠加和回荡，影响甚至决定了周边地区未来发展的方向和途径。因此，对单个项目的检核需要从地区环境的建设和演变的角度进行全面的考察，其决定应当以寻求环境整体改善为依据。一旦这个项目的使用性质发生变化，就会对其本身的使用、各类设施的配备、周边项目建成后的使用带来多方面的影响，这种影响会不断累积，从而影响到整个地区的发展。如，规划的使用性质是办公楼，周边的各项配套也都是按照办公楼设施来进行的，一旦在建设过程中由于市场等原因而改变为住宅使用，这时就会出现种种问题：幼儿园、托儿所、小学等的配套不足甚至缺乏，市政公用设施的容量发生了变化（办公楼一般不会大量使用煤气而用电量等会大增等），周边如果是办公楼区则还会缺少菜市场等。同样，如果将规划的住宅设施改建为办公楼则也会发生诸如幼儿园、托儿所、小学等的配套容量过剩，办公楼的汽车交通对

居住区产生干扰等等问题。而如果将居住、办公等用地改为工业、仓储等所带来的问题就更为严重。同样，开发强度也需要与规划契合，否则就会出现与规划的基础设施、公共设施等的容量不相匹配，从而为日后的使用带来麻烦和矛盾，同样的道理也可以运用到居住区的其他设施方面，而在其他类型的土地使用上也是如此。

在美国，城市规划及其管理是属于地方性事务，联邦并无权力从事这方面的工作。但自20世纪的30年代开始，联邦政府也致力于推进城市规划，而且是作为政府行政管理手段和政府运作的一种方式。大量的联邦法律鼓励甚至迫使州和地方积极从事更为综合和合理的公共规划，如1954年的《城市规划协助法》（Urban Planning Assistance Act），根据该法第701款，联邦的资助可以分配给区域或地方规划机构以鼓励系统的规划（称为"701计划"）。这些资助由住房与城市发展部（Department of Housing and Urban Development）进行管理。此后还有1966年的《示范城市和大都市发展法》[Demonstration Cities and Metropolitan Development Act，该法提出了模范城市（Model Cities）概念]、1968年的《政府间合作法》（The Intergovernmental Cooperation Act）、1969年的《国家环境政策法》（National Environmental Policy Act）等，都确认了联邦对地方规划过程的介入。1974年的《住房和社区发展法》（The Housing and Community Development Act）则确认了联邦为了规划目的对地方与区域政府的资助权，并从"701计划"时的对规划编制的资助转变为对规划实施行动的支持，其资助主要用于引导开发和实施综合规划、改进实施规划的管理技术、发展政策规划和评价的能力等。根据联邦政府各项计划的要求，如果地方政府想要获得联邦政府的某一项计划的资助，就必须先编制综合规划，妥善安排好交通、卫生、住房、能源、安全设施、教育和娱乐设施、环境保护的方式和其他与地方社会、经济和物质空间结构相关的各项因素，而且必须说明所资助的内容有助于综合规划目标的实现。综合规划经过批准后，对社区内所有的人和所有的地方政府机构都具有支配性的作用，因此要求所有的公共部门都需将各自管辖范围内的具体改进规划提交规划委员会进行审查和批准。有关于社区发展、再开发、社会设施的改进或者预算等决定都应当与综合规划的原则和内容相符合，而且必须明确阐述这些决定所可能的结果与规划目标实现之间的关系。加利

福尼亚州的法律指出：综合规划批准之后，"所有的道路、街道、公路、广场、公园、其他的公共通道、庭院或开放空间(open space)都应当通过各种方式予以达到。所有的公共建筑物也应当按照规划在所确定的地区进行建设……"另一方面，政府通过对公共投资的投放来引导土地开发，政府依据综合规划制定年度预算。一项对15万人口以上的城市的调查显示，综合规划文本通常是城市政府在确定政府年度预算过程中的优先考虑因素[41]，而且规划部门对城市年度预算的确定具有重要的作用。至于区划法规在批准之后，就作为地方性的法规得到执行，因此所有的建设都必须按照其所规定的内容来实施，否则就是违法。对于与区划法规相符的开发案的审批无需举行公共听证会（除非区划条例中有特别的规定）。在实施的过程中，出于种种原因而需要对区划法规进行调整，那么，就需要按照一定的程序进行，这套程序按照所需调整的内容而有所不同，而且往往都非常复杂，有的甚至与区划法规制定的程序完全一致。这些程序在州的授权法和区划法规中都有详细的规定。

在英国，如果地方规划部门要批准的开发项目与地方发展规划不符合，必须先将规划申请公布于众，使公众有发表意见的机会，同时上报中央政府环境部由国务大臣考虑。①国务大臣审理的规划申请都是比较重大的开发项目，一般要举行公众听证会，然后进行决策。英国的规划许可制度建构在对单个项目与规划的符合程度上，通过对单个项目的具体审核，来确保其对规划目标和具体内容实施的贡献。这种审核维系在两个层次上：战略规划和详细规划[42]。前者主要审议项目与城市结构的相互关系，人口分布、就业区位、交通流量的组织及布局方式等是考虑的主要内容；后者则主要审议具体细节与规划的符合程度，如进出交通的安排、与各类公共设施的关系、市政公用设施的供给情况及环境视觉等感官质量等方面是考虑的主要内容。在这样的意义上，城市规划通过对城市中各类组成要素在城市发展过程中相对位置的预先安排，并在实际上根据规划者的知识设立起基本的空间框架和相互之间的关系网络，之后在行动的过程中不断地实现这种对未来的认识基础，形成了以规划方案为导向（plan-led）的体系结构。也就是说，在这种体制下，规

划方案在城市建设的过程中担当了极为重要的作用，是对所有开发建设申请进行空间评判的主要依据。

图德－琼斯（M. Tewdwr-Jones）在对规划实施过程进行的案例研究中发现，地方规划当局在对具体的开发申请进行审核时所主要考虑的因素视不同地区有所不同，但基本上可以划分为五类：设计－密度－布置；结构规划；景观和海岸保护；道路；其他[43]。从这些内容上，可以看到城市规划方案在建设开发方面具有极强的控制性，而且，这种控制主要建立在对空间的认识和对空间关系的协调上。希利（P. Healey）在对英国城市规划作用进行研究的过程中，提出英国城市规划的作用主要体现在以下这些方面[44]：（1）土地分配，在有利益竞争的地方最为典型；（2）协调和发展大型开发项目；（3）吸引资源以投入环境的建设和改造；（4）组织土地使用变化和开发的资金；（5）保护有价值的环境特征；（6）控制对发展战略至关重要的小规模变化。

在香港，城市规划的整体结构可以归纳为前述的第三种类型，并根据规划操作的实际需要对规划的层次进行了进一步的细分，形成了三层次五阶段的规划体系。在规划实施中，与欧美一些国家和城市相比较，除了以法定的一系列规划作为城市建设审查的依据之外，尚有一些其他方面的管制手段，其中最为重要的是批地契约。香港政府作为土地的所有人，在进行土地批租时，可以在制订批约条款时，订明有关发展条件，例如土地用途、建筑密度、容积率、建筑物高度、非建筑用地及设计布局等，也可规定设置泊车及上落客货设施、环保设施，有时更可以规定提供政府、团体、社区设施。若违反批约条款，当局可根据批约条款执行管制，这样的契约不仅对建设过程中的用地进行控制，而且对今后的使用活动也同样具有控制效力，即使进行土地或房产的转让，后续的业主根据法律规定的延续原则必须遵循以前的契约执行，因此而保证了规划规则的实行。

由此可以看到，城市规划通过对城市建设的引导和控制，而实现对城市未来发展的空间架构并保持了城市发展的整体连续性。空间的意义在社会实践的背景下，融合着社会、政治、经济等方面的指向，贯彻了由国家和社会意识形态及政府和部门政策在空间实

①英国中央政府的管理职能近几年中作了多次调整。1997年之前城市规划事务由环境部负责，1997～2001年间由环境、运输和区域部负责，2001、2002年由运输、地方政府和区域部负责，2002年5月开始，则由副首相办公室负责，由副首相直接管理。

践中的权力和权威影响。城市规划的引导和控制作用是相互承继并互为作用的，引导是控制得以施行的前提，控制是引导得以实现的保证，两者之间的统一确立了城市规划作用的整体得以形成的基础。

第四节　城市规划作用的有限度性

以上，对城市规划的作用在不同的层次上进行了阐述，应该说，这种作用层次基本上能够建构起城市规划的整体作用。从中也可以看到城市规划在城市社会发展过程中发挥作用的各个方面，但同时我们也应看到城市规划的这些作用是有一定限度的，这种有限性形成的原因及其表现主要体现在以下方面：

（1）城市规划在本质上是人类对城市发展的一种认识，是城市发展的客观过程的一种反映，在这种关系中，城市发展对于城市规划具有绝对的决定性作用。因此，城市规划是一个适应过程，是对城市发展的不断适应。城市规划的作用只有在此前提下才能发挥，也就是说，城市规划并非是一个自在自为的过程。城市的发展有着远为深刻的社会、经济、政治等方面的原因，城市规划要与城市的发展相适应也就必然要受制于此过程中运作的种种因素。城市规划发展的历史已经证明，规划过程中所使用的技术、话语及其制度的形成、推广、完善和发展，均是由社会整体的发展所决定的，因此，规划本身就是历史过程的产物[45]。作为历史的过程，就必然受到一定历史情境的规定，正如科斯在《财产权利与制度变迁》一书中所说的："一个制度安排的效率极大地依赖于其他有关制度安排的存在"。

（2）城市规划所拥有的对城市建设和发展的引导和控制作用的权力，并不是与生俱来的，而是由社会决定的，是社会运行机制中的一个组成部分。它能拥有什么样的权力，发挥多大的作用，并不是由城市规划系统或城市规划的学科本身所能确定和赋予的，尽管这种权力和作用关系在城市规划体系和制度中得到体现并在其中具体化，但这类关系形成和发挥作用的关键则在于规划体系和制度之外。布思（P. Booth）通过对法国、英国和香港等的城市建设管理体制的研究，得出了城市规划体制是由各个国家不同时期的政治背景、国家的法治传统以及行政文化等多方面的因素所决定的结论[46]。应该看到，不仅在

国家之间存在着明显不同，即使在同一个国家，由于政治环境、意识形态的不同，也会对城市规划作用的发挥产生影响。比如，在英美等国，不同政党执政时期由于对市场和政府作用的不同认识和政策重点，就会使城市规划作用的发挥程度产生重大的变化，并且会通过立法、政府政策等方式影响城市规划发展的进程。其中最为典型的是，英国二次大战后工党执政时期对现代城市规划制度的全面建立和20世纪80年代撒切尔夫人的保守党执政时期对城市规划作用的消解（其实在不同政党执政后都会对之前的规划政策进行反向的调整，但都不如这两次来得那么剧烈）；美国罗斯福总统"新政"时期对城市规划作用的全面推进等。

（3）另一方面，城市规划还是一种对城市未来发展的预期和实现预期的过程。人类对未来的认识和知识总是有限的，未来具有强烈的不确定性。因此，任何特定时期的知识总是有其自身的局限，需要在实践的过程中不断地学习和调谐，也就是说，作为实践运作的内在基础的知识本身是并不充分的，因此，城市规划作用的发挥应当建立在理想与现实的辩证关系的重新界定上，否则，良好的愿望就有可能在其执行时产生变异，甚至导致灾难[47]，而且作用发挥得越彻底，那么其反面的影响也有可能越巨大。彼得森（W. Petersen）曾这样写道："我可以稍带夸张，但却颇有几分真理地说，一代人的规划会成为另一代人的社会问题。在规划工作中取得的那些'成绩'，往往会成为产生困难的根源。"[48]这是对规划人员在谋划和安排未来时的非常好的警醒。

（4）正是在以上种种原因的作用下，城市规划在历史形成的过程中所确立的作用对象也是有限度的，主要集中在城市的物质空间和土地使用方面。尽管在空间和土地使用上反映了城市社会、经济、政治等关系，但城市规划只能处理这些关系投射在空间层面上的相互作用，而难以甚至不可能直接去处理社会、经济、政治等关系。而这些关系本身对于城市规划有着决定性的作用，因此需要从更为全面的角度考察城市发展的方方面面。但这并不意味着城市规划就要解决城市中所存在的各方面的问题，实际上城市规划也确实不可能完全做到这一点。而是需要谨记英国环境部在1985年的一份政府公告（DoE, circular 14/85）中所提出的，在城市建设的控制过程中，发展规划只是一种，并且仅仅只是决策考虑的一种因素，它并不能

替代其他的各种考虑。

（5）因此，从整体而言，城市规划本身所具有的能力决定了城市规划不具备最终决定城市建设和开发的权力，而是需要在多种力量的共同作用下共同推进城市的有序发展。任何城市建设和开发行为的形成都有着其自身的目的，这些目的并不依附于城市规划，而是由城市中的公共部门和私人部门的意图和决策所决定的。因此，斯科特（A. Scott）认为由此而造成了资本主义制度下城市发展的最基本矛盾，[49] 而希利等人认为，地方规划部门的管理权只是一种影响空间供给和设计的间接方式[50]。林奇（K. Lynch）在对美国城市建设状况的分析中不得不指出，在城市建设过程中起主要作用的因素是那些能够决定大型基础设施开发投资的联邦部门、跨地区部门以及大型财政机构、大公司和大开发商，地方城市规划机构只是力量较弱的行动者[51]。

注　释

1 孙施文.城市规划作用方式的历史演变.建筑师(第 58 期)1994

2 D. Harvey.The Urban Process Under Capitalism：A Framework for Analysis.1978.见：Gary Bridge，Sophie Watson 编.The Blackwell City Reader.Blackwell，2002

3 D. Harvey.The Urbanization of Capital.Baltimore：Johns Hopkins University Press，1985

4 Susan S. Fainstein.The City Builders：Property，Politics，and Planning in London and New York.Blackwell，1994

5 United Nations Centre for Human Settlements（Habitat）.An Urbanizing Word：Global Report on Human Settlements 1996.1996 沈建国等译.城市化的世界：全球人类住区报告 1996.北京：中国建筑工业出版社，1999.323

6 M. Dear，A. Scott.Urbanization and Planning in Capitalist Society.Methuen，1981

7 J. Friedmann.Planning in the Public Domain：From Knowledge to Action.Princeton University Press，1987

8 P. Healey.Local Plans in British Land Use Planning.Oxford 等：Pergamon，1983

9 R. Barras.Development Profit and Development Control：The Case of Office Development In London.1985.见：S.M. Barrett，P. Healey 编.Land Policy：Problems and Alternatives.Aldershot：Gower

10 S. S. Fainstein.The City Builders：Property，Politics，and Planning in London and New York.Blackwell，1994

11 此两个例子均见：S. S. Fainstein.The City Builders：Property，Politics，and Planning in London and New York.Blackwell，1994

12 Patrick Troy.Urban Planning in the Late Twentieth Century.2000.见：Gary Bridge and Sophie Watson.A Companion to the City. Malden：Blackwell Publishers Ltd

13 Patsy Healey.The Reorganisation of State and Market in Planning.见：R. Paddison，B. Lever，J. Money(eds.).International Perspectives in Urban Studies I.London：Jessica Kingsley Publishers，1993

14 Charles Jaret.近年来新马克思主义的城市分析.费涓洪译.城市问题译文集，1985

15 Henri Lefebvre.The Survival of Capitalism.1976.引自：Edward W. Soja.Postmodern Geographies：The Reassertion of Space in Critical Social Theroy.1989.王文斌译.后现代地理学——重申批判社会理论中的空间.北京：商务印书馆，2004.139

16 Edward W. Soja.Postmodern Geographies：The Reassertion of Space in Critical Social Theroy.1989 王文斌译.后现代地理学——重申批判社会理论中的空间.北京：商务印书馆，2004.139~140

17 M. Castells.The Urban Question.The MIT Press，1977

18 D. Harvey.The Urban Process Under Capitalism：A Framework for Analysis.1978.见：Gary Bridge，Sophie Watson 编.The Blackwell City Reader.Blackwell，2002

19 D. Harvey.The Urbanization of Capital.Baltimore：Johns Hopkins University Press，1985

20 徐崇温.结构主义与后结构主义.辽宁人民出版社，1986

21 M. Foucault.Discipline and Punish：The Birth of the Prison.1975/1977.由 Alan Sheridan 译成英文，London：Penguin Group

22 Paul Rabinow.French Modern: Norms and Forms of the Social Environment.MIT Press，1989

23 Oren Yiftachel.Planning and Social Control：Exploring the Dark Side.Journal of Planning Literature，1998.Vol.12.No.4

24 Leonie Sandercock.Towards Cosmopolis: Planning for Multicultural Cities.John Wiley & Sons，1998

25 Leonie Sandercock 编.Making the Invisible Visible: Insurgent Planning Histories.University of California Press，1998

26 Leonie Sandercock.Towards Cosmopolis: Planning for Multicultural Cities.John Wiley & Sons，1998。而对此论述提供最佳佐证的是戴维斯（Mike Davis）于1990年出版的《钻石城》（City of Quartz: Excavating the Future in Los Angeles. Verso）。

27 Rexford G.Tugwell.The Fourth Power.1939.见：M. C. Branch 编.Urban Planning Theory.Dowden.Hutchinson & Ross.Inc.，1975

28 J.M. Levy.Contemporary Urban Planning.Prentice-Hall，1991

29 P. Healey.The Role of Development Plans in the British Planning System：An Empirical Assessment.Urban Law and Policy，1986.Vol. 8.No.1

30 P. Healey.P. McNamara.M. Elson，A. Doak.Land Use Planning and the Mediation of Urban Change：The British Planning System in Practice.Cambridge University Press，1988

31 P. Healey 等.Negotiating Development：Rationales and Practice for Development Obligations and Planning Gain.London：E & Fn Spon，1995

32 United Nations Centre for Human Settlements（Habitat）.An Urbanizing Word: Global Report on Human Settlements 1996.1996.沈建国等译.城市化的世界：全球人类住区报告1996.北京：中国建筑工业出版社，1999.227

33 P. Healey.The Role of Development Plans in the British Planning System：An Empirical Assessment.Urban Law and Policy，1986.Vol. 8. No.1

34 P. Healey.The Role of Development Plans in the British Planning System：An Empirical Assessment.Urban Law and Policy，1986.Vol. 8.No.1；M. Tewdwr-Jone.The Development Plan in Policy Implementation.Environment and Planning C：Government and Policy，1994.Vol.12

35 本段是以P.Healey等人的《Negotiating Development: Rationales and Practice for Development Obligations and Planning Gain》（1995，London：E & Fn Spon）中的相关论述为主，结合其他的研究成果进行的综述。

36 Rob Imrie，Huw Thomas 编.British Urban Policy.London: Sage，1999

37 Susan S. Fainstein.The City Builders：Property，Politics，and Planning in London and New York.Blackwell，1994

38 美国一些州的城市也有城市总体规划（comprehensive plan），它的作用也与此类似，但以国家类型来进行划分的话，则不能归入此类中。

39 S.T. Roweis."Knowledge-Power and Professional Practice".1988.见：Paul Knox 编.The Design Professions and the Built Environment.Croom Helm

40 M. Foucault."How is Power Exercised？".1983.见：H. Dreyfus，P. Rabinow 编.Michel Foucault：Beyond Structuralism and Hermeneutics. University of Chicago Press.为该书的跋文(Afterword)。

41 Nicholas Henry.Government at the Grassroots: State and Local Politics（3ʳᵈ ed.）.1987. Prentice Hall: Englewood Cliffs.480

42 J.B. McLoughlin.Urban and Regional Planning：A Systems Approach.1968.王凤武译.系统方法在城市和区域规划中的应用.北京：中国建筑工业出版社，1988

43 M. Tewdwr-Jone. The Development Plan in Policy Implementation. Environment and Planning C：Government and Policy，1994.Vol.12

44 P. Healey.The Role of Development Plans in the British Planning System：An Empirical Assessment.Urban Law and Policy，1986.Vol. 8.No.1

45 R. Fischler.Strategy and History in Professional Practice；D. C. Perry.Making Space：Planning as a Mode of Thought.该两篇文章见：H. Liggett，D. C. Perry 编. Spatial Practices：Critical Explorations in Social/Spatial Theory.Sage，1995

46 P. Booth.Zoning or Discretionary Action：Certainty and Responsiveness in Implementing Planning Policy.Journal of Planning Education and Research.1995.vol.14

47 P. Hall.Great Planning Disasters.London：Weidenfield and Nicolson，1980

48 W. Petersen.On Some Meanings of Planning.AIP Journal.May.1966

49 M. Dear, A. Scott 编. Urbanization and Planning in Capitalist Society. Methuen, 1981

50 P. Healey等. LAND USE PLANNING AND THE MEDIATION OF URBAN CHANGE: THE BRITISH PLANNING SYSTEM IN PRACTICE. Cambridge University Press，1988

51 K. Lynch. GOOD CITY FORM.The MIT Press，1981

第十一章　城市规划的类型

这里用"城市规划的类型"所指的并不是指在城市规划的制度或实践中对具体规划形式所作的类型划分，而是从方法论的角度所进行的划分，因此，这是针对整个城市规划过程（planning）而不是针对具体的规划（plan）形式来进行分类的。同时，这种划分的目的也并不在于说明不同形式的城市规划具有不同的思想方法，而是希望透过这样的划分，能够更好地阐述城市规划思想方法上的不同，并从中可以看到不同类型的城市规划在其本质上的不同。这些不同的类型与具体的规划形式之间没有直接的对应关系，它们只表示规划思想和方法上的不同，在每一种的规划形式中都可以存在。如综合理性规划，并不只是指总体规划或综合规划（comprehensive plan），在详细规划中同样存在，这只是一种思考问题的方法，当然，综合理性规划在总体规划（综合规划）中显得更加明显一些，更加突出一点，在论述时可能会更多地以总体规划为例子来说明，但值得再强调说明的是，综合理性规划的思想方法在规划过程中的任何阶段、包括规划实施的项目决策中也同样存在。其他类型的规划也是一样。

从思想方法的角度讲，城市规划的过程是由大大小小的决策所组成的，因此，规划过程本身就是不断决策的过程；另一方面，城市规划是城市政府公共政策的重要组成部分，规划的思想方法与政策的思想方法有许多类似的内容。而在下文的论述中，我们也可以看到，许多有关规划类型的划分及其方法内容就是以决策理论和政策研究作为依据的。

第一节　综合理性规划

1. 城市规划中的综合规划模式

综合规划首先可以说是一种规划形式，但此后在理性主义的影响下、结合系统方法论的不断推进而成为了一种思想方法。从词语的来源上讲，综合规划（comprehensive planning）的概念是在总体规划（master plan）这个词的基础上经过几十年的演变而逐渐形成

的。在20世纪初，格迪斯（Patrick Geddes）推动了规划研究的运动，他认为人类社会的发展必须与自然界结合在一起，城市规划也应当与自然发展结合在一起，并提出了"调查－分析－规划"的方法论思想以及规划的基本程序。而伯纳姆（Daniel Hudson Burnham）于1909年完成的芝加哥规划（Plan of Chicago），被称为是世界上第一份覆盖全市范围的、建立在现代城市规划基础上的总体规划（master plan）[1]，并成为美国此后城市规划的典范，奠定了现代城市总体规划的基本框架和操作模式。在随后近半个世纪的发展中，总体规划在此基础上更多地带有蓝图式（blue print）的终极状态的色彩。但由于除了作为城市整体发展的总体规划之外，在这一时期，也有相当数量的房地产开发也使用"总体规划"（master plan）这个词来表达其开发计划的总体安排，因此，从20世纪40年代开始，为了区别私人开发和政府对城市发展的统筹安排所包含的不同意义和作用，更加明确公共规划和私人规划之间的区别，凡是由政府机构编制或供政府机构作为整体的空间发展政策基础使用的长期的、综合性规划，基本上都称为"general plan"，而"master plan"一词被主要用于房地产开发地块的总平面布局。当然，这只是一种约定俗成的使用方法，并不排除相互的交替使用。20世纪60年代以后，在系统方法思想的影响下，"综合规划"（comprehensive plan）出现在城市规划领域中，先前意义上的总体规划基本上用综合规划来指称，但是很显然，它也指出了此时的城市规划比"general plan"包含有更多的内容，同时，这类规划所包容的各项要素之间的关系也更加复杂。综合规划的提出，在一定程度上是针对于之前在现代建筑运动主导下的建立在"物质空间决定论"基础上的城市规划只关注物质空间形态所进行的批判，希望将城市作为一个整体、把影响城市发展的各项因素包容进来进行统一的安排，使得物质空间的内容能够更好地得到实现。因此，综合规划一般包括了城市和区域的社会、经济等方面因素，也包容了对城市中各个组成系统或部

门之间的相互关系的考虑和安排，而这些在之前的规划中是很少予以全面考虑的。当然，以上所述都还只是涉及到作为规划形式的综合规划。在系统方法论的影响下，城市规划的概念和过程被重新认识。这种思想认为，规划（planning）不仅仅只是编制规划方案，也不仅仅只是通过立法程序来保证赋予规划以法律的权威，规划实际上就是一个动态过程，是一种顺应社会发展的不断调谐的控制机制。从这样的角度出发，"comprehensive plan"和"comprehensive planning"这两个词之间是有严格的区别的，而不能加以混淆。这种区别既体现在"plan"和"planning"的区别上，这在本书的概论中已予以了说明。简单而言，"planning"是一个从目标的形成到实现的完整过程，而"plan"则是此过程中的一个阶段所完成的成果形式，也是另一阶段工作开展的依据。同时，这种区别也体现在对综合（comprehensive）这个词的认识上，从认识的角度来讲，我们首先还是需要从综合规划（comprehensive plan）开始来讨论，这样比较有利于我们渐进而完整地认识综合规划（comprehensive planning）。

就综合规划（comprehensive plan）本身而言，它的目的在于引导城市的有序发展并以此来保证城市居民的健康、安全、公共福利、舒适的生活以及实现其他的社会经济目标[2]，因此，规划就要组织和协调城市中各类组成要素之间的综合关系，尤其是它们与城市的土地使用和各项设施之间的关系。综合规划的特征主要体现在综合性、总体性和长期性三个方面[3]：（1）综合性意味着规划必须包含城市的所有的地理部分和所有的功能要素；（2）总体性意味着规划所提出的政策和计划是概括性的，并且并不指示出具体的区位或详细的管理；（3）长期性意味着规划的关注点要超越于对当前紧迫问题的解答，而更关注于未来二三十年的问题和可能性的前景。在这样的前提下，根据城市规划历史发展所界定的城市规划范畴，实际运用中的城市综合规划主要表现为：（1）综合规划集中在物质空间的发展方面；（2）综合规划将物质空间的设计和计划与城市的发展目标和社会、经济的政策结合了起来；（3）综合规划首先是一项政策手段，其次才是技术手段。在这样的意义下，总体规划概念的早期倡导者之一的小肯特（T. J. Kent, Jr.）对此下了这样一个定义："总体规划（general plan）是市政立法机构的官方陈述，它确立有关想要的未来物质空间发展的主要政策。"[4] 很显然，在实践中，由于各个国家和地

区的社会、经济、政治制度等方面的原因，对于综合规划的内容及其程序的规定各有不同，但其中也有一些共同之处。在美国，虽然没有适用于全国的规划法，但各个州有各自不同的相关于规划的法律，而加州1982年的法律对于综合规划的理解具有充分的典型意义，它对综合规划的内容和实施这些内容的过程有如下规定[5]：

①每一个县和城市应当编制一份综合的总体规划，其内容应当包括：a.社区物质空间、社会和经济发展的目标、政策和计划；b.提供作为这些目标、政策和计划依据的数据和分析的资料；c.对县和城市实现规划方案的财政能力的评价；d.联系规划方案和公共资源分配的实施计划表，其中包括资本支出、年度预算以及联邦和州对地方计划的资助。

②开展编制综合的总体规划的规划过程应当包括如下内容：a.在尽可能的范围内结合其他相关的规划过程，包括社会设施规划；b.在可行的范围内结合区域和县的规划，具体地区的规划和计划以及国家范围的目标和政策；c.对备选方案潜在的物质空间、环境、社会和经济影响的评价；d.市民参与规划过程的具体机制。

③各个县和城市应当记录和分析备选方案的发展、维持和实施的成本。

在英国的城市规划体系中，没有被直接称为综合规划的规划形式，但其基本的内容仍然可以找到相对应的形式。1947年的《城乡规划法》建立了发展规划的体系，分为总体规划和详细规划两部分内容，其中总体规划在概念和内容上与综合规划具有相似性。1968年的《城乡规划法》为适应城市快速发展的要求和使开发控制具有更大的灵活性，建立了结构规划和地方规划的两层次规划体系。结构规划是为未来15年或更长时期的地区发展提供战略性的规划框架，解决发展和保护之间的平衡，确保地区发展与国家和区域政策相符合。因此，其主要的任务就是制定具有战略意义的政策和计划，包括土地使用、环境改善和交通管理等方面，为地方规划提供指导框架。根据1968年的《城乡规划法》，结构规划的调查研究着重于大范围内的经济和社会因素，国家的发展政策，特别是区域的经济发展规划对于本地区的影响，以及可供利用的发展资源和机会。从内容上讲，结构规划比原先的总体规划更多地引入城市与区域的关系、空间规划与社会经济发展以及国家、城市政策之间相互关系等方面

的考虑。从实际的运用上看，结构规划是将市域规划与城区规划结合，战略规划与总体规划相融通的综合产物。

就城市综合规划在各国的实际状况和理论研究的结论来看，城市综合规划具有以下这样一些特征[6]，这些特征构成了综合理性规划思想方法的一个方面。

（1）集中在物质环境方面。城市规划应当包括城市的所有土地（和水面）范围以及人为的和自然的环境。规划应当细致地处理好城市中四项基本物质要素：①生活区：该地区由市民的居住生活所构成；②工作区：这些地区有工业、商业场所和其他经济发展形式所组成；③城市设施：为城市整个地区或邻里服务的公共和私人设施的区位与特征；④交通：是人员和货物在生活区、工作区和社区设施之间以及在城市与区域之间移动所需要的系统和设施。

（2）长期的和未来导向的。在时间尺度上，规划是由与城市的人口、经济发展、结构的条件、公用设施和舒适环境的需求相关的要素所决定的。重要的是，对现存环境的修正、建设新的设施、公共性基础设施的获益等都需要花费相当长的时间。通常，规划的时间期限为20年，而且也会提出直接的目标以实现具体的项目。

（3）在观点上是综合性的。规划应当是综合的，包括了"所有物质的和非物质的、地方的和区域的所有重要的特征，它们影响城市的物质增长和发展"。因此，规划应当处理基本的物质空间要素，也要处理城市其他重要的物质领域或特征，观点必须足够地广泛以考虑城市更大地理背景的条件和趋势。

（4）在展望中是总体的和有广泛基础的。规划想要有效地作为综合手段和政策引导，就应当集中在城市的主要关系和问题上，以及广泛的物质环境发展的设计要素上。规划并不是一张蓝图，它并不应当包括所有从总体的物质设计计划和政策中抽取出来的细节。它基本上是确定想要的未来发展的总的区位、特征和内容，而不是提出详细的计划来进行评价。当然，为了更清晰地提出政策的内容和城市的空间意象，某些详细的深化工作也是必需的。

除了以上思想必要的特征之外，城市规划还体现了其他的一些特征。一些规划师在他们的规划报告中的特定地方会对这些内容进行考虑，这是由于这些内容在物质空间的设计与规划的政策作用以及相关的政策领域的联系中非常重要。

（5）与社会和经济目标相联系。尽管城市规划主要集中在物质环境方面，但在许多方面它仍然是实现社会和经济目标的重要载体。显然，物质空间的发展规划与这些目标不相一致会使规划不成功。在物质空间与社会、经济目标之间有着极强的联系的两个最明显的主体领域是住房和工业与商业空间的供应。城市规划过程考虑社会和经济因素并且在规划中清晰地陈述社会和经济目标并由物质空间发展计划进行推进是至关重要的。以这样的方式，城市规划集中注意力在非物质空间的规划目标方面，并指出要达到这样的成就就需要它们之间的协同。

（6）基于规划分析。对城市现状条件的分析和对未来条件的预测是构成城市规划的两个最根本的基础之一，另一个基础是城市发展的目标。对人口、经济基础和土地使用的分析，明确未来可能性的程度，主要的发现和这种分析所依据的理性在规划中表达出来是非常重要的，此外，许多分析属于非物质空间要素（如人口的年龄结构、收入、就业），这将有助于阐述清楚物质空间规划和城市社会、经济因素的关系。

（7）分阶段实施。与过去的城市规划只提出一个单一的长期概念不同，现在的城市规划通常都必须提出发展的过程。这是当今城市规划的一个重要特征，原因主要有：由于有限的市场需求，并不是所有的发展领域都可能在同一时间一起进行；如果发展是分散的，对于城市政府来说道路和市政公用设施的扩张成本就很高；城市的蔓延式发展对于通勤者来说有可能是无效率或低效率的，对所提供的商业服务设施来说也一样。城市规划应包括分阶段的规划，将城市的意愿向土地开发者、住房拥有者、商业公司和各种机构非常清楚地表达出来。

（8）对基础设施改进的引导。当城市编制综合规划时，其大部分工作通常是预测对公共工程和其他基础设施投资的资源的需求。大多数规划都会提供非常总体的有关需要投资的指标，例如，当一个新的地区开辟出来作为居住区开发，就会对道路、公共设施、公园和学校等进行规划。但更为详细的深化对地方议会准备基础设施项目的计划将更为有用。为了这个目的，许多城市还会结合总体规划编制基础设施改进计划（Capital Improvements Program）。基础设施改进计划通常结合城市的年度财政预算过程进行编制，并且还会按照城市规划的预期预先安排好未来几年在基础设施方面的投资。因此它使得规划所提出的发展阶段更为现实。

（9）城市设计的基础。城市规划对于规划师最经常的价值和居民的期望则是城市的视觉美观。建筑和开放空间的三维环境的设计和建设是以城市规划所提出的土地使用模式为基础的，尽管城市规划导致了具体的城市形态，但近几年来设计因素在许多城市规划中却明显地消失了。总体层次的城市设计因素对于与市民和开发商进行交流是至关重要的，尤其是有关于重要的人为和自然特征以及对于城市具有特定意义的特定地区方面。

霍奇（Gerald Hodge）对城市总体规划所涉及的主要的内容及其特征的总结，揭示了城市总体规划所覆盖的范围以及所涉及到的内容，从中可以看到，城市总体规划所具有的综合性的特征。但这种综合性不仅仅只在城市总体规划中才存在，在其他所有的规划形式中也都存在，尽管在程度上存在着区别。

2. 理性方法论的影响

综合规划由于其所覆盖的范围广泛、所涉及的内容众多，要将所有的这些因素整合在一个统一的框架下，就必然地要求将综合规划建立在"理性"或"合理性"（rationality）的基础之上。所谓理性或合理性，简单地说就是人们强调经过合理的计算或推理，选择适当的手段去实现目的的倾向。西蒙（Herbert Alexander Simon）从管理决策角度指出，"理性就是要用评价行为后果的某个价值体系，去选择令人满意的备选方案"[7]，而在更为广泛的意义上，他认为，理性是"指一种行为方式，它第一，适合实现指定目标，第二，而且在给定条件下和约束的限度之内"。因此，从严格的意义上来说，理性是指在一定的条件下，为达到一定的目的、解决一定的问题，人们使用冷静、客观和准确的计算，利用已获取的信息或统计资料，对目的和手段进行分析，以求得最佳的手段或解决办法，有效率地或有效地达成目的。而所谓的理性方法是指一种强调逻辑推理和精确的数学计算方法，最典型的就是定量分析方法及其技术。政策分析中的理性主义模式则是一种主张将理性方法（包括定量分析及定性分析）作为政策研究的主导方法或惟一方法的观点。

当然，所谓的理性和合理性所包括的内容相当广泛，需要分辨清楚在不同的场合和上下文中它的具体含义。加拿大学者M·邦格曾对这一概念进行了清理，他认为，从根本上讲，"合理性"一词至今代表了七种不同的概念[8]，即：

（1）概念的合理性：使模糊性（含模糊性或不准确性）最小；

（2）逻辑的合理性：力求一致（避免矛盾）；

（3）方法论的合理性：质疑（怀疑和批判）和辩护（要求证明或证据，赞成或不赞成）；

（4）认识论的合理性：关心经验的支持，避免与大多数主要的科学技术知识不相容的假设；

（5）本体论的合理性：采取与现代大多数科学知识相一致的世界观；

（6）价值的合理性：力求得到目标，该目标不仅是可得的，还是值得追求的；

（7）实践的合理性：采取最有助于得到目标的方法。

邦格更多是从知识论的角度对理性的含义进行了区分，邓恩（William N. Dunn）在讨论公共政策研究中的理性和合理性问题时，更多是从实践的意义上对理性进行了划分。他提出，在对理性这个词的运用上需要注意到它本身所蕴含的多元性，他说："如果我们用'理性'这个词指一个有意识地使用推理论证来提出倡议性主张或为倡议性主张进行辩护的过程，那么，我们不仅能发现许多选择是理性的，我们还可以看到它们多数是多元理性的，这意味着大多数政策选择具备多种理性基础。"[9]根据他对理性的形式提出的划分，这些形式之间存在着这样一些差别：

（1）技术理性。技术理性是根据方案提出解决公共问题的有效方法的能力，来对方案进行比较后作出的理性选择。比如，在太阳能和核能之间作出选择就是一个技术理性的例子。在城市规划领域，是采用高层住宅还是多层住宅来解决城市的居住问题，是采用快速干道还是一般城市干道来解决城市交通问题也是技术理性的表现。

（2）经济理性。经济理性是根据方案提出解决公共问题的高效率方法的能力而对方案进行比较所进行的理性选择。比如，根据各项设施布局的社会总成本和总收益对方案进行比较的选择就具有经济理性特征。

（3）法律理性。这是根据各种方案是否与现存的法律法规的一致性来对方案进行比较后所进行的理性选择。对任何一种方案的评价，无论是城市总体规划还是详细规划，或者是具体建设项目，都首先必须考量它们对现有的法律规范的符合程度。在一定意义上，其他所有的评价都只能发生在此之后的。

（4）社会理性。这是按照各种方案维护或促进公认的社会制度，或者说促进制度化的能力来对方案进行比较后进行的理性选择。如扩大对工作的民主参与权的选择，从公共利益和社会公平角度对土地使用布局以及各项设施进行考虑等。

（5）实质理性。邓恩从政府行为的角度认为这种理性是建立在对多种理性形式的比较——技术的、经济的、社会的、法律的——基础之上，目的是在特定情况下作出最合适的选择。他认为，政府信息政策的许多议题涉及以下问题：新计算技术的有用性，它们对社会的成本和收益，对隐私权的法律含义，以及它们是否与民主制度一致，等等。关于这些议题的讨论就具有实质理性的特征。而从另一方面讲，实质理性的核心是保证规划内容本身的内在联系，即遵循内在的规律。

在这样的意义上，城市规划的理性和合理性是指规划过程中人们能够选择最适当的手段或备选方案去实现规划的目标，并使规划目标及其实现过程的结果的整合价值最大化。理性规划是指规划人员在规划过程中可以使规划符合逻辑，他们有清晰的目标，而且在规划过程中所有行为都能导致选择那种最能实现目标的备选方案。因此，理性的规划包含了这样几个基本假定：（1）所有的分析和方案的选择、规划行动都是为了实现一定的目标的；（2）知道所有可能的备选选择方案及其可能产生的所有后果；（3）社会中所有人的偏好非常明确，而且决策者知道这些不同的偏好的相对权重；（4）在规划期限内所有的偏好持续不变；（5）整个规划过程没有时间或成本的限制；（6）最后的抉择将使结果最大化。在这样的意义上，林德布洛姆（C.E. Lindblom）将（纯粹）理性模式的要点概括为[10]：①决策者面对一个既定的问题；②理性人首先

应该清楚自己的目标、价值或要求，然后予以排列顺序；③他能够列出所有达成其目标的备选方案；④调查每一备选方案所有可能的结果；⑤比较每一备选方案的可能结果；⑥选择最能达成目标的备选方案。

3. 系统方法论对城市综合理性规划模式的推进

从20世纪60年代开始，系统方法在城市规划领域中的广泛运用，推进了城市规划思想和方法的极大发展。系统论的思想贯彻到了原有的城市规划体系之中，使得城市规划的思维方式发生了重大改变。城市规划从原来的"试错"型的方法基础，向依靠分析和综合的科学方法以及以逻辑推理过程的思维方法发展；同时，建立在系统方法基础上的技术手段更加强调理性的运用，形成了后来所称的"综合理性规划"。仅仅从字面的分析就可以看到，综合理性规划指的是，在思维的内容上是综合的，需要考虑各个方面的内容和相互的关系；在思维方式上强调理性，即运用理性的方式来认识和组织该过程中所涉及到的种种关系，而这些关系的质量是建立在通过对对象的运作及其过程的认知的基础之上的。

系统思想及其方法论认为，任何一种存在都是由彼此相关的各种要素所组成的系统，系统中的每一个要素都按照一定的联系性而组织在一起，从而形成一个有结构的有机统一体。系统中的每一个要素都执行着各自独立的功能，而这些不同的功能之间又相互联系，以此完成整个系统对外界的功能。因此，每一个系统及其子系统都有基于其所运作层次的整体性、相关性、结构性、层次性、动态性和目的性等。在这样的思想基础上，城市规划期望通过对城市系统的各个组成要素及其结构的研究，揭示这些要素的性质、功能以及这些要素之间的相互联系，全面分析城市存在

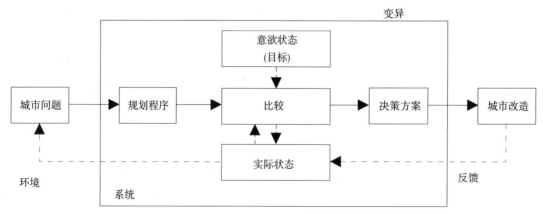

图11-1　综合理性规划框架

资料来源：引自郭彦弘，城市规划概论，北京：中国建筑工业出版社，1992

的问题和相应对策，从而在整体上对城市问题提出解决的方案，而这些方案的内容之间具有明确的逻辑结构。这一研究思路是城市规划从诞生之初就一直追求想要达到的（尽管并未予以明确的阐述），但却未真正找到可以直接运用的方法，而系统方法则提供了这样的方法基础。麦克洛克林（J. B. McLoughlin）详细地描述了系统思想引导下城市规划的过程，他认为规划必然是一种系统的过程，尽管他非常强调规划过程需要很好地考虑人的活动以及事物在发展变化过程中的动态演变，而这一思想本身也是建立在系统动态过程的基础之上的。他认为，规划应当很好地研究人的行为模式，并在此基础上建立调控的规划体系。他描述的行为模式的循环过程如下[11]：（1）行动人和行动集团首先要观察环境，然后根据个人或集团的价值观念来确定对环境的需求和愿望；（2）确定抽象的广义的目标，可能同时也确定实现目标的具体明确的标准；（3）考虑达到标准和实现目标所应采取的行动过程；（4）对行动方案加以检验评价，通常包括是否具备实施条件，所需成本和耗用资金，行动所能获得的效益以及它们可能产生的后果等；（5）在上述行动完成之后，行动人或行动集团即采取相应的行动。这些行动

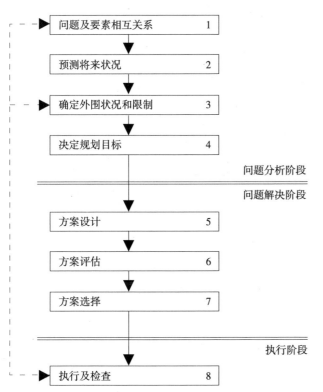

图 11-2　综合理性规划模式
资料来源：引自郭彦弘，城市规划概论，北京：中国建筑工业出版社，1992

改变了行动人或行动集团与环境之间的关系，同时也改变了环境本身，而且经过一段时间之后，也改变了人们原来所持有的价值观念。然后又要继续重新调查环境，又形成了新的目标和标准，一个循环过程完结了，新的循环过程又重新开始，如此周而复始，循环往复，无穷匮也。麦克洛克林提出："规划作为对上述复杂的系统变化施加控制的手段，应具有与上述行动模式相同的形式。"在这样的基础上，麦克洛克林引用福特曼的观点来具体地解说城市规划中的综合性。他说："他（指福特曼）认为城市规划所强调的综合性，是指要将城市视为一个系统，其间各种社会和经济变量都是相互关联影响的。它们也有其空间表现形式，这与我们所论的系统观点完全相似。因此，所谓综合原理在这里就意味着：（1）建设发展项目要与城市系统相一致；（2）对这些项目的成本效益衡量，要以城市总体效益为基础加以评定；（3）在单项计划中必须考虑其他所有的相关因素"[12]。

在这样的对城市规划过程进行理解的基础上，有大量的研究文献探讨了城市规划的过程，很显然，这些过程尽管以城市的综合规划为对象，但并不仅仅限于综合规划，实际上所有的规划和决策均遵循这样的过程。因此有大量的文献将在这一思想体系下形成的规划理论称为过程理论或过程方法论（procedural methodology）。这些过程以霍尔（Peter Hall）在《城市和区域规划》一书中所分析的三种模式最为典型[13]。通过对这三种模式进行分析，霍尔提出："新的规划顺序着眼于控制论规划，它迅速取代了旧顺序（所谓旧顺序指格迪斯提出的"调查－分析－规划方案"——编者注）。这种顺序难以用文字表达，因为它是不断循环的，通常用流程图来表示。开始罗列有关地区开发的目标和任务。这些目标和任务应该在规划的循环过程中不断地修订。针对这种情况，规划师研制了一种信息系统，它可以随着区域的发展和变化而不断调整。利用这种信息系统还可以编制今后不同政策形成的各种区域状态的比较或模拟方案（其目的是使这个过程尽量灵活多变，从而有可能考察该区域增长和变化的各种途径）。然后，按照从目标和任务引申出来的对各方案进行比较和评价，以便产生被推荐的策略性控制系统，每当对目标和信息系统进行复核而证实有新的发展时，这个被推荐的控制系统要做相应的修改。尽管很难像旧顺序那样用一串文字来说明新顺序，但仍然可以间接地表示为目标——连续的信息——各种

有关未来的比较方案的预测和模拟——评价——选择——连续的监督。"（原文有着重号）

郭彦弘[14]对综合规划工作程序也进行了概括，其描述比较概括和清晰，基本上揭示了问题分析的思路和实际的运作过程。

在城市规划编制的过程中，也同样可以对其中的过程进行进一步的划分。城市土地使用规划是城市综合规划的重要组成内容，而土地使用规划的内容是城市规划最核心的内容，因此，蔡平（F.S. Chapin）和凯泽（E.J. Kaiser）对城市土地使用规划的讨论可以加深我们对城市规划的认识。实际上，他们的论述与研究就是在综合理性的思想基础上对城市整体的土地使用安排的内容和过程进行的全面建构，甚至可以说是综合理性思想在土地使用规划中运用的典范。从中也可以看到，城市规划中所涉及到的对任何要素的规划都可以遵循综合理性的方法，尽管它们在内容上和知识基础上会有所不同，但基本的思维方式和工作程序具有一致性。蔡平和凯泽提出，编制城市土地使用规划方案的过程可以"建构为6个半独立的、前后相继的任务所组成的流程，其中有许多前后的替换和反馈。（最后一点）可以用被看成是第7个任务或一个独立的阶段来完成，有时候也被称为设计或再设计阶段，其目的就是以创造性的方式合成前面6个任务的结果"[15]。

任务1：区位要求的阐述。在土地使用目的以及对诸如活动和优先模式、现存的发展特征和出现的经济、社会和技术变化进行考虑的基础上，建立起土地使用以及这些使用之间关系的区位的设计原则和标准。这些成为土地使用设计的定性方面的设计导则。

任务2-a：空间要求的评价。这主要集中在分析的定量方面，并且提供对适应扩张和复兴需求的土地面积的初步评价。这一任务可以分为两个阶段，这两个阶段是相互包容的：第一个阶段是在任务1和任务3之间决定空间要求的大致数量；第二个阶段在任务4之后计算更加确切的数值。我们把第一步的评估称为2a，把第二步的确定称为2b。

任务3：区位适宜性分析。这里主要关注的是在初步确定的环境条件、物质特征、活动中心和基础设施系统的条件下，根据土地使用的区位要求，进一步改进这些设施的服务区的基础上的适宜性。

任务4：纲要设计的初步合成。画出先前确定的发展的基准年概念，编制政策框架，将先前任务的结果运用到土地形态方面，以研究提出土地使用的初步尝试的备选方案。

任务2-b：对空间需求的修正。在这些土地使用安排的初步方案基础上，与扩张和复兴的每一个不同的政策假设进行对照，对每一个方案开展全面的空间要求的分析。

任务5：容量（Holding capacity）分析。这主要关注在适当分类条件下的不同区位上容纳不同类型活动的能力。容量可以用可用土地上的每英亩居住单位和就业人口等内容来表达。

任务6：土地使用设计的备选方案。这又回到了合成模式——平衡区位、空间的需要与土地的供应，前者由区位和空间需求来表达，后者由容量和土地的适宜性来表达。这一任务还包括将先前未按比例设计的方案按比例编制。

任务7：设计土地使用规划图。这是建立在以下步骤之后的一个后继的、也是最后的再合成步骤：（1）设计引导体系；（2）建立土地使用模型；（3）评价；（4）在不同的备选方案中选择；（5）与已经完成的功能规划相协调。

4. 对综合理性模式的纠正与改造

从严格意义上讲，综合理性规划的核心是理性，因此，对综合理性规划的批判更多是集中在对其中的理性主义规划问题的批判。从各方面的分析来看，综合理性所存在的主要问题包括：

（1）假设前提方面。理性主义模式建立的基础假设是社会存在着一致的价值序列，即整个社会有一个为所有人所共同认定和追求的价值、目标系列，而这些价值、目标系列不但可以知道，而且还可以分别量化显示。但是很显然，社会上并不可能存在一种所有人都认同的价值序列，只有特定群体与个人的价值，而且不同群体和个人的价值中有许多内容是彼此相互冲突的，这些冲突着的价值难以比较和衡量。这已经由阿罗（Kenneth Arrow）在20世纪60年代提出的"不可能定理"所证明了的，在这个著名的定理中，阿罗否定了社会中存在着一致的价值观的可能性。理性主义模式的另一个假设前提是人有无限的认知能力。人类认识社会的过程需要借助一系列的资源作为工具，所以，无限的认知能力是需要无限的资源作为基础的，但是社会中的各项资源都是稀缺的，因此人的无限认知能力只能是出于幻想。

（2）资料收集问题。理性主义模式所要求的目标的确定和选择方案的比较，需要完备的信息作为前提。不过由于受到人为因素以及计算能力等条件的影响，充分完备的信息收集通常是不能彻底达到的。

首先，人的认知能力是有限的。人并非是全知全能的，人脑存储和处理信息的能力是有一个限度的。同时，加上人的经历及生理条件的影响，决策者很难如同理性主义模式要求的那样，对相关的信息悉数掌握和分析，并有效进行方案实施后果的评价和比较。尽管计算机的使用大大地提高了人们收集和处理信息的能力，但是，相应的程序设计和编制，数据的选择和还原仍然需要经过人脑，最终还是摆脱不了人为因素的制约。

其次，理性主义模式需要一个对所有价值与偏好的了解。可是，在实际的决策过程中是否能够做到这一点，依然存在极大的疑问。即使可以得到，所得到的价值序列的真实性也是受到人们的质疑。既然理性主义模式假定每个人都是"经济人"，那么它们都具有趋利避害、最大化其个人利益的取向。于是，个人在面对一个同自己的利益紧密相关的偏好调查时，就可能尽力夸大即将制定的方案给自己所带来的损害或者极力掩饰随之而来的收益。人们这种潜在的机会主义行为可能导致调查所得到的价值序列失真。此外，即使每个人确实都是理性的"经济人"，也仍然存在凯恩斯（John Maynard Keynes）所提出的"合成谬误"的问题，因此其基础仍然是并不可靠的。

再次，决策者在进行决策的过程中，政策的最终决定也并非如理性主义模式要求的那样，是严格建立在完备信息的基础之上的。相反，资料的收集和处理有时是与决策同步进行的。甚至更为极端的是会出现围绕着决策才去收集信息的情况，这些信息往往是支持这一决策的，而与此无关的大量信息就会被剔除掉。

最后，按照理性主义模式所要求的信息收集，需要耗费大量的金钱和时间成本。这同现实的许多情况的差距更为明显，而且同该模式本身所追求的经济最优的方案存在着巨大的抵触。

（3）现有的科学技术尤其是社会科学的预测能力，不足以帮助决策者了解每一政策方案所产生的后果。所以，若要遵守政策分析的理性模式的话，理性模式与大致正确的决策之间必须妥协。政策演进的路径依赖和现行政策的沉积成本（投资）大大减少了决策者考虑其他政策方案的机会。

（4）决策者个人的问题。公共政策的决策者应该

是公正的、公平的，以民为先是理性主义模式对政策制定者提出的基本要求，缺乏一个客观公允的立场和态度，决策者便不可能对社会中的价值序列作出一个正确的决定。可是在实际的政治生活中，决策者常常受到诸如专业背景、个人价值观和利益集团等因素的影响。因为每个人的学习能力都是有限的，所以很少有人可以对社会中的各个领域的知识全部理解透彻，所以，决策者就只可能对自己熟悉的领域作出一个比较清楚的认识和评价。另外，个人价值观的不同也将使人们对同一问题的看法存在差别。不过在现实中，决策者往往更容易受到利益集团的左右。因为政府官员通常要寻求连选连任，这就需要得到利益集团的支持，为此，决策者有时候不得不调整自己的观点和立场，去迎合特定利益集团的需要。另外，决策者的环境尤其是权力与影响系统使决策者无法观察到或正确衡量各种社会价值，决策者本身的动机和目标往往是难以捉摸的。决策者有时并不扩大目标成就，只期待满足进步的要求，他们一旦找到一个可行的方案，就不想继续寻找最佳的途径了。

针对综合理性存在的种种问题，西蒙（H. Simon）提出了有限理性的概念及模式。西蒙从经济学和管理学的角度，探讨了公共管理中的理性模式的来源。他认为，（纯粹）理性概念是依据古典经济学和统计决策论而发展起来的，它包含了四个先决性条件：（1）存在着数种可以相互取代的行为类别；（2）每类行为都能产生明确的结果；（3）决策主体对行为产生的结果拥有充分的信息或情报；（4）决策主体拥有一套确定的偏好程序，以便让他依其所好，选择他以为适当的行为。但是通过对决策者行为方式和决策理论的分析，西蒙认为，由于人类知识的不完备性、预测的困难以及人类活动或行为的范围有限等因素，使得（纯粹）理性在实际中是不存在的。他在研究中发现：（1）决策者事实上并不具有有关决策状况的所有信息；（2）决策者处理形势的能力是有限的；（3）决策者在有了有关决策状况的简单印象后就开始行动；（4）决策者的选择行为受所得信息的实质和先后次序的影响；（5）决策者的能力在复杂的决策状况中受到限制；（6）决策行动受决策者过去经历的影响；（7）决策行动受决策者个性的影响。在这样的基础上，西蒙认为，人类决策行为所依赖的是有限理性（bounded rationality），而不是（纯粹）理性。人们在实际活动中，由于受能力、信息、时间、知识等因素的制约，只能

在有限的而且是力所能及的范围内去从事决策。在此基础上，西蒙提出用有限理性模式去取代（纯粹）理性模式，其要点是决策者在决策过程中对备选方案的选择，所追求的不是最优的方案，而是次优或令人满意的方案；决策者在"满意"标准和有限理性之下，面对一个简化了的决策，不必去检视"所有的"可能备选方案。这就是他提出的关于决策行为的准则，即应该用"满意决策"准则取代"最优决策"准则。所谓"满意决策"准则就是在决策之前决定一套标准，用来说明什么是令人满意的最低限度的备选方案，如果拟采用的备选方案满足了或者超过了所有这些标准，那么该备选方案就是令人满意的。

由于考虑到人的认知能力和决策资源的制约，有限理性模式并没有如理性主义模式那样去追求一种"客观理性"，相反，它追求的是一种"主观理性"，因此，决策者寻求的不再是理想化的最优方案，而是产生于自身决策条件基础上的"满意"或"足够好"的方案。同理性主义模式相比，有限理性模式的一个合理性表现在它所建立的假设基础之上。西蒙摒弃了传统的"经济人"理论，提出了"行政（管理）人"的概念。"行政（管理）人"具有如下的特点：他充分意识到把握决策环境中的各个方面的相互关系是不可能的，自觉地承认他对行政形势的看法往往过于简单化，且只满足于"满足"的标准而不愿追求最大限度。而作为行政人理性，同传统的（纯粹）理性概念不同，因为它没有将一个额外范围的事实纳入考虑之内，这些事实与情感、政治权利、群体互动、人性和大脑的健康有关。正是因为减少了决策所需收集的信息的范围和数量，决策者作出一项政策需要花费的成本将得到相当程度的降低。西蒙指出，决策的制定包括四个阶段：找出决策的理由；找到可能的行动方案；在数个行动方案中进行抉择；对已进行的抉择进行评价[16]。

第一阶段：情报活动，即探查环境，寻找要求决策的条件。从心理学的角度上说，这一阶段可以称为认知活动。所有的组织决策都是在组织对决策的必要性有了一定认识之后才开始的，在这个意义上，问题的认知过程，可以说是决策发生的动机的过程。西蒙认为，情报活动是要了解问题的真相及环境的各种可变因素，为了达到认识问题的目的，必须借用各种记录文件、实验、观察以及调查等方法，广泛地搜集各种事实，并将所得的资料，加以认真的分析研究。

第二阶段：设计活动，即创造、制定和分析可能采取的行动方案。换言之，这是在作出决策之前尽可能地寻求各种解决问题的途径。西蒙提出将现行的方案与新的可行性方案相区别，可行性方案的探求过程就是放弃现行解决方案，改用新的代替方案或终止现行计划，而改用新的可行性计划的探求过程。决策者从探求发现的数个可行性方案中选择一个方案。西蒙认为，最理想的当然是探求所有的可行性方案，但按照满意原则，则不必发现所有的可行性方案，而且实际上要发现所有的可行性方案是不可能的。

第三阶段：抉择活动，即从可资利用的方案中选出一个特别的方案。在评估各种可行性方案时，往往是先确定一组评价标准，然后将各种方案分别加以衡量，观察其可接受性，再进行抉择。若只有一个方案是合格的，即选此方案，决策即告完成；如没有一个合适的可行性方案，则重新检查被舍弃的方案，可能再发现可满意的取代方案；若有一个以上的可行性方案，则在这些合格的方案中，可能发现不合格的应予舍弃的方案。

第四阶段：审查活动，即对过去的抉择进行评价。这可以看作是执行决策任务的阶段。西蒙认为，保证决策的执行仍然是决策制定活动，一种广泛的政策性决策给组织中要求为执行政策而设计和选择行动方针的管理人员创造新的条件，于是执行决策和制定更详尽的政策就很难加以区分。

西蒙强调决策的诸阶段之间的相互作用的价值。他指出，一般而言，情报活动先于设计活动，而设计活动又先于抉择活动；然而诸阶段之间的循环过程要比这样的先后顺序划分所提示的顺序要复杂得多。在制定某一特定决策的每个阶段，其本身就是一个复杂的制定过程。例如，设计阶段可能需要新的情报活动，而任何阶段中的问题又会产生若干次要的问题，这些次要问题又有各自的情报、设计、抉择和审查活动。

在西蒙看来，行政（管理）人宁愿"满意"而不愿作最大限度的追求，满意于从眼前可供选择的办法中选择最适宜的办法。行政（管理）人对行政形势的分析易于简化，不可能把握决策环境方面的相互关系，因此，行政（管理）人只具有"有限理性"。当然西蒙并不是要否定客观理性的作用，他认为，理性是个程度问题，客观理性是最高程度的理性，有限理性是某种程度的理性，这程度不是固定的。客观理性虽然不可能，但是这个概念却十分重要，即有限理性的程度提高依靠管理行为的准则、目的。假如我们能够达到客观理性，则不应该以有限理性为满足，同理，假如我们能够达到最高目的，则不应该以"满意"、"比较好"为满足。

虽然有限理性模式更能够真实地反映决策过程，并突出了非理性因素在决策分析中的重要性，但是，它仍然强调理性主义模式所提出的目的和手段之间相分离的观念，决策通常被形式化为一种手段—目的关系：手段一般被理解成是根据最后独立确定的目的（先于手段之前确立）来进行评估和选择。因此，这两种模式都遵循着这样一条路线：即先确定明确的目标，再以此为指导，选择合适的手段。事实上，人们的价值偏好并非固定不变的，管理学中的马斯洛（A. H. Maslow）需求层次理论就证明了这一点。当人们的较低层次的需求得到满足之后，便开始以更高层次的需求为目标，并将它当作工作或者生活的动力。值得注意的是，人们的许多行为通常受到社会环境的巨大影响。所以，割裂手段和目的之间的互动而进行方案抉择，便潜藏着方案偏离目标要求的可能性。

著名的政策研究学者德罗尔（Yehezkel Dror）从政府公共政策角度对综合规划（comprehensive planning）的性质、特征和方法等方面进行过全面的探讨，并从与政府行动相结合角度研究了政府的规划行为。他支持综合理性的基本论点，竭力反对林德布洛姆（Charles E. Lindblom）的渐进理论，并对其进行了全面批判，但他也看到了纯粹的综合理性规划本身也确实存在着一些问题，1967年他发表论文《综合规划》（Comprehensive Planning: Common Fallacies Versus Preferred Features），针对综合理性规划存在的问题，提出了一系列有关好的综合规划（good comprehensive planning）的标准，揭示了综合规划的特征，在其中充分体现了他对纯粹综合理性的修正[17]，同时也指明了综合规划发展的方向。他认为，"好的综合规划处理的是系统性的问题，这些问题不可能用其他系统管理的方法，尤其是自动控制的方法来更好地处理；好的综合规划以综合性为特征，但应当将综合性的程度限制在可管理能力（manageability）的范围之内；好的综合规划本身是服从于成本–效益分析（cost-effectiveness analysis）的，而且应当特别注意极其有限的人力和时间的机会成本；好的综合规划认为平衡和不平衡都是系统发展的非常有用的阶段，规划不应当只追求平衡的状态，而是应该限制以平衡为目的的综合规划以适应经过仔细审查的状况；好的综合规划，为了达到想

要的对未来现实的有利影响可以使用各种各样的工具；好的综合规划以次阶段为机制运作，因此是连续的，也是重复的；……"。同时，他又提出了构成好的综合规划的八个附加的优先特征，这些内容应该得到更具体的关注：（1）综合规划处于下列两个阶段的中间状态，即决策和战略规划阶段与运作规划（operational planning）阶段；（2）综合规划应当是多方向的，但规划的对象应该是可管理的系统；（3）综合规划应该运用跨学科的方法；（4）综合规划应该是高度发展的理性成分和高度发展的超理性成分（extra-rationality components）[18]的结合；（5）综合规划应该是对价值判断和价值假设高度敏感的；（6）综合规划在政治上是高度精致的；（7）综合规划是"理想现实主义"（idealistic-realism）导向的；（8）综合规划应当是自觉的（self-consciousness）、自我评价的和连续不断地自我发展的。

第二节 渐进主义规划

渐进规划的思想可以说是人们日常行事尤其是政府部门日常工作中常用的思想方法，这一方法的基础是理性主义和实用主义思想的结合。渐进主义思想继承了笛卡尔(R. Descartes)理性主义思想中对问题进行全面分析的成分，遵循笛卡尔"将我们考察的每一个困难分析至尽可能多的部分"的原则，并将所有问题分解到不能再分解的成分，然后对这些分解后的问题进行各个击破式的解决，在这样的基础上，实现"以从最简单和最容易认识的对象开始，一步一步地循序而进直至最复杂的认识"的目标[19]。渐进思想也承继了实用主义不依赖于现有的理论，强调从效用出发来解决问题的思路，反对以庞大的理论体系和解决问题的整体性方案为依据来开展决策和采取行动。从种种有关于渐进主义思想相关的论述中可以看到，渐进规划方法所强调的内容在埃采奥尼（Amitai Etzioni）讨论混合审视规划方法时进行了总结，其中包括：

（1）决策者集中考虑那些对现有政策略有改进的政策，而不是尝试综合的调查和对所有可能方案的全面评估；

（2）只考虑数量相对较少的政策方案；

（3）对于每一个政策方案，只对数量非常有限的重要的可能结果进行评估；

（4）决策者对所面对的问题进行持续不断的再定

义：渐进方法允许进行无数次的目标－手段和手段－目标调整，以使问题更加容易管理；

（5）因此，不存在一个决策或"正确的"结果，而是有一系列没有终极的、通过社会分析和评估而对面临的问题进行不断的处置；

（6）渐进的决策是一种补救的、更适合于缓和现状的、具体的社会问题的改善，而不是对未来社会目的的促进。

埃采奥尼在认识论和方法论基础上对渐进规划作了总结，而郭彦弘则在具体方法上对分离渐进规划进行了概括[20]，他对分离渐进规划作了以下总结：

（1）不需要高深的理论和多学科的知识，也不需为了寻找到一致的社会目标花费大量的时间和精力；

（2）规划师不必陷于繁重的资料和信息的收集工作，其所需的资料和资源可以分期解决，因而比较容易进行规划和实施；

（3）规划决策的基础相对比较可靠，不必对大的战略进行全面研讨，也不用评估和比较各种可能方案，确定规划政策比较容易；

（4）不必事先确定规划重点，优先解决的问题由当时当地的实际需要随时可以确立，以此，所作决策实施的可能性大，也可以比较快地实现；

（5）这类决策只解决局部性的问题，牵涉面少，投资量小，资金容易筹措，也容易出效果。

正由于渐进主义规划方法有这样的一些特点，因此在运用这一方法的过程中就显现出这样的表现：首先，它主要用于对付规模较小或局部性的问题解答，即使是针对于较大规模或全局性的问题，也是通过将问题分解成若干个小问题并且将它们分解到尽可能具体的程度为止，然后进行逐一解决，从而使所有问题都能各个击破。其次，这一方法已经把问题分解到非常具体的单一性问题，因此也就不需要高深的理论和多学科的知识，也不需要对战略问题的反复探讨和对各种可能方案的比较、评估，它仅仅要求解决实际面对的问题。然后，这一方法可以直接面对当时当地急需解决的问题而采取即时的行动。因此，这种思想方法所表现出来的状况就是在解决问题的过程中是就事论事式的，从现在出发的，看现在能做什么来决定做什么的，也就是从实用的角度，做一些力所能及的工作，以使其效果比现状略好一些，或解决一些不得不解决的问题。在对这一方法论思想进行总结以及对综合理性规划思想进行批判的所有学者中，林德布洛姆

（Charles E. Lindblom）是最典型的，而且也是最有影响力的。

林德布洛姆从对综合理性思想的猛烈批判入手，提出了渐进规划的基本思想。他对纯粹理性的批判所针对的问题及其对问题产生根源的剖析，与西蒙有相近之处，但在对策上却与西蒙大相径庭。西蒙所提出的"有限理性"基本上还是基于对理性本身的支持，是从理性的角度对纯粹理性模式的修正与补充，而不是完全的放弃。相反，林德布洛姆则是在对理性全面批判的基础上认定了纯粹理性无所作为的状况下，对理性决策模式的彻底放弃。林德布洛姆认为，政策制定决不是理性主义者所说的是一种理性分析的过程，理性主义模式与实际的政策制定过程不相符合。尽管他同意某些分析工作对政策制定是必要的，但他对那种把分析方法放到主导性地位表示了深深的怀疑。通过对美国联邦、州及地方政府机构的政策过程的实际考察，他发现政策过程是如此零碎和复杂，涉入其中的有立法、行政和司法部门、政党、压力团体和公民等各种政治力量，以至于理性分析只具有边际的效果。他在《政治和市场》（Politics and Markets：The World's Political-Economic Systems）一书中论证说，在人类的智力和现实世界之间存在着如此大的不对称，在形成操作目标时遇到的困难，在价值和评价标准上的不一致，以及利益团体对理性分析的抵制等等，都降低了公共政策分析的作用及质量，并使关于处理政策问题的建议或方案除了小的变化之外，在政治上几乎是不可行的[21]。他在与人合著的《决策过程》（The Policymaking Process）一书中认为，政治上可行的东西是"那种渐进地或边际上不同的现存政策，具有本质上的差别的方案不在此列"[22]。在这样的基础上，林德布洛姆提出了他的渐进主义（incrementalism）决策模式，即把政策制定看作各种政治力量、利益团体相互作用、讨价还价的过程，把政策制定看作是对过去的政策加以修正、补充的渐进过程。他假定，政策制定是一个序列，即通过一条政治和分析步骤的长链，一条没有开端和终结、没有准确的边界的长链来展开。根据他的阐述，渐进主义的要点是：

（1）在政策问题的界定上，认为人们受知识和能力的限制，不可能对问题的所有方面及相关的所有环境因素作全面的系统的分析，而只需集中于人们熟悉的、有经验的那些内容上，这就大大减少了分析因素的数量，降低了复杂性。

（2）在政策目标的确立上，认为难以一下子就确定一个清晰明确的政策目标，而只需确定一个大致的方向，在沿着方向前进的过程中，目标自然会逐渐明确起来，而且这还可以灵活调整目标或给方案留有余地。

（3）在政策方案的设计上，渐进主义并不需要对原有政策进行一揽子改变的全新方案，而只需要对原有政策进行部分修正或变化较小的方案，把创新限于边际范围内。

（4）在政策方案的抉择上，渐进主义认为，决策并非是运用理性分析的结果，而是由各种政治力量相互作用、妥协所达到的平衡点来决定的。

从渐进主义模式的这些要点来看，渐进主义模式比理性主义的模式更加贴近实际的政治生活。相对于理性主义模式和有限理性模式而言，渐进主义追求的不仅仅是经济合理性，而是更进一步的政治合理性。受到经济学自由竞争模式的影响，渐进主义抛弃了政策可以由表达集体之"善"的社会中心机构来指导的看法。相反，政策是社会中无数社会团体"释放和吸收"（give-and-take）的结果。于是，判断一项政策优劣的标准也随之发生了改变。一项好的政策的标准是政策制定者的同意，在一个民主得到越来越多的人认同和支持的时候，缺乏一定的公众支持的政策，在执行时将面临许多的阻力和困难。

渐进主义模式的另一个明显的优势在于：它更适合于处在当今社会变化频繁的环境下人们追求平稳的心理。渐进主义强调政策只不过是对原有政策作出的边际性的调整和矫正，并不鼓励整体性的创新。在面对一个复杂的政策问题时，运用渐进主义模式所取得的政策确实能够较大地节约沉淀成本，减少社会剧烈变动的程度。许多渐进主义的批评者认为，做得更好通常意味着偏离渐进主义，渐进主义者则认为，对于复杂问题的解决常常意味着更加熟练地运用渐进主义，并且极少偏离这一模式。

1958年，林德布洛姆在《政策分析》一文中强调，传统的政策分析方法在探讨政策问题时过于强调理论在政策研究中的作用，注重从政策理论中引申出一般规则；过于强调价值，将价值当作方案抉择的标准；过分强调所有重要变量，要求对变量进行广泛综合的分析。而渐进分析则不同：

第一，它不依赖于理论作为政策分析或政策制定的指导原则，认为评定实际的政策分析或政策制定是配合现实情况的需要或限制，是超理论的；由于现实政治所推行的是渐进政治，对政策问题、各政治领袖与政党的看法大致上达成共识，所能调节或改变的只能是在小节问题上，因而是渐进的。在实际政治中人们不一定需要用许多理论。

第二，尽管政策分析或政策制定也会经常出现许多变量，但渐进分析只注重政策制定中出现的几个重要变量，做片断的分析，方案的考虑也只限于少数几个，而不是全面的和广泛的。

第三，它认为价值与事实在渐进分析中交互使用、互为一体。现实政治中的基本价值已达成共识，无需再寻求各种不同的价值标准作为决策的标准。

第四，渐进分析着重社会已有的政策为前提。这样的政策更可能被社会上一般人所接受，较有把握，较符合实际，并且与现实差距不大，较容易控制，不至于冒太大的风险。

1959年，林德布洛姆发表了著名的题为《"得过且过"的科学》（The Science of "Muddling Through"）的论文[23]，该论文通过从政策研究角度对理性－综合方法与渐进方法的比较，提出了渐进方法的优势所在，并且将他的渐进主义模式称为"得过且过"的科学，成为现代政策和规划理论研究中的一份重要的文献，同时也促进了渐进规划方法的发展。林德布洛姆认为，传统的综合理性规划的模式有这样一些特征：（1）明确区分目标与行动，将目标当作政策分析的前提；（2）在目标与手段的分析中，先确立目标，再寻找手段；（3）认为"好"的政策是实现目标的最佳手段；（4）主张综合或全面的分析；（5）它过分强调理论的作用。而渐进主义模式（即"得过且过"的科学）所具有的特征正好与这种综合理性模式的完全相反：（1）不区分目标与行动，它们之间是紧密联系在一起的；（2）不区分目标与手段，认为这种区分是不适当的且有限的；（3）认为"好"的政策是由"共识"所产生的；（4）他主张有限分析，忽略了重要的后果、可行方案和价值标准；（5）主张通过连续比较来减少对理论的依赖。这种对比可以通过表11-1得到直接的表达：

1963年，林德布洛姆出版了《决策的策略》一书，对他的渐进主义模式进行了进一步的阐发，同时，也提出了采纳这一模式后的具体操作方法和必须遵守的一些原则。在这本书中，他将他所提出的渐进主义模式进行了重新的界定，并将它称为"分离渐进主义"（disjointed incermentalism），而这一名称就成为渐进主

综合理性方法和渐进方法的比较　　　　　　　　　　　　　　表 11-1

综 合 方 法	渐 进 方 法
价值或目标的分类与政策方案的经验研究是相互分离的,但这种分类对于备选政策的经验分析通常是必备的	价值目标的选择和所需行动的经验分析并不是互相分离的而是相互紧密交织在一起的
因此,政策阐述运用手段－目标方法来进行的:首先分离出目标,然后寻找实现这些目标的手段	既然手段和目标是不可分的,因此,手段－目标分析是不适当的或者是有限的
对于一个"好的"政策的检验是它能够展示出这是实现想要达到的目标的最适当的手段	对于一个"好的"政策的检验典型的方法是不同的分析者自己直接同意这一政策(而不必同意这是达到已确定的目标的最适当的手段)
分析是综合的;每一种重要的相关因素都要考虑到	分析显然是有限的:忽略了重要的可能产出;忽略了重要的可替选的潜在政策;忽略了重要的受影响的价值观
通常高度依赖于理论	比较的连续极大地减少或者消除了对理论的依赖性

义模式的最为经典的名称。他仍然是从对综合理性模式的对比中提出并深化他对渐进主义模式的认识。他将综合理性的决策模式称为"全面分析",这种分析的含义是:小心和完善地对所有可能的行动途径及这些途径的可能结果进行研究,并且用价值观对这些结果加以评估;在各种不同的行动途径中作出选择。而分离渐进主义的特点则是只做随时间演变而进行的边际选择,只考虑有限的政策方案和有限的行动后果,只在于调适目标,重新检查资料,作连续不断的补救性的分析评估及社会片断分析。在林德布洛姆看来,渐进决策需要遵循三个基本原则[24]:

(1)按部就班原则。林德布洛姆认为,决策过程只不过是决策者基于过去的经验对现行决策稍加修改而已。他明确指出:"按部就班、修修补补的渐进主义者或安于现状者,或许看来不像个英雄人物,但却是个正在同他清醒地认识到对他来说是硕大无比的宇宙进行勇敢的角逐的足智多谋的问题解决者。"在这里,林德布洛姆把决策过程视为一个按部就班的过程,他注意到了决策过程的连续性。

(2)积小变为大变原则。从形式上看,渐进决策过程似乎行动缓慢,但是,林德布洛姆认为,这种渐进的过程可以由微小变化的积累形成大的变化,其实际的变化速度要大于一次大的变革。在他看来,渐进决策要求变革现实是通过一点一点的变化,逐步实现根本变革的目的。

(3)稳中求变原则。林德布洛姆决策过程要按部就班和积小变为大变的原因就在于要保证决策过程的连续性。在他看来,政策上的大起大落是不可取的,欲速则不达,那样势必会危害到社会的稳定,为了保证决策过程的稳定性,就要在保持稳定的前提下,通过一系列小变达到大变之目的。

根据以上论述可以看到,林德布洛姆渐进主义模式包含着如下几个基本内容:

(1)目的或目标的选择,对为实现目标所采取的行动进行经验分析,两者是相互交织密不可分的。

(2)决策者只考虑解决问题的种种可供选择的方案的一部分,这些方案同现行政策只有量上或程度上的差异。

(3)对每一可供选择的方案来说,决策者只能对其可能产生的某些"重要"后果进行评价。

(4)决策者所面临的问题经常被重新鉴定,渐进主义允许对目的—手段和手段—目的进行无限的调整,从而使问题更容易处理。

(5)处理问题的决定和解决问题的"正确方法"并不是惟一的,考察一个决策的优劣并要求各种各样的分析者一致认为这一决策是否达成现定目标的最有

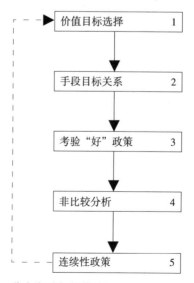

图 11-3　分离渐进规划模式

资料来源:引自郭彦弘,城市规划概论,北京:中国建筑工业出版社,1992

效的手段,是看他们是否直截了当一致同意这一决策。

（6）渐进决策的形成,从本质上来说,是补救性的,它更多地是为了改革当今的具体的社会弊病,而不是为了提出未来社会的目标。

林德布洛姆分离渐进主义决策理论的提出是建立在许多前人探讨的基础上进行总结的结果,但很显然他将这一理论更加地系统化,从而产生了深远的影响。在此之前,波佩尔（Karl R. Popper）对这种渐进主义的方法论思想的实质曾经进行过揭示,他说,渐进主义者"也许抱有把社会看作'整体'的某些理想（例如社会的普遍福利）,但他并不相信把社会作为一个整体来重新设计的那种方法。不管他的目的是什么,他总是会采取能够不断改进的小规模的调整和再调整来实现他的目的"[25]。在城市规划领域中,被称为"有机规划"的方法也与分离渐进规划方法有着相近的思想和方法论基础,这一方法往往是作为按统一规划设计进行全面改造方式的对立面而出现的。对于有机规划方法,芒福德（Lewis Mumford）在《城市发展史》中有一段非常精彩而且透彻的描述,他说,"在有机规划中,一件事情可引起另一件事情,在设计中,开头也许仅仅是偶然抓住了一个有利条件,但后来却可能产生一项有力因素,这在一个事先制订好的规划中是不可能发生的,而且十之八九会加以忽视或排除","有机规划并不是一开始就有个预先定下的发展目标;它是从需要出发,随机而遇,按需要进行建设,不断地修正,以适应需要,这样就日益变成连贯而有目的性,以致能产生一个最后的复杂的设计,这个设计和谐而统一,不下于事先制定的几何形图案。锡耶纳这类城市最能说明这种逐步发展完善的过程。虽然这种发展过程开始时并未明确最后阶段将是什么样子,但这并不意味着规划的每一部分不经过合理考虑和深思远虑,也不意味着这种过程不会产生一个统一完整的设计"[26]。亚历山大（Christopher Alexander）在他的《建筑的永恒之道》（Timeless Way of Building）一书中进一步详细地阐述了渐进主义和有机规划思想在现代城市的规划和建设过程中的运用。他认为,城市的发展是难以预料的,一个完整的城市也是不可预言的,因此,"有活力的城市没有什么办法由专家建造而由其他的人住进去。充满生气的城市只能有一个程序产生出来,在这个程序中许多模式被人们创造和保持,而人们又是这些模式的一部分","而这意味着,一个有生气城市的成长和再生是由无数较小的活动建

成的"[27]。

第三节 中间型规划理论

就整体而言,综合理性规划和分离渐进规划是规划方法论中的两个极端,前者是从规划期限末出发来思考问题,从理想出发建立最美最好的图景,因此对现实问题的解决需要从整体上、结构上来进行总体性的解决,从规划实施的角度来讲也就是要按照未来的长远图景来安排现在;后者则是强调就事论事地解决问题,一切从现在出发,看现在能做什么再来决定做什么的,做一些力所能及的工作。因此,这两者之间的区别就体现在前者是用理想来解决现实问题,而后者则从现在的可能来看未来的发展。从方法论的角度来讲,这两种思想方法本身并不存在谁对谁错的问题,而是整个方法论体系中的两种不同方法而已,它们各有长处,但也各有各的问题,关键在于在什么样的状况下来使用,以及在使用某种方法时怎样来避免它本身的内在的问题,使其更符合实际的状况和实际的需要。这两种方法在特定的场合都可以解决一定的问题,符合规划工作的需要,但很显然,它们也同样存在着不可克服的内在的弱点。综合理性规划要求采取综合分析和全面解决问题的方法,这就需要研究城市发展过程中的所有问题,研究这些问题的所有方面以及这些方面的相互关系,并且要寻找到解决这些问题的具体办法,从而需要找到所有可能的战略。这些在知识、资料和资源有限（这种有限性在任何社会中都是常态）的情况下是难以做到的。同时,由于综合理性规划要求从结构上对社会进行全面的改革,强调的是根本性的变革,这样就有可能受制于社会对此类问题的认识,或由于价值观的不同而产生分歧,从而不能为社会接受,即使要强制推行也不易付诸实施。而另一方面,分离渐进规划方法的最大不足则在于强调对现状的维持,过于保守。正如埃采奥尼（Amitai Etzioni）所指出的,由渐进主义者所作出的决策仅仅反映了社会势力中最强大而且是组织起来的那部分人的利益,而社会底层,政治上无组织的那部分人的利益被忽视了[28]。渐进主义把注意力集中在短期目标上,只是改变现行政策的某些方面,因而往往忽视基本的社会变革;对于重大的、带有根本的决策,渐进主义是无能为力的,尽管带有根本性的决策的数量有限,却是十分重要的,而且他们往往为无数渐进的决策提供背景。针对于这样

的问题，在20世纪50、60年代出现了一系列对于规划方法和规划类型的讨论，这些讨论提出了各种将这两个极端的思想方法进行综合、更加符合规划实践所需要的方法，其中包括混合审视（Mixed-Scanning）[29]、中距（Middle-Range Bridge）方法[30]、行动计划（Action-Program）方法[31]、社区发展计划（Community Development Programming）[32]、连续性城市规划（Continuous City Planning）[33] 等等。就方法论思想的普遍性和具体方法的完善性而言，混合审视方法在方法论的阐述上最具完善性，而连续性城市规划则在具体使用上最具有可操作性，同时，这两个理论在思想和内容上也基本上已经涵盖了其他相关的理论陈述。

1967年，埃采奥尼（Amitai Etzioni）以《混合审视：决策的第三种方法》（Mixed-Scanning: A "Third" Approach to Decision-Making）为题发表论文，在揭示了综合规划和渐进规划所存在的根本性问题，并吸收了这两种方法的优势方面的基础上，提出了混合审视方法作为规划和决策的第三种方法。他认为："混合审视方法为信息的收集提供了一种特别的程序，对资源的分配提供了一种战略，并为建立起两者之间的联系提供了引导。"混合审视方法不像综合规划方法那样对领域内所涉及的所有部分都进行全面而详细的检测，而只是对研究领域中的某些部分进行非常详细的检测，而对其他部分进行非常简略的观察以获得一个概略的、大体的认识；它也不像分离渐进规划那样只关注当前面对的问题，单个地去予以解决，而是从整体的框架中去寻找解决当前问题的方法，使对不同问题的解决能够相互协同，共同实现整体的目标。因此，运用混合审视方法的关键在于确定不同审视（Scanning）的层次。埃采奥尼认为，这种层次至少可以划分为两个（即最为概略的层次和最为详细的层次）以上，至于具体划分成多少层次，则要视具体的状况（要解决的问题的程度、可以支配的时间和费用等）来决定。在最概略的层次上，要保证主要的选择方案不被遗漏，而在最详细的层次上，则应保证被选择的方案是能够进行全面的研究的。

混合审视方法由基本决策（fundamental decision）和项目决策（item decision）两部分组成。所谓基本决策是指宏观决策，不考虑细节问题，着重于解决整体性的、战略性的问题。这种决策主要探索城市发展的战略、规划的目标和与此相应的规划，在此过程中主要是运用简化了的综合规划的方法来进行。但在运用

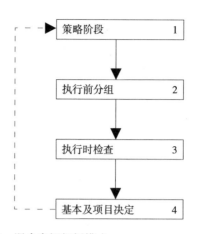

图11-4　混合审视规划模式
资料来源：引自郭彦弘，城市规划概论，北京：中国建筑工业出版社，1992

综合规划方法的时候，只关注其中行动者认为是最重要的目标，而不是对整体的所有目标都进行考察，同时，也只注意城市发展过程中最重要的一些变量之间的关系，而不是面面俱到地研究其中所有的要素，并省略掉对细节和特殊的内容的考虑。所谓项目决策是指微观的决策，也称为小决策。这是基本决策的具体化，受基本决策的限定，在此过程中，是依据分离渐进方法来进行的。这里运用的方法与分离渐进规划的最大区别在于这里的决策是在基本决策的整体框架之下进行的，从而保证了项目决策是为实现基本决策服务的。因此，从整个规划的过程中可以看到，基本决策的任务在于确定规划的方向，项目决策则是执行具体的任务。通过这两个层次决策的结合来减少综合规划方法和分离渐进规划方法中的缺点，从而使混合审视的方法比以上两种方法更为有效、更为现实。

从埃采奥尼对混合审视方法的论述中可以看到，他将综合理性方法和分离渐进方法进行了全面的综合。综合理性方法确定了规划的基本方向，而分离渐进的方法则为理性的决策提供了基础，并在根本性的决策作出后加以实施。因此，混合审视方法允许决策者在不同的情况下运用全面理性决策模式和渐进的决策模式。在一些场合，全面理性模式是合适的，而在另一些场合，渐进模式是合适的。而究竟如何作出适宜的选择则要看所面临着的需要问题和规划实施的具体状况。

埃采奥尼提出混合审视方法为综合理性方法和分离渐进方法的结合提出了非常具有说服力的理论方案，但这一方案所注重的是思想体系的阐发方面，对改变规划师的思维方式有积极的意义，而在实际的运用中

还不具有非常好的操作性手段。布兰奇（Melville C. Branch）于1973年所提出的连续性城市规划（Continuous City Planning）则提出了具体的操作性的规划方法[34]。连续性城市规划是有关于城市规划过程的理论，布兰奇的立论点在于对城市规划所注重的终极状态的批判。他认为，过去关于城市规划的观念是从综合理性角度出发的，而且坚持走技术理性的道路，与城市政府的实际运作不相关联，使作为城市政府政策体现和行动计划的城市规划与政府的具体行为相脱离，再加上在实际运作中缺少对现实问题的研究，导致了城市规划难以发挥作用。他提出城市总体规划存在着这样一些主要问题：

（1）长期以来，总体规划一直被认为是为城市未来20年或者更长时间的发展所做的规划，由地方立法机构批准，并由各种形式的地方法规来保证实施，而且相应需要大量金钱来保证其实现。

（2）总体规划被认为是一种印刷的出版物，经过相当长的时间后进行一些修正，或者进行全面的重新编制。

（3）规划部门很少能够进行选择，或者根本不可能保持它们的基本信息和规划方案符合现在的情况。

（4）直至最近，现代城市规划仍然倾向于独立地发挥作用，并且与政治的和城市管理的过程相分离。

（5）城市规划被认为是只有长期的、全面的和包罗万象的，由此而区分于并且一点也不与短期的运作和事件相关。

（6）由于城市规划将自己的注意力集中在如此遥远和想像的未来，以至于一点也不顾及现在的问题或者将现在的问题看成是不足道的，因此，城市规划师有可能避免实际上是困难的关键问题，并降低了它们的重要性程度。其实，有些问题在它们成为危机之前完全是可以得到缓解或解决的，而有些在长期规划出版之后会出现的问题却没有得到预测和讨论。

（7）由于这些原因，职业城市规划师倾向于理想化的而不是现实化的，是被动的而不是建设性的、积极的和持久的。

（8）直到最近几年，城市规划领域还只关注设计和物质空间的要素，而不是关注定量计算、管理、行为科学和科学方法。

布兰奇认为，城市规划所存在的这些问题直接制约了城市规划作用的发挥，而这些问题产生的主要原因在于城市规划对终极状态的过度重视，而忽视了对规划过程的认识，尤其是从现状出发的对当前问题的解决。城市规划的进一步发展只有克服这样的问题，才有可能起到重要的作用。因此，布兰奇提出了连续性城市规划的设想。他认为，成功的城市规划应当是统一地考虑总体的和具体的、战略的和战术的、长期的和短期的、操作的和设计的、现在的和终极状态的等等。

布兰奇所提出的连续性城市规划包含两部分的内容特别值得重视。首先，他认为在对城市发展的预测中，应当明确区分城市中的有些因素需要进行长期的规划，有些因素只要进行中期规划，有些甚至就不要去对其作出预测，而不是对所有的内容都进行统一的以20年为期的规划。如公路、供水干管之类的设施应当规划至将来的50年甚至更长的时间，因为这些因素本身的变化是非常小的，即使周围的土地使用发生了重大的变化，即使道路也进行了全面的改建，但道路的线路本身仍然不会发生改变，基本上仍然是在原来的位置上进行重新建设。而对于现在建设的地铁、轻轨等设施则更应当进行长远规划。有些要素，如特定地区的土地使用，不要规划得太久远，这类因素的变化相当迅速，时间过长的规划往往会带来很多的矛盾，且在规划的实施中难以进行有效的控制。至于其他的一些要素，如对室外广告的控制的变化、对私人出租机构应对城市土地和房地产投资政策的变化，或者对政府资助和奖励的方式的变化等，随时都有可能改变，也是不可能进行预测的。同时，即使是长期规划，也不应该是制定出一个终极状态的图境，而是要表达出连续的行动所形成的产出，并且表达出这些产出在过去的根源以及从现在开始向未来的不断延续过程。编制长期规划，如果不是从现在出发通过不断地向未来发展的过程中推导出来的，那么，这样的规划在分析上是无效的，在实践上是站不住脚的。

城市规划必须体现城市各项基本要素本身的发展演变的信息以及对它们所做的预测，并且要揭示出将它们互相结合在一起的随时间而变化的行为模式和发展目标，以获得城市整体的最佳效益。城市规划应当定期进行修订，有时也需要全面地修订，并且根据需要能够快速地予以修改。除此之外，城市规划还必须充分地跟上时代的变化情况，只有这样，规划才能在讨论和决定许多不同事务时作为城市和官方的参照。城市规划应当领先于各种行动而不是在追随这些行动。城市规划要发挥这样的作用，就需要将长久的相对固定的目标与相对灵活的适应性更强的具体方法、规划（plan）结合在一起，对总体规划方案的内容不能用法律法规作出严格的限定，只能对其主要的战略和基本的政策原则以及解决问题的基本方向进行规定。从这样的意义上讲，城市规划的整体应当包括这样一些内容：今后1年或2年的预算，2~3年的操作性规划和对未来不同时期的长期预测、政策和规划方案。

在布兰奇的论述中另外一个值得重视的内容是，与综合理性城市总体规划集中注意遥远的未来和终极状态的思想所不同的是，连续性城市规划不是以将来的可能状况来决定当前的行动，而是注重从现在开始并不断向未来趋近的过程。因此，对于规划而言，最为重要的是需要考虑今后的最近几年。城市规划的实施，受到资金方面的制约是影响最直接的，而且也是最为明显的，因此从城市政府实施城市规划的财政能力出发来考虑规划的内容，是保证城市规划可操作性的关键。城市政府城市建设的财政能力，不仅包括下一个财政年度的详细预算，还包括了税收和附加税率、借贷能力、州和联邦的资助，以及其他的财政因素，这些都会影响到可获得的资金。在最近几年中将会发生的事对以后可能发生的事具有深远的影响，未来的前景在很大程度上是由现在或者最近的将来的某些行动所决定的，因此，在规划的过程中，尤其需要处理好最近几年的行动内容，而未来的进一步发展就是在这基础上的逐渐推进。作为连续性城市规划的主要含义以及这一名词产生的来源，就是来自于布兰奇下述对这样一个连续的规划过程的阐述：

（1）连续性城市规划首先详细预测下一个预算年度，对这个财政年度接下去的1年就可以粗略一些，也不用非常确定，对于这以后的5年只要可能就尽量详尽些。每一年，对这以7年为时间周期的规划通过补充新的一年保持其完整。

（2）对最初2年的规划构成了操作规划（operating plan），这类规划在整个城市的层次上连接起了城市预算和市政部门的相应的实施工作，这样就保证了长期规划与现实的紧密相关。

（3）对这2年以后5年的计划就充当"中期桥梁"（middle-range bridge）的作用，这个时间段对于未来而言是除了最近两年之外最容易预测的，而且也是关键的。因为在这段时间内，逐步的改进和变化能够直接体现出规划的目标。在这个5年的规划中，有些内容是保持不变的，有些内容则需要不断地检测和调整。

（4）在7年期的正式规划之外，还需要制订超越此期限的规划，这些规划主要有赖于所能获得的用于规划研究的时间和成本，并且实现这种规划的手段是有可能达到的。例如，城市的市政公用设施系统的规划的实现，需要有较长的时间进行系统的设计、工程的设计、土地的征购、财政、审批、建设和运行的测试等，因此从规划到实现往往需要远远不止7年的时间。重要的是，这些长期的规划表达了需要产生的固定的打算，可获得的或者极有可能获得的资助和其他实施所需要的要求。

（5）其他的规划则以政策的方式予以表示。这些政策不应当只是道貌岸然的老生常谈，它们应当是构成现在决策的基础并形成现在的决定，当它们不再恰当时就应当放弃。这些政策应当尽可能使用定量的数据并不断地予以更新，它们应当是以不同的方式对"事实"进行处理。

第四节　倡导性规划和公众参与

倡导性规划（Advocacy Planning）是达维多夫（Paul Davidoff）针对于过去的规划理论中出现的认为规划是价值中立的行为的观点而提出的，他认为，规划的过程和规划的内容都无法保证规划人员以中立的价值观进行工作，因此，规划师应当清楚地表明自己的立场，并在此基础上开展相应的工作，充当不同利益团体的代言人[35]。这一理论的基础首先全面地体现在由达维多夫和赖纳（Thomas A. Reiner）于1962年发表的《规划的选择理论》（A Choise Theory of Planning）一文中[36]。在该文中，他们认为规划是通过选择的序列来决定适当的未来行动的过程。规划行为是由这样一些必要的因素组成：目标的实现；选择的运用；未来导向；行动和综合性。在这样意义上的规划过程中，选择出现在三个不同的层次上：首先是目标和准则的选择；其次是鉴别一组与这些总体的规定相一致的备选方案，并选择一个想要的方案；第三则是引导行动实现确定了的目标。所有这些选择都涉及到进行判断，判断贯穿着这个规划过程。而要了解判断以及选择的含义及其运作的过程，我们就要明确人们进行判断和选择的内在机制。达维多夫和赖纳从经济学理论对相关方面研究的成果中借鉴了一些基本的原则，提出在判断和选择过程中的一些前提条件，而这些前提条件本身其实就是社会的现实：

（1）个人都有各自的偏好，而他们的行为是根据这种偏好而进行的；

（2）行动者的偏好是各不相同的；

（3）物品的生产和服务的进行都受制于一些限制，这些限制将回报降低到特定的程度；

（4）资源是短缺的而随之的产出也受到限制；

（5）规划过程所要处置的许多内容显然是由许多相关的部分组成，这些组成部分通常也是处在不断的变动之中；

（6）人类是在知识不充分的状况下采取行动的。

根据这些前提条件，无论对于社会而言还是对于规划师而言，都意味着选择会受到种种条件的限制，而这些限制本身又是难以克服的。规划师只要面对现实，在对未来行动进行安排时就必然要在价值的构建、方法的运用和实现三个不同的基本层次上进行选择，而这一切又是奠基于规划师对未来性质的认识或预测之上。规划师意图通过这样的预测来帮助建立行动的计划从而实现这样的预言，这就限制了人们对未来的追求，因为，控制和预测是相辅相成的，控制有可能改变未来。同样，规划师在价值的建构阶段对价值进行判断，但这是规划师的价值观的作用，而不是社会大众的判断，规划师不能以自己认为是正确的或错误的这样的意识来决定社会的选择，规划师并不能担当这样的职责，而且这样做也不具有合法性[37]。因此，规划的终极目标应当是增加选择和扩展选择的机会，而不是相反。

达维多夫（Paul Davidoff）在1965年发表论文《规划中的倡导性和多元论》（Advocacy and Pluralism in Planning），继续深化了他的有关于在规划过程中价值观作用的议题以及随之而产生的如何在规划过程中予以体现的方法和技术问题。他以多元主义为思想基础，提出了"倡导性规划"的命题。他认为，规划工作是不可能完全没有价值取向的，规划也决不是一种纯粹技术性和客观性的过程，他说："当代社会财富、知识、技能和其他社会利益的分配，其公正性显然是有争议的。财富和其他社会商品应当分配到不同的阶级群体之中，这种问题的解决方案不能通过单纯的技术手段得出，而必须从全社会的高度提出问题和看待问题。"在现代城市规划，尤其是在综合理性规划模式中，城市规划的内容所反映出来的是规划师或者是城市政府所认为的最佳方案，这一方案的确定通常与居住在这一地区的居民并没有直接的关系，而其确定的结果却恰恰是对这里的居民造成影响的，无论这种影响是好还是不好，居民都无从选择，都不是他们自己的意愿的体现。达维多夫认为这样的规划过程实质上是掩盖了个别群体的利益。实际上，不同的社会群体有各自的利益要求，如果他们的要求得以实现的话，那么结果将会产生许多根本不同的规划方案。他认为，城市规划师无论处在怎样的团体和组织中，都难以保持完全中立的状态而追求纯粹的技术理性。即使规划师是在担当技术专家的角色，也往往会带有明显的个人倾向。城市规划不仅仅是有关实证的科学（即使是自然科学，许多学者也指出其中所含有的非中立价值因素），当需要回答"应该如何"时，也就进入了规范性领域，他必然需要运用其自身的价值判断。但是，城市规划师也不能仅从自己的价值观念出发，因为这只代表了社会中的一部分甚至是一小部分人，这显然并非是城市规划所要求的，也不利于城市规划作用的发挥。根据达维多夫提出的倡导性规划，城市规划师应当有意识地接受并运用多种价值判断，以此来保证某些团体和组织的利益，从而担当起社会利益代言人的职责。他们可以为一些社会团体或社区服务，为他们出谋划策，构建起他们的未来发展蓝图和行动纲领。当官方规划或开发商的开发方案与这些利益团体的利益和期望不符合甚至对立时，规划师就可以重新编制方案以表达这些特定利益团体的要求和意见，使他们的利益能够得到充分的体现；或者，规划师就为这些团体和社区提供服务，帮助他们准备和提出诉讼，并在公众调查会上提供专家证词，以支持这些团体和社区的合理要求。然后通过政治过程为各自的方案进行评价、辩护和协商，甚至讨价还价，最后由城市规划委员会进行裁决。因此，规划师所担当的职责应当是为所有不同的利益群体担任代言人，但这也就意味着，规划师并不只是代表总体性的公众利益，而应当代表具体的群体利益。在这样的基础上，就会出现多元性的规划，而不是单一的规划，"应当有共和党和民主党不同的城市开发观点；应当有保守的和自由的开发规划；支持私人市场的规划和支持政府控制较强的规划。从社区出发去旅行应当有很多可能的道路，从而应当有很多的规划去展现它们"。

达维多夫坚持规划师是社会不同利益团体的代言人、辩护师，但他同时也坚持自由主义立场上的公正观念。从社会公正角度出发，他认为规划师在充当利益团体代言人的过程中，也同样应当注意社会中的弱势群体的需要。他认为，社会中存在的众多利益团体中，那些有钱有地位的人或是掌握了权势的人，可以通过自身的实力和多种渠道影响规划，使得规划更符合他们利益的需要，但那些生活在社会最底层的人、老年人、残疾人、少数族裔者等等，不能或不愿参加一些规划参与的活动，也不能获得必要的正常途径来表达自己的要求和意见，这就要求规划师自觉地为他们考虑，而且要站在他们的立场上来充当这些特殊利益团体的代言人，维护这些群体的利益，以充分体现城市规划的全面性和公正性。

达维多夫倡导性规划理论提出之后，在20世纪60年代自由主义思想复兴和民权运动的推进下，随着公众自我意识的不断觉醒，对社会提出了自我权利的要求，而城市规划界内部针对现代建筑运动主导下的城市规划所出现的弊病和在多元化思想影响下的自觉反省，使相当部分的城市规划工作者从高高的象牙塔走向了社区和民众。在这样的条件下，从20世纪60年代后期开始，在城市规划领域中公众参与得到广泛的开展。作为对这种民意的反映，城市规划中的公众参与，被认为是市民的一项基本权利，在城市规划的过程中必须让广大的城市市民尤其是受到规划内容影响的市民参加规划的讨论和编制，规划部门必须听取各种意见并且要将这些意见尽可能地反映在规划决策之中，成为规划行动的组成部分，而公众参与城市规划的制度也逐步地得到确立。但是怎样的参与才是真正的公众参与，听听居民的意见算不算是真正的参与等等就成为保证公众参与质量的关键性问题。阿恩斯坦（Sherry Arnstein）1969年发表论文《市民参与的阶梯》（A Ladder of Citizen Participation）对城市规划中公众参与的程度进行了研究，提出，真正全面而完整的公众参与则要求公众能真正参与到规划的决策过程之中[38]。她非常形象地以"市民参与的阶梯"来描述公众参与的层次和参与的程度。她描述的公众参与共分8个层次（即阶梯的8根横挡），这8个层次又可以按照参与的程度划分为3个不同的程度。

（1）最低程度是"无参与"，由两个层次组成。这一程度的所谓参与，实质上是规划制定后由公众来执行，这是现代建筑运动主导下的现代城市规划的传统模式的反映，公众并未真正参与到城市规划的过程中，公众的意愿没有也不可能得到反映，他们只是被动地执行规划。

①第一层次是"执行操作"，是指政府机构制定了

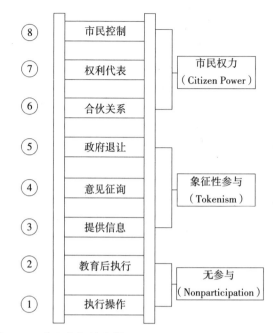

图11-5　公众参与的阶梯
资料来源：Sherry Arnstein. A Ladder of Citizen Participation. 1969

规划后由公众进行执行。

②第二层次是"教育后执行"，政府编制规划后，通过对公众的宣传教育，将规划的内容内化为公众的日常生活的准则而得到执行。

（2）中等程度的参与是"象征性的参与"，由三个层次组成。在这个层面上，公众在形式上能够参与到城市规划的过程中，公众的意见得到听取，但在这一层面上公众仍然是消极的和被动的，他们的意见对规划的决策还不能产生直接的作用。

①第三层次是"提供信息"，指政府向市民提供关于政府计划的信息，并告诉公众的权利和责任。

②第四层次是"意见征询"，即政府在制定规划过程中听取公众的意见，征询他们对发展和规划的意见和想法，政府编制规划时对此进行考虑。

③第五层次是"政府退让"，指政府对公众提出的某些要求作出局部的退让，在此过程中，政府、规划师与公众之间有小范围的互动。

（3）最高参与程度是"市民权力"，由三个层次组成。在这个层面上，公众通过与政府、规划师的全面互动，参与到规划的决策过程中。在此层面所包纳的三个层次中公众的作用也同样是逐级上升。

①第六层次是"合作关系"，即政府与公众间建立起合作的互动联系。

②第七层次是"权利代表"，也就是政府在作出规划决策时，由不同的利益团体代表参与其中，使不同

的利益团体的具体利益能够得到充分的反映，他们可以对最后的决策产生重要作用。

③第八层次是"市民控制"，也就是所有的规划决策由公众进行全面的控制，使公众各自的利益能够得到全面的实现。

阿恩斯坦通过"市民参与的阶梯"具体描述了公众参与的不同形式和参与的层次，揭示了公众参与城市规划中的不同状况，同时也透视了公众参与本身的复杂性。但阿恩斯坦的探讨只是根据政府与公众互动过程中的作用大小进行了划分，对参与本身的性质未予全面解释。而欧洲的一项有关公众参与的跨国研究在揭示了公众参与的类型与特征的基础上，对公众参与的性质进行了更为直接的阐述。该项研究将公众参与的类型还分为这样七种类型，按照参与程度从低到高的排列分别是：没有参与(Non Participation)、被动参与(Passive Participation)、虚假性参与(Hollow Participation)、工具性参与(Instrumental Participation)、咨询性参与(Consultative Participation)、互动性参与(Interactive Participation)和自我维持性参与(Self - sus - taining Participation)，具体内容见表11-2。

由于城市并不是一个具有单一价值观的社会，也不是一个单一文化、单一群体的社会。各种阶层、族裔、文化背景的人民都可以组成各自的利益团体，追求各自的利益，形成一种多方竞争的局面。在此过程中，每个人都追求自身利益的最大化，各个团体也会极大化其团体利益。但是，在这样一个互动的、竞争的多元主义社会中，任何一个团体都不应该垄断决策过程。权力分散到社会上各个不同团体里，各个权力中心各擅胜场，共同影响最后的政策。因此，城市社会发展的本质是人们经由各种不同的团体彼此竞争、妥协、互动的过程所产生的结果。那么，在一个共同的城市社会中，如何容纳这种多元竞争的状态，如何在不同的价值判断下形成共同的行动，则成为社会、政治科学需要研究的问题。罗尔斯（J. Rawls）认为，现代社会的多元化，特别是社会文化、价值、信仰和思想观念等方面的多元化，不仅是现代西方民主社会的基本条件，而且是现代民主社会的一个永久性特征，而非某种偶然的历史性状态[39]。这就给现代社会提出了一系列根本性的问题：在现代自由民主社会里，人们有权利和理由选择和信奉自己认为是合理的学说或观念（宗教的、哲学的、道德价值的），并以此制定自己的生活谋划。但是首先，个人间对不同学说或观念的承诺必定会使他们的合理性观念产生分歧和冲突；其次，这种个人性的分歧与冲突必定会带来这个社会理性概念的内在分裂；最后，为了使民主社会得以延续和发展，必须寻求解决分歧和分裂的方式。

公众参与类型与特征　　　　　　　　　　　　　　　　　　表 11-2

类型	特　　征
没有参与	规划过程的社区利益通过代表性的民主结构得以表达，社区并不被认为是由利益相关者所组成的，社区仅仅被看成是规划决策的客体
被动参与	社区被看成是由利益相关者所组成，并且通过告知什么将发生或什么已经发生而得到参与。这是"自上而下"的过程，其中只有单边的政策宣布，而没有任何社区的互动
虚假参与	社区参与只是对调查及其他相类似的方法所提出的问题进行回答，他们没有机会施加影响，其中也没有互动，而且其中所得到的发现既不是共享的，也没有得到引申
工具性参与	社区参与作为一个团体，其建立起来的目的是为了实施某个项目，其可能是通过外部的设计而建立起来的。这样的参与通常发生在主要决策已定以后，而且并不会在项目的较早时期进行
咨询性参与	社区参与就是征求社区意见，规划师听取他们的意见。规划师根据社区的回应确定问题和结果，也可能对此进行修改。这样的咨询过程并没有承认决策过程的共享，规划师没有责任采纳广泛的社区意见
互动性参与	社区参与到共同的分析和经验性行为的学习，由此导致社区和规划师双方不断增长的关注和相互的信任。这也导致一致的行动规划的形成，由此而生成了新的地方结构或者强化了现存的地方结构。这一过程中使用跨专业的共同学习方法（interdisciplinary co-learning methods），以寻求协同规划过程中所有利益相关者之间的多元观点。这提供了制度和个人层次有效参与地方规划决策的基础，使所有参与者能够更好地管理变化
自我维持性参与	通过连续地与规划师共同工作，以互动的方法来发动、鼓动和促进变化而实现的社区参与。由资源和技术建议培育起来了相互间的联系。这种类型的参与有可能结合社区与规划师之间的竞争与一致，但也体现了实现共同的目标的有机过程和制度性机制

摘译自《FOUR CITIES PROJECT》

这是现代多元化民主社会所必然产生的对公正程序与和谐统一的公共理性要求。所以，建立最合适的基本正义观念以便在确保个人自由权利的同时确保社会的多元宽容，就成为现代民主社会的基本政治需要。他自己从1971年发表《正义论》开始就在不断探讨在当代社会中如何建立"公平的正义"的理论框架[40]。他提出，政治自由主义是现代理想的民主社会确立和保持其统一性与稳定性的理论基础，而作为政治自由主义的核心理念就是"重叠共识"。通过对这一概念的解释，他找到了合理解释现代民主社会中文化价值的理性多元与社会秩序的稳定统一之间矛盾的新途径，并在原有的正义两原则基础上进一步提出了"多元宽容"的原则[41]。

罗尔斯认为在多元社会中，各类团体与个体之间的平等是保证社会有序运作的关键。而自启蒙运动开始的政治理论凸显了自由的主题，并在社会和国家的建制等方面提供了相应的保障，而对启蒙的另一个主题——平等则缺乏直接的关注。自由主义的传统强调了"权利平等"和"机会平等"，但由于社会文化因素和自然方面的偶然因素等的影响，不平等的状况并不能消除。而没有平等的自由显然只是形式上的，但要解决平等的问题可能并不是一个简单的任务。罗尔斯承认人们在自然天赋等方面存在的差异，但他认为这里不存在正义和不正义[42]。正义是关于社会制度的，正义是社会处理自由、机会、收入和财富分配的方式。而一种社会制度是正义的，就在于它能够解决这些自然的偶然因素给人们带来的不利影响。他把自己的平等概念称为"民主的平等"，并认为，一个理想的社会分配方式应该是完全平等的，但这是不可能的。如果任何社会都无法做到完全平等，那么就应该争取达到相对而言最大的平等。什么是最大的平等呢？他认为社会中最需要帮助的是那些处于社会底层的人们，他们拥有最少的权力、机会、收入和财富，社会不平等最强烈地体现在他们身上。这些人被罗尔斯称为"最不利者"。一种正义的社会制度应该通过各种制度性安排来改善这些"最不利者"的处境，增加他们的希望，缩小他们与其他人之间的差距。这样，如果一种社会安排出于某种原因不得不产生某种不平等，那么，它只有最大程度地有助于最不利者群体的利益，它才能是正义的。

罗尔斯提出的平等原则只是一种对理想状态的描述，而在现实社会中还有很大的差距，但是他所开辟的研究思路对后继的相关研究起了非常重要的引导性作用。而在与罗尔斯发表《正义论》差不多同时，哈维（D. Harvey）则从马克思的经典论述出发，针对城市中存在的现实问题，研究与罗尔斯相关的论题。1973年他出版了《社会公正和城市》（Social Justice and the City）一书，以美国城市巴尔的摩（Baltimore）为实例，具体研究了规划实施过程中的不同价值观的体现及其冲突的情景，进而研究了城市社会公正的原则问题[43]。他以巴尔的摩地区一条高速公路的建设为案例进行具体的研究。这条高速公路的建设所引起的争论主要是针对高速公路是否要建、建在那里的问题，不同的群体有不同的意见，有的支持建设，有的反对建设，有的不反对建设但要求绕道，这些意见充分反映了不同的利益团体思考问题的出发点不同，这些出发点的不同实质上就是不同价值观的反映。在争论中，交通专家和道路工程师们所追求的是工程的经济性以及建设的效率，从交通经济出发建议公路要联系直接，沿途涉及到的居民住房应当尽快拆迁，而且要越快越好；政府官员所考虑的是建造高速公路可以刺激地方经济，带动中心城经济的快速发展，实现任期内经济提升，进而可以为下一次选举提供支持率；环保主义者则从高速公路的建设和使用对当地的生态环境可能造成的影响出发，提出强烈的反对；邻里团体从保护原有的邻里关系的角度，反对高速公路从社区范围内通过，但他们并不反对建设高速公路，而是希望高速公路能绕过已建成的社区从外围经过；等等。哈维认为在这样的争论中，不存在绝对的公正，或者说，公正概念因时间、场所和个人而异。要对此作出评判就需要借助于一定的理论工具来进行，而他基于新马克思主义政治经济学提出的公正原则，成为了此后城市规划中相关论述的核心准则。小约翰·B·科布在讨论当代社会的社会政策时提出，由于对公正的关注往往会使人们把讨论的焦点集中在个人权利和系统中的产品分配方面，这会对一定共同体内的个体间交流和讨论带来负面的影响，而对整个社会制度却不会提出挑战，因此，他认为在制定社会政策时，参与与公正相比较应当发挥更为重要的作用，当然，"强调参与胜于公正，并不意味着公正是不重要的。相反，问题恰恰是，只有当人们有机会参与影响他们生活的决策时，公正的目标才能得到更好的实现"[44]。

注　释

1 E. Relph.The Modern Urban Landscape.Croom Helm，1987

2 John M. Levy.Contemporary Urban Planning.2002.孙景秋等译.现代城市规划.北京：中国人民大学出版社,2003

3 Alan Black. The Comprehensive Plan.1968.见：M.C. Branch 编.Urban Planning Theory.Dowden.Hutchinson & Ross.1975

4 引自：Alan Black. The Comprehensive Plan.1968. 见：M.C. Branch 编.Urban Planning Theory.Dowden.Hutchinson & Ross.1975

5 Arthur B. Gallion , Simon Eisner. The Urban Pattern: City Planning and Design (5th ed.). New York: Van Nostrand Reinhold,1986

6 Gerald Hodge.Planning Canadian Communities: An Introduction to the Principles, Practice and Participants.Methuen,1986.
206~209

7 Herbert Alexander Simon.Administrative Behavior: A Study of Decision-Making Processes in Administrative Organizations（3rd
ed.）.1976.杨砾,韩春立,徐立译.管理行为：管理组织和决策过程的研究.北京：北京经济学院出版社,1988.74

8 曾坚.当代世界先锋建筑的设计观念——变异、软化、背景、启迪.天津大学出版社,1995.1

9 William N. Dunn.Policy Analysis: An Introduction（2nd ed.）.1994.谢明等译.公共政策分析导论.北京：中国人民大学出版社,
2002.299

10 Charles E. Lindblom.The Science of "Muddling Through".1959.见：M.C. Branch 编.Urban Planning Theory.Dowden,
Hutchinson & Ross，1975

11 J. B. McLoughlin.Urban and Regional Planning: A Systems Approach.1978.王凤武译.系统方法在城市和区域规划中的运用.
北京：中国建筑工业出版社，1988.74

12 J. B. McLoughlin.Urban and Regional Planning: A Systems Approach.1978.王凤武译.系统方法在城市和区域规划中的运用.
北京：中国建筑工业出版社，1988.90

13 P. Hall.Urban and Regional Planning.1975. 邹德慈，金经元译.城市和区域规划.中国建筑工业出版社，1985

14 郭彦弘.城市规划概论.北京：中国建筑工业出版社，1992

15 F. Stuart Chapin. Jr.，Edward J. Kaiser.Urban Land Use Planning（3rd ed.）.University of Illinois Press，1979.361~363

16 引自：唐兴霖编著.公共行政学：历史与思想.广州：中山大学出版社，2000.356~357

17 见：M.C. Branch 编.Urban Planning Theory.Dowden.Hutchinson & Ross,1975.218

18 关于"超理性"的内容请参见本书第十二章城市规划政策研究中有关 Yehezkel Dror 政策研究思想的介绍。

19 引自：D.W. Hamlyn.A History of Western Philosophy.Penguin,1987

20 郭彦弘.城市规划概论.中国建筑工业出版社,1992

21 Charles E. Lindblom.Politics and Markets: The World's Political-Economic Systems.1977.王逸舟译.政治与市场——世界政
治－经济制度.上海：生活·读书·新知三联书店上海分店,1994

22 Charles E. Lindblom, Edward J. Woodhouse.The Policymaking Process, 3rd ed. Englewood Cliffs：Prentice Hall,1993

23 Charles E. Lindblom.The Science of "Muddling Through",1959.见：Scott Campbell，Susan Fainstein.Readings in Planning
Theory.Malden & Oxford：Blackwell，1996

24 引自：唐兴霖编.公共行政学：历史与思想.广州：中山大学出版社,2000.389

25 Karl R. Popper.The Poverty of Historicism.1957.杜汝楫,邱仁宗译.历史决定论的贫困.北京：华夏出版社,1984

26 Lewis Mumford.The City in History.1961.倪文彦,宋峻岭译.城市发展史：起源、演变和前景.北京：中国建筑工业出版社,
1989.230

27 Christopher Alexander.Timeless Way of Building. 1979. 赵冰译.建筑的永恒之道.北京：中国建筑工业出版社,1989.271~272

28 Amitai Etzioni.Mixed-Scanning: A "Third" Approach to Decision-Making.1967.见：M.C. Branch 编.Urban Planning Theory.
Dowden, Hutchinson & Ross，1975

29 Amitai Etzioni.Mixed-Scanning: A "Third" Approach to Decision-Making.1967.见：M.C. Branch 编.Urban Planning Theory.
Dowden, Hutchinson & Ross，1975

30 Martin Meyerson.Building the Middle-range Bridge for Comprehensive Planning.1956.见：M.C. Branch 编.Urban Planning Theory.Dowden, Hutchinson & Ross，1975

31 Ira M. Robinson.Beyond the Middle-range Planning Bridge.1965.见：M.C. Branch 编.Urban Planning Theory.Dowden, Hutchinson & Ross，1975

32 Ira M. Robinson.Beyond the Middle-range Planning Bridge.1965.见：M.C. Branch 编.Urban Planning Theory.Dowden, Hutchinson & Ross，1975

33 Melville C. Branch.Continuous City Planning.1973.见：M.C. Branch 编.Urban Planning Theory.Dowden, Hutchinson & Ross，1975

34 Melville C. Branch.Continuous City Planning.1973.见：M.C. Branch 编.Urban Planning Theory.Dowden, Hutchinson & Ross，1975

35 P. Davidoff.Advocacy and Pluralism in Planning.Journal of the American Institute of Planners.1965.见：Scott Campbell，Susan S. Fainstein 编.Readings in Planning Theory.Malden.Oxford：Blackwell，1996

36 P. Davidoff，Thomas Reiner.A Choice Theory of Planning, Journal of the American Institute of Planners.1962.见：M.C. Branch 编.Urban Planning Theory.Dowden, Hutchinson & Ross，1975

37 J.W. Bardo & J.J. Hartman 在《城市社会学》（Urban Sociology：A Systematic Introduction.1982, F.E.Peacock）一书中尖锐地指出，这是现代城市规划，尤其是二次大战至20世纪60年代在大规模新城建设和旧城改造期间遭遇到最终失败的根本性原因。

38 Sherry Arnstein.A Ladder of Citizen Participation.Journal of the American Institute of Planners, 1969.见：Richard T. LeGates, Frederic Stout 编.The City Reader（2nd ed).Longdon and New York：Routledge, 2000

39 John Rawls.Political Liberalism.1996.万俊人译.政治自由主义.南京：译林出版社,2000

40 John Rawls.A Theory of Justice.1971.何怀宏等译.正义论.北京：中国社会科学出版社,1988

41 John Rawls.Political Liberalism.1996.万俊人译.政治自由主义.南京：译林出版社,2000

42 John Rawls.A Theory of Justice.1971.何怀宏等译.正义论.北京：中国社会科学出版社,1988

43 David Harvey.Social Justice and the City.Edward Arnold,1973

44 David R. Griffin 编.Spirituality and Society：Postmodern Visions.王成兵译.后现代精神.北京：中央编译出版社,1998

第十二章　城市规划政策研究[①]

从广义上讲，政策是一个覆盖面非常广泛的概念，它包括了管理部门所提出的法令、措施、条例、计划、方案、规划或项目。在这样的意义上，公共政策包括了法律法规，只是法律法规是更加规范和稳定的政策。从狭义上讲，公共政策是与法律法规相对应的，以政府的规章为主要形式，比法律法规更具有可变性，不如法律法规规范、严格和精确；从它们的性质上讲，法规是经过全社会的政治过程而得到确认的，而政策则更多是指政府的行动规程，是所有行政活动的目标和归宿，同时也是对社会行动的一个方向性的导引。从这样的意义上讲，城市规划应该是城市政府部门的公共政策的一部分。有关公共政策的研究有大量的中外文献可以参阅，本章的目的并不在于对普遍的公共政策进行论述，主要是围绕着城市规划本身的内容和要求，针对于城市规划过程中所涉及的相关方面，对由城市规划所引发的或直接相关的公共政策进行介绍。

从现代城市规划的发展历程来看，城市规划的实际发展也验证了现代城市规划向城市公共政策转变的总体趋势。正如霍尔（Peter Hall）在对现代城市规划的发展历程进行简述时所揭示的那样，从20世纪60年代以来，城市规划已经将规划的理念从对规划图（plan)和文本的编制转向对规划过程（planning）的重视，认为规划过程的核心与关键在于规划（plan and plans）的实施[1]。在这个过程中，规划图和文本所起的是未来目标引示的作用，而政策则充当了如何一步一步地去实现目标、如何开展行动的指导，并进而成为城市规划的构成主体。因此，在当今的城市规划的整个体系中，规划政策的制定和实施成为城市规划工作的重点所在。希利（P. Healey）等人通过对英国当代城市规划制度的考察，提出到20世纪80年代，发展

规划（Development Plan）已经不再是提供确切的未来蓝图，而是成为规划政策原则的集成，并依此而使规划（planning）内在地联系成为一个基本的框架[2]。在这样的状况之下，城市规划才有可能真正地担当起引导和控制城市发展和建设的作用。

从城市有序、公正地发展的角度出发，城市的社会经济需要在国家和政府的干预下运行，这一点已经在前面相关的章节中予以了较为全面的讨论。与此相应，任何城市都是作为一个统一的实体而存在的，因此，所有有关于城市发展的政策应当是一个整体，是一个完整的系统和体系。这一点无论是从政治学的角度还是从经济学的角度都可以进行充分的论证，而且这一点也是政府的调控作用及其能力的直接体现，因为政府的统一性直接由其政策及其实施行为所表达出来。在当今世界绝大多数城市中，城市规划是城市公共政策的集中体现，这既是由城市规划本身的发展所要求的，也是由城市政府所掌控的宏观调控的手段所决定的。就城市规划本身而言，现代城市规划的内容实际上已经涵盖了城市发展的所有方面，组成城市社会的种种要素在城市规划的内容中都得到了体现，城市规划直接关联的是各要素之间的相互关系，而且城市规划的内容也同样决定了这些要素本身发展的前景与可能。就城市政府的宏观调控手段而言，在市场经济体制下，政府直接参与建设的能力在所有类型的城市中都是有限的，同时又无法完全掌控市场经济过程中的资金的流通与安排，因此，城市政府实际可以控制的是建立在城市规划基础上的对土地开发权（土地的所有权或使用权可以通过市场而获得）的管理。对开发权的管理是当代城市政府行政权力发挥作用的关键性领域，这一点无论是在英国式的规划许可制度下

---

① 本章有关城市规划实施政策部分的内容是在编著者与王富海、陈宏军、朱旭辉分别合作完成的三篇论文（笔者为主要的研究者和执笔者）《城市公共政策与城市规划政策概论》、《城市总体规划实施政策概要》和《城市总体规划实施政策的理性过程》（三篇论文分别发表在《城市规划汇刊》2000年第6期、2001年第1期和第2期，并且是深圳市规划国土局资助的合作研究课题《城市总体规划实施政策研究》成果的组成部分）的基础上改写而成，现已对内容作了较多补充和完善。

还是在美国的区划制度下，其实质都是一致的。在这样的条件下，城市规划政策就成为城市其他各项公共政策的起点和最终归结。从城市管理的职能划分出发，城市规划相关政策主要集中在土地使用、空间等物质性方面，但这些物质性方面其实是城市社会经济发展的外在体现，也就是说，无论我们怎样界定，城市规划始终无法分离清楚城市规划与城市中的各组成要素之间的相互作用关系。同时，也正是有了这样紧密的相关性，与城市规划相关的所有政策，应当与城市的所有其他公共政策是相互匹配的，它们之间的相互关系至少应当是相互促进的。这样，对于城市规划和城市社会的相互关系而言，存在着两方面的内容要求：一是城市规划必须切实反映城市各项组成要素在城市发展过程中的政策取向；二是城市各个方面的未来发展必须是在城市规划所确立的基本框架之中。而协调好这两方面的关系，应当是城市政府政策架构及其机制的核心。从另一方面讲，城市的公共政策所存在的制度背景应当为建立这样的互动关系起到支撑的作用。

第一节 政策研究概要

政策研究自古就已存在，尽管并不一定使用这样的名词来指称，但只要有政府的存在，只要有政府行为存在，其行为就已涉及到政策的内容，而对政府行为的研究也就必然地会涉及到对政策方面的研究。但作为一项有明确的研究对象、研究目的和独特研究方法的政策研究，则是到了20世纪中叶才得以确立的。1951年拉斯韦尔（Harold Lasswell）和其他人合作出版的《政策科学：范围与方法的近期进展》一书，首次提出了"政策科学"的概念[3]，并对政策研究的内容进行了系统的介绍和说明，标志着现代政策研究的确立。在二次大战后社会经济快速发展的推进下，政府的政策行为越来越具有综合性，并且更加强调对行政行为后果的评估，同时随着政府机构合理化进程的不断推进，政策研究本身的不断成熟，从20世纪60年代中期以后，政策研究作为一个独立的研究领域在美国、欧洲以至世界许多国家被普遍接受并得到蓬勃发展。在此过程中，曾在美国著名思想库兰德公司工作的以色列学者德罗尔（Yehezkel Dror）的研究和努力，对政策研究的发展起了很大的推动作用，被尊称为"政策研究之父"。德罗尔在1968~1970年曾任美国兰德公司高级参谋、顾问，后又担任以色列国防部高级策略

分析顾问，并发表了许多著名的政策研究著作，其中《公共政策制定的再审查》（1968年）、《政策科学构想》（1971年）、《政策科学探索》（1971年）以及《逆境中的政策制定》（1986年）等最能代表他政策研究的思想。20世纪70年代以后，美国的许多大学纷纷建立了与政策研究有关的专业，与政策研究相关的课程也相继开设，逐步形成了在政治学、经济学、法学、行为科学、管理学等学科基础上建立起来的政策研究体系。20世纪80年代以后，美国、北欧诸国、日本以及世界上其他国家的一些著名大学，都已经把政策研究作为一门独立学科看待，并制定了相当完备的教学计划。有的学校还设立了政策研究与政策分析的博士学位。在一些国家，政策研究还成为培训政府公职人员的主要课程。伴随着学科研究的不断深入，许多相关的研究著作和一些名为《政策科学》、《政策分析》、《政策研究》之类的学术杂志陆续出现。由于政策研究不同于一般的理论研究，具有与政策实践紧密结合的特点，因而在政策研究学术理论研究发展的同时，还出现了研究工作组织化的倾向，这表现为许多国家建立了各种官方的、半官方的和民间的政策研究机构和组织。这些机构和组织有的侧重于理论研究，如日本的"国策研究会"；有的侧重于研究实际政策的建议与制定，如美国的"罗斯福美国政策研究中心"；也有的偏重于与政府行政管理相结合，如荷兰的"公共行政管理研究院"等。在组织形式上，既有地区性、全国性的，也有国际性的，如1972年在奥地利成立的有12个国家参加的"国际应用系统分析研究所"，专门从事污染控制、城市规划、公共卫生、人口问题等社会规划的政策研究。政策研究的组织化促进了政策研究与政策实践的进一步结合，也促进了政策研究人员的职业化。在不少的国家中，出现了一大批以政策分析、政策评估为专门职业的人员。这些从业者包括政府部门的政策分析人员、各种思想库和智囊团的研究人员及大学的教师，人员数量已具有相当的规模。这些人员或以组织的名义承接政府、企业等委托人的政策分析项目，或以组织和个人的名义受聘于政府、国际组织，或为企业充当顾问，在实际政策的分析、评估和咨询等方面发挥着自己独特的作用[4]。

德罗尔认为，政策研究是融合了管理科学、行为科学、经济学和政治学等多学科知识的一门全新的跨学科研究领域，其"核心是把政策制定作为研究和改进的对象，包括政策制定的一般过程以及具体的政策

问题和领域。政策研究的范围、内容、任务是：理解政策如何演变，在总体上，特别是在具体政策上改进政策制定过程"。可见，政策研究包含着广泛的主题、事件、态度倾向、方法、方法论和利益问题。而且他认为政策研究的任何实质性进展都需要大量的客观知识和主观知识作基础，这种需要远远超过了迄今为止人们对跨学科的知识的需要，这要用真正一体化的观点把政策与政策制定看成社会问题——处理能力和控制能力提高的一种有用手段。

关于政策研究的内容，德罗尔认为主要包括九个方面。他从行为性和论证性两个方面对这九个方面进行了论述[5]：

（1）现实和问题的理解——在行为性方面，提出认识和感知性问题，人类和人类组织怎样理解现实，提出问题并制定出决策的先后次序；在论证性方面，需要有一种哲学意义的扎实方式提出问题和考察环境，并找出可行的方法尽量真实地理解事实。

（2）宏观政策和关键选择——在主要的政策决策中，应对最基本的政策范例作进一步的探讨。在行为性方面，需要研究和解释基本政策及其基本假设；在论证性方面，应创造出作为政策主体的宏观政策和关键选择方式。

（3）超渐进主义（trans-incrementalism）——通常认为政策制定应采取渐进式，这是一种误解。在行为性方面应该看何时采用超渐进主义形式，并进行创造性研究；在论证性方面，需要指出渐进性政策可以接受的条件以及如何制定更好的更有创造性的超渐进性政策。

（4）复杂性——各种因素相互联系及动态作用构成政策制定的主要特征。在行为性方面，要了解相关政策系统、研究制定机构对复杂性的反应；在论证性方面，发展对付复杂性的方法，改变面临复杂性而无有效方法的局面。

（5）模糊性决策——即所有决策都面临不确定性，所以在行为性方面，需要一套测定不确定性程度以及组织对不确定性反应的方法；在论证性方面需要一套方法来减少和模拟不确定性。

（6）学习——在行为性方面，必须对现实中的学习、学习不足、学习不当进行研究和解释；在论证性方面加速和改进学习方法。

（7）政策结构——引入创造力因素，同时产生把政策研究与计划业务联系起来的需要。在行为性方

面，要注意影响创造力的变量问题；在论证性方面则应注意如何鼓励政策创造力的问题。

（8）困难的选择——所有政策都涉及价值选择以及不同价值观之间的变换率。在行为性方面，要测定价值并研究选择机制；在论证性方面，处理如改进价值可能性等一系列难题。

（9）元政策——"制定政策的政策"，即关于政策制定的所有操作和改进系统。在行为性上应研究具体政策的演化；在论证性上则试图改进具体政策；而从两者的结合上，应从整体上对待政策制定。

在德罗尔的政策研究中，"宏观政策论"（或"总体政策论"）是其政策研究理论体系中的核心。他所说的"宏观政策论"就是指能够应付高层大政方针的政策分析。但是正如他所指出的，虽然这种政策分析及其原则主要集中在政府最高层次上，但是若作些适当的调整，它们也适用于其他决策层次和组织。就城市规划对城市问题的研究以及对城市未来发展而言，城市规划的政策应当可以而且也能够从这一研究中汲取更多的养料，并在具体政策的研究、制定和实践中付诸实施。德罗尔所提出的宏观政策论的主要内容有以下这些方面[6]。

（1）宏观政策以判断和行为的哲学而不是科学的哲学作为基础。科学的宗旨在于追求真理，这一点对于各门学科来说都是无可争议的。尽管政策分析同真理问题具有一定的相关性，但是它却肩负着不同的使命，其目的在于改善决策，亦即作出比其他可能的决策更好的决策，再加上政策分析具有诸如由决策的特殊节奏造成的时间约束等特征，因而透过实际推理和行为哲学这面镜子来看待政策分析更为重要。虽然政策分析应尽可能地寻求科学的标准，利用科学的方法，但从根本上讲，它则是一项"实践的"而不是"科学的"工作，所以，德罗尔认为把政策分析建立在科学哲学以及与之相伴而行的实证主义基础之上的倾向是不恰当的，宏观政策分析不能死抱着"硬性"方法论和实证主义方法不放；相反，它在处理隐晦朦胧的难题，例如最高层次的关键性问题时，有必要更多地依赖玄妙的理解技巧和其他"软"方法，其目的在于对重大抉择方案作倾向性选择。为此，宏观政策分析常以启发型原则、定性化的备忘条文以及推理的准则等形式出现，该方法使用的是推理而不是计算。这里所谓的模型制作，更多的是指一种比喻而不是具体的计算模式。当然，德罗尔也承认宏观政策分析的这些特

性给人们带来了严重问题，比如像过多的主观性以及由于缺乏质量控制措施而造成的危险等。他认为，如果要在这些问题和对关键性抉择无所作为之间作一选择的话，他仍主张从恰当的行为和判断哲学的角度出发推行宏观政策分析。

由于政策分析过多地浸透了实际行动者具有理性这种简单化的理性假设，因而人们常常忽视了"非理性的合理部分"所具有的重要作用。然而，即使是具有牢固理性基础的狭义政策分析，也不应避讳"非理性"是实际行动者的重要特征这一事实。因此，德罗尔认为，必须彻底认识到各种形式的非理性和反理性行为是现实的一个重要特征，有必要用更加复杂和优越的"超理性"观念作为宏观政策分析的依据。

（2）以宏观政策为焦点来考虑政策模式。"宏观政策分析"这一术语本身就表明其实际的焦点是总体性的政府指令、战略性的大政方针等宏观政策。在德罗尔看来，目前在政策制定中实际上大多存在着这样一种倾向，即从特定的和局部的微观决策向综合的、不甚明确的总体宏观政策发展，并伴之以有关目标和期望的空泛宣言。然而，这些都没有多大的行动意义。与此相对应，宏观政策分析，包括对政策模式的选择，均应以总体政策为视野焦点，这一点无论是对不发达国家还是对发达国家都具有重要意义，因为在许多国家，具有不可替代作用的宏观政策常常被日常的具体决策和临时的权宜之计所淡化。

政策模式是政策研究者在对公共政策的研究中，为了帮助人们理解和解释社会政治生活、思考公共政策的原因及社会效果、预测未来的发展而不断总结出来的各种子模式，它们不仅体现了对公共政策思考的不同角度，而且还可以为政策分析提供各种途径。然而，政策模式在政策分析中并没有受到应有的重视，尤其是许多国家在政策分析中往往不分青红皂白地盲目照搬其他国家采用的政策模式。为此，德罗尔认为，宏观政策分析应根据当地的实际情况和现实要求选用恰当的政策模式，该渐进的就渐进，该激进的就激进。随着客观条件的不断变化，即使是对过去被认为"显然正确"而接受了的政策模式，也应加以重新考虑和修改。

（3）从国家兴衰、革命和政权的命运、发展规划、"宏观事业"之成败以及未来因素的高度来思考问题。由于社会发展过程中常常存在着种种不确定性因素而且许多变量又具有一定程度的历史惟一性，因此以决

定一个国家命脉的大政方针为视野焦点的宏观事业的命运，至少应该提出一些突出存在的问题并由表及里地探求其兴衰之原因，否则它就很难对其关注对象——如国家命运以及一些重要措施等——产生效力。所以，德罗尔认为，宏观政策分析应以历史和理论假设作为最广阔的思维框架来思考国家与政权的兴衰、革命运动的远期影响、发展计划的成败以及类似的宏观事业之前途。

为了帮助政策制定摆脱当前的压力和改进眼前的逆境，为了提供远期的和动态的方向指针以便进行宏观政策分析，设计远期的、全面的、可能出现的各种未来状态，乃至未来的"实际远景"设想都是不可缺少的工作。逆时间的"脚本"描述，即从未来推及现在，是宏观政策分析中的根本方法之一，它可以与人们惯常使用的从现在推及未来的思维方式互为补充。

（4）在历史思考，对形势进行广泛的、远期的以及动态的预测。"在历史思考"的意思是指从长远的角度考虑问题并且注意到一定的时间过程所具有的不确定性和各种变迁，这是宏观政策分析的重要原则之一。该原则包含着一个无历史学假设，即未来并不在很大程度上由过去所决定，政策制定享有较大的自由度，并能对现实世界的演化起积极作用，乃至具有从根本上决定未来状态的潜在能力。因此，宏观政策分析应该进行一些透彻的、触及历史过程深层的认识，包括对所有相关的不可能性和疑问以及相关的"历史重演"等情形的推测。

决策是以未来为导向的，预测作为宏观政策分析必不可少的组成部分具有关键作用。宏观政策分析水平的提高有赖于对形势进行更加准确的预测，其中包括能涵盖主要政策领域的大面积的全国性预测，为准确把握社会时期而进行的远期预测以及集中趋势转化、不确定性和盛衰突变的动态预测。这里尤其应加强对衰落曲线、转瞬即逝的机会和突发事件等方面的研究，因为它们能够为宏观政策分析提供意味深长的启示，例如是否有必要进行革新性的干预，是否需要采取突破性战略而不是渐进性政策。

（5）以协调的观点为指导集中注意关键性抉择，避免不利结局，争取良好绩效。每一个国家均或多或少地会面临着数量有限但可能会对未来产生深远影响的关键性抉择，乃至牵系社稷命运的"历史的十字路口"。宏观政策分析应着力于鉴别关键性抉择并给它们配备尽可能充足的资源以便改进政策。通常，在某一

重大的国家事务处于衰落曲线上时，必然会产生出一些进行关键性抉择的机会。遗憾的是，多数政策分析都忽视了这种情况，宏观政策分析必须竭力捕捉关键性抉择的研究，必须有协调一致的观点与之相配合，即要把单个的决策放到国家整体中加以考虑，必须从整体统一的立场出发去看待每一项单个的抉择，注意维持各项互不关联的具体抉择之间的平衡。德罗尔说他之所以专门提到这一点，是因为目前政策制定的取向和许多政策分析都只是缺乏远见地处理单个决策项目，而不顾作为一个整体的决策系列及其发展趋势，而作为一个十分重要的观点，协调理应成为宏观政策分析的一个重要特征。

在德罗尔看来，宏观政策分析应该沿着两条部分分离而又部分交织融合的线条进行，即：在降低最坏的和不良的情况出现的几率的同时，增大期望效果出现的可能性。德罗尔认为，全面把握这一原则对于宏观政策分析十分重要，因为，意识到坏情形的可能并就如何避免坏情形达成一致意见比实现好的情形相对要容易一些；从人类决策的历史来看，避开一些危害甚大的选择会极大地有助于取得重大进步。

（6）消除病弊，探求深层复杂性的处理。宏观政策分析往往会搀杂一些病理因子，例如强烈的感情色彩、希望和期待、潜伏着危害性的占统治地位的意识形态、多讹的推理等等。德罗尔认为，在宏观政策分析中可以通过强化自我意识、进行反向思维、利用多种语言，以及实行吸收决策心理学家和研究心智与判断的哲学家进入决策分析班子等多种途径来克服谬误。同时，他指出，对此我们必须避免简单化的倾向。从理论上讲，宏观政策分析应该是"冷酷"的，它与政治"炽热"的本性恰好相反，但感情因素也并非总是宏观政策分析的冤家对头，比如有时各种热情对于激发创造性就具有不容忽视的作用。确切地说，感情因素是一个重要但易出问题的合作因素，因此，对宏观政策分析之"冷酷"性的相对作用以及各种感情过程的精细理解，是进行宏观政策分析并为其清除弊病的基本要求。在此，德罗尔专门提到宏观政策分析需要保持谨慎态度来对待妥协问题，妥协如果使用恰当，在政治上的确具有重要性，它有助于建立和维持联合与共识。反之，妥协若使用不当，则很容易被滥用来作为代替艰苦思索的捷径，并使政治变得更加投人所好，而远远超出维持最低联合和基本共识的需要，甚至还可能会集各种方案的弊端于一身，进而导致所有

决策参与者均只能得到低于其原先期望的收益。

德罗尔认为，与一般的政策分析不同，宏观政策分析不只是对付表面上的复杂性，而是要发掘出问题的纠结错综之处并正确地对待其最内在的特点——即他所谓的处理深层复杂性。在德罗尔看来，面对深层复杂性就意味着处理矛盾，宏观政策分析必须承认并处理各种矛盾。这里，他明确指出深层复杂性的处理必须采用正确的策略，具体地说就是要在宏观政策分析中利用各种学科知识、理论框架、研究手段、视角取向、认识方法以及各种子分析工具的组合，只有这样才能有效地把握住深层复杂性。为此，他说，作为一种难度极大且万般复杂的活动，宏观政策分析必须依靠各种手段的适当组合，在一个统一连贯的主导思想下开展具体工作。

（7）政策赌博。由于社会发展过程和物质运动过程中都包含着大量的不确定性，决策行为在本质上带有赌博的色彩。当不确定性涉及不同决策的未来形态和决定变化的原动力时，决策就成了一种模糊赌博，其中掺杂着不可知量和一些尚未确定的回归函数关系，最终结果可能是违背期望的或是未曾料及的，甚至会一发而不可收拾。换言之，按照宏观政策分析所接受的世界观，未来乃是由某些动态的并且在很大程度上不可知的，目前甚至更无从知晓且不断变化的需求、机会和选择等混合因素决定的。宏观政策分析主要针对抉择问题，它同需求和机会等因素打交道，其方式包括多种政策赌博。在此，德罗尔还特地指出，他所提出的其他宏观政策分析原则大多依赖于其政策赌博的观点，如在历史中的思考、研究深层复杂性以及考虑环境反应等，均会导致更多的不确定因素，因而他认为"政策赌博"也许是宏观政策分析的所有原则中最大胆且最重要的一条。

（8）价值分析和目标探索，创新与创造性。"价值"一词在此不同于经济学所讨论的价值观念，它是指一个系统的偏好。价值分析的基本目的是确定某种目标是否值得为之争取、采取的手段是否能被接受以及改进系统的结果是否良好。而目标是决策者通过其决策试图完成或实现的东西；当个人或政府需要通过政策分析来作出决策或选择政策时，必须假设该决策或政策要实现的某些对象，这就是目标。目标是政策分析五大要素中最重要的因素，作为政策分析过程中最重要的一步，目标的确定与阐释本身就体现着一定的价值偏好。由于决策的本质是资源分配，而且价值

也相应地成为资源分配指导原则的核心，所以透过优先等级显现出来的价值分析和目标探索在宏观政策分析中便格外重要。因而德罗尔强调指出，无论宏观政策分析怎样需要定性处理、怎样依据历史性思维、怎样鼓励创新，它都无一例外地必须考虑目标与资源之间的关系，必须注意在使用稀有资源时设置分配优先顺序的必要性。

尽管政策的创新性并不是宏观政策分析的专利，但是与某些正统的分析方法相比，宏观政策分析则往往更注重创新，更强调用全新的眼光评价政策，而不是在原来的思路上进行优化。德罗尔说，本着求实主义的态度，我们可以通过诸如详尽阅读有关文献以及广征各家观点，广泛研究他国的类似经验，考虑政策分析班子成员在文化、学科背景以及性格方面的多样性，力争吸收进一些开拓型人才，密切注视有关社会的新政策思想，以及态度鲜明地肯定对创新思想的需求和鼓励半成品的观点等做法，来突出宏观政策分析的创新性。

（9）政治上的周密性和相对独立性，危机决策的相关性。德罗尔认为，宏观政策分析必须在做到政治上周密的同时保持自身与政治的相对独立性（但不是相互隔绝），具体地说，一是应把政治现实视为一种约束，但不能过于狭隘和刻板，应把国家领导人当作使必需的东西成为可能的一种手段；二是必须了解政策分析的政治，包括政治推理的需要和方式与宏观政策分析基本世界观之间的矛盾，例如，政策改善需要大量全新方案，而实际中出于政治上的便利，往往存在着渐进主义以及冲破传统所需的政治代价，等等；三是要避免使政策分析沦为有关如何摄取权力、建立权力和维持权力的政治建议，警惕政策分析被人误用或被用于政治目的。同时政策分析人员还应避免超越其专业工作领域去介入政治上的政策辩论。

德罗尔认为，宏观政策分析同危机决策的关系常为人们所忽视。然而，由于危机决策具有关键性的特点，宏观政策分析者必须充分认识到危机决策是一种重要的关键性抉择模式，应当给予分析和利用，以便在宏观政策分析的协助下为提高政策质量服务。这里，德罗尔特别强调要避免把控制危机的概念简单化地看作以恢复原先状态为目的，因为那不仅不可能，而且还会因此而错过具体的机会。为此，德罗尔进一步指出了把宏观政策分析与危机决策联系起来的主要途径，即不仅要将危机系统的改进和吸收职业分析人员参与

危机决策机构纳入宏观政策分析视野中，要调整宏观政策分析原则以适应时间极度受限的危机决策模式，更要全面深入地思考哪些可以充当危机决策之基础、依据、背景以及评价框架的主要政策变化原理、方向和思想。

（10）有关元政策的制定。元政策是指有关政策制定的策略，包括政策制定的结构、过程、人员和方针原则等。德罗尔认为，在这方面宏观政策分析面临着一个两难困境：一方面，由于利用各种方法手段提高政策质量的过程有赖于恰到好处的结构、人员和文化，因而若想在政策变化领域突破陈规，就必须具备带有独立性的智囊结构，他们同政治保持距离，同时又享有把政策分析渗入实际政策制定的机会；另一方面，在组织的策划者、决策过程的管理者、宏观分析人员以及其他职能人员之间必须有所分工。而要克服这种两难局面，则需要有某种程度的职能重叠、群体合作和任务分工，所有宏观政策分析人员都必须具备有关组织设计和部分决策程序管理的主要知识，而决策程序管理领域的所有专业人员也要具备扎实的宏观政策分析知识；此外，还应把具有不同专业知识的专业人员组织成项目小组或研究班子来处理重要的元政策制定项目。

从20世纪的80年代以后，有关政策的讨论，无论在政策内容的选择上，还是在决策程序的安排上，越来越与城市规划的内容和程序相关涉[7]。而对于德罗尔有关宏观政策的分析与论述，正如他自己所说的，如果我们将其中一些词作一些变换，则完全可以运用到对城市规划政策的分析上，如将"国家"改为"城市"，将"宏观政策"改为"城市发展政策"等，而且对于城市规划的研究和规划政策的研究具有非常强的针对性。此外，无论从历史上来看还是从当今全球化时代的现实状况来看，许多有关于国家的论述本身也是从城市中来或者可以运用到对城市问题的认识上。古希腊时期就有"城邦（city state）"之说，尽管其含义还不能就等同于今日之"城市"和"国家"，但以城市为独立的个体来进行讨论则应当是值得记取的。而从20世纪80年代开始在美国兴起的有关于"citistate"的讨论，则直接针对全球化时代城市地位与作用的变化，提出城市的作用越来越像一个国家[8]。原因在于，在全球化时期，全球范围的资源竞争已经成为城市之间的竞争而不仅只是国家之间的竞争，而且，城市也不再是对周边地区产生影响，它可以变得与周围地域

没有直接的政治经济联系，而是在全球范围组织新的网络联系。在这种竞争的过程中，城市利用其相对独立的地位，解除国家的巨大影响，通过提出各自的政策直接参与到全球竞争中。从这样的角度来看德罗尔的有关宏观政策的论述，对于在城市层面上来整体性地理解城市公共政策和城市规划的政策研究，也就更具有现实的意义。

第二节 城市规划的政策研究

城市规划政策是城市公共政策的一个重要组成部分，因此，城市规划政策应当符合城市公共政策的基本要求。这里，通过对公共政策的一些主要内容和特点以及价值标准作简要论述，目的在于明确城市规划政策的基本框架，能够更加清楚地把握城市规划作为公共政策的基本类型与应当具备的特征，而其中的价值标准为我们评判城市规划政策提供了基本的准则，是城市规划政策的目标和方向。

1. 公共政策的类型

关于公共政策的类型，可以作如下划分[9]，但很显然，其中的分类有相重叠的成分，但出于理解公共政策性质的多方面性的考虑，暂且依据公共政策中的一般划分作相应的讨论。

（1）目的型与手段型政策

目的型政策是带有方向性的政策，一般综合性、概括性较强，而手段型政策则是为目的型政策得以贯彻而制定的具有针对性的政策。作为引导性的城市规划政策在整体上应当是以目的型政策为主，但所有目的型的政策都有必要由手段型的政策作为支撑。在城市规划领域中，运用于城市建设和开发控制的政策则主要是手段型的政策。所有的手段型政策必须与城市规划的目标相对应，并且应当使这些手段都能够合乎逻辑地成为是为了实现一定的规划目标而采用的。

（2）改造型与调整型政策

改造型政策是为改造现行体制的弊病而制定的政策，具有相当的整体性，而调整型政策则是要调整现行系统的某些不适应的环节，具有清晰的局部性。这是激进改革和渐进改革思想在政策领域的反映，同样两者之间的关系应当是辩证的。相对而言，以城市总体规划为基础和对象的政策序列应当是以改造型的政策为主体，因为总体规划在理论上更注重于城市发展的结构性转变，寻求完整的整体目标的实现；而以详

细规划和发展控制为基础和对象的政策序列则与操作实务相关联，政策具有相对的延续性，因此所需要的是带有微调性质的政策。但是这种划分并不是截然的，总体规划也有延续性的问题，而详细规划和发展控制也同样需要有改造型的内容。

（3）创新型与改良型政策

创新型政策是指那些首次制定和实施的政策，因而难度较高，且具有不确定性，而改良型政策则是指对已有政策进行修正的政策，虽然难度较低，但政策效果亦不一定尽如人意。这两种政策类型中的辩证关系也是显而易见的。创新型与改良型政策在城市规划的各个阶段和各个方面都会出现，具有同等重要的地位。就城市发展而言，在城市结构快速调整时期，当目的型政策或改造型政策大量提出时期，当城市中的政策类型相对比较短缺时期，创新型政策更为迫切，原因在于过去城市规划领域中相关的政策陈述已经不太适应或比较欠缺，这就需要有这样的创新。但这些创新型政策在经历了一段时间的实践之后，所需要的可能更多是进行改良，而不应将重心放在整体性的重新制定。

（4）对策型与引导型政策

对策型政策是为了解决公共政策过程中的随机干扰现象，具有战术性、灵活性的特点，而引导型政策则要解决引导社会发展方向或公众舆论的问题，具有战略性、长期性的特点。这两种类型的划分对于城市规划而言，具有同样重要的意义。城市规划在本质上就是要解决好这两者之间的关系。城市规划过去主要针对于战略性、长期性的内容，而较少关注当时当地的问题，从而为城市规划带来了许多被动。但城市规划要解决好这一问题，关键则在于如何将引导型的政策与对策型的政策相结合起来，从而完善城市规划政策的体系，使近期行为为长远目标的实现作出贡献。

（5）直接型与间接型政策

直接型政策是对特定的社会问题具有直接效果的政策，具有速效性，间接型政策是对非特定的社会问题普遍具有一定影响的政策，具有过程性。从总体上讲，城市规划对社会经济的影响是间接型的，但这种间接型的作用却直接规定了城市社会经济发展的背景与前景，同时，社会经济发展则直接规定了城市规划本身的内容，因此城市规划政策对社会经济发展相关的政策是间接型的，这就要求在制定和实施这类政策时要充分估计到社会经济发展的扩展效应。城市规划

对城市土地使用、空间发展、环境整治等方面的作用是直接的，这种直接的作用最终会透过对社会经济发展的作用，而影响到规划的后续决策和规划自身的内容。因此，规划政策必须对政策的作用进行全面而充分的评估。

（6）理性与超理性政策

理性政策将人类的思维和行为都假定为是理性的，并以此为前提进行政策选择，超理性政策则根据系统中的超理性因素制定政策模式。理性是科学追求的目标，城市规划自诞生之日起就在此方向上不断发展，但我们还应保持清醒的是社会发展过程中非理性因素的存在，在城市规划过程中的很多操作也恰恰是不完全具备理性依据的。而且，从认识论的角度讲，纯粹理性是有其边界的，西蒙（H. Simon）曾充分论证了理性的有限性[10]，而德罗尔所提出的超理性概念对于城市规划而言也是不可或缺的。我们要有超理性思维的建立，至少诸如房地产开发决策中所存在的非理性[11]也是我们必须要警觉的。我们只有依循这样的决策机制才能采取相应的手段来维持城市规划所追求的目标的实现。

（7）程序决策型政策

程序决策型政策主要依靠逻辑推理制定政策，主要用于知识积累不足、政策信息量不够或相关政策者意见分歧的政策环境。正由于非理性因素的存在，规划过程又涉及到社会的各个方面和社会利益的协调，而且由于上述原因，要保证规划决定的有效性和为社会所接受，决策程序的预先规定则是重要的基础。决策程序决非是可以随意确定的，也不应当是在决策的过程中才来确定决策的程序，而应当是以正式的纪录事先规定普遍适用的基本规则。通过决策程序的确定，同时也确定了决策过程的参与机构或人员、基本的顺序、议事的规则等，从而能够保证决策过程的合理性。

2. 公共政策的基本价值取向

公共政策的基本价值标准直接影响其至决定公共政策的性质、方向、合法性、有效性和社会公正的程度。因此，价值标准的确认和选择是公共政策的决定性因素之一。公共政策最基本的、任何公共政策都必须遵从的价值标准有以下若干方面，这些方面同样也是城市规划政策必须遵循的。

（1）政治公正标准

现代民主政治的几乎一切基本原则直接构成了现代公共政策政治公正价值标准的基础。在这些原则的基础上，公共政策过程中的政治公正原则主要集中在两点上：第一，市民及市民团体对于公共政策制定过程的参与权，与此相联系，除法律特别规定保密的之外，现代公共政策讲求政策制定过程的透明度，讲求公众发表意见的合法途径，讲求新闻监督。只有具备一定的公开性，市民及市民团体才可能了解公共政策是否合法、是否合理、是否符合公众的利益。第二，公共政策必须符合利益普惠的原则。所谓的利益普惠主要是指公共政策由其性质所决定，其目的在于为全体市民谋取利益，而不是为少数人或特殊利益集团谋取利益。因此，每一个受法律保护的市民都有获得公共政策所带来利益的权利。当然，一项公共政策，尤其是方面性的公共政策可能并不能同时满足全体市民的愿望或要求，但只要是公共政策就必须符合某种公众认可且为法律确认的规则。

（2）经济效益标准

经济效益标准是任何政策都必须严肃考虑的问题。公共政策的特殊性在于为实施公共政策而支出的每一分钱都是纳税人的钱，从政治权力的来源上说，都是委托人的钱。因此不允许浪费哪怕是一分一厘。一般而论，最佳的投入产出比是经济效益标准的主要判别标准。这里所指的投入产出，并非只是指项目本身的投入与产出，而是指推行一项政策所投入的人力、物力、财力等的内容与政策产出之间的比例关系。当然，如果政府为了实现某个政策需要建设某些公共性项目，那么也需要考虑建设这个项目本身的投入产出效益，但同时也需要考虑这个公共项目对政策实施的投入产出效益，也就是要将该项目的投入作为整个政策实施的成本之一部分。

（3）社会可行标准

社会可行性标准主要是指，一项公共政策在政策宣示后可以较为顺利地加以推行。具体来说，社会可行性标准包括两层含义，第一，既定的政策至少不会遭到社会普遍的反对或一部分人的强烈的抵制，最好可以得到社会的较为广泛的认同和支持，这说明本政策有着良好的市民基础；第二，既定的政策不会造成严重的社会现实问题或历史遗留问题，而是直接造福于民、造福于社会、造福于人类。

（4）实践检验标准

公共政策由其功用和目的决定，必须十分重视在政策实践中的有效性。不能发挥实际效应的公共政策严格说不能称之为公共政策，不能充分发挥实际效应的公共政策至少不是高品质的公共政策，产生严重消极影响的公共政策则肯定是不好的公共政策。那么，究竟是有效还是无效，有效到什么程度，是积极效果还是消极效果，以及与政策效果直接相关联的理论、知识、经验、超理性感觉、分析模型、分析技术等等政策因素的正确与否，最终都必须在政策实践中才能得到检验。一般而论，符合社会公平或主持社会公正或维护社会公理的政策是好的政策，低投入高产出的政策是好的政策，得到社会普遍支持的政策是好的政策，没有直接或间接社会不良后果的政策是好的政策。

3. 城市规划的政策意义——政策规划

城市规划是一项关于城市未来发展和建设的政策陈述，而且应该首先是这样的陈述。城市规划通过对未来发展的预期，统合起城市社会中方方面面的因素，为城市的未来建设和发展预先安排各项行动，引领着城市未来的发展方向。当然，在此过程中，城市规划主要的作用集中在城市的土地使用和空间安排方面，但城市各项要素的运行都需要有土地使用作为其基础，都是在一定的空间基础上运行的，城市的土地使用和空间安排会直接影响到这些因素的运行过程及其结果，而城市土地使用和空间关系本身又是由这些因素的运行所决定的。因此，城市规划不仅仅是对物质空间的规划，更重要的是对物质空间实施的行为的规划，而在现代社会中要对人类行为进行调控和安排，最有效的手段之一就是政策。因此，城市规划应当是对城市的公共政策进行规划，提出有关未来城市发展和建设的政策方向。

城市规划的意图在于通过对城市发展过程的干预，以形成一个既符合城市发展规律又符合人类发展需求的城市空间环境。在新环境的形成过程中，城市空间关系的调整是城市整体社会经济关系变化的结果，因此，只有通过种种手段首先对城市的社会经济关系进行调整，才能真正改变城市空间关系。在此过程中，城市规划所起的作用就是将城市中各个部门、各个领域的政策在城市空间层面上进行综合和整合，在揭示城市未来发展方向的前提下，提出城市整体的发展政策框架。这种政策规划针对的是城市整体，而非城市中的某个部门（包括规划管理机构或规划部门），作为实施这样的政策体系的实体，应当是城市的所有政府部门。城市规划的综合性和对城市发展的指导作用决定了城市规划（plan）是城市公共政策的最基本内容，也是形成城市中各部门政策的基础。在这样的基础上，

城市规划（plan）一旦得到批准，也就意味着一系列政策的被采纳并将被运用到城市未来建设之中去。在这样的方式下，私人利益者可以预计到开发设想的可能前景，同时，规划作为一种政策陈述的影响对政府内部和外部具有同样的重要性。应当清楚的是，城市规划不仅仅是对私人开发行为的规范，而且同时是政府部门各类行为的基础。城市规划作为具有法律效力的法定文本，是全社会共同遵守的准则，由此可以促进城市不同部门之间以及半独立的各类机构之间的相互协同的行动。

由于城市本身所具有的复杂性，城市政策涉及到各个方面，这就要求有相互统一和协调的政策体系。从一定的意义上讲，城市规划政策包含着两部分内容：一是针对于规划实施过程中的问题而制定的具有针对性的政策，这类政策往往是就事论事的。二是针对于未来可能演变或生成的情形，系统地制定一套解决可能问题的预案的过程。我们将后一种情况称为政策规划。从城市规划的体系而言，城市规划实质上就是这样一种政策规划。

正如城市规划的空间意义是城市发展的整体纲要那样，政策规划也并不是要为各个部门制定各类具体的政策，而是通过对城市发展前景和城市规划实施过程的分析和认知，制定和选择能够最有效地达到城市发展目标的政策引导，为各个部门制定具体政策提供依据和框架，或者说，政策规划是确定各部门未来政策的方向、评判标准及执行准则。政策的目的是尽可能地剔除那些不希望发生的结果，而引导希望的结果出现，因此，城市规划就是为了达到城市发展目标，指明各类政策从最佳到可接受的序列，为城市建设和发展的决策和行动提供依据。政策规划也可以理解为是一种具有一定权威性的政策构想，在城市规划（plan）得到批准的同时，这种政策规划应当视为具有一定法律效力的文件，并在政府各部门的实务工作中得到贯彻。

第三节 城市规划的政策内容

就城市规划所涉及到的内容而言，城市规划会涉及到城市中各种各样的政策，其中有一些是其他机构（中央的、区域的、城市的、地方的）针对于城市中的各组成要素所作出的；有些是城市政府对城市发展所作出的；有些是由不同层次的政府机构为城市规划编

制或实施而作出的；当然，也有是依据城市规划的内容和要求而由立法机构、政府及其规划部门作出的；等等。这些政策都会对城市规划发生作用，而且这种作用往往是城市规划运作过程中所不可摆脱的。相对而言，在有关城市规划的所有政策中，下列这些内容的政策是最为经常涉及到的，也是最为核心与关键的。

1. 城市发展目标

城市规划是政策陈述的一种方式，在理论上，它所陈述的内容本身就应当是政策的内容并发挥政策的作用，而且在一定的程度上，城市规划所确立的政策更具有基本性和整体性。在城市总体规划的层面上，城市发展的目标、发展战略、城市的功能布局、城市各项要素的安排及规划实施的策略等，都是城市未来发展的指引，这些内容应当成为城市整体的和各部门、机构制定政策的依据，各项部门政策应当是来实现总体规划所确立的整体目标、基本原则及其安排。其他层次的规划也是确定特定地区和阶段发展的政策。从这样的含义出发，城市规划所确立的基本政策应当是城市发展目标和相关的宏观政策的具体化，同时又是各专业部门的规划和实施行为的最终目标。

2. 城市各组成要素发展的相关政策

城市规划所直接处理的对象是构成城市发展的各项主要因素，这些因素相互作用的结果是对城市发展政策的实施。我们应当很清楚地看到，城市规划所直接处理的对象的发展演变并不都是由城市规划所直接决定的，芒福德的名言"真正影响城市规划的是深刻的政治和经济的转变"所展示给我们的是，在城市规划所涉及的领域中，组成城市的各项要素及其整体有它们自身的发展规律，它们自身的发展演变直接影响到了甚至是决定了城市规划的内容。城市规划必须顺应这些要素本身发展的过程，如果违背了，则有两种可能：要么这些要素的发展受到抑制，城市的整体发展受到制约；要么这些要素以其自身的规律而发展，城市规划失去了发挥作用的基础。从历史发展的经验中我们可以看到这两种现象都是存在的，而霍尔（Peter Hall）所揭示的规划灾难则告诉我们[12]，如果我们不能充分地估计到这两种状况的后果，那么城市的发展都会面临新的灾难。这是很值得引起我们警觉的。当然，城市规划并不总是无所作为地完全顺应这样的发展趋势，但一旦要对其进行改变或改造，就需要设定一定的政策措施和手段来进行，这些政策手段并不只是针对其最终的结果所进行的调节，而是要在其发展的过程中通过影响其发展的条件进行调节。

从政策的角度而言，组成城市的主要要素方面的政策往往也是影响城市发展的重要因素（我们可以假定这里所讨论的政策是符合城市发展规律的，否则其遭遇如同上述之规划的遭遇一样；当然规划本身也是一种政策，这里只是为了论说方便而采用将规划与政策分离的说法），因此，这些政策理应直接反映在城市规划的内容之中。如，国家的城市发展政策，城市的社会、经济发展政策等，这些政策作为整体的、宏观的政策决定了城市未来发展的主要趋向，它们也同样会覆盖城市各类机构、部门的政策决定，成为这些机构、部门行动的指南。同样，各类机构、部门在城市发展政策的指引下所作出的部门政策也影响甚至决定了城市规划的内容，如国家和城市的产业政策、土地政策、环保政策及其他部门（或城市组成要素）发展的政策等等。这些政策之间如何协同，是城市公共政策机制发挥作用的关键方面。就城市规划政策而言，一方面要将这些政策的内容及其可能产生的后果在城市规划政策中得到反应，在符合城市发展需要的情况下在城市规划中得到落实；另一方面，必须对这些政策的相关方面，尤其是在其所可能产生的后果方面要在城市整体发展的背景下进行重新的评估与协调，对这些政策的实施进行反馈和调整。举一个例子，产业政策鼓励发展家用小汽车，这在西方的20世纪30、40年代及二次大战后都先后经历过这样的过程。小汽车的发展，意味着有大量的小汽车进入家庭，城市的汽车拥有量会大增，这种发展会带来一系列的问题需要解决，最直接的是道路面积将大幅度增加，道路面积的增加其实质并不仅仅只是现有道路的拓宽，而是道路网需要整体性的改变，也就是路网密度增加，只有这样才能真正解决城市内的交通问题。同时城市的道路等级也会面临进一步的提升，如高速公路、快速汽车路就会在城市中出现并不断增加。其次，小汽车的普及更方便用户的出行，拓宽其出行的范围，因此，市民对许多公共设施的使用不再仅仅依靠周边的设施，而是会在更大的范围内进行选择，在这样的状况下，城市中心或现有居住区内的公共服务中心就会面临经营的困难。第三，居住地的选择也会发生改变，这种改变就会产生城市向外蔓延的需求，过去接近于公共交通、公共设施的择居倾向就会转变为向方便的公路设施等的集中。第四，城市中需要有大量的停车设施，根据美国的经验，在办公楼集中地区，一定范围内的停车设施的面积与就业岗位所需要的建筑面积几乎相等；如果是商业设施集中的地区，停车设施的面积甚至是商业营业面积的两倍以上。此外，还有与汽车消费相关的服务配套设施的发展及其在城市中的安排，为更好满足汽车使用而导致的一些服务方式的改变，如驾车驶入（drive in）的消费场所和办事方式等等。小汽车的普及所带来的实际上也是一种生活方式的改变，因此会涉及到城市发展的方方面面，这就决定了这样的产业政策需要有许多方面政策的配套和变动，因此，产业政策也不仅仅只是鼓励生产、促进消费的政策，而是需要对众多方面进行全面调整的政策系列。这些变化都会产生空间效应，也就是要在城市空间组织中予以体现。对于城市规划而言，这样的政策必然会导致城市整体结构的改变，比如，城市的空间组织方式和城市的空间形态，以小汽车为主导的城市和以公共交通（包括地铁、轻轨等）为主导的城市是完全不同的。城市规划如果认同这样的发展需要，那么就必须积极应对，这就要求城市规划在建设用地的安排、各项设施的布局、未来发展策略等方面予以充分的反映。但城市规划在此过程中的作用并不是消极的，这一政策的推行也会与其他政策之间产生矛盾，城市规划必须在空间层面上协调好它们相互之间的关系，同时，城市规划政策更为重要的方面则是要考虑到该项政策对其他方面的后续反应。如家用小汽车发展起来之后，会对城市的居住分布、商业结构与布局等等产生什么样的影响，那么规划的相应对策是什么，这些政策需要其他部门的政策之间如何协同，也就是对这些相关政策提出改进的建议等等。同样，如果从城市发展和有序运作角度以及中心城区的交通问题等方面考虑，也可以选择在城市中限制汽车通行、大力发展公共交通的政策，减少中心区的交通量，那么，首先就会涉及到政策选择和实施可能性的评估问题，也就是要考虑这一政策的可行性，或者说实施这一政策的成本效益问题；其次就要考虑如果实行这一政策所需要的其他设施的配套，如公共交通设施的网络安排、停车设施和换乘设施、中心城区内的停车数量与布局等等，同时也要考虑在这样的政策条件下居住、办公楼、商业等等的需求、结构和布局等方面的特征与要求，由此也必然地会引出更多的相关方面的政策措施。比如，采用经济的手段来降低城市或中心区的汽车总量，如香港采用高附加消费税的政策来减少汽车的拥有量，以避免城市交通的瘫痪；新加坡采用汽车进入市中心

规定搭载的人数，不足的课以重税；伦敦的中心区采用收取拥挤费的政策；纽约则采用中心区高停车费、城区边缘地铁站附近超低停车费的方式限制进入中心地区的汽车总量等等。城市各类公共政策的相互配套性以及在政策目标上的协同是城市各相关要素发展政策的关键，应当避免某一些政策鼓励小汽车使用，而另一些政策则限制小汽车使用，否则这些政策所导致的空间问题就永远也无法解决。

3. 有关城市规划编制的政策

有关于城市规划编制的政策主要来自于两个方面：一是以国家、省（州）、城市的法律法规为主体的有关城市规划编制的内容、程序等方面的规章；一是城市政府关于正在编制的各类规划的要求、内容规定等方面的政策宣示以及由这些规章和政策宣示所激发起的公众诉求。

国家和地方的有关城市规划编制的法规，其实质就是要通过运用国家城市规划法及相关法规和地方城市规划法规所建立起来的城市规划与社会系统的相互关系，运用相关的法律法规和相应的技术规范来界定城市规划编制成果如果要成为合法文本所必须具备的最基本的条件，并由此而确立城市规划编制成果（即城市规划文本）的合法地位，这是城市规划体系得以运行的基础。只有合法的规划文本，才能成为城市规划实施的依据，从而为城市规划实施行为的合法性提供基础。这些法规通常依据城市规划法律所确立的城市规划体系而具体确定不同阶段、不同层次的规划内容应当具备的基本成分、成果要求（包括成果内容、规划深度和成果形式等）和相应的技术要点。

城市政府关于正在编制的各类规划的政策宣示，主要是政府希望将一定时期内的发展设想贯彻在城市规划的内容之中，比如城市的发展战略。在一定的意义上，城市规划是一项政府行为，因此，政府的发展设想是城市规划成果所展示的主要内容。任何层次的城市规划应当充分体现这样的设想。这种政策宣示往往在编制城市总体规划的过程中较多出现。当然在编制其他层次的规划时，也会有这样的情形，尤其是在关于特定地区的发展的总体规划方面。

国家和地方有关城市规划的法规以及政府的相关政策宣示都会涉及到公众对城市规划编制参与的内容，在此条件下，大量的公众对规划编制的诉求就会进入到规划编制的过程，这些内容可以看成是实施国家法律法规和政府政策所引致的，但另一方面，如果我们

把城市规划看作城市一种类型的公共政策，那么公众对城市规划所提出的诉求其实也是一种政策诉求，是政策过程启动的重要因素。

4. 城市规划所确立的基本政策

城市规划通过对城市发展过程的干预，以形成一个既符合城市发展规律，又符合人类发展需求的城市空间环境。在新环境形成的过程中，城市空间关系的特征是社会经济关系变化的结果，由此，只有与城市政策的各个方面相结合，才能真正实现新的城市空间关系。在此过程中，城市规划的原则、准则、布局以及规划所确立的行动步骤只有转化为这些政策的一部分，才能得到全面的贯彻执行，规划目标才有可能得到更好的实现。从严格意义上讲，城市规划不只是对一定时限范围内的终极目标的陈述，而更应该是对如何实施这样的目标的过程的安排。城市规划要实现规划目标就需要对此过程中可能出现的问题及其发展前景进行充分预期，政策的目的是尽可能地剔除那些不希望发生的结果，而引导希望的结果出现，因此，根据城市规划所确立的政策就是为了达到城市规划目标和城市发展目标，指明各类政策行为从最佳到可接受的序列，为城市建设活动的决策提供依据，从而为城市发展行为提供引导。当然，城市规划所确立的政策并不是要为各部门制定各类具体的政策，而是通过对规划实施过程的认识，制定和选择能够最有效地达到城市发展目标的政策引导，为各类管理部门制定具体政策提供依据和框架。城市规划所确立的政策内容涉及到城市规划的各个层次和阶段，对于每一项规划内容，都需要有相应的政策。有关城市规划所确立的政策的更为详细的讨论在下一节中予以讨论。

5. 城市规划实施方面的政策

城市规划的实施政策是为了实现城市发展目标和城市规划所制定的相关政策，这些政策一部分是由城市规划的内容所直接转换而成的，这部分内容与前面所述的由城市规划所确立的政策是相一致的，内容后述。另一部分的政策则是为了保证城市规划的实施而制定的政策，这些政策包括了许多方面，这样的政策体系应当能够保证：使规划所确立的政策在城市各类公共部门、机构和经济实体发展的政策中得到全面体现，同时，为了保证规划的实施而确立起相应的政策手段，对未将规划政策纳入其发展政策的部门、机构和经济实体的行为提供引导和控制，引导其在规划所确立的方向上发展，控制其任何有可能逾越规划所允

许的范围的行动。从这样的意义上来说，应当建立从城市规划出发确立城市建设和发展的政策的机制，从而保证城市规划的整体性和综合性得到充分的体现。以下简要地描述几个主要方面的内容：

（1）规划推进的相关政策

城市规划编制的过程是将城市中各个组成要素的发展组合起来形成一个未来的整体，而规划的实施过程要求将这个整体进行分解，在新的发展目标的统合下为城市的各个组成要素指出行动的方向。因此，城市规划实施方面的政策的运作过程，首先要求将城市规划所确立的基本原则、规划内容以及规划的目标都能够进行分解，在分解的基础上，结合各个要素自身发展的规律，制定各个部门的发展政策。城市规划作为一种政策规划，在编制的过程中已经得到充分的协调，并得到权力机构的批准，也就意味着具有了法律效力，因此就必须在城市的各个部门、城市发展的各个阶段都能得到贯彻。为了保证城市规划政策的实施，需要对这些政策进行进一步的深化，在深化的过程中，运用规划的手段来不断地推进这些政策的落到实处，同时也可检验这些政策实施的可行性，这就需要不同内容和各个层次规划的协同。就城市规划部门而言，保证城市规划的实施是其最基本的职责，因此，就要运用规划层次的推进作为其基本手段，保证城市总体规划的战略意义、基本原则能够在具体操作层次上得到体现，通过开发控制使政策的内容得到非常具体的落实。

（2）促进社会协调的相关政策

城市规划的实施最终并非是仅靠规划部门来进行的，而是由城市社会的各个组成部门来具体运作的，规划部门能够担当的只是其中的协调和管理的作用，而且在很多方面需要依靠社会的各个组成要素之间的相互协同作用。这就要求建立社会协调的机制，这种协调包括了几个方面。首先是在城市各个组成要素的发展政策方面的协调，无论是政府部门之间、政府与私人部门之间，还是私人部门之间，在发展政策方面都需要有所协调，在各个部门制定和执行政策时，都应当以城市规划所要求的基本目标作为这些政策的基本目标，以城市发展目标作为评估其政策的最基本的准则，使得城市规划的基本原则和法定规划成为城市空间和土地使用开发决定的依据。其次，在城市公共资源的使用上予以协调，这主要反映在城市空间和土地使用方面。城市公共资金的分配与安排应当与政策

规划所确立的目标序列和行动步骤相统一，规划所确定的优先行动、优先项目应当优先获得资源的配备，从而保证主要目标的先行实现，并依靠这些先行目标的实现而带动社会整体的发展。同时，城市基础设施的建设，在项目的确定和先后程序上，也应当与城市规划实施的步骤和行动纲领相协调，使得这些项目的开展带动周边地区进行符合规划的建设和开发。基础设施建设是政府在城市稳定发展状态下进行房地产开发调控的重要手段，因此应当使城市基础设施的建设成为城市规划实施，以及调控城市发展速度、方向、土地使用和具体建设的重要内容。

（3）促进政府部门协同作用的相关政策

政府部门的协同是城市公共政策实施的关键。政府各个部门行动的基本原则也都是为了城市整体的发展和为社会公共利益服务，但是往往由于部门利益的牵制作用或者由于囿于部门考虑问题的局限性，会在解决了本部门问题的同时造成其他部门的问题，或者由于考虑了问题的即时效应而对长远问题或整体问题予以忽视，这都需要在各部门之间建立起相互协同的作用机制。在行政管理的过程中，行政行为的效率和质量来自于管理的分工，这种分工既有横向的也有纵向的，在特定的行政架构中，各部门相互配合协调，使整体的目标得到实现。从这样的管理原则出发，当各个层阶的管理行为出现穿插或交叠时，就会导致管理系统的混乱，最终影响管理的效能。但分工或责任明确并不意味着相互独立，城市管理中的大多数内容都是互相牵制、相互交织的，这就必然地需要城市管理机构之间的相互协作。

政府部门之间的协同工作是现代城市政府行政能力的重要体现。城市政府的各个部门在行政管理的过程中都代表着市政府在行事，它们都不应当有独立的位置，而是一个整体。它们作为市政府的各个组成部门，共同代表着市政府的立场，发挥着市政府在某一领域的管理职能，而它们之间的相互作用关系应当是相互协同的，从而成为一个整体发挥作用。如果各自为政、各行一套，政府整体的形象就是分裂的、破碎的，只能反映出城市政府行政能力的低下。因此，这就意味着，政府各部门是一个整体，任何政策和决定、行为都应是从市政府的立场出发，不能出台互为对抗的公共政策或决定。要做到这一点，就要求政府各部门之间在决策之前进行信息互通与协商，并在决策之后共同执行。共同执行意味着，不仅制定某个公共政策的部门需要执行，其他政府部门也必须共同执行同一的政策，这就意味着只有相互协同的政策才能得到各部门的共同实施。

（4）完善决策过程的相关政策

决策过程的主要目标是保证政策的确定和实施能够顺利而合理地开展。首先，对于决策而言，整个决策过程应当是能够理性地展开，所谓理性展开就是要事先制定决策程序、议事规则及相应的规定，这些程序、规则和规定依据其重要性程度分别体现在地方法规、行政规章和职业规范中，从而使得任何决策的展开都有序地进行。其次，政策问题的形成和甄别、政策决定等政策过程都应当有充分的社会公众的参与，这种参与不是形式上的，也不能是部门代表性的，而是完全开放的和公开的，使得任何决策的过程都有顺序地开展。再次，决策一旦通过就必须以各种形式公布，并同时公布决策的目的、依据、制定过程和执行要求等。

第四节　城市规划所确立的主要政策方面

城市规划所确立的政策是有关于城市发展的各类政策的综合，因此，这些政策涉及到组成城市的各个方面。这里，我们只能从几个主要的方面进行概括，以比较全面地把握城市规划政策的整体。我们当然也很清醒地认识到，这些政策内容一方面都是非常笼统的，是有关于某一方面的一般性的政策提要，在具体的政策过程中需要进一步的深化；另一方面，这些政策是城市规划过程中所涉及到最主要的方面，同时还应该存在有其他方面的政策，这些政策也应当是与城市规划的整体紧密相关的。

1. 城市人口分布方面

城市人口的数量与分布，与城市规划所确立的规模和设施配套以及城市空间结构等等许多方面有直接的关系，而且也是城市发展目标实现的非常重要的因素。对于城市规划中许多规划政策的提出，或城市规划中所提出的一些原则，如果没有具体而详细的政策得到贯彻，要充分实现这样的原则是非常困难的，最终很有可能就沦为一句口号。比如，对于大城市而言，控制城市人口的快速增长是一个比较普遍性的政策，当然，所谓的控制人口规模并不是要绝对地限制城市人口的增长，而是应当有计划、有目的地有条不紊地增长，以保证人口的增长与城市各类设施、城市的空间结构的配备相适应，更好地实现城市发展目标。人口政策的制定，与各个城市的实际状况有关，不应当有统一的、固定的模式，而且，要控制人口规模，还需要与其他方面的政策相配套，如就业、住房政策等。从国外一些大城市的发展历史来看，曾经都经历过采取政策手段对城市人口进行疏解的过程，如英国的伦敦、美国的纽约等，而为了保证这一基本的规划原则的实现，政府在许多方面采取政策措施来予以保证，如果没有这些具体的政策措施，这些基本原则就不可能付诸实施。伦敦从二次大战结束后估计到战后经济发展时期会出现人口的过度集中和增长的可能性，而城市的高度集中会带来一系列的社会经济问题，因此决定采取措施全面控制城市人口的快速增长。这些措施包括：首先是对在城区内的工业设施建设进行严格控制，任何新建和扩建工业设施都要求经过特别的审查，并且在原则上规定了在城区内不得新建；随后又对在城区新建办公楼进行了严格控制；在伦敦城市的周围建设一系列的新城，鼓励工业、办公、居住迁移到新城之中，与此同时，对城区范围内的居住用地的开发也采取了相应的控制。而从政府投资建设角度看，政府对居住设施的建设基本上都投入到新城区，在原城区内的建设非常少，而且主要是改善性的建设，同时，为了鼓励人们迁居新城，对城区内的现有住房的出租等也作出了一些规定。在这种种政策措施之下，相对于该时期经济的快速增长，或欧洲各大城市人口发展的趋势而言，伦敦人口得到了适度的控制，人口增长的速度相对缓慢，在一定程度上保证了人口疏解原则的实现。

2. 城市产业政策与产业布局方面

城市规划的主要内容和对象是有关城市空间的未来发展和组织，但很显然，任何的空间问题都是城市社会经济结构在空间层面上的反映，甚至可以说，城市社会经济的要素所建立的各种关系都会在土地使用上得到反映和实现。在城市社会经济发展的过程中，产业结构往往影响到城市未来发展的基本走向（当然我们也可以说，城市发展的基本走向决定了产业结构，但不管怎么说，两者终究是相互依赖相互制约的）。不同产业类型的城市具有不同的城市发展路径，不同发展阶段的城市在产业选择和城市布局方面具有不同的特征。城市的产业政策决定了在城市中可以建什么和

不可以建什么，城市中鼓励发展什么和限制发展什么，而产业布局政策则影响到这些不同的产业在哪里布置。从城市规划编制的角度讲，城市规划应当将城市的产业政策和产业布局政策充分地予以反映，也就是将这些政策融入到规划的内容、成果和文本中，当然，这并不是讲城市规划只能是对政策的实施，城市规划必须同时在综合考虑了包括产业政策等在内的各种政策的空间效应、城市各组成要素的未来发展等基础之上，对这些内容进行充分协调和统筹安排，尤其在产业布局方面形成城市的整体性行动纲领。在城市规划实施的过程中，也就需要对行动纲领进行分解，从而确立城市中各个部门及各组成要素的未来行动的具体策略，使它们的行为成为城市规划实施的重要组成部分。因此，就需要各个部门依据城市规划的内容和要求，调整、完善有关的产业政策和产业布局政策，使这些政策能与城市规划的实施结合在一起。

3. 城市空间政策方面

城市规划首先是一种城市政策的陈述，就城市政府而言，城市空间政策的最主要方式就是城市规划和以城市规划为依据的各类政策。在城市空间政策方面主要包括有以下几个方面：

（1）在城市功能方面：依据城市发展目标和城市性质，确立城市未来发展的主要方面，发展什么，发展到什么程度，不发展什么等等。城市的各个功能方面是相互影响、相互决定的，因此，对任何要素的限制或鼓励都有可能对其他相关要素的发展产生影响，这是在制定各类政策时必须予以充分重视的。比如，卡斯泰尔（M. Castells）针对世界各国尤其是发展中国家都在雄心勃勃地想要建设全球经济中心城市、世界城市或全球城市的状况，提出其中存在的两方面问题，这两方面的问题不仅是需要在提出这样的建设时就应当认真对待的，而且在今后即使真的建成了全球城市，也同样会产生一系列相关的问题。这两方面的问题是：第一，全球城市的发展及其经济的运作在很大程度上是由全球市场所决定的，既不是一厢情愿所能建立起来的，也涉及到民族国家对这类城市选择的可允许性，因为对这类城市的调控国家将不再具有充分的能力，这就要求国家经济体系的组织及其结构进行全面的调整，同时国家要有充分的能力来保证对这类城市的国家管制的解除；第二，向全球城市发展就意味着在这些城市中，主要发展以管理、控制为主要职能的产业，发展高等级的服务业尤其是生产服务业，这

就要求进行产业结构的全面转换，这种转换意味着需要有大量的从事于高层次产业的从业者，这些人员在短时间内要达到一定的数量并达到一定的技艺水平，且在今后的时期内要能够获得不断地补充，对于绝大多数城市而言，这部分人口主要是从城市外面大量引进的，而城市中原有的居民，尤其是过去从事于低层次产业的劳动者将失去其就业的岗位，而他们向新的岗位的转换则面临教育、能力水平和技艺等方面的困境，这些人就有可能沦落为城市贫民，而发展中国家的城市往往都是从工业城市甚至是初级工业城市快速而直接地发展过来，这种矛盾就会更加突出，这就带来了社会安定、社会秩序等方面的问题。而一旦这些问题出现且不能很好解决的话，就不仅会影响到全球城市的建设，而且即使是一般的城市也是难以承担的。所以，在制定有关城市发展功能政策方面一定要解决好这样的相关联的各个方面的问题，使城市稳定、有序地发展。

（2）在城市结构布局方面：城市结构布局是城市功能的直接反映，更直接地说，是城市功能实现的物质基础。城市的结构布局主要是通过土地使用而得到反映的，而土地使用的安排是城市规划的主要内容。但我们应当看到，土地使用本身已经蕴含了城市社会、经济等各方面的因素，如果要对城市土地使用进行调节，就需要从社会、经济等各个方面入手，因此就需要将城市规划的内容转化为具体的政策而予以实施，否则，规划（plan）只能在墙上挂挂。

就城市结构布局讲，可以划分成几个层次：首先是城市区域范围内的整体的布局结构，也就是城市体系的问题，这就要确定哪些城镇或地区要发展，发展什么，发展到什么样的规模等等，对于发展区之外的地区要严格限制，这种限制也并非就是不准其发展，而是通过产业布局政策、土地政策及土地置换或财政的手段等，鼓励其将发展的内容转移至规划发展的地区内。这就是说，规划确定了哪里发展、哪里不发展，而政策就要通过政策手段来平衡不同地区之间的相互关系，从而保证规划的基本内容得到实现。如伦敦在20世纪40、50年代为了实现其控制内城、发展卫星城的规划，就对在城区新建的工业设施、办公楼设施等项目实施严格的管理措施，并成立了专门的委员会进行特别的审查，从而使城市疏解政策得到贯彻。同样，在20世纪80年代，为了鼓励工业的发展，就划定专门的、相对独立的企业区，在这类企业区内新建项目，

只要符合基本的规定就无需进行常规的规划许可程序，保证了时间上的快捷，同时还可以享受低税收的优惠。对于一些生态保护和绿带建设的地区或规划不准进行开发的地区，要充分地考虑地区的利益需求，通过财政转移等等手段来保证生态、绿地建设的成效。对于这些地区仅有规划的立法是远远不够的，需要有相关的政策措施来保证这些立法的实施。

其次，在市区范围内，城市空间结构布局的实现一方面将依赖于规划的深化，通过详细规划或区划等方式落实到具体的地块，以规划（plans）作为引导的手段并通过规划许可等规划管理手段来予以实现，也就是说，在政策层面上要树立规划引导的基本机制；另一方面，我们也应看到，要将规划的内容贯彻在项目决策的完整过程中，就需要有一系列的政策措施予以具体的引导，这些措施主要包括产业布局政策、土地政策、住房政策、交通政策、基础设施建设规划及投资和税收政策等等。

（3）在建设时序方面：城市建设的开展并非是一个全面铺开的过程，也就是说，城市规划所确定的内容并不是要求在短时间内全部展开的，比如城市总体规划（各国的名称各不相同）的年限一般都在15至20年（有的甚至更长），规划的实施是一个循序渐进的、逐步开展的过程。确定城市建设时序是城市规划的一个很重要的方面，同时也是体现城市规划效用的重要方面。所谓建设时序的控制，就是要确定先建什么、先建哪一个地区，然后再建什么、建哪一个地区，也就是要确定城市总体规划实施的先后次序。确定建设时序，应当与城市中具有决定性的建设重点有关，通过战略重点的实施来保证城市发展战略的整体实现。比如，城市近期建设的重点在中心区，那么就应当限制在城市其他地区兴建、改建相类似的项目，如办公楼、购物中心等，从而保证这些项目在市中心区的集聚，使中心区能在一段的时期内形成规模，发挥作用；同样，在工业区建设方面也是如此，否则，既形不成规模，出不了形象，达不到重点建设的目的，同时又造成同类设施遍地开花，经济效益低下。对于相同类型的建设，应当做到新建一片，就要建成一片，收益一片，然后再建一片。城市的发展建设应当是有序的，这种有序性还体现在任何建设都是相互配套的、协同的，而不能是建了某一项设施却由于缺了某一设施而不能正常运作或使用，同时也应当体现在任何建设都是城市环境、景观和城市形象的组成部分，只有集中的、成

片的建设才能保证在较短的时期内出效果、出形象。另外，确定建设时序要与城市财力及其安排的可能性相结合，与基础设施的配套能力相适应，只有这样，才能保证城市的有序运行。

（4）在城市大型基础设施建设及其周边配套方面：城市基础设施的建设是城市政府运用财政和实体开发建设的手段影响城市开发和城市布局结构的重要方法，比如，道路的辟通、地铁站的建设以及供电、供水、排水、供气等设施的新建或增加容量等，都会引导和促进周边地区及其服务范围内的开发和再开发。大型基础设施的内容在城市总体规划中都会有所反映，而它们的建设时间由于建设资金和社会需要程度或偏好等原因存在着相当的不确定性，因此就需要考虑在不同时期建设背景下对周边地区的可能影响。此时，规划实施政策既有引导的职责，也同样需要进行控制。例如，地铁站的建设与整条地铁线的建设有直接的关系，一般较难准确预计究竟在具体的什么时候可以建成使用，这就会带来一些两难的问题，如果在地铁站尚未建设时就已建好了周边的设施，而这些设施又是以地铁站为参照的，通常是高容量的开发建设，但由于地铁站尚未建，那么这些设施的使用率就会很低，实际上出现的会是一种资源的浪费，或者得到了充分利用就会带来严重的交通不便的问题；同样，如果考虑到近期地铁站尚未建设而安排建设的是低容量的设施，那么一旦地铁站建成，而这些设施尚未达到改造的经济性时，这同样会造成对资源的浪费，最为典型的就是在地铁沿线建设大量的独立式住宅，使得这些住宅的环境质量要求和地铁运行所需之人流量都得不到满足。针对于这样的状况，可采取的政策措施有两种方式：一是在近期之内作为控制用地不予开发（尤其是在现有交通条件较差的情况下），待地铁建设资金基本落实或已起步开始建设时再进行集中成片开发，使两者的建设和投入使用能获得最好的配合；二是在近期之内作为临时性建设（包括地铁车站用地），尤其是在交通条件较好的情况下可建设一些投资回报率较高的临时性建筑，如批发市场、零售商业集中点等，在其周边地区可进行适量的开发建设（所谓适量是与现有的交通容量相配套），待地铁建设起步时再拆除临时性设施进行集中建设。同样的原则也可以运用到其他设施的建设之中。

4. 土地政策方面

城市规划的实施在很大程度上是与土地的供应、

土地的可获得性和土地使用的可变性等等因素直接关联的，而有关土地供应等方面的政策又是由国家的土地所有制方面的法律法规和传统制度所决定的，所以不同的国家就会有不同的政策手段，不仅英国与美国不同，英国与欧洲也不同，欧洲各国之间也有所不同。而且由于土地所有制上的差异也导致了城市规划在实施手段甚至规划的理念上产生极大的不同。如，在规划实施管理体制方面，在英国，由于土地归私人所有而开发权由国家控制，所以在城市规划领域才能推行判例型的"规划许可"制度；而在美国则是土地私人所有，而且宪法和法律完全保护私人财产，但其坚持私人的所有行为都不能损害到他人利益，这也是保护私人利益的重要方面，在此基础上才出现了通则型的"区划"制度。这种不同对城市规划的整体及规划政策的内容等方面都会带来重大的影响。

政府通过对土地供应的控制来保证房地产市场的稳定，并通过对土地的供应来调控城市的经济运作状况和满足政府在公共财政和城市建设等方面的要求，是国内外城市公共政策的重要方面，也是城市政策得以实施的关键所在。政府对土地供应的控制，目的并非是要限制市场，而是从培植市场、保证市场的健康发育和有序发展出发的措施。这些措施在国外大城市的建设中也广为使用。如英国伦敦在其CBD地区——伦敦城（The City of London）中，对新建和改建办公楼设施一直都有数量上的规定，而且予以严格控制，其目的是要保证新的办公楼面积的增加不能对已有办公楼的租金产生压力，以免导致市场的不稳定。20世纪80年代撒切尔夫人执政时期采取了对市场放任的经济政策，其结果导致了房地产市场的几近崩溃，到20世纪80年代末，英国房地产协会就发表报告要求政府改变过去的政策，对房地产实施宏观的战略性管理[13]。在美国的旧金山市自20世纪80年代初规定了每年新建办公楼面积数量，连续多年实施下来，使得该城市在20世纪90年代初的世界性房地产市场萧条的过程中，其办公楼的空置率并未增长，而租金却有所上扬，为城市房地产市场的持续发展提供了很好的基础[14]。政府在实施总量控制的同时，通过基础设施的配备等手段引导各项建设在空间上的分布，从而保证规划的有效实施。

5. 其他的相关政策方面

在城市规划实施过程中，还会涉及到其他许多政策，在城市规划政策中都应当得到体现，而且城市规划政策尤其要关心这些政策之间的相互作用关系。这些政策主要的可能有以下内容，当然这里也不可能予以列尽。

（1）住房政策

世界各国的城市住房政策的总的趋势是在提高居民住房拥有水平的基础上，充分考虑市场经济体制下各类不同收入阶层的住宅状况，尤其是低收入阶层的住房状况。在制定城市住房政策时应避免用人均居住面积作为单一指标来衡量城市的居住状况，平均值指标往往掩盖了城市政府最应关注的那部分矛盾，而这恰恰是公共政策关注的主要对象。

就整体而言，城市中最主要的是中等收入阶层的住宅，在数量上也是这一部分最多。这些住宅的分布决定了城市住宅分布的主体，政府公共政策需要关注这类政策所产生的政策效应，要使之成为实现政策目标的工具。如果不注意政策与城市规划之间的相互关系，就可能产生相反的效应。如美国从20世纪30年代开始实行的抵押贷款担保政策以鼓励公众拥有自己的住房政策，从而在二次大战结束之后成为郊区化发展的重要动力，并成为城市空间发展的决定性因素[15]。但就城市政府的主要职责而言，需要特别关注对低收入居民的住房问题。对于低收入家庭住房的安排、布置和建设，要充分考虑到公共政策的基本价值观，即公平、公正，同时也要考虑所提供的住房与使用者的实际需要之间的关系。如果在建设低收入家庭住房时纯粹从经济效益出发，就会选择在城市的边远地区，但这些地区往往在交通条件、公共设施的配套等方面相对不完善，这会给居民的日常生活带来很多不方便，而且直接影响到政策目的的实现；而城市中心地区的就业机会较多，在边远地区的就业机会就非常少，对这些居民改善经济条件极为不利，甚至危及到其维持原有的生活水平；另外，这类居民的出行主要依靠城市的公共交通，政府也需要配置更多的公共交通设施，而要达到市中心地区的公共交通的方便程度也仍然是困难的，而出行距离的加长就会要求居民付出更多的成本，这又会对居民的日常生活成本带来巨大的影响，其生活质量有可能大幅下降。

（2）交通政策

城市的交通政策主要涉及到城市在发展公共交通和私人汽车方面的权衡，也涉及到城市道路的建设、城市公共交通的建设、社会公共停车场的建设和使用等等方面，最终将影响到城市的整体布局和城市的空间结构。

对于大城市和特大城市，城市政府需要为私人汽车的发展创造条件和提供完善使用的设施，但城市的交通政策应当首先围绕着鼓励和促进城市公共交通的发展来制定，城市政府必须提供政策上的措施来予以推进。这种推进包括对公共交通部门在财政、税收方面的支持，也包括对线路、站点布置的引导和控制，使公共交通成为城市中最方便的交通运行设施。同时在城市道路网和交通设施的建设时，要与城市发展的方向、城市土地使用的布局相结合，比如，在大运量的快速交通线沿线应布置人口密度相对较高的居住区，这对交通设施的高效率使用和为居民提供方便的日常生活都有相辅相成的作用；而如果在大运量的快速交通线沿线只布置低密度的居住区，就会导致交通设施的低效率使用，交通设施就会难以维持，而低密度居住区也会因为交通线有可能带来大量人口而降低其居住的质量。同时，城市常规地面公共交通应当围绕着大运量快速交通的站点组织交通换乘枢纽，方便各类公共交通之间的换乘。

在大城市和特大城市，尤其在其中心区，为了减少交通拥挤等原因需要适当控制私人车辆的使用。对私人车辆使用的控制包括对进入特定地区的车辆征收特种税，如伦敦在市中心区通过征收拥挤税而缓和了该地区的交通拥挤状况；对停车场数量的限定、高额收取停车费等，如在纽约，中心城区的停车费奇高，迫使许多人将车停在城区外围而使用公共交通设施上下班或进出中心城区。当然，这些手段使用的前提条件是要有非常完善的公共交通设施，从而使得人们放弃私人交通而使用公共交通也能获得非常方便的交通条件。另外有些城市如新加坡等还有更为严厉的控制措施，如在特定时间内进入特定地区所收取的费用是根据车辆内的人数来决定的，从而鼓励降低进入的车辆总数。政府对社会停车场的配置和建设要有严格的规定，规定一定的建筑量就要配置一定数量的社会停车位而不仅仅只是建筑物内自身配置的停车场，保证整个城市的停车位能与汽车的拥有量相对应，同时也要考虑与周边道路的通行能力相匹配，避免导致周边道路的拥堵。

（3）城市设施配套政策

城市设施配套是保证城市正常运作的基本的和必要要素，也是提高城市品质的关键性要素。城市设施包括城市的社会公共设施（如学校、医疗机构、体育设施、图书馆、博物馆等等）和市政基础设施（如供电、供水、排水等），这些设施的建设和运行都需要有政策的扶植，而且政府不应只关心数量，也需要关心所提供服务的质量。

在城市设施配套的数量方面，应当遵循充裕性原则，也就是相对于今后的一段时期，新建设的城市设施能够保证有一定的余量，这是城市高质量运作的关键因素。城市设施的配套需要考虑经济性的要求，但过度关注这一点，就会出现有多少服务人口就配多少设施，满足了即时的需要，但一旦需求增加，就会出现不足，此时任何的少量改进所导致的结果则会带来更大的不经济。

在城市设施配套的质量方面，应当遵循公正和优质的原则。城市的配套设施是为城市中的所有市民提供的，应当公平地对待不同阶层的人群，而从政府职能角度更应关注弱势群体，因为社会的中上阶层在得不到相应服务的情况下可以通过市场的手段来获得弥补，而弱势群体就没有这样的途径，从社会公正的角度就需要特别地关注弱势群体[16]。而所谓优质就是城市设施的建设和提供的服务应当是高质量的，否则政府的许多政策意愿就无法实现，如城市采取中心城向外疏解人口的政策，就会在城市外围建设成片的居住区，但如果城市公共交通服务水平不足、学校的教育质量不高等原因，就有可能无法吸引人们入住，从而使宏观政策无法实现。

（4）城市环境政策

可持续发展是世界各国所接受的未来发展的基本理念和行动纲领。可持续发展的概念涵盖了生活发展各个方面的协调性，因此，从可持续发展的角度来衡量社会经济的发展是保证城市整体发展的重要指标。由此，城市环境政策也就需要从城市社会的各项政策相协调这样的基础出发来建构。城市的环境政策当然要包括有关于大气、水质量等方面的指标，而且还应当从更加广泛的角度去理解环境的含义，应当包括城市周边和城市内的生态环境，以及城市绿地、水资源的使用，包括城市空间景观的质量，包括居住区的配套完整性，也包括居住地与就业地的相互联系和相互影响等等方面。而从更加全面和广泛的意义出发，城市环境还应包括城市各项组成要素之间的相互关系的质量，从而建立起大环境的整体概念，这是城市规划政策中最具有实质性的也是最为关键的内容。

第五节 城市规划的具体政策手段

就整体而言，有关城市规划的具体政策手段主要包括两部分内容，一是有关规划体系内部的控制，主要体现在对各个层次和各种类型的城市规划之间的相互关系，尤其是对编制下层次规划与上层次规划之间以及各横向规划之间关系的控制；另一部分内容是有关于具体建设项目的建设与城市规划之间关系的控制，这其中包括了两种不同的控制方法：通常，对于政府公共投资建设项目所进行的控制和引导，主要是运用"基础设施改进计划"来进行的，这种控制和引导通过对城市预算的安排与城市规划的相结合而得以实现，同时还可以通过基础设施项目的建设对私人的开发建设进行引导；而对私人开发建设的直接控制是运用"土地使用控制"的方法来进行的。以下对上述三种类型的政策手段进行简单介绍。

1. 各类城市规划形式的延续性

城市规划的各类形式是依据于国家或城市的法律法规所建立起来的，各个城市所实际使用的各类规划形式都是当时当地各类社会、政治和文化背景下形成的。城市规划的本质就是城市公共政策的一种陈述，因此，这些陈述本身应该是统一的，同时，城市规划所提出的各项政策本身是相互协同的。这类政策手段的目的就是建立起城市规划内部的秩序，形成一个统一的、可执行的政策体系。就城市总体规划而言，城市的各项详细规划（包括区划）以及城市设计等都是城市总体规划实施的政策工具。就此需要确立的基本概念是这些规划形式之间的相互衔接，应当根据各种规划形式的不同情况建立起不同的制度要素及其框架。各类城市规划形式之间的延续性是建立在目标—手段链的基础之上的。这就是说，上一层次的规划是下一层次规划的目标，下一层次的规划是上一层次规划内容实现的手段。这就可以比较明确地划分各个层次规划的内容及其深度。这样，各个层次的规划就组成了从城市最宏观的战略性的目标到最具体的、可直接操作的内容的体系。这是任何城市规划体系建立的基本准则。每一个层次的规划都需严格界定下一层次应当遵循的基本原则和内容，下一层次规划在编制的过程中以及在规划文本中，都必须反映对上一层次规划原则和内容的遵守体现在哪些方面。在规划实施过程中，针对于上一层次规划所存在的问题或由于社会经济状况的改变而需要进行局部调整，可以在下一层次规划中进行。但规划政策应当确定规划实施过程中进行修正的可允许幅度的范围，其中对于用地性质可以相容性差异来表达，超越相容性范围的修正则需予以严格界定；对于开发强度应有总体规定，并以一定的百分比数量规定允许的调整幅度；对于基础设施则应有地区总量的规定和调整幅度。一旦下层次的规划超越这些限度则视同上一层次规划的调整，需经过相应层次的法定程序的审查，视同上一层次规划调整而按法定程序进行操作。

2. 基础设施改进计划

任何开发建设，或者说任何实行规划的行动都需要有一定量的资本投入，对于城市的发展而言，关键也许并不在于是否有某种投资，而是什么时候投入。城市规划通过对开发活动进行预期而作出最有可能的安排，决定需要什么样的改进或投资。但规划还仅仅是一种总体的、一般化的引导。开发项目是各不相同的，对于私人投资而言，这些投资将在什么时候形成，对于公共投资而言，它们所投资的设施在什么时候才会需要，规划并不能精确地预计开发的时间。此外，建设公共设施和项目的资金的可获得性也会影响到城市作出资本投资的决定。由此，当城市已经确定了要实施其规划之后，城市就面临着从其有限的资本资源中，决定什么时候、进行怎样的投资。

在规划领域中可使用的计划方法、在国外也已经使用了近半个世纪的计划方式是"基础设施改进计划"（Capital Improvements Programming，简称为CIP）。"基础设施改进计划"是一种联系长期性物质规划和城市年度支出预算的方式。其重要特征在于它清楚地指出未来几年中城市投资建设的倾向，而其基础是一种财政支出，主要针对于城市的物质设施，如道路、排水管、停车场（库）和其他政府建设的公共设施等。这些类型的项目都是高成本的，也是长久性的。由于这些资金主要来自于较长期的借贷，城市就要承担相应的负担，因此，就要决定城市每年可以承受的债务水平。由于物质设施在其建成之后通常都要长期地运行并且难以轻易改变，这就要考虑每个项目的支出和规划的可获得结果，即需要评估其成本和效益。因此对于规划部门而言，在城市规划的基础上分析城市财政资源是一项非常重要的基础性工作，而且是"基础设施改进计划"工作的立足点。

"基础设施改进计划"的基本目标是为每一个时期决定一系列的项目，这些项目一旦建成就需要对未来的所有时期提供最大的产出。"基础设施改进计划"过程一般在两个层次上展开：每4年编制一份5年计划，第一年构成了下一财政年度的支出；并且，这计划每年要进行检测以调整项目的序列，以适应计划时间段中由于财政资源或城市需求方面发生重大变化的需要。"基础设施改进计划"所考虑的设施和项目必须来自于城市政府不同的职能部门和机构，如道路部门、公园部门、教育部门等等。每个团体都会有它们自己的项目计划，并且认为这些项目计划是能够强化城市的改进的。但城市不可能同时来实现这些项目计划，也有可能这些项目之间相互分散而难以达到较好的效益，此外，很可能有些项目需要在另一些项目之前建设。这样就导致了对每一个建议的项目计划的两种决定：（1）相对于其他项目的重要性；（2）相对于其他项目的想要序列。而这就是需要规划部门所进行的协调工作。规划部门在作出这样的判断的基础上，经过行政部门之间的协调和政治过程来具体确定各类项目实施的时间表和资金的分配。

3. 土地使用控制

开发包括了自然特征和场址及建筑物的物质结构被改变，也包括了在这其中的使用方式的变化。这种改变其实质是一个生产的过程。开发项目可以是各不相同的，而且差异可以是巨大的。明显的不同与规模（从小住宅的扩建到规模巨大的城市开发项目）、区位（绿地的位置、城市中心的更新项目或老的工业区）有关。在此过程中起决定作用的但又较少能够直接感受到的是其中的各类参与者，从单个的拥有所有权（使用权）的使用者，到金融家、开发商、承包人以及他们的顾问等等的综合群体。开发的过程包括了一系列需要完成的事件，如，获得开发的土地、获得资金、确定建设计划、组织供应商、建造、向项目的最终使用者营销等。这些事件的数量、性质、序列和时间幅度等在不同的项目上都是各不相同的，都有极大的变化。在进行开发的过程中，私人部门机构会有多种多样的目标，并且根据不同的市场条件和对市场条件的考虑为自己定位。对城市规划和规划实施的政策制定而言，关键的是要在开发行为尚未开始或者是在进行的过程中，能够预先对开发决策的过程有非常明确的感知，从而在政策实施和规划管理的过程中，能够保证社会利益（社会整体的）、公共部门的意图和私人开发利益两者的完整实现。

对于开发控制需要有一整套预先确定的准则，而这就是已经批准的即合法化的城市规划。开发控制的政策具有两方面的作用，首先是在对土地开发进行具体评估的过程中提供决策的具体手段和评价的价值基础，其次是对所产生的问题的解决。同时也对随时间的改变而发生的变化需要作出更为直接的回应。对开发项目的评价直接相关于这样两个方面：首先是具体的开发项目与相应的长远规划或规划政策目的之间的联系。如，特定区位上的超级市场项目或商务园区计划是否加强或削弱了地区的经济发展战略？是否会对该地区的社会经济发展带来结构的改变？其次，是对项目潜在的外部效益的成本进行评价，其中包括经济成本和社会成本。如，高密度居住区规划是否会增加当地和周边的交通问题？这样的规模是否会导致学校、娱乐设施及其他的基础设施等现有的社区设施的超负荷？如果存在不利的社会成本，由谁来支付以获得改进？是由土地的所有者（使用者）、开发商，还是居民来支付这样的成本？此外，现有的居民是否也要来承担？等等。如果说，以图纸或图则来进行控制的方式主要用来判断可不可建的问题，那么以政策来进行的决定更强调准建或不准建的相关配套条件及相应的社会经济后果。

第六节 城市规划政策的准则

无论是作为政策规划还是作为单项政策的提出，都需要符合一定的基本规则，这些规则是城市规划作为公共政策被认可并得以推行和实施的最基本要求。作为城市的公共政策，无论是在具体的内容上还是在决策的程序上，都不能以纯粹的经济法则尤其是不能以纯粹的市场准则作为基本的准则，这是由公共政策的性质所决定的。这同样也是由公共部门与私人部门在应对各自政策问题的评价准则上的不同所决定的。公共部门与私人部门至少在以下几个方面存在着极大的不同[17]：

（1）政策过程的公平性质。公共部门决策涉及公民团体、立法机构、执行部门、企业及其他利益相关者之间的博弈、妥协和冲突。对产品和服务的单个生产者和消费者而言，他们的利润或福利并不能达到以最大化为出发点。无数的具有相互分歧和冲突的价值观的利益相关者的存在，使公共部门的选择比私人部门要复杂得多。

（2）公共政策目的的集体性。公共部门的政策目的是集体性目的，应反映社会的偏好和更为广泛的"公共利益"。这些集体性目的涉及到从效益、效率、充分性到公平性、反应性和适当性等多重标准的冲突（见后文所述）。

（3）公共物品的性质。公共和私人物品可分为三类：特定品、集体物品和准集体物品。特定物品是排他的。因为拥有它们的个人有法定的权利排除他人从中受益。特定物品（如汽车、住房或医生的服务）的分配常常以供求关系决定的价格为基础。集体物品是非排他的，因为它们可以被每一个人消费。没有一个人能被排除在清洁空气、水和政府提供的道路的消费之外。而由于公共领域内供与求的正常关系通常不起作用，所以不能以市场价格为基础对集体物品进行分配。准集体物品是其生产对社会有重大外部效应的特定物品，比如，尽管基础教育可由私人部门提供，其外部效应如此之大，以至于政府要在所有人能承受的成本范围内创建大量的公立学校。

当然公共部门与私人部门的区别还有很多，但很显然这里所列举的是其中最主要的方面。正是由于有了这样的区别，在考虑公共部门和私人部门作出选择时的差异，包括在特定物品、集体物品和准集体物品之间进行对照时，利润最大化的逻辑就开始失效了。虽然这一逻辑可以运用于某些种类的公共物品（如生产水和电），但很显然，也有足够的理由可以认为，将利润、净收益和机会成本的概念应用于公共选择问题存在很大困难[18]。这是因为：

（1）多个合法的利益相关者。公共政策制定涉及多个利益相关者，他们对公共投资拥有的权益常常为法律所保障。虽然在私人政策制定中也存在许多利益相关者，但很显然，除了所有者以外的其他人都不能对投资提出合法的要求。但在公共领域，由于有多得多的利益相关者，很难知道谁的利益应该最大化，谁应该承担公共投资的成本。

（2）集体和准集体物品。因为多数物品是集体物品（如清洁空气）或准集体物品（如教育），所以很难或不可能在市场上出售它们。在市场上，交易是以支付能力为基础的，故而市场价格常常不能衡量其净收益或机会成本，即便是根据对居民的访谈调查而定的价格也不能。因为有些人会表面上表示不愿购买某一公共产品，随后却在以低于他们实际愿意支付的价格使用该产品。这就是所谓"搭便车"问题。

（3）收入计量的有限可比性。即便公共投资和私人投资的净收益都可以用具体的货币金额作为共同的计量单位，净收益较高的私人投资并不总是比净收益较低（甚至是零或负收益）的公共投资更可取。例如，私人投资于一座办公楼，年净收益可达100万美元，也不能说就比投资于癌症治疗等净收益为零或为负的公共项目要好。即便将比较局限于公共投资之间，使用收入的计量手段来提出建议，也意味着增加总体收入目标"要比健康或者更好的教育、消除贫困的目标更为重要，也意味着这些目标只有在它们能增加未来的收入时才是合理合法的"。

（4）对社会成本和收益的公共责任。除法律规定（如防范污染立法）或道德习惯以外，私人公司只对它们自己的私人成本和私人收益，而不是社会成本和社会受益负责。与此相比较，公共项目的成本和收益是社会化的，从而成为社会成本和社会收益，它们远远超出满足私人利益相关者的需要。社会成本和社会收益（例如建造高速公路破坏自然环境的成本）很难量化，通常没有市场价格可以衡量。

从以上的分析中可以看到，公共政策的制定有着比讨论私人部门的发展策略更大的困难，而且这种困难是公共政策本身所固有的。也正是在这样的基础上，从规划的角度讲，城市规划与私人部门的发展规划相比较，不仅在规划所涉及的内容上要比私人部门的规划更为复杂、所涉及内容规模更大，这些内容之间的关系更加错综复杂，而且在制定和执行规划的准则方面也同样要复杂得多，不存在单一性的衡量标准。通过对公共部门行动的认识，在这样的基础上，我们就可以来讨论公共政策本身的准则问题，这也是作为城市规划和政策建议的提出应该或者必须达到的标准。政策分析家提出，决策标准的含义是，构成行动建议基础的明确陈述的价值观，它有六个主要类型：效益、效率、充分性、公正性、回应性和适当性[19]。有关这些标准的论述主要沿用了邓恩（William Dunn）的说法，在他的行文中所指的分析人员是指政策分析人员，但同样也可以看成是规划人员，两者在这里具有同样的地位与作用。

（1）效益。它是指某一特定方案能否实现所期望的行动结果，即目标，以及其实现的程度。效益与技术理性密切相关，常常按产品或服务的数量或它们的货币价值来计量。如果核电站比太阳能设置产生更多的能量，前者就被认为是更有效，因为它产生了更多的价值的结果。同理，假设优质的健康保健是目标的话，那么，一项有效的健康政策就是为更多的人提供更好的优质服务的政策。

（2）效率。它是指为产生特定水平的效益所要付出的努力的数量。它与经济理性同义，是指效益与努力之间的关系，后者通常用货币成本计算。效率的计量方法有单位产品和服务的成本，或者单位成本能提供的产品和服务的数量。用最低的成本实现最大的效益的政策被称为最有效率。

（3）充分性。它是指特定的效益满足引起问题的需要、价值或机会的程度。它明确了对政策方案和有价值的结果之间关系强度的期望。充分性标准针对不同的政策问题的类型，主要涉及到下列四类问题：

① I 类问题。这类问题涉及固定成本和变动的效益。当最大的允许预算开支形成固定成本时，其目标在于在现有的资源范围内使效益最大化。例如，给两个项目各限定100万美元的预算，健康政策的分析人员就会建议采纳能更好地改善社区健康保健服务质量的方案。对第 I 类问题作出反应成为等同–成本分析，因为分析人员对成本相同但效益却不相同的方案进行比较。在此，大部分的充分性政策都是在实现目标最大化的同时，保持在固定成本的限制范围内的政策。

② II 类问题。这类问题涉及固定效益和变动成本。当期望的结果固定不变时，目标就是使成本最小化。例如，如果公共交通设施要求每年至少为10万人提供服务，问题就在于明确各种方案——公共汽车、单轨铁路、地铁——中哪种能用最小成本实现固定水平的效益。对 II 类问题的反应成为等同–效益分析，因为分析人员对成本不同但效益相同的方案进行比较。在此，多数充足性政策都是以最低成本实现固定效益的政策。

③ III 类问题。这类问题涉及变动成本和变动效益。例如，选择一个最佳预算将机构目标最大化。对这类问题的反应成为变动–成本–变动–效益分析，因为成本和效益均自由变动。这样，多数充足性政策都是使效益与成本之比最大的政策。

④ IV 类问题。这类问题涉及固定成本和固定效益。这类问题与等同 – 成本 – 等同 – 效益相关，通常特别难以解决。它不仅要求成本不得超出某一范围，而且各方案还受到实现预定效益的限制。例如，如果

公交设施必须每年至少为10万人提供服务，同时成本又被固定在不切实际的水平，那么，任何政策方案都必须要么同时满足两个限制条件，要么被拒绝。在这种情况下，剩下的惟一选择可能就是什么也不做。

在以上四类问题中包含的对充分性的不同界定表明了成本和效益之间关系的复杂性。例如，有两个旨在提供市政服务的计划在效益和成本上差异很大，计划Ⅰ在总体效益上比计划Ⅱ强，但计划Ⅱ在较低的效益水平上成本也较低。分析人员是建议采纳使效益最大化的计划Ⅰ呢，还是实施成本最小化的计划Ⅱ呢？要回答这个问题，我们必须考察成本与效益之间的关系，而不是孤立地看待它们。但这也正是麻烦开始之处：①如果我们正在处理的是第Ⅰ类问题（等同－成本），成本定在2万美元（C2），那么计划Ⅱ就更为充分一些，因为它在固定成本限制的范围内实现了最高水平的效益；②如果我们面临的是Ⅱ类问题（等同－效益），效益被固定在提供6000单位的任务（E2），那么计划Ⅰ更充分；③另一方面，如果我们是要解决第Ⅲ类问题（变动－成本－变动－效益），成本和效益可以自由变动，那么计划Ⅱ更充分，因为效益－成本比率在E1和C1的焦点处更大。这里计划Ⅱ以10000美元成本提供了4000单位服务，比率为0.4；而计划Ⅰ的效益－成本比为800/2500=0.32；④最后，如果是Ⅳ类问题（等同－成本－等同－效益），效益和成本都被固定在E2和C2，那么没有一个计划是充分的。这个不允许任何充分的解决方案的两难处境，称为标准过度具体化。

此例的教训在于，我们很少有可能以要么是成本要么是效益为基础在两个方案之间进行选择。虽然有时可能将效益指标用货币的方式来表现，从而使我们能通过从货币收益中扣除货币成本的办法计算净收益，但在多数情况下，很难将多数政策结果用令人信服的货币等价物的形式来衡量。通过交通安全计划拯救的生命值多少钱？由联合国教育科技文化活动所促进的国际和平及安全又值多少钱？通过环保立法保留的自然景观值多少钱？当我们讨论成本－收益分析时，可以进一步考虑这些问题，但认识到用货币来计量效益是一个复杂而困难的问题尤其重要。

有时候是能够确定一个同时满足所有充分性标准的选择方案的。例如，图中的虚线（曲线）代表第三个计划，它充分满足固定成本和固定效益标准，而且还具有最大的效益－成本比率。但是，由于这种情况

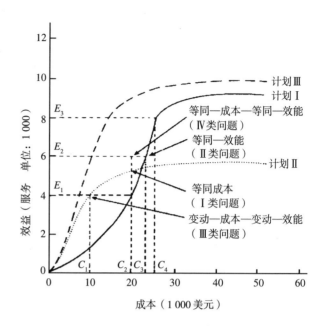

图12-1　使用充分性四个标准进行成本—效益比较

资料来源：William N.Dunn.Policy Analysis:An Introduction(2nd ed.).1994. 谢明等译.公共政策分析导论.北京:中国人民大学出版社,2002

非常少见，因此，明确何种程度的效益和成本才被认为是充分的几乎总是有必要的。但是，在成本一定的情况下，这是一个关于什么构成充分效益的理性判断的问题。

（4）公平标准。指效果与努力在社会中不同群体之间进行分配的情况，它与法律和社会理性密切相关。公平的政策是指效果（如服务的数量或货币化的收益）或者努力（如货币成本）被公平或公正地分配。通常，涉及对收入、教育机会或公共服务进行重新分配的政策的根据就是公平标准。某一方案可能既有效益，又有效率，并且很充分，如它在效益－成本比率和净收益方面优于其他方案，但它仍有可能因为将会导致成本和收益的不公平分配而被拒绝。这在以下若干条件下就会发生：那些最需要的人没有得到与他们的人数成比例的服务；最没有支付能力的人却要超出比例地分担成本；或者最得益者并未支付成本等等。

公平标准与正义、公正这些不同观念，以及围绕在社会中分配资源的适当基础产生的道德冲突密切相关。有关"分配的正义"等诸如此类的问题，自古希腊以来就为人们广为讨论，它们在政策分析人员对影响社会中的两个或两个以上个人的行动进行建议时都可能发生。在对社会总体目标进行确定时，分析人员实际上在寻求一种衡量社会福利及社会成员总体满意

度的方法。但是，个人和群体有不同的价值观。满足某人或某群体的价值未必就能满足另一个人或另一群体。在这些情况下，分析人员必须考虑一个重要的问题：政策怎样使社会福利最大化，而不只是使个别人或个别群体的福利最大化？答案可以通过以下几个方法寻找：

①个人福利最大化。分析人员可以尝试同时使所有个人的福利最大化。这需要在所有个人价值的基础上进行单一的传递性偏好排序。但是，阿罗不可能定理已经表明，即使是在只有两个人和三种选择的情况下这也是不可能的。

②保障最低福利。分析人员试图增加某些人的福利，同时要保障境况变糟的那些人。这个方法依据的是帕累托标准。该标准认为，如果至少一个人境况变好，而同时没有另外的人变得更糟，这种社会状态就比其他状态要好。帕累托最优是指一种社会状态，在这种状态下，不可能在不使另一个人的境况变坏的情况下使任何人的境况变好。帕累托标准很少有实用性，因为多数政策决定都要通过向一些人征税使其受损，从而向另一些人提供服务使其受益。

③净福利最大化。分析人员试图增加净福利（如总收益减去总成本），并且假设最终的收益可用来补偿受损者。这种方法的基础是卡尔多－希克斯（Kaldor-Hicks）标准：如果在效益上有净收益（总收益减去总成本），并且获益者能补偿受损者，那么这种社会状态就优于另一种状态。从所有实际目的来看，这一标准并不要求受损者真正得到补偿，从而回避了公平问题。卡尔多－希克斯标准是传统的成本－收益分析的基石。

④再分配福利最大化。分析人员试图使社会中选定的群体的再分配收益最大化。例如受种族压迫的、贫困的人口或疾病人口。哲学家约翰·罗尔斯（John Rawls）提出了再分配的一个标准：如果一个社会能使处于恶化条件的社会成员的收益增加，那么这种社会状态就优于另一种状态。罗尔斯的理论试图为公正的概念提供道德基础。它要求我们想像自己正处于一个"原始"的国家，在这里，公民社会还未能建立起来，人们也不了解在未来的公民社会中他们的位置、地位及资源的分配。人们只能以上述标准为基础去选择一种社会秩序。因为建构一个不使情况变得更坏的社会符合每个人的利益。以这种"原始的"条件为出发点，人们就一个共同的社会秩序达成一致是可能的。应该拿这种条件和现行社会作一个对比。在现行社会中，既得利益者使人们无法就公正的含义达成一致。罗尔斯的理论弱点在于它对冲突的解释过于简单化，或者说它是在回避冲突。这个再分配标准只适用于结构优良的问题，而不是用于公共政策分析人员通常遇到的那些问题。虽然这并不意味着再分配标准不能用来进行政策选择，但它的确意味着我们还未就社会福利的定义获得一个单一的基础。

公平标准中没有一条是完全令人满意的。其理由在于：关于社会整体的合理性（社会理性）或关于保障财产权的法律规范的适宜性（法律理性）的冲突观点，并不能简单地靠常规的经济学教条（如帕累托标准或卡尔多－希克斯标准）或哲学原则（如罗尔斯的再分配标准）来得以解决。平等、公平、公正是政治问题，也就是说，它们受社会中权力分配和权力合法化过程的影响。虽然经济学理论和道德哲学可以提高我们严格评价关于平等的各种相互冲突标准的能力，但它们却不能替代政治过程。

（5）回应性，指政策满足特定群体的需要、偏好或价值观的程度。这个标准的重要之处在于，分析人员可能满足其他所有的标准——效益、效率、充分性、平等，却仍然不能对可能从政策中获益的某个群体（如老年人）的实际需要作出回应。一项娱乐方案可能实现了设施的公平分配，但是对特定群体（例如，老年人）的需要却没有回应性。实际上，回应性标准提出了一个现实问题：效益、效率、充分性和平等标准是否真的反映了特定的群体的需要、偏好和价值观。

（6）最后一个要讨论的标准是适当性，它与实质理性密切相关，因为政策适当性问题不是与单个的标准相关，而是与合在一起的两个或两个以上标准有关。适当性是指一项计划的目标的价值和支持这些目标的前提是否站得住脚。虽然所有其他标准都将所定目标视为理所当然——例如，无论是效率还是平等标准，它们的价值都没有受到过质疑——而适当性标准却提出这些目标对社会是否适宜的问题。要回答这个问题，分析人员必须通盘考虑所有标准——即考虑多种理性形式之间的关系——然后再运用较高层级的标准（元标准），这个标准在逻辑上先于效益、效率、充分性、公平性和回应性标准。

因为从定义上看，适当性标准是要超越任何一套现存的标准，所以，它本身必然是开放式的。正是由于这个原因，不存在也不可能存在适当性标准的标准定义。我们能做的最多只是考虑几个例子：

（1）平等与效率。当用来向穷人重新分配收入的计划如此缺乏效率，以致只有一小部分再分配收益实际到达穷人手里时，罗尔斯的福利再分配的平等观是否是一种适宜的标准呢？当这些计划被看作用来向穷人分配收益的"漏斗"时，分析人员可以质疑平等是否是适宜的标准。

（2）公平与权利。当一些人并非通过社会合法的途径得到额外好处时，作为最低福利的平等，是否是适宜的标准？当一些人通过腐败、欺诈、歧视和取得不是自己挣得的遗产而得益（即便没有使任何人受损）时，分析人员可以质疑帕累托标准的适宜性。

（3）效率、公平和人道主义价值。当用来实现一个效率或公平社会的手段与民主化进程相互冲突时，效率和公平是否适宜？当我们为实现效率或公平目的而付出努力使决策合理化，而这些努力由于与自由解放和自我实现的目标相违背时，分析人员可以质疑效率或公平标准的合理性。效率、公平和人道主义并不必然就是等同的，正如马克思和其他社会思想者所认识到的：隔离，并不能通过制造充分平等的社会自动得以消除。

（4）公平和理性道德的争论。当罗尔斯的福利再分配公平观有违理性道德争论的机会时，它还是不是适宜的？公平标准可以根据这些受到质疑：它预先假定了人性的个人主义观念，在这种观念中，道德主张不再来自理性的论证，而是个人持有的、受生物或社会影响的、随意的（即便它可以为人所理解）价值观的契约性组合。从而，罗尔斯的理论结构与工具理性密切呼应；其目的是外生的，实际上，思想的惟一功能就是保证目的能最大程度地实现。在这样的意义上，（罗尔斯的假设）为了服务于需要，把所有思想降为了正式推理和工具谨慎的综合运作。

有关城市规划政策的准则的讨论不得不以一系列的问题作为结束，其关键的原因还在于城市本身的独特性，需要将这些问题放置在城市的社会、政治背景中予以讨论，并求得最终的解决。从某种角度讲，在城市规划中不存在普遍适用的准则。此外，这些准则的问题不仅在政策制定的过程中存在，其实在城市规划的各个阶段都存在，而且表现最为明显、矛盾冲突最为突出的应该在规划评价的过程中。

第七节 城市规划政策制定的理性过程

城市规划政策的形成有两种途径，一种是在城市规划编制过程中，从理论推导和对实际经验的理解出发，就城市规划实施过程中可能遇到的问题和需要出发，建立整体性的政策，此时所制定的政策一般都是比较广泛的，而且也是一揽子提出的涉及到各个方面的政策集。另一种途径是在规划实施的过程中，针对实施过程中所出现的问题或对规划制定时提出的一揽子政策的实施出现了需要调整的时候所制定的，这时所制定的政策往往更为具体，也通常是一个一个的、逐渐改进的政策演变。由于第一种情况下所制定的政策更类似于政策规划，并已在上文中有所讨论，这里主要讨论后一种情况下的政策过程。

政策过程是指每一个政策从最初开始提起到最终完成所经历的完整过程。这里之所以强调是理性的政策过程，是基于这样的考虑：这是在理论探讨的前提下所提出的完整的过程，这一过程存在的基础是其在理论上的合理性。我们知道，对于任何的政策行为，这里所提出的过程在实际操作的过程中是可以有所侧重或进行必要的合并的，是可以重新组织的。但需强调的是，任何政策过程的每一个阶段之间都具有内在的逻辑关系，并且是一个完整的过程，寻求合理的政策必须要有合理的过程来予以支撑。

一、政策问题的形成与确定

任何政策都是针对于一定的社会问题而制定的。城市规划政策也总是针对于城市规划过程中所出现的具体问题而提出和执行的，就此而言，首先是确定要解决的问题是什么，才有可能进一步推进其整个过程。因此，政策问题的形成与确定是政策过程的首要前提和第一个重要环节，这也就是爱因斯坦所说的发现问题比解决问题更为重要的含义所在。

政策问题是指"由于客观情势发生了变化，特定的整体感受到了这种变化，并由于自觉价值标准、经济利益、自我意识等受到伤害而发生困惑、不满、愤怒等，于是向政府提起有关政府公共政策的集体诉求"[20]，从而提出政府采取行动或不采取行动的要求。很显然，公共政策问题肯定是那些已经引起社会公众的普遍关注，并已经开始由公众提出以解决这些问题为目的的政策诉求的问题。一项政策问题应当满足这样一些条件：

（1）存在一种可以确认的客观情势。这就是说，出现和形成了某种客观事实，这种客观事实是可以被人们所认知的。在城市规划领域出现这样的情况可能主要有以下几种：一种是由于社会经济条件发生变化，特定地区或某些种类的土地使用产生强烈的变化需求，表现为某地区或某种类型项目申请的相对集中，比如工业外迁，出现原工业设施空置或导致申请原工业用地改性案件数量的大量增加等。第二种情况是规划监督和评估机构发现，在规划实施的过程中出现了与规划意图或规划条件明显差异的建设状况，比如原政策所界定的集中发展地区的建设明显缓慢而且没有加快建设的趋势，或者在城市旧区中出现明显的衰退迹象等。第三种情况是市民通过种种途径表达出对某种状况的意见、讨论或质疑等。第四种情况是规划管理机构在运用既有的规划文本和政策进行管理的过程中，已经处于疲于应付仍对某类问题无法解决，从而使规划管理的效能难以发挥；或者在规划管理的过程中发现政府各部门及其政策之间的相互协同出现了问题，使规划实施的管理与其他政策实施之间出现矛盾甚至对立。第五种是开发建设者在进行项目决策或申请时，已经感觉到既有的规划和政策使其开展新的项目会有巨大的难度甚至于无法开展，于是通过种种途径、运用种种方式提出诉求，以使其项目开展能得以进行。一般而言，这里所出现的种种情况都是可以直接观察到的，并可以通过语言等广泛的符号系统来予以表述和交流。通常而言，不能明确表述的某种客观事实很难被确认为政策问题，这里所指的确认是指公众和政府两方面对某一特定的客观事实的存在及其严重性都已有所认识。

（2）出现强烈的公众诉求。当某种客观事实持续存在甚至出现扩大或趋于严重的时候，社会公众的政策诉求随之持续存在且趋于强烈，从而使得政府部门在继续执行原有政策时遇到较为严重的压力。这种情形反映出公众的利益由于某种客观事实的存在而遭到了较为严重的冲击和损害，或者反映出公众的价值观由于某种客观事实的存在而遭受到了冲突和挫折。公众由于强烈地感觉到了不安或威胁，因而强烈地要求政府承担责任、采取行动，以有效地解决问题。

（3）形成明显的政策需要。现代政府的大部分公共政策都是对现实公共问题的某种反应，并且，这些问题事实上已经到了非解决不可的地步。但也有相当部分公共政策是政府基于对未来某种潜在可能性的估计而作出的预防性政策决定，并且，某种潜在可能性在政策评估上被认为具有相当的严重性。当现实公共问题被认为到了非解决不可的程度，潜在的公共问题被认为具有必须解决的价值时，从政府的角度说就可以认为已经形成了明显的政策需要。

对于任何的公共政策问题，都必然是社会公众所面对的问题，也就是说，这些问题的影响是涉及到城市社会整体的，具有普遍意义的，或者是已经超出了当事人并影响到不直接相关的其他群体，而且已经为大众所认知并希望政府采取行动时，这样的问题才能被称为政策问题。一旦确立了公共政策问题，那么就进入到确定政策目标和政策设计的阶段。

二、政策设计与评估

所谓政策设计是指针对于已经确立的政策问题分析其构成，提出相应的政策目标、基本原则及主要措施、行动策略等的政策方案的构想过程。政策评估是对政策方案进行评价，为政策决定提供基本的依据。

1. 政策目标

政策目标是针对所要解决的政策问题而确定的，其基本含义就是要消除产生政策问题的各种原因，满足人们在政策问题中所体现出来的特定利益要求。政策目标是随后的政策过程的最基本的指导：政策的引导、调控和促进功能只有在确定的政策目标基础上才能发挥作用；政策目标是政策方案的设计、评估和选择与确定的标准，是政策制定后的实施、执行和实施结果评价的依据。因此，政策目标是政策的首要内容，研究确定政策目标是研究制定政策的一个重要环节。

政策目标的确定往往是多因素综合作用的结果，因此，在分析和确定政策目标时，就需要进行多方面和综合性的研究。首先要考虑到政策目标的合理性问题。政策目标的合理性有两个含义。一个是政策目标要体现政策制定者所代表的社会利益。在这里，体现一定的社会利益既包括政策在一般意义上要为社会的整体利益服务，同时也是指在具体政策目标确定上，要处理好特定的社会利益关系问题。一般而言，政策目标都需要经过努力才能实现的，需要经过一定的时间和发展阶段之后才能实现的，因此政策目标既要有一定的超前性，又必须是适当的。这是政策目标合理性的第二个含义。政策目标要高于现有的水平，不是轻易就能达到的，使政策能够对人们产生一定的激励作用，并促进城市经济和社会的发展，但同时，政策目标又必须是经过努力可以达到的，使政策目标的实现具有现实可行性。

其次要考虑到政策目标的可能性。不具备实现条件的政策目标是一种空想，把空想的目标作为指导政策实践活动的方向，不论对政策本身，还是对社会的发展都是十分有害的。实现政策目标的条件分为两大类：一类是实现目标所需的各种资源，如经济资源、人力资源、信息资源、权力资源等，这些都被称作政策资源；另一类是直接制约政策目标实现的环境条件，如政治经济形势、社会心理动向、人们的认识水平、自然环境的变化等。这两类条件中，有的是可控制的或者可以利用的，有的是不可控制的或者不可利用的。只有可控制的或者可利用的条件占主导地位时，政策目标的实现才有可能。在政策实践中，有些政策实施后效果不好或根本无法实施，就是一些不可控制的或者不可利用的条件及因素影响的结果。

第三，要考虑政策目标的多重性。在一个政策体系中，从纵的方向看，政策体系中的总目标，对其他各种基本政策和具体政策的目标具有指导作用，上一层次的政策目标对下一层次的政策目标具有指导和约束作用，下一层次的政策目标应当是上一层次政策目标的进一步具体化。这就要求各种政策目标都要把自己作用范围内的实际情况与更高一级层次政策的目标和要求有机结合起来，不能脱离总目标的要求各自为政，或者确定与上一级层次政策完全不同的政策目标。各种不同层次的政策目标要根据总目标的要求相互联系起来，构成政策的分层目标体系。从横的方向看，各种政策及政策目标之间有着各种不同的联系，同时在一类政策之中，也有单目标和多目标之分。单目标的政策相对比较简单，政策的基本目标就是一个，而大部分政策都是多目标的政策，这就特别需要注意运用系统分析方法，充分考虑各目标之间的关系，正确定各种目标的轻重缓急，努力使目标之间相互配合，相互促进。

最后，要考虑到政策目标的明确性。政策目标的明确性要求政策目标的概括和表达必须准确和具体，不能空泛和含混。也就是说，政策目标内容的表达应当是单义的，使人能够明确领会其含义。政策目标不明确或者太抽象，会使政策执行者无所适从，或者按

各自不同的理解去执行；也会使一般社会公众无法弄清政策的真实意义，从而减少对政策的认同和支持。对于凡是可以数量化的目标，都应当用一定数量来表示。

此外政策目标一般还应包括实现目标的时间期限、相应的应用范围和约束条件。如果超越了这些时空和范围方面的条件限制，即使达到目标规定的指标也未必能够真正实现政策目标，有时还会产生其他方面的问题。

2.政策分析和研究

政策分析和研究的主要内容，是研究实现政策目标的基本思路和主要方法，包括了政策的指导方针、基本原则、行动策略、主要措施和政策发展的阶段划分等。此阶段的目的在于：一是要提供创造性的政策思路，确定政策的基本轮廓；二是要保证政策方案的多样性，使决策者可以从多种方案中比较选择，择优而取；三是深化政策方案，逐一确定各项政策措施和具体步骤。要实现这个目的，就需要进行系统的、深入的分析研究。

有关于政策分析和研究的方法与方法论现在已经有大量的政策研究文献进行了阐述，此外还有系统方法、系统工程、运筹学等论著也有所涉及。尽管这些论著都是针对于广义的和普遍的政策而展开的，但制定城市规划政策的方法论及其可运用的方法都可以从中获得借鉴，可以说，政策的方法论和基本方法应该是一致的。此外，有关政策制定的内容，与城市规划本身的内容具有一致性，可参阅前一章的相关内容。

在进行政策设计的过程中，要对政策问题进行全面的研究，充分考虑多种可供选择的政策方案。从一般的意义上讲，政策研究者或政策方案的设计人并不是决策者，不应当在政策设计过程中作出太多的判断和选择，而是要对各种备择方案进行深化的设计，只有那些明显不可行或无优势的政策方案才能被删除掉。对于所有的备择方案都要作详细的深化设计，使它们成为完整的政策方案，也就是要按照方案的基本构想，逐一确定各项政策措施和具体步骤。对方案的各项内容都要有严格论证、反复计算和细致推敲，政策方案的文字表达也应做到准确和规范。政策方案的深化设计，既要经得起怀疑者和反对者的挑剔，又能够为执行者的实施活动提供明确、有效的指导，同时还要保证在政策比较、评估和选择中能够有完整的可比性。

3.政策方案的优化与评价

一般而言，针对于特定的所要解决的政策问题和确定的政策目标，都可以提出多个政策方案。对于每个备择方案，都要进行深入的优化和评价，以揭示每个方案的特点、特色及其可能后果，为后续的政策决定提供评判的依据。

首先要对实现政策目标的可能程度进行评价。任何政策方案的设计都是为了解决政策问题和实现政策目标，因此，对政策目标实现程度的评价是政策评价中最为关键与本质方面的评价。这种评价主要是在过去相类似情况下所积累的经验和对未来发展设想的基础上所进行的逻辑推论式的评价，可以说是社会发展可能状况下的逻辑推导，是对方案的演进过程的逻辑评价。在这种评价过程中，并非是对所涉内容的评价而是对方案可能结果的评价，即使用此项政策及其方法，会导致什么样的结果？是否就是想要的结果？这种结果与目标之间是否尚有距离？也可以说，这种评价主要是针对方案本身的逻辑合理性而进行的。比如说，规划的目标是疏解市区或市中心区的人口，但在所提出的政策中，为了吸引资金改建旧区，就提出"拆一建二（或三）"或就地平衡等，其结果必然是在原有的建筑面积基础上再加上百分之一百、百分之二百甚至更高，这样的结果所导致的是人口的进一步集中，这就与政策目标相违背了。

在对实现政策目标可能程度进行评价的基础上，还需要对政策所涉及到的内容进行分项的评价。所谓分项评价就是应用分析的手段对政策内容中所涉及到的各个方面进行独立的评价，为方案的比较和选择提供基础。分项评价其实是一种矩阵式的评价，从横向划分，可以分为政治、经济、社会、技术、环境、资源等等方面；从纵向划分，可以分为可能结果概率评价、不确定性评价、可行性评价、成本—效益评价等等。非常简单地举一个例子来说明这些评价。工业区由于相对成本增加而期望外迁，对于外迁后原工业区用地的使用就会需要制定政策来引导，这就成为了政策问题。经过一段时间的酝酿和设计，提出了多种方案，其中之一是将用地置换为办公楼使用。作为办公楼使用，从开发商或土地使用者角度讲可能是最经济的，因为只需要对建筑物作很少的改进和装修，就可以利用原有的建筑物进行出租，而租金相对于其他设施要高，因此，投资的回报率较高。但是从公共政策的角度讲，就需要作更为全面的评价，首先从横向

各要素的评价方面看，在政治方面就涉及到社会各种利益的分配与调节、社会利益的整合、政府执行政策的能力等方面的问题，也会涉及到政府其他政策的实施，如政府已有政策要开发其他办公楼区或政府意欲对中心区进行改建等，同时改建为办公楼后还会对社会公共设施提出要求，政府是否有能力来予以配套，如果没有能力配套，就会导致对政府政策能力的怀疑等；在经济方面涉及到城市整体的经济效益问题，即该地区在城市中的位置所导致的与其他地区之间的关系，也涉及到办公楼总量的多少，即改建为办公楼后对城市整体办公楼租金的影响等方面的问题，就开发商或业主来讲是经济的，对整个城市来讲是否也是经济的？在社会方面涉及到如就业情况，是否会对就业结构造成冲击，从而导致社会的不稳定？周边居民的上下班距离是否会大幅度增加？会不会导致周边地区的用地也会向办公楼或其他配套设施方向转变，从而导致周边居民的大规模迁徙？等等。在技术方面，由于这种改建是否会导致更大地区范围内的土地使用上的不兼容，交通量增加后的对策及其对整个城区及周边地区的可能影响，停车设施的充裕程度，其他公共设施和市政公用设施的配套可能性，等等。其次从纵向的评价工具来看，首先要进行可能结果概率评价，也就是要考察这种改造会达到什么样的程度，即百分之百改为办公楼，还是仅百分之五十，或者只有可能百分之十、百分之二十作为办公楼使用，这就要从全市办公楼的总量、作为办公楼设施的条件、办公楼使用者的使用愿望、工业外迁的程度以及原用地的使用者愿意（尤其是在需要补交地价的情况下）进行改建或投资的程度等来进行综合的评定，接着就要对这些可能的结果进行不确定性评价，同时还要对这些可能结果会造成的对全市或地区的影响进行评价，尤其要考察在不会百分之百完全改建的情况下，其他用地如何进行转化以及会否造成其内部相互协同方面的问题及其严重性。从可行性评价角度讲，就要考察该政策与制度之间的匹配程度，政府可以动用的政治资源的情况，也要考察该政策与其他相关政策之间的关系，该政策在政府不同部门之间推进的可能性等。在这样的基础上，还要进行成本—效益评价或者称为投入—产出评价。需要特别指出的是，这里所指的可行性评价和成本—效益评价，并非是针对于项目投资或建设的评价，项目的评价自有开发商、投资者或土地使用者去做，这里的评价是指对政府部门在政策的推进和

执行过程中，所涉及到的制度框架中的可行性和所投入的成本与产出的成果之间的评价。比如，为了保证有良好的政策产出，如百分之百地改建为办公楼，政府所需要的投入，包括政府在宣传、执行政策过程中所投入的人力、物力和财力，如果该政策在执行过程中有不愿意这样改进的，政府就需要采取措施，这也就涉及到它的成本问题了，同样，政府为保证办公楼正常运行而需投入的公共设施配套和市政公用设施的成本（如新建停车场、改造原有的市政管网等），为了减少对周边地区影响而投入的环境改善成本（如原有道路是周边地区进出的重要通道，但由于改为办公楼后交通量大增而需要为周边地区另行辟筑新的道路；为了减少交通量增加后对周边地区的安全、环境污染影响而需要作适当的隔离或其他设施等）等等，这些就是政府在作出政策决定之前所需要考虑的成本—效益关系。

政策的综合评价就是对政策进行整体性的综合评价，这种评价往往是在进行多方案的比较中一起进行的。一般的做法是将以上有关方案评价的内容和政策的预期目的等作为评判的依据，运用打分、计算偏好权重和加权平均分，然后进行计算，得出最后的结果，通过对结果的排序而对各个政策方案予以排序，从而为政策决定提供技术评价依据。这一类的评价方法在很多政策选择的文献中都有记载，有关内容的讨论在本书第十三章中进行介绍。

三、政策决定

政策决定就是针对于政策问题采取政治的手段决定是否采取行动、采取何种行动及其行动步骤的过程。政策决定的过程是一个政治过程。城市规划政策，在很大的程度上并不完全是由城市规划部门来作出最终的决定，这一点从上面所述的政策内容就可以理解。

由于社会利益关系的复杂性，人们对政策方案中的一些内容会有各种认识和要求，因而难以形成一致的意见或立场，而且在决策过程中，影响决策者作出政策决定的因素是多方面的，并且不同的因素之间经常出现价值标准的冲突，在这样的情况下，根据现代民主制度的要求，就只能依靠少数服从多数的原则来决定政策的取舍，以使政策适应多数人的要求。这是一个非常复杂的政治过程，并非是三言两语所能阐述清楚的，所幸的是在绝大多数的有关政治学和政策研究的文献中都有论述，可以参见安德森（J.E.

Anderson）[21]、希尔（M. Hill）[22]等等著述。就整体而言，在原则上要求所有政策决定都应当符合政策规划（城市总体规划），如果在新的社会、经济、政治条件下需要对原有政策规划进行调整，那么，应当有严格的程序来保证首先对原政策规划进行评估，论证新的政策是非常必须并且迫不得已，在这样的基础上，对政策规划进行全面修订，保证单项政策的变化所可能导致的结果能够得到体系和系统上的协调。应当树立这样的观念：政策规划是普遍的政策或政策方向，具体政策是政策规划的深化和具体化，只有充分地将两者结合在一起，才能使政策规划和具体政策得到较好地实施，同时才能全面地实现政策目的。当然，有时为了应对即时的问题，可能并不允许花太多的时间来先修订政策规划，但也必须应用"混合审视"方法来对政策方向进行整体的架构，然后作出政策判断和决定。但在此后应尽快对政策规划进行全面修订，并按程序予以确定。

四、政策实施

一项政策被采纳之后，就需要政府来采取行动了，政策不会自行实施，需要有策略。政策决定过程往往有广泛的参与，最后政策的决定也已公布，但实施阶段却常常隐藏在政府运作的背后。到一个政策及其计划进入到它的实施阶段的时候，就往往转化为由政府官员去履行职务，政策研究和分析的人员也已经转向到其他问题上去，从而使得整个实施过程不被人所注意。许多政策之所以未能实现预定的目标，就是因为在实施阶段出现了新的问题，而这些问题往往都是在执行了相当一段时间之后才被发现的。当这种失败出现的时候，归罪于当初的政策决定是容易的，而考察政策决定了之后发生了什么事却比较困难。当然，起草得不好和制订不当的政策会带来不好的结果，但是许多政策研究已经揭示，即使是最好的政策也会由于实施过程中遇到的问题而失败。

实施政策过程中所遇到的风险远比把目标变成实践在字面上的含义要多得多。在这一阶段从事政策实施的人和机构要作出许多重大的决定。为了通过某项政策而结成的团体，如规划部门与计划部门、工业部门或寻求土地增值的土地使用者为通过工业外迁而结成的统一战线，往往在政策决定通过后就解体，为了各自的利益或迫于某种情势而在实施的过程中采取各自的行动，从而使政策实施的基本原则、行动序列等遭受冲击。而且，一项政策要得到成功的贯彻，必须在实施阶段度过一长串决策环节，在每一个环节都有一个政府官员或领导人有权作出决定——推进或延搁计划的实施。这样的环节越多，政策实施的不确定性就越增加，政策的失败和耽搁的可能性就越大。而城市规划的实施政策又恰恰是需要经过这样的多个环节，而且是不同层次上的多个环节。

许多学者对政策实施过程作了全面而广泛的研究，他们认为，对于任何一项寻求对现状作实质性变革的政策，想要达到原定的目标，就必须具备以下条件[23]：

（1）法律授权或其他法律性的指令对政策目标的规定是明确的、一贯的，至少能为解决目标上的分歧提出一些实质性的准则。

（2）法律授权包含一套健全的理论，规定了影响政策目标的主要因素和因果联系，给负责实施的官员以足够的权力或办法可以制约受影响的集团，而使政策有可能达到预定的目标。

（3）法律授权妥善设计了实施过程，使负责实施的官员和受影响的集团能按预期的那样行动。这包括给予抱同情态度的机构以足够的等级、支持性的裁定、充足的财力和接近支持者的机会。

（4）负责实施的机构领导人拥有相当的管理与政治技巧，并一心致力于实现法定的目标。

（5）计划在整个实施过程中始终得到有组织的支持者集团和若干主要议员（或一名行政首脑）的支持，并且法院持中立或支持的态度。

（6）法案所根据的理论或政治支持不因有关的社会经济状况变动而遭到削弱，更不因出现这种情况或出现与之相矛盾的公共政策而使其法定目标的优先地位遭到破坏。

五、政策实施的评价

政策实施评价的直接作用是提供关于既定政策的各种信息，对于这些信息，政策制定者、政策执行者以及广大政策对象抱有不同的期望和要求。政策制定者一般都希望得到关于政策整体效益的信息，它们包括：既定政策的成本和效益如何？政策应持续、修正、扩大或终结的根据是什么？政策应予以制度化、法律化还是继续以政策的形式存在？政策执行的方法和程序是否需要调整或修正？是否需要分配更多的资源来支持既定政策或其他政策？等等。政策执行人员希望

知道：为了成功地达到政策目标，在既定的成本条件下，哪些执行策略和方法最有效？既定政策的执行有哪些突出特点？哪些政策和计划的要素以及要素之间关系的综合能得到最高的效益？政策对哪些政策对象产生了哪种影响？哪些方法和技术有助于克服政策执行过程中遇到的阻力和困难？等等。政策对象希望对政策过程有一般性的了解和认识，并依此判断因政策的实施而造成自身利益的变化，同时，对政策过程进行必要的监督。根据不同的需要，不同的着重点，提供不同的信息，就是政策实施评价的目的。或者说，政策实施评价的目的就是取得关于政策过程、政策效益和政策效率的信息，作为决定政策变化、分配政策资源、改进政策系统和制定新政策的依据。就整体而言，政策实施评价的作用或者其目的体现在三个方面：一是弄清楚该项政策的运行与效果，二是控制负责实施者的行为，三是对局外人的反应施加影响。

政策实施评价是政策发展变化和改进的重要基础，任何一项政策在实施后都面临着两种发展变化的可能：政策继续或政策终止。前者指的是维持既定政策，或者在既定政策基础上制订新的政策。后者指的是由于政策目标的完成或失败而结束政策。一项政策究竟需要继续还是终止，只能以对政策执行过程、政策效率、政策效益和政策后果的综合评价为准则。

政策实施评价是确定政策问题和制订新政策的必要前提。任何一个新的政策问题或新的政策方案都不是孤立产生的，他们总是以原有政策效果为背景的，或者是原有的政策问题没有完全得到解决，使该问题更加恶化；或者是伴随着原有政策问题的解决又产生了新的问题。要判别这些情况，确定政策问题，不可能重新从问题的最初产生开始研究，只能依靠对原有政策的分析，即在对原有政策从方案制定到执行，从政策后果到环境变化进行系统的评价分析后，再确定新的政策问题。这是政策连续性的一种表现。

政策实施评价是动员和教育广大政策执行者和政策对象的重要方法。政策的效果本身往往表现为复杂的利益关系格局的变动，既可能涉及到人们利益的满足，也可能涉及人们利益的调整，一般的政策对象众多，许多政策执行者也难以对这种利益关系的格局有全面的深刻的了解和认识。所以，就需要经常把政策的背景、政策的目标、政策的措施、执行政策的过程和政策的结果向广大群众进行分析、解释和说明，使他们能够认清自己的利益和实现的途径，从而真正有

助于政策的推进。对政策进行的全面的分析、解释和说明，必须建立在对整个政策过程科学评价的基础上。

政策实施评价有以下几种类型：

（1）政策效果评价。政策效果评价就是要确定政策对城市社会整体而言产生了怎样的作用效果，这是政策实施评价中最基本的评价内容。政策效果评价以政策的效能和效率为评价的中心问题。效能评价主要是通过对预期政策目标与实际政策结果的差距性分析，确定政策实际实现的程度；效率评价主要通过对政策投入与政策效力或政策投入与政策产出之间比例关系的对比性分析，确定政策的合理化程度。但值得注意的是，政策的实施总是在一定的社会环境之中进行的，每一种类型的政策效果，可能是政策本身引起的，也可能是受到其他社会因素的影响。理想的政策效果评价最好是能够尽量排除政策本身以外的因素，显示政策真正的效果。

（2）政策执行评价。政策执行评价在于确定政策执行是否按照政策规定采取了适当的政策执行行为，政策执行行为又是如何影响政策成败的，也就是说，政策执行评价是要探讨政策执行活动是否确实影响到了特定的政策对象，并要分析政策执行过程中的执行行为和执行措施是否按照政策设计的要求进行，从而可以建立起对政策执行过程进行控制和管理的基本手段。

（3）政策效率评价。政策效率评价的主要内容就是分析政策在支出了各项成本之后是否获得了充分的利益，与其他政策相比，政策资源的使用是否更加经济有效。这类评价的基本特征是经济评价方法的运用。

在政策实施的评价中，有以下三方面的问题需要特别注意：

（1）政策实施评价的研究者最好是政策执行部门之外的、同时也不是政策的直接对象的机构来进行，这样可以保持一定的客观性。一般来说，支持和管理某项政策实施的人往往会夸大他们所心爱的政策所取得的成功，以此证明把权力或金钱分配给他们是有道理的。因此，具体执行政策的各部门在提出看法时往往是为了劝说别人而不是作客观的评价。

（2）就政策实施评价的内容来讲，应当将评价的重点放在这些政策所带来的后果上。我们不是只关注什么影响了政府，在政府内部发生了什么，而是注意政府的行为带来了什么社会和经济的变革。对一项计划的经验不在于其输入而在于其输出。我们现在还没

有现成的方法来判断政府行为带来的价值，许多政策所导致的社会后果要进行全面的测量尚存在着大量的困难，而且就算某个社会变革既明白可见也能够测度，也很难确定是哪些具体的行为取得了这些成果，更难以精确地说出是什么造成了社会变革。

（3）在进行政策实施评价的过程中，还会涉及到这些政策的连带性评价，这在城市规划实施政策中显得尤为突出，并值得予以特别的重视。这些连带性的评价涉及到这样几个方面：

①政策有可能出现价值判断标准的混乱。评价时必须明确政策目标所要影响的是社会上的哪些人，如是穷人还是富人，是业主还是雇工，是老年人还是青年人等，进而明确政策意在影响什么，比如，一项社会救济政策是要改善穷人的生活状况，还是要改善生活的公平状况，或是两者兼而有之。当一个政策设定有若干个目的时，政策效果评价就会变得极为复杂，为此排列出政策效果评价的价值序列就变得不可缺少。在城市规划领域中，这样的政策价值就会显得更为重要。

②政策可能会产生并非政策目标所确定的政策效果，也就是出现了政策的外在的或附带的作用。这种外在的或附带的政策作用可能是好的，也有可能是不好的。所谓好或不好是由城市发展的目标或城市政策的基本价值观所确立的。如，政府建设的福利房或微利房的大量增加，可以改善城市居民的生活条件，但也有可能造成社会阶层的隔离，或由于位置选择的不当而造成在空间布局上对低收入阶层的不平等，同时也有可能造成对房地产市场的冲击等。

③政策可能会产生非预期的长期政策效应。这主要是指，某些政策意在解决现存的某一公共政策问题，却在不经意间造成了长期的政策影响。如我国在20世纪50年代实行的人口政策，强调人多力量大，造成了我国人口的极度膨胀，之后不得不采取极为严厉的计划生育政策，但这一人口政策的影响将有可能持续一个世纪左右，而严厉的计划生育政策的实施在这之后又会对人口构成及社会、经济发展等带来严重影响。在城市规划领域中，任何政策的影响几乎都是具有长期效应的，任何建筑物的建设和改变都需要有相当长的周期，而城市土地使用权的出让更是以50年、70年来进行计算的，因此在政策研究、政策决定和政策评价时要特别注意可能导致的负面效应。比如，为了提升城市的产业结构而采取鼓

励工业外迁政策，这一政策的实施很有可能导致城市就业结构的改变，导致城市失业率的提高，而且影响深远。

④政策可能存在非预期性的直接的和间接的代价。计算一项政策直接的金钱代价并不难，但其他的为某项政策付出的金钱代价即间接的金钱代价就比较难以计算了。比如，政府为某项城市改造政策付出了多少金钱是可以直接计算出来的，但在改造过程中相关商业主体为此损失了多少金钱事实上是难以计算清楚的。如，由于拓宽道路，行走不便，商店没有人去买东西，饭店没有人去吃饭，等等。间接的非金钱性代价就更难以计算了，如对某地区的开发建设或不准某地区的开发建设会对这些地区的发展产生直接的影响，而对不准开发建设的地区同时又是相对比较衰败的地区，则会对居住在该地区的居民造成心理上的压力，对其社会结构产生间接的影响。同样的问题也出现在衡量政策造成的间接利益上。

⑤政策输出可能由于存在无形的效果而难以评价。有形的或物质的政策输出通常是可以直观的，相对而言容易衡量；无形的或符号的政策输出则使政策评价大大复杂化。无形的或符号的政策输出经常表现为对某种价值观的抽象肯定。如对城市组团的划分、城市景观轴线的肯定等，这些政策输出并不一定会引起直接的社会事件或社会环境的实际改变，甚至是现有状况的概括，但在凝聚社区精神、强化凝聚力、促进城市美化等方面，其政策效果可能非同一般。显然，没有人可以准确地评价其效果的大小，尤其没有人可以通过数量概念展示其具体的政策效果。但也没有人会否认这种政策输出经常会产生政策效果，这就产生了难以把握的政策评价的"灰区"。

注　释

1　P. Hall.Urban and Regional Planning (3rd ed.). London and New York: Routledge，1992

2　Healey 等.Negotiating Development： Rationales and Practice for Development Obligations and Planning Gain.London：E & Fn SPON，1995

3　在20世纪50年代前后的西方学术界，尤其是美国，是一个喜欢将所有的研究冠以"科学"的时代，而且"科学"也确实是被作为所有研究的最主流的和最基本的范型。但笔者不赞同使用"政策科学"这一名称，而更愿意使用"政策研究"、"政策分析"这样的提法。其实，在下文有关德罗尔的"宏观政策论"的讨论中就可以看到，尽管他在一些书中继续使用了"政策科学"的说法，但他同样认为，政策研究并不是一种"科学"的工作，而更多的是一种实践。此外，值得一提的是，"城市科学"或"城市学"的提法也有许多的不恰当，编著者主张以使用"城市研究"为好。

4　本段对政策研究形成和发展的描述主要摘引了孙光的《现代政策科学》（杭州：浙江教育出版社，1998）一书中的相关描述，但对其中"政策科学"用法均作了调整。

5　引自：唐兴霖编著.公共行政学：历史与思想.广州：中山大学出版社，2000.439~440

6　下述内容主要摘引自：唐兴霖编著.公共行政学：历史与思想.广州：中山大学出版社,2000.443~450

7　如 C. Ham 和 M. Hill 所著的《The Policy Process in the Modern Capitalist State》（2nd ed., Hemel Hempstead: Harvester Wheatsheaf,1993）一书对决策过程的描述，与当代城市规划的过程描述（如 John M. Levy.Contemporary Urban Planning. 2002.孙景秋等译.现代城市规划.北京：中国人民大学出版社，2003）几乎完全一致。

8　Neal R. Peirce, Curtis W. Johnson,John Stuart Hall.Citistates：How Urban America CanProsper in a Competitive World. Washington, D.C.：Seven Locks Press,1993

9　依据张国庆在《现代公共政策导论》（1997，北京：北京大学出版社）中的相关论述，并作相应的进一步阐述。

10　Herbert Alexander Simon.Administrative Behavior：A Study of Decision-Making Processes in Administrative Organizations （3rd ed.).1976.杨砾，韩春立，徐立译.管理行为：管理组织和决策过程的研究.北京：北京经济学院出版社，1988

11　S. S. Fainstein 在《The City Builders: Property. Politics, and Planning in London and New York》（1994，Blackwell）一书中详尽揭示了房地产决策的非理性特征及其产生的原因。而且据她的研究，不仅是房地产开发企业中弥漫着这种非理性的气氛，即使在如银行这样被认为决策非常理性化的金融机构中，在关于房地产开发投资等的决策方面也往往是被非理性的因素所决定的。

12 P. Hall.Great Planning Disasters.London：Weidenfield and Nicolson,1980

13 Healey 等.Negotiating Development: Rationales and Practice for Development Obligations and Planning Gain.London：E & Fn Spon,1995

14 Susan S. Fainstein.The City Builders: Property, Politics, and Planning in London and New York. Blackwell, 1994

15 John M. Levy.Contemporary Urban Planning.2002.孙景秋等译.现代城市规划.北京：中国人民大学出版社,2003. 325

16 John Rawls 的《公正论》（1971, 由何怀宏等译,北京：中国社会科学出版社,1988）一书对此有非常充分的论证。

17 William N. Dunn.Policy Analysis: An Introduction（2nd ed.）.1994.谢明等译.公共政策分析导论.北京：中国人民大学出版社,2002.314

18 William N. Dunn.Policy Analysis: An Introduction（2nd ed.）.1994.谢明等译.公共政策分析导论.北京：中国人民大学出版社,2002.317~318

19 William N. Dunn.Policy Analysis: An Introduction（2nd ed.）.1994.谢明等译.公共政策分析导论.北京：中国人民大学出版社,2002.306~313

20 张国庆.现代公共政策导论.北京：北京大学出版社,1997.25

21 J.E. Anderson.Public Policymanking：An Introduction (2nd ed.).Boston：Houghton Mifflin Company,1994

22 M. Hill.The Policy Process：A Reader, Hemel Hempstead：Harvester Wheatsheaf.1993

23 J.M. Burns, J.W. Peltason, T.E. Cronin.Government by the People（14th ed.）.1990.陈震纶等译.民治政府.北京：中国社会科学出版社，1996.805

第十三章　城市规划的评价①

第一节　城市规划评价概论

　　城市规划评价是城市规划运作过程中的重要环节。评价并非是城市规划过程中所特有的，其实，评价活动是社会活动中的一项普遍性的活动，没有评价也就不可能进行选择，因此，在任何行动的开展中都有评价的过程贯穿其中。在某项行动开展之前，做与不做，如何去做等，都是建立在评价基础上所作出的决定，没有评价也就无法作出决定；同样，当这一行动已经结束，如果考虑一下做得怎样，是否达到了目的，是否产生了想要起到的作用，或者相对于结果产生之前的投入是否值得等，也同样是一种评价。这种评价的意义在于对自己或他人所作出的努力进行总结，同时从不同的方面检视一下在此过程中是否还有什么问题，为以后的活动开展提供经验。从这种意义上讲，没有评价就不可能有进步。

　　评价可以说是任何活动开展的必要的构成部分，同样，评价在城市规划的各个阶段中也都是城市规划活动开展的重要基础。城市规划作为一项未来城市空间发展的策略，通过对城市土地资源的调配进而在一定层面上实现政府对经济及社会生活的有效干预，并运用法定权威通过对城市土地使用及其变化的控制，来调整和解决城市发展过程中的特定问题。因此，在城市规划的过程中，从城市规划在城市发展方向、城市空间安排等等方面所作出的种种选择，直至城市规划在城市发展的过程中究竟发挥了什么作用，这种作用的效果如何，都直接影响并决定了城市规划在社会建制中的作用与地位，也决定了社会对城市规划的认识。而就城市规划自身来说，通过规划评价可以全面地考量城市规划所作出的这些选择究竟达到了什么样

的效果，是否符合城市发展的目标和实际需要，是否达成了社会的意愿，是否符合城市规划作为公共政策的效率、公平、公正等等的基本准则，而通过对城市规划实施的结果和过程进行评价，也可以有效地检测、监督既定规划的实施过程和实施效果，并在此基础上形成相关信息的反馈，从而作为规划的内容和政策设计以及规划运作制度的架构提出修正、调整的建议，使城市规划的运作过程进入良性循环。因此，在现代城市规划运作体系中，城市规划的评价研究是一个重要的、不可或缺的组成部分，并贯穿于城市规划的整个过程。

　　但在相当长的时期内，城市规划的评价并不为城市规划师所重视，在城市规划领域中开展得也不普遍，其中的原因是多方面的，比如，规划师只关注于规划的终极理想并执着于设计而产生的对此问题的轻视，他们更多地把城市规划问题看成是一个美学问题，因此对所涉及的内容及与城市的关系也就无需作出评价，即使有评价的话也仅仅是形式上或形态上的评价（这种评价与本章所说的评价有着较大的距离）；规划部门认为评价活动的开展就要对规划过程中的所有决策进行分析，条分缕析般的解构会揭示出许多本源性的问题，无论评价的结果是好还是不好，都会影响到其权威的发挥，从而进行人为的抵制；此外，由于政府体制的原因，或者由于信息系统不完备、缺少经费等因素的制约与限制等，使得规划的评价被悬置。因此我们可以看到，从政府到规划师都在不断地编制各式各样的规划，这些规划往往都是在不停地进行重复，没有实质性的进步，而且对与规划实施脱离的现象尽管被充分认知但无力进行改变，导致了无论原有的规划的实施效果如何，新的规划总是源源不断地被推将出来；由于缺少制度化、程序化的对

---

① 本章中有关城市规划实施评价的内容，由编著者与周宇合作完成并以《城市规划实施评价的理论与方法》为题发表于《城市规划汇刊》2003 年第 2 期，现已对此进行了全面的补充和完善。

规划实践的反思,"规划师只能根据对本身社会处境的自我反应和普遍性的情绪来判断规划的有效抑或失效,成功抑或失败"[1]。同样,也正由于缺少了这样的评价机制,因此城市规划也经常会处在被横加指责的状态之中,如由于其他的社会经济政策的失误而导致了某种不想看到的结果出现,最后却把问题推给了城市规划[2]。当然我们也应看到,城市规划评价本身所固有的困难也是致使此项研究工作难以全面有效开展的原因,这些困难主要有:

(1)城市规划过程是由多因素共同作用所组成的,而且这些因素之间相互非常紧密地结合在一起,在城市发展变化的过程中共同起作用。因此,在对城市规划进行评价时就难以分离出哪些结果是由于城市规划因素的作用而产生的,哪些结果不是,或者某种结果是由于城市规划而不是其他因素的直接作用而产生的,等等。正由于这样一种不明确的因果关系,使规划评价的开展遭遇到了最直接的困难。

(2)城市规划所涉及的许多内容之间具有相互的关联性,不同要素的变化都会带来不同的结果,而城市规划对这些要素变化所可能导致的结果的前景并不能清晰地予以揭示(受预测条件和方法的限制),因此就难以充分地对各要素之间的关系进行恰当的发展演变的评价。而正由于要素的多样和多变,任何的评价都是一项复杂的系统工程,这种评价手段也未能为城市规划师们所掌握,从而在主体意识和动力方面就对开展城市规划评价产生了抵触。

(3)城市规划中的各项安排和规划实施的效果具有扩散性和广泛的影响性。城市规划行动的效果并不仅仅局限在建起几幢房子、一些公共设施或营造起一个什么样的空间等物质实体内容方面,而是关系到城市社会经济体系的运作、城市居民的生活等,这样的效果涉及面广,它们之间的关系并不是直接显明的,而且也难以测度,有些甚至是不易感知的。同时,某一项设施的建成会对周边的土地使用、建筑形式以及人们的日常生活状态和生活方式产生影响,即使其周边的变化完全符合已经确定的规划方案,这种影响也同样难以区分是规划本身的作用还是先前建设、活动人群的改变或者其他因素的作用。

(4)评价研究中价值观的多样性。任何的评价都是需要建立在一定的价值观基础上的,如果缺少了一定的价值基础是难以进行适当的评价的。而城市规划过程通常都涉及城市的整体,不同的机构、阶层、团体和个体都有各自的价值取向,这些价值观经常又是具有差异性的,而且价值观也影响着规划师对规划实施问题的分析态度,也制约着公众对规划政策的接受及合作程度,这就会使规划实施评价面临着在伦理或道德准则方面的拷问。

当然,困难远不止这里所例举的这些,比如在方法上"现今还缺少一种既能评价达到一个特定目标的过程,同时又能评价目标本身是否恰当的政策评估的形式"[3]。但种种困难的存在并不能成为我们不开展城市规划评价的充分理由,如果缺乏全面而具有说服力的城市规划评价,城市规划所编制的各项规划以及城市规划体系本身就难以具有充分的合法性。

任何评价都是针对于特定的对象进行。对象不同,评价的标准与内容甚至方法也就会各不相同。城市规划主要是一项公共行为,因此适用于私人行为的评价标准和方法在这里就显得不合适,而在评价的准则和方法方面,对私人行为进行评价的方式方法已有普遍性的成果并且也相对比较成熟。而在对公共行为的评价方面,由于适用于私人行为评价的利润最大化的单一逻辑有着较大的局限性,当然这并不是说,这种评价在公共行动的评价中就丝毫没有用武之地,如可以将这一逻辑运用到某些公共物品的生产和供应方面,但就整体而言,将利润、净收益和机会成本等概念运用到公共领域中存在着巨大的困难[4]。正是由于这样的区别的存在,对公共行为的评价在难度上要远远高于对私人事务的评价。对于公共事务的评价由于不能采用对私人行为评价那样的单一性准则,因此,公共领域行为的评价就需要首先针对具体领域的行为建立一整套的评价准则,期望通过这种系列性的准则能够更好地反映公共政策的整体效应。在公共政策方面,邓恩(William N. Dunn)认为,政策评价时所采用的标准与提出政策时应达到的标准应该是一致的,这两套标准之间的惟一区别就在于应用标准的时间不同,评价标准是回顾性的应用,而推荐标准是展望性的应用[5]。邓恩有关于政策推荐的标准在本书介绍城市规划政策的第十二章第六节中已经作了介绍,这里利用他所给出的一张表格把这些标准进行汇总(见表13-1)。

邓恩的评价准则是有关于公共政策评价的整体性的,在具体的评价活动中需要针对具体的评价内容和要求具体确定相应的评价准则,但这些总体性的准则可以为我们开展具体的评价活动提供基本的框架和应该涉及到的相关方面。

标准类型	问　题	说明性的指标
效果	结果是否有价值	服务的单位数
效率	为得到这个有价值的结果付出了多大代价	单位成本　净利益　成本—收益比
充足性	这个有价值的结果的完成在多大程度上解决了目标问题	固定成本（第1类问题）固定效果（第2类问题）
公平性	成本和效益在不同集团之间是否等量分配	帕累托准则、卡尔多－希克斯准则、罗尔斯准则
回应性	政策运行结果是否符合特定集团的需要、偏好或价值观念	与民意测验的一致性
适宜性	所需结果（目标）是否真正有价值或者值得去做	公共计划应该效率与公平兼顾

第二节　城市规划评价的类型

一、按照城市规划过程与内容划分的规划评价类型

有关于城市规划评价的类型，塔伦（Emily Talen）在对众多研究文献进行综述的基础上进行了全面的阐述[6]。他依据城市规划活动开展的过程，按照不同的阶段、内容和方法对城市规划过程中所存在的各种评价进行了分类，为城市规划的评价及不同类型评价中可运用的方法提供了一个基本的框架。根据他的划分，城市规划中的评价可以分成如下四大类：

（1）规划实施之前的评价（Evaluation prior to plan implementation），即在规划编制过程以及将规划方案付诸实施之前，针对规划编制的成果所展开的评价，这种评价主要为规划方案的选择以及将其付诸实施提供政策依据。其中又可以分为：

①备选方案的评价（Evaluation of alternative plans）。对于备选方案的评价主要是通过建构各类数学模型（如就业、土地使用、住宅等）来解释和预测开发活动或城市管理者的未来行为，或推导出备选方案的多种效用。在这个意义上，土地使用规则、交通改善措施以及其他的政策都将被模拟以便在规划实施前评价它们未来的可能影响。

②规划文件的分析（Analysis of planning documents）。就是在细致评价规划模型的基础上，对规划文件的"话语"（discourse）进行分析和解构，以提出建议性的实践行动并建立起行动的步骤。

（2）规划实践的评价（Evaluation of planning practice），这是针对规划实践活动所展开的评价，这类评价主要是针对规划实践过程中规划师的行为与组织机制，以及将整个城市规划实践看成是一个系统与外界的互动关系。在其中又可以分为两种类型：

①对规划行为的研究（Studies of planning behavior）。主要调查的就是"规划师做了些什么"以及规划师"是如何做的"。它一般通过对规划行为机制的研究以评价规划的实践，它不仅关心行为的过程，也联系实施的现实情况。类似的还有以哈维（David Harvey）为代表的政治经济学研究和更为常见的历史分析。政治经济学研究是通过检视规划师工作的社会政治环境以理解规划的运作。而历史分析对规划效果的评价则基于对规划意识形态塑造的历史过程的理解，也就是规划过程中所运用的观念和方法是如何形成与发展的，而并不关心规划编制过程中的成功与失败。

②描述规划过程和规划方案的影响（Description of the impacts of planning and plans）。主要描述规划过程和规划方案制定过程中所受到的影响以及对其他领域的影响，这种研究主要是分离城市规划与其他领域之间的相互关系，并在此基础上揭示它们之间的相互作用。经验主义的规划效果描述始于20世纪50年代中期梅耶森（Meyerson）和班菲尔德（Banfield）对公共住房的分析，之后，通过案例研究和建立模型，展开了对规划中物质空间内容和实施机制的广泛分析和预测评价。

（3）政策实施分析（Policy implementation analysis），这类评价就是探究政策颁布之后所产生的作用。通常，这类分析关注的是政策内在的行政管理过程以及这个过程是否发生偏差的原因。同时，政策实施分析也包含了对管理者行为策略、目标团体接纳能力以及对它们产生直接或间接影响的政治、经济、社会网络的分析。目前，政策实施分析和程序评价已经由对程序结果的检视发展到对整个实施步骤的解释。

（4）规划实施结果的评价（Evaluation of the implementation of plans），这是对规划实施结果进行评价，而其核心在于考察规划实施的结果与规划设想（或方案）之间的相互关系，从而确认规划实施的效

果。在方法上有两种不同的方法：

①非定量的（Nonquantitative）研究方法。一般而言是指定性的分析方法，它是对规划问题本质属性的分析，是整个分析过程中的最基础的部分。只有通过大量的定性分析后，才能在掌握规划实施、运作规律的基础上，作出对规划实施正确而全面的分析判断。

②定量的（Quantitative）研究方法。对事物的认识在质的了解的基础上还需要通过量的分析来获取更为准确和深刻的认知。规划实施结果的定量分析就是通过选取一定数量、引入相关模型的实证分析，来获得对于规划实施效果的量化评价。

二、按照评价方法论划分的规划评价类型

塔伦的分类主要是实质性的，是以城市规划过程的阶段性为依据所进行的。这种划分对于开展具体的评价活动具有一定的指导作用，但这种分类基本上没有揭示出城市规划评价的方法论基础，阶段划分的清晰并不能揭示出评价应该怎么做。费希尔（Frank Fischer）所建立的有关公共政策的评价思路为城市规划评价的方法论框架的建立提供了很好的基础，正如我们前面已经讨论过的，城市规划本身就是一种政策类型，因此只要将费希尔所说的政策替换成城市规划，这一评价框架基本上就可以在城市规划领域直接运用。费希尔所提出的这一框架可以为各个阶段或者如塔伦所划分的不同类型的城市规划评价提供一个工作的平台。

费希尔认为，对于任何公共领域的评价而言，都不应该将事实与价值相分离，不应该将政策想要达到的结果与目标相分离，如果产生这种分离也就背离了公共行为的本质。因此，他提出了一个由四个层次（或阶段）组成的评价模式，他认为，在任何一个评价中都应该包括这样四个层次[7]。根据他的阐述，整个评价体系的构成是建立在这样的基础之上的：首先是对具体项目的实施状况进行评价，指出这一项目的实现对目标实现的作用程度；然后针对在具体的社会环境中提出的这些目标是否对社会环境产生作用作出评价；再次是对这些目标本身的评价，评价这些目标对社会发展所具有的作用；最后是对形成这些目标的思想框架的评价，也就是说，为什么要有这些目标以及这些目标是怎么提出来的，它们的思想基础是什么。

费希尔所提出的这四个层次的构成和每个阶段工作的主要内容包括：

（1）第一个层次是运用实证逻辑和方法对项目结果评价。在这一层次，评价的主要内容是检验政策项目是否达到特定的标准，因此其核心的问题是：

①从实证的角度来看项目完成了既定的目标了吗？

②实证分析揭示了对项目目标进行补充的次要的或者未曾预料的效果吗？

③项目比其他可行的办法能更有效地达到目的吗？

在这一层次的评价工作中，所运用的方法论就是进行实证的调查，用严格的科学术语来说，关键问题在于通过公开的可示范说明的程序是否能表明一个判断是正确的。作为科学基本概念，公开的可示范说明的程序强调其他观察者是否能够通过重复实证测试并重现其结果来肯定这种判断。

（2）第二个层次是在多重标准和相关情景中对项目目标的评价。在这一层次上，以规范的推理过程，把评价的重点从对项目结果的评价转到证明目标也就是结果的衡量标准的正当性上。这种转换，用方法论的术语来解释，就是将依赖于对结果的"解释"转变为对结果赖以产生之情景的"理解"。因此，这一层次的评价工作围绕以下几个问题展开：

①项目目标与问题情景有关吗？

②情景中有关于项目目标的例外情况吗？

③有两个或更多的与问题情景有关的对等目标吗？

这一层次的评价，在方法论上与上一层次有着根本性的区别，这种区别的实质就是确认与验证的区别。在上一个层次的评价中，很大程度上是利用有关特殊情景的经验数据，但是它的基本判断还是基于经验情景和特殊规范标准之间的逻辑或解释关系的确立，因此，其目的是要提出一个关于特定变量之间经验关系的有效判断，把规范标准和规则引导至经验主义背景之下作为约束，并提出一个对经验关系内涵的解释，将事实置于标准和规则的规范背景之下。而在这一层次的评价中，在经验数据之间的关键关系是因果关系，也就是要寻找到产生这种结果的原因。费希尔认为，有许多社会分析的框架可以帮助说明这两者之间的关系。如麦基弗（Robert MacIver）提出的双层分析概念。对麦基弗来说，政治研究首先是经验主义的。统计分析及其相关技术被用来决定调查中的事项是否并且在多大程度上与其他现象在经验上是相关的。所有的假设，在下一层面上被考虑之前，必须先通过这个测试。一旦这种相关性成立，就必须在更高层面上分析它们从而揭示关联性或相关性的内涵。用麦基弗的话来说就是："当情景被其他人评估时，我们自己必须置身其中。"这就需要对那些"由机构、参与者或目击者提供的声明、告白、辩护和证词"进行检验，以找出关于动机和内涵的答案或解释。在这种研究中有许多方法可以运用，而直接观察就是其中的一个有效方法，费希尔认为，参与的观察是描述城市问题的最基本的方法。他指出，如甘斯（Herbert Gans）的《都市农民》（1982年）和怀特（William H. Whyte）的《城市：重新发现中心》（1988年）就是很好的例子。他说，怀特的书很好地说明了怎样把观察应用于评价城市的政策目标之间的联系。这一研究的一个部分是，怀特和他的研究小组观察那些站在纽约城大街上的人们用多长时间并且在什么环境下相互交谈。他发现最长的谈话发生在商业街的拐角，并且这些聊天好像引起了随后更多的行人商务性的和私人间友好的相互交谈，并且促使更多人从街头小贩和附近商店买东西。怀特从这一资料和其他类似资料中得出结论：如果一个社区鼓励更多的人步行而不是把人们赶到架高的高速公路上或地下的街道里，那么它很可能产生更大的经济活力（城市发展的一个代表性目标）。

（3）第三个层次是通过对规范假设与社会后果考察来对政策目标进行评价。由于在以上两个层次的评价过程中，都未涉及到对政策争议的解决，因此，在这一层次中，评价转到对问题的论证上，在此过程中，评价的焦点由具体情景转移到了社会系统整体。评价的基本任务就是看政策目标是否和现存的社会格局相容或匹配，是否对现存的社会格局有帮助。因此，这一层次的评价围绕着以下问题展开：

①政策目标对社会整体有方法性或者贡献性的价值吗？

②政策目标会导致意想不到的具有重要社会后果的问题吗？

③完成政策目标会导致被评判为公平分配的后果吗（例如，效益和成本）？

在这一层次的评价中，其核心就是对规划和政策的目标的方法性后果以及对现存社会整体标准假设的评价。依据费希尔的说法，"在政治和政策评估语汇中，目标与假设用来检验其对公共物品、公共利益的贡献，或对普遍的社会福利和整个社会秩序的简单规

范标准的贡献"。因此，这种评价就是要检验规划和政策目标对社会系统运行过程中的规范意义及其产生的后果，他引用黑文-斯密斯（Lance de Haven-Smith）的话说：这一层次的评价就是要"集中研究公共政策和整个社会政治经济体制的关系"。

（4）第四层次也就是最后一个层次，通过考察公共政策、社会价值和美好社会的相互关系而进行意识形态的评价。在这一层面上，其实所要确定的就是选择怎样一个未来社会，这也就成为了一个意识形态的问题。这里所说的意识形态，按照费希尔所引用的K·M·多比尔（Kenneth M. Dolbeare）和P·多比尔（Patricia Dolbeare）的定义，是由三个不同部分组成的理想的思想体系。首先意识形态是一种世界观，它提供了一系列内容广泛的信仰，这些信仰包括社会的政治和经济制度如何运作、它们为什么会以特定的方式运行、哪些人会从中获得政治和经济的利益。其次，意识形态包括一套基本的社会和政治价值，并认为它们对社会整体而言是最为合理和最必需的，而且是推动社会沿着被认可的方向前进的高层政策定位目标。第三，它包含一个概念，即社会变化如何在社会中展现，同时具体说明应付这种政治现实的合理的政治策略和方法。所以，意识形态是一个有信仰、价值以及实现和改变世界的方法所构成的完整的体系。因此，在这一层次的评价中，核心的问题是：

①构成可接受的社会秩序的根本思想（或者意识形态）是否为公平合理地解决相冲突的观点提供了基础？

②如果此社会秩序不能解决根本性的价值冲突，那么是否有其他的社会秩序为相冲突的利益和需求提供公正的解决之道？

③常规的想法和经验证据是否支持采用其他社会秩序所提供的备选的意识形态和社会秩序？

费希尔认为，这一层次的评价要解决的真正问题是我们想要在哪种社会中生活。它要为选择原则——"意识形态"原则，这些原则将支配着美好社会或生活方式的发展和维持——建立一个合理的基础。当然这并不意味着要求对规划和政策的评价要直接参与到意识形态批评的任务中去，但在进行综合性评价时，必须进行此项工作。费希尔特别指出，对于进行评价研究的人员来说，关键之处在于在开展工作时所处的意识形态背景会对他们的分析判断过程产生重大的影响。在某些时候，这些背景可能成为其政策分析结论和建

议的主要决定因素。作出这样的考虑，是基于以下两个基本方面：一个涉及到政治偏见，另一个则是政策知识本身的性质。至于偏见，这个问题相对直接一些。为了避免对社会现象作出错误的解释，规划人员和政策的评价人员必须非常清楚自己本身所带有的基本的规范假设。至于知识本身的性质，政策研究者必须明白，借助政治意识形态来填补获取可靠知识方面的空白是决策制定者所惯常使用的方式。作为评价的框架，意识形态提出了决策的规则，从而简化了决策选择的任务。这些规则一般都充分反映了这样的实际：为了满足具体的需要和利益可能会缺乏合法性。

费希尔的这一套政策评价的方法论框架建立了从最具体的和实证的结果评价出发，为了寻找到产生这种结果的原因一直向上追溯，进而达到最高层次的、规范性的意识形态的评价，在方法论程序上形成了一个自下而上的评价体系，进而可以为所有的现象作出最根本性的解释。

三、按照评价方式和方法划分的规划评价类型

邓恩（William N. Dunn）从评价的途径和具体方法的角度将公共政策的评价划分为不同的类型[8]。他认为，任何的评价都应该包括两部分的内容，一是采用各种方法来检测公共政策（规划）运行的结果；二是应用某种价值观念来确定这些结果对特定个人、团体以及整个社会的价值。这也是之所以在公共政策领域中需要进行评价的目的所在。因此，在任何一个评价活动中都必然地包括了有关事实和价值这样两个前提，评价也就在这两者相互联系的基础上展开，缺少其中

的任何一个都构不成一个完整的评价。因此在所有的评价活动中，可以划分为三种类型，即伪评价、正式评价和决策理论评价。邓恩对公共政策和规划的评价的分类可以总结如表13-2，其中每一种具体的评价方法在他的书中都有极为详尽的论述。

1. 伪评价

所谓的伪评价，就是采用描述性方法来获取关于政策运行结果方面可靠而有效的信息的一种评价方式，它不去检测这些运行结果对个人、团体或整个社会的作用。它的主要假设是价值尺度是不证自明的或者是不容置疑的。这种评价之所以被称为伪评价，是因为这种评价活动只是描述了规划和政策运行的结果，它关心的只是明确的（事实的）内容而不是评价的内容，因此它在本质上不是评价性的活动。

在这种所谓的评价中，研究者把大量的精力花费在调查规划实施的各项指标的情况，通过规划和政策的输入变量和过程变量来解释政策结果的变异。但是任何给定的规划和政策的结果，被理所当然地认为是合适的目标，比如，人口发展达到的数量，已建成的道路面积或长度，市政公共设施供应的数量（总量和人均量）、建造的房屋数量以及各项用地的数量等等。在这种评价中，主要运用的方式是社会试验、统计方法、综合案例研究等。但是，这种带有统计性质的调查，仅仅是揭示了规划或政策的实施状况，或者是描述了现在的状况，而不是对这些规划和政策及其实施过程进行评价。

2. 正式评价

正式评价是在采用描述性方法获取关于政策运行结果的基础上，以由政策制定者和规划人员正式宣布

邓恩提出的政策评价类型　　　　　　　　　　　　　　　　　　　　表13-2

方式	目标	假设	主要形式
伪评价	采用描述方法来获取关于政策运行结果方面可靠而有效的信息	价值尺度是不证自明的或不容置疑的	社会试验 社会系统核算 社会审计 综合实例研究
正式评价	采用描述方法来获取关于政策运行结果方面可靠而有效的信息。这些运行结果已经被正式宣布为政策计划目标	政策制定者和管理人员的被正式宣布的目标是对价值的恰当衡量	发展评价 试验评价 回顾性过程评价 回顾性结果评价
决策理论评价	采用描述性方法来获取关于政策运行结果方面可靠而有效的信息。这些运行结果已经被多个"利益相关者"明确地估价过	利益相关者潜在的也是正式宣布的目标是对价值的恰当衡量	评价力估计 多重效用分析

的政策和规划目标作为标准进行评价。这种评价的主要假设是，正式宣布的目的或目标是这些政策或规划的价值的恰当测度。因此，这种评价就是以目标为准则对规划和政策的结果进行评价，所要考察的内容主要是政策和规划实施的结果对目标实现的作用。评价人员在进行正式评价时首先进行的工作以及所使用的方法种类与在"伪评价"中使用的相同，而且目标也是相同的，即获取关于政策运行结果差异方面可靠而且有效的信息，以及由于政策输入变量和过程变量所造成的影响方面的信息。但这仅仅是第一步的工作，是整个评价工作的基础。在这样的基础上，通过采用正式的文本以及同政策制定者和管理人员的直接面谈材料来鉴别、界定和指明正式的目的和目标。然后，通过两者的比对，揭示政策实施的成果与政策目标之间的关系，以及为实施这些目标的投入与产出之间的关系。

正式评价可以是总结性的或者是形成性的，它们也可以包括对政策输入变量和过程变量实施直接或间接的控制。在前一种情况下，评价者能够直接控制支出水平，计划组合或者目标群体的特征——即评价可能具有一个或者多个作为一种监控方法的社会实验的特征。至于间接控制，就是政策输入变量和过程变量不能被直接控制，它们必须根据已经出现的行为进行回顾性分析。正式评价的四种类型——每一种均以对政策运行过程不同的定位（总结性的或形成性的）和对行为控制的不同类型（直接的或间接的）为依据来进行划分。总结性评价试图弄清楚某项政策或计划在执行一段时间后对正式目标或目的的完成状况，它适用于对稳定的完善的公共政策和计划执行的效果的评价。相反，形成性评价则是对正式目标的完成状况进行连续的监测。但是，两种评价之间的差别并不特别重要，因为形成性评价有别于总结性评价的主要特征是监测政策运行结果的次数。因此，两种评价的差别主要是程度问题。根据政策行为的可控性和政策过程的定位又可以划分成四种不同的评价方法，它们是：

（1）发展性评价是用于对输入变量和过程变量进

行系统控制所获得的最新经验进行评价，它包括对政策行为进行直接控制的一些测度，并且由于具有形成性特征，可以对政策行为进行直接控制。发展性评价是用来满足规划工作人员日常需要的评价活动，对于更正规划中早期的缺陷和无意的错误，确保政策操作正确具有重要意义。

（2）回顾性过程评价是指计划在执行一段时间之后对其进行监测和评价。它常常是在政策和规划执行过程中遇到了困难和瓶颈问题时所进行的问题研究。它不允许对输入变量和过程变量进行直接的控制，而是更多地依赖于执行计划活动开始后进行（回顾性的）描述，这些描述是与计划执行产出和影响相关的。回顾性过程评价要求有一个完善的可以提供连续相关信息的内部报告系统，从而可以帮助揭示出问题产生的根源。

（3）实验性评价就是对政策输入变量和过程变量直接控制的条件下对政策执行结果的监测和评价。其理想状态一般是"有控制的科学实验"，在这种状态下，所有可能影响到结果的因素（有一个特殊的输入变量或过程变量除外）都被控制保持不变或当作似真的备选（竞争性）假设。实验性评价在应用时必须满足相当严格的要求：a.有一套定义明确可直接控制的"处理"变量，这些变量用操作性术语加以明确；b.一个实质性结论对许多相似目标群体或环境具有最大推广度的评价策略（即外部有效性）；c.把政策效果解释为控制性政策投入变量和过程变量所产生的结果时，允许存在最小误差的评价策略（即内部有效性）；d.一个可以提供这些方面的可靠资料的监测系统，即关于先决条件、未知事件、输入变量、过程变量、输出变量、效果变量及负效应和外溢效应之间的复杂关系的可靠资料。由于这些方法论上的要求通常难以满足，实验性评价往往不是真实的被控制的实验，因而通常被称为"准实验"评价。

（4）回顾性结果评价也包括对结果的监测和评价，但是不包括对可控制的政策输入变量和过程变量进行直接的控制，控制至多是间接的或者是统计学意义上的，也就是说，评价者试图利用定量方法将不同因素的影响分离开来。一般说来，回顾性结果评价有两个主要形式：横向综合研究与纵向研究。纵向研究是指那些评价一个、几个或多个项目的执行结果在两个或以上时间点上的变化的评价活动。横向综合研究则相反，它要求在同一时间点上对多个项目进行监测

正式评价的类型　　　　　　表 13-3

政策行为控制	政策过程定位	
	形成性	总结性
直接的	发展性评价	实验性评价
间接的	回顾性过程评价	回顾性结果评价

和评价。它的目的是要弄清各个项目的结果和影响是否有显著差异。如果是，那么哪个特别的行为、先决条件或不可预知的事件能够解释这种差异。

3.决策理论评价

决策理论评价是运用描述性方法获取关于政策结果方面可靠而且有效的信息，对于这些结果，各种利益群体明确地认为其有价值。决策理论评价同"伪评价"的主要区别在于：决策理论评价试图将利益相关者宣称的潜在的目的和目标表面化和明确化。这就意味着政策制定者及管理人员正式宣布的目的和目标仅是其中的一个价值归宿，因为政策形成和执行过程中拥有利益的各方都参与了衡量执行所依据的目标和目的的制定。决策理论评价的主要目的之一就是将政策结果的信息同利益相关者的价值取向联系起来。它的假设是：利益相关者潜在的和公开的目标都是对政策和计划价值的恰当衡量。它的两个主要形式是评价力估计和多重效用分析，二者均试图将政策结果方面的信息同利益相关者的价值取向联系起来。

（1）评价力估计，这是一套用于分析决策系统的程序。这个决策系统被假定可以从绩效信息中获得帮助并且可以澄清衡量绩效所必需的目的、目标及假定。评价力估计的基本问题是该计划或项目是否可以被评价。一项政策或规划要能够被评价，必须至少具备三个条件：政策或规划必须可以清晰明确地表达；拥有明确指明的目标或结果；把政策行为与目标和（或）结果联系起来的一系列明确假设。在评价力估计中，评价者要遵循一系列步骤，这些步骤从绩效信息的用户及评价者本身的立场出发来阐明政策或规划：a.明确政策计划。这个计划是由哪些政府或政府部门的活动和何种目标构成的？b.收集关于政策和规划的信息。需要收集哪些信息来确定政策和规划的目标、活动以及所需的假设？c.拟定政策和规划。从政府行为和规划人员的角度来看，哪种模型能够最好地描述规划及其相关的目标和活动？哪些因果的假设将行为与结果联系起来？d.政策和规划的评价力估计。政策和规划模型是否明确到足够使评价具有可用之处？何种类型的评价研究将最有用处？e.将评价力估计反馈给规划编制人员和政府规划管理部门。在这样做了之后，要对政策和规划的绩效作出评价，接下来又有哪些该做和不该做的步骤呢？

（2）决策理论评价的第二种形式是多属性效用分析，它是引出利益相关者对政策的各种结果出现的概率以及相应的价值作出主观判断的一套程序。多属性效用分析的优点在于：它将利益相关者的价值判断表面化；它承认在政策计划的评价中存在着相互冲突的多个目标；从用户的立场来看，它提供了更为有用的绩效信息。

邓恩的评价分类模型建立在对政策和规划结果与政策目标之间的关系的考察基础上，然后对政策效果进行检测。这种评价主要建立在政策和规划实施的过程中，从为进一步的实施组织和管理提供建议的角度来进行的。

第三节　城市规划评价的方法

城市规划评价的方法都是针对不同的规划评价的内容而确定的。不同的评价内容或不同的评价目标要求采用不同的评价方法。从历史发展的角度来看，城市规划领域中的评价最早是对规划方案的评价，尤其涉及到在不同的方案中进行选择时。但早期的方案评价是建立在经验和美学基础上的，参与评价的人员依据自己的经验积累和美学观点对各方案作出总体性的评价，这些评价没有统一的基础，且容易随个人兴趣偏好和情绪的变动而发生变化。而对城市规划实施的评价研究则主要是从规划实施的结果与规划方案本身的关系入手的，也就是对于规划实施的效果怎样才能被称为是规划方案得到了实施这样的问题开始的。从早期的研究来说，实际上主要是从规划图或规划政策想要达到的效果是否被实现了这样的角度来作出的评价。这种评价有点类似于邓恩所说的"伪评价"，这种思想在20世纪的50、60年代之前基本上占据了主流地位，而且与现代建筑运动主导下的城市规划发展的基本思想是非常合拍的。在20世纪的50年代以后，在理性思想的影响下，在同时代对政府行为绩效的关注过程中，经济学和政策科学的一些思想影响到城市规划的行为中。城市规划作为城市政府的重要工作，城市规划如何实现效率成为关注的焦点，而列昂季耶夫（W. Leontief）提出的投入－产出理论又促进了对政府行为的成本－效用的关注。在这样的背景中，逐步发展起了针对城市规划所安排的内容，尤其是城市规划方案中提出的城市建设项目的成本－效益等方面的评价方法，这些评价为合理安排城市规划所涉及内容和项目提供了具体的参照。随着对现代建筑运动主导下的城市规划发展的批评的不断涌现，同时也由于系统方法在城市规划中的运用以及有关公共政策研究的不断深化，城市规划越来越关注城市规划的过程以及城市规划所产生的社会、经济以及政治效应，在这样的情形下，也就越来越注重对城市规划实施过程及其效果的评价，也就是城市规划的评价研究不再仅仅局限于对规划内容的合理性的评价。而从评价所运用的方法角度来说，有关城市规划的评价从最初单纯应用经济学和数理统计方法对规划内容及其要素分布的合理性进行研究分析，逐步转变到对影响和决定规划成效的城市规划实施的评价，表明了城市规划从以规划编制为核心的框架体系已经逐步地转移到对规划实施过程的关注，在这样的关注中，与系统方法论主导下的城市规划是一个完整过程的理念相互支撑，整体性地改变了城市规划的体系框架。而一旦建立了规划过程的体系框架，就使城市规划很好地融入到了社会实践的基本范畴之中。在对城市规划实施进行评价的研究中，从侧重单一的"结果评判"向关注多元的"过程检测"的理性转变，不仅完善了作为方法的评价本身，同时也逐步完善了城市规划的总体知识架构。

一、对城市规划内容的评价方法

对城市规划内容的评价主要是针对城市规划中所涉及到的土地使用、各类公共设施的配置与安排等的合理性所进行的评价，尤其在项目选址方面发挥了重要的作用。这些评价往往从经济学的角度进行的，也就是这些设施的安排在经济上是否是有效率的。因此，在评价方法上，主要采用通过计算成本和效益然后进行比较得出结论。在具体运用中，主要有这样一些方法：

1.成本—收益分析（cost–benefit analysis）

成本—收益分析主要是一种对规划方案和政策建议的内容及其实施效果进行评价的方法[9]。评价者通过将政策的货币成本和总的货币收益进行量化并进行比较，进而作为提出政策建议的依据，在这种情况下，它被前瞻性地运用；它也可以用于评价规划和政策的执行，在这种情况下，它被回溯性地运用。成本—收益分析的方法建立在经济学中处理如何将社会福利最大化问题的基础上。社会福利即由社会成员感到的总体经济满意度，以此作为评价的标准，就可以来评价公共政策和规划所涉及的内容是否有助于实现净收入的最大化，净收入是社会中总体满意度（福利）的一个衡量标准。

在规划评价中，成本—收益分析有如下几个特征：

（1）它试图衡量一个公共项目可能对社会产生的所有成本和收益，包括许多很难用货币成本或收益来计量的无形部分。

（2）传统的成本—收益分析方法集中体现了经济理性，因为它最常运用的标准是全面经济效率。如果一项政策或项目的净收益（即总收益减去总成本）大于零并高于其他公共或私人投资方案的净收益时，它就被认为是有效率的。

（3）传统的分析方法使用私人市场作为公共项目建议的出发点。公共投资的机会成本常常通过考虑投资于私人部门可能获得的收益来计算。当代的成本—收益分析，有时也称为社会成本—收益分析，也可以用来衡量在分配上的收益。由于它关注公平标准，所以与社会理性相一致。

成本—收益分析有很多优势。第一，成本和收益都以货币为共同的计量单位，从而使评价研究者得以从收益中减去成本，从而可以非常简洁方便地进行比较，帮助作出决定。第二，成本—收益分析还可以超越单一政策或项目的局限，将收益同社会整体的收入联系起来。这是有可能实现的，因为个别的政策和项目至少在原则上可以用货币来表示。最后，成本—收益分析使规划评价可以在更广泛的不同领域间进行项目比较（如健康和交通），因为净效率收益是用货币来表示的。这在用单位服务量来计量效益时就不可能，因为医生治疗的病人数不能直接与建造道路的里程数相比较。

但是，成本—收益分析也存在着本身的局限。第一，绝对强调经济效率意味着公平标准是无意义或不适用的。第二，货币价值不能对回应性作出估量，因为收入的实际价值因人而异。例如，同样是100元的额外收入，对于一个贫困家庭来说，就比对一个百万富翁要重要得多。这种有限的人与人之间的对比，表明收入并不能恰当地衡量个人的满意度和社会福利。第三，当重要物品不存在市场价值时（如清洁空气或健康服务），分析人员常常被迫去主观地估计市民愿意支付的产品价格，即影子价格。这些主观判断可能只是分析人员头脑中的价值观的任意表达而已。另外，即便成本—收益分析方法考虑了重新分配和社会公正问题，它也还是离不开用收入来衡量满意度。正是因为如此，要讨论任何不能用货币形式来表达的目标的适当性都是很困难的。只考虑净收入或再分配收益常常妨碍我们对备选政策的伦理或道德基础进行合理的推断。因此，这种方法所建立起来的评价准则是单一性的，难以将规划和政策项目的多方面因素之间的互动关系作为一个整体来进行。在这样的条件下，在城市规划的实际工作中运用较少，但它作为一种对敏感性分析，即决策者可以依此方法在一些方案中确定一些主要变化的成本—收益，进而为决策提供依据，尤其是在关于方案经济性争论时，运用此方法可以获得较严格的比较。这一方法在规划中的实际运用最为典型的案例是20世纪60年代末围绕着英国伦敦第三机场的选址所作的评价，这一研究严格按照成本—收益分析的方法对第三机场的不同选址进行经济评价，进而阐明了不同选址的优劣，为决策提供了非常重要的参考[10]。

2. 成本—效益分析（cost-effectiveness analysis）

成本—效益分析是通过量化各种政策的总成本和总效果来对它们进行对比从而提出建议的方法[11]。与上述的成本—收益分析试图用统一的价值单位来衡量所有因素不同的是，成本—效益分析使用两个不同的价值单位。成本用货币来计量，而效益则用单位产品、服务或其他手段来计量。这种方法不采用统一的衡量尺度，因此就不能进行净效益或净收益的比较，因为从服务和商品总量中减去总成本没有任何意义，但是，可以计算出成本—效益和效益—成本的比率，例如，成本/卫生服务量的比率或卫生服务量/成本的比率。这些比率与成本—收益比率相比，在总体上有不同含义。一方面，它们可以告诉我们每投入1元钱能生产多少产品或服务，或者说每单位产品和服务需花多少钱。而收益—成本比率告诉我们的是在特定的情况下收益多于成本多少倍，如果有净收益的话，收益—成本比率必须大于1。

同成本—收益分析一样，成本—效益分析可以前瞻性运用，也可回溯性地运用。成本—效益分析起源于20世纪50年代早期美国国防部的工作，此后，兰德公司在设计评价不同的军事战略和武器系统的方案时运用这一分析方法，并且深化和发展了该方法，同时，它还被用于美国国防部的项目预算，在20世纪60年代以后逐步扩展应用到其他政府机构。成本—效益分析特别适用于这样的问题，即为了实现不能用收入表示的目标而最有效地使用资源。对于城市规划评价来说，成本—效益分析具有如下明显特征：

①由于它避免了用货币形式来计量收益的问题，因而比成本—收益分析更容易应用。

②由于很少依靠市场价格，它因此很少依赖于产生于私营部门的利润最大化的逻辑。例如，它很少考虑收益是否大于成本或在私人部门的不同投资是否能得到更多利润等问题。

③该方法可以很好地运用于分析外部性和无形的成本或收益，因为这些影响都很难用货币来衡量，因此用成本－收益分析是难以进行评价的。

④这一方法通常更适合于用来分析当成本固定（尤其在城市预算硬约束条件下）所产生的不同效用，或者用于分析为了达到同样的效果而成本不同时的方案选择。

⑤但值得注意的一个问题是，这种方法基本是建立在技术理性的基础上的，因为它的目的并不是把政策的结果与全面经济效率或社会总体福利联系起来进行评价，从而决定政策方案的效用。

由于政策情形或规划问题的不同，成本—效益分析在运用中所建立起来的标准也会不同，通常在使用这种分析方法时会运用到的充分性标准及其条件有以下几种状况：

①最低成本标准。在确定了想要达到的效益以后，可以进行相同效益项目之间的成本比较。低于要求的固定效益的项目被摒弃，满足条件且成本最低的项目被推荐。

②最大效益标准。确定允许的最大成本上限（通常为预算限制）后，比较成本相同的项目，摒弃超出成本上限的项目，然后选择效益最大的项目。

③边际效益。如果特定项目的数量以及成本可以用两个连续的尺度表示出来，就可以计算两个（及以上）方案的边际效益。可以对不同方案建立连续的成本—效益函数，超过要求的最低效益又具有最高效益—成本比例的提供者，就具备更大的边际效益，即在现有成本外再多花1个单位的成本所实现的额外效益最高。

④成本—效益。两个（以上）方案的成本—效益的直接比较。

运用成本—收益和成本—效益分析的方法进行规划评价时，可以运用多种方法进行。邓恩针对公共政策的评价，按照提出公共政策建议的不同阶段，详尽地列出了可以运用的具体方法，并对这些方法进行了具体的介绍和分析。对于规划评价来说，可以根据评

政策评价的方法　　　　　　　　　　　　　　　　　　　　表13-4

任　　务	方法／技术
问题构建	边界分析、层级分析、类别分析、多角度分析、论证分析、论证图形化
明确目标	目标图形化、价值澄清、价值评价
信息收集、分析和解释	边界分析
明确目标群体和受益者	边界分析
估计成本与收益	成本要素构建、成本估计、影子价格
成本收益折现	折现
估计风险和不确定性	可行性评价、限制图形化、敏感性分析、A Fortiori 分析
选择决策标准	价值澄清、价值评价
建议	合理性分析

价内容的要求，针对具体的任务选择相应的方法。这些方法如表13-4所示，具体的内容可参阅邓恩的相关论述[12]。

　　3.其他方法

　　在对城市规划所涉及内容及其相互关系的评价方面，除了上述成本—收益和成本—效益两种方法之外，还有一些其他的方法，其中常用的有"规划平衡表"方法和"目标达成矩阵"方法[13]。这两种方法基本上都是以上述两种方法为基础，根据规划评价的具体要求进行修正后的结果：

　　第一种方法是由列曲菲尔德（Nathaniel Lichfield）提出的"规划平衡表"（Planning Balance Sheet）方法。这一方法并不是具体计算所有的价值，也不计算投资回报率，而是通过直接揭示规划内容的成本和可能得到的成效。在对其中内容的评价上，可以根据不同的人群特征及其需要确定出各自认为的不同方案的优缺点，也可以列举出多种价值前提以便于作出决策。由于这种方法在运用时会不可避免地产生复杂性（因为评价的子项会不断地生成），并需要确定大量的权重，因此，这种方法不太适合于运用在对大系统的评价上，而比较适于对城市规划中的某一方面所产生的多种方法进行评价，如城市改造地块的选择和具体安排等。

　　第二种方法是希尔（Morris Hill）提出的"目标达成矩阵"（Goals Achievement Matrix）方法。这一方法主要是通过具体方案在实现规划所提出的目标方面的可能成果来作出评价。在具体的运用中，从已经确立的目标出发，首先对不同的目标进行重要性甄别，建立它们之间的先后顺序及确立它们的重要性程度，然后将这一关系运用到对不同方案实现这些目标的程度进行评价。麦克洛克林（J.B. McLoughlin）认为，"规划目标最终要转换成判断系统工作状况的标准，并依

此导出具体的准则，以便对不同规划方案加以鉴别、测试和评定。换言之，也即规划方案评定的总原则是衡量不同方案满足所有既定规划目标的程度"[14]。麦克洛克林在《系统方法在城市与区域规划中的运用》一书中也提供了如居住区建设评价的具体案例，并揭示了在评价如何运用各层次规划的目标来评价具体的建设行为。这种评价方法由于涉及到不同人对目标的重要性程度的认识不同，也就是会涉及到费希尔所说的意识形态的问题，这就会为评价活动的开展带来极大的困难，甚至按照阿罗（Kenneth Arrow）"不可能"定理就会使评价活动难以开展下去。但如果目标能够在规划编制前就已经确定，那么对规划内容及其安排所作的相应评价就要容易一些。

二、对规划实施结果的评价

　　对城市规划内容的评价包括了两部分的内容，一是针对规划编制过程中各项具体的规划内容和各项组成要素之间的关系所展开的评价，二是在规划实施的过程中，针对具体的实施项目所进行的是否建设、在哪儿建设、建设后对周边会产生什么影响等等方面的评价。但这些评价往往仅仅是针对项目本身的或者是针对城市中的各个单项要素的，而不是针对整体的城市规划实施活动而进行的，所得出的结论对此后项目本身的开展具有效用，而对城市规划的作用以及规划实施的状况等并不能作出评价。对规划实施结果的评价，主要就是对于已经付诸实施的规划，在实施了一段时间之后所形成的结果与原规划（plan）之间的关系进行评价，也就是评价规划编制成果中的内容是否得到真正的实施。这类评价研究主要集中在对规划实施前、后关系的比对上，并通过这种比较，揭示出规划（plan）所提出来的想要达到的结果与实际达到的

结果之间的状态。

在建筑学思维以及早期机械理性和公共行政管理思想的影响下，现代城市规划从诞生之初起就已形成了规划是终极蓝图的概念，因此，编制完成的城市规划所确立的是城市未来发展的具体形态，因此城市规划的实施被认为是将已经绘制完成的蓝图在城市土地上照样实施，由于城市规划需要涉及到城市中各个部门、各个地区，这就需要将一个整体按不同的职责进行划分，并且对它们所要完成的内容进行具体的规定，各部门按照这样的规定分头工作，不得有任何的逾越，保证全面地、完全地完成各自的任务。在这样分部门、分地区实施的基础上，最终保证规划（plan）按原设想完全实现。因此，对规划实施的评价就是用最后实现的结果与规划编制的成果进行对照，按照原样丝毫不差地实现原规划就是最成功的实施。对于这种规划实施的认识在美国密西西比河流域委员会一份报告中的图示可以清晰地看到（见图13-1）。当时参与美国密西西比河流域治理的经济学家佩尔松（Harlow S. Person）对这种评价方法进行了理论性的系统总结。他认为，规划实施的过程分为若干的组成部分，每一部分具有多层次、模式化和自上而下的分层；在"制度化思维"（institutional mind）的作用下，这些组成部分将按照既定的策略如期实施，并最终合成为预想的规划目标。在该方法中，佩尔松认为规划的运作过程经由"制度化思维"的引导将有利于原来各单独组成部分的简单组合；并且通过对事物的感知（perception）、记忆（memory）和推理（reasoning），制度化思维将在规划过程中展开科学性的分析、设计综合的规划行动框架，并协调后续的各项行动；同时，这种系统性、规范化的方法也易于判断政策方案所具有的成本与收益，预测未来发展的状况并加以提前应对。这种评价方法，即用规划编制的成果为标准对规划实施的结果进行评价在20世纪的上半叶主导了对现代城市规划实施和评价的主导性的方法。而威尔达夫斯基（A. Wildavsky）则将这一评价方法予以了理论化。他在1973年于《政策科学》（Policy Sciences）杂志发表论文《如果规划是所有的事，那它可能什么都不是》（If Planning Is Everything, Maybe It's Nothing），对规划的作用范围提出反思，认为应避免对规划的滥用。他认为规划是"控制我们行动结果的尝试"[15]，因此，规划必然是对未来的控制，然而由于未来存在着太多的不确定性，对未来的控制又几乎是不可能的，

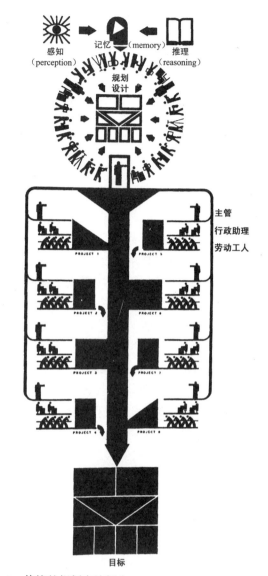

图13-1 传统的规划实施概念
资料来源：引自John Friedmann, 1987

因而"究竟什么才是好的规划"在此背景下很难作出评价。因此，如果要对规划进行评价，首先就应当排除掉不确定性的影响和作用，当然这并不表示威尔达夫斯基对不确定性的有意忽略，而是希望从方法论角度建立相对比较完善的评价框架[16]。从规划实施成果评价的角度来讲，他希望通过对规划编制的成果与规划实施间的关系的阐述来建立这样的框架。根据他的观点，规划或政策都将在未来某一设定的时间内完成，而对于实施的评价是依据结果与规划方案的契合度为标准的，亦即规划实施最终结果与最初方案设计的一一对应性。这种方法十分强调对规划最终结果的评价，目标性很强，它要求可供操作的决策、实施的步骤和具体的结果与规划（plan）中相应的表述完全

一致,并且认为规划实施一旦获得成功那么整个规划以及规划程序都是成功的。从思想方法上讲,威尔达夫斯基将规划实施的过程看成是一个"黑箱",可以不管不顾其中的行动方式、内外部的作用关系,只看这个"黑箱"最终输出的结果是什么,然后将这个结果与原先的设想进行比较,进而作出相应的判断。由于威尔达夫斯基将规划实施过程中的不确定性摒除在评价的框架之外,规划实施评价的程序得以绕开复杂多变的实施环境而具有形式上的完美性,但也正由于这样,这种方法最后却转变为只能通过对结果的比对来进行形态或形式上的比较。实际上,这样的评价就失去了其基本的意义,因为对于任何规划来说,随着时间和情势的变迁都会发生相应的改变,也就是说,规划实施的结果与原有的设想都会有所不同,而这种评价只能揭示其中不同的程度,而无法揭示出为什么会不同、这种变化是否合理等等的问题。因此,这种评价方法由于简化了实施过程中所面对的繁复的甚至无法直接界定的问题,采用机械式的(或者可以称为工程式的)认识事物发展过程的单一的思维来评判一项复杂的事物(规划)或行为过程(规划实施),进而丧失了方法本身所要达到的目的。正如亚历山大(E.R. Alexander)和法吕迪(A. Faludi)在1989年发表的一篇论文中所指出的那样,威尔达夫斯基关于规划和规划评价的理论性陈述实际上只能是一个"稻草人",不具有真实性[17]。亚历山大和法吕迪长期以来从事规划理论问题的研究,曾从不同的角度阐述了城市规划的本质性特征。亚历山大认为规划是一项社会活动,是为获得既定目标而采取最佳战略并充分考虑实施目的和实施能力的一项社会活动。他对规划的解释不仅认识到了规划所具有的不确定性,而且还认为规划战略若要有效就必须结合对不确定性的考虑,同时应当将这种对不确定性的考虑贯彻在规划实施的评价过程中。而法吕迪则认为规划是一种过程,是为可供操作的决策创建一个参考性的框架,在这个框架中决策最终将展开、配置到规划和实施的过程当中。在他的理论方法中,规划首先是以"决策为中心"的,是为决策提供一个参照性的框架,而且规划决策与具体的行动间也不存在直接的责任关联,因此,受不确定性因素的影响,规划实施的结果与规划方案之间的偏差并不必然地表示规划是失败的。因此,在他们合作的这篇论文中,他们提出仅仅对规划实施的结果进行评价不足以认识规划的本质,规划的精髓体现在规划实施

的过程中,因此评价应当是追随着规划的过程而展开的(他们的具体观点和方法见下文所述)。

塔伦(Emily Talen)则在建构城市规划评价研究体系的同时,提出了对于规划实施结果与编制成果间关系的看法[18]。他认为,迄今为止,对于城市规划为什么(why)成功或失败的原因已进行过广泛的探讨,但是关于规划究竟成功或失败了什么(what)却没有大量的经验性根据。因此,对于规划(plan)本身是否付诸实施及其实效也同样需要和值得进行相应的评价。在塔伦看来,"规划实施过程"(planning implementation)的评价和"规划方案成果的实施"(plan implementation)的评价都是规划评价的组成部分,它们应当有各自的作用和地位,不应以某一种类型来压制另一种类型。对于规划评价来说,划分清楚这两者之间的区别就显得极为重要。只有将这两者划分清楚,那么在进行具体评价时才能真正把握究竟要评价的是什么。他在《规划方案之后:评价规划方案实施成功的方法》(After the Plans:Methods to Evaluate the Implementation Success of Plans)一文中,着重研究了城市规划方案实施的评价及其方法。他认为,虽然日趋成熟的政策实施分析早已辨明了政策决定与实施结果间的差异,但是规划师仍然有必要细致地探究规划方案(plan)是否被真正地实施以及实施的程度又究竟如何等基本的问题。在他所进行的美国科罗拉多州普韦布洛(Pueblo)市的城市规划实施评价的研究中,通过比较现实中公共设施的布点是否与规划文本和图则中的描述相一致,力求探明城市规划的作用和实施影响。在这项研究中,塔伦十分强调规划的实施程度以及规划方案与实施结果之间的一致性,但这并不是单纯地进行规划与现实间的空间和具体位置的对比。他认为,判断规划实施成功与否的标准应该是:规划实施后居民与公共设施间的空间关系应该近似于原来规划所要达到的目标和制定的规则。也就是说,评价工作不必拘泥于对公共设施具体位置的评判,不是用规划图来对比现实中地理位置的状况,而是其分布及各项设施的服务半径、居民到达这些公共设施的可达性程度等等与规划方案制定时的意图之间的关系。因此,塔伦首先采用线性分析的方法对规划方案与1990年时的公共设施可达性进行比较,然后对规划进展和实施结果之间的变化关系进行双变量分析,最后,再运用回归分析的方法,通过比较规划与现实间市民利用公共设施的可达性程度来评价此项规划实施的最终实现程度。

很显然，任何的评价都无法逃避对价值问题的发问，而从20世纪70年代初开始，以哈维（David Harvey）为代表的激进的政治经济学学派秉承了现代城市规划的基本理念，更为强调价值判断层面的评价。他们认为不首先弄清楚规划的价值问题，进而弄清楚规划的正当性、公平性和社会性等问题而去评价其效果，无异于本末倒置。公正与理性应当始终是规划实施同时也是对规划实施进行评价的首要标准。在这样的意义下，规划的实施评价不应当只是真实的，它更应当是正义的，而且，公正的含义不仅仅局限在规划的结果，而且也在规划实施的过程之中。

同样，对规划实施结果的评价，也并不仅仅反映出规划实施的结果本身所存在的问题，而且也可以揭示出规划编制中所存在的问题和规划实施组织方面的问题。麦克洛克林（J.B. McLoughlin）在20世纪90年代初通过对澳大利亚墨尔本城市发展以及城市规划在此过程中的作用的研究，认为城市的政策，尤其是关于城市是怎样运作的，国家的作用和"城市土地关系"（urban land nexus）等方面决定了城市规划实际作用的发挥，因此如果要全面地对规划实施进行评价，就必须要建立一个城市究竟是怎样运作的知识框架，即空间政治经济学的框架，仅仅依赖于建立在技术官僚体系上的专业技术手段是远远不够的。正是在这样的基础上，他以一系列图表充分而全面地显示出，城市规划在预测城市建成区的拓展、社区商业服务业的集聚和引导中央商务区（CBD）的建设这三项历来被认为是城市规划领域中物质空间规划最主要和最重要的功能方面惨遭失败，而只在营造居住区环境（尤其是中产阶级居住区）等具体方面有较显著的成效。从而提出，城市规划的主要传统严重地并在思想上限定了规划者理解城市问题和政策的能力，如果我们要想能够理解城市问题并提出合适的政策以改进城市以及城市中居民的生活，那就有必要将城市规划结合到一个重要的但在更为广阔的空间政治经济学领域之中，否则的话，城市规划只能是在"正当的规划"、"社区"和"平衡"等之类既含糊又毫无意义的词汇组成的原则上绘制规划（plan）和地图[19]。

三、对规划实施过程的研究

针对城市规划实施结果与编制成果间关系的研究，在一定程度上评判了以解决具体问题为目标的规划实施效果问题。但是缺少对整个规划实施运作过程

的深度探究，终究难以获取对规划实施全面的评价，尤其缺少规划究竟是怎么被实施或者怎么被修改的相关认识，这样也就不可能真正地认识城市规划过程。城市规划实施的本质在于，当规划（plan）被采纳后，政府通过对城市发展的各项资源进行整合，沿着规划所设定的方向与路径逐步地付诸实施。在此过程中，原先在规划（plan）中比较确定的环境条件以及城市各组成要素之间的相互关系，必须还原到现实中的相对不确定甚至需要进行重新组合的境况之中，资源的调配程度和这些关系的可调谐性以及它们的行动步骤就成为规划能否被实施的关键。与此同时，在此过程中还可能遇到社会经济形势的变化，城市中各类团体和个人的偏好、价值观等等的改变以及现实环境中的其他因素的变化，这些变化往往是逐渐生成和不断累积的，政府及各类团体、个人在此过程中出于应对变化了的状况而改变原有策略，这通常是在规划实施了一段时期以后才有可能被发现和认识的。当这些情形发生时，把所有问题都归结为当初规划编制时存在缺陷是非常容易的，但对实施过程中究竟发生了什么却往往不被重视，而且通过对规划实施结果的评价往往还会加剧这种认识。当规划实施行为已经偏离甚至背离了规划（plan）确定的范围时，问题并不在于规划（plan）本身，这些问题无论是走向正确还是错误都只关乎规划实施的组织以及此过程中的决策，也就是存在于规划实施的过程之中。当然，对于规划编制而言，需要考虑到规划实施过程中的不确定性，对于规划实施过程的评价也是同样。亚历山大（E.R. Alexander）认识到规划战略若要有效就必须结合对不确定性的考虑，并且将其联系到规划实施的评价过程中，这就涉及到对于不确定性的事前（ex ante）预测和分析，而这需要依靠规划师、决策者们运用博弈性的知识和信息储备，同时还要受到实际情况的限制。而对规划（plan）进行评价就要求重构当时规划决策以及实施的情景，分析不确定性所带来的可能影响，以客观的视角加以评判。这些不确定性集中体现在：（1）决策环境的不确定性；（2）目标的不确定性；（3）各种相关选择的不确定性。正是由于这种种不确定性的存在并且在规划实施的过程中是不可避免的，因此，在对规划实施进行评价时必须充分考虑到这些不确定性的作用。

希利（Patsy Healey）以规划实践作为评价研究的对象展开了对城市规划实施的评价。她认为，规划实施的评价主要是使规划师及其主顾知道规划（plan）、

政策和行动是否起作用或已经起作用，同时也起到帮助规划实践者来改进他们的实践，这也同样是对规划实践本身的研究[20]。她与她的同事们认为，城市规划所涉及的政策工具框架基本包括三个方面，即管理的(regulatory)、开发的(developmental)和财政的(financial)[21]。通过对英国城市规划体系在二次世界大战后的实际运作进行分析，他们认为英国的规划体系基本上是集中在管理的政策工具的发展上，并认为这是由政策导引和信息供应来支撑的，政策导引和信息供应将影响到整个土地市场。因此，在规划实施的评价中应该把注意力集中在政策引导方面，以明确规划实施对市场调节的作用。希利的评价方法主要建立在这样的过程上：通过对规划实施结果与规划方案间关系的比较，将研究集中在规划实施的过程机制上，并展开了对规划运作中的各过程要素与机制的系统分析。在这类研究中所要解决的一个主要问题，就是如何将城市规划的过程和由此过程而产生的结果紧密结合起来，因为某个特殊的规划结果也许恰好符合规划文本中的政策，但这并不意味着二者间存在着必然的联系。而细致的案例研究却能深入地探究这种关系。通过大量的文献检索、实证调查、相关人士访谈等获取每一案例的评价数据，由此评判规划实施的程度、解释结果产生的缘由、揭示实施中遇到的问题并探究这些问题又是如何解决的。最终，通过此类大量而不同类型的案例研究，获取各种城市规划实施背景下的经验信息，从而更好地认识当前规划体系的运作过程以利于后继规划的有效实施。在1985年完成的为英国环境部所做的研究"规划政策的实施和发展规划的作用"(The Implementation of Planning Policies and the Role of Development Plans)中，希利选择了曼彻斯特地区的规划政策实施为案例，集中选取了23个相关的案例进行研究。她提出，研究的第一步，就是要选取适当的研究区域。这样的区域应当是：(1)城市规划当局面临的规划难题量多面广的城市区域；(2)当地的规划部门采用过尽可能多样化的规划手段并且至少有一些地区实施过一段时间的法定规划；(3)所选取的大都市地区应具有互不相同的鲜明特色。研究的第二步就是开展一系列包含政治、经济、社会及人口统计学等方面的文献检索和广泛访谈。在此基础上展开整个研究过程的第三步——城市规划的实施研究：首先，检视战略规划导引中的相关主题如何转化为郡及行政区层面上的政策，并进一步核对该政策的目标和能力，以及所利

用的资源和特殊机制；其次，衡量前期的总体调查结果，选择规划实施发生变动的具体地点进行详细的分析。在这些调查研究的基础上，她发现，地方规划(local plans)在城市建设中的作用主要集中于城市边缘地区，其次是城市中心区，这就是说在这些地方的规划实施较好地符合了规划方案的最初意图[22]。在此基础上，希利展开了针对相应规划实施机制的深入研究，结论表明这两个地区正是她所认为的科层—法理(bureaucratic-legal)和技术—理性(techno-rational)两种政策实施过程奏效的地区。由此也可以看到，规划实施过程的评价并不仅仅局限在城市规划领域，而是与城市的行政体制与行政文化紧密相结合的。

希利的评价研究以对城市规划在城市发展过程中所起的作用为出发点，对城市规划的实践活动进行了评价，但是这类研究是建立在案例研究的基础之上的，从方法论的角度讲具有它本身的独特性，在其他地方如何进行类似的研究需要从具体对象入手进行，这也就是希利首先需要说明对具体研究区域选择的原因所在。如果选择的区域不同或者规划部门所面对的问题不同，就需要建立一套新的标准和新的运作手段，只有这样才能获得良好的评价效果。而亚历山大和法吕迪则期望建立一个普遍适用的对规划过程进行评价的方法论[23]。他们认为，规划是政策实施的一种参照框架，而不确定性正是造成实施结果与产生结果的这种框架不一致的原因。因而他们对规划与政策实施的评价更强调它们制订和实施的过程，即对规划政策制定的环境和背景、规划实施过程的机制和程序、产生规划结果的要素和条件更为关注。如果整个规划制订和实施的过程以及对其所进行的控制和引导的标准被证明是合理并最佳的，那么规划与最终结果的一致性将不是评判的最终的和惟一的标准，程序本身取代程序结果成为"过程型"的评价焦点。举一个例子，在某城市的中心要提供一定面积的公共活动空间，满足市民日常生活的需要。城市规划方案划定了一个整体的地块用于开发建设，并且市政府也找好了共同合作开发的房地产商。然而，在规划实施过程中由于各种原因这家地产商最终撤资了，而其他的地产商因为自身实力以及受利益驱使对公益项目漠视等原因，也无意进行单独投资。于是规划在实施中进行了相应的调整和修改，将用于公共活动空间建设的面积指标分摊到周边各地块中，并通过建设项目的带动最终形成相应的公共空间系统，同时对提供一定比例公共活动空间的开

发商给予奖励。最终，灵活的规划应变使城市中心形成了一个非常宜人的公共活动空间系统，虽然规划的结果与最初的方案大相径庭，但是为市民提供一定比例的公共活动空间的初衷和主旨没有改变，并且很有可能后一种方法更容易被接受和付诸实施，那么，这样的实施是否可以被认为有效呢？或者，这样的实施究竟是否能看成是成功的实施呢？依据不同的评价目标和方法可能就会得出不同的结果。具体到这个例子上，还需要考虑，在城市中心的这块公共空间的集中性开发，由于当前条件的限制难以直接、马上付诸实施，那么究竟是应该按照既定的规划长久地予以保留等待以后时日、有条件了以后再进行，还是像现在那样进行相对分散似的建设更能体现规划的意图？

这种"过程型"的思想打破了规划与实施成果间单一的对应联系，灵活性和适应性被注入到规划的评价方法中。

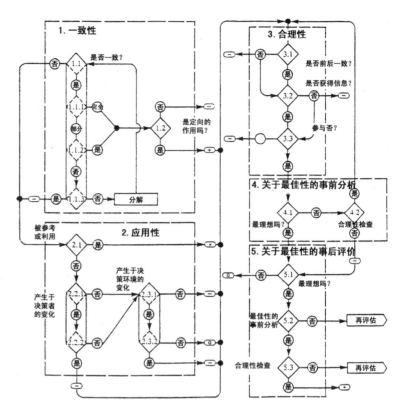

图13-2 亚历山大和法吕迪的 PPIP 评价模型
资料来源：根据 E. R. Alexander，A. Faludi, 1989.

不过，它也有自身的缺陷：要评价一项已经实施完成的规划，重新分析、确定其历史过程中的运作背景、环境和各项要素机制是较为复杂和困难的，并且事过境迁，如何选取统一的评价标准也是难题；此外，过程研究忽略了一个潜在的要素——规划实施的结果既可能是消极的也可能是积极的——如果本来的规划不好，但实施的结果却成功了，又该如何评价呢？

针对规划实施的评价研究已经历了多年的发展并形成了一定数量的积累，但融合各种观点的整体性、系统化的理论框架却较为缺少，亚历山大和法吕迪在各自研究的基础上，合作提出了所谓的"PPIP评价"模型，即"政策 – 规划/计划 – 实施过程"(policy-plan/programme –implementation process)的综合评价模型，见图13-2。这一评价模型否定了结果决定一切的评价方式，强调对规划过程和决策条件的评价更为合理，其实质是对规划过程中作出的不同选择的评价。在模型中，为了避免规划评价所面临的复杂性与不确定因素的影响，将对规划的理解放置在一个更为广阔的背景当中：规划的运作是连接目标与行动、理想与现实的社会协商和互动过程的一部分。根据运作过程中不同决策要素间的本质区别，将设立政策(policy)、规划(plans)、计划或项目(programme or project)三类从抽象到具体、从一般到特殊的评价要素，并依此选择不同的标准和方法进行评价研究。借助这个模型，将政策、规划、项目、计划、可操作性的决议、实施、实施的结果和实施的影响等多项要素一并考虑，通过设立"一致性"、"合理的操作过程"、"关于最佳性的事前分析"、"关于最佳性的事后评价"以及"有用性"等五个评价标准，融合"传统性"、"主观式"以及"以决策为中心"三种不同的规划思想方法，建立起规划与政策的评价框架体系，并依照这个框架体系的序列分析最终判定规划或政策积极、中性，还是消极的实施效应。在进行这一评价的过程中，针对所提出来的五项标准，亚历山大和法吕迪在评价过程的各个阶段的关键点上设置了不同的问题[24]，通过对这些问题的回答并沿着所设计的评价路径进行，就可以对规划实施的过程进行完整的评价。这样的分析评价过程是复杂并且费力的，但是它已经搭建起一个令人信服的过程性评价的框架体系。由此可以较少地受到来自主观性和意识形态的偏见，重构规划决策以及实施过程的历史情景的局限，至少，当政策和规划必须面对不确定性的时候，我们能够判断、评价它们的结果和影响。

注　释

1 张兵.城市规划实效论.中国人民大学出版社,1998.30~39

2 这种现象在我国最为典型的就是20世纪60年代初期的"三年不搞城市规划"和近几年在许多城市出现的、被一些城市首长和经济管理部门经常挂在嘴上的所谓"城市规划阻碍了经济发展"等论调。

3 Frank Fischer.Evaluating Public Policy.1995.吴爱明等译.公共政策评估.北京：中国人民大学出版社，2003.6

4 William N. Dunn.Policy Analysis: An Introduction（2nd ed.）.1994.谢明等译.公共政策分析导论.北京：中国人民大学出版社，2002.317~318

5 William N. Dunn.Policy Analysis: An Introduction（2nd ed.）.1994.谢明等译.公共政策分析导论.北京：中国人民大学出版社，2002.437

6 Emily Talen.Do Plan Get Implemented? A Review of Evaluation in Planning, Journal of Planning Literature,10.1996.248~259

7 Frank Fischer.Evaluating Public Policy.1995.吴爱明等译.公共政策评估.北京：中国人民大学出版社，2003

8 William N. Dunn.Policy Analysis: An Introduction（2nd ed.）.1994.谢明等译.公共政策分析导论.北京：中国人民大学出版社，2002.437~444

9 有关该方法的描述主要参照：William N. Dunn.Policy Analysis: An Introduction（2nd ed.）.1994.谢明等译.公共政策分析导论.北京：中国人民大学出版社，2002.318~319

10 W. Bor.The Making of Cities.1972.倪文彦译.城市发展过程.中国建筑工业出版社，1981

11 有关该方法的描述主要参照 William N. Dunn.Policy Analysis: An Introduction（2nd ed.）.1994.谢明等译.公共政策分析导论.北京：中国人民大学出版社，2002.325~327

12 William N. Dunn.Policy Analysis: An Introduction（2nd ed.）.1994.谢明等译.公共政策分析导论.北京：中国人民大学出版社，2002.328

13 Bor.The Making of Cities.1972.倪文彦译.城市发展过程.中国建筑工业出版社，1981

14 J. B. McLoughlin.Urban and Regional Planning：A Systems Approach.1978.王凤武译.系统方法在城市和区域规划中的运用.北京：中国建筑工业出版社，1988.234

15 转引自张兵.城市规划实效伦.中国人民大学出版社，1998.25

16 威尔达夫斯基其实对不确定性有着非同一般的重视，在几乎同时期，他和普列斯曼（Pressman）合作的关于奥克兰经济发展机会（Oakland Office of Economic Opportunity，1970）的经典研究中，就体现出其对于不确定性因素的极度关注，并几乎可以说由此激发了该领域的研究。

17 E. R. Alexander, A. Faludi.Planning and Plan Implementation: Notes on Evaluation Criteria,Environment and Planning B: Planning and Design, 1989（16）:127~140

18 Emily Talen.After the Plans：Methods to Evaluate the Implementation Success of Plans, Journal of Planning Education and Research.1996（16）: 79~91

19 J. B. McLoughlin.Centre or Periphery? Town Planning and Spatial Political Economy. Environment and Planning A,1994.Vol.26, No.7

20 P. Healey.Researching Planning Practice.Town Planning Review,1991.Vol.62, No.4

21 P. Healey.et al.Land Use Planning and the Mediation of Urban Change：The British Planning System in Practice.Cambridge University Press,1988

22 P. Healey.The Role of Development Plans in the British Planning System; An Empirical Assessment.Urban Law and Policy 1986（8）.1~32

23 E. R. Alexander, A. Faludi.Planning and Plan Implementation：Notes on Evaluation Criteria. Environment and Planning B：Planning and Design, 1989（16）: 127~140

24 Alexander 和 Faludi PPIP 评价模型中所设置的问题，也就是图中菱形节点中的问题，如下：

第四部分　有关规划的理论

1　一致性

1.1 政策－规划－计划－项目（PPPP）的结果或是影响是否和 PPPP 的最初方案设计一致。

1.1.1 是完全一致还是部分一致。

1.1.2 部分一致的程度对于相关环境（社会经济学的，物质的，已建成环境的）的影响是否重要。

1.1.3 部分的一致是否十分有限以至于可以忽略。

1.2 PPPP 是否有重要的直接作用。也就是说 PPPP 是否不仅是一个实践或程序的设计方案，或者说不仅仅是其他若干个 PPPP 的拼贴。

2　有用性

2.1 PPPP 间在各自发展和实施的方面是否相互借鉴和利用。

2.2 造成不一致和没有效用的原因是什么。

2.2.1 是决策制定者发生了变化？

2.2.2 这种变化是否能够被预测，或者 PPPP 对于这样的变化是否具有充分的适应性和灵活性。

2.3 是决策环境发生了变化？

2.3.1 是否由下列因素引起的：

（1）环境、现象或趋势的客观变化

（2）已感知的环境、现象或趋势的变化

（3）社会或组织的价值、目标的变化

（4）可利用的方法、资源、战略、技术的变化

2.3.2 关于决策环境所发生的变化是否能够被提前预料或是在 PPPP 中早有顾及。例如，是否有针对规划调整的预测、本身是否具有灵活适应性以及可供利用的潜在资源。

3　合理性

3.1 连贯性：PPPP 内在的逻辑构造是否与它的目标、目的、前提假设以及分析相协调一致。

3.2 信息：PPPP 在酝酿和准备的过程中是否吸纳采用了最好的数据、信息、技术、方法以及过程步骤。

3.3 参与性：所有相关的组织、机构、社会团体、利益集团以及个人是否都参与到 PPPP 的事前准备和最终决策的过程中。这些决策和 PPPP 是否反映了被影响组织的对其有利的集中内容。

4　关于最佳性的事前分析

4.1 在最佳的 PPPP 中所采纳的战略政策或行动方针是否考虑了 PPPP 制订过程中正普遍风行的决策环境。

4.2 在关于对合理性的评判上 PPPP 是否是积极有效的。

5　关于最佳性的事后评价

5.1 在最佳的 PPPP 中所采纳的战略政策或行动方针是否考虑了目前的分析评价：已认识到的价值、目标、选项、约束条件和已观察到的结果、影响以及不曾预料到的后果。

5.2 在关于对最佳性的事前分析的评判上 PPPP 是否是积极有效的。

5.3 在关于对合理性的评判上 PPPP 是否是积极有效的。

第五部分
新的理论维度与主题

第十四章 世纪之交时期的城市规划研究

进入20世纪80年代以后，全球范围内的社会、经济、政治和技术结构发生了重大的变化，这些变化的累积和扩散，使社会的整体形态表现出了与之前的社会不同的特征。贝尔（Daniel Bell）早在1973年出版的《后工业社会的来临》（The Coming of Post-Industrial Society：A Venture in Social Forecasting）一书中，就认为随着科技及经济的发展，后工业社会正在来临。他提出，"后工业社会"是围绕着知识组织起来的一种社会形态，在这种社会中，服务型经济将占据着国民经济的主导性地位，理论知识将成为社会革新和制定社会政策的源泉[1]。1980年，托夫勒（Alvin Toffler）出版了《第三次浪潮》（The Third Wave）一书，从生产力进步的角度，提出人类社会发展的方向[2]。他认为，人类社会的发展共经历了三次浪潮：第一次浪潮是大约1万年前开始的农业革命，人类从原始野蛮的渔猎社会进入到了农业社会；第二次浪潮是200多年前发生的工业革命，它使人类由农业社会进入工业社会；从20世纪60年代以来，第三次浪潮汹涌而来，它发端于以电子信息技术为代表的技术革命，人类正是通过这一次浪潮由工业社会进入后工业社会。托夫勒认为，微电子工业和计算机工业、宇航工业、海洋工业和遗传工程是第三次浪潮的技术基础。相对于第二次浪潮时期的工业化社会的主要特征——标准化、专业化、同步化、集中化、"好大狂"和集权化等，"第三次浪潮"冲击下形成的未来社会的特点则是知识化、分散化和多样化，而且对社会价值观、政治组织、经济和家庭结构等将会产生重大冲击，从而形成不同于工业社会的新的社会形态。托夫勒对第三次浪潮的发展充满着乐观主义的精神，因此在此书中，托夫勒认为新技术革命可以解决人类面临的能源、资源和生态危机，解决食品供应问题，改变人们的劳动性质，给人类文明建立一个完美的感情生活和健康的心理环境，是新的文明形式的营造者。托夫勒的论述以生产力的发展为主轴，强调技术的进步具有决定的作用，但卡斯泰尔（Manuel Castells）则从更为宽广的社会经济背景中揭示了当代社会形成的原因。他在讨论网络社会的文章中指出，信息社会并不是仅仅因为有了信息技术就能形成，而是在许多其他原因共同作用的基础上形成的。"信息技术革命并不创造网络社会，但没有信息技术，网络社会也不会存在"[3]。他认为，"网络社会是以下三个独立过程的历史性汇合所导致的，正是它们的相互作用催生了网络社会。这三个历史过程是：信息技术革命，在20世纪70年代建构起了一个'范式'（paradigm）；20世纪80年代资本主义和国家主义的重构，这种重构的目的在于以明显不同的产出来替代它们已经形成的矛盾；20世纪60年代的文化社会运动以及在20世纪70年代的余波，其中最为重要的是女性主义和生态主义"。根据卡斯泰尔的描述，网络社会是当代社会的一种结构形态或者是这种社会的显现。而在其内部的构造中，全球统一的大网络的形成是与经济的全球化紧密相关的，而且由于经济的全球化导致了社会生产结构等等发生了变化。吉登斯（Anthony Giddens）提出，"正是全球经济的运行，反映了信息时代所发生的变化。经济的许多方面是通过超越而非止于国界的网络运转着的。在全球化条件下，为了保持竞争力，企业和公司都进行了结构调整，增强了自身的灵活性，减少了内部等级。生产活动和组织模式变得更为灵活，与其他公司的伙伴关系更为寻常，在快速变化的全球市场中，参与世界的分配网络已经成为经营的重中之重"[4]。但对吉登斯来说，全球化的概念并不仅仅只是经济的全球化，经济的全球化只是全球化进程中的一个因素，同时他也认为，全球化是"指那些强化着世界范围内的社会关系和相互依赖性的过程。这是一个具有广泛意义的社会现象，……全球化不应被简单地理解为世界系统（即远离个人关注范围的社会和经济体系）的发展。全球化也是一个地方性的现象——一个会影响到我们所有人的日常生活的地方性现象"[5]。全球化显然首先是与"世界系统"内的变化相联系的，诸如世界金融市场、生产和贸易以及电信等，也与跨国公司的作用有着密切的关系，这些都有非常广泛的讨论，也有大量的文献描述了这些过程。但吉登斯认为，这实际上只是全球化所表现出来的现象中的一部分，全球化的影响力要远远超出这些方面。他认为，"全球化的影响在个人领域也能同样被强烈地感受到。全球化并非仅仅是'在那边'的东西，发生在遥远的地方，与个人事务无关。全球化是'在这里'的现象，它以多种不同的方式影响着我们的个人生活。通过媒体、互联网和大众文化这类非个人的渠道，以及通过来自不同国家和文化的人们之间的个人接触，全球化力量进入到我们当地、我们的家庭和我们的社区中来，我们的个人生活因而不可避免地发生了改变"。因此，"全球化正在彻底改变着我们日常所经历的东西"。

1979年，利奥塔尔（Jean-François Lyotard）发表《后现代状态：关于知识的报告》，从而导致了对后现代主义争论的高潮，并在进入20世纪80年代后得到了在所有人文学科和社会科学领域的全面推进，其思想和方法甚至也影响到了自然科学领域，并渗入到各项实践之中。后现代主义的产生，以对现代主义的批判为前奏，针对现代主义的问题探讨现代主义本身的缺陷，并结合了社会经济体制的变革，为多元论及相关论题的讨论提供了理论和思想的基础，既促进了后现代讨论的多学科和不同思想的交流，也促进了这些相关研究的深入。经过了后现代主义的广泛讨论，任何学科都有必要对相关的知识领域进行全面的反思。利奥塔尔的《后现代状态》一书则探讨了科学技术的发展对知识内涵及其地位的影响，讨论了新技术所导致的知识合法性、社会组织与结构等方面的问题。他认为当代社会的技术发展导致了知识形态与性质的重大改变，技术手段的发展主要体现在与计算机相关的技术拓展，如控制论、信息论、电脑语言兼容性研究、信息储存和信息库的建立等等。在这样的技术条件下，知识必须转化为信息、转化为计算机语言才能成为知识，具有可操作性。同时，知识必须"外化"、被消费才具备价值。在这种变化过程中，知识日渐演变为一种特殊的商品，越来越成为发达国家生产力的组成部分，而国家间的竞争也由对疆土、原材料和廉价劳动力的争夺转化为对信息的控制。但是，知识的商品化要求知识具有"透明性"，即便于交流，这与国家利益发生了冲突。利奥塔尔区分了两种知识形式，即叙事知识和科学知识，并区分了它们的运作方式。他认为，这两种知识形式分属两种不同的语言游戏，它们遵循

不同的原则，对它们的判断不具有可通约性，因此，必须以后现代的话语游戏规则取代传统知识合法化赖以成立的规则，把当代科学重新加以合法化。这就意味着应该尊重各种话语的差异，根据不同的游戏制定不同的规则[6]。利奥塔尔的论述引发了20世纪80年代及以后的有关后现代主义的争论和对所有的知识领域基础的全面反思，并构成了社会思想的整体转型。而其所强调的多元思想不仅在知识领域而且在政治领域也得到全面的论述，并推进了社会政治体系的内部重构。

20世纪70年代以能源危机所引发的经济危机影响到了世界各国，这次经济危机所出现的经济停滞与通货膨胀并存的新特征，改变了人们对第二次世界大战结束后的经济发展的看法。二次大战后，西方国家在凯恩斯经济理论指引下所采取的经济政策，在此时难以发挥作用，甚至可以看成是这一次经济危机形成的原因。尽管这些政策在战后的建设中发挥了积极的作用，并促进了经济的高速发展，但与此同时所累积下来的问题，如国家机构庞大、政府权力的过度扩张等也同样是积重难返，而高福利的国家政策使政府财政难以为继，西蒙1978年出版《说出真相的时刻》（A Time for Truth）一书，指出，政府的开支、税收和管制已经威胁到资本主义和经济自由，企业界必须进行反击。1979年英国保守党执政，撒切尔政府极力反对过去政府强调的强化政府干预、管制市场的政策主张，倡导减少政府干预、大力发挥市场的力量，并开始了以调整经济政策、促进民营化、推广公共服务承包等为内容的政府改革。在美国，1980年里根当选总统，在其回忆录中描述了当时的认识："过去的半个世纪中，人们得到的只是新政、伟大社会以及产生了一个拿走45%的国民财富的政府。人们已经受够了。"因此他当政后所采取的措施就是压缩政府开支、减少国营事业、鼓励大企业发展、降低通货膨胀和下放管理权力等等。随着英美等国政府执政理念的转变，新保守主义逐渐占据了主导性地位的意识形态。在经济政策上，认为自由市场具有极端的重要性，要充分发挥市场竞争机制的作用，只有这样才能使经济获得新的更快的发展。在所采取的具体措施中，强调应当坚持市场的主导地位，减少政府的干预，缩减政府职能的范围，提出自由就是免于政府干预的自由，任何政府职能的增加都是对个人自由的威胁。针对之前的经济理论中关于市场失效的研究，提出：政府并不能完全救治市场的失效，更不能因此而理所当然地把市场纳

入到政府的控制之中。相反,政府本身有许多失效的地方,而这些地方恰恰是需要依靠市场来进行救治的。在此基础上,展开了一系列的政府改革。而20世纪80年代结束前苏联和东欧的政治变动,更将这些思想和实践推广到社会的各个方面。20世纪90年代初开始兴起的有关"市民社会"、"治理"等等方面的讨论,其实质是这些思想和实践的进一步深化或拓展,而经济全球化的浪潮也是在这样的背景下才得以蓬勃发展起来的。

人类为寻求一种建立在环境和自然资源可承受基础上的长期发展的模式,进行了不懈的探索。1980年3月5日,联合国向全世界发出呼吁:"必须研究自然的、社会的、生态的、经济的以及利用自然资源过程中的基本关系,确保全球持续发展。"1983年11月,联合国成立了世界环境和发展委员会(WCED),联合国要求该组织以"持续发展"为基本纲领,制定"全球变革日程"。1987年,该委员会把经过长达4年研究、充分论证的《我们共同的未来》(Our Common Future)提交给联合国大会,正式提出了可持续发展的模式。该报告对当前人类在经济发展和保护环境方面存在的问题进行了全面和系统的评价,指出过去我们只关心发展对环境带来的影响,而现在则迫切地感受到了生态的压力,如土壤、水、大气、森林的退化对发展所带来的影响。在不久之前我们能感到国家之间在经济方面相互联系的重要性,而现在我们则感到在国家之间的生态学方面的相互依赖的情景,生态与经济从来没有像现在这样互相紧密地联系在一个互为因果的网络之中。可持续发展首先是从环境保护的角度来倡导保持人类社会的进步与发展,它号召人们在生产增长的同时,必须注意生态环境的保护与改善。但很显然,可持续发展的思想内涵远远不止单纯的环境保护。可持续发展思想包含了当代与后代的需求、国家主权、国际公平、自然资源、生态承载力、环境和发展相结合等方面的重要内容。该报告明确提出要变革人类沿袭已久的生产和生活方式,并调整现行的国际经济关系。这种调整与变革要按照可持续性要求进行设计和运行,这几乎涉及经济发展和社会生活的所有方面。总的来说,可持续发展包含两大方面内容:一是对传统发展方式的反思和否定;二是对规范的可持续发展模式的理性设计。就理性设计而言,可持续发展具体表现在:工业应当高产低耗,能源应当被清洁利用,粮食需要保障长期供给,人口与资源应当保持相对平衡

等许多方面。1992年联合国环境与发展大会(UNCED)通过《环境与发展宣言》和《21世纪议程》,使可持续发展成为世界各国政府的共识与政策起点,从而得到了广泛的实践,全面地成为社会经济发展战略的新的基本方向。

第一节 全球化条件下的城市发展与规划

一、全球化的内涵

全球化是20世纪末世界范围内最典型的,也是影响面最广的社会经济现象。所谓全球化,通常是指世界各国之间在经济上越来越相互依存,各种发展资源(如信息、技术、资金和人力)的跨国流动规模越来越扩大,而世界贸易所涉及的商品和服务越来越多,超过了历史上的任何时期。但正如吉登斯(Anthony Giddens)所指出的那样,全球化并不仅仅只是一种经济现象,"虽然经济力量是全球化过程中必不可少的一部分,但如果认为它是全球化惟一的动因则是错误的。全球化是政治、社会、文化和经济因素综合作用的结果"[7]。从本书的论题出发,本节主要讨论的是经济全球化及其影响。经济全球化通常被理解为世界范围内经济活动的网络联系。卡斯泰尔(M. Castells)曾经给经济全球化下了这样一个定义:"我们把全球化的经济理解为在真实时间内,在这个星球范围内统一运作的一种经济。这是一种在资本流动、劳动力市场、信息传送、原料提供、管理和组织等方面实现了国际化,完全相互依赖的经济"[8]。这个定义揭示了在经济全球化过程中,组成经济活动的各方面要素、经济活动的过程以及经济活动所产生的后果都在全球的范围内发生和相互影响。尼格尔·特里福特则把全球化的过程分解成这样五个方面[9]:(1)信贷资金的筹集、发放和使用日益集中化,并由此产生金融业对于生产的统治日益加强这一后果。(2)"知识结构"与"专家系统"的作用日益增长。(3)全球范围内卖主控制市场的局面日益发展。(4)一个跨国经营者阶层发展。(5)一种跨国经济外交的出现,以及民族国家权力的全球化。正是由于在这些因素和这样的过程的作用下,各国的经济体系越来越开放(这一点是与全球化互为因果的关系,没有各国经济体系的开放,也就不可能有全球化的产生,但是在全球化的影响下,各国的经济体系

更加开放）；各类发展资源（原料、信息、技术、资金和人力）跨国流动的规模不断地扩张；信息、通信和交通的技术革命使资源跨国流动的成本日益降低，为经济全球化提供了强有力的技术支撑（这也是经济全球化的条件，同时经济全球化也为技术的进步提供了动力）；跨国公司在世界经济中的主导地位越来越突出，并直接影响到了所涉及到的具体国家和地方的经济状况。在全球化进程中，这些经济运行的过程及其特征，对全球范围内的空间经济结构进行了全面的重组，从而导致了城市和区域体系的演化。全球化过程所涉及到的变化众多，这里首先从跨国公司角度来讨论全球化对城市和城市体系的影响，然后从"全球城市"或"世界城市"的角度来讨论城市在全球化中的作用以及全球化对这些城市的具体影响。

美国经济史学家里尔登（John Reardon）注意到，一直到20世纪50年代末美国跨国公司才得到了真正的发展[10]。而到20世纪的90年代初，在世界范围内跨国母公司的数目已达3.7万家，这些母公司控制着遍布全球的20.6万家分公司。在1992年，跨国公司拥有的对外直接投资存量的价值估计为2.1万亿美元，为全世界同年生产总值的1/5。从贸易上说，20世纪70年代跨国公司内部的贸易（不包括公司内部服务性业务）占世界贸易总额的20%，世界银行1992年的研究表明，综合世界上350家最大的跨国公司的业务，公司内部之间的贸易在20世纪80年代初已占全球贸易的40%。这里的关键在于，跨国公司内部的贸易使得传统上国家与国家之间自由贸易的争论已经毫无意义。近年来不断增长的公司之间的结盟进一步加强了跨国公司对世界上的生产、就业、投资、贸易、收入分配的直接控制或间接的影响，由此而凸显出"今天的世界经济不同于昔日的国家经济"[11]。吉登斯对跨国公司的概念及其发展以及跨国公司在全球化过程中的表现有这样一段描述，充分揭示了跨国公司在全球经济中的重要性。他说，"在推动全球化的诸多经济因素中，跨国公司的作用特别重要。跨国公司就是在不止一个国家生产产品或提供市场服务的公司。跨国公司可以是只有一两个工厂在国外

的相对较小的公司，也可以是生意纵横全球的大型国际企业。一些最大的跨国公司相遇全球，如可口可乐、通用汽车、宝洁、柯达和三菱等公司。甚至当跨国公司明显地以一国为基地时，他们追求的也是全球市场和全球利润"。"跨国公司处于经济全球化的核心，它们占据了世界贸易的2/3，推动了新技术在全球的应用，同时他们也是国际金融市场的关键角色。一位观察家曾特别提到，它们是'当代世界经济的关键'。1996年，400多个跨国公司的年销售额超过了100亿美元，而当时只有70个国家可以自称国民生产总值超过此值。换句话说，在经济上，世界上主要的跨国公司比世界上大多数国家还要强大"。"跨国公司在第二次世界大战后成为一种全球性的现象。战后最初开始是美国公司的扩张，但到了20世纪70年代，欧洲和日本公司也开始了海外投资。到20世纪80年代晚期和20世纪90年代，跨国公司随着三个强大的地区市场的建立又有了极大的扩张，这三个地区市场即欧洲（统一欧洲市场）、亚太（《大阪宣言》规定，到2010年实现自由公开的贸易）和北美（北美自由贸易协定）。从20世纪90年代初起，世界上其他一些地区的国家也开始解除对外资的限制。到21世纪之交，世界上已经很少再有经济体处于跨国公司的影响之外了"[12]。

汉弗莱斯（G. Humphrys）在20世纪80年代初通过对大型制造业公司的组织结构进行研究，发现在每一个跨国公司内部由于不同部门的工作内容和性质出现了分化，大致上可以划分为这样五种类型：

（1）公司总部(headquarter)：以财政、决策和制定发展战略为主要功能，成为整个跨国公司的管理和控制中心；

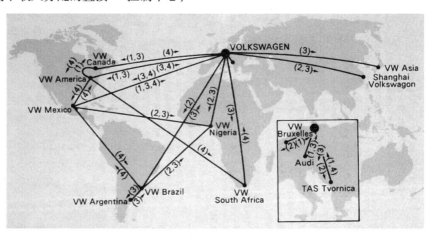

图14-1 1985年，德国大众公司（Volkswagen）全球范围的供应和装配网络
资料来源：Maurice Yeates.The North American City（4th ed.）.New York：Harper Collins Publishers, 1990.74

（2）研究发展部门(research and development)：以产品开发和生产过程发展研究为主要功能；

（3）加工处理(processing)：以原材料的粗加工即将原材料转换成可利用的方式为主要的功能；

（4）装配(fabrication)：将经过粗加工的原材料转换成最终产品的零部件；

（5）总装(integration)：将零部件装配成最终的产品。

这些分化后的部门在劳动力的构成、区位需求等方面有着极大的不同，同时，不同的跨国公司的这些分化后的部门又有相互集聚的效应，从而形成以管理/控制、研究/开发和生产/装配等不同层面的空间配置。在经济全球化的进程中，这些不同层面的空间配置已经不再受国界的局限，从而可以在全球的范围内进行重新的配置，形成了整体的空间经济结构的重组。在当代社会，这些经济的空间配置场址主要发生在城市中，由此导致了全球性的城市体系结构的成型。

二、全球化过程中的城市

扎森（Saskia Sassen）认为，城市在经济全球化的过程中具有核心作用，因此，在讨论经济全球化时不能不把注意力集中到城市中[13]。扎森提出，"场所对于构成经济全球化的许多循环来说具有核心作用，对于这种发展的一种战略类型的场所就是城市。将城市包括在经济全球化的分析之中具有概念上的延续性。……把城市引入到经济全球化的分析中，有助于我们再概念化经济全球化的过程，它是位于特定场所的具体经济综合体"。城市"允许我们来审视经济和工作（work）文化的多样性，全球信息经济嵌入其中。它也允许我们恢复具体的、地方化的过程，通过这一过程全球化得以存在，而且也允许我们来讨论作为全球化过程组成部分的大城市中的多元文化，就如同讨论国际金融问题一样。最后，把焦点集中在城市也允许我们在全球尺度上来解释战略场所的地理学，场所在经济全球化的动态发展过程中相互制约着。我将之称为新的中心地理学（a new geography of centrality）"。联合国人居中心也同样认为全球化过程具有明显的空间效应。在2001年发表的《全球人类住区报告2001——全球化世界中的城市》中，联合国人居中心指出，"全球化的过程有显著的空间确定性。其成果也呈现出特殊的地理模式。尽管全球化确实影响了农村，但是全球的力量主要还是集中在城市。全球运作确实集中在

城市，和全球化联系最密切的景象也正是在城市中得到最清晰的显现……相应地，城市及其周边地区的特点也有助于塑造全球化。例如，通过提供劳动力、物质和技术的基础设施，从而创造出安定和方便的管理环境，提供了必要的服务支持，建立了财政激励和制度能力。如果没有这些条件，全球化也不会发生"。"这样，城市地区调节了全球化和经济发展以及人类发展之间的相互关系"[14]。

根据扎森的研究，社会经济中的各类要素都与全球化的进程密切相关，而城市作为一个场址则承担着将这些要素与全球化过程联系起来的节点作用。她说，"我们发现，物质条件、生产场址和场所有限性都是全球化和信息经济的组成部分。新的增长部门——专业服务和金融——包容了创造利润的能力，极大地超越了许多传统经济创造利润的能力。同时，传统经济部门对于城市经济的运作和居民的日常需求是必需的，它们的存在在某种状况下预示着金融和专业服务能够获得超利润。不同的经济部门之间不一致的创造利润的能力长久以来就是市场经济的基本特征"，"全球经济物化于全球范围的战略场所（strategic place）的网络之中，从出口加工区到主要的国际商务、金融中心。我们可以把这种全球网络看成是建构了新的中心性（centrality）的经济地理学，这跨越了国家的边界也跨越了传统的南北划分。它标志着一种平行的权力的政治地理的出现，一种由全球资本所主张的跨国空间的成型。这种新的中心性的经济地理部分地再生产了现在的不平衡，而且也是现行的经济增长类型动态发展的具体的产出。它采取了多种形式并且在许多地域运作，从电子通信设施的分布到经济和就业的结构。除了这些城市（指全球城市）的新的全球和区域等级和高技术产业区，其他大量地域却在不断地被边缘化，也就是排除在推动经济增长革新的全球经济的主要经济过程之外。以前重要的制造业中心和港口城市的多样性逐步地失去了功能并正在衰退，这种状况不仅发生在欠发达国家，而且在最发达经济中也是如此。这也是全球经济的另一种意义"。但也应看到，对城市本身的分析实际上是在把民族国家的领域进行分解，至少在经济领域上是这样。扎森指出："把焦点集中到城市，就把国家经济分解为多个次国家的组成部分，有些地区与全球经济有着密切的结合，有些地区则没有。它也标志着，国家经济作为一个整体进行分类的意义在不断下降，从某种角度讲，国家仅仅只是在政治话

语和政策中才是单一的分类。现代民族国家总是具有经济行动者的角色并在跨国层面上发挥作用。此外，在过去的15年多的时间内，我们可以看到一种完全不同的阶段，在全球化的新形态的表面，国家经济越来越不能作为一个单一的分类。"即使从全球城市的角度来看，由于"金融和专业服务的全球市场的发展，由于国际投资的急剧增长而带来的跨国服务网络的需求，在管理国际经济行为管制方面，政府作用和其他相应制度领域的作用在下降，特别是全球市场和公司总部，所有这些都表明有一系列经济过程的存在，其中的每一个都是以区位（超越于国家，在这一点上是跨国家的）为特征。从这里我们可以看到，跨国城市体系的形成已初露端倪"[15]。

城市在全球经济化中发挥着巨大的作用，而这种作用的发挥是建立在城市与其他城市共同组成的全球城市体系的基础之上的，城市不仅与全球经济网络发生关系，而且这种关系的产生也同样来自于全球城市体系，扎森的分析实际上也指明了城市是全球经济体系中的关键性节点。联合国人居中心的报告也同样揭示了这一点，"全球化已经将城市置于一个城市之间的具有高度竞争型的联系与网络的框架之中。这些联入全球网络的城市在全球力量领域中发挥着能量节点的作用。在不稳定的世界经济中，在所有部门中日益增长的变化的速度、复杂性和不确定性，使其同样将注意力集中于拥有维持正在进行的竞争所必需的宝贵资源的城市"[16]。而城市与城市之间的相互作用不仅建构了这样的经济网络，而且其本身又改造着城市的体系结构，而且使每个发生作用的城市自身在此建构的过程中进行着重组。吉登斯指出："在前现代时期，城市是与它周围的乡村地区彼此分离的自足实体。有些城市被道路系统相互连接起来，但是城市之间的旅行只是商人、士兵和其他一些需要经常旅行的人的特殊事情。城市之间的交流非常有限。这一切直到20世纪初都没有太多改变。全球化给城市带来了深刻的变化，它增强了城市之间的相互依赖，促进了城市之间跨越国界的横向联系的发展。现在，城市之间建立了各种现实和虚拟的联系，城市的全球网络已经开始成型。"[17]全球城市网络的形成还表现在城市本身的职能构成和城市体系的结构特征上。在过去的城市中，城市的经济结构是以经济活动的部类来进行划分的，在每个部类的经济活动中从管理到生产都在一个城市或地区内进行，每个城市担当着其中某个或多个部类的经济活动，因此形成了诸如"钢铁城市"、"纺织城市"、"汽车城市"等等的城市类型。随着大型企业经济活动的纵向分解所形成的不同层面的经济活动，在全球化的背景中、在全球范围内进行着重新集结，形成了管理／控制层面集聚的城市、研究／开发层面集聚的城市和制造／装配层面集聚的城市，由此而导致了全球整体的城市体系结构的改变，由原来的城市与城市之间相对独立的以经济活动的部类为特征的水平结构，改变为紧密联系且相互依赖的以经济活动的层面为特征的垂直结构，城市与城市之间构成了垂直性的地域分工体系，管理／控制层面集聚的城市占据了主导性地位，而制造／装配层面集聚的城市处于从属性地位。无论是主导性城市还是从属性城市，经济国际化的程度都在加速，城市与城市之间的相互依存程度也更为密切。

经济全球化导致的城市体系结构重组出现了一些整体性的趋势。首先，在垂直性地域分工体系的区位分布上出现了：

（1）在发达国家和部分新兴工业化国家／地区形成一系列全球性和区域性的经济中心城市，对于全球和区域经济的主导作用越来越显著；

（2）制造业资本的跨国投资促进了发展中国家的城市迅速发展，同时也越来越成为跨国公司制造／装配基地；

（3）在发达国家出现一系列科技创新中心和高科技产业基地，而发达国家的传统工业城市普遍衰退，只有少数城市成功地经历了产业结构转型。

与此同时，三种不同层面的经济活动的集聚也形成了在不同地区与城市中分布的特征：

（1）担当管理／控制职能的部门由于需要面对面的联系，需要紧靠其他的商务设施和为其服务的设施，需要紧靠政府及相关的决策性机构，所以一般都集中在大都市地区，这类职能部门将影响甚至决定世界经济运作的状况。尽管现在也存在着向大都市郊区迁移的趋势，但向经济中心大都市的CBD地区的集中也仍在加强，这也就是纽约和伦敦之类城市在20世纪80年代后有较大规模办公楼建设的原因。

（2）担当研究／开发职能的部门因为需要吸引知识工人而要有比较良好的生活和工作环境，并要能够保证较高层次的知识人士的不断补充，也需要有低税收的政策扶植，由此而较多是在充满宜人环境的地区中的小城镇发展，在美国最为典型的就是在20世纪60年代以后向南部"阳光带"（sunbelt）地区发展。

（3）以常规流水线生产工厂为代表的制造／装配职能的发展极大地依赖于便宜的劳动力和低税收，因此往往向经济较落后地区的小城市或大都市地区的边缘发展，而且自20世纪60年代后在整体上不断向第三世界转移。而非常规流水线生产的工业企业有在城市的中心区和市区继续发展的趋势，尤其是一些生产技术密集型的非标准产品、开创性的或销路不稳定的产品以及传统工业特别是手工业产品的工业。这在美国纽约及日本东京等地表现最为明显。

城市在经济全球化的进程中出现了新的集聚趋势，这种趋势曾经被认为已经终止，但实际上在不同的空间层次上仍有着不同的作用倾向。从全球范围来看，大量的制造业在从发达国家分散出去，但对于广大的发展中国家却又有集中的趋势；就国家范围来看，人口和经济活动仍然在向大都市地区集中，尽管这种集中不再像工业革命初期是以中心城市为核心的；就大都市地区来看，中心城市有在大都市地区的分散化的趋势，但同时也有向大都市地区再集中的趋势。从整体来看，有些因素仍然在分散的过程中，有些因素则有加剧集聚的趋势。在20世纪90年代初曾经普遍认为，随着信息化和现代通信技术的普及与推进，城市（尤其是大城市）已没有存在的必要，而城市的再集中也已经不再可能，但实际上，城市仍然处在相对集中的过程中，至少在有些城市就是这样。吉登斯对此总结道："有些人预言，全球化和新兴通信技术将使我们所熟悉的城市形式走向解体，因为许多传

图14-2　跨国公司的工厂以相同的形式遍布在地球的不同地方。这是古尔斯基（Andreas Gursky）1995年发表的照片《西门子工厂，卡尔斯鲁厄》

资料来源：岛子.后现代主义艺术谱系.重庆：重庆出版社，2001.57

统的城市功能现在可以脱离拥挤不堪的城市空间，在网络空间得到完成。例如，金融市场已经电子化，电子商务降低了企业和消费者对城市中心的依赖，而'电子往来'（e-commuting）则使更多的上班族可以在家里而不是城市中心的写字楼里工作。然而，至少到现在为止，以上预言并未变成现实。与预言中的城市解体相反，全球化正在把城市转变成全球经济的关键性枢纽。城市中心在协调信息流、管理商业活动和服务与科技创新方面起着举足轻重的作用。在全球各地的城市里，同时发生着权力与活动的分散和集中这两个截然相反的过程。"[18]扎森对此解释道："经济行为在空间上的分散化已被很好地研究，但与此相应也已出现了高层次管理和控制运作在地域上集中的新形态。国家和全球市场与全球结合的运作紧密结合并需要一些中心地使全球化的工作能够进行。此外，信息产业需要大量的物质基础设施，这些设施包括了一些战略性的节点，在其中大量设施高度集聚。最后，即使是最先进的产业也仍然需要有生产的过程——即工人、机器和建筑物的综合体，这些都是局限在一定的地方而不是信息经济所认为的是想像性的。"因此，"城市作为我们时代的最主要的服务产业的生产场址，充分体现出行为、公司、工作所需要的基础设施对于发达的公司经济的运行是必不可少的。……全球城市是为国际贸易、投资和公司总部机构提供服务和金融的中心。也就是说，在全球城市中出现的多种多样的专业性行为，对于当今资本的领导部门的升值，实际上过度升值是最为关键的。从这一点讲，这些城市对于今天的经济领导部门则是战略性的生产场址。这一功能也反映了这些行为在发达经济中的上升。这些城市的中心商务区中明显的极端高密度是这种逻辑的一种表现；另外一种表现是许多这类行为在广泛的大都市区域内的再集中，而不是普遍的扩散"。集中和扩散之间存在着辩证的关系，而且就是由于有了广泛的扩散才有了更为集中的需求。她认为，"集聚现在已经过时，因为全球电子通信的进步已经允许最广泛地分散，这种被普遍接受的观点实际上只是部分正确。恰恰是由于电子通信的进步使地域上的扩散更为便利，因此中心性行为的集聚也极大地扩张。这不仅仅是集聚的传统模式的延续，而是一种新的集聚逻辑。信息技术是另一个贡献于这种集聚新逻辑的因素。在获得这些设施基础上的独特条件促进了极大多数的先进使用者向最发达的通信中心集中"。在研究全球城市的过程

中，扎森同样也揭示了城市集中的趋势，而且，这类经济中心城市数量的增加并不能减少集中的程度。她指出："有人会期望现在结合进全球市场的金融中心的数量的不断增加将会减少金融行为在最高层级中心（top centers）集聚的程度，但这是不可能的。也有人期望这会导致全球交易量的巨大增长。然而，在金融业以及这一产业所依赖的技术性基础设施方面的大规模变化并不能改变集中的程度。"[19]

随着经济全球化的进程和经济活动在城市中的相对集中，城市与附近地区的城市之间、城市与周围区域之间原有的密切关系也在发生着变化，这种变化主要体现在城市与周边地区和周边城市之间的联系在减弱。扎森在研究全球城市时也指出，"这些城市明确地以世界市场为导向，这也就必然会提出这样的问题，它们与它们的国家、所在区域以及这些城市中的大的经济和社会结构相结合的问题。城市已经深深地置身于它们所在区域的经济之中，通常都反映了区域的特征，而且现在也通常仍是这样。但那些作为全球经济战略性场址的城市至少是部分地倾向于与它们所在的区域甚至国家解除这种联系。这就与经典的有关城市体系学术中的核心观点产生了对抗，这种观点认为城市体系促进了与区域和国家经济在地域上的结合"[20]。每一个城市的联系范围在扩大，即使是一个非常小的城市，它也可以在全球城市网络中建立与其他城市和地区的跨地区甚至是跨国的联系，它不再需要依赖于附近的大城市而对外发生作用。从这样的意义上讲，原先建立在地域联系基础上的城市体系逐步瓦解，而任何城市都可以成为建立在全球范围内的网络化联系的城市体系中的一分子。

三、全球城市或世界城市

随着经济全球化的不断推进，全球城市或世界城市就成为了全球化研究的重要领域，这里所谓的全球城市或世界城市主要是指那些担当着全球经济活动管理/控制职能的城市，这些城市位于全球城市体系的最高层级。如果说，城市在经济全球化过程中具有核心的作用，那么，这些城市所担当的职能使得它们成为核心中的核心。也正由于这样的地位，它们才成为了有关全球化研究中不可或缺的重要领域。有关世界城市或全球城市的研究已有相当长的一段时间，尽管全球城市的名称出现是新近的事情，本书的第八章对此已有一些涉及，这里重点介绍世纪转换之际的一些研究的成果。

从对当代全球最重要的经济中心城市（如纽约、伦敦、东京等）的研究中可以发现，这些城市都具有这样一些基本特点：（1）作为跨国公司的（全球性或区域性）总部的集中地，是全球或区域经济的管理/控制中心；（2）都是金融中心，对全球资本的运行具有强大的影响力，同时，纽约、伦敦和东京是全球24小时股票市场的核心。这些更增强了经济中心的作用；（3）具有高度发达的生产者服务业（如法律、信息、广告和技术咨询等），以满足跨国公司的商务需求；（4）生产者服务业是知识密集型产业，因此，这些城市是知识创新的基地和市场；（5）城市是信息、通信和交通设施的枢纽，以满足各种"资源流"在全球或区域网络中的时空配置，为经济中心提供强有力的技术支撑。全球城市或世界城市这样一些功能的发挥是建立在经济全球化基础之上的，而且可以被称为全球城市的数量也不仅仅只限于纽约、伦敦和东京。扎森（Saskia Sassen）认为，在全球化的进程中所出现的全球城市是全球化最为明显的效果，而这些城市功能的发挥又进一步推进了全球化的扩展。她说，"这些新的中心性地理在城市间层次上最具效力的，是将重要的国际金融、商务中心联系了起来，其中包括纽约、伦敦、东京、巴黎、法兰克福、苏黎世、阿姆斯特丹、洛杉矶、悉尼、香港等等，但这种地理也包括了这样一些城市，如圣保罗、布宜诺斯艾利斯、曼谷、台北、孟买和墨西哥。这些城市之间高强度的相互作用，特别是通过金融市场、服务性贸易和投资的迅捷增长，并因此而构成秩序。与此同时，在这些城市和各自国家/地区中的其他城市之间，在战略资源和行为的集中方面，存在着越来越明显的不平等。全球城市是全球经济中的经济权力和控制中心的高度集中的所在，而传统制造业中心承受着过度的衰退"。

在工业化时代，城市的经济实力是由城市的制造业规模所决定的，但到了全球经济时代，在这些经济中心城市中，经济管理/控制作用的发挥恰恰是伴随着制造业的衰退而形成和发挥作用的。"制造业和服务业之间的不断变化有时被认为是全球化的一个特征。全球化对于居住模式的影响显著而深刻：快速城市化期间成为繁荣的制造业企业中心的城市，已经正在经历制造业就业量下降的过程，取而代之城市吸引了以FIRE即金融、保险、房地产业为主的商业金融和管理活动，形成集中区"[21]。比如，在纽约，工业制造业在

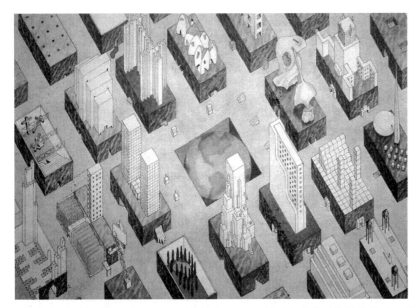
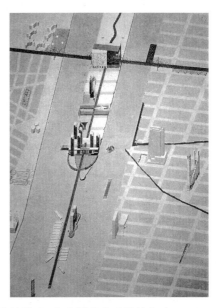

图14-3 以库哈斯（Rem Koolhaas）领衔的OMA的对全球化时代的资本中心城市的描述：（1）俘获全球的城市（The City of the Captive Globe）；（2）"新福利岛"研究计划

资料来源：Veronica Biermann 等编.Architectural Theory：From the Renaissance to the Present.Köln；Taschen，2003.816～817

1950年提供的工作岗位大约有100万，而到了1995年就仅剩下12.6万[22]。因此，按照工业经济理论进行解释的话，就会出现在大纽约地区工业制造业的衰退会直接威胁到纽约市作为金融和服务中心的地位这样的观点，但正如有学者所指出的那样，"这种看法忽略了跨国公司在全球运作的事实。经济全球化意味着地区和世界市场的整合。就是这种整合使得主要都市的金融和服务业不再从根本上依赖于本地的制造业了。扎森认为，虽然工厂制造业和服务业密切相关，但这和制造业所处的地域越来越无关。也就是说，无论工厂是设在美国还是设在中国不是主要问题，只要这些工厂属于跨国公司的一部分，它们就会消费全球城市内最高级服务公司所提供的专业服务。事实上，工厂设置在地域上的分散反而会增加对以上所提到的那些服务的需求。这也是全球化的内涵之一"[23]。

伴随着跨国公司生产过程的分散化和跨国公司总部的相对集中，为其配套服务的大量被称为生产者服务业（producer services）也相应形成，并向跨国公司总部集聚的地区和城市集中。这些服务业包括：金融、法律、一般管理事务、革新、开发、设计、经营、人事、生产技术、维修、交通、通信、批发销售、广告、公司清洁服务、保卫和仓库保管等。"生产者服务业主要聚集在城市内决不是偶然的。一般地说，这些服务业大多是以高信息科技为特征的服务业。而常规的看法是，这类服务完全没有必要设在既拥挤、房租和其他方面的消费又十分昂贵的大都市里。但事实却相反。这其中的原因除了城市可以提供革新的环境和各种经济汇集于一处的条件外，还具有可以提高服务业效率的优势。这些服务行业一项服务生产过程完成的效率在相当程度上取决于利用其他专业服务行业的能力。在服务业中具有革新性质的行业更是如此。换句话说，既复杂又具革新性质的服务常常需要不同的高度专业服务行业的协助才能完成。例如，一套金融方面的文件的产生需要来自会计、法律、广告、经济顾问、公共关系、设计、印刷等多方面专业服务公司的协助。显然，我们这里强调的是，为了提供一项复杂服务，不同的专业服务公司只有在地理位置上比较靠近的情况下，它们才有可能比较方便地联合起来完成这项服务。这样，虽说一家会计事务所可以为千里之外的客户服务，但它的所在地必须具备随时可为它雇用的其他专业服务领域的专家（例如律师和计算机编程师）服务。这里的关键在于，这类位于主要城市的、具有生产过程的专业成品服务综合体和世界上跨国公司的总部密切相联，也只有这类综合体能够承担跨国公司所需要的既复杂又高级的服务。总而言之，现代公司发挥着的大规模地参与世界市场和外国的经济活动，使得计划、内部管理、生产开发和研究变得日益复杂和重要。生产线的多样化、公司间的合并以及跨国公司的经济活动都需要高度专业技能化的服务。从这个意义上说，为了管理和控制全球性的工厂网络或者在地域上分布松散的制造业，就需要范围广泛的专业服务。虽然一些服务项目可以由公司内部的有关部门来提供，但考虑到成本和质量等因素，主要还得依靠专业服务公司"[24]。

随着跨国公司总部和生产者服务业的高度集中和不断发展以及制造业的快速衰退，在全球城市或世界城市中出现了经济结构的全面转型，这种转型彻底地改变了这些城市的整体结构，从而形成了全球城市或世界城市的新景观。有些学者在对世界城市进行研究时，对这些城市的经济结构进行了全面的总结，提出了世界城市的产业体系及其特征类型[25]。他们认为，世界城市有着特定的经济产业体系，以服务于世界城市的控制（经济、政治和文化）权力、释放影响力的功能。塑造世界城市过程就是城市经济产业体系的重组过程，一般来说，主要表现为从传统的三次产业组合的产业体系向主要根据要素运用强度组合的产业体系的转变。转变后的产业体系，呈圈层式、集群式（cluster），这些经济集群的绝对规模、相对重要性、专业化程度和各个集群的成长速度，是世界城市是否崛起，以及处于世界城市体系哪个层级的重要指标。

（1）圈层式、集群式：世界城市的产业体系构成

世界城市的产业体系是以金融、企业总部管理和文化等城市产业为战略核心，以核心–辅助的等级关系建立圈层结构的产业关联，以集群模式形成空间布局。其基本结构是：

①核心集群：世界城市的战略产业。这些活动定义了所在世界城市的主要经济功能，即所谓的世界城市之所以成为世界城市的战略产业，包括银行金融、企业总部管理和文化产业，受雇的大量专业人士往往是跨国精英和高级文员。

②衍生集群：由两大部分组成，一是高端商务部门，为战略部门提供直接商业服务的部门。如法律、会计、技术咨询、通信与计算机、国际运输代理。二是权力和影响（power & influence）等非赢利部门，广义上包括了政府、非营利性机构总部、贸易协会、国际机构、传媒、研究和高等教育。对于世界城市地位的取得和保持至关重要。在主要的大都市，从事非赢利性事业工作的比例相当高。

③支持集群：是从高层次商务服务中衍生出来的群体，直接为以上三个群体提供服务：包括不动产、建筑业、旅馆、餐饮、高级商店、娱乐业、旅游业、家政保安，这些呈快速成长的服务业，构成了大伦敦1/3的就业。这一集群的部分就业职位是高薪和稳定的，但大量是兼职的、临时的和季节性的工作，但其产品有助于吸引国际和国内旅游者。

④外围集群：制造业。位于城市的外城区、城郊和周边，制造业的就业数量在伦敦、纽约等世界城市都有显著下降，在20世纪80年代末的伦敦占总就业的16%。制造业必然下降，向城市边缘、向大都市圈的外围转移、向二级城市转移。而可能代之以研发或新兴产业。留存的制造业主要位于城市边缘，仍在市中心的则主要是高科技（办公设备、电子数据处理设备）、手工艺品制造以及信息处理和传播业（印刷出版）。制造业企业的管理总部功能主要属于核心集群，还是趋于集聚于市中心，特别是国际化经营倾向高的企业总部。

⑤边缘集群：所谓的非正式、流动性或街头经济，如路边小店、街头贩卖。较为集中于衰败的城中心区，并同失业情况直接关联。这个集群同世界城市的主导功能并无关系，处于边缘化状态，但往往又是城市多元文化的一种反映。

（2）世界城市产业集群的社会经济后果

就产业分析而言，这一结构的形成与世界城市从工业化城市向后工业化城市转型相关，也是基于世界城市所在国家或地区的成熟工业化的背景。就城市功能而言，在核心集群周边集聚相关产业集群，更巩固了世界城市的操纵力，从而决定了所在地区的经济繁荣。城市的产业圈层间的关系相当紧密，下层产业对上层产业的依赖更为明显。而就城市辐射力而言，整个世界城市的影响力能级呈现出圈层结构。即国际经济影响力主要依赖于城市中心区的产业集群，位于市中心外围的产业集群主要发挥国民经济的影响力，在外围的产业集群只能承担服务地方经济的角色。或者说世界经济在不同层次、不同尺度上，同时扮演着多个角色，而这些角色是相互连贯的。历史经验反映：地方经济角色仍然至关重要，往往是提供不少于国际市场同样规模的客户，更何况城市的核心战略产业历史上正是从地方化的产业部门发展而来，故保持国内市场导向的情况仍然普遍。

在全球城市或世界城市中，经济结构的改变也必然地带来社会结构的调整。一方面，这是产业体系转型所导致的结果；另一方面，也为产业体系转型提供了条件。正如扎森所揭示的，在全球化的过程中，在全球城市或世界城市中，"我们在这里看到了两种有趣

的关联，即公司权力的高度集中和'他者'（others）的大规模集中。在高度发达世界中的主要城市是这样的地域，在这里全球化过程的多样性呈现出具体的、地方化的形态。……我们也可以把城市看成是资本国际化的矛盾的场址之一，或者更普遍地说，作为斗争和矛盾的整个系列的战略性地域"[26]。产生这种状况的原因是由于投资不平衡所产生的，也是由于这些城市中发展的不平衡的结果。因此，在这样的城市的内部（甚至在同一行业内部）也出现了新的分化，并随着产业结构的调整和进一步的发展而进一步地加剧。扎森指出："就是在全球城市中，我们也可以看到新的中心与边缘的地理学。全球城市的中心商业区和大都市的商务中心在房地产和通信业获得了大量投资，而低收入城市地区则渴望着资源；受过高等教育的工人在领导性行业（leading sector）中就业，可以看到他们的收入上升到非同寻常的高度，而在同一经济部门中的低、中等熟练工人的收入却在下降；金融服务业创造了超额利润（superprofits），而企业服务业则刚刚可以维持生存。这些趋势在发达国家的数量不断增加的主要城市和一些发展中国家不断增长的主要城市中非常明显，这些城市都已经结合进了全球经济，只是程度各不相同而已。"在这样的不断加剧的分化条件下，城市的社会体系也作出了响应，城市中各利益群体的社会影响力与社会参与度发生分化，形成了一个二元社会：一边是全球化进程的参与者（the insiders），另一边则是被排斥出这一进程的局外人（the outsiders）。这二者的境遇差异往往表现在就业结构、收入结构、社会结构、社区结构、社会参与等方面[27]。

①就业结构"两端增加中间减少"。在世界城市中，随着产业体系由制造业转向以金融服务业为主，就业结构也发生了相应变化，整体特征是：总体的就业规模扩大，就业结构呈现中间收入工作机会的缩紧以及高端和低端两头扩充的"一减二增"现象。"一减"，即中等收入、福利待遇较好、受工会组织保护的制造业蓝领岗位的减少，失业率的上升；"二增"是指同属服务业高端和低端就业都增长。高收入群体主要是专业性与管理类的有保障就业群体，包括金融、商务、会计、法律、咨询等服务行业的管理者与从业人员，高新产业的技术人员，创造性产业的规划设计人员等；低收入群体则主要是支持性服务行业中的低薪就职者，就业呈非正式、不稳定、临时性。世界城市里的社会财富差距较其没有成为世界城市的时候为大。

②社会权力向跨国组织转移。与就业和社会结构转换相应，工业化城市阶段形成的城市权力格局（主要是1945年到20世纪70年代）——政府、产业界与工会"三驾马车"之间的力量平衡——被打破；政府动员力萎缩，跨国资本的影响力增大，工会趋于边缘化。跨国公司的经营管理人员、高新技术的从业人员以及与国际金融资本有密切联系的地方人士，成为城市实际的主宰。被削弱的工会、缺乏组织的低收入服务性行业从业者，以及其他城市边缘群体，对城市事务基本处于无权状态。

③城市布局出现新"两极"。世界城市在布局上趋于不连续、个别区域的专门化和某些边缘化区域的截然并立。受益于先进的交通设施和代步工具，高收入工薪群体喜欢将住所安置在自然环境优越的市郊社区，以通勤方式进入城市中心工作，而市中心（downtown）靠近文化娱乐休闲中心往往建有部分高档社区，同时，具有强烈地方象征意义的城市多功能社会文化交流中心则面临功能弱化，部分改造重建成本大的区域，如老城，成为城市低收入群体的聚居区，成为滋生贫困、无家可归、犯罪、暴力、种族冲突等社会问题的场所，被称为发达国家境内的"第三世界"。

④全球主义和民族主义的思潮对立：不同社会群体对城市的需求不尽相同，处于全球化带来的两极分化进程之中，各个群体也必然面临着利益上的对立，尤其是依赖全球市场发展的"世界主义者"（the Cosmopolitans）与依赖地方市场谋生的本土主义者（the Locals）的对立。实证研究反映，前者作为社会精英层，其财富的增加并没有产生可见的溢出效应来拉动其他社会阶层的就业。而后者处于全球联络和竞争活动之外，在某些情况下还被驱使脱离了正式的经济活动，更有一些城市人群从来就没有加入到正式经济活动中去。结果是在城市国际化的同时，存在结构性失业、提早退休、缺乏技能的青年人群和外来弱势移民的复杂组合。这些人群集聚在贫民区，并酿成了被边缘化的恶性循环。因此，不同人群对于世界城市的体验是不同的（参见表14-1）。如此，他们对于世界城市在经济上、社会上和空间上的利益诉求并不完全交织。

这种经济、社会结构状况的变化，使城市在全球化进程中的作用和地位出现了两种不同的场景：一方面城市作为世界经济体系中的一个单一场址，以整体性而发挥作用；另一方面，城市本身是分解的、由不同的片段组成的，城市并不是一个统一的整

不同社会群体对城市需求差异性分析　　　　　　　　　　　　　　　表 14-1

利益群体	与己相关的城市功能	对城市的主要关注点
贫困阶层	尽管生活艰难，相比较城市比乡村仍要好得多；能够积累一些钱买土地；能保证子女通过正规教育获得更好的未来	收入机会，能够承受的物价、教育机会、住房和交通
富裕与半富裕阶层	城市理想的居住地，意味着更好的服务、容易建立同商界和政府的联系、走向外部世界的大门	社会地位、收入、安全、廉价劳动力，关注生活质量以及商品服务的质－价平衡
非公民的商人与专业人士	城市是在短时间内获得最高利润的场所，是进入各种公司和机构的理想之地，是少花钱但能享受体面生活的地方	政治和社会稳定，安全，城市的服务、就学机会、住房、社交、劳务市场。关注服务的可得性与可靠性、产品质量，不太介意价格高低
访问者与旅游者	城市的气氛、轻松宜人的环境、良好的购物环境以及一切保证使假日和短期逗留舒适愉快的因素	食宿、交通、安全、舒适、购物环境、观光资源、特色商品与服务的可得性；关注服务－价格间的平衡

资料来源：《确立"世界城市"目标，开拓"创新城市"路径》课题组.建设世界城市——对上海新一轮发展的思考.上海：上海社会科学院出版社，2003.350

不同人群对于城市规划的关注点　　　　　　　　　　　　　　　表 14-2

	世界城市内部人	外部人
国际吸引力的关键	财富创造	
	商业和贸易	
	国际角色和全球推广	
	交通通信	交通
住房问题	商务食宿	
财富持续创造力的源泉	创新和企业	
就业格局	劳动力短缺	就业机会
		教育和培训
		经济极化
		失业
公共产品	人身安全	人身安全
	拥挤	拥挤
	环境质量	环境质量
	污染	污染

资料来源：《确立"世界城市"目标，开拓"创新城市"路径》课题组.建设世界城市——对上海新一轮发展的思考.上海：上海社会科学院出版社，2003.351

体[28]。在这样的状态下，扎森提出了一个对于城市的发展和规划极为重要的问题：这是谁的城市？对于城市中的不同人群来说，城市的职能以及他们的需求是不同的，扎森认为，"城市作为一个场址确实形成了一种新的主张：从全球资本来看，它们把城市看成了是一种'组织化的日用品'（organizational commodity），而从城市人口中的弱势部门来看，在大城市中，城市作为国际的存在，因此其本身就是资本。城市空间的非国家化和跨国行动者的新主张和介入其中的争议的形成，导致了一个问题——这是谁的城市（whose city is it）？"[29]这一问题的提出为城市规划对城市的定位和对城市问题的处理等揭示了其中的复杂性和多元性。由于不同的人对城市有

不同的体验，他们的利益诉求也各不相同，因此，他们对城市规划的关注点也就各不相同（表14-2），城市规划在此过程中如何协调好相互之间的关系成为当今城市规划的关键所在。

四、全球化的风险与地方政府的作用

全球化不仅造成了全球城市内部的分化，并加剧了社会两极化的趋势，因此，全球化也并非只表现出其有利的方面，其消极的方面也在不断地显现。正如吉登斯所指出的，"全球化的后果是深远的，几乎影响着社会世界的所有方面。然而，由于全球化是一个不确定的和充满内部矛盾的过程，因而它产生的结果也难以预料和控制。考察这一动态过程的另一种方法是

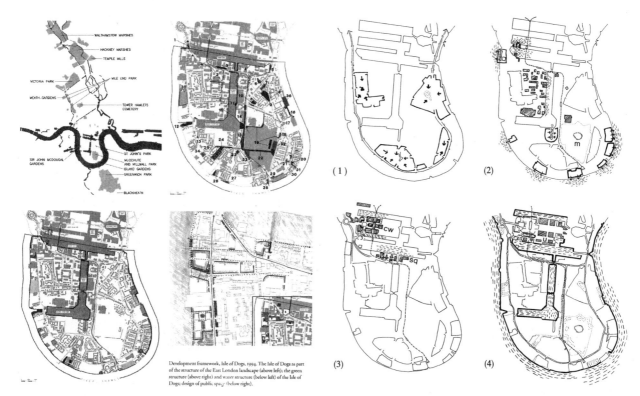

图 14-4 码头区改造是伦敦应对全球经济中心发展的重要举措。图为 1994 年 Isle of Dogs 的发展框架。上左为 Isle of Dogs 作为伦敦东区景观结构的组成部分；上右为绿地结构；下左为水域结构；下右为公共空间的设计

资料来源：Han Meyer.City and Port：Urban Planning as a Cultural Venture in London，Barcelona，New York，and Rotterdam：Changing Relations Between Public Urban Space and Large-Scale Infrastructure.Utrech：International Books，1999.94

图14-6 伦敦道克兰（Docklands）地区规划关于 Isle of Dogs 发展概念的四个阶段：（1）1980年作为居住开发的设想；（2）第二阶段的结果：Dockland Light Railway 作为最重要的新的公共设施，建设住宅和工业产业；（3）第三阶段提出将 South Quay（sq）和 Canary Wharf（cw）作为该地区发展的核心；（4）第四阶段的规划：港口、河岸、公园和公共道路的结构设计，其中，扩张 Canary Wharf 地区，并建设 Jubilee 地铁线的新车站（u）

资料来源：Han Meyer.City and Port：Urban Planning as a Cultural Venture in London，Barcelona，New York，and Rotterdam：Changing Relations Between Public Urban Space and Large-Scale Infrastructure.Utrech：International Books，1999.108

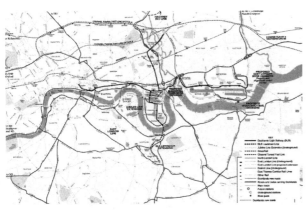

图 14-5 1995 年，伦敦道克兰（Docklands）地区规划的交通和城市公共交通设施

资料来源：Han Meyer.City and Port：Urban Planning as a Cultural Venture in London，Barcelona，New York，and Rotterdam：Changing Relations Between Public Urban Space and Large-Scale Infrastructure.Utrech：International Books，1999.95

使用风险这一概念。全球化产生的许多变化正带给我们一系列与以前的时代有很多不同的新的风险形式。不像过去的风险有着确定的原因和已知的结果，今天的风险无论在起源上还是在后果上都是不确定的"。他认为，这些风险与过去社会所面对的风险不同，主要是"人为风险"，而且以更强大的力量进行扩散。他说："人类总要面对这样或那样的风险，但今天的风险在本质上不同于以前。直到最近，威胁人类社会的还是外部风险，像旱灾、地震、饥荒和暴风雨等来自自然界、与人类行为无关的风险。然而，我们现在越来越多地面对各种类型的人为风险，即由于我们自己的知识和技术对自然界的影响而引发的风险。我们将会看到，当代社会面临的许多环境问题和健康威胁就是人为风险的例证，它们是我们干预自然的结果。"[30]

而德国社会学家贝克（Ulrich Beck）更提出了这些风险的不断增多造成了全球风险社会的形成。[31]"随着技术变革的进程越来越快，新的风险形式随之产生，我们必须不断依据这些变革作出回应和调整。他（贝克）认为，风险社会并非仅限于环境和健康风险，而且包含着当代社会中一系列相互交织的变革：职业模式的转换、工作危险度的提高、传统和习俗对自我认同影响的不断减弱、传统家庭模式的衰落和个人关系的民主化。因为个人的未来比在传统社会中更不'确定'，所以现在个人的所有决策都要冒风险。例如，结婚在现在所冒的风险就比婚姻是终身大事的时候所冒的风险要大；在选择学业和职业道路时我们也会觉察到风险的存在——因为我们很难预测在一个变化如此迅速的经济体中何种技能才是有价值的"。"根据贝克的观点，风险社会的一个重要方面就是其危险不受空间、时间和社会的限制。今天的风险会影响到所有的国家以及所有的社会阶层，它们具有全球性的而非仅仅个人的后果。许多人为风险的形成，诸如那些关系人类健康和环境的风险，是跨越国境的"[32]。

全球化是建立在全球体系基础上的社会经济的结构性变动，这种变动影响到了地方社会的内部组织和成员的日常生活，但是对于全球变化的控制，则难以在地方层面进行直接的控制。托夫勒在《第三次浪潮》中就预言，随着跨国公司和全球网络的出现，民族国家将导致崩溃。此后在讨论全球化过程中，更有许多

学者都探讨了国家政府和地方政府作用消失的问题。但也有一些学者提出了相反的看法。卡斯泰尔（Manuel Castells）认为，在全球化的进程中以及在信息化的社会中，地方政府将担当起中心性的作用。他在《信息化城市》（The Informational City）一书中指出，"在组织城市社会对信息空间的实用逻辑进行控制的过程中，地方政府必须担任中心角色。它只有通过强化自身角色，才能对经济和政治组织施压，以恢复地方社会在新的实用逻辑中的意义。这种观点违背了一种普遍的看法，即在全球化和信息空间中，地方政府的角色将缩小。我相信那正是因为我们生活在这样一个世界里，地方政府能够而且必须作为市民社会的代表起决定性的作用"[33]。1997年，卡斯泰尔（Manuel Castells）与博尔哈（Jordi Borja）合作发表论著指出，面对全球化的汹涌大潮，地方政府并不是一无作用的，它们至少能够在三个领域有效地发挥作用，来操控全球化的力量[34]。

第一，城市可以通过管理地方"场域"（habitat），提供满足经济生产力的基础条件和基础设施，以提高经济效率和竞争力。新经济的竞争力依赖高素质和有效率的劳动力资源，而劳动力的效率依赖强有力的教育体系、良好的公共交通、适合居住的平价住房、得力的执法机关、有效的急救服务和有活力的文化资源。

第二，城市在推动多种族间社会文化整合方面具有重要作用。全球化城市中聚集了来自许多不同国家

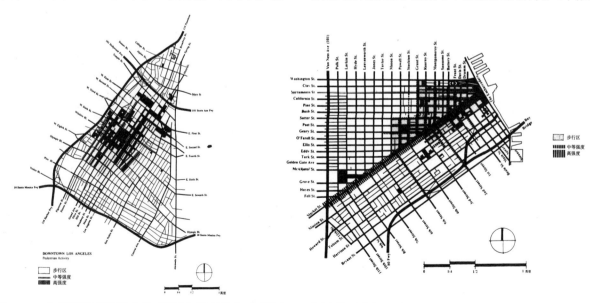

图14-7 步行区的开设是政府"场域"管理的重要手段之一。图为美国洛杉矶（左）和旧金山（右）中心城区的步行者空间的分布

资料来源：Annastasia Loukaitou-Sideris，Tridib Banerjee.Urban Design Downtown：Poetics and Politics of Form.Berkeley，Los Angeles and London：University of California Press，1998.156~157

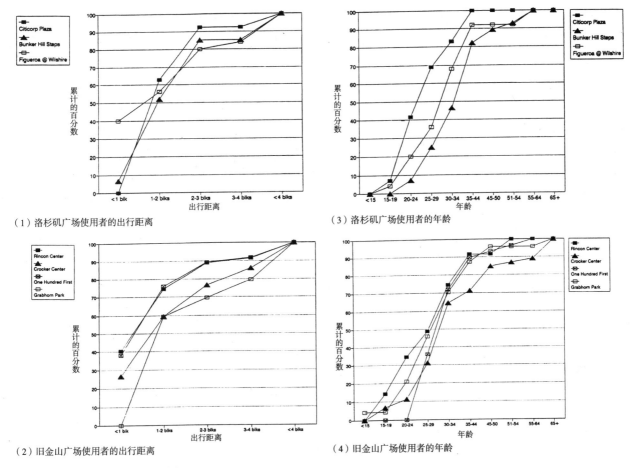

（1）洛杉矶广场使用者的出行距离

（3）洛杉矶广场使用者的年龄

（2）旧金山广场使用者的出行距离

（4）旧金山广场使用者的年龄

图14-8 城市公共广场使用分析

资料来源：Annastasia Loukaitou-Sideris,Tridib Banerjee.Urban Design Downtown：Poetics and Politics of Form.Berkeley，Los Angeles and London：University of California Press，1998.184~185

的人群，他们有着不同的宗教信仰和语言背景、不同的社会经济水平。如果全球化城市中的高度多元化没有有效的整合力量来与之抗衡的话，很有可能导致分裂和互相敌对的后果。尤其是在民族国家促进社会和谐的能力由于历史、语言和其他原因而不能发挥作用的情况下，城市可以成为推动社会整合的积极力量。

第三，城市是政治表达和管理的重要场所。地方政府在处理全球事务时，与民族国家相比有两个得天独厚的优势：他们在为市民代言时，有更强的说服力；另外，他们在具体运作中比全国性的机构有更多的灵活性和游刃的空间。……许多公民觉得国家政治体系无法恰当地表达他们的利益和关注。在这种情况下，民族国家因为与具体的个人或团体距离太远而无法表达他们文化的或地区性的利益，而城市和地方政府则能够成为更具有亲和力的政治活动舞台。

除此之外，在美国有关"Citistate"的讨论也都提出了地方政府在全球化进程中具有重要的作用[35]。

第二节 知识经济和信息社会的城市发展及其规划

一、知识经济和信息社会的特征

世界经济的一体化推动了全球化。但与以前相比，全球经济的基础不再主要是农业或工业，相反，全球经济逐渐为"无重量的"和无形的活动所左右，而正是这种无重量的活动才更加有效地推进了全面的全球化。在这种无重量经济中，产品是基于信息的，如计算机软件、媒体和娱乐产品以及基于互联网的服务。有许多词汇描绘这种新经济形态，包括"后工业社会"、"信息时代"以及目前可能是最常见的"知识经济"。知识经济的出现与广泛的消费者群体的发展有关，他们具备科技素养，热切希望把计算机技术、娱乐和电信方面的新进展引入他们的日常生活[36]。联合国经济合作与发展组织（OECD）在1996年发表的《以知识为基础的经济》中，首先使用了"知识经济"这一概念。根据这一报告，知识经济是指建立在知识和信息的生产、分配和使用基础上的经济。这里的知识包括人类迄今为止所创造的所有知识，其中最重要的是科学技术、管理和行为科学方面的知识。联合国经济合作与发展组织的这一报告把人类创造的所有知识分为四大形态：（1）事实知识（Know-what），指关于事实方面的知识；（2）原理知识（Know-why），指自然原理和规律方面的科学理论；（3）技能知识（Know-how），指做某些事情的技能和能力；（4）人力知识（Know-who），指知道谁有知识能作某些事情的判断。通常认为，知识经济的主要特征包括：以信息技术和网络建设为核心，以人力资本和技术创新为动力，以高新技术产业为支柱，以强大的科学研究为后盾。有关"知识经济"或"信息经济"，也有许多人称为"新经济"，从而可以与以传统工业制造为代表的"旧经济"相比较。根据一些学者的归纳总结，新、旧经济之间存在着这样一些差别，详见表14-3。

但是，对于什么样的经济才能被称为"新经济"或者"信息经济"，会出现一些指标上的争论，这种争论的关键在于以什么样的标准来进行评价。美国进步政策研究所（PPI）2001年发布了《美国大都市圈新经济指标》，选择了50个人口最多的都市圈对5类16项新经济指标进行排序与比较。该指标体系为：

（1）反映知识工作岗位的指标：

①管理者、专业人员和技术岗位劳动者所占比重；

②劳动力受教育水平。

（2）反映全球化的指标：制造业产业工人生产产品中出口的比重。

（3）反映经济活力的指标：

①高速增长"瞪羚"企业（连续4年销售增长20%以上的公司）提供就业岗位的比例；

②工作岗位搅拌程度（新企业诞生和现有公司倒闭的结果）；

③新上市的公开交易公司数量。

（4）反映数字化经济水平的指标：

①上网人口百分比；

②宽带电信容量；

③学校计算机使用密度；

④商用因特网域名数量；

⑤因特网主干线建设。

（5）反映创新能力的指标：

①高科技就业岗位的比重；

②科学和技术专业学位的授予数量；

③专利数量；

④学术性研发基金；

新旧经济指标对比　　　　　　　　　　　　　　　　　表14-3

指标		旧经济	新经济
经济层面	（1）市场特性	稳定	能动
	（2）竞争范畴	国家	全球
	（3）组织形式	等级制、官僚主义	网络化
	（4）潜在的地域流动性	低	高
	（5）地区间竞争程度	低	高
产业层面	（1）生产组织	批量规模生产	弹性、无库存生产
	（2）增长的核心驱动要素	资本/劳动力	创新/知识
	（3）技术驱动性质	机械化	数字化
	（4）竞争优势来源	通过规模经济降低成本	创新、质量、即时上市、低成本
	（5）研发、创新的重要程度	中、低	高
	（6）企业间关系	各行其是	联盟与合作
劳动力层面	（1）政策目标	充分就业	更高的实际工资收入和福利
	（2）技能特性	岗位专门技能	综合技能与交叉培训
	（3）教育要求	单一技能或学历	终身学习
	（4）工人与管理者的关系	逆反	合作
	（5）就业状态	稳定	机会与风险
政府层面	（1）政企关系	强制要求	鼓励增长、提供机会
	（2）管理方式	命令与控制	利用市场机制，更具灵活性

资料来源：《确立"世界城市"目标，开拓"创新城市"路径》课题组.建设世界城市——对上海新一轮发展的思考.上海：上海社会科学院出版社，2003.283

图14-9 新经济的吸引力主要是对特定的人群的吸引力。美国太阳带地区城市为了吸引特定的人力资本所营造的城市公共空间

资料来源：H.J. de Blji.Human Geography：Culture，Society，and Space（4th ed.）.New York:John Wiley & Sons，Inc.，1993.409

⑤风险投资资本。

2002年6月，该研究所（PPI）再度发布《美国各州新经济指标（2002）》，这次采用了5类21项指标，以反映新经济成熟与鼎盛时期的一些差异和各州的进步。该指标体系为：

（1）反映知识工作岗位的指标：

①IT工作数量和比重；

②管理者、专业人员和技术广为劳动者所占比重；

③劳动力受教育水平；

④制造业工人的受教育水平。

（2）反映全球化的指标：

①制造业产业工人生产产品中出口的比重；

②对外直接投资（FDI）水平。

（3）反映经济活力的指标：

①高速增长"瞪羚"企业（连续4年销售增长20%以上的公司）提供就业岗位的比例；

②工作岗位搅拌程度（新企业诞生和现有公司倒闭的结果）；

③公司上市原始股票价值（IPOs）

（4）反映数字化经济水平的指标：

①上网人口百分比；

②企业的商用因特网域名（.com）数量；

③学校的技术装备水平；

④政府数字化水平；

⑤农业在线和电子商务水平；

⑥制造业在线和电子商务水平；

⑦宽带电信容量。

（5）反映创新能力的指标：

①高科技就业岗位的比重；

②科学家和工程师占劳动力总量的比重；

③与劳动力规模相关的专利数量；

④产业研发投资占当地GDP的比重；

⑤投入的风险投资占当地GDP的比重。

应该说，美国进步政策研究所（PPI）所发布的这些指标体系较好地揭示了新经济内部的构成，其他国家和研究机构也发布过相类似的指标体系，尽管有不同的考虑也有不同指标的内容，但总体上说还是有许多相类似的内容，这里不再作进一步的介绍。

二、信息社会的整体结构形态

经济指标体系的变动喻示着经济结构的转变，随着这种转变的不断推进，社会的结构状况也随之发生了许多变化，从而引起了许多社会研究工作者对知识经济和信息经济条件下的社会状况的研究。在这些研究中，卡斯泰尔（Manuel Castells）的总体性研究具有非常重要的里程碑地位。卡斯泰尔在20世纪90年代末相继出版了《信息时代：经济、社会和文化》（The

Information Age：Economy，Society and Culture）三部曲：第一卷是《网络社会的崛起》（The Rise of the Network Society），主要揭示了一种新的社会结构——网络社会的出现以及其特点和在进行社会研究时所需要应对的转变[37]；第二卷《身份的力量》（The Power of Identity），探讨了在网络社会的框架中以及在与网络社会的相互作用中出现的社会运动和政治过程[38]；第三卷《千年的终结》（End of Millennium），则对由网络的权力和身份的权力之间的相互作用而导致的宏观社会过程进行了解释和分析[39]。卡斯泰尔这部著作的出版，引起了非常强大的反响，获得了社会科学领域许多权威人物的高度评价，认为是夯实了对信息社会研究的基础，并且是这个时代最为杰出的成果。霍尔（Peter Hall）则认为，卡斯泰尔的这项研究成果完全可以与马克思的研究相媲美，马克思在《资本论》中分析了早期工业资本主义的运作和社会张力，而卡斯泰尔却是以理解全球信息资本主义为目的，而就世界范围来说，全球信息资本主义已经替代了早期工业资本主义。

卡斯泰尔认为，信息社会实质上就是网络社会，它是建立在信息技术的基础之上的，他强调："没有信息技术革命就不可能有可以与整个人类行为的领域相联系或解除联系的综合的、普遍的社会形态。"但这种社会形态并不是仅仅因为有了信息技术就能形成的，而是在许多其他原因共同作用的基础上形成的，这些因素包括了信息技术革命、资本主义国家体系的重构和广泛的社会运动等。在其中，信息技术充当了基础，国家体系担当了上层建筑，而社会运动则将两者很好地衔接了起来。他认为，"信息以文化为基础，信息处理实质上是基于现存知识（也就是经由科学与社会实践证实的经过整理的信息）的符号操作。因此新的信息技术在创新过程中的主要作用，是在社会文化、科学知识及生产力的发展之间建立更为紧密的联系。如果信息处理成为新的生产力的主要组成部分，社会的符号容量本身（无论是集体的还是个体的），都与其发展过程紧密联结。换句话说，从结构角度决定的处理信息和形成知识的劳动能力日益成为生产力的物质源泉，继而成为经济增长和社会财富的源泉。而这种符号性的劳动能力并非是一种个体属性。劳动能力必须以灵活的符号操作方式经由教育、训练、再训练而形成"[40]。

卡斯泰尔认为，在这种信息社会或网络社会的运作过程中，出现了多种多样的社会组织和社会经济关系，它们在宏观的社会经济过程中面对或参与、甚至创造着这个不相同的社会形态。要对这样的网络社会方方面面进行研究就必须从以下九个方面来予以把握[41]。

（1）信息经济（Information Economy）。卡斯泰尔认为，信息经济是这样一种经济，在其中，公司、区域和国家的生产和竞争的资源比过去更加依赖于知识、信息以及它们的处理技术，其中包括管理的技术和对技术的管理。但信息经济不同于过去所称的服务经济（service economy）。因此，存在有信息化农业、信息化制造业和不同类型的信息化服务业，而大量的服务业，如在发展中国家，就不具有一点点的信息成分在内。他指出，信息经济为解决当今社会存在的问题提供了极大的潜力，但由于其动态性和创造性，如果社会控制不能很好地制止住不受约束的市场本身所具有的逻辑力量，那么，信息经济比工业经济更具有排外性（exclusionary）。

（2）全球经济（A Global Economy）。卡斯泰尔认为，全球经济与世界经济（world economy）并不是一回事。世界经济在西方至少从16世纪开始就已存在，而全球经济是一个新的现实：它是这样一种经济，它的核心——战略性的统治行为作为一个整体能够实时地（即在同一时间）在全球规模上发挥作用。这在金融和资金市场、高级商务服务、技术创新、高技术的制造业和媒体通信等领域更为明显。在当今的世界上，绝大多数的经济行为和绝大多数的就业不仅是国家的，也是区域的和地方的。但除了一些维持生命的经济活动之外，这些行为和他们的就业的命运极大地依赖于全球经济的发展，并通过网络和全球市场相联结。从某种角度上讲，就业倾向于地方性，但资本总的来说是全球的——这在资本主义经济中可不是一个小细节。这种全球化仅仅是在过去的20年中发展起来的完全新兴的体系，其基础是信息/通信技术（这在先前是不存在的）。

但是，与此同时也应该看到，全球经济可以覆盖整个地球，但它不是全地球的，它并没有包容下整个地球。实际上，它可能将绝大多数的人口排除在外，它的特征是在地理上的极端不平衡。它扫描着全世界，并与有价值的投入、市场和个人建立联系，同时排除掉非熟练劳动力和贫穷的市场。这也不同于传统的第一世界和第三世界的对立，因为第三世界内部本身已经多样化，而第一世界在其内部也已形成了社会排斥（social exclusion），尽管比例较小些。因此，卡斯泰尔提出了这样一个概念，即受到排斥的"第四世界"（Fourth World）正在形成之中。他所谓的第四世界不仅包括了大部分非洲、亚洲的农村、拉丁美洲的棚户区，也包括了第一世界中的贫民地区，如South Bronx, La Courneuve, Kamagasaki, Tower Hamlets 等等。第四世界的人口中还有相当数量或占大多数的是妇女和儿童。

（3）网络企业（The Network Enterprise）。卡斯泰尔认为，在全球经济联系和信息资本主义灵活性的核心中，存在着一种新的组织形式，一种新的经济活动的特征，并逐步地将其逻辑扩大到其他领域和组织，那就是网络企业。网络企业与企业的网络（network of enterprise）是两回事，网络企业是由公司或公司的部门所构成的网络，或者是由公司内部的分化所组成的网络。随着跨国公司内部的分散化，它们与全球范围的子公司和供应网相联系。当然，跨国公司仅是网络企业中的一种形式，其他的还包括公司之间的战略性联合，诸如北部意大利或者香港那样的中小企业的网络，以及公司与小企业网络通过分包和外供原料（outsourcing）等方式联合在一起。因此，网络企业是不同的公司或部门之间的一组特殊联系，围绕着某个具体的项目而特地组织起来的，并在任务完成后就可以解散或重组。整个网络围绕着项目建立起协作关系，因此，项目（project）就成为网络社会中经济的实际运作单元，由此而整体性地改变了经济组织的形式。

（4）工作和就业的转变：柔性工作者（the flexi-workers）。卡斯泰尔指出，工作在所有历史转折中始终居于核心，现在也不例外，但信息时代的来临充满着关于工作和就业的神话。过去曾有一种说法，随着信息化的发展会导致大规模的失业，但除了在西欧，信息技术得到广泛推进的20年中，在全球范围内并没有出现失业的高潮，相反，在技术落后的国家、区域和部门中倒有较高的失业。因此，卡斯泰尔认为，所有的证据和分析都指出了技术对就业岗位的不同影响，这些影响依赖于非常广泛的因素，主要是公司战略和政府政策。在世界上技术最先进的国家，比如美国和日本，都显示了很低的失业率。在过去的4年中，美国净增加了1000万个新就业岗位，这些新岗位的受教育程度要明显高于以前的社会结构，也就是创造了信息更密集的就业岗位。而在美国、英国或者法国的内城确实存在着严重的失业问题，主要分布在未受教育

和被排斥的人群中，或者在世界的低技术国家，特别在农村地区。

但对于美国的大多数人来说，这也并不是一个严重的问题。关于这一考虑的现实基础是：①在资本和劳动力之间的权力关系已经发生了转变，现在更加偏重资本，通过发生在20世纪80年代的社会经济的重构过程，无论是在保守的环境（指里根政府时期的美国和撒切尔政府时期的英国）之中，还是在较少保守的环境（如西班牙、法国）之中，新技术可以允许商务活动既可以在本地生产也可以离岸生产；②网络企业的发展可以看成是减小规模、分包和劳动力的网络，导致了商务和劳动力的灵活性，以及在管理和劳动力之间的合同安排的个体化。在这样的状况下，在所有国家迅速发展起了如自我就业、临时工作、兼职工作（part time）的就业方式，而这些就业方式确实是一个总的发展趋势，尤其对妇女来说更是这样。在英国，40%~50%的劳动力已经可以归入这一类。相对于全日制的常规工资就业（full time, regularly salaried employment）而言，这些灵活的就业方式还在不断的发展之中。有关德国的一些研究预测，到2015年，将近有一半左右的劳动力将不再是固定的就业。在世界上最具发展性的地区，如硅谷，一项刚完成的研究显示，在过去的十年中，就业岗位快速膨胀，其中新增岗位在最低时也达到了50%~90%之间，其中绝大多数是高薪酬的，都是这种非标准的就业安排。信息时代工作中的最显著变化是完全不同于工业时代的劳动力社会化/工资化（socialization/salarization）的特点。"组织人"已经过时，现在是"流动的人"（flexible women）。这是一种新的就业的典型方式，而其所显示出的工作个人化以及劳工的讨价还价权力是网络社会就业的最重要特征。

（5）社会极化与社会排斥。在全球化商务网络化和劳工个体化的过程中，在信息时代弱化了代表/保护工人的社会组织和制度，特别是劳工联盟（labour unions）和福利国家。因此，工人不断地把自己留在与管理和市场的不同关系之中。在这样的状况中，技艺和教育成为人们在工作中增值或贬值的关键。但即使是有价值的工人（valuable workers）也可能由于健康、年龄、性别的差异，或者由于缺少适应特定任务和职位的能力等原因而失败。这种趋势的结果是，在全球绝大多数社会中，都出现了越来越明显的不平等、社会极化和社会排斥的趋势。顶端的财富、底层的贫困

都在不断地积累，而中间层次却在快速地减少。卡斯泰尔认为，信息社会并不必然是一个加大不平等、极化和社会排斥的时代，但它现在确实是这样的。

（6）实景虚拟文化（the culture of real virtuality）。卡斯泰尔指出，在文化领域也出现了网络化流动性和临时的象征性交往的同样模式：用文化围绕着电子传媒进行组织，在这种交往体系中包括了计算机媒体交往网络。所有类型的文化表达都不断地包容进来并由这种电子传媒世界所制作。但新的传媒系统的特征都是通过构成大众媒体世界的有限渠道，提供的是单向的、无差别的信息，所以这不是全球村。媒体是极端多样化的，并且向特定部分的观众和特定境况中的观众传送有目的的信息。卡斯泰尔特别指出，我们并不是在走向全球村（global village），而是定制小木屋的大众化生产。世界上多种媒体集团的垄断性在集中，与此同时，市场在分化，个人之间和个人之中不断增加的相互作用打破了大众听众的一致性。这些过程导致了卡斯泰尔所称的真实虚拟文化的形成。它不是虚拟现实，因为当这些象征环境是由这种具有包容性的、流动的、多样化的超文本所建构时，每个人每天在其中冲浪，这种文本的虚拟性事实上就是我们的现实，我们就是以这种象征性而生活与交流的。

（7）政治学。卡斯泰尔认为，就最广泛的范围讲，人们获得信息并以此形成他们自己的政治观点，并通过媒体特别是电视和广播建构他们的行为。在这样的状况中，网络社会的政治学就体现出了这样一些特点：①媒体政治需要简化信息/计划；②最简洁的信息就是意象（image），最简洁的意象就是人（person）。政治的竞争都是围绕着政治的个人化（personalization of politics）而运作的；③最有效的政治武器是负面信息，最有效的负面信息是对敌对人物的人格的谋杀。在美国、欧洲和日本，丑闻的政治学是政治斗争的最重要形式；④在民主政治中，政治营销（political marketing）是赢得政治竞争的必要手段。在信息时代，它包括了媒体上的广告、电话银行（telephone bank）、有目标的信件（targeted mailing）、创造意象（image making）、不创造意象（image unmaking）、意象控制、在媒体上现身等等。这导致了极其昂贵的事业，已经超出了传统的政党政治学的范围，以至于政治资助的机制已经过时了，政党利用可获得的权力作为一种继续留在权力之中的资源，或准备重新回到权力之中的资源。这是政治腐败的基本资源。

（8）永恒的时间（Timeless Time）。与所有的历史转变一样，新的社会结构的出现就需要对生活的物质基础及时间与空间进行再定义。时间和空间是紧密相关的，在社会是如此，在自然界也是如此。它们的意义以及在社会实践中的表现，在整个历史和跨文化中逐步形成。卡斯泰尔指出，他所提出的网络社会的分析，其实就是对信息时代出现的主要社会结构的分析，它围绕着时间与空间的新形态而组织，出现了永恒的时间和流的空间这样的现象。他认为，与工业时代特有的大多数人类存在的生物时间和时钟时间不同，网络社会以一种新的时间形态作为最根本逻辑：永恒的时间。这种永恒的时间可以定义为：通过使用信息/通信技术以冷酷无情的努力来毁灭时间，把年压缩为秒，把秒裂解为大量的秒。此外，其最基本的目的是消除时间的序列，包括同一超文本中的过去、现在、将来，因此消除了赋予时间以特征的"事物的前后相继性"，因此，在没有了事物及其序列秩序后，社会就不存在时间了。我们就如同生活在历史体验的百科全书式的电脑网络的循环回路中，我们所有的时态都是共时的（同一时间的），我们可以把它们重新组织进我们根据想像和兴趣所创造的整体中。哈维（David Harvey）指出了资本主义的冷酷无情的趋势，就是要毁灭时间的障碍，进而使整个社会建立在时空压缩的基础之上[42]。而卡斯泰尔则认为，在网络社会中，尽管仍然处于资本主义社会，但有些事情是处在同一时间，所有的主导过程倾向于围绕着永恒的时间进行建构。他认为在整个人类行为领域存在这样的趋势，即存在着在裂解的秒（意为比秒更短）的时间内全球金融市场的金融交易，同时也可以发现，例如有瞬间的战争，围绕着外科式打击（surgical strike）的概念建立起来的，在短短的几小时或几分钟内彻底摧毁敌人，以避免政治上不受欢迎的、高成本的战争。与空间的作用相结合，永恒的时间成为了主要功能和社会团体的特征，而与此同时，世界上大多数人仍然服从于生物时间和时钟时间。因此，以瞬间战争的技术力量为特征的，残忍的、拖延的战争仍然在全球年复一年地进行着，是一种慢动作的破坏过程，有点被世界所忽视，直到一些电视节目发现了它们。

在此基础上，卡斯泰尔提出了这样的一个概念，我们社会的基本斗争是围绕着时间的再定义而展开的，这种再定义一方面是由网络所造成的消解或颠倒次序，另一方面则是对冰冷的时间、慢动作、在我们的宇宙环境中的我们人类的代际进化的意识。卡斯泰尔认为，这一斗争是由环境运动所担当的。

（9）流的空间。卡斯泰尔指出，在许多年以前，他就提出了要用"流的空间"来理解经验观察实体的意义：主导功能不断地在电子回路上联系遥远区位的信息系统，并在此基础上运作，比如金融市场、全球媒体、高级商务服务、技术、信息。另外，以电子为基础，快速交通系统强化了这种远距离相互作用模式，紧随着的是任何货物的移动。此外，大多数行为的新区位模式追随了地域空间的集中/分散的共时逻辑，通过电子的联系恢复了它们运作的统一，如一些研究已经揭示出的20世纪80年代高技术制造业的区位模式；或者在以"全球城市"（global city）为标签的体系下的全球高级服务业的网络连接。那么，在"流"占据着社会运作主要意义的状况下，卡斯泰尔为什么仍然使用"空间"这样的概念呢？他认为首先需要从这样一些方面来进行认为：①这些电子回路并没有在地域真空中运行。它们联系了以地域空间为基础的生产、管理和信息的综合体，尽管这些综合体的方式与功能依赖于与这些流的网络的联系。②这些技术联系是物质的，如依赖于具体的电信/交通设施，也依赖于地理上极不均衡的信息系统的存在及其质量。③空间意义的逐步发展，就如同时间的意义。因此，与未来学家所说的空间消逝、城市终结的陈述相反，卡斯泰尔认为应当根据新的技术范式（paradigm）重新概念化空间组织的新形态。在这样理解的基础上，卡斯泰尔提出，在人类的知识史上一直存在着这样的传统，而且这一传统也应当继续地延续下去，这就是，时间与空间是紧密相联系的，空间也是与实践共同存在的概念，因此，空间的定义应该是：空间是和时间共享的社会实践的物质支持。"当实践在时间上共享（无论是同时发生还是不同时发生）并不意味着近邻性时会怎样？事物仍然共同存在，它们共同享有时间，但物质安排允许这种共同存在是地域之间的或跨地域的：流的空间是通过流而起作用的时间共享的社会实践的物质组织。这种物质空间具体地依赖于流的网络的目的和特征。例如，我可以告诉你高技术制造业是什么，或者毒品运输的全球网络是什么。但是，在我的分析中，我已经提出了构成所有类型网络中的流的空间特征的一些因素：电子网络联系信息系统；地域节点和中心；网络中主导社会行为者的支持与社会内聚的场所（如全球的 VIP 空间系统）"。

在这样的基础上，主导功能围绕着流的空间而结合起来。但这不是惟一的空间，场所的空间（space of place）仍然是占优势的体验空间，是日常生活的空间以及社会和政治控制的空间。场所扎根于文化和传承的历史之中。一个场所是一个地方，按照社会行动者的观点，它的形态、功能和意义都包容在物质邻近性的边界范围内。在网络社会，社会统治的基本形式是建立在这样的逻辑基础上的：普遍的流的空间支配着场所的空间。建构流的空间也就形塑了场所的空间，当全球金融市场中资本积累的不同命运报答或惩罚特定的区域时，或者当通信系统将CBD与边远的郊区在新办公楼建设中相联系时，绕过了或者边缘化了贫穷的城市邻里。流的空间支配场所的空间导致了都市区内的二元性，这是社会或地域排斥的最重要形态，这也就如同区域不平衡发展一样显著。在同一个大都市区内同时存在着经济与社会的增长和衰败是地域组织最基本的趋势，也是当今城市管理最关键的挑战。

在对网络社会的主要方面进行论述并揭示了信息社会在经济结构、社会文化等方面的特征的基础上，

图 14-10　科学城的建设是信息社会建设的集中体现

日本在20世纪70年代开始建设的筑波城就是较早的实验。图为由矶崎新设计的筑波中心大厦广场

资料来源：岛子.后现代主义艺术谱系.重庆：重庆出版社，2001.246

卡斯泰尔对网络社会的总体概念进行了总结，他指出，网络社会是一个其主导功能和过程围绕着网络而建构的社会。以其现在的表现来说，它还是资本主义社会。因此，从资本主义制度的角度进行分析是必要的，并且可以对网络社会的理论进行补充。但是，他也明确地指出，这种资本主义的特定形式与过去的工业资本主义完全不同。在这样的网络社会中，社会整体的构成体现出了这样的特征：是特别动态的、没有终极的、流动的、潜力上能够无限扩展的、没有破裂的追随网络核心节点的命令而绕过或不联结不想要的因素，由此而形成了网络社会的基本逻辑。他认为，这种网络逻辑是我们社会中大多数作用的根本，通过对此逻辑的运用：（1）资本流可以绕过控制；（2）工人是个体化的，没有根源的，分包的；（3）通信变成了同一时间既是全球的又是定制的；（4）有价值的人和地域会被接通，而无价值的则会被关闭。网络的动态性推动社会走向无尽地逃避自己的限制与控制，走向无尽地废弃与重建它的价值观和制度，走向元社会的（meta-social）、不断地对人类制度和组织的重新安排。同时，网络也改变了社会的权力关系，但传统意义上的权力仍然存在：资本家支配工人、男人支配女人、国家机构折磨人身，沉默的思想遍布全球。此外，还存在着更为有序的权力：在网络中，流的权力（the power of flow）战胜了权力流（the flows of power）。资本主义依赖于不可控制的金融流；在资本旋风中工人同时也是投资者（通常是不情愿地通过养老基金）；网络根据网络企业的逻辑而相互联系，因此他们的工作和收入依赖于他们的职位而不是他们的劳动。国家被财富、信息和犯罪的全球流所绕过，因此，为了能生存下去，它们就以多国冒险的方式联合在一起，如欧盟。随后它创造了政治制度网——国家的、超国家的、国际的、区域的、地方的，从而形成了信息时代新的运行国家——网络国家。

在这样的综合体中，网络与社会行动者之间的交流越来越依赖于共享的"文化规范"（cultural codes）。如果我们接受构成体验之意义的一些价值观和一些分类，那么网络将有效地进行处理，并根据网络中铭记的统治与分配的规则，将处理的产出返回给我们中的每一个人。因此，网络社会中对社会统治的挑战会围绕着文化规范的再定义而运转，提出不同的意义，改变游戏的规则。这也就是为什么身份（identity）的确认如此必要的原因，因为它相同于网络的抽象的工具

逻辑，自主地确定了意义。"我是，故我在"（I am, thus I exist）。卡斯泰尔指出，通过研究他已经发现以身份为基础的社会运动的目的在于改变社会文化的基础，这已经成为信息时代社会改变的必要源泉，尽管在形式和目的上我们通常并不能与积极的社会变动联系在一起。有一些表现得富有成效和积极的运动都是孤立行动的，如女性主义和环境主义。有一些是反动的（reactive）……但所有的案例都证明了体验超越于工具性，意义超越于功能（作用）。在这样的基础上，生活的使用价值超越于网络中的交换价值。

三、信息社会中城市规划的可能趋向

卡斯泰尔对信息社会的方方面面进行了全面而透彻的分析，为信息社会的运作和未来趋向指出了具体的方向，也为城市规划对城市及其发展的认识建构了基本的框架。在此基础上，格雷姆（Stephen Graham）和马文（Simon Marvin）则从城市规划具体工作与信息技术发展的角度，探讨了将信息技术的运用结合进城市规划的趋势和方法[43]。他们认为，信息时代的城市规划应当同时考虑场所中的面对面的相互作用（交通流可以维持这些交往）和远距离的电子媒介中的相互作用，而且应当将它们很好地结合在一起。当把这两种相互作用结合在一起之后，城市规划也就转变成了"城市电信规划"（Urban Telecommunication Planning）。根据对20世纪90年代城市发展状况以及对信息时代城市研究成果和相应政策的回顾，他们认为在规划中至少可以包括三方面的战略：首先是将交通运输和电子通信相结合的战略，该战略强调利用电子通信联系将生活居住地区与就业岗位（电子港）相结合，减少城市交通；将城市交通、电子通信和土地使用安排结合组成"城市通勤走廊"（urban commuting corridors），实现城市空间形态的重新组织；城市道路交通的信息化，从而可以更为有效地管理交通网络。其次，城市层次的新媒体和信息技术发展与普及的战略，这一战略旨在提供完整意义上的、覆盖整个城市的社区网络、地方经济发展和公共服务的信息技术体系。第三，在城市的特定地区形成"信息区"（information districts）和"都市电子村"（urban televillage），这种形态的出现在欧洲结合了"都市村庄"（urban village），在美国结合了"新城市规划/设计"（New Urbanism）运动而得到了强化。在对信息时代城市发展趋势全面探讨的基础上，格雷姆和马文提出城市场所和电子空间实际上

是在不断地被共同生产着，新的信息技术并没有游离于城市场所，它与城市场所是相辅相成的，并且被限制在城市场所的范围之内的。尽管信息技术的未来发展会极大地改变城市空间状况，但他们强调，信息技术、信息网络等等并不能奇迹般地解决城市中存在着的交通拥挤、社会极化、经济发展、环境可持续性等方面的问题，相反，这些问题有可能愈演愈烈。城市政府官员和城市规划师不能为信息技术专家以及诸如房地产商之类的人关于信息技术发展的宏伟前景及其功效的鼓吹所迷惑，要用批判的眼光来洞悉这些鼓吹背后的利益出发点，在城市整体利益的基础上进行全面评估之后再作出决定。

格雷姆和马文的研究揭示了信息技术发展对城市发展和城市规划的前景的影响，台湾学者夏铸九则从思想认识的角度具体分析了在信息社会中，城市规划的可能趋向以及城市规划师的能力的问题。他指出，在信息时代，由于流动的网络空间将逐渐成为竞争空间与社会空间，所以，在全球信息化社会中进行城市规划的关键莫过于把握争论空间（contesting space）意义的能力。因此规划和设计全球化信息化的城市需要具备不同的视野与能力[44]：

（1）在全球信息化的城市与区域网络中分析具体问题的能力，强调的是不同领域知识对规划与设计的支持。也就是说，我们要强调方法，要懂得发问，强调议题（issues），要求过程的开放性，并由实践加以修正。在视野上，我们要具备四海一家的世界眼光（即"寰宇性"，cosmopolitan），并且具备分析城市与区域问题的能力，社区的边界应该容易穿透。

（2）信息时代的城市规划还应该适应信息时代新的城市管理方式的需要。城市规划是政府的职能之一，同时城市规划合理与否影响到政府其他职能的发挥。信息时代的城市规划在全球化的竞争压力下，新的空间与经济形势因而需要新的政府角色与之配合。信息技术使政府具备了开放式、让民众参与决策过程的能力。地方与区域政府往往比中央政府更有弹性，它们可以及时响应信息、资本、权力的流动变化，进而在全球经济的压力下寻求地方发展，维护地方人民的利益。因而与通信有关的基础设施规划和建设是信息时代的城市规划的关键。信息时代的城市越来越强调地方政府在地方经济事务中协调、组织的角色，正在逐步取代僵硬的行政主导和统治的角色。城市规划的专业人士有必要了解在某些发达的中心城市及其周围腹地范围，已经出现了具有垂直整合中央和地方以及水平连结不同地方政府的功能的城市—区域治理（city-region governance）模式。也就是说，信息技术的发展正在逐步打破城市行政区划的限制，怎样才能既突破中央政府集权又防止地方政府各自为政，怎样共同合作解决城市—区域的各项城市与社会问题，建构市民的城市，并在全球经济的竞争中让地方产业的活力取得必需的制度性支持与调控能力等等，都是信息时代的城市规划所要面对的课题。

（3）城市规划的专业人士面对信息时代赋予规划与设计的新挑战，要具备在新形势下的应变能力，即接受实景虚拟文化。真实地完全陷入虚拟符码与象征的情境中，这就是所谓的全球信息化社会的实景虚拟文化（the culture of real virtuality）。"假到真时真亦假"，信息时代几乎一切真实都需透过象征来沟通，但是尽管一切真实在表达方式上其实都是虚拟的，但在感知上却是真实的。因此在方法层面，城市规划的专业人士应该具备会说、会写、会算、会画、懂得使用信息的方法，具备利用互联网查找资料的能力和沟通交流的能力。在信息时代具备了对文化符码与象征操作的能力，也就是具备了对空间的文化形式（the cultural form of space）的设计能力。

第三节 以城市创新为核心的城市竞争力研究

一、城市竞争力研究

城市竞争力的研究是近20年中有关城市发展的综合性研究。传统上，有关竞争力的研究主要集中在两个层面上，一个是企业的竞争力，另一个是国家竞争力。有关企业和国家竞争力的研究已有大量文献并持续了几十年，而对城市竞争力的关注则是最近十多年才兴起的，在很大程度上与经济全球化的背景直接相关。强调城市竞争力，是由于城市在全球经济发展过程中其地位发生了转变。由于城市参与到经济全球化的过程之中，城市经济的发展直接受到全球资本的控制，降低了与国家经济体系的密切联系，国家的宏观调控难以对城市经济的发展产生直接而决定性的影响，在这样的背景下，在全球网络的相互联系中，其主体就转化为城市与城市之间的关系。因此，城市要获得发展的资源就需要从全球网络的城市竞争中来获得。这就如在连玉明主编的《2004中国城市发展报告》中所指出的那样，"由于区域和城市对全球的市场、技术和文化的变化有更灵活的适应能力，在制定目标性发展计划、与跨国公司协作、促进中小企业发展、吸引财富和创新方面，具有更大的反应能力，因而，国家的竞争更多地体现在区域或城市的竞争中。而在产业层面，由于全球化背景下新的产业分工的空间格局表现出高度的跨区域集聚特征和动态性，具有全球竞争优势的产业集群往往位于特定的地理区位，并能保持持久的生命力和创新活力。因此区域或城市成为经济发展中重要的经济单元，区域或城市竞争力越来越受到各国的高度重视"[45]。皮尔斯（Neal R. Peirce）更是在对美国城市研究中提出了"Citistates"的概念来强化城市在全球经济时代的作用[46]。他认为，在经济全球化的状况中，是城市而不是国家成为财富的主要生成者。民族国家层次上的宏观经济将不再具有独特的生产力，它不断地分解成区域经济，在其中城市具有核心作用。整体的经济结构出现了两种趋势，一种是向上的，即向国际和大区域层次转变，另一是向地方化转变。在这样的状况下，所有相关问题的解决都有赖于在城市或城市地区的层面上展开。对于国家的社会和经济问题的解决，城市在解决教育、基础设施和环境质量问题上已足够的大，而在市民和机构间的人际交往层面上又足够的小，是解决各类问题的最佳层次。皮尔斯指出，真正的"Citistates"应当具有这样的条件：经济上有凝聚力、文化上有独特性、环境安全、社会平等、可居住性、物质空间安全等。同时，在这样的状况下，政府延续了如哈维（D. Harvey）所揭示的20世纪70年代以后开始的角色转型，从管理型转变为企业家型，从而提出要像经营企业一样来经营城市，而对城市经营的评价其实就是城市的竞争力。

相对于过去对城市发展的认识来看，过去的城市发展研究强调的是城市的比较优势，认为正是由于城市具有了区位、自然资源等等方面的优势后城市才能发展起来或进一步发展，这是建立在相对静态的城市已经拥有的某些发展要素的基础之上的，而强调城市的竞争力则在对城市发展的认识中突出了发展要素配置的动态性。比较优势可能是固定的，在物质实体的层面上是不可改变的，但对于城市发展来说，通过竞争优势可以改变比较优势，可以通过竞争优势而重新改变资源的配置，进而获得进一步发展的优势。资源的配置也并不在于某地区有了某种资源就一定能够发展起来，某些地区缺少了它就发展不起来。资源的配置往往是向能够产生最大效率的地区汇聚。从国家层面上看，日本自然资源严重短缺，但并不妨碍它成为世界工业生产的大国，世界上几乎所有的重要大城市都不具备充分的自然资源，而大量具有充分资源的城市并不一定就能发展起来，这些都是很好的例证。因此，相对来说，比较优势是潜在的，而竞争优势是现实的。在当今的社会经济条件下，影响城市发展的资

图14-11　由洛杉矶社区再开发机构（Community Redevelopment Agency of Los Angeles）和中心城经营协会（the Downtown Marketing Council）编制的洛杉矶中心区的鼓励发展规划
资料来源：Annastasia Loukaitou-Sideris, Tridib Banerjee. Urban Design Downtown；Poetics and Politics of Form. Berkeley，Los Angeles and London：University of California Press，1998.273

图14-12　波士顿城市更新后的 South Market
资料来源：Bernard J. Frieden, Lynne B. Sagalyn. Downtown, Inc.：How America Rebuilds Cities. Cambridge and London：The MIT Press,1989

源因素非常广泛，但任何资源都是短缺的，从全球经济网络的角度讲，比如资本是最典型的，资本的总量总是有一定限度的，在某一行业内的投资也是相对固定的，比如一定时间内全球范围内汽车业的新增投资是相对确定的，那么投入到某个城市就意味着其他城市得不到这一份额，因此如何获得这一份额的投资就成为了想要得到这份投资的几个、十几个甚至几十个城市之间的竞争。从这样的角度来看，城市竞争力就是如何通过城市的优势来实现对促进城市发展有利的有限资源的获取，从而进一步提升城市的优势，吸引更多的发展资源。

在城市竞争中，出现了"城市综合竞争力"和"城市核心竞争力"的划分。这两者具有一定的区分，也有相互的联系。首先，城市综合竞争力强调城市在城市发展要素的各个方面所组合成的整体上所具有的优势；城市核心竞争力是指建立在城市发展的某一个方面或某个单项要素上所具有的优势。所以，一个是整体性的竞争力，一个是单项性的竞争力，两者的含义不同，城市的发展形态及其状况各不相同。但城市的综合竞争力肯定是建立在某个单项竞争力或多个单项竞争力的基础上的，没有核心竞争优势也就不可能有综合竞争优势。另一方面，核心竞争力这一说法源自于企业竞争，其含义是企业所具有的独特的、别的企业不可模仿的生产要素或过程，比如某项技术或某项流程，因而可以生产出别的企业不能生产的或价格更低、质量更高的产品，从而保持企业持续发展。但城市发展与企业发展不同，企业运行有非常明确的单一性的目的，而城市的发展具有多目标性；而且在城市的发展过程中，各项发展要素是相互关联的甚至是相互交织在一起的，单一要素不足以支撑起城市整体的发展，也就是说，某一方面的竞争优势并不一定能够转换成城市持续发展的条件，城市的发展往往受制于城市中最短缺或最薄弱的因素和环节。此外，城市集中在某单一性方面往往容易出现大的波动，无论是在经济结构方面还是在社会、环境方面都是如此。因此，城市核心竞争力是城市综合竞争力不可或缺的，但也不能只有某项单一的核心竞争力。城市综合竞争力的提升可以从培植核心竞争力起步，但也必须向综合方向发展；而综合竞争力的发展必然要求多项核心竞争力之间的良好组合，综合的含义关键在于这种组合的质量。

城市综合竞争力的本质在于城市的集聚与扩散功能[47]。城市的特征在于以城市的优势环境和条件（服务能力、基础设施、信息交换、交通运输等）吸引众多企业和机构及社会经济各部门在相对狭小的空间内集聚，从而更突出城市作为区域经济中心的集聚效应。因此，城市的竞争能力首先是建立在城市集聚的基础之上的。而通常所说的城市的集聚功能主要包括这样一些内容：（1）城市成为重要的资源转换中心；（2）城市成为价值增值中心；（3）城市成为物资集散和流转中心；（4）城市成为资金配置中心；（5）城市成为信息交换处理中心；（6）城市成为人才集聚中心；（7）城市成为经济增长中心。城市在全球网络中获得了这些资源和能力的集聚之后，就拥有了在更大的范围内的集聚的可能。但城市经济的集聚并不是为集聚而集聚的，而是为了进行扩散。集聚是手段，扩散才是目的；集聚是为了扩散，而扩散则进一步增强集聚能力。城市的扩散功能主要包括：（1）扩张城市的市场性占有、配置和利用资源要素权利的作用范围；（2）构筑更大空间的经济协作体系；（3）扩散城市的优势能力，如技术、资金、管理、观念、加工体系等，提高和带动周边地区的经济发展水平和能力，从而更确立城市对周边地区的主导性地位，及城市对周边地区的吸引力。从中也可以看到，所谓的扩散其目的和实质是在更高层次上的集聚。

在经济全球化的背景下，城市竞争力的提升就是从全球网络中获得更多的有利于城市发展的资源，因此，"对于城市来说，为了在全球资本的竞争中获胜，它们必须提供能够服务于全球化力量的授权条件的最低限度的利益。这些利益因地而异，但包括像运转良好的基础设施和城市公共设施、熟练劳动力、优秀通信设施、有效运输系统、可负担得起的住房的获得权、得到教育和娱乐设施的途径这样的激励机制。由于全球化力量日益在城市的经济基础中处于中坚地位，因此在全球化和城市之间的关键性联结点将仅仅是实力"[48]。城市的这些公共物品（或按卡斯泰尔的说法就是"集体消费"）的提供是由政府所承担的，因此，在城市竞争力的发展过程中，政府具有巨大的作用空间。联合国人居中心的报告显示，在新的发展条件下，一些城市快速发展，其原因并不只是由于市场运作的结果，相反，它们更多是政府作用的结果。在20世纪80年代和20世纪90年代初，至少在北美，这些城市"要么成为发展地区的区域服务中心（如达拉斯和亚特兰大），要么成为军事驻地中心（如圣迭戈），要么成为日益强大的高

（1）法国巴黎德方斯新城的大凯旋门，施普雷克尔森（Johan Otto von Spreckelsen）于1983~1989年设计
资料来源：William J.R.Curtis.Modern Architecture Since 1900（3rd ed）.London：Phaidon，1996.673

（2）伦敦千年桥（The Millennium Bridge），由Foster and Partners设计，2000
资料来源：Sheila Taylor编.The Moving Metropolis：A History of London's Transport Since 1800.London：Laurence King Publishing，2001.327

图14-13 政府通过大型市政工程的建设来展示和强化城市的竞争能力

技术工业发展中心（如圣何塞的硅谷、犹他州盐湖城附近的软件谷、渥太华附近的卡纳塔），要么成为研究开发、教育、医疗保健这类日益发展领域中的专门服务中心。有意思的是，其中许多中心认为其发展是得益于政府政策、其他公共部门的活动与决策，而不是受益于市场的作用"[49]。在经济全球化和信息社会中，"随着地理距离的限制越来越不重要，特定地方的特质在地方商业和家庭决策中变得越来越重要"[50]。因此积极培植城市本身的特色，成为提升城市竞争力的重要方面。在这过程中，良好的城市管理已经不再仅仅只是一种良好的愿望和未来发展的目标，而是一个实实在在的当前经济和社会发展的关键性前提[51]。而在这同时，正如哈维已经揭示的那样，"在许多地方，城市政府的态度已经发生转变，从管理方法向企业家主义转变。后者视城市为产品，需要销售。这种新态度及其过分强调城市结构重组以利于吸引全球业务的观点，已经导致了在城市规划的决策过程中经济利益占据主导地位"[52]。城市的政策在这样的状况下也发生了重大的转变，"城市为了在与其他城市不断竞争的环境中生存下去，就不得不制定战略以扩展从全球经济力量中获取利益的能力，并使这种能力最大化"[53]。正如

在前一节中已经揭示的那样，这样的竞争就必然地导致和加剧全球发展和城市发展的不平衡与不公平。这是在强调全球化和城市竞争力时必须进行充分关注的。联合国人居中心在2001年的全球人类住区报告中特别提出，"对'城市竞争力'的强调（假设一个城市是具有竞争力的，而不仅是具有特殊的商业和其他类似事物），被认为对一个城市在全球化时代具有保持繁荣能力是很重要的，这种强调具有将私人市场神圣化的效果。私人市场将自然地分割开，它将放弃那些被污染的地方，由于投机活动而浪费土地，污染并使土地地块散乱、不规则，甚至在一个道路交会处建立四个加油站，到处建荒废的购物中心，在城市内部制造冷寂的中心区。只有高效的管治行为能够避免这种浪费土地的结果"[54]。

二、创新与创新城市

在城市的竞争中，对于任何一个城市而言，创新是提升竞争力的关键性因素。创新作为经济发展中的核心概念是由美籍奥地利经济学家J.熊彼特在1912年首先提出的[55]。他在《经济发展理论》一书中对这一概念进行了阐述，他所谓的创新，是指建立一种新的生

产函数，把一种从未有过的生产要素和生产条件的"新组合"，引入到生产体系。创新在下述五种状况中得到实现：（1）引入一种新产品；（2）采用一种新的生产方式；（3）开辟一个新的市场；（4）获得一种原料的新来源；（5）实行一种新的企业组织形式。熊彼特用创新来解释经济增长和社会发展，把创新作为社会进步的基本动力。他又用创新来解释经济周期，认为创新所引起的模仿会引起经济繁荣，而创新的普及又会引起经济萧条。熊彼特所提出来的创新是一个经济概念，是指经济上引入某种"新"东西，它与技术上的新发明并不完全等同。一种新的技术发明，只有当它被应用于经济活动时，才能成为"创新"。因此，创新是指这样一个过程：建立新概念——形成生产力——成功进入市场。而他在这一概念下提出的"创造性的破坏"（creative destructure），则被认为揭示了资本主义社会中现代化发展的本质性的机制[56]。

波特（M. Porter）在1990年通过对经济发展的过程进行分析，提出人类历史上的经济发展可以划分成以下四个阶段，并对各阶段的发展条件和经济增长方式进行了描述[57]：

第一阶段是"要素（劳动力、土地及其他初级资源）推动的发展阶段"。当一个国家、地区或城市的经济尚停留在满足人们温饱水平的状况下，由于这时的劳动力、土地、其他初级资源等生产要素比较廉价，所以其竞争（比较）优势在于依靠廉价的生产要素，大量投入廉价的生产要素来推动经济发展也就成为其合理的选择。显然，在这一阶段，劳动力和土地对经济边际增长起着决定性作用，以劳动工具为主要表现形式的资本投入对边际增长的贡献相对较小，知识和创新对边际增长的影响在相当长时期内并不显著，具有较明显的粗放型增长倾向。

第二阶段是"投资推动的发展阶段"。随着进入工业化发展阶段，分工和专业化的发展提供了规模收益的可能，因此导致了产品价格的大幅度下降，形成了强有力的竞争能力。但规模收益的获得要靠资本（人力的和物质的）积累。大规模的投资形成的规模收益降低了单位成本，从而使一定的家庭收入的购买力上升，实际上是扩大了"内涵的市场规模"（以区别于按人口规模或国土规模度量的"外延的"市场规模）。市场规模的扩张产生了更大的需求，进一步引致更大规模的投资及分工与专业化的深化。在此"市场规模"——"分工深化"——"市场规模扩大"的循环过程中，大

规模的投资使技术被不断物化于物质资本中。因此，大规模投资就成为第二个发展阶段的基本特征，对经济边际增长起着决定性的作用。此时，劳动与土地的增减在新的生产方式中的作用相对下降，知识和创新则通过一定的时间周期逐步影响劳动力和投资，但对经济边际增长的影响仍然不大。其增长方式具有准集约型倾向。

第三阶段是"创新推动的发展阶段"。在此阶段，知识和创新不断创造能直接影响经济增长的产品和服务，同时对原有的生产方式进行融入新知识的创新改进，使经济的边际增长的决定因素转变为创新行为，因此，技术创新越来越重要，日益成为产品附加值的主要部分，而劳动增减与资本数量增减的影响相对较小。为此，社会必须调整以提供创新的环境，诸如知识产权的保护、人力资本的高度积累、国民素质的普遍提高和教育的回报率的增加等因素都必须具备。在创新推动发展阶段，技术进步使人均产量水平提高成为主导方式，从而是一种典型的集约型增长方式。

第四阶段是"财富推动的发展阶段"。当财富积累到特定的程度，会使人们从专注于生产性投资转向非生产性的活动。这将造成人的全面发展，使人对本体的探索从"向外的"转向"对内的"，从而使人文活动大为增加。这阶段的描述仍然处于推测阶段，其内在的含义和具体方式尚需要在今后世界各地的经济发展过程中予以论证。

根据波特的描述，这些不同的发展阶段之间有着历史的递进关系，城市在发展的过程中必须具体分析城市发展的实际状况和可能前景，根据不同的条件进行综合的考虑。

城市竞争力的提升依赖于城市的创新，而创新的一个很重要的方面是科学技术和产业的创新，因此，各类不同的城市都在积极地推进高科技产业的发展。而建设高科技园区是促进高科技产业发展所需的建成环境。根据国外的一项研究，高科技园区大致可以划分为四种基本类型[58]。第一种类型是高科技企业的集聚区，与所在地区的科技创新环境紧密相关，这类地区的形成可以较大地促进科技和产业的创新。第二种类型是科技城，完全是科学研究中心，与制造业并无直接的地域联系，往往是政府计划的建设项目。这类地区主要从事基础理论的研究，为创新提供条件，但其本身仍然需要其他地区的配合才能将科学技术转化为生产力，才能真正地实现创新。第三种类型是技

术园区，作为政府的经济发展策略，在一个特定地域内提供各种优越条件（包括优惠政策），吸引高科技企业的投资。这类地区往往只是从事高技术产品的生产，缺少基本的研发内容，因此其本质仍然是制造业基地。第四种类型是建立完整的科技都会，作为区域发展和产业布局的一项计划。该项研究认为，尽管各种高科技园区层出不穷，而且也产生了显著的影响，但当今世界的科技创新仍然是主要来自传统的国际性大都会（如伦敦、巴黎和东京）。

高科技园区的建设，并不一定能够在一个新的场址建立起新的技术创新的基地。周起业对20世纪80年代美国的技术中心演变的分析可以比较清楚地揭示，这种类型的演变也仍然具有其自身的规律性，同时它们也是在一定的基础上才能发展起来的[59]。他认为，技术密集型工业部门在布局上主要指向技术力量集中的地区。技术中心是历史形成的，不是短期内可以改变的。它的形成一般需要：（1）位于交通中枢，长期成为全国或地区性科技信息汇集和传播中心；（2）拥有大量高水平的科学、文化、教育机构，居民总的科学文化水平高；（3）拥有发展某些工业的长期历史，积累了一支强大的、配套的技术力量；（4）能得到联邦、地方政府与大企业主的大力支持，在研究与研制经费、科教经费的分配上，处于优先地位；（5）拥有比较优越的、能吸引科技人才的生活环境和待遇。从这些条件出发，技术力量中心是具有一定垄断性的，这一方面是由于它的形成和发展要受到上述种种条件的制约，另一方面又由于在美国等西方国家，各种专门技术都垄断在某些地方资本集团手中。它们所控制的尖端行业集中的技术中心，力量雄厚，既掌握与采用着许多最新技术，也是创造和发明的主要发源地。但这并不意味着，技术中心一旦形成就不会改变。周起业认为，技术密集型工业的分布在一定条件下也会随着全国总的生产布局与地区条件的变化而逐渐变化。美国最早兴起的技术中心都集中在东部沿海。到19世纪中叶大举向西移民时，芝加哥作为美国内地最重要的交通中心与科学技术文化交流中心，推动西部地区发展的后方基地而崛起，此后它的地位一直在上升，现在已经是美国内陆科技力量最强的地区。随着西部的发展，洛杉矶和旧金山的地位突出起来，与此同时，老技术中心纽约、费城的地位则相对下降。在第二次大战期间及其以后时期，美国政府投资和研究与研制费的分配成了促进技术力量转移的最重要因素。战时

由于北部地区劳动力与资源的不足，不能适应军事工业迅猛发展的需要，更加上考虑到工业在北部集中程度过高不利于国防安全，联邦政府大量投资到内地，在西部、南部建立尖端军事工业，并用高工资引诱技术力量到新地区去。这样付出的代价是很大的，但由此而产生的全部成本实际上都由联邦政府承担了。战后，再把那些在经济上站住了脚的企业廉价转让给资本家，并通过多分配军事订货、研究与研制费的办法资助他们继续发展，就这样在西部与南部兴起了一些技术力量中心。

从技术企业本身的发展来说，发源于老技术中心的技术密集型工业产品，经过一段时期垄断性的集中生产以后，总是要扩大其分布范围。任何尖端产品，只要生产的时间长了，就会逐渐定型化，因而易于实现生产自动化，并进入到大批量生产阶段。这时就有可能越来越向廉价劳动力集中的地区转移，用简单劳动代替熟练劳动。而且随着这类产品市场的扩大，需求量的增长，生产仍然只集中分布在几个老工业中心显然是不经济的。这时，垄断生产技术的资本家就会到新地区去建新厂，以开拓新的市场。一开始，他们可能只在新地区配置规模较小的装配厂，或只生产某些技术简单的零配件、笨重部件。但以后，经过一段时期技术的积累与市场的扩大，这种工厂有可能发展成规模相当大的企业。例如在美国新英格兰，电子工业一开始绝大部分集中在它的最重要的技术中心——波士顿，后来，一些半导体器件、晶体管、太阳能电池和某些电子元件、附件的生产逐渐达到了大批量生产阶段，就开始向新罕布什尔南部工资较低的地区转移。一开始集中于加利福尼亚南部的电子工业公司，也把一部分进入大批量生产的元器件转移到南面不远的墨西哥北部边境地区去生产。那里的工资水平只有加利福尼亚州南部的三分之一，甚至还低。此外，任何老的技术中心也不可能永远垄断某种技术。它要长期维持自己在技术密集型工业发展中的地位，惟一的办法就是在转移部分已经进入成熟阶段的技术的同时，不断创造出新技术。这样才能在该项技术领域中，永远处于领先地位。

高新技术园区通常是由多个相关性的企业集聚在一定的区域范围内而形成的，由于这样的集聚性形成了特定的经济和空间结构，可以发挥更为有效的互动作用。但高新技术区并不是惟一的一种集聚类型，还有许多种其他类型也能够起到相同的作用。经济学家

和地理学家等将它们统称为企业集群[60]。所谓的企业集群，主要是指地方企业集群，是一组在地理上靠近的相互联系的公司和关联的机构，他们同处在一个特定的产业领域，由于具有共性和互补性而联系在一起。与这种产业集聚现象相匹配的称谓还有产业区、地方生产系统、地方企业网络等。它既有本地社区的历史根源，又经常取决于本地企业之间既竞争又合作的关系集合。"经验研究表明，一些地方的经济获得成功并保持了竞争力，是因为这些地方具有高效的本地企业网络、快速的信息扩散和专业诀窍传输"。企业集群研究注重集体共享资源，发展人才市场，提高交易效率，企业之间在贸易和非贸易方面相互依赖，并交流隐含经验类知识，使区域成为有利于学习和知识溢出的环境。这样的区域是创造性的、有创新能力的。可以说它有三个主要特点：一是同业和相关产业的很多公司在地理上集聚；二是有支撑的制度结构；三是企业在地方网络中密集地交易、交流和互动。这些理论研究要求为企业创新提供一种区域环境，它说明尽管硬环境（完善的基础设施、相邻的大学、便利的交通等等）可以成为创新的条件，但它并不必然能够诱使创新的发生，而软环境，即企业与企业之间、人与人之间正式的与非正式的交流沟通，则为创新提供机会。而在应对技术变化以及商业环境变化的过程中，本地的经济行为主体之间通过大量的正式交易和非正式的交流所建立的关系，是其他地方不能模仿的关键资源，这是创新得以形成的最基本条件。

对于不同类型的产业来说，其产业联系的空间接近程度是不同的。以下几种产业更需要形成地方联系：（1）新产业，由于产品发展快速及进入本地市场的需要，因而需要与当地专家或顾客面对面地交流，因而对地方的依赖性比成熟产业更强；（2）以非标准化或为顾客定制的产品为主的制造业，需要与顾客面对面地信息交流，地方联系相对较强；（3）生产过程连续的，如炼油、石化原料、塑料加工等产业，由于生产过程及生产设备具有不可分的特点，不同工厂之间彼此接近，常常在同一地点完成全部生产活动，所以地方联系较强。当然，这种企业集群不仅仅是针对大型企业而言的，对于城市和区域的发展而言，中小企业可能更加需要形成特定的产业集群。因为，中小企业的发展除依赖企业内部自身的管理能力以外，在一定程度上更主要是依赖外部环境的状态，这里的外部环境主要是指中小企业发展所依赖的产业区域的类

型。所谓产业区域是指中小企业围绕着某一产品的生产群集在某一特定区域及其组织方式，产业区域可以是高度专门化的区域。针对不同的产业类型，其产业类型的构成、特点和制度安排也是各不相同的。

1.劳动密集型产业

劳动密集型产业通常会形成这样的产业区域，在这种产业区域内，企业的规模通常比较小，这些中小企业的生产主要集中在生产链的单一功能上，最终产品有可能销往国内其他地区甚至远销国外，但中间产品通常都是在产业区域内销售。此外，在这样的产业区域内，企业所生产的产品的差异很小，交换高度依赖市场机制，竞争激烈。因此，生产能力非常分散，交易费用的水平非常低。在这样的产业区域内，由于企业间的区域非常临近，企业在雇用熟练工人、快速地交换商业和技术信息方面都是非常便利的。由于企业提供的产品差异很小以及信息交换上的便利，生产过程中企业所拥有的特殊的技能、技巧等商业秘密，相对来说就变得不是很重要了。形成这种区域的一个主要原因，就是这些企业所从事的产品生产活动受到规模经济的限制。企业的规模较小，说明企业所有权一体化程度较低；而企业对产业区域的依赖程度低，则表明管理协调一体化的程度也低，即企业发展对外部的政府政策上的安排或协调的依赖程度较低。在这样的产业区域内，中小企业生存的最重要的制度安排是产业区域的形成和区域内的公平竞争的市场环境。正由于企业所从事的生产技术活动简单，产品差异性小，企业的规模经济效益不明显或规模经济的利益较小，因此，信息交流和对熟练工人的获取才是最重要的。

2.资本密集型产业

资本密集型产业有可能形成这样的产业区域：企业规模一般也较小，竞争激烈，进入和退出障碍都比较低。与上一种产业区域相比较，在这一种产业区域中竞争的基本特征主要表现在产品的差异化而不是产品的价格上，竞争通常局限在特定的活动范围内。在竞争的范围内，企业需要具有开发差异化的能力，一般说来，这一能力主要是指设计的能力，在纺织业和陶瓷业中表现得尤为明显。由于企业间主要表现为产品差异化上的竞争，企业生产过程中所积累起来的技能、技巧和特殊工艺等商业诀窍就变得非常重要。只有当规模经济的利益超过了单个企业的生产能力所能利用的程度时，有差异的产品才会被标准化产品所替

代。这种产业区域的另外一个特点，是产业区域中的企业倾向于一种合作式的安排。这种安排通常是在政府的法定程序下作出的，在诸如商业服务和基础产业等许多活动中，合作是非常不普遍的。正是通过这类合作组织的安排，使中小企业在激烈竞争的同时实际上也得到了规模经济的利益。产业区域内的中小企业一般不扩大产出或提高对市场的控制，而是以低价提供中间产品的方式来维持原创企业的技术能力。这种产业区域除要求有公平竞争的市场环境外，还需要由政府作出相应的法律及组织机构上的安排，如对生产专利和工业产权等的保护、资金融通上的支援，在产业区域与外部相联系的供销渠道和联结上，需要政府给予政策上的支持等。

3.技术或知识密集型产业

技术或知识密集型产业的企业竞争优势主要依赖知识。这些企业规模也较小，在管理协调一体化的程度上介于以上两种产业区域之间，即比第一种类型要高，比第二种类型要低。第一种产业区域类型中的企业是通过市场机制来协调的，第二种产业区域类型中的企业是通过政府的制度安排来协调企业间的关系的，而这种产业区域类型中的企业间的协调通常是由专业投资者来完成的。专业投资者一方面为企业的技术创新活动提供资本融通，另一方面他们还为企业提供创业和管理上的指导，并有能力将潜在的供销商联系起来。专业投资商的这一安排的结果形成了两种网络：一种是与第一种产业区域相似的生产企业网络，另一种是建立在生产企业网络之上的专业投资网络。在这样的产业区域，政府政策上的协调是一种隐含的间接式的协调。在其中，企业间是通过专业投资者的协调来完成的，这种协调是市场调节的一部分，但在一个不完善的市场环境中，这种协调实际上依然需要来自政府的政策安排。

在城市竞争力和产业创新研究以及与产业创新有关的制度创新等的基础上，也出现了对城市整体的创新的研究。这一类的研究可以分为两种类型，第一种类型基本上以对未来的设想为主要特征，更多的是建立在对电子网络等的运用基础上的。米切尔（William J. Mitchell）于1995年出版的《比特城》（City of Bits: Space，Place and the Infobahn）和1999年出版的《伊托邦》（E-topia: Urban Life, Jim – But Not as We Know It）[61] 就是其中的典型。米切尔提出，随着社会构成特征的改变，建筑和城市规划的概念要进行拓展，其领域不仅应该包括真实的场所，而且也应该包括虚拟的场所；同时要建立新的相互联系的方式，既要包括远程通信的互联，也要包括步行和传统的交通运输网络。在这样的基础上，城市的领域才是完整的，而这样的空间与联系可以为新的社会关系奠定基础。另一种类型则从城市的文化环境和社会组织角度入手，以城市

图14-14　经济技术的发展对城市空间的影响

米切尔（William J. Mitchell）所描述的18世纪的罗马城和电子世界的城市结构模式

资料来源：Han Meyer.City and Port: Urban Planning as a Cultural Venture in London，Barcelona，New York，and Rotterdam: Changing Relations Between Public Urban Space and Large-Scale Infrastructure. Utrech: International Books，1999.43

的创新气氛作为核心，探讨城市创新的动力机制。卡斯泰尔（Manuel Castells）和霍尔（Peter Hall）在1994年出版《世界的技术极》（Technopoles of the World）中，指出对于所有类型的产业园区、高新技术区等等来说，大都市始终都是最为重要的创新环境（innovative milieu）[62]。此后，霍尔（Peter Hall）则专注于对城市创新的研究，1998年他出版了《文明中的城市：文化、创新和城市秩序》（Cities in Civilization：Culture，Innovation，and Urban Order）一书。在该书中，他通过对城市发展史的解读，描述了城市创新的不同方面及其形态，并揭示了其中的动力机制[63]。在书中，霍尔从西方文明史的角度探讨了不同时期和不同地区的30个城市，从古典时代的雅典和罗马一直到当代的纽约和洛杉矶，认为尽管并不是所有的城市对文明的发展都具有同样的作用，但城市历来是创造力和创新的最主要的场所。在城市的特定时期会具有特别杰出的创造性，但这与它们的规模、地位（如作为首都）或在国家中的区位（如中心或边缘）等都无明显的关系。城市的创造性也不仅仅限于文化和艺术，也关系到技术、产业等方面。霍尔认为，这种创造力的形成完全是依赖于某一个时期某一个城市中的某一群人，他们在城市中聚集并相互交流，形成特定的创新气氛，不断地创造着新事物。这些人包括思想家、艺术家、创新家和商人等等，他们来自世界各地、来自不同的民族，他们将不同的文化集中在一起，城市为他们提供了机会，从而使这些不同的文化、不同的思想相互交融，为创新提供了不竭的源泉。他发现，那些有创新特质的城市往往"处于经济和社会的变迁中，大量的新事物不断涌入，融合并形成一种新的社会"。曾与霍尔一起研究过欧洲创新城市的兰德里（Charles Landry）创立了专门研究创新城市研究的机构"Comedia"，集中研究创新城市的文化、公共空间、市民作用和非营利部门的未来地位等问题，涉及的城市分布于30多个国家。他还曾在1998~1999年间担任世界银行的顾问，专门提供文化和城市发展战略的发展建议。他在2000年出版了《创造性城市》（The Creative City）一书，对他的研究进行了总结，并为城市规划提供了新的思路与具体手段[64]。他在该书中指出，创造性是创新不断发展的前提，一个创新是在实践中实现一种新的想法，通常经由创造性的思维才得以不断发展。他指出，城市拥有一个最重要的资源——它们的居民。人类的需求、动机和创造力正在替代区位、自然资源和市场可

达性而成为城市发展的资源。所谓创新应该包括这样两方面的内容："首先是构成我们大脑思维的思想的力量；其次是文化作为创造性资源的重要性。"从这两方面来讲，首先，创新城市具有这样的一些特征："有想像力的个人（们）、创造性的组织和共享清晰明了的目标的政治文化。它们追随一条有明确方向的、但不是决定性的路径。领导层具有广泛性，融合了公众、私人和志愿部门。他们通过对公众的原创性和风险性商业投资的鼓励来表达自身的意愿，并建立起追求商业利润目的和公共物品目的的各种项目之间的联系。"而城市中的主要行动者同时也具有以下特征："开放的头脑和承受风险的意愿，在对战略理解的基础上清楚地针对长期目标；有能力把握地方的独特性，并在明显的弱处中发现其强项；有倾听和学习的愿望。这些是使人们、项目、组织特别是城市具有创造性的一些品质。"其次，文化资源是城市的原材料，也是其价值基础，也是替代煤、钢铁或黄金的财富。创造性（creativity）是开发这些资源并帮助它们发扬光大的方法。城市规划师的任务就是要负责任地认识、管理和开发这些资源。因此，文化将构成城市规划的细则（technicalities），而不是被看作仅仅是在曾经考虑过的诸如住房、交通和土地使用等重要问题被处理过后再附加上去的内容。相反，文化方面的观点应当规定城市规划以及经济发展和社会事务应当如何去处理。兰德里认为，"文化是一个地方具有惟一性和独特性的最根本的资源。过去的资源可以帮助激励和赋予未来的自信心。……今天的经典也是昨天的创新。创造性不仅是对新的连续发明，而且也是对旧的适当处置"。但值得注意的是，"创造性挑战的不只是有问题的事情，还有许多现在被认为是合适的或者甚至是好的事情"，真正重要的创新是需要未雨绸缪的，在问题还没有形成时就能创造性地化解这个问题产生的条件。

从提升城市竞争力和建设创新城市的战略出发，不同的城市采用了不同的规划手段，由此在城市规划的实践领域中形成了不同的策略组合。除了建设高科技产业园、办公楼集聚区之外，还可以看到以下这些不同类型：

（1）城市中央商务区的重塑。为了应对经济全球化和信息化的需要，在一些经济中心城市出现了对新型办公楼的快速增长的需求，由此出现了城市中央商务区的大规模改造和大型工程的建设。在这些建设中，有一些城市延续了20世纪70年代以后城市中心改造的趋

势，大规模增加符合信息化办公条件的办公楼，完善各项辅助性设施，强化城市中心功能。与此同时，将大量的文化、休闲、娱乐设施加入到办公楼区，从而形成公共活动的多样性，更有一些城市要将中央商务区建设成为中央活动区（Central Activity Zone）。另外一些城市则在城市中选择适当的位置建设新的商务中心，把边缘转变为中心，如英国伦敦的道克兰（Dockland）地区建设以及美国一些城市中出现的"边缘城市"（edge city）。

（2）城市更新和滨水地区在开发。结合工业外迁不断加速的趋势，利用已经衰退的工业区、仓储区等实施全面的城市更新，一方面消除城市衰败地区所带来的负面影响，另一方面则通过创造新的吸引点，提升城市集聚能力。在更新后的这些地区，集中着能符合全球经济参与者要求的生活居住设施以及娱乐、文化、时尚为核心的各类设施。其中以纽约的SoHo地区和伦敦的SoHo地区以及波士顿、鹿特丹、利物浦等城市的滨水区改造为代表。

（3）文化设施建设和传统文化特色的发扬光大。大量城市尤其是中小城市通过城市特色的提炼和重新组织，以创造宜人的环境和文化气息为手段，来提升城市的地位。有些城市通过文化设施的建设，尤其是博物馆的建设，配置区域性的文化高地。有些历史名城则充分利用历史文化的遗存，融合当代文化要素和商业手段，形成地区性的甚至国际性的旅游和商业零售业的中心。有些城市则通过组织一些文化活动，如欧洲的"文化之都"以及诸如二手书交易会等等，全面提升了城市的吸引力。

所有这些城市的发展策略都致力于以城市经营（city marketing）为手段，打造城市的特色，进而起到吸引投资、吸引游客、吸引定居者的目的，并在此基础上鼓励多元文化的共融，从而在发展经济的同时，培植城市的创新气氛，直至推动创意产业（creative industries）的成型。在创新城市的建设过程中，营造创造性的环境具有重要的意义。在全球经济和信息社会中，经济和信息技术的发展更多地依赖于城市的具体环境，而这种环境的关键因素则在于具有创新的氛围。卡斯泰尔认为，"越是依赖于信息技术型劳动力的企业，其劳动力的发展就越依赖于与创造性环境的持续联系，在这种环境中，通过其内部网络空间全部元素的相互作用就能生产新的观点和技术。……软件生产非常依赖于一个坚实的电子研究及制造环境，在这里，思想交流及人员交流比景色优美重要得多"。"真正决定电脑软件生产地理位置的基础就是产业研究环境，这一环境由先进的电子中心生产，与主要的大学联系，与包含公司总部的大都市相毗邻，四周有完善的商业服务"[65]。因此，培育创造性的城市气氛是当代城市持续发展的关键性举措。兰德里认为，对于创新城市而言，需要建立的是一种创新的氛围，这是创新城市建设的关键。他提出，要改变这样的观念，创造性是艺术家的专有领域，或者创新主要是技术方面的，实际上，同样有社会和政治方面的创造力和创新。创造力的核心是创造性的人和组织，他们具有特别的性质：当他们聚合在一定的地区，他们就建立起了创造性的气氛。当然，仅仅有创造性并不必然地导致成功，创造性的特质需要与其他因素相结合以保证创造性的思想与成果能通过现实的检验。

图14-15　创新空间的营造在很大程度上转变为对城市公共空间的重新塑造
1980年，巴塞罗那Passeig de Colom—Moll de la Fusta地区改造前后的场景
资料来源：Han Meyer.City and Port：Urban Planning as a Cultural Venture in London，Barcelona，New York，and Rotterdam：Changing Relations Between Public Urban Space and Large-Scale Infrastructure.Utrech：International Books，1999.162

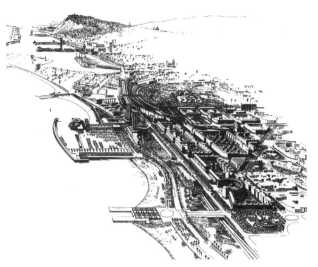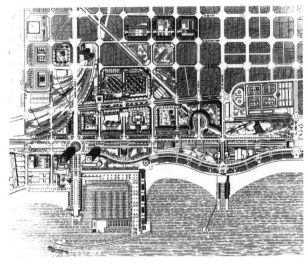

图 14-16　巴塞罗那 Poble Nou 的鸟瞰图和平面图，MBM 设计

资料来源：Han Meyer.City and Port：Urban Planning as a Cultural Venture in London，Barcelona，New York，and Rotterdam：Changing Relations Between Public Urban Space and Large-Scale Infrastructure. Utrech：International Books，1999.168~169

第四节　市民社会的治理与城市规划的转变①

一、市民社会研究

市民社会(Civil Society)的概念源起于古希腊的城邦（City State），此后也一直是政治学中的重要概念和讨论的主题。在现代意义上对"市民社会"概念作出解释和描述的是黑格尔的《权利哲学》（Philosophy of Right）和托克维尔（Alexis de Tocqueville）的《美国的民主》（Democracy in American）。按照这些观点，市民社会是资本主义诞生和发展的重要标志，也是资本主义社会发展的方向。随着资本主义制度发展的异化、官僚体制在社会生活中的蔓延以及出现了被哈伯马斯（Jürgen Habermas）描述为"公共领域的结构转型"[66]，市民社会的理念和社会效用不断式微，国家统治和市场主导着社会的运行。随着前苏联的解体、东欧剧变和西方政府治理方式改革的推进，市民社会概念再度流行起来并成为当代西方学术研究的一个热门话题。尽管有关市民社会的研究已经成为社会科学研究的重要领域，但对市民社会的定义则仍然是众说纷纭，没

有一个统一的定义。诚如哈伯马斯所讲，"要在有关书籍中寻找关于市民社会的清晰定义自然是徒劳的"。在众多的定义中，以"国家—市场—市民社会"三分法为基础思想的怀特（Gordon White）的定义最具代表性，也为广大研究者所认同。他提出，"市民社会是国家和家庭之间的一个中介性的社团领域，这一领域由同国家相分离的组织所占据，这些组织在同国家的关系上享有自主权并由社会成员自愿结合而形成，以保护或增进他们的利益或价值"。市民社会最重要的特征是它相对于国家的独立性和自主权，从另一个角度来讲，正如恩格斯所指出的："决不是国家制约和决定市民社会，而是市民社会制约和决定国家。"[67]

弗里德曼（John Friedmann）在讨论市民社会中的城市规划时提出，市民社会表现出四种既部分自主又部分重叠的活动和有价值的社会实践领域之一：与国家相对的领域，与公司经济相对的领域，资本领域成为经济发展的必要基础以及与此同时的所有社会关系的不断商品化侵害了市民社会的最基础部分，政治社区或政治斗争的领域[68]。他和道格拉斯（Mike Douglass）在他们合作编辑的《市民的城市》（Cities for Citizens）一书的导论中指出，市民社会的再兴起充分反映了市民权利意识的重新苏醒，争取市民权利主要

---

① 本节部分内容根据编著者与殷悦合作完成的《西方公众参与城市规划理论基础的发展》（该文章发表于《国外城市规划》2004 年第 1 期，并且是英国 British Coucil 资助的与英国利物浦大学合作进行的 "有效推进公众参与城市规划" 课题的组成部分）修改而成，并已作全面的扩充与完善。

反映在对三部分紧密相关内容的争取上：发言权、有差异的权利和人类发展（human flourishing）的权利[69]。

（1）在对发言权的争取上，就是要加入民主过程的权利，要求政府行为的透明性，要求政府与市民的相互作用是可预期的，所有市民的权利会影响到他们在生活空间和社区方面的利益和利害关系。因此，这就关涉到市民的参与过程和方式，通过这样的参与过程与方式，市民可以在创造生活世界的过程中实现他们所期望达到的目标。

（2）对有差异的权利的争取反映的是对公共政策所进行的社会斗争，这是由社会建构的差异性所形成并加强的，在多元化城市中经过集体认同而建构起来，从而使他们可以共同生活在同一个城市中。这就要反对商业化生产的大众文化的霸权影响，并寻求在制定公共政策时对各类团体，尤其是历史上处于边缘的和无权力的团体如妇女、少数族裔等在需求和物质利益方面负责的方法。

（3）在人类发展方面，就是为了获得社会权力的物质基础，如住房、工作、健康和教育、生活－维持－环境、财政资源，总之，就是生活和人类发展的基本条件。

在综合了这诸多方面的共同作用的基础上，弗里德曼提出城市规划要从过去的以国家直接行动为基础的、对城市变化进行仔细控制的欧几里德式的规划（Euclidian planning）向后欧几里德规划（post-Euclidian planning）转变。后欧几里德式的规划就是在上面四种行动和有价值的社会实践的领域范围内的相互作用过程，而且特别是在它们的结合点和相互重叠的方面。大都市不再可能作为一个整体而被认识，而只能以所有相关的细节而被认识。这正如桑德科克（L. Sandercock）在讨论后现代城市规划时所认识到的，当今的城市规划除了要遵从实证主义认识论所统领着的崇尚科学和技术的知识之外，同时还必须具备其他大量的具有同样重要性的知识，如：经验的、感觉的、地方性的知识；建立在谈话、倾听、观察、沉思、共享等实践基础上的知识；以视觉和其他象征的、仪式的和艺术的方式所表达而不是以建立在技术行话基础上的定量和分析模式来表达的知识，我们应当承认有多种认知的方式存在[70]。弗里德曼认为在后欧几里德式的规划模式中，规划师的工作包括了这样几部分：社区中的组织和动员工作；意识形态工作——理论、社会批判、政策工作；资金的筹措；市民生活中的网络

和联盟的建设；政治的联络；法律工作；媒体和宣传工作等。

市民社会的发展是一个历史的过程，这也与市民权利的完善有着极大的关联。早期民主中相关的公民性的实验并没有把参与权授予各类民众，它创立的只是由一部分人口所享受的部分自由。而另一部分群体则没有享受到应有的权力，其中最显著的包括妇女、无产者以及种族和民族中的少数群体。亚诺斯基（Thomas Janoski）通过对市民权利的研究，总结了市民权利发展的基本脉络[71]。他认为，权利是按一定的顺序发展的，是逐项、分阶段增进的。首先出现的是基本的法律权利，包括男子和妇女的财产权，以及言论自由和信仰自由，然后是政治权利，有财产的男子、所有男子、妇女、少数民族和土著民族群体先后获得选举权。在这些法律权利和政治权利之后出现了社会权利。最后，在第二次世界大战之后的时期出现了参与权利，包括共同决策权等。正是由于市民权利的不断完善，公众参与城市规划才有得以实现的可能。此外，市民社会的发展需要使市民都享有自由和一定的权力，要使市民社会各阶层的人民达到全面的平等，仍需要培养一种具有广泛基础的民主公民性思想，这取决于时代广泛的社会和文化条件。这种民主的公民性表现为市民对参与和自决的渴望。也就是说，市民社会的完善、公众参与的有效性很大部分都有赖于市民自身思想素质的提高。只有市民价值得到某种程度的提高，全社会具有了一种广泛基础的市民文化，达成某种共识，有了大致相同的民主公民性，整个社会才能够实现真正的民主自治。

与市民社会讨论相呼应的是以吉登斯（Anthony Giddens）为代表的"第三条道路"（The Third Way）政治口号的提出[72]。"第三条道路"顺应着资本主义的变迁，是对战后西方世界政治结构的一种突破和创新，它是区别于西方政治体制中左派和右派相对立的一种政治力量。它产生的目的是要寻找解决西方国家存在的政治、经济、社会、文化价值等诸多领域的问题，"第三条道路"主张确立能够团结各种政治力量的新政治中心，立足于多元化的思想观点，使更多的利益集团的要求都涵盖进来，扩大制度的包容度，建立起一种合作包容型的新社会关系，使每个人、每个团体都参与到社会之中，培养共同体精神。同时主张由政府管治（Government）型向治理（Governance）型转变，依靠市民社会的迅速兴起，对政治权力的滥用起到制衡作用，从

图14-17　1975年林樱（Maya Lin）《越战阵亡战士纪念碑》,
华盛顿

该纪念碑采用黑色磨光花岗岩，呈 V 型，各250m，按字母顺序刻
有57937位阵亡者姓名

资料来源：岛子.后现代主义艺术谱系.重庆: 重庆出版社, 2001.597

图 14-18　1998年，珍妮·荷尔泽（Jenny Holze）的装置
艺术《保护我的欲求》，电子屏幕，伦敦街区

资料来源：岛子.后现代主义艺术谱系.重庆: 重庆出版社, 2001.525

而把市民社会与国家协调在一起，共同发挥作用。

二、社会多元性与社会公平

在市民社会中，多种多样的社会群体和各种背景
的个人各自发挥着作用，他们不断地互动、协商、相
互牵制而共同组织了整个社会。在社会研究中，经过
后现代主义对现代主义的批判、解构以及对差异性的
强调，世界不再以大一统的格局来统治人们的认识，
过去被"宏大叙事"所遮蔽的文化多元性和多样性成
为了社会论题的核心。社会不再被认为是一个具有单
一价值观的社会，也不再是一个单一文化、单一群体
的社会。各种阶层、族裔、文化背景的人民都可以组
成各自的利益团体，追求各自的利益，形成一种多方
竞争的局面。在此过程中，每个人都追求自身利益的
最大化，各个团体也会极大化其团体利益。但是，在
这样一个互动的、竞争的多元主义社会中，任何一个

图 14-19　争取市民权力，巴黎，1996年8月

资料来源：Politics-Poetics Documenta Ⅹ—the Book.Ostfildern-
Ruit: Cantz Verlag, 1997.786

团体都不应该垄断决策过程。权力分散到社会上各个不同团体里，各个权力中心各擅胜场，共同影响最后的政策。因此，城市社会发展的本质是人们经由各种不同的团体彼此竞争、妥协、互动的过程所产生的结果。那么，在一个共同的城市社会中，如何容纳这种多元竞争的状态，如何在不同的价值判断下形成共同的行动，则成为社会、政治科学需要研究的问题。罗尔斯（John Rawls）从1971年发表《正义论》开始就在不断探讨在当代社会中如何建立"公平的正义"的理论框架[73]，他的一系列研究为理解和认识城市社会多元化条件下的"平等"和"正义"概念，以及在城市规划过程中如何处理涉及到社会价值的关系提供了思想基础和方法论。罗尔斯提出的平等原则只是一种对理想状态的描述，而在现实社会中还有很大的差距。在城市规划领域中也是如此，尽管现代城市规划的基本理念是与此相一致的，但正如桑德科克通过对现代主义城市规划历史发展的研究所揭示的，"城市规划师的历史角色就是超越于众人之上来控制空间的生产和使用"，而规划师们的所作所为是"在多元文化中，'我们'——规划师及相应的政治家——都加入到把'他们'排除出我们社区的斗争中"，这种现象至今仍然存在。这里所指的"他们"就是那些少数族裔、女性、同性恋者等被称为"少数民族"的人们。这也许并不仅仅是城市规划的作用，但也正如桑德科克所指出的，"尽管不能说城市规划在其中所起的作用是主导性的，或者也不能说是由于城市规划的原因而造成这种状况，但很显然，城市规划在加剧甚至激化其中的矛盾"。针对这样的状况，桑德科克在多元思想的指引下建构起新的城市规划范型，那就是以基层民众（grass-roots）和社区为基础的规划，这样的规划是自下而上的，而且往往都是在地方规划机构之外开始的。规划师的作用就是要"教会人们去捕鱼"而不是把鱼交给他们，也就是帮助边缘群体去发现他们的声音，而不只是为他们说话。这么做的总的目标并不是要去编制一份被称为规划（plan）的文件，而是要形成一个政治过程，其中包括了规划、政策和行动纲要。因此，保证城市文化的多元性就是要能够将文化中的"他者"真正地结合起来，尊重他们并容纳他们，创造在共同命运基础上的协同工作的可能性，建立起在差异基础上的亲密性的可能性，使城市成为一个真正意义上的整体。桑德科克尤其强调要从抽象的、历史上惯用的"公共利益"转变为"市民文化"。"公共利益"这个词所揭示的是一种大一统的、遮掩了其中存在着的差异性的叙事，成为多数人压制少数人的托词，而只有建立市民文化才能真正地将文化中的少数人融合在一起。

与多元论密切相关的是利害相关者（Stakeholders）概念，这一概念揭示了各个利益团体之间的相互关系。在社会发展的过程中存在着各种各样的利益团体，这些利益团体由于相互依赖和相互竞争而紧密结合在一起，因此在进行任何决策的时候必须充分考虑到它们之间的互动关系，没有任何人应该受到社会的排斥，尤其需要防止让一直处于社会底层的人变得"一无所有"。城市规划过程中的"利害相关者"包括：社会中的利益相关者（政府、市民、投资者、开发商、规划师、当地社区等）和非社会中的利益相关者（自然环境、非人类物种、人类后代等），都是有可能受规划影响并对规划产生影响的个人和实体。要充分地反映这样的利益关系，就要求人们能够确立自己的信息权，保证自己的参与决策权，并将权威置于人们的监督之下。与此同时，为了更有效地开展互动也就需要有多种类型的合法代表的存在，这些合法代表必须具有差异性，而且都不应该拥有垄断权。这也就是当代社会中大量非政府组织、非营利组织等存在和蓬勃兴起的原因。这些非政府组织、非营利组织的目的就在于保证它们所代表的人群的利益被纳入到决策制定与实施的考虑范围内。"利害相关者"概念的兴起，正是要寻找到一条使权力能够得到重新分配与执行的民主道路，从而使不同的社会利益之间建立更长久的互惠互利的伙伴关系。在这样一种多元化的环境中，城市规划师的作用和地位也必然要发生一系列的改变。福雷斯特（John Forester）提出了一个把实践与权力、理性与组织、竞争与调停（mediation）、干预与实践等概念结合在一起的理论框架[74]。他认为，规划师的日常工作基本上是沟通性的（communicative）工作，但在组织和结构层次方面同时也是历史的和政治经济的。因此，在一个充满利益竞争和在地位、资源等方面存在着严重不平等的社会中，规划想要引导未来的行动，就必然地处在了权力运作的过程中，规划也只有在权力运作的过程中才能发挥作用。因此，规划师也并非是在价值中立的状态中进行工作。在一个民主的社会中，各种受到影响的利益者都会发出自己的声音，提出自己的要求；规划师也是在一定的政治制度内开展工作，也就要受到制度的限制，并对政治问题产生作用；他们最基本的技术手段的运用（如人口预测等）也会得到某些人的支持而遭到另一些人的反对，因此他们也需要在其中进行取舍；即使是最实际的信息，在不同的背景中、在不同的制度环境里都会表示不同的含义，对规划的任何考虑都需面对这样的政治现实。这是多元化环境中城市规划师必须清醒地面对的，同时也是规划师们实际的工作环境，规划的所有思想、方法和规划的战略都必须在这样的背景中进行重新的组合和发展。

克鲁姆霍尔茨（Norman Krumholz）通过实证性的研究，回顾了20世纪70年代中公平规划（Equity Planning）实施的状况，提出以社会公平为目的的城市规划在推进过程中需要注意和不断改进的内容[75]。他提出：

（1）倡导性规划和公平规划是贫穷人口和少数族裔表达自己意愿的重要途径，从而也是解决城市危机的一种方法。传统的规划机构的行为只要稍微作一些改进就可以获得成功。

（2）城市规划作为一种职业，由于受制于各种权力关系而谨小慎微，不愿表述自己的价值观。同时，由于市长和规划委员会很少能在公平目的上担负起领导的作用，这就要求规划师要抓住各种动议的机会并明确他们与城市和市民的真正需求相关的角色，从而将有关议程引领到对公平目的的实现上。

（3）要实现公平规划，采纳一个清晰界定的目标是必要的步骤。缺乏了这样一个明确的目标，规划师就很难来回答怎样更好配置有限的机构资源的问题。

（4）对平等目标的追求要求规划师将注意力集中在决策过程，但这种注意力的集中应该是用明确的、相关的信息，而不是用浮夸的信息来做到的。克鲁姆霍尔茨指出，在决策过程中，那些拥有确切信息并知道他们能达到的结果的人，相对于其他参与者具有更多的优势。规划师只有拥有了这样的信息和知识才不会受制于政治和商业领袖，才能引领这些人走向更为公平的目标。

（5）为了成为决策过程中有效的组成部分，规划师必须相对较长时间地参与到具体的议程之中。如果希望对最后的结果产生影响，规划师必须表现出并且被其他的参与者认为是认真的长期参与者，并且愿意作出努力以形成好的结果。

（6）规划师如果愿意为达到公平目的的结果而工作，那么就必须承担起超越规划委员会所布置的任务的责任，这意味着规划师要将相应的规划讨论引入到政治领域，要将更多的人引入到规划问题的讨论中。但这并不是让规划师摆脱规划委员会，相反，规划委员会还可以为政治过程中的规划师提供保护，帮助他们实现公平的目标。

（7）规划机构不用担心为实施公平规划而缺少规划师，使用者导向的、以解决问题为目的的计划从来就不缺少真正有热情的人，他们可以将公平目标和公平规划发扬光大，同时他们也可以通过这些计划而得到锻炼。

（8）尽管规划机构是引起社会改革的较弱的平台，但规划师必须有这样的信心：通过改变方向以达到公平是完全可能的，自己的工作将对这种改变作出贡献。

三、治理与城市治理

自20世纪80年代以来，在全球范围内掀起了一股治理(Governance)模式变革，也就是希望在政治力量和市民社会之间建立合作互动的良性关系[76]。这种变革是在整个社会层面上重新界定政府的职能与角色定位，实现政府与市民社会之间关系的根本变革。这种变革的目的是要改变战后几十年中政府形成的职能活动范围和运行机制，力图在政府与市场之间寻求更为有效的提高公民普遍福利及提升国家生产力、竞争力的制度安排和组织创新。有关治理的研究是当今西方学术研究广泛使用的理论分析框架，并成为了一种显思想、主流学术。

"治理"一词久已存在，但在现在西语意义上的使用，起始于世界银行1989年的一份报告，此后在一系列的国际政治、经济组织中广泛使用，这种使用有着其很深刻的原因。这些国际组织存在和发挥作用的前提是不得干预主权国家的内政，但又对这些国家的社会经济体制不满，尤其是以世界银行或地区银行为代表的金融机构希望受援国都能遵循它们所确立的制度理念，因此使用"治理"一词来指代"国家改革"或"社会政治变革"的含义，从而以"一个相对而言没有攻击性的论题用技术性措辞来集中讨论敏感问题，而不至于让人认为这些机构越权干涉主权国家的内政"[77]。因此，从这个词重新被挖掘出来使用的目的上就可以看到，是为了寻找到一种不同于传统的政府管制的做法。从这个意义上讲，"治理从开始起便区别于传统的政府统治概念"[78]。有关于治理的概念有多种定义，但相对较为广泛认同的是全球治理委员会1995年发表的题为《我们的全球伙伴关系》的研究报告中的定义。这份报告对治理作出了如下界定："治理是各种公共的或私人的个人和机构管理其共同事务的诸多方式的总和。它是使相互冲突的或不同的利益得以调和并且采取联合行动的持续的过程。这既包括有权迫使人们服从的正式制度和规则，也包括各种人们同意或以为符合其利益的非正式的制度安排。它有四个特征：治理不是一整套规则，也不是一种活动，而是一个过程；治理过程的基础不是控制，而是协调；治理既涉及公共部门，也包括私人部门；治理不是一种正式的制度，而是持续的互动。"[79]在传统的观念上，政府多少被认为是全知全能的，是完全理性的，并且代表了社会的整体利益。但实际上，政府的理性是有限度的，政府官员也同样类似于"经济人"，布坎南（James M. Buchanan）就是从这个角度出发来讨论公共选择问题，从而对非市场决策进行经济学研究，并由此创立了公共选择学派。政府官员们也有各自的利益，也有各自的部门利益，他们难以甚至不可能完全地代表真正的公共利益，因此，将所有期望系于惟一的权力中心是危险的。正是在这样分析的基础上，治理理论才倡导发展多元化的、以市民社会为基础的、分权与参与相结合的管理模式，重视公共服务供给和公共问题解决过程中的公民参与。这就是说，在市民社会中，政府不再是实施社会管理功能的惟一权力核心，而是非政府组织、非营利组织、社区组织、公民自组织等第三部门以及私营机构将与政府一起共同承担起管理公共事务，提供公共服务的责任。这种治理模式变革内在的行动逻辑是：市民社会和民间的自组织将成为一种主要的发展潮流，公民的个人责任以及个人对自己决定承担的后果将上升为社会选择过程中的主要法则，多元竞争被不断引入公共物品和服务的提供与生产过程中。而在政府体系中，政府管理职能和权限也不断向地方政府转移，地方治理形成了权力下放、地方自主管理的格局，社会事务的管理则更多地由社区组织承担起来。因此，治理充分体现为政治国家与市民社会的合作，政府与非政府的合作，公共机构与私人机构的合作，强制与自愿的合作。这样，治理的主要特征"不再是监督，而是合同包工；不再是中央集权，而是权力分散；不再是由国家进行再分配，而是国家只负责管理；不再是行政部门的管理，而是根据市场原则的管理；不再是由国家'指导'，而是由国家和私营部门合作"[80]。

从这样的角度讲，一个好的治理或能称为善治

（Good Governance）的体系应当包括以下这样一些基本要素[81]：（1）合法性（legitimacy），指的是社会秩序和权威被自觉认可和服从的性质和状态。（2）透明性（transparency），指政治信息的公开性。（3）责任性（accountability），指的是人们应当对自己的行为负责，在公共管理中，它特别地指与某一特定职位或机构相连的职责及相应的义务。（4）法治（rule of law），法治的基本意义是，法律是公共政治管理的最高准则，任何政府官员和公民都必须依法行事，在法律面前人人平等。法治的直接目标是规范公民的行为，管理社会事务，维持正常的社会生活秩序；但其最终目标在于保护公民的自由、平等及其他基本政治权利。（5）回应（responsiveness），公共管理人员和管理机构必须对公民的要求作出及时和负责的反应，不得无故拖延或没有下文。在必要时还应当定期地、主动地向公民征询意见、解释政策和回答问题。（6）有效（effectiveness），指管理的效率，一是管理机构设置合理，管理程序科学，管理活动灵活；二是最大限度地降低管理成本。在这样的意义上，可以将治理看作是一种社会成员之间的相互作用关系，这种相互作用存在于组成社会的各个方面。其相对于过去的进步在于过去对社会问题的解决主要依赖于外在的权力、使用外部知识技能，强调就一个问题来解决这个问题，而治理则更为关注从其内部成员之间的相互作用，强化其自身的能力建设来解决社会问题，即使需要运用外部人员和知识，也需要进行转化，只有通过改变内部成员的行事方式，才能使问题得到消解。从这样的角度出发，我们应当清醒地认识到，城市规划师不可能也不应当站在自以为中立的立场或所谓的专家立场上来讨论城市规划和规划中所涉及到的问题，而是应当融入到规划实施的过程中，成为规划实施的作用者之一。规划工作人员不仅仅是规划的编制者，规划实施的管理者，而且也应当是规划实施的行动者。

进入20世纪80年代后，在新保守主义思潮的影响下，美国的各级政府兴起了政府的紧缩行政范围、下放行政权力和不断民营化的浪潮，其动因是减少赋税、削减政府支出，以及更具意识形态的形式是减少联邦政府的规模与权力。这种努力采取多种形式，例如，始于1982年的"改革88"是由总统管理改进委员会（President's Council on Management Improvement）发起的，目的是为了使生产力目标统一于政府基本过程之中，并且"使政府官僚机构像公司一样运营"。1983

年，联邦管理预算局针对"商业活动的绩效"重新修订了管理预算局的A-76传阅公告，目标是通过更多地倚赖私人部门提供特定政府服务来提高生产力。由此从20世纪80年代中期开始，在高绩效大公司崛起，其他国家为减少财政赤字而进行制度创新，美国城镇所发起的首创精神，科技飞速发展，冷战结束导致参战国公民对国内事务的重新关注，美国人对政府忠诚度的不断下降（信任危机），以及针对公共行政人员寻找管理新途径的各种新限制的国际、国内社会、政治、经济、技术等等力量的综合影响下，形成了声势浩大的跨越党派之争的政府再造（reinventing government）运动。D·奥斯本（David Osborne）和T·格布勒（Ted Gaebler）在1992年出版的《再造政府：企业精神如何改革着公共部门》（Reinventing Government: How the Entrepreneurial Spirit Is Transforming the Public Sector）一书，提出要用企业家精神来改造政府部门[82]。他们认为，现代政府在"理性和效率"思想的主导下导致了政府官僚主义的过度发展，并导致了僵化和低效，因此需要采纳私人企业或公司的管理方法，通过放权和向私人部门授权，加强竞争和市场导向，使行政体制能够适应经济发展的需要。他们认为，政府管理应该"建立一个更加基于绩效的管理模式，注重结果而不是规则"。从这样的角度，提出了重塑政府的10条思路：

(1) 起催化作用的政府：掌舵而不是划桨；

(2) 社区拥有的政府：授权而不是服务；

(3) 竞争性政府：把竞争机制注入到提供服务中去；

(4) 有使命感的政府：改变照章办事的组织；

(5) 讲究效果的政府：按效果而不是按投入拨款；

(6) 受顾客驱使的政府：满足顾客的需要，不是官僚政治的需要；

(7) 有事业心的政府：有收益而不浪费；

(8) 有预见的政府：预防而不是治疗；

(9) 分权的政府：从等级制到参与制；

(10) 以市场为导向的政府：通过市场力量进行变革。

这场政府再造运动首先是在地方层次上展开的，但到20世纪90年代已经成为联邦政府改革的重要内容。在1993年宣誓就职之后的3个月内，克林顿总统成立了国家绩效评估委员会（National Performance Review），由副总统负责。克林顿总统宣称："我们的目标是使整个联邦政府花费更少，效率更高，更有进取心和更有能力，改掉自以为是的官僚文化。我们要

重新设计、重新创造整个政府，让它重新振作起来。"在此之前，1989年美国国际城市管理联合会进行了一项调查，向全美国所有1万人口以上的城市以及50%人口在25000人以上的县发出调查表，以研究各地在经济发展过程中的情况。根据这项调查，由布莱克（Harry Black）完成了一项有关于地方社区成功达到经济发展目标过程中所运用的手段的专项报告[83]。该报告针对不同的经济目标对使用的手段和方法进行了统计，得到了一系列的数据。在所有这些数据中，作者分析了达到社区发展目标的所谓成功社区（successful communities）所采取的一些手段和方法，这些手段和方法包括了四个方面：治理和公共基础设施工具（governance and public infrastructure tools），土地和地产管理工具（land and property management tools），财政手段（financial tools）和营销手段（marketing tools）。在这四种手段和方法中，成功的社区运用治理和公共基础设施工具在达到不同的发展目标时的具体情况如表14-4所示，成功社区运用土地和财产管理工具在达到不同目标时的具体情况如表14-5所示。

四、社会交往与沟通

在一个市民社会和实行治理的条件下，人与人之间的交往质量直接决定了社会的发展状况，这是由社会中所有的活动都是建立在交往及其质量的条件下产生的结果。哈伯马斯（Jürgen Habermas）提出的"交往理性"为有关交往的研究提供了重要的方法论基础。他在《交往活动理论》中提出了一种交往理性——即主张在生活世界中通过对话交流、交往和沟通，人们之间相互理解、相互宽容，就能够在思想上达到一致；在行动上友好合作，就能够实现启蒙的理想，即以自由、平等、宽容这三种价值为基础的公民理想。他在1976年发表了《交往与社会进化》一书，详细阐述了交往理论。他认为，社会秩序的和谐与社会制度的稳定直接取决于"交往行为"是否合理化。马克思早期著作中所运用的"交往形式"或"交往关系"比后来使用的"生产关系"有更广泛和准确的含义。人在生产过程中发生两种关系，一是人与自然的关系，形成生产力；二是人与人的关系，形成交往关系。前者表现为人的"工具行为"，后者表现为人的"交往行为"。交往行为虽然有与工具行为相一致的一面，但也有着自身的内在规律。由此，他主张同时运用生产力和交往形式两种尺度来衡量社会的进步。所谓"交往行

成功达到发展目标所运用的治理和公共基础设施手段　　　　表14-4

政府采取的行动	吸引新的商务投资（%）	现有商务活动的保留与扩张（%）	中心商业区的开发与再开发（%）	工业开发（%）
改进交通循环（Improved traffic circulation）	53%	55%	55%	49%
建立一站式的许可颁发（Instituted one-stop permit issuance）	46%	47%	39%	55%
改进建设检察系统（Improved building inspection system）	44%	47%	18%	58%
进行美学上的改进（Made aesthetic improvements）	37%	35%	55%	29%
改进娱乐设施（Improved recreational facilities）	34%	38%	18%	32%
使用巡视官帮助解决问题（Used ombudsman to help resolve problems）	32%	26%	23%	32%
修正区划过程（Modified the zoning process）	32%	34%	32%	41%
改进行人舒适性（Improved pedestrian amenities）	28%	27%	64%	22%
改进公共安全服务（Improved public safety services）	26%	31%	16%	24%
改进或扩张停车场（Improved or expanded parking）	22%	26%	61%	22%
采用信号控制管理（Adopted sign control regulations）	22%	22%	30%	17%
改进街道清洁和垃圾收集（Improved street cleaning and garbage collection）	18%	30%	21%	18%
对乱扔废纸进行管理（Adopted antilitter regulations）	17%	15%	16%	12%
采用立面控制管理（Adopted façade control regulations）	12%	10%	30%	4%
采用历史街区管理（Adopted historic district regulations）	9%	12%	21%	4%
提供历史保护奖励（Offered historic preservation incentives）	5%	11%	34%	3%
放松环境管理或程序（Relaxed environmental regulations or procedures）	4%	5%	0	7%

资料来源：Harry Black, Achieving Economic Development Success, ICMA, 1991

成功达到发展目标所运用的土地和财产管理手段　　　　表14-5

政府采取的行动	吸引新的商务投资（%）	现有商务活动的保留与扩张（%）	中心商业区的开发与再开发（%）	工业开发（%）
改善水处理和分配系统（Improved water treatment and distribution systems）	59%	55%	21%	61%
改进污水收集和处理系统（Improved sewage collection and treatment systems）	53%	55%	21%	61%
收购土地（Acquired land）	42%	34%	39%	49%
向开发商出售土地（Sold land to developers）	31%	37%	41%	0
合并地块（Consolidated lots）	25%	24%	32%	32%
清理土地（Cleared land）	19%	23%	39%	18%
向开发商出租土地（Leased land to developers）	19%	14%	14%	17%
复原建筑物（Rehabilitated buildings）	19%	19%	43%	17%
对土地或财产管理提供技术帮助（Provided technical assistance for land or property management）	19%	22%	16%	18%
执行国家征用权（Exercised eminent domain）	14%	15%	23%	16%
管理工业地产（Managed industrial property）	12%	16%	5%	21%
向开发商赠送土地（Donated land to developers）	7%	11%	11%	15%
从改造地区迁入商业（Relocated businesses from redevelopment areas）	6%	12%	27%	12%
允许开发权转移（Allowed transfer of development rights）	5%	1%	7%	3%
管理办公楼或零售业地产（Managed office or retail property）	4%	5%	5%	3%

资料来源：Harry Black, Achieving Economic Development Success, ICMA, 1991

为"，就是主体之间发生的、以语言为根本手段的、遵循行之有效的社会规范的、通过对话达到理解之目的的行为。在晚期资本主义社会里，虽然存在着大量的交往行为，但交往行为却是不合理的，这既是因为科学技术起了统治性作用，把交往行为纳入了工具行为的功能范围之中，也是因为国家对人的生活世界的干预，使得人的交往受到政治、经济等方面的控制和支配，同时又是因为金钱和权力充当了交往的媒介，使交往偏离了理解的目的。这样一来，人们便不能互相理解和信任，从而发生种种冲突和斗争。要改变这种

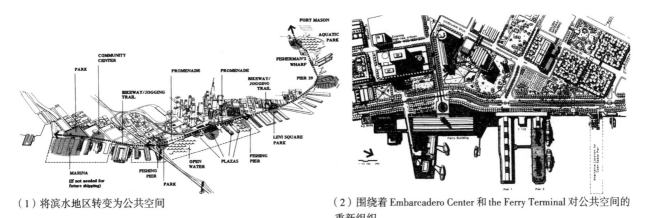

（1）将滨水地区转变为公共空间　　　　　　　　　　　（2）围绕着 Embarcadero Center 和 the Ferry Terminal 对公共空间的
重新组织

图 14-20　旧金山 1987 年总体规划（Master Plan of the City and County of San Francisco）中有关公共空间的内容
资料来源：Han Meyer.City and Port：Urban Planning as a Cultural Venture in London，Barcelona，New York，and Rotterdam：Changing Rela-
tions Between Public Urban Space and Large-Scale Infrastructure.Utrech：International Books，1999.249

图 14-21　1993 年，纽约城市的 Greenway 规划，由 New York
City Department of City Planning 设计
资料来源：Han Meyer.City and Port：Urban Planning as a Cultural
Venture in London，Barcelona，New York，and Rotterdam：Chang-
ing Relations Between Public Urban Space and Large-Scale
Infrastructure.Utrech：International Books，1999.272

状况，最根本的任务就在于实现"交往合理化"。而交
往合理化的结果将是减弱压抑程度和行为固定化的程
度，转向一种允许角色差异、灵活使用可反思的规范
的行为控制模式，从而为社会成员提供进一步解放和
不断个性化的机会。实现"交往合理化"的重点在于
建立社会成员认可并尊重的共同规范。哈伯马斯提出
了两个建立规范的原则：一是"普遍化原则"，确定的
规范标准应能代表大多数人的意志，能为人们普遍认
可并遵循。二是"论证原则"，要让所有有关的人都能

参加制定规范标准的商谈和论证，以求达到意见的一
致。哈伯马斯认为，真理不是一种外在于人类生活世
界的超验存在，而是内在于人类经验之中的一种东西。
无论是科学真理、道德真理还是政治真理，都是由理
性的、自由的个人所组成的共同体通过不断的探索而
终将获得的知识。在这一探索过程中，共同体中的每
一位成员都必须参与讨论和对话，从而达成共识，但
由于这个探索者的共同体无法超越时间的限制而不断
探索下去，所以他们在任何一段时间中达成的共识都
是不完备的、暂时的和可以更正的。但是，如果我们
考虑到下面两个条件：(1)个人的存在和个人的理性是
有限的；(2)不存在一种超越于个人理性之上的集体理
性或普遍理性，那么这种不完备的决策就是我们所能
期待的最好的决策，而且它也足以完成其暂时性的使
命。通过这种关于"真理"理论的论证，可以对公众
参与的过程作出以下结论：由于解决规划中各团体利
益的协调、远近期目标安排等问题的方案不可能一劳
永逸地一次性获得，所以必须设计出一种能够不断生
产出暂时性方案的程序，这种程序必须发挥以下三种
功能：（1）使某一共同体中的每一个成员都能够自由
地表达自己的真实意见；（2）杜绝某一种意见凌驾于
其他意见之上的可能性；（3）使各种不同的意见最终
能够汇总为一种为整个共同体所接受的"一致性"意
见。只要社会中的每一个成员都认识到终极真理或每
一个人都完全同意的方案是不可得的，他们就会接受
这样一种观点：经由正当程序得出的结论都具有一定
的合理性。

　　在这样的方法论基础上，赛格(Sager)首先在1994
年总结了交往规划（communicative planning）的要点。

根据这种观点,参与决策的各种机构,包括政府部门、社区组织等在形成最终文件的过程中应相互理解、相互沟通,并建立一定的关系。而规划师不应当仅仅是政府或开发商的技术顾问和代言人,更应当充当排解困难者(facilitators)、调解斡旋者(mediators)和解释者(interpreters)、综合协调者(synthesisers)。与多元论思想相配合,城市规划所寻求的是在各类群体中进行沟通、对话,对各种不同的价值观、生活方式和文化传统在空间层面上寻求解释,或者将这些内容转化为不同的空间形态,然后通过协商和谈判,建构起一个协同的纲领。交往规划的核心就是在多元主义的思想前提下,寻求一种"政府—公众—开发商—规划师"的多边合作。因此,交往规划是一种拥有广泛民主基础的政治行为。福雷斯特(John Forester)在哈伯马斯的社会批判理论和沟通理论的基本框架中,对规划领域进行了全面而综合的论述。他认为,规划师的日常工作基本上是沟通性的(communicative)工作,但在组织和结构层次方面同时也是历史的和政治经济的。依据哈伯马斯的方法论基础,福雷斯特认为规划中有两项非常核心的但仍未得到广泛重视的活动,这就是倾听(listening)和设计(designing)。在规划过程中,尽管规划师通常只拥有极少的正式权力,但规划师可以运用多种精致的方式影响决策过程。这些方法主要包括:规划师可以倾听某些意见而忽视其他的意见,引起对某些问题的注意而忽视或弱化其他的问题,他们可以决定在什么时间将什么信息告知什么人,并因此而构成了人们的期望、希望或恐惧。对于设计而言,福雷斯特认为并非只是一种职业技术的把握或运作,而是社会行动者(规划师、顾客等)寻求共同创造意义的过程,这是设计的社会过程的核心:赋予一栋建筑物、一所公园、一个项目或一项计划有意义的形式,而不同的利益团体对此均能认可的,对不同的团体都有凝聚性的和有意义的且是可实施的。

因此,在这样的过程中,规划师不再是站在中立的立场上对城市的未来发展进行筹划,而是直接融入到社会的互动过程之中,他们既在竞争的团体之间充当调停者,自己又往往作为某种利益团体而参与到协商之中。为了更好地处理好这样的问题,尤其是在涉及土地开发利益的地方规划工作中,福雷斯特提出了应当将这两种类型的角色融合起来,应当进行调停性的协商(mediated negotiation),并提出了规划师在其中可以运作的六种策略。而在这样做的过程中,更为

重要的是规划师必须政治地思考问题和参与行动。福雷斯特指出,规划师想要在实践中追求合理性,就必须能够政治地思考问题并政治地行动,但这并非是要规划师去竞选候选人,而是去预测和重新组合权力与无权力之间的关系。规划师只有对权力关系、相互竞争的需求和利益以及政治经济结构的背景进行明确的评价,才有可能对实际的需要和问题作出回应,此时才有可能使用接近于理性的方法。作者以"想要理性的,就要政治的"(to be rational, be political)对此进行了总结。

在现代城市社会的多元背景中,对个体进行全面分析的困难是显而易见的,因此往往将人的群体作为构成社会分析的最基本单元。社会学更是把人群看成是社会发展的主体。每一个群体有着相同的身份或某种团结感,有共同的目标和期待,这样,在同样的境况下,他们会做出相同或类似的行动。各种各样的群体,不仅在其自身范围内运动和发展着,而且它们之间也互相作用,并由此构成了一个复杂的网络,形成城市社会的整体结构。城市就是在各类人群不断进行的互相作用过程中发展演变的。在此过程中,社区的作用是非常明显的。所谓社区(community)是指在一定地域内围绕某种互相作用模式而由多个群体组合而成的实体。各个社区都有各自的利益关系、在城市和社会中的地位和作用,这些往往决定了它们发展的取向和趋向。形成社区的最重要条件并不是一群人共同居住在一定的地域里,而是人们之间的互动以及在此基础上形成的具有一定强度和数量的心理关系。

所谓"城市社区归属感"就是城市居民对本社区的认同、喜爱和依恋的心理感觉。国内外许多社会学者都对城市社区的归属感进行过诸多的研究和探索。综合这些研究,可以发现,影响居民社区归属感的原因主要有如下五个方面[84]:

(1)居民对社区生活条件的满意程度。美国学者古迪(W. J. Goudy)指出,社区归属感和社区满足感是两个不同的概念,社区归属感是居民对社区的心理感受,而社区满足感是指居民对社区生活条件的评估。随后康纳利(C. Connerly)等人的研究表明,社区满足感在很大程度上决定着社区成员的心理归属感。

(2)居民的社区认同程度。也就是说,居民越是喜爱和依恋某个社区他们就越愿意把自己看成是该社区的成员、就越愿意让社区生活成为自己生活的组成部分。

（3）居民在社区内的社会关系。卡萨达（Kasarda）等人的研究发现，城市居民在社区里的同事、朋友和亲戚越多，其社区归属感也就越强。

（4）居民在社区内的居住年限。一般说来，居民在社区内的居住年限越长，其社会关系就越为广泛和深厚，因而其社区归属感就越强。

（5）居民对社区活动的参与。我们可以把社区活动分为正式活动和非正式活动两类。正式活动直接涉及到社区的发展和开发。比如发动居民积极参与社区的福利事业就是一种在城市社区中比较常见的正式活动。非正式活动包括社区内一般的交往和消遣活动。社区开发等正式的社区活动往往有助于提高社区居民的生活水平，而城市居民对社区非正式活动的参与，则有助于增加他们对社区生活的体验和对社区的了解。因而无论社区活动是正式的还是非正式的，居民对于他们的参与度有助于增强居民的社区归属感。

除了上述五种因素以外，社区成员对个人生活的满意程度、社区成员是否在本社区内工作，以及本社区工业化、现代化和信息化程度的高低等因素对城市居民的社区归属感也有一定程度的影响。此外，随着信息时代的来临，城市社区的空间区位开始变得相对次要，相应地，信息时代城市居民的心理归属变得越来越重要了。

第五节　可持续发展与城市规划

一、可持续发展的概念与含义

1992 年在巴西里约热内卢召开的世界环境与发展大会通过的《环境与发展宣言》和《全球21世纪议程》确立了可持续发展（sustainable development）的概念，并将其作为人类社会发展的共同战略。"可持续发展"从字面上理解是指促进发展并保证其具有可持续性。持续（Sustain）一词来自拉丁语Sustenere，意思是"维持下去"或"保持继续提高"。可持续发展的概念来源于生态学，最初应用于林业和渔业，指的是对于资源的一种管理战略：如何仅将全部资源中的合理的一部分加以获取，使得资源不受破坏，而新成长的资源数量足以弥补所获取的数量。经济学家由

此提出了可持续产量的概念，这是对可持续性进行正式分析的开始。这一词汇很快被用于农业、开发的生物圈，而且不限于考虑一种资源的情形。人们现在关心的是人类活动对多种资源的管理实践之间的相互作用和累积效应，范围则从几大区域到全球。世界环境和发展委员会（WCED）于 1987 年发表的《我们共同的未来》的报告把可持续发展定义为："既满足当代人的需求又不危及后代人满足其需求的发展。"[85]根据该报告，可持续发展定义包含两个基本要素或两个关键组成部分："需要"和对需要的"限制"。满足需要，首先是满足贫困人民的基本需要，对需要限制主要是对未来环境需要的能力构成危害的限制，这种能力一旦被突破，必将危及支持地球生命的自然系统——大气、水体、土壤和生物。决定两个基本要素的关键性因素是：（1）收入再分配以保证不会为了短期生存需要而被迫耗尽自然资源;（2）降低主要是穷人对遭受自然灾害和农产品价格暴跌等损害的脆弱性;（3）普遍提供可持续生存的基本条件，如卫生、教育、水和新鲜空气，包含满足社会最脆弱人群的基本需要，为全体人民，特别是为贫困人民提供发展的平等机会和选择自由[86]。

人类为寻求一种建立在环境和自然资源可承受基础上的长期发展的模式，进行了不懈的探索，先后提出过"游击增长"、"全面发展"、"同步发展"和"协调发展"等各种构想。20 世纪 50 至 70 年代期间，人们在经济增长、城市化、人口、资源等所形成的环境压力下，对增长等于发展的模式产生怀疑并展开讨论。

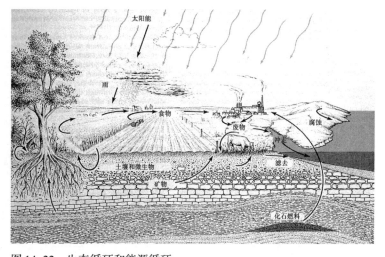

图 14-22　生态循环和能源循环

资料来源: John F. Kolars,John D. Nystuen.Geography: The Study of Location, Culture, and Environment.New York: McGraw-Hill Book Company, 1974.333

1962年，美国女生物学家卡森（Rachel Carson）发表了一部引起很大轰动的环境科普著作《寂静的春天》，作者描绘了一幅由于农药污染所带来的可怕景象，惊呼人们将会失去"春光明媚的春天"，在世界范围内引发了人类关于发展观念上的争论。10年后，两位美国学者沃德（Barbara Ward）和杜博斯（Rene Dubos）的著作《只有一个地球》问世，把人类生存与环境的认识推向一个新境界——可持续发展的境界。同年，一个非正式国际著名学术团体——罗马俱乐部发表了有名的研究报告《增长的极限》，明确提出"持续增长"和"合理的持久的均衡发展"的概念。1980年3月5日，联合国向全世界发出呼吁："必须研究自然的、社会的、生态的、经济的以及利用自然资源过程中的基本关系，确保全球持续发展。"1983年11月，联合国成立了世界环境和发展委员会（WCED），挪威首相布伦特兰夫人任主席。成员有在科学、教育、经济、社会及政治方面的22位代表，其中14人来自发展中国家。联合国要求该组织以"持续发展"为基本纲领，制定"全球变革日程"。1987年，该委员会把经过长达4年研究、充分论证的《我们共同的未来》（Our Common Future）提交给联合国大会，正式提出了可持续发展的模式。1992年联合国环境与发展大会（UNCED）通过的《环境与发展宣言》（以下简称《宣言》），标志着世界各国对可持续发展观念的普遍接受[87]。在会议同时通过的、更具操作性的《全球21世纪议程》（以下简称《议程》）是一个包罗广泛的纲领，涉及到人类可持续发展的所有领域，提出了经济、社会和环境协调发展的行动纲领，也强调了可持续发展在管理、科技、教育和公众参与等方面的能力建设。《议程》中明确提出："可持续发展包含了社会、经济和环境的因素……"，并要求各国政府"做到在寻求发展时统筹考虑经济、社会和环境问题，确保经济上有效益，社会上做到公正和负责任，又有益于环境保护"，而并不仅仅把发展的内容限定在只涉及到自然环境或生态等方面的可持续发展。《宣言》和《议程》首先确认，社会和人的发展是可持续发展的核心。由于各国的发展阶段不同，发展的具体目标也各不相同，但发展的内涵却应当是一致的，即改善人类的生活质量，提高人类的健康水平，创造一个保证人们平等、自由、教育、人权和免受暴力的社会环境，因此，人类"应享有以与自然相和谐的方式过健康而富有生产成果的生活的权利"。作为社会可持续发展的基础是经济的可持续发展。可持续发展鼓励经济增长而不是以环境保护的名义取消经济增长，因为经济发展是国家实力和社会财富的体现。因此，《宣言》强调"为了公平地满足今世后代在发展与环境方面的需要，求取发展的权利必须实现"。但可持续发展不仅重视经济增长的数量，也追求经济发展的质量，这就要求改变传统的生产模式和消费模式，提高经济活动中的效益、节约资源和减少污染，并且"应当减少和消除不能持续的生产和消费方式"。对于可持续发展来说，生态和环境的承载能力是一项很重要的衡量指标。发展应当同时保护好并改善地球的生态环境，保证以可持续的方式使用可再生资源，使人类的发展控制在地球的承载能力之内。"为

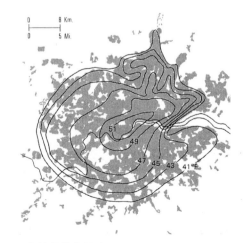

图14-23　伦敦的热岛效应

资料来源：Terry G. Jordan,Lester Towntree.The Human Mosaic: A Thematic Introduction to Cultural Geography.New York: Harper & Row, 1990.393

图14-24　1969年，韦尔·麦克布雷德（Will McBride）《人口过剩》

资料来源：岛子.后现代主义艺术谱系.重庆：重庆出版社，2001.652

了实现可持续发展，环境保护工作应是发展进程的一个整体组成部分，不能脱离这一进程来考虑"。

针对许多国家的决策体系中存在的问题，《议程》特别强调在制定政策、规划和实施管理时，应当将经济、社会和环境因素综合在一起，而不能分裂开来，"既考虑环境，又考虑发展"，并应当"把重点放在各方面的相互作用以及共同作用上"。要改进规划和管理体系，"在进行规划时，既要灵活又要全面，同时兼顾各方面的目标，并随需要之变化而进行调整"，要"将政策手段（法律、规章制度和经济手段）用作规划和管理的工具，在决策中糅进效率标准，并应定期检查和调整这些手段，以确保其继续有效"，同时建立起"一体化的环境与经济制度"，在规划和实施的过程中有可能充分运用法律、市场和政府的协同作用来实现可持续发展。

联合国环境规划署、国际自然资源保护联盟、世界野生物基金会编辑出版了《保护地球——可持续生存战略》（Caring for the Earth: A Strategy for Sustainable Living）。《保护地球——可持续生存战略》是到目前为止最全面、最系统的一份阐述地球伦理和可持续生存原则的文献[88]。全书分为三部分：第一部分提出了9项可持续生存的原则和相应的58项行动建议；第二部分描述了在能源、商业、工业和贸易、人类居住、农田和牧场、林地、淡水以及海洋和沿海地区等行业和领域应用这些原则所需的62个额外行动；第三部分是关于实施和后续行动的建议。该报告提出的9项可持续生存的原则是：（1）尊重并保护生活社区；（2）改善人类生活质量；（3）保持地球的生命力及生物多样化；（4）对非再生资源的消耗降低到最低程度；（5）维持在地球的承载力之内；（6）改变个人的态度和行为；（7）使社区和公民团体关心自己的环境；（8）提供协调发展与保护的国家网络；（9）创建全球性联盟。在对以上9条原则进行了系统阐述并提出相应的行动方案之后，《保护地球——可持续生存战略》特别指出："所述9条原则远不是我们的发明。他们所反映的价值观念和义务——特别是关心他人，尊重和关心自然，在若干世纪以前就得到世界许多文化和宗教的认可。在许多讨论关于平等、可持续发展、保护自然本身以及把它作为人类生活主要支柱的报告中都曾提到这些原则。现在需要的是围绕这些原则制定出可持续生活的新的全球战略。"

二、可持续发展的城市

联合国人居中心在1996年的全球人类住区报告中，在对一些文献进行概括的基础上，提出了"适用于城市可持续发展的多重目标"，并对《我们共同的未来》中有关可持续发展的定义进行了解释[89]。该报告认为，"满足当代人需要"的内容包括：（1）经济需要：包括能够获得足够的生活或生产资产；还包括在失业、生病、伤残或其他无法保证生计时的经济安全保障；（2）社会、文化和健康需要：包括在一个具有自来水、卫生、排水、交通、医疗、教育和儿童培养服务的社区中，拥有一所健康、安全、可承受得起，且又可靠的住房。另外，住房、工作地点和生活环境应免遭环境的危害，如化学污染。同样重要的是与人们的选择和管理有关的需求，包括他们所珍爱的家庭和街区，因为在这些地方，他们最迫切的社会和文化要求能够得到满足。住房和服务设施必须满足儿童和负责抚养儿童的成人（通常是妇女）的特殊需要。只有做到这一点，才能表明国家与国家之间，更主要的是国家内部，其收入分配更加公平；（3）政治需要：包括按照能够保证尊重人权、尊重政治权利和确保环境立法得以实施的更广泛的框架，自由地参与国家和地方的政治活动，并能参与与其住房和社区管理及发展有关的决策。

而对"不损害后代满足其需要的能力"方面，提出了如下的界定：（1）最低限度地使用或消耗不可再生资源：包括将住房、商业、工业和交通中消耗的矿物燃料减少到最低限度，并在可能的情况下，代之以可再生资源。另外，要尽量减少对稀少矿产资源的浪费（减少使用、再利用、再循环使用和回收）。城市中还有文化、历史和自然资产，它们是不可替代的，因而也是非再生资源，例如：历史街区、公园和自然风景区，它们为人们提供了嬉戏、娱乐和接近自然的空间；（2）对可再生资源的可持续使用：城市可以按照可持续的方式开采利用淡水资源；对任何城市的生产商和消费者为获得农产品、木制品和生物燃料而开发的土地来说，应保证它们可持续的生态足迹；（3）城市废物应保证限制在当地和全球废物池的可接受范围内：包括可再生废物池（例如：河流分解和生物降解废物的能力），和非再生废物池（持久性化学物品，包括温室气体、破坏同温层臭氧的化学物质和多种杀虫剂）。

联合国人居中心的解释具体化了在城市范围内理

解可持续发展的主要内容，或者说，可持续发展的城市应该具备的发展方向。在《全球21世纪议程》中，对于可持续发展的人居环境的行动纲领也作了具体的说明。在关于"促进稳定的人类居住区的发展"的章节中，《全球21世纪议程》把人类住区的发展目标归纳为改善人类住区的社会、经济和环境质量，以及所有人（特别是城市和乡村的贫民）的生活和居住质量，并提出了八个方面的内容：（1）为所有人提供足够的住房；（2）改善人类住区的管理，其中尤其强调了城市管理，并要求通过种种手段采取有创新的城市规划解决环境和社会问题；（3）促进可持续土地使用的规划和管理；（4）促进供水、下水、排水和固体废物管理等环境基础设施的统一建设，并认为"城市开发的可持续性通常由供水和空气质量，并由下水和废物管理等环境基础设施状况等参数界定"；（5）在人类居住中推广可循环的能源和运输系统；（6）加强多灾地区的人类居住规划和管理；（7）促进可持久的建筑工业活动行动的依据；（8）鼓励开发人力资源和增强人类住区开发的能力。

这些国际组织对可持续发展城市提出了原则性的方向和行动纲领，在具体的城市建设和发展中，如何贯彻这些内容在世界各国都有各自的规划实践，并在融贯这些方向和原则的基础上提出了具体的工作内容。

1990年，英国城乡规划协会成立了可持续发展研究小组，于1993年发表了《可持续发展的规划对策》，

图14-26　戴恩（Mark Dion）的装置作品《为安特卫普鸟类所建的图书馆》，1993年

资料来源：岛子.后现代主义艺术谱系，重庆：重庆出版社，2001.142

提出将可持续发展的概念和原则引入城市规划实践的行动框架，将环境因素管理纳入各个层面的空间发展规划[90]。其提出的环境规划的原则包括：（1）土地使用和交通：缩短通勤和日常生活的出行距离，提高公共交通在出行方式中的比重，提高日常生活用品和服务的地方自足程度，采取以公共交通为主导的紧凑发展形态；（2）自然资源：提高生物多样化程度，显著增加城乡地区的生物量，维护地表水的存量和地表土的品质，更多使用和生产再生的材料；（3）能源：显著减少化石燃料的消耗，更多地采用可再生的能源，改进材料的绝缘性能，建筑物的形式和布局应有助于提高能效；（4）污染和废弃物：减少污染排放，采取综合措施改善空气、水体和土壤的品质，减少废弃物的总量，更多采用"闭合循环"的生产过程，提高废弃物的再生与利用程度。

在具体的行动准则方面，则提出：（1）态度的根本转变：进行广泛的教育和宣传，有效形式是发布环境趋势报告，让全社会都来参与和观察环境可持续度的变化趋势及其影响；（2）推广成功实践：资助试点项目和研究

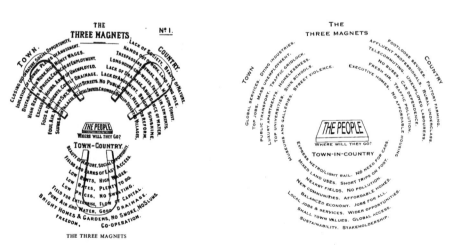

图14-25　霍华德（Ebenezer Howard）田园城市的图解和霍尔（Peter Hall）一个世纪之后的再解释（1998）

霍尔描述道："霍华德关于优势和劣势的著名描述需要根据20世纪90年代的条件进行重新的界定。城镇已经变得清洁而乡村也已经赋予了城市的技术，但它们仍然各有各的问题，而且城镇在乡村地区建设提供了最优的生活方式"

资料来源：Andres Duany, Elizabeth Plater-Zyberk, Robert Alminana.The New Civic Art：Element of Town Planning.New York：Rizzoli, 2003.13

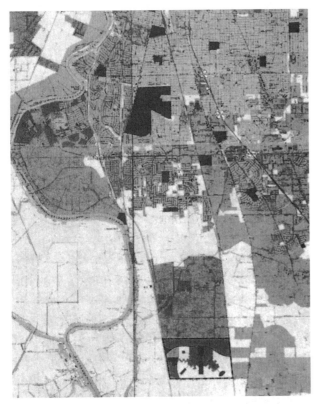

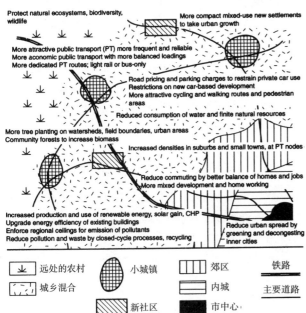

Protect natural ecosystems, biodiversity, wildlife

More compact mixed-use new settlements to take urban growth

More attractive public transport (PT) more frequent and reliable
More aconomic public transport with more balanced loadings
More dedicated PT routes; light rail or bus-only

Road pricing and parking charges to restrain private car use
Restrictions on new car-based development
More attractive cycling and walking routes and pedestrian areas

Reduced consumption of water and finite natural resources

More tree planting on watersheds, field boundaries, urban areas
Community forests to increase biomass

Increased densities in suburbs and small towns, at PT nodes

Reduce commuting by better balance of homes and jobs
More mixed development and home working

Increased production and use of renewable energy, solar gain, CHP
Upgrade energy efficiency of existing buildings
Enforce regional ceilings for emission of pollutants
Reduce pollution and waste by closed-cycle processes, recycling

Reduce urban spread by greening and decongesting inner cities

远处的农村	小城镇	郊区	铁路
城乡混合	内城		主要道路
新社区	市中心		

图14-27　霍尔（Peter Hall）对可持续发展模式的总结
上图为英国式的，由 Michael Breheny 和 Ralph Rookwood；下图为美国式的，由 Peter Calthorpe 提出
资料来源：Peter Hall.Cities of Tomorrow：An Intellectual History of Urban Planning and Design in the Twentieth Century（3rd ed.）.Oxford and Malden：Blackwell Publishers，2002.416

工作；（3）建立环境可持续度的目标及其指标体系：包括自然资源、环境质量、建成环境和自然环境之间平衡、社会公平和政治参与等五个方面；（4）扩大各个层面的可持续发展的行动计划：提倡社区参与、权力下放和激励机制，消除机构上的障碍，建立有助于达成可持续发展目标的机构框架；（5）从生活品质的角度重新定义"增长"：以 GDP 作为传统的增长指标并不能反映增长的环境可持续性，因而有必要（在达成国际共识的基础上）建立新的增长指标，强调增长方式与可持续发展原则相符合；（6）重新定义"成本"和"利润"：在进行财务核算时，成本方面必须考虑到作为"外部效应"的环境影响的内部化，运用经济手段来遏制具有消极环境影响的人类行为；（7）更为长远期限的规划和设计：可持续发展涉及到人类生存的长远利益，因而城市发展规划和物质环境也应采取更为长远的考虑，才可能将长期环境影响因素纳入规划和设计目标；（8）政策和决策的连续性：可持续发展需要政治和管理上的变革，强调政策和决策的连续性，而不是受选举和预算周期的左右；（9）环境标准、容量极限和影响评估：不仅要建立严格的环境标准，也要确保污染总量不再增加并且逐年下降，特别是不能突破环境容量极限。如果只是控制各个污染源的排放指标，而不是同时控制污染源的总数（如汽车数量），仍有可能导致污染排放总量突破环境容量极限。因此，在开发控制中引入环境影响评估是十分必要的；（10）转移性财政政策：在可持续发展的行动计划中，转移性财政是十分必要的，即将公共投资从可能产生环境后果的建设项目转移到有助于生态环境保育的建设项目，如从道路建设（这会带来更多的私人汽车，因而导致更多的空气污染）转移到公交设施建设。

要实现城市的可持续发展，首先就需要解决城市当前所面对着的问题。吉登斯（Anthony Giddens）对英国近十多年来的相关实践作了一个概括性的介绍。他说："国家的各级政府应当采取什么样的手段来应对内城中所发生的种种复杂问题？城市郊区的迅速扩张应当如何控制才能使乡村绿地免遭侵蚀？制定一个成功的城市复兴计划以解决这些问题是一项具有挑战性的任务，因为它意味着必须在很多领域里同时采取行动。"[91] 在英国，政府引入了一系列国家计划，包括提供给业主的房屋修缮基金或者激励性的税收政策，试图重振内城经济。1988年保守党政府提出的"城市行动"（Action for Cities）计划，更多的是寻求私人投资和自由市场的作用来进行改进，而不是通过国家干预。然而，来自商界的反应比预期的要小得多。研究表明，除了零散的样板工厂外，靠提供激励机制并指望私营企业去解决内城的社会问题，效果并不理想。在内城中，如此众多令人苦恼的情况交织在一起，以致要扭转早已发生的衰败过程，无论如何都是极其困难的。一些关于内城衰落的研究报告，比如调查1981年布瑞克斯顿骚乱的《斯卡曼报告》（Scarman，1982）就指出，在内城问题的解决上缺乏统一的方法。没有强大的公共开支作为基础，根本改进的可能性事实上是非常渺茫的。该报告认为，城市复兴并不仅仅意味着内城区的振兴，还包括外围地区的可持续发展。英国的城市和郊区正在持续高速发展。政府预计在1996至2021年间，城市和郊区将新增380万户家庭，私人汽车的拥有量将在未来的20年里增加1/3；而如今，英国上班族花在上班路上的时间已经比20年前多了40%。1/4的城市居民认为，他们所居住的地区在最近几年中衰落了，而只有1/10的人感觉居住环境有所改善。面对城市和郊区已经存在的挑战以及在未来几年中必然出现的城市扩张，政府组建了"Urban Task Force"小组，由著名建筑师和城市设计师理查德·罗杰斯爵士（Lord Richard Rogers）领导，为提高英国城市和郊区居民的生活质量出谋划策。在1999年6月发表的报告中，他们提出了100多项旨在促成英国城市复兴的建议。其中提到："自从工业革命以来，我们已经丧失了对城市的控制，任由它们受到糟糕的设计、经济的扩张和社会两极化所带来的损害。"报告的作者们相信，21世纪的到来为我们提供了三个转变的机会：技术革命带来了新形式的信息技术和交换信息的新手段；不断增长的生态危机使可持续成为发展的必要条件；广泛的社会转型使人们有更高的生活预期，并更加注重在职业和个人生活中对生活方式的选择。该报告提出了保护乡村以及改善城市生活向着健康和具有活力的方向发展所需的几个关键因素：

（1）循环使用土地与建筑　新房屋的建造应当尽最大可能地利用已经使用过的土地，而不是侵占绿地和农田。城市建设应当首先使用衰败地区和闲置的土地和建筑，应尽量减少将农业用地转换成城市用地。同时要改变过去在城市边缘和郊区大规模建设低密度居住区的做法，应避免在城市之外建设零售业和校园风格的办公、商务园区。

（2）改善城市环境　他们鼓励"紧凑城市"（compact city）的概念，鼓励培育可持续性和城市质量。已有的城区必须改造得更富吸引力，从而使人们愿意在其中居住、工作和交往。可持续性的实现将通过把城市密度与提供各种商店和服务的各级城市中心联系在一起进行组织，在提供中心服务的范围内要很好地结合公共交通和步行路。较高的密度和紧凑城市形态的适当结合可以减少对汽车的依赖。

（3）优化地区管理　城市复兴必须依靠强有力的地方领导和市民广泛参与的民主管理。居民应当在决策中扮演更重要的角色。

（4）旧区复兴　地方政府应当被赋予更多的权力和职责以从事长期衰落地区的复兴工作。应该设立公共基金以便通过市场吸引私人投资者。

（5）鼓励创新　国家政策应当鼓励创新，应当更有弹性。过去对规划标准的依赖限制了创新，尤其像坚持公路标准（如道路宽度、转弯半径以及交叉口视距等）优先于城市布局，这就是所谓的"首先是道路，然后是住房"（road first，house later）的优先性安排导致了枯燥乏味的城市环境。他们认为，街道应当看成是"场所"（place），而不是运输走廊。

（6）高密度　单一的密度指标并不能成为衡量城市质量的标准，尽管它是一个重要因素。他们认为，高密度开发（并不必然是高层开发）可以对城市的可持续发展作出贡献。

（7）加强城市设计　应当把注意力集中到城市设计方面以适应混合用途、混合使用权（mixed-use/mixed-tenure）的开发，以培育城市的可持续发展。好的城市设计将修复过去的错误并为城市创造对生活更有吸引力的场所。

该报告强调说，城市复兴不能仅仅被当作一项政治努力。它涉及更复杂的改变，包括政坛人物、地方政府和普通市民各方面的文化、技术、信仰和价值观等等的转变。教育、争论和信息交换对于城市复兴的实现都是至关重要的。

在20世纪80年代末，英国出现了一个由开发商、住宅营造商、基金组织的代表和建筑师、规划师及环境主义者等人群参加的团体——"都市村庄集团"（The Urban Village Group）。该团体的目的是调查和推动多用途和多种权属结合的开发，受到了查尔斯王子的积极鼓动。"都市村庄"的概念源自于列昂·克里尔（Leon Krier）有关"城市中的城市"（Cities within the

City）的相关论述，因此，列昂·克里尔在该团体中发挥着重要的作用。另外还有一些顾问，包括亚历山大（Christopher Alexander），达尔比谢尔爵士（Sir Andrew Darbyshire），罗布·克里尔（Rob Krier），普莱特-齐伯克（Elizabeth Plater—Zyberk），汤普森（John Thompson）和蒂贝阿尔德茨（Francis Tibbalds）等。该团体在1992年发表了一篇宣言式的报告，提出在可持续的规模上来建设城市[92]。在这份宣言中，提出了这样一些观点：

（1）本报告提出一个新的开发分类，混合使用的"城市村庄"，或者在结构上经过规划的城市发展（Structured Planned Urban Development，SPUD），应该被充分认知并在任何适合的地方广泛地发扬。

（2）我们将此作为一种创造更文明、更持久的城市环境的手段推荐给政府规划当局、土地所有者、开发商、资助机构和广大的公众。

（3）在20世纪90年代，甚至在21世纪，我们快速变化的社会不应当墨守过时的"单一功能"（monoculture）分区的成规，或者坚守那些整齐的、单一用途的开发是更持久投资的可疑的假定。我们需要调整我们的大脑和资源来创造一个更具适应性的、可持续的城市邻里类型——城市村庄……

（4）为了获得成功，规划的混合用途的开发需要达到相当的数量。它必须足够大，以支持多种用途和达到舒适，以吸引公司和个人，他们赋予其生活与繁荣。但它也必须足够小，以使其所有的建筑都在步行距离之内……

（5）对于一个城市村庄，其理想的规模可能是在100英亩（40hm²）。我们想像它拥有的人口应该是在这里工作和居住，人口数量为3000~5000名。它应该提供日常的购物、基本的健康设施、小学和幼儿园以及一些娱乐、文化设施……

（6）不同的用途应该在总体上在由街道围起的每个街区中都存在，就像一个村庄；住房和公寓应当与就业岗位相平衡，甚至达到就业岗位和可居住居民并愿意工作的比例为1∶1的比率。

（7）不同用途的混合应当可以提供给不同规模和类型的建筑……

（8）一个城市村庄应当具有适应性，这样，建筑和用途就可以随着需求和条件而变化，而不需要将它们全都拆除重建。

（9）在那里对于居住和就业使用来说，使用权也是混合的，从共同拥有到小企业易进易出许可（easy-in/easy-out licences），以及公寓式居住和独立住宅等等不同的所有权和使用方式……

（10）对于成功而言尽早和全面地进入是关键性的因素。如果开发要促进真正的归属感，社区必须在最早的可能时间就参与进来……

（11）与建筑同样重要的是建筑物之间的空间——包括街道、广场、小巷、步行路、绿地、硬地以及铺地和街道家具等的总体布局。生态平衡、公共艺术和残障人士的方便可达性也是非常重要的因素。

（12）具有较高建筑质量、历史价值或奇怪和愉悦特征的现有建筑，可以强化场所感和历史的延续性，它们应当被作为视觉和心理的财产而得到利用。

（13）城市村庄的这些特征和其他的特征需要在总体规划中确定下来，并且得到控制基础设施性质和供应、城市形态、建筑语言和公共空间等的详细法规的支持。

（14）尽管城市村庄的规模和布局使它很容易也很舒适地步行到该范围内的任何地方，但它也必须提供汽车交通。但不应该以汽车交通来替代步行。其设计必须防止汽车交通损害或侵害环境质量。

（15）因此，它应当被很好地选址和规划，以使得有很好的公共交通联系……

在美国，新城市规划/设计（New Urbanism）成为城市和郊区建设的重要思潮。尽管新城市规划/设计运动的基本出发点有所不同，但在有关城市发展及其构成上，也在某种角度上体现出了可持续发展的原则。新城市规划/设计并不仅仅只是关于建筑设计的，作为一种思想它既可以被用来组织社区或邻里，也同样可以被运用到区域和大都市的层面。卡尔索普（Peter Calthorpe）认为，新城市规划/设计的思想可以以两种方式在大都市地区进行运用。首先是以多样性、步行尺度、公共空间以及有边界的邻里结构为特点，应用到整个大都市区域，而不必区分大都市内的不同地区，无论是郊区、新开发区还是内城，新城市规划/设计的原则和思想都可以得到运用。也就是说，这样的设计思想和设计原则在整个大都市地区都具有普遍适用性。其次，整个大都市区域都应该按照相似的城市原则进行组织，即使在郊区的建设中也应该全面地提高人口密度，运用公共交通，也就是以城市的原则来统一组织。在具体的内容上，应当像邻里一样，以公共空间来组织整个地区的空间结构，交通体系应对行人有利而不是对汽车有利[93]。他认为，填充和再开发是区域发展政策的核心，只有这样才能最好地利用已有的基础设施，也可以有更好的机会来保护开放空间。新城市规划/设计的旗手杜安尼（Andreas Duany）和普莱特–齐伯克（Elizabeth Plater–Zyberk）在20世纪80年代末的《建筑设计》（Architectural Design）杂志上发表文章，认为应当从传统的社区和邻里的发展中借鉴城市组织和空间安排的经验[94]。他们提出，传统的邻里共享着这样一些规则，这些规则成为城市发展在物质空间方面的重要特征，这些因素也是符合可持续发展的基本原则的。它们包括：（1）住宅、商店和工作场所，在规模上都是受限制的，而

且它们都非常接近地挨在一起；（2）不同的街道公平地服务于步行者和汽车的需要；（3）很好界定的广场和公园为非正式的社会活动和娱乐提供场所；（4）很好布置的市政建筑为社会、文化和宗教活动的有目的集聚提供场所，并且成为社区识别性的标志；（5）私人建筑沿着街道和广场布置，构成不为停车场地打破的明确边界。而这样的布置和组织，在实现空间发展目标的同时，可以实现一系列的社会目标：（1）通过减少必需的汽车出行的数量和长度，可以减少交通拥挤，保证通勤者增加更多的私人时间；（2）通过在步行距离范围内安排绝大多数日常生活所需的设施，使老年人和年幼者获得独立的外出活动；（3）通过在明

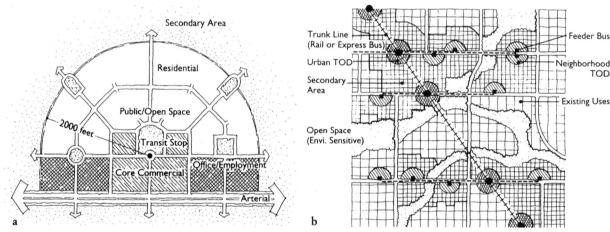

图14-28　Peter Calthorpe定义的公共交通导向发展（Transit Oriented Development，TOD）模式及其运用。这一发展模式也同样可以运用到两个层次，即邻里（包括在郊区）和区域层次

资料来源：Andres Duany，Elizabeth Plater–Zyberk，Robert Alminana.The New Civic Art：Element of Town Planning，New York：Rizzoli，2003.85

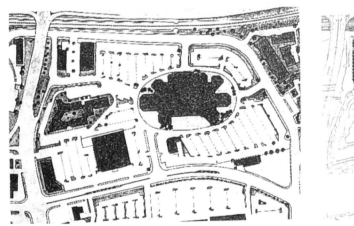

图14-29　Peter Calthorpe于1994年所做的加州Mountainview的一个街区的规划

显示了在灰色地带（grey field）和TOD模式下的填充式建设的规划方案。该地区是20世纪60年代的一个购物中心地区的再开发项目，该基地临近一座新的通勤铁路站，新的建设为多用途的综合性的步行者导向的邻里。它提供的住房，在密度上可以支撑公共交通，在价格上可以是中等收入家庭买得起的。总的密度达到每英亩22户

资料来源：Andres Duany，Elizabeth Plater–Zyberk，Robert Alminana. The New Civic Art：Element of Town Planning. New York：Rizzoli，2003.68

确的公共空间内的步行，市民们可以相互认识，并关注他们的集体安全；（4）通过提供各种各样的住房类型和工作场所，不同年龄和经济水平的阶层可以结合起来，并可建立真正的社区联系；（5）通过鼓励适当的市政建筑，可以鼓励民主的动议，并保证社会的有机演进。在由他们共同设计完成的滨海城（Seaside）社区的规划中，充分地体现了他们的这些想法并形成了后来被广泛推行的新城市规划/设计的基本理念，并创新性地运用了传统城镇的组织方式和管理手段，建立了新城市规划/设计的规划设计典范。在该社区的规划设计中，将街道和广场等城市空间作为社区的基本要素来安排，并通过这些城市空间的组织和安排来布置周边的建筑物，从而形成经过充分设计和富有活力的公共空间。他们认为，城市空间的和谐并不是城市建筑风格的单一和一致，而应当是在城市公共空间上的和谐，这种和谐要求建筑物的布置应当遵循相同的或类似的控制规则，这些规则应当是经过详细设计的。社区内的道路采用网格与放射状相结合的方式，并融合了传统城市道路布局的方式尤其是美国城市美化运动时期的路网格局，从而在形式上构成了传统城市的整体性骨架，从而为建筑空间的安排提供了条件。该项设计特别强调，整个社区应当是逐渐变化和可以自然增长的，并在其建设、生长、发展过程的每个阶段中都能很好地在私人住宅与公共建筑、商业空间、公共空间、城市中心之间平衡。根据他们的观点，邻里的范围应保证在400m的半径以内，也就是步行5分钟的距离，在这范围内，应配置各种日常生活需要的公共设施，这样便可以尽量减少汽车

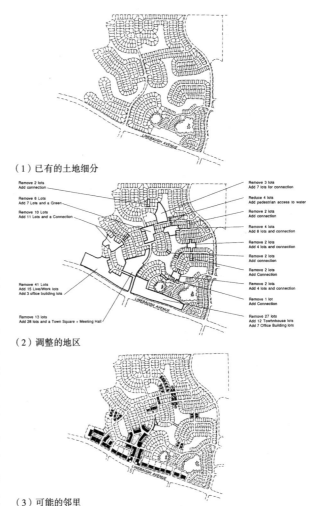

（1）已有的土地细分

（2）调整的地区

（3）可能的邻里

图14-30 这是典型的郊区土地细分的图解

杜安尼（Duany）、普莱特-齐伯克（Plater-Zyberk）1999年为佛罗里达州Hillsborough County所做的区域规划。它证明了将单一用途的开发转变为可持续的邻里过程中有多种技术是必要的

资料来源：Andres Duany, Elizabeth Plater-Zyberk, Robert Alminana.The New Civic Art：Element of Town Planning.New York：Rizzoli, 2003.78

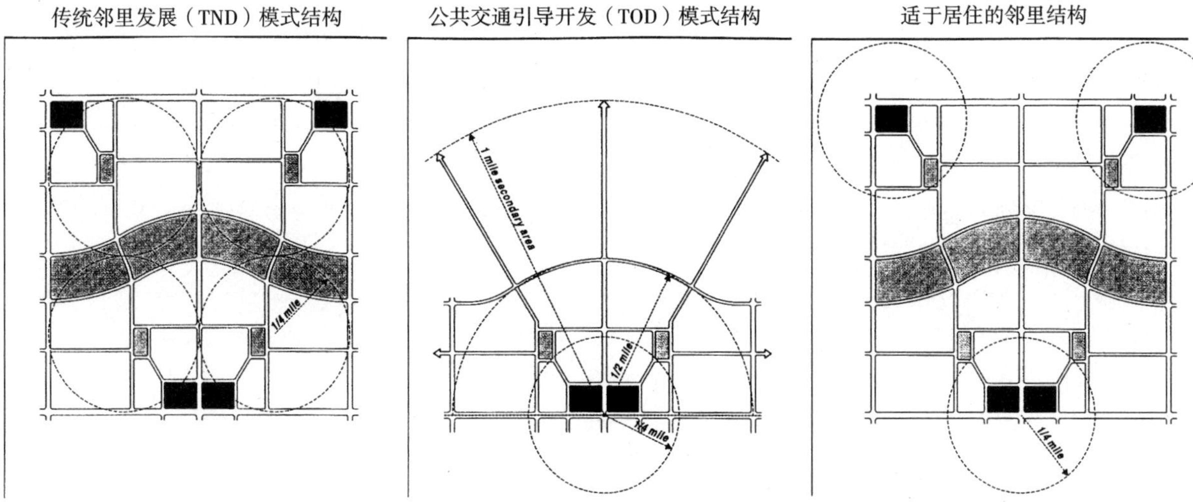

传统邻里发展（TND）模式结构	公共交通引导开发（TOD）模式结构	适于居住的邻里结构

图14-31 依据新的邻里组织模式而对多个邻里的三种组合模式

资料来源：Andres Duany, Elizabeth Plater-Zyberk, Robert Alminana.The New Civic Art：Element of Town Planning.New York：Rizzoli, 2003.85

的使用。他们注重公共交通的使用和组织,贯彻了列昂·克里尔和卡尔索普所提出的"公共交通引导开发"(TOD)的模式,并且认为如果邻里能够把必须使用汽车的人聚集在车站的步行范围以内,那么就会使公共交通支持更大的人口密度,公共交通的便利也就会减少人们对私人小汽车的使用需求。居住区不应与工作区完全分离,这种分离必然使更多的人依赖于小汽车,增加小汽车使用的需求。

注　释

1 Daniel Bell.The Coming of Post–Industrial Society.1973.高铦等译.后工业社会的来临.北京:商务印书馆,1984

2 Alvin Toffler.The Third Wave.1980.朱志焱等译.第三次浪潮.北京:新华出版社,1996

3 Manuel Castells.An Introduction to the Information Age.2002.见:Gary Bridge and Sophie Watson 编.The Blackwell City Reader. Blackwell Publishing,2002

4 Anthony Giddens.Sociology(4th ed).2001.赵旭东等译.社会学.北京:北京大学出版社,2003.66~67

5 Anthony Giddens.Sociology(4th ed).2001.赵旭东等译.社会学.北京:北京大学出版社,2003.62~63

6 Jean–François Lyotard.La Condition Postmoderne.1979.车槿山译.后现代状态:关于知识的报告.北京:生活·读书·新知三联书店,1997

7 Anthony Giddens.Sociology(4th ed).2001.赵旭东等译.社会学.北京:北京大学出版社,2003.64

8 引自:于尔根·弗里德里希斯.1997.全球化——概念与基本设想.见:张世鹏,殷叙彝编译.全球化时代的资本主义.北京:中央编译出版社,1998.2~3

9 引自:于尔根·弗里德里希斯.1997.全球化——概念与基本设想.见:张世鹏,殷叙彝编译.全球化时代的资本主义.北京:中央编译出版社,1998.3

10 杨伯淑.全球化:起源、发展和影响.北京:人民出版社,2002.66

11 杨伯淑.全球化:起源、发展和影响.北京:人民出版社,2002.66

12 Anthony Giddens.Sociology(4th ed).2001.赵旭东等译.社会学.北京:北京大学出版社,2003.70

13 Saskia Sassen.Cities in a World Economy.Thousand Oaks:Pine Forge Press,1994

14 United Nations Centre for Human Settlements(Habitat).Cities in a Globalizing World:Global Report on Human Settlements 2001.2001.司然等译.全球化世界中的城市:全球人类住区报告2001.北京:中国建筑工业出版社,2004.引言,ⅩⅩⅨ

15 Saskia Sassen.Globalization and its Discontents.1998.节选载于:Gary Bridge and Sophie Watson 编.The Blackwell City Reader. Blackwell Publishing,2002

16 United Nations Centre for Human Settlements(Habitat).Cities in a Globalizing World:Global Report on Human Settlements 2001.2001.司然等译.全球化世界中的城市:全球人类住区报告2001.北京:中国建筑工业出版社,2004.315

17 Anthony Giddens.Sociology(4th ed).2001.赵旭东等译.社会学.北京:北京大学出版社,2003.753

18 Anthony Giddens.Sociology(4th ed).2001.赵旭东等译.社会学.北京:北京大学出版社,2003.753

19 Saskia Sassen.Globalization and its Discontents.1998.节选载于:Gary Bridge and Sophie Watson 编.The Blackwell City Reader. Blackwell Publishing,2002

20 Saskia Sassen.Globalization and its Discontents.1998.节选载于:Gary Bridge and Sophie Watson 编.The Blackwell City Reader. Blackwell Publishing,2002

21 United Nations Centre for Human Settlements(Habitat).Cities in a Globalizing World:Global Report on Human Settlements 2001.2001.司然等译.全球化世界中的城市:全球人类住区报告2001.北京:中国建筑工业出版社,2004.42

22 杨伯淑.全球化:起源、发展和影响.北京:人民出版社,2002.316

23 杨伯淑.全球化:起源、发展和影响.北京:人民出版社,2002.316~317

24 杨伯淑.全球化:起源、发展和影响.北京:人民出版社,2002.317~318

25 有关世界城市的产业体系的论述引自:《确立"世界城市"目标,开拓"创新城市"路径》课题组.建设世界城市——对上海新一轮发展的思考.上海:上海社会科学院出版社,2003.346~348

26 Saskia Sassen.Globalization and its Discontents.1998.节选载于: Gary Bridge and Sophie Watson编.The Blackwell City Reader. Blackwell Publishing, 2002

27 引自:《确立"世界城市"目标,开拓"创新城市"路径》课题组.建设世界城市——对上海新一轮发展的思考.上海:上海社会科学院出版社,2003.348~350

28 参见 Susan S. Fainstein, Ian Gordon, & Michael Harloe 所编《Divided Cities: New York and London in the Contemporary World》(1992, Cambridge & Oxford: Blackwell Publishers)、Saskia Sassen 所著的《The Global City: New York, London, Tokyo》(1991, Princeton: Princeton University Press) 和《Cities in a World Economy》(1994, Thousand Oaks: Pine Forge Press) 以及 Manuel Castells 所著的一系列著作等,这些著作都非常详尽地揭示了世界大城市中所存在的社会分化状况。当代大城市都已演变成为"Divided City"、"Fragmented City"、"Dualist City"等等,从而使城市规划对城市的认识发生重大改变。而许多有关城市规划的思想和方法也开始建立在这样的基础之上,如 P. Healey 的《Collaborative Planning: Shaping Places in Fragmented Societies》(1997, London: Macmillan) 等。

29 Saskia Sassen.Globalization and its Discontents.1998.节选载于: Gary Bridge and Sophie Watson编.The Blackwell City Reader. Blackwell Publishing, 2002

30 Anthony Giddens.Sociology (4th ed).2001.赵旭东等译.社会学.北京:北京大学出版社,2003.80

31 Ulrich Beck. Risk Society: Towards a New Modernity. London: Sage, 1992. What Is Globalization. Cambridge: Polity Press. 2000

32 Anthony Giddens.Sociology (4th ed).2001.赵旭东等译.社会学.北京:北京大学出版社,2003.84

33 Manuel Castells.The Informational City: Information.Technology.Economic Restructuring and the Urban-Regional Process. 1989.崔保国等译.信息化城市.南京:江苏人民出版社,2001.393

34 转引自 Anthony Giddens.Sociology (4th ed).2001.赵旭东等译.社会学.北京:北京大学出版社,2003.758

35 参见 Neal R. Peirce, with Curtis W. Johnson& John Stuart Hall.Citistates: How Urban America CanProsper in a Competitive World.Washington.D.C.: Seven Locks Press, 1993

36 Anthony Giddens.Sociology (4th ed).2001.赵旭东等译.社会学.北京:北京大学出版社,2003.66~67

37 Manuel Castells.The Rise of the Network Society.Oxford and Malden: Blackwell Publishers, 1996/2000

38 Manuel Castells.The Power of Identity.Massachusetts and Oxford: Blackwell Publishers, 1997

39 Manuel Castells.End of Millennium.Oxford and Malden: Blackwell Publishers, 1998/2000

40 M. Castells.The Informational City: Information.Technology.Economic Restructuring and the Urban-Regional Process.1989.崔保国等译.信息化城市.南京:江苏人民出版社,2001.16

41 编译自 Manuel Castells.An Introduction to the Information Age.2002. 见: Gary Bridge and Sophie Watson编.The Blackwell City Reader.Blackwell Publishing, 2002

42 David Harvey.The Condition of Postmodernity: An Enquiry into the Origins of Cultural Change.Cambridge and Oxford: Blackwell, 1990

43 Stephen Graham, Simon Marvin.Urban Planning and the Technological Future of Cities.2000, 见: James O. Wheeler. Yuko Aoyama, Barney Warf 编. Cities in the Telecommunications Age: The Fracturing of Geographies. New York and London: Routledge

44 参阅夏铸九《在钜型城市中争论空间的意义——论全球信息化社会的建筑教育》。引自许英编著《城市社会学》(齐鲁书社,2002)第 172~174 页。

45 连玉明主编.2004 中国城市报告.北京:中国时代经济出版社,2004.127

46 Neal R. Peirce.with Curtis W. Johnson& John Stuart Hall.Citistates: How Urban America Can Prosper in a Competitive World. Washington.D.C.: Seven Locks Press, 1993

47 尹继佐主编.城市综合竞争力: 2001 年上海经济发展蓝皮书.上海:上海社会科学院出版社,2001

48 United Nations Centre for Human Settlements (Habitat).Cities in a Globalizing World: Global Report on Human Settlements 2001.2001.司然等译.全球化世界中的城市: 全球人类住区报告 2001.北京:中国建筑工业出版社,2004.315

49 United Nations Centre for Human Settlements（Habitat）.An Urbanizing Word: Global Report on Human Settlements 1996.1996. 沈建国等译.城市化的世界：全球人类住区报告 1996.北京：中国建筑工业出版社，1999.42

50 United Nations Centre for Human Settlements（Habitat）.Cities in a Globalizing World：Global Report on Human Settlements 2001.2001.司然等译.全球化世界中的城市：全球人类住区报告 2001.北京：中国建筑工业出版社，2004.引言，X X XI

51 United Nations Centre for Human Settlements（Habitat）.Cities in a Globalizing World：Global Report on Human Settlements 2001.2001.司然等译.全球化世界中的城市：全球人类住区报告 2001.北京：中国建筑工业出版社，2004.4

52 United Nations Centre for Human Settlements（Habitat）.Cities in a Globalizing World（Habitat）.Cities in a Globalizing World：Global Report on Human Settlements 2001.2001.司然等译.全球化世界中的城市：全球人类住区报告 2001.北京：中国建筑工业出版社，2004.35

53 United Nations Centre for Human Settlements（Habitat）.Cities in a Globalizing World：Global Report on Human Settlements 2001.2001.司然等译.全球化世界中的城市：全球人类住区报告 2001.北京：中国建筑工业出版社，2004.40

54 United Nations Centre for Human Settlements（Habitat）.Cities in a Globalizing World：Global Report on Human Settlements 2001.2001.司然等译.全球化世界中的城市：全球人类住区报告 2001.北京：中国建筑工业出版社，2004.52

55 庞元正，于冬红主编.当代西方社会发展理论新词典.长春：吉林人民出版社，2001.39~40

56 David Harvey.The Condition of Postmodernity：An Enquiry into the Origins of Cultural Change.Cambridge and Oxford：Blackwell，1990

57 转引自周振华主编.中国经济分析 1996：增长转型.上海：上海人民出版社，1997.48

58 转引自全国城市规划执业制度管理委员会.城市规划原理（全国注册城市规划师执业考试指定用书之一）.北京：中国建筑工业出版社，2000.65

59 周起业.西方生产布局学原理.北京：中国人民大学出版社，1987.20~22

60 有关企业集群的内容主要参考：王辑慈等.创新的空间：企业集群与区域发展.北京：北京大学出版社，2001

61 William J. Mitchell.City of Bits：Space，Place and the Infobahn，1995.范海燕等译.比特之城：空间、场所、信息高速公路.北京：生活·读书·新知三联书店，1999；E-topia：Urban Life，Jim – But Not as We Know It.1999.吴启迪译.伊托邦：数字时代的城市生活.上海：上海科技教育出版社，2001

62 Manuel Castells & Peter Hall.Technopoles of the World：The Making of 21st Century Industrial Complexes.London and New York：Routledge,1994

63 Peter Hall. Cities in Civilization：Culture.Innovation.and Urban Order.London：Weidenfeld & Nicolson,1998

64 Charles Landry.The Creative City：A Toolkit for Urban Innovators.London：Earthscan Publications,2000

65 M. Castells.The Informational City：Information.Technology.Economic Restructuring and the Urban-Regional Process.1989.崔保国等译.信息化城市.南京：江苏人民出版社，2001.73

66 Jürgen Habermas.1961/1990.曹卫东等译.公共领域的结构转型.上海：学林出版社，1999

67 见:马克思恩格斯选集(第 4 卷上).人民出版社,1972.192

68 John Friedmann.The New Political Economy of Planning：The Rise of Civil Society.1998.见:Mike Douglass & John Friedmann编.Cities for Citizens: Planning and the Rise of Civil Society in a Global Age.West Sussex：John Wiley & Sons

69 Mike Douglass & John Friedmann 编.Cities for Citizens: Planning and the Rise of Civil Society in a Global Age.West Sussex：John Wiley & Sons, 1998

70 L. Sandercock.Towards Cosmopolis：Planning for Multicultural Cities.West Sussex：John Wiley & Sons,1998

71 Thomas Janoski.Citizenship and Civil Society.1998.柯雄译.公民与文明社会：自由主义政体、传统政体和社会民主政体下的权利与义务框架.沈阳：辽宁教育出版社，2000

72 杨雪冬，薛晓源主编."第三条道路"与新的理论.北京：社会科学文献出版社，2000

73 John Rawls.A Theory of Justice.1971.何怀宏等译.正义论.北京：中国社会科学出版社，1988

74 John Forester.Planning in the Face of Power.Berkeley and Los Angeles：University of California Press，1989

75 Norman Krumholz.A Retrospective View of Equity Planning：Cleveland, 1969–1979.1982.见：Scott Campbell，Susan

Fainstein 编.Readings in Planning Theory, Malden and Oxford：Blackwell，1996

76 俞可平主编.治理与善治.北京：社会科学文献出版社，2000

77 辛西娅·休伊特·德·阿尔坎塔拉."治理"概念的运用与滥用.见：俞可平主编.治理与善治.北京：社会科学文献出版社，2000.19

78 让-彼埃尔·戈丹语.见：俞可平主编.治理与善治.北京：社会科学文献出版社，2000.1

79 引自俞可平.引论：治理和善治理.见:俞可平主编.治理与善治.北京：社会科学文献出版社，2000.4~5

80 俞可平等.中国公民社会的兴起与治理的变迁.北京：社会科学文献出版社，2002

81 俞可平主编.治理与善治.北京：社会科学文献出版社，2000

82 David Osborne and Ted Gaebler. Reinventing Government: How the Entrepreneurial Spirit is Transforming the Public Sector.1992.
上海市政协编译组和东方编译所编译.改革政府：企业精神如何改革着公营部门.上海：上海译文出版社，1996。需要指出的是，编著者对书名作了重新的翻译，使其更符合原文的文字和含义。

83 Harry Black.Achieving Economic Development Success：Tools that work.ICMA,1991

84 许英.城市社会学.齐鲁书社, 2002.212~214

85 庞元正，于冬红主编.当代西方社会发展理论新词典.长春：吉林人民出版社，2001.219

86 庞元正，于冬红主编.当代西方社会发展理论新词典.长春：吉林人民出版社，2001.225~226

87 庞元正，于冬红主编.当代西方社会发展理论新词典.长春：吉林人民出版社，2001.227~228

88 庞元正，于冬红主编.当代西方社会发展理论新词典.长春：吉林人民出版社，2001.9~10

89 United Nations Centre for Human Settlements(Habitat).An Urbanizing Word: Global Report on Human Settlements 1996.1996.
沈建国等译.城市化的世界：全球人类住区报告 1996.北京：中国建筑工业出版社，1999.437

90 引自：全国城市规划执业制度管理委员会.城市规划原理.北京：中国建筑工业出版社，2000.62~63

91 Anthony Giddens.2001.Sociology（4th ed).赵旭东等译.社会学.北京：北京大学出版社，2003.743

92 The Urban Villages Group.Urban Villages：A Concept for Creating Mixed-Use Developments on a Sustainable Scale.1992.节选自:Charles Jencks,Karl Kropf.Theories and Manifestoes of Contemporary Architecture.West Sussex：Academy Editions.1997.199~200

93 Peter Katz,ed.The New Urbanism：Toward an Architecture of Community.McGraw-Hill,1994

94 Duany，Plater-Zyberk. Traditional Neighborhood Development Ordinance. Architectural Design.1989. Vol.59, No.5/6

附　　录

现代城市规划理论史录

1842 年

查德威克（Edwin Chadwick）发表《英国工人卫生状况报告》（Report on the Sanitary Condition of the Labouring Population of Great Britain），揭开了19世纪后期对城市卫生状况关注和改革的序幕。

1845 年

恩格斯（Friedrich Engels）出版《1844年英国工人阶级的状况》（The Condition of the Working Class in England in 1844），通过对工业城市中工人阶级的生产和生活条件的调查，揭示了工人阶级在城市生活中的实际状况和城市问题产生的真实原因，探讨了工人阶级生活条件与资本主义生产关系之间的关系。该书被誉为是以科学研究方法开创城市社会学研究的重要著作。

1848 年

马克思和恩格斯完成《共产党宣言》，这是为共产主义者联盟起草的纲领，完整、系统而严密地阐述了马克思主义的主要思想，揭示了资本主义社会的内在矛盾和发展规律，也被认为是明确阐述现代主义思想的重要文献。

英国通过《公共卫生法》（Public Health Act）。

1849 年

白金汉（James Silk Buckingham）出版《国家邪恶与实践的救赎》（National Evils and Practical Remedies）。该书中所提出的改变工业城市危害的规划对霍华德（E.Howard）提出的田园城市产生了重大影响。

1870 年

奥姆斯特德（Frederick Law Olmsted）在美国社会科学联合会（American Social Science Association）杂志上发表论文《公园和城镇的拓展》（Public Parks and the Enlargement of Towns），探讨了现代城市中城市问题的严重性和引入自然风光的重要性与必要性，也为其后来在纽约建设中央公园提供了最初的理论支持。

1875 年

英国修改《公共卫生法》（Public Health Act），授权地方政府通过地方法规管理建筑物的布局以及征收实施政府计划所需的土地。

1882 年

索里亚·玛塔（Arturo Soriay Mata）发表论文提出带形城市（linear city）的理论框架，提出现代城市建设的基本原则。并在1894年创立公司，在马德里市郊开始进行实验性的建设。

1888 年

贝拉米（Edward Bellamy）出版《回顾》（Looking Backward: 2000～1887），以未来的眼光来评判当时的现实社会，提出了乌托邦思想的一种阐述，是19世纪末空想社会主义思想的重要著作。

1889 年

西特（Camillo Sitte）出版《根据艺术原则建设城市》（Dtadtebau nach seinen Kunstlerischen Grundsatzan）。该书1902年出版法文版，1925年出版俄文版，英文版直至1945年才出版，题为《建设城市的艺术》（The Art of Building Cities）。

1893 年

涂尔干（Emile Durkheim）出版《社会中的劳动力分工》（The Division of Labor in Society），通过对社会分工的分析，提出了机械团结和有机团结的划分，揭示了现代社会组织机制的本质。

1898 年

霍华德（Ebenezer Howard）发表《明日：真正改

革的平和之路》（Tomorrow: A Peaceful Path to Real Reform），该书在1902年再版时改名为《明天的田园城市》（Garden Cities of Tomorrow）。1946年由费边（Faber）社再印时，由奥斯本（F.J. Osborn）写了引论，芒福德（Lewis Mumford）写了导论。芒福德在文中将田园城市称为是19和20世纪转换之际两大重要发明之一，另一项发明是飞机。1903年，在霍华德的指导下由昂温（R. Unwin）和帕克（B.Parker）设计的第一座田园城市莱契沃斯（Letchworth）开始建设；1920年，开始建设第二座田园城市韦尔文（Welwyn）。

1899年

博伊斯（W.E.B.Du Bois）出版《费城黑人》（The Philadelphia Negro），对美国费城的黑人社群进行了研究，开创了城市内地域空间的社会群体与种族关系研究之先河。

克鲁泡特金（Piotr Kropotkin）出版《田野、工厂和车间》（Fields, Factories, and Workshops: or Industry Combined with Agriculture, and Brainwork with Manual Work）。将无政府主义的思想与地理学的组织结合了起来，并涉及到所有未开发地区的规划。

腾尼斯（Ferdinand Tönnies）出版《礼俗社会和法理社会》（Gemeinschaft and Gesellschaft），对不同社会群体的内在构成进行了研究。

1901年

加尼耶（Tony Garnier）提出"工业城市"概念和方案，提出了现代意义上的功能分区思想和工业城市布局的组织方式。

鲁宾逊（Charles Mulford Robinson）出版《城市的改进》（The Improvement of Towns and Cities: The Practical Basis of Civic Aesthetics），以城市改造为主线，强调城市建设和改造的美学特征，建立了城市美学的概念。

1903年

赫德（R. Hurd）出版《城市土地价值原理》（Principles of City Land Values），是城市土地经济学研究的早期之作，对20世纪20年代以后的城市土地经济学研究提供了基础。

亨纳德（Eugene Henard）开始进行巴黎街道改建的研究和实施，开创了现代大都市交通问题的综合对策研究，并提出了多种具体的交通组织方法，如1906年提出环岛式交通枢纽方案等。

西梅尔（G. Simmel）发表论文《大都市与精神生活》（The Metropolis and Mental Life），探讨了大城市的生活特征，把城市生活与人的思想与精神状态结合在了一起，并也提出了现代城市中需要功能分区的社会心理原因。西梅尔的思想和研究方法对芝加哥学派产生了重要影响。

昂温（R. Unwin）出版《拥挤一无所获！》（Nothing Gained by Overcrowding!: How the Garden City Type of Development May Benefit both Owner and Occupier），针对当时工业城市的拥挤状况进行了评述，提出对城市的统一安排和建设控制，并宣传霍华德（E.Howard）的田园城市作为城市未来发展的基本方法。但这是将霍华德的社会改革理想剔除后从建筑学角度对田园城市的再阐述，使后来的田园城市概念只留下了物质空间的内容。

1904年

德国第一份城市规划、城市建设杂志出版。

格迪斯（P. Geddes）出版《城市发展》（City Development: A Study of Parks, Gardens and Culture Institutes），将生物学和生态学的观念和方法引入到对城市问题的分析中，与奥姆斯特德（Frederick Law Olmsted）关于同样主题的论文进行比较可以发现，奥姆斯特德于1870年发表的论文更注重在观念上，从直观的角度认为城市是社会的罪恶之源，强调城市问题的严重性，要用乡村的优美环境来改善城市；而格迪斯的论述更具科学性的论证，强调城市与周边的乡村具有同源性，而城市公园等的建设则是城市社会生活发展的必需。

1907年

巴特利特（Dana Webster Bartlett）出版《更好的城市》（The Better City：A Sociological Study of a Modern City）。

1909年

伯纳姆（Daniel Burnham）发表了芝加哥规划（Plan for Chicago），被认为是现代意义上的第一份城市规模的"总体规划"（the first city-scale 'master plan'）。

美国哈佛（Harvard）大学聘请了第一位城市规划教授，建立了第一套完整的城市规划教学大纲，标志着现代城市规划学科的建立。

英国颁布了第一部涉及城市规划的法律《住房、城镇规划等法》（Housing，and Town Planning, etc. Act），这是在国家法律中第一次直接出现有关城市规划的法规。

在美国华盛顿召开了第一次全国性的城市规划会议。

昂温（Raymond Unwin）出版了《实践中的城镇规划》（Town Planning in Practice: An Introduction to the Art of Designing Cities and Suburbs）。本书基本上是从建筑学的角度，从城市艺术的角度对城市空间设计进行了概括与总结，尤其是比较了英国与欧洲的城市空间组织的方式。

1910 年

英国《城镇规划评论》（Town Planning Review）杂志在利物浦（Liverpool）大学出版发行。

英国城市规划协会成立。

1911 年

格里芬（Walter Burley Griffin）完成堪培拉规划，该规划基本上是传统规划的延续。

泰勒（Frederick Winslow Taylor）出版《科学管理原理》（The Principles of Scientific Management），提出了"可应用于各种人类活动——从简单的个人行为到大型组织的工作的科学管理基本原理"。

1913 年

法国城市规划协会成立。

蒲鲁东（C.B. Purdom）出版《田园城市》（The Garden City: A Study in the Development of a Modern Town），是对霍华德田园城市的早期研究，对田园城市思想的传播起了重要作用。

1914 年

奈特佛特（J.S. Netlefold）发表《实用的城镇规划》（Practical Town Planning）。

圣伊莱亚（Antonio Sant' Elia）为"新城市"设计"梯度建筑"。未来主义以宣言来表达他们对现代社会的认识，这是未来主义的重要图像表达，他们对进步、机器崇拜的基本理念在城市建筑与空间的构成与组织中得到了充分的反映。

1915 年

奥尔德里奇（H. R. Aldridge）出版《城镇规划案例》（The Case for Town Planning）。

格迪斯（P. Geddes）出版《演进中的城市》（Cities in Evolution），强调对城市 – 区域相结合的研究，提出了区域规划的思想基础。

豪（Frederick Howe）出版《现代城市及其问题》（The Modern City and Its Problems），这是对美国现代城市发展进行研究的重要文献。

泰勒（Graham Romeyn Taylor）出版《卫星城》（Satellite Cities：A Study of Industrial Suburbs）。这是较早提出通过在城市边缘建设重工业城镇来实现大都市的分散化。

1916 年

刘易斯（N.P. Lewis）出版《现代城市规划》（The Planning of the Modern City: A Review of the Principles Governing City Planning），这是有关城市规划原理和具体方法的早期的综合阐述。

纽约市通过区划法规。该法规的主要起草者是巴塞特（E.M. Bassett）律师，他在 1936 年出版《区划：最初 20 年的法律管理和法庭决定》（Zoning: The Law Administration, and Court Decisions during the First Twenty Years），既对纽约市区划法规 20 年的实施过程进行了总结，同时也对该法规起草时的想法作了总结与评估。

诺伦（J. Nolen）编辑出版《城市规划》（City Planning: A Series of Papers Presenting the Essential Elements of a City Plan），充分反映了美国学者基于保护私有财产基础上的城市规划观念，其中威廉斯（F.B. Williams）的论文《私人地产的公共控制》（Public Control of Private Real Estate）中的论述，揭示了城市规划的本质问题及其遭遇到的困境。

约曼斯（A.B. Yeomans）出版《城市居住用地开发》（City Residential Land Development: Studies in Planning），这是以居住区建设为核心内容的对规划原理的阐述。

1917 年

美国城市规划师协会成立。

1918 年

沙里宁（Eliel Sarrinen）完成大赫尔辛基规划方

案，提出了"有机疏散"理论的思想框架。

1919 年

斯彭格勒（Oswald Spengler）出版《西方的衰落》（The Decline of the West）。该书不仅提出了西方文化所面临的困难，同时也提出城市是文化的重要的构成要素。

法国颁布《城市规划法》。

日本颁布《城市规划法》和《城市地区建设法》。

1921 年

蒲鲁东（C.B. Purdom）编辑出版《城市理论和实践》（Town Theory and Practice）。其中包括了昂温（Raymond Unwin）阐述其有关伦敦区域规划的章节。

韦伯（Max Weber）发表有关城市研究的经典文献《城市》（The City）。该文从社会发展的角度研究了中世纪的城市组织，全面揭示了城市的特质。此文由马丁代尔（D. Martindale）和诺伊维尔特（G. Neuwirth）翻译，在 1958 年出版英文版。

1922 年

柯布西耶（Le Corbusier）出版《城市规划》（L'Urbanisme），提出现代城市设想，建构了有 300 万人组成的、以高层建筑和垂直路网、多层交通为形态特征的大城市的空间规划；1929 年出版英文版，书名改为《明日城市及其规划》（The City of Tomorrow and Its Planning）。

昂温（Raymond Unwin）在编制伦敦郡规划时提出卫星城概念及其模式与框架。

美国商务部（Department of Commerce）发布《标准区划授权法》（Standard Zoning Enabling Act），确立了区划法规的基本规程。

1923 年

阿谢德（S.D. Adshead）出版《城镇规划和城镇发展》（Town Planning and Town Development）。

柯布西耶（Le Corbusier）出版《走向新建筑》，吹响了现代建筑运动的号角，尽管该书的主要内容先前已经发表。

埃利（R.T. Ely）和莫尔豪斯（E.W. Morehous）出版《土地经济学原理》（Elements of Land Economics），现代土地经济学的奠基之作。

芒福德（L. Mumford）出版《乌托邦的故事》（The Story of Utopias），这是芒福德的早期著作，集中体现了其思想的来源和基础。

韦伯（Max Weber）发表文章《官僚》（Bureaucracy），探讨了现代社会中官僚制的特征及其作用。

1925 年

英国通过新的城市规划法，并与《住房法》分离，形成了独立的《城乡规划法》（Town and Country Planning Act）。

兰彻斯特（H.V. Lanchester）出版《城镇规划的艺术》（The Art of Town Planning）。

柯布西耶（Le Corbusier）提出巴黎改建的"伏瓦生规划"（Plan Voisin），这是一个实验性的规划方案，一方面充分表达了其现代城市设想的具体内容，另一方面则表达了这一设想在现代城市中的可行性。但由于其将巴黎几乎夷为平地后再来设计新的现代城市，招致了社会的极大反对。

帕克（R. Park）、伯吉斯（E. Burgess）和麦肯齐（R. McKenzie）出版论文汇集《城市》（The City: Suggestions for Investigation of Human Behavior in the Urban Environment），集中反映了芝加哥学派的研究成果，是将现代社会学研究引入城市研究的经典著作。

蒲鲁东（C.B. Purdom）出版《卫星城建设》（The Building of Satellite Towns: A Contribution to the Study of Town Development and Regional Planning），全面介绍了卫星城的理论和实践。

1926 年

斯塔姆（Mart Stam）完成阿姆斯特丹的鲁金区域设计，提出"开敞式城市"的概念，是现代建筑运动在 CIAM 成立之前对城市规划的先锋探索。

1927 年

美国区域规划联合会（Regional Plan Association）出版其研究报告《纽约及其郊区的区域研究》（Regional Survey of New York and Its Environs）。该报告在 1927～1931 年间共出版 8 卷 10 册。具体内容包括：

第一卷，大都市增长和安排的主要经济要素（Major Economic Factors in Metropolitan Growth and Arrangement）；

第一卷A，化工、金属、木材、烟草和印刷工业（Chemical, Metal, Wood, Tobacco and Printing Industries）；

第一卷B，食品、服装和纺织业，批发市场以及零售业和金融区（Food, Clothing & Textile Industries. Wholesale Markets and Retail Shopping & Financial District）；

第二卷，人口、土地价值和政府（Population, Land Values and Government）；

第三卷，公路交通（Highway Traffic）；

第四卷，公共交通和运输（Transit and Transportation）；

第五卷，公共娱乐（Public Recreation）；

第六卷，建筑物：用途及其空间（Buildings: Their Uses and the Spaces about Them）；

第七卷，邻里和社区规划（Neighborhoods and Community Planning）；

第八卷，物质条件和公共服务设施（Physical Conditions and Public Services）。

该联合会在1968年进行了第二次纽约区域规划，出版了《第二次区域规划》（The Second Regional Plan: A Draft for Discussion），并据此于1969年出版《曼哈顿城市设计》（Urban Design Manhattan）。

1928年

国际现代建筑会议（Congrès Internationaux d'Architecture Moderne，即著名的CIAM）成立，开创了现代建筑运动的新时代。

格鲁皮乌斯（Walter Gropius）完成德绍－托滕的合理化住宅区设计，总体布置围绕塔吊轨道组织，形成行列式的住宅街坊布局模式，在此后也被称为无等级体系的住宅街坊模式。

美国商务部（Department of Commerce）发布《标准城市规划授权法》（Standard City Planning Enabling Act），确立了美国城市规划的基本规程。

麦凯（Benton MacKaye）出版《新的探索：区域规划哲学》（The New Exploration: A Philosophy of Regional Planning）。

1929年

费里斯（Hugh Ferriss）出版《明日大都市》（The Metropolis of Tomorrow）。

曼海姆（Karl Mannheim）出版《意识形态和乌托邦》（Ideology and Utopia: An Introduction to the Sociology of Knowledge），从知识社会学的角度对"乌托邦"和意识形态内容进行了深入研究。

佩里（Clarerce Arthur Perry）发表《邻里单位》（The Neighborhood Unit: A Scheme of Arrangement for the Family-Life Community），详细阐述了邻里单位理论。该报告是作为纽约区域规划报告的第七卷发表的。佩里在1939年出版《机器时代的住房》（Housing for the Machine Age），对该理论的内容、思想基础以及具体运用进行了全面阐述。

1930年

昂温（R. Unwin）在《英国皇家建筑师协会会刊》（Journal of the Royal Institute of British Architects）发表论文《大伦敦区域规划》（Regional Planning with Special Reference to the Greater London Regional Plan），提出伦敦卫星城建设的方案。

沃伦（H. Warren）和戴维奇（W.R. Davidge）编辑出版了《人口和产业的分散化》（Decentralisation of Population and Industry: A New Principle of Town Planning），提出工业和人口有计划的分散化发展是城市规划的基本原则。

1931年

柯布西耶（Le Corbusier）出版《光辉城市》（*La Ville Radieuse: Eléments d'une doctrine d'urbanisme pour l'équipment de la civilization machiniste*）一书。后翻译成英文，书名为《The Radiant City: Elements of a Doctrine of Urbanism to Be Used as the Basis of Our Machine-Age Civilization》，该书对其现代城市设想进行深化与完善。

1932年

夏普（T. Sharp）出版《城镇和乡村》（Town and Countryside: Some Aspects of Urban and Rural Development）。

赖特（Frank Lloyd Wright）出版《消失的城市》（The Disappearing City），提出"广亩城市"（Broadacre City）概念。1935年做成模型在纽约展出，并在《建筑实录》（Architectural Record）杂志上发表论文《广亩城》（Broadacre City: A New Community Plan）。

1933 年

阿伯克龙比（Patrick Abercrombie）出版《城乡规划》（Town and Country Planning），详尽阐述了现代城市规划的基本原理。该书是当时及以后相当长一段时期内最著名的城市规划原理教材。

克里斯塔勒（W. Christalle）出版《德国南部的中心地》（Central Places in Southern Germany），提出了城市空间体系布局的中心地理论。

国际现代建筑会议（CIAM）通过了由柯布西耶（Le Corbusier）起草的《雅典宪章》，该宪章提出了现代城市规划的基本原则，成为此后城市规划和建设的基本纲领。但该宪章直到 10 年后才正式发表。

霍伊特（Homer Hoyt）出版《100 年来的芝加哥土地价值：1830～1933》（One Hundred Years of Land Values in Chicago：1830–1933）。本书以历史的观点来研究城市发展与土地价值之间的关系。

斯泰因（Clarence Stein）完成雷德朋（Radburn）新城规划，该规划既是纽约区域规划的重要成果之一，又是邻里单位理论的有意识实践，同时又提出了"超级街区"（superblock）概念，确立了此后影响了美洲和欧洲郊区和新城建设的"雷德朋原则"（Radburn Principle），是美国郊区建设的典范。

1935 年

亚当斯（Thomas Adams）出版《城市规划概要》（Outline of Town and City Planning：A Review of Past Efforts and Modern Aims）。

莫斯科规划完成，明确提出对大城市发展的限制。

1936 年

本雅明（Walter Benjamin）陆续写作发表与城市研究有关的文学批评文章，但直至 1973 年才由后人编辑出版《发达资本主义时代的抒情诗人》（The Lyric Poet in the Era of High Capitalism）的英文版。该书中的论文结合马克思主义的观点分析了波德莱尔（Charles Baudelaire）的大量诗作，从文化批判的角度具体而全面地研究了 19 世纪的巴黎的城市景象。本雅明的论著在 20 世纪末成为城市文化研究的重要源泉和思想基础，尤其是他针对巴黎拱廊（Arcades）进行研究时所做的大量笔记，成为 20 世纪末城市文化研究的经典。

蔡尔德（V. Gordon Childe）出版《人创造自身》（Man Makes Himself），揭示了公元前 3000 年发生的综合性变化，并称之为"城市革命"，是对城市起源以及城市本质特征研究的重要著作。

1937 年

霍利（Amos H. Hawley）出版《美国大都市正在改变的形态》（The Changing Shape of Metropolitan America：Deconcentration Since 1920）。

默多克（George P. Murdock）编辑出版《社会的科学研究》（Studies in the Science of Society）。其中，戴维（Maurice R. Davie）发表《城市发展模式》（The Pattern of Urban Growth）的论文。

帕森斯（Talcott Parsons）出版《社会行动的结构》（The Structure of Social Action），对社会行动系统进行了全面分析，创立了社会学的功能结构分析学派。

1938 年

巴塞特（E.M. Bassett）出版《总体规划》（The Master Plan: With a Discussion of the Theory of Community Land Planning Legislation）。作者是纽约区划法规的主要起草者，在该书中对总体规划与区划法规之间的关系进行了阐述。

芒福德（Lewis Mumford）出版《城市文化》（The Culture of Cities），充分论证了城市 – 区域发展的相互关系，为现代区域规划的发展提供了思想框架。

特里普（H. Alker Tripp）出版《道路交通及其控制》（Road Traffic and its Control），提出了交通控制的观念。他在 1942 年出版《城镇规划和交通》（Town Planning and Road Traffic），提出人行道与车行道完全分离，道路按功能进行等级划分并进行划区（precincts），不同等级的道路应自成体系等观点。

沃思（L. Wirth）在《美国社会学杂志》（American Journal of Sociology）发表论文《作为生活方式的城市性》（Urbanism as a Way of Life），总结了城市生活的要素和城市生活方式的特征。

1939 年

霍伊特（Homer Hoyt）主持完成《美国城市居住邻里的结构与发展》（The Structure and Growth of Residential Neighborhoods in American Cities）报告，由美国联邦住房管理局（Federal Housing Administration）发布，提出了美国城市发展的模式。

美国资源委员会（National Resources Committee）出版了两卷本的《城市规划和土地政策》（Urban Planning and Land Policies）。阐述了美国新政时期对城市规划的理解，为美国城市规划的发展奠定了重要基础。该书的第2卷集中阐述了新城建设。

奎因（Stuart Alfred Queen）和托马斯（Lewis Francis Thomas）出版《城市》（The City：A Study of Urbanism in the United States）。

1940 年

以巴洛（Anthony Montague Barlow）为主席的"皇家产业人口分布委员会"（Royal Commission on the Distribution of the Industrial Population）发表报告，即著名的《巴洛报告》（Barlow Report），提出了对大城市工业、人口疏解的政策框架，为后来的英国和世界范围的大城市控制和新城建设提供了依据。

1941 年

皮克（F. Pick）出版《英国必须重建：规划的模式》（Britain Must Rebuild: A Pattern for Planning），这是民主党的政策文件之一，为战后城市规划立法提供了初步框架。

1943 年

马斯洛（A.H. Maslow）在《心理学杂志》（Psychological Review）发表《人类动机理论》（A Theory of Human Motivation），提出了人类的基本需求及各需求之间的相互关系。

沙里宁（Eliel Sarrinen）出版《城市：它的生长、衰退和将来》（The City: Its Growth, Its Decay, Its Future），详细阐述了有机疏散理论的内容、方法和具体对策。

怀特（William F. Whyte）出版《街角社会》（Street Corner Society: The Social Structure of an Italian Slum），该书是社会学中行为观察的经典之作，开创了对社会环境与空间行为之间关系的研究，为20世纪50年代后期开始的对城市空间进行行为空间研究提供了样板和方法论。

1944 年

阿伯克龙比（P. Abercrombie）完成大伦敦规划，1945年出版《大伦敦规划1944》（Greater London Plan 1944），这是第二次世界大战结束前城市规划理论和实践的总结，同时也开启了战后城市重建的基本方向。

哈耶克（F.A. Hayek）出版《通往奴役之路》（The Road to Serfdom），阐述了现代自由主义思想的纲领，明确反对计划经济，并认为，实施计划经济发展会导致走向集权的结果。哈耶克的理论思想20世纪70年代末以后在英美等国的政治经济和意识形态方面发挥了重要作用。

1945 年

第二次世界大战结束，欧洲各国开始战后重建。

CIAM第八次会议召开。在会上，基迪恩（Sigfried Giedion）作了有关于市场和广场（agora，forum和piazza）的讲座，标志着现代建筑运动的一个重要转向。

1946 年

英国通过《新城法》，形成了新城建设的高潮，也为世界各国的新城建设提供了动力、方向和经验。至1981年，英国共依法建设了34座新城，此后基本不再有新的新城建设。

桑德斯（S. E. Sanders）和拉别克（A. J. Rabuck）出版《新的城市模式》（New City Patterns: The Analysis of and a Technique for Urban Reintegration）。

1947 年

英国通过新的《城乡规划法》，建立了以发展规划（development plan）为核心的城市规划体系。该法规被誉为是第二次世界大战后世界各国城市规划体系的奠基石。

达尔（Robert A. Dahl）在《公共行政管理评论》（Public Administration Review）上发表论文《公共行政管理科学》（The Science of Public Administration: Three Problems）。

哥本哈根总体规划完成，该规划在空间形态上呈"指状"，所以也被称为"手指状"规划，创造了城市空间形态的定向型动态发展的规划思路。

勒菲伏（Henri Lefebvre）出版《日常生活的批判》（Critique de la vie quotidienne），该书1991年出版英文版《Critique of Everyday Life》，以马克思主义的实践观开创了对日常生活的研究，对1970年代后的新马克思主义城市研究和后现代城市研究提供了理论基础。

西蒙（Herbert A. Simon）出版《管理行为》

（Administrative Behavior: A Study of Decision-Making Processes in Administrative Organization），揭示了传统的行政管理原则中的内在矛盾，并提出了新的公共行政范式，提出用"行政（管理）人"来取代"经济人"，并将决策置于行政研究的核心位置，改造了行政管理研究的整体结构。

1948 年

基迪恩（Sigfried Giedion）出版《主导的机械化》（Mechanization Takes Command: A Contribution to Anonymous History）。

路易斯·康（Louis Kahn）出版《合理城市研究》。

1949 年

艾克博（Garrett Eckbo）出版《生命景观》（Landscape for Living），提出对土地使用必须进行更多的公共控制，以取得对农村和城市的保护并达到更大的社会平等。

赫德纳特（Joseph Hudnut）出版《建筑和人类精神》（Architecture and the Spirit of Man），在该书中所使用的"postmodern"一词，被认为是建筑领域中首次运用。

拉特克利夫（R. U. Ratcliff）出版《城市土地经济学》（Urban Land Economics）。

1950 年

蔡尔德（V. Gordon Childe）在《城镇规划评论》（Town Planning Review）杂志发表论文《城市革命》（The Urban Revolution），以考古学的成果阐述了历史上早期城市的特点，揭示了城市的基本特质。

CIAM第九次会议召开，围绕着《雅典宪章》城市功能的分类问题，在代表中出现了决定性的分裂。为筹备下一次会议成立了"十次小组"（Team 10），从而将现代建筑运动的继续发展引向了另一方向。

吉伯森（James Gibson）出版《视觉世界的感知》（The Perception of the Visual World），提出空间感知离不开对背景的认识，阐述了"直觉空间的图底理论"（ground theory of perceptual space）。

霍利（Amos H. Hawley）出版《人文生态学》（Human Ecology: A Theory of Urban Structure），对芝加哥学派的理论进行总结，提出讨论城市结构的基本思路，并且成为新人文生态学的基本思路。

赖克沃特（Joseph Rykwert）出版《城镇思想》（The Idea of a Town），该书 1988 年重印。

沃克（R.A. Walker）出版《城市政府的规划职能》（The Planning Function in Urban Government），探讨了规划与政府行政运作之间的关系，是战后城市管理中"计划派"的代表作。

1951 年

柯布西耶（Le Corbusier）完成印度昌迪加尔（Chandigarh）规划，成为现代建筑运动主导下的城市规划的经典之一。

考文垂（Coventry）市中心商业区开始建设，标志着战后对遭战争摧毁地区重建的开始，同时确立了重建过程中城市规划的先导作用。

哈尔（C.M. Haar）出版《自由社会的土地规划》（Land Planning in a Free Society）。

拉斯姆森（Steen Eiler Rasmussen）出版《城镇与建筑》（Towns and Buildings）。

斯坦因（Clarence S. Stein）出版《美国新城》（New Towns for America）。

1952 年

鲍尔（Catherine Bauer）出版《住房与城市规划中的社会问题》（Social Questions in Housing and Town Planning）。

大斯德哥尔摩2000年规划公布，是战后英国之外有意识大规模运用新城建设的城市规划典范。

基布尔（L. Keeble）出版《城乡规划的原理与实践》（Principles and Practices of Town and Country Planning），是对二战后城市规划的原理和实践活动的总结，是这一时期及此后城市规划原理的经典教材。

芒福德（Lewis Mumford）发表论文《现代城市的理想形态》（The Ideal Form of the Modern City）。

斯密森夫妇（Alison & Peter Smithson）提出位于英国伦敦的金巷（Golden Lane）居住区的规划设计方案，改变了现代建筑运动居住区空间布局的基本样式，强调从人的活动需求出发进行空间组织。

蒂里特（Jaqueline Tyrwhitt）、塞特（Jose Luis Sert）和罗格斯（E.N.Rogers）编辑出版《城市中心》（The Heart of the City: Toward the Humanization of Urban Life），提出战后城市中心区建设的方向。

1953 年

吉伯德（Frederick Gibberd）出版《城市设计》（Town Design），是战后城市设计的经典之作，该书1960 年做了修订和扩充。

1954 年

阿什沃思（W. Ashworth）出版《英国现代城市规划的起源》（The Genesis of Modern British Town Planning），揭示了现代城市规划形成的动力机制。

米切尔（Robert B. Mitchell) 和拉普金（Chester Rapkin）出版《城市交通》（Urban Traffic: A Function of Land Use），提出了交通形成的本质，为 20 世纪 50 年代末美国运输－土地使用规划提供了直接的思想基础。

1955 年

巴塞洛缪（Harland Bartholomew）和伍德（Jack Wood）出版《美国城市的土地使用》（Land Uses in American Cities）。

格里克杉（Artur Glikson）出版《区域规划和发展》。

梅耶森（M. Meyerson）和班菲尔德（E.C. Banfield）出版《政治学，规划和公共利益》（Politics, Planning and the Public Interest），把规划作为政府行为放在政治学范畴进行考察，提出了公共利益关系协调的问题。

罗宾森（William A. Robinson）编辑出版《世界大城市》（Great Cities of the World：Their Government, Politics and Planning）。

1956 年

伯格（Donald J. Bogue）出版《大都市发展和土地向非农使用的转化》（Metropolitan Growth and the Conversion of Land to Non-Agricultural Uses）。

科斯塔（Lucio Costa）完成巴西利亚规划，是现代建筑运动主导下的城市规划的经典之一。

估克西亚季斯（K. A. Doxiadis）出版《希腊城市规划》（The Greek City Plan）。

路易斯·康（Louis Kahn）对费城中心区进行规划，该项规划非常关注交通与建筑的关系，而其更重要的意义在于引起了政府和市民对城市设计的重视。

CIAM 第十次会议在 Dubrovnik 召开，由于新一代建筑师与老一辈建筑师在观念上的差别，导致在一些关键性问题上难以取得共识，并认识到多元思想的重要性而不应再统一思想。此后不久，CIAM 宣布解体。

罗德文（Lloyd Rodwin）出版《英国新城政策》（The British New Towns Policy：Problems and Implications）。

怀特（W. H. Whyte）出版《组织人》（The Organization Man），提出了人际关系的新观点，为 20 世纪 60 年代后对人性、社会关系及社会空间关系的研究提出了新的方向。

1957 年

美国建筑师协会（American Institute of Architects）成立城市设计委员会（Committee on Urban Design），成员包括：培根（Edmund Bacon）、比格（Frederick Bigger）、丘吉尔（Henry Churchill）、格迪斯（Robert Geddes）、梅耶（Albert Mayer）和斯坦因（Clarence Stein）等。

《财富》（Fortun）杂志发表《爆发的大都市》（The Exploding Metropolis: A Study of the Assault on Urbanism and How Our Cities Can Resist It）的专题，作者包括雅各布斯（Jane Jacobs）和怀特（William H. Whyte）等。

戈特曼（J.Gottman）在《经济地理学》（Economic Geography）杂志发表《大城市带》（Megalopolis,or the Urbanization of the North-Eastern Seaboard）的论文，提出了大城市带的概念，并以此表示大都市连绵区。

波佩尔（K.R. Popper）出版《历史决定论的贫困》（The Poverty of Historicism），从对历史决定论的批判角度阐述了对社会发展的认识，同时提出了规划思想方法的问题。

1958 年

多布林纳（William M. Dobriner）编辑出版《郊区社区》（The Suburban Community）。

米尔斯（C. Wright Mills）出版《设计和人文问题》（Design and Human Problems）。

菊竹清训提出"海上城市"方案，开创了未来城市的技术化倾向。

1959 年

阿伦特（Hannah Arendt）出版《人的条件》（The Human Condition），对人类生存和人类活动的状况进行哲学阐述，其中有关公共领域的论述影响了后来哲学、社会学、政治学以及城市规划、城市设计、建筑等学科对相关论题的话语。

佐克西亚季斯（K. A. Doxiadis）发表论文《人类聚居地科学》（The Science of Ekistics）。

霍尔（Edward T. Hall）出版《无声的语言》（The Silent Language），该书是英国社会文化研究的重要著作，提出了"非言语"研究方法在文化研究的重要性，其中有大量篇幅涉及到空间组织在人类交往中的作用。

林德布洛姆（C.E. Lindblom）在《公共行政管理评论》（Public Administration Review）杂志发表论文《"得过且过"的科学》（The Science of "Muddling Through"）。这是决策科学研究的重要文献，对综合理性方法提出批判，并提出分离渐进的决策理论。

佐克（Paul Zucker）出版《城镇和广场》（Town and Square：From the Agora to the Village Green）。

英国伦敦巴比坎（Barbican）小区规划确定，1979年基本建成。该项规划中对现代城市规划的功能分区提出修正，开创了有意识的、有规划的城市土地的多用途使用。

1960 年

白金汉（Reyner Banham）出版《第一个机器时代的理论与设计》（Theory and Design in the First Machine Age），提出早期现代主义在将技术和工业结合进设计过程时受到了当时不成熟的、不适合工业时代的象征主义和美学观念的局限。

杜尔（L.J. Duhl）编辑出版《城市状况》《The Urban Condition: People and Policy in the Metropolis）。

伊萨德（W. Isard）出版《区域分析方法》（Methods of Regional Analysis: An Introduction to Regional Science），标志着20世纪60年代蓬勃发展的区域科学的形成。

林奇（Kevin Lynch）出版《城市意象》（The Image of the City），该书被誉为是城市设计的重要里程碑。该书在内容上提出了城市空间的结构要素，在方法上确立了城市空间认知的新方法，改变了现代建筑运动对城市空间认知的方法论。而其所建立起的"认知地图"及其方法此后在城市规划、城市设计和地理学、心理学、社会学等学科领域中被广泛运用。

斯交伯格（Gideon Sjoberg）出版《前工业城市》（The Preindustrial City: Past and Present），揭示了前工业时期城市的基本特征，是城市发展历史研究的经典之作。

1961 年

卡伦（Gordon Cullen）出版《城市景观》（The Concise Townscape），是有关于动态分析城市景观组织的经典之作。

哈布瑞肯（Nicolas Habraken）出版《支撑体系》（Supports: An Alternative to Mass Housing），阐述了住宅建设的"支撑体系"理论，并提供了自助式住宅建设的框架。该书的英文版于1972年出版。

雅各布斯（Jane Jacobs）出版《美国大城市的生生死死》（The Death and Life of Great American Cities），以美国城市更新为例，通过对城市空间的实际使用的分析，对建基于霍华德和勒·柯布西耶思想基础上的现代城市规划原则进行了抨击，全面改观了对现代城市规划的认识。在很多有关后现代主义的论述中，将该书的出版视为后现代城市规划形成的标志。

肯尼迪（John F. Kennedy）政府提出立法通过保护开放空间以反对城市的蔓延。

芒福德（Lewis Mumford）出版《历史中的城市》（The City in History: Its Origins, Its Transformations, and Its Prospects），是城市发展与城市规划的思想史。

纽约市通过了新的区划法规，提出了开发控制的一些新的指标，其中包括容积率（FAR）、奖励区划等等，强调在对土地使用进行控制的同时要创造多样性的可能。

温格（L. Wingo）出版《运输和城市土地》（Transportation and Urban Land），对以前的有关交通和土地使用研究的总结，同时为运用系统方法进行运输－土地使用规划提供了分析框架。

本尼斯（Warren G. Bennis）、贝恩（Kenneth D. Benne）和秦因（Robert Chin）编辑出版《变化的规划》（The Planning of Change），全面探讨了对社会变化进行规划的问题，并且揭示了如何实现规划的变化（planned change）的思想体系、知识框架以及具体方法。该书此后在1969年、1974年和1984年等多次再版，每一次再版对收录的论文都做了较大的替换。

1962 年

卡森（Rachel Carson）出版《寂静的春天》（Silent Spring），描述了人类进步对自然环境带来的压力和损害，呼吁关注人类生活方式与自然环境的关系，成为此后的环境保护和可持续发展的先声。

钱德勒（Alfred Chandler）出版《战略与结构》

（Strategy and Structure），首先唤醒了企业界对战略的关注，以后又影响到政府部门。

达维多夫（P.Davidoff）和赖纳（Thomas A. Reiner）发表论文《规划的选择理论》（A Choise Theory of Planning），提出规划应当反映不同的价值观，并应当将增加多样性和选择性作为规划的终极目标。

甘斯（Herbert Gans）出版《都市村民》（The Urban Villagers: Group and Class Life of Italian-Americans），揭示了城市中多元的生活方式。

谷特坎（E.A. Gutkind）出版《城市的黎明》（The Twilight of Cities）。

哈伯马斯（Jürgen Habermas）出版《公共领域的结构转换》（*Habilitationsschrift, Strukturandel der Offentlichkeit*），1978年出版法文版，1989年出版英文版，题为《The Structural Transformation of the Public Sphere》。通过对资本主义公共性衰落过程的剖析，论述了资本主义社会民主制下私人的与公共中的利益和观点的相互渗透和转换。

库恩（T.S. Kuhn）出版《科学革命的结构》（The Structure of Scientific Revolutions），提出了著名的"范型"（paradigm）说，认为所谓的范型是一个被普遍接受的模式，是由特定社团内的所有成员共享的信仰、价值观和技术所集合而成的，范型也决定了人们观察问题和解决问题的视角。而科学革命的实质就是范型的转变。

林奇（Kevin Lynch）出版《场址规划》（Site Planning），系统阐述了场址分析、规划设计的思想基础、具体方法，为城市设计提供了操作手册。

斯密森（Alison Smithson）编辑的《十次小组读本》（Team 10 Primer）在《建筑设计》（Architectural Design）杂志上发表，并于1968年成书出版。系统阐述了"十次小组"的建筑与城市设计的理念，表达了该小组对现代建筑运动观念的批判。

M·怀特（Morton White）和L·怀特（Lucie White）出版《知识分子与城市》（The Intellectual versus the City）。

1963 年

贝内沃洛（Leonardo Benevolo）出版《现代城市规划的起源》（The Origins of Modern Town Planning）意大利文版，1967年出版英文版，由兰德里（Judith Landry）翻译。该书从社会、经济、政治等方面追溯了现代城市规划的渊源，改变了现代建筑运动主导下的城市规划的单向度思维。

布坎南（C. D. Buchanan）发表题为《城市交通》（Traffic in Towns: A Study of the Long-term Problems of Traffic in Urban Areas）的报告，揭示了城市交通问题的实质，提出了城市规划必须与交通规划相结合。

谢尔梅耶夫（Serge Chermayeff）和亚历山大（Christopher Alexander）出版《社区和私密性》（Community and Privacy: Towards a New Architecture of Humanism）。

加利翁（A.B. Gallion）和艾斯纳（S. Eisner）出版了《城市模式》（The Urban Pattern），描述了现代城市规划的内容和过程。此后该书多次再版。

戈夫曼（E. Goffman）出版《公共场所的行为》（Behavior in Public Places），探讨了人在公共空间中的行为，提出特定"行为背景"（behavior setting）的全面研究。

诺伯格—舒尔茨（Christian Norberg-Schulz）出版《建筑的意义》（Intentions in Architecture），提出了建筑学中的文化象征主义。

赖纳（T.A. Reiner）出版《城市规划中理想社区的场所》（The Place of the Ideal Community in Urban Planning）。

小温格（L. Wingo, Jr.）编辑出版《城市和空间》（Cities and Space: The Future Use of Urban Land），在强调社会组织的可能前景的基础上，探讨了在新的发展条件下土地使用规划的可能。其中，韦伯（M.M. Webber）发表了论文《多样性中的秩序》（Order in Diversity: Community without Propinquity），提出了人际交往并非纯粹依赖于近邻性，并为其"非场所"（non-place）的城市概念打下了基础。

1964 年

亚历山大（Christopher Alexander）出版《形式合成纲领》（Notes on the Synthesis of Form）。

阿隆索（W. Alonso）出版《区位与土地使用》（Location and Land Use），提出了著名的"竞租理论"。

阿普尔亚德（D.Appleyard）、林奇（K.Lynch）和迈尔（J.R.Myer）出版《道路上的景观》（The View from the Road），研究了动态的城市形态的构成方式及其表现。

阿基格兰姆（Archigram）出版《通用结构》（Universal Structure）。

库克（P. Cook）提出"插入式城市"设想。

格伦（Victor Gruen）出版《城市中心》（The Heart of Our Cities: The Urban Crisis — Diagnosis and Cure），是在城市中心衰退初期对城市中心发展进行的全面研究。

赫伦（R. Herron）提出"行走城市"方案。

小肯特（T. J. Kent, Jr.）出版《城市总体规划》（The Urban General Plan），阐述了城市总体规划的原理，是系统综合规划思想早期最为全面的表述。

劳里（I.S. Lowry）出版《大都市模型》（A Model of Metropolis），这是为兰德公司（RAND）所做的研究报告。在该报告中提出了著名的劳瑞公式，是城市影响力范围和城市势力圈研究的重要计算依据。

马基（Fumihiko Maki）出版《巨型结构》（The Megastructure）。

马库斯（H. Marcuse）出版《单向度的人》（One Dimensional Man: Studies in the Ideology of Advanced Industrial Society），描述了资本主义快速发展时期人的思维的局限性，揭示了发达资本主义社会中社会控制的普遍化和缺失批判与否定的向度，并彰显了批判理论的社会功效。是20世纪60年代末的欧美学生运动的"圣经"之一。

芒福德（L. Mumford）出版《公路与城市》（The Highway and the City），研究了高速公路与城市发展的关系，对由高速公路的发展而导致的城市蔓延提出了批评。

鲁多尔斯基（Bernard Rudofsky）出版《没有建筑师的建筑》（Architecture without Architects），同时在纽约现代艺术博物馆举行同名展览，提出了"人民建筑"的概念。

韦伯（Melvin Webber）、迪克曼（John W. Dyckman）、佛利（Donald L. Foley）、古腾贝格（Albert Z. Guttenberg）、惠顿（William L.C. Wheaton）和沃斯特（Catherine Bauer Wurster）编辑出版《城市结构研究》（Explorations into the Urban Structure），对在郊迁化快速发展状况下的城市空间结构发展进行了探讨，其中，韦伯（Melvin Webber）发表的论文《城市场所和非场所的城市领域》（The Urban Place and the Non-Place Urban Realm）更提出了城市交往并不是由距离所决定的，郊区的发展并没有改变城市交往的特征。该论文及其"非场所城市"（non place urban realm）概念成为20世纪中期以后有关城市特质和城市空间发展讨论的重要基础。

1965 年

亚历山大（C. Alexander）发表论文《城市并非树形》（A City is not a Tree），提出城市空间结构构成的复杂性，为城市空间结构的研究指出了新的方向，并且也成为对现代主义思想进行批判和阐述后现代思想的重要文献。

艾布拉姆（C. Abram）出版《城市边疆》（The City Is the Frontier），探讨了美国郊区化和大都市发展的特征。

蔡平（S. J. Chapin）出版《土地使用规划》（Urban Land Use Planning），提出应当根据人的活动模式进行土地使用的安排，是有关城市土地使用规划的经典教材。此后多次再版。

柯林斯（George C. Collins，Christiane C. Collins）出版《卡米洛·西特和现代城市规划的诞生》（Camillo Sitte and Birth of Modern City Planning），重新唤起了对西特的城市设计思想的重视，其实质是对现代建筑运动主导下的城市规划思想方法的批判。

达维多夫（Paul Davidoff）在《美国规划师协会会刊》（Journal of the American Institute of Planners）发表论文《规划中的倡导性和多元论》（Advocacy and Pluralism in Planning），成为20世纪60年代以后公众参与和倡导性规划的重要基础，并为后来的后现代思想中的多元论提供了早期的论证。

奥尔森（Mancur Olson）出版《集体行动的逻辑》（The Logic of Collective Action：Public Goods and the Theory of Groups），运用公共选择理论的分析，提出集体行动的一般逻辑：个人作为经济人或理性人将不会为集团的共同利益采取行动。

雷普斯（J. W. Reps）出版《城市美国的形成》（The Making of Urban America: A History of Urban Planning in the United States）。

《科学美国人》（Scientific American）杂志编辑专题"城市"（Cities），戴维斯（Kingsley Davis）、斯交伯格（Gideon Sjoberg）、布卢门菲尔德（Hans Blumenfeld）、罗德文（Lloyd Rodwin）、阿布拉姆斯（Charles Abrams）、迪克曼（John Dyckman）、格拉泽尔（Nathan Glazer）、林奇（Kevin Lynch）等人发表文章，从不同的角度探讨了对城市及其发展的认识。

1966 年

巴布科克（Richard F. Babcock）出版《区划博弈》

（The Zoning Game: Municipal Practices and Policies），揭示了区划法规制定和实施过程受到多种因素的相互作用，其本质是政治的过程，技术手段在其中无以发挥主导性的影响。

博恩（Larry Bourne）编辑出版《城市的内部结构》（Internal Structure of the City: Reading On Space and Environment），内容包括社会学、经济学、政治学、地理学等学科对城市内部空间结构的研究文献。

霍尔（P. Hall）出版《世界城市》（The World Cities），描述了世界大城市发展的特点，是20世纪80年代后有关世界大城市（包括后来的全球城市）研究的先导。

利曲菲尔德（N.Lichfield）发表论文《城市规划中的成本－效益分析》（Cost-Benefit Analysis in Town Planning），提出了对规划内容及规划行为进行成本效益评价。

马基尔斯基（S.J. Makielski）出版《区划的政治学》（The Politics of Zoning: The New York Experience）。

罗西（Aldo Rossi）出版《城市建筑学》（L'architettura della citta），该书的英文版于1982年出版，名为《Architecture of the City》。该书以城市形态学为方法论基础，以集体记忆作为分析基础，阐述了新理性主义城市设计的原则。

希克（Allen Schick）在《公共行政管理评论》（Public Administration Review）杂志发表论文《通往PPB之路：预算改革步骤》（The Road to PPB: The Stage of Budget Reform），提出了政府预算制度的改革（即建立 Planning-Programming-Budgeting 制度），此后引发了政府的预算革命，同时也对城市规划的观念和实施产生重大影响。

文丘里（Robert Venturi）出版《建筑的复杂性与矛盾性》（Complexity and Contradiction in Architecture），是建筑学领域后现代思想的理论纲领。

1967年

培根（Edmund Bacon）出版《城市设计》（Design of Cities），全面探讨了城市设计的组成、要素以及城市设计的过程及实施等，是城市设计的经典著作。

贝卢希（J. Bellush）和豪斯克内希特（M. Hausknecht）编辑出版《城市更新》（Urban Renewal: People, Politics and Planning），对美国20世纪50年代开始的城市更新运动进行了全面回顾和批判。其中，

甘斯（H.J. Gans）发表的论文《城市更新的失败》（The Failure of Urban Renewal: A Critique and Some Proposals）指出了城市更新的本质。

埃尔德雷奇（H. Wentworth Eldredge）编辑出版《驯化大城市带》（Taming Megalopolis），提出对大都市在新的条件下的重新认识，为正在开展的纽约大都市的第二次区域规划提出建议。书中论文的作者包括了美国著名的城市研究专家：腾纳德（Christopher Tunnard）、韦伯（Melvin Webber）、斯交伯格（Gideon Sjoberg）、伍德（Robert Wood）、约翰逊（Lyndon B. Johnson）、迪克曼（Hohn Dyckman）、培根（Edmund Bacon）、戈特曼（Jean Gottmann）、怀特（William H. Whyte）、阿布拉姆斯（Charles Abrams）、麦克哈格（Ian McHarg）、雅各布斯（Jane Jacobs）、班菲尔德（Edward Banfield）、佩洛夫（Harvey Perloff）、雷普斯(John Reps)、甘斯（Herbert Gans）、罗德文（Lloyd Rodwin）、菲舍尔（Jack Fisher）等。

甘斯（Herbert J. Gans）出版《列维堂镇民》（The Levittowners: Ways of Life and Politics in a New Suburban Community），是对郊区生活方式的全面研究，并提出城市与郊区生活方式并不对立。

帕克（R. Park）出版《论社会控制和集体行为》（On Social Control and Collective Behavior）。

雷普斯（J. Reps）出版《不朽的华盛顿》（Monumental Washington: The Planning and Development of the Capital Center）。

鲁斯（G. Roth）出版《为道路付费》（Paying for Roads: The Economics of Traffic Congestion）。

冯·埃卡特（Wolf von Eckardt）出版《生活场所》（A Place to Live: The Crisis of the Cities）。

1968年

艾考夫（Russell Ackoff）出版《合作规划的概念》（A Concept of Corporate Planning）。

英国通过新的城乡规划法（Town and Country Planning Act），提出用结构规划和地方规划来替代原有的发展规划体系。

布罗迪（M. Broady）出版《为人民规划》（Planning for People）。

艾采尼（A. Etzioni）出版《积极社会》（The Active Society: A Theory of Societal and Political Processes）。

甘斯（Herbert Gans）出版《人民和规划》（People

and Plans: Essays on Urban Problems and Solutions），提出社会的发展受人群的社会经济状况及社会组织方式所决定，而不是受物质规划的决定，而且空间规划也应是由社会经济等所决定的。

希尔（M. Hill）发表论文《评价规划方案的目标达成矩阵》（A Goals Achievement Matrix for Evaluation Alternative Plans），提出了对规划进行评价的新的方法论。

勒菲伏（Henri Lefebvre）出版《日常生活和现代世界》（La vie quotidienne dans le monde moderne），1971年出版英文版，题为《Everyday Life and the Modern World》。

芒福德（Lewis Mumford）出版《城市的前景》（The Urban Prospect）。

索莱里（P. Soleri）提出"仿生城市"（Arcology）设想，并于1970年在美国的亚利桑那（Arizona）州的凤凰城（Phoenix）附近开始建设 Arcosanti 以实现他的设想。

斯特朗（A. Strong）出版《规划的城市环境》（Planned Urban Environments）。

美国通过新的住房法（Housing Act）促使私人投资重建旧城和建设新城。

美国通过新社区法（New Community Act），强调考虑更多的综合因素，注意社区中的弱势群体的需要，并以新社区的建设来替代原有的城市更新。

1969 年

阿恩斯坦（Sherry Arnstein）在《美国规划师协会会刊》（Journal of the American Institute of Planners）杂志发表论文《公众参与的阶梯》（A Ladder of Citizen Participation），强调公众参与的本质，具体解释了公众参与的不同状况及其条件。

福里斯特（J. Forrester）出版《城市动力学》（Urban Dynamics），以系统方法建构了城市发展的模型，为定量研究城市发展提供了方法支持，是此后系统方法论在城市中运用的奠基之作。

霍尔（Edward T. Hall）出版《隐藏的向度》（Hidden Dimension），提出人与人之间的空间距离决定了人际的交往关系。

雅各布斯（Jane Jacobs）出版《城市经济》（The Economy of City）。在书中，她对城市的形成提出了一种新的解释，认为城市生活先于农业从游牧社会中分离出来，而且正是城市社会的形成促使种植业的出现和发展。

詹克斯（Charles Jencks）出版《符号学和建筑》（Semiology and Architecture），建立了符号学与建筑学的关系，为建筑文化研究提出了分析框架。

詹克斯（Charles Jencks）和贝尔德（George Baird）编辑出版《建筑的意义》（Meaning in Architecture）。

麦克哈克（Ian McHarg）出版《设计结合自然》（Design with Nature），提出建筑和城市的规划设计必须充分考虑当地的自然环境状况，并应加以很好的结合。

麦克洛克林（J. B. McLoughlin）出版《城市和区域规划：系统方法》（Urban and Regional Planning: A System Approach），完整阐述了城市规划的系统观，并描述了系统方法在城市规划中运用的理论框架，是系统方法论在城市规划中运用的经典之作。

穆特（R. Muth）出版《城市和住房》（Cities and Housing: The Spatial Patterns of Residential Land Use）。

拉波波特（Amos Rapoport）出版《住房形态和文化》（House Form and Culture），提出建筑形式并非由建筑材料等物质要素所决定的，而是由使用者的文化背景所决定的。

鲁道夫斯基（Bernard Rudofsky）出版《为人的街道》（Streets for People: A Primer for Americans）。

斯库利（Vincent Scully）出版《美国建筑和城市规划》（American Architecture and Urbanism）。

萨默（Robert Sommer）出版《个人空间》（Personal Space: The Behavioral Basis of Design）。

英国斯克芬顿委员会（Skeffinton Committee）公布了题为"人民与规划"（People and Plan）的报告，对公众参与城市规划及其组织提出基本的框架。

塔夫里（Manfredo Tafuri）出版《通向建筑意识形态的批判》（Toward a Critique of Architectural Ideology），以马克思主义的观点研究现代建筑和城市规划的发展演变。

1970 年

班菲尔德（E.C. Banfield）出版《非天堂的城市》（The Unheavenly City: The Nature and Future of our Urban Crisis），是新马克思主义城市研究的早期之作。

贝里（B. J. L. Berry）和霍顿（F. Horton）编辑出版《城市系统的地理学观点》（Geographic Perspectives on Urban Systems），建构了完整的城市体系概念。

博伊斯（D. Boyce），戴（N. Day）和麦克唐纳（C. McDonald）出版《编制大都市规划》（Metropolitan Plan Making）。

卡塔内塞（A.J. Catanese）和斯泰斯（A.W. Steiss）出版《系统规划》（Systemic Planning: Theory and Application）。

弗里德曼（Y. Friedman）提出空间城市设想。

帕尔（R. E. Pahl）出版《谁的城市？》（Whose City? And Other Essays in Sociology and Planning）。

塞内特（Richard Sennett）出版《无序的使用》（The Uses of Disorder: Personal Identity and City Life）。

托夫勒（A. Toffler）出版《未来的冲击》（Future Shock）。

1971 年

布朗（Denise Scott Brown）出版《从波普中学到的》（Learning from Pop），提倡建筑设计从大众艺术和流行艺术中吸取营养。

查德威克（G. F. Chadwick）出版《规划的系统观》（A System View of Planning: Towards a Theory of the Urban And Regional Planning Process），提出了系统方法论在城市规划中运用的方法论基础，与麦克洛克林（J. B.McLoughlin）的《城市和区域规划：系统方法》（Urban and Regional Planning: A System Approach）一书相比较，该书在内容上更为具体地阐述了系统方法的运用，具有更强的操作性。

曼德尔科（Daniel R. Mandelker）出版《区划悖论》（The Zoning Dilemma: A Legal Strategy for Urban Change）。

罗斯托（W. Rostow）出版《经济发展的阶段》（The Stages of Economic Growth: A Non-Communist Manifesto），详细描述了经济发展的阶段及其条件。

英国 Coventry-Solihull-Warwickshire 次区域研究完成，是系统方法在规划领域中运用的典范。

1972 年

卡尔维诺（I. Calvino）出版《看不见的城市》（Invisible Cities），该书的英文版由威孚（William Weaver）翻译，于 1974 年出版。

卡斯泰尔（Manuel Castells）出版《城市问题》（La question urbaine），英文版于 1977 年出版，题为《The Urban Question： A Marxist Approach》。该书以马克思主义的观点，综合研究了城市发展的内部关系，提出

政府的职责就是提供"集体消费"，是新马克思主义城市研究的经典之作。

切尔韦拉蒂（P. L. Cervellati）和斯堪纳瑞尼（R. Scannarini）出版《波伦亚的类型学及形态学》，奠定了新理性主义的城市形态学的方法论和具体的分析方法。

古德曼（R. Goodman）出版《规划师之后》（After the Planners）。

林奇（Kevin Lynch）出版《场所是什么时间？》（What Time is this Place?），强调城市空间研究应将时空间相结合。

马丁（L. Martin）和马奇（L. March）编辑出版《城市空间和结构》（Urban Space and Structures）。

D·H·梅多（D. H. Meadows）、D·L·梅多斯（D. L. Meadows）、兰德斯（J. Randers）和贝伦斯（C. W. Behrens）出版《增长的极限》（The Limits to Growth），这是著名的罗马俱乐部的经典报告，对现代发展观提出批评，提出决定和限制增长的五个基本因素是人口、农业生产、自然资源、工业生产和污染，对后来的发展理念以及人口控制、环境保护等在理论和政策层面都发挥了重要的作用。报告最后提出的"持续增长"和"合理的持久的均衡发展"的概念，为可持续发展理论的提出与形成做出了重要贡献。

米尔斯（E. Mills）出版《城市经济结构的研究》（Studies in the Structure of the Urban Economy），该书研究了城市经济结构的组成及其相互之间的关系。

莫里斯（A. E. J. Morris）出版《城市形态的历史》（History of Urban Form: Before the Industrial Revolutions），是有关城市空间形态历史比较的重要著作。

纽曼（Oscar Newman）出版《防卫空间》（Defensible Space: People and Design in the Violent City），从空间使用的领域性出发，建构了防卫空间理论。

舒特斯（G. Suttles）出版《社区的社会建构》（The Social Construction of Communities）。

小沃纳（Sam Bass Warner, Jr.）出版《城市荒原》（The Urban Wilderness: A History of the American City）。

美国圣路易斯市 Pruitt Igoe 街坊被炸毁（1956 年建成），詹克斯（C. Jencks）称之为现代建筑死亡之时（1977 年）。

文丘里（Robert Venturi）、布朗（Denise Scott Brown）和艾泽努尔（Steven Izenour）出版《从拉斯维加斯学到的》（Learning from Las Vegas: The Forgotten

Symbolism of Architectural Form），对现代主义城市规划和城市设计提出了批评，以符号学等学科知识分析了独特的城市空间形态。

1973年

贝尔（D. Bell）出版《后工业社会的来临》（The Coming of Post-Industrial Society：A Venture in Social Forecasting），揭示了西方社会发展的趋势，阐述了新的生产方式的变化对社会结构发展的作用，对未来的后工业时代的社会结构与政治影响进行了研究，并提出了后工业社会的特点和组织原则，开创了对"后"时代的全面研究。

贝里（B. J. L. Berry）出版《城市化的人类效应》（The Human Consequences of Urbanization），综合阐述了城市体系的观念和理论。

布罗代尔（F. Braudel）出版《资本主义和物质生活》（Capitalism and Material Life: 1400-1800），以长时段的宏观描述，阐述了社会制度的转变与物质文明发展之间的关系，是法国年鉴派历史研究的代表作。

克劳森（M. Clawson）和霍尔（P. Hall）出版《土地规划和城市发展》（Land Planning and Urban Growth）。

考林（T. Cowling）和斯泰莱（G. Steeley）出版《次区域规划研究》（Sub-Regional Planning Studies: An Evaluation）。

埃科（Umberto Eco）出版《超现实旅行》（Travels in Hyperreality），英文版出版于1986年。

爱泼斯坦（D.G. Epstein）出版《巴西利亚，规划和现实》（Brasilia, Plan and Reality: A Study of Planned and Spontaneous Urban Development），对现代建筑运动主导下的城市规划进行实证性的批判。

法吕迪（Andreas Faludi）编辑出版《规划理论读本》（A Reader in Planning Theory），提出了对"theory of planning"和"theory in planning"的区分，本书收集的是有关前者的理论文献。

法吕迪（A. Faludi）出版《规划理论》（Planning Theory），提出"以决策为导向的规划"理论，认为规划的目的与作用就是为城市决策提供依据和支持。1978年发表论文《规划的决策导向观和研究范型》（The Decision-Centred View and a Research Paradigm for Planning）提出了更为明确的界定。1987年出版《环境规划的决策导向观》（A Decision-Centred View of Environmental Planning），对该理论的具体运用及其方法进行了全面阐述。

哈维（D. Harvey）出版《社会公正与城市》（Social Justice and the City），以马克思主义的观点审视城市发展问题，提出了从城市中不同人群的不同需要和价值出发来评价城市的各项建设，强调了城市发展的公正问题。是新马克思主义城市研究的经典之作。

麦克洛克林（J. B. McLoughlin）出版《控制和城市规划》（Control and Urban Planning），用控制与反馈的关系对城市规划过程进行了阐述。

罗尔斯（John Rawls）出版《公正论》（A Theory of Justice），提出了作为公平的正义的内涵、正义的两原则以及满足两个正义原则的社会基本结构及其所带来的义务与职责，为探讨社会的正义与公平奠定了基础。

舒马赫（E.F. Schumacher）出版《小就是美》（Small is Beautiful），阐述了新的发展观。罗马俱乐部的报告《增长的极限》只是提出了问题，而没有提出解决的方法，而舒马赫则提出了一种解决之道。

塔夫里（Manfredo Tafuri）出版《建筑和乌托邦》（Projetto et Utopia），英文版出版于1976年，名为《Architecture and Utopia》。

威尔达夫斯基（A. Wildavsky）在《政策科学》（Policy Sciences）杂志发表论文《如果什么都是规划，那么它就什么也不是》（"If Planning Is Everything, Maybe It's Nothing），对规划的作用范围提出反思，提出应避免政策研究中对规划的滥用。

1974年

阿格雷斯特（Diana Agrest）发表论文《设计还是非设计》（Design versus Non-Design），该文于1976年在《反对派》（Oppositions）杂志上再次发表，提出了"非设计的设计观"。强调设计应顺应人的活动，而不是有意识地去纠正人的活动。

贝克（P. Baker）出版《城市化和政治演变》（Urbanization and Political Change）。

巴雷特（Jonathan Barnett）出版《作为公共政策的城市设计》（Urban Design as Public Policy: Practical Methods for Improving Cities），以纽约中心区改建为例说明城市设计是城市公共政策的组成部分，指出城市设计应与政府行为相结合，成为政府政策的组成部分。同时，详细阐述了这种类型的城市设计的内容和方法，

布克金（Murray Bookchin）出版《城市的极限》

（The Limits of the City）。

布鲁顿（M. J. Bruton）出版《规划的精神和目的》（The Spirit and Purpose of Planning）（2nd ed.），集中探讨了规划的本质意义。

蔡平（Francis Stuart Chapin）出版《城市的人类行为模式》（Human Activity Patterns in the City: Things People Do in Time and in Space）。

切利（G. Cherry）出版《英国城镇规划的演进》（The Evolution of British Town Planning）。

勒菲伏（Henri Lefebvre）出版《空间的生产》（La porduction de l'espace），英文版直至1991年出版，题为《The Production of Space》。以马克思主义的观点研究空间形成过程，认为空间是资本主义条件下社会关系的重要组成部分，空间既是资本主义生产关系所产生的结果，同时又是资本主义生产关系再生产的载体。本书是新马克思主义城市空间研究的经典之作。其所提出的"表述空间"与"空间的表述"、"空间的生产"与"空间中的生产"等概念及相关阐述为此后的空间研究提供了广泛的基础。

拉班（J. Raban）出版《软性城市》（The Soft City），以伦敦为背景的个人的城市体验，对后现代城市理论研究产生重要而长远的影响。

索尔斯伯里（W.Solesbury）出版《城市规划的政策》（Policy in Urban Planning）。

萨默（Robert Sommer）出版《坚硬的空间》（Tight Spaces: Hard Architecture and How to Humanize It），提出建筑空间的人性化。

沃勒斯坦（I. Wallerstein）出版《现代世界体系》（The Modern World-System: Capitalist Agriculture and the Origins of the European World Economy in the Sixteenth Century），提出了著名的"世界体系"理论。

威尔达斯基（A. Wildavsky）出版《预算过程的政治学》（The Politics of the Budgetary Process），全面研究了PPBS（Planning-Programming-Budgeting System，即规划-计划-预算体系）的实践，指出"无论何时何地，PPBS均告失败"。而其失败的重要原因在于没有准确了解规划（planning）的意义及其本质。

1975 年

亚历山大（Christopher Alexander）出版《俄勒冈试验》（The Oregon Experiment），探讨了空间形成的意义。

布兰奇（M. C. Branch）编辑出版《城市规划理论》（Urban Planning Theory），汇集了许多经典性的论文和当时的一些讨论热点性问题的论文，强调了城市规划过程的动态性。

卡罗（Robert Caro）出版《权力掮客》（The Power Broker: Robert Moses and the Fall of New York），这是摩西（Robert Moses）的传记，但同时也是纽约从20世纪40年代到70年代的城市建设史。该书通过对摩西在纽约20世纪中叶开展各项建设活动的发展轨迹的描述，揭示了城市规划与城市建设过程中的政治运作过程。

由德雷克斯勒（Arthur Drexler）组织，纽约现代美术馆（Museum of Modern Art）举办"巴黎美院建筑"（The Architecture of the Ecole des Beaux-Arts）展览，鼓动起对传统建筑的集大成者——巴黎美院的建筑风格进行重新评价。

克里尔（Rob Krier）出版《城市空间》（Stadtraum），该书延续西特（P. Sitte）的城市空间观念，阐述了城市空间形态组织的原则。为后来的欧洲城市复兴运动和后现代城市空间分析提供了理论基础。英文版名为《Urban Space》，于1979年出版。

罗（Colin Rowe）在《建筑评论》（Architectural Review）杂志上发表论文《拼贴城市》（Collage City）。1978年与克特尔（Fred Koetter）合作出版同名专著，对城市空间形态的组织提出了新的描述和解释。

莱克韦特（Joseph Rykwert）出版《装饰不是犯罪》（Ornament is no Crime），其书名是针对现代建筑运动初期建筑师鲁斯（Adolf Loos）的观念而提出的，结合符号学等方面的论述，清算现代主义建筑的基本观念。

1976 年

亚当斯（J. S. Adams）编辑出版论文集《城市决策和大都市动力学》（Urban Policy Making and Metropolitan Dynamics: A Comparative Geographical Analysis），将大都市地区的发展与城市政策相结合，提出大都市地区的发展是城市政策的结果。

贝里（Brian J.L. Berry）编辑出版论文集《城市化和反城市化》（Urbanization and Counter-Urbanization），提出"反城市化"概念，认为随着社会经济和城市化的发展带来了城市问题，因此走向反城市化是这种发展的必然。他指出：在美国，"反城市化代替了城市化而成为塑造国家的居民点形式的主导力量"。反城市化被称为是城市化发展阶段中继城市化、郊区化之后的第三阶段。

巴蒂（M. Batty）出版《城市模型》（Urban Modelling）。

布罗林（Brent Brolin）出版《现代建筑学的失败》（The Failure of Modern Architecture）。

布朗（Denise Scott Brown）和艾泽努尔（Steven Izenour）在美国华盛顿市史密森学院（Smithsonian Institution）的仁威克画廊（Renwick Gallery）组织了题为"生活的符号"（Signs of Life: Symbols in the American City）的展览。

艾森曼（Peter Eisenman）在《反对派》（Oppositions）杂志发表论文《后功能主义》（Post-functionalism），提出新的功能观。

菲舍尔（C. Fischer）出版《城市体验》（The Urban Experience）。

吉尔伯特（A. Gilbert）编辑出版论文集《发展规划和空间结构》（Development Planning and Spatial Structure）。

谷勒杰（P. Golledge）和拉斯敦（G. Ruston）编辑出版论文集《空间选择和空间行为》（Spatial Choices and Spatial Behavior）。

霍尔（Edward T. Hall）出版《超越文化》（Beyond Culture）。

雅各布斯（A.B. Jacobs）出版《让规划发挥作用》（Making City Planning Work）。

林奇（Kevin Lynch）出版《管理区域感》（Managing the Sense of a Region）。

马圭尔（Robert Maguire）出版《传统的价值》（The Value of Tradition）。

莫洛奇（Harvey Molotch）在《美国社会学杂志》（American Journal of Sociology）发表论文《作为增长机器的城市》（The City as a Growth Machine：Toward a Political Economy of Place）。1999年约纳斯（Andrew Jonas）和威尔逊（Brian Wilson）编辑出版《城市增长机器》（The Urban Growth Machine：Critical Perspectives Twenty Years Later）对该论文思想的发展进行了回顾。

雷尔夫（Edward Relph）出版《场所与非场所》（Place and Placelessness），从现象学的角度对场所进行了全面的研究。

罗西（Aldo Rossi）出版《类似建筑》（An Analogical Architecture），详细阐释了新理性主义城市类型学的设计方法。

森尼特（Richard Sennett）出版《公共人的陨落》（The Fall of Public Man），提出了利益关系决定了人的行为，公共利益只是作为一种口号甚至是借口。

1977 年

亚历山大（Christopher Alexander）出版《模式语言》（A Pattern Language: Towns, Buildings, Construction）。

《建筑设计》（Architectural Design）杂志发表专题《后现代主义》（postmodernism），作者包括：莫尔（Charles Moore）、戈德伯格（Paul Goldberger）、布罗德本特（Geoffrey Broadbent）、詹克斯（Charles Jencks）和斯特恩（Robert Stern）等。

布卢默（Kent Bloomer）和莫尔（Charles W. Moore）出版《身体、记忆和建筑》（Body, Memory and Architecture），对建筑的功能提出新的解释。

钱德勒（Alfred Chandler）出版《看得见的手》（The Visible Hand: The Manager in American Business）。

菲舍曼（R. Fishman）出版《20世纪城市乌托邦》（Urban Utopias in the Twentieth Century：Ebenezer Howard, Frank Lloyd Wright and Le Corbusier），详细描述了霍华德、赖特和柯布西耶的城市思想的来源、发展研究及对后代的影响。

福柯（Michel Foucault）出版《规训与惩罚》（Discipline and Punish: The Birth of the Prison），以知识考古学的方法揭示了现代规制社会的形态，为后来的空间规制的研究和城市规划的知识/权力学说提供了理论框架。

福克斯（Richard Fox）出版《城市人类学》（Urban Anthropology: Cities in their Cultural Settings），开创了城市人类学的研究，改变了人类学仅研究原始部落的状况。

戈特迪纳（M. Gottdiener）出版《有规划的蔓延》（Planned Sprawl: Public and Private Interests in Suburbia），提出城市的蔓延并不一定是自发的，很多是规划的结果，而这种现象的形成实际上是各方面利益关系综合作用的反映。

哈佛大学组织召开了题为"超越现代运动"（Beyond the Modern Movement）的会议，出席者包括：安德森（Stanford Anderson）、艾森曼（Peter Eisenman）、海吉杜克（John Hejduk）、克里尔（Leon Krier）、林顿

（Donlyn Lyndon）、佩里（Cesar Pelli）、斯特恩（Robert Stern）和泰格曼（Stanley Tigerman）等。

詹克斯（Charles Jencks）出版《后现代建筑语言》（The Language of Postmodern Architecture），总结了后现代建筑的特点，是有关于后现代建筑研究的经典。

库哈斯（Rem Koolhaas）出版《"生活在大都市"或"拥挤文化"》（"Life in the Metropolis" or "The Culture of Congestion"），其书名很显然是针对昂温（R. Unwin）1903年的《拥挤一无所获！》（Nothing Gained by Overcrowding!: How the Garden City Type of Development May Benefit both Owner and Occupier）并反其道而行之，认为大都市的魅力恰恰是在拥挤中体现的。

黑川纪章（Kurokawa Kisho）出版《建筑的新陈代谢》（Metabolism in Architecture）。

《马丘比丘宪章》在世界建协的会议上通过，对《雅典宪章》进行了批判，并结合城市发展的需要以及城市规划学科的发展，提出了新的城市规划的原则。

佩里（David C. Perry）和沃特金斯（Alfred J. Watkins）编辑出版《太阳带城市的兴起》（The Rise of Sunbelt Cities）。

拉波波特（Amos Rapoport）出版《城市形态的人文方面》（Human Aspects of Urban Form——Towards a Man-Environment Approach to Urban Form and Design）。

屈米（Bernard Tschumi）出版《建筑的愉悦》（The Pleasure of Architecture）。

1978 年

布罗德本特（G. Broadbent）、本特（R. Bunt）和劳伦斯（T. Llorens）编辑出版《建成环境中的意义与行为》（Meaning and Behaviour in the Built Environment）。

贝蒂（P.W.J. Batey）编辑出版《城市和区域分析的理论与方法》（Theory and Method in Urban and Regional Analysis）。

伯恩（L. Bourne）和西蒙斯（J. Simmons）出版《城市体系》（Systems of Cities）。

欧洲部分建筑师、城市规划师和政府官员发表了《布鲁塞尔宣言》（The Brussels Declaration: Reconstruction of the European City），提出要用传统的城市格局与尺度、传统的城市组织方式人性化地改造城市空间，恢复城市的魅力和吸引力，是"欧洲城市重建"运动的重要宣言。

伯切尔（Robert W. Burchell）和斯坦利（George Sternlieb）编辑出版《1980年代的规划理论》（Planning Theory in the 1980s: A Search for Future New Directions）。

哈维（David Harvey）在《国际城市和区域研究》（International Journal of Urban and Regional Research）杂志发表论文《资本主义城市过程》（The Urban Process under Capitalism），描述了资本循环的三个过程，揭示了城市建设在资本循环中的作用及其实现的条件。

库哈斯（Rem Koolhaas）出版《疯狂的纽约》（Delirious New York: A Retroactive Manifesto for Manhattan），描述了曼哈顿城市特质中的多样性、匿名性和偶发性，认为这是大都市最基本的、最吸引人的方面，因此，应当促进和鼓动曼哈顿主义的重生。

克里尔（Leon Krier）出版《理性建筑》（Rational Architecture: The Reconstruction of the City）。1980年又发表论文《宣言》（Manifesto: The Reconstruction of the European City or Anti-Industrial Resistance as a Global Project），对其观点作进一步的阐述。是"欧洲城市重建运动"的思想纲领。

塔布（W. Tabb）和塞沃斯（L. Sawers）编辑出版论文集《马克思主义和大都市》（Marxism and the Metropolis: New Perspectives in Urban Political Economy），运用新马克思主义的基本观点，分析了大都市发展过程中各方力量的交互作用。

维德勒（Anthony Vidler）出版《理性建筑学》（Rational Architecture: The Reconstruction of the European City），是欧洲城市重建运动的基本纲领。

维吉尼亚理工学院（Virginia Polytechnic Institute）和维吉尼亚州立大学（Virginia State University）联合召开了题为"1970年代的结构危机及其克服"（The Structural Crisis of the 1970s and Beyond: The Need for a New Planning Theory）的会议。

1979 年

亚历山大（Christopher Alexander）出版《建筑的永恒之路》（The Timeless Way of Building），阐述了建筑与城市发展是渐进生成的观点。

凯密斯（M. Camhis）出版《规划理论与哲学》（Planning Theory and Philosophy），运用科学哲学和新马克思主义的理论观点对城市规划理论进行了重新的建构。

丘奇曼（C.W. Churchman）出版《系统方法及其

敌人》（The Systems Approach and its Enemies），对系统方法进行了批判。

丹尼尔斯（P. Daniels）编辑出版《办公楼发展的空间模式和区位》（Spatial Patterns of Office Growth and Location），探索了在城市空间分散化状况下办公楼布局的新趋势。

利奥塔尔（Jean-François Lyotard）出版《后现代状况》（The Postmodern Condition：A Report on Knowledge），对现代主义的宏大叙事进行批判，并强调了后现代的叙事规则，为 20 世纪 80 年代以后的后现代讨论起到了极大地推进作用。

迈勒（H.E. Meiler）编辑出版论文集《理想城市》（The Ideal City）。

诺伯格—舒尔茨（Christian Norberg-Schulz）出版《地方特色》（Genius Loci：Towards a Phenomenology of Architecture），提出建筑现象学和场所精神的分析。

索（F. So）、斯托尔曼（I. Stollman）、比尔（F. Beal）和阿诺尔德（D. Arnold）出版《地方政府规划的实践》（The Practice of Local Government Planning）。

维尔达夫斯基（A. Wildavsky）出版《向权力讲述真理》（Speaking Truth to Power：The Art and Craft of Policy Analysis）。

冯·德·赖恩（Sim Van Der Ryn）和邦内尔Sterling Bunnell 出版《整体设计》（Integral Design）。

1980 年

布罗林（Brent Brolin）出版《文脉中的建筑》(Architecture in Context)，提出建筑是环境文脉的组成部分，应当根据文脉的连续性来进行建筑物的安排与控制。

谢里（G.E. Cherry）编辑出版《赋形城市世界》（Shaping an Urban World），探讨了社会发展过程中，城市规划和城市规划师的作用。其中，菲舍曼（R. Fishman）发表论文《反规划师》（The Anti-Planners：The Contemporary Revolt against Planning and its Significance for Planning History）。

库洛特（Maurice Culot）出版《用石头重构城市》（Reconstructing the City in Stone）。

弗兰姆普敦（Kenneth Frampton）出版《现代建筑学》（Modern Architecture: A Critical History），对现代建筑的发展进行了全面的批判性回顾。

格利克曼（Norman J. Glickman）编辑出版《联邦政策的城市影响》（The Urban Impacts of Federal Policies）。

海顿（Dolores Hayden）出版《无性城市像什么？》（What Would a Non-sexist City Be Like? Speculations on Housing, Urban Design and Human Work），是在建筑和城市规划领域中运用女性主义思想的早期经典。

詹克斯（Charles Jencks）出版《走向激进的折衷主义》（Towards a Radical Eclecticism）。

金（A. D. King）出版《建筑和社会》（Buildings and Society: Essays on the Social Development of the Built Environment），探讨了建成环境的社会意义。

柯克（G. Kirk）出版《资本主义社会的城市规划》（Urban Planning in a Capitalist Society），在回顾城市规划发展历史的基础上，提出城市规划在资本主义社会中是阶级统治的工具。

曼德尔（Ernest Mandel）出版《长波和资本主义发展》（Long Waves and Capitalist Development: The Marxist Interpretation），提出经济发展的"长波"理论。

波特（M. Porter）出版《竞争战略》（Competitive Strategy），提出了不同层次的竞争战略的内容及其特征。

拉夫斯（A. Ravetz）出版《再构城市》（Remaking Cities）。

萨克（Robert David Sack）出版《社会思想中的空间概念》（Conceptions of Space in Social Thought）。

斯科特（Allen J. Scott）出版《城市土地关系和国家》（The Urban Land Nexus and the State），提出了城市土地综合体的概念，并认为在资本主义社会中，城市发展的主要矛盾在于土地开发的整体无计划性和国家控制之间的矛盾。

史密斯（M. P. Smith）出版《城市和社会理论》（The City and Social Theory），从当代社会学理论演变的角度，探讨了城市研究的方法论。

所罗门（Arthur Solomon）编辑出版《预期的城市》（The Prospective City）。

托夫勒（Alvin Toffler）出版《第三次浪潮》（The Third Wave），从生产力发展的角度建构了新的社会发展趋势，并对随生产力发展而变化的社会结构进行了预测。

怀特（William H. Whyte）出版《城市小场所的社会生活》（The Social Life of Small Urban Places），通过对纽约中心城区一些小空间如街道、城市广场等场所中人们使用空间方式的研究，提出创造吸引人的城市公共空间的条件及其布置方式。

1981 年

贝斯特（R. Best）出版《土地使用和生活空间》（Land Use and Living Space）。

巴特勒（Stuart Butler）出版《企业区》（Enterprise Zones：Greenlining the Inner Cities）。

迪尔（Michael Dear）和斯科特（A. J. Scott）编辑出版《资本主义社会的城市化和城市规划》（Urbanisation and Urban Planning in Capitalistic Society），对资本主义制度下的城市发展和城市规划进行了马克思主义的重新阐释，揭示了城市和城市规划发展过程中各类不同组织、机构的作用。

由杜安尼（Andres Duany）和普莱特－齐伯克（Elizabeth Plater–Zyberk）任规划师、由戴维斯（Robert Davis）开发的位于佛罗里达州的西赛德（Seaside）镇建设启动，该项建设成为美国新城市规划/设计（New Urbanism）的经典。

哈伯马斯（Jurgen Habermas）发表演讲《现代和后现代建筑学》（Modern and Postmodern Architecture），从哲学角度阐释了当代建筑的发展。后收入作者1989年出版的《新保守主义》（The New Conservatism）一书中。

海登（Delores Hayden）出版《重大的家庭革命》（The Grand Domestic Revolution: A History of Feminist Designs for American Homes, Neighborhoods, and Cities）。

林奇（Kevin Lynch）出版《良好城市形态的理论》（A Theory of Good City Form），提出了城市形态的规范性理论以及构成好的城市形态的基本内容与要求。后来重印时更名为《好的城市形态》（Good City Form）。

彼得森（Paul E. Peterson）出版《城市极限》（City Limits）。

桑德斯（P. Saunders）出版《社会理论和城市问题》（Social Theory and the Urban Question），对现代城市研究理论进行了全面的评述，1986年出版修订后的第二版。

斯特恩（Robert Stern）和马森吉尔（John Montague Massengale）编辑出版《英国人、美国人的郊区》（The Anglo–American Suburb）。

1982 年

布拉肯（I. Bracken）出版《城市规划方法》（Urban Planning Methods: Research and Policy Analysis），详细阐述了城市规划过程中系统方法的具体运用，尤其强调其中控制的意义和作用。

丹尼尔斯（Peter Daniels）出版《服务产业》（Service Industries：Growth and Location）。

N·法因斯坦（N. Fainstein）和S·法因斯坦（S. Fainstein）编辑出版《资本主义的城市政策》（Urban Policy under Capitalism）。

福柯（Michel Foucault）的谈话录《空间、知识和权力》（Space, Knowledge, and Power）出版，由此引发了社会科学和城市规划领域对空间的"知识/权力"研究。

弗里德曼（John Friedmann）和沃尔夫（Goetz Wolff）在《国际城市和区域研究》（International Journal of Urban and Regional Research）杂志发表论文《世界城市构成》（World City Formation: An Agenda for Research and Action），阐述了世界城市的特点。1986年，弗里德曼（John Friedmann）又在《发展与变化》（Development and Change）杂志上发表论文《世界城市假设》（The World City Hypothesis），对该文的论点作进一步的阐述。这两篇论文是世界城市研究的重要文献。

吉伯森（M. S. Gibson）和朗斯塔夫（M. J. Langstaff）出版《城市更新导论》（An Introduction to Urban Renewal）。

霍尔（Peter Hall）出版《规划的大灾难》（Great Planning Disasters）。

哈维（David Harvey）出版《资本的极限》（Limits to Capital）。

希利（P. Healey）、麦克杜格尔（G. McDougall）和托马斯（M. Thomas）编辑出版《规划理论》（Planning Theory: Prospects for the 1980s）。

马里斯（P. Marris）出版《社区规划和变化的观念》（Community Planning and Conceptions of Change）。

奥克曼（Joan Ockman）等人编辑出版《建筑、批判、意识形态》（Architecture, Criticism, Ideology），著名的马克思主义后现代学者詹姆森（Fredric Jameson）发表论文《建筑和意识形态批判》（Architecture and the Critique of Ideology）。

帕里什（C. Paris）编辑出版《规划的批判读本》（Critical Readings in Planning）。

翁格尔斯（Oswald Mathias Ungers）出版《作为主题的建筑》（Architecture as Theme）。

佐金（S. Zukin）出版《阁楼生活》（Loft Living:

Culture and Capital in Urban Change），对纽约 SoHo 区的形成和发展的较早描述，这一地区在大都市中重新确立起其地位，吸引着中产阶级回搬中心城区，打破了中心城区的原有格局，也改变了衰败地区的城市形象。

1983 年

贝蒂（M. Batty）和哈钦森（B. Hutchinson）编辑出版《决策和规划中的系统分析》（Systems Analysis in Policymaking and Planning），对系统方法论在城市规划领域的运用进行了回顾，分析了其中的问题。

伯纳德（R. Bernard）和赖斯（B. Rice）出版《太阳带城市》（Sunbelt Cities: Politics and Growth Since World War Ⅱ），是对美国太阳带地区城市兴起的较早的系统研究。

博耶尔（M. Christine Boyer）出版《理性城市之梦》（Dreaming the Rational City: The Myth of American City Planning, 1893～1945），是对现代功能主义城市规划进行总结和批判的经典著作。

卡斯泰尔（M. Castells）出版《城市和基层》（The City and the Grassroots: A Cross-Cultural Theory of Urban Social Movements），综合考察了多种类型的社会运动的状况，揭示了社会运动与城市发展及其空间布局的关系。

库克（P.N. Cooke）出版《规划理论和空间发展》（Theories of Planning and Spatial Development）。

英国发表《让城市更有效率》白皮书，全面阐述了撒切尔夫人当政时期的城市政策，极大地影响了20世纪80年代英国的城市规划与政策。

S·法因斯坦（Susan Fainstein）、N·法因斯坦（Norman Fainstein）、希尔（Richard Hill）、贾德（Dennis Judd）和史密斯（Michael Peter Smith）出版《重构城市》（Restructuring the City: The Political Economy of Urban Development）。

弗兰姆普敦（Kenneth Frampton）出版《走向批判区域论》（Towards a Critical Regionalism: Six Points for an Architecture of Resistance）。

希利（P. Healey）出版《英国土地使用规划中的地方规划》（Local Plans in British Land Use Planning），揭示了英国城市规划体系的运作机制及城市规划的作用。

希克斯（Donald A. Hicks）和格利克曼（Norman J. Glickman）编辑出版《向21世纪转变》（Transition to 21st Century: Prospects and Policies for Economic and Urban-Regional Transformation）。

马瑟（I. Masser）出版《评价城市规划成就》（Evaluating Urban Planning Efforts）。

梅尔策（Jack Meltzer）出版《从大都市到大都市综合体》（Metropolis to Metroplex: The Social and Spatial Planning of Cities）。

波菲瑞欧斯（Demetri Porphyrios）出版《古典主义不是一种风格》（Classicism is Not a Style）。

1984 年

阿格纽（J. Agnew）、梅瑟（J. Mercer）和索菲（D. E. Sopher）编辑出版《城市文化背景》（The City in Cultural Context），探讨了多种文化背景下城市空间秩序创造的方法。

巴德科克（B. Badcock）出版《不公平结构的城市》（Unfairly Structured Cities）。

布鲁克斯（Harvey L. Brooks）编辑出版《公私合作》（Public Private Partnerships: New Opportunities for Meeting Social Needs），有关公—私合作进行城市建设的早期论述。

福柯（Michel Foucault）发表《他者空间》（Of Other Spaces），认为20世纪的后半叶是空间的时代，这与现代化初期以时间为特征的时代有着本质上的不同。

戈斯林（David Gosling）和梅特兰（Barry Maitland）出版《城市规划（建筑设计的框架）》（Urbanism (an Architectural Design Profile)）和《城市设计的概念》（Concepts of Urban Design）。

黑格（C. Hague）出版《规划思想的发展》（The Development of Planning Thought: A Critical Perspective）。

海登（Dolores Hayden）出版《美国梦的再设计》（Redesigning the American Dream）。

雅各布斯（Jane Jacobs）出版《城市和国家财富》（Cities and the Wealth of Nations: Principles of Economic Life），详细阐述了城市与国家经济之间的关系，认为城市是国家经济发展的核心。

詹姆森（Fredric Jameson）在《新左翼评论》（New Left Review）杂志上发表论文《后现代主义，或晚期资本主义的文化逻辑》（Postmodernism, or the Cultural Logic of Late Capitalism），1991年以同名出版文集，论述了后现代主义的特征。其中以当代城市建设和建筑设计的特征描述了后现代主义"无深度"和"拼贴"等特征。

麦克唐纳德（M. MacDonald）出版《美国的城市》（America's Cities: A Report on the Myth of Urban Renaissance）。

穆瑞（Charles Murray）出版《失去基础》（Losing Ground: American Social Policy 1950~1980）。

N·J·托德（Nancy Jack Todd）和J·托德（John Todd）出版《生态建筑，海洋方舟和城市农业》（Bioshelters, Ocean Arks and City Farming: Ecology as the Basis of Design）。

1985年

布兰奇（Melville C. Branch）出版《综合性城市规划》（Comprehensive City Planning: Introduction and Explanation），对综合规划的理论和实践进行了全面的回顾和评论。

布雷赫尼（M. J. Breheny）和胡珀（A. Hooper）编辑出版《规划中的理性》（Rationality in Planning: Critical Essays on the Role of Rationality in Urban and Regional Planning），探讨了现代城市规划发展过程中对理性概念的不同认识及其发展，揭示了理性的运用所存在的问题。

布雷瓦德（Joseph H. Brevard）出版《资本帮助规划》（Capital Facilities Planning）。

布隆迪（J. Brothie）等人编辑出版《城市形态的未来》（The Future of Urban Form: The Impact of New Technology），研究了在新的技术条件下的城市形态特征的变化。

卡斯泰尔（Manuel Castells）编辑出版《高技术、空间和社会》（High Technology, Space and Society）。

戴维斯（Mike Davis）在《新左翼评论》（New Left Review）杂志上发表论文《城市复兴和后现代主义的精神》（Urban Renaissance and the Spirit of Postmodernism）。

戈特迪纳（Mark Gottdiener）出版《城市空间的社会生产》（The Social Production of Urban Space），对20世纪城市空间理论进行了评述，详细分析了勒菲伏（H. Lefebvre）和卡斯泰尔（M. Castells）等人的空间理论，提出了社会学研究的社会-空间（socio-spatial）的理论和分析方法。

格利高里（D. Gregory）和乌瑞（J.Urry）编辑出版《社会关系和空间结构》（Social Relations and Spatial Structures）。

霍尔（P. Hall）和马库森（A. Markussen）编辑出版《硅谷景观》（Silicon Landscapes）。

哈维（David Harvey）出版《资本主义的城市化》（The Urbanization of Capital: Studies in the History and Theory of Capitalist Urbanization）。

哈维（David Harvey）出版《意识与城市体验》（Consciousness and the Urban Experience）。

兰普尼亚尼（Vittorio Magnago Lampugnani）出版《20世纪的建筑与城市规划》（Architecture and City Planning in the Twentieth Century）。

彼得森（Paul Peterson）出版《新城市现实》（The New Urban Reality）。

1986年

亚历山大（Ernest R. Alexander）出版《规划方法》（Approaches to Planning: Introducing Current Planning Theories, Concepts and Issues）。

安布罗斯（P. Ambrose）出版《规划究竟发生了什么》（Whatever Happened to Planning?）

安德森（Stanford Anderson）编辑出版《论街道》（On Streets）。

巴尼特（Jonathan Barnett）出版《难以捉摸的城市》（The Elusive City）

克拉维尔（P.Clavel）出版《进步的城市》（The Progressive City: Planning and Participation, 1969~1984）。

迪尔（Michael Dear）在《环境和规划》（Environment and Planning）杂志发表论文《后现代规划》（Postmodern Planning），是对城市规划较早进行后现代阐述的论文，提出了后现代城市规划的特征。

法吕迪（Andreas Faludi）出版《批判理性主义和规划方法论》（Critical Rationalism and Planning Methodology）。

菲舍曼（Robert Fishman）出版《资产阶级乌托邦》（Bourgeois Utopias: The Rise and Fall of Suburbia），为郊区化研究提供了新的视角。

戈特迪纳（M. Gottdiener）和拉格普罗斯（A. Lagopulos）编辑出版《城市和符号》（The City and the Sign: Introduction to Urban Semiotics）。

欧文斯（S. E. Owens）出版《能源、规划和城市形态》（Energy, Planning and Urban Form）。

拉维泽（A. Ravetz）出版《空间的管制》（The Government of Space: Town Planning in Modern Society），

从空间控制角度揭示了现代城市规划的本质。

希林斯（J. Sillince）出版《规划理论》（A Theory of Planning）。

史密斯（Neil Smith）和威廉姆斯（P. Williams）编辑出版《城市的中产阶级化》（Gentrification of the City）。

俊希克（Roger Trancik）出版《发现失去的空间》（Finding Lost Space: Theories of Urban Design），对现代城市规划所造成的城市空间问题进行了批判并提出了改进的方法。

冯·德·赖恩（Sim Van Der Ryn）和卡尔索普（Peter Calthorpe）编辑出版《可持续的社区》（Sustainable Communities）。

1987 年

亚历山大（Christopher Alexander）出版《城市设计新理论》（A New Theory of Urban Design）。

弗里德曼（John Friedmann）出版《公共领域的规划》（Planning in the Public Domain: From Action to Knowledge），回顾了200多年来的规划历史，总结了现代规划的四大传统，提出了激进规划的理念和实现的路径。

格尔（Jan Gehl）出版《建筑物间的生活》（Life between Buildings: Using Public Space），从城市空间使用的角度探讨城市公共空间的组织和设计问题。

菲尔德（B. Field）和麦格雷格（B. MacGregor）出版《城市和区域规划的预测技术》（Forecasting Techniques for Urban and Regional Planning）。

哈里森（M. L. Harrison）和莫迪（R. Mordey）编辑出版《规划控制》（Planning Control: Philosophies, Propects and Practice），对城市规划实施过程进行理论研究，揭示规划控制中的一系列问题。约维尔（J. Jowell）和密里卡普（D. Millichap）在其中发表论文《执行：规划链中最弱的联系》（Enforcement: The Weakest Link in the Planning Chain）。

雅各布斯（Allan Jacobs）和阿普尔亚德（Donald Appleyard）在《美国规划联合会会刊》（Journal of American Planning Association）发表论文《城市设计宣言》（Toward an Urban Design Manifesto）。

罗根（John R. Logan）和莫洛奇（Harvey Molotch）出版《城市财富》（Urban Fortunes: The Political Economy of Place）。

莫顿（Anne Vernez Moudon）编辑出版《公共使用的公共街道》（Public Streets for Public Use）。

斯科菲尔德（J. Schofield）出版《城市和区域规划中的成本效益分析》（Cost-Benefit Analysis in Urban and Regional Planning）。

史密斯（M. Smith）和费金（J. Feagin）出版《资本主义城市》（The Capitalist City）。

维斯（M. Weiss）出版《社区建设者的兴起》（The Rise of Community Builders: The American Real Estate Industry and Urban Land Planning），对房地产业与城市规划的关系进行了纲领性的研究，提出房地产商才是城市的真正塑造者。

威尔逊（William Julius Wilson）出版《真正的弱势者》（The Truly Disadvantaged: The Inner City, the Underclass, and Public Policy）。

世界环境和发展委员会（World Commission on Environment and Development)发布"布兰德兰报告"（Brundtland Report）——《我们共同的未来》（Our Common Future），提出了环境和发展之间的辩证关系，提出了可持续发展的经典定义。

1988 年

阿尔特曼（Rachelle Alterman）编辑出版《公共服务的私人供应》（Private Supply of Public Services: Evaluation of Real Estate Exactions, Linkage, and Alternative Land Policies）。

鲍姆戈特纳（M. Baumgartner）编辑出版《郊区的道德秩序》（The Moral Order of a Suburb）。

伯曼（Marshall Berman）出版《一切坚固的东西都烟消云散了》（All that Is Solid Melts into Air），对现代主义的核心思想进行了透彻的分析，揭示了现代主义思潮中所存在的两难困境。

多甘（Mattei Dogan）和卡萨达（John D. Kasarda）出版《大都市时代》（The Metropolis Era），共两卷。

福雷（W. Frey）和斯皮尔（A. Speare）出版《美国区域和大都市的发展和衰落》（Regional and Metropolitan Growth and Decline in the United States）。

霍尔（Peter Hall）出版《明日城市》（Cities of Tomorrow: An Intellectual History of Urban Planning and Design in the Twentieth Century），对20世纪的城市规划理论和实践进行了全面回顾与总结，是当今有关现代城市规划发展历史的经典著作。

希利（P. Healey）、麦克纳马拉（P. Mcnamara）、埃尔森（M. Elson）和多阿克（A. Doak）出版《土地使用规划和城市变化的协调》（Land Use Planning and the Mediation of Urban Change）。

希梅尔布劳（Coop Himmelblau）出版《我们的身体在城市中消散》（The Dissipation of our Bodies in the City）。

吉普尼斯（Jeffrey Kipnis）出版《不理性的形态》（Forms of Irrationality）。

玛扎（Luigi Mazza）编辑出版《世界城市和大都市的未来》（World Cities and the Future of the Metropolis）。

麦克伦登（Bruce W. McClendon）和夸伊因（Ray Quay）出版《控制变化》（Mastering Change: Winning Strategies for Effective City Planning）。

门克宁（E. Monkkonen）出版《美国城市化》（American Becomes Urban），对美国城市化进程进行了全面的揭示。

普洛特金（S. Plotkin）出版《排除在外》（Keep Out: The Struggle for Land Use Control），揭示了现代城市规划的本质就是有意识地排除某些人，从而达到社会控制的作用。

塞维奇（H. V. Savitch）出版《后工业城市》（Post-Industrial Cities: Politics and Planning in New York）。

夏佛（Daniel Schaffer）编辑出版《美国规划两百年》（Two Centuries of American Planning）。

斯科特（A. Scott）出版《大都市》（Metropolis: From the Division of Labour to Urban Form），分析了城市产业经济及劳动力分工的变化对城市空间形态的影响，其中尤其强调了不同的产业规模对城市空间的不同作用。

沃洛奇（L. Walloch）编辑出版《纽约：世界的文化之都》（New York: Culture Capital of the World）。

怀特（William H. Whyte）出版《城市：中心的再发现》（City: Rediscovering the Center），提出随着城市中心地区的改造，城市中心的重要性又重新被认识，但需要对城市中心的空间塑造和多样化进行培育。

1989 年

奥特曼（Irwin Altman）和楚贝（Ervin Zube）编辑出版《公共场所和空间》（Public Place and Spaces）。其中，弗兰西斯（Mark Francis）发表论文《作为公共空间质量维度的控制》（Control as a Dimension of Public Space Quality），提出了规划控制在提高空间质量方面的作用。

巴纳考夫（T. Barnekov）、博耶尔（R. Boyle）和里奇（D. Rich）出版《英国和美国的个人主义和城市政策》（Privatism and Urban Policy in Britain and the United States）。

布林德利（T. Brindley）、赖丁（Y. Rydin）和斯托克（G. Stoker）出版《重塑规划》（Remaking Planning: The Politics of Urban Change in the Thatcher Years）。

布克－莫尔斯（S. Buck-Morss）出版《观察的辩证法》（The Dialectics of Seeing: Walter Benjamin and the Arcades Project），提出了城市空间的体验和感知的方式方法问题。

卡斯泰尔（M. Castells）出版《信息化城市》（The Informational City: Information, Technology, Economic Restructuring and the Urban-Regional Process），揭示了信息时代城市的特征和城市社会经济结构的变动趋势。

瑟菲洛（R. Cervero）出版《美国的郊区中心》（America's Suburban Centers）。

夏姆宾（A. G. Champion）编辑出版《反城市化》（Counterurbanization）。

杜安尼（Andres Duany）和普莱特－齐伯克（Elizabeth Plater-Zyberk）出版《传统邻里发展导则》（Traditional Neighbourhood Development Ordinance），全面阐述了新城市规划／设计（New Urbanism）的思想体系和行动纲领。

福雷斯特（John Forester）出版《权力面上的规划》（Planning in the Face of Power），提出在规划过程中不存在中立的价值，规划的政治性决定了规划的运作过程。

弗兰克（James E. Frank）出版《不同发展模式的成本》（The Costs of Alternative Development Patterns）。

弗里登（B. J. Frieden）和塞加林（L. Sagalyn）出版《中心城公司》（Downtown Inc.: How America Rebuilds Cities），揭示了美国城市中心改造过程中的各种作用力量及其运作机制。

哈维（David Harvey）出版《后现代性状况》（The Condition of Postmodernity: An Enquiry into the Origins of Cultural Change），揭示了当代城市发展中"时空压缩"的现象及其机制与作用。

哈维（David Harvey）在《Geografiska Annaler》杂志发表论文《从管理家型到企业家型》（From managerialism to entrepreneurialism: the transformation in urban governance in late capitalism），阐述了城市政府机构意识形态和具体工作方法的变化，这种变化导致了城市被作为一种商品而被推进了市场的运作。

哈维（David Harvey）出版《城市体验》（The Urban Experience）。

赫伯特（D. T. Herbert）和史密斯（D. M. Smith）编辑出版《社会问题和城市》（Social Problems and the City: New Perspectives）。

赫尔斯顿（James Holston）出版《现代主义城市》（The Modernist City: An Anthropological Critique of Brasilia），以巴西利亚为实例详细揭示了现代主义城市规划的具体特征，并对此进行了全面批判。

贾德（Dennis R. Judd）、福莱（Bernard Foley）和帕金森（Michael Parkinson）编辑出版《更新城市》（Regenerating the Cities: The UK Crisis and the US Experience）。

凯顿（J. Kayden）和哈尔（C. Haar）编辑出版《区划和美国梦》（Zoning and the American Dream）。

凯尔堡（D. Kelbaugh）等人编辑出版《步行者口袋指南》（The Pedestrian Pocket Book: A New Suburban Design Strategy）。

金（Anthony King）出版《城市生活、殖民主义和世界经济》（Urbanism, Colonialism, and the World-Economy: Cultural and Spatial Foundations of the World Urban System）。

金（Anthony King）出版《全球城市》（Global Cities: Post-Imperialism and the Internationalization of London）。

麦克劳德（Mary McLeod）出版《建筑和里根时代的政治学》（Architecture and Politics in the Reagan Era: From Postmodernism to Deconstructivism）。

拉比诺（Paul Rabinow）出版《现代法国》（French Modern: Norms and Forms of the Social Environment），运用福柯（M. Foucault）的系谱学方法，探讨了现代社会控制的起源。指出，规划、建筑等等技术的发展实际上是社会斗争过程中形成和发展的，而不仅仅是技术本身的发展所促进的。

索娅（Edward Soja）出版《后现代地理学》（Postmodern Geographies: The Reassertion of Space in Critical Social Theory），认为后现代时期社会研究的维度更多地转向了空间，改变了现代社会研究以时间作为单一维度的困境，同时也研究了当代社会的空间特征。

舒尔茨（S.K. Schultz）出版《建设城市文化》（Constructing Urban Culture: American Cities and City Planning, 1800~1920）。

舒特尔（G. Suttles）出版《人创造了城市》（The Man Made City）。

1990 年
安德森（E. Anderson）出版《大城市生存能力》（Streetwise: Race, Class and Change in an Urban Community）。

班斯（J. Bance）出版《连续的城市》（The Continuing City）。

贝内特（Larry Bennett）出版《城市片段》（Fragments of Cities: The New American Downtowns and Neighborhoods），描述了美国城市中心的空间结构特征，揭示了当代社会空间组织中的片断化状况。

布罗德本特（G. Broadbent）出版《城市空间设计的新概念》（Emerging Concepts in Urban Space Design）

布朗（Denise Scott Brown）出版《城市概念》（Urban Concepts）。

班纳吉（Tridib Banerjee）和索思沃思（Michael Southworth）编辑出版《城市感觉和城市设计》（City Sense and City Design: Writings of Kevin Lynch），整理了林奇（K. Lynch）的散篇文献和重要设计项目的思路。

布朗希尔（S. Brownhill）出版《开发伦敦的码头区：另一个重大的规划灾难？》（Developing London's Docklands: Another Great Planning Disaster?）。

布德尔（Stanley Buder）出版《幻想家和规划师》（Visionaries and Planners: The Garden City Movement and the Modern Community）。

卡斯泰尔（Manuel Castells）和莫伦考夫（John Mollenkopf）出版《双元城市》（Dual City: Restructuring New York）。

克罗（Dennis Crow）编辑出版《街道哲思》（Philosophical Streets: New Approaches to Urbanism）。

戴维斯（Mike Davis）出版《石英城》（City of Quartz: Excavating the Future in Los Angeles），从社会组织和社会运动角度研究城市空间的演变，被认为改变了城市研究方向的重要著作。

吉登斯（Anthony Giddens）出版《现代性的后果》（The Consequences of Modernity）。

希利（P. Healey）和纳巴罗（R. Nabarro）编辑出

版《变化环境中的土地和物业开发》（Land and Property Development in a Changing Context），从房地产开发的过程来研究与城市规划控制的相互关系。

克鲁姆霍尔茨（Norman Krumholtz）和福雷斯特（John Forester）出版《使平等规划起作用》（Making Equity Planning Work）。

罗根（John Logan）和斯文斯特罗姆（Todd Swanstrom）编辑出版《超越城市极限》（Beyond the City Limits: Urban Policy and Economic Restructuring in Comparative Perspective）。

帕帕耶奥尔尤（Y. Papageorgiou）出版《隔离的城邦》（The Isolated City State: An Economic Geography of Urban Spatial Structure）。

波利（Martin Pawley）出版《第二次机器时代的理论与设计》（Theory and Design in the Second Machine Age）。

拉波波特（Amos Rapoport）出版《环境设计的历史与先例》（History and Precedent in Environmental Design）。

桑德科克（Leonie Sandercock）出版《财产、政治学和城市规划》（Property, Politics and Urban Planning: A History of Australian City Planning 1890~1990）（第二版）。

塞内特（Richard Sennett）出版《眼之善》（The Conscience of the Eye: The Design and Social Life of Cities）。该书严厉地批判了大规模、大尺度式的开发建设，并提出，城市中庞大的、非个人的建筑物使人们变得内向、远离他人，城市规划和设计应当保护或回到"人性城市"（the humane city）的状态，应该创造既适合人的尺度，同时又把优雅的设计和多样性结合起来的城市环境，使人变得外向，让他们与各种文化和生活方式相接触。

荣格（I. Young）出版《公正与差异的政治学》（Justice and the Politics of Difference）。

1991 年

阿布-鲁格浩（Janet L. Abu-Lughod）出版《变化中的城市》（Changing Cities）。

阿伦（O. Allen）出版《纽约，纽约》（New York, New York）。

班德威-瓦尔（Avrom Bendavid-Val）出版《规划师的区域和地方经济分析》（Regional and Local Economic Analysis for Planners），规划师的经济分析手册。

克劳农（W. Cronon）出版《自然的大都市》（Nature's Metropolis: Chicago and the Great West）。

甘斯（Herbert J. Gans）出版《人民、规划和政策》（People, Plans, and Policies: Essays on Poverty, Racism, and Other National Urban Problems）。

加罗（Joel Garreau）出版《边缘城市》（Edge City: Life on the New Frontier），揭示了城市建设中的新的建设形态及其成因，同时也描述了城市空间结构中的贫富隔离现象。

吉拉尔多（Diane Ghirardo）出版《场址之外》（Out of Site: A Social Criticism of Architecture）。

戈特迪纳（M. Gottdiener）和皮克凡斯（C. G. Pickvance）编辑出版《转变中的城市生活》（Urban Life in Transition）。

哈钦森（R. Hutchinson）编辑出版《转变中的城市理论》（Urban Theory in Transition）。

詹克斯（Charles Jencks）出版《伦敦的后现代胜利》（Post-Modern Triumphs in London）。

凯思（Michael Keith）和罗杰斯（Alisdair Rogers）编辑出版《虚假的承诺》（Hollow Promises: Rhetoric and Reality in the Inner City）。

考斯托弗（Spiro Kostof）出版《塑形城市》（The City Shaped: Urban Patterns and Meanings Through History），1992 年，又出版《组装城市》（The City Assembled: The Elements of Urban Form Through History）。以城市空间形态的构成及其发展为对象，详细阐述了城市空间形态的主要组成因素，分析了它们在空间形态创造中的作用与方式。

劳（N. Low）出版《规划、政治学和国家》（Planning, Politics and the State: Political Foundations of Planning Thought）。

扎森（S. Sassen）出版《全球城市》（The Global City: New York, London, Tokyo），分析了全球城市在经济全球化过程中的地位及其成因，探讨了全球城市的内部构成，引发了对全球城市研究的深化，同时也是全球城市研究的经典之作。

托马斯（H. Thomas）和希利（P. Healey）出版《规划实践的困境》（Dilemmas of Planning Practice: Ethics, Legitimacy, and the Validation of Knowledge）。

索恩利（Andy Thornley）出版《撒切尔时期的城市规划》（Urban Planning Under Thatcherism: The Challenge of the Market），并于 1993 年出版第二版。

沃勒斯坦（I. Wallerstein）出版《地缘政治和地缘文化》（Geopolitics and Geoculture）。

佐金（Sharon Zukin）出版《权力景观》（Landscapes of Power: From Detroit to Disney World），揭示了城市发展的趋势，即由生产性空间生产向象征性和消费型转变。

1992 年

贝内迪克特（Michael Benedikt）编辑出版《塞博空间》（Cyberspace: First Steps）。

布雷赫尼（M. J. Breheny）编辑出版《可持续的城市发展和城市形态》（Sustainable Urban Development and Urban Form）。

科洛米纳（Beatriz Colomina）出版《性欲和空间》（Sexuality and Space）。

克里斯（Walter Creese）出版《找寻环境》（The Search for Environment: The Garden City, Before and After）。

艾科莫麦克斯（Richard Ecomomakis）编辑出版《列昂·克里尔》（Leon Krier: Architecture and Urban Design, 1967～1992），描述了 Leon Krier 的主要思想和实践。

法因斯坦（S. Fainstein）、戈顿（I. Gordon）和哈罗（M. Harloe）编辑出版《分割的城市》（Divided Cities: New York and London in the Contemporary World），描述了 20 世纪 70 年代后大都市地区的城市内部空间结构的转变。

哈维（David Harvey）在《国际城市和区域研究》（International Journal of Urban and Regional Research）杂志发表论文《社会公正、后现代和城市》（Social Justice, Postmodernism, and the City）。

詹克斯（Charles Jencks）编辑出版《后现代读本》（The Post-Modern Reader）。

卡兹尼尔森（Ira. Katznelson）出版《马克思主义和城市》（Marxism and the City）。

奥斯本（D. Osborne）和格布勒（T. Gaebler）出版《再造政府》（Reinventing Government: How the Entrepreneurial Spirit is Transforming the Public Sector），是欧美 20 世纪 90 年代"政府再造"运动的行动纲领，启动了西方各国政府体制和政府行动改革的浪潮。

索尔金（Michael Sorkin）编辑出版《主题公园的变异》（Variations on a Theme Park: The New American City and the End of Public Space），集中批判了城市空间营造的主题公园化和公共空间的私人化。

斯佩恩（D. Spain）出版《性别化的空间》（Gendered Spaces）。

塔利亚文蒂（G. Tagliaventi）和奥康纳（L. O'Connor）出版《欧洲的远景》（A Vision of Europe: Architecture and Urbanism for the Europe City），认为欧洲城市的复兴应当选择城市黄金时代的符号，并使之重新获得生命。建筑与城市规划应当具备这样的能力：培养人的生活，使之具有尊严、充满归属感和社区感。

屈勒夫（P. Truelove）出版《运输规划决策》（Decision Making in Transport Planning）。

城市村庄论坛（Urban Villages Forum）出版《都市村庄》（Urban Villages: A Concept for Creating Mixed-Use Urban Development on a Sustainable Scale），1994 年出版《都市村庄经济学》（Economics of Urban Villages）。

瓦克斯（M. Wachs）和克劳福德（M. Crawford）编辑出版《汽车和城市》（The Car and the City: The Automobile, the Built Environment, and Daily Urban Life）。

沃尔科维兹（J. Walkowitz）出版《可恶的快乐城市》（City of Dreadful Delight）。

威尔逊（E. Wilson）出版《斯芬克司和城市》（The Sphinx and the City）。

1993 年

巴克（Theo Barker）和萨克利（Anthony Sutcliffe）编辑出版《大城市带》（Megalopolis: The Giant City in History）。

贝内沃洛（Leonardo Benevolo）出版《欧洲城市》（The European City）。

伯德（J. Bird）、库尔蒂斯（B. Curtis）、帕特南（T. Putnam）、罗伯特松（G. Robertson）和蒂克纳（L. Tickner）编辑出版《描绘未来》（Mapping the Futures: Local Cultures, Global Change）。在其中，哈维（D. Harvey）发表论文《从空间到场所再到空间》（From space to place and back again: reflections on the condition of postmodernity）。

布洛尔斯（A. Blowers）出版《可持续环境规划》（Planning for a Sustainable Environment），该书为英国城乡规划协会的专题报告。

布雷西（Todd W. Bressi）编辑出版《纽约城的规划和区划》（Planning and Zoning New York City: Yesterday, Today, and Tomorrow）。

卡尔索普（Peter Calthorpe）出版《下一个美国大都市》（The Next American Metropolis: Ecology, Community, and the American Dream）。

卡诺耶（Martin Carnoy）、卡斯泰尔（Manuel Castells）、科恩（Stephen S. Cohen）和卡多索（Fernando H. Cardoso）编辑出版《信息时代的新全球经济》（The New Global Economy in the Information Age: Reflections on Our Changing World）。

卡特（E. Carter）、唐纳德（J. Donald）和斯奎尔斯（J. Squires）编辑出版《身份和区位的空间与场所理论》（Space and Place Theories of Identity and Location）。

塞沙蒂（Marco Cenzatti）出版《洛杉矶和洛杉矶学派》（Los Angeles and the L.A. School: Postmodernism and Urban Studies），将洛杉矶地区的发展与后现代主义城市发展和研究联系了起来。

菲舍尔（Frank Fischer）和福雷斯特（John Forester）编辑出版《政策分析和规划的争辩性转折》（The Argumentative Turn in Policy Analysis and Planning）。

福雷斯特（J. Forester）出版《批判理论、公共政策和规划实践》（Critical Theory, Public Policy, and Planning Practice）。

古腾贝格（Albert Z. Guttenberg）出版《规划语言》（The Language of Planning: Essays on the Origins and Ends of American Planning Thought）。

卡恩斯（G. Kearns）和菲洛（C. Philo）出版《销售场所》（Selling Places: The City as Cultural Capital, Past and Present），指出在企业型城市管理和全球化竞争的双重压力下，城市就成为商品而需要向外推销以提高其竞争力，而这种竞争的关键在于城市是一种社会文化资本。

诺克斯（Paul Knox）编辑出版《不安宁的城市景观》（The Restless Urban Landscape），其中，克里利（Darrell Crilley）发表论文《宏大结构和城市变化》（Megastructures and Urban Change: Aesthetics, Ideology, and Design）。

梅罗西（Martin V. Melosi）编辑出版《城市公共政策》（Urban Public Policy: Historical Modes and Methods），其中，阿博特（Carl Abbott）发表论文《五

个中心城战略》（Five Downtown Strategies: Policy Discourse and Downtown Planning since 1945）。

莫瑟（C. Moser）出版《性别规划和发展》（Gender Planning and Development）。

新城市规划/设计（New Urbanism）第一次会议10月份在美国维吉尼亚（Virginia）州的亚历山大（Alexandria）召开。

皮尔斯（Neil R. Pierce）、约翰逊（Curtis W. Johnson）和霍尔（John Stuart Hall）出版《城市国家》（Citistates: How Urban America Can Prosper in a Competitive World），指出在经济全球化时代，过去的国家之间的竞争转变为城市之间的竞争，因此，如何培植城市的竞争能力成为城市发展的关键。

萨维奇（Mike Savage）和沃德（Alan Warde）出版《城市社会学、资本主义和现代性》（Urban Sociology, Capitalism, and Modernity）。

斯科特（A. J. Scott）出版《技术社会》（Technopolis: High-Technology Industry and Regional Development in Southern California）

威廉姆斯（Raymond Williams）出版《乡村与城市》（The Country and the City）。

1994 年

亚当斯（D. Adams）出版《城市规划和开发过程》（Urban Planning and the Development Process）。

美国规划协会（American Planning Association）编辑出版《规划和社区公平》（Planning and Community Equity: A Component of APA's Agenda for America's Communities Program）。

阿明（Ash Amin）编辑出版《后福特主义》（Post-Fordism: A Reader）。

巴顿（Stephen Barton）和西尔弗曼（Carol J. Silverman）出版《公共利益社区》（Common Interest Communities: Private Governments and the Public Interest）。

比特来（Timothy Beatley）出版《种族性土地使用》（Ethical Land Use: Principles of Policy and Planning）。

巴巴（Homi Bhabha）出版《文化区位》（The Location of Culture）。

博伊尔（Christine Boyer）出版《城市和集体记忆》（The City and Collective Memory: Its Historical Imagery and Architectural Entertainments）。

卡斯泰尔（M. Castells）和霍尔（P. Hall）出版《世界的技术极》（Technopoles of the World: The Making 21st Century Industrial Complexes），研究了世界高新技术区的特征以及建设的条件。

考尔菲尔德（J. Caulfield）出版《城市形态和日常生活》（City Form and Everyday Life: Toronto's Gentrification and Critical Social Theory）。

科洛米纳（Beatriz Colomina）出版《私密性和公共性》（Privacy and Publicity: Modern Architecture as Mass Media）。

邓恩（S. Dunn）出版《管理分离的城市》（Managing Divided Cities）。

法因斯坦（Susan Fainstein）出版《城市建设者》（The City Builders: Property, Politics and Planing in London and New York），研究了房地产业与城市规划的互动作用，并指出房地产在城市建设中的主导性地位及其产生的原因和过程，在此过程中，城市规划的作用发生了改变。

吉登斯（Anthony Giddens）出版《超越左与右》（Beyond Left and Right: The Future of Radical Politics），提出了区别于传统的"左"、"右"两分法的政治思想。

戈尔德（J. R. Gold）和沃德（S.V. Ward）出版《提升场所》（Place Promotion: The Use of Publicity and Marketing to Sell Towns and Regions）。

戈特迪纳（Mark Gottdiener）出版《新城市社会学》（The New Urban Sociology），全面建立"社会 – 空间"（socio-spatial）的社会分析框架。

霍奇（C. Hoch）出版《规划师做什么》（What Planners Do: Power, Politics and Persuasion）。

卡兹（Peter Katz）编辑出版《新城市规划/设计》（The New Urbanism: Towards an Architecture of Community），全面阐述了新城市规划/设计的特征，并汇集了主要设计作品。

库哈斯（Rem Koolhaas）出版《城市规划发生了什么》（What ever Happened to Urbanism?）。

拉希（S. Lash）和乌里（J. Urry）出版《标记和空间的经济学》（Economies of Signs and Space）。

美国洛杉矶的当代艺术博物馆（Museum of Contemporary Art）举办"城市修正"（Urban Revisions: Current Projects for the Public Realm）展览。

马西（Doreen Massey）出版《空间、场所和性别》（Space, Place and Gender）。

麦肯齐（Evan McKenzie）出版《私托邦》（Privatopia: Homeowners Associations and the Rise of Residential Private Government）。

赛格（T. Sager）出版《沟通规划理论》（Communicative Planning Theory），提出了沟通理论在城市规划中的运用，开创了沟通规划的理论模式。

扎森（S. Sassen）出版《世界经济中的城市》（Cities in a World Economy），研究了全球化时代城市的作用，提出全球城市体系的概念及其特征。

塞内特（Richard Sennett）出版《肉身与石头》（Flesh and Stone: The Body and the City in Western Civilization）。

史密斯（S. Smyth）出版《营销城市》（Marketing the City）。

屈米（Bernard Tschumi）出版《建筑和分裂》（Architecture and Disjunction）。

沃德（S. Ward）出版《规划和城市变化》（Planning and Urban Change）。

1995 年

巴顿（H. Barton）、戴维斯（G. Davis）和吉斯（R. Guise）出版《可持续聚居地》（Sustainable Settlements: A Guide for Planners, Designers and Developers），依据可持续发展的原则，就城市发展规划和设计所涉及到的主要内容制定了具体的操作规程。

布兰克利（Edward J. Blakely）和斯奈德（Mary Gail Snyder）出版《美国要塞》（Fortress America: Gated and Walled Communities in the United States）。

布罗特奇（J.F. Brotchie）、贝蒂（M. Batty）、布兰克利（E. Blakely）、霍尔（P. Hall）和牛顿（P. Newton）编辑出版《竞争中的城市》（Cities in Competition: Productive and Sustainable Cities for the 21st Century）。

费瑟斯通（Mike Featherstone）和伯罗斯（R. Burrows）编辑出版《赛博空间、赛博身体、赛博朋克（Cyberspace/Cyberbodies/Cyberpunk）。

海登（Dolores Hayden）出版《场所的权力》（The Power of Place: Urban Landscapes as Public History）。

希利（P. Healey）、卡梅伦（S. Cameron）、达佛迪（Simin Davoudi）、格雷厄姆（S. Graham）和迈达尼 – 保尔（A. Madani-Pour）出版《管理城市》（Managing Cities: The New Urban Context）。

希利（P. Healey）、珀杜（M. Purdue）和恩尼斯（F.

Ennis）出版《协商开发》（Negotiating Development）。

霍夫（Michael Hough）出版《城市形态和自然过程》（City Form and Natural Process）。

约翰斯顿（R. J. Johnston）、泰勒（P. J. Taylor）和瓦茨（M. J. Watts）出版《全球变化的地理学》（Geographies of Global Change）。

卡拉塔尼（Kojin Karatani）出版《隐喻的建筑》（Architecture as Metaphor）。

卡斯尼兹（Philip Kasinitz）编辑出版《大都市》（Metropolis: Center and Symbol of Our Times），强调了城市社会关系和公共场所之间的关系。

诺克斯（P. Knox）和泰勒（P. Taylor）编辑出版《世界体系中的世界城市》（World Cities in a World-System）。

利格特（Helen Liggett）和佩利（David C. Perry）编辑出版《空间实践》（Spatial Practices: Critical Explorations in Social/Spatial Theory），运用后现代主义的理论思想分析当代城市空间的生产，揭示了空间实践过程中错综复杂的社会、政治关系。

梅里菲尔德（A. Merrifield）和斯温都尔（E. Swyngedouw）出版《不公正的城市化》（The Urbanization of Injustice）。

密尔恰普（D. Millichap）出版《规划控制的有效执行》（The Effective Enforcement of Planning Controls）（第二版）。

摩尔（C. Nicholas Moore）出版《更好的土地使用规划的参与工具》（Participation Tools for Better Land-Use Planning）。

米切尔（William Mitchell）出版《比特城》（City of Bits: Space, Place and the Infobahn），描述了基于电子通信的未来城市和建筑的组织原则。1999年又出版《伊托邦》（e-topia: "Urban Life, Jim _ But Not as We Know It"），对此作了更进一步的深化。

内格罗蓬（N. Negroponte）出版《数字化生存》（Being Digital），提出了网络社会的宣言。

尼尔森（Arthur C. Nelson）和肯坎（James B. Cuncan）出版《增长管理》（Growth Management: Principles and Practices）。

雷布琴斯基（Witold Rybczynski）出版《城市生活》（City Life: Urban Expectations in a New World）。

夏普（L. J. Sharpe）编辑出版《世界城市的管制》（The Government of World Cities: The Future of the Metro

Model）。

泰勒（N. Taylor）出版《1945年以来的城市规划理论》（Urban Planning Theory Since 1945），剖析了二战后城市规划理论发展演变的历程。

沃森（Sophie Watson）和吉布森（Katherine Gibson）编辑出版《后现代城市和空间》（Postmodern Cities and Spaces）。

威利斯（Carol Willis）出版《形式追随金融》（Form Follows Finance: Skyscrapers and Skylines in New York and Chicago），指出财政资本在城市发展过程中以及对城市形态的形成所起的作用。

佐金（Sharon Zukin）出版《城市文化》（The Cultures of Cities），以纽约的体验为基础，全面分析了当代城市"象征经济"的发展演变及其构成的形态，透彻地揭示了当代城市所面临的公共空间的危机。

1996年

阿克塔（Badshah Akthar）出版《城市的未来》（Our Urban Future: New Paradigms for Equity and Sustainability）。

巴恩斯（T. Barnes）出版《错位的逻辑》（Logics of Dislocation: Models Metaphors, and Meanings of Economic Space）。

布斯（P. Booth）出版《控制开发》（Controlling Development）。

博登（Iain Borden）编辑出版《陌生的熟客》（Strangely Familiar: Narratives of Architecture in the City）。

博尔雅（Jordi Borja）和卡斯泰尔（Manuel Castells）出版《地方和全球》（Local and Global: Management of Cities in the Information Age），辨析了地方发展与全球化的发展，并对全球化背景下城市政府作用的发挥进行了分析。

博伊尔（M. Christine Boyer）出版《赛博城市》（CyberCities: Visual Perception in the Age of Electronic Communication）。

坎贝尔（Scott Campbell）和法因斯坦（Susan Fainstein）编辑出版《规划理论读本》（Reading in Planning Theory）和《城市理论读本》（Readings in Urban Theory）。

卡斯泰尔（M. Castells）出版信息社会三部曲之第一卷《网络社会的兴起》（The Rise of the Network Society）；1997年出版第二卷《身份的权力》（The

Power of Identity）；1998年出版第三卷《千年的终结》（End of Millennium），是有关信息社会研究的经典之作。

考尔菲尔德（J. Caulfield）和皮克（L. Peake）编辑出版《城市生活和城市形态》（City Lives and City Forms: Critical Urban Research and Canadian Urbanism）。

克拉克（David Clark）出版《城市世界/全球城市》（Urban World/Global City）。

科恩（Michael A. Cohen）、鲁布尔（Blair A. Ruble）、图尔金（Joseph S. Tulchin）和加兰（Allison M. Garland）编辑出版《为城市的未来做准备》（Preparing for the Urban Future：Global Pressures and Local Forces）。

埃琳（Nan Ellin）出版《后现代城市规划/设计》（Postmodern Urbanism），描述了后现代主义城市规划和城市设计的发展历程及其本质意义。

吉尔伯特（R. Gilbert）、史蒂文森（D. Stevenson）、吉拉德特（H. Girardet）和斯坦（R. Stren）出版《使城市发挥作用》（Making Cities Work: The Role of Local Authorities in the Urban Environment）。

格雷厄姆（Stephen Graham）和马文（Simon Marvin）编辑出版《电信和城市》（Telecommunications and the City: Electronic Spaces, Urban Places）。

联合国人居中心（Habitat, United Nations Centre for Human Settlements）出版报告《城市化的世界》（An Urbanizing World: Global Report on Human Settlements 1996）。

黑格（C. Hague）编辑出版《规划和市场》（Planning and Markets）。

哈维（David Harvey）出版《公正、自然和差异的地理学》（Justice, Nature and the Geography of Difference）。

雅各布斯（J. M. Jacobs）出版《帝国的边缘》（Edge of Empire: Postcolonialism and the City）。

詹克斯（M. Jenks）、巴顿（E. Burton）和威廉姆斯（K. Williams）出版《紧凑城市》（The Compact City: A Sustainable Urban Form）。

贝尔（D. Bell）、凯尔（R. Keil）和韦克勒（G. Wekerle）编辑出版《全球过程，地方场所》（Global Processes, Local Places）。

金（Anthony D. King）编辑出版《表述城市》（Representing the City: Ethnicity, Capital and Culture in the Twenty-First-Century Metropolis）。

金（R. King）出版《解放空间》（Emancipating

Space: Geography, Architecture, and Urban Design）。

库哈斯（Rem Koolhaas）出版《小、中、大、特大》（S, M, L, XL）。

孔斯特勒（James H. Kunstler）出版《无处为家》（Home from Nowhere: Remaking our Everyday World for the Twenty-First Century）。

勒盖兹（Richard T. LeGates）和斯托特（Frederic Stout）编辑出版《城市读本》（The City Reader）。

莱（D. Ley）出版《新中产阶级和中心城市的再造》（The New Middle Class and the Remaking of the Central City）。

马达尼泊尔（A. Madanipour）出版《城市空间设计》（Design of Urban Space: An Inquiry into a Social-Spatial Process）。

帕尔（S. Pile）出版《身体和城市》（The Body and the City: Psychoanalysis, Subjectivity and Space）。

史密斯（Neil Smith）出版《新城市边疆》（The New Urban Frontier: Gentrification and the Revanchist City）。

斯科特（A. J. Scott）和索娅（E. W. Soja）编辑出版《城市》（The City: Los Angeles and Urban Theory at the End of the Twentieth Century）。以后现代的眼光考察了20世纪末尤其是洛杉矶的城市发展，并期望建构新的城市研究理论体系。全书的内容和分析框架与芝加哥学派针锋相对，他们认为，芝加哥学派的城市研究是现代主义的，因此，以1925年帕克（R. Park）、伯吉斯（E. Burgess）和麦肯齐（R. McKenzie）出版的论文集《城市》（The City）同名出版此书，但特地标明是20世纪末的城市理论。

肖特（J. Short）出版《城市秩序》（The Urban Order: An Introduction to Cities, Culture and Power）。

索娅（Edward Soja）出版《第三空间》（Thirdspace: Journeys to Los Angeles and Other Real-and-Imagined Places）。

西斯（Mary Corbin Sies）和希尔佛（Christopher Silver）出版《规划20世纪的美国城市》（Planning the Twentieth Century American City）。

恩里夫特（N. Thrift）出版《空间构成》（Spatial Formations）。

特纳（T. Turner）出版《城市景观》（City as Landscape: A Post-Postmodern View of Design and Planning）。

委拉斯（Stephen Willats）出版《建筑与人之间》

（Between Buildings and People）。

1997 年

比特莱（Timothy Beatley）和曼宁（Kristy Manning）出版《场所生态学》（The Ecology of Place：Planning for Environment，Economy and Community）。

本克（Georges Benko）和斯特罗迈尔（Ulf Strohmayer）编辑出版《空间和社会理论》（Space and Social Theory：Interpreting Modernity and Postmodernity）。

巴特勒（T. Butler）出版《中产阶级化和中产阶级》（Gentrification and the Middle Classes）。

纳尔班特奥卢（Gulsum Bydar Nalbantoglu）和泰（Wong Chong Thai）编辑出版《后殖民空间》（Postcolonial Space(s)）。

卡博恩（Richard Caborn）出版《重建计划》（Regeneration Programmes：The Way Forward）。

凯恩克罗斯（F. Cairncross）出版《距离之死》（The Death of Distance：How the Communications Revolution Will Change our Lives）。

肖艾（Françoise Choay）出版《规则和模型》（The Rule and the Model：On the Theory of Architecture and Urbanism），提出"城市"一词已不再准确地适用于我们当今的城市环境，应将该词的使用限制在过去特定的环境中，从而提出要重新建立新的城市规划的理论。

库克斯（Kevin Cox）编辑出版《全球化的空间》（Spaces of Globalization：Reasserting the Power of the Local）。

戴维斯（Mike Davis）出版《恐惧生态学》（Ecology of Fear：Los Angeles and the Imagination of Disaster）。

埃琳（Nan Ellin）编辑出版《恐惧建筑学》（Architecture of Fear），其中有马库斯（Peter Marcuse）的文章《恐惧之墙和支撑之墙》（Walls of fear and Walls of Support）。

格林哈尔希（E. Greenhalgh）和沃泼尔（K. Worpole）出版《城市的华美》（The Richness of Cities）。

哈姆迪（Nabeel Hamdi）和格特尔特（Reinhard Goethert）出版《城市行动规划》（Action Planning for Cities：A Guide to Community Practice）。

哈里斯（Steven Harris）和伯克（Deborah Berke）编辑出版《日常生活的建筑》（Architecture of the Everyday）。

希利（P. Healey）出版《协作规划》（Collaborative Planning：Shaping Places in Fragmented Societies）。

希利（P. Healey）、卡吉（A. Khakee）和尼达姆（B. Needham）出版《编制战略性空间规划》（Making Strategic Spatial Plans：Innovation in Europe）。

杰森（N. Jewson）和麦格雷戈（S. MacGregor）编辑出版《转变城市》（Transforming Cities：Contested Governance and New Spatial Divisions）。在其中，哈维（D. Harvey）发表论文"竞争的城市"（Contested cities：social process and spatial form）；杰索普（B. Jessop）发表论文《企业家型的城市》（The entrepreneurial city：re-imagining localities, redesigning economic governance, or restructuring capital?）。

劳里亚（M. Lauria）出版《重构城市政体理论》（Reconstructing Urban Regime Theory）。

朗斯特雷恩（Richard Longstreth）出版《从城市中心到区域购物商场》（From City Center to Regional Mall）。

帕菲克（M. Parfect）和鲍尔（G. Power）出版《为城市质量而规划》（Planning for Urban Quality）。

斯托普（Michael Storper）出版《区域世界》（The Regional World：Territorial Development in a Global Economy）。

西姆斯（P. Syms）出版《被污染的土地》（Contaminated Land：The Practice and Economics of Redevelopment）。

韦斯特伍德（S. Westwood）和威廉姆斯（J. Williams）出版《想像城市》（Imagining Cities）。

世界卫生组织（World Health Organisation）发布报告《健康而可持续发展的城市规划》（City Planning for Health and Sustainable Development）。

1998 年

菲舍尔（Ruth Fincher）和雅各布斯（Jane Jacobs）编辑出版《差异的城市》（Cities of Difference）。

弗里德曼（John Friedmann）和道格拉斯（Michael Douglas）编辑出版《为市民的城市》（Cities for Citizens：Planning and the Rise of Civil Society in a Global Age），倡导市民社会发展与城市规划之间的互动关系。

法伊夫（N. Fyfe）编辑出版《街道的意象》（Images of the Street）。

格里德（C. Greed）和罗伯茨（M. Roberts）编辑出版《城市设计导论》（Introducing Urban Design：Interventions and Responses）。

霍尔（P. Hall）出版《文明中的城市》（Cities in

Civilization: Culture, Innovation, and Urban Order），检视了历史发展过程中城市创新的作用及其机制。

霍尔（P. Hall）和沃德（C. Ward）出版《社会化的城市》（Sociable Cities: The Legacy of Ebenezer Howard），以此纪念霍华德提出田园城市 100 周年。

汉尼根（J. Hannigan）出版《幻想城市》（Fantasy City：Pleasure and Profit in the Postmodern Metropolis）。

利汉（Richard Lehan）出版《文学中的城市》（The City in Literature: An Intellectual and Cultural History）。

莱特（A. Light）和史密斯（J. M. Smith）编辑出版《公共空间的生产》（The Production of Public Space）。

萨德勒（S. Sadler）出版《情境主义城市》（The Situationist City）。

桑德科克（L. Sandercock）出版《走向国际化都市》（Towards Cosmopolis：Planning for Multicultural Cities），指出了后现代多元文化背景下的城市规划的发展方向。

桑德科克（L. Sandercock）编辑出版《揭示看不见的一切》（Making the Invisible Visible: A Multicultural Planning History），从后现代的视角清算了现代主义城市规划的负面效应。

扎森（S. Sassen）出版《全球化及其不满》（Globalization and its Discontents）。

斯科特（J. Scott）出版《区域和世界经济》（Regions and the World Economy: The Coming Shape of Global Production, Competition and Political Order）。

斯科特（James C. Scott）出版《国家视角》（Seeing Like a State: How Certain Schemes to Improve the Human Condition Have Failed），揭示了在极端现代主义指导下进行的各类规划尽管有着良好的愿望，但由于对"清晰和简单化的设计"的追求而忽视了常识性的地方知识，从而导致了规划项目的失败。

沃德（S. V. Ward）出版《销售场所》（Selling Places: The Marketing and Promotion of Towns and Cities）。

沃尔夫（R. Wolff）、施奈德（A. Schneider）、施密特（C. Schmidt）等人出版《可能的城市世界》（Possible Urban Worlds: Urban Strategies at the End of the Twentieth Century）。

齐杰德威尔德（Anton C. Zijderveld）出版《城市特性的理论》（A Theory of Urbanity: The Economic and Civic Culture of Cities）。

英国环境部发表《可持续发展的规划》（Planning for Sustainable Development：Towards Better Practice）。

1999 年

艾伦（J. Allen）、马西（D. Massey）和普赖克（M. Pryke）编辑出版《令人不安的城市》（Unsettling Cities）。

奥曼丁戈（P. Allmendinger）和查普曼（M. Chapman）编辑出版《2000 年以后的规划》（Planning Beyond 2000）。

布兰克（B. Blanke）和史密斯（R. Smith）编辑出版《转变中的城市》（Cities in Transition: New Challenges, New Responsibilities）。

布尔克（P. Burke）和曼塔（M. Manta）出版《可持续发展的规划》（Planning for Sustainable Development: Measuring Progress in Plans）。

新城市规划 / 设计会议（Congress for the New Urbanism）发表《新城市规划 / 设计宪章》（Charter for the New Urbanism）。

唐宁（J. Downey）和麦圭根（J. McGuigan）出版《技术城市》（Techoncities）。

福雷（H. Frey）出版《设计城市》（Designing the City: Towards a More Sustainable Urban Form）。

戈菲津（F. Gaffikin）和莫里塞（M. Morrissey）出版《城市想像》（City Visions: Imagining Place, Enfranchising People）。

希尔德布兰德（F. Hildebrand）出版《设计城市》（Designing the City：Towards a More Sustainable Urban Form）。

胡珀（A. Hooper）出版《为生活而设计》（Design for Living: Constructing the Residential Built Environment in the 21st Century）。

贾德（Dennis Judd）和法因斯坦（S. Fainstein）出版《旅游者城市》（The Tourist City）。

兰姆普（D. Lampe）和卡普兰（M. Kaplan）出版《通过调停解析土地使用冲突》（Resolving Land-Use Conflicts through Mediation: Challenges and Opportunities）。

马库塞（Peter Marcuse）和冯·肯彭（Ronald van Kempen）编辑出版《全球化城市》（Globalizing Cities: A New Spatial Order?）。

马西（D. Massey）、艾伦（J. Allen）和帕尔（S. Pile）

出版《城市世界》（City Worlds）。

尼沃拉（Pietro S. Nivola）出版《景观法则》（Law of the Landscape：How Policies Shape Cities in Europe and America）。

鲍尔（A. Power）和芒福德（K. Mumford）出版《大城市的缓慢死亡？》（The Slow Death of Great Cities? Urban Abandonment or Urban Renaissance）。

由罗杰斯（R. Rogers）爵士领衔的 Urban Task Force 出版《走向城市复兴》（Towards an Urban Renaissance）。

2000 年

巴顿（H. Barton）出版《可持续的社区》（Sustainable Communities：The Potential for Econeighbourhoods）。

巴克森德尔（R. Baxandall）和埃文（E. Ewen）出版《落地窗》（Picture Windows：How the Suburbs Happened）。

比特莱（Timothy Beatley）出版《绿色城市规划》（Green Urbanism：Learning from European Cities）。

博迪 – 俭德罗特（S. Body-Gendrot）出版《城市的社会控制？》（The Social Control of Cities? A Comparative Perspective）。

巴拉伊迪（M. Burayidi）编辑出版《多元文化社会中的城市规划》（Urban Planning in a Multicultural Society）。

坎贝尔（M. Campbell）、卡恩斯（A. Kearns）、伍德（M. Wood）和扬（R. Young）出版《为 21 世纪而重建》（Regeneration into the 21st Century：Policies into Practice-An Overview）。

迪尔（Michael J. Dear）出版《后现代城市状况》（The Postmodern Urban Condition），详细讨论了后现代时期的城市特征以及城市规划应对的策略和必须实现的转变。

英国环境交通和区域部（Department of Environment，Transport and the Regions，DETR）发表白皮书《我们的城镇》（Our Towns and Cities：The Future-Delivering an Urban Renaissance）。

英国环境交通和区域部（Department of Environment，Transport and the Regions，DETR）和建筑与建成环境委员会（Commission for Architecture and the Built Environment，CABE）联合发表《通过设计：

规划体系中的设计》（By Design：Urban Design in the Planning System：Towards Better Practice）。

杜安尼（Andres Duany）、普莱特 – 齐伯克（Elizabeth Plater-Zyberk）和斯佩克（J. Speck）出版《郊区国家》（Suburban Nation：The Rise of Sprawl and the Decline of the American Dream）。

弗里斯敦(R. Freestone)编辑出版《变化世界的城市规划》（Urban Planning in a Changing World：The Twentieth Century Expericnce），对 20 世纪城市规划发展进行了全面回顾。

福特(L. Ford)出版《建筑物间的空间》（The Space Between Buildings）。

休斯（J. Hughes）和萨德勒（S. Sadler）出版《非规划》（Non-Plan：Essays on Freedom Participation and Change in Modern Architecture and Urban）。

诺克斯（P. Knox）和奥索林斯（P. Ozolins）编辑出版《设计专业和建成环境》（Design Professionals and the Built Environment：An Introduction）

兰德里（Charles Landry）出版《创造性城市》（The Creative City：A Toolkit for Urban Innovators）。

迈尔斯（M. Miles）、霍尔（T. Hall）和博登（I. Borden）编辑出版《城市文化读本》（The City Cultures Reader）。

帕斯特（M. Pastor）、德赖尔（P. Dreier）、格里格斯比（E.J.Grigsby）和洛佩斯 – 加尔扎（M.Lopez-Garza）出版《起作用的区域》（Regions that Work：How Cities and Suburbs Can Get Together）。

普特南（R.D.Putnam）出版《独自打保龄球》（Bowling Alone：The Collapse and Revival of American Community）。

扎森（S. Sassen）出版《城市及其跨边界网络》（Cities and Their Cross-Border Networks）。

斯科特（A.J.Scott）出版《城市的文化经济》（The Cultural Economy of Cities）。

斯科特（A.J.Scott）编辑出版《全球城市区域》（Global City-Regions：Trends，Theory，Policy）。

索娅（Edward W. Soja）出版《后大都市》（Postmetropolis：Critical Studies of Cities and Regions）。

维伽（G. Vigar）、希利（P. Healey）、赫尔（A. Hull）和丹佛迪（S. Davoudi）出版《英国的规划治理和空间战略》（Planning Governance and Spatial Strategy in Britain：An Institutionalist Analysis）。

主要参考书目

1 C. Alexander. A City is Not a Tree. 1966. 严小婴译. 城市并非树形.《建筑师》第 24 期, 1985

2 C. Alexander. Timeless Way of Building. 1979. 赵冰译. 建筑的永恒之道, 中国建筑工业出版社, 1989

3 W. 奥斯特罗夫斯基. 1975. 冯文炯等译. 现代城市建设. 中国建筑工业出版社, 1986

4 J.W. Bardo & J.J. Hartman. Urban Sociology：A Systematic Introduction. F.E.Peacock, 1982

5 Michael Batty, Bruce Hutchinson 编. Systems Analysis in Policy-Making and Planning. New York and London：Plenum Press, 1982

6 Zygmunt Bauman. Legislators and Interpreters：On Modernity. Post-Modernity and Intellectuals. 1987. 洪涛译. 立法者与阐释者：论现代性、后现代性与知识分子. 上海：上海人民出版社, 2000

7 Leonardo Benevolo. 邹德侬等译. 西方现代建筑史. 天津：天津科学技术出版社, 1996

8 Geogres Benko, Ulf Strohmayer 编. Space and Social Theory：Interpreting Modernity and Postmodernity. Oxford and Malden：Blackwell Publishers,1997

9 Marshall Berman.All that is Solid Melts into Air：The Experience of Modernity. 1982/1988. 徐大建和张辑译. 一切坚固的东西都烟消云散了. 北京：商务印书馆,2003

10 L.S. Bourne 编. Internal Structure of the City (2nd ed.). Oxford University Press, 1982

11 I. Bracken. Urban Planning Methods：Research and Policy Analysis. Methuen, 1981

12 M.C. Branch 编. Urban Planning Theory. Dowden. Hutchinson & Ross, 1975

13 M. Breheny, A. Hooper 编. Rationality in Planning: Critical Essays on the Role of Rationality in Urban and Regional Planning. Pion, 1985

14 Gary Bridge, Sophie Watson 编. A Companion to the City. Malden：Blackwell Publishers Ltd, 2000

15 Gary Bridge, Sophie Watson 编. The Blackwell City Reader. Blackwell, 2002

16 G. Broadbent. Emerging Concepts in Urban Space Design. Van Nostrand Reinhold, 1990

17 蔡禾主编. 城市社会学：理论与视野. 广州：中山大学出版社, 2003

18 M. Camhis. Planning Theory and Philosophy. Tavistock, 1979

19 Scott Campbell, Susan Faninstein 编. Readings in Planning Theory. Malden：Blackwell Publishers, 1996

20 Manuel Castells. The Urban Question. London：Edward Arnold, 1972/1977

21 A.J. Cataness. The Politics of Planning and Development. Sage, 1984

22 F.S. Chapin, Jr., E.J. Kaiser. Urban Land Use Planning(3rd ed.). University of Illinois Press

23 陈刚. 西方精神史：时代精神的历史演进及其与社会实践的互动. 南京：江苏人民出版社, 2000

24 Steven Connor. Postmodernist Culture：An Introduction to Theories of the Contemporary（2nd ed.）. 1997. 严忠志译. 后现代主义文化：当代理论导引. 北京：商务印书馆, 2002

25 J.B. Cullingworth. Town and Country Planning in Britain(7th ed.). George Allen & Unwin, 1979

26 Mike Davis. City of Quartz：Excavating the Future in Los Angeles. London：Pimlico, 1990

27 M. Dear & A. Scott. Urbanization and Planning in Capitalist Society. Methuen, 1981

28 Michael Dear. The Postmodern Urban Condition. Oxford and Malden：Blackwell, 2000

29 Denise Dipasquale, William Wheaton. 龙奋杰等译. 城市经济学与房地产市场. 北京：经济科学出版社, 2002

30 D. Donnison, P. Soto. The Good City：A Study of Urban Development and Policy in Britain.Heinman, 1980

31 Mike Douglass & John Friedmann 编. Cities for Citizens: Planning and the Rise of Civil Society in a Global Age. West Sussex：John Wiley & Sons, 1998

32 William N. Dunn.Policy Analysis: An Introduction（2nd ed.）. 1994. 谢明等译. 公共政策分析导论. 北京：中国人民大学出版社, 2002

33 Nan Ellin. Postmodern Urbanism, Cambridge. Blackwell, 1996

34 S.S. Fainstein. The City Builders：Property, Politics, and Planning in London and New York. Blackwell, 1994

35 S.S. Fainstein.I. Gordon & M. Harloe 编. Divided Cities：New York & London in the Contemporary World. Oxford：Blackwell,1992

36 Susan Faninstein, Scott Campbell 编. Readings in Urban Theory. Malden：Blackwell Publishers, 1996

37 A. Faludi. Planning Theory. Oxford 等：Pergamon, 1973

38 A. Faludi 编. A Reader in Planning Theory. Oxford 等：Pergamon, 1975

39 Joe R. Feagin, Robert Parker. Building American Cities: The Urban Real Estate Games（2nd ed.）. Englewood Cliffs：Prentic Hall,1990

40 Robert Fishman.Urban Utopias in the Twentieth Century：Ebenezer Howard, Frank Lloyd Wright, Le Corbusier, Cambridge and London. The MIT Press, 1994

41 John Forester. Planning in the Face of Power. University of California Press, 1989

42 K. Fox. Metropolitan America：Urban Life and Urban Policy in the United States, 1940~1980. the University Press of Mississippi,1986

43 K. Frampton. Modern Architecture：A Critical History. 1980. 原山等译.现代建筑: 一部批判的历史, 中国建筑工业出版社, 1988

44 Robert Freestone 编. Urban Planning in a Changing World：The Twentieth Century Experience. New York：E & Fn Spon, 2000

45 J. Friedmann. Planning in the Public Domain：From Knowledge to Action, Princeton University Press, 1987

46 Arthur B. Gallion & Simon Eisner. The Urban Pattern: City Planning and Design (5th ed.). New York: Van Nostrand Reinhold, 1986

47 M. Gottdiener. The Social Production of Urban Space. University of Texas Press, 1985

48 Mark Gottdiener. The New Urban Sociology. New York：McGraw-Hill, Inc, 1994

49 郭彦弘. 城市规划概论. 中国建筑工业出版社, 1992

50 Jürgen Habermas. 曹卫东等译. 公共领域的结构转型. 上海：学林出版社, 1999

51 Peter Hall. Cities of Tomorrow：An Intellectual History of Urban Planning and Design in Twentieth Century. Basil Blackwell, 1988

52 Peter Hall. Urban and Regional Planning (3rd ed.). Routledge, 1992

53 Peter Hall. Cities in Civilization：Culture, Innovation, and Urban Order. London：Weidenfeld & Nicolson,1998

54 C. Ham 和 M. Hill.The Policy Process in the Modern Capitalist State（2nd ed.）. Hemel Hempstead: Harvester Wheatsheaf, 1993

55 T.A. Hartshorn. Interpreting the City：An Urban Geography（2nd ed.）. John Willey & Sons. 1992

56 David Harvey. Social Justice and the City. Edward Arnold. 1973

57 David Harvey. The Urbanization of Capital. Baltimore：Johns Hopkins University Press, 1985

58 David Harvey. The Condition of Postmodernity: An Enquiry into the Origins of Cultural Change. Cambridge and Oxford：Blackwell, 1990

59 P. Healey 等编. Planning Theory：Prospects for the 1980s. Pergamon1982

60 P. Healey. Local Plans in British Land Use Planning. Pergamon, 1983

61 P. Healey. Researching Planning Practice, TPR, Vol.62, No.4. 1991

62 P. Healey 等. Land Use Planning and the Mediation of Urban Change：The British Planning System in Practice. Cambridge University Press, 1988

63 P. Healey 等. Negotiating Development: Rationales and Practice for Development Obligations and Planning Gain. London：E & Fn Spon, 1995

64 P. Healey. Collaborative Planning：Shaping Places in Fragmented Societies. MacMillan, 1997

65 Gerald Hodge. Planning Canadian Communities. Methuen, 1986

66 E. Howard. Tomorrow：A Peaceful Path to Real Reform. 1898. 金经元译. 明日的田园城市. 北京：商务印书馆, 2000

67 Rob Imrie, Huw Thomas 编. British Urban Policy. London: Sage, 1999

68 J. Jacobs. The Death and Life of Great American Cities. Random, 1961

69 F. Jameson. Postmodernism, or the Cultural Logic of the Late Capitalism. 1991. 张旭东译.后现代主义. 或晚期资本主义的文化逻辑. 生活·读书·新知三联书店,1997

70 Charles Jencks, Karl Kropf. Theories and Manifestoes of Contemporary Architecture. West Sussex：Academy Editions, 1997

71 季铁男编. 建筑现象学导论. 台北：桂冠图书公司, 1992

72 Peter Katz 编. The New Urbanism：Toward an Architecture of Community. McGraw-Hill, 1994

73 Philip Kivell. Land and the City：Patterns and Processes of Urban Change. Routledge, 1993

74 Anthony D. King 编. Re-presenting the City：Ethnicity. Capital and Culture in the 21st-Century Metropolis. Houndmills and London：Macmillan, 1996

75 Paul Knox 编. The Design Professions and the Built Environment.Croom Helm, 1988

76 Henri Lefebvre. The Production of Space. 1991. 由 Donald Nicholson-Smith 译. Oxford and Cambridge：Blackwell

77 Richard T. LeGates, Frederic Stout 编. The City Reader（2nd ed.）. London and New York：Routledge, 2000

78 J.M. Levy. Contemporary Urban Planning（2nd ed.）. Prentice Hall, 1991

79 John M. Levy. Contemporary Urban Planning（5th ed.）. 2002.孙景秋等译.现代城市规划. 北京：中国人民大学出版社, 2003

80 H. Liggett, D. C. Perry 编. Spatial Practices：Critical Explorations in Social/Spatial Theory. Sage, 1995

81 柳延延. 概率与决定论. 上海：上海社会科学院出版社, 1996

82 Eduardo E. Lozano. Community Design and the Culture of Cities：The Crossroad and the Wall. Cambridge：Cambridge University Press, 1990

83 J. 罗宾逊. 1986. 陈荃礼译. 规划中的悖论.《经济学译丛》1988/4

84 K. Lynch. A Theory of Good City Form. The MIT Press, 1981

85 Peter Madsen, Richard Plunz 编. The Urban Lifeworld：Formation. Perception, Representation. London and New York：Routledge, 2002

86 J.B. McLoughlin. Urban and Regional Planning：A Systems Approach. 1968. 王凤武译. 系统方法在城市和区域规划中的应用, 中国建筑工业出版社, 1988

87 Malcolm Miles. Tim Hall, Iain Borden 编. The City Cultures Reader. London and New York：Routledge, 2000

88 L. Mumford. The Culture of Cities. Harcourt Brace Tovanovich, 1938

89 L. Mumford. The City in History. 1961. 倪文彦和宋俊岭译, 1989, 城市发展史: 起源、演进和前景, 中国建筑工业出版社

90 Henry, Nicholas. Government at the Grassroots: State and Local Politics（3rd ed.）. Englewood Cliffs: Prentice Hall, 1987

91 R. Paddison, B. Lever, J. Money 编. International Perspectives in Urban Studies I. London: Jessica Kingsley Publishers

92 Duany. Elizabeth Plater-Zyberk and Robert Alminana. The New Civic Art; Elements of Town Planning.New York：Rizzoli International Publications. Inc., 2003

93 K.R. Popper. The Poverty of Historicism. 1957. 杜汝楫, 邱仁宗译. 历史决定论的贫困, 华夏出版社, 1984

94 Paul Rabinow. French Modern：Norms and Forms of the Social Environment. MIT Press, 1989

95 E. Relph. The Modern Urban Landscape. Croom Helm, 1987

96 Maurice N. Richter, Jr.. Science as a Cultural Process, 1972. 顾昕, 张小天译. 科学是一种文化过程. 三联书店, 1989

97 Pauline Marie Rosenau. Post-Modernism and the Social Sciences. 1992, 张国清译. 后现代主义与社会科学. 上海译文出版社, 1998

98 Aldo Rossi. The Architecture of the City. 1966/1982. Diane Ghirardo, Joan Okman 译. Cambridge, Mass.：MIT Press

99 Yvonne Rydin. Urban and Environmental Planning in the UK. London：Macmillan, 1998

100 L. Sandercock. Towards Cosmopolis：Planning for Multicultural Cities. John Wiley & Sons, 1998

101 P. Sauders. Social Theory and the Urban Question(2nd ed.). Holmes & Meier, 1986

102 Allen J. Scott. Metropolis: From the Division of Labor to Urban Form. University of California Press, 1988

103 布莉塔·史沃滋等人. 陶远华等译. 1987 未来研究方法：问题与应用. 武汉：湖北人民出版社

104 H.A. Simon. Administrative Behavior (3rd ed.). 1976. 杨砾, 韩春立, 徐立译. 管理行为：管理组织和决策过程的研究. 北京经济学院出版社, 1988

105 H.A. Simon.Science of the Artificial (2nd ed.). 1981. 杨砾译. 关于人为事物的科学. 解放军出版社, 1988

106 Edward W. Soja. Postmodern Geographies: The Reassertion of Space in Critical Social Theory. Verso, 1989

107 Edward W. Soja.Postmetropolis：Critical Studies of Cities and Regions.Blackwell,2000

108 孙施文.城市规划哲学.北京：中国建筑工业出版社,1997

109 Ida Susser 编.The Castells Reader on Cities and Social Theory.Malden and Oxford：Blackwell,2002

110 W. Tabb,L. Sawers 编.Marxism and the Metropolis（2nd ed.）.New York：Oxford University Press,1984

111 Manfredo Tafuri,Francesco Dal Co.Modern Architecture：History of World Architecture. 1976. 刘先觉等译.现代建筑.北京：中国建筑工业出版社, 1999

112 Nigel Taylor.Urban Planning Theory Since 1945,London.Thousand Oaks and New Delhi. Sage Publications, 1998

113 H. Thomas,P. Healey 编. Dilemmas of Planning Practice：Ethics Legitimacy and the Validation of Knowledge. Avebury Technical, 1991

114 United Nations Centre for Human Settlements（Habitat）.An Urbanizing Word：Global Report on Human Settlements 1996. 1996, 沈建国等译. 城市化的世界：全球人类住区报告 1996. 北京：中国建筑工业出版社, 1999

115 United Nations Centre for Human Settlements（Habitat）.Cities in a Globalizing World：Global Report on Human Settlements 2001.2001. 司然等译. 全球化世界中的城市：全球人类住区报告 2001. 北京：中国建筑工业出版社, 2004

116 Robert Venturi. Denise Scott Brown and Steven Izenour.1972/1977. Learning from Las Vegas（revised edition）.Cambridge, Mass.：The MIT Press, 1977

117 王受之. 世界现代建筑史. 北京：中国建筑工业出版社, 1999

118 夏铸九, 王志弘编译. 空间的文化形式与社会理论读本, 台北：明文书局, 1993

119 徐长福. 理论思维与工程思维：两种思维方式的僭越与划界. 上海：上海人民出版社, 2002

120 于明诚. 都市计画概要, 詹氏书局, 1988

121 张兵. 城市规划实效论. 中国人民大学出版社, 1998

122 Sharon Zukin.Landscapes of Power：From Detroit to Disney World.Berkeley, Los Angeles and Londo. University of California Press, 1991

123 Sharon Zukin. The Cultures of Cities. Malden, Oxford：Blackwell Publishing, 1995

后　记

　　编撰本书的想法在相当程度上是建立在这样的基础之上的：由于现在仍然缺少系统的有关现代城市规划理论的中文文献，给学习和借鉴带来了很多的困难，同时也就难以展开有深度的理论讨论。而就我本人的体验来讲，在教学和研究的过程中，有两件事给了我很深的促动，一是在我的《城市规划哲学》一书出版后有许多人觉得看不懂，但也有人认为写得太浅显，开始我也难以理解出现这种差异的原因，后来在教学的过程中才逐步地认识到，这是由于对现有理论的掌握程度不同所导致的：认为看不懂的是由于对该书所涉及到的一些理论并不清楚或至少不清楚其揭示的关键性问题，因为在该书中基本没有具体介绍这些理论的内容，而只是对这些理论进行了结构性的梳理；而那些认为写得太浅显的人则是对这些理论已有全面掌握，认为未进行全面的理论性的深究，只是做了一些归类和组织的工作。这件事使我感觉到，如果对现有的理论缺少很好的介绍，那么，很多的理论探讨难以深入进行，即使想做深入的研究，那么受众也不知道你做的究竟是什么。第二件事是看到在一些理论研究中，对一些理论的误用，有些更是对一些理论的译名望文生义，却可以洋洋洒洒地探讨一大堆，这既对理论本身的深入研究不带来任何的益处，而且也会妨碍交流工作的开展，而更为严重的则可能对很多未能了解该理论的年轻学子产生误导，使相关的研究方向产生偏离。当然，问题还不仅仅在理论讨论这一层面，还直接影响到如城市规划的体系、城市规划制度以及城市规划过程中的种种行为，使我国的城市规划进入到更为混乱的状态。正是在这样的体验和认识的基础上，当中国建筑工业出版社陆新之编辑提出编写这样一本书的选题后，我非常欣然地接受了这一件也许是吃力但不一定讨好而且还会引起误解的事。

　　正是基于以上的想法，本书试图以对现代城市规划理论进行汇总为目的来对城市规划的主要理论进行介绍，这就要求对城市规划的重要知识领域有较全面的覆盖。因此，在内容的选择上需要照顾到城市规划的所有知识领域，避免有重大的缺漏，也不能或不应该因编著者个人的好恶而对各种理论进行取舍。这对编著者来说既是痛苦的也是非常辛苦的抉择。之所以说是痛苦的抉择，是由于对一些编著者自己不感兴趣或不以为然的内容，只要它在城市规划发展的过程中起过作用或对城市规划工作开展是有需要的，也就要进行介绍，同样对一些编著者自己认为比较感兴趣或特别偏好的理论，由于篇幅等等原因也不能全面展开阐述，且需要放在城市规划整体发展的背景中来界定其可能占有的分量。之所以说这种抉择又是辛苦的，是由于每一个人对知识总是有局限性的，因此，在理论知识的积累等等方面也就必然会有所偏废，因此，当希望比较全面地介绍现代城市规划理论时，就需要对过去不重视或没有进行过研究的内容进行大量的补课，而且还需要对一些内容进行全面的甄别。当然，由于积累和时间的限制，也由于有些内容较难很好地结合进现有的框架体系中，所以仍然缺省了一些内容。如交通规划中涉及到的一些理论等，但这种缺省并不意味着编著者对此的偏废，编著者非常清晰地认知交通规划对于城市规划的重要性，但无论如何，城市交通规划现在已经成为了一个相对比较完善的理论和实践的体系，对其的阐述需要有一个不尽相同的讨论平台，所以相关的内容在本书中基本未予深入论及。

　　本书的体例和结构极大地局限了编著者本人观点的阐述。尽管在材料的选取、理论的介绍中也不可避免地带有编著者本人的认识与价值观，但对相关问题深入阐述的限制也仍然是比较遗憾的，编著者之所以最终接受了这样的要求并花费大量精力从事这一工作，原因就在于，在近20年的规划学习和规划实践中，编著者本人深刻体会到我国城市规划理论基础的薄弱所带来的困境，而要对城市规划学科和实践有所提升，当然需要以城市规划理论作为重要的工具，或者说需要打好这样的基础。缺少了对现有理论的学习和总结，终究是空中楼阁，难免会飘渺不定而难以为继的。而编著者自己观点的形成，其实也是在这样的学习和实践中体悟的基础上才形成和发展起来的。因此，就有必要先对现有理论基础进行总结，此后才有可能来作更进一步的阐发。对于编著者本人来说，这样的编著既是对现代城市规划理论的一种总结，而且也可以进一步夯实自己的理论思考的基础。对于我国城市规划的现实状况来说，多样化的个人观点和理论阐述，确实需要而且也非常重要，但从另外一个角度来讲，由于现有基础的不扎实，个体性的阐述具有产生偏颇的可能，而且在资料不充分的情况下也会起到误导性的作用。因此，先进行一些基础的建设可能也更为迫切。当然，编著者也非常清楚地知道，并愿意提醒本书的使用者，本书中的不少阐述仍然存在着不少偏颇的地方，需要读者作出批判性的选择。此外，本书仅仅是一种总论性的对西方现代城市规划理论范畴内的内容的介绍，只能起一种导引性的作用，对具体理论的学习和运用尚需对特定理论的深入学习和研究，纲要式的理论学习不足以掌握该理论也无助于培养理论思维。

本书的编著计划也决定了在对不同理论进行介绍时，为了避免对理论本身的曲解，尽量以理论的提出者本身的论述为主，而不应过多加入编著者自身的分析评判，这就需要大量引用原作者的论述。编著者也曾经想采用本杰明（Walter Benjamin）曾经设想的那样用引言来写一本书，但对于像城市规划理论这样庞大的体系来说似乎是更难以付诸实践了，但不管怎样还是尽力地这样去做了。而在现有的文献中，由于中文文献仍相对比较短缺，外文文献则由于积累有限，再加上可获得性的问题，就只能依靠手头上存有的资料和引用一些二手的材料。同时加上语言的障碍，对于编著者而言，可利用的外文文献只能是英文的，那么就会对所涉及的国家有所局限了。从本书的主要内容来看，主要限于英美国家或者其他已翻译成英文的文献（即使利用了相当数量的翻译成中文的文献，后来发现这些文献也大多是从英文中翻译过来的）。这种缺漏也就会交叉放大，因此对整体的理论知识来说也会出现更为明显的偏漏。同时，由于现代城市规划理论所涉及的内容非常广泛，编著者本人不可能对所有理论及相关论述有面面俱到的全面把握，因此，也就不得不引述他人的研究成果，在此，对所有的被引用者表示深深的感谢。

需要特别说明的是，由于书中的大量资料的积累历时十多年，而且由于最初收集的目的并不在于要编撰这样一本书，而是从自己的专业学习或为教学收集资料的角度而随手记录下来的，有些也难以分清是摘录还是笔记，对资料来源也未注明，因此，在本书中运用时，就会涉及到一些问题。尽管在成书的过程中，对大量资料已经进行了甄别，对它们的出处也进行了查证，但尚有一些无法一一查证，尤其是在一些二手性资料方面，因此，在书中仍然可能有一些是使用了其他学者的成果而未能予以注明出处，编著者只能表示歉意，并请求原谅，同时也希望知情者能予以指明，在有机会时再予以纠正。

由于本书的编著是依靠一个人的力量来进行的，既没有研究基金的支撑，也就缺少相应的独立的工作时间，只能利用教学、科研之外的零星的业余时间来从事编写工作。因此，匆促而就，错漏及不成熟的阐释在所难免，还望各位行家指正。

在本书的准备和编写过程中，得到了许多师长和学友的帮助，他们为本书的完成提供了很多建议和有用的观点，没有他们的关心、帮助和指教，本书的最终完成也是困难的，因此，编著者深深感谢他们所作出的种种贡献。特别需要感谢的是：

李德华教授是我硕士和博士研究生阶段的导师，是我城市规划理论研究的领路之人。在我毕业从教的十多年时间中，仍然一如既往地关心和指导我的研究和教学工作，在本书初期的准备时期，对本书的大纲和内容以及写作方法等给予了非常宝贵的指点，从而保证了本书能有一个相对比较完整的结构框架。

上海市城市规划设计研究院原总工陈友华先生、同济大学的赵民教授在他们主编的《城市规划概论》（由上海科学技术文献出版社于2000年出版）一书中邀请我担任其中有关现代城市规划理论一章的写作，使我有机会对现代城市规划理论进行初步的回顾和总结。此后，陈秉钊教授主持《城市规划资料集》第一分册（由中国建筑工业出版社于2004年出版）的编撰工作，安排我担当现代城市规划理论内容的写作，为本书基本框架的确立提供了机会。并且在这两本书的编撰过程中又有机会得到许多专家学者的指点，使我能够进一步地廓清相关的概念并充分注意到对这些理论的相关论述。

香港浸会大学的邓永成先生多年来为我提供了许多相关的最新资料，在十多年以来的多次交流与合作中所提供的观点深化了我对城市规划的理解。

　　我的朋友和大学时代的同学王富海、吕传廷、王晓临、刘东洋、王伟强等，研究生阶段的同学张兵等，尽管分布各地，但他们在城市规划过程中的实践和理论体悟在近几年的交流中促使了我对某些规划理论问题的关注。

　　英国 The British Council 资助的有关公众参与的研究课题使我关注了城市规划中的一个重要领域，而且为我收集本书中的相关资料、与英国多所大学的学者探讨相关问题提供了机会，也使我可以真实地体验英国城市规划开展的过程。该课题研究的合作者、利物浦大学（University of Liverpool）的何雪影（Suet Ying Ho）博士为我做了大量的接待和联系安排的工作，她对城市规划体系和城市政策的理解为我提供了有益的帮助，并寄送了大量的相关资料。

　　在我近十年的教学生涯中，年轻学子的朝气和进取给了我很大的鼓舞。尤其是在我担任的《城市规划思想史》、《城市规划原理》等课程上的提问、讨论和他们所完成的作业，时不时地提醒我对某些知识领域的补充、深化和完善。我所指导的研究生们在定期的读书会上所进行的文献选读则弥补了我自己阅读的许多空缺，他们已经完成和正在进行的课题研究，既拓宽了我思考问题的空间也使我明确了他们的需要。

　　本书中有些章节的内容是在一些研究课题的资助下与其他人共同完成的，具体的资助者和合作者在相关内容的章节下都已注明。我非常感谢资助者的慷慨，同时也非常感谢各位合作者的愉快合作。本书中的一些内容也曾在一些杂志上发表，在书中也予以了注明。这些合作研究成果和已发表的论文在编入本书时都已进行了大幅度的修改和调整。

　　最后要感谢我的家人——妻子周利亚和女儿孙逸洲。她们忍受了我沉溺于纯思想性游戏而对一些家庭事务的熟视无睹，却又给了我无尽的家庭的欢乐。没有她们的支持、鼓励以及精神上的调剂，这种纯粹思维性的工作是难以为继的，本书的完成也将是不可能的。我的妻子先后从事城市规划设计和管理工作，对城市规划的编制与实施有着切身的体悟，她的体会与疑惑，引领着我去追索城市和城市规划发展的动态和现实需要，使我保持着对城市规划进行理论思考的好奇心与新鲜感。女儿与我讨论"农村城市化"和"城市农村化"问题以及对"城市农村化"现象的抨击，促使我对城市本质问题的思考，而她关于"写书"和"编书"的评论则促使我下决心要好好地写一本书，同时也遥祝她在异国外乡的独自求学能有丰硕的成果。